钢中夹杂物与钢的性能及断裂

李静媛　章为夷　魏成富　李　平　等著

北　京
冶　金　工　业　出　版　社
2012

内 容 提 要

本书分上下两篇。上篇讲述夹杂物与钢的性能，主要介绍在只有夹杂物一种变量的情况下，测试钢中夹杂物的含量对钢性能的影响，包括测定冲击韧性、拉伸性能、断裂韧性以及低温冲击韧性等。下篇讲述夹杂物与钢的断裂，介绍裂纹在夹杂物上形核、长大与扩展的规律，通过所采用的准动态方法，可以了解到夹杂物影响性能的内在因素，对解释夹杂物造成钢的断裂过程大有帮助。

本书可供生产现场技术人员学习使用，也可供高等院校冶金专业的师生阅读参考。

图书在版编目(CIP)数据

钢中夹杂物与钢的性能及断裂/李静媛等著．—北京：冶金工业出版社，2012. 10

ISBN 978-7-5024-6031-0

Ⅰ.①钢…　Ⅱ.①李…　Ⅲ.①钢—非金属夹杂（金属缺陷）　②钢—性能　③钢—断裂　Ⅳ.①TG142. 1

中国版本图书馆 CIP 数据核字(2012) 第 225508 号

出 版 人　谭学余
地　　址　北京北河沿大街嵩祝院北巷 39 号，邮编 100009
电　　话　(010)64027926　电子信箱　yjcbs@ cnmip. com. cn
责任编辑　廖　丹　程志宏　美术编辑　李　新　版式设计　孙跃红
责任校对　石　静　刘　倩　责任印制　张祺鑫
ISBN 978-7-5024-6031-0
冶金工业出版社出版发行；各地新华书店经销；三河市双峰印刷装订有限公司印刷
2012 年 10 月第 1 版，2012 年 10 月第 1 次印刷
787mm × 1092mm　1/16；35 印张；849 千字；542 页
99. 00 元

冶金工业出版社投稿电话：(010)64027932　投稿信箱：tougao@ cnmip. com. cn
冶金工业出版社发行部　电话：(010)64044283　传真：(010)64027893
冶金书店　地址：北京东四西大街 46 号(100010)　电话：(010)65289081(兼传真)
（本书如有印装质量问题，本社发行部负责退换）

中国科学院院士用笺

CHINESE ACADEMY OF SCIENCES

序

李静媛教授是我在上世纪五十年代从美国回国后，在沈阳中国科学院金属研究所共同工作的第一批年轻学者，那时她就从事钢中夹杂物的研究工作。如所周知，钢的质量主要决定于两个外界因素：一个是钢中的气体，一个是夹杂物含量，金属所于1953年建所，就抓住了这两个关键因素，并做出了开拓性的工作，推广到东北各钢厂乃至全国。

一般人的工作都是转来转去，一个领域做烦了，又换另一个领域，而李静媛教授1950年大学毕业，1952年调到金属所就开始了"钢中夹杂物的分析"工作，后来调到成都科技大学（现为四川大学的一部分），她又开始了夹杂物对钢性能和断裂的影响，

中国科学院院士用笺

CHINESE ACADEMY OF SCIENCES

两院院士师昌绪亲笔为本书作序。

序

李静媛教授是我在上世纪五十年代从美国回国后，在沈阳中国科学院金属研究所共同工作的第一批年轻学者，那时她就从事钢中夹杂物的研究工作。如所周知，钢的质量主要决定于两个外界因素：一个是钢中的气体，一个是夹杂物含量。金属所于1953年建所，就抓住了这两个关键因素，并做出了开拓性的工作，推广到东北各钢厂乃至全国。

一般人的工作都是转来转去，一个领域做烦了，又换另一个领域，而李静媛教授1950年大学毕业，1952年调到金属所就开始了“钢中夹杂物的分析”工作，后来调到成都科技大学（现为四川大学的一部分），她又开始了夹杂物对钢性能和断裂的影响，特别对超高强度钢（D_6AC）和一些别的钢种。

她的实验结果翔实可靠，她所创建的试验分析方法对从事高强度钢研究与教学人员有参考价值，因此，推荐出版以飨读者：科学方法与科学精神。

师昌绪

2012. 6. 18

前　言

早在100多年前，人们就发现夹杂物对金属材料的性能有危害作用。夹杂物对钢的性能的影响程度受多种因素的影响，这些影响因素既包括钢的属性，也包括夹杂物本身的属性。研究夹杂物对钢性能的影响比研究钢本身属性对钢性能的影响要复杂得多，而且耗时、耗力。同一种夹杂物对不同钢的影响可能完全不同，因此国内外研究夹杂物对钢性能影响的文献十分分散且无系统性。如W. M. Garrison等研究了HY180钢中三种夹杂物（MnS、La_2O_2S和Ti_2CS）对钢断裂韧性和延性的影响，Y. Tomita研究了夹杂物形态对淬火和回火的0.4C-Cr-Mo-Ni钢机械性能的影响，Y. Munrakami研究了夹杂物对高强度钢疲劳强度的影响等，而系统研究夹杂物的类型、含量、尺寸、尺寸分布、夹杂物间距等参数对钢性能影响的文献并不多。有鉴于此，作者撰写了本书，以期为该领域的研究不断完善，从而改善钢材质量，为钢材的生产消除或减少夹杂物的有害影响提供科学依据。

作者从事钢中夹杂物与钢的性能和断裂方面的研究超过50年，运用科研成果处理过许多因夹杂物造成的钢的断裂事故，如直升机坠毁事故、潜艇部件因存在夹杂物导致报废事故等。这些事故的处理愈发突显了钢中夹杂物研究对事故分析和问题解决的重要性。我国冶金行业对夹杂物评级标准多年来一直沿用旧标准，所用夹杂物的图片均为手工描绘，缺乏真实性和科学性，而本书的出版将对相关标准起到参考和补充的作用。

本书分上、下两篇。上篇讲述夹杂物与钢的性能，主要介绍采用双真空冶炼方法制备只含一种夹杂物的试样，然后在相同的热处理条件下回火成索氏体，在保证试样的组织、晶粒度相同，只有夹杂物一种变量的情况下，测试夹杂物的含量系统变化，测定冲击韧性、拉伸性能、断裂韧性以及低温冲击韧性等。下篇讲述夹杂物与钢的断裂，所用试样与上篇相同，介绍裂纹在夹杂物上形核、长大与扩展的规律，属国内首创，国外文献也不多见。所采用的准动态方法，可以得出裂纹在夹杂物上成核的应力-应变条件、裂纹成核和夹杂物类型与尺寸的关系、裂纹成核率与夹杂物含量的关系，通过对断裂韧性（K_{1C}）试样的一步加载和逐步加载的实验方法得出裂纹长大和扩展与夹杂物间距的关系，通过大量的实验观察工作所得出的大量数据，可了解到夹杂物影响性能的内在因素，对解释夹杂物造成钢的断裂的过程大有帮助。

本书可供生产现场技术人员学习使用，也可供高等院校冶金专业的师生阅读参考。

参加本书撰写工作的主要有：章为夷（3.1 节和 17.1 节），高惠俐（3.2 节和 17.2 节），马红（第 4 章和第 18 章），李亚琴（第 8 章和第 19 章），唐正华（第 9 章和第 25 章），陈赛克（10.1 节和第 20 章），严范梅（10.2 节和第 21 章），魏成富、钱新民（第 11 章和第 22 章），李平（第 12 章和第 24 章），黄智刚（第 15 章），其余章节主要由李静媛撰写。李静媛负责全书的统稿工作。参加本书实验和撰写工作的还有谷文革、罗学厚、梁扬举、王嘉敏、陈继志、陈派明等同志。此外，纪红为本书下篇全部照片的扫描和全书曲线图的描绘以及文稿的打印做了大量工作。本书的出版还得到了绵阳师范学院（魏成富）、哈尔滨工程大学（李平）以及大连交通大学（章为夷）的相关资金资助，在此一并表示感谢。此外还特别向资深两院院士师昌绪和冶金材料学专家董履仁、沈保罗教授表示最诚挚的谢意。

夹杂物对钢性能的影响比较复杂，涉及的影响因素较多，知识范围也较广，本书中若有不足，恳请读者指正。

作　者

2012 年 3 月

目　　录

上篇　夹杂物与钢的性能

上篇

夹杂物与钢的性能

第 1 章　夹杂物与钢的性能研究文献简介

1.1　夹杂物对钢力学性能的影响

J. L. Maloney 根据夹杂物造成钢韧性断裂过程，即“空洞在夹杂物上成核，长大和聚集后变成裂纹，当裂纹扩展到表面时造成钢的断裂”的规律，设计了自己的试验程序，即系统设计了作为空洞核心的夹杂物类型和夹杂物间距。选择 HY180 和 AF1410 这两种属于不同的强度级别，具有相同的物理冶金特征的超高强度钢和二次硬化钢，使这两种钢经过回火后的屈服强度和拉伸强度不同。再加入不同元素以改变夹杂物间距和类型。具体做法为：加入 0.03% Mn 以得到夹杂物彼此靠近的 MnS；加入 0.01% La 后则得到宽间距的 La_2O_2S 夹杂物；另加 0.015% Ti 使得到的 $Ti_2C_2S_2$ 夹杂物间距的尺寸介于两者之间。这样一来，在不改变钢种的情况下既改变了夹杂物间距，又改变了夹杂物类型。然后制成预裂纹的紧骤拉伸试样，以观察预裂纹尖端的累积损伤，用以评定断裂的起始韧性。结果得出，加 La 处理使夹杂物间距扩大的 AF1410 钢可以有效地提高断裂的起始韧性，而 HY180 钢起始韧性增大得稍多一些。两种钢中夹杂物均为 $Ti_2C_2S_2$ 时，HY180 钢得到最高韧性而 AF1410 钢主要改善断裂起始韧性，钢的强度不降低。

T. Gladman 认为，要使钢能成为具有竞争性的新材料，应通过控制夹杂物的方法来改善钢的性能。延展性、成型性和韧性属于高应变的性能，夹杂物对它们的影响，是把夹杂看作空洞（增压空洞和自增压空洞）；在氢致裂纹中，夹杂物就是增压形成的空洞。疲劳属于低应变性能，夹杂物作为疲劳源又与热收缩在夹杂物周围产生的镶嵌应力有关。为了除去夹杂物的有害影响，则需要采用排除夹杂物的物理方法。

S. T. Mashi 等用粉末冶金的方法配制含 0 ~0.3% MnS 的 P/F4650 钢，试样中无可见空洞。预成型是在分解氨中烧结的，在干氢中预热，然后冲击锻造，锻件中含 O_2 小于 0.005%。从锻件上取样进行热处理后，进行拉伸和低周疲劳试验。结果为：随 MnS 夹杂物的增加，对拉伸强度并无影响，延展性和低周疲劳寿命则下降，这是在 $\alpha + Fe_3C$ 显微组织变粗的情况下产生的。经过断口分析确定，MnS 基体界面开裂是导致冲击粉末锻钢延性断裂的主要原因。

W. M. Garrison 等研究了 HY180 钢中三种夹杂物 MnS、La_2O_2S 和 Ti_2CS 对断裂韧性和延性的影响。试样经三种回火处理，结果得出 Ti_2CS 夹杂物抗裂纹成核能力优于其他两种夹杂物，因而试样的韧性最高。但 Ti_2CS 夹杂物改善断裂韧性的程度强烈地受显微组织的影响。

C. H. Huang 等认为弯曲零件的热轧高强度钢板存在的最严重问题就是边裂纹。产生边裂纹的原因除了剪切时导致的加工硬化外，还有夹杂物形状造成的边裂纹。将钢中 Ca/S 比例控制在 0.3 ~0.4 的范围内即可控制夹杂物的形状，从而使弯曲强度得到很大改善。

Y. T. Chen 等研究 MnS 夹杂物对 TR3755 低合金烧结钢 TR 强度的影响。烧结前选用的

MnS 颗粒尺寸、含量和烧结密度分别为：6.15μm、29μm，0.35%、0.68%、1%，6.45g/cm³、6.65g/cm³、6.95g/cm³。用统计分析方法处理数据，按多重关系建立一种实验性预测模型，包括 MnS 颗粒尺寸、含量和烧结的密度之间相互作用，得出统计分析的结果与过去提出的断裂模型一致。这个模型也可预测 MnS 尺寸在 15 ~ 20μm 范围内和含量在 0.35% ~0.68% 范围内 MnS 对强度的下降并不敏感。对 MnS 尺寸为 6μm 和含量为 0.35% 的试样用此模型预测的 TR 强度应该有很大的下降。

T. EL. Gammal 研究硫、氧和夹杂物形态对改善 C 钢韧性的影响。在钢液中分别加入 CaO-CaF_2-Al 和 CaO-CaF_2-Al 同 Ca 的混合剂，或单独加 CaAl 合金或 CaC_2 后得出两种混合加入者可使总氧量和硫量降低到低水平，改善夹杂物形态，增加韧性。若以 CaAl 合金和 CaC_2 形式加入 Ca 者，总氧量和硫量可降到 5×10^{-6} 和 10×10^{-6}，Al_2O_3 和 MnS 形态发生变化，消除了钢的各向异性，冷脆转变温度降至 -60℃，同样也增加了钢的韧性。

A. EL. Ghazaly 研究了高强度低合金钢（HsLA）系列的机械性能后得出，钢的性能不仅决定于强化机制，而且也决定于钢中夹杂物含量、尺寸和形态；讨论了钢的洁净度和硫化物的形态控制对钢的韧性、延性、可焊性、疲劳强度和抗氢致裂纹的影响。

Y. P. Song 等用金相、SEM、TEM 等研究非金属夹杂物和 RE-B 对 30CrMn_2Si 马氏体铸钢的机械性能和组织的影响，得出夹杂物和 RE-B 可使组织细化，奥氏体转变速率下降，从而使钢的硬化性能增大，M_S 点温度上升，孪晶马氏体量减少，位错马氏体比例增大。这是由于 RE-B 处理后，夹杂物形状、尺寸和分布得到改善的结果。

P. Marek 等研究了 C-Mn-Al 钢在 670 ~970℃高温拉伸实验条件下，夹杂物对面缩率 Z 的影响。在温度为 766 ~867℃下拉伸时，Z 达到最低值。原因除了在铁素体的窄带内塑变集中于奥氏体晶界开始生成晶间裂纹外，主要还受细小的氧化物、碳化物和氮化物夹杂物的影响。但当硫化物增加时，并不影响 Z 与温度的依赖关系。在 870 ~970℃时，Z 下降很多，这需要在铸造时控制钢的冷却速度加以解决。对于扁坯的校直最好在 970℃进行。

M. X. Tan 等研究了 S 含量和大于 20μm 的夹杂物对气体容器钢的影响，得出硫化物影响最大（深拉伸性能的钢薄板随 S 含量增加，造成严重的断裂），并讨论了夹杂物与形变断裂的关系。

Y. Tomita 研究了夹杂物形态对淬火和回火的 0.4C-Cr-Mo-Ni 钢机械性能的影响。在一般含硫量的钢中，硫化物呈串状分布造成明显的各向异性。使 K_{1C} 和冲击韧性 CVN 下降。加 Ca 处理后，硫化物成为细小的夹杂物，从而改善钢的机械性能。

I. Maekawa 等研究了不同夹杂物含量的 6 种高锰奥氏体钢的疲劳、拉伸和冲击等性能。分别在室温和低温条件下，研究夹杂物对应力强度因子门槛值和疲劳裂纹扩展的影响以及对弹塑性断裂韧性和冲击值的影响，得出这种高锰钢的强度随夹杂物增加而降低。根据 SEM 观察和夹杂物靠近疲劳预裂纹尖端处应力集中造成的沿轧制方向夹杂物对强度的影响。对纵向试样中的夹杂物，可以阻碍裂纹的扩展，因此使裂纹在纵向试样中的扩展速度小于横向试样，故其韧性较大。疲劳寿命随温度降低而增大，其他机械性能参数（如 ΔK_{th} 和 J_{1C}）则随温度增高而下降，冲击韧性随温度降低而降低。

H. Chen 研究了 10Ti 钢的化学成分和轧制顺序对机械性能的影响，以使加 Ti 量优先和性能稳定化。得出含 Ti 量在 0.09% ~0.13% 范围内，强韧性配合最好。在轧制和冷却过程中，Ti 颗粒沉淀和铁素体晶粒再细化使强度增加，而生成的球状的 TiC-TiS 代替了延伸的 MnS，使钢的韧性增加，降低了机械性能的各向异性。

1.2　夹杂物对钢疲劳性能的影响

G. F. Caspenter 等认为路轨疲劳断裂往往起源于轨顶部的氧化物夹杂物，他们按多年经验制定出一种分析模型，用来评估铁轨残余应力、接触应力和弯曲应力对表层缺陷的影响。但此类模型未考虑夹杂物含量的影响，所以引入了夹杂物全部信息进行研究可用来显示缺陷的范围。首先选取长 38.1cm（15in）无缺陷的试样进行转动疲劳试验，用超声波进行周期性检测，当测出试样中出现疲劳裂纹时停止转动载荷。在金相显微镜下观察所产生的疲劳裂纹，从而确定出转动接触疲劳的起始寿命。在一般情况下，疲劳寿命与氧化物含量成正比。当然应考虑硬度的影响，试样硬度对转动疲劳寿命的影响远小于夹杂物的影响。

J. R. Hornaday 认为评估夹杂物对铁轨寿命的影响，不能把它作为一个孤立的参数，或者过分地强调夹杂物对铁轨的影响，还应考虑铁轨的服役条件、车轮对铁轨侧面的磨损以及侧面硬度等因素。夹杂物对铁轨疲劳寿命的影响主要是裂纹成核和扩展与夹杂物有关。

Y. Munrakami 研究了夹杂物对高强度钢疲劳强度的影响，首先把夹杂物当成小缺陷，然后在试样上预制一个人造缺陷，试验得出了一系列数据，经回归分析后得出预测方程，用以预测影响疲劳强度的最大夹杂物尺寸，在同一批试样中，经过统计分析方法得出的夹杂物最大尺寸比较，以验证预制方程的准确性，并评估疲劳强度分散的原因。

Y. Kusashima 等用转动弯曲疲劳试验和定量分析方法，研究淬火和退火的 SAE9254 钢中夹杂物的尺寸分布与疲劳寿命的关系，并讨论了夹杂物尺寸和尺寸分布与疲劳断裂的关系，结果如下：

（1）从断口上裂纹成核位置观察到的夹杂物尺寸（D_{fs}）大于材料中夹杂物尺寸分布中所标示的最大夹杂物尺寸（D_{ic}），指出夹杂物作为疲劳断裂成核位置是显微组织中最大的一种。

（2）疲劳寿命值的分散与夹杂物尺寸分布密切相关。在位于疲劳断口的临界体积内，可以引入一个新参数 D_{fs}/D_{ic} 加以评估。

Y. Murakami 等认为高强度钢的疲劳强度受夹杂物的影响很大，而影响的程度取决于夹杂物的大小、形状、成分和所处位置，并导致疲劳强度值的极大分散。过去一致认为硬性夹杂物危害性大于软性夹杂物，但经过对断裂位置上夹杂物的成分和大小的仔细研究后，认为这种看法不正确，即夹杂物的成分不是控制疲劳极限的决定性因素，即使是在夹杂物成分影响其刚性和其周围的残余应力的情况下也如此。相反，基体的维氏硬度（HV）和夹杂物投影面积的平方根（$\sqrt{A}$）才是控制疲劳极限的决定性因素，试验指出疲劳极限分散度的下界，可用试样中测出的 $\sqrt{A}$ 的大量统计值进行预测。

1.3　夹杂物对应力腐蚀等性能的影响

V. I. Astafjev 等对低合金钢管（20 钢、35 钢、$32G_2S$ 钢、$30G_2C725$ 钢）中硫化物对应力腐蚀开裂（SSCC）的影响进行了评估。研究了组织和非金属夹杂物对 SSCC 敏感性的作用。对用三种热处理方法获得不同组织和不同夹杂物形状的试样测定 a_{th} 和 K_{1SCC} 阈值，用断口观察和金相分析方法研究了 SSCC 累积损伤过程的机理。I. P. Gnyh 研究了试样在 20 ~ 300℃温度范围内的钝化电位、在此温度范围内所形成的新表面以及 MnS 试样随温度变化的关系，指出在此温度范围内，MnS 变成阳极或阴极，随参比钢的表面决定。作为阳极时，夹杂物对钢中裂纹伸展抗力呈负影响，其影响的程度大于成阴极的情况。所得数据，与钢的腐蚀机械试验结果完全一致。这个结果还可解释在常温下试样无循环腐蚀脆性，而在高温时，则对开裂很敏感的原因。

随着油气工业的发展，要求对低合金钢在湿 H_2 条件下的腐蚀问题、氢致裂纹的机理以及冶金因素的影响加以研究。当用于条件最苛刻的环境时，必须使低合金钢符合以下要求：

（1）很低的夹杂物含量，S、O 含量要很低。

（2）稳定的化学成分，合适的热处理和机械处理。

（3）严格限制偏析的影响。

（4）限制焊接后热影响区最大的硬度值。

以上简述了国外研究夹杂物与钢的性能关系的部分文献。说明既要考虑从炼钢工艺上采取相应措施以改善或改变夹杂物的含量、形态、分布、形状和尺寸等，同时也要考虑到在研究夹杂物对钢性能的影响时钢基体作用的重要性。

1.4 补充文献介绍

洪友士用定量金相仪和扫描电镜测定含与不含稀土 2. 25Cr-1Mo 钢的夹杂物尺寸及分布；观察断口形态并测定延伸区宽度和韧窝尺度及分布；测定拉伸样品纵剖面上孔洞面密度与真应变的关系。研究表明，添加 RE 的试验钢中夹杂物密度较高，在较低的应变下沿夹杂物界面发生孔洞形核、长大和汇合，导致含 RE 的 2. 25Cr-1Mo 钢较低的室温断裂性能。

边全胜论述了稀土作为钢中夹杂物变态剂的热力学基础，讨论了稀土元素的脱氧和脱硫能力，对判断稀土夹杂物生成类型的热力学分析和实验结果进行了比较。在此基础上，以大量研究结果综合论述了稀土变态处理对钢性能的影响及其条件，并认为运用稀土变态处理改善钢的性能应视具体因素确定关键参数的最佳值或最佳范围。

付勇涛等对 $22SiMn_2$ 钢铸坯断裂原因进行了分析，发现断坯部位柱状晶较发达，沿晶分布着较多气孔、裂纹和硫化物、钛化物夹杂，使得铸坯晶界处成为薄弱环节。由于铸坯堆放环境恶劣，反复的升降温使得铸坯内应力得不到充分释放而集中在铸坯晶界处，裂纹沿塑性较差夹杂物扩展，最终导致了铸坯的断裂。研究表明，降低钢水浇铸时过热度，可解决 $22SiMn_2$ 钢铸坯断裂的问题。

张英建等通过对 34CrMo 汽轮机主轴动断裂进行材料成分、力学性能、断口形貌、夹杂物以及显微组织等方面的分析，确定失效发生的原因是由于汽轮机主轴在动平衡实验中发生过载。

米国发等研究列车速度的提高和车辆轴重的增加导致轮轨接触应力加大，引起车轮轮辋内部应力分布的变化。根据铸钢车轮轮辋金相分析结果，应用 Goodier 方程对轮辋处夹杂物和空穴周围的应力状态进行分析。在轮轨接触应力作用下，Al_2O_3 球形夹杂物在其球体的“极点”位置产生应力集中，而空穴处于“赤道”位置，其应力更大。根据 Murakami 公式，以轴重为 25t 的车轮为例，计算在不同运行速度下，距铸钢车轮踏面一定深度的夹杂物临界尺寸。其结果显示，在一定车速下，夹杂物的临界直径随距踏面深度的增加而增大；若深度一定，夹杂物的临界直径则随车速的提高而变小。当轮辋中夹杂物的尺寸大于该临界直径时，轮辋疲劳裂纹就可能萌生。

董方等通过金相、扫描电镜观察、能谱分析和力学性能检测，研究了加入 Ce 后 202 不锈钢的强度、塑性、冲击韧性变化。在相同的热处理工艺条件下，分别加入不同含量的 Ce，与不添加 Ce 的 202 不锈钢的力学性能进行比较。结果表明：钢中加入 Ce 可改变夹杂物形态，并且在适当的范围内可显著提高 202 不锈钢的强度、塑性、横向冲击韧性。当 Ce 的质量分数为 0.016% 时，202 不锈钢可获得最佳的综合力学性能。

刘晓等采用金相、扫描电镜和能谱等分析手段研究了稀土元素铈对 2Cr13 不锈钢中夹杂物的变质作用以及对冲击性能的影响。结果表明：稀土元素改善了 2Cr13 不锈钢夹杂物的形貌和大小，未加稀土的钢的断口是典型的解理断裂，加稀土后钢的断口是准解理 + 韧窝型，韧窝中出现的细小球状稀土硫氧化物夹杂是其转变的主要原因；加微量稀土元素铈的试样低温横向冲击性能比未加稀土的试样大幅度提高。

Xue Zhengliang 等研究冶炼不同工艺对超高强度弹簧钢中夹杂物尺寸分布和疲劳性能的影响，为了控制氧化物夹杂物尺寸分布和疲劳性能，他们使用了两种冶炼工艺生产所用的弹簧钢，发现酸溶 Al 的含量对奥氏体晶粒无大影响，只影响夹杂物的尺寸分布和疲劳性能。

Guo Feng 等研究了夹杂物体积和平均间距对高 Co-Ni 超高强度钢断裂韧性的影响，发现夹杂物的性质、尺寸、体积分数、平均间距和抗空洞成核能力等对断裂韧性造成严重影响。当夹杂物体积分数减小、夹杂物平均间距变宽时可使断裂韧性增加。

Choudhary、Pranay、Garrison Jr.、Warren M 研究了夹杂物对 4340 钢韧性的影响，他们认为超高强度钢的断裂韧性可通过固定夹杂物的体积分数，增大夹杂物间距，并使夹杂物具有更大的抗空洞成核能力等得到改善。为此，加稀土增大夹杂物间距，加少量 Ti 可形成更小的 Ti_2CS 夹杂物可提高抗空洞成核能力，从而改善钢的断裂韧性。他们冶炼了三炉试样，分别含 MnS、La_2O_2S 和 Ti_2CS 夹杂物，此三炉试样的屈服强度约为 1430MPa；断裂韧性分别为 87、99 和 108$MPa \cdot m^{\frac{1}{2}}$。

Zeng Yanping 等研究了超高强度钢中夹杂物成核、扩展的微观机制。他们使用特殊设计的 SEM 对位观察拉伸和疲劳试验，以跟踪裂纹成核扩展直到断裂的全过程。使用 MA250 超高强度钢中的典型夹杂物为 TiN，平均尺寸为 8 ~ 10μm。详细研究了 TiN 夹杂物对裂纹成核扩展微观机制的影响，结果指出 TiN 夹杂物对拉伸和疲劳性能均有坏的作用。本项工作有助于使用夹杂物的特征参数建立预测寿命的模型，消除 TiN 夹杂物可作为发展超高强度钢的方向之一。

Fan Hongmei 等使用特殊设计的 SEM 对位观察拉伸试验，研究了 MA250 超高强度钢中 TiN 夹杂物对裂纹成核扩展的影响后，得出第一条裂纹成核的应力与夹杂物面积的关系，夹杂物面积越大，裂纹成核的起始应力越小。

Temmel、Cornelius 等研究了锻造钢的疲劳性能各向异性。当钢中含 S 为 0.04%，MnS 夹杂物的密度远大于含 S 为 0.004% 的钢，因此锻造后 MnS 夹杂物成片状分布，夹杂物片状与加载方向垂直，从而造成疲劳性能各向异性，使钢在低应力条件下产生疲劳断裂。

D. P. Fairchild 研究了微合金化的钢 A 和 B，采用预裂纹的夏氏试验和 V 形缺口的冲击试验方法，测定了韧-脆转变温度，并模拟热影响区（HAZ）的显微组织。结果指出：钢 B 的解理抗力优于钢 A。扫描断口照片显示 TiN 夹杂物是解理成核的主要因素，TiN 夹杂物-基体具有强的键合，故在高应力下，在裂纹缺口尖端的塑性区内，TiN 夹杂物未同基体脱开，仅含 0.0016% Ti 的钢 B，即可增强解理抗力，但当这种钢在高温铸造时，延长时间，TiN 夹杂物会对韧性造成伤害。

Ervasti、Esa、Ståhlberg、Ulf 研究了热轧钢坯在压缩过程中靠近宏观夹杂物处空洞成核，所选夹杂物硬于或软于基体三倍，经过研究后得出：硬于基体的夹杂物，在提高压缩比时会形成空洞；而软于基体的夹杂物会随基体变形而不会形成空洞，所得结果可用以预测在高压缩比时会不会形成空洞。

I. L. Sabirov、O. Kolednik 研究了中碳钢 St37 中 MnS 夹杂物在靠近裂纹尖端处空洞成核的局部条件，并用 Argon 等的模型测定了空洞成核时靠近裂纹尖端处的临界裂纹张开位移。最后得出：MnS 夹杂物的尺寸强烈影响临界裂纹张开位移和 σ_{max}。

Yamashita、Satoshi 等研究了钢在凝固过程中，氧含量的变化与非金属夹杂物形貌之间的关系。非金属夹杂物形貌可用分形维数和分形长度表征。含氧量高，分形长度就大，每个非金属夹杂物形貌的分形维数约为 1.2，且不受钢液中氧含量的影响。

Garrison Jr. 等研究指出钢的韧断模式决定于显微组织的细小尺度和夹杂物的特征。夹杂物的特征包括夹杂物的体积分数、间距和对裂纹成核的抗力。讨论了夹杂物的体积分数对韧性的影响。在 9 炉 Ni 钢中的夹杂物为 MnS，固定显微组织和夹杂物间距时，裂纹尖端张开位移与夹杂物体积分数的 $f_V^{\frac{1}{3}}$ 成比例；当固定夹杂物间距和夹杂物的体积分数时，使每单位体积中夹杂物的数目保持不变，则夹杂物尺寸必须改变；而裂纹尖端张开位移与夹杂物体积分数 $f_V^{\frac{1}{3}}$ 的关系又不变时，则裂纹尖端张开位移与夹杂物尺寸成反比。随夹杂物尺寸增大，韧性降低，其原因有二：（1）按 Rice 和 Tracey 方程，空洞长大，随夹杂物尺寸增大而增加；（2）增大夹杂物尺寸会使空洞成核阻力降低。

Xia Zhixin 等研究了超高强度钢中 MnS 夹杂物形貌对冲击韧性的影响，所用冶炼工艺分别为 VIM + VAR、电炉 + VOD + VAR。对试样的机械性能进行分析，结果说明：电炉 + VOD + VAR 冶炼的钢中，MnS 夹杂物呈椭圆状且分布均匀，故使横向冲击韧性得到改善。

Kondo、Hiroyuki 介绍钢中非金属夹杂物鉴定方法的最新进展，改进了通常用的化学提取和金相显微镜观察，而是用高频超声试验和 EB 熔融提取方法。近来又发展出快速分析方法，如火花-OES、激光分析和 ESZ 分析等。

Kondo、Hiroyuki 等研究了超高强度钢中夹杂物特征参数在拉伸载荷下对裂纹成核和扩展的影响，他们采用特殊设计的 SEM，对位观察在 TiN 夹杂物裂纹成核和扩展的全过程，对夹杂物尺寸和形状与裂纹成核的关系进行了研究，讨论了在夹杂物上形成第一个裂纹的初始应力与夹杂物面积的关系，夹杂物面积越大，形成第一个裂纹的初始应力越小。

M. N. Shabrov 等研究夹杂物开裂使空洞成核，他们采用试验和计算两种方法，确定夹杂物开裂的宏观标准。所用低合金钢做成带有三种缺口的圆柱体，以改变缺口区域的应力三轴性，拉伸试样在拉断之前停载，按平行拉伸方向切取试样，用以鉴定开裂与未开裂的 TiN 夹杂物，未发现空洞成核是由于夹杂物键合脱开造成的，最后使用有限元方法计算。

Liu Xiao 等研究了稀土（Ce）对 2Cr13 不锈钢中夹杂物和冲击韧性的影响，结果指出：加 Ce 后可改善夹杂物的形状和尺寸。2Cr13 不锈钢的断裂方式为解理断口，但加 Ce 后断口变成准解理和韧窝断口。稀土硫氧化物呈球状，是韧窝形成的主要因素，加 Ce 后横向冲击韧性明显改善，同不加 Ce 的 2Cr13 不锈钢比较，2Cr13 不锈钢的横向冲击韧性在 -40℃时增加了 54.55%。

M. Hashimura 等研究了 MnS 夹杂物分布对低 C 易削钢切削性能的影响，由于一般低 C 易削钢均加入 Pb 改善切削性能，但 Pb 有毒，因此不用 Pb，而改变 MnS 夹杂物的形状和分布，当使 MnS 夹杂物细小均匀后，低 C 易削钢切削性能即可得到改善。

S. Maropoulos 等研究了 HSLA 锻钢中夹杂物和其断裂特征，对两种 Cr-Ni-Mo-V 低合金锻钢中存在的夹杂物，采用电子显微镜和 X 射线衍射分析方法，研究显微组织和鉴定不同类型的夹杂物，还用以检查夏氏冲击断口，发现显微组织的特征与机械性能的改变有关。显微组织的变化又与试样成分和热处理的微小变化有关，已发现上平台能（USE）和韧性直接与 MnS 夹杂物的含量和尺寸分布有关。

Z. G. Yang 等研究了通过热处理获得细小晶粒的高强度 42CrMoVNb 钢的疲劳性能。实验结果表明，光滑试样在 106～107 周疲劳的疲劳曲线无水平渐近线，因此传统的疲劳极限消失了，光滑试验的疲劳纹萌生决定了疲劳寿命，大部分断裂源在夹杂物上。试验测量了夹杂物的尺寸和位置，在扫描电镜下观察了夹杂物的形貌。在生产中需要控制夹杂物尺寸和原奥氏体晶粒大小。

M. Warren 和 Garrison Jr. 等认为如果断裂是由于微空聚集引起的，且保持细小组织，钢的韧性与钢中夹杂物有关，影响韧性的夹杂物参数是：夹杂物体积分数、间距和夹杂物阻碍空洞萌生的阻力。评价夹杂物对韧性影响的参数是夹杂物最邻近平均间距。可以通过测定断面上韧窝间距来确定夹杂物间距。他们首先测定断面上形核空洞的夹杂物间距并与最邻近间距对比，断面上的空洞间距是最邻近间距的 2.5 倍，而断面上含有夹杂物的空洞占断面的分数只有 0.03，这个分数太低，有可能许多韧窝里的夹杂物都在断裂时脱离了韧窝，为确认这点，他们测量了含有夹杂物的所有空洞尺寸和最小空洞尺寸，假设不含夹杂物的空洞形核于夹杂物，计数了这类空洞的数量，因而形核于夹杂物的空洞数量等于这类空洞数量加含夹杂物的空洞数量。根据这个假设，保留在断面的夹杂物分数是很低的，因而断面上空洞间距非常接近最邻近间距，在本钢中断面上空洞率为 0.36～0.64，远远大于实际测出的含有夹杂物空洞率 0.03。

Liu Shaojun 等研究了非金属夹杂物尺寸和分布对低激活马氏体钢力学性能的影响。拉伸和 V 形冲击结果表明电渣重熔可以提高拉伸性能，降低韧脆转变温度。金相显微镜和扫描电镜观察发现，通过电渣重熔后钢中的氧化铝夹杂物尺寸减小，数量降低，其分布变得更加均匀。氧化铝夹杂物的细化和均匀化是提高力学性能的主要原因。

G. Z. Wang、Y. G. Liu、J. H. Chen 等研究了 C-Mn 钢在 -196℃和 -130℃下缺口试样中解理裂纹的萌生，通过力学性能测试、显微观察以及 FEM 计算发现存在两类解理裂纹萌生位置：一种是缺口根部前沿球形夹杂物（IC）；另外一种是成串夹杂物前沿球形夹杂物（SIC）。在这两类机制中，夹杂物导致了裂纹的萌生，最后的断裂取决于铁素体晶粒尺寸的裂纹向基体扩展。在 SIC 情况下，长条状夹杂物早期开裂引起的平面缺陷促进解理断裂，这种平面状缺陷前沿就是解理裂纹萌生。温度具有加强萌生的作用，在 -196℃时断裂主要是IC萌生机制，而在 -130℃时都是SIC机制。缺口韧性主要取决于夹杂物与基体的薄弱地方解理萌生，与碳化物数量和尺寸没有关系。

S. Maropoulos、N. Ridley 研究两类低合金 Cr-Mo-Ni-V 锻钢中存在的夹杂物。用电镜和X衍射分析组织，并对夹杂物类型进行鉴定以及对冲击试样断口进行观察。钢的力学性能与组织特征有关，并随成分和热处理变化。实验发现，上平台能和塑性与 MnS 夹杂物的尺寸分布和数量有关。

Yoshiyuki Tomita 对几种含 S 和 Ca 不同的 0.4C-Cr-Mo-Ni 钢淬火和回火后的非金属夹杂物的形貌与力学性能的关系进行了研究。在 473K 和 923K 回火后，长条 MnS 引起含有工业水平 S 的钢断裂应变的各向异性，而在脱硫钢中（0.002%）的细小椭圆的 MnS 对 473K 回火钢的断裂应变有不利的影响，而在 923K 回火时，影响很小。经过钙处理的钢中，细小颗粒夹杂物与 S 的含量低至 0.002% 时可以改善 473K 和 923K 回火后断裂塑性的各向异性。可是，S 含量达工业水平的钢经过钙处理后，两类成串的夹杂物对塑性有害，而与回火温度无关。

T. Y. Jin 等用扫描电镜和 X 衍射能谱对 API5LX100 钢中的夹杂物类型、成分和分布进行了各种水平含量的充氢试验并建立了 HIC 与夹杂物的关系，其组织由羽毛状贝氏体基体和第二相马氏体与奥氏体组成。在 API5LX100 钢中主要含有 4 类夹杂物：长条 MnS、球状含 Al、含 Si 和富 Ca-Al-O-S 的夹杂物。钢中的大部分夹杂物是富 Al 的，充氢后在无外引力时氢气孔和 HIC 会形成，裂纹与富 Al 和 Si 夹杂物有关，而不是 MnS 夹杂物。对 API5LX100钢，导致 HIC 的临界充氢量是 3.24×10^{-6}。

第2章　实验方法

研究夹杂物对钢性能影响的最初目的是为夹杂物评级标准提供科学依据，为此应结合实际钢种进行研究。但是由于实际钢中夹杂物含量、类型和尺寸等均随炼钢工艺而变，即使同一钢种，冶炼炉次不同也会引起夹杂物变化，这种不可控制性不利于研究工作。为此选定了在实验室条件下进行研究。另外根据以往工作已了解到危害性最大的夹杂物为宏观夹杂物，它们主要是渣、耐火材料等外来夹杂物，如采用连铸工艺炼钢的初期曾出现的大型夹杂物问题。随着冶炼工艺的进步，减少和消除了这种大型夹杂物。而钢中内生夹杂物成为影响钢质量的主要问题，自20世纪70年代中期以来一直受到冶金工作者的重视。

内生夹杂物是钢脱氧、脱硫的产物，在洁净钢或者零夹杂物钢未在炼钢工业中出现之前，所有钢中都存在内生夹杂物，它是钢的组成部分。由于多数夹杂物与钢基体之间缺乏相容性，当钢受加工变形后，夹杂物周围会与钢基体分开，或者夹杂物本身开裂而成为微孔或裂纹，当钢构件在服役过程中受到外界环境或应力的作用后，这些早已存在于钢基体内的缺陷将会逐渐扩大，由微孔聚合成裂纹而扩向基体，破坏基体的连续性。当裂纹扩展到钢件表面时，就会引起断裂。这种由内生夹杂物引起的断裂主要是韧性断裂。

韧性断裂与钢的强度关系极大，强度愈高的钢，夹杂物造成韧性断裂的概率愈大，为此在设计实验方法时，应选用低合金超高强度钢作为研究对象。在实验室可控条件下系统改变夹杂物的类型和含量，尽可能满足每种试样内只含一种夹杂物，或者有意配制含有两种夹杂物的试样。

2.1　试样的冶炼锻造和热处理

2.1.1　母体钢的冶炼和锻造

以工业纯铁和Ni、Cr、Mo等纯金属为原料，按低合金超高强度钢D_6AC的成分配置之后，在200kg真空感应炉中熔化，熔化过程进行脱氧和脱硫，熔毕随炉冷却，所得200kg D_6AC钢锭，经热锻成棒材，成为冶炼含夹杂物试样的母体钢或母合金。

2.1.2　夹杂物试样的冶炼、锻造和热处理

以母体钢为原料，再于10～25kg真空感应炉中熔炼夹杂物试样。冶炼硫化物夹杂物时，需要所需硫化物含量分别加入FeS，然后分别加入脱硫元素，如Mn、Ti、Zr和稀土金属等；同样，冶炼氮化物时，加入氮化铬合金以调节含氮量，再分别加入脱氮元素，如Ti、Zr等。各套夹杂物试样的成分将在后面各章节中叙述。

配好夹杂物的各套试验小锭，在电炉中加热到1250℃，保温2h，分别锻成测试性能所需要的各种尺寸，如18mm×32mm、12mm×55mm、14mm×14mm和ϕ18mm的板材试

棒。停锻温度980℃左右。锻后试样均需退火处理。试样按要求加工成拉伸、冲击、断裂韧性和平板拉伸等粗加工试样，然后进行热处理，以保证试样基体显微组织完全相同，只有含夹杂物一种变数。为此在试样进行最后的精加工之前，必须经过正火、淬火和回火处理，每套试样的热处理制度将分别在各章节中叙述。

2.2 测试方法

2.2.1 试样基体组织及晶粒度评定

预先加工好的一套金相试样，随测试性能的试样一同进行热处理，然后按制备金相试样的方法粗磨和抛光。用2%硝酸酒精溶液腐蚀后，在金相显微镜下放大400~500倍观察。所有试样的基体组织均为回火索氏体。

由于D_6AC钢经高温回火后晶粒不易显示，通常都采用两种方法（化学法和氧化法）显示晶粒度。

（1）化学法：饱和苦味酸水溶液100mL+0.1g溴代+四烷吡啶，在60~70℃下浸泡2min，有的试样采用其他化学法。

（2）氧化法：试样抛光面向上放入800℃马弗炉中保温1h水淬，然后机械抛光，重新腐蚀晶粒，腐蚀晶粒所用的试剂有几种，如：

1）酒精50mL+氨水1mL+盐酸2mL+苦味酸3g+氯化铜0.5g。

2）4%硝酸酒精溶液。

显示出试样的晶粒之后，再于400倍下按《钢的晶粒度测定法》(YB 27—1977)标准或ASTM晶粒度评定标准进行各套试样的晶粒评级。

2.2.2 试样中夹杂物的定性和定量

2.2.2.1 夹杂物定性分析

由于D_6AC钢样所配置的夹杂物种类较单一，只要曾经做过夹杂物鉴定工作的人，利用金相显微镜即可判断夹杂物的类型，如TiN、MnS、ZrN等。但试样中配置的稀土夹杂物仍需经过金相、电子探针、X光粉末衍射等以肯定夹杂物的类型。在进行X光粉末衍射鉴定时，首先必须将夹杂物从试样中分离出来。分离夹杂物的方法经常采用下面两种：

（1）化学法：对于稳定夹杂物（如TiN），可以采用酸溶法，即钻取或车屑试样2~3g，用1:5盐酸水溶液使车屑溶解。未溶的残渣中有碳化物和夹杂物。由于碳化物占残渣总量绝大部分（>99%），还要破坏碳化物以提取所要的夹杂物。破坏碳化物的方法很多，例如，将车屑溶剩的残渣置于回流冷凝装置中，加入1:1盐酸水溶液加热煮7h，使碳化物分解，留下夹杂物粉末供X光衍射分析之用。

（2）电解分离与水选法：在多数情况下采用电解分离使基体金属溶解后，剩下的碳化物和夹杂物再用水选法去除碳化物留下夹杂物粉末供X光衍射分析。

2.2.2.2 夹杂物定量分析

A 物理法

各套试样分别用图像仪Q-720和IBAS KIT386测量夹杂物的面积、尺寸、周长、数目、纵横比和夹杂物间距等参数。夹杂物平均间距为：

$$\bar{d}_T = \sqrt{\frac{A}{N}}$$

式中　A——所测视场总面积；

　　N——所测视场中夹杂物总数。

从断口试样上测 $\bar{d}_T$ 时，N 为夹杂物形成的韧窝数目。通常用 K_{1C} 断口试样在扫描电镜下，从预制疲劳裂纹尖端开始往前移动适当位置连续拍5～10张照片，各试样往前移动位置必须严格对应，以利于各试样 d_T 的比较。在用图像仪测定 $\bar{d}_T$ 时，对衬度低的试样事先必须对试样做增大衬度处理，处理方法如下：

（1）化学法。TiN试样采用化学法染色，所用染色剂为 H_2SO_4 水溶液100mL + HF 2mL；浸泡2min后再在 $K_2S_2O_5$ 3g + 100mL水溶液的试剂中浸泡30～60s。

（2）热着色。试样抛光后，光面向上置于箱式电阻炉中，在350℃下保温5min。为了控制时间，首先使箱式炉升温到350℃后再放入样品。

除了采用图像仪定量分析夹杂物之外，当有些试样中同时存在2～3种彼此难以区分的夹杂物时，也采用金相法定量。如ZrN夹杂物试样中，除了主要的ZrN相外，还有 Zr_3S_2 夹杂物，它与ZrN在图像仪中无法区分，但在分辨率较高的金相显微镜下却能分辨。为此采用金相法，用目镜测微尺测量夹杂物的面积和数目、尺寸等参数，并与图像仪测定结果对比。为了纠正夹杂物偏聚引起的误差，有的试样测定了四个截面上夹杂物的量，即测定一个截面后磨去0.5mm再测量，重复四次，每一试样每次测量10个视场。

B　电解分离法

对于硫化物试样的定量主要用电解分离法，电解液成分为3% $FeSO_4 \cdot 7H_2O$ + 1% NaCl + 0.25%枸橼酸钠。经电解分离后所得的沉淀物中只有极少量夹杂物，其余为大量的碳化物，由于碳化物中不含硫，所以测出电解沉淀中的硫含量后，即可换算出硫化物夹杂物的量。定硫采用了两种方法，即燃烧法和美国CS-344红外碳硫仪定硫法。

2.3　性能测试

各套夹杂物试样均进行冲击、拉伸和断裂韧性测试，各试样规格如下：

（1）冲击试样：55mm×10mm×10mm，V形缺口。

（2）拉伸试样：ϕ5mm×55mm。

（3）断裂韧性试样：15mm×30mm×140mm，标准三点弯曲试样，疲劳预裂纹长15mm。

冲击试验使用JB-30型冲击试验机。拉伸试验使用IS-5000型电子拉伸试验机，拉伸速度为2.5mm/min，分别测定了屈服强度、抗张强度、断裂强度以及应变、延伸率和断面收缩率。断裂韧性试验是在高频万能疲劳试验机上采用频率138rad/s，开疲劳纹之后，再用万能材料试验机测定断裂韧性 K_{1C} 值。

个别试样还测定了泊松比，试样规格为 ϕ8mm×190mm的圆棒，用悬丝耦合弯曲共振法测出弹变模量和切变模量，再按以下公式计算出泊松比：

$$\nu = \frac{E}{2G} - 1$$

式中 ν——泊松比；

E——弹变模量；

G——切变模量。

2.4 断口分析

用扫描电子显微镜分别对冲击韧性（a_K）和断裂韧性（K_{1C}）试样的断口进行观察。考虑到 K_{1C} 试样断口预制疲劳裂纹尖端区夹杂物的数量、分布和间距，对预裂纹的扩展起着重要的作用，故对有些试样进行了仔细观察，同时先取各对应视场拍摄扫描电镜照片，以测定这些断口照片上夹杂物的平均间距（韧窝间距）和夹杂物的分布状况。对 a_K 试样断口的观察，着重了解断口形貌与 a_K 值之间的对应关系，并与 K_{1C} 断口形貌作对比。

第 3 章　TiN 夹杂物对 D_6 AC 钢性能的影响

3.1　TiN 夹杂物 510℃回火

钢中常见的氮化物有 TiN、AlN 等。在实验室条件下很难炼出含 AlN 的系统试样，因此主要研究 TiN 和 ZrN 夹杂物对钢性能的影响。

3.1.1　试样成分与基体组织

3.1.1.1　试样化学成分

以工业纯 Fe 为原料，原料成分（质量分数）为：0.02% C、0.01% Si、0.15% Mn、0.03% Cr、0.1% Ni、0.03% Cu、0.013% S、0.005% P。设计试样中 TiN 夹杂物含量变化由 0.02% ~0.2%，配置 TiN 夹杂物试样采用双真空冶炼，为了控制试样中含氮量，加入不同量的 Mn-N 合金，以免 N 在真空下损失，控制 N 和 Ti 的加入量，按如下公式计算：

$$f_V = f_W \frac{f_m}{f_i}$$

式中　f_V，f_W——夹杂物的体积和质量分数；

f_m，f_i——夹杂物和基体的密度，D_6AC 钢基体的密度约为 7.8g/cm^3，TiN 的密度为 5.4g/cm^3。

另外考虑到 Ti 在钢中可能与 C 结合形成 TiC 而固溶少量于基体中，加 Ti 时每炉试样多加 0.155% Ti。设计的试样中，TiN 夹杂物含量和加入量与化学分析结果列于表 3-1 中。化学分析试样取自钢锭。

表 3-1　设计的试样中 TiN 夹杂物含量和分析结果

炉号	夹杂物设计含量/%		母体钢中加入元素/%		化学分析/%		备　注
	w(TiN)	f_V	w(Ti)	w(N)	w(Ti)	w(N)	
1	0	0	0.155	0.0045	0.17	<0.01	1 号空白样作对比用
2	0.02	0.029	0.17	0.009	0.19	<0.01	
3	0.05	0.072	0.19	0.0158	0.20	<0.01	
4	0.08	0.115	0.217	0.0225	0.21	<0.01	
5	0.10	0.114	0.232	0.0271	—	—	断裂报废
6	0.15	0.216	0.271	0.0385	0.24	0.036	
7	0.20	0.289	0.31	0.0497	0.28	0.023	
8	0.25	0.36	0.348	0.061	0.24	0.025	

试样虽然在真空条件下冶炼，但冶炼过程中加入 N 量仍有损失。除 6 号试样外，加入 N 量愈多，损失愈大，而 1 号 ~4 号试样中加入 N 量虽不同，但损失后留存钢中的 N 含量均小于 0.01%。化学分析法不能测出损失后留存钢中 N 含量的准确值，但从金相显微镜

下观察到的 TiN 夹杂物含量并不相同。由于 N 含量直接与 TiN 夹杂物含量有关，故在分析试样成分时，试样中的 N 含量分别采用化学分析和美国力克公司生产的 TN-114 定氮仪进行分析比较。TN-114 定氮结果由抚顺钢厂钢研所提供。对其他非金属元素 C、S 也采用化学法和仪器分析法，所用仪器为西德 Leytold Hesaue 厂生产的 CSA-2003 红外 C、S 分析仪（全自动），[O] 用真空熔化法测定。试样成分列于表 3-2 中。

表 3-2　含 TiN 试样成分（质量分数）　（%）

炉号	样号	C	Si	Mn	Ni	Mo	Cr	S	P	[O]	Ti	N
1	1	0.43	0.24	0.57	0.69	0.97	0.97	0.016	<0.005	0.0009	0.07	0.0043
3	2	0.45	0.23	0.65	0.70	0.99	1.0	0.015	<0.005	0.0012	0.11	0.0091
7	3	0.40	0.23	0.73	0.65	0.92	0.98	0.016	<0.005	0.0009	0.19	0.0120
2	4	0.42	0.26	0.45	0.82	1.07	1.06	0.013	<0.005	0.0021	0.17	0.0094
4	5	0.45	0.27	0.76	0.82	1.04	1.08	0.013	<0.005	0.0026	0.19	0.0170
6	6	0.48	0.26	0.48	0.86	1.06	1.06	0.012	<0.005	0.0016	0.26	0.0377

注：1 号 ~3 号试样为 10kg 锭；4 号 ~6 号试样为 25kg 锭。

试样成分中 Cr 与 C 形成的含 Cr 碳化物比 Fe_3C 难溶，在化学分析时会忽视碳化铬难溶的问题而造成分析 Cr 的结果偏低。为使试样成分的分析数据可靠，常需重复分析个别金属元素。

3.1.1.2　基体组织与晶粒度

1 号 ~6 号试样的金相组织均为回火索氏体。碳化物颗粒细小，分布均匀，Ti 和 N 含量变化对金相组织无影响。图 3-1 和图 3-2 分别为 Ti、N 含量低和高的试样。

图 3-1　Ti、N 含量低的试样（索氏体，×500）

图 3-2　Ti、N 含量高的试样（索氏体，×500）

基体钢的晶粒度直接与性能有关。为了研究夹杂物对钢性能的影响，必须排除晶粒度的影响。为此采用两种显示晶粒的方法，以确定 D_6AC 基体钢中加入不同 Ti 量后是否造成晶粒度的改变。6 个试样均用化学法和氧化法显示实际晶粒，结果 1 号 ~6 号试样的晶粒大小完全相同。现选 1 号和 6 号试样的晶粒度示于图 3-3 ~ 图 3-6 中，另外还用 Hilliand 法在金相图 3-1 ~ 图 3-6 上测定实际晶粒和晶粒的平均弦长。再用对照法，参照 ASTM 标准对各试样的晶粒度进行评级，见表 3-3。

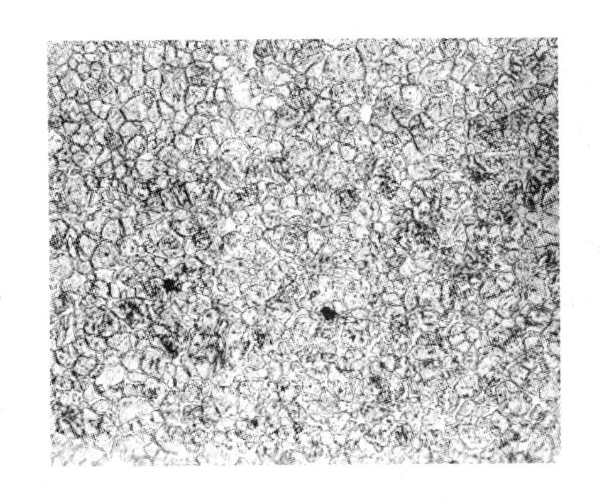

图 3-3　晶粒度（视场一，×500，10～12 级）

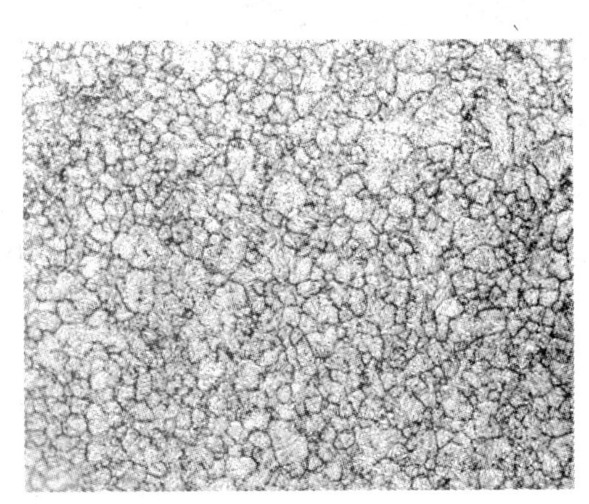

图 3-4　晶粒度（视场二，×500，10～12 级）

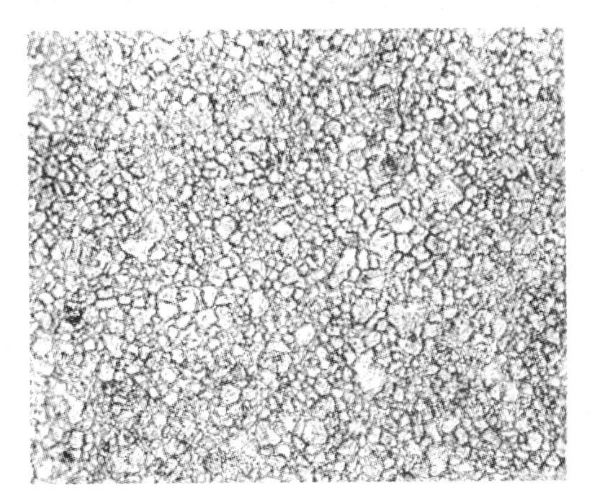

图 3-5　晶粒度（视场三，×500，10～12 级）

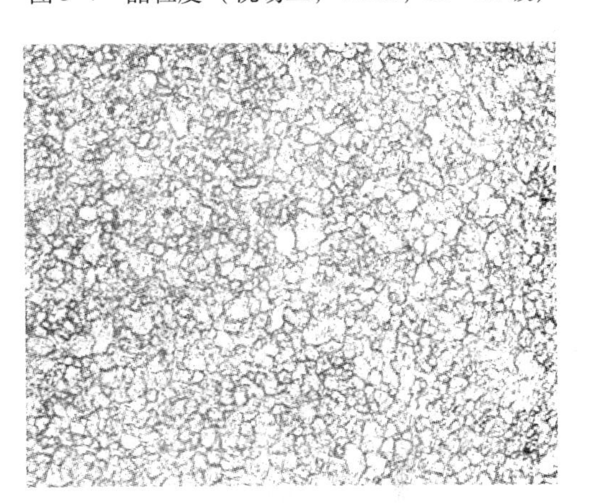

图 3-6　晶粒度（视场四，×500，10～12 级）

表 3-3　晶粒度和平均弦长

样　号	1	2	3	4	5	6
ASTM 级别（化学法）	10.47	10.57	10.72	10.74	10.47	10.63
ASTM 级别（氧化法）	11①	10①	—	12①	—	10.65
晶粒平均弦长/μm	8.26	7.97	7.58	7.53	8.26	7.83

① 对照法评级。

3.1.1.3　试样热处理

正火：900℃ ×2h，空冷。

淬火：880℃ ×30min，油冷。

回火：515℃ ×2h，空冷。

3.1.2　夹杂物定性和定量

3.1.2.1　夹杂物定性

夹杂物定性法包括观察其形貌特征的金相法、确定晶体结构的 X 射线衍射法和每颗夹杂物定量组成分析的电子探针法。

在金相显微镜下放大500倍观察夹杂物的形貌、分布状态和尺寸等（见图3-7和图3-8）。TiN夹杂物最明显的特征是呈金黄色的方块和三角形，另有少量紫褐色Ti(C,N)。在1号~3号试样中，TiN分布较均匀；而含量较高的4号~6号试样中，TiN存在偏聚分布。加工后TiN本身不变形而沿加工方向呈带状分布。将它们从试样中分离出来后，进行X射线衍射，所得数据列于表3-4中，表中所列强度（I）是直接从衍射图上得出的。为了同ASTM标准卡片对照，再自行转化为相对强度（I/I_0），衍射选用Cu靶。

图3-7 2号试样(横向)夹杂物TiN的形貌(×600)

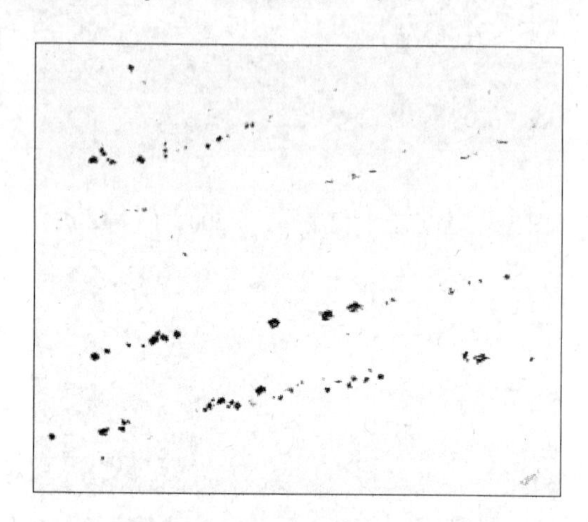

图3-8 4号试样(纵向)夹杂物TiN的形貌(×420)

表3-4 夹杂物粉末的X射线衍射分析

序号	实验数据			ASTM卡片[$d(I/I_0)$]		
	d(Cu)	I	I/I_0	TiN	$M_{23}C_6$	Fe_3C
1	3.0135	14	17			3.01(20)
2	2.6882	14	17		2.67(20)	
3	2.5334	15	18		2.53(20)	
4	2.4275	15	18		2.44(77)	
5	2.1348	84	100		2.12(100)	
6	2.1016	15	18			2.10(80)
7	2.0517	12	14		2.05(100)	
8	2.0204	13	15		2.01(100)	
9	1.9713	15	18		1.97(80)	
10	1.879	13	15		1.881(70)	
11	1.8645	21	25			1.87(20)
12	1.8461	11	13			1.85(80)
13	1.7944	10	12		1.799(70)	
14	1.6908	9	10		1.686(20)	
15	1.6039	15	18		1.605(40)	1.61(40)
16	1.5466	17	20			1.54(40)
17	1.5109	34	41			1.51(40)
18	1.5069	32	38	1.49(56)		1.50(40)
19	1.3429	8	10			1.34(40)
20	1.3014	80	95		1.29(30)	1.29(40)
21	1.2846	20	24	1.27(26)		
22	1.2525	20	24		1.254(80)	1.25(40)
23	1.2313	17	20		1.23(75)	
24	1.2287	17	20	1.22(16)		
25	1.2161	13	15		1.21(50)	
26	1.1978	8	10		1.19(40)	1.19(20)

表3-4中的衍射数据说明，粉末样中主要为TiN，另外还有$M_{23}C_6$和Fe_3C两种碳化物相，从衍射强度看，它们不属于主要相。20号线条的$d(I/I_0)$为1.3014(0.5)，按d值应属于这两种碳化物相，但I/I_0较高，可能粉末中还存在另一种相。

在用电子探针分析夹杂物组成之前，首先要在金相显微镜下选好几颗尺寸较大的 TiN，用刻划仪圈好，然后进行分析，所得结果列于表 3-5 中。表中所列实验值是分析 18 颗 TiN 后的平均值。

表 3-5　电子探针分析 TiN 夹杂物成分的结果　(%)

元　素		Ti	N	C	Cr	Mo	S	Fe	金相观察	
									形状	颜　色
计算值	TiN	77.42	22.58	—	—	—	—	—	—	—
	Ti(C,N)	78.69	11.48	9.83	—	—	—	—	—	—
实验值	TiN	75.8	19.66	1.801	0.014	2.00	0.011	2.192	方块	全　黄
	Ti(C,N)	76.84	13.18	7.873	0.012	0.116	0	1.979	方块	全黄带紫褐色

电子探针分析结果表明，试样中 TiN 夹杂物的实验值与理论值接近。基体元素 Fe 和 Mo 溶入少量，但 TiN 金相特征并未改变。Ti(C,N)夹杂物是按 C∶N = 1∶1 计算的。试样测出的 N 量稍高而 C 量稍低，属于正常现象。

在 Ti(C,N)夹杂物中，C、N 原子可以相互置换，其过程是：TiN→Ti(N,C)→Ti(C,N)→TiC。中间过程的 N、C 含量不同，夹杂物的金相特征也不同，随其中 C 含量增加，TiN 由金黄色→金黄带紫色→紫玫瑰色→淡紫色。本试样中由于含 N 量较高，Ti 与 N 的亲和力较大，所以试样中仍以 TiN 夹杂物为主，只有少量含 N 高的 Ti(N,C)夹杂物，它们不仅量少，而物理特征（如形状和尺寸）也无大的变化，对性能的影响完全可以忽略。根据金相 X 射线衍射和电子探针分析结果，肯定试样中的夹杂物为 TiN。

3.1.2.2　夹杂物的定量

夹杂物定量工作经历了半个多世纪的变化。20 世纪 30 ~ 50 年代，以电解分离与化学分析定量法为主。60 年代后，根据钢中夹杂物评级和半定量的需要，伴随金相法而出现了第一台定量电视显微镜，使图像仪定量法逐渐取代电解分离法，为研究夹杂物对钢的性能影响提供了电化法难以得到的夹杂物参数，如夹杂物的平均间距、尺寸分布、纵横比、投影长度等。今将图像仪 Q-720 分析试样中 TiN 夹杂物参数的结果列于表 3-6 中。考虑到图像仪在测量夹杂物与基体对比度较低的 TiN 夹杂物时可能会产生漏测，故先后测量两次，每次测量 100 个，然后取平均值。表 3-6 中 f_V 代表 TiN 的含量，用图像仪只能测出每颗 TiN 的面积，按一般表示法用体积分数 f_V 表示夹杂物含量，d_T 代表夹杂物的平均间距，d_T^m 表示金相法测定的夹杂物的平均间距，d_T^{AIA} 表示图像仪测定的夹杂物的平均间距结果，d_T^{SEM} 表示用扫描电镜（SEM）测定断口试样上的夹杂物韧窝的平均间距，$\bar{a}$ 代表夹杂物的平均尺寸，即代表所测 TiN 夹杂物的平均边长，用图像仪共测 200 个视场中 TiN 夹杂物的边长，最后取平均值。

$$\Delta P_i = \frac{n_i}{N} \times 100\%$$

式中　ΔP_i——夹杂物个数分布频率，同样，A_i 表示夹杂物面积分布频率；

n_i——夹杂物尺寸范围为 i 时，单位视场中夹杂物的数目；

N——单位视场中夹杂物为总数。

表 3-6　试样中 TiN 夹杂物参数的定量分析结果（Q-720 图像仪）

夹杂物参数		样号						夹杂物尺寸范围
		1	2	3	4	5	6	
f_V/%		0.026	0.048	0.071	0.089	0.103	0.149	
d_T^m/μm		87.42	74.97	64.7	55.77	53.16	50.86	
d_T^{SEM}/μm		32.85	28.96	23.85	22.36	21.02	19.18	
TiN 夹杂物 $\bar{a}$/μm		1.76	1.77	2.09	1.94	2	2.25	
TiN 个数分布频率/%	ΔP_1	47.5	50.3	40.7	42.2	36.5	30.8	[0μm, 0.55μm]
	ΔP_2	30.3	25.1	27.3	27.8	23.7	22	[0.55μm, 1.12μm]
	ΔP_3	11.4	10.4	15.9	17.5	20.3	23.9	[1.12μm, 2.0μm]
	ΔP_4	5.4	6.2	9.2	6.3	12	13.3	[2μm, 2.9μm]
	ΔP_5	3.8	5.1	4.4	4.1	5.1	6.2	[2.9μm, 3.9μm]
	ΔP_6	0.9	2.1	1.4	1.4	1.6	2.1	[3.9μm, 4.7μm]
	ΔP_7	0.61	0.66	0.73	0.62	0.56	1.02	[4.7μm, 5.7μm]
	ΔP_8	0.16	0.16	0.3	0.14	0.26	0.68	[5.7μm, ∞]
TiN 面积分布频率/%	ΔA_1	5.9	5	3.5	5.3	3.3	2.3	[0, 0.3μm²]
	ΔA_2	10.8	8.3	8	11.2	6	4.2	[0.3μm², 1.25μm²]
	ΔA_3	13.3	13.7	16.7	20	18.5	16.8	[1.25μm², 4μm²]
	ΔA_4	21.2	20.3	24.6	18.9	27.5	23.7	[4μm², 8.4μm²]
	ΔA_5	25.4	27.5	20.8	23.5	22.1	21.5	[8.4μm², 15.2μm²]
	ΔA_6	9.7	16.6	12.23	11.1	12	12.1	[15.2μm², 22.10μm²]
	ΔA_7	10.3	6.5	6.7	7.8	6.5	9.3	[22.10μm², 32.5μm²]
	ΔA_8	3.4	2.2	7.4	2.3	4.1	10.2	[32.5μm², ∞]

3.1.3　性能测试结果

拉伸和断裂韧性试验均在室温下进行，而冲击试验除在室温外还在低温下进行，试样规格为 10mm × 10mm × 55mm。拉伸试样规格为 ϕ5mm × 50mm。在 IS-5000 型电子拉伸试验机上做常规拉伸试验。拉伸速度为 2.5mm/min。测定了抗张强度 σ_b、屈服强度 σ_y、断裂强度 σ_f、伸长率 δ、面缩率 ψ 和断裂应变 ε_f。断裂韧性试样规格为 15mm × 30mm × 140mm 标准三点弯曲试样。在高频万能疲劳试验上开疲劳纹，长度为 15mm，频率用 138rad/s。断裂韧性试验在万能材料试验机上进行。根据 x-y 记录仪记录的载荷-位移曲线测定平面应变断裂韧性 K_{1C}。

研究夹杂物与钢的断裂时，需要弹变模量等值，故用悬丝耦合弯曲共振法测定了弹变模量和切变模量，所用试样规格为 ϕ8mm × 190mm 圆棒，再按 $\nu = E/2G - 1$ 计算出泊松比。以上结果分别列于表 3-7 ~ 表 3-9 中。

在多数情况下，拉伸试验只列出四种数据，即抗张强度 σ_b、屈服强度 $\sigma_{0.2}$ 或 σ_y、伸长率 δ 和面缩率 ψ。但在研究夹杂物与钢的断裂方面，ε_F 即试样的断裂应变，与夹杂物开裂应变 ε_f 之间有联系，故在表 3-7 中按拉伸试验数据计算出 ε_f 值。计算 ε_f 的方法有几种，这里按 $\varepsilon_f = \ln \dfrac{1}{1-\psi}$ 计算。

表 3-7 拉伸和断裂韧性测试结果（试样于 510℃回火）

样 号	σ_y/MPa	σ_b/MPa	σ_f/MPa	δ/%	ψ/%	ε_f/%	K_{1C}/MPa · $m^{\frac{1}{2}}$
1	1412	1497	2276	13.12	52.58	74.61	93
	1471	1542	2295	11.44	53.4	76.36	90.3
	1462	1517	2305	13.6	53.4	76.36	89.4
平均值	1448	1448	2292	12.7	53.1	75.8	90.9
2	1407	1497	2348	13.6	53.4	76.36	87.6
	1459	1509	2331	12.16	52.95	75.39	86.7
	1426	1516	2318	10.08	52.77	75.01	87.6
平均值	1431	1507	2332	11.9	53	75.6	87.3
3	1397	1437	2630	13.2	47.13	63.74	84.8
	1400	1418	2288	13.2	52.3	74.03	85.3
	1380	1428	2111	13.36	51.28	71.91	84.6
平均值	1395	1428	2343	13.3	50.2	69.9	84.9
4	14.8	1511	2267	11.04	50.83	70.99	85
	1459	1527	2299	11.68	51.75	72.88	84.5
	1485	1526	2333	12.56	52.22	73.85	78.6
平均值	1461	1521	2300	11.8	51.6	72.6	82.7
5	1457	1544	2117	10.32	53.5	76.57	80.3
	1428	1511	2165	8.4	45.08	59.94	80.5
	1431	1531	2108	12.16	46.84	63.19	82.5
平均值	1439	1529	2130	10.3	48.5	66.6	81.1
6	1436	1526	2274	12	47.71	64.84	80.5
	1455	1545	2234	12	45.67	61.02	81
	1441	1552	2252	10	47.53	64.49	79.6
平均值	1444	1541	2253	11.3	47	63.5	80.4

表 3-8 室温和低温冲击试验结果

样 号	f_V/%	室温和低温冲击韧性 a_K/J · cm^{-2}					
		室温	-10℃	-20℃	-40℃	-60℃	-196℃
1	0.026	36.3	30.2	31.4	26.6②	23.5	9.1
2	0.048	33.8	25.5②	24.5	22.5	21.6	10.2
3	0.071	36.6	35.8	30.4	27.0	20.6	7.8
4	0.089	30.8	22.5	23.5②	21.1②	19.3①	11.0
5	0.103	28.9②	22.5	21.6	22.5	18.6	8.4
6	0.149	23.5	21.6	20.1	18.6	18.2	7.6

① 1 个试样的值；
② 2 个试样的平均值。

表 3-9 弹变模量 *E*、切变模量 *G* 和泊松比 *ν* 的测定结果

样 号	4	5	6	平均值
E/GPa	213	212	211	212
G/GPa	80.9	80.4	81.3	80.8
ν	0.32	0.32	0.30	0.31

3.1.4 分析与讨论

为便于分析讨论，将表 3-6 和表 3-7 的数据归纳于表 3-10 中。所列 TiN 夹杂物的数目、尺寸和面积分布绘成直方图，见图 3-9 和图 3-10。

表 3-10 TiN 夹杂物与 D_6AC 钢的性能

参数与性能 \ 样号		1	2	3	4	5	6
f_V/%		0.026	0.048	0.071	0.089	0.103	0.149
夹杂物间距 d_T^m/μm		87.42	74.97	64.7	55.77	53.16	50.86
夹杂物间距 d_T^{SEM}/μm		32.85	28.96	23.85	22.36	21.02	19.18
断裂韧性 K_{1C}/MPa · $m^{1/2}$		90.9	87.3	84.9	82.7	81.1	80.4
拉伸性能	σ_y/MPa	1448	1431	1395	1491	1439	1444
	σ_b/MPa	1488	1507	1428	1521	1529	1541
	σ_f/MPa	2292	2332	2343	2300	2130	2253
	δ_5/%	12.7	11.9	13.3	11.8	10.3	11.3
	ψ/%	53.1	53.0	50.2	51.6	48.5	47.0
	ε_f/%	75.8	75.6	69.9	72.6	66.6	63.5

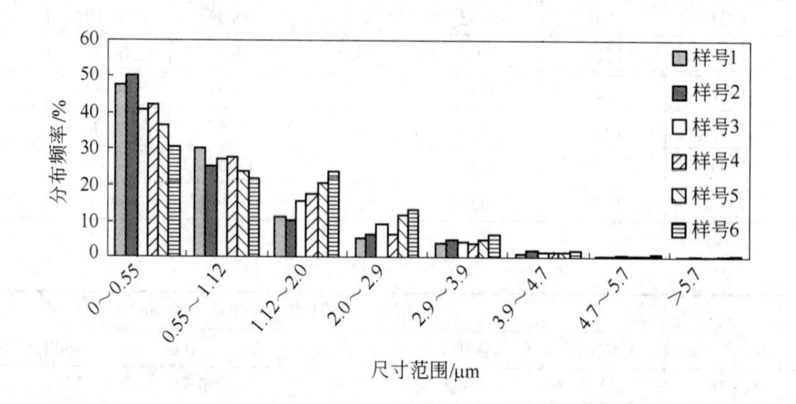

图 3-9 TiN 尺寸分布频率

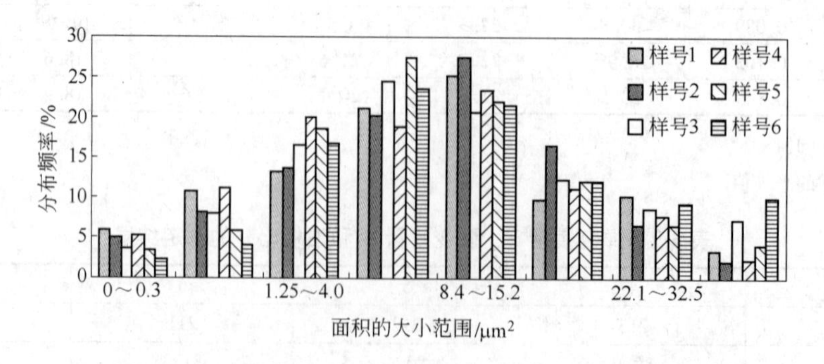

图 3-10 TiN 面积分布频率

3.1.4.1 TiN夹杂物含量、尺寸与强度的关系

从表3-10可以看出，TiN的含量f_V与σ_b和σ_y均无系统对应关系。含TiN量最少的1号试样与含TiN量最多的6号试样对比时发现，TiN量少，σ_b较低，TiN量多，σ_b最高。再从图3-9可以看出，6号试样中，TiN夹杂物尺寸为1.1～5.7μm范围内的数目最多。由于TiN尺寸最大者，在全部试样中均不超过15μm，属于细小夹杂物范围，特将TiN作为细小第二相颗粒看待，使试样增强的可能性很大，所以6号试样中TiN含量最高，σ_b不仅未下降，反而上升。当然不能因此认为夹杂物愈多愈好，前提是夹杂物尺寸属于细小的第二相，当尺寸增大时，将不再起强化作用。再看夹杂物含量居中的4号试样，σ_y值最高。对照图3-10发现，TiN尺寸在0.55～2.0μm范围时，4号试样中的TiN面积分布频率最高，即TiN的面积在0.3～4μm^{2}范围者，具有阻止裂纹扩展的作用，这将在本书下篇作补充解释。

3.1.4.2 TiN夹杂物含量与拉伸韧塑性的关系

从图3-11可以看出，随着TiN含量的增大，除3号试样的伸长率上升外，其余各试样的韧塑性均呈显著下降趋势。钢的强度与韧性是一对矛盾，强度级别增高，韧性降低。在解决强韧矛盾的过程中，炼钢工作者进行了大量科研工作，一是调整成分，二是改善热处理工艺。D_6AC超高强度钢具有强韧配合的优点，因而在军工企业中得到应用推广，但在锻钢成分和热处理工艺已经成熟的情况下，更需进一步考虑内生夹杂物的作用。虽然这些夹杂物颗粒细小，但当其含量增多时，同样会降低韧塑性，在使用过程中带来危害。

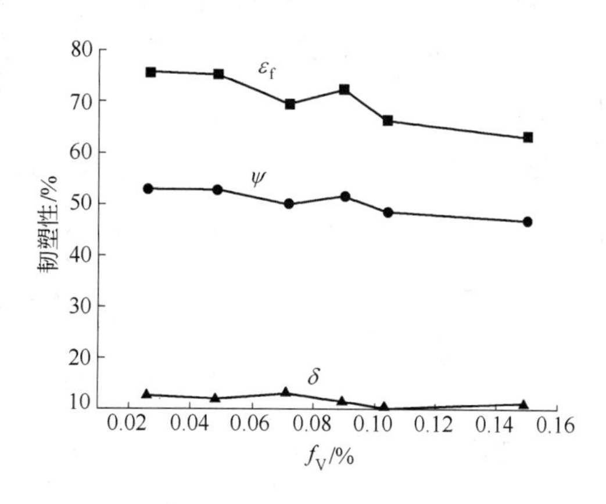

图3-11 D_6AC钢试样中TiN夹杂物含量与韧塑性的关系

图3-11中拉伸韧塑性随TiN夹杂物含量的增高均呈下降趋势。考察下降趋势的规律性，用线性回归方法进行试探是较简便的方法，经回归分析得出下列回归方程：

$$\varepsilon_f = 79.2\% - 105.2 f_V \tag{3-1}$$

$$R = -0.9273, S = 2.06, N = 6, P = 0.007$$

$$\psi = 54.8\% - 52.8 f_V \tag{3-2}$$

$$R = -0.9260, S = 104, N = 6, P = 0.009$$

$$\delta = 13.1\% - 14.4 f_V \tag{3-3}$$

$$R = -0.5918, S = 0.95, N = 6, P = 0.216$$

根据相关系数R检查线性相关显著性水平，按资料介绍分为两级，即$\alpha=0.01$和$\alpha=0.05$，前者显著性水平高于后者。当$N=6$、$\alpha=0.01$时，要求$R=0.917$；$\alpha=0.05$时，$R=0.811$。回归方程式（3-1）和式（3-2）能满足$\alpha=0.01$级的线性相关显著性水平，而回归方程式（3-3）不成立。因此得出结论：试样的断裂应变ε_f和面缩率ψ随TiN夹杂物含量增高而呈直线下降的趋势；试样的伸长率δ与TiN夹杂物含量之间不存在线性关系。

3.1.4.3　TiN 夹杂物含量与冲击韧性的关系

图 3-12 为室温和低温冲击韧性与夹杂物含量的关系。在室温 25℃下，冲击韧性随夹杂物增多而下降。25 ~ -40℃之间，a_K 出现峰值，与拉伸试样中的 3 号试样的伸长率 δ_5 最高值相对应，即塑性好的试样在 -40℃时，冲击韧性仍然保持最高，-60℃的冲击韧性值随 TiN 夹杂物体积分数增大而直线下降。当试验温度进一步降至 -196℃时，原来处于 a_K 峰值的 3 号试样，其冲击韧性却下降至最低值，甚至低于 TiN 夹杂物含量最高的 6 号试样。说明在超低温条件下，夹杂物含量对冲击韧性的影响远小于基体组织的影响。

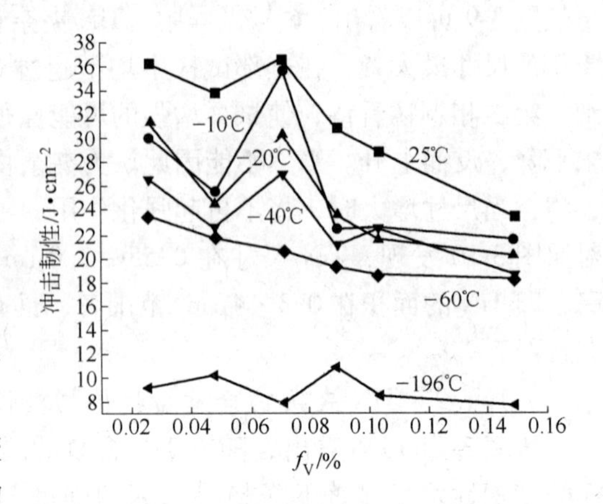

图 3-12　D_6AC 钢试样中 TiN 夹杂物含量与冲击韧性的关系

图 3-12 中的曲线出现峰值，但从曲线变化趋势看，试样的冲击韧性仍随 TiN 夹杂物含量的增加而逐步下降，可用直线模拟冲击韧性与夹杂物含量的关系，经过回归分析得出下列回归方程：

25℃ 时
$$a_K = 40.3 - 10630 f_V \tag{3-4}$$
$$R = -0.9194,\ S = 2.20,\ N = 6$$

-10℃ 时
$$a_K = 32.5 - 7640 f_V \tag{3-5}$$
$$R = -0.5903,\ S = 5.06,\ N = 6$$

-20℃ 时
$$a_K = 32.2 - 8620 f_V \tag{3-6}$$
$$R = -0.8047,\ S = 3.08,\ N = 6$$

-40℃ 时
$$a_K = 27.8 - 5830 f_V \tag{3-7}$$
$$R = -0.7797,\ S = 2.27,\ N = 6$$

-60℃ 时
$$a_K = 23.84 - 4370 f_V \tag{3-8}$$
$$R = -0.9391,\ S = 0.77,\ N = 6$$

-196℃ 时
$$a_K = 10.1 - 1340 f_V \tag{3-9}$$
$$R = -0.4269,\ S = 1.37,\ N = 6$$

首先，根据相关系数 R 值检查线性相关显著性水平，回归方程式（3-4）和式（3-8）的 R 值已满足 $\alpha = 0.01$ 的要求，借此可以肯定室温和 -60℃时的冲击韧性值随 TiN 夹杂物体积分数的增大而直线下降，再将回归方程计算的冲击韧性与实验测定值进行对比，计算结果列于表 3-11 中。

表 3-11　回归方程式（3-4）～式（3-9）计算的冲击韧性与实验测定值的对比

样号	测试温度	冲击韧性 a_K/J · cm^{-2}					
		室温	-10℃	-20℃	-40℃	-60℃	-196℃
	回归方程号	(3-4)	(3-5)	(3-6)	(3-7)	(3-8)	(3-9)
1	实验测定值	36.3	30.2	31.4	26.6	23.5	0.91
	计算值	37.5	30.5	30.0	26.3	22.7	0.75
	差值/%	3.2	1.0	-4.6	-1.1	-3.5	-90.6
2	实验测定值	33.8	25.5	24.5	22.5	21.6	10.2
	计算值	35.2	28.8	28.1	25.0	21.7	9.4
	差值/%	3.9	5.1	12.8	10.0	0.4	-8.5
3	实验测定值	36.6	35.8	30.4	27.0	20.6	7.8
	计算值	32.8	27.1	26.1	23.7	20.7	9.1
	差值/%	-11.7	-32.1	-16.4	-13.9	0.5	14.2
4	实验测定值	30.8	22.5	23.5	21.1	19.3	11.0
	计算值	30.8	25.7	24.5	22.6	19.9	8.9
	差值/%	0	12.4	4.0	6.6	3.0	-23.6
5	实验测定值	28.9	22.5	21.6	22.5	18.6	8.4
	计算值	29.3	24.6	23.3	21.8	19.3	8.7
	差值/%	1.3	8.5	7.3	-3.2	3.6	3.4
6	实验测定值	23.5	21.6	20.1	18.6	18.2	7.6
	计算值	24.5	21.1	10.5	19.1	17.3	8.1
	差值/%	4.1	-2.3	-91.4	2.0	-5.2	6.1

通过将计算的冲击韧性与实验测定值进行对比，进一步肯定了在室温（25℃）和-60℃条件下，冲击韧性随夹杂物的含量增加而直线下降。另外，按回归方程式（3-7）计算的冲击韧性与实验测定值之差，除一个点稍大外，其余各点两者都较接近，即在-40℃条件下，冲击韧性随夹杂物的含量增加也呈直线下降趋势。

总之，试样的冲击韧性在25℃、-40℃和-60℃等条件下，随夹杂物的含量增加均会直线下降。

3.1.4.4　TiN 夹杂物含量、间距与断裂韧性的关系

断裂韧性是判断超高强度钢钢质的最重要指标，是构件内部存在裂纹时，抵抗裂纹扩展能力大小的判据。自从断裂韧性的概念提出后，彻底改变了人们设计部件时以材料强度作为主要依据的传统做法。夹杂物作为钢内部固有缺陷而直接影响断裂韧性大小，D. 布洛克在所著的《工程断裂力学基础》一书中，专门论述了合金中第二相粒子的影响，造成材料韧性断裂的过程为：在第二相粒子附近出现微孔，由于它的形成、扩展和聚集造成韧性断裂。该著者认为在商用材料中存在如下三种粒子：

（1）小粒子（<50nm）。如沉淀相，为提高屈服强度而有意加入的。

（2）中粒子（50～500nm）。控制晶粒长大的抑制剂或用来改善硬度和屈服强度。

（3）大粒子（≥0.5~50μm）。这里所指的大粒子与内生夹杂物的尺度相同，这些大粒子在相当低的应变下即已开裂。在裂纹前沿的高度伸展区内，大粒子存在会提早形成较大的空洞，从而限制四周基体材料应变的能力，使中粒子附近提早形成空洞，降低材料的断裂韧性。这种断裂过程将在本书下篇中做详细讨论，这里只考虑 TiN 夹杂物的含量、尺寸和间距与断裂韧性的关系。

A TiN 夹杂物含量 f_V 与断裂韧性 K_{1C} 的关系

TiN 夹杂物含量与断裂韧性的关系示于图 3-13 中。

图 3-13 中 K_{1C} 值随 TiN 夹杂物含量的增加而下降。当 $f_V \leqslant 0.1\%$ 时，K_{1C} 直线下降；当 $f_V > 0.1\%$ 后，K_{1C} 下降趋缓。对图 3-13 中的曲线用直线进行模拟后得出下列回归方程：

$$K_{1C} = 91.6 - 8530 f_V \qquad (3\text{-}10)$$

$R = -0.9476$，$S = 1.39$，$N = 6$，$P = 0.0040$

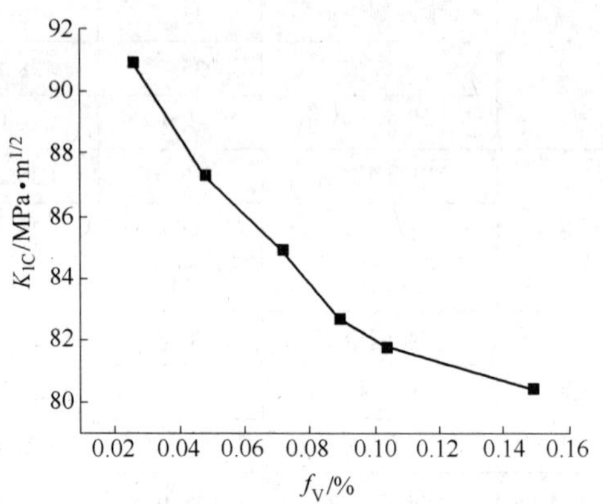

图 3-13 D_6AC 钢试样中 TiN 夹杂物含量与 K_{1C} 的关系

回归方程式（3-10）的 R 值满足 $\alpha = 0.01$ 的线性相关显著性水平的要求，因此试样的断裂韧性随 TiN 夹杂物的含量增大而呈直线下降趋势。当 $f_V > 0.1\%$ 后，K_{1C} 下降趋缓。下降趋缓的现象可以用拉伸试验的结果加以说明。在拉伸过程中，TiN 开裂的数目随应变增加而增多，但达到屈服点之后，TiN 开裂的数目保持不变，或 TiN 继续开裂的数目随应变增加不多，见图 3-14 和图 3-15。

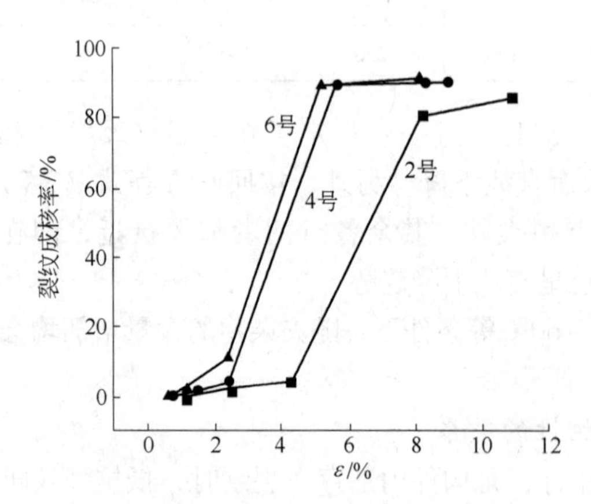

图 3-14 裂纹在 TiN 夹杂物上成核率与应变的关系（颈缩区）

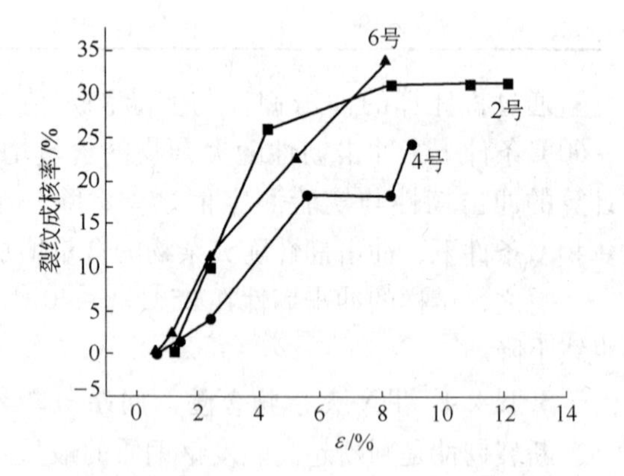

图 3-15 裂纹在 TiN 夹杂物上成核率与应变的关系（非颈缩区）

图 3-14 为 2 号、4 号和 6 号三个试样在颈缩区中的裂纹形核率与应变的关系，即应变控制着 TiN 夹杂物开裂的数目。6 号试样中 TiN 夹杂物含量最高，数目最多，但当试样发生颈缩后，TiN 开裂数目就不再增加或即使增加也不大，所以 K_{1C} 值下降趋缓。图 3-15 为三个试样在非颈缩区中的裂纹形核率与应变的关系，在非颈缩区内，三个试样中的裂纹形

核率均随应变增加而增多。对图3-14和图3-15的详细解释见本书下篇。

B　TiN夹杂物平均间距（d_T^m，d_T^{SEM}）与断裂韧性K_{1C}的关系

K_{1C}随夹杂物间距增大而增加（见图3-16）。在图3-16中，d_T^m为金相法测定的夹杂物间距，d_T^{SEM}为扫描电镜夹杂物韧窝间距，夹杂物间距增大，会使裂纹扩展的速度减慢，从而增大了抵抗裂纹扩展的能力，故使断裂韧性K_{1C}值增大。从图3-16中可以看出，断裂韧性K_{1C}值随d_T^m、d_T^{SEM}增大而逐步呈直线上升趋势。用回归分析方法找出两者的定量关系如下：

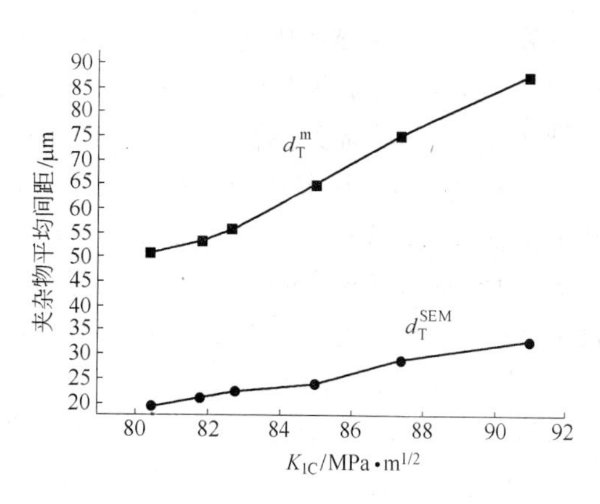

图3-16　TiN夹杂物间距与断裂韧性的关系

$$K_{1C} = -245 + 3.66d_T^m \tag{3-11}$$

$$R = 0.9960, S = 1.42, N = 6, P < 0.0001$$

$$K_{1C} = -87.1 + 1.32d_T^{SEM} \tag{3-12}$$

$$R = 0.9924, S = 0.71, N = 6, P < 0.0001$$

根据前面的说明，回归方程式(3-11)和式(3-12)的R值较高，能满足$\alpha=0.01$的线性相关显著性水平，试样的断裂韧性K_{1C}随夹杂物间距d_T^m和d_T^{SEM}增大而直线上升。

3.1.4.5　TiN夹杂物含量、尺寸与K_{1C}的关系

上面已讨论了TiN夹杂物含量、间距与性能的关系，而夹杂物尺寸又与夹杂物含量、间距有关，同时夹杂物尺寸也是钢质的重要指标。现利用夹杂物尺寸分布频率与夹杂物含量的关系，分别按夹杂物尺寸大于4μm和小于4μm作图，如图3-17和图3-18所示。

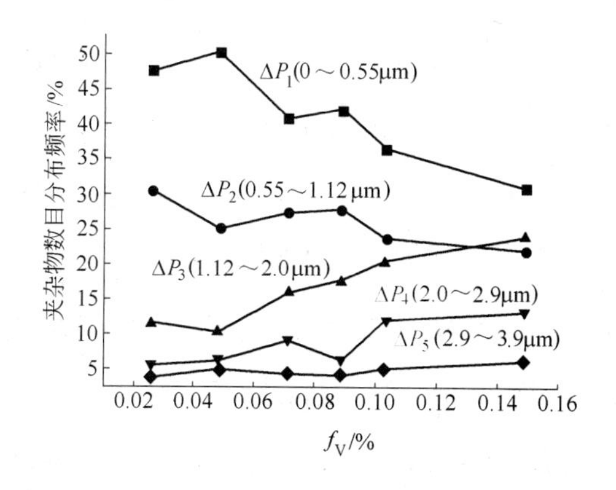

图3-17　D_6AC钢试样中TiN夹杂物含量在各尺寸范围内的数目分布（夹杂物尺寸小于4μm）

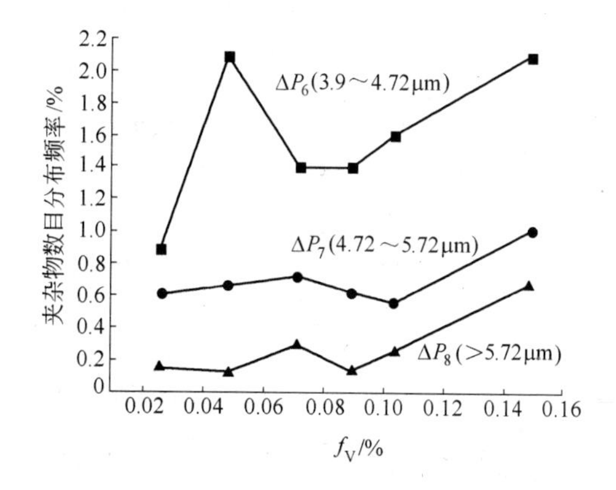

图3-18　D_6AC钢试样中TiN夹杂物含量在各尺寸范围内的数目分布（夹杂物尺寸大于4μm）

图3-17为TiN夹杂物尺寸小于4μm时，TiN夹杂物的数目分布频率随夹杂物含量f_V的变化。在f_V较大的5号和6号试样中，TiN夹杂物在小尺寸范围内（ΔP_1和ΔP_2），TiN夹杂物的数目分布频率随夹杂物含量f_V的增大而下降。但当夹杂物尺寸大于2μm后，夹

杂物数目分布频率 ΔP 却随 f_V 增大而稍有增加，直到尺寸在 4μm 以上的夹杂物分布频率（ΔP_7 和 ΔP_8）变成直线上升（见图 3-18），即 f_V 增大只有使较大尺寸的 TiN 增加，但断裂韧性 K_{1C} 值下降幅度反而变缓，这与 $f_V > 0.103\%$ 后 K_{1C} 值下降变缓是一致的。

另外也可从 TiN 夹杂物含量的变化相对于 K_{1C} 值的变化进行比较来说明这种现象，即将夹杂物含量较少的 1 号和 2 号试样与夹杂物含量较多的 5 号和 6 号试样对比。1 号试样的 K_{1C} 值为 90.9MPa · m$^{1/2}$，下降至 2 号的 87.3MPa · m$^{1/2}$ 时的下降率为 3.9%，相应的 f_V 由 1 号的 0.026% 增大到 2 号的 0.049% 时，f_V 的变化率为 45.8%。

5 号和 6 号试样的 K_{1C} 值由 81.1 下降至 80.4 的下降率为 0.9%，相应的 f_V 由 5 号的 0.103% 增大到 6 号的 0.149% 时，f_V 的变化率为 30.9%，即 TiN 夹杂物含量较高的范围内，由于 f_V 的变化率低于夹杂物含量较低范围内的变化率，使夹杂物含量对断裂韧性的影响降低。这个夹杂物含量的分界线为 $f_V \leqslant 0.1\%$。

为总结夹杂物尺寸与夹杂物含量之间的关系，特对图 3-17 和图 3-18 进行回归分析，得出下列回归方程：

$$\Delta P_1 = 53.8\% - 153.9 f_V \tag{3-13}$$

$$R = -0.9357,\ S = 2.81,\ N = 6,\ P = 0.0061$$

$$\Delta P_2 = 30.6\% - 56.3 f_V \tag{3-14}$$

$$R = -0.8078,\ S = 1.99,\ N = 6,\ P = 0.0518$$

$$\Delta P_3 = 7.2\% + 115.3 f_V \tag{3-15}$$

$$R = 0.9662,\ S = 1.49,\ N = 6,\ P = 0.0017$$

$$\Delta P_4 = 3.3\% + 66.6 f_V \tag{3-16}$$

$$R = 0.8686,\ S = 1.84,\ N = 6,\ P = 0.0247$$

$$\Delta P_5 = 3.5\% + 15.5 f_V \tag{3-17}$$

$$R = 0.7706,\ S = 0.62,\ N = 6,\ P = 0.0729$$

$$\Delta P_6 = 1.1\% + 6 f_V \tag{3-18}$$

$$R = 0.5632,\ S = 0.43,\ N = 6,\ P = 0.2445$$

$$\Delta P_7 = 0.5\% + 2.6 f_V \tag{3-19}$$

$$R = 0.6647,\ S = 0.14,\ N = 6,\ P = 0.1498$$

$$\Delta P_8 = -0.04\% + 3.94 f_V \tag{3-20}$$

$$R = 0.8191,\ S = 0.13,\ N = 6,\ P = 0.0461$$

首先按相关系数 R 值检查回归方程式(3-13)～式(3-20)的结果，回归方程式(3-17)～式(3-19)因 R 值低不能成立。今对认可的回归方程式(3-1)～式(3-3)、式(3-10)～式(3-16)和式(3-20)作进一步检查，将回归方程计算值与实验值对比，用以肯定回归方程的实用性。计算结果列于表 3-12 中。

表 3-12　回归方程式(3-1) ~ 式(3-3)、式(3-10) ~ 式(3-16)和式(3-20)计算值与实验值的对比

样号	方程号	(3-1)	(3-2)	(3-3)	(3-10)	(3-11)	(3-12)	(3-13)	(3-14)	(3-15)	(3-16)	(3-20)
	项　目	ε_f/%	ψ/%	δ/%	K_{1C}/MPa · $m^{1/2}$			ΔP_1/%	ΔP_2/%	ΔP_3/%	ΔP_4/%	ΔP_8/%
1	实测值	75.8	53.1	12.7	90.9	90.9	90.9	47.5	32.5	11.4	5.4	0.16
	计算值	76.5	53.4	12.7	89.4	90.6	90.6	49.8	29.1	10.2	5.0	0.07
	差值/%	0.9	0.5	0	-1.6	-0.3	-0.3	4.6	-11.6	-11.7	-8.0	-28.5
2	实测值	75.6	53.0	11.9	87.3	87.3	87.3	50.3	25.1	10.4	6.2	0.16
	计算值	74.2	52.3	12.4	87.5	87.2	87.6	46.4	27.9	12.7	6.5	0.15
	差值/%	-1.8	-1.3	4.0	0.2	-0.1	0.3	-8.4	10.0	18.1	4.6	-6.6
3	实测值	69.9	50.2	13.3	84.9	84.9	84.9	40.7	27.3	15.9	9.2	0.30
	计算值	71.7	51.1	12.1	85.5	84.4	83.7	42.8	26.6	15.4	8.0	0.24
	差值/%	2.5	1.7	-9.9	0.7	-0.6	-1.4	4.9	-2.6	-3.2	-15.0	-25.0
4	实测值	72.6	51.6	11.8	82.7	82.7	82.7	42.2	27.8	17.5	6.3	0.14
	计算值	69.8	50.1	11.8	84.0	82.1	82.6	40.1	25.6	17.5	9.2	0.31
	差值/%	-4.0	-3.0	0	1.5	-0.7	-0.1	-5.2	-8.6	0	31.5	54.8
5	实测值	66.6	48.5	10.3	81.1	81.1	81.1	26.5	23.7	20.3	12.0	0.26
	计算值	68.3	49.3	11.6	82.8	81.3	81.5	38.7	24.8	19.1	10.1	0.36
	差值/%	2.5	1.6	11.2	2.0	0.2	0.5	30.8	4.4	-6.3	-18.8	27.7
6	实测值	63.5	47.0	11.3	80.4	80.4	80.4	30.8	22.0	23.9	13.3	0.68
	计算值	63.5	46.9	11.0	78.9	80.7	80.2	30.8	22.2	24.3	13.2	0.54
	差值/%	0	-0.2	-2.7	-1.9	0.4	-0.2	0	0.9	1.6	-0.7	-25.9

表 3-12 中试样的性能计算值与实测值之差，自定为 (10 ± 2)%，按此误差检查回归方程式(3-15)、式(3-16)和式(3-20)均不合格，剩下的回归方程式(3-1) ~ 式(3-3)和式(3-10) ~ 式(3-14)属于可用的回归方程。因此得出：

(1) 试样的拉伸韧塑性、断裂韧性以及夹杂物在小尺寸范围 ΔP_1 和 ΔP_2 内的数目均随 TiN 夹杂物含量增加而直线下降。

(2) 试样的断裂韧性随夹杂物间距增大而呈直线上升。

(3) 较大尺寸范围内的夹杂物数目 (ΔP_3、ΔP_4、ΔP_8) 与夹杂物含量之间，按相关系数 R 值检查的结果与夹杂物含量呈正相关的关系，但计算值与实测值之间的差值较大，说明两者正相关的关系不成立，试样的断裂韧性主要受夹杂物含量的影响。

3.1.4.6　TiN 夹杂物含量、间距共同对断裂韧性 K_{1C} 的影响

前面已讨论了 f_V 和 d_T 分别对断裂韧性的影响，由于 f_V 和 d_T 之间存在相互制约的关系，除夹杂物存在偏析的情况外，一般是 f_V 大 d_T 小，相反地，d_T 大，f_V 必然小。因此有必要研究夹杂物含量 (f_V)、间距 (d_T) 共同对断裂韧性的影响。

A　夹杂物间距 (d_T) 与断裂韧性 K_{1C} 的关系

上面根据试验数据讨论过 d_T 对断裂韧性 K_{1C} 的影响，今按文献上有关这个问题的讨论作进一步介绍。

W. A. Spitzig 研究了 0.45C-Ni-Cr-Mo 钢的 K_{1C} 试样断口性质后指出：断口过程区尺寸

（d_T）、裂纹尖端张开位移（$2V_c$）、伸张区平均宽度（S）和夹杂物平均间距（d）等参数，用试验测出的数据都较接近。假定裂纹张开达到临界值（$2V_c$）时，将出现失稳断裂，则平面应变断裂韧性 K_{1C} 与 $2V_c$ 的关系为：

$$K_{1C} = \sqrt{2E\sigma_{ys}(2V_c)} \tag{3-21}$$

式中　E——杨氏模量；

σ_{ys}——屈服强度。

通过试验已得出，在裂纹前方应力三向度最大的特征距离 x 处，TiN 夹杂物将开裂形成微裂纹，试验也已证明 $x = 1.96 \times (2V_c)$ 处夹杂物最容易开裂。今用 K_{1C} 试样断口测出的夹杂物间距（d_T^{SEM}）与特征长度相近，在此特征距离内部的应变值超过临界断裂真应变时，裂纹就会向前扩展，由此得出：

$$x = d_T = 1.96 \times (2V_c)$$

$$2V_c = d_T/1.96$$

将 $2V_c$ 代入式（3-21）中得出：

$$K_{1C} = \sqrt{2E\sigma_{ys}\frac{d_T}{1.96}} \tag{3-22}$$

当试样已知时，E 和 σ_{ys} 均为定值。

所以　　$K_{1C} \sim \sqrt{d_T}$（即成正比关系）

将 K_{1C} 与 $\sqrt{d_T}$ 的试验数据作图，见图 3-19 和图 3-20。

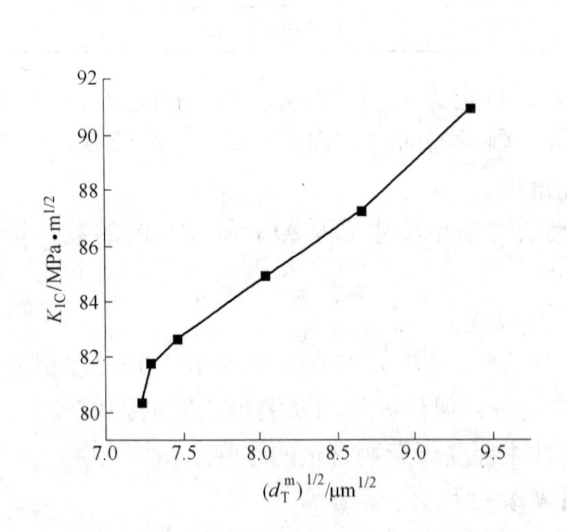

图 3-19　D_6AC 钢试样中 TiN 夹杂物间距的平方根与 K_{1C} 的关系

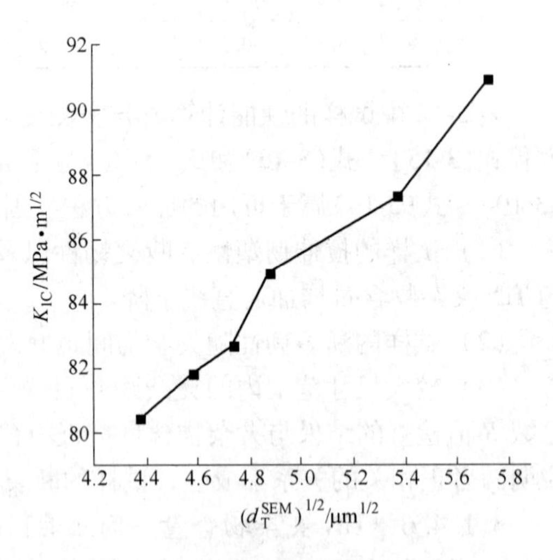

图 3-20　D_6AC 钢试样中夹杂物韧窝间距的平方根与 K_{1C} 的关系

从图 3-19 和图 3-20 中可以看出，K_{1C} 随 $\sqrt{d_T^m}$ 和 $\sqrt{d_T^{SEM}}$ 增大而直线上升。图 3-19 和图 3-20的回归图，见图 3-21 和图 3-22，图中各点基本位于直线上，所得回归方程如下：

$$K_{1C} = 48.3 + 4.54\sqrt{d_T^m} \tag{3-23}$$

$$R = 0.9931,\ S = 0.513,\ N = 6,\ P < 0.0001$$

$$K_{1C} = 47.2 + 7.6\sqrt{d_T^{SEM}} \tag{3-24}$$

$$R = 0.9931,\ S = 0.541,\ N = 6,\ P < 0.0001$$

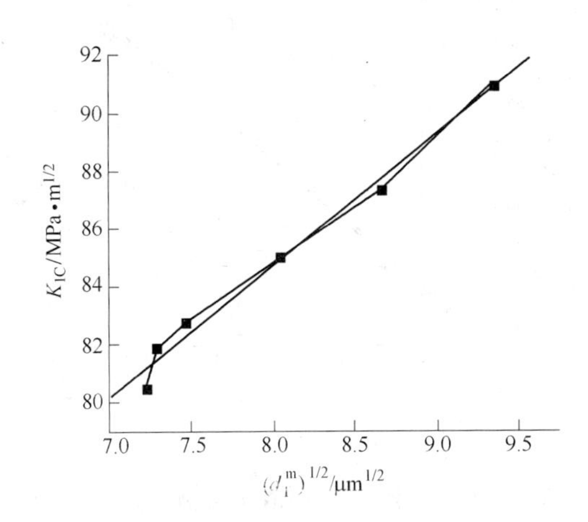

图 3-21　D_6AC 钢试样中 TiN 夹杂物间距的平方根与 K_{1C} 的关系（线性回归）

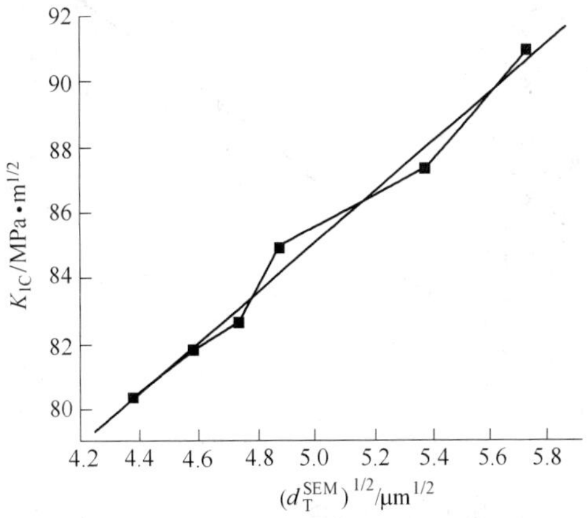

图 3-22　D_6AC 钢试样中夹杂物韧窝间距的平方根与 K_{1C} 的关系（线性回归）

回归方程式(3-23)和式(3-24)的相关系数很高，说明回归方程式(3-23)和式(3-24)的线性相关显著性水平也高，表明假定的 K_{1C} 与 $\sqrt{d_T}$ 的正比关系是正确的。

B　夹杂物含量（f_V）与断裂韧性 K_{1C} 的关系

D. 布洛克所著《工程断裂力学基础》书中方程式（11.17）所指出的 K_{1C} 与粒子体积分数的关系为：

$$K_{1C} = F^{-1/6}\sqrt{2\left(\frac{\pi}{6}\right)\sigma_{ys}Ed} \tag{3-25}$$

式中　F——粒子体积率，与 f_V 相同；

　　d——粒子的直径，与 $2a$ 相同。

式（3-25）中的 E 和 σ_{ys} 在试样已知时均为定值，故 $K_{1C} \sim f_V^{-1/6}$ 成正比。按此关系作图，如图 3-23 所示。

从图 3-23 中曲线变化看，各试验点位于一条直线上，见图 3-24。经过回归分析可得出下列回归方程：

$$K_{1C} = 48.8 + 2300f_V^{-1/6} \tag{3-26}$$

$$R = 0.9954,\ S = 0.42,\ N = 6,\ P < 0.0001$$

回归方程式（3-26）的线性相关系数 R 值很高，故 $K_{1C} \sim f_V^{-1/6}$ 的假定是正确的。

上面分别讨论了 K_{1C} 与 $\sqrt{d_T}$ 和 $f_V^{-1/6}$ 的关系，有理由假定 K_{1C} 与 $f_V^{-1/6}\sqrt{d_T}$ 正相关或

$$K_{1C} = A + B f_V^{-1/6} \sqrt{d_T} \tag{3-27}$$

式中，A、B 为待定常数。为检验式（3-27）的正确性，按式（3-27）的关系，将试验数据代入式（3-27）作图，见图 3-25 和图 3-26。

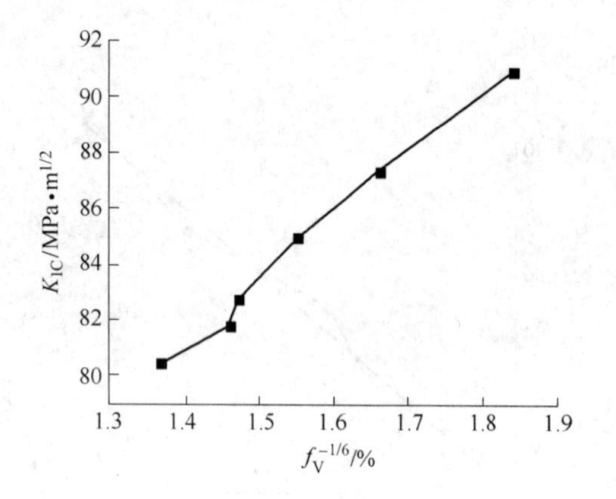

图 3-23　D_6AC 钢试样中 TiN 夹杂物含量（$f_V^{-1/6}$）与断裂韧性的关系

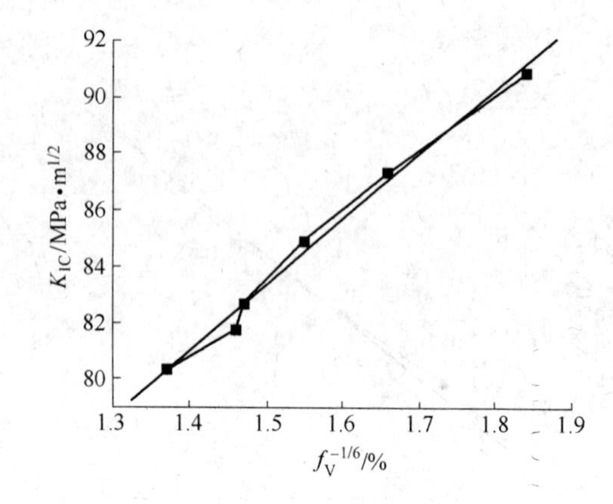

图 3-24　D_6AC 钢试样中 TiN 夹杂物含量（$f_V^{-1/6}$）与断裂韧性的关系（线性回归）

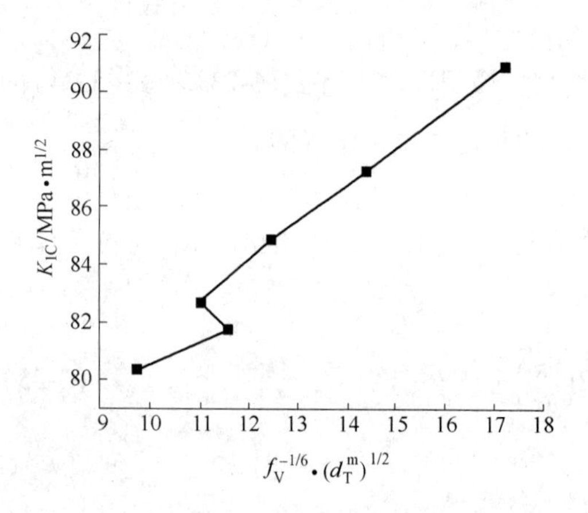

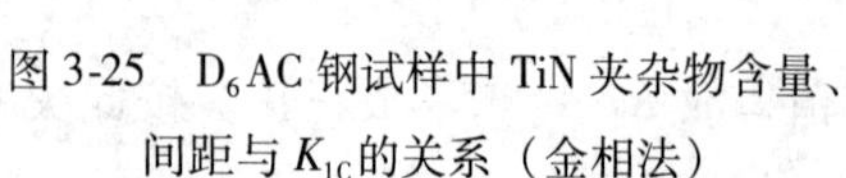

图 3-25　D_6AC 钢试样中 TiN 夹杂物含量、间距与 K_{1C} 的关系（金相法）

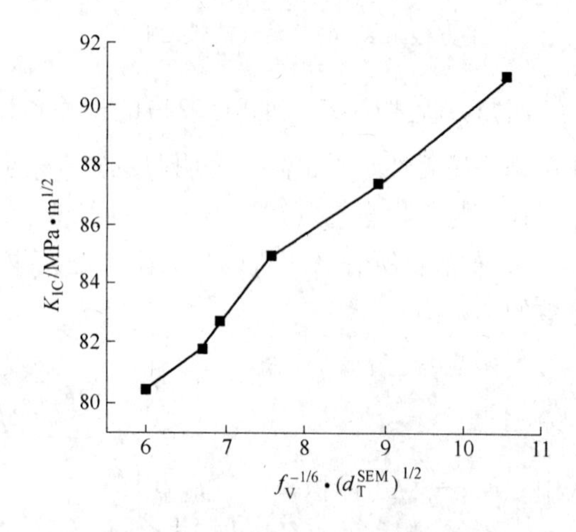

图 3-26　D_6AC 钢试样中 TiN 夹杂物含量、间距与 K_{1C} 的关系（扫描电镜法）

图 3-25 和图 3-26 中各试验点基本位于一条直线上，即 K_{1C} 随 $f_V^{-1/6}\sqrt{d_T^m}$ 或 $f_V^{-1/6}\sqrt{d_T^{SEM}}$ 增大而呈直线上升。无论是用金相法或扫描电镜测定的夹杂物间距的平方根同 $f_V^{-1/6}$ 的乘积，均与 K_{1C} 之间存在线性关系。对图 3-25 和图 3-26 进行回归分析可得出下列回归方程：

$$K_{1C} = 66.4 + 1.4 f_V^{-1/6} \sqrt{d_T^m} \tag{3-28}$$

$$R = 0.9855, S = 0.741, N = 6, P = 0.0003$$

$$K_{1C} = 66.6 + 2.3 f_V^{-1/6} \sqrt{d_T^{SEM}} \tag{3-29}$$

$$R = 0.9953,\ S = 0.424,\ N = 6,\ P < 0.0001$$

回归方程式(3-28)和式(3-29)的线性相关系数 R 都较高，表明 K_{1C} 与 $f_V^{-1/6}\sqrt{d_T}$ 之间存在正比关系。

今引用相关文献上的数据按式（3-27）的关系作图，见图 3-27 和图 3-28。

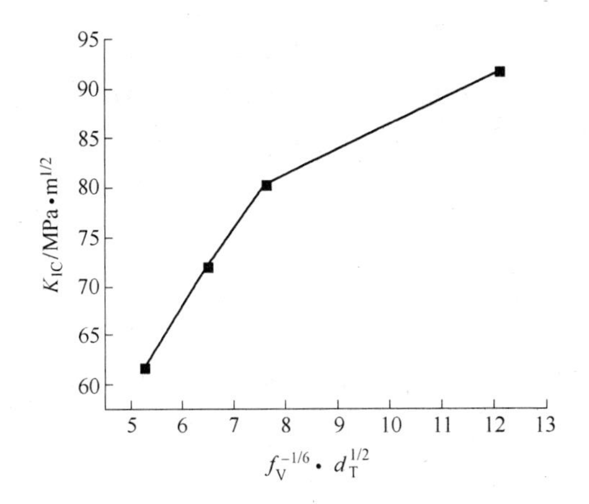

图 3-27　12% Cr 钢试样中夹杂物含量、间距与 K_{1C} 的关系

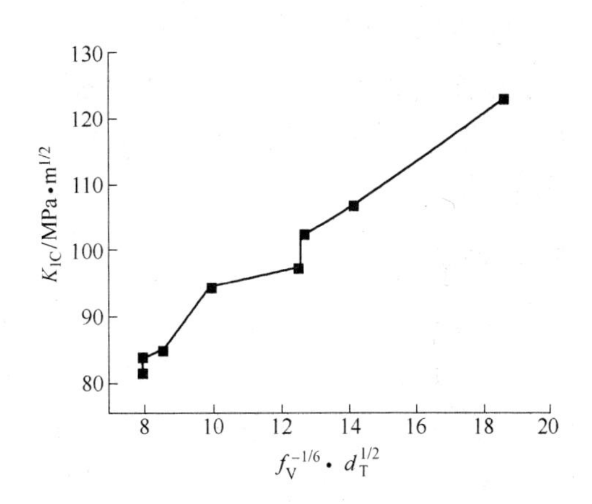

图 3-28　D_6AC 钢试样中夹杂物含量、间距与 K_{1C} 的关系

对图 3-27 和图 3-28 用直线进行模拟，见图 3-29 和图 3-30。

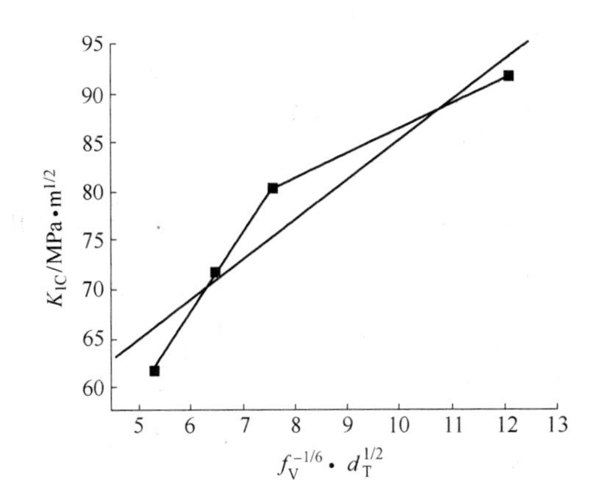

图 3-29　12% Cr 钢试样中夹杂物含量、间距与 K_{1C} 的关系（线性回归）

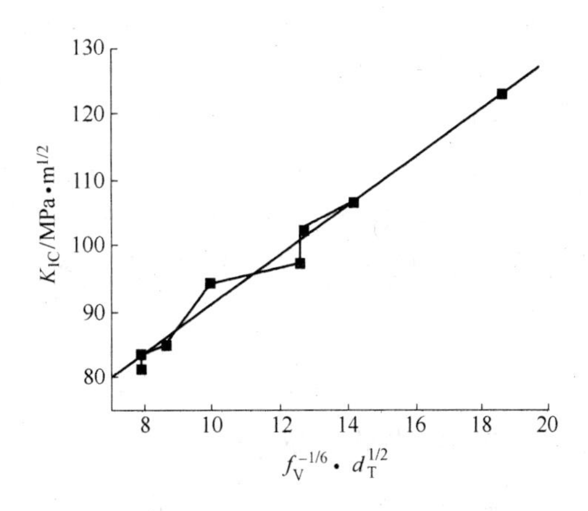

图 3-30　D_6AC 钢试样中夹杂物含量、间距与 K_{1C} 的关系（线性回归）

图 3-29 的试验点较少，偏离直线稍大，而图 3-30 中各试验点多位于一条直线上，回归分析得出下列回归方程：

$$K_{1C} = 66.4 + 1.4 f_V^{-1/6} \sqrt{d_T^{m}} \tag{3-30}$$

$$R = 0.9511,\ S = 4.81,\ N = 4,\ P = 0.049$$

$$K_{1C} = 53.8 + 3.75\ f_V^{-1/6}\sqrt{d_T^{SEM}} \quad (3\text{-}31)$$

$$R = 0.9895,\ S = 2.18,\ N = 8,\ P < 0.0001$$

回归方程式(3-30)和式(3-31)的线性相关系数 R 值都较高，表明回归方程式(3-30)和式(3-31)的线性相关显著性水平较高，可以认为 K_{1C} 与 $f_V^{-1/6}\sqrt{d_T}$ 之间存在线性关系，即随 $f_V^{-1/6}\sqrt{d_T}$ 增大，断裂韧性呈直线上升。

引用相关文献上的数据进一步证明关系式 $K_{1C} = A + Bf_V^{-1/6}\sqrt{d_T}$ 可以成立。但目前尚未从理论上做出解释，今后需要大量试验数据加以验证。从分别考虑 K_{1C} 受 f_V 和 d_T 的影响，变成 K_{1C} 共同受 f_V 和 d_T 的影响，这无疑更加全面。

3.1.5　小结

3.1.5.1　TiN 夹杂物含量与强度的关系

从表3-7 可以看出，1 号 ~6 号试样中 TiN 夹杂物含量由低到高，但各试样的强度并无明显差别，即各试样的强度不受 TiN 夹杂物的影响。

3.1.5.2　TiN 夹杂物含量与拉伸韧塑性的关系

TiN 夹杂物含量对拉伸韧塑性的影响各不相同。$f_V \leqslant 0.071\% \sim 0.103\%$ 时，伸长率呈直线下降；$f_V \geqslant 0.103\%$ 后，伸长率有所回升。但随着 TiN 夹杂物含量的升高，面缩率和断裂应变均呈直线下降。

3.1.5.3　TiN 夹杂物含量与冲击韧性的关系

TiN 夹杂物含量对冲击韧性的影响随温度而改变。在室温和 -60℃时，冲击韧性随 TiN 夹杂物含量增加下降很陡；但在 -10 ~ -40℃的范围内，冲击韧性随 TiN 夹杂物含量的增加反而出现峰值；当温度降至 -196℃时，冲击韧性不受 TiN 夹杂物含量的影响。

3.1.5.4　TiN 夹杂物含量、间距与断裂韧性的关系

TiN 夹杂物含量、间距分别对断裂韧性有明显的影响，同时试样的断裂韧性也受夹杂物含量、间距的共同影响，根据试验数据总结的关系式为：

$$K_{1C} = A + Bf_V^{-1/6}\sqrt{d_T}$$

3.2　TiN 夹杂物 550℃回火

本套试样的冶炼、锻造以及化学成分均与 3.1 节的试样相同，但取样位置和回火温度不同。

3.2.1　实验方法与结果

3.2.1.1　试样热处理、基体组织与晶粒度

A　热处理

正火：910℃ ×1h，空冷。

淬火：880℃ ×0.5h，油冷。

回火：550℃ ×2h，空冷。

B　基体组织与晶粒度

6 个试样的基体组织均为索氏体。晶粒度的显示和评级方法为：100mL 饱和苦味酸水溶液中加少量海鸥牌洗涤剂，在 60 ~ 70℃ 下腐蚀 2min 之后，在金相显微镜下按 ASTM 晶粒度评级表对照评级各试样的晶粒度。评级结果表明，各试样的晶粒度均在 11 ~ 12 级之间。由于各试样的基体组织与晶粒度相同，现选其中一个试样的基体组织与晶粒度如图 3-31和图 3-32 所示。

图 3-31　索氏体（×400）

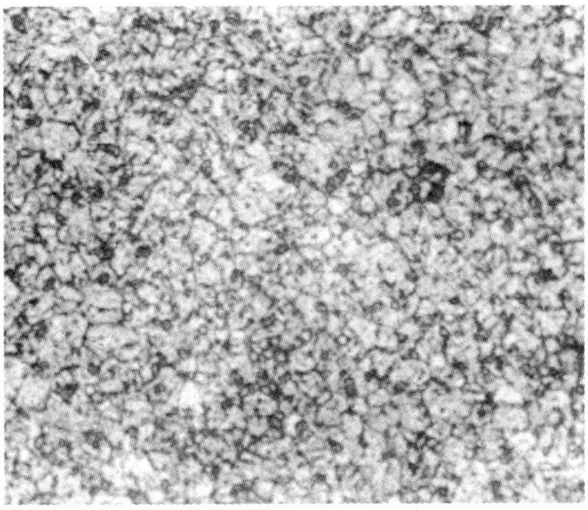

图 3-32　晶粒度（×400，11 ~ 12 级）

3.2.1.2　夹杂物定性和定量

A　夹杂物定性

（1）金相法：试样抛光后，放在金相显微镜下观察夹杂物的形貌，并拍摄横向和纵向试样上的夹杂物形貌、分布状态（见图 3-33 ~ 图 3-36）。TiN 夹杂物呈金黄色方块，不变形且沿加工方向分布。

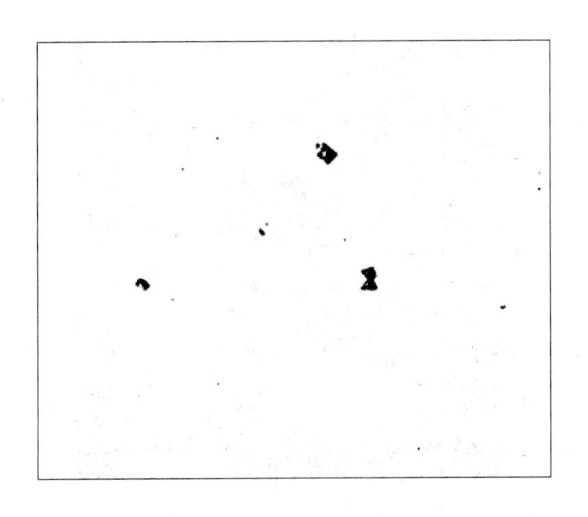

图 3-33　2 号试样横向夹杂物 TiN 形貌（×600）

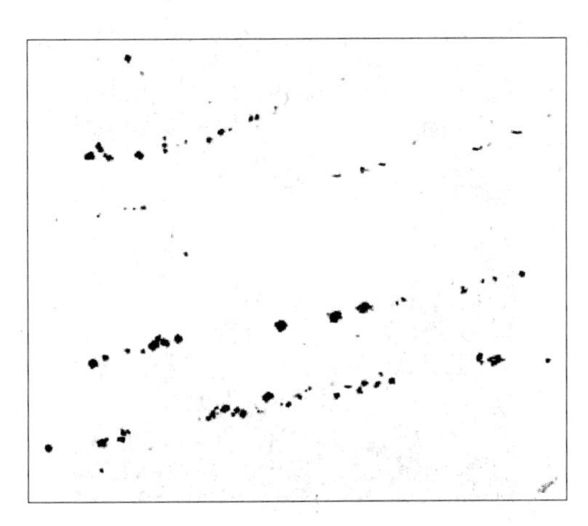

图 3-34　4 号试样纵向夹杂物 TiN 形貌（×420）

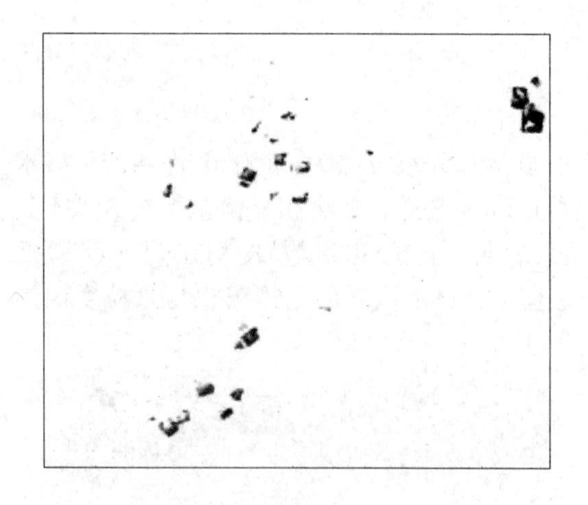

图 3-35　6 号试样横向 TiN 形貌（×420）

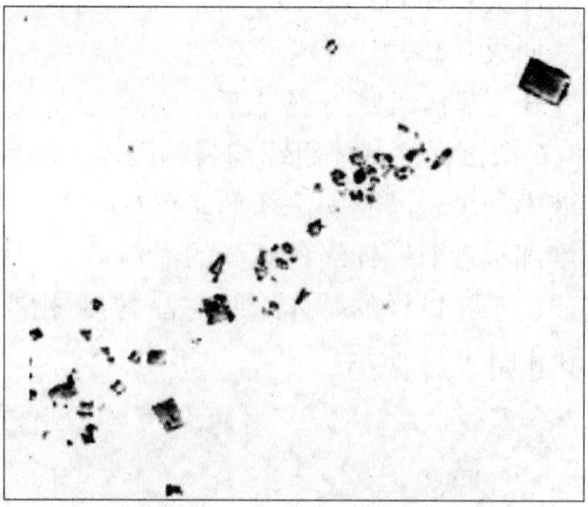

图 3-36　6 号试样纵向 TiN 形貌（×420）

（2）深腐刻：抛光后的金相试样表面，经电解深腐后，TiN 夹杂物周围的基体被蚀，使夹杂物突出于基体，在金相显微镜下可以观察夹杂物的立体形貌，既显示出夹杂物的空间分布，又便于电子探针定量分析夹杂物的成分，避免了电子束漂移的影响。

深腐刻的装置如图 3-37 所示。

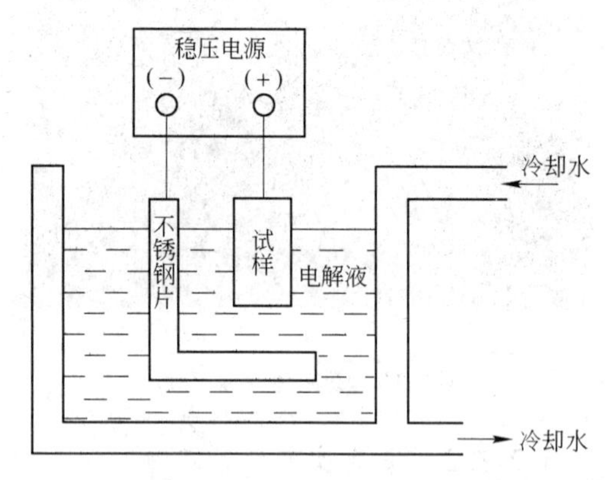

图 3-37　深腐刻装置示意图

电解深腐刻的条件为：

电压/V	分别选用 1、13、15
时间/min	5，10，15，25
温度	室温
电解液成分	醋酸 + 高氯酸 + 少量枸橼酸

经过条件试验后最后选定电解深腐刻条件：电压 15V，时间 5 ~ 25min。TiN 夹杂物的立体形貌如图 3-38 ~ 图 3-41 所示。

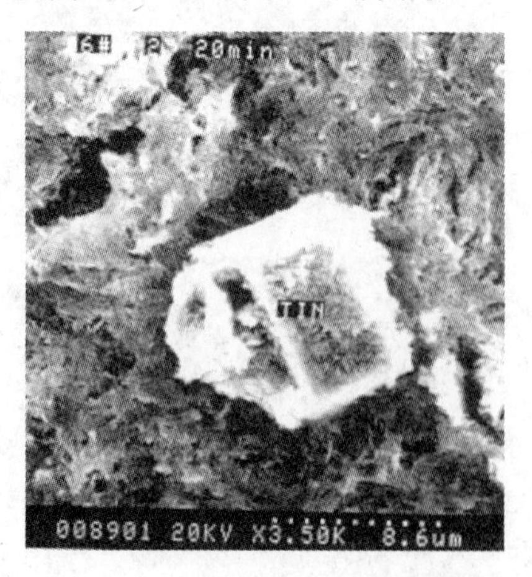

图 3-38　深腐刻后的 TiN（视场一）

图 3-39　深腐刻后的 TiN（视场二）

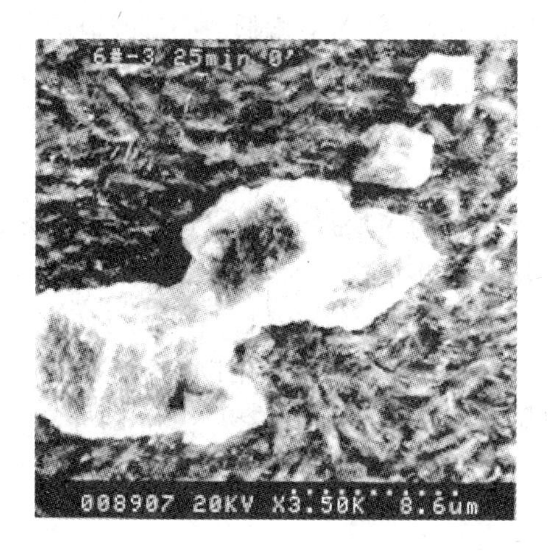

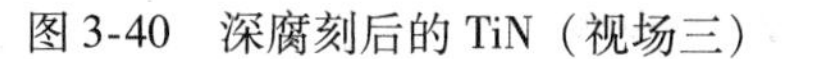
图3-40　深腐刻后的TiN（视场三）

图3-41　深腐刻后的TiN（视场四）

深腐刻25min的图3-39和图3-40所显示的TiN夹杂物呈簇集状分布于基体下彼此相连，使夹杂物形成的内裂纹具有一定深度，会使基体抵抗裂纹扩展的能力下降，从而降低断裂韧性。

（3）夹杂物组成分析：用电子探针分析经过深腐刻的试样上的TiN夹杂物，分别位于图3-42上的*A*点和图3-43上的*B*点的分析结果列于表3-13中。

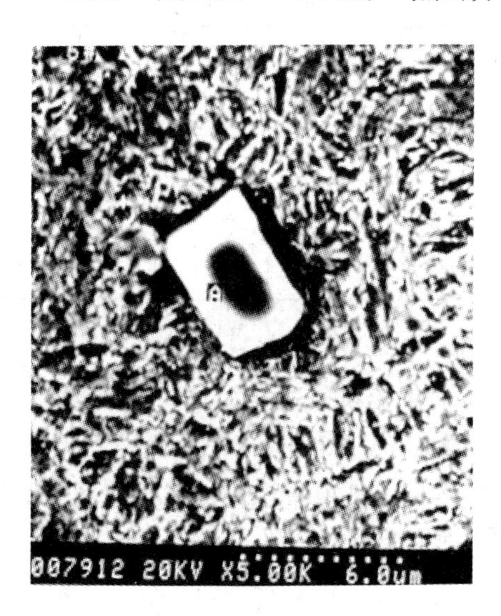

图3-42　电子探针分析深腐刻后的TiN(视场一)

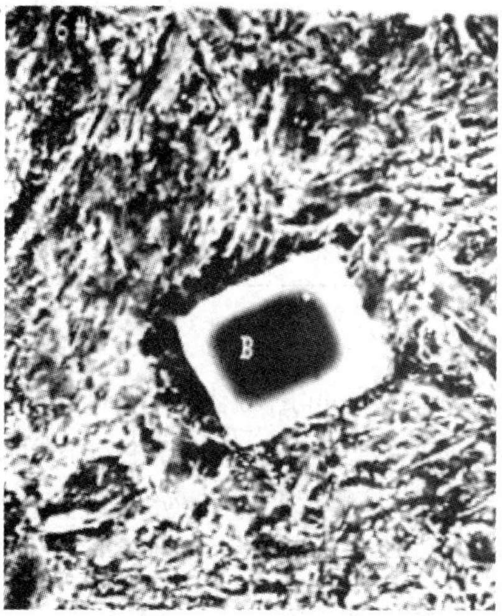

图3-43　电子探针分析深腐刻后的TiN(视场二)

表3-13　电子探针分析TiN夹杂物的组成　(%)

组成元素		Ti	N	Cr	Mo	C	Fe	Ni	Si	S
实测成分	*A*点	78.02	15.61	0.128	0.557	0.532	5.505	0.015	—	—
	*B*点	76.34	17.9	0.107	0.18	0.413	4.774	0.030	0.039	0.053
理论成分		77.39	22.61	—	—	—	—	—	—	—

表3-13所列TiN夹杂物中的含Ti量与理论成分接近，含N量偏低。

B 夹杂物定量

采用Kontron公司生产的IBAS图像仪测定横向的金相试样上的TiN夹杂物的面积、尺寸分布和夹杂物数目。

由于图像仪识别夹杂物全靠灰度，TiN的灰度低，为了增加基体与TiN之间的灰度，首先对抛光好的金相试样表面进行发蓝处理。方法是金相试样表面向上，置于350℃的马弗炉中，保温5min，即可使试样表面发蓝，TiN夹杂物保持原状。

每个试样测量100个视场，所测视场总面积为2mm×1.25mm。用以换算夹杂物的平均间距，用d_T^{AIA}代表图像仪测定的夹杂物平均间距，用扫描电镜拍摄的K_{1C}试样断口图（见图3-6）测定韧窝间距，用d_T^{SEM}代表扫描电镜测定的夹杂物平均间距。

夹杂物定量分析结果列于表3-14中。

表3-14 TiN夹杂物定量分析结果

编号	锭号	C的质量分数/%	夹杂物定量		夹杂物平均间距				$f_V^{-1/6}d_T^{1/2}$式中的$d_T^{1/2}$		a/μm
			f_V/%	$f_V^{-1/6}$	d_T^{SEM}/μm	d_T^{AIA}/μm	$\sqrt{d_T^{SEM}}$/$\mu m^{\frac{1}{2}}$	$\sqrt{d_T^{AIA}}$/$\mu m^{\frac{1}{2}}$	$\sqrt{d_T^{SEM}}$/$\mu m^{\frac{1}{2}}$	$\sqrt{d_T^{AIA}}$/$\mu m^{\frac{1}{2}}$	
1	1	0.43	0.062	1.59	20.10	54.03	4.48	7.35	7.12	11.7	1.46
2	5	0.41	0.098	1.47	18.35	60.22	4.28	7.76	6.29	11.4	2.01
3	3	0.45	0.150	1.37	17.4	41.3	4.17	6.43	5.71	8.8	1.99
4	2	0.42	0.176	1.34	16.31	43.1	4.03	6.56	5.40	8.7	1.87
5	4	0.40	0.203	1.30	16.75	35.38	4.09	5.95	5.31	7.7	1.88
6	7	0.45	0.273	1.24	16.11	34.60	4.01	5.88	4.97	7.2	2.14
7	6	0.48	0.448	1.14	15.03	26.11	3.87	5.11	4.41	5.8	2.01

3.2.1.3 性能测试

ϕ5mm×55mm的圆棒拉伸试样，在EM-12型拉伸试验机上进行拉伸试验，测定$\sigma_{0.2}$、σ_b、δ、ψ和ε_f。测定冲击韧性的试样规格为10mm×10mm×55mm。用三点弯曲方法在万能材料试验机测定断裂韧性，试样规格为14mm×28mm×140mm，预制疲劳裂纹长度为14mm，根据x-y记录仪记录的位移-载荷曲线，利用现有的计算机程序算出断裂韧性K_{1C}值。以上测试结果列于表3-15中。

表3-15 试样性能（550℃回火）

样号	f_V/%	强度/MPa		拉伸韧塑性/%			a_K/J·cm^{-2}	K_{1C}/MPa·m$^{1/2}$	硬度(HRC)/MPa
		σ_b	$\sigma_{0.2}$	ψ	δ	ε_f			
1	0.062	1401	1338	56.3	16.8	82.8	31.9	110.4	43.5
		1274	1201	56.6	12.4	83.5	30.4	86.2	43.5
		1421	1352	56.6	12.8	83.5	47.0	87.6	44.0
		1368	1297	56.5	14.0	83.2	36.4	94.7	43.7

续表 3-15

样号	f_V/%	强度/MPa		拉伸韧塑性/%			a_K /J·cm^{-2}	K_{1C} /MPa·m$^{1/2}$	硬度(HRC) /MPa
		σ_b	$\sigma_{0.2}$	ψ	δ	ε_f			
2	0.098	1274	1205	58.5	12.0	87.8	51.5	85.5	40.0
		1323	1176	56.6	13.6	83.5	29.4	93.8	43.0
		—	—	—	—	—	26.5	80.0	43.0
		1299	1191	57.6	12.8	85.6	35.6	86.4	42.0
3	0.150	1401	1313	51.0	12.8	71.3	26.0	81.3	44.0
		1318	1235	56.3	12.8	82.8	42.1	83.8	44.0
		1342	1245	56.2	14.4	88.6	27.6	87.2	42.5
		1354	1264	54.5	13.3	80.9	31.9	84.1	43.5
4	0.176	1426	1343	51.7	14.4	72.8	28.4	83.1	44.0
		1274	1186	54.0	15.2	77.3	45.1	81.4	44.5
		—	—	—	—	—	—	—	35.9
		1350	1264	52.8	14.8	75.2	36.7	82.2	41.5
5	0.203	1274	1201	59.4	16.0	90.1	39.2	75.0	40.1
		1205	1147	59.4	17.0	90.1	45.1	84.7	42.7
		1078	1034	60.6	16.8	91.6	58.3	75.7	—
		1186	1127	59.6	16.6	90.8	47.5	78.5	41.4
6	0.273	1426	1338	51.3	12.8	71.9	26.5	77.7, 81.8	42.5, 43.5
		1462	1166	51.0	14.0	71.3	44.1	78.6	39.5
		1352	1259	51.5	12.8	72.4	37.0	73.3	44.0
		1413	1254	51.3	13.2	71.9	35.8	77.8	42.4
7	0.448	1348	1245	54.1	12.8	77.9	32.3	81.2	45.5
		1303	1210	55.8	14.8	81.6	25.5	70.2	44.0
		1401	1303	53.8	13.6	77.2	19.6	76.6	45.5
		1351	1253	54.6	13.7	78.9	25.8	76.0	45.0

3.2.2 讨论与分析

3.2.2.1 TiN 夹杂物含量、间距与韧性的关系

A TiN 夹杂物含量与韧性的关系

图 3-44 为 TiN 夹杂物含量（f_V）与断裂韧性（K_{1C}）和冲击韧性（a_K）的关系。K_{1C} 随 f_V 的增加而缓慢下降，a_K 虽呈下降趋势，但出现峰值，峰值所对应的为 5 号试样，其原因留待后面说明。

B TiN 夹杂物间距与韧性的关系

图 3-45 和图 3-46 分别为夹杂物间距（d_T^{SEM}）和夹杂物间距（d_T^{AIA}）与断裂韧性（K_{1C}）和冲击韧性（a_K）的关系。

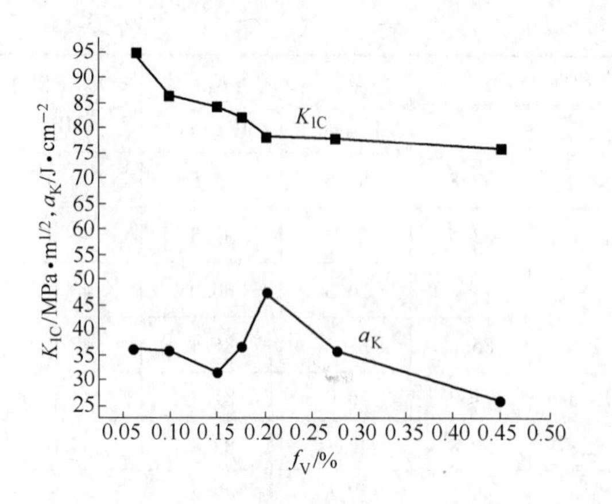

图 3-44　D_6AC 钢试样中夹杂物含量与 K_{1C} 及 a_K 的关系

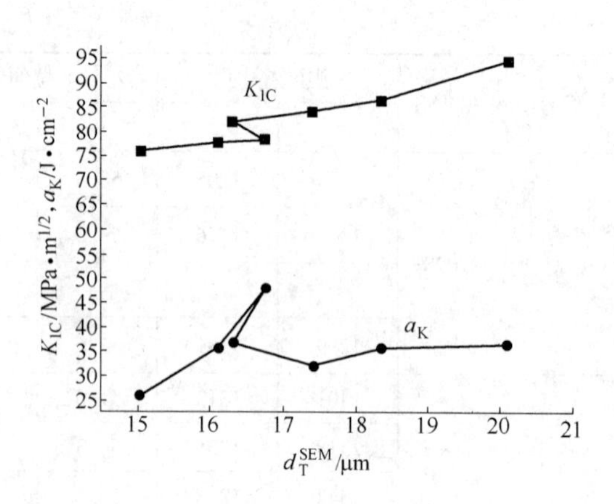

图 3-45　D_6AC 钢试样中 TiN 夹杂物韧窝间距与韧性的关系

图 3-45 中的 K_{1C} 随 d_T^{SEM} 的增大而接近直线上升，a_K 随 d_T^{SEM} 的增大在 d_T^{SEM} 值较低的范围内急剧上升至峰值，然后随 d_T^{SEM} 增大而下降。与 a_K 峰值对应的 5 号试样含碳量最低，故冲击韧性 a_K 高于其他试样，说明含碳量的影响大于夹杂物间距的影响。

图 3-46 为 K_{1C} 和 a_K 随 d_T^{AIA} 的变化。K_{1C} 随 d_T^{AIA} 增大而逐渐上升，a_K 的变化出现波动。

图 3-45 和图 3-46 中 K_{1C} 随 d_T^{SEM} 和 d_T^{AIA} 的增大而接近直线上升，但 a_K 的变化规律性较差，主要受试样含碳量的影响。

3.2.2.2　TiN 夹杂物含量与强度的关系

图 3-47 所示为试样的强度随 TiN 夹杂物含量的变化。图中曲线低谷为 5 号试样，与图 3-44 中的 a_K 峰值对应。由于 5 号试样的含碳量最低，故冲击韧性好而强度低，但试样的断裂韧性 K_{1C} 值未受含碳量的影响（见图 3-44）。

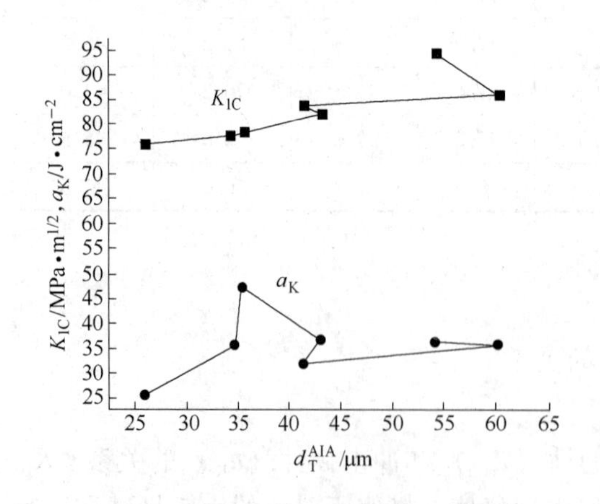

图 3-46　D_6AC 钢试样中夹杂物间距（图像仪测）与 K_{1C} 及 a_K 的关系

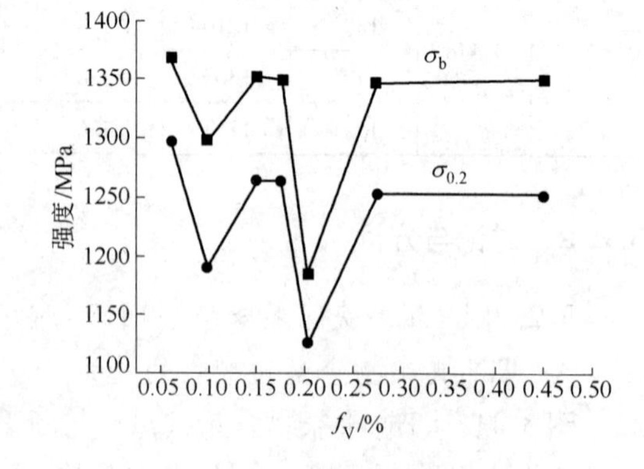

图 3-47　D_6AC 钢试样中 TiN 夹杂物含量与强度的关系

图 3-47 中多数点处于水平线上，即试样的强度在含碳量相近的条件下不受夹杂物含量的影响。

3.2.2.3　TiN 夹杂物含量、含碳量与试样硬度的关系

从图 3-48 中两套曲线变化的特点看，硬度曲线低谷为 5 号试样，最高点为 7 号试样，5 号试样含碳量最低，而 7 号试样含碳量最高，分别与硬度曲线低谷与最高点相对应。但从 TiN 夹杂物含量看，5 号试样中 TiN 夹杂物含量也较高，但并未因此改变硬度曲线处于低谷的位置，说明试样的硬度不受 TiN 夹杂物含量的影响。

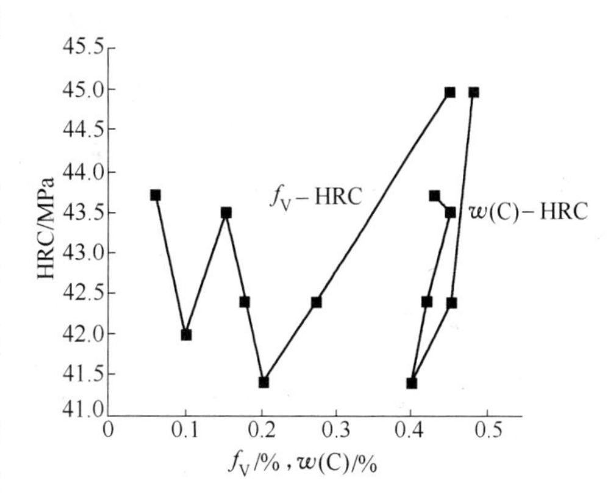

图 3-48　D_6AC 钢试样中碳和夹杂物含量与硬度的关系

从图 3-44 ~ 图 3-48 的曲线可以看出，除了 TiN 夹杂物含量与断裂韧性间存在规律性的变化外，其余各条曲线的相关性很少。对图 3-44中 TiN 夹杂物含量与断裂韧性的关系，用回归分析加以总结：

$$K_{1C} = 91.2 - 4150 f_V \tag{3-32}$$

$$R = -0.8345,\ S = 3.87,\ N = 7,\ P = 0.0195$$

按回归分析的规则，当 $N=7$ 时，线性相关显著性水平的 $\alpha=0.01$，要求 $R=0.874$；$\alpha=0.05$，要求 $R=0.754$；回归方程式（3-32）的 R 值只能满足 $\alpha=0.05$ 的要求，表明试样的 K_{1C} 与 f_V 之间线性相关显著性水平较低。按回归方程式（3-32）计算的 K_{1C} 值与实测的 K_{1C} 值的对比见表 3-16。

表 3-16　回归方程式（3-32）计算的 K_{1C} 值与实测的 K_{1C} 值对比

样　号		1	2	3	4	5	6	7
K_{1C} /MPa · $m^{1/2}$	计算值	88.6	87.1	85.0	83.9	82.8	79.6	72.6
	实测值	94.7	86.4	84.1	82.2	78.5	77.8	76.0
	差值/%	-6.9	0.8	1.0	2.0	5.2	2.2	-4.7

根据前面自定的差值小于 10% 为可用回归方程，并表明 K_{1C} 与 f_V 之间存在线性关系。

3.2.2.4　TiN 夹杂物含量、间距共同对断裂韧性的影响

前面已证实 $f_V^{-1/6}\sqrt{d_T}$ 与 K_{1C} 之间存在良好的线性关系，本节所用试样中含 TiN 夹杂物较高，而夹杂物间距又较小，为了验证 $K_{1C}=f_V^{-1/6}\sqrt{d_T}$ 的适用范围，特将表 3-14 中所列 $f_V^{-1/6}\sqrt{d_T^{SEM}}$ 与 $f_V^{-1/6}\sqrt{d_T^{AIA}}$ 与 K_{1C} 的关系作图，如图 3-49 和图 3-50 所示。

图 3-49 中夹杂物间距 d_T^{AIA} 组成的 $f_V^{-1/6}\sqrt{d_T^{AIA}}$ 与 K_{1C} 的关系曲线上出现了最高点，即 2 号试样的 d_T^{AIA} 偏大，并与 1 号试样的 d_T^{AIA} 相近，但 1 号试样的 K_{1C} 值高于 2 号试样，使曲线上最后一点偏离直线，而曲线上多数点基本位于直线上。

图 3-50 中夹杂物间距是用扫描电镜测的 d_T^{SEM}，$f_V^{-1/6}\sqrt{d_T^{SEM}}$ 与 K_{1C} 的关系曲线上各点可用一条直线模拟。对图 3-49 和图 3-50 的回归分析结果如下：

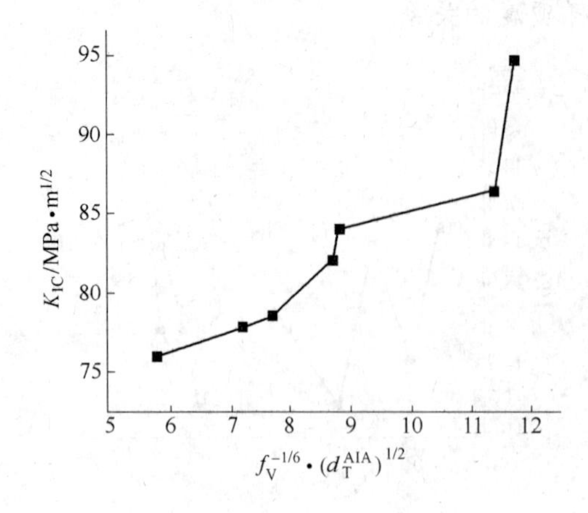

图 3-49 D_6AC 钢试样中夹杂物含量、间距与断裂韧性的关系

图 3-50 D_6AC 钢试样中夹杂物含量、韧窝间距与 K_{1C}的关系

$$K_{1C} = 58.6 + 2.76 f_V^{-1/6}\sqrt{d_T^{AIA}} \tag{3-33}$$

$$R = -0.9289,\ S = 2.6,\ N = 7,\ P = 0.0025$$

$$K_{1C} = 43 + 7.1 f_V^{-1/6}\sqrt{d_T^{SEM}} \tag{3-34}$$

$$R = -0.9749,\ S = 1.58,\ N = 7,\ P = 0.0002$$

从回归方程式(3-33)和式(3-34)的相关系数较高，可以肯定回归方程式(3-33)和式(3-34)的线性相关显著性水平均达到 $\alpha = 0.01$ 的要求，表明 TiN 夹杂物含量、间距共同对断裂韧性的影响符合 $K_{1C} = f_V^{-1/6}\sqrt{d_T}$通式。

3.2.3 小结

3.2.3.1 TiN 夹杂物含量、试样含碳量与强韧性的关系

试样的断裂韧性（K_{1C}）随 TiN 夹杂物含量的增高而逐步下降，但冲击韧性（a_K）除受夹杂物含量的影响外，还要受试样含碳量的影响。当含碳量偏低时，a_K 会出现峰值，在此情况下，含碳量对冲击韧性影响高于夹杂物含量的影响，与此相应的试样含碳量低，强度也较低，但并不影响断裂韧性。

3.2.3.2 TiN 夹杂物间距与韧性的关系

试样的断裂韧性（K_{1C}）随 TiN 夹杂物间距的增大而逐步上升，但冲击韧性（a_K）随 TiN 夹杂物间距的变化所出现的峰值与含碳量低的试样相对应，说明 TiN 夹杂物间距对韧性的影响与 TiN 夹杂物含量对韧性的影响具有相似性，即 TiN 夹杂物间距对断裂韧性的影响具有规律性，而冲击韧性直接受含碳量的影响。

3.2.3.3 TiN 夹杂物含量、间距共同对断裂韧性的影响

试样的断裂韧性（K_{1C}）随 $f_V^{-1/6}\sqrt{d_T}$值的增大而呈直线上升。虽然用图像仪所测 d_T^{AIA} 会使 K_{1C}与 $f_V^{-1/6}\sqrt{d_T}$曲线上出现偏离直线的点，但仍能符合 $K_{1C} = f_V^{-1/6}\sqrt{d_T}$通式。

3.3　TiN 夹杂物 600℃回火

3.3.1　实验方法和结果

试样的冶炼、锻造以及其他实验均在中国科学院金属研究所进行，具体方法与前述相同。

3.3.1.1　试样成分

试样成分见表 3-17。

表 3-17　试样成分（质量分数）　　（%）

编号	锭号	Si	Mn	P	S	Cr	Ni	Mo	V	Ti	Al	N	C
1	1	0.30	0.87	<0.005	<0.005	1.12	2.01	1.82	0.06	0.17	0.04	0.008	0.41
2	4	0.32	2.01	0.008	0.014	1.09	1.00	1.91	0.06	0.19	<0.03	0.013	0.45
3	3	0.31	2.10	0.008	0.014	1.08	1.01	1.91	0.05	0.20	<0.03	0.014	0.46
4	6	0.32	2.04	0.007	0.013	1.13	0.99	1.83	0.06	0.21	<0.03	0.015	0.42
6	7	0.29	1.71	0.006	0.015	1.12	1.29	1.91	0.06	0.24	<0.03	—	0.43
7	4	0.30	2.00	0.008	0.017	1.13	1.01	1.91	0.06	0.28	<0.03	0.112	0.43
8	2	0.29	1.95	0.006	0.013	0.61	1.01	1.85	0.06	0.24	<0.03	—	0.46

3.3.1.2　试样热处理与基体组织

A　热处理

正火：900℃ ×30min，空冷。

淬火：880℃ ×30min，油冷。

回火：600℃ ×2h，空冷。

B　基体组织

1 号 ~8 号七个试样的基体组织均为索氏体，只有 1 号试样出现沿晶莱氏体和渗碳体。经电子探针分析沿晶相（见图 3-51 和图 3-52）的成分为：

元　素	C	Fe	Mo	Ti	V
沿晶相的组分(质量分数)/%	6.4/7.6	81.8/93.8	3.5/7.6	0.01/0.11	0/0.13

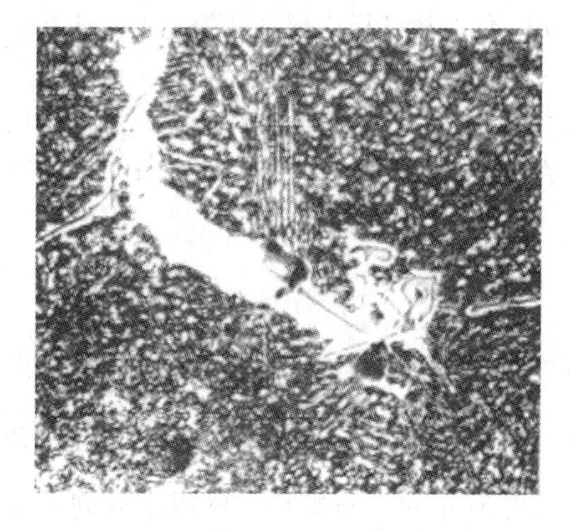

图 3-51　沿晶分布的脆性相（晶界的莱氏体）

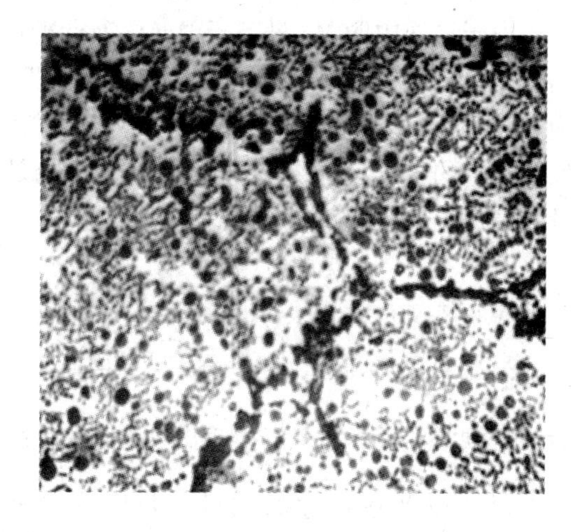

图 3-52　沿晶分布的脆性相（渗碳体）

沿晶相的显微硬度（HV）：701 ~ 910MPa。

基体的显微硬度（HV）：300MPa。

1 号试样中出现沿晶莱氏体和渗碳体的原因，可能是在锻造或试样正火时，1 号试样被捆在中心，冷却时未解开所捆试样，使处于中心的 1 号试样冷速较慢，出现沿晶相。

3.3.1.3　夹杂物定性

A　电解分离与 X 射线衍射分析

试样经硫酸亚铁电解液分离得到的电解沉淀，用硝酸法破坏碳化物得到了 TiN 夹杂物粉末，经 X 射线衍射分析得出：

主要相：TiN、Ti(C,N)。

次要相：$CaO \cdot MgO \cdot 2SiO_2$。

微量相：含 Mo、Cr 的渗碳体 $CaO \cdot MgO \cdot 2SiO_2$ 系耐火材料被卷入钢中。

B　电子探针分析夹杂物组分

首先在金相显微镜下，用刻划仪圈好金相试样上所要分析的呈块状和金黄色的夹杂物，电子探针分析了三个金相试样中的夹杂物，所得结果见表 3-18。

表 3-18　电子探针分析结果（质量分数）　　　　（%）

点位	颜色	S	Fe	Cr	Mn	Ti	V	Mo	各元素之和	备注
1	基体	0.6	91	0.95	0.88	0.02	0.06	1.9	95.4	基体
2	金黄	0.62	2.36	0.34	0.03	76.1	1.09	9.3	89.8	TiN
3	浅褐	0.50	2.5	0.36	0.08	55.2	1.43	36.1	96.2	金属间化合物
4	浅褐	0.50	8.5	0.47	0.13	53.3	1.65	37.3	101.8	
5	浅褐	0.44	10	0.51	0.11	52.8	1.3	33.8	48.5	
6	金黄	0.04	4.6	0.22	0.22	78.3	0.76	2.78	86.9	TiN
7	金黄	0	12.3	0.17	0.27	48	0.24	0.31	61.3	
8	金黄	0.06	13.8	0.24	0.29	42.4	0.47	3.63	60.9	

由于试样中含 Mo 量高于 D_6AC 钢标准成分近一倍，故试样中出现浅褐色相。从其金相特征看，这种浅褐色相的形状和颜色与 Ti(C,N)夹杂物相似，但经电子探针分析其组分确定为 Ti-Mo 金属间化合物。另外，按金相特征为 TiN 的夹杂物中仍含有 1% ~ 9% Mo。点位 7 和 8 的金黄夹杂物中 Ti 量偏低，可能是夹杂物较小，电子束偏射于基体上，故含 Fe 量较高，但其光学特征仍为 TiN 夹杂物。

3.3.1.4　夹杂物定量

A　图像仪定量

采用 Q-720 图像仪定量测定夹杂物含量（f_V）和单位视场中夹杂物的数目（N），然后根据视场的面积（A）换算出夹杂物平均间距（d_T）即 $d_T = \sqrt{\frac{A}{N}}$，再用图像仪测定夹杂物的尺寸以及各尺寸的数目，并换算出夹杂物各尺寸的分布频率，所测结果列于表 3-19中。

表3-19 图像仪定量测定夹杂物的结果

编 号		1	2	3	4	5	6	尺寸范围/μm
f_V^{AIA}/%		0.661	0.715	0.744	0.784	0.927	1.043	
d_T^{AIA}/μm		26.74	30.41	39.14	25.85	33.44	34.97	
$f_V^{-1/6} \cdot (d_T^{AIA})^{1/2}$		5.54	5.82	6.56	5.29	5.85	5.86	
N/个		117.5	90.83	54.8	125.7	75	68.7	
各尺寸范围内夹杂物数目分布/%	ΔP_1	41	32	14.1	38	17.4	15.4	0~0.45
	ΔP_2	19.7	17.2	9.3	21.1	15.4	11.6	0.45~3.16
	ΔP_3	16.3	18.3	17.6	20.7	23.2	16	3.16~4.47
	ΔP_4	7.3	9.4	12.2	8.7	13.4	11.1	4.47~6.32
	ΔP_5	5.7	7	6.2	4.9	10.1	7.2	6.32~7.75
	ΔP_6	2.7	5.9	10.5	2.8	5.4	7.2	7.75~8.94
	ΔP_7	6.1	5.9	11.6	3.2	10.3	10.6	8.94~10.0
	ΔP_8	0.9	4.5	19.2	0.8	5	20.5	10.0~11.83

B 金相法定量

在金相显微镜下放大480倍，用目镜测微尺测量夹杂物的面积，并计算出所占面积比例（%），用以代表夹杂物的含量f_V，所得结果列于表3-20中。

表3-20 夹杂物的金相法定量结果 （%）

编 号	1	2	3	4	5	6
f_V^{TiN}	0.039	0.059	0.125	0.078	0.201	0.164
$f_V^{Ti\text{-}Mo}$	0.016	0.039	0.029	0.028	0.025	0.068
$f_V^{总}$	0.055	0.098	0.154	0.106	0.226	0.232

对比表3-19和表3-20中夹杂物含量的数据，$f_V^{AIA}=(4\sim7)f_V^m$，其中2号试样两者相差达12倍。主要原因是本套试样含Mo较高，生成含Mo的金属间化合物呈浅褐色块状，灰度低，图像仪无法辨认，记入夹杂物含量，故使f_V^{AIA}远高于金相法测定的结果。虽然两种方法测定的结果在绝对值上存在差异，但相对值的变化仍能反映试样性能的变化，而且两者完全一致。

3.3.1.5 性能测试结果

A 拉伸性能和断裂韧性

拉伸试样尺寸为ϕ5mm×55mm，在IS-5000型电子拉伸试验机上测定σ_b、$\sigma_{0.2}$、ψ、δ等拉伸性能参数。

断裂韧性试样尺寸为13mm×26mm×124mm，疲劳预裂纹长度为13mm，采用三点弯曲方法测定断裂韧性（K_{1C}），另外还测定了试样的硬度。

测试结果列于表3-21中。

表 3-21 试样的拉伸性能、断裂韧性和硬度

编号	锭号	拉伸性能				硬度(HRC) /MPa	K_{1C} /MPa·$m^{1/2}$	夹杂物含量 f_V^{AIA}/%
		σ_b/MPa	$\sigma_{0.2}$/MPa	ψ/%	δ/%			
1	2	1312	1282	44.4	12.8	42.7	85	0.661
		1297	1263	46.1	12.4	42.7	97.1	
		1443	1369	38	10.2	44	81.6	
	平均	1351	1305	42.8	11.8	43.1	87.9	
2	3	1317	1287	39.1	10.9	43	78.8 74.2	0.715
		1456	1394	35.9	10.9	43.5	72.3	
		1394	1354	35.9	9.8	44.2	95.3	
	平均	1389	1345	37	10.5	43.6	90.1	
3	8	1456	1379	35.6	10.4	41	80.7 89	0.744
		1423	1349	37.8	11.5	41.2	78.4 87.1	
		1280	1235	32.5	11	43	—	
	平均	1386	1321	35.3	11	41.7	83.8	
4	4	1396	1380	43.7	12.8	42.1	75.5	0.784
		1402	1342	40	11.8	42.8	78.7	
		1416	1386	35.9	8.8	43.8	71.8	
	平均	1405	1336	39.9	11.2	42.9	75.3	
5	7	1357	1327	35.3	9	39.8	80.8	0.927
		1307	1268	35.6	9.4	40.6	85	
		—	—	—	—	41	78.6	
	平均	1332	1297	35.5	9.2	40.5	81.5	
6	6	1359	1315	35.4	10.6	41.5 42.5	74.2	1.043
		1397	1351	34.8	10.6	42.5 45	83.2	
		—	—	—	—	47 40.8	76.1	
	平均	1378	1333	35.1	10.6	44.3	77.8	
7	1	1310	1295	1.78	2.2	42 42	30.3	0.142
		1287	1275	1.98	0.8	42.3 42.2	31.4	
		1245	1245	16.53	6.6	42.1 43	31.1	
	平均	1281	1272	6.8	3.2	42.3	30.9	

B 低温冲击试验

低温冲击试样的尺寸为 10mm × 10mm × 55mm，在 JB30A 冲击试验机上进行低温冲击试验，试验温度为室温与 −104℃之间的 6 种温度，测试结果列于表 3-22 中。

表 3-22 低温冲击试验结果

编号	锭号	各温度下的冲击值 a_K/J					
		室 温	0℃	−20 ~ 22℃	−60℃	−80℃	−104℃
1	2	18.6,18.7,24.5	26.7,13.9	16.9,16.9	14.3,13.4,12.2	14.6,15.8,11.6	14.3,14.4,13.9
		平均 22.1	平均 20.3	平均 16.9	平均 13.3	平均 14	平均 14.2
2	3	18.1,13.3,18.1	15.9,12.3	17.1,14.1	14.3,15.6	14.4,12,10.9	13.2,13.1
		平均 16.5	平均 14.1	平均 15.6	平均 15	平均 12.4	平均 13.1
3	8	26.3,23.9,23.9	29.8	14.9	15.0,14.4	12,12	9.6,13.3
		平均 24.7	平均 29.8	平均 14.9	平均 14.7	平均 12	平均 11.5
4	4	21.9,26.8,28	22.1	19.3	14.6,17.1	12.7,9.8	13.1
		平均 25.6			平均 15.9	平均 11.3	
5	7	18,24,25.2					20.8,9.6
		平均 22.4					
6	6	16.8,15.3	14.3	33.1	13.1	25.2,27.2	20.8
		平均 16.1				平均 26.2	
7	1	2.5,2.9,2.5	1.96	1.96	1.47	0.98	1.96
		平均 2.6					

3.3.2 讨论与分析

3.3.2.1 夹杂物含量与韧塑性的关系

去掉表 3-21 中 1 号试样，对其余 6 个试样中夹杂物含量与韧塑性的关系作图，见图 3-53和图 3-54。

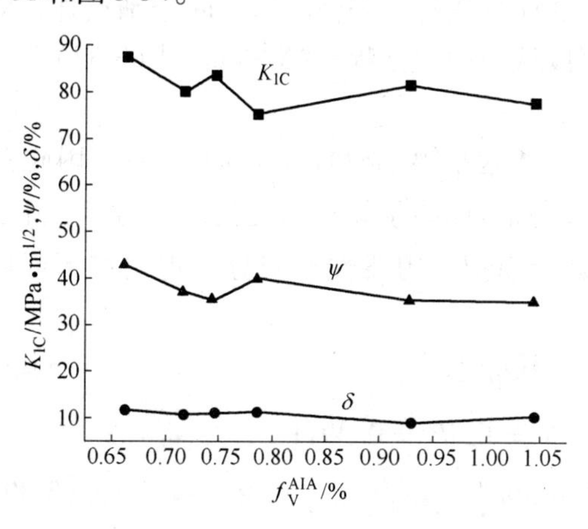

图 3-53 D_6AC 钢试样中夹杂物含量（图像仪测）与韧塑性的关系

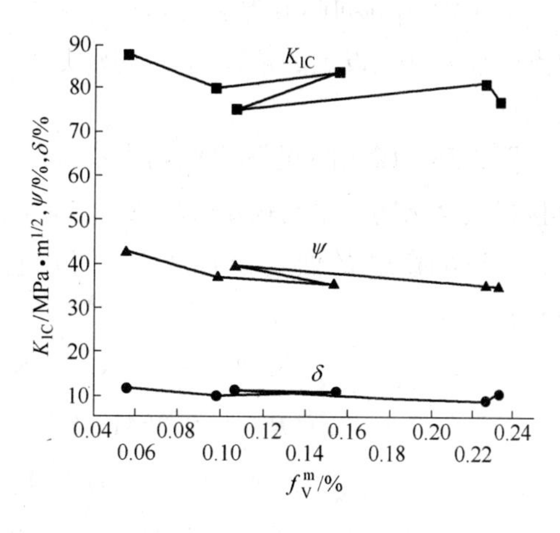

图 3-54 D_6AC 钢试样中夹杂物含量与韧塑性的关系

图 3-53 中 K_{1C}和 ψ 随夹杂物含量增加的曲线变化存在波动，但仍呈下降趋势，δ 随夹杂物含量增加变化不大，均可用直线进行模拟。用线性回归分析得出：

$$K_{1C} = 94.1 - 1600f_V^{AIA} \tag{3-35}$$

$$R = -0.5185,\ S = 4.26,\ N = 6,\ P = 0.292$$

$$\psi = 48.9\% - 14f_V^{AIA} \tag{3-36}$$

$$R = -0.6458,\ S = 2.66,\ N = 6,\ P = 0.166$$

$$\delta = 13.7\% - 3.6f_V^{AIA} \tag{3-37}$$

$$R = -0.5949,\ S = 0.79,\ N = 6,\ P = 0.213$$

从线性相关系数看，回归方程式(3-35)～式(3-37)的 R 值远小于 0.9，表明 K_{1C}、ψ、δ 与夹杂物含量线性相关显著性水平较差。

再用回归方程式(3-35)～式(3-37)的计算值与实测值对比以验证回归方程(3-35)～式(3-37)的可用性，对比结果列于表 3-23 中。

表 3-23　回归方程式(3-35)～式(3-37)的计算值与实测值对比

编　号		1	2	3	4	5	6
K_{1C} /MPa · $m^{1/2}$	实测值	87.9	80.1	83.8	75.3	81.5	77.8
	计算值	83.5	82.7	82.2	81.6	79.3	77.5
	差值/%	-5.2	3.1	-1.9	7.7	-2.7	-0.3
ψ/%	实测值	42.8	37	35.3	39.9	35.5	35.1
	计算值	39.6	38.9	38.5	37.9	35.9	34.3
	差值/%	-8.0	4.8	8.3	-5.2	1.1	-2.3
δ/%	实测值	11.8	10.5	11	11.2	9.2	10.6
	计算值	11.3	11.1	11	10.8	10.3	9.9
	差值/%	-4.2	5.4	0	-3.7	10.6	-7.0

表 3-23 所列回归方程式(3-35)～式(3-37)的计算值与实测值之差，除个别点外，多数点的误差均在设定的范围内（10%），因此可以认为回归方程式(3-35)～式(3-37)具有实用性。

图 3-54 为金相法测的夹杂物含量（f_V^m），其中不包括第二相的金属间化合物，因此 f_V^m 直接代表夹杂物含量与韧塑性的关系，K_{1C}随 f_V^m 增加，曲线呈锯齿状变化，但仍有下降趋势，ψ 和 δ 随 f_V^m 的变化较有规律，可用直线进行模拟。用线性回归分析得出如下回归方程：

$$K_{1C} = 84.2 - 2180f_V^m \tag{3-38}$$

$$R = -0.3541,\ S = 4.66,\ N = 6,\ P = 0.4911$$

$$\psi = 42.8\% - 36f_V^m \tag{3-39}$$

$$R = -0.8333,\ S = 1.93,\ N = 6,\ P = 0.0394$$

$$\delta = 12\% - 9f_V^m \tag{3-40}$$

$$R = -0.7475,\ S = 0.65,\ N = 6,\ P = 0.0876$$

从线性相关系数看，回归方程式（3-38）的 R 值远小于 0.9，回归方程式（3-39）的 R 值能满足 $\alpha = 0.05$ 的线性相关显著性水平，回归方程式（3-40）的 R 值较接近于 $\alpha = 0.05$ 的线性相关显著性水平。再用回归方程式(3-38)～式(3-40)的计算值与实测值对比，以验证回归方程式(3-38)～式(3-40)的可用性，对比结果列于表 3-24 中。

表 3-24　回归方程式(3-38)～式(3-40)的计算值与实测值的对比

编　号		1	2	3	4	5	6
K_{1C} /MPa · $m^{1/2}$	实测值	87.9	80.1	83.8	75.3	81.5	77.8
	计算值	83	82	80.8	81.9	39.3	79.1
	差值/%	-5.9	2.3	-3.7	8	-2.7	1.6
ψ/%	实测值	42.8	37	35.3	39.9	35.5	35.1
	计算值	40.8	39.2	37.2	39	24.6	34.4
	差值/%	-4.9	5.6	5.1	-2.3	-2.6	-2
δ/%	实测值	11.8	10.5	11	11.2	9.2	10.6
	计算值	11.5	11.1	10.6	11	10	9.9
	差值/%	-2.6	5.4	-3.8	-1.8	-8	-7

表 3-24 中回归方程式(3-38)～式(3-40)的计算值与实测值之差均小于 10%，按自定的标准，回归方程式(3-38)～式(3-40)均成立，即 K_{1C}、ψ、δ 随 f_V^m 增加而直线下降。

通过上述讨论了解到，回归方程是否存在线性关系的判定标准出现矛盾，今结合回归方程式(3-35)～式(3-40)加以总结。

（1）回归方程的相关系数。利用线性回归分析总结夹杂物参数与性能的关系具有较大的实用性。按回归分析理论认为，线性相关系数 R 是作为判断两个参数之间是否存在线性关系的依据，并提出 $\alpha = 0.01$ 和 $\alpha = 0.05$ 的线性相关显著性水平作为判断依据。α 值愈小，线性相关显著性水平愈高。α 值又与试验点数有关。如 $\alpha = 0.01$、$N = 6$ 时，要求 $R = 0.917$；$\alpha = 0.05$、$N = 6$ 时，要求 $R = 0.811$。按此要求，回归方程式(3-35)～式(3-40)中，只有回归方程式（3-39）能满足 $\alpha = 0.05$，其余 5 个回归方程的线性相关显著性水平都很低，即夹杂物含量与韧塑性之间不存在线性关系。

（2）回归方程式(3-35)～式(3-40)的计算值与实测值对比。表 3-23 和表 3-24 的结果表明，计算值与实测值之间的差值都不大，用此判断回归方程式(3-35)～式(3-40)均能成立，说明夹杂物含量与韧塑性之间存在线性关系。

按回归方程的相关系数与按计算值与实测值对比的结论彼此矛盾，今后还需大量的工作加以判断。

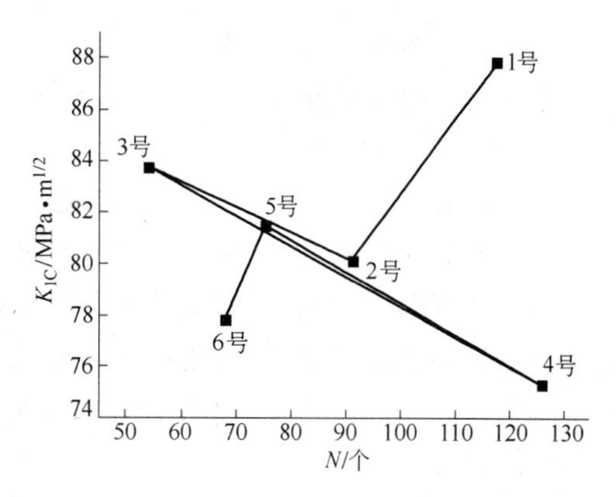

图 3-55　D_6AC（高 Mo）钢试样中 TiN + 第二相的数目与 K_{1C} 的关系

3.3.2.2　夹杂物数目与断裂韧性的关系

图 3-55 中夹杂物数目包括第二相的数目，

断裂韧性在2号~5号试样中，随夹杂物数目增多而急剧下降，1号试样中夹杂物数目多而夹杂物含量最低，6号试样中夹杂物数目虽少，但夹杂物含量最高，故1号和6号试样的断裂韧性分别位于最高和最低位置，说明夹杂物含量对断裂韧性的影响大于夹杂物数目的影响。当夹杂物含量在一定范围内时，断裂韧性会随夹杂物数目增多而急剧下降。

3.3.2.3 夹杂物尺寸分布频率、含量与韧塑性的关系

首先根据夹杂物尺寸分布频率与含量的关系作图，见图3-56和图3-57，再将图3-56和图3-57与图3-55含量与韧塑性的关系对照分析。

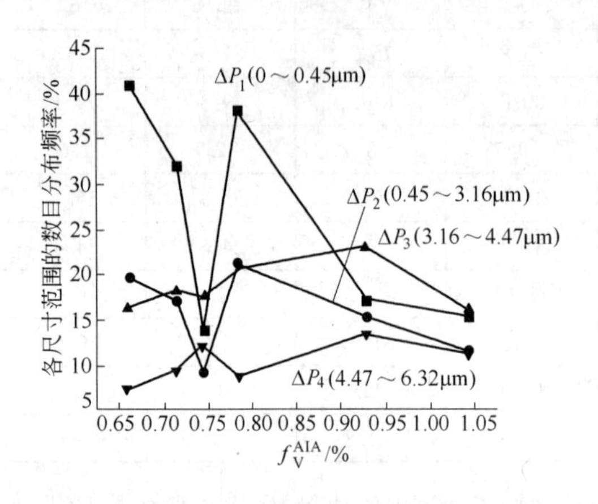

图3-56 D_6AC（高Mo）钢试样中TiN+第二相含量与尺寸分布频率的关系（尺寸小于6.32μm）

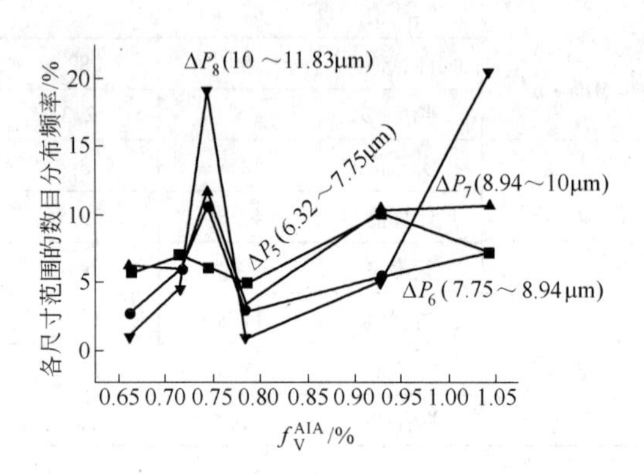

图3-57 D_6AC（高Mo）钢试样中TiN+第二相含量与尺寸分布频率的关系（尺寸大于6.32μm）

图3-56中ΔP_1、ΔP_2、ΔP_3为小尺寸夹杂物分布频率，三条曲线的低谷均为3号试样，图3-56中3号试样的断裂韧性高于其他4个试样，即夹杂物尺寸小，数目也少，断裂韧性就高。

图3-57中ΔP_6、ΔP_7、ΔP_8的尺寸较大，在曲线上数目处于峰值的3号试样仍因其夹杂物含量较低，断裂韧性并不因夹杂物尺寸较大，且数目又较多而受到影响。4号试样的面缩率（ψ）在图3-56中处于拐点，即4号试样中夹杂物含量大于2号和3号试样，ψ仍高于2号和3号试样。再对照图3-57中的ΔP_5，夹杂物尺寸范围在6.32~7.75μm之内的数目最少，虽然夹杂物含量较高，仍未使4号试样的面缩率降低，除3号和4号试样，其余试样与夹杂物尺寸分布频率、含量与韧塑性无对应关系。

3.3.2.4 夹杂物间距、夹杂物含量与间距同断裂韧性的关系

前面几节的工作已肯定夹杂物间距、夹杂物含量与间距同断裂韧性之间存在良好的线性关系，本节试样主要用图像仪定量测定夹杂物参数，有必要考察相应的关系。

图3-58为夹杂物间距与断裂韧性的关系。图3-59为夹杂物含量和间距与断裂韧性的关系。图3-58和图3-59的曲线中部存在明显的上升趋势，但从各点在曲线中的位置看，分散而无规律。主要原因是用图像仪定量测定的夹杂物间距包含第二相，使得出的夹杂物间距误差较大。

3.3.2.5 夹杂物含量与低温冲击韧性的关系

图3-60所示为在各试验温度条件下，冲击韧性随夹杂物含量的变化。各条曲线变化

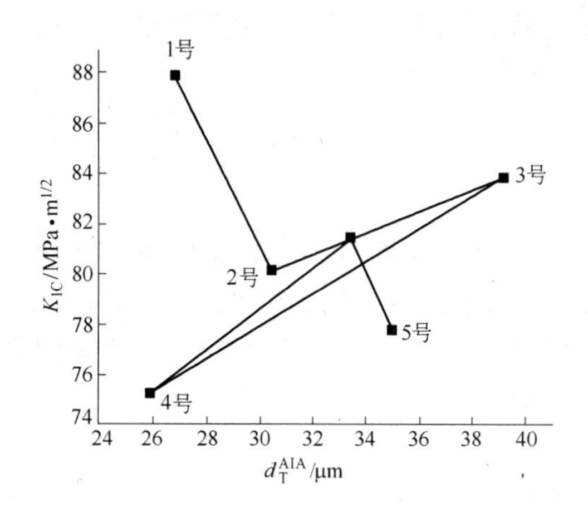

图 3-58　D_6AC（高 Mo）钢试样中夹杂物间距（图像仪测）与断裂韧性的关系

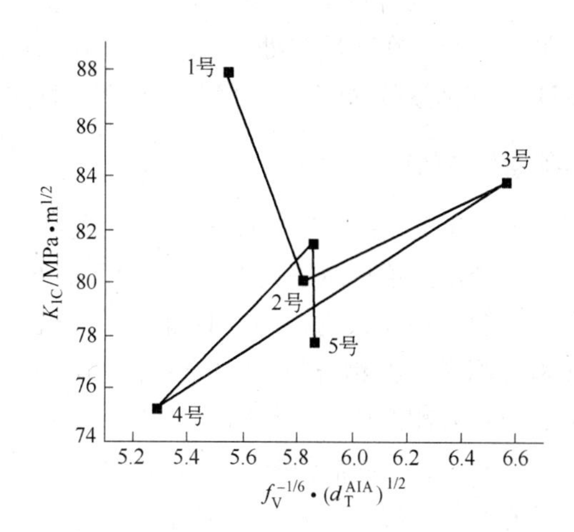

图 3-59　D_6AC（高 Mo）钢试样中 $f_V^{-1/6}\cdot(d_T^{AIA})^{1/2}$ 与 K_{1C} 的关系

的特点如下：

（1）室温：夹杂物含量处于中间值偏上（f_V = 0.784%）时，冲击韧性（a_K）最高。

（2）0℃：夹杂物含量处于中间值偏下（f_V = 0.744%）时，冲击韧性（a_K）最高。

（3）－20℃：夹杂物含量处于中间值偏下（f_V = 0.744%）时，冲击韧性（a_K）最低；当夹杂物含量增至最高值时（f_V = 1.043%），冲击韧性（a_K）反而最高。

（4）－60℃：夹杂物含量处于中间值偏上（f_V = 0.784%）时，冲击韧性（a_K）最高；当夹杂物含量增至最高时（f_V = 1.043%），冲击韧性（a_K）最低。

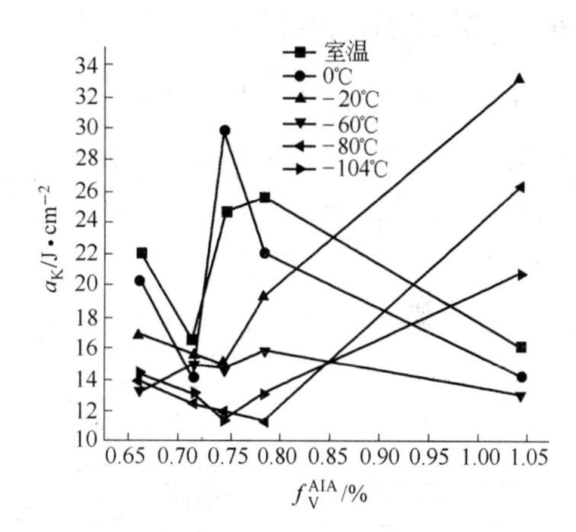

图 3-60　D_6AC 钢试样中夹杂物含量（f_V^{AIA}）与冲击韧性的关系

（5）－80℃：夹杂物含量处于中间值偏上（f_V = 0.784%）时，冲击韧性（a_K）最低；当夹杂物含量增至最高时（f_V = 1.043%），冲击韧性（a_K）也最高。

（6）－104℃：夹杂物含量较高（f_V = 0.927%）时，冲击韧性（a_K）最低；当夹杂物含量增至最高时（f_V = 1.043%），冲击韧性（a_K）也最高。

从以上特点看，夹杂物含量最低（f_V = 0.661%）时，各试验温度所测冲击韧性均不是最高的；当夹杂物含量处于中间值，在－60℃时的冲击韧性（a_K）最高；而在－20℃、－80℃和－104℃时的冲击韧性（a_K）最高点，与夹杂物含量最高点相对应。夹杂物含量对低温冲击韧性的影响，只出现于－60℃时；而在其他三个低温条件下，夹杂物含量对低温冲击韧性不但无影响，反而有提高低温冲击韧性的作用。

3.3.2.6　沿晶脆性相的影响

1 号锭为所炼用于对比的空白试样，其中夹杂物含量最低（f_V = 0.142%），但由于锻造操作不当，在随后热处理过程中，并未消除沿晶脆性相，故试样的韧塑性最差（见表3-21），从而失去对比夹杂物含量与韧塑性关系的作用。

3.3.3 小结

3.3.3.1 金相法与图像仪测量夹杂物的差别

本套试样冶炼时所加 Mo 量超过正常值一倍，故生成大量 Mo-Ti 第二相，其形状和颜色与 Ti(C,N)夹杂物相近，但两者在金相显微镜下易于区别，而在图像仪下却难以区别。图像仪测量夹杂物含量 f_V 比金相法测的结果高出 4 ~12 倍。试验采用的 f_V^{AIA} 与性能的关系，只具有相对比较的作用。

3.3.3.2 夹杂物含量与低温冲击韧性的关系

在通常情况下，随夹杂物含量的增加，冲击韧性逐步下降。但本套试样中，夹杂物含量最高的 6 号试样（f_V = 1.042%），在 -20℃、-80℃和 -104℃时的冲击韧性（a_K）反而最高，对此目前尚不能得到合理解释。

3.4 TiN 夹杂物与 D_6AC 钢性能关系的总结

3.4.1 数据的整理与归纳

在 3.1 ~3.3 节中，已分别论述了三套试样中 TiN 夹杂物与 D_6AC 钢性能的关系，各套试样的回火温度不同，TiN 夹杂物含量也不同，但试样的基体组织均为索氏体。今按 TiN 夹杂物含量的顺序进行整理，将 TiN 夹杂物含量（f_V）与 D_6AC 钢性能的平均值一起列于表 3-25 中。

表 3-25 TiN 夹杂物含量（f_V）与 D_6AC 钢性能的平均值

编号	回火温度/℃	f_V/%	强度/MPa		ψ/%	δ/%	a_K/J·cm^{-2}	K_{1C}/MPa·m$^{1/2}$	$f_V^{-1/6}\sqrt{d_T}$
			σ_b	$\sigma_{0.2}$					
1	510	0.026	1488	1448	53.1	12.7	36.3	90.9	17.2
2	510	0.049	1507	1431	53	11.9	33.8	87.3	14.3
3	550	0.062	1363	1294	56	14	36.4	94.7	11.7
4	510	0.071	1428	1395	50.2	13.3	36.6	84.9	12.5
5	510	0.089	1521	1461	51.6	11.8	30.8	82.7	11.2
6	550	0.098	1303	1196	57.6	12.8	35.8	86.4	11.4
7	510	0.103	1529	1439	48.5	10.3	28.9	81.1	10.6
8	510	0.149	1541	1444	47	11.3	23.3	80.4	9.8
9	550	0.150	1354	1264	54.5	13.3	31.9	84.1	8.8
10	550	0.176	1350	1264	52.9	14.8	36.7	82.2	8.7
11	550	0.203	1186	1127	59.6	16.6	47.5	78.5	7.7
12	550	0.275	1348	1254	51.3	13.2	35.8	77.8	7.2
13	550	0.448	1351	1253	54.6	13.7	25.8	76	5.8
14	600	0.661	1351	1305	37	11.8	22.1	87.9	5.5
15	600	0.715	1389	1345	35.3	10.5	16.5	80.1	5.8
16	600	0.927	1332	1298	35.5	9.2	22.4	81.5	5.9
17	600	1.043	1378	1334	35.1	10.4	16.1	77.8	8.9

3.4.2　TiN 夹杂物含量与拉伸性能的关系

按表 3-25 中的数据作图，如图 3-61 和图 3-62 所示。

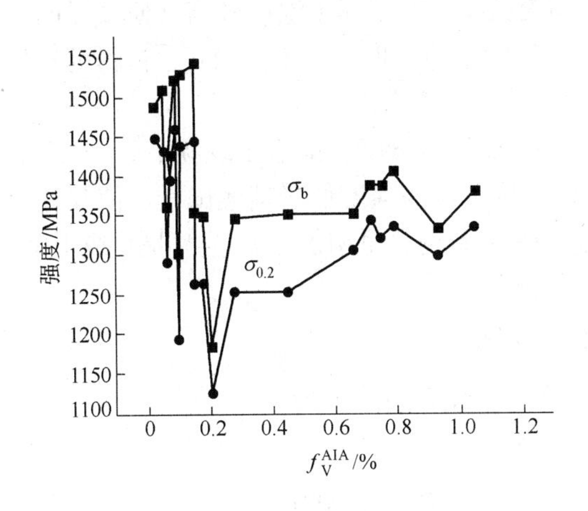

图 3-61　D_6AC 钢试样中 TiN 夹杂物含量与强度的关系

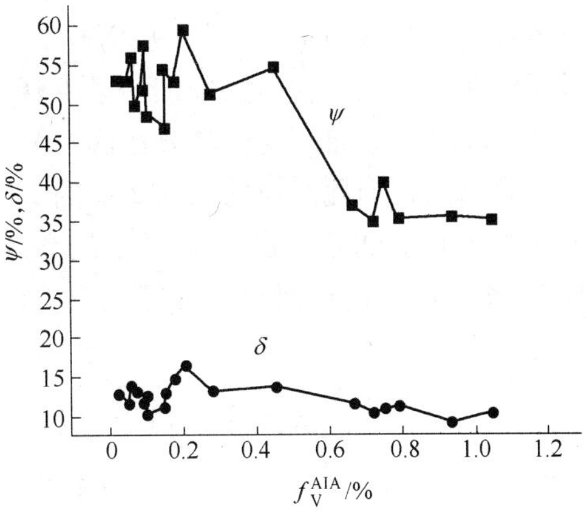

图 3-62　D_6AC 钢试样中 TiN 夹杂物含量与韧塑性的关系

图 3-61 所示为 TiN 夹杂物含量与强度的关系。夹杂物含量低的区域强度高于夹杂物含量高的区域，说明 TiN 夹杂物含量对强度仍有影响。曲线的低谷为 3.2 节的 5 号试样，因 5 号试样的含碳量只有 0.4%，低于其他试样，故含碳量是影响强度的主要因素。

图 3-62 所示为 TiN 夹杂物含量与面缩率和伸长率的关系。夹杂物含量低的区域内，面缩率和伸长率远高于夹杂物含量高的区域。今用直线模拟两者的关系（见图 3-63），得出：

$$\psi = 55.6\% - 22f_{\mathrm{V}} \tag{3-41}$$

$R = -0.8738$，$S = 4.28$，

$N = 19$，$P < 0.0001$

$$\delta = 13.36\% - 2.97f_{\mathrm{V}} \tag{3-42}$$

$R = -0.5635$，$S = 1.52$，

$N = 19$，$P = 0.0120$

首先按相关系数检查回归方程式（3-41）和式（3-42）。当 $N = 19$ 时，$\alpha = 0.01$ 要求 $R = 0.575$；$\alpha = 0.05$ 要求 $R = 0.456$。故回归方程式（3-41）和式（3-42）均满足 $\alpha = 0.01$ 的 R 值，说明 TiN 夹杂物含量与拉伸韧塑性之间，线性相关显著性水平很高，两者存在良好的线性关系，即随 TiN 夹杂物含量的增加，试样的面缩率和伸长率呈直线下降。

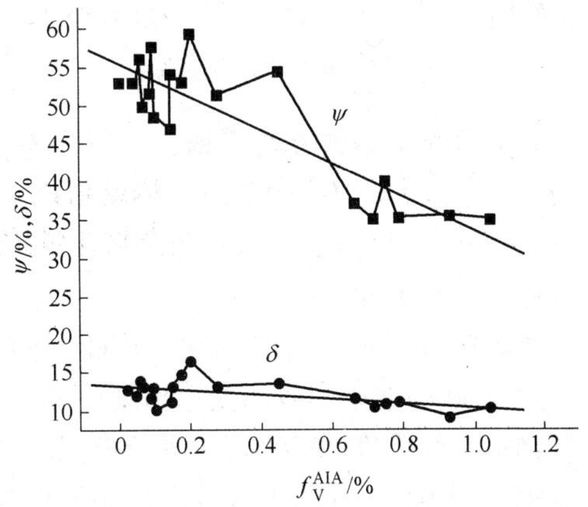

图 3-63　D_6AC 钢试样中 TiN 夹杂物含量与韧塑性的关系（线性回归）

3.4.3 TiN 夹杂物含量、间距与韧性的关系

图 3-64 为f_V与K_{1C}和a_K的关系。图中曲线的变化分成两段：在低含量区，K_{1C}随f_V增加而呈直线下降，K_{1C}曲线上最后 6 点为 600℃ 回火试样，由于回火温度较高，使试样的断裂韧性提高，故K_{1C}曲线上升，从而改变了K_{1C}曲线的走势。但从整个曲线看，试样的断裂韧性仍随 TiN 夹杂物含量的增加而呈下降趋势。

图 3-64 中a_K曲线变化趋势在低含量区先随f_V增加而下降，随后出现拐点，使a_K值上升至最高点，与此对应的为 3.2 节的 7 号试样，该试样的强度低于其他试样，使其冲击韧性远高于其他试样，故a_K值处于最高点。随 TiN 夹杂物含量增加，a_K值又呈直线下降。对图 3-64 的曲线进行回归分析（见图 3-65），得出：

$$K_{1C} = 85.2 - 685f_V \tag{3-43}$$

$$R = -0.4596, S = 4.63, N = 19, P = 0.0478$$

$$a_K = 36.2 - 1790f_V \tag{3-44}$$

$$R = -0.7558, S = 5.43, N = 19, P = 0.0001$$

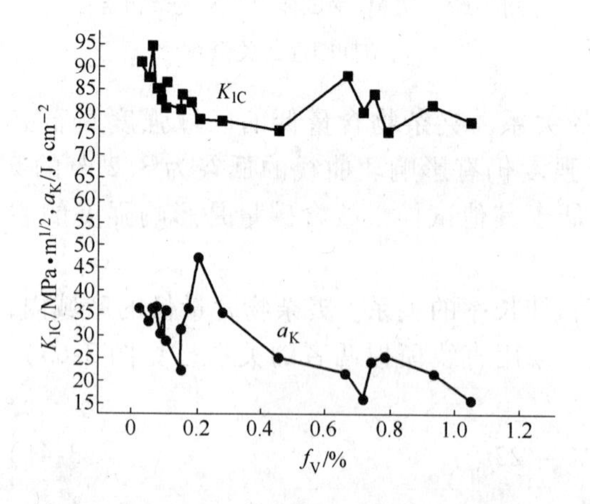

图 3-64 D$_6$AC 钢试样中 TiN 夹杂物含量与断裂韧性和冲击韧性的关系

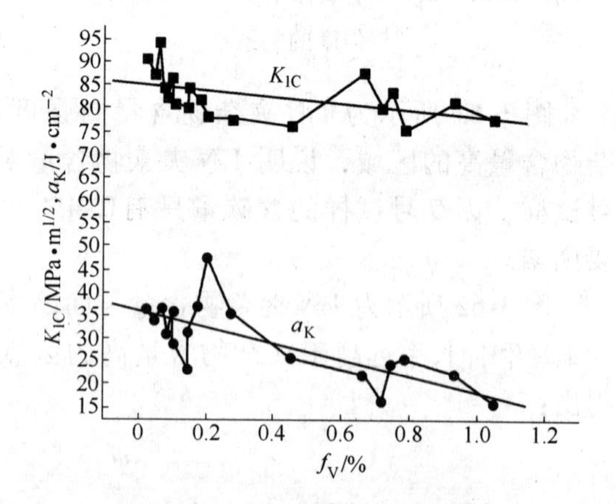

图 3-65 D$_6$AC 钢试样中 TiN 夹杂物含量与断裂韧性和冲击韧性的关系（线性回归）

首先按相关系数R进行检查：回归方程式（3-43）满足$\alpha=0.05$的要求，回归方程式（3-44）满足$\alpha=0.01$的要求。因此可以认为试样的K_{1C}和a_K均随 TiN 夹杂物含量增加而呈直线下降，只是a_K与 TiN 夹杂物含量的线性相关显著性水平高于K_{1C}与 TiN 夹杂物含量的线性相关显著性。

图 3-66 为 TiN 夹杂物含量、间距共同对K_{1C}和a_K的影响。

图 3-66 中两条曲线的变化出现波动，若去除少数波动较大的点，仍可看出两条曲线的变化呈上升趋势，可用直线进行模拟，见图 3-67。

图 3-67 中K_{1C}曲线上多数点都靠近直线；a_K曲线上有几点偏离直线稍大。回归分析结果为：

$$K_{1C} = 73.4 + 1.04f_V^{-1/6}\sqrt{d_T} \tag{3-45}$$

$$R = 0.6567,\ S = 4.07,\ N = 19,\ P = 0.0022$$

$$a_K = 19.2 + 1.15 f_V^{-1/6} \sqrt{d_T} \tag{3-46}$$

$$R = 0.4705,\ S = 7.31,\ N = 19,\ P = 0.0420$$

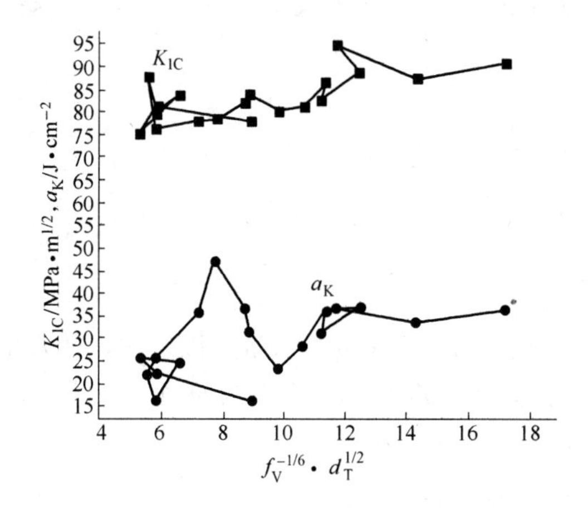

图 3-66　D_6AC 钢试样中 TiN 夹杂物含量、间距共同对韧性的影响

图 3-67　D_6AC 钢试样中 TiN 夹杂物含量、间距共同对韧性的影响（线性回归）

回归方程式（3-45）满足 $\alpha = 0.01$ 的要求，回归方程式（3-46）满足 $\alpha = 0.05$ 的要求，可以认为试样的断裂韧性和冲击韧性均随 $f_V^{-1/6}\sqrt{d_T}$ 的增大而呈直线上升。

断裂韧性与 $f_V^{-1/6}\sqrt{d_T}$ 的关系符合通式 $K_{1C} = A + Bf_V^{-1/6}\sqrt{d_T}$。

第4章 ZrN夹杂物对 D_6AC 钢性能的影响

4.1 实验方法与结果

4.1.1 试样成分与热处理

4.1.1.1 试样成分

试样冶炼和锻造方法与第3章相同，只是系统设计Zr和N的加入量，以形成6种ZrN夹杂物含量不同的试样。N以Cr-N和Mn-N的形式加入；Zr以高纯金属为原料。此外，为了对比，增炼一炉不加Zr的 D_6AC 钢。试样成分列于表4-1中。

表4-1 含ZrN夹杂物的试样成分（质量分数） （%）

样号	试样成分										
	C	P	S	Cr	Mo	Ni	Mn	Si	[O]	N	Zr
0	0.45	0.009	0.01	1.07	1.05	0.75	0.71	0.27	0.0006	0.0057	0
1	0.41	0.009	0.009	1.67	0.96	0.76	0.72	0.29	0.0012	0.0081	0.065
2	0.45	0.007	0.01	1.21	0.98	0.78	0.65	0.27	0.001	0.0098	0.13
3	0.42	0.008	0.009	—	—	—	—	—	0.0012	0.0090	0.26
4	0.45	0.008	0.01	—	—	—	—	—	0.0012	0.0067	0.39
5	0.41	0.009	0.01	—	—	—	—	—	0.003	0.0069	0.52
6	0.39	0.008	0.01	—	—	—	—	—	0.0014	0.0079	0.65

注：Zr为加入量；Cr、Mo、Ni、Mn和Si在真空冶炼条件下不易挥发，故未全部分析，按其在 D_6AC 钢中的含量，分别为1% Mo、1% Cr、0.75% Ni、0.28% Si和0.70% Mn。

4.1.1.2 试样热处理

正火：900℃ ×30min，空冷。

淬火：880℃ ×20min，油冷。

回火：550℃ ×2h，空冷。

正火和淬火均在盐浴炉中加热；回火在箱式炉中进行。

4.1.2 基体组织与晶粒度

本套试样的基体组织均为回火索氏体，碳化物颗粒细小分布均匀。今挑选出ZrN夹杂物含量最高和最低的试样基体组织示于图4-1和

图4-1 ZrN夹杂物含量最高的试样基体组织（索氏体，×500）

图 4-2 中。图 4-3 所示为回火不全的残留马氏体。

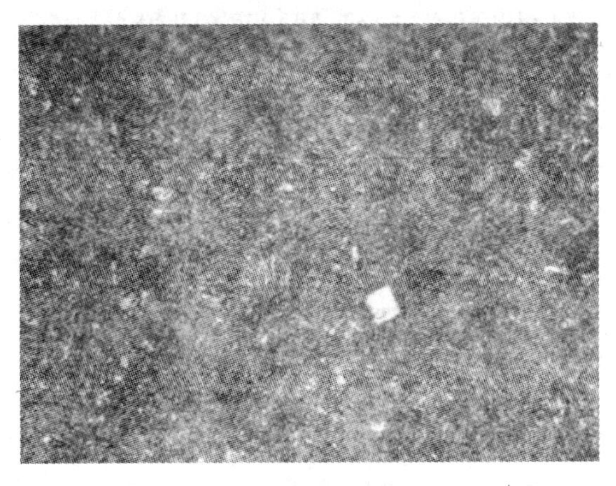

图 4-2 ZrN 夹杂物含量最低的试样基体组织（索氏体，×500）

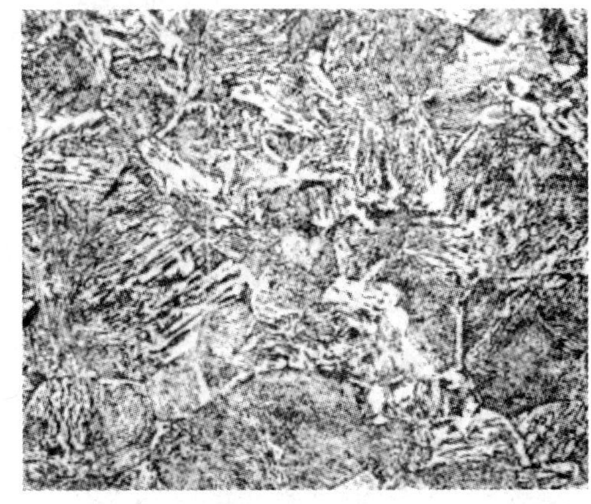

图 4-3 部分马氏体（回火不全，×500）

晶粒度按 ASTM 标准进行评级，各试样的晶粒度均为 9 ~ 10 级，见图 4-4 和图 4-5。

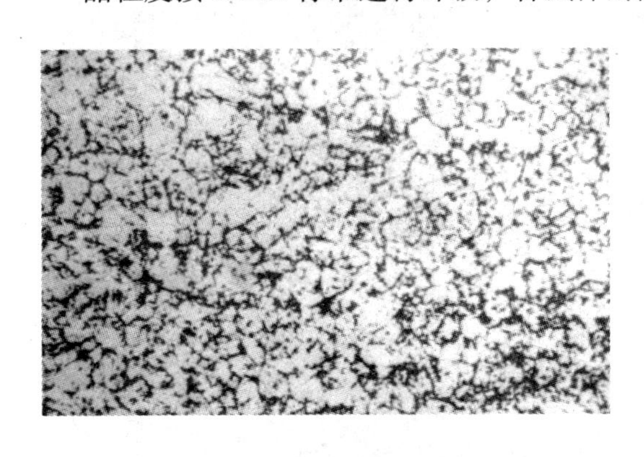

图 4-4 晶粒度（视场一，×400，9 ~ 10 级）

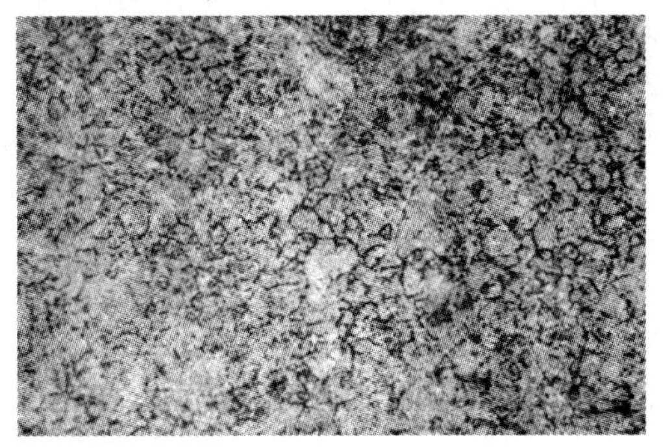

图 4-5 晶粒度（视场二，×400，9 ~ 10 级）

4.1.3 ZrN 夹杂物的定性和定量

4.1.3.1 夹杂物定性

ZrN 夹杂物在金相显微镜下呈特有的柠檬黄色而且形状规则，在通常情况下使用金相法即可确定其类型。为准确定性试样中夹杂物的类型，分别采用了两种方法：扫描电镜能谱分析试样中方块夹杂物；同时用电解分离和水选的方法得到夹杂物粉末，经 X 射线粉末衍射鉴定夹杂物粉末的类型。这两种方法均肯定了试样中主要的夹杂物为 ZrN，如图4-1、图 4-2 以及图 4-6 中的方块夹杂物，ZrN 的能谱分析见图 4-7。

4.1.3.2 夹杂物定量

夹杂物定量采用以下三种方法：

（1）Q-720 图像仪测定夹杂物的面积和尺寸分布。

Zr
15.0um

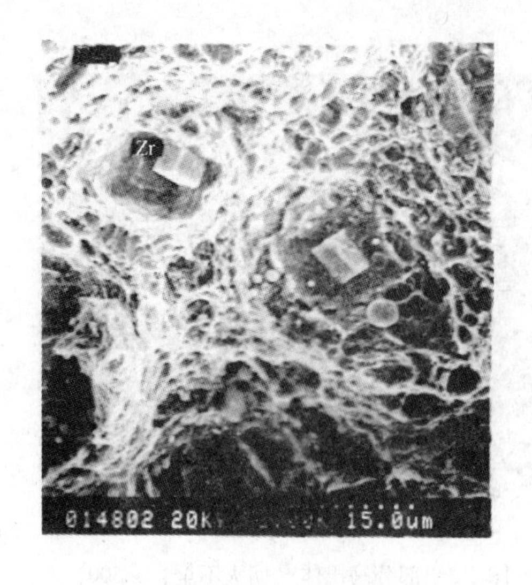

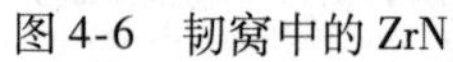

图 4-6 韧窝中的 ZrN

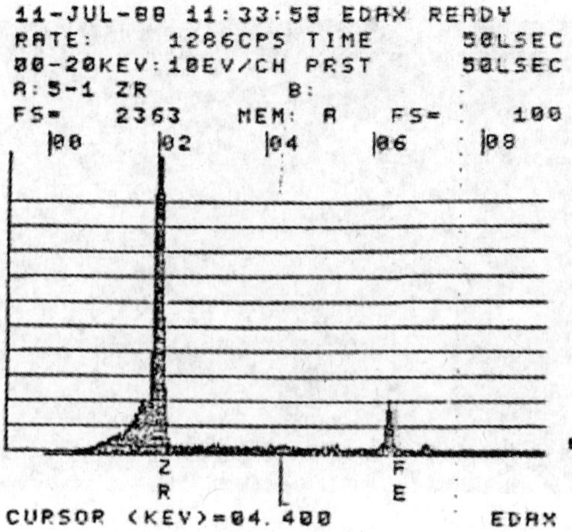

11-JUL-88 11:33:58 EDAX READY
RATE: 1286CPS TIME 50LSEC
00-20KEV:10EV/CH PRST 50LSEC
A:5-1 ZR B:
FS= 2363 MEM: A FS= 100
00 02 04 06 08
Z R
F E
CURSOR (KEV)=04.400
EDAX

图 4-7 ZrN 的能谱分析

（2）测定电解分离沉淀中的 Zr 含量，将其换算成 ZrN 夹杂物含量。在电解分离沉淀中包括大量渗碳体碳化物，但 Zr 不参与形成渗碳体，所以电解分离沉淀中的 Zr 主要属于夹杂物的成分。

（3）金相法测定夹杂物的面积、数目和尺寸，分别测量三次，每次测量 50、50 和 100 个视场，最后取三次测量结果的平均值。

扫描电镜拍摄断口图，用以测量夹杂物韧窝间距，即夹杂物韧窝间距（d_T^{SEM}），所选用部分扫描电镜断口图，如图 4-8 ~ 图 4-14 所示。

由于 Q-720 图像仪测定夹杂物的面积和尺寸的结果很不规律，故弃用。

金相法测定的结果和扫描电镜测定的夹杂物韧窝间距一并列于表 4-2 中。

015004 20KV X1.00K 30um

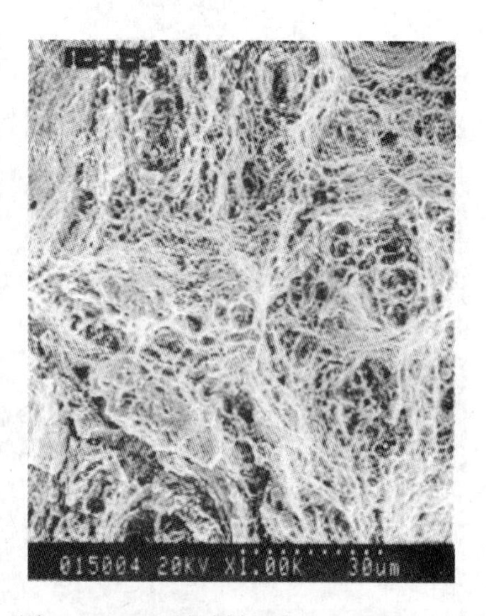

图 4-8 1-2-2 号试样细小 ZrN 的 SEM 图

表 4-2 金相法和扫描电镜测定的结果

样号	$A_{总}$/格^2	$N_{总}$/个	f_V/%	$f_V^{-1/6}$	d_T^m/μm	$N_{韧窝}$/个	d_T^{SEM}/μm	备 注
1	134.89	171	0.037	1.73	141.6	69	14.9	$A_{总}$—50 个视场中夹杂物的总面积；$N_{总}$—50 个视场中夹杂物的总数目
2	189.75	204	0.052	1.64	129.6	107	14.2	
3	217.96	228	0.060	1.60	122.6	119	13.6	
4	252.94	309	0.070	1.56	105.3	174	13.1	
5	354.94	337	0.098	1.47	100.8	236	12.6	
6	455.22	850	0.126	1.41	63.5	251	11.3	

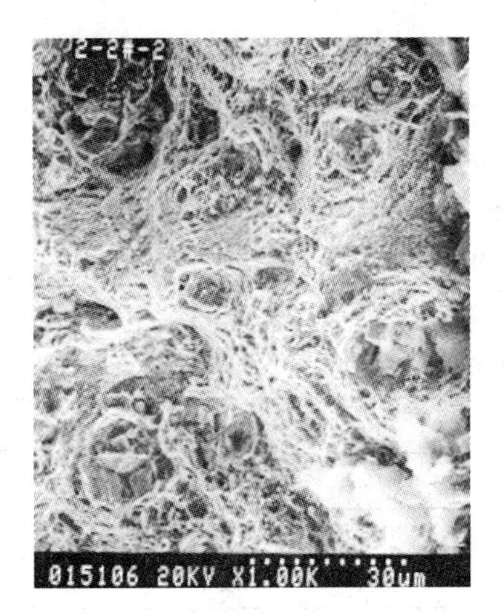

图 4-9　2-2-2 号试样细小 ZrN 的 SEM 图

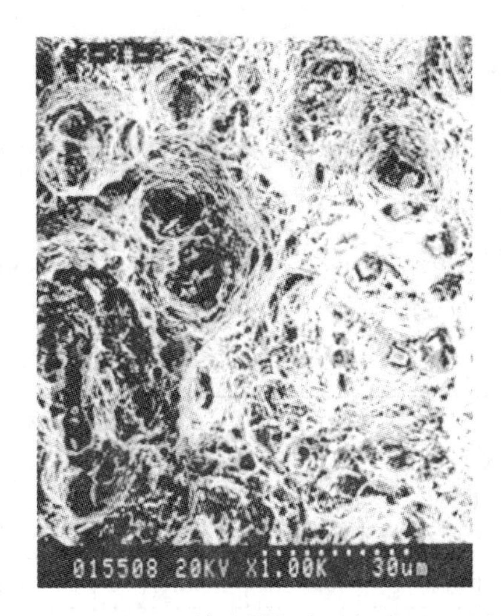

图 4-10　3-3-2 号试样细小 ZrN 的 SEM 图

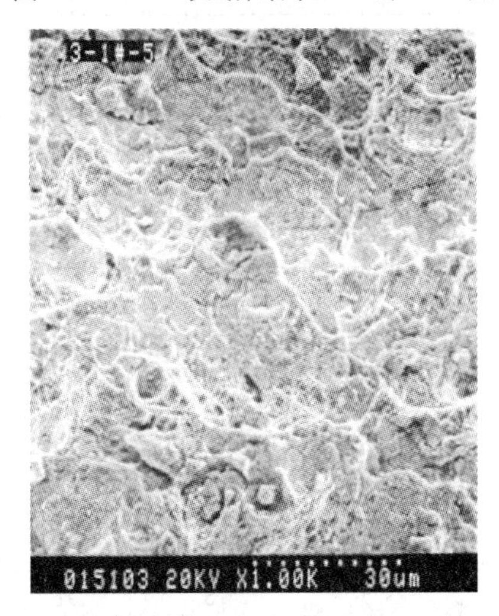

图 4-11　3-1-5 号试样细小 ZrN 的 SEM 图

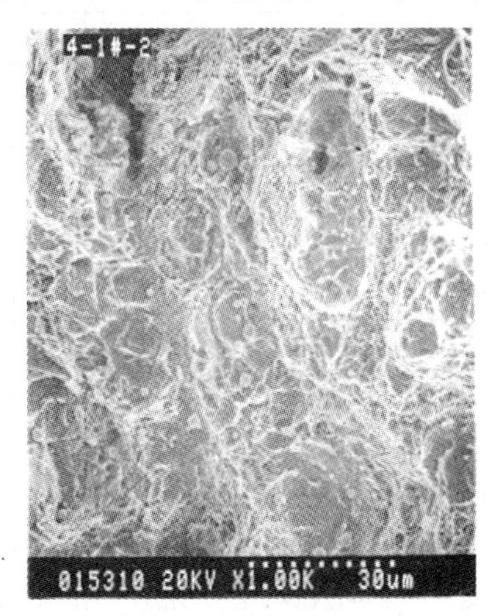

图 4-12　4-1-2 号试样细小 ZrN 的 SEM 图

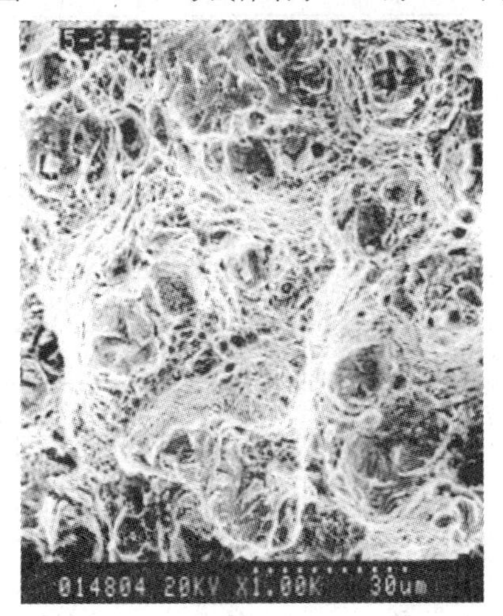

图 4-13　5-2-2 号试样细小 ZrN 的 SEM 图

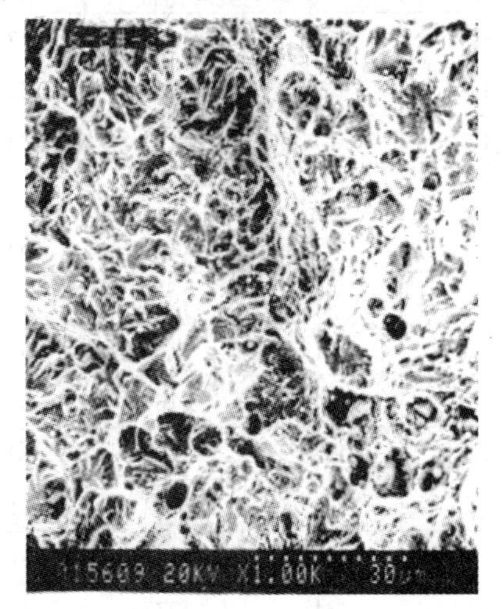

图 4-14　6-2-2 号试样细小 ZrN 的 SEM 图

4.2　性能测试

冲击试验用 JB-30 冲击试验机；拉伸试验用 IS-5000 电子拉伸试验机，拉速为 2.5mm/min；断裂韧性采用三点弯曲法测 K_{1C}。各试样的规格为：冲击试验 10mm × 10mm × 55mm；拉伸试验 ϕ5mm × 50mm；断裂韧性试验 15mm × 30mm × 140mm。预制疲劳纹长度为 15mm。测试结果列于表 4-3 中。

表 4-3　含 ZrN 夹杂物的试样性能

样　号	拉伸性能					a_K	K_{1C}
	σ_b/MPa	$\sigma_{0.2}$/MPa	ψ/%	δ/%	ε_f/%	/J · cm^{-2}	/MPa · m$^{1/2}$
1-1	1289	1233	55.6	15.6	81.1	—	98.8
1-2	1311	1217	56.4	17.6	83.1	30.3	95.3
1-3	1298	1242	53.6	14	76.7	31.4	93.1
平均	1299	1231	55.2	15.7	80.3	30.9	95.7
1-1	1273	1203	52.7	15.6	74.8	28.4	95.1
1-2	1278	1207	54.3	16.8	79.3	27.4	96.7
1-3	1270	1198	52.1	14	73.6	33.3	95.5
平均	1274	1203	53	15.5	75.6	29.7	95.7
1-1	1368	1307	51.6	14.4	72.5	25.5	90.7
1-2	1403	1349	52.8	13.6	75.2	25.5	97.7
1-3	1322	1257	51.7	14.4	72.7	27.4	83.1
平均	1365	1304	52	14.1	73.5	26.2	90.5
1-1	1263	1193	56.9	16	84.1	31.4	90.6
1-2	1220	1148	55.2	14.8	80.3	31.4	87.3
1-3	1237	1162	54.4	15.2	78.5	24.5	91.8
平均	1240	1168	55.5	15.3	80.9	29.1	89.9
1-1	1238	1157	57.7	17.2	86	21.6	84.1
1-2	1287	1207	51.1	16	71.5	21.6	89.4
1-3	1270	1193	54.7	16.4	79.3	21.6	88.5
平均	1265	1186	54.5	16.5	78.9	21.6	87.3
1-1	1223	1133	52.7	14.8	80.7	18.6	77.4
1-2	1297	1228	53.6	15.2	76.7	—	81.3
1-3	1217	1132	54.5	16	78.7	19.6	80.9
平均	1246	1164	63.6	15.3	78.7	19.1	79.9
1-1	1270	1192	54.2	16	78.1	50	117.6
1-2	1379	1312	41.5	13.2	53.6	50	107.9
1-3	1310	1243	31.8	13.2	38.2	35.3	116
平均	1345	1277	42.5	14.1	56.6	45.1	113.8

4.3　分析与讨论

首先对表 4-2 中的数据进行归纳整理，见表 4-4。

表 4-4　ZrN 夹杂物参数

样号	夹杂物参数							
	N_A/个	f_V/%	$d_T^m/\mu m$	$\sqrt{d_T^m}/\mu m^{1/2}$	$d_T^{SEM}/\mu m$	$\sqrt{d_T^{SEM}}/\mu m^{1/2}$	$f_V^{-1/6}\sqrt{d_T^m}$	$f_V^{-1/6}\sqrt{d_T^{SEM}}$
1	69	0.037	141.6	11.9	14.9	3.9	20.6	6.75
2	107	0.052	129.7	11.4	14.2	3.8	18.6	6.22
3	119	0.060	122.6	11.1	13.6	3.7	17.7	5.91
4	174	0.071	105.3	10.3	13.1	3.6	16	5.61
5	236	0.098	100.8	10	12.6	3.5	14.7	5.15
6	251	0.126	63.5	8	11.3	3.3	11.3	4.66

4.3.1　ZrN 夹杂物参数与韧性的关系

4.3.1.1　ZrN 夹杂物含量与韧性的关系

图 4-15 所示为 ZrN 夹杂物含量与断裂韧性和冲击韧性的关系。

从图 4-15 中两条曲线的变化趋势可以看出，K_{1C}和 a_K 均随 ZrN 夹杂物含量的增加而逐渐下降。用直线模拟两条曲线变化的趋势得出：

$$K_{1C} = 102.7 - 17480f_V \tag{4-1}$$

$$R = -0.9671,\ S = 1.68,\ N = 6,\ P = 0.0012$$

$$a_K = 36.3 - 13850f_V \tag{4-2}$$

$$R = -0.9465,\ S = 1.72,\ N = 6,\ P = 0.0042$$

当 $N=6$ 时，$\alpha=0.01$ 要求 $R=0.917$。回归方程式（4-1）、式（4-2）的线性相关显著性水平很高，说明试样的断裂韧性和冲击韧性均随 ZrN 夹杂物含量的增加而直线下降。

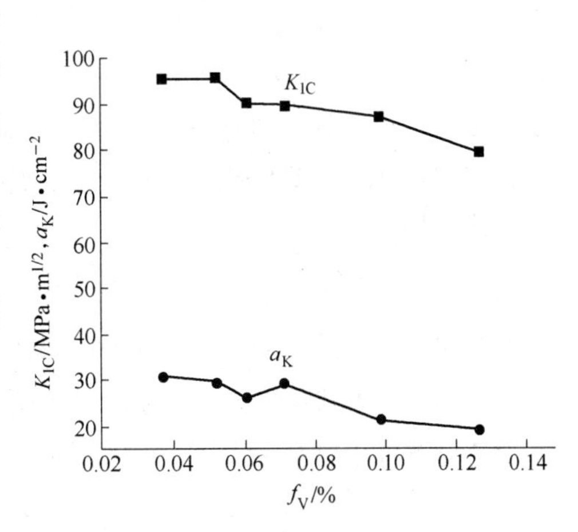

图 4-15　D_6AC 钢试样中 ZrN 夹杂物的含量与韧性的关系

4.3.1.2　ZrN 夹杂物含量、间距与韧性的关系

前面已经用 TiN 夹杂物的实验数据证明 $f_V^{-1/6}\sqrt{d_T}$与 K_{1C}存在如下关系符合通式：

$$K_{1C} = A + Bf_V^{-1/6}\sqrt{d_T}$$

图 4-16 和图 4-17 分别为$f_V^{-1/6}\sqrt{d_T^m}$和$f_V^{-1/6}\cdot\sqrt{d_T^{SEM}}$与断裂韧性和冲击韧性的关系。

对图 4-16 和图 4-17 中曲线变化的趋势进

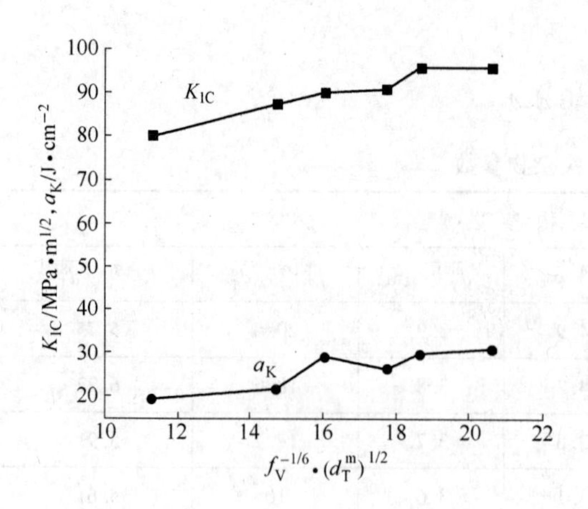

图 4-16 D_6AC 钢试样中 ZrN 夹杂物含量、间距共同对韧性的影响

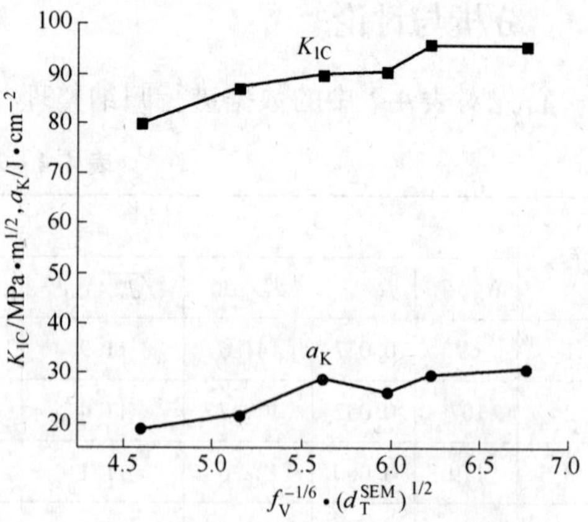

图 4-17 D_6AC 钢试样中 ZrN 夹杂物含量、间距与韧性的关系

行回归分析处理，得出：

图 4-16

$$K_{1C} = 60.9 + 1.76 f_V^{-1/6}\sqrt{d_T^m} \tag{4-3}$$

$R = 0.9694$, $S = 1.62$, $N = 6$, $P = 0.0014$

$$a_K = 4.2 + 1.3 f_V^{-1/6}\sqrt{d_T^m} \tag{4-4}$$

$R = 0.9013$, $S = 2.32$, $N = 6$, $P = 0.0141$

图 4-17

$$K_{1C} = 46.8 + 7.53 f_V^{-1/6}\sqrt{d_T^{SEM}} \tag{4-5}$$

$R = 0.9456$, $S = 1.97$, $N = 6$, $P = 0.0031$

$$a_K = -7.33 + 5.85 f_V^{-1/6}\sqrt{d_T^{SEM}} \tag{4-6}$$

$R = 0.9152$, $S = 2.15$, $N = 6$, $P = 0.0101$

首先按相关系数对回归方程式(4-3)～式(4-6)进行检查，回归方程式(4-3)和式(4-5)的 R 值大于0.917，线性相关显著性水平很高，表明 K_{1C} 与 $f_V^{-1/6}\sqrt{d_T}$ 之间存在良好的线性关系，并符合如下通式：

$$K_{1C} = A + B f_V^{-1/6}\sqrt{d_T}$$

再看回归方程式(4-4)和式(4-6)，其相关系数 R 值与 $\alpha = 0.01$ 要求的0.917接近，并远大于 $\alpha = 0.05$ 要求的0.811，因此可以认为 a_K 与 $f_V^{-1/6}\sqrt{d_T}$ 之间仍存在线性相关，只是其线性相关显著性水平低于 K_{1C} 与 $f_V^{-1/6}\sqrt{d_T}$ 之间所存在的线性相关。这种关系仍用下式表示：

$$a_K = A + B f_V^{-1/6}\sqrt{d_T}$$

此式是否能成为通式，尚须以后的实验数据加以验证。

再将回归方程式(4-3)～式(4-6)的计算值与实验测定值进行对比以做进一步检查，所得结果列于表4-5中。

表4-5 回归方程式(4-3)~式(4-6)的计算值与实验测定值的对比

样号	方程号	(4-1)	(4-2)	(4-3)	(4-4)	(4-5)	(4-6)
	对 比	$K_{1C}/MPa\cdot m^{1/2}$	$a_K/J\cdot cm^{-2}$	$K_{1C}/MPa\cdot m^{1/2}$	$a_K/J\cdot cm^{-2}$	$K_{1C}/MPa\cdot m^{1/2}$	$a_K/J\cdot cm^{-2}$
1	实验值	95.7	30.9	95.7	30.9	95.7	30.9
	计算值	96.2	31.2	97.1	31	97.6	32.1
	差值/%	0.6	0.9	1.4	0.3	1.9	3.7
2	实验值	95.7	29.7	95.7	29.7	95.7	29.7
	计算值	93.6	29.1	93.6	28.4	93.6	29.1
	差值/%	-2.2	-2.0	-2.2	-4.5	-2.2	-2
3	实验值	90.5	26.2	90.5	26.2	90.5	26.2
	计算值	92.2	28	92	27.2	91.3	27.4
	差值/%	1.8	6.4	1.6	3.6	0.8	2.9
4	实验值	89.9	29.1	89.9	29.1	89.9	29.1
	计算值	90.3	26.5	89.1	25	89	25.5
	差值/%	0.4	-9.8	-0.9	-16.4	-1.0	-14.1
5	实验值	87.3	21.6	87.3	21.6	87.3	21.6
	计算值	85.6	22.7	86.8	23.3	85.6	22.8
	差值/%	-1.9	4.8	-0.5	7.3	-1.9	5.2
6	实验值	79.9	19.1	79.9	19.1	79.9	19.1
	计算值	80.7	18.8	80.8	18.9	81.9	19.9
	差值/%	1.0	-1.6	1.1	-1.0	2.4	4.0

从表4-5中所列回归方程式(4-3)~式(4-6)的计算值与实验测定值之差，除4号试样a_K的计算值与实验值之差较大外，其余的差值均小于10%，可以认为回归方程式(4-3)~式(4-6)具有可用性。

4.3.1.3 ZrN夹杂物数目与韧性的关系

图4-18为ZrN夹杂物数目与断裂韧性和冲击韧性的关系。由于夹杂物数目与夹杂物含量、间距、尺寸等都有直接关系，因此有必要考察夹杂物数目与韧性的关系。从图4-18可以看出，随着ZrN夹杂物数目的增多，试样的断裂韧性和冲击韧性逐渐下降，用直线进行模拟后得出：

$$K_{1C} = 101.4 - 0.07N \quad (4\text{-}7)$$

$$R = -0.9065,\ S = 2.79,\ N = 6,$$

$$P = 0.0127$$

$$a_K = 35.3 - 0.06N \quad (4\text{-}8)$$

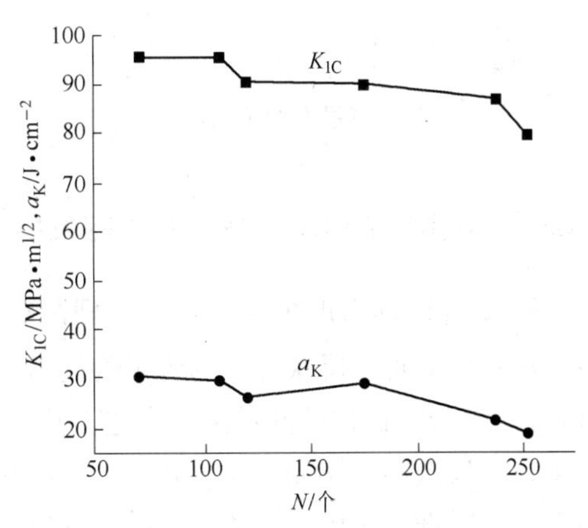

图4-18 D_6AC钢试样中ZrN夹杂物数目与韧性的关系

$$R = -0.8928,\ S = 2.41,\ N = 6,\ P = 0.0166$$

回归方程式(4-7)和式(4-8)的相关系数 R 值大于 $\alpha = 0.05$ 所要求的 0.811，但小于 $\alpha = 0.01$ 要求的 0.917，表明 ZrN 夹杂物数目与韧性之间存在线性关系，但线性相关显著性水平稍低。

在一般情况下，计数夹杂物的数目存在较大误差，本次实验能获得如图 4-18 所示的曲线，仍是令人满意的。

4.3.2　ZrN 夹杂物含量与拉伸性能的关系

图 4-19 为 ZrN 夹杂物含量与强度的关系，其中 3 号试样的强度出现峰值。图 4-20 为 ZrN 夹杂物含量与面缩率和伸长率的关系。3 号试样的韧塑性出现低谷，与强度的峰值相对应。试样的强度直接与试样的含碳量有关，但 3 号试样的含碳量并不高，属中等偏下，说明 3 号试样强度的峰值与含碳量无关。3 号试样的韧塑性低于夹杂物含量高的 6 号试样，说明 3 号试样韧塑性低的原因也与夹杂物含量无关。实验中曾经观察到个别试样回火不完全，试样基体组织中保留部分马氏体（见图 4-3），因此可以认为 3 号试样韧塑性低的原因与试样回火不完全有关。

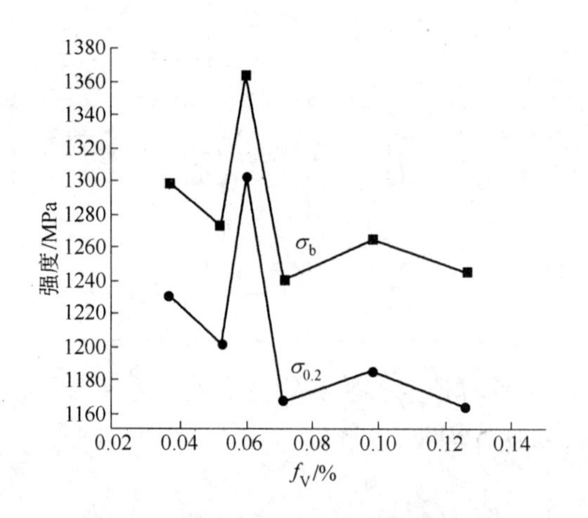

图 4-19　D_6AC 钢试样中 ZrN 夹杂物含量与强度的关系

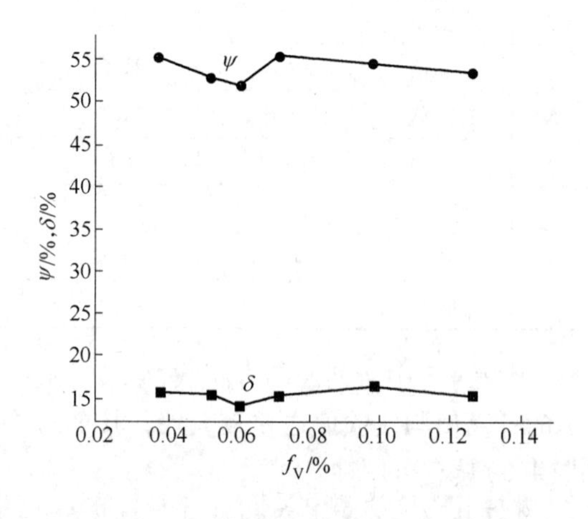

图 4-20　D_6AC 钢试样中 ZrN 夹杂物含量与韧塑性的关系

4.3.3　K_{1C}试样的断口形貌与韧性的关系

K_{1C}试样的断口形貌均由大、小韧窝组成，大韧窝由夹杂物成核，小韧窝由碳化物成核。从断口形貌可反映夹杂物含量的高低，从而了解试样的韧性。本套试样用扫描电镜拍摄了较多的 K_{1C}试样的断口图，今选其中一套（试样 1 号 ~ 6 号）的 SEM 图，见图 4-8 ~ 图 4-14，所选断口图拍摄位置均为 2（试样编号最后一个数字为 2），即与距疲劳裂纹尖端为 2 的位置进行对比。从图 4-8 到图 4-14 中，小韧窝逐减、大韧窝逐增，表明夹杂物含量逐渐增加，试样的韧性逐渐下降。6 号试样中 ZrN 夹杂物含量最高，SEM 图上小韧窝最少，故 6 号试样的韧性也最低。

前面提到的 3 号试样，强度最高而韧性最低。今选出 3 号试样断口中心位置的 SEM 图，见图 4-11，其中只有少量 ZrN 夹杂物形成的大韧窝，整个断口形貌特征属脆性断口，故 3 号试样的韧性也最低。

4.4　不含有与含有 ZrN 夹杂物试样的韧性对比

不含 ZrN 夹杂物的 0 号试样与含 ZrN 夹杂物试样的冶炼、锻造和热处理工艺均相同。两者的韧性列于表 4-6 中。

表 4-6　0 号试样与含 ZrN 夹杂物试样的韧性

样号	K_{1C}/MPa · $m^{1/2}$		f_V^{ZrN}/%	a_K/J · cm^{-2}	
	实验值	较 0 号试样下降/%		实验值	较 0 号试样下降/%
0	113. 8		0	45. 1	
1	95. 7	15. 9	0. 037	30. 9	31. 5
2	95. 7	15. 9	0. 052	29. 7	34. 1
3	90. 5	20. 5	0. 060	26. 2	41. 9
4	89. 9	21	0. 070	29. 1	35. 5
5	87. 3	23. 3	0. 098	21. 6	52. 1
6	79. 9	29. 8	0. 126	19. 1	57. 6

表 4-6 中所列数据说明在 D_6AC 超高强度钢中 ZrN 夹杂物含量在 0. 037% ~0. 126% 范围内，可使断裂韧性下降 15. 9% ~29. 8%，使冲击韧性下降 31. 5% ~57. 6%。说明 ZrN 夹杂物会使 D_6AC 超高强度钢的韧性严重下降。

第 5 章　氮化物夹杂物对 D_6 AC 钢性能的影响

在前几章中已肯定氮化物夹杂物对强度的影响无明显规律，但试样韧性均随氮化物夹杂物含量的增加而逐渐下降，且多具有线性关系。今按氮化物夹杂物含量的顺序列于表5-1中。

表 5-1　D_6AC 钢中氮化物夹杂物与试样的韧塑性

编号	类型	回火温度/℃	K_{1C}/MPa · $m^{1/2}$	a_K/J · cm^{-2}	ψ/%	δ/%	$f_V^{-1/6}\sqrt{d_T}$	f_V/%
1	TiN	510	90.9	36.3	53.1	12.7	17.2	0.026
2	ZrN	550	95.7	30.9	55.6	15.6	20.6	0.037
3	TiN	510	87.3	33.8	53.0	11.9	14.9	0.049
4	ZrN	550	95.7	29.7	53.0	15.5	18.6	0.052
5	ZrN	550	90.5	26.2	52.0	14.1	17.7	0.060
6	TiN	550	94.7	36.4	56.0	14.0	11.7	0.062
7	TiN	510	84.9	36.6	50.2	13.3	12.5	0.071
8	ZrN	550	89.9	29.1	55.5	15.3	16.0	0.071
9	TiN	510	82.7	30.8	51.6	11.8	11.2	0.089
10	TiN	550	86.4	35.8	57.6	12.8	11.4	0.098
11	ZrN	550	87.3	21.6	54.5	16.5	14.7	0.098
12	TiN	510	81.1	28.9	48.5	10.3	10.6	0.103
13	ZrN	550	79.9	19.1	53.6	15.3	11.3	0.126
14	TiN	510	80.4	23.3	47.0	11.3	7.8	0.149
15	TiN	550	84.1	31.9	54.5	13.3	8.8	0.150
16	TiN	550	82.2	36.7	52.9	14.8	8.7	0.176
17	TiN	550	78.5	47.5	59.6	16.6	7.7	0.203
18	TiN	550	77.8	35.8	51.3	13.2	7.2	0.275
19	TiN	550	76.0	25.8	54.6	13.7	5.8	0.448
20	TiN	600	87.9	22.1	37.0	11.8	5.5	0.661
21	TiN	600	80.1	16.5	35.5	10.5	5.8	0.715
22	TiN	600	83.1	24.7	39.9	11.0	6.6	0.744
23	TiN	600	75.3	25.6	35.3	11.2	5.3	0.784
24	TiN	600	81.5	22.4	35.5	9.2	5.9	0.927
25	TiN	600	77.8	16.1	35.1	10.4	8.9	1.043

5.1　氮化物夹杂物含量、间距与韧性的关系

5.1.1　氮化物夹杂物含量与韧性的关系

图 5-1 所示为氮化物夹杂物含量与断裂韧性和冲击韧性的关系。从图 5-1 中曲线的变化趋势看，K_{1C}和 a_K 曲线均随氮化物夹杂物含量（f_V）的增加而下降，但在 K_{1C} 曲线出现一个反常点，即当 f_V 继续增加时，K_{1C}并未下降，反而上升。这个反常点位于 $f_V = 0.661\%$ 处。回火温度为 600℃的试样，由于回火温度高于其他试样，故使断裂韧性高于其他夹杂物含量相近的试样，这也表明经高温回火的试样组织对 K_{1C} 值的影响大于夹杂物含量增加时的影响。

图 5-1 中的 a_K 曲线变化，在 $f_V < 0.2\%$ 时，曲线出现波动，当 $f_V = 0.203\%$ 时，a_K 曲线上出现峰值，然后再随氮化物夹杂物含量（f_V）的增加而下降。检查 a_K 曲线上出现峰值的试样为回火温度为 550℃的 5 号试样，由于 5 号试样的含碳量（0.4%）低于其他试样，其强度也是最低的（见图 3-47），与此相应的冲击韧性最高，但试样的断裂韧性并不是最高的，说明含碳量对强度和冲击韧性的影响大于对断裂韧性的影响。

5.1.2　氮化物夹杂物含量、间距共同对韧性的影响

图 5-2 所示为氮化物夹杂物的含量、间距（$f_V^{-1/6}\sqrt{d_T}$）与韧性的关系。

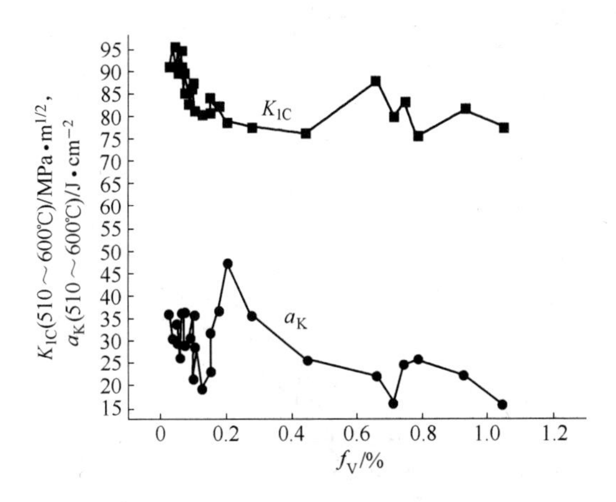

图 5-1　D_6AC 钢试样中氮化物夹杂物含量与韧性的关系

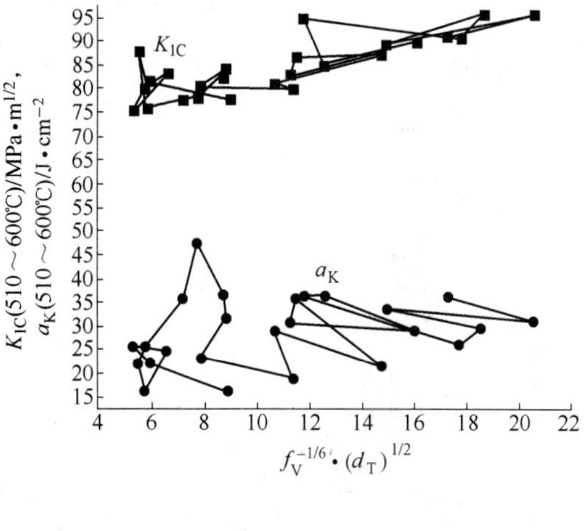

图 5-2　D_6AC 钢试样中氮化物夹杂物含量、间距共同对韧性的影响

之前已总结出 $K_{1C} = A + Bf_V^{-1/6}\sqrt{d_T}$ 的关系式，图 5-2 中为多个数据点所绘曲线，其中 K_{1C}曲线随$f_V^{-1/6}\sqrt{d_T}$增加而上升，多数点位于一条直线上，可以判定 K_{1C}与 $f_V^{-1/6}\sqrt{d_T}$成正比，即符合 $K_{1C} = A + Bf_V^{-1/6}\sqrt{d_T}$ 的关系式。但 a_K 曲线波动较大，不符合此关系式。

5.1.3　各含 TiN 和 ZrN 试样的夹杂物间距与断裂韧性的关系

图 5-1 中 K_{1C}曲线上偏离下降趋势的 6 个点均为 600℃回火试样，今去除 600℃回火试

样的数据，重画图 5-1 和图 5-2 得到图 5-3 和图 5-4。

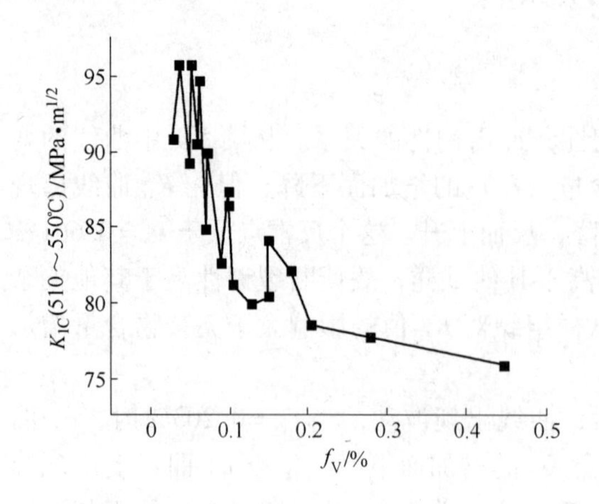

图 5-3 D_6AC 钢试样中氮化物夹杂物含量与韧性的关系

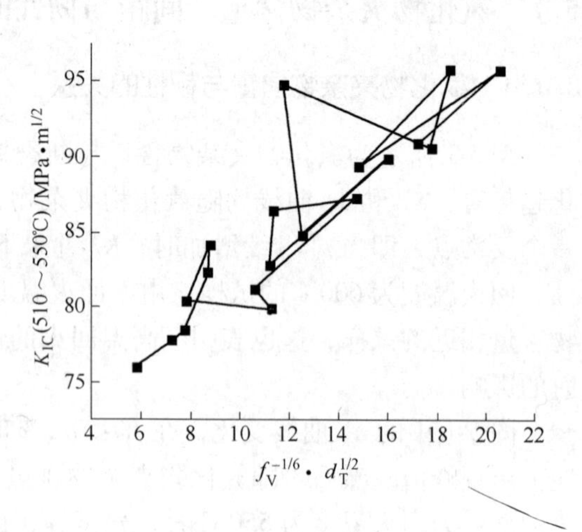

图 5-4 D_6AC 钢试样中氮化物夹杂物含量、间距与韧性的关系

图 5-3 和图 5-4 中的曲线变化具有明显的规律，用线性回归方法进行总结得出图 5-5 和图 5-6 以及其回归方程为：

图 5-5
$$K_{1C} = 91.5 - 4680f_V \tag{5-1}$$
$$R = -0.7667,\ S = 4.06,\ N = 19,\ P = 0.0001$$

图 5-6
$$K_{1C} = 70.1 + 1.26f_V^{-1/6}\sqrt{d_T} \tag{5-2}$$
$$R = 0.8778,\ S = 3.03,\ N = 19,\ P < 0.0001$$

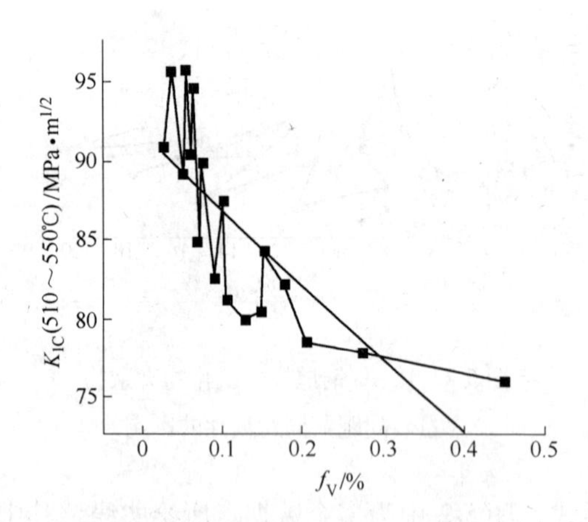

图 5-5 D_6AC 钢试样中氮化物夹杂物含量与韧性的关系（线性回归）

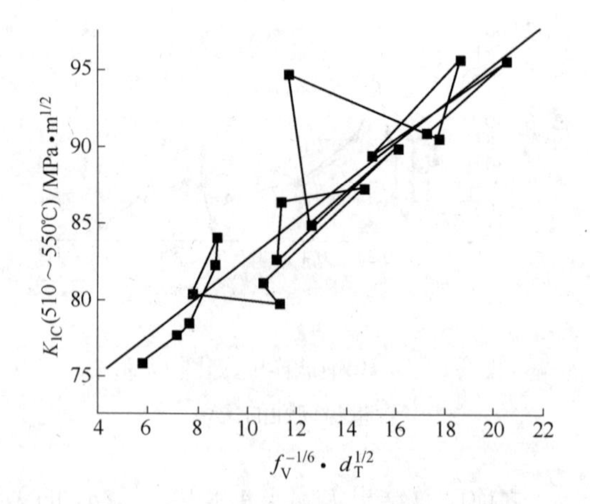

图 5-6 D_6AC 钢试样中氮化物夹杂物含量、间距与韧性的关系（线性回归）

当 $N=19$ 时，$\alpha=0.01$，要求 $R=0.575$。回归方程式(5-1)和式(5-2)的 R 值远高于 $\alpha=0.01$ 的要求，表明线性相关显著性水平很高，即试样的断裂韧性随氮化物增加而直线下降，同时试样的断裂韧性随$f_V^{-1/6}\sqrt{d_T}$的增大而直线上升，这表明试样的断裂韧性与 $f_V^{-1/6}$ ·

$\sqrt{d_T}$的关系仍符合 $K_{1C} = A + Bf_V^{-1/6}\sqrt{d_T}$ 的通式。

5.2　回火温度和夹杂物类型、夹杂物含量等不同的试样的韧性对比

5.2.1　回火温度和夹杂物类型不同的试样的韧性对比

按表 5-1 中回火温度相同、夹杂物含量相近的条件，对比 TiN 与 ZrN 夹杂物的试样韧性。

在表 5-1 中编号 5、6 和编号 10、11 两组试样的夹杂物含量 $f_V \approx 0.60\%$ 的条件下，含 TiN 夹杂物试样的韧性高于含 ZrN 夹杂物的试样。在 $f_V = 0.098\%$ 的条件下，$K_{1C}^{ZrN} > K_{1C}^{TiN}$，$a_K^{ZrN} < a_K^{TiN}$；当 f_V 进一步增加时，含 TiN 夹杂物和 ZrN 夹杂物试样的韧性均下降，但下降幅度各不相同，如含 ZrN 夹杂物的试样 K_{1C} 下降 3.5%，而含 TiN 夹杂物的试样 K_{1C} 下降 8.8%。与此相反，含 ZrN 夹杂物试样的 a_K 下降 17.6%，而 a_K^{TiN} 只下降 1.6%。这表明当夹杂物含量增大后，ZrN 夹杂物使试样的 K_{1C} 下降幅度小于 TiN 夹杂物，却使 a_K 下降幅度大于 TiN 夹杂物。同时也说明 TiN 夹杂物对试样冲击韧性的影响较小。

5.2.2　夹杂物含量相近时回火温度和夹杂物类型对试样韧性影响的对比

两套试样的成分和夹杂物含量相近，而回火温度分别为 510℃ 和 550℃，研究在此情况下回火温度对试样韧性的影响，挑选表 5-1 中编号 4 的试样对试样进行比较，见表 5-2。

表 5-2　试样的韧性对比

对　比	类　型	回火温度/℃	f_V/%	K_{1C}/MPa · m$^{1/2}$	a_K/J · cm^{-2}	韧 性 对 比
1	TiN	510	0.049	87.3	33.8	$K_{1C}^{ZrN} > K_{1C}^{TiN}$
	ZrN	550	0.052	95.7	29.7	$a_K^{ZrN} < a_K^{TiN}$
2	TiN	510	0.071	84.9	36.6	$K_{1C}^{ZrN} > K_{1C}^{TiN}$
	ZrN	550	0.071	89.9	29.1	$a_K^{ZrN} < a_K^{TiN}$
3	TiN	510	0.103	81.1	28.9	$K_{1C}^{ZrN} > K_{1C}^{TiN}$
	ZrN	550	0.098	87.3	21.6	$a_K^{ZrN} < a_K^{TiN}$
4	TiN	510	0.149	80.4	23.3	$K_{1C}^{ZrN} \leqslant K_{1C}^{TiN}$
	ZrN	550	0.126	79.9	19.1	$a_K^{ZrN} < a_K^{TiN}$

表 5-2 中对比的结果说明回火温度由 510℃ 升至 550℃ 后，可使试样的断裂韧性提高，但冲击韧性并未因此而提高。这两种韧性的加载方式不同，其断裂机制也不相同，使这两种夹杂物含量对韧性的影响也不同。当夹杂物含量增大后，ZrN 夹杂物使试样 K_{1C} 下降幅度大于 TiN 夹杂物；当这两种夹杂物含量较低或在 $f_V < 0.149\%$ 的条件下，含 TiN 夹杂物试样的冲击韧性均优于含 ZrN 夹杂物的试样，即使回火温度较高（550℃）的含 ZrN 夹杂物试样也如此。

第 6 章 硫化物夹杂物对高强度和超高强度钢性能的影响

6.1 文献综述

在第 1 章中已对有关“夹杂物与钢的性能”的相关文献做了介绍。20 世纪 70 年代以后，研究硫化物夹杂物对钢性能影响的文献较多，今选其中具有代表性的文献内容加以补充。

A. Abel 研究了结构钢中含硫量与断裂韧性的关系，结果得出：降低钢中含硫量会使夹杂物含量降低，从而提高断裂韧性，或者加入混合稀土控制硫化物夹杂物的形态也能提高断裂韧性。

D. K. Diswas 研究了 HY-80 钢中硫化物夹杂物对韧性和断裂行为的影响，试样含硫量范围为$(50 \sim 500) \times 10^{-6}$（0.005% ~0.05%），经不同热处理得到强度各异的试样，然后进行拉伸、冲击和断裂韧性实验，最后得出：硫化物夹杂物含量增大时，使轴对称韧性和夏氏冲击能量下降，而对断裂韧性（K_{1C}）并不敏感。他的这个结论与大多数的结论（K_{1C}与含硫量的关系最为敏感）相反。

1989 年，B. Hernandey-Reyes 在美国铸造学会上宣读的论文《硫化物对微合金化的碳钢拉伸性能的影响》介绍了含硫较高（0.027% ~0.12% S）的铸钢中分别加入 0.015% ~0.14% V、0.011% ~0.070% Nb 和 0.05% ~0.12% Al 后，铸钢的拉伸性能与硫化物含量、形状和分布等均有关。其中Ⅱ类硫化物使屈服强度 $\sigma_{0.2}$ 由 45kg/mm^2 下降到 32kg/mm^2，下降幅度达到 70%；使抗张强度 σ_b 由 6345kg/mm^2 下降到 48kg/mm^2，下降幅度达到 76%。他们认为Ⅱ类硫化物对性能危害较大。

L. A. Dakhno 等在原苏联哈萨克斯坦科学院研究了硫化物夹杂物对 20GYuT（MnAlTi）钢韧性的影响。由于 Ti 和 Mn 与 20GYuT（MnAlTi）钢中的硫形成共晶硫化物使钢的冷弯性能和冲击韧性变坏。经过加 Ba-Ca 合金进行炉外处理后使 MnS 夹杂物不在热轧条件下析出，从而提高了钢的冲击韧性。

V. P. Raghupathy 等研究了 12% Cr 钢中硫化物含量与断裂韧性的关系。试样含硫量范围为 0.003% ~0.034%，测定了在单位长度内硫化物的数目（N_L）、尺寸（$\bar{a}$）和体积分数（f_V）。性能测试包括拉伸和断裂韧性。结果得出：随硫化物夹杂物 f_V 增大，K_{1C} 逐渐下降（由 91.7MPa · m$^{1/2}$下降到 61.9MPa · m$^{1/2}$），下降幅度为 32.7%；而 $\sigma_{0.2}$ 和 σ_b 也随含硫量增大而下降，下降幅度分别为 5% 和 3%。说明断裂韧性随硫化物增加而下降的幅度远大于强度下降的幅度，即说明了 K_{1C} 值对钢中硫化物含量较敏感。此外，他们还用断裂模型中的夹杂物尺寸（$\bar{a}$）和含量（f_V）以及试样的杨氏模量（E）、屈服强度（σ_y）等参数计算 K_{1C} 值，然后与实验测定的 K_{1C} 值对比。对比结果，除低硫试样外，其余试样实验测定的 K_{1C} 值与计算的 K_{1C} 值均符合得很好。因此著者认为用夹杂物尺寸代替断裂模型中的过程区尺寸是等值的。

G. R. Speic 和 W. A. Spitzig 研究了 4340 高强度钢中硫化物含量和形状对短横向延韧性的影响。试样含硫量范围为 0.002% ~0.022%，经过热处理后使试样的强度级别分别为：930MPa、1210MPa、1410MPa 和 1960MPa。测定钢板试样的横向和短横向的拉伸延性和冲击韧性，得出：随试样中硫化物含量的增加，试样的伸长率（δ）、面缩率（ψ）和冲击能量（*CVN*）等下降的速度，短横向大于横向。当硫化物由片状变成球状的稀土硫化物时，在强度级别不大于 1410MPa 时，伸长率下降速度不随强度级别增大而增大，直到强度为 1960MPa 时，伸长率下降速度不再增大，同时横向冲击能量得到改善。硫化物含量或形状的变化对转变温度的影响很小。硫化物形貌和测试方向的变化对平面应变拉伸延性的影响小于轴对称拉伸延性的影响，同时也小于对冲击能量的影响。他们对利用空洞在夹杂物上成核或长大的模型以及空洞在塑变过程中局部剪切可能发生的聚集进行了讨论。

T. J. Baker 和 J. A. Chanles 对钢中硫化物的变形过程进行了系统研究，针对Ⅰ类和Ⅲ类 MnS 的变形与钢的韧塑性和断裂行为的关系，对 MnS 的相对塑性、轧制温度和压缩比之间的关系做了深入的探讨。用 QTM 测定了夹杂物参数，在视场面积为 0.04mm^2 的条件下，对颗粒尺寸较大的Ⅰ类 MnS 测定的视场数目达到 1000 个，被测的Ⅰ类 MnS 在 5000 个以上。对测定颗粒尺寸较小的Ⅲ类 MnS 采用提高放大倍数的方法，在测定的 1000 个视场中，能测出 700 个以上的Ⅲ类 MnS。由于测定的视场数目很多，使测定结果的准确度增加。他们的实验结果得出：

（1）Ⅰ类 MnS（易削钢）在热轧过程中变形次于基体，900℃时相对塑性为 0.64。

（2）Ⅲ类 MnS 变形度高，800℃时，相对塑性为 1。

（3）Ⅰ类和Ⅲ类 MnS 的塑性均随轧制温度降低而增大，在基体由奥氏体转变为铁素体的整个温度范围内均如此。

（4）相对塑性随变形度增大而下降。MnS 在轧制最初阶段，由于界面上具有高的表面能，故变形程度较高，在随后阶段，夹杂物和基体界面上的摩擦阻力使相对塑性下降。

（5）单相Ⅰ类 MnS 同Ⅲ类 MnS 之间在塑性上的差别与夹杂物中溶解氧有关。

（6）在 MnO-MnS 系中与Ⅰ类 MnS 有关的成分在 1200℃时为液体，会在低温时变脆。这一变化对单相 MnS 变形有很大影响。

（7）基体缺陷对Ⅰ类 MnS 在 1200℃轧制时有影响。最后试样加工会使已延伸的 MnS 断裂，造成基体中出现大缺陷。

在研究了Ⅰ类和Ⅲ类 MnS 变形后，T. J. Baker 等补充研究了Ⅱ类 MnS 的变形对钢断裂的影响。他们之前的研究已确定变形后的Ⅰ类、Ⅲ类 MnS 的主要危害是使横向上的裂纹容易扩展，因此钢的韧性随夹杂物延伸程度增大而下降，并受裂纹扩展方向上夹杂物间距的影响。在此基础上他们又补充研究了Ⅱ类 MnS 的变形行为，经过对三种类型的 MnS 变形与韧性的关系比较后得出在夹杂物体积分数相同的情况下，对钢的塑性危害程度为：Ⅱ类 MnS ≫ Ⅰ类和Ⅲ类 MnS。这是由于Ⅱ类 MnS 在枝晶间呈共晶分布，其原因如下：

（1）Ⅱ类 MnS 在铸态时提供了一条裂纹容易扩展的途径。

（2）Ⅱ类 MnS 的变形程度随轧制温度下降而上升并介于Ⅰ类和Ⅲ类 MnS 之间。

（3）轧制过程中，在晶界上呈簇状的Ⅱ类 MnS 其簇转向轧制面，然后被延伸，延伸后使短横向切面的韧性大为降低。

将轧制后韧性最差的薄片，在1200℃短期保温使 MnS 球化后可使韧性提高达到与铸态时相同的水平。

T. J. Baker 等建议，为了消除Ⅱ类 MnS 的危害作用可采用以下三项措施：

（1）提高轧制温度。

（2）限制轧制的压缩比。

（3）对轧成薄片的成品再进行球化处理，使轧后变形的Ⅱ类 MnS 球化。

1976 年，T. J. Baker 等系统研究了夹杂物变形与热轧钢的韧性各向异性，他们着重研究硫化物夹杂物后认为控制夹杂物变形的因素多达6个，即流变应力的比值、温度、化学成分、夹杂物原始尺寸、基体和夹杂物界面的强度和变形程度等。经研究 MnS 夹杂物在热轧过程的变形后得出一个重要结果，即 MnS 的相对塑性（ν）随温度降低而增大。如Ⅰ类 MnS 在铸态时的尺寸为30μm，在1200℃轧制时，相对塑性（ν）较低，当温度由1200℃降至900℃时，相对塑性（ν）达到最大值，使 MnS 的纵横比达到40。而Ⅲ类 MnS 的铸态尺寸为3μm，在800℃时，相对塑性（ν）等于1，即Ⅲ类 MnS 的变形程度与基体相同，平均纵横比超过200。这一结果说明，在热轧条件下（温度和压缩比相同），Ⅲ类 MnS 的变形程度远大于Ⅰ类 MnS，但从相对塑性（ν）比较，Ⅲ类 MnS 却小于Ⅰ类 MnS。

按过去的看法，一般认为，MnS 夹杂物的塑性会随轧制温度的上升而增大，与此实验结果相反。另外，在铸态时，从Ⅰ类 MnS 和Ⅲ类 MnS 的形状看，Ⅰ类 MnS 近球状，而Ⅲ类 MnS 为块状，块状与尖晶石的形貌相近，所以都会误以为Ⅲ类 MnS 塑性低、变形差。而此项研究得出，块状Ⅲ类 MnS 的变形程度远高于球状 MnS，只是相对塑性（ν）较低而已。T. J. Baker 等对这种情况的解释认为受三个因素的影响，即相对应变硬化率、基体对夹杂物变形的热处理以及基体局部加工硬化。

另外，夹杂物造成热轧钢韧性各向异性，主要是由夹杂物变形引起的，还受夹杂物的体积分数、原始形貌、数目、尺寸、分布和轧制后再取向等以及轧制过程形成的空洞影响。最后 T. J. Baker 等还讨论了短横向纤维断裂的机理，并解释了短横向韧性最低的原因。认为夹杂物在短横向断裂中的主要作用，是产生局部应变，从而建立起在很低的应变下基体所需的剪切失稳条件，这比没有夹杂物时所需的应变低得很多。而失稳所需的应变大小，又受在剪切连接方向上夹杂物的间距所控制。

T. J. Baker 等研究的结论认为要获得热轧钢最大韧性和最小各向异性韧性的条件必须是：

（1）夹杂物体积分数尽可能低。

（2）夹杂物均匀分散分布于整个钢中。

（3）夹杂物的硬度最后为钢基体硬度的两倍以使其在热加工时变形最小。

（4）夹杂物在铸态时呈密集形态。

为此他们建议降低钢中残 S 量，或者加入 Ti、Zr、Ca 和稀土元素以生成不变形或低变形的硫化物，更重要的是阻止Ⅱ类硫化物生成。

几年后，W. A. Spitzig 研究了硫化物形态和珠光体带状对正火 C-Mn 钢的机械性能各向异性的影响。他们选用了三种试样，其中两种试样中以含 MnS 夹杂物为主，但两者中 MnS 夹杂物含量相差1倍多；另一种试样加稀土后生成球状硫化物，然后对比硫化物形态的影响。对三种试样按纵向、横向和短横向切取，对所取试样进行冲击和拉伸试验，并用 SEM

+ AIA 测定夹杂物含量、尺寸、形态和成分。为消除珠光体带状，试样先在 1315℃ 条件下短时保温后，再于 850℃ 正火，现就其中主要的研究结果加以介绍：

（1）硫化物形态和珠光体带状对韧性的影响。当硫化物呈球状或不呈球状，即使夹杂物含量较低，又消除了珠光体带状，但短横向试样的韧性仍无明显改善，如短横向试样的面缩率（ψ）与纵向试样只相差 5% ~7%，不管珠光体带状是否存在均如此。当硫化物随轧制变形后，不管试样中是否存在珠光体带状，短横向试样与纵向试样的面缩率（ψ）相差达 35% ~51%，说明珠光体带状对韧性的影响只有在变形硫化物的试样中才能体现出来。对比正火、热轧试样和取向试样与性能的关系如下：

1）热轧试样的 $\sigma_{0.2}$ 和 σ_b 比正火试样高 50MPa 和 30MPa；

2）短横向（T，T）正火试样的 ψ 比热轧试样高 5% ~10%；

3）热轧纵向试样的 ψ 比热轧横向试样高 2% ~4%。

（2）夹杂物的其他参数对韧性的影响。夹杂物的其他参数包括：夹杂物投影长度（P）、平均自由程（F）、纵横比（λ）和最邻近间距（Δ）等。短横向（T，T）试样的面缩率（ψ）和冲击能量（CVN）均随夹杂物的纵横比（λ）增大而直线下降，当 λ 由 7.1 降至 5.0 时，试样的 ψ 和 CVN 分别增加 28% 和 40%。W. A. Spitzig 认为 λ 值增大即变形程度增加，使局部剪切方向上相邻夹杂物间距缩小，从而使韧性线性下降，这是由短横向（T，T）试样的断裂机理决定的。同样，夹杂物的投影长度（P）增大，即与横向平面垂直的单位面积上的夹杂物的总长度增大，使短横向（T，T）试样的面缩率（ψ）和冲击能量（CVN）均下降。当夹杂物的平均自由程（F）和最邻近间距（Δ）减小时，试样的面缩率（ψ）和冲击能量（CVN）也将下降。消除珠光体带状，经高温处理后，可使夹杂物的平均自由程（F）增大，从而改善韧性。W. A. Spitzig 通过大量研究后得出以下结论：

1）试样中含硫量（0.004% ~0.013%）和硫化物（串状或球状）对试样的面缩率（ψ）和冲击能量（CVN）以及性能的各向异性均有影响，而对试样的强度则无影响；

2）串状或球状硫化物对短横向（T，T）试样的危害大于纵向试样；

3）试样中硫化物对短横向（T，T）试样的影响，又随夹杂物的平均自由程（F）或最邻近间距（Δ）的变化而异，F 或 Δ 的大小取决于夹杂物的体积分数、尺寸和纵横比；

4）硫化物在与横向垂直的单位面积上的总投影长度可反映对短横向（T，T）试样的 ψ 和 CVN 的总影响，并可用以估计短横向（T，T）试样的韧断敏感性；

5）珠光体带状对 ψ 和 CVN 无影响；

6）消除珠光体带状的高温处理可使夹杂物的纵横比减小，从而改善串状硫化物对 ψ 和 CVN 的影响。

W. A. Spitzig 还研究了串状硫化物的串数对热轧 C-Mn 钢延韧性的影响，所得结果与上述结论相同。

日本大阪大学的 Y. Tomita 研究了硫化物对断裂韧性（K_{1C}）的影响。采用含碳均为 0.4% 的低合金结构钢，试样中合金元素分别为 Ni、Cr 和 Mo，其中合金元素含量各不相同。经 1473K 热轧的试样所用变形量由 98% 到 80%，使试样中硫化物形状分别呈串状和椭圆状，又因试样中合金元素含量各不相同，故其性能也不相同，经过对比研究后得出：

（1）0.4C-Ni-Cr-Mo 试样，在强度相同的条件下，利用硫化物形状的变化，可改善试样的冲击韧性和断裂韧性，且与方向性无关。

（2）0.4C-Cr-Mo 试样，硫化物形状的变化对机械性能的影响很小。

（3）40 碳钢中硫化物形状的变化对机械性能稍有影响。

J. W. Bray 等研究改变硫化物类型对韧性的影响。他们采用两炉商业用 HY180 钢，一种含 MnS，一种主要含 Ti(S,C)夹杂物。试样经过 425 ~ 510℃时效处理，两炉钢的组织相同。同时测试两炉钢样的临界裂纹张开位移（δ_{1C}），结果发现含 Ti(S,C)夹杂物试样的 δ_{1C} 值为含 MnS 夹杂物试样的两倍。他们认为 Ti(S,C)夹杂物对裂纹成核的阻力大于 MnS，从而使韧性提高。

G. J. M. Macdonala 等研究了控制硫化物形状对机械性能的影响。用 Al 处理含 S 量不同的 C-Mn 钢，通过冷轧改变硫化物形状，测试机械性能后得出：含 S 低的试样或者经过变质处理的 MnS，冷轧后不变形，从而提高上平台能（冲击韧性）。对于含 S 量较高的试样，采用不同压缩比以改变硫化物的形状，最后得出的结果仍低于含 S 量低的试样。上平台能的大小，主要取决于硫化物的形状。

G. Meshmaque 等研究易削钢中硫化物对延性的影响，用夹杂物指数 P 来观察钢的延性，P 又与 MnS 夹杂物的大小、形状、分布和取向有关。试样成分选用 8 炉碳钢，碳的含量为 0.27% ~ 0.40%，Mn 为 0.51% ~ 0.74%，S 为 0.004% ~ 0.132%，在一些炉号中分别加 Se 和 Pb，即 Se 的含量为 0.028% ~ 0.056%，Pb 的含量为 0.205% ~ 0.210%，测试纵向和横向试样的拉伸和冲击性能，将测试结果与夹杂物指数 P 作图，得出试样延韧性变化与 P 的变化相对应。但对 P 的测定未作详细解释。

D. K. Biswas 对 Hy-80 钢再硫化后钢中夹杂物的特征进行了仔细研究。用图像仪测定了含 S 范围为$(50 \sim 500) \times 10^{-6}$试样中夹杂物的类型、大小、形状和分布。从热力学方面讨论 Hy-80 钢硫化物的生成。确定了夹杂物的体积分数（f_V）和纵横比（λ）随含 S 量增加而呈线性增大。但投影长度（P_L）随含 S 量的变化并非线性。每单位面积中夹杂物数目也随含 S 量增加而增多。试样的冲击韧性却随 λ 和 P_L 增大而下降。著者讨论在夹杂物参数对冲击能量的影响时，按照 Bilby 的分布模型。该模型同时考虑了夹杂物的体积分数和纵横比。根据 Bilby 的模型所预测的结果与实验结果相一致。

20 世纪 70 年代初 A. Brownrigg 等研究了硫化物对冲击性能的影响，试样选用结构钢，为改变硫化物，分别在 12t 钢锭中加入稀土和 CaSi，测定试样韧断时所吸收的能量即冲击平台能，发现冲击韧性随硫化物形貌变化而变化。所得结果有三：

（1）加稀土和 CaSi 后可使硫化物的变形性质改变，从而提高冲击韧性。在夹杂物级别相同的情况下较短的夹杂物冲击韧性较好。因而降低含 S 量来提高冲击韧性并非最佳办法（因从经济上和技术上考虑不合算）。事实证明，只要加入适当的元素，即可改变冲击韧性。

（2）冲击韧性随钢锭横截面方向而变化。锭中部边上的试样冲击韧性最高。这种变化可以夹杂物平均长度加以说明。但横向和纵向试样的差别尚无法解释。

（3）从断口观察，加入混合稀土和 CaSi 后，会使裂纹扩展更加困难。同时又可使层状断口消逝，出现细晶粒断口。

20世纪70年代之前，研究硫化物与性能关系的文献较多，如其中研究镇静钢含C量0.07%～0.2%，含Mn为0.7%～1.5%，含S为0.01%～0.4%的试样中硫化物的形状与形变速率和温度的关系，而变形后的硫化物形状不同，对纵向和横向的冲击韧性影响各不相同。另外还有研究铸造碳钢中硫化物对冲击和拉伸性能的影响，含S范围也很宽。在0.016%～0.228%之间，试样为真空熔铸，经正火处理后测定低温和高温冲击韧性，测试温度为-40～200℃，主要研究硫化物在铸钢中的分布对性能的影响，得出：当含S量大于0.1%时，冲击韧性急剧下降。当含S量进一步增大时，冲击韧性下降变慢。屈服强度$\sigma_{0.2}$对含S量不敏感。只有当试样中含S量最高时抗张强度σ_b稍有下降。这种对强度不敏感的结果，与铸造碳钢经过微合金化处理的结果不一致。

20世纪80年代初期，J. S. Lee等研究低S钢经变质处理后对冲击韧性和韧脆转变温度的影响。试样为低C高强度的3.5Ni-1.5Cr-0.38Mo钢，含S为0.006%，真空熔炼，分别加入稀土和CaSi，以控制硫化物形状，然后研究硫化物形状对冲击吸收能量各向异性和韧脆转变温度的影响。在加稀土和CaSi之前，先用Al脱氧，以使机体的组织晶粒细化，同时也能使夹杂物细化。所加稀土或CaSi主要是控制硫化物形状，使夹杂物变形后的纵横比（λ）得到改善，从而消除了性能的各向异性，冲击能量增加，韧脆转变温度降低约10～30℃。类似的工作还有S. K. Paul等研究加稀土控制硫化物形状，加稀土量与加S量之比大于3即可有效控制硫化物形状，从而改善拉伸延性、弯曲性能、韧性和提高冲击能量。

Y. Kikuta等研究硫化物对氢脆的影响。试样含S范围为0.001%～0.051%，充H_2和不充H_2两种试样做三点弯曲试验（K_{1C}），并利用夹杂物对H_2的陷阱作用测定H_2扩散系数。所得的结果如下：

（1）不充H_2的试样。K_{1C}值随硫化物增加而下降，在高S试样中可观察到MnS夹杂物形成的深坑，也说明了硫化物的有害作用。

（2）充H_2的试样。应力强度门限值（K_{th}）增高，但裂纹扩展速率随夹杂物增多而下降，说明夹杂物抑制了H_2致裂纹（HAC）的成核和扩展。试样主要呈准解理断裂。在高S试样的K值较高者，断口上可看到MnS夹杂物引起的二次裂纹，但却随K值降低而消失，而K_{th}试样断口形貌相同，与含S量无关。夹杂物对HAC的影响是由于裂纹尖端H_2的浓度降低，从而阻止H_2扩散到裂纹尖端，即夹杂物成为H_2的陷阱。关于夹杂物对H_2的陷阱作用，早在1970年D. Broosband和K. W. Andrews在匈牙利洁净钢国际会议上宣读的论文《夹杂物周围应力分布与机械性能的关系》中就曾指出：C-Mn锻钢在焊接过程中H_2量降低，当热影响区由于含S量增加到适当范围，如0.020%时，可使热影响区的裂纹减少；在高S钢中MnS中夹杂物增多，空洞体积增多时，可调节H_2的压力，使之降至临界压力以下，即出现裂纹的临界压力，从而减少裂纹。

6.2 45钢中MnS夹杂物对钢性能的影响

6.2.1 实验方法和结果

6.2.1.1 试样的冶炼、锻造和热处理

以金刚材为原料，在常压下按45钢的成分冶炼后，作为试样的原料。再配炼含S不

同的试样。添加硫量为0.01%～0.10%（FeS作为加S的原料）。为使S全部转化成MnS，各试样加Mn量为1.0%～1.7%。小锭热锻成宽60mm，厚15～20mm的板材。再从板材上按纵向和横向切取并加工成拉伸和冲击试样。

试样规格：冲击试样，55mm×10mm×10mm，V形缺口；

　　　　　拉伸试样，ϕ5mm×55mm。

热处理：淬火，870℃×20min，油淬；

　　　　回火，400℃、500℃及600℃下各保温1h空冷。

6.2.1.2　试样成分、金相和扫描电镜观察

500℃和600℃回火试样组织均为索氏体（见图6-1）。铸态MnS的形态，见图6-2。断口形貌，见图6-3～图6-8。

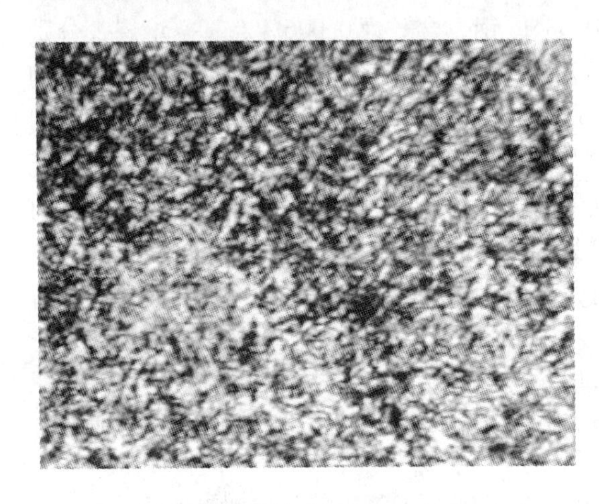

图6-1　含S量为0.113%、500℃回火试样

图6-2　Ⅱ类MnS夹杂物

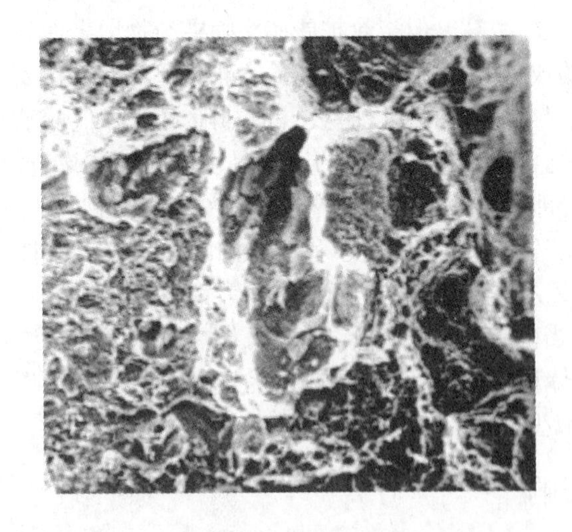

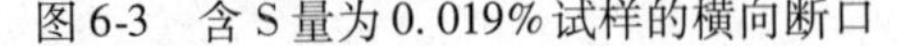

图6-3　含S量为0.019%试样的横向断口

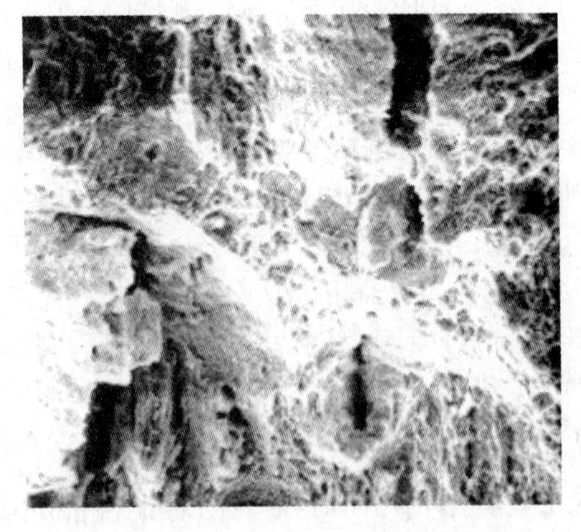

图6-4　含S量为0.032%试样断口上的裂纹

为了肯定冶炼试样是否只含有一种夹杂物，在锻造之前取样做金相检查。试样成分和金相观察结果列于表6-1中。

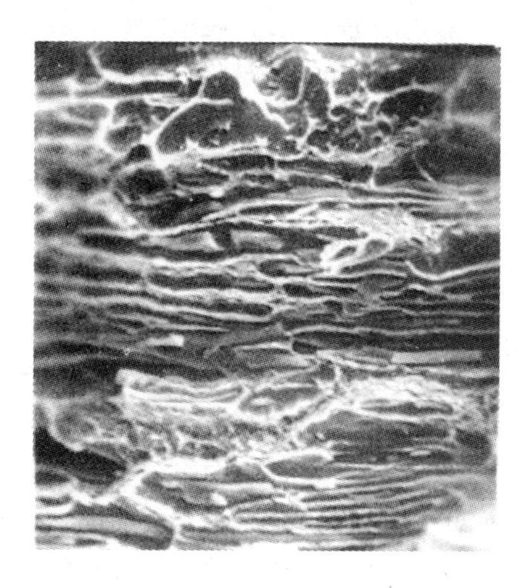

图 6-5　含 S 量为 0.052% 试样的横纹断口

图 6-6　含 S 量为 0.083% 试样的断口

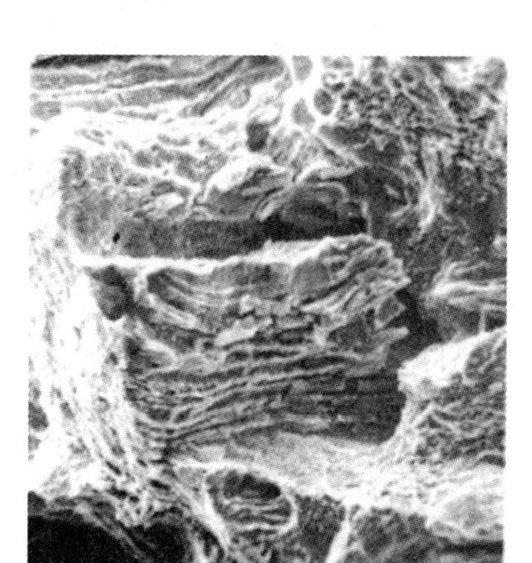

图 6-7　含 S 量为 0.085% 试样的断口

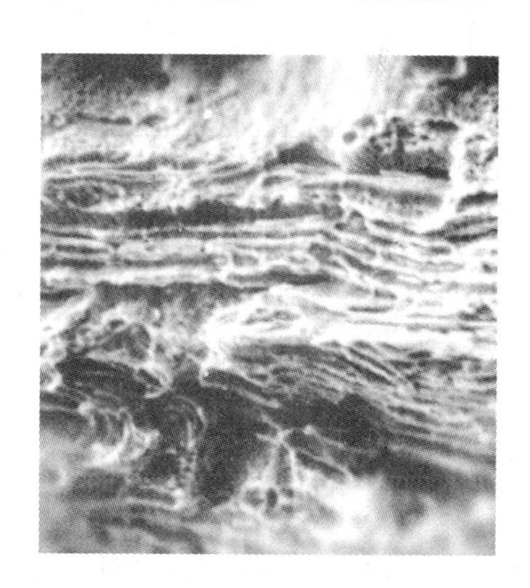

图 6-8　含 S 量为 0.113% 试样的断口

表 6-1　试样成分与硫化物类别

锭号	化学成分(质量分数)/%							金相观察 MnS 类别
	C	Al	S	Si	Mn	P	[O]	
1	0.39	0.11	0.019	0.05	1.47	<0.005	0.0020	Ⅱ类 MnS
2	0.44	0.11	0.032	0.06	1.57	<0.005	0.0020	Ⅱ类 MnS
3	0.38	0.093	0.054	0.06	1.45	<0.005	0.0033	Ⅱ类 MnS
4	0.35	0.12	0.113	0.05	2.25	<0.005	0.0025	Ⅱ类 MnS
5	0.60	0.10	0.089	0.05	1.52	<0.005	0.0016	Ⅱ + Ⅲ类 MnS
6	1.17	0.093	0.086	<0.05	1.49	<0.005	0.0020	Ⅲ类 MnS
7	0.40	0.21	0.085	0.05	1.51	<0.005	0.0020	Ⅱ类 MnS
8	0.37	0.52	0.083	<0.05	1.26	<0.005		Ⅱ类 MnS
9	0.34	0.74	0.088	<0.05	1.54	<0.005	0.0018	Ⅱ类 MnS

金相观察结果说明，试样中主要为 MnS 夹杂物，大多数属Ⅱ类硫化物，另有少量氧化物夹杂物。去除锭号为 5 和 6 的试样，即去掉成块状的Ⅲ类 MnS 试样。其余试样中只含Ⅱ类 MnS 夹杂物，这样试样才有可比性。

6.2.1.3　性能测试结果

分别对 400～600℃回火的纵向和横向试样进行拉伸和冲击试验，除个别试样外，均为三个试样的平均值。所得结果见表 6-2。

表 6-2　45 号碳钢中 MnS 含量和不同回火温度对性能的影响（平均值）

锭号	方向	含 S 量 /%	400℃回火					500℃回火					600℃回火				
			σ_b /MPa	$\sigma_{0.2}$ /MPa	ψ /%	δ /%	a_K /J·cm^{-2}	σ_b /MPa	$\sigma_{0.2}$ /MPa	ψ /%	δ /%	a_K /J·cm^{-2}	σ_b /MPa	$\sigma_{0.2}$ /MPa	ψ /%	δ /%	a_K /J·cm^{-2}
1	纵向	0.019	1418	1350	53.6	14.5	60.8	1009	955	52.5	21.7	114.7	833	744	55.4	19.8	133.3
2		0.032	1447	1369	50.5	12.7	45.1	1019	963	61.3	19.4	91.1	811	744	50.0	20.5	124.5
3		0.054	1301	1239	48.1	10.2	58.8	937	877	57.3	16.0	78.4	755	692	59.8	23.5	102.9
7		0.085	1372	1273	44.2	12.6	37.2	959	878	54.8	16.8	75.5	759	673	59.7	23.6	87.2
4		0.113	1372	1176	39.3	12.6	36.3	996	931	52.7	19.6	55.9	816	735	58.1	24.9	65.7
1	横向	0.019	1353	1294	31.3	9.0	23.5	1018	971	39.3	15.6	41.2	808	755	48.0	18.5	57.8
2		0.032	1409	1330	27.0	10.0	17.6	1026	973	31.0	14.4	33.3	784	734	45.8	15.7	46.1
3		0.054	1243	1235	5.6	5.8	18.6	871	867	7.3	5.8	29.4	699	662	18.6	7.0	35.3
7		0.085	1294	1241	2.5	8.7	11.8	899	895	1.4	6.6	16.7	720	651	15.5	8.4	38.2
4		0.113	1334	1274	7.1	5.2	11.8	957	908	9.9	8.0	26.5	791	713	25.0	14.8	20.6

6.2.1.4　夹杂物的测定

由于 45 钢中除 Mn 以外无其他合金成分，所以加 Mn 量是以使钢中全部 S 完全转化成 MnS 夹杂物，因此只用金相法鉴定夹杂物的类型。另外试样中夹杂物数目较多，在无图像仪的情况下，采用了苏联计数器计数夹杂物的数目，统计 50 个视场中夹杂物数目及按 $\bar{d}_T=\sqrt{A/N}$ 公式计算的夹杂物平均间距 $\bar{d}_T$，再用目镜测微尺测量纵向试样中 MnS 的面积百分数，即 f_V 测量结果列于表 6-3 中。

另外再将金相法测定的 MnS 面积换算成 MnS 的质量分数，再将试样中含 S 量换算成 MnS 质量分数进行对比，以了解金相法测定 MnS 含量时存在的误差，结果列于表 6-4 中。

表 6-3　600℃回火试样中 MnS 夹杂物的金相定量结果（50 个视场）

锭号	取向	w(C) /%	w(S) /%	夹杂物数目					夹杂物平均间距 $\bar{d}_T$/mm			金相法测 f_V^{MnS}/%
				MnS		Al_2O_3		总数	MnS	Al_2O_3	总 $\bar{d}_T$	
				N	N/%	N	N/%					
1	纵向	0.39	0.019	1605	93.2	118	6.8	1723	51.6	190.2	49.8	0.070
2		0.44	0.032	1335	91.0	132	9.0	1467	56.6	179.9	53.9	0.083
3		0.38	0.054	1449	87.8	202	12.2	1651	54.3	145.4	50.8	0.132
7		0.40	0.085	2689	97.3	75	2.7	2764	39.8	238.6	39.3	0.155
4		0.35	0.113	3867	96.9	124	3.1	3991	33.2	185.6	32.7	0.162

续表 6-3

锭号	取向	$w(C)$ /%	$w(S)$ /%	夹杂物数目					夹杂物平均间距 $\bar{d}_T$/mm			金相法测 f_V^{MnS}/%
				MnS		Al_2O_3		总数	MnS	Al_2O_3	总 $\bar{d}_T$	
				N	N/%	N	N/%					
1	横向	0.39	0.019	1580	87.7	221	12.3	1801	52.0	139.0	48.7	0.070
2	横向	0.44	0.032	1505	89.3	181	10.7	1686	53.3	153.6	50.3	0.083
3	横向	0.38	0.054	3103	96.8	104	3.2	3207	37.1	202.6	36.5	0.132
7	横向	0.40	0.085	3476	96.6	131	3.4	3877	33.7	180.6	33.2	0.155
4	横向	0.35	0.113	5061	97.9	108	2.1	5169	29.1	198.9	28.7	0.162

表 6-4　试样中 MnS 含量对比（600℃，纵向）

锭号	$w(S)$/%	含 S 量换算为 MnS 含量/%①	金相法测 f_V^{MnS}/%	MnS 体积分数换算为质量分数/%②	①与②相差/%
1	0.019	0.052	0.07	0.036	30.0
2	0.032	0.087	0.083	0.043	50.0
3	0.052	0.147	0.132	0.069	53.4
7	0.085	0.231	0.155	0.080	65.3
4	0.114	0.309	0.162	0.084	72.8

表6-4 所示，金相定量测定结果，比试样含 S 量换算的 MnS 结果偏低30% ~73%。这主要由于 MnS 形状不规则，用金相法测 MnS 面积时产生误差。但用金相法测定其他夹杂物含量如 TiN、ZrN 或其他整形夹杂物时误差较小。作为研究 MnS 夹杂物含量与性能关系仍具备相对可比性。

6.2.2　讨论与分析

由于45 钢在工业生产中大量使用，试样中主要夹杂物为 MnS，MnS 随加工变形后，沿加工方向分布，使得纵向和横向试样上的 MnS 分布状况各异，故分别测试了试样纵、横向的性能，以考察 MnS 对纵、横向性能的影响。试样回火温度分别为 400℃、500℃和 600℃。

6.2.2.1　夹杂物含量和间距分别对冲击韧性的影响

图 6-9 所示为45 钢纵向试样的冲击韧性与夹杂物总量的关系。500℃和 600℃回火试样的 a_K 值随夹杂物总含量增大而逐步下降。但 400℃回火的 3 号试样，其 a_K 值随 f_V 增大

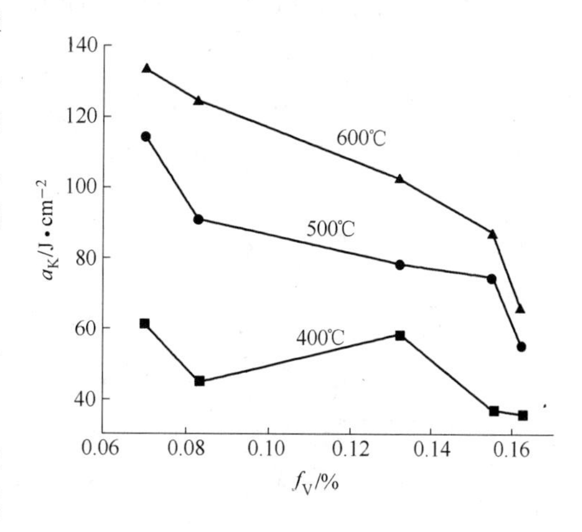

图 6-9　45 钢试样中 MnS 夹杂物含量与冲击韧性的关系（纵向）

反而上升。夹杂物总量中包括 MnS 和 Al_2O_3 的含量。3 号试样的 MnS 含量较其他试样低，故 a_K 值较其他试样高，使 400℃回火试样的曲线在 3 号试样处呈上升趋势。同为 3 号试样，但 500℃和 600℃回火的曲线变化在 3 号试样处的冲击韧性并未上升。这与试样基体的金相组织有关。大于 500℃回火的试样基体均为索氏体组织。而 400℃回火试样中为淬火马氏体，回火后，转化成屈氏体或回火托氏体组织，这类组织中渗碳体（Fe_3C）的形状和分布对性能的影响较大。由于原始实验记录丢失，只能估计 3 号试样中渗碳体的分布较其他试样均匀，再加上 MnS 含量较低，故冲击韧性升高。

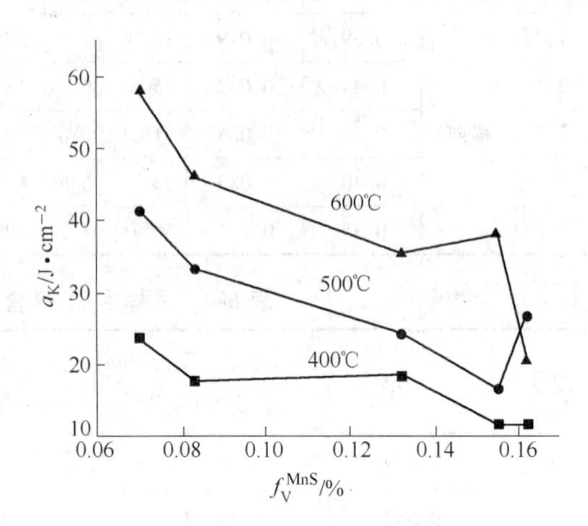

图 6-10　45 钢试样中 MnS 夹杂物含量与冲击韧性的关系（横向）

图 6-10 所示为横向试样经 400℃、500℃和 600℃回火后冲击韧性随夹杂物含量的变化。与纵向试样图 6-9 一样，冲击韧性 a_K 值随 f_V 增大而下降。400℃回火试样的变化与纵向试样相同，不再讨论。500℃回火的 4 号试样，夹杂物含量最高，但 a_K 值反而回升。虽然 4 号试样的夹杂物含量最高，但并未影响 a_K 值，这是由于 4 号试样的含 C 量最低，故 4 号试样 a_K 值回升。

图 6-11 为 400℃、500℃和 600℃回火的纵向试样的冲击韧性随夹杂物间距的变化。从曲线变化的趋势看，随着夹杂物间距的增大，a_K 值上升。虽然 2 号试样的夹杂物间距最大，但 a_K 值却低于 1 号试样，显然受试样含 C 量的影响。由于试样的含 C 量最高，故对试样的冲击韧性产生影响。

图 6-12 为 400℃、500℃和 600℃回火的横向试样的冲击韧性随夹杂物间距的变化。其变化趋势不如纵向试样规律，但 a_K 值随 $\bar{d}_T$ 增大而上升的规律并未改变。500℃回火的 7 号试样，其 $\bar{d}_T$ 大于 4 号试样，但 a_K 值却低于 4 号试样，主要原因与试样含 C 量直接有关。4 号试样的含 C 量低，有利于提高冲击韧性。

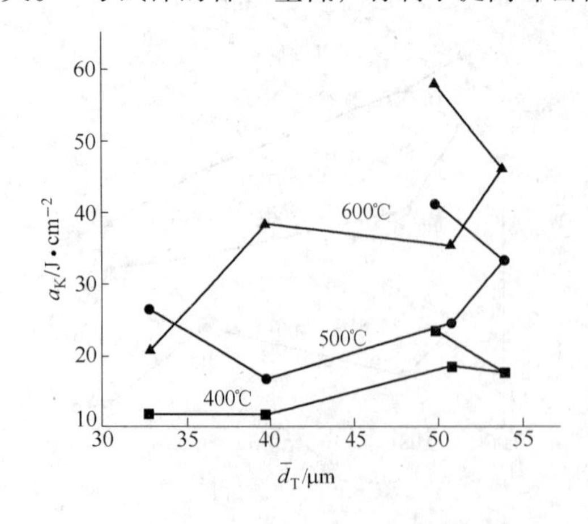

图 6-11　45 钢试样中 MnS 夹杂物间距与冲击韧性的关系（纵向）

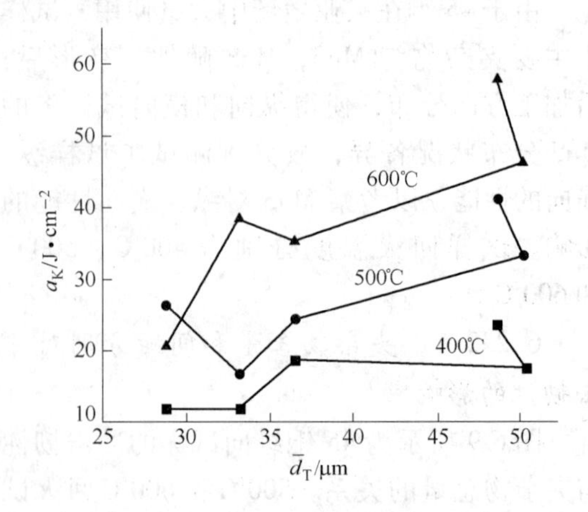

图 6-12　45 钢试样中 MnS 夹杂物间距与冲击韧性的关系（横向）

6.2.2.2　夹杂物含量和间距与强度的关系

图6-13和图6-14分别为45钢400℃、500℃和600℃回火的纵向和横向试样的强度随夹杂物含量（f_V）的变化。

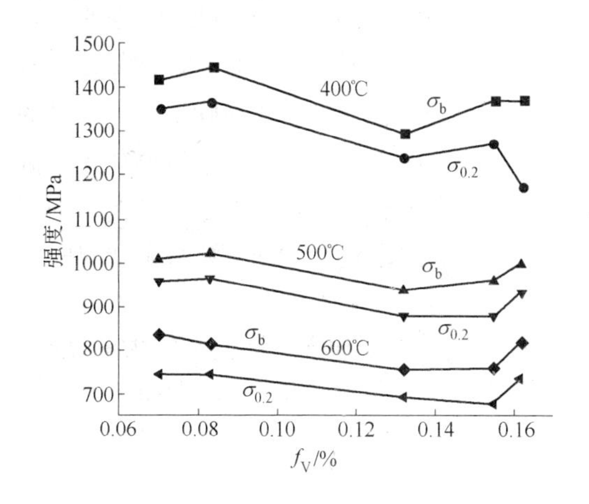

图6-13　45钢试样中MnS夹杂物含量与强度的关系（纵向）

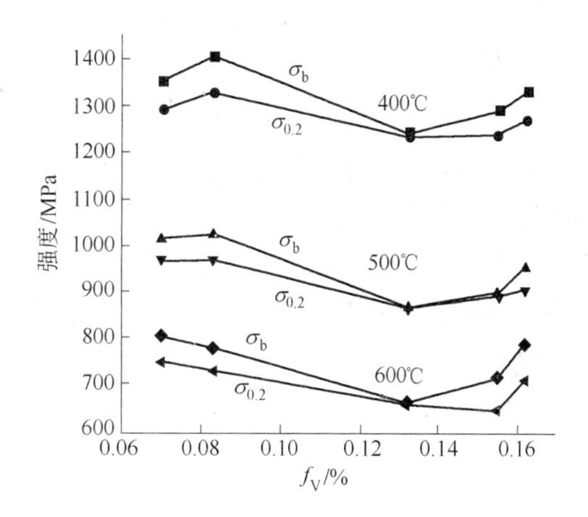

图6-14　45钢试样中MnS夹杂物含量与强度的关系（横向）

钢的机械强度与钢的组织和应力状态的种类有关。45钢500℃和600℃淬回火组织均为索氏体（见图6-1），故经500℃和600℃回火试样的强度直接与MnS夹杂物含量有关。图6-13为三种回火温度的纵向试样，其强度随f_V^{MnS}的变化具有相似性。随f_V^{MnS}增大而逐渐下降，下降到3号试样时其强度最低，3号试样的MnS含量为0.054%。当f_V^{MnS} >0.054%后，强度不再下降，反而上升。首先考察Mn的作用。本套试样中为使含S量全部转化成MnS夹杂物，故比45钢成分的含Mn量高，从表6-4认为1号、2号、3号三个试样中的Mn已大部分转化成MnS，而7号试样和4号试样的基体中还有多余的Mn。Mn虽可代Ni形成奥氏体，并强化固溶体，但试样中基体含Mn量并不高，而且Mn在固溶体中不会扩散，起强化剂的作用。因此试样中多余的Mn只有一种可能，即形成渗碳体使Fe_3C变成（Fe，Mn）$_3$C；500℃和600℃回火的4号和7号试样经高温回火的渗碳体已成颗粒状并与α-Fe形成索氏体组织，即与1号、2号、3号试样的组织相同。

4号和7号试样的强度在f_V^{MnS} >0.054%后上升，只能与MnS含量增大有关。说明45钢中MnS含量上升后可使强度提高。图6-13为400℃回火试样的抗张强度σ_b随MnS夹杂物含量的变化与500℃和600℃回火试样相同，但屈服强度$\sigma_{0.2}$在MnS夹杂物含量最高的4号试样中f_V^{MnS} =0.162%时突然下降。这与MnS的分布状态有关。

图6-8所示为4号试样中MnS沿加工方向成条状分布，切断了渗碳体在基体中的均匀分布，从而弱化了基体的断裂抗力，使试样的面缩率（ψ）下降，从而降低屈服强度。另外图6-13中400℃和500℃回火的2号试样的强度高于1号试样，与2号试样中含C量最高也有关。

图6-14为400℃、500℃和600℃回火后的横向试样强度随MnS夹杂物含量的变化。400℃、500℃和600℃回火试样的强度最低值仍为3号试样。即含MnS为0.054%之前，

强度随f_V^{MnS}增大而下降。当f_V^{MnS}大于0.054%后，强度均上升。其原因与上述相同。唯一差别是400℃回火的横向试样屈服强度也随MnS含量大于0.054%后上升，这是由于横向试样中MnS夹杂物的分布较均匀，故与纵向试样不同。

图6-15为45钢400℃、500℃和600℃回火的纵向试样强度随夹杂物间距的变化。在此各温度回火试样的抗张强度（σ_b）只随夹杂物间距增大而下降。$\bar{d}_T$进一步增大时，σ_b又上升。但400℃回火试样的屈服强度却随$\bar{d}_T$增大而上升，而500℃和600℃回火试样的屈服强度却随$\bar{d}_T$的变化与抗张强度相近，即先随$\bar{d}_T$增大而下降后又上升。400℃回火试样的强度与夹杂物含量的关系，已于前面做过讨论，夹杂物含量在通常情况下与夹杂物间距成反比。夹杂物含量高的试样，夹杂物间距就小，因而在图6-13中400℃回火试样的屈服强度却随夹杂物含量增大而下降，故随夹杂物间距增大而上升。

图6-16为45钢400℃、500℃和600℃回火的横向试样强度随夹杂物间距增大的变化。曲线变化具有相似特点。强度先随$\bar{d}_T$增大而下降至最低点，然后又随$\bar{d}_T$增大而上升。这个最低点在400~600℃回火范围内均存在于对应的位置上，即存在于同一个$\bar{d}_T$值上。

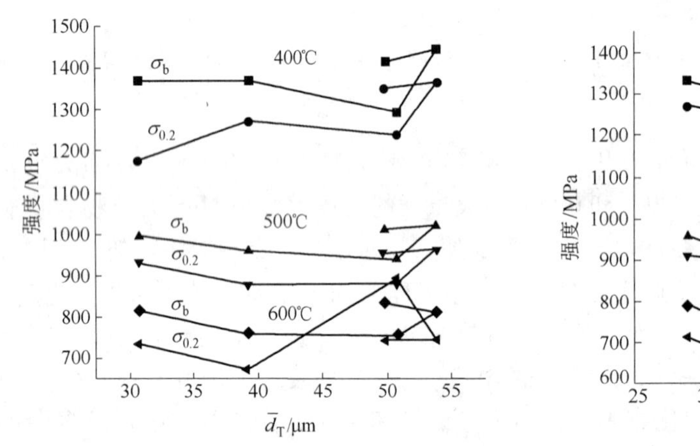

图6-15　45钢试样中夹杂物间距与强度的关系（纵向）

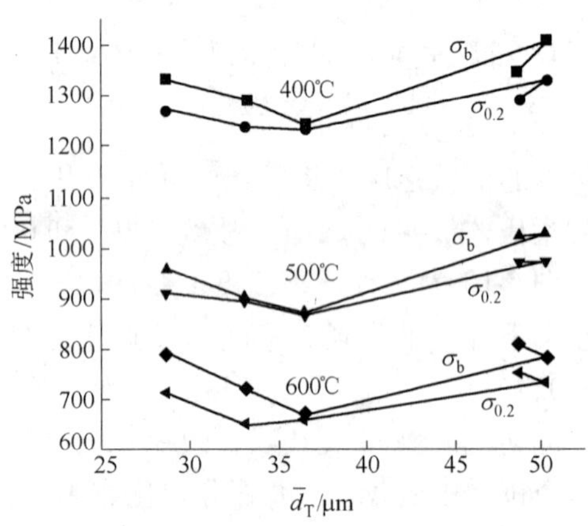

图6-16　45钢试样中夹杂物间距与强度的关系（横向）

钢的机械强度与其组织和应力状态的种类有关，在1978年研究低合金超高强度钢中，夹杂物与性能的关系曾多次肯定试样的强度与夹杂物之间不存在明显关系。在本章研究45钢中夹杂物与强度的关系时，却发现了强度与夹杂物含量有关，在图6-16中，强度随夹杂物间距的变化中又出现一个$\bar{d}_T$临界值。小于这个临界值时，随$\bar{d}_T$增大强度下降，大于这个临界值时，随$\bar{d}_T$增大强度上升。若把夹杂物看成任意分布于钢中的第二相组织，这个第二相间距与强度之间存在某种特点关系，如图6-16所示。

6.2.2.3　夹杂物含量和间距与拉伸韧塑性的关系

图6-17所示为45钢400℃、500℃和600℃回火的纵向试样拉伸韧塑性随夹杂物含量的变化。首先就曲线变化趋势分析：400℃回火试样的面缩率ψ，随夹杂物含量增大而逐步下降。500℃回火试样的面缩率ψ的最高点不是位于夹杂物含量最低的1号试样，而是f_V稍高于1号的2号试样。而2号试样中含碳量却是最高的，当ψ升到最高值后又随夹杂

物含量增大而逐步下降，下降至最低点的 ψ 值，位于夹杂物含量最高的 4 号试样，但其 ψ 值与夹杂物含量最低的 1 号试样相近。这可能是 1 号试样基体组织不均匀影响面缩率，使其偏低。600℃回火试样的面缩率随夹杂物含量的变化除 1 号试样偏低外，其他试样的曲线变化较平稳。说明高温回火后试样的组织较均匀，其面缩率受夹杂物含量的影响较小。

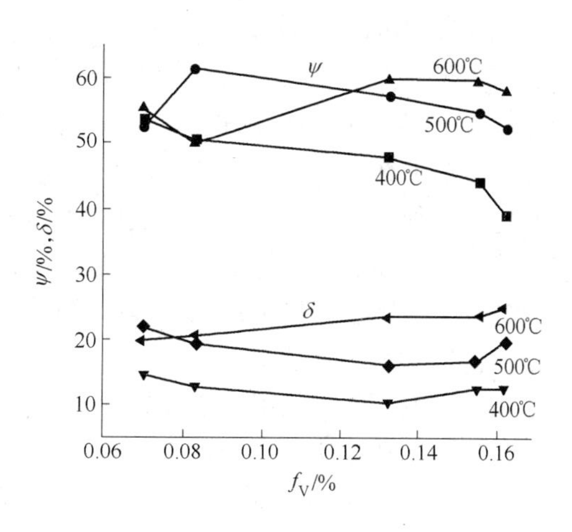

图 6-17　45 钢试样中夹杂物含量与韧塑性的关系（纵向）

在图 6-17 中还有三种回火温度的试样伸长率随夹杂物含量的变化。400℃和 500℃回火试样的伸长率随 f_V 的变化也是中间较低，曲线两头即夹杂物含量较少和较多的位置上，曲线升高。其变化趋势与横向试样强度随夹杂物间距变化的趋势相同（见图 6-16）。600℃回火的纵向试样的伸长率随夹杂物含量增大而逐步上升。说明经高温回火的试样中，夹杂物不仅未使伸长率下降，反而可适当提高伸长率。

除上面对图 6-17 中曲线变化的趋势分析外，下面再对图 6-17 中曲线变化存在的规律进行回归分析，今选出其中显著性水平较高的相关系数（R）或相关指数（R_2）的回归方程如下：

（1）线性回归方程：

400℃
$$\psi_L = 62\% - 123f_V \tag{6-1}$$
$$R = -0.92823,\ S = 2.38,\ N = 5,\ P = 0.023$$

600℃
$$\delta_L = 16.3\% + 51.5f_V \tag{6-2}$$
$$R = 0.9816,\ S = 0.483,\ N = 5,\ P = 0.003$$

（2）多项式回归方程

400℃
$$\psi_L = 42.7\% + 249f_V - 160900f_V^2 \tag{6-3}$$
$$R_2 = 0.91304,\ S = 2.31,\ N = 5,\ P = 0.087$$

400℃
$$\delta_L = 34.4\% - 398.8f_V + 164430f_V^2 \tag{6-4}$$
$$R_2 = 0.9539,\ S = 0.464,\ N = 5,\ P = 0.046$$

500℃
$$\delta_L = 48.8\% - 537f_V + 217350f_V^2 \tag{6-5}$$
$$R_2 = 0.92248,\ S = 0.906,\ N = 5,\ P = 0.077$$

600℃
$$\delta_L = 14.3\% + 90f_V - 16650f_V^2 \tag{6-6}$$
$$R_2 = 0.96706,\ S = 0.563,\ N = 5,\ P = 0.033$$

根据线性相关系数检查夹杂物含量与试样韧塑性相关的显著性水平。$\alpha = 0.01$ 时，要求相关系数 $R = 0.959$；$\alpha = 0.05$ 时，$R = 0.878$。上列 6 个方程中，相关性显著性水平最高的为方程式（6-2）和方程式（6-6）。试样经600℃回火后的伸长率与夹杂物之间存在正相关的关系，即MnS夹杂物对高温回火试样塑性无影响。线性回归方程式（6-1）的线性相关显著水平介于0.01和0.05之间，即中温回火试样的面缩率随夹杂物含量增大而逐渐下降。说明夹杂物含量对面缩率的影响大于对伸长率的影响。试样的伸长率包括弹性变形后的均匀塑性变形和产生颈缩后试样的局部塑性变形两部分。在均匀变形阶段主要受试样基体的影响，而纵向试样中的MnS夹杂物会随加工变形而变形，因而对均匀塑性变形阶段的影响较小。当试样发生局部塑性变形后，变形将集中于局部塑变区，在此区域内发生两个变化，一是MnS夹杂物变形程度加大而产生断裂，一是试样截面积变化很大，从而显出夹杂物的影响。即它的影响主要表现在断面收缩率上，即面缩率随夹杂物含量增多，颈缩区内断裂的夹杂物增多使面缩率下降。

图6-18为400℃、500℃和600℃回火的横向试样的拉伸韧塑性与夹杂物含量的关系。首先从曲线的形态可看成抛物线变化，与纵向的图6-17的曲线完全不同。400℃、500℃和600℃回火的横向试样的面缩率随夹杂物含量增大而下降很陡，降至最低点后虽然夹杂物含量增至最大，曲线反而上升。ψ随f_V变化的最低点为7号试样。可以推测400℃和500℃回火的横向试样回火不完全，试样中还存在部分马氏体，造成7号试样脆断，使ψ值大为下降。经600℃回火后，7号试样基体已全部转化成索氏体，故ψ值随夹杂物的f_V增大而逐渐下降，下降至4号试样时，虽然夹杂物含量最高，但由于4号试样含碳量最低，故使ψ值又上升。即含C量对ψ值的影响大于的夹杂物含量的影响。根据图6-18曲线形态而用多项式进行回归分析，并选择其中相关指数显著性水平较高的回归方程如下：

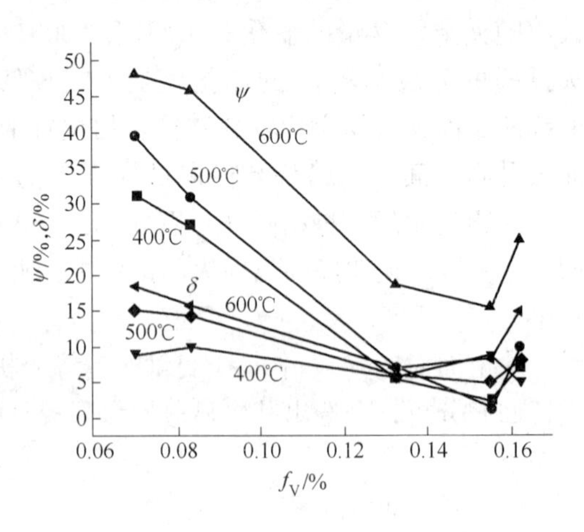

图6-18　45钢试样中夹杂物含量与韧塑性的关系（横向）

400℃
$$\psi_T = 102.5\% - 1292.2f_V + 426200f_V^2 \tag{6-7}$$
$$R_2 = 0.97558,\ S = 2.96,\ N = 5,\ P = 0.024$$

500℃
$$\psi_T = 132.4\% - 1723.6f_V + 584810f_V^2 \tag{6-8}$$
$$R_2 = 0.96964,\ S = 4.04,\ N = 5,\ P = 0.030$$

600℃
$$\psi_T = 141.3\% - 1696.6f_V + 588580f_V^2 \tag{6-9}$$
$$R_2 = 0.92482,\ S = 5.94,\ N = 5,\ P = 0.075$$

500℃
$$\delta_T = 44.7\% - 541.1f_V + 189060f_V^2 \tag{6-10}$$
$$R_2 = 0.91787,\ S = 1.94,\ N = 5,\ P = 0.082$$

横向试样经400℃、500℃和600℃回火的面缩率随夹杂物含量增大而成抛物线变化，其中含夹杂物最高的4号试样的面缩率，主要因试样含碳量最低而使曲线上升，这再一次说明试样含碳量对ψ值的影响大于夹杂物，从而改变了ψ与f_V之间的线性关系。

500℃回火试样的伸长率与夹杂物含量之间存在相关性，而400℃和600℃回火的试样伸长率随夹杂物含量的变化并无一定的规律性，但 δ 随 f_V 增大而下降的趋势仍存在。

图6-19为45钢400℃、500℃和600℃回火的纵向试样的韧塑性随夹杂物间距的变化。400℃回火试样的面缩率随夹杂物间距增大而呈上升趋势，图中其他曲线的变化并无一定规律。400℃回火试样的面缩率与夹杂物间距的关系用线性回归方程表达如下：

400℃　　$$\psi_L = 23.6\% + 0.52\% d_T^{总} \tag{6-11}$$

$$R = 0.90837,\ S = 2.69,\ N = 5,\ P = 0.033$$

横向试样的韧塑性与夹杂物间距的关系如图6-20所示。若去掉4号试样，即可清楚地看出横向试样的韧塑性随夹杂物间距增大而上升。加上4号试样后，曲线形态变成抛物线状。用多项式进行回归分析后，相关系数和相关指数显著性水平较高的回归方程如下：

400℃　　$$\psi_T = 97.6\% - 5.68\% d_T^{总} + 0.086\% (d_T^{总})^2 \tag{6-12}$$

$$R_2 = 0.93633,\ S = 4.77,\ N = 5,\ P = 0.063$$

500℃　　$$\psi_T = 125.7\% - 7.2\% d_T^{总} + 0.11\% (d_T^{总})^2 \tag{6-13}$$

$$R_2 = 0.88818,\ S = 7.76,\ N = 5,\ P = 0.112$$

600℃　　$$\psi_T = 189.8\% - 9.8\% d_T^{总} + 0.14\% (d_T^{总})^2 \tag{6-14}$$

$$R_2 = 0.94939,\ S = 4.87,\ N = 5,\ P = 0.050$$

500℃　　$$\delta_T = 61.2\% - 3.16\% d_T^{总} + 0.04\% (d_T^{总})^2 \tag{6-15}$$

$$R_2 = 0.93467,\ S = 1.79,\ N = 5,\ P = 0.065$$

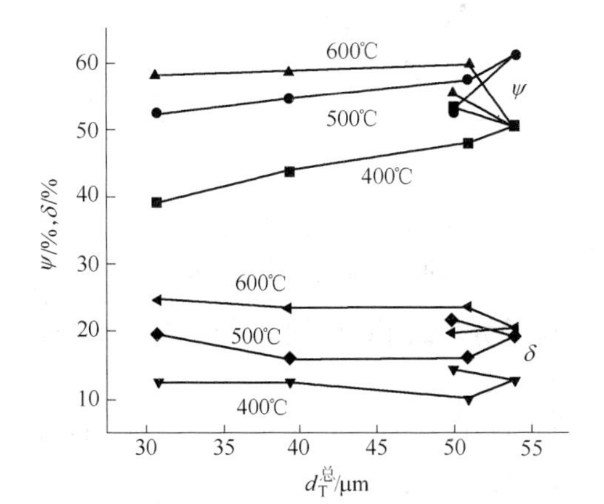

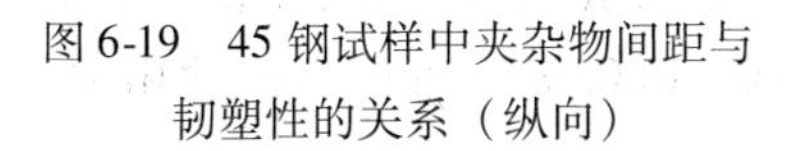
图6-19　45钢试样中夹杂物间距与韧塑性的关系（纵向）

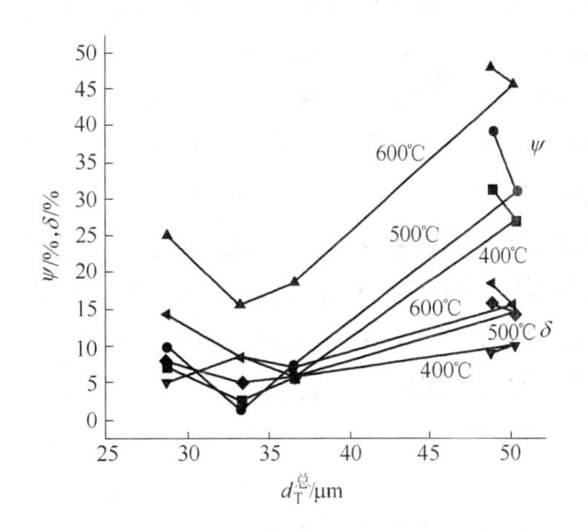

图6-20　45钢试样中夹杂物间距与韧塑性的关系（横向）

比较上列回归方程后，即可看出夹杂物间距与400℃和600℃回火试样的面缩率之间存在一定的规律，而500℃回火试样中夹杂物间距与伸长率之间的相关指数（R_2）显著性水平优于500℃回火试样的面缩率与 $d_T^{总}$ 之间的相关性。上列15个回归方程，试样的面缩率与夹杂物参数的关系中，有9个回归方程表示两者之间存在规律性，说明经三种回火温度处理的试样面缩率受夹杂物的影响大于对伸长率的影响。

6.2.3 含S量与45钢纵横向性能的关系

上面已讨论用金相法测定的MnS夹杂物含量（f_V）和间距（$\bar{d}_T$）对45钢纵横向性能的影响。考虑到S在钢中固溶度很低，而金相法测定MnS的准确度不如化学法测定S含量准确。因此对含S量与性能的关系进行考察。由于8号和9号试样中含S量与5号~7号试样重复，另外5号和6号试样含C量较高，也不采用，故去除这些试样后，只讨论5个试样中含S量与性能的关系。

6.2.3.1 含S量与冲击韧性的关系

图6-21为纵向试样的冲击韧性随含S量的变化。500℃和600℃回火试样的a_K值均随S含量升高而逐步下降。曲线的变化接近于直线。回归分析后得出（含S量用$w(S)$表示）：

500℃
$$a_K = 115 - 52640w(S) \tag{6-16}$$
$$R = -0.9345,\ S = 8.91,\ N = 5$$

600℃
$$a_K = 145.8 - 71040w(S) \tag{6-17}$$
$$R = -0.9956,\ S = 2.99,\ N = 5$$

回归方程式(6-16)和式(6-17)反映了高温回火试样的冲击韧性与含S量之间具有良好的线性关系，这种关系对生产实际应用具有指导意义。

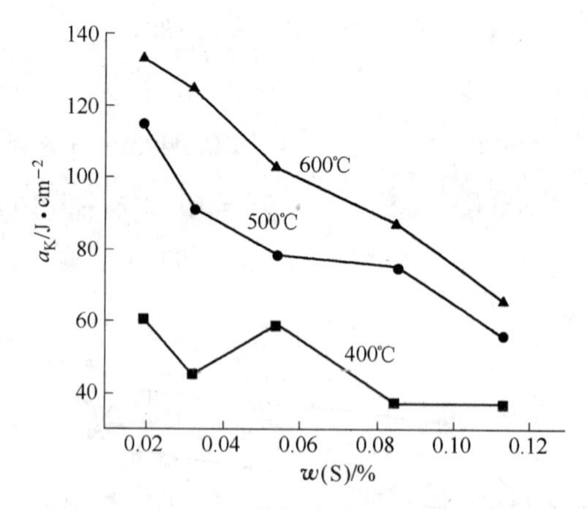

图6-21 45钢试样中含S量与冲击韧性的关系（纵向）

图6-21中400℃回火纵向试样的a_K值在含S量为0.052%时出现峰值，与图6-9相似。从纵向断口看（见图6-5），MnS呈规则的带状分布，它可以阻止裂纹沿垂直方向扩展。在冲击能量的三部分中，消耗于弹性变形功和塑性变形功的能量较少，而主要能量是消耗于裂纹瞬间扩展所需的功。而3号试样中呈纤维状分布的MnS夹杂物起到阻止裂纹扩展，提高冲击能量的作用，使冲击韧性有所增加。尽管如此，400℃回火试样a_K随含S量的变化总趋势为下降趋势。试用线性回归分析了解a_K与含S量的关系，回归方程如下：

400℃
$$a_K = 61.9 - 23550w(S) \tag{6-18}$$
$$R = -0.7794,\ S = 8.42,\ N = 5$$

根据相关系数显著性水平的检验，在$\alpha = 0.05$时要求R值为0.878；$\alpha = 0.01$时要求R值为0.959。方程式（6-18）中R值均低于$\alpha = 0.01$和0.05，可得出线性相关不显著。按方程式（6-18）进行计算并与实验值对比，见表6-5。

表6-5 按方程式(6-18)计算结果与实验值的对比

样号		1号	2号	3号	7号	4号
a_K /J·cm^{-2}	实验值	60.8	45.1	58.8	37.2	36.3
	计算值	57.4	54.3	49.2	41.9	35.3
	相差率/%	5.6	-20.4	16.3	-12.6	2.7

从线性相关系数与按回归方程式（6-18）检验，均说明 400℃回火试样的 a_K 值与含 S 量之间并无线性关系，其原因已在前面作过讨论。

图 6-22 所示为 400℃、500℃和 600℃回火的横向试样冲击韧性随含 S 量的变化，与图 6-10 相似。其中 400℃变化曲线与纵向试样相似，但 500℃和 600℃回火试样的冲击韧性与含 S 量的关系却偏离了直线。主要是 7 号试样含 S 量为 0.085% 时，500℃出现低谷，而 600℃回火曲线未连续下降反而有所上升，其 a_K 值高于含 S 量较低的 3 号试样。

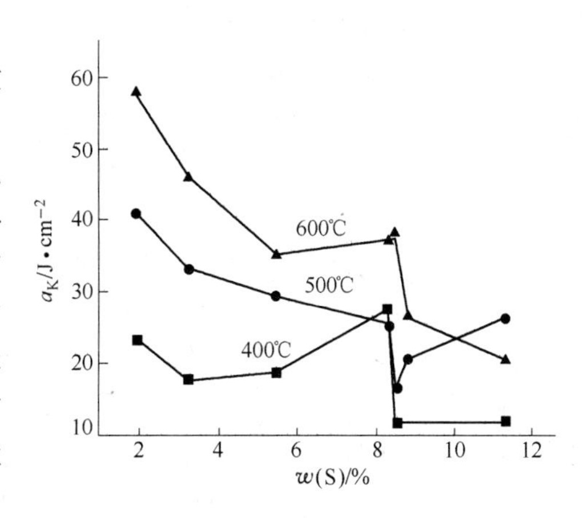

图 6-22　45 钢试样中含 S 量与冲击韧性的关系（横向）

在讨论图 6-10 时已说明 500℃回火的横向试样随夹杂物上升的原因是 4 号试样含碳量最低，故 a_K 值未受夹杂物含量升高的影响。7 号试样在此曲线上处于最低点，主要是含 C 量较高的同时，夹杂物含量也较高，使 a_K 值最低。但与此相反，600℃回火后，7 号试样的 a_K 值却有所上升。这是由于碳钢中的 C 主要以 Fe_3C 渗碳体的形式存在，经 600℃回火后，Fe_3C 以均匀的球状存在，因而有利于 600℃回火试样的冲击韧性。

6.2.3.2　含 S 量与拉伸韧塑性的关系

图 6-23 所示为 400℃、500℃和 600℃回火的纵向试样的面缩率和伸长率随试样含 S 量的变化。其变化趋势与图 6-17 完全相同。前面已讨论过图 6-17 所示曲线变化的规律性。再对 400℃回火试样的 ψ 值与 600℃回火的 δ 值做线性回归，可得出：

400℃
$$\psi_L = 55.9\% - 150.5w(S) \tag{6-19}$$
$$R = -0.9830,\ S = 1.04,\ N = 7$$

600℃
$$\delta_L = 19.2\% + 52.9w(S) \tag{6-20}$$
$$R = 0.9394,\ S = 0.71,\ N = 7$$

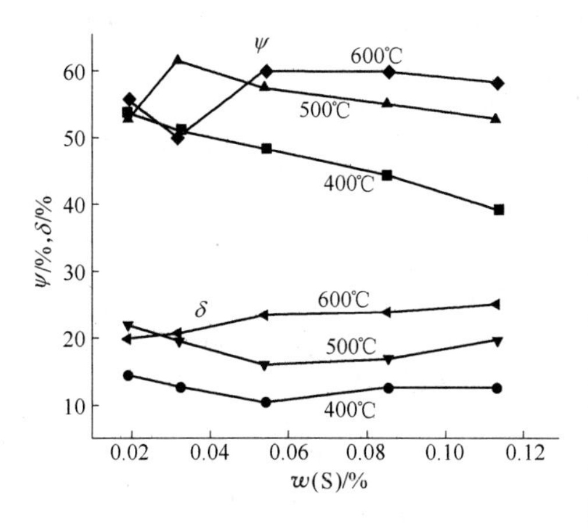

图 6-23　45 钢试样中含 S 量与韧塑性的关系（纵向）

由于曲线变化趋势相同，可以对比回归方程式(6-19)与式(6-1)，式(6-20)与式(6-2)。从线性相关系数考虑回归方程式（6-19）的 R 值对比回归方程式（6-1）的 R 值；回归方程式（6-20）的 R 值对比回归方程式（6-2）的 R 值。可以认为 400℃回火的纵向试样的 ψ 值与含 S 量的负相关更密切，而 600℃回火的 δ 值与夹杂物含量的正相关更加密切，即含 S 量增高可使面缩率下降。与此同时，伸长率却得到改善，这一结果与 Heinandey-Reyel 研究微合金化碳钢的拉伸性能所述随含 S 量上升使伸长率由 45% 下降至 32%，下降幅度达 70% 完全相反，而本实验与所选试样的含 S 量范围相近，且

MnS 夹杂物的类型均为Ⅱ类。

Speich 和 Spitzig 在研究 4340 高强钢板中硫化物含量和形状对短横向延韧性的影响后得出：试样的 δ、ψ 和 CVN 随 f_V^{MnS} 增大而下降的速度随取样的方法不同而变。延韧性下降速度又随硫化物的形状和试样强度级别不同而异。随着试样强度级别增大，延韧性下降速度不再增加，其中短横向试样的冲击韧性反而得到改善。

引证以上两人的研究结果，说明两种情况：一是含 S 量上升，延韧性下降；二是指明含 S 量与延韧性的关系，除含 S 量外，还应考虑其他因素。本项实验的结果尚未找到可以类比的实验结果，但可以从试样断口形貌加以说明。图 6-3 和图 6-4 所示为低 S 量范围的试样断口，其中存在大量裂纹，这些裂纹都是在热轧过程中形成的。但含 S 量逐增的试样断口上裂纹减少（见图 6-5 ~ 图 6-8），MnS 随加工方向排列，具有明显的可塑性，含 S 量愈高，MnS 延伸愈长（见图 6-8）。在 600℃ 回火后，试样基体均为索氏体，可排除基体的影响。试样的伸长率只受 MnS 夹杂物塑性变形的影响。因此可以认为 600℃ 回火的纵向试样的伸长率，随含 S 量增大，呈塑变的 MnS 增多有利于伸长率的提高。

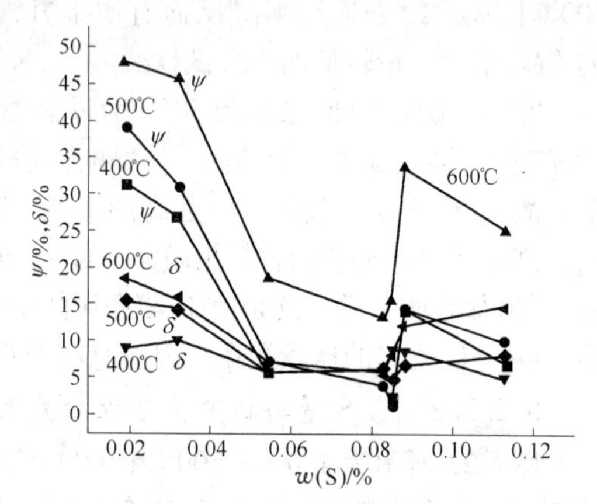

图 6-24　45 钢试样中含 S 量与韧塑性的关系（横向）

图 6-24 所示为横向试样在各回火温度的韧塑性与含 S 量的关系。ψ 与 δ 曲线的变化具备共同特点，即试样含 S 量由 0.019% 增至 0.054% 时，ψ 和 δ 急剧下降。但 S 含量继续增加时，反而上升。与前面解释 600℃ 回火的纵向试样稍微不同。若将 45 钢中含 S 量为 0.054% 作为门槛值看待，即试样的含 S 量必须小于 0.054% 或者大于 0.054% 均能保证所需韧塑性。当然含 S 量在本实验范围内小于 0.113%。

A　含 S 量与试样强度的关系

图 6-25（纵向）和图 6-26（横向）所示分别为含 S 量与拉伸强度的关系。曲线变化

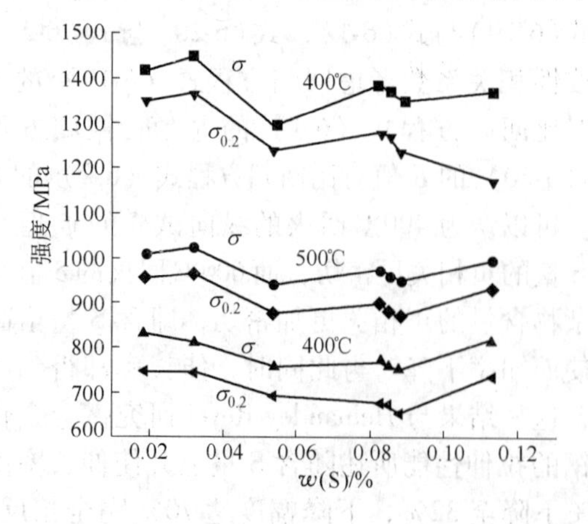

图 6-25　45 钢试样中含 S 量与强度的关系（纵向）

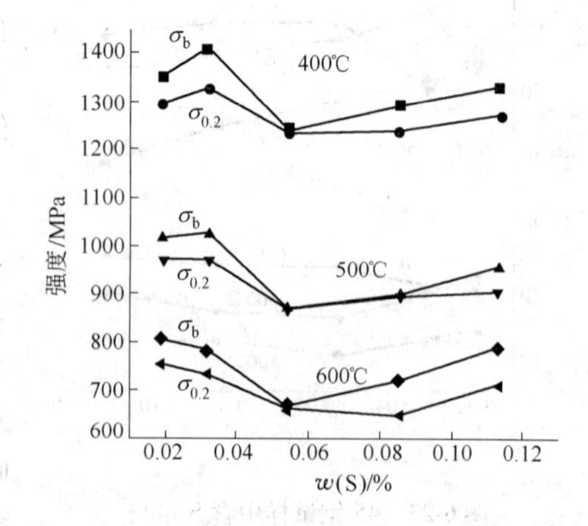

图 6-26　45 钢试样中含 S 量与强度的关系（横向）

的趋势与图 6-13 和图 6-14 完全相同。在这三种回火温度范围内，除个别试样外，纵向试样的强度均高于横向试样的强度，随含 S 量变化均为先下降后上升，而升降幅度均不大。已对 45 钢中夹杂物含量对强度的影响作过讨论，不再重复。

B　MnS 夹杂物分布的方向性与强韧性的关系

将上面讨论的部分数据归纳，列于表 6-6 中。

表 6-6　MnS 夹杂物分布的方向性造成的强韧性差值

锭号	$w(S)$ /%	性能	400℃回火			500℃回火			600℃回火		
			纵向	横向	差值/%	纵向	横向	差值/%	纵向	横向	差值/%
1	0.019	冲击韧性 a_K/J · cm^{-2}	60.8	23.54	61.3	114.74	41.19	64.1	133.4	57.9	56.6
2	0.032		45.11	17.65	60.9	90.2	33.34	63.4	174.5	46.1	63.0
3	0.054		58.85	18.63	68.3	78.45	29.42	62.5	103.0	35.3	65.7
7	0.085		37.27	11.7	68.4	75.51	16.67	77.9	87.3	38.2	56.2
4	0.114		36.28	11.77	67.6	55.90	26.48	52.6	65.7	20.6	68.7
1	0.019	屈服强度 $\sigma_{0.2}$/MPa	1350.4	1294.5	4.1	955.2	971.8	-1.7	774.7	755.1	2.5
2	0.032		1370.0	1330.8	2.9	964.0	973.8	-1.0	745.3	733.5	1.6
3	0.054		1239.6	1235.6	0.3	877.7	867.9	1.1	692.3	661.9	4.4
7	0.085		1273.9	1241.5	2.5	878.7	895.3	-1.9	673.7	651.2	3.3
4	0.114		1176.8	1274.9	-8.3	931.4	902.1	2.5	735.5	713.9	2.9

从表 6-6 的数据可以看出：不管回火温度和含 S 量高低，纵横向韧性相差 50% 以上，而 MnS 分布的方向性造成屈服强度（$\sigma_{0.2}$）的差别，除个别试样外，均小于 5%。说明 MnS 分布的方向性对冲击韧性的影响 10 倍于对屈服强度的影响。由于冲击韧性代表试样在动载荷下的机械性能，而屈服强度代表试样在静拉伸下的机械性能。钢中 MnS 夹杂物对静载荷性能影响不大，而对动载荷性能的影响十分敏感。这一事实早已被公认。但在夹杂物含量相同的情况下，纵横向冲击值却相差 50% 以上，现将表 6-3 中纵横向试样中 MnS 夹杂物的平均间距加以比较，见表 6-7。纵横向上夹杂物间距（$\bar{d}_T$）的差别不显著。

表 6-7　纵横向试样中 MnS 夹杂物的平均间距

$w(S)$/%	0.019（1 号）	0.032（2 号）	0.054（3 号）	0.085（7 号）	0.113（4 号）
纵向 $\bar{d}_T^L$/μm	51.6	56.6	54.3	39.8	33.2
横向 $\bar{d}_T^T$/μm	52.0	53.3	37.1	33.7	29.1
$\Delta\bar{d}_T$/%	-0.8	5.8	31.7	15.3	12.3

多数试样的纵向 $\bar{d}_T$ 大于横向 $\bar{d}_T$，即试样中出现裂纹后，裂纹扩展速度受 $\bar{d}_T$ 的影响。虽然 $\bar{d}_T$ 不是加速裂纹扩展的唯一因素，但横向 $\bar{d}_T$ 小，为加速裂纹扩展提供方便。当然 MnS 分布的方向性仍然是降低横向冲击韧性的主要因素。

6.2.4　含 S 量与 45 钢性能关系线性回归总结

以上讨论了 MnS 夹杂物含量与间距对 45 钢性能的影响。为了寻找试样含 S 量与性能的定量关系，以有助于控制含S量，将采用线性回归分析方法，以总结出两者关系的回归方程。今分三步进行操作。

第1步：绘制含S量与性能的关系曲线，按接近直线的各点进行线性回归，偏离直线的点弃之。

第2步：通过计算求出回归方程。

第3步：再按相关方程代入实验数据，对符合方程所代表的关系者保留，否则弃之。

由于所绘制的含硫量与性能关系曲线较多且上面已有大部分关系图，下面不再列出所有曲线图。

回归分析如下。

（1）400℃回火试样（横向）。

1）$a_K \sim w(S)$（去掉8号试样，原9号试样无a_K值，故$N=5$）：

$$a_K = 24.1 - 12240w(S) \tag{6-21}$$

$$R = -0.9465,\ S = 1.85$$

2）$\sigma_b \sim w(S)$（去掉2号试样，原8号试样无数据，$N=5$）：

$$\sigma_b = 1313.2 - 32160w(S) \tag{6-22}$$

$$R = -0.2102,\ S = 62.3$$

此方程R值太低，表示不存在线性关系。同样，$\sigma_{0.2}$、ψ、δ等与S之间均不存在线性关系。

（2）400℃回火试样（纵向）。

1）$a_K \sim w(S)$（去掉3号和7号试样，$N=5$）：

$$a_K = 58.7 - 19160w(S) \tag{6-23}$$

$$R = -0.8424,\ S = 5.62$$

2）$\sigma_b \sim w(S)$（去掉3号试样，$N=6$）：

$$\sigma_b = 1447 - 81300w(S) \tag{6-24}$$

$$R = -0.8447,\ S = 20.9$$

3）$\sigma_{0.2} \sim w(S)$（去掉3号试样，$N=6$）：

$$\sigma_{0.2} = 1318.2 - 53780w(S) \tag{6-25}$$

$$R = -0.9520,\ S = 68.4$$

4）$\psi \sim w(S)$（去掉8号试样，$N=6$）：

$$\psi = (55.9 - 14560w(S)) \times 1\% \tag{6-26}$$

$$R = -0.9949,\ S = 0.6$$

5）$\delta \sim w(S)$（去掉3号试样，$N=6$）：

$$\delta = (13.8 - 1850w(S)) \times 1\% \tag{6-27}$$

$$R = -0.5995,\ S = 1$$

因R值偏低，故式（6-27）不成立。

（3）500℃回火试样（横向）。

1）$a_K \sim w(S)$（去掉 4 号试样，$N=6$）：

$$a_K = 44.5 - 27820w(S) \tag{6-28}$$

$$R = -0.9282,\ S = 3.65$$

2）$\sigma_b \sim w(S)$（去掉 3 号和 7 号试样，$N=5$）：

$$\sigma_b = 1040 - 89540w(S) \tag{6-29}$$

$$R = -0.9098,\ S = 107.1$$

3）$\sigma_{0.2} \sim w(S)$（去掉 8 号和 4 号试样，$N=5$）：

$$\sigma_{0.2} = 995.8 - 146800w(S) \tag{6-30}$$

$$R = -0.8338,\ S = 34.6$$

ψ、δ 与 $w(S)$ 的关系，按图上去掉 3 个点后方成直线，剩下 $N=4$，回归点太少，不做回归分析。

（4）500℃回火试样（纵向）。

1）$a_K \sim w(S)$（$N=7$）：

$$a_K = 115.5 - 56180w(S) \tag{6-31}$$

$$R = -0.9298,\ S = 8.2$$

2）$\sigma_b \sim w(S)$（去掉 4 号试样，$N=6$）：

$$\sigma_b = 1022.9 - 80290w(S) \tag{6-32}$$

$$R = 0.7220,\ S = 25.5$$

3）$\sigma_{0.2} \sim w(S)$（去掉 4 号试样，$N=6$）：

$$\sigma_{0.2} = 977.7 - 116200w(S) \tag{6-33}$$

$$R = -0.8437,\ S = 24.5$$

4）$\psi \sim w(S)$（去掉 1 号试样，$N=6$）：

$$\psi = (63.8 - 10200w(S)) \times 1\% \tag{6-34}$$

$$R = -0.9680,\ S = 0.84$$

5）$\delta \sim w(S)$（去掉 8 号和 4 号试样，$N=5$）：

$$\delta = (22.4 - 8140w(S)) \times 1\% \tag{6-35}$$

$$R = -0.9683,\ S = 2.96$$

（5）600℃回火试样（横向）。

1）$a_K \sim w(S)$（$N=7$）：

$$a_K = 59.5 - 32650w(S) \tag{6-36}$$

$$R = -0.8984,\ S = 5.9$$

2）$\sigma_b \sim w(S)$（去掉 4 号试样，$N=6$）：

$$\sigma_b = 835.1 - 218700w(S) \tag{6-37}$$

$$R = -0.6330$$

因 R 值偏低，故式（6-37）不成立。

3）$\sigma_{0.2} \sim w(\mathrm{S})$（去掉 4 号试样，原始数据无 8 号试样，$N=5$）：

$$\sigma_{0.2} = 778.1 - 163160w(\mathrm{S}) \tag{6-38}$$

$$R = -0.9524,\ S = 18.6$$

（6）600℃回火试样（纵向）。

1）$a_{\mathrm{K}} \sim w(\mathrm{S})$（去掉 9 号试样，$N=6$）：

$$a_{\mathrm{K}} = 144.8 - 63560w(\mathrm{S}) \tag{6-39}$$

$$R = -0.9188,\ S = 10.9$$

2）$\sigma_{\mathrm{b}} \sim w(\mathrm{S})$（去掉 4 号试样，$N=6$）：

$$\sigma_{\mathrm{b}} = 840.7 - 101590w(\mathrm{S}) \tag{6-40}$$

$$R = -0.8819,\ S = 18$$

3）$\sigma_{0.2} \sim w(\mathrm{S})$（去掉 4 号试样，$N=6$）：

$$\sigma_{0.2} = 794.4 - 153250w(\mathrm{S}) \tag{6-41}$$

$$R = -0.9663,\ S = 13.5$$

6.2.5 回归方程验证

冲击韧性、拉伸韧塑性、抗拉强度、屈服强度的回归方程验证分别见表 6-8 ~ 表 6-11。

表 6-8 冲击韧性的回归方程验证

回火温度/℃	取样方向	回归方程号	各试样按方程计算值/J · cm^{-2}	实验值/J · cm^{-2}	相差/%
400	横	式（6-21）	21.8（1 号试样）	23.5	-7.2
			17.5（3 号试样）	18.6	-5.9
			10.3（4 号试样）	11.8	-12.7
	纵	式（6-23）	55.1（1 号试样）	60.8	-9.3
			42.8（8 号试样）	43.1	-0.7
			37.0（4 号试样）	36.3	1.9
			42.7（7 号试样）	37.2	13.9
500	横	式（6-28）	39.2（1 号试样）	41.2	-4.8
			29.5（3 号试样）	29.4	0.3
	纵	式（6-31）	97.5（2 号试样）	91.1	7.5
			66.1（9 号试样）	58.8	12.4
600	横	式（6-36）	53.3（1 号试样）	57.8	-7.7
			41.9（3 号试样）	35.3	18.7
			22.6（4 号试样）	20.6	9.7
			32.4（8 号试样）	37.2	-12.9
	纵	式（6-39）	132.7（1 号试样）	133.3	-0.4
			72.97（4 号试样）	65.7	10.0

表 6-9　拉伸韧塑性的回归方程验证

回火温度/℃	取样方向	回归方程号	各试样按方程计算值/%	实验值/%	相差/%
400	纵	式（6-26）	53.1（1 号试样）	53.6	-0.9
			48.0（3 号试样）	48.1	-0.2
			31.6（4 号试样）	39.3	-19.6
			43.1（9 号试样）	42.7	0.9
500	纵	式（6-34） 式（6-35）	-60.5（2 号试样）	61.3	1.3
			52.3（4 号试样）	52.7	-0.8
			-19.8（2 号试样）	19.4	2.0
			15.5（7 号试样）	16.8	-7.7

表 6-10　抗拉强度的回归方程验证

回火温度/℃	取样方向	回归方程号	各试样按方程计算值/MPa	实验值/MPa	相差/%
400	纵	式（6-24）	1431.2（1 号试样）	1417.1	0.1
			1379.5（8 号试样）	1382.8	-0.2
			1355.1（4 号试样）	1371.0	-1.1
500	横	式（6-29）	1023（1 号试样）	1018.2	0.07
			938.8（4 号试样）	956.5	-1.8
600	纵	式（6-40）	821.4（1 号试样）	833.0	-1.4
			756.4（8 号试样）	768.3	-1.5

表 6-11　屈服强度的回归方程验证

回火温度/℃	取样方向	回归方程号	各试样按方程计算值/MPa	实验值/MPa	相差/%
400	纵	式（6-25）	1368（1 号试样）	1349.5	-3.0
			1273.6（8 号试样）	1276.9	-0.2
			1257.4（4 号试样）	1176.0	6.8
500	横	式（6-30）	967.9（1 号试样）	971.2	-0.3
			916.5（3 号试样）	867.3	5.6
			866.6（9 号试样）	864.4	0.2
	纵	式（6-33）	955.6（1 号试样）	954.5	0.1
			875.4（9 号试样）	873.2	0.2
600	横	式（6-38）	757.1（1 号试样）	754.6	0.3
			700.0（3 号试样）	661.5	5.8
	纵	式（6-41）	765.3（1 号试样）	774.2	-0.1
			667.2（8 号试样）	676.2	-1.3

注：经验证后，再设定相差大于 15% 的方程弃之。

45 号碳钢含 S 量与性能关系的回归表达式汇总于表 6-12 中。

表 6-12 45 号碳钢中含 S 量与性能关系的定量表达式

<table>
<tr><th rowspan="2">回火温度/℃</th><th rowspan="2">取样方向</th><th rowspan="2">冲击韧性（回归方程号）
/J·cm^{-2}</th><th colspan="2">拉伸性能（回归方程原编号）</th></tr>
<tr><th>抗拉强度或屈服强度/MPa</th><th>面缩率或伸长率/%</th></tr>
<tr><td rowspan="2">400</td><td rowspan="2">纵</td><td rowspan="2">式（6-23）</td><td>式（6-24）</td><td></td></tr>
<tr><td>式（6-25）</td><td></td></tr>
<tr><td rowspan="2">500</td><td rowspan="2">纵</td><td rowspan="2">式（6-31）</td><td rowspan="2">式（6-33）</td><td>式（6-34）</td></tr>
<tr><td>式（6-35）</td></tr>
<tr><td rowspan="2">600</td><td rowspan="2">纵</td><td rowspan="2">式（6-39）</td><td>式（6-40）</td><td></td></tr>
<tr><td>式（6-41）</td><td></td></tr>
<tr><td>400</td><td>横</td><td>式（6-21）</td><td>式（6-29）</td><td></td></tr>
<tr><td>500</td><td>横</td><td>式（6-28）</td><td>式（6-30）</td><td></td></tr>
<tr><td>600</td><td>横</td><td></td><td>式（6-38）</td><td></td></tr>
</table>

表 6-12 中可以成立的回归方程只有 15 个，按照试样含硫量，根据回火温度预测钢的冲击韧性和强度可作为参数，但难以用来预测钢的面缩率和伸长率。

第7章 MnS 夹杂物对 D_6AC 钢性能的影响（600℃回火）

7.1 实验方法

7.1.1 试样的冶炼和热处理

7.1.1.1 原料脱 S 处理

工业纯 Fe 在 25kg 常压炉中，加石灰脱 S，脱 S 后原料成分见表 7-1。

表 7-1 工业纯 Fe 脱 S 后原料成分（质量分数） （%）

成　分	C	Si	Al	[O]	N_2	S
纯-1 号	0.029	0.22	0.03	0.0090	0.0090	0.005
纯-2 号	0.032	0.26	0.06	0.0090	0.020	0.004

7.1.1.2 合金冶炼

在 200kg 真空感应炉中按 D_6AC 钢成分（不加 Mn）炼成合金，成分见表 7-2。

表 7-2 合金成分（质量分数） （%）

成 分	C	Si	Mn	P	S	Ni	Cr	Mo	V	[O]
D-1 号	0.38	0.19	0.013	0.005	0.016	0.69	1.01	1.09	0.068	0.0014
D-2 号	0.42	0.21	0.013	0.005	0.016	0.59	1.03	1.06	0.064	0.0016

7.1.1.3 试样冶炼

以 D-1 号和 D-2 号为原料分别加入 Mn、S 并调整 C 量，以配制成含 MnS 量各不相同的试样，共冶炼 23 炉，其成分列于表 7-3 中。

热处理：

正火：在盐炉中加热至 900℃，保温 20min 空冷。

淬火：880℃油淬。

回火：分别加热至 200℃、300℃、350℃、400℃、450℃、500℃和 600℃，各保温 3h 空冷以了解各回火温度与冲击韧性和拉伸性能的关系，再用 600℃回火试样了解 MnS 夹杂物与断裂韧性和冲拉性能的关系。

表 7-3 含 MnS 夹杂物的试样成分（质量分数） （%）

锭　号	S	C	Si	Mn	P	Cr	Ni	Mo	V	Al	N_2	[O]
1-1	0.02	0.40	0.20	0.49	—	—	—	—	—	—	0.048	0.0021
2-1	0.023	0.39	0.21	0.61	0.005	1.0	0.56	1.04	0.061		0.029	0.0024
2-2	0.033	0.39		0.62	0.005	1.01	0.56	1.03	0.066	<0.03	0.054	0.0017
2-3	0.029	0.38		0.62	—	—	—	—	—		0.051	0.0021

续表 7-3

锭 号	S	C	Si	Mn	P	Cr	Ni	Mo	V	Al	N_2	[O]
2-4	0.028	0.35		0.62	—	—	—	—	—		0.031	0.0020
2-5	0.036	0.42		0.62	—	—	—	—	—		0.028	0.0018
2-6	0.032	0.41		0.62	—	—	—	—	—		0.053	0.0016
2-7	0.034	0.38		0.62	—	—	—	—	—		0.027	0.0026
2-8	0.009	0.42		0.61	—	—	—	—	—		0.027	0.0018
2-9（剖）	0.056	0.42	0.20	0.63	0.005	0.98	0.56	1.04	0.069		0.031	0.0015
2-10	0.052	0.41		0.59	0.004	0.98	0.56	1.05	0.061		0.022	0.0023
2-11	0.050	0.39		0.62	—	—	—	—	—		0.025	0.0021
1-12	0.066	0.37	0.31	0.61	0.005	0.87	0.62	1.05	0.064		0.018	0.0013
1-13	0.044	0.37		0.61	—	—	—	—	—	<0.03	0.023	0.0011
251-15（剖）	0.007	0.41	0.23	0.65	0.005	1.00	0.63	1.06	0.067		0.026	0.0024
1-16	0.008	0.40		0.62	—	—	—	—	—		0.022	0.0015
1-17	0.006	0.37	0.25	0.62	0.004	1.01	0.63	1.05	0.055		0.02	0.0018
1-18	0.008	0.37		0.61	—	—	—	—	—		0.016	0.0013
1-19	0.008	0.42	0.26	0.60	0.005	0.96	0.63	1.04	0.056		0.016	0.0012
1-20	0.012	0.42	0.23	0.59	0.006	1.04	0.64	1.02	0.088		0.036	0.0013
1-21	0.013	0.41		0.60	—	—	—	—	—		0.029	0.0011
1-22	0.016	0.42		0.59	—	—	—	—	—		0.033	0.0011
1-23	0.015	0.42		0.59	0.004	0.98	0.63	1.05	0.066		0.020	0.0010

试样成分中，对形成 MnS 夹杂物的元素 Mn 和 S 进行逐样分析，也对形成非金属夹杂物的其他元素，如 C、N_2 和 O_2 进行逐样分析，而对形成非金属夹杂物的其他合金元素，不再做逐样分析。同在真空条件下冶炼时间较短，合金中的合金元素改变不大。

7.1.2 试样规格

冲击试样：55mm × 10mm × 10mm，V 形缺口。

拉伸试样：ϕ5mm × 55mm。

断裂韧性试样：总长度 L = 180mm，宽度 W = 30mm，厚度 B = 15mm，跨距 S = 120mm，预制疲劳长度 a = 15mm。

7.1.3 测试方法

7.1.3.1 性能测试

冲击和拉伸试验按常规方法进行。用三点弯曲法测定断裂韧性 K_{1C} 值。用洛氏硬度计测定试样的 HRC 值。

7.1.3.2 金相组织和断口形貌

用常规金相法观察各回火温度试样的金相组织，其中部分金相组织形貌如图 7-1 ~ 图 7-4 所示，用双喷法制备的试样薄膜在透射电镜下观察的高倍形貌如图 7-5 ~ 图 7-8 所示。

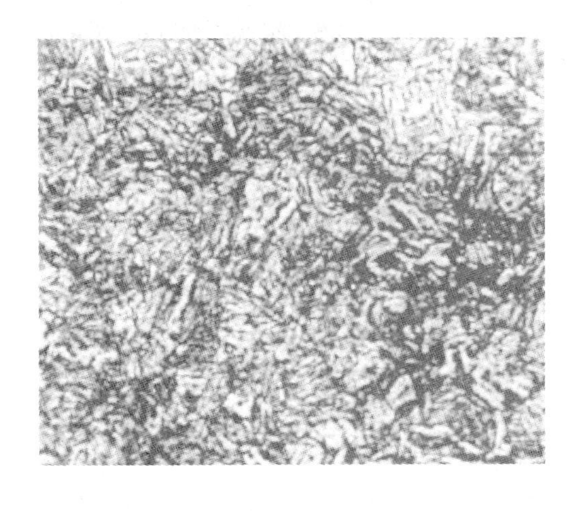

图 7-1　200℃回火试样（×500）

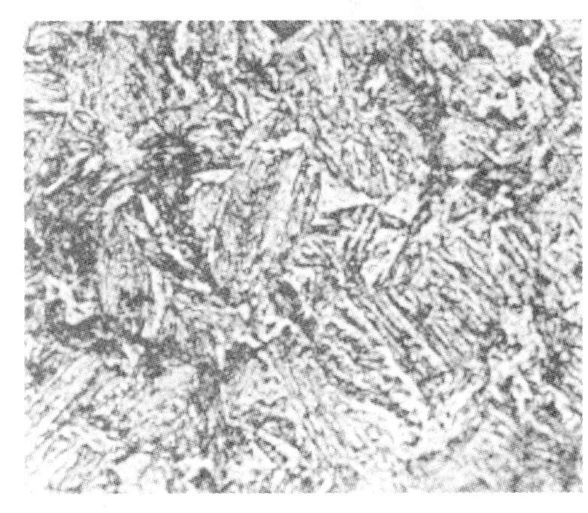

图 7-2　300℃回火试样（×500）

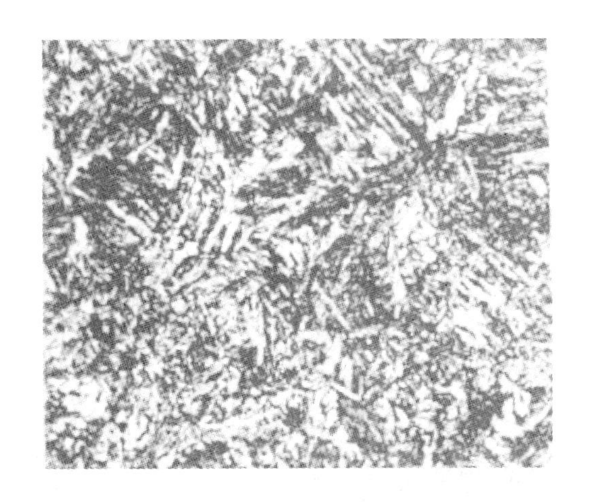

图 7-3　350℃回火试样（×500）

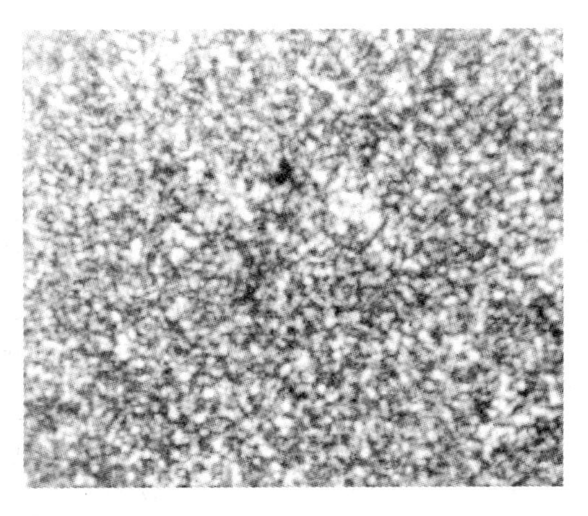

图 7-4　600℃回火试样（×500）

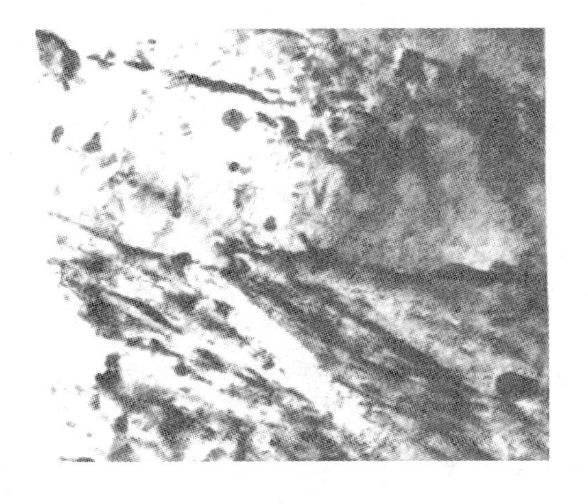

图 7-5　600℃回火试样薄膜 TEM 照片（一）

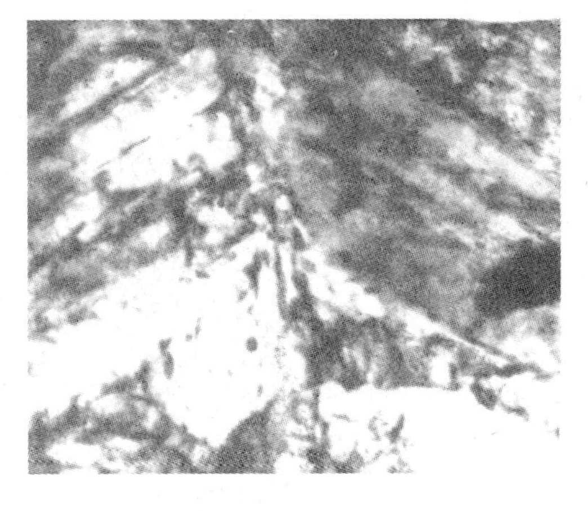

图 7-6　600℃回火试样薄膜 TEM 照片（二）

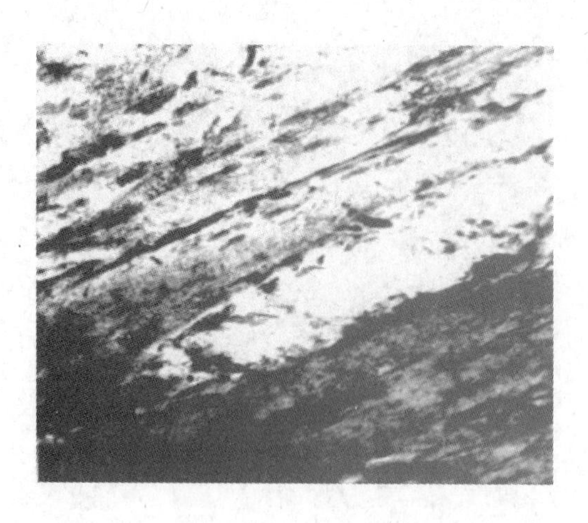

图 7-7 600℃回火试样薄膜 TEM 照片（三）

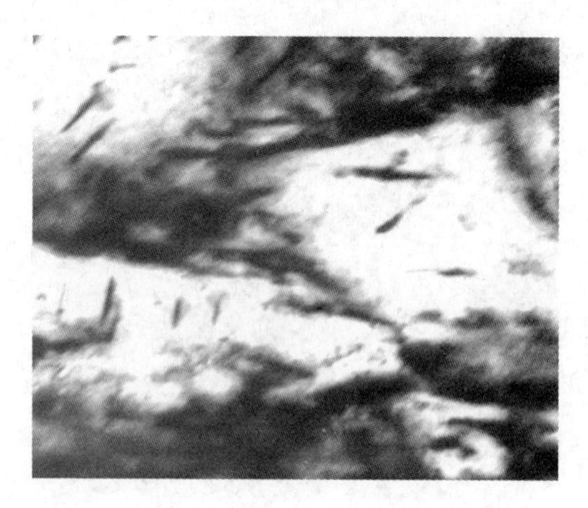

图 7-8 600℃回火试样薄膜 TEM 照片（四）

在扫描电镜下观察冲击和断裂韧性试样断口，部分照片如图 7-9 ~ 图 7-12 所示。

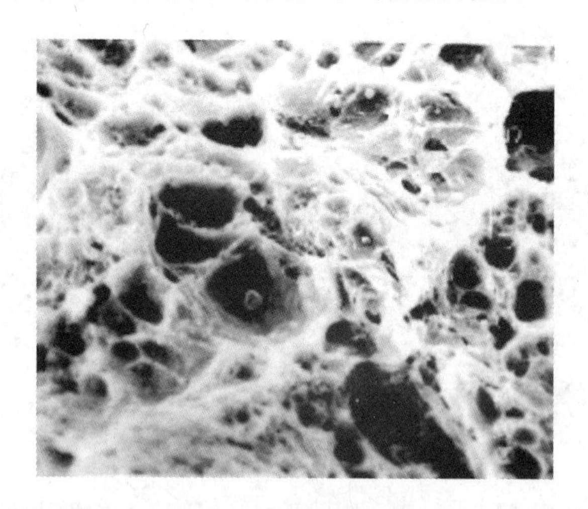

图 7-9 含 S 量为 0.015% 试样的断口

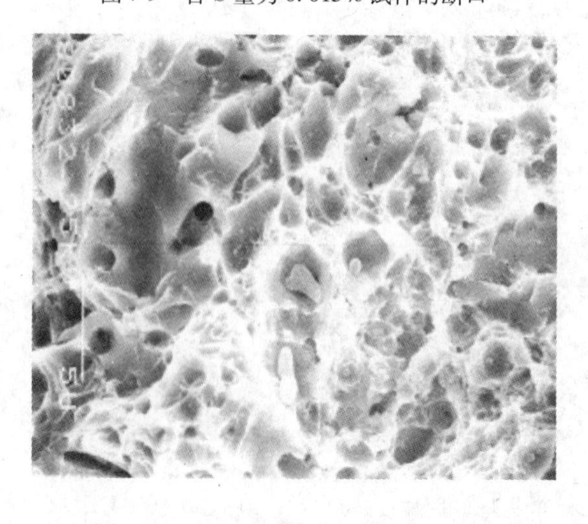

图 7-10 含 S 量为 0.023% 试样的断口

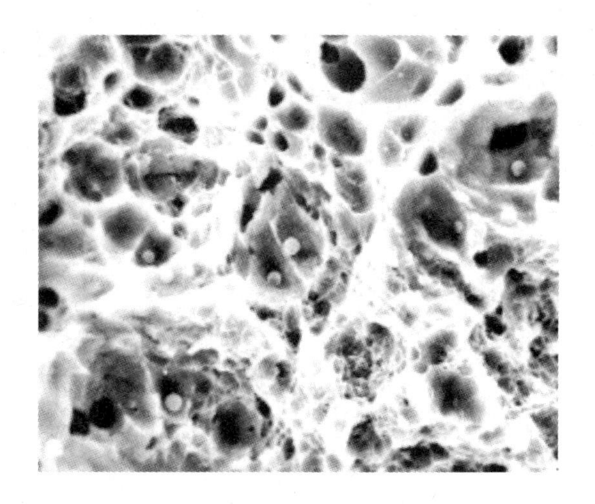

图 7-11　含 S 量为 0.044% 试样的断口

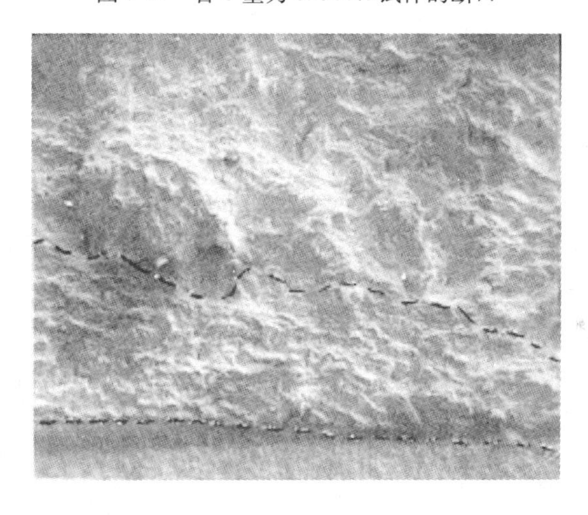

图 7-12　含 S 量为 0.006% 试样的断口

7.1.3.3　夹杂物的定性和定量

用电子探针分析试样中夹杂物成分，并用 X 射线粉末衍射鉴定夹杂物类型。夹杂物的含量分别用金相法定量和 Q-720 图像仪定量测定。

另外还用硫印法观察高 S（2 号～9 号试样）和低 S（251-15 号试样）锭中 S 的分布，所用硫印法观察结果发现低 S 锭中 S 的分布很均匀，而高 S 锭的四周有偏析现象。此外还用连续法测定试样的硬化指数。

7.2　实验结果

7.2.1　MnS 夹杂物定量结果

7.2.1.1　金相法

分别选用两类试样用作金相试样，直接取自锻后和测试完 K_{1C} 值的断口制成的金相试样。这两类试样用金相法定量分析夹杂物，结果列于表 7-4 中。

表 7-4 MnS 夹杂物的金相法定量结果

锭号	w(S)/%	含 S 量换算为 MnS 含量/%	金相试样测定结果								K_{1C}断口磨制的金相试样测定结果							
			视场数/个	MnS 总数 A/格	MnS 单位视场 A/格	MnS 的 f_V/%	w(MnS)/%	MnS 总数/个	MnS 单位视场数	$\bar{d}_T^{MnS}$/μm	视场数/个	MnS 总的 f_V	MnS 单位视场 f_V	MnS 的 f_V/%	w(MnS)/%	MnS 总数/个	MnS 单位视场数	$\bar{d}_T^{MnS}$/μm
1-17	0.006	0.0163	30	17.645	0.59	0.015	0.0076	42	1.40	142.3	50	64.85	1.297	0.033	0.0167	193	3.86	8.57
1-18	0.008	0.0218	50	41.74	0.83	0.021	0.0107	151	3.02	96.9								
1-19	0.008	0.0218	43.3	39.08	0.78	0.020	0.010	90	1.80	125.5								
以上平均	0.0073	0.020	50	32.82	0.73	0.019	0.0094	94.33	2.07	121.6								
1-20	0.012	0.033	50	133.65	2.67	0.070	0.034	220	4.4	80.3	50	107.98	2.16	0.055	0.028	255	5.1	74.6
1-22	0.016	0.0435	50	150.68	3.01	0.076	0.039	285	5.7	70.5	50	195.36	3.91	0.10	0.050	511	10.22	52.7
1-1	0.020	0.0544	50	378.02	7.56	0.191	0.0975	223	4.46	79.7								
2-1	0.023	0.063	50	231.68	4.63	0.12	0.060	239	4.78	77.0								
2-3	0.029	0.0788	50	500.74	10.015	0.253	0.129	376	7.52	61.4	50	320.572	6.41	0.162	0.082	468	9.36	55.0
2-2	0.033	0.0897	50	319.94	6.40	0.16	0.083	459	9.18	55.6								
1-13	0.044	0.120	20	504.07	10.08	0.25	0.130	672	13.44	45.9								
2-11	0.050	0.136	120	303.18	6.063	0.153	0.0782	436	8.72	57.0								
2-10	0.052	0.141	60	1232.55	10.27	0.26	0.131	734	6.12	68.1	50	366.23	7.32	0.185	0.094	500	10	53.2
2-12	0.066	0.180		876.9	14.62	0.37	0.188	850	14.17	44.7	50	427.04	8.54	0.216	0.110	1017	20.34	37.3

注：单位视场面积为 3959.19 格^2，1 格 = 2.676μm。

7.2.1.2 图像仪法

用Q-720图像仪测定了MnS夹杂物的尺寸分布、数目、面积率并由面积率换算成MnS含量以及夹杂物间距等参数。测试结果列于表7-5中。

表7-5 Q-720测定MnS夹杂物结果

锭号	w(S)/%	含S量换算为MnS含量/%	尺寸范围/P. P.①	MnS数目/个	MnS面积A/(P. P.)^2	MnS f_V/%	MnS体积分数换算为质量分数/%	长度L		总长$L_{总}$/μm	最大长度L_{max}/μm
								P. P.	μm		
1-16	0.008	0.0218	>30	207		4.36×10^{-2}	0.020			65.2	20.6
			30~100	157	7262	1.97×10^{-2}	0.0010				
			100~150	30	3106	8.42×10^{-3}	0.0004				
			150~200	6	1013	2.75×10^{-3}	0.0001				
			200~300	11	2506	6.79×10^{-3}	0.0003				
			300~500	1	1509	2.87×10^{-3}	0.0001				
			500~800	2	1156	3.13×10^{-3}	0.0002				
1-1	0.020	0.0544	>30	255		5.12×10^{-2}	0.026			44.08	15.1
			30~100	212	14348	3.32×10^{-2}	0.002	10.6	3.39		
			100~150	21	2640	6.1×10^{-3}	0.0003	17.5	5.6		
			150~200	11	2052	4.8×10^{-3}	0.0002	26.8	8.57		
			200~300	6	1336	3.1×10^{-3}	0.0002	36	11.52		
			300~500	5	1762	4.08×10^{-3}	0.0002	47.2	15.0		
2-1	0.023	0.0625	>30	135		7.01×10^{-2}	0.036			123.43	20.09
			30~100	61	4244	9.82×10^{-3}		13.4	4.29		
			100~150	18	2308	5.34×10^{-3}		21.9	7.01		
			150~200	11	1797	4.16×10^{-3}		35.4	11.33		
			200~300	21	5498	1.27×10^{-2}		33.8	10.82		
			300~500	12	4412	1.02×10^{-2}		45.6	14.59		
			500~800	5	3736	8.54×10^{-3}		62.8	20.09		
			800~1000	4	2700	6.25×10^{-3}		59.8	19.14		
			>1000	3	5473	1.25×10^{-2}		113	36.16		
2-3	0.029	0.0788	>30	402	未记录	7.89×10^{-2}	0.040			93.2	37.76
			30~100	288		3.01×10^{-2}		10.7	3.42		
			100~150	54		1.00×10^{-2}		17.1	5.47		
			150~200	20		1.06×10^{-2}		25.7	8.22		
			200~300	23		1.10×10^{-2}		30.6	9.79		
			300~500	14		1.26×10^{-2}		54.1	17.31		
			500~800	2		2.53×10^{-3}		35	11.2		
			800~1000	1		1.87×10^{-3}		118	37.76		

续表 7-5

锭号	w(S) /%	含 S 量换算为 MnS 含量/%	尺寸范围 /P. P. ①	MnS 数目 /个	MnS 面积 A /(P. P.)^2	MnS f_V/%	MnS 体积分数换算为质量分数/%	长度 L		总长 $L_总$ /μm	最大长度 L_{max} /μm
								P. P.	μm		
2-2	0. 033	0. 0897	>30	207	未记录	4.67×10^{-2}	0. 024			69. 8	18. 98
			30 ~ 100	144		1.76×10^{-2}		13. 3	4. 26		
			100 ~ 150	31		1.01×10^{-2}		21. 1	6. 75		
			150 ~ 200	15		4.04×10^{-3}		21. 3	6. 82		
			200 ~ 300	6		3.82×10^{-3}		51. 7	16. 54		
			300 ~ 500	8		6.72×10^{-3}		51. 4	16. 45		
			500 ~ 800	3		4.37×10^{-3}		59. 3	18. 98		
2-11	0. 050	0. 136	>30	78	未记录	1.74×10^{-2}	0. 0089			52. 6	23. 6
			30 ~ 100	56		8.30×10^{-3}		18. 1	5. 79		
			100 ~ 150	11		3.27×10^{-3}		20. 5	6. 56		
			150 ~ 200	7		2.34×10^{-3}		19. 1	6. 11		
			200 ~ 300	3		2.64×10^{-3}		72. 7	23. 26		
			300 ~ 500	1		8.67×10^{-3}		34. 0	10. 88		
2-12	0. 066	0. 1795	>30	103	未记录	3.37×10^{-2}	0. 017			102. 8	34. 24
			30 ~ 100	73		1.46×10^{-2}		18	5. 76		
			100 ~ 150	10		2.09×10^{-3}		26. 3	8. 42		
			150 ~ 200	8		3.85×10^{-3}		29. 3	9. 38		
			200 ~ 300	6		5.45×10^{-3}		12. 3	3. 93		
			300 ~ 500	4		2.87×10^{-3}		90. 3	28. 89		
			500 ~ 800	1		1.38×10^{-3}		38	12. 16		
			800 ~ 1000	1		3.47×10^{-3}		107	34. 24		

① 1P. P. = 0. 32μm。

按表 7-5 结果计算 MnS 的尺寸分布频率。设 ΔP_i 为夹杂物数目分布频率，则

$$\Delta P_i = n_i / N$$

式中 n_i——夹杂物尺寸范围为 i 时单位视场中夹杂物数目；

N——单位视场中夹杂物总数。

同样，A_i 表示面积分布频率，ΔP_i 和 A_i 的计算结果列于表 7-6 中，MnS 夹杂物的尺寸分布如图 7-13 和图 7-14 所示。

表 7-6　MnS 夹杂物的尺寸分布频率

编号	锭号	w(S)/%	夹杂物数目及面积频率符号	夹杂物的尺寸分布频率/%							
				3.6 ~ 32μm	32 ~ 48μm	48 ~ 64μm	64 ~ 96μm	96 ~ 160μm	160 ~ 256μm	256 ~ 320μm	>320μm
1	1-16	0.008	ΔP_i	75.8	14.5	2.9	5.3	0.5	1.0	—	—
			A_i	45.2	19.3	6.3	15.6	6.6	7.2	—	—
2	1-1	0.020	ΔP_i	83.1	8.2	4.3	2.4	2.0	—	—	—
			A_i	64.8	11.9	9.4	6.1	8.0	—	—	—
3	2-1	0.023	ΔP_i	45.2	13.3	8.1	15.6	8.9	3.7	3.0	2.2
			A_i	14.0	7.6	5.9	18.1	14.6	12.2	8.9	17.8
4	2-3	0.029	ΔP_i	71.6	13.4	5.0	5.7	3.5	0.5	0.2	—
			A_i	38.1	12.7	13.4	13.9	16.0	3.2	2.4	—
5	2-2	0.033	ΔP_i	69.6	15.0	7.2	2.9	3.9	1.4	—	—
			A_i	37.0	21.2	8.5	8.0	14.1	9.2	—	—
6	2-11	0.050	ΔP_i	71.8	14.1	9.0	3.8	1.3	—	—	—
			A_i	47.7	18.8	13.4	15.2	5.0	—	—	—
7	2-12	0.066	ΔP_i	70.9	9.7	7.8	5.8	3.9	1.0	1.0	—
			A_i	43.3	6.2	11.4	16.2	8.5	4.1	10.3	—

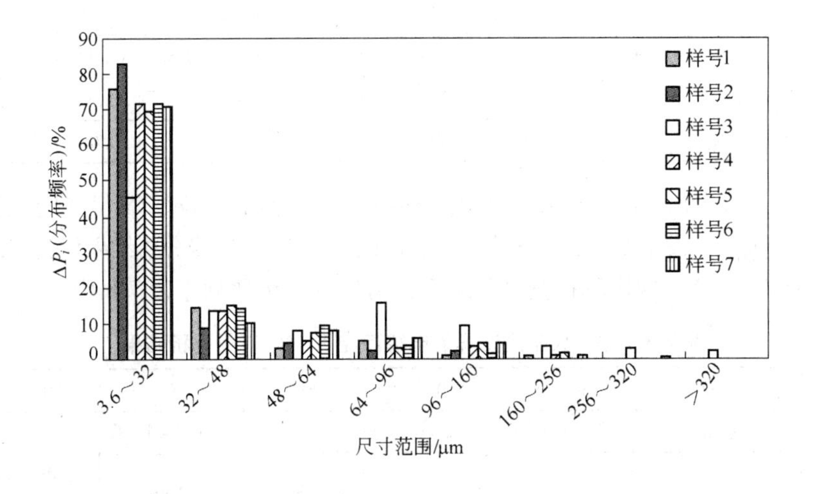

图 7-13　MnS 夹杂物尺寸分布频率

7.2.2　电子探针与 X 射线衍射鉴定夹杂物的结果

为了考察 MnS 夹杂物是否受热处理的影响，将试样在 800℃进行退火处理，并于高温（1200℃）保温 8h，然后磨成金相试样进行电子探针分析，另外对各回火温度的试样用电解分离得到的夹杂物和碳化物粉末进行 X 射线粉末衍射分析，以了解不同回火温度后各试样中碳化物的类型变化，以上结果分别列于表 7-7 和表 7-8。

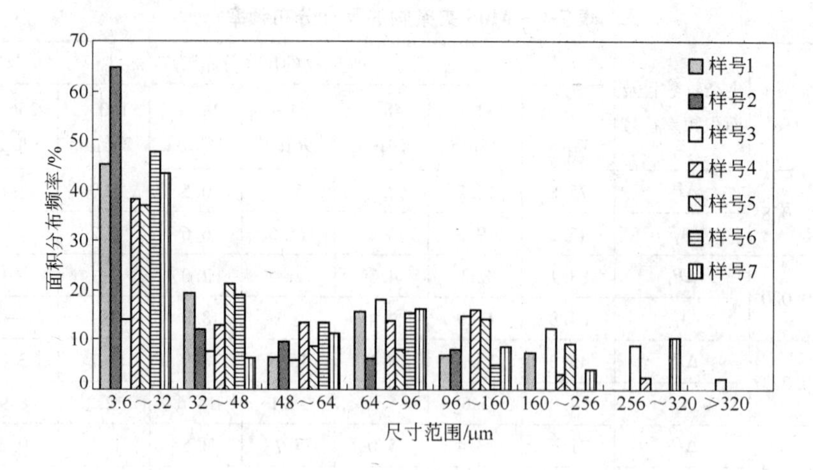

图 7-14 MnS 面积分布频率

表 7-7 电子探针分析硫化物的成分（质量分数） （%）

试样热处理	硫化物形状	硫化物成分							
		S	Mn	Cr	Fe	Mo	Al	V	总和
800℃退火	不规则	39.2	43.7	3.5	3.9	0.4		0.33	95.04
		33.6	41.5	3.3	35.2	0.4		0.25	114.29
1200℃保温 8h	不规则	32.89	43.36	1.0	8.6	0.6	0.02		86.47
		39.13	55.7	1.1	3.8	0.5	0.01		100.24
		34.51	46.2	0.8	3.9	0.5	0.02		85.93
		19.45	31.9	0.7			0.02		52.07
		38.61	52.3	0.5			0.03		91.44

从表 7-7 中可以看出，试样经 1200℃保温 8h 后，硫化物中含 Fe、Cr 量降低，说明硫化物在热处理过程中成分会发生变化，MnS 中含有较高的 Fe，但 X 射线分析结果仍为 MnS。

电解沉淀的粉末，X 射线衍射选用 Cr 靶，衍射分析结果列于表 7-8 中。

表 7-8 各回火温度试样的电解沉淀 X 射线衍射分析结果

回火温度/℃	200	300	350	400	450	500	600
主 相	β-MnS	AlN	Fe_3C	Fe_3C，ε-Fe_2C	Fe_3C，ε-Fe_2C	Fe_3C	Fe_3C
次 相	M_6C	M_6C，α-MnS	α-MnS，ε-Fe_2C，M_6C	α-MnS，M_6C	α-MnS，M_6C	α-MnS，M_6C，ε-Fe_2C	M_6C，α-MnS
待定相的 $d\left(\frac{I}{I_0}\right)$	2.45（80），3.14（80）	3.25（80）					

表 7-8 的结果说明 200℃回火后，渗碳体（Fe_3C）尚未析出，而碳化物主相为 M_6C（Fe_4W_2C）型。从衍射数据看，一套线条与 β-MnS 符合，另外强度为 80 而 d 值为 2.45 的线条尚未确定属于哪种相。300℃回火试样中 AlN 成为主相，而 β-MnS 由 200℃时的主相变成 α-MnS 次要相，同样有 3.25（80）线条待定。虽然 3.25（80）属 β-MnS 的次强线，但由于

主强线100的1.98线条未出现，故不能确定β-MnS。350℃回火后渗碳体Fe_3C成为主相，并有ε-Fe_2C型碳化物析出，硫化物为α-MnS。硫化锰的α型和β型均属立方系，从点阵常数看，β-MnS（a=0.56nm）大于α-MnS（a=0.5224nm），在多数条件下，钢中存在的MnS多为α型。本试样在200℃后会出现β-MnS或者其他相，是因为400℃和450℃回火试样的主相相同，均为Fe_3C和ε-Fe_2C，500℃回火后主相只有Fe_3C，而ε-Fe_2C已成为次要相，到600℃回火后，ε-Fe_2C全部消失，变成以Fe_3C型为主，M_6C仍然存在，夹杂物（α-MnS）的线条很弱。有可能在这个样品的电解沉淀中，碳化物量太多，而MnS量很少，被掩盖。

7.2.3 性能测试结果

各试样淬火后分别在200~600℃进行回火处理，然后测试冲击韧性、拉伸性能和硬度。冲击和拉伸试验分别选用3~4个试样测试后取平均值，硬度也选用各三个试样，每个试样打三点共九个点的硬度，最后取平均值。性能测试结果分别列于表7-9~表7-11中。

表7-9 试样的冲击韧性

样号	w(S)/%	$\overline{w}$(S)/%	200℃	300℃	350℃	400℃	450℃	500℃	600℃
			a_K/J·cm^{-2}						
16~19	0.006~0.008	0.007	31.4	24.5	23.5	24.5	31.4	36.3	61.7
20~21	0.012~0.013	0.0126	27.4	21.6	21.6	17.6	6.5	35.3	51.0
22~23	0.015~0.016	0.0155	22.5	19.6	19.6	22.5	27.4	33.3	51.0
1-1 2-1	0.020~0.023	0.0215	23.5	19.6	21.6	21.6	27.4	30.4	45.1
2-2 2-6	0.032~0.033	0.0325	22.5	19.6	22.5	24.5	27.4	29.4	45.1
13	0.044		27.4	20.6	23.5	20.6	26.5	31.4	44.1
10~11	0.050~0.052	0.051	19.6	17.6	18.6	17.6	20.6	25.5	38.2
12	0.066		19.6	19.6	17.6	24.5	20.6	26.5	37.2

表7-10 试样的面缩率和伸长率 （%）

锭号	回火温度/℃	200		300		350		400		450		500		600	
	金相测定 w(MnS)/% (f_V^{MnS}/%)	δ	ψ	δ	ψ	δ	ψ	δ	ψ	δ	ψ	δ	ψ	δ	ψ
1-19	0.010(0.020)	10.0	50.8	11.2	58.3	9.6	53.3	9.2	55.7	11.6	58.0	11.1	53.8	15.0	57.5
1-20	0.034(0.07)	未断	未断	8.8	52.9	7.5	52.5	10.2	51.1	11.2	55.0	10.4	52.3	13.2	56.3
1-22	0.039(0.076)	11.2	59.1	13.0	48.5	7.5	48.2	9.5	53.8	12.1	54.0	11.6	54.4	13.3	54.7
2-1	0.060(0.12)	8.0	40.1	8.0	51.2	9.2	48.2	7.9	51.0	10.7	52.3	14.5	52.3	12.7	53.2
2-2	0.083(0.16)	8.0	36.1	9.8	55.0	8.8	45.0	14.7	48.7	12.4	49.0	12.9	50.6	12.2	56.7
1-13	0.130(0.25)	9.2	56.3	8.0	43.2	8.8	50.9	9.6	50.0	10.9	50.6	—	—	12.1	52.5
2-10	0.131(0.26)	8.3	57.2	9.7	58.6	8.3	48.1	8.4	51.9	10.6	49.0	10.3	48.9	13.6	51.3
2-12	0.188(0.37)	9.2	56.3	10.0	47.7	8.7	50.5	8.7	47.6	14.3	50.4	10.4	51.7	12.0	50.1

表 7-11 试样的强度和硬度 (MPa)

锭 号	回火温度/℃	200			300			350			400			450			500			600		
	金相测定 $w(MnS)/\%$ ($f_V^{MnS}/\%$)	σ_b	$\sigma_{0.2}$	HRC	σ_b	$\sigma_{0.2}$	HRC	σ_b	$\sigma_{0.2}$	HRC	σ_b	$\sigma_{0.2}$	HRC	σ_b	$\sigma_{0.2}$	HRC	σ_b	$\sigma_{0.2}$	HRC	σ_b	$\sigma_{0.2}$	HRC
1-19	0.010 (0.02)	2022.7	1728.7	52.5	1683.6	1510.2	48.9	1683.6	1518.0	48.4	1591.5	1426.9	47.2	1487.6	1368.1	43.5	1463.1	1313.2	43.2	1380.8	1296.5	42.4
1-20	0.034 (0.07)	1649.3	未断	52.3	1766.9	1522.9	49.5	1693.4	1482.7	49.2	1605.2	1472.9	49.3	1537.6	1447.4	46.6	1470.0	1305.4	44.6	1408.3	1274.0	42.8
1-22	0.039 (0.076)	2077.6	1710.1	48.2	1695.4	1462.2	48.2	1645.4	1482.7	47.4	1619.9	1468.0	46.3	1568.0	1422.9	45.3	1493.5	1392.6	44.1	1417.1	1320.1	43.3
2-1	0.060 (0.12)	1961.9	1720.9	53.4	1765.9	1550.4	48.7	1687.5	1443.5	46.7	1602.3	1397.3	46.7	1497.3	1368.1	44.9	1451.4	1332.8	44.0	1440.6	1333.5	42.9
2-2	0.083 (0.16)	1936.5	1610.1	52.6	1695.4	1443.5	48.2	1658.2	1437.7	46.2	1572.9	1432.7	47.1	1510.2	1372.0	45.3	1471.0	1425.9	43.4	1437.7	1351.4	43.2
1-13	0.130 (0.25)	1843.3	1593.5	52.2	1698.3	1493.5	47.7	1625.6	1426.9	47.5	1569.0	1415.1	47.1	1511.2	1376.9	44.9	—	—	43.8	1420.0	1312.2	42.3
2-10	0.131 (0.26)	1909.0	1716.9	48.6	1713.0	1538.6	48.6	1661.1	1486.7	47.5	1585.6	1487.6	46.4	1503.3	1302.4	45.6	1451.4	1362.2	43.6	1415.2	1330.8	42.4
2-12	0.188 (0.37)	1843.3	1593.5	51.2	1660.1	1483.7	48.3	1616.0	1442.6	46.2	1543.5	1405.3	45.3	1481.8	1362.3	44.1	1451.4	1312.2	42.3	1405.3	1320.1	42.8

7.2.4　试样的断裂韧性与冲击和拉伸性能

为了考察含 S 量对断裂韧性（K_{1C}）的影响，选定同一批试样在 600℃回火，然后用三点弯曲方法，各测三个试样的断裂韧性（K_{1C}），最后取 K_{1C} 的平均值并将 600℃回火试样的冲击和拉伸性能进行对比，全部数据列于表 7-12 中。

表 7-12　600℃回火试样的强度与韧性

锭号	w(S)/%	强度/MPa		ψ/%	δ/%	冲击韧性 a_K/J · cm^{-2}	断裂韧性 K_{1C}/MPa · m$^{1/2}$
		$\sigma_{0.2}$	σ_b				
1-17	0.006	1320.0	1410.2	57.1	15.4	53.1	118.0（K_Q）
1-18	0.008	1320.0	1410.2	57.1	15.4	54.5	112.4（K_Q）
1-19	0.008	1339.7	1411.2	56.4	14.6	61.9	112.7（K_Q），111.7（K_{1C}）
1-16	0.008	1253.4	1350.4	58.5	15.3	60.7	123.1（K_Q）
1-20	0.012	1240.7	1398.5	56.7	13.3	51.8	112.2
1-21	0.013	1306.3	1417.1	55.9	13.0	50.1	106.8
1-23	0.015	1333.8	1417.1	54.4	13.6	54.8	100.8
1-22	0.016	1306.3	1417.1	55.9	13.0	47.3	106.9
2-1	0.023	1353.4	1455.3	52.6	12.9	48.2	100.1
2-3	0.029	1324.0	1431.8	57.2	13.1	44.8	96.4
2-2	0.033	1351.4	1437.7	56.7	12.2	44.7	94.4
1-13	0.044	1312.2	1420.0	52.5	12.1	43.9	85.2
2-11	0.050	1326.9	1405.3	53.7	13.9	37.1	86.0
2-10	0.052	1334.8	1424.9	48.9	13.2	39.2	81.4
1-12	0.066	1320.1	1405.3	50.1	12.0	37.1	81.7

注：按 K_{1C} 公式验证 K_{1C} 值，符合条件的是 K_{1C} 值，否则为 K_Q 值。

由于回火温度较高的低 S 试样中除 1-19 试样 K_{1C} 为 111.7MPa · m$^{1/2}$ 外，其余四个试样均不能满足平面应变断裂判据，只能得出 K_Q 值。另外含 S 量相近的几套试样，K_{1C} 值相差 6MPa · m$^{1/2}$ 左右。为了讨论与分析含 S 量与强韧性的关系以及夹杂物含量和间距对强韧性的影响，特将表 7-4 与表 7-12 中的相关数据按含 S 量相近合并后取平均值，其中 MnS 含量按试样含 S 量直接换算成 MnS 的体积分数 f_V，结果列于表 7-13 中。

表 7-13　MnS 含量和间距与性能的关系（600℃回火）

编号	w(S)/%	S→MnS		MnS 间距①		$f_V^{-1/6}$ · $\sqrt{\bar{d}_T}$	强度/MPa		ψ/%	δ/%	a_K /J · cm^{-2}	K_{1C} /MPa · m$^{1/2}$
		f_V/%	$f_V^{-1/6}$	$\bar{d}_T$/μm	$\sqrt{\bar{d}_T}$/μm$^{1/2}$		σ_b	$\sigma_{0.2}$				
1	0.006～0.008	0.038	1.72	85.7	9.3	16.04	1395.5②	1308.3②	57.3②	15.2②	57.6②	115.6③
2	0.012～0.013	0.067	1.57	74.6	8.6	13.49	1407.8	1300.1	56.3	13.2	51.0	109.5
3	0.015～0.016	0.083	1.51	52.1	7.3	11.05	1417.1	1320.1	55.2	13.3	51.1	103.9
4	0.020～0.023	0.116	1.431	—	—	—	1455.3	1353.4	52.6	12.9	48.2	97.4
5	0.029	0.155	1.364	55.0	7.4	10.10	1431.8	1324.0	57.2	13.1	44.8	96.4

续表 7-13

编号	w(S)/%	S→MnS		MnS 间距①		$f_V^{-1/6}\cdot\sqrt{\bar{d}_T}$	强度/MPa		ψ/%	δ/%	a_K /J · cm^{-2}	K_{1C} /MPa · m$^{1/2}$
		f_V/%	$f_V^{-1/6}$	$\bar{d}_T$/μm	$\sqrt{\bar{d}_T}$/μm$^{1/2}$		σ_b	$\sigma_{0.2}$				
6	0.033	0.176	1.336	—	—	—	1437.7	1351.4	56.7	12.2	44.7	94.4
7	0.044	0.235	1.273	—	—	—	1420.0	1312.2	52.5	12.1	43.9	85.2
8	0.050 ~ 0.052	0.271	1.243	53.2	7.3	9.07	1415.1	1330.9	51.3	13.6	38.2	83.7
9	0.066	0.353	1.189	37.6	6.1	7.26	1405.3	1320.1	50.1	12.0	37.1	81.7

① K_{1C}断口试样，用金相法测的 MnS 夹杂物间距。

② 4 点平均值。

③ 5 点平均值。

7.3 讨论与分析

7.3.1 D$_6$AC 钢中 MnS 定量结果对比

7.3.1.1 两种取样用金相法定量 MnS 的结果对比

两种取样用金相法定量结果的差异见表 7-4。若将试样含 S 量换算成 MnS 含量作为理论值，则用金相试样测定的含 S 量小于 0.008% 部分试样偏低，而含 S 量大于 0.012% 部分试样与理论值多数接近。K_{1C}断口制备的金相试样测定 MnS 含量的结果偏低，但含 S 量小于 0.05% 的试样测定结果与理论值接近，只有含 S 量大于 0.05% 的两个试样与理论值比较则偏低。由于 S 在钢中分布存在偏析现象，所以取样时要考虑增加数量，这样才能提高结果的准确性。

7.3.1.2 MnS 含量的理论值与金相法和图像仪测量结果对比

用金相法测定的 MnS 含量与理论值由含 S 量换算成 MnS 含量（质量分数）较接近，相差率最大的为 1-1 号试样，测定结果（0.0975%）较理论值（0.0544%）高 79.2%，而用图像仪测定的 MnS 含量与理论值相差率最大的 2-10 号试样高达 93.4%。若全面对比，金相试样定量结果比理论值高或低的范围为 42% ~ 79%；用 K_{1C}断口试样作金相定量的结果，较理论值低 8% ~ 39%；而用图像仪测定的结果比理论值低 43% ~ 93%。由于图像仪识别灰度低的夹杂物（MnS），除了低 S（0.006%）试样外，其他试样漏测较严重。有时需要反复测量多次，并采取试样着色后，再用图像仪测量，才能保证所需测定结果的准确度。虽然图像仪已有多种软件，但其根本弱点（靠灰度识别），既影响精度又增加工作量，使得古老的金相法定量夹杂物工作至今尚不能完全被取代。

7.3.2 MnS 夹杂物定性结果

电子探针分析夹杂物成分（见表 7-7），说明光学性质为 MnS 的夹杂物不是纯 MnS，而是（Mn，Fe，Cr)S，夹杂物中含 Cr 量在 1200℃保温 8h 后下降，即 Cr 元素向基体扩散。每颗夹杂物中含 Fe 量的变化并不相同。有的含 Fe 量下降，有的热处理后仍保持不变。

电解沉淀的 X 射线衍射分析结果，发现试样中夹杂物的晶体结构有改变。200℃ 回火试样中，MnS 为 β 型，300℃ 以上回火试样，MnS 才为常见的 α 型，而 AlN 已不复存在。钢中 AlN 固溶温度在 1000℃ 以上。在 300 ~ 600℃ 回火试样中均无 AlN 相，但经过对 X 射线衍射数据的反复核对，可以肯定有 AlN 相。由于无其他旁证证明试样中确有 AlN，所以单凭 X 射线衍射数据确定夹杂物相的工作尚需进一步改进。

7.3.3　MnS 夹杂物与性能的关系

7.3.3.1　含 S 量和回火温度与冲击韧性的关系

表 7-9 所列试样的冲击韧性，在同一温度回火时，随含 S 量增加而下降，其中含 S 量为 0.044% 的试样和个别试样例外。在同一个试样时，随着回火温度的上升，冲击韧性应该逐渐增加，但在 300～400℃回火温度范围内，a_K 值反而下降，见图 7-15。这一趋势不随试样含 S 变化而改变。说明本试样的回火脆性温度为 300～400℃。产生回火脆性的原因，多认为是在回火过程中析出 ε-Fe_2C。试样在 350～500℃回火后有 ε-Fe_2C 析出。但 500℃回火试样的 a_K 值却最高，所以不能用 ε-Fe_2C 的析出作为唯一的解释。从各回火温度的金相组织发现，300℃和 350℃回火试样的组织粗大（见图 7-2 和图 7-3），碳化物颗粒也较大，尽管各试样热处理条件均相同。说明除了 ε-Fe_2C 会引起回火脆性外，金相组织的影响也不能忽视。

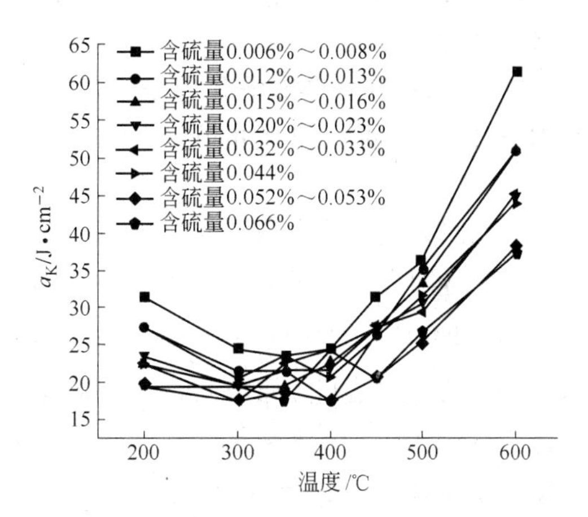

图 7-15　D_6AC 钢试样中含硫量、回火温度与冲击韧性的关系

虽然 20 世纪 70 年代后按俄歇电子能谱仪对晶界薄层（<10nm）的分析后，对回火脆性提出新的解释。认为杂质元素（如 P、S、As 等）聚集是造成回火脆性的直接原因，而在实验所选含 S 量在 0.008%～0.066% 之间，即含 S 量变化较大。但 a_K 最低点（见图 7-15）均为 300～400℃回火试样。说明金相组织对 a_K 的影响超过含 S 量改变的作用。

7.3.3.2　MnS 夹杂物含量、回火温度与伸长率、面缩率的关系

将金相定量测出的试样中 MnS 含量、回火温度与伸长率和面缩率的关系作图，见图 7-16 和图 7-17，这两套曲线均呈锯齿状。若不考虑试样回火脆性温度范围的 δ 和 ψ，仍可

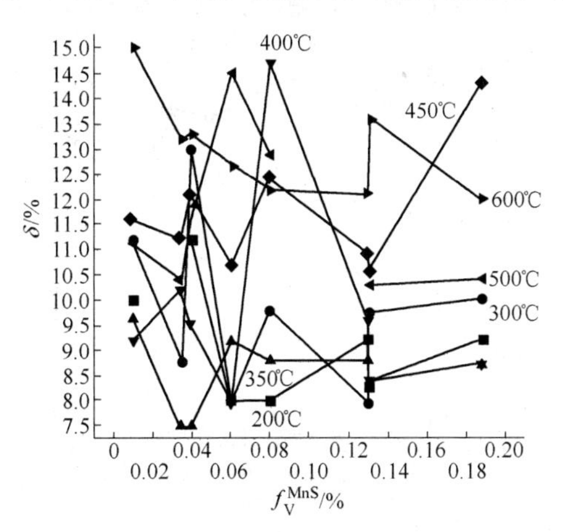

图 7-16　D_6AC 钢试样中 MnS 夹杂物含量、回火温度与伸长率的关系

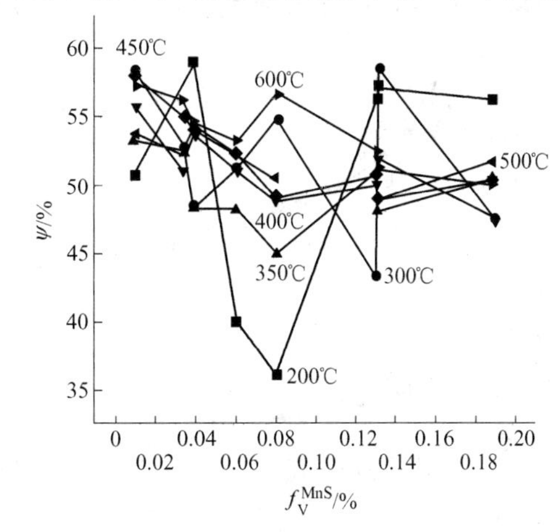

图 7-17　D_6AC 钢试样中 MnS 夹杂物含量、回火温度与面缩率的关系

看出，随回火温度上升，δ 呈上升趋势（个别试样例外）。另外，在同一回火温度下，除个别试样外，δ 和 ψ 均随 MnS 含量增高而下降。虽然如此，试样含 S 量或 MnS 夹杂物含量对伸长率和面缩率的影响并无特定规律，只有在去掉一些反常点后，才能找到含 S 量与性能之间的关系。

7.3.3.3 MnS 夹杂物含量、回火温度与试样强度的关系

从表 7-11 中抽出抗张和屈服强度，将它们 MnS 含量、回火温度的关系作图，见图 7-18。

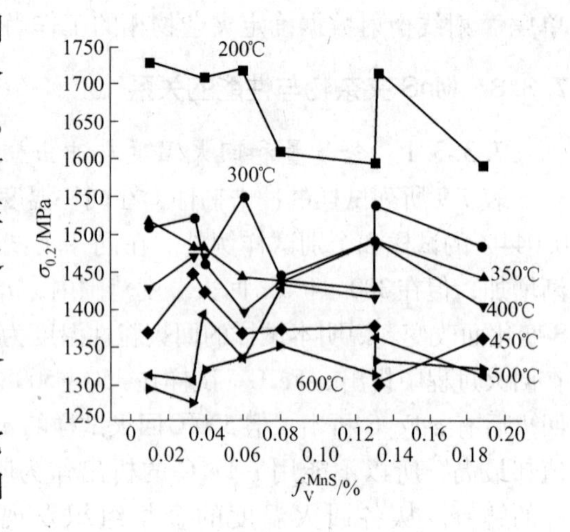

图 7-18 D_6AC 钢试样中 MnS 夹杂物含量、回火温度与屈服强度的关系

随着回火温度的升高，强度下降。随 f_V^{MnS} 的增大，各回火温度随 f_V^{MnS} 的变化并无规律。将低温（200℃）回火与高温（600℃）回火试样的强度随 f_V^{MnS} 的变化对比发现，在 200℃ 回火试样的强度随 f_V^{MnS} 的增大而呈下降趋势，其中 $f_V^{MnS}=0.131\%$ 的位置例外，从其他各点位置看，强度随 f_V^{MnS} 逐渐下降。但 600℃ 回火试样的强度随 f_V^{MnS} 增大并无下降趋势。说明当强度较高时，如 200℃ 回火试样中，随 MnS 夹杂物含量增大，仍会使强度下降。但当试样的基体组织较均匀，如高温回火，均为索氏体（见图 7-4）时，即使试样中夹杂物含量增大，对强度也无明显作用。

7.3.3.4 试样的强韧性

首先按表 7-12 的数据，将试样含 S 量与 K_{1C} 和 a_K 的关系作图，见图 7-19。从曲线的变化趋势看 K_{1C} 和 a_K 均随含 S 量增大而下降。K_{1C} 值偏离曲线不大，而 a_K 值较分散。图 7-20 为含 S 量与面缩率（ψ）和伸长率（δ）的关系。当含 S 量由 0.006% 增至 0.023% 时，ψ 值下降，但含 S 量继续增至 0.29% 后 ψ 值反而上升，然后随含 S 量增大又再次下降，即 ψ

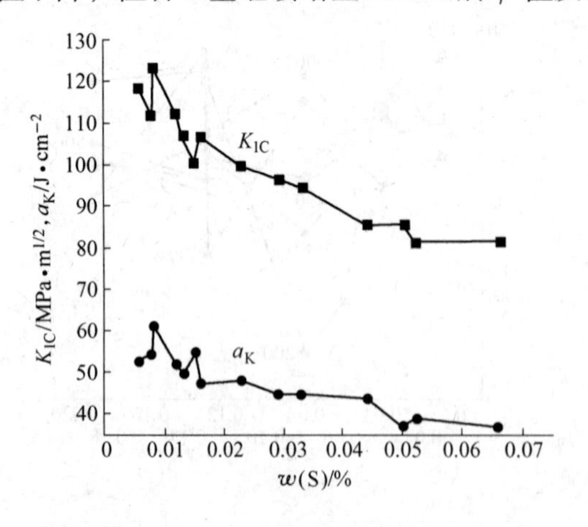

图 7-19 D_6AC 钢 600℃ 回火试样中含 S 量与韧性的关系

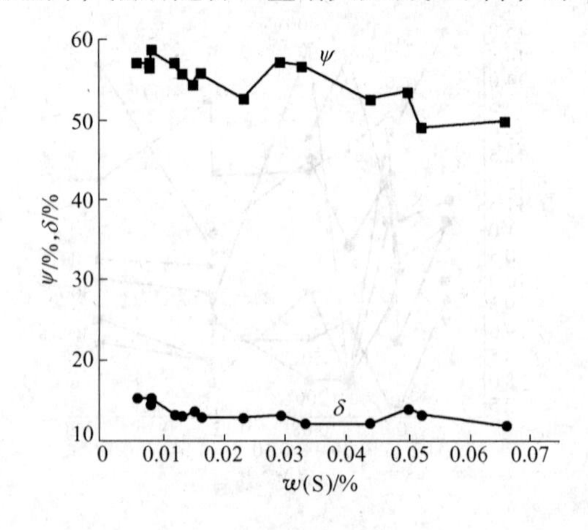

图 7-20 D_6AC 钢 600℃ 回火试样中含 S 量与韧塑性的关系

值随含S量的变化并不规律。图7-20中δ值随含S量的变化接近于直线。在D_6AC超高强度钢中，夹杂物同韧性的关系具备规律性，但同塑性的关系很难找到规律性。

上面已讨论过强度与回火温度和夹杂物含量的关系。再对600℃高温回火试样的强度与含S量的关系（见图7-21）补充讨论。

从图7-21看出，强度随含S量的变化很不规律。由于600℃回火后，基体均为均匀的索氏体，故含S量的改变并不影响强度的改变。即高温回火后，强度只与基体组织有关。

根据过去的工作已肯定钢的强韧性受夹杂物含量和夹杂物间距的共同影响，由于S的分布存在偏析现象，在含S量相近的试样中，夹杂物平均间距$\bar{d}_T$并不相同。在第3章关于氮化物与钢性能的关系中，已确定夹杂物含量（$f_V^{-1/6}$）和间距（$\sqrt{\bar{d}_T}$）的乘积与断裂韧性之间存在较好的线性关系。按表7-13所列数据作图，见图7-22～图7-24。

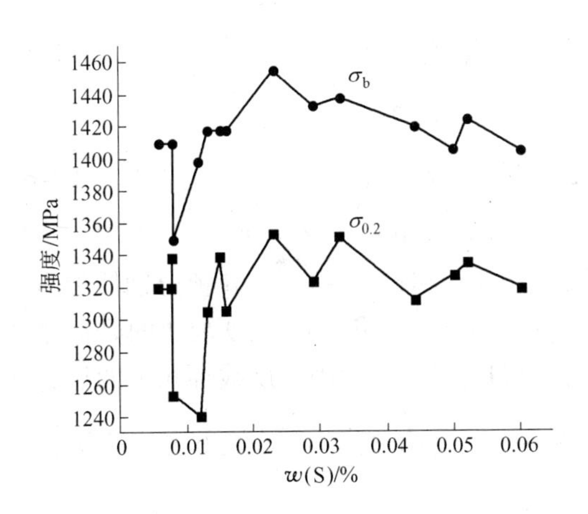

图7-21　D_6AC钢600℃回火试样中含硫量与强度的关系

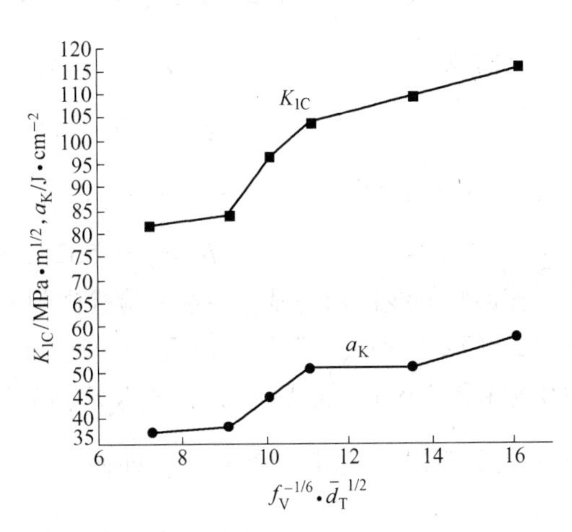

图7-22　D_6AC钢试样中MnS夹杂物含量、间距与韧性的关系

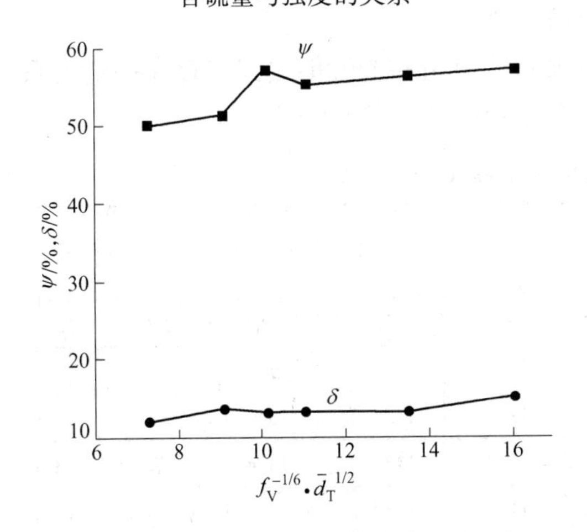

图7-23　D_6AC钢试样中MnS夹杂物含量、间距与韧塑性的关系

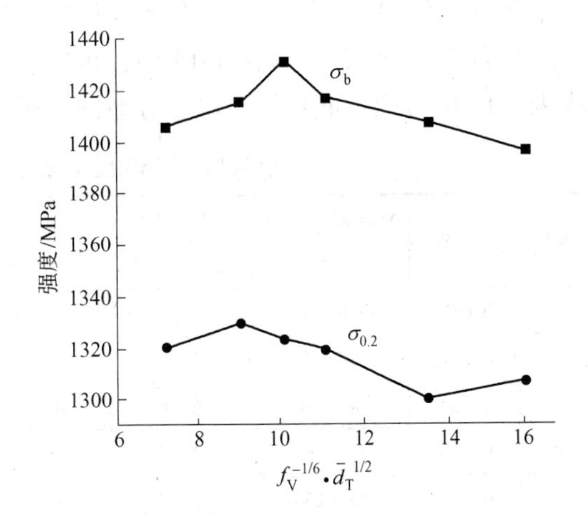

图7-24　D_6AC钢试样中MnS夹杂物含量、间距共同对强度的影响

将图7-22～图7-24分别与图7-19～图7-21对比。很明显，除δ和ψ两条曲线（见图

7-23）外，强度和韧性随$f_V^{-1/6}\sqrt{\bar{d}_T}$的变化较有规律。用回归分析比较图7-19和图7-22：

图7-19

$$K_{1C} = 117.9 - 65550w(S) \tag{7-1}$$

$$R = -0.9428, S = 4.63, N = 15$$

$$a_K = 57.8 - 36080w(S) \tag{7-2}$$

$$R = -0.8998, S = 3.50, N = 15$$

图7-22

$$K_{1C} = 52.2 + 4.2f_V^{-1/6}\sqrt{\bar{d}_T} \tag{7-3}$$

$$R = 0.9518, S = 4.7, N = 6$$

$$a_K = 19.8 + 2.5f_V^{-1/6}\sqrt{\bar{d}_T} \tag{7-4}$$

$$R = 0.9418, S = 3.0, N = 6$$

图7-24

$$\sigma_b = 1432.7 - 1.8f_V^{-1/6}\sqrt{\bar{d}_T} \tag{7-5}$$

$$R = -0.4722, S = 12.2, N = 6$$

$$\sigma_{0.2} = 1325 - 3.2f_V^{-1/6}\sqrt{\bar{d}_T} \tag{7-6}$$

$$R = -0.5625, S = 16.6, N = 6$$

按回归的线性相关显著性水平检验回归方程式（7-1）和式（7-2）的R值分别低于回归方程式（7-3）和式（7-4），但$N=15$时，显著性水平$\alpha=0.05$和0.01时所要求的R值分别为0.814和0.641，而$N=6$时，要求R值分别为0.811和0.917。因而从线性相关的显著性考虑，式(7-1)～式(7-4)均存在，即韧性与含S量和$f_V^{-1/6}\sqrt{\bar{d}_T}$之间均存在良好的线性关系。

再看强度与$f_V^{-1/6}\sqrt{\bar{d}_T}$的关系，均不存在线性关系，见方程式（7-5）和式（7-6）的R值。

7.3.3.5 MnS夹杂物尺寸分布与钢性能的关系

从表7-6、图7-13和图7-14中，可以看出MnS尺寸分布与性能之间应存在一定关系。将表7-12中所列性能数据与尺寸分布图对照，再重新列表于表7-14中。

表7-14 MnS尺寸分布与性能（600℃回火试样）

编号	f_V^{MnS}/%	MnS尺寸范围/μm	ΔP_i、ΔA_i最高样号	K_{1C}/MPa·m$^{1/2}$	a_K/J·cm^{-2}	σ_b/MPa	$\sigma_{0.2}$/MPa	ψ/%	δ/%
1	0.038	9.6～32	2、2	123.1（K_Q）	60.7	1350.4	1253.4	58.5	15.3
2	0.067	32～48	5、5	—	—	—	—	—	—
3	0.083	48～64	6、6	100.1	48.2	1455.3	1353.4	52.6	12.9
4	0.116	64～96	3、3	96.4	44.8	1431.8	1324.0	57.2	13.1
5	0.155	96～160	3、3	94.4	44.7	1437.7	1351.4	56.7	12.2
6	0.176	160～256	3、3	86.0	37.1	1405.3	1326.9	53.7	13.9
7	0.235	256～320	3、7	81.7	37.1	1405.3	1320.1	50.1	12.0

从尺寸分布图7-13和图7-14中可以看出，当MnS尺寸大于64μm后，按顺序编号为3

号的试样的 ΔP_i、ΔA_i 值均高于其他试样，即编号为 3 号的试样中，MnS 尺寸大于 64μm 后，夹杂物数目较多。断裂韧性和冲击韧性随 f_V^{MnS} 增大而逐步下降，但拉伸性能并未随 f_V^{MnS} 增大而下降，反而高于编号为 1 号的试样，说明 MnS 尺寸增大而数目又增多时，会使强度提高。

7.4　总结

7.4.1　夹杂物的物理定量方法对比

古老的金相法测定灰度低的夹杂物准确性高于图像仪。测定夹杂物尺寸分布频率时，使用图像仪又优于金相法。

7.4.2　MnS 夹杂物、回火温度与钢性能的关系

强度和硬度随回火温度升高而下降。试样的冲击韧性在 300 ~ 400℃区间不因含 S 量的变化而均处于最低值，故 300 ~ 400℃为回火脆性温度。在同一回火温度下冲击韧性随含 S 量升高而下降。伸长率和面缩率因存在回火脆性而使 ψ 和 δ 的变化规律性不明显。

7.4.3　MnS 夹杂物与韧性的关系

断裂韧性(K_{1C})和冲击韧性(a_K)均随含 S 量增加而逐步下降。K_{1C} 和 a_K 还随 MnS 含量（$f_V^{-1/6}$）和间距（$\sqrt{d_T}$）的乘积呈直线上升。ψ 和 δ 随 S 含量升高而下降，但出现反常点。ψ 和 δ 随 $(f_V^A)^{-1/6}d_T^{1/2}$ 的变化除个别点偏离曲线外，ψ 和 δ 随 MnS 的变化接近于直线。强度与含 S 量的关系受试样基体的组织影响，在低温（200℃）回火马氏体试样中，MnS 含量对强度有影响，即随含 S 量增加，强度呈下降趋势。

7.5　断裂韧性与断裂参数

7.5.1　断裂模型中的断裂参数

（1）Krafft 模型。

1964 年，Krafft 提出第二相颗粒之间，金属中的延性裂纹传播存在过程区，即韧带。当韧带内的应变达到临界应变时，韧带被撕裂，使裂纹传播；第二相颗粒间距（d_T）决定过程区的长度，是影响延性断裂韧性的一个重要微观参量。延性裂纹传播在很大程度上取决于基体的性能以及有效颗粒间距的大小。设过程区尺寸为 d_T，则 d_T 与平面应变断裂韧性之间存在下列关系：

$$K_{1C} = En(2\pi d_T)^{1/2} \tag{7-7}$$

式中　E——试样的杨氏模量；

n——应变硬化指数；

d_T——断裂过程区尺寸。

Krafft 最终提出的模型式（7-7），是从裂纹尖端存在的应力为单轴状态，但实际上裂纹尖端存在的应力为三轴状态，因此 Krafft 对式（7-7）进行了修改，结果如下：

$$K_{1C} = E[(\sigma_{ys} + \sigma_T)/E + n/2](2\pi d_T)^{1/2} \tag{7-8}$$

式中 σ_{ys}——试样的屈服强度；

σ_T——抗张强度；

其他符号的定义同上。

（2）Rice 模型。

$$K_{1C} = \sqrt{2E\sigma_y \times 2V_c} \tag{7-9}$$

式中 $2V_c$——临界裂纹张开位移；

σ_y——屈服强度。

（3）R. C. Bates 等的经验公式。

$$S_z = 9.2 \times 10^{-4}(K_{1C}/\sigma_{ys})^{1.7} \tag{7-10}$$

式中 S_z——伸张区宽度，或延伸区宽度。

以上所列出的断裂参数，即 d_T（断裂过程区尺寸）、$2V_c$（临界裂纹张开位移）以及 S_z（伸张区宽度）三个参数，它们彼此相关。这些参数与夹杂物间距为同一量级。如 Birkle 等和 Spitzig 测定的数据列于表 7-15 中。

表 7-15 0.42C-Ni-Cr-Mo 钢中夹杂物间距与断裂参数

钢号	$w(S)/\%$	K_{1C} /kg · $mm^{3/2}$	断裂过程区尺寸 $d_T/\mu m$	临界裂纹张开位移 $2V_c/\mu m$	伸张区平均宽度 $S_z/\mu m$	夹杂物（MnS）平均间距/μm	K_{1C} /MPa · $m^{1/2}$
A	0.008	231.4	10.2	8.8	10	6.1	71.7
C	0.025	80.7	5.8	5.3	5	4.4	25.0

上面四个方程把材料的宏观性能与微观断裂参数联系在了一起，即材料裂纹尖端的临界裂纹张开位移（$2V_c$）是材料断裂韧性的一个量度。断裂前，$2V_c$ 愈大，K_{1C}值就愈高。由此可推知 $2V_c$ 可能与断口上的延伸区（S_z）存在某种内在联系。这个延伸区可能就是由这种裂纹达到不稳定破断前的张开位移所造成的。也有人认为延伸区是由裂纹尖端钝化所造成的，或者说延伸区是衡量过程区宽度（d_T）或韧带宽度（d_T）的一种尺度。

7.5.2 实验测定断裂参数的方法和结果

7.5.2.1 临界裂纹张开位移

临界裂纹张开位移（$2V_c$）用声发射测量，所用公式如下：

$$2V_c = \delta = \frac{V}{1 + \dfrac{a + h}{r(w - a)}}$$

$$r = 0.43(V/V_m)^{2/3}$$

式中 V_c——刀口张开位移；

V——开裂负荷；

h——刀口厚度；

a——K_{1C}试样的线切割加疲劳裂纹长度；

V_m——P-V 曲线上最大负荷所对应的 V 值，测出开裂点 V 后，根据 V-r 曲线求出 r 值。

7.5.2.2　过程区或亚临界裂纹扩展区平均宽度 S_c

用扫描电镜拍摄 K_{1C} 试样断口预裂纹尖端附近的照片。由于 S_c 的大小随材料的韧塑性而变，韧塑性好的试样 S_c 较宽，在低倍下即可看出亚临界裂纹扩展区的平均宽度，见图 7-12（试样含 S 量为 0.006%）；对于高硫试样，韧塑性较低，就用高倍拍摄 SEM 照片。选用表 7-12 中的 6 个试样，分别拍摄疲劳预裂纹尖端附近的低倍和高倍 SEM 照片各 2 ~ 3 张。用低倍 SEM 照片测 S_c 时还须二次放大，一般用放大机再放大 2.8 倍。在每张疲劳预裂纹尖端照片上各测 9 ~ 10 个位置，然后取平均值作为该试样的 S_c 值，不同放大倍数的 SEM 照片所测平均宽度，分别记为 $\overline{S}_{c1}$、$\overline{S}_{c2}$、$\overline{S}_{c3}$。

实验测定的断裂参数分别列于表 7-16 和表 7-17 中。声发射测临界裂纹张开位移的结果见表 7-18 和表 7-19。

表 7-16　亚临界裂纹扩展区（伸张区）的平均宽度（中低倍 S_{c1}、S_{c2}）

锭号 (w(S)/%)	底片编号	S_{c1} 实测宽度（放大 300 倍）/mm	S_{c1}/M_1 (M_1 = 300)	$\overline{S}_{c1}$		原底片放大倍数	放大机再放大倍数	总放大倍数 M_2	S_{c2} 实测宽度/mm	S_{c2}/M_2	$\overline{S}_{c2}$	
				mm	μm						mm	μm
1-17 (0.008)	1-1	111.2	0.371	0.339	339.0	12	36	432	77.0	0.174	0.1703	170.3
	1-2	99.3	0.331						75.2	0.178		
	1-3	94.4	0.315						68.5	0.159		
1-21 (0.012)	2-1	37.7	0.126	0.152	152.0	30	6.25	187.5	45.8, 22.5	0.244, 0.12	0.1715 (4 个数) 0.161 (2 个数)	171.5 161.0
	2-2	63.9	0.231			12	2.25	432	73.8	0.171		
	2-3	35.2	0.117			60	2.25	135	20.4	0.151		
1-22 (0.015)	3-1	17.8	0.059	0.08667	86.7	30	6.25					
	3-2	29.7	0.099			60	2.25	135	25.1	0.186		
	3-3	29.8	0.099									
2-3 (0.029)	13-1	23.4	0.078	0.08133	81.3	35	9	315	26.5	0.084	0.1092	109.2
	13-2	22.9	0.076						39.6	0.125		
	13-3	27.1	0.090						37.1	0.117		
2-10 (0.050)	4-1	18.6	0.062	0.04866	48.7	55	2.25	123.8	16.7	0.135	0.09133	91.3
	4-2	13.5	0.045						9.7	0.078		
	4-3	11.6	0.039						7.6	0.061		
1-12 (0.066)	5-1	12.9	0.043	0.0695	69.5	12	36	432	28.6	0.065	0.063	63.0
	5-2	28.7	0.096						26.5	0.061		

表 7-16 和表 7-17 中所列亚临界裂纹扩展区（即伸张区或过程区）测试结果随放大倍数不同而异。

表 7-17 亚临界裂纹扩展区（伸张区）的平均宽度（高倍 S_{c3}）

锭号（w(S)/%）	底片编号	原底片放大倍数	放大机再放大倍数	总放大倍数 M	S_{c3}实测宽度/mm	$\overline{S}_{c3}$平均宽度/mm	$\overline{S}_{c3}/M$		$\overline{S}_{c3}$总平均宽度/μm
							mm	μm	
1-18（0.008）	18006	560(700×0.8)	2.51	1405.6	57，55，54，53，55	54.8	0.039	39.0	21.4
	18007	800(1000×0.8)	2.51	2008	34，42	38	0.019	19.0	
	18008	1200(1500×0.8)	2.51	3012	49，44，44，45，52	46.8	0.0155	15.1	
	18009				38，40，42，45	41.25	0.0137	13.7	
	18010				75，62，61，63，62	64.6	0.0215	21.5	
	18011				65，66，67，70	67.0	0.0222	22.2	
	18012				55，59，54，70	57.2	0.0192	19.0	
2-3（0.029）	23013	1200(1500×0.8)	2.51	3012	45，47，33，22，26	35.4	0.0118	11.8	13.5
	23014				46，39，50，30，30	39.0	0.0129	12.9	
	23015				32，40，36，34，55	39.4	0.0131	13.1	
	23016				38，35，45，51，52	44.2	0.0147	14.7	
	23017				45，50，53，49，60	51.4	0.0171	17.1	
	23018				30，29，28，36，38	34.2	0.0114	11.4	
2-7（0.034）	08000-1	2400(3000×0.8)	2.51	6024	39，34，40，30，38	36.2	0.0060	6.0	5.8
	08000-2				45，28，33，38，38	36.4	0.0060	6.0	
	08000-3				45，36，39，37，41	39.6	0.0066	6.6	
	08001-1				41，40，41，39，35	39.2	0.0065	6.5	
	08001-2				35，39，39，38，26	35.4	0.0059	5.9	
	08001-3				37，34，38，36，37	36.4	0.0060	6.0	
	08003-1				21，19，30，23，28	24.2	0.004	4.0	
	08003-2				28，13，28，22，28	23.8	0.0040	4.0	
	08003-3				25，13，24，22，29	23.0	0.0038	3.8	
	08004-1				39，35，36，47，34	38.2	0.0063	6.3	
	08004-2				38，35，37，47，34	38.2	0.0063	6.3	
	08004-3				39，34，37，45，38	38.6	0.0064	6.4	
	08005				39，45，40，49，60	46.6	0.0077	7.7	

表 7-18　声发射测临界裂纹张开位移 $2V_c$ 或 δ（能量率计数率 $r=0.33$）

锭号	$w(S)$ /%	P /kg	B /mm	W /mm	$\bar{a}$ /mm	H（刀口厚度）/mm	V_1	V_2	δ_1 /mm	δ_1 平均值 /mm	δ_2 /mm	δ_2 平均值 /mm	$\bar{\delta}\left(=\frac{\delta_1+\delta_2}{2}\right)$	
													mm	μm
15-1	0.007	3417.8	15.20	30.10	14.68	115	0.55		0.1326	0.1326			0.1326	132.6
2-8-1		2560	15.10	30.10	15.19		0.77	0.87	0.16		0.23			
2-8-2	0.009	2575	15.10	30.20	15.09	2.0	0.81	0.91	0.17	0.16	0.19	0.20	0.18	180
2-8-3		2835	15.20	30.10	15.22		0.72	0.91	0.15		0.19			
2-4-1		2740	15.20	30.10	15.09		0.55	0.61	0.12		0.13			
2-4-2	0.028	2745	15.20	30.40	15.10	1.8	1.06	1.21	0.24	0.18	0.26	0.20	0.19	190
2-4-3		2560	15.10	30.00	14.95		0.85	0.91	0.18		0.20			
2-6-1														
2-6-2	0.032	2745	15.20	30.10	15.28	2.0	0.64	0.81	0.19	0.155	0.16	0.155	0.155	155
2-6-3		2485	15.20	30.10	15.41		0.55	0.67	0.12		0.15			
2-7-1	0.034	2480	15.20	30.10	15.29	1.8	0.77	0.87	0.16	0.17	0.18	0.20	0.185	185
2-7-2		2548	15.10	30.10	15.26		0.81	1.02	0.18		0.22			
2-9	0.056	3400	15.40	30.10	15.27	1.8	0.85、1.13	1.37	0.18、0.24		0.29		0.18 0.265	222.5
		2047	15.20	30.00	14.36	2.0	0.525		0.127	0.127			0.127	127.0

表 7-19　声发射测临界裂纹张开位移 $2V_c$ 或 δ（单位时间发射率 dV/dt）

锭号	$w(S)$ /%	第一峰值 /格	第二峰值 /格	V_1	V_2	$1+(a+h)$ $/r(w-a)$	δ_1 /mm	δ_2 /mm	$\bar{\delta}_1$ /mm	$\bar{\delta}_2$ /mm	$\bar{\delta}\left(=\frac{\delta_1+\delta_2}{2}\right)$		$\bar{\delta}$（两种测试结果对比）	
											mm	μm	能量率	dV/dt
2-8-1		153	172	0.30	0.34	4.49	0.06	0.07						
2-8-2	0.009	135	154	0.27	0.30	4.43	0.06	0.06	0.067	0.067	0.0635	63.5	180	63.5
2-8-3		149	172	0.29	0.34	4.50	0.06	0.07						
2-4-1		159	170	0.31	0.34	4.40	0.07	0.07						
2-4-2	0.028	168	180	0.33	0.36	4.38	0.07	0.08	0.067	0.073	0.07	70.0	190	70.0
2-4-3		144	157	0.28	0.31	4.38	0.06	0.07						
2-6-1		139	154	0.27	0.30	4.50	0.06	0.06						
2-6-2	0.032	173	207	0.34	0.41	4.50	0.07	0.09	0.063	0.07	0.0665	66.5	155	66.5
2-6-3		147	162	0.29	0.32	4.60	0.06	0.06						
2-7-1	0.034	134	151	0.26	0.30	4.50	0.05	0.06	0.055	0.065	0.06	60.0	185	60.0
2-7-2		157	167	0.31	0.33	4.48	0.06	0.07						
2-9	0.056	210	225	0.42	0.45	4.49	0.09	0.10	0.09	0.10	0.095	95	222.5	95.0

7.5.3　计算、测量的断裂参数与金相法测定的夹杂物间距对比

将断裂模型公式式(7-7)～式(7-10)计算的过程区尺寸（d_T）、临界裂纹张开位移（$2V_c$ 或 δ）以及伸张区宽度（S_δ）的结果与实验方法直接测定的断裂参数 S_{c1}、S_{c2}、S_{c3}、$2V_c$（δ）和夹杂物平均间距 $\bar{d}_T$ 等一并列入表 7-20 中。

表 7-20　计算实测的断裂参数和夹杂物平均间距

编号	w(S)/%	按公式计算结果/μm				实测的结果/μm					夹杂物间距/μm	
		(7-1) $\bar{d}_T$	(7-2) $\bar{d}_T$	(7-3) $2V_c$	(7-4) S_δ	S_{c1}	S_{c2}	S_{c3}	$2V_c$	$2V_c$ (dV/dt)	$\bar{d}_T$ 金相样	$\bar{d}_T K_{1C}$ 样
1	0.006 0.009	75.08	72.16	22.7	42.1	339.0	170.3	21.4	132.6 180.0	63.5	121.6	85.7
2	0.0112	68.68	65.88	21.2	41.4	152.0	161 171.5	—	—	—	80.3	74.6
3	0.015 0.016	62.98	59.17	18.7	39.5	86.7	147.5	—	—	—	70.5	52.7
4	0.020 0.023	57.13	52.93	16.8	38.2	—	—	—	—	—	79.7 77.0	—
5	0.028 0.034	53.62	49.40	15.6	37.2	81.3	109.2	13.5 6.1	190.0 185.0 155.0	70.0 66.5 60.0	61.4 55.6	55.0
6	0.044	43.58	41.02	13.0	35.6	—	—		—	—	45.9	—
7	0.050 0.056	42.16	39.50	12.5	35.0	48.7	91.3		127.0 222.5	95.0	57 68.1	53.2
8	0.066	40.15	37.89	11.9	34.6	69.5	63.0		—	—	44.7	37.3

另外，还对 600℃回火的断裂韧性试样断口，用扫描电镜拍摄预裂纹尖端区的低倍照片，用以测紧靠预裂纹尖端区较平坦部位的宽度，设定为伸张区宽度（S_δ），所测结果列于表 7-21 中。

7.5.4　断裂参数与韧塑性

将表 7-12 所列韧塑性与断裂参数共列于表 7-21 中。

表 7-21　断裂参数与韧塑性（600℃回火试样）

锭 号	w(S)/%	K_{1C}/MPa · m$^{1/2}$	a_K/J · cm^{-2}	δ/%	ψ/%	$\bar{S}_{c2}$/μm	$\bar{S}_\delta$/μm
16～19	0.006～0.008	115.6①	57.6②	15.2②	57.3②	170.3	2410
21	0.012	112.2	51.8	13.3	56.3	161.1	1140
22	0.015	100.8	54.8	13.6	55.2	147.5	380
3，4	0.028～0.029	96.4	44.8	13.1	57.2	109.2	—

续表 7-21

锭 号	$w(S)/\%$	$K_{1C}/MPa \cdot m^{1/2}$	$a_K/J \cdot cm^{-2}$	$\delta/\%$	$\psi/\%$	$\bar{S}_{c2}/\mu m$	$\bar{S}_{\delta}/\mu m$
6，7	0.032 ~ 0.034	94.4	44.7	12.2	56.7	—	260
10，11	0.050 ~ 0.052	86.0	39.2	13.9	53.7	91.3	180
12	0.066	81.7	37.1	12.0	50.1	63.0	50

① 5 点平均值；

② 4 点平均值。

7.5.5 讨论与分析

7.5.5.1 按断裂模型计算和直接测定的断裂参数的对比

表 7-20 所归纳的数据中，Krafft 公式（7-1）、式（7-2）计算的过程区尺寸（d_T）与金相法测定的 K_{1C} 断口制备的金相试样中的夹杂物平均间距 $\bar{d}_T$ 相近。随试样含 S 量上升，d_T 和 $\bar{d}_T$ 值逐步下降；含 S 量上升，而试样中的 MnS 夹杂物增多，夹杂物间距变小，韧性降低，预裂纹尖端的过程区尺寸变小。

按式（7-3）计算的临界裂纹张开位移（$2V_c$）随试样含 S 量上升而下降；而实验测定的 $2V_c$ 与计算的 $2V_c$ 相差较大，且随含 S 量上升而上升，可能与所用测试方法有关。但低 S（0.006% ~0.009%）试样测出的 $2V_c$ 与计算的过程区尺寸相近。说明所用测 $2V_c$ 的方法适用于夹杂物含量低的试样。

实验直接测量的亚临界裂纹扩展区的宽度 S_c 值，随所采用的放大倍数不同而异。低倍下测出的 S_{c1} 较高，只有高倍测出的 S_{c3} 与按式（7-3）计算的 $2V_c$ 值相近。但 S_{c2} 和 S_{c3} 均随试样含 S 量上升而下降，高 S（0.066%）试样所测 S_{c1} 值偏高，但含 S 量不大于 0.056% 的各试样所测结果仍具有规律性，即随试样含 S 量上升而下降。

根据以上对比说明用实验方法直接测定的断裂参数与断裂的理论模型基本一致，且直接与夹杂物间距相联系。

7.5.5.2 试样的韧塑性与断裂参数

按表 7-21 中数据作图，亚临界裂纹扩展区平均宽度 $\bar{S}_{c2}$ 与韧塑性的关系示于图 7-25 和图 7-26 中。由于锭号为 6、7 的试样未测 $\bar{S}_{c2}$，故图 7-25 和图 7-26 中去除了与之对应的韧

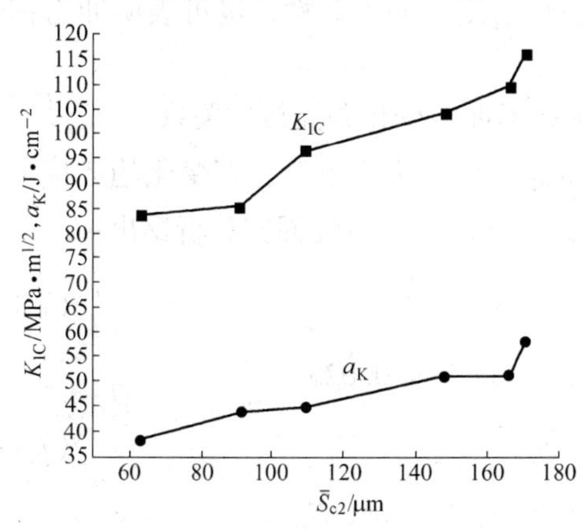

图 7-25　D_6AC 钢试样中亚临界裂纹扩展区平均宽度与韧性的关系

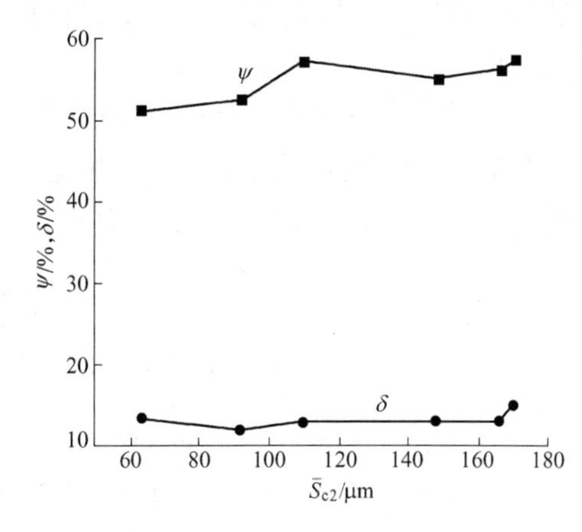

图 7-26　D_6AC 钢试样中亚临界裂纹扩展区平均宽度与拉伸韧塑性的关系

塑性数据。

图 7-27 和图 7-28 所示为伸张区平均宽度 $\overline{S}_\delta$ 与韧塑性的关系，同样由于缺少锭号为 3、4 的 $\overline{S}_\delta$ 数据，故画图时放弃了与之相对应的韧塑性数据。

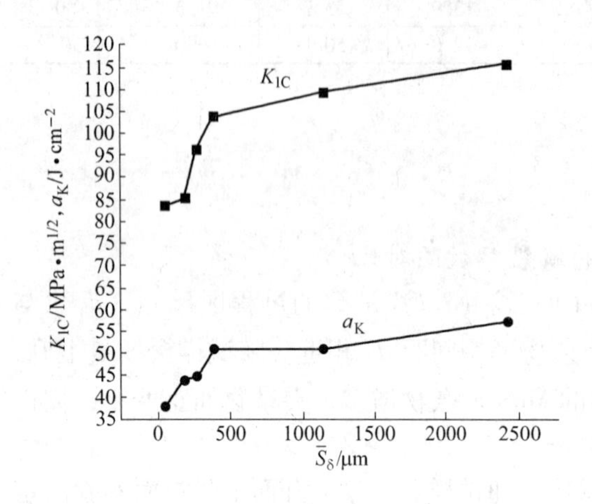

图 7-27　D_6AC 钢试样中伸张区平均宽度与韧性的关系

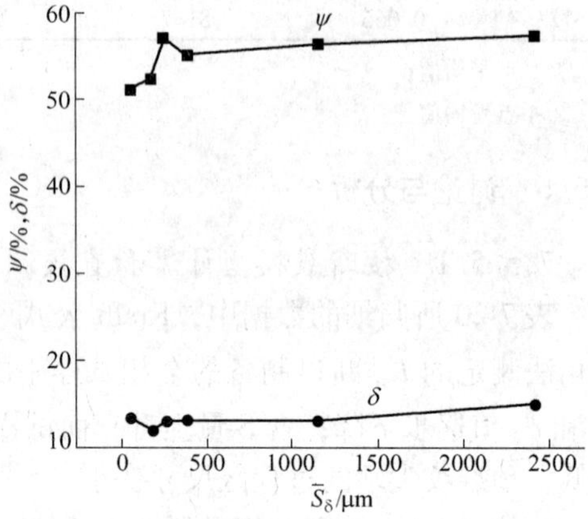

图 7-28　D_6AC 钢试样中伸张区平均宽度与拉伸韧塑性的关系

图 7-25 中断裂韧性和冲击韧性均随 $\overline{S}_{c2}$ 增大而上升，经回归分析得出下列方程：

$$K_{1C} = 60.4 + 0.31\overline{S}_{c2} \tag{7-11}$$

$$R = 0.97121,\ S = 3.63,\ N = 6,\ P = 0.001$$

$$a_K = 23.86 + 0.2\overline{S}_{c2} \tag{7-12}$$

$$R = 0.97039,\ S = 2.26,\ N = 6,\ P = 0.001$$

回归方程式（7-11）、式（7-12）中线性相关系数均高，表明试样的断裂韧性和冲击韧性均与亚临界裂纹扩展区的平均宽度（$\overline{S}_{c2}$）之间存在良好的线性关系。而 $\overline{S}_{c2}$ 只存在于断裂韧性试样中，故 $\overline{S}_{c2}$ 愈大，断裂韧性愈高。但把 $\overline{S}_{c2}$ 用于冲击韧性，也可表明冲击韧性与之成正比。

图 7-26 中，拉伸韧塑性随 $\overline{S}_{c2}$ 值增大也可增加，但曲线变化并无线性关系。

图 7-27 中，韧性随伸张区的变化呈正相关，K_{1C} 随 $\overline{S}_\delta$ 增大而上升，其变化趋势接近于直线；而 a_K 随 $\overline{S}_\delta$ 增大而上升，但其变化偏离直线。图 7-27 的线性回归分析得出：

$$K_{1C} = 90.1 + 0.01\overline{S}_\delta \tag{7-13}$$

$$R = 0.86653,\ S = 7.65,\ N = 6,\ P = 0.025$$

$$a_K = 42.9 + 0.007\overline{S}_\delta \tag{7-14}$$

$$R = 0.77935,\ S = 5.88,\ N = 6,\ P = 0.067$$

实验所测断裂参数与断裂韧性和冲击韧性之间是否存在相关性，需要对式(7-11) ~ 式(7-12)的回归方程加以验证。将回归方程计算的韧性与实验测定的韧性对比，见表 7-22。

表 7-22 验证断裂参数与韧性的关系

锭号	w(S) /%	K_{1C}/MPa · $m^{1/2}$					a_K/J · cm^{-2}				
		实测值	方程式(7-11)计算值	差值 /%	方程式(7-13)计算值	相差率 Δ/%	实测值	方程式(7-12)计算值	差值 /%	方程式(7-14)计算值	相差率 Δ/%
1-17	0. 008 ~ 0. 009	115. 6	113. 2	-2. 1	114. 2	-1. 2	57. 6	56. 2	-2. 5	54. 6	-5. 5
1-21	0. 012	112. 2	110. 3	-1. 7	101. 5	-10. 5	51. 8	54. 4	4. 8	49. 7	-4. 2
1-22	0. 015	100. 8	106. 1	5. 0	93. 8	-7. 4	54. 8	51. 8	-5. 8	44. 4	-23. 4
2-3, 2-4	0. 029	96. 4	94. 3	-2. 2	—	—	44. 8	44. 5	-0. 6	—	
2-6, 2-7	0. 032 ~ 0. 034	94. 4	—	—			44. 7	—		43. 5	-2. 7
2-10, 2-11	0. 050 ~ 0. 052	86. 0	88. 7	3. 0	92. 7	7. 2	39. 2	41. 1	4. 6	43. 0	8. 8
2-12	0. 066	81. 7	79. 9	-2. 2	90. 6	9. 8	37. 1	35. 8	-3. 6	42. 1	11. 8

按回归方程式（7-11）、式（7-12）计算的断裂韧性（K_{1C}）和冲击韧性（a_K）与实验测定值完全一致，说明所测亚临界裂纹扩展区的平均宽度（$\overline{S}_c$）可作为韧性的量度。回归方程式（7-13）计算的 K_{1C}值与实测值基本一致，即所测伸张区宽度 $\overline{S}_\delta$ 作为量度断裂韧性仍然有效，但按回归方程式（7-14）计算结果，个别测定的 $\overline{S}_\delta$（含 S 量为 0. 029% 的试样）不能代表 a_K 与 $\overline{S}_\delta$ 之间的关系，其他试样所测 $\overline{S}_\delta$ 值与 a_K 之间仍然具有相关性。

本节所讨论的问题应属于“夹杂物与钢的断裂”部分，但所测断裂参数作为试样韧性的关系考量，故将其归并在“夹杂物与钢的性能”部分。

第 8 章　MnS 夹杂物对 D_6AC 钢性能的影响（550℃回火）

第 7 章已研究过 D_6AC 中 MnS 夹杂物对性能的影响，重点在研究不同回火温度及 600℃回火试样的性能和断裂韧性与 MnS 夹杂物的关系。由于所选回火温度偏高，使低 S 试样的断裂韧性（K_{1C}）不能满足平面应变断裂的要求。因而有必要降低回火温度对 D_6AC 钢的断裂韧性与 MnS 夹杂物的关系进行补充研究。

8.1　实验方法与结果

8.1.1　试样的制备

8.1.1.1　试样冶炼成分和热处理

试样的冶炼方法与前面所选 D_6AC 钢用双真空冶炼方法相同。热处理的正火和淬火同前。唯试样回火温度为 550℃。试样成分列于表 8-1 中。

表 8-1　MnS 夹杂物试样成分（质量分数）　　（%）

序　号	S	C	P	N	[O]	Cr	Mo	Ni	Mn	Si
7	0.008	0.44	0.008	0.0053	0.0010	—	—	—	—	—
8	0.026	0.44	0.007	0.0042	0.0010	—	—	—	—	—
9	0.036	0.44	0.007	0.0035	0.0012	1.03	0.99	0.78	0.65	0.26
10	0.046	0.42	0.007	0.0052	0.0007	1.10	0.91	0.71	0.64	0.27
11	0.059	0.42	0.008	0.0042	0.0010	1.03	0.97	0.79	0.65	0.26
12	0.071	0.43	0.008	0.0038	0.0010	1.03	1.03	0.74	0.67	0.28

8.1.1.2　试样规格

冲击、拉伸试样与前面相同，断裂韧性试样规格为 15mm × 30mm × 140mm。疲劳裂纹长度为 15mm。

8.1.2　试样组织、夹杂物定性和定量

8.1.2.1　组织

用 3% HNO_3 酒精腐蚀抛光的试样，用金相显微镜观察，各试样组织相同，均为回火索氏体（见图 8-1）。用化学法显示试样的晶粒度，即在 100mL 饱和苦味酸水溶液中加入少量海鸥洗涤剂在 60 ~ 70℃下侵蚀 2min，然后用 ASTM 晶粒度标准对照试样晶粒度，进行评级。各试样晶粒度为 10 级（见图 8-2）。

8.1.2.2　夹杂物定性

由于 MnS 系常见夹杂物，用金相法即可鉴定，再补用 SEM 能谱分析。根据能谱图，

图8-1　回火索氏体（×500）

图8-2　试样晶粒度10级（×500）

夹杂物组成主要为S和Mn，另有少量Fe和Cr。

8.1.2.3　夹杂物定量

采用三种方法定量：（1）电解分离的粉末，用化学法测试粉末中含S量，再换算成MnS含量；（2）用金相显微镜中的目镜测微尺测出夹杂物面积、尺寸和数目，再换算成MnS夹杂物含量，即 f_V 和夹杂物间距（$\overline{d}_T^m$）；（3）也可用OMNiCon3600图像仪测夹杂物的参数，所测参数与金相法相同。

8.1.2.4　测夹杂物最邻近间距和平均自由程

用SEM摄取 K_{1C} 试样断口照片各5张，每张拍照位置严格对应。然后再从SEM照片上测定韧窝间距（$\overline{d}_T^{SEM}$）以及平均自由程 λ 和最邻近间距 δ_j 等。

测 λ 和 δ_j 的具体步骤如下：

（1）首先在SEM照片上划定5个区域。

（2）在1个区内选定一个韧窝中心内的夹杂物，并划出此中心向邻近韧窝的辐射线。

（3）测量每条线的长度，并记下最邻近韧窝中心间距。

（4）再更换中心划辐射线，并测量辐射线的长度，每张SEM照片上更换中心的数目要视照片上韧窝的数量而定。

（5）各辐射线总长度为各区的自由程总长（L）。

（6）记下在所测定的自由程总长内所包含的韧窝数目（n）。

（7）计算平均自由程，$\overline{\lambda}=L/n$。

（8）最邻近间距指最靠近所选中心的韧窝内的夹杂物与邻近韧窝中夹杂物的中心间距即为 δ_i。

以上测定结果分别列于表8-2～表8-4中。K_{1C} 试样断口照片如图8-3～图8-8所示。

在含S量小于0.036%的试样断口（见图8-3～图8-5）中，由MnS夹杂物形成的韧窝较细小，含S量不小于0.046%的3个试样断口照片（见图8-6～图8-8）中韧窝不仅增大，而且数量也增多。图8-8所示为含S最高的试样，断口上的韧窝几乎全为MnS形成的。由碳化物形成的细小韧窝几乎看不到。说明MnS夹杂物是导致高S试样断裂的主要因素。

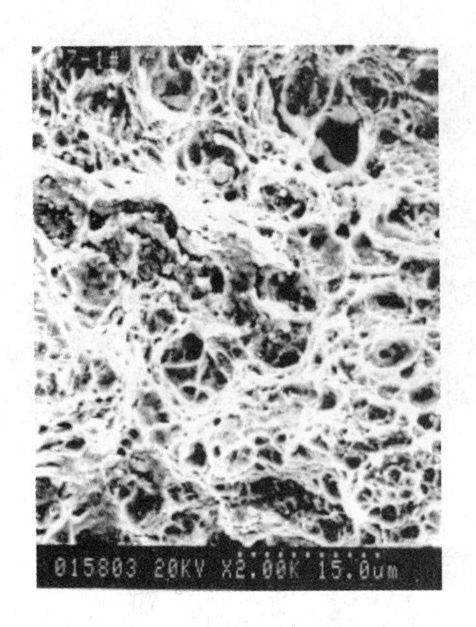

图 8-3　含 S 量为 0.008% 试样的断口

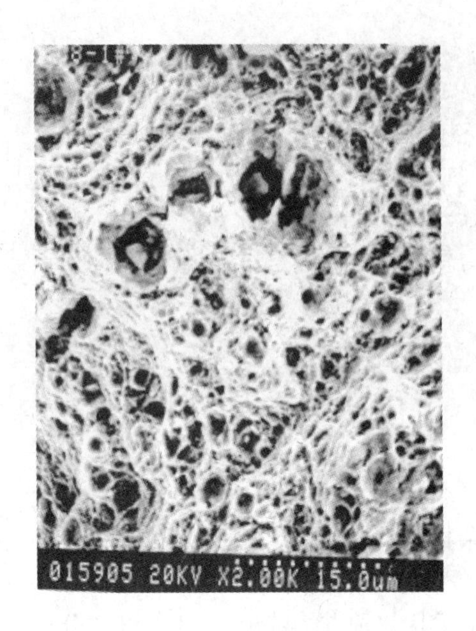

图 8-4　含 S 量为 0.026% 试样的断口

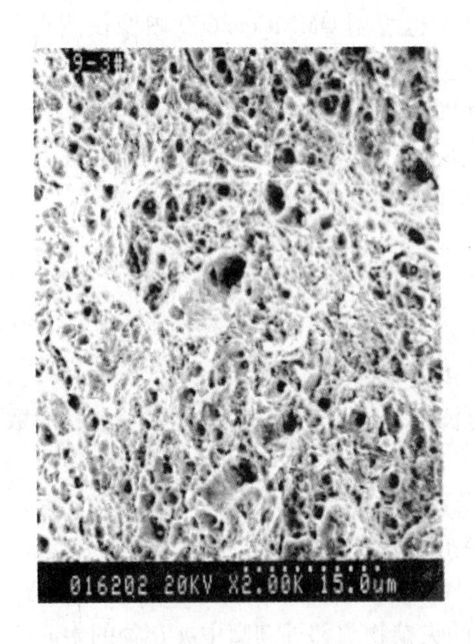

图 8-5　含 S 量为 0.036% 试样的断口

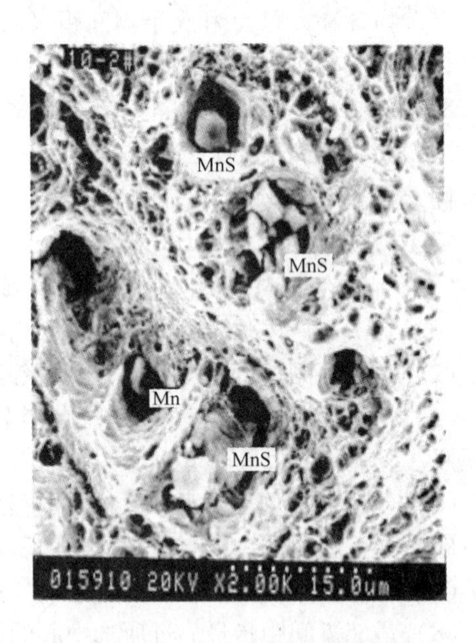

图 8-6　含 S 量为 0.046% 试样的断口

8.1.3　性能测试

拉伸试验在液压 WE-30 型万能材料试验机上进行。采用 JB-30A 冲击试验机测定试样的室温冲击韧性（a_K 值），在Instron1332拉伸机上采用恒速自动加载方法测定试样的断裂韧性（K_{1C}值）。另外还测定了各试样的硬度（HRC）。性能测试结果列于表 8-5 中。

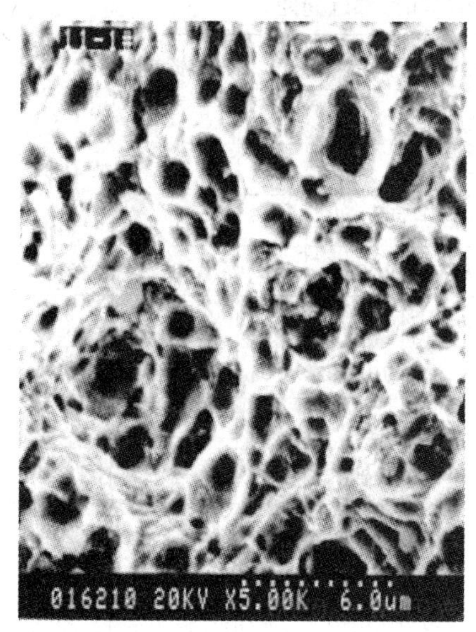
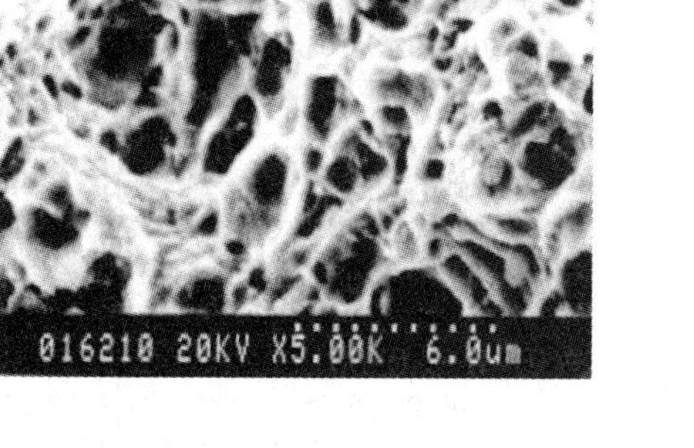

图 8-7　含 S 量为 0.059% 试样的断口

图 8-8　含 S 量为 0.071% 试样的断口

表 8-2　定量测定 MnS 夹杂物各方法所得结果

序号	化学法		电解分离法					图像法	
	w(S)（车屑定 S）/% （f_V^{MnS}/%）	MnS 含量/%	电解总克数/g	w(S)（沉淀定 S）/%	w(S) /%	w(MnS) /%	f_V^{MnS} /%	f_V^{MnS} /%	w(MnS) /%
7	0.008(0.042)	0.022	27.17	0.144	0.0053	0.0144	0.282	0.286	0.149
8	0.026(0.137)	0.071	37.23	0.350	0.0094	0.0255	0.050	0.290	0.151
9	0.036(0.189)	0.098	11.50	0.744	0.0647	0.1759	0.344	0.339	0.176
10	0.046(0.241)	0.125	14.03	0.616	0.0439	0.1192	0.861	0.506	0.263
11	0.059(0.308)	0.160	20.25	0.957	0.0472	0.1284	0.225	0.494	0.257
12	0.071(0.372)	0.193	15.35	0.776	0.0505	0.137	0.269	1.279	0.665

表 8-3　MnS 夹杂物参数（金相法）和断口照片

序号	w(S)/%	金相法（50 个视场）					SEM 断口照片	
		MnS 总数 N /个	N 的平均数 /个	MnS 总长 L /μm	L 的平均值 /μm	d_T^m /μm	韧窝总数（5 张照片）	韧窝间距 d_T^{SEM}/μm
7	0.008	168	3.36	1492	29.85	118.8	5896	2.88
8	0.026	311	6.22	2455	49.10	87.3	6514	2.74
9	0.036	402	8.04	4134.4	82.69	76.8		
10	0.046	582	11.64	4380.9	87.62	63.8	8607	2.39
11	0.059	728	14.56	5503.5	110.07	57.1	9264	2.30
12	0.071	954	19.08	8724.5	174.49	49.9	12779	1.96

表 8-4　MnS 夹杂物的平均自由程和最邻近间距

序号	w(S) /%	测量区	韧窝数目 n	自由程（L）总长/mm	平均自由程 $\left(\lambda=\frac{L}{n}\right)$/mm	λ/M		最邻近间距 δ_j	δ_j/M	
						mm	μm		mm	μm
7	0.008	1	28	96.2	3.44	0.00573	5.73	1.5	0.0025	2.5
		2	29	103.7	3.58	0.00596	5.96	1	0.00169	1.69
		3	38	189.3	4.98	0.0083	8.3	2	0.00333	3.33
		4	32	143.3	4.48	0.00746	7.46	2	0.00333	3.33
		5	44	212.3	4.83	0.00805	8.05	1.5	0.0025	2.5
		Σ	171	744.8	4.356	0.00726	7.26	1.6	0.00267	2.67
8	0.026	1	39	143.6	3.68	0.00613	6.13	2	0.00333	3.33
		2	44	171.1	3.89	0.00648	6.48	1.5	0.0025	2.5
		3	29	97	3.34	0.00556	5.56	1.8	0.0030	3.0
		4	50	208.5	4.17	0.00695	6.95	2	0.00333	3.33
		5	29	67	2.31	0.00385	3.85	1	0.00167	1.67
		Σ	191	687.2	3.598	0.00599	5.99	1.66	0.00277	2.77
10	0.046	1	43	224.1	5.21	0.00868	8.68	2	0.00333	3.33
		2	39	140.9	3.61	0.00601	6.01	1.5	0.0025	2.5
		3	48	158.8	3.31	0.00551	5.51	1	0.00167	1.67
		4	55	190.9	3.47	0.00578	5.78	1	0.00167	1.67
		5	52	241	4.63	0.00771	7.71	2	0.00333	3.33
		Σ	237	955.7	4.032	0.00672	6.72	1.5	0.0025	2.5
11	0.059	1	42	122.9	2.93	0.00488	4.88	1.5	0.0025	2.5
		2	54	205.3	3.80	0.00633	6.33	1.5	0.0025	2.5
		3	41	97.1	2.37	0.00395	3.95	1	0.00167	1.67
		4	35	113.4	3.24	0.0054	5.4	2	0.00333	3.33
		5	38	114.2	3.01	0.00501	5.01	1	0.00167	1.67
		Σ	210	652.9	3.109	0.00518	5.18	1.4	0.00233	2.33
12	0.071	1	43	107.9	2.51	0.00418	4.18	1	0.00167	1.67
		2	39	88.8	2.28	0.0038	3.8	1	0.00167	1.67
		3	31	63	2.03	0.00338	3.38	1	0.00167	1.67
		4	32	61	1.91	0.00318	3.18	1	0.00167	1.67
		5	41	110.8	2.70	0.0045	4.5	1.2	0.0020	2.0
		Σ	186	431.5	2.32	0.00386	3.86	1.04	0.00173	1.73

注：M 为放大倍数。

表8-5 含MnS夹杂物试样的拉伸、冲击和断裂韧性（550℃回火）

序号	$w(S)/\%$ ($f_V^{MnS}/\%$)	拉伸性能					冲击性能	断裂性能 K_{1C}	硬度(HRC)
		σ_b/MPa	$\sigma_{0.2}$/MPa	$\delta/\%$	$\psi/\%$	$\varepsilon_f/\%$	$a_K/J\cdot cm^{-2}$	/MPa·$m^{1/2}$	/MPa
7	0.008 (0.042)	1326.9	1273.0	15.2	58.7	88.4	38.2	90.4	
		1252.4	1183.8	15.6	56.8	83.9	37.2	92.0	
		1347.5	1287.7	16.0	57.2	84.9	37.2	98.2	
	平　均	1248.2	1309.0	15.6	57.6	85.7	37.5	93.5	41.6
8	0.026 (0.137)	1273.0	1213.2	19.6	57.0	84.3	34.3	85.7	
		1355.7	1276.0	19.2	54.8	79.5	33.3	88.3	
		1364.2	1277.9	19.2	54.8	79.5	34.3	93.5	
	平　均	1324.3	1255.7	19.3	55.5	71.1	34.2	89.1	46.6
9	0.036 (0.189)	1242.6	1178.0	15.6	56.1	82.3	34.3	84.0	
		1275.0	1212.3	16.0	54.9	79.7	47.0	85.1	
		1288.7	1238.4	16.0	49.1	67.2	31.4		
	平　均	1258.8	1195.4	15.8	55.5	76.5	37.5	84.5	47.3
10	0.046 (0.241)	1229.9	1158.4	13.2	47.3	64.0	25.5	85.3	
		1247.5	1182.9	15.6	52.4	74.2	39.2	81.3	
		1210.3	1137.8	16.0	55.9	81.9	34.3	89.4	
	平　均	1229.2	1159.7	14.9	51.8	73.41	33.0	85.3	47.2
11	0.059 (0.308)	1213.2	1148.6	14.8	52.5	74.4	28.4	78.1	
		1218.4	1153.5	14.4	53.4	76.4	31.4	76.1	
		1227.9	1147.6	14.4	47.6	64.6	34.3	81.4	
	平　均	1291.8	1149.8	14.5	51.2	71.8	31.4	78.5	47.9
12	0.071 (0.372)	1346.2	1292.6	14.0	53.9	77.3	27.4	77.1	
		1310.3	1252.4	14.4	48.7	66.7	19.6	75.6	
		1277.9	1223.0	14.4	52.5	74.4	34.3	75.7	
	平　均	1311.5	1256.0	14.3	51.7	72.8	27.1	76.1	47.5

8.2 讨论与分析

8.2.1 MnS夹杂物定量结果的对比

MnS定量结果见表8-6。由于试样车屑定S的方法较成熟，故仍以此为准，再与其他方法对比。电解沉淀定S结果换算成MnS含量，对8、9号试样偏差较大，其余试样与车屑定S结果较接近。与图像仪测定结果对比，其中4个试样分别偏高1~6倍。而8.1.2节中第3点夹杂物定量用金相法和图像仪（Q-720）测定的结果只偏差30%~70%。本章所用图像仪OMNiCON3600为新型图像仪，所测量MnS的偏差如此之高，可能与仪器本身自动识别图像灵敏度高但分辨率不高有关，故将非MnS相也计入数据。虽然如此，但其相对变化是有序的，即随试样含S量升高，所测得MnS含量也随之逐步升高，仍可反映出MnS含量与性能的关系。

表 8-6 MnS 定量结果

锭号	w(S)(车屑定 S)/%	w(MnS)(车屑定 S)/%	f_V^{MnS}/%	w(S)(电解沉淀定 S)/%	w(MnS)(电解沉淀定 S)/%	f_V^{MnS}(金相法测)/%	w(MnS)(金相法测)/%
7	0.008	0.022	0.042	0.0053	0.0144	0.286	0.149
8	0.026	0.071	0.137	0.0094	0.0255	0.290	0.151
9	0.036	0.098	0.189	0.0647	0.176	0.339	0.176
10	0.046	0.125	0.241	0.0439	0.119	0.505	0.263
11	0.059	0.160	0.308	0.0474	0.129	0.494	0.257
12	0.071	0.193	0.372	0.0505	0.137	1.279	0.665

8.2.2 MnS 夹杂物含量和间距与韧塑性的关系

前面已将 Broek 方程所提示的 K_{1C} 与夹杂物体积率的 −1/6 次幂的关系推广应用于冲击韧性，并能改善 $f_V^{-1/6}\sqrt{\bar{d}_T}$ 与性能之间的线性关系。本节不再单独讨论 f_V 或 $\bar{d}_T$ 与性能的关系。为讨论的方便，特将 $f_V^{-1/6}\sqrt{\bar{d}_T}$ 与韧塑性的平均值归纳列于表 8-7 中，并作图（见图8-7和图 8-8）。

表 8-7 MnS 含量和间距数据与韧塑性

f_V^{MnS}(车屑定 S)/%	w(S)/%	MnS 夹杂物含量与距离					δ/%	ψ/%	a_K/J · cm^{-2}	K_{1C}/MPa · m$^{1/2}$
		f_V^{AIA}/%	$f_V^{-1/6}$	d_T^m/μm	$(d_T^m)^{1/2}$	$f_V^{-1/6}\cdot(d_T^m)^{1/2}$				
0.042	0.008	0.286	1.23	118.8	10.9	13.43	15.6	57.6	37.5	93.5
0.137	0.026	0.290	1.23	87.3	9.34	11.48	19.3	55.5	34.2	89.1
0.189	0.036	0.339	1.20	76.8	8.76	10.49	15.8	55.5	37.5	84.5
0.241	0.046	0.506	1.12	63.8	7.99	8.95	14.9	51.8	33.0	85.3
0.308	0.059	0.494	1.12	57.1	7.56	8.50	14.5	51.2	31.4	78.5
0.372	0.071	1.279	0.96	49.9	7.06	6.78	14.3	51.7	27.1	76.1

8.2.2.1 MnS 夹杂物含量、间距与韧性的关系

图 8-9 所示为 $(f_V^{MnS})^{-1/6}\sqrt{\bar{d}_T}$ 与 K_{1C} 和 a_K 的关系。

韧性均随 $(f_V^{MnS})^{-1/6}\sqrt{\bar{d}_T}$ 增大而上升。除个别点外，其余各点均位于一条直线上。为此可用线性回归方法表示两者之间的定量关系如下：

$$K_{1C} = 58.3 + 2.61(f_V^{AIA})^{-1/6}\sqrt{\bar{d}_T} \quad (8\text{-}1)$$

$R = 0.9537$, $S = 2.19$, $N = 6$

$$a_K = 18.54 + 1.5(f_V^{AIA})^{-1/6}\sqrt{\bar{d}_T} \quad (8\text{-}2)$$

$R = 0.8513$, $S = 2.04$, $N = 6$

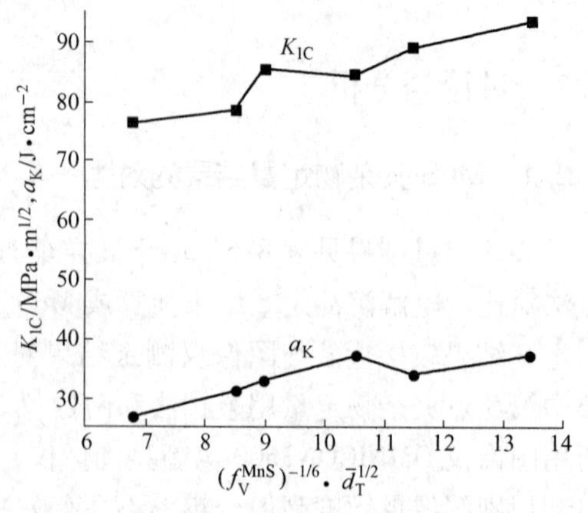

图 8-9 D_6AC 钢试样中 MnS 夹杂物含量、间距共同对韧性的影响

式（8-2）的相关系数 R 较低，但按线性相关显著性检验式（8-2）R 值大于 $\alpha=0.05$ 档要求的 R 值（为 0.811），故仍存在线性关系。而式（8-1）的 R 值大于 $\alpha=0.01$ 档所要求的 R 值，故式（8-1）具有良好的线性关系。

8.2.2.2　MnS 夹杂物含量、间距与韧塑性的关系

图 8-10 所示为 $(f_V^{MnS})^{-1/6}\sqrt{\bar{d}_T}$ 与拉伸韧塑性 δ 和 ψ 的关系。

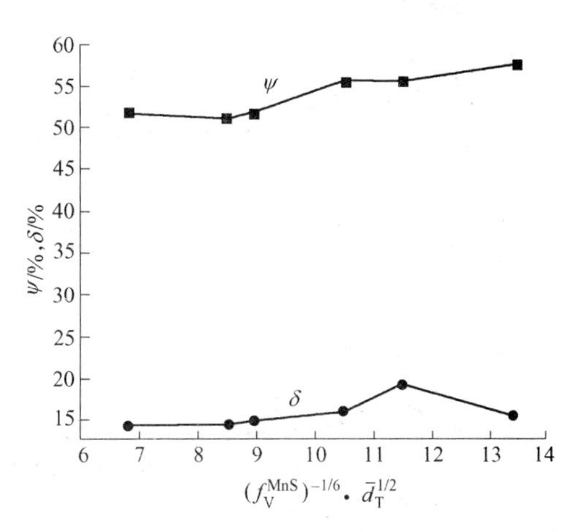

图 8-10　D_6AC 钢试样中 MnS 夹杂物含量、间距与拉伸韧塑性的关系

由于 8 号试样的 δ 出现峰值，使曲线偏离直线，而 ψ 随 $(f_V^{MnS})^{-1/6}\sqrt{\bar{d}_T}$ 的变化趋势接近于直线，可以得出两者的线性关系，其回归方程如下：

$$\psi = 43.5\% + 1.04\% (f_V^{AIA})^{-1/6}\sqrt{\bar{d}_T} \tag{8-3}$$

$$R = 0.9196,\ S = 1.18,\ N = 6$$

8.2.3　MnS 夹杂物的参数与韧塑性的关系

8.2.3.1　MnS 数目、纵长与韧塑性的关系

图 8-11 和图 8-12 分别为 MnS 数目和纵长与韧性（K_{1C}、a_K）的关系，两者均随数目增多、长度增长而下降。但拉伸韧塑性的变化（见图 8-13 和图 8-14），尤其是 δ 与 N、L 的关系，也在 8 号试样中出现常值，即随着 MnS 数目增多、长度增长，伸长率 δ 不仅未下降，反而上升。说明 8 号试样的 MnS 夹杂物影响伸长率的程度远小于基体组织的影响，或者说塑性好即可变形的 MnS 有利于伸长率。试样的断口形貌 SEM 照片显示韧窝组织细小均匀，这也有利于提高伸长率。根据图 8-11 和图 8-12 所示，可以进行回归分析，之后得

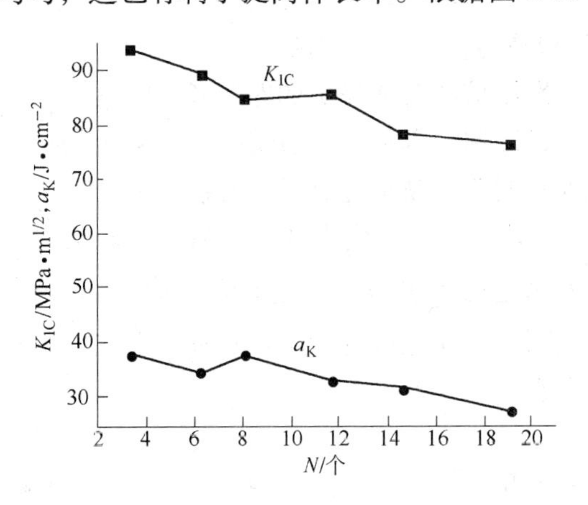

图 8-11　D_6AC 钢试样中 MnS 夹杂物的数目（N）与韧性的关系

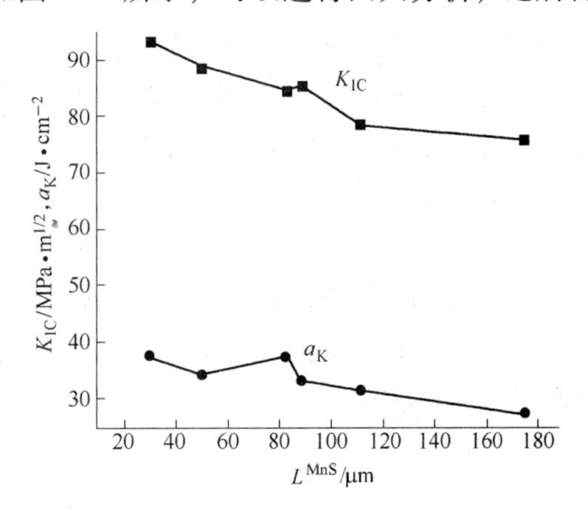

图 8-12　D_6AC 钢试样中 MnS 夹杂物的纵长（L）与韧性的关系

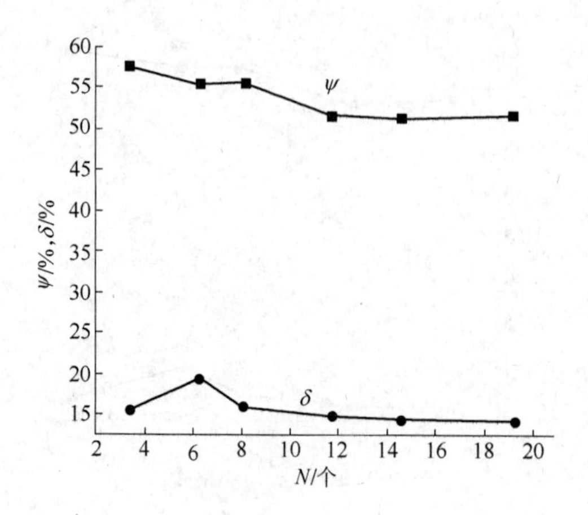

图 8-13　D_6AC 钢试样中 MnS 夹杂物的数目与拉伸韧塑性的关系

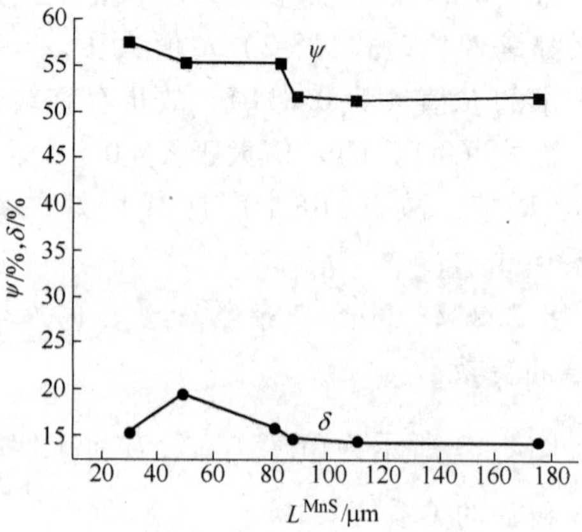

图 8-14　D_6AC 钢试样中 MnS 夹杂物的纵长（L）与拉伸韧塑性的关系

出下列方程：

图 8-11

$$K_{1C} = 95.8 - 1.07N \tag{8-4}$$

$$R = -0.9605,\ S = 2.01,\ N = 6$$

$$a_K = 40.1 - 0.63N \tag{8-5}$$

$$R = -0.9235,\ S = 1.71,\ N = 6$$

图 8-12

$$K_{1C} = 95.3 - 0.12L^{MnS} \tag{8-6}$$

$$R = -0.9605,\ S = 2.34,\ N = 6$$

$$a_K = 39.5 - 0.07L^{MnS} \tag{8-7}$$

$$R = -0.8777,\ S = 2.12,\ N = 6$$

8.2.3.2　韧窝间距（$\bar{d}_T^{SEM}$）、平均自由程（$\bar{\lambda}$）与韧塑性的关系

图 8-15 ~ 图 8-18 所示分别为韧窝间距 $\bar{d}_T^{SEM}$ 和平均自由程 $\bar{\lambda}$ 与韧塑性的关系。

平均自由程定义为夹杂物开裂形成裂纹后，裂纹扩展所须经历的路程长短，它取决于裂纹扩展的速度，这与基体抵抗裂纹扩展的能力，即韧性有关。一般情况下，夹杂物韧窝间距与平均自由程之间存在相互对应的关系，因此两者与韧塑性成正比关系。

随着 $\bar{\lambda}$ 和 $\bar{d}_T^{SEM}$ 的增大，a_K、K_{1C}、ψ 均上升，只有 δ 的变化出现异常峰值，峰值所对应的 $\bar{d}_T^{SEM}$ 值仍为 8 号试样。这点已在 8.2.3.1 小节进行了说明。但与 δ 峰值对应的 $\bar{\lambda}$ 值为 5.99，却低于 10 号试样的 $\bar{\lambda}$ 值（6.72），可能与测试误差有关。K_{1C} 与 $\bar{\lambda}$ 和 $\bar{d}_T^{SEM}$ 之间所存在的线性关系较好。经过回归分析后得出以下方程：

图 8-15

$$K_{1C} = 37.9 + 18.9\bar{d}_T^{SEM} \tag{8-8}$$

$$R = 0.96102,\ S = 2.4,\ N = 5,\ P = 0.009$$

$$a_K = 7.8 + 10.1\bar{d}_T^{SEM} \tag{8-9}$$

$$R=0.9697,\ S=1.08,\ N=5,\ P=0.006$$

图 8-17

$$K_{1C}=56.3+4.8\overline{\lambda} \tag{8-10}$$

$$R=0.8977,\ S=3.68,\ N=5,\ P=0.038$$

$$a_K=17+2.68\overline{\lambda} \tag{8-11}$$

$$R=0.9406,\ S=1.5,\ N=5,\ P=0.017$$

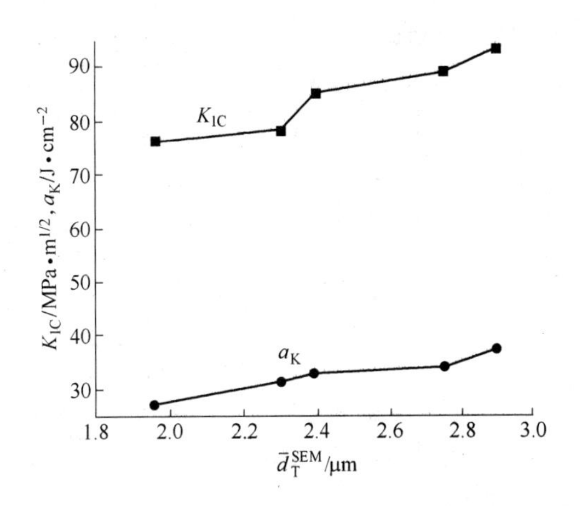

图 8-15　D_6AC 钢 K_{1C} 试样断口韧窝间距与韧性的关系

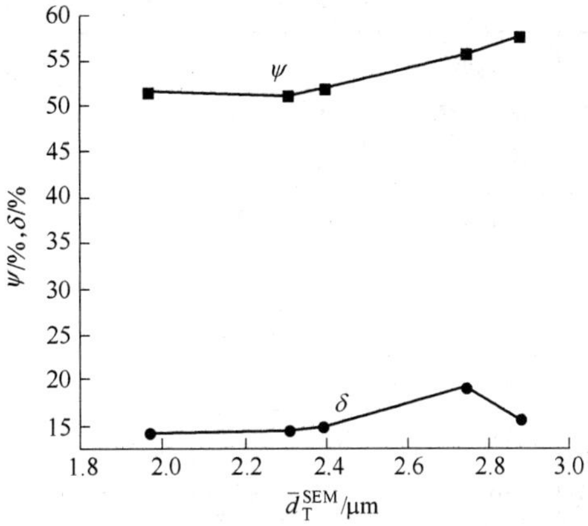

图 8-16　D_6AC 钢 K_{1C} 试样断口韧窝间距与韧塑性的关系

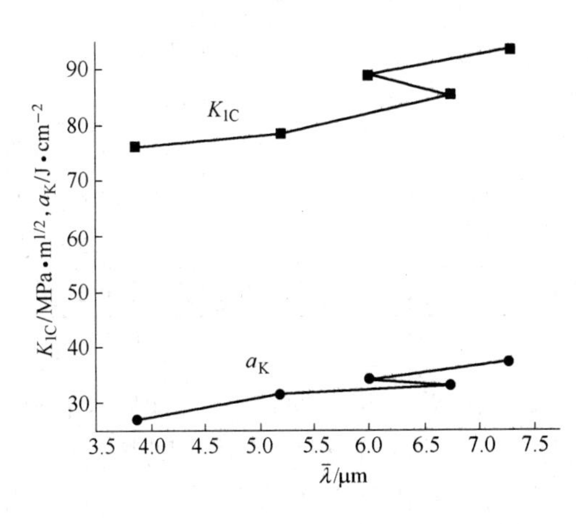

图 8-17　D_6AC 钢试样中夹杂物平均自由程与韧性的关系

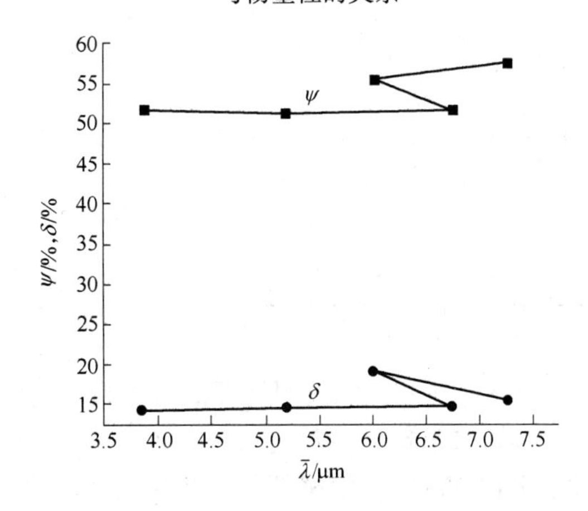

图 8-18　D_6AC 钢试样中夹杂物平均自由程与韧塑性的关系

首先对回归方程式(8-1)～式(8-11)按线性回归显著性 α 值进行检验

α 值	0.05	0.01
$N=6$	$R=0.811$	$R=0.917$
$N=5$	$R=0.878$	$R=0.959$

回归方程式(8-1)～式(8-6)均能满足 $\alpha=0.01$ 时所要求的 R 值，故它们具备良好的线性关系。回归方程式（8-7）只能满足 $\alpha=0.05$ 时所要求的 R 值，即 a_K 与 L^{MnS}之间线性相

关显著性水平较低。

回归方程式(8-8) ~ 式(8-11)之间，$N=5$，只有方程式（8-8）、式（8-9）能满足 $\alpha=0.01$ 时所要求的 R 值，说明 K_{1C} 和 a_K 与韧窝间距之间存在良好的线性关系，而方程式（8-10）和式（8-11）只能满足 $\alpha=0.05$ 时所要求的 R 值，说明韧性与夹杂物平均自由程之间线性相关性显著性水平较差。

下面将回归方程计算值与实验测试值对比数据列于表 8-8 中。

表 8-8 回归方程计算值与实验值对比

样号	断裂韧性 K_{1C} 实验值 /MPa · $m^{1/2}$	回归方程计算的 K_{1C} 值与实验值相差									
		式(8-1) /MPa · $m^{1/2}$	Δ /%	式(8-4) /MPa · $m^{1/2}$	Δ /%	式(8-6) /MPa · $m^{1/2}$	Δ /%	式(8-8) /MPa · $m^{1/2}$	Δ /%	式(8-10) /MPa · $m^{1/2}$	Δ /%
7	93.5	93.4	-0.1	92.2	-1.4	91.7	-1.9	92.9	-0.6	91.6	-2.1
8	89.1	88.3	-0.9	89.1	0.04	89.4	0.3	93.3	4.4	85.4	-4.3
9	84.5	85.7	1.3	87.2	3.1	87.1	3.0				
10	85.3	81.7	-4.4	83.3	-2.3	85.1	-0.3	83.7	-1.9	88.9	4.1
11	78.5	80.5	2.5	80.2	2.1	82.1	4.3	82.0	4.4	81.5	3.6
12	76.1	76.0	-0.1	75.4	-0.9	74.4	-2.3	75.3	-1.0	75.1	-0.6

样号	冲击韧性实验值/J	回归方程计算值与实验值相差										面缩率 ψ		
		式(8-2) /J	Δ /%	式(8-5) /J	Δ /%	式(8-7) /J	Δ /%	式(8-9) /J	Δ /%	式(8-11) /J	Δ /%	实验值	计算值	Δ /%
7	37.5	38.7	3.1	37.4	-0.2	37.4	-0.2	36.9	-1.6	36.5	-2.8	57.6	57.5	-0.2
8	34.2	35.8	4.4	36.2	5.5	36.1	5.1	35.5	3.6	33.1	-3.5	55.5	55.4	-0.2
9	37.4	34.3	-9.0	35.0	-6.8	33.7	-11					55.5	54.4	-2.0
10	33.0	32.0	-3.1	32.8	-0.6	33.4	1.1	31.9	-3.3	35.0	5.7	51.8	52.8	1.9
11	31.4	31.3	-0.3	30.9	-1.6	31.8	1.2	31.0	-1.2	30.9	1.7	51.2	52.3	2.1
12	27.1	28.7	5.5	28.1	3.5	27.3	0.6	27.6	1.8	27.3	0.8	51.7	50.6	-2.2

注：Δ—计算值与实验值相差,%。

表 8-8 所列回归方程计算值与实验值基本符合，即相差（%）均较小。说明回归方程式(8-1) ~ 式(8-11)成立，试样的韧性与夹杂物各参数之间存在线性关系，即断裂韧性、冲击韧性和断面收缩率随夹杂物含量和间距（$f_V^{-1/6} \cdot d_T^{1/2}$）以及单独的夹杂物间距和平均自由程值的增大而直线上升，但随夹杂物数目和纵长的增大而直线下降。

8.2.3.3 MnS 夹杂物的最邻近间距 δ_i 与韧塑性的关系

图 8-19 和图 8-20 所示分别为 MnS 夹杂物最邻近间距 δ_j 与韧性（K_{1C}、a_K）和韧塑性（ψ、δ）的关系。

由于材料断裂韧性的大小直接与材料抵抗裂纹扩展的能力有关，在冲击能量中也包括裂纹的扩展功。裂纹扩展速度除与夹杂物平均间距有关外，其中相邻夹杂物最邻近的距离更有利于裂纹的扩展，此外由拉伸试验测定的面缩率和伸长率也与夹杂物最邻近间距有关，即裂纹在拉伸试样上成核后，在裂纹周围会形成应变集中，促使裂纹扩展，而裂纹扩展往往借助于夹杂物最近距离通道，这些都已被实验观察所证实。

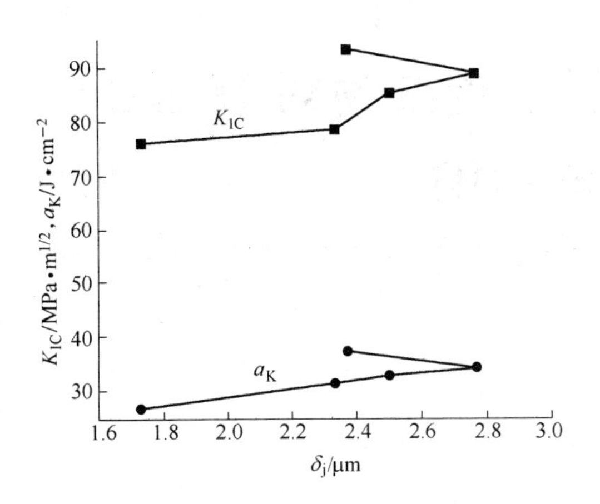

图 8-19　D_6AC 钢试样中夹杂物最邻近间距与韧性的关系

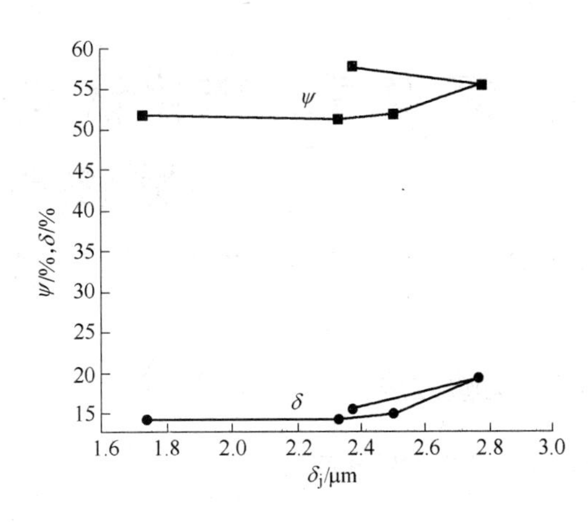

图 8-20　D_6AC 钢试样中夹杂物最邻近间距与韧塑性的关系

8.3　总结

8.3.1　化学法与金相法测定 MnS 夹杂物含量的对比

试样先采用化学法测定其中含 S 量，根据含 S 量换算成 MnS 含量，用金相法直接测定试样中 MnS 夹杂物的面积百分率，以此作为体积分数（%）看待，再由体积分数（%）换算成 MnS 质量分数，或者用试样含 S 量直接换算成 MnS 体积分数，再与金相法测定的 MnS 体积分数对比，经过对比后可以肯定金相法测定的 MnS 体积分数具有相对准确性。但用化学法只能测出 MnS 质量分数，而金相法还可以测定 MnS 夹杂物尺寸、数目、平均间距和观察 MnS 夹杂物的形状。再利用扫描电镜照片测出夹杂物最邻近间距、平均自由程和夹杂物平均间距等参数，这些参数都与试样的韧塑性有关。因此为研究夹杂物对钢性能的影响，微观测定夹杂物参数的方法可提供更多帮助。

8.3.2　夹杂物参数与断裂韧性的关系

由于断裂韧性代表试样中存在微裂纹时，基体抵抗裂纹扩展的能力。而裂纹扩展速度与夹杂物间距直接相关，夹杂物间距的大小又与夹杂物的数目和长度有关，因此回归方程式(8-1)、式(8-4)、式(8-6)和式(8-8)四个方程分别代表了这些参数与断裂韧性的关系。这四个方程的相关系数都在 0.95 以上，说明断裂韧性与夹杂物参数之间存在线性关系。

8.3.3　夹杂物参数与冲击韧性的关系

冲击韧性代表试样切口处，每单位断面积上所消耗的变形功和断裂功。变形分为弹性变形和塑性变形，由于冲击载荷作用时间较短，塑性变形来不及扩大到试样较大的体积中去，因此位于切口附近基体中的夹杂物含量、数目都直接影响冲击韧性。从回归方程式(8-5)、式(8-9)和式(8-11)看，夹杂物间距、夹杂物数目与平均自由程分别对 a_K 造成影响，两者接近于线性关系。

第 9 章 硫化钛和稀土夹杂物对 D_6AC 钢性能的影响

9.1 实验方法

9.1.1 试样冶炼和成分

试样冶炼采用双真空，方法与前面各章所述方法相同。试样成分中的合金元素与 D_6AC 钢相同：Mo 和 Cr 均为 0.9% ~1.1%；Ni 和 Mn 均为 0.6% ~0.8%；V 为 0.06% ~0.07%；Si 为 0.2% ~0.4%；P 为 0.015%；其他非金属元素及 Ti、稀土的含量列于表 9-1 中。

表 9-1 形成非金属夹杂物的元素（质量分数） （%）

锭号	C	S	N_2	[O]	Ti	稀土	备 注
1	0.49	0.006	0.0022	0.0010			Ti 和稀土未逐样分析，1 ~5 试样均加入相同的 Ti 量，即加 0.4% Ti
2	0.49	0.018	0.0025	0.0014	0.31		
3	0.49	0.027	0.0020	0.0010			
4	0.50	0.052	0.0028	0.0012	0.32		
5	0.48	0.066	0.0031	0.0011			
6	0.48	0.029	0.0039	0.0010		0.031	6 ~10 试样均加入 0.2% ~0.3% 混合稀土。加入 S 量分别为：0.05%、0.04%、0.02%、0.01%、0.005%。由于稀土夹杂物上浮使含 S 量下降而不规律
7	0.48	0.020	0.0030	0.0012			
8	0.47	0.003	0.0026	0.0013			
9	0.46	0.005	0.0028	0.0014		0.050	
10	0.44	0.005	0.0050	0.0010			

9.1.2 试样热处理及试样规格

热处理：正火，900℃ ×30min，空冷；
淬火，880℃ ×20min，油冷；
回火，550℃ ×2h，空冷。

试样规格：冲击试样，10mm ×10mm ×55mm；
拉伸试样，ϕ5mm ×55mm；
断裂韧性试样，15mm ×30mm ×140mm，预裂纹长度为 15mm。

性能测试各选 3 个试样。冲击试验使用 JB-30A 型冲击试验机；拉伸试验用 WE-30 型万能材料试验机；断裂韧性试验用英国产 Instron1332 型拉伸试验机，采用恒速自动加载测试平面应变断裂韧性（K_{1C}）。

9.1.3 试样组织和夹杂物鉴定

用金相法观察试样的金相组织，并用 ASTM 标准评定晶粒度的图谱对照以评定各试样的晶粒度。

夹杂物定性：除金相观察外，还用扫描电镜、电子探针测定夹杂物成分，并用恒电位仪对试样进行深腐刻，以观察夹杂物的空间形貌。

夹杂物定量：采用电解分离与电解沉淀定硫分析，并用 Q-720 图像仪测定夹杂物的面积、尺寸、尺寸分布、颗粒间距和投影长度等；使用冲击试样断口的 SEM 图测定韧窝间距。

9.2 实验结果

9.2.1 金相组织、晶粒度及夹杂物定性结果

两套试样的金相组织索氏体见图 9-1；1 号 ~5 号试样的晶粒度为 11 ~12 级，6 号 ~10 号试样的晶粒度为 9 ~10 级（见图 9-2）。

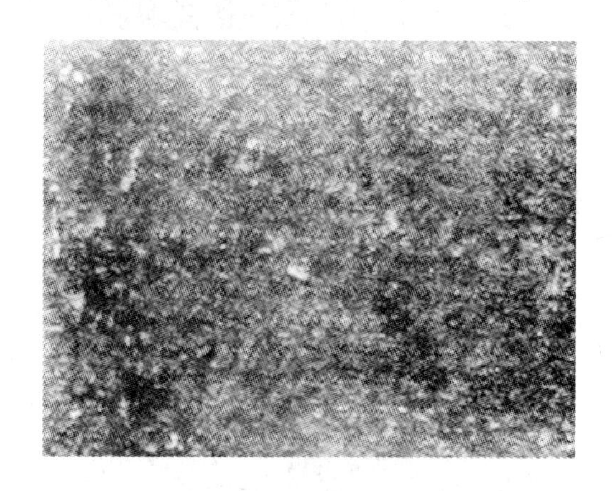

图 9-1 试样金相组织索氏体（×500）

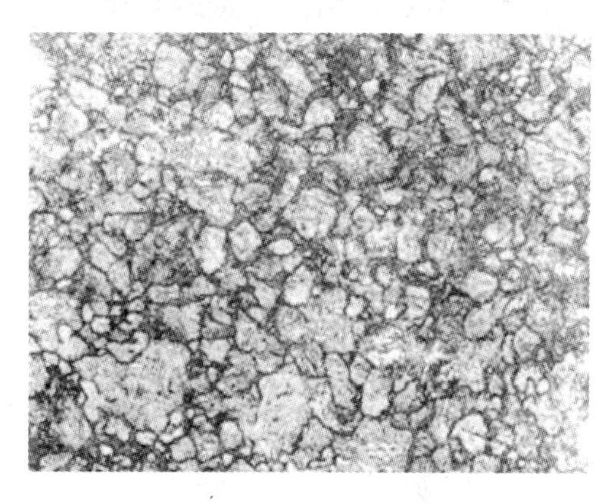

图 9-2 试样的晶粒度（×400，9 ~10 级）

加 Ti 的金相试样经过深腐刻后，在扫描电镜下观察，并用能谱分析针状夹杂物的成分（见图 9-3），说明针状夹杂物为 TiS，在能谱峰上有 Fe，可能是基体。

图 9-3 深腐刻后的 TiS 夹杂物

金相观察 1 号 ~5 号试样，其中存在两种颜色相近而形状各异的夹杂物，呈针状黄色的占大多数，另一种呈金黄色块状。根据过去对夹杂物的鉴定，肯定呈针状黄色的是 TiS，呈金黄色块状的为 TiN 或 Ti(N,C)。

金相观察 6 号 ~10 号试样，其中也有两种夹杂物，一种呈浅灰色，细小，有的呈纺锤状，大多数形状不规则，这是典型的稀土硫氧化物（Re_2O_2S）；另一种呈淡黄色或紫红色，属稀土硫化物（如 CeS）。两套试样的断口形貌和电子探针定性结果，见图 9-4 ~图 9-7。

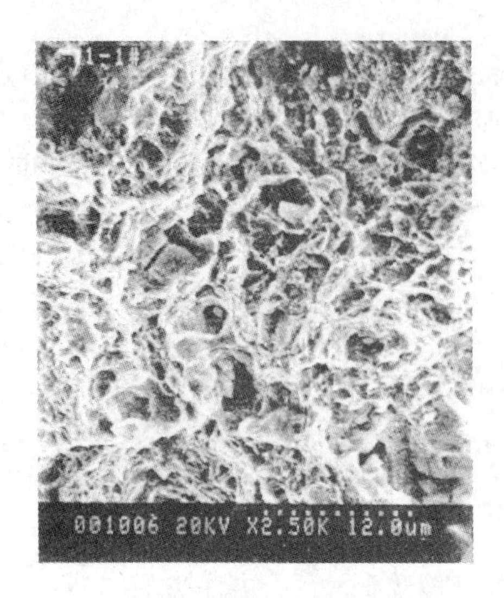

图 9-4 1-1 号试样断口上的 TiS 夹杂物

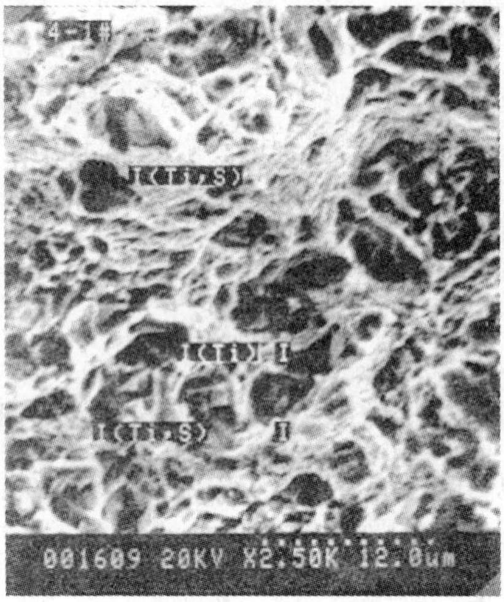

图 9-5 4-1 号试样电子探针定点测定 TiS 夹杂物

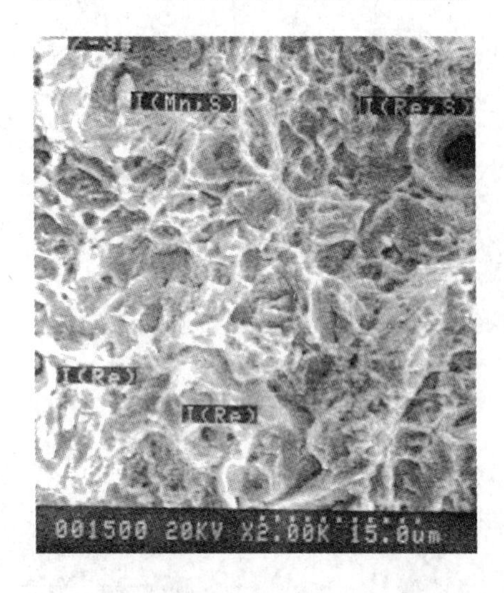

图 9-6 7-3 号试样电子探针定点测定 TiS 夹杂物

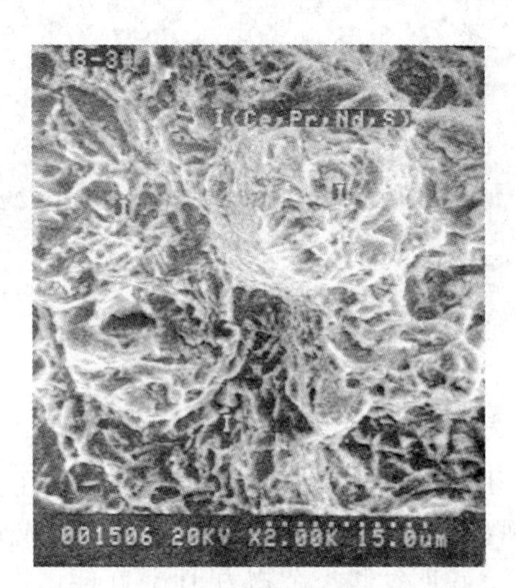

图 9-7 8-3 号试样电子探针定点测定 TiS 夹杂物

图 9-4 ~ 图 9-7 上所标定的元素即为夹杂物的成分。

1 号 ~ 5 号试样中的夹杂物为 TiS。在 6 号 ~ 10 号试样的夹杂物中，除存在少量 MnS 外，主要夹杂物为稀土硫氧化物（Re_2O_2S）和稀土硫化物（如 CeS）。由于能谱仪不能测定氧，在图 9-4 和图 9-5 上只标明 Ti 和 S；图 9-6 和图 9-7 上只能标明 Re、S。但根据金相鉴定，试样中的稀土夹杂物以 Re_2O_2S 占大多数，而稀土硫化物（如 CeS）和 MnS 均很少。

9.2.2 夹杂物定量结果

9.2.2.1 Q-720 图像仪测定夹杂物的结果

在原成都工具研究所用 Q-720 图像仪测定 TiS 夹杂物的面积百分数，用 f_V(%)表示；颗粒平均间距（d_T^{AIA}）和夹杂物尺寸分布，使用 20 倍物镜，用弦筛分法测定夹杂物尺寸分布，测试结果列于表 9-2。每个试样均取纵横两个方向，所列尺寸分布代表相应尺寸夹杂物数目所占比例。

表 9-2 夹杂物的 f_V、d_T^{AIA} 和夹杂物尺寸分布（Q-720 测）以及韧窝间距（d_T^{SEM}）

锭号	取向	f_V /%	夹杂物间距/μm	夹杂物尺寸分布(夹杂物数目)/%									d_T^{SEM} /μm
				<0.5 μm	0.5~1 μm	1~2 μm	2~3 μm	3~4 μm	4~6 μm	6~8 μm	8~10 μm	10~15 μm	
1	纵	0.186	0.71	30.8	32.3	26.2	8.3	2	0.5				2.12
	横	0.201	0.65	30.4	29.7	20.7	13.3	4.8	1.1				
2	纵	0.621	0.46	18.7	13.9	18.5	15.1	12.6	11.9	6.6	2.46	0.29	2.21
	横	0.337	0.50	24	23.1	19.8	16.6	13	2.9	0.6			
3	纵	0.253	0.79	23	16.1	18.2	20.9	13.8	6.5	1.4			2.14
	横	0.291	0.80	9.71	21.2	17.5	30.5	14.9	5.7	0.5			
4	纵	0.172	0.95	23.3	23.8	29.4	12.7	6.5	3.6	0.7			2.43
	横	0.104	1.62	29	24.9	19.5	14.4	8.1	2.8	1.3			
5	纵	0.165	1.06	21	30.6	25.4	14	5.7	2.8	0.4			2.63
	横	0.091	1.79	35.8	25.1	16.5	13	5.6	3.1	1			
6	纵	0.106	0.09	19.1	20.6	14.8	18.2	16.8	8	2.1	0.48		2.6
	横	0.071	2.61	23.6	28.3	16.3	16.9	7.9	5.6	1.45			
7	纵	0.118	2.68	5.42	12.7	13.7	22.7	17.3	21.5	5.2	0.77	0.77	3.06
	横	0.060	3.09	25.6	19.2	24.6	21.7	5.9	3				
8	纵	0.078	2.0	22.6	27.1	31.5	12.6	4.3	1.5	0.4			2.62
	横	0.099	1.56	23.5	25.8	29.7	16.5	3.7	0.32				
9	纵	0.066	2.66	29	24.2	19.4	17.2	6.3	3.2	0.7			2.57
	横	0.064	2.31	22.2	27.5	33.5	10.7	4.6	1.2	0.3			
10	纵	0.061	2.33	27	27.6	33.3	8.4	2.2	1.6	—			2.62
	横	0.051	2.87	33.5	28.2	17.4	13.5	6.5	0.9				

9.2.2.2 电解分离沉淀定硫

为与钢样测定的含 S 量比较，只选用 1 号 ~5 号试样进行电解分离，所得电解沉淀只用作定 S。将所得的含 S 量（质量分数）换算成 TiS 的质量分数，再由 TiS 的质量分数，换算成 TiS 的体积分数，计算方法如下：

$$\mathrm{S} \rightarrow \mathrm{TiS}: \quad w(\mathrm{TiS}) = \frac{m(\mathrm{TiS})}{m(\mathrm{S})} \times w(\mathrm{S}) = \frac{79.96}{32.06} \times w(\mathrm{S})$$

$$w(\mathrm{TiS}) \rightarrow f_V(\mathrm{TiS}): \quad f_V(\mathrm{TiS}) = w(\mathrm{TiS}) \times \frac{\text{试样相对密度}}{\mathrm{TiS}\ \text{相对密度}}$$

由于 TiS 的相对密度随结晶结构不同而异，如 Ti_3S_4 的 $D_x=3.87$，TiS_2 的 $D_x=3.255$，TiS 的 $D_x=4.46$，试样相对密度为 7.87。

由于本实验未做 X 射线衍射分析鉴定硫化钛的结构类型，只根据金相法和电子探针成分分析结果确定为 TiS 夹杂物。为使定 S 结果与夹杂物类型和含量与图像仪测定的 f_V 对比，特按三种硫化钛的相对密度进行计算。三种方法定量结果列于表 9-3。

表 9-3　图像仪定量与定 S 结果换算的硫化物体积分数

锭号	AIA 分析		钢中 S 换算成的硫化物							电解沉淀定 S 换算成的硫化物						
	f_V^T /%	f_V^L /%	w(S) /%	TiS(1号~5号)或 Ce_2O_2S(6号~10号)		TiS_2		Ti_3S_4		w(S) /%	TiS		TiS_2		Ti_3S_4	
				w/%	f_V/%	w/%	f_V/%	w/%	f_V/%		w/%	f_V/%	w/%	f_V/%	w/%	f_V/%
1	0.201	0.186	0.006	0.014	0.025	0.021	0.051	0.051	0.103	0.0014	0.004	0.006	0.005	0.012	0.012	0.024
2	0.337	0.621	0.018	0.045	0.079	0.063	0.152	0.153	0.310	0.0087	0.022	0.038	0.030	0.074	0.074	0.150
3	0.291	0.253	0.027	0.068	0.120	0.094	0.228	0.229	0.465	0.0082	0.021	0.036	0.029	0.069	0.070	0.141
4	0.104	0.172	0.052	0.130	0.228	0.182	0.440	0.441	0.895	0.0169	0.042	0.074	0.059	0.143	0.143	0.291
5	0.091	0.165	0.066	0.165	0.290	0.231	0.558	0.56	1.136	0.0242	0.060	0.106	0.086	0.205	0.205	0.417
6	0.071	0.106	0.029	0.131	0.169											
7	0.060	0.118	0.020	0.090	0.116											
8	0.099	0.078	0.003	0.014	0.018											
9	0.064	0.066	0.005	0.023	0.030											
10	0.051	0.061	0.005	0.023	0.029											

注：f_V^T、f_V^L 为图像仪（AIA）分别测定的横向和纵向试样中夹杂物的体积（%）。

从表 9-3 中所列数据可以看出三种方法测定结果相差甚大。同钢样定 S 结果换算的硫化物含量比较，图像仪（AIA）测定结果偏高，而电解沉淀定 S 结果换算的硫化物含量又偏低，见表 9-4。

表 9-4　三种方法测定结果相差率　（%）

锭号	图像仪（AIA）测定结果与钢中定 S 结果比较						电解沉淀定 S 与钢样定 S 结果比较		
	TiS 的 f_V^T	TiS_2 的 f_V^T	Ti_3S_4 的 f_V^T	TiS 的 f_V^L	TiS_2 的 f_V^L	Ti_3S_4 的 f_V^L	TiS 的 f_V	TiS_2 的 f_V	Ti_3S_4 的 f_V
1	704	294.1	95.1	644	264.7	80.6	-75.6	-76.8	-76.6
2	326.6	121.7	8.7	686	308.5	100.3	-51.6	-51.6	-51.6
3	142.5	27.6	-37.4	110.8	10.9	-45.6	-70	-69.5	-69.6
4	-54.5	-76.3	-88.4	-24.5	-60.9	80.7	-67.4	-67.5	-67.5
5	-68.6	-83.7	-91.9	-43.1	-70.4	85.4	-63.4	-63.3	-63.3
	Ce_2O_2S 的 f_V^T			Ce_2O_2S 的 f_V^L					
6	-58			-37.2					
7	-48.2			1.7					
8	450			333.3					
9	113.3			120					
10	75.8			110.3					

当钢样定 S 结果与图像仪（AIA）测定结果比较时，若 S 以 TiS 形式换算，在 1 号和 2 号试样相差高达 300% ~700%，即 3 ~7 倍；4 号和 5 号试样相差在 20% ~70% 之间。若 S 以 Ce_2O_2S 型夹杂物换算，6 号和 7 号试样只有 1% ~58%，而 8 号试样中含 S 量最低，两者相差高达 300% ~450%。表 9-4 说明在含 S 量较低时，与图像仪（AIA）测定结果相差太大。在含 S 量相近的 3 号和 6 号试样中，两种方法比较时，稀土夹杂物相差率远小于 TiS 型夹杂物。从两种方法测试结果的相差率看，钢中 S 以 Ti_3S_4 形式换算的结果，在 1 号 ~3 号试样中，两者相差率均较小；但钢中含 S 量较高的试样，如 4 号和 5 号试样，以 Ti_3S_4 形式换算的结果的相差率，又高于按 TiS 和 TiS_2 换算的结果。钢中含 S 量换算的硫化钛夹杂物，均高于电解沉淀粉末定 S 换算的结果，相差率为 50% ~76%。

钢样定 S 属经典方法，一般准确度较高，用以换算 MnS 夹杂物的含量。而用物理方法（如 AIA）测定金相试样上的硫化物含量远大于按钢样定 S 换算的结果，但用金相显微镜目测 MnS 夹杂物含量，能与钢样定 S 换算的 MnS 夹杂物含量相对应。用 AIA 测 MnS 夹杂物含量的结果有差别，但相差率远小于本套试样中硫化钛夹杂物。这与硫化钛夹杂物的光学性质有关：TiS 夹杂物的灰度与钢基体接近，AIA 难以区分 TiS 于基体中存在凸起的碳化物，从而将其计入夹杂物，故使夹杂物含量偏高。

9.2.3 性能测试结果

拉伸、冲击、断裂韧性，硬度等的测试方法如前几章所述，实验结果列于表 9-5。

表 9-5 D_6AC 钢的拉伸、冲击、硬度和断裂韧性

锭号	$w(S)/\%$	强度/MPa			$\psi/\%$	$\delta/\%$	a_K /J · cm^{-2}	K_{1C} /MPa · $m^{1/2}$	HRC/MPa
		σ_b	$\sigma_{0.2}$	σ_f					
1-1	0.006	1535	1445	1186	42.3	12.2	15.7	74.8	47.4
1-2		1537	1432	1209	41.7	14.7	15.9	—	—
1-3		1548	1419	1206	41.9	12.4	16.0	77.8	45.5
平均		1540	1432	1200	42.0	13.1	15.8	76.3	46.2
2-1	0.018	1536	—	1234	38.3	11.5	13.5	—	47.6
2-3		1538	1425	1216	—	13.9	17.3	73.7	47.3
2-5		1539	—	1222	37.5	12.8	16.0	75.7	—
平均		1537	1425	1224	37.0	12.7	15.6	74.7	47.5
3-1	0.027	1522	1356	1213	—	12.6	16.9	74.1 (K_Q)	—
3-2		1542	1437	1219	38.3	12.0	14.9	—	46.5
3-5		1526	1474	1232	37.2	—	17.0	74.5 (K_Q)	45.4
平均		1530	1422	1221	37.8	12.3	16.3	74.3 (K_Q)	46.0
4-1	0.052	1534	1459	1230	39.1	11.5	11.8	—	47.6
4-2		1535	1430	1228	37.5	11.5	14.7	76.8 (K_Q)	47.6
4-5		1545	1429	1237	39.3	11.8	14.6	68.7 (K_Q)	47.5
平均		1538	1439	1232	37.9	11.6	13.7	72.8 (K_Q)	47.6

续表 9-5

锭号	$w(S)/\%$	强度/MPa			$\psi/\%$	$\delta/\%$	a_K /J · cm^{-2}	K_{1C} /MPa · m$^{1/2}$	HRC/MPa
		σ_b	$\sigma_{0.2}$	σ_f					
5-1	0.066	1534	1383	1290	—	12.5	14.8	73.2 (K_Q)	—
5-2		1526	1444	1292	30.1	10.1	13.7	71.6 (K_Q)	46.9
5-3		1555	1389	1242	37.3	10.7	13.4	—	46.3
平均		1538	1405	1275	33.5	11.1	13.0	72.5 (K_Q)	46.6
6-1	0.029	1634	1513	1229	46.4	15.9	16.5	—	—
6-2		1623	1466	1241	43.9	13.0	16.3	71.7	—
6-3		1623	1510	1258	43.7	13.2	16.5	73.9	46.3
平均		1626	1496	1243	44.7	14.0	16.4	72.8	46.3
7-1	0.020	1627	1597	1287	41.1	12.9	16.2	70.7	—
7-2		1627	1437	1235	45.8	13.1	16.2	—	48.6
7-3		1621	1531	1334	35.3	12.8	16.3	72.7	—
平均		1625	1521	1285	40.7	12.7	16.2	71.7	48.6
8-1	0.003	1606	1486	1232	44.0	11.7	18.0	73.96	—
8-3		1620	1514	1210	46.2	12.2	17.6	—	48.2
8-4		1612	1587	1372	34.0	10.1	19.7	75.20	48.5
平均		1621	1529	1271	41.4	11.3	18.4	74.6	48.4
9-1	0.0051	1604	1416	1205	47.2	13.3	19.4	—	—
9-2		1612	1433	1320	37.6	11.3	18.7	75.3	48.8
9-3		1602	1530	1224	44.6	13.2	19.2	72.5	46.9
平均		1606	1460	1249	43.1	12.6	19.1	73.9	47.9
10-2	0.0050	1578	1499	1334	34.5	11.4	18.4	84.7	44.1
10-3		1585	1444	1172	44.4	12.8	18.4	83.2	48.6
10-4		1580	1504	1310	47.4	13.1	38.0	—	—
平均		1581	1482	1272	42.1	12.4	24.9	83.9	46.3

9.3 讨论与分析

在讨论之前，先将夹杂物相关数据与韧塑性、断裂韧性和断裂强度平均值重新编列在一起，见表 9-6。

表 9-6　夹杂物与韧塑性、断裂强度和断裂韧性

锭号	含 S 量换算为硫化物含量 f_V/%		断口测 $\bar{d}_T^{SEM}$/μm	图像仪（AIA）				σ_f /MPa	ψ /%	δ /%	a_K /J · cm^{-2}	K_{1C} /MPa · m$^{1/2}$
	钢中 S	电解沉淀 S		f_V^L /%	f_V^T /%	$\bar{d}_T^L$ /μm	$\bar{d}_T^{AIA}$ /μm					
1	0.025 (TiS)	0.0061 (TiS)	2.12	0.186	0.201	710	650	1200	42.0	13.1	15.8	76.3
2	0.079	0.0382	2.21	0.621	0.337	460	500	1224	37.9	12.7	15.6	74.7
3	0.120	0.0360	2.14	0.253	0.291	790	800	1221	37.8	12.3	16.3	74.3(K_Q)
4	0.228	0.0742	2.43	0.172	0.104	950	1620	1232	37.9	11.6	13.7	72.8(K_Q)
5	0.290	0.1062	2.63	0.165	0.091	1060	1790	1275	33.5	11.1	13.9	72.5
6	0.169 (Ce_2O_2S)	—	2.60	0.106	0.071	2090	2610	1243	44.7	14.0	16.4	72.8
7	0.116 (Ce_2O_2S)	—	3.06	0.118	0.060	2680	3090	1285	40.7	12.9	16.2	71.7
8	0.018 (Ce_2O_2S)	—	2.62	0.078	0.099	2000	1560	1271	41.4	11.3	18.4	74.6
9	0.030 (Ce_2O_2S)	—	2.57	0.066	0.064	2660	2310	1249	43.1	12.6	19.1	73.9
10	0.029 (Ce_2O_2S)	—	2.62	0.061	0.051	2830	2870	1272	42.1	12.4	24.9	83.9

9.3.1　硫化物含量与韧塑性的关系

9.3.1.1　含 S 量换算成硫化物 f_V

A　氯化钛

将钢中 S 含量与电解分离沉淀定 S 的结果按 TiS 形式换算成 TiS 的 f_V^{TiS}，再与 K_{1C}、ψ 和 δ 等韧塑性数据作图，见图 9-8。从各对应点变化趋势可以看出韧性均随 f_V^{TiS} 增大而逐渐下降。

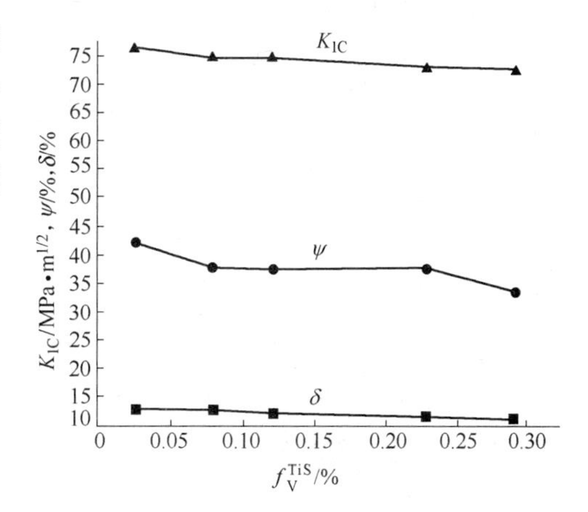

图 9-8　D_6AC 钢试样中硫化钛夹杂物含量与韧塑性的关系

经回归分析得出下列方程：

$$K_{1C} = 76.2 - 1370f_V^{TiS} \qquad (9\text{-}1)$$

$R = -0.9692$, $S = 0.44$, $N = 5$

$$\delta = 13.3\% - 7.4f_V^{TiS} \qquad (9\text{-}2)$$

$R = -0.9986$, $S = 0.05$, $N = 5$

$$\psi = 41.4\% - 28.3f_V^{TiS} \qquad (9\text{-}3)$$

$R = -0.8618$, $S = 1.76$, $N = 5$

对回归方程式（9-1）、式(9-2)和式(9-3)的验证（图 9-8）见表 9-7。

表 9-7　回归方程验证

样号	K_{1C}/MPa · $m^{1/2}$			δ/%			ψ/%		
	实测值	式(9-1)计算值	差值/%	实测值	式(9-2)计算值	差值/%	实测值	式(9-3)计算值	差值/%
1	76.3	75.8	-0.6	13.1	13.1	0	42.0	40.8	-2.9
2	74.7	75.1	0.5	12.7	12.7	0	37.9	39.5	4.0
3	74.3	74.5	0.2	12.3	12.4	0.8	37.8	38.5	0.8
4	72.8	73.1	0.4	11.6	11.6	0	37.9	36.0	-5.3
5	72.5	72.2	-0.4	11.1	11.1	0	33.5	34.5	2.9

回归方程式(9-1)和式(9-2)的计算结果，几乎与实验值相等，差值很小，说明 TiS 含量与断裂韧性和伸长率之间存在良好的线性关系，即随试样中 f_V^{TiS} 增大，K_{1C}和 δ 逐步呈直线下降。回归方程式（9-3）计算的面缩率随f_V^{TiS} 增大接近于直线下降，在 D_6AC 钢中若出现 TiS 夹杂物会降低韧塑性。

B　稀土硫氧化物

图 9-9 所示为f_V^C 与 K_{1C}和 a_K 的关系。

加稀土的 6 ~ 10 号试样，按 Ce_2O_2S 形式换算成$f_V^{Ce_2O_2S}$，8 号试样中含硫稀土夹杂物最少，但 δ 值最低，ψ 值也较低（见表 9-5)，而 6 号试样中的硫化物含量最高。但拉伸韧塑性反而最高，与一般规律正好相反。若去掉 10 号试样（图 9-9 中最高点），再对比其他试样中稀土夹杂物含量与 K_{1C}和 a_K 的关系，可以看出曲线变化比较平缓。说明用含 S 量换算的稀土硫氧化物量与韧塑性不对应。

9.3.1.2　图像仪直接测定夹杂物的 f_V

A　硫化钛

图像仪测定 1 ~ 5 号纵向或横向试样中的 f_V^{TiS} 与定 S 换算的 f_V^{TiS} 的结果正好相反，如 5 号试样中含 S 量最高，而 AIA 测出的结果最低，因而与韧性结果无法对应。但与 σ_f 存在对应关系，即纵向和横向试样中 f_V^{TiS} 最低时，σ_f 最高（见图 9-10)。但当 f_V^{TiS} 稍微增大时，

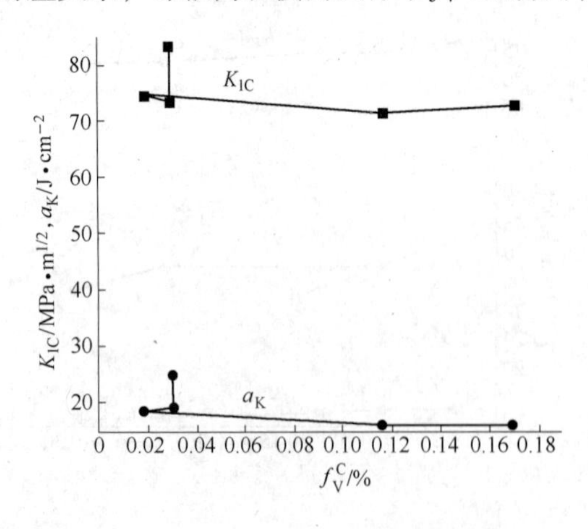

图 9-9　D_6AC 钢试样中稀土硫化物夹杂物含量（f_V^C）与韧性的关系

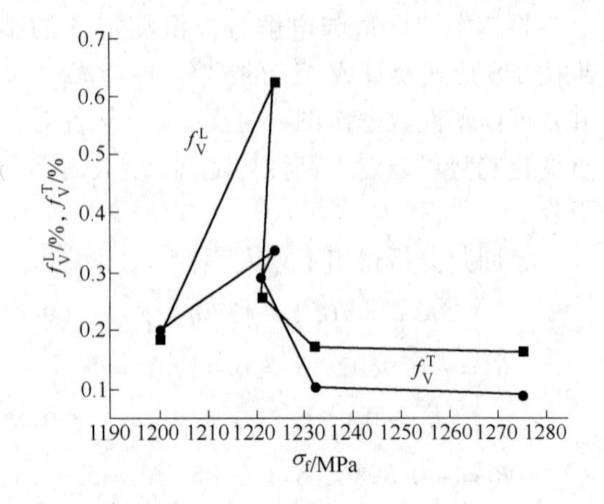

图 9-10　D_6AC 钢试样的断裂强度（σ_f）与夹杂物含量的关系

σ_f 急剧下降，若再增加时，σ_f 回升，即 f_V^{TiS} 到0.621%时，σ_f 也未下降。由于AIA所测颗粒除TiS夹杂物外，还有（与TiS灰度相近的）合金硫化物，由于碳化物对断裂强度有直接影响，即2号试样中所测夹杂物的 f_V = TiS的 f_{V1} + 合金硫化物的 f_{V2}，f_{V1} 和 f_{V2} 各为多少无法区别，但可以肯定 f_{V1} 增大使 σ_f 下降的值与 f_{V2} 使 σ_f 增大的值相互抵消。故在本套试样中颗粒体积分数最大的试样并未使 σ_f 降到最低点。

B 稀土硫氧化物

按原设计的试样成分，6~10号试样中含S量逐渐下降，呈系统变化。但炼好的稀土夹杂物试样中，8号试样的含S量却最低，9号和10号试样含S量基本相同。因此按含S量换算的稀土硫氧化物不能与韧性的变化相对应。用图像仪测定的纵向试样中颗粒的含量 f_V^L 与韧性的关系，如图9-11所示。当 f_V^L 由0.061%增加到0.066%时，韧性急剧下降，f_V^L 继续升高时，韧性的变化较平缓。图像仪所测颗粒百分率由于稀土夹杂物灰度较高，所测结果代表稀土夹杂物含量，说明钢中稀土夹杂物含量必须严加控制。按照本实验结果，若 $f_V^{Ce_2O_2S} \leqslant 0.06\%$，则试样的韧性较好。

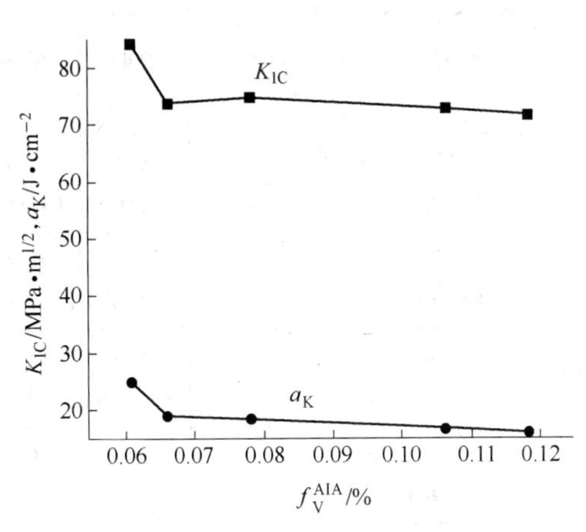

图9-11 D_6AC 钢试样中稀土硫化物夹杂物含量与韧性的关系

9.3.2 硫化物含量和间距与钢性能的关系

前几章已讨论过，夹杂物对钢性能的影响包括含量与夹杂物间距的共同影响，即 $f_V^{-\frac{1}{6}}\sqrt{d_T}$ 与韧性之间存在较好的线性关系。为此，将表9-2和表9-3的数据按 $f_V^{-\frac{1}{6}}\sqrt{d_T}$ 计算后再与性能数据对照列于表9-8中。

表9-8 夹杂物含量和间距对钢性能的影响

锭号	$f_V^{-\frac{1}{6}}\sqrt{d_T^{SEM}}$		$f_V^{-\frac{1}{6}}\sqrt{d_T^{AIA}}$		δ/%	ψ/%	a_K /J·cm^{-2}	K_{1C} /MPa·m$^{1/2}$	$(f_V^C)^{-\frac{1}{6}}\sqrt{d_T}$（钢中S换算为硫化物含量 f_V）	
	钢中S换算为硫化物含量 f_V	电解沉淀S换算为硫化物含量 f_V	纵向	横向					纵向	横向
1	2.70	3.41	35.3	33.3	13.1	42	15.8	76.3	49.3	47.1
2	2.27	2.56	23.2	26.8	12.7	37.9	15.6	74.7	32.7	34.1
3	2.08	2.54	35.3	34.7	12.3	37.8	16.3	74.3	40.0	40.3
4	1.994	2.42	41.3	58.7	11.6	37.9	13.7	72.8	39.4	51.5
5	1.993	2.35	44.0	63.1	11.1	33.5	13.9	72.5	40.0	52.0

续表 9-8

锭号	$f_V^{-\frac{1}{6}}\sqrt{\bar{d}_T^{SEM}}$		$f_V^{-\frac{1}{6}}\sqrt{\bar{d}_T^{AIA}}$		δ/%	ψ/%	a_K /J·cm^{-2}	K_{1C} /MPa·m$^{1/2}$	$(f_V^C)^{-\frac{1}{6}}\sqrt{\bar{d}_T}$（钢中 S 换算为硫化物含量 f_V）	
	钢中 S 换算为硫化物含量 f_V	电解沉淀 S 换算为硫化物含量 f_V	纵向	横向					纵向	横向
6	2.17 (Ce_2O_2S)	—	66.5 (Ce_2O_2S)	79.2 (Ce_2O_2S)	14.0	44.7	16.4	72.8	61.5	68.7
7	2.50 (Ce_2O_2S)	—	73.9 (Ce_2O_2S)	88.8 (Ce_2O_2S)	12.9	40.7	16.2	71.7	74.1	79.6
8	3.16 (Ce_2O_2S)	—	68.4 (Ce_2O_2S)	58.1 (Ce_2O_2S)	11.3	41.4	18.4	74.6	87.6	77.2
9	2.88 (Ce_2O_2S)	—	81.1 (Ce_2O_2S)	76.0 (Ce_2O_2S)	12.6	43.1	19.1	73.9	92.5	86.2
10	2.90 (Ce_2O_2S)	—	84.8 (Ce_2O_2S)	88.0 (Ce_2O_2S)	12.4	42.1	24.9	83.9	101.9	102.6

9.3.2.1 硫化钛

从含 S 量换算成 TiS 的 f_V，再与断口试样所测韧窝间距 $\bar{d}_T^{SEM}$ 按 $f_V^{-\frac{1}{6}}\sqrt{\bar{d}_T^{SEM}}$ 与韧塑性的关系作图，见图 9-12 和图 9-13。为了寻找夹杂物含量和间距与韧性的关系是否符合 $K_{1C} = A + Bf_V^{-\frac{1}{6}}\sqrt{\bar{d}_T}$ 的通式，仍采用线性回归方程。

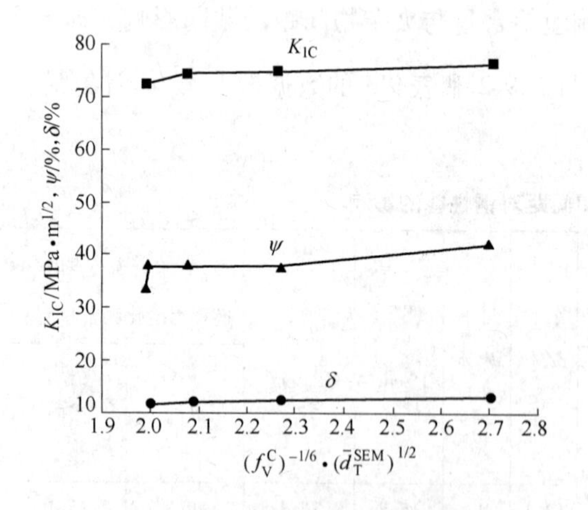

图 9-12　D_6AC 钢试样中 TiS 夹杂物含量、间距与韧塑性的关系（化学法定 S 换算的 f_V^C）

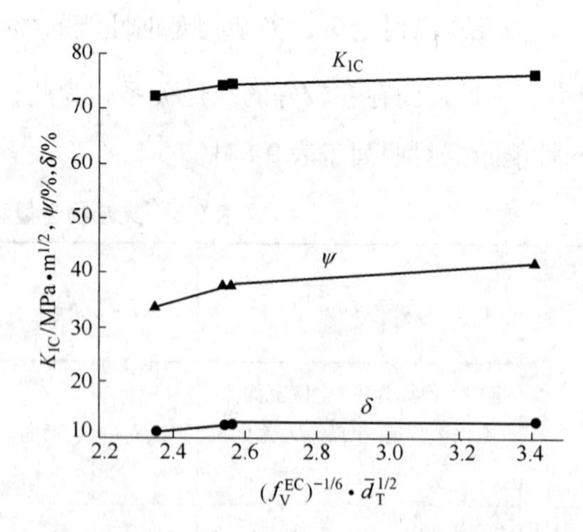

图 9-13　D_6AC 钢试样中 TiS 夹杂物含量、间距与韧塑性的关系（电解沉淀定 S 换算的 f_V^{EC}）

图 9-12 中，化学法定 S 结果换算的 TiS 的 f_V^C 与 $\bar{d}_T^{SEM}$ 的组合 $(f_V^C)^{-\frac{1}{6}}\sqrt{\bar{d}_T^{SEM}}$ 与韧塑性的关系经回归分析后，回归方程为：

$$K_{1C} = 63.4 + 4.8(f_V^C)^{-\frac{1}{6}}\sqrt{\bar{d}_T^{SEM}} \tag{9-4}$$

$$R = 0.9361,\ S = 0.63,\ N = 5$$

$$\delta = 7.0\% + 2.3\%(f_V^C)^{-\frac{1}{6}}\sqrt{\bar{d}_T^{SEM}} \tag{9-5}$$

$$R = 0.8551,\ S = 0.48,\ N = 5$$

$$\psi = 19.3\% + 8.4\%(f_V^C)^{-\frac{1}{6}}\sqrt{\bar{d}_T^{SEM}} \tag{9-6}$$

$$R = 0.8315,\ S = 1.93,\ N = 5$$

图9-13 中，电解沉淀定 S 结果换算的 TiS 的 f_V^{EC} 与 $\bar{d}_T^{SEM}$ 的组合（f_V^{EC}）$^{-\frac{1}{6}}\sqrt{\bar{d}_T^{SEM}}$ 与韧塑性的关系，经回归分析后，回归方程如下：

$$K_{1C} = 66.4 + 2.96(f_V^{EC})^{-\frac{1}{6}}\sqrt{\bar{d}_T^{SEM}} \tag{9-7}$$

$$R = 0.8963,\ S = 0.85,\ N = 4$$

$$\delta = 8.5\% + 1.4\%(f_V^{EC})^{-\frac{1}{6}}\sqrt{\bar{d}_T^{SEM}} \tag{9-8}$$

$$R = 0.7603,\ S = 0.69,\ N = 4$$

$$\psi = 19.37\% + 6.7\%(f_V^{EC})^{-\frac{1}{6}}\sqrt{\bar{d}_T^{SEM}} \tag{9-9}$$

$$R = 0.9084,\ S = 1.78,\ N = 4$$

为了验证上列方程是否可用，首先按线性相关显著性检查。在 $N=5$ 时，要求 R 值分别为 0.878（$\alpha=0.05$）和 0.959（$\alpha=0.01$）；$N=4$ 时，要求 R 值为 0.950（$\alpha=0.05$）和 0.990（$\alpha=0.01$）。因此，按线性相关显著性程度看，只有回归方程式（9-4）符合一般的线性关系，下一步再将回归方程计算值与实验值对比进行检查，见表 9-9。

表 9-9　回归方程式(9-4) ~ 式(9-9)计算值与实验值对比

韧塑性	K_{1C}/MPa · m$^{1/2}$					δ/%					ψ/%				
实验值	76.3	74.7	74.3	72.8	72.5	13.1	12.7	12.3	11.6	11.1	42	37.9	37.8	37.9	33.5
按回归方程式 (9-4) ~ 式(9-9)计算	76.4	74.3	73.4	73	73	13.2	12.2	11.8	11.6	11.6	42	38.3	36.8	36	36
	76.5	74	73.9	73.5	73.3	13.3	12.1	12	11.9	11.8	42.5	36.8	36.7	35.9	35.4

从表 9-9 所列数据可知，实验值与回归方程计算值之间相差在 5% 以内，回归方程式 (9-4) ~ 式(9-9)可用于实际评估夹杂物与韧塑性的关系。尽管按线性相关显著性检查，只有式（9-4）成立线性关系。这种线性回归分析的理论与实际之间存在矛盾的现象，可以这样解释：钢中存在夹杂物是普遍的，用夹杂物参数来估计钢的韧塑性最省力的办法就是按照线性回归方程表达式，多年的工作已肯定夹杂物参数与韧塑性之间存在线性关系，但线性回归方程表达式能否推广应用于大生产实际中，还需经过生产实验的检验。

前面已讨论过夹杂物的平均自由程与夹杂物间距在断口上测得的数据相近，其物理概念也相同。图像仪测定的夹杂物平均自由程（λ 或 F）在数值上远大于扫描电镜测定断口的结果。夹杂物含量变化的试样中，用图像仪测定的平均自由程也存在系统变化。因此从相对意义上讲，仍可用它代替夹杂物间距。化学法测定的试样含 S 量换算成 TiS 的 f_V^C 与平

均自由程组成 $(f_V^C)^{-\frac{1}{6}}\sqrt{\bar{\lambda}}$，将其与韧塑性的关系作图。由于图像仪分别测试纵、横试样上的夹杂物平均自由程，故组成 $(f_V^C)^{-\frac{1}{6}}\sqrt{\bar{\lambda}^L}$ 和 $(f_V^C)^{-\frac{1}{6}}\sqrt{\bar{\lambda}^T}$ 分别作图，见图 9-14 和图 9-15。图中各点偏离直线，找不出韧塑性与 TiS 含量和平均自由程之间的关系。主要原因是不能用平均自由程代表夹杂物间距。

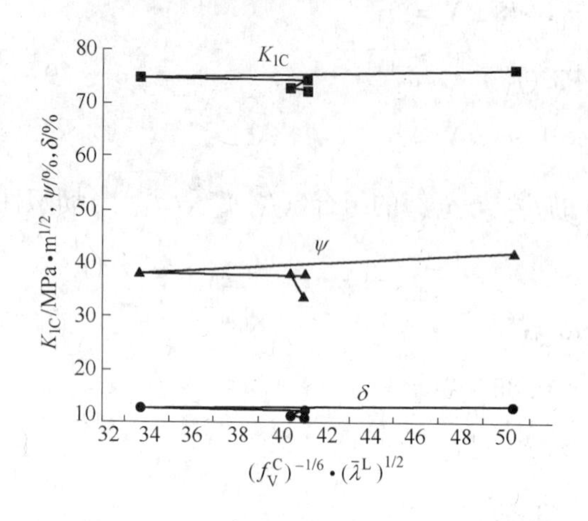

图 9-14　D_6AC 钢试样中 TiS 夹杂物含量、平均自由程共同对韧塑性的影响（纵试样）

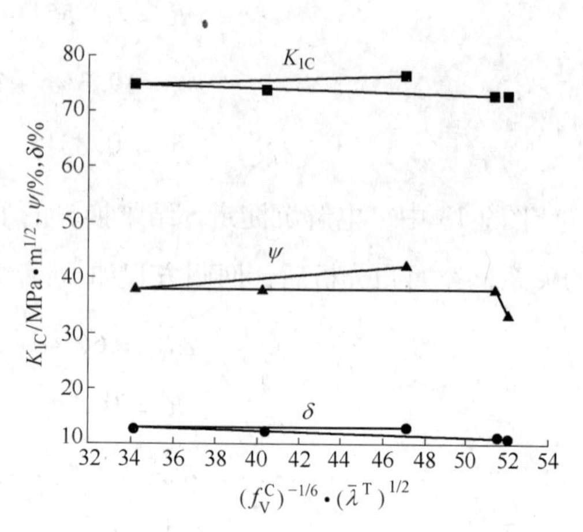

图 9-15　D_6AC 钢试样中 TiS 夹杂物含量、平均自由程共同对韧塑性的影响（横试样）

9.3.2.2　稀土硫氧化物

表 9-8 中 6 号 ~10 号试样，按含 S 量换算稀土夹杂物的 f_V^C，将其与颗粒的平均自由程组成 $(f_V^C)^{-\frac{1}{6}}\sqrt{\bar{\lambda}^L}$ 和 $(f_V^C)^{-\frac{1}{6}}\sqrt{\bar{\lambda}^T}$ 后与韧性的关系绘图，见图 9-16 和图 9-17。试样的断裂韧性（K_{1C}）随 $(f_V^C)^{-\frac{1}{6}}\sqrt{\bar{\lambda}}$ 的增大而下降，但冲击韧性的变化是逐步上升的，与一般规律相同。就曲线变化的形成，两者均存在线性关系。回归分析结果如下：

$$K_{1C} = 81.9 - 0.09(f_V^C)^{-\frac{1}{6}}\sqrt{\bar{\lambda}^L} \tag{9-10}$$

$$R = -0.9657,\ S = 0.46,\ N = 5$$

$$a_K = -0.85 + 0.23(f_V^C)^{-\frac{1}{6}}\sqrt{\bar{\lambda}^L} \tag{9-11}$$

$$R = 0.9286,\ S = 1.71,\ N = 5$$

$$K_{1C} = 83.1 - 0.11(f_V^C)^{-\frac{1}{6}}\sqrt{\bar{\lambda}^T} \tag{9-12}$$

$$R = -0.8976,\ S = 0.76,\ N = 5$$

$$a_K = -6.4 + 0.3(f_V^C)^{-\frac{1}{6}}\sqrt{\bar{\lambda}^T} \tag{9-13}$$

$$R = 0.9625,\ S = 1.25,\ N = 5$$

从线性相关显著性检查，回归方程式(9-10)和式(9-13)均满足 $\alpha=0.01$ 时的 R 值，故具有良好的线性关系，而回归方程式(9-11)和式(9-13)也符合 $\alpha=0.05$ 时所要求的 R 值，线性关系仍存在。再将实验值与回归方程计算值进行对比，结果见表 9-10。

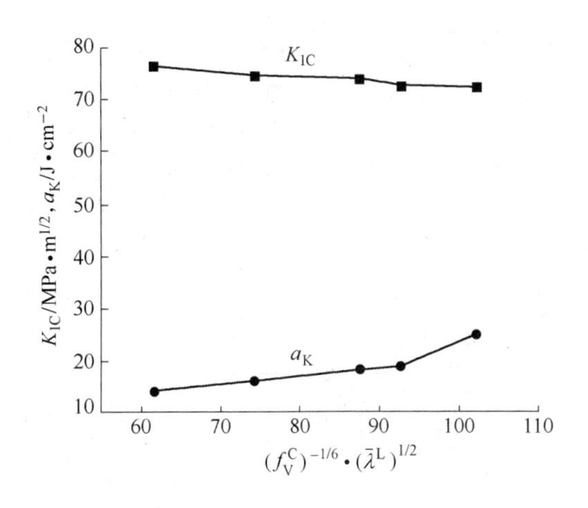

图 9-16　D_6AC 钢试样中稀土硫氧化物夹杂物含量、纵向平均自由程共同对韧性的影响（纵试样）

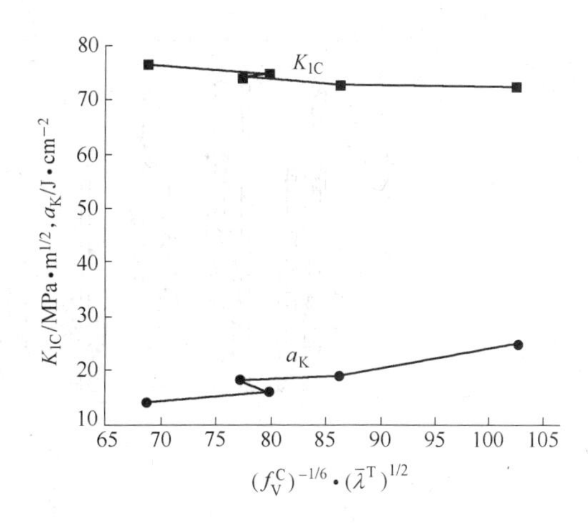

图 9-17　D_6AC 钢试样中稀土硫氧化物夹杂物含量、横向平均自由程共同对韧性的影响（横试样）

表 9-10　回归方程式（9-10）~式（9-13）计算值与实验值对比

韧　性	K_{1C}/MPa · m$^{1/2}$					a_K/J · cm^{-2}					部分计算值与实验值相差/%	
实验值	72.8	71.7	74.6	73.9	83.9	16.4	16.2	18.4	19.1	24.9	K_{1C}	a_K
按回归方程式(9-10)~式(9-13)计算值	76.3	75.2	74	73.6	72.7	13.3	16.2	19.2	20.4	22.6	−4.8，−4.9，+13.3	−9.1，−4.3，+9.2
	75.5	74.3	74.6	73.6	71.8	14.2	17.7	16.7	19.4	24.4	−3.7，−3.6，+14.4，+13.4	+13.4，+9.2，+2.0

从表 9-10 可以看出，计算值与实验值相差多数小于 10%，但个别点相差高达 14%。虽然按线性相关显著性检查，回归方程式(9-10)~式(9-13)均存在线性关系，这同 TiS 的 $f_V^{-\frac{1}{6}}\sqrt{\bar{d}_T^{AIA}}$ 与韧性的关系相反，稀土硫氧化物的 $f_V^{-\frac{1}{6}}\sqrt{\bar{d}_T^{AIA}}$ 与韧性之间尽管按回归分析理论应符合线性关系，但计算值与实验值相差较大，这与颗粒的平均自由程不等于或接近夹杂物间距有关。

值得注意的结果，断裂韧性与 $f_V^{-\frac{1}{6}}\sqrt{\bar{d}_T}$ 呈负相关，说明当用颗粒的平均自由程代替夹杂物间距时，会出现反常现象，虽然已经过大量实验结果验证 $K_{1C} = A + Bf_V^{-\frac{1}{6}}\sqrt{\bar{d}_T}$ 的通式成立。夹杂物间距 $\bar{d}_T$ 不能用其他参数代替。

9.3.3　夹杂物尺寸分布与钢性能的关系

为讨论 TiS 和稀土硫氧化物的尺寸分布与性能的关系，首先按表 9-2 中的数据绘成直方图，见图 9-18 ~ 图 9-21。以下分别对两类夹杂物进行讨论。

9.3.3.1　硫化钛

图 9-18 和图 9-19 所示分别为纵向和横向试样中 TiS 夹杂物尺寸分布图，横坐标为尺寸范围，纵坐标为各尺寸范围内 TiS 夹杂物数目所占的百分率。试样含 S 量从 1 号至 5 号逐增。因此，按含 S 量换算的 TiS 的含量 f_V 也应逐增，韧性相应地下降，但从图 9-8 看，面缩率曲线出现波动，线性关系不好，这应与试样中颗粒尺寸分布有关。

首先分析 2 号试样的情况：虽然按试样中含 S 量换算的 TiS 的 f_V 较低，但用图像仪测

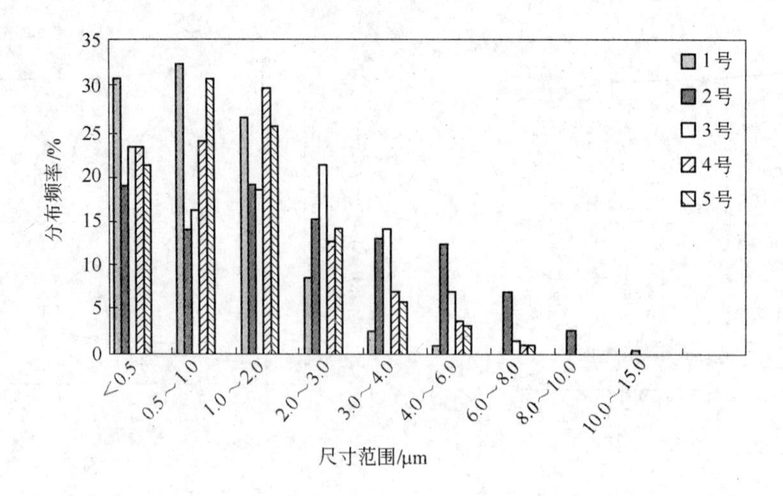

图 9-18 TiS 夹杂物尺寸分布频率（纵向）

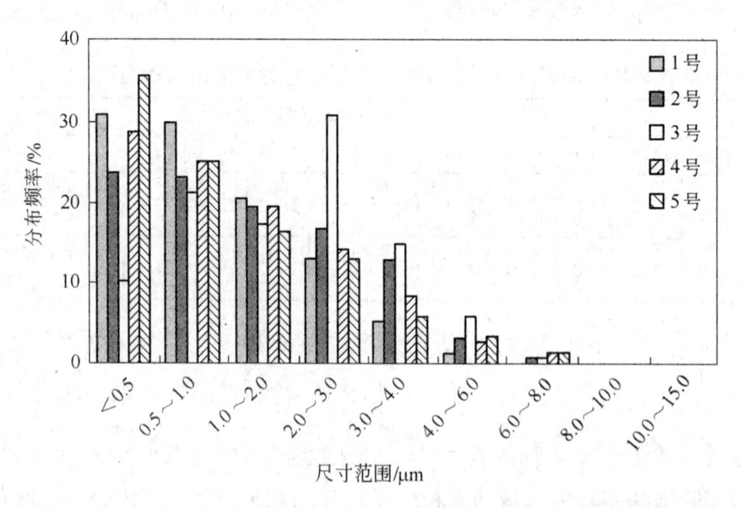

图 9-19 TiS 夹杂物尺寸分布频率（横向）

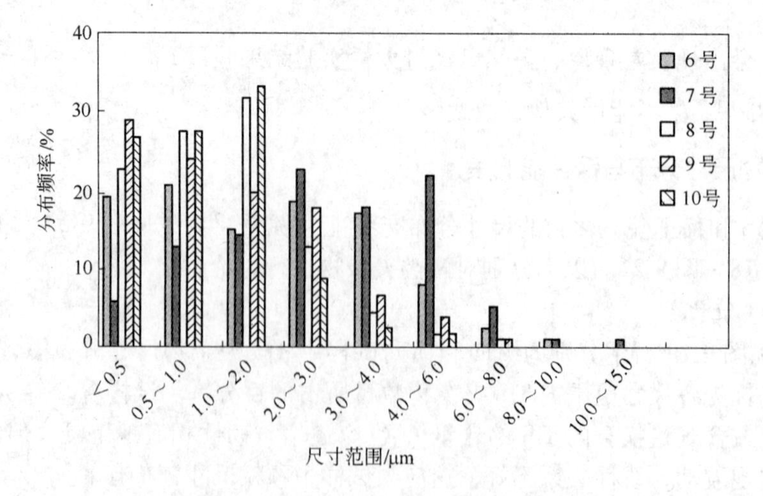

图 9-20 稀土夹杂物尺寸分布频率（纵向）

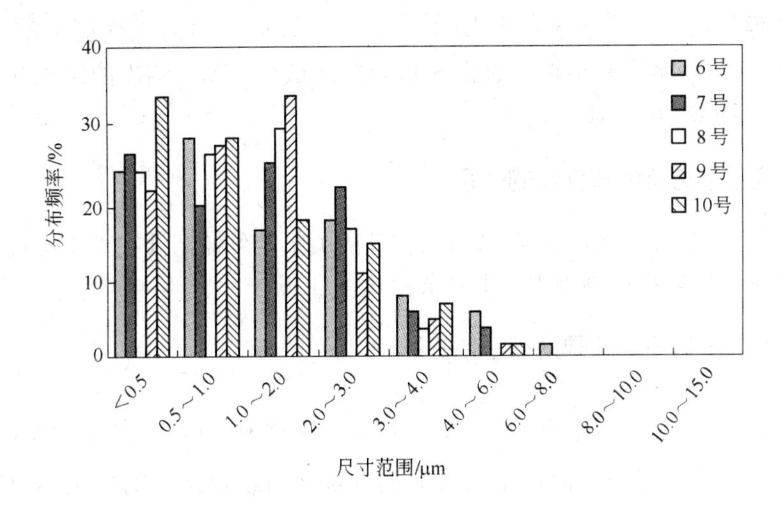

图 9-21　稀土夹杂物尺寸分布频率（横向）

出的含量 f_V^{TiS}，不管是纵向 f_V^L 或横向 f_V^T，同其他金相试样中夹杂物的 f_V 相比均最高（见表 9-7），即 2 号试样的韧性不全受 TiS 夹杂物的影响，还有其他 AIA 所测出的颗粒影响。再从尺寸分布图（图 9-18）看，2 号试样中颗粒尺寸大于 4μm 的数目最多，尤其是尺寸为 10 ~ 15μm 的颗粒，在其他试样中均未发现的情况下，仍在 2 号试样中出现，说明 2 号试样面缩率偏低与试样中存在较大颗粒的夹杂物和特殊碳化物有关。因此使钢中含 S 量换算的 f_V 与 ψ 的关系偏离直线。

再从表 9-7 中所列数据看，3 号试样的 a_K 值最高，虽然 AIA 所测 f_V^L 和 f_V^T 均较高，但从图 9-19 看，尺寸为 2 ~ 6μm 的颗粒数目最多，即在横向上分布的颗粒尺寸较大较多时，可使冲击韧性提高。由于冲击试样取纵向，缺口垂直于纵向，冲击吸收能量的大小直接与横向上颗粒分布状态有关。当颗粒尺寸在一定范围内较大较多时，在裂纹形成之前，消耗的弹性变形功和塑性变形功较高，使冲击吸收能量上升，冲击韧性增加。当然横向上的颗粒进一步增大时，将会降低韧性。

9.3.3.2　稀土硫氧化物

从表 9-7 和图 9-9、图 9-10 可以看出，a_K 和 K_{1C} 的最低值为 7 号试样。虽然 7 号试样的 f_V^L 值最高是造成韧性下降的直接原因。但从纵向试样中颗粒尺寸分布图 9-20 看，尺寸大于 2μm 的颗粒数目也最多，且有 10 ~ 15μm 的大颗粒存在。f_V 和尺寸分布的双重影响，使 7 号试样的韧性反常下降。前面已指出，横向颗粒尺寸在一定范围内较多较大者反而有利于韧性。从 6 号试样看，由钢中 S 换算的 f_V 值最大，而图像仪所测的 f_V^L 和 f_V^T 也较大，但 a_K 和 K_{1C} 值反而较 7 号试样高。横向尺寸分布图（图 9-21）上，6 号试样中颗粒不小于 3 ~ 8μm 的数目最多，进一步说明了横向上分布的颗粒尺寸和数目在一定范围内有利于韧性。当然颗粒较多，除含夹杂物颗粒之外，还存在细小的特殊碳化物。故使细小颗粒增多，可使韧性增加。

9.4　总结

9.4.1　TiS 含量与韧性的关系

按试样含 S 量换算的 f_V^{TiS} 与韧塑性之间存在线性关系，其中 f_V^{TiS} 与 K_{1C} 和 δ 之间有良好的线性关系。但用图像仪（AIA）测出的 f_V^{TiS}，无论纵向或横向试样测出的结果（f_V^L 和 f_V^T），均高于低含 S 量换算的结果，而含 S 量较高的试样，AIA 测出的结果又偏低，使韧塑性与 AIA 测定的 f_V^{TiS} 的关系不规律。

9.4.2 稀土硫氧化物含量与韧性的关系

根据图像仪测定的稀土硫氧化物含量与韧性的关系，可知韧性在稀土硫氧化物低含量范围内比较敏感，应严格控制钢中稀土夹杂物的含量。

9.4.3 夹杂物含量和间距共同对韧塑性的影响

前面各章已证明 $K_{1C} = A + Bf_V^{-\frac{1}{6}}\sqrt{\bar{d}_T}$ 通式成立。本章中，TiS 的含量、间距共同对韧塑性的影响证明此通式也成立。而稀土夹杂物的含量、间距随含量的变化不规律，通式不确定。

将通式中夹杂物间距 $\bar{d}_T$ 用平均自由程代替时，TiS 的 $f_V^{-\frac{1}{6}}\sqrt{\bar{d}_T^{AIA}}$ 与 K_{1C} 关系的通式不成立；而稀土夹杂物的 $f_V^{-\frac{1}{6}}\sqrt{\bar{d}_T^{AIA}}$ 与 K_{1C} 的关系正好相反，为负相关，与 a_K 的关系与已经证实的正相关一致。

9.4.4 TiS 夹杂物尺寸分布与韧性的关系

颗粒尺寸在一定范围内，分布于横向试样上较大较多时，有利于韧性。其中细小分布的合金碳化物较多是改善韧性的原因。

第 10 章　硫化物与氮化物夹杂物共存时对 D_6 AC 钢性能的影响

前面几章已分别研究过只有一种夹杂物时对钢性能的影响，本章内容主要总结 D_6AC 超高强度钢中同时存在两种夹杂物（MnS + TiN 或 MnS + ZrN）时对钢性能的影响。

10.1　MnS 和 TiN 夹杂物共同对钢性能的影响

10.1.1　实验方法与结果

10.1.1.1　试样的冶炼与热处理

A　试样的冶炼

以真空熔炼的 D_6AC 超高强度钢为母合金，按 MnS 和 TiN 夹杂物的不同含量，分别在真空感应炉中炼成 27kg 小锭，各炉试样成分设计如下。

第 1 组：固定 N 含量为 0.03%，变更 S 含量。N 以 MnN、S 以 FeS 为原料。配好的试样中 N、S 含量分别为：w(N) = 0.03%，w(S) = 0.005%、0.01%、0.02%、0.03%、0.045%。

第 2 组：固定 S 含量为 0.03%，w(N) = 0.005%、0.01%、0.02%、0.03%、0.05%。

试样成分列于表 10-1 中。

表 10-1　各炉试样成分（质量分数）　　（%）

样号	C	Si	Mn	Ni	Mo	Cr	S	P	Al	Ti	N
1	0.46	0.27	1.20	0.71	0.89	1.12	0.003	<0.005	<0.03	0.10	0.0185
2	0.46	0.24	1.20	0.71	0.93	1.13	0.010	<0.005	<0.03	0.10	—
3	0.49	0.24	1.22	0.75	0.94	1.11	0.010	<0.005	<0.03	0.13	0.0240
4	0.47	0.25	1.17	0.77	0.93	1.11	0.028	<0.005	<0.03	0.12	—
5	0.50	0.25	1.14	0.77	0.89	1.11	0.036	<0.005	<0.03	0.15	0.0217
6	0.48	0.33	0.94	0.71	0.94	1.63	0.041	<0.005	<0.03	0.09	0.0112
7	0.48	0.32	0.83	0.71	0.89	1.85	0.043	<0.005	<0.03	0.08	0.0106
8	0.47	0.30	1.53	0.71	0.94	1.59	0.034	<0.005	<0.03	0.13	0.0490

B　试样的热处理

正火：900℃ ×30min，空冷。

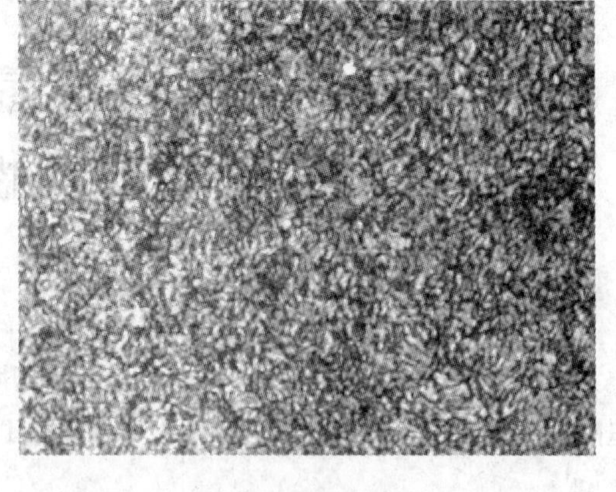
图 10-1 550℃回火的索氏体（×500）

淬火：880℃×20min，油淬。

回火：550℃×2h，空冷。另外选用1、5、7、8号4个试样在300℃×2h回火空冷。

10.1.1.2 试样的组织与晶粒度

1号~8号试样经硝酸酒精腐刻后，分别在金相显微镜下观察金相组织。550℃回火试样的组织均为索氏体，不受夹杂物含量的影响，晶粒度均为10~11级。300℃回火试样，除未完全固溶的碳化物外，组织仍较细。组织和晶粒度的金相图如图10-1~图10-3所示。

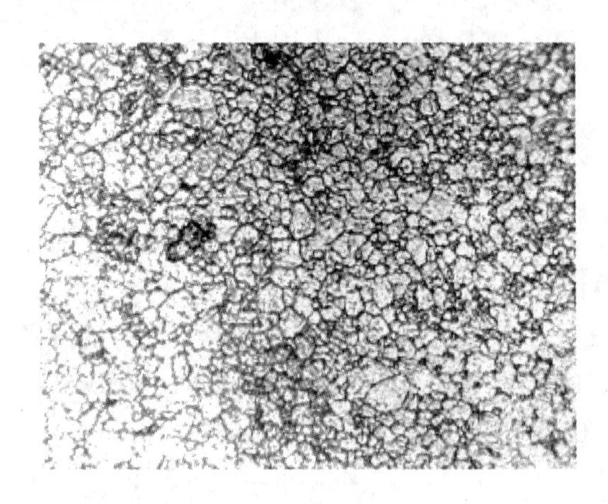
图 10-2 试样晶粒度（×400，10~11级）

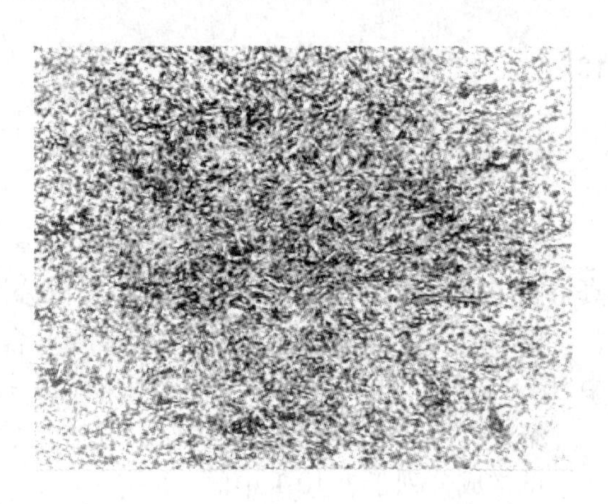
图 10-3 300℃回火的组织（×800）

10.1.1.3 夹杂物定性和定量

A 夹杂物定性

按MnS和TiN夹杂物的金相特征即可确定其类型，再用电子探针定量测其组成，测定结果见表10-2。MnS和TiN夹杂物的金相图如图10-4和图10-5所示。

表 10-2 电子探针分析夹杂物的成分（质量分数） （%）

成分		Mn	S	Ti	N	C	Fe	Cr	Si	形状	颜色
计算	MnS	63.2	36.8	—	—	—	—	—	—	—	
	TiN	—	—	77.4	22.5	—	—	—	—	—	
实测	MnS	64.9	34.1	0.24	0	0	2.8	0.20	0.01	长条	浅灰
	TiN	0.05	0.01	73.6	20.63	1.72	2.71	0.15	0.01	方块	金黄

B 夹杂物定量

由于MnS和TiN同属低灰度夹杂物，图像仪定量与金相法目测结果相比，后者准确度较高，故本章实验采用金相法定量。每个试样测量50个视场，分别测MnS和TiN的面积、尺寸和数目。MnS夹杂物的尺寸为其纵向长度和横向宽度，TiN夹杂物的尺寸为边长。再

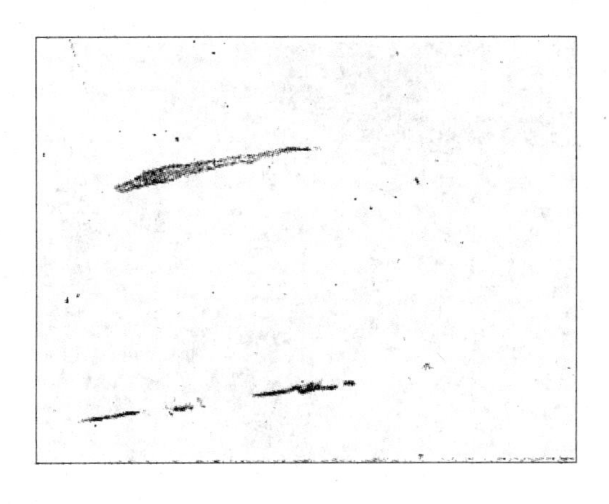

图 10-4　MnS（长条）和 TiN（方块）夹杂物的金相图

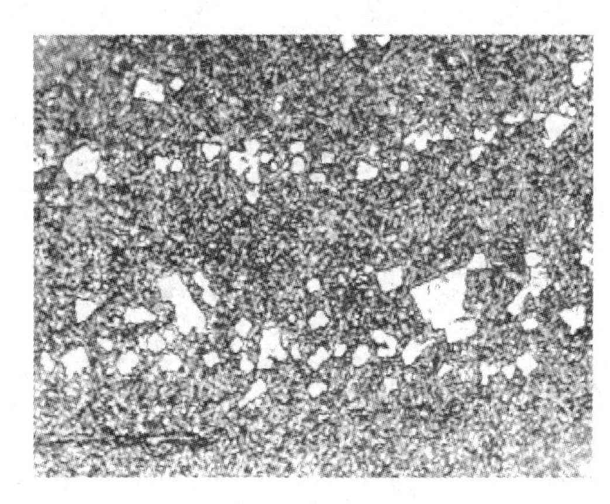

图 10-5　腐刻后的 TiN 夹杂物

按夹杂物间距的近似公式 $d_T = \sqrt{\frac{A}{N}}$，计算夹杂物的平均间距。夹杂物定量测定结果列于表 10-3 中。

表 10-3　夹杂物的定量测定

样号	体积分数/%				夹杂物的平均间距/μm				夹杂物的平均尺寸/μm			$f_V^{-1/6}\sqrt{d_T^{SEM}}$
					金相法测			断口	MnS		TiN	
	f_V^{MnS}	f_V^{TiN}	$f_V^{总}$	$f_V^{TiN}/f_V^{总}$	d_T^{MnS}	d_T^{TiN}	$d_T^{总}$	d_T^{SEM}	d_1	d_2	d_3	
1	0. 012	0. 076	0. 088	86	344	137	121	20	5. 4	1. 3	2. 0	6. 70
2	0. 037	0. 044	0. 081	54	230	152	127	21	8. 1	1. 4	1. 8	6. 97
3	0. 082	0. 134	0. 216	62	212	101	115	18	11. 2	1. 6	2. 6	5. 48
4	0. 146	0. 080	0. 224	35	158	146	110	17	15. 6	1. 7	2. 1	5. 29
5	0. 179	0. 070	0. 249	28	127	164	103	14	16. 8	1. 7	2. 0	4. 72
6	0. 215	0. 040	0. 255	18	119	163	96	12	17. 3	1. 9	1. 7	4. 35
7	0. 225	0. 039	0. 264	15	118	181	92	11	17. 1	2. 1	1. 7	4. 14
8	0. 175	0. 154	0. 329	47	151	925	85	9	14. 2	2. 3	2. 4	3. 61

C　扫描电镜观察

在扫描电镜下，对 550℃ 回火的 1 号 ~ 8 号试样的 K_{1C} 断口进行系统观察，沿疲劳预裂纹前端区域选取各对应视场拍摄扫描电镜图，用以测量韧窝中夹杂物的平均间距（d_T^{SEM}），同时也可观察到随夹杂物体积分数的变化，断口形貌的变化。今挑选位于 K_{1C} 断口同一区域内各试样的断口形貌，如图 10-6 ~ 图 10-11 所示。从图 10-6 ~ 图 10-11 上可以看出，随着夹杂物含量的增大，韧窝尺寸增大。在夹杂物含量最高的 8 号试样（图 10-11）断口上，韧窝连成一片，成为试样断裂的主要因素。为了确定断口上夹杂物的类型，进行能谱分析，见图 10-12 ~ 图 10-15。

另外对 300℃ 回火的 K_{1C} 试样的断口也进行了观察，见图 10-16。由于回火温度较低，

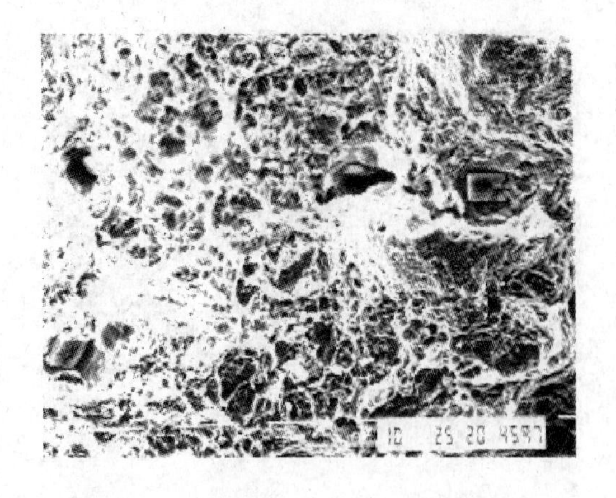

图 10-6　含 S 量为 0.010% 试样的断口

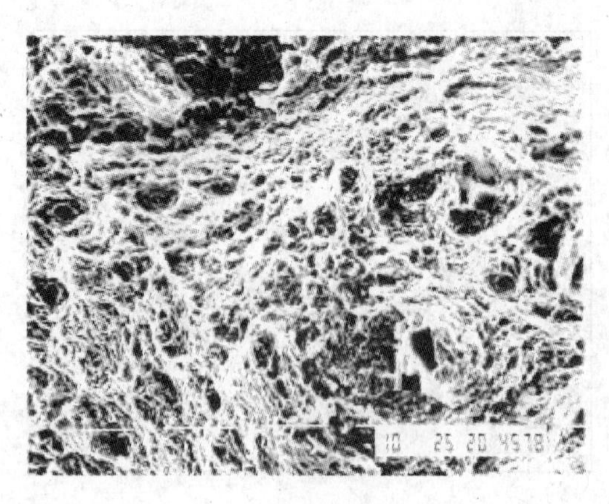

图 10-7　含 S 量为 0.003% 试样的断口

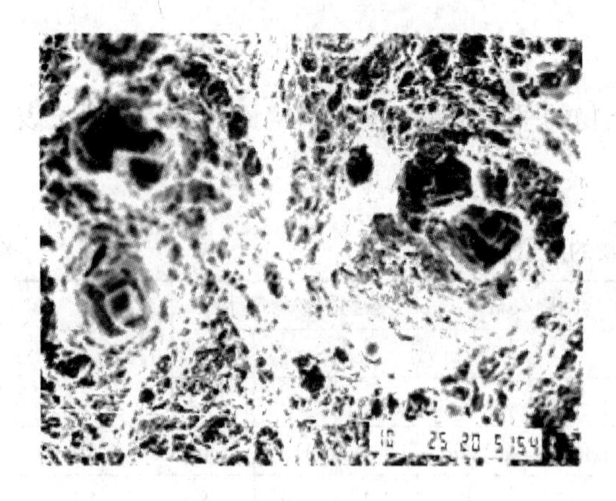

图 10-8　含 S 量为 0.018% 试样的断口

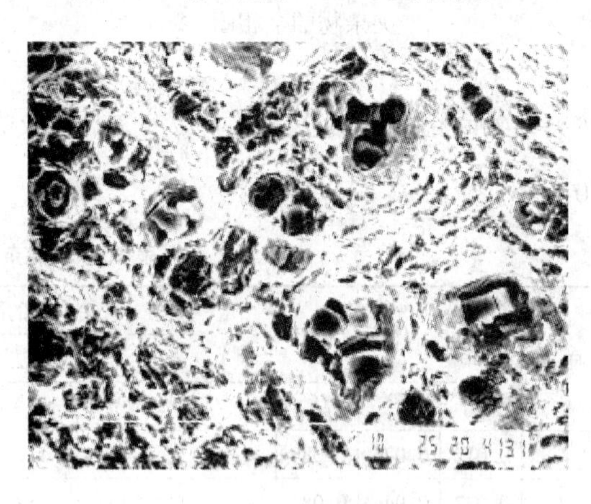

图 10-9　含 S 量为 0.036% 试样的断口

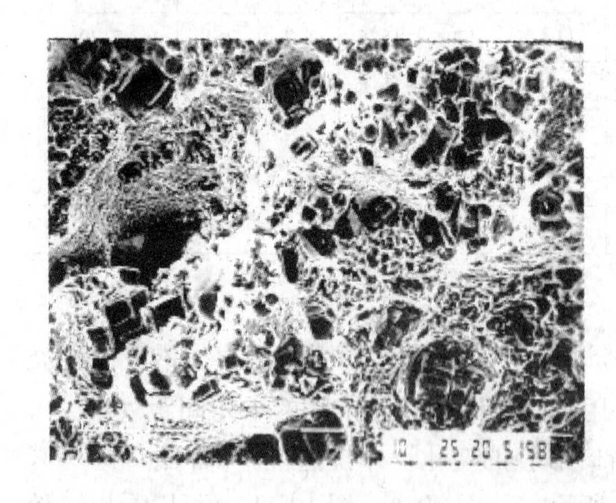

图 10-10　含 S 量为 0.034% 试样的断口

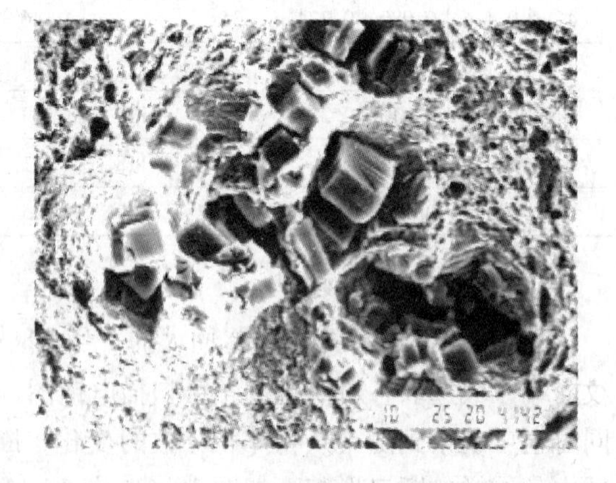

图 10-11　断口上的 TiN 夹杂物

试样的断口成为解理断口，故未对其作进一步研究。

为比较 K_{1C}断口与冲击断口的异同，系统观察了各试样的冲击断口形貌，发现两者断口形貌基本相同（见图 10-17），主要区别在冲击断口上没有大韧窝连成一片的形貌。韧窝

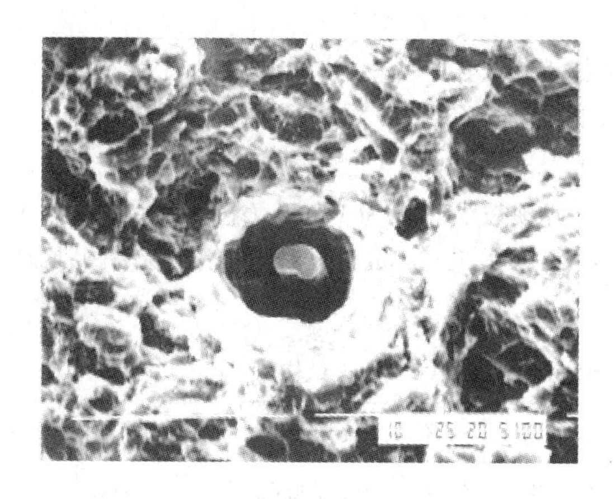

图 10-12 大韧窝中的 MnS 夹杂物

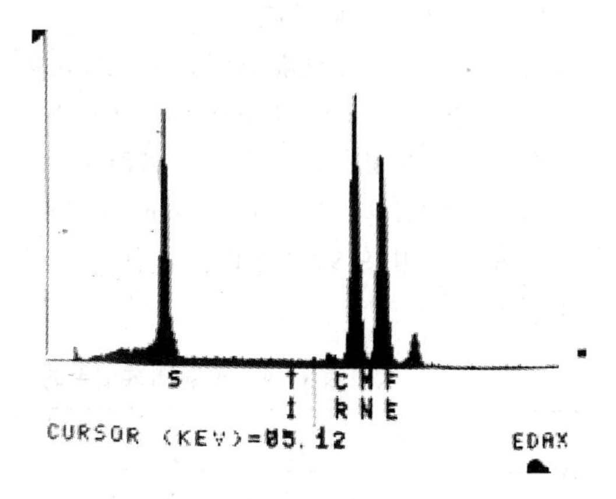

图 10-13 MnS 的能谱分析

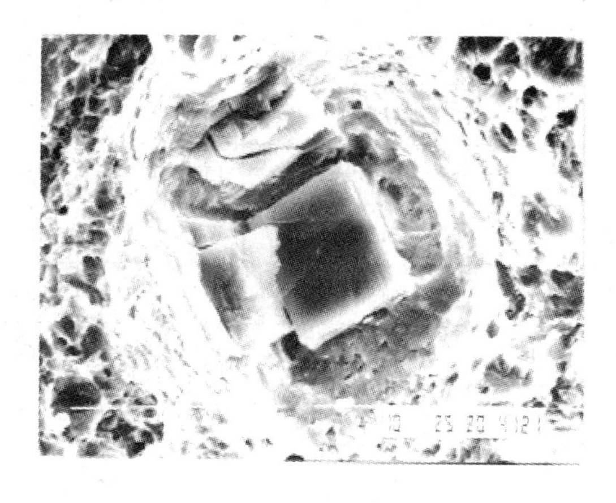

图 10-14 大韧窝中的 TiN 夹杂物

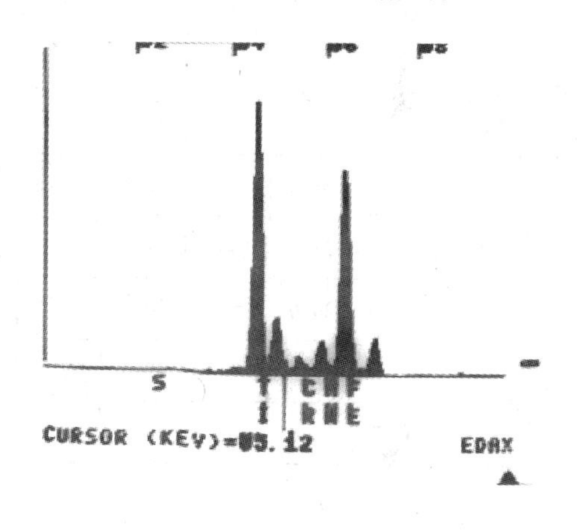

图 10-15 TiN 的能谱分析

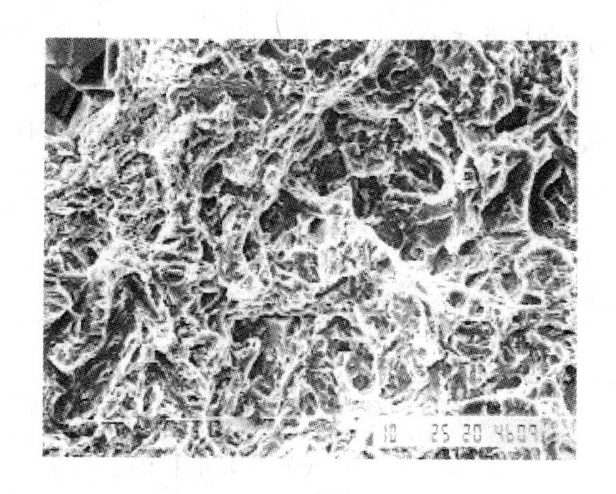

图 10-16 300℃回火的 K_{1C} 试样的断口

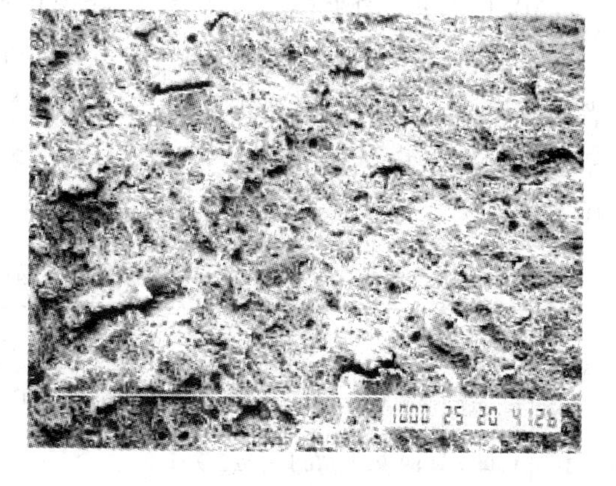

图 10-17 冲击试样断口上的裂纹

连成一片，表明在断裂之前，夹杂物成核的裂纹扩展连接，由于冲击试样系瞬间断裂，夹杂物成核的裂纹来不及扩展。

10.1.1.4 性能测试

沿加工方向切取性能试样，各试样的规格如下：

冲击试样：55mm × 10mm × 10mm，V 形切口（各测 3 个试样）。

拉伸试样：ϕ5mm × 50mm（各测两个试样）。

断裂韧性试样：17mm × 34mm × 185mm，疲劳预裂纹长度为 17mm（各测两个试样）。

拉伸试验用 IS-5000 型电子拉伸试验机，拉速为 2.5mm/min，性能测试结果的平均值列于表 10-4 中。

表 10-4 性能测试结果的平均值（550℃和 300℃回火试样）

样号	K_{1C}/MPa · m$^{1/2}$		a_K/J		ψ/%		δ/%		ε_f/%	$\sigma_{0.2}$/MPa		σ_b/MPa		$f_V^{总}$ /%
	550℃	300℃	550℃	300℃	550℃	300℃	550℃	300℃	550℃	550℃	300℃	550℃	300℃	
1	98.9	70.1	28.4	16.7	44.4	39.6	12	8	58.6	1539	1744	1588	1921	0.088
2	99.8		29.4		45.7		12		61.2	1539		1578		0.081
3	87.4		25.5		42.8		12		55.7	1268		1617		0.216
4	84.9		24.5		42.8		12		55.7	1519		1558		0.229
5	79.1	65.4	22.5	13.7	41.5		12		53.6	1568		1607		0.249
6	73.5		20.6		40.0		12		50.5	1569		1754		0.255
7	71.3	59.5	19.6	14.7	39.3	37.5	11	8	49.9	1676	1833	1764	2019	0.264
8	65.1	65.7	18.6	14.7	36.3		11		44.6	1695		1686		0.329

10.1.2 讨论与分析

10.1.2.1 回火温度、夹杂物含量与性能的相互关系

本套试样 1 号 ~ 8 号在 550℃回火和 300℃回火的组织分别为索氏体和回火马氏体。两者组织不同，只决定于回火温度，不受夹杂物含量的影响。但组织变化引起的性能变化率，却因夹杂物含量不同而异。今将夹杂物含量、回火温度与性能变化率的结果列于表 10-5 中。

表 10-5 因夹杂物含量、回火温度所引起的性能变化率对比

样号	$f_V^{总}$ /%	K_{1C}/MPa · m$^{1/2}$				a_K/J · cm^{-2}				ψ/%			
		550℃	300℃	$\Delta_1^{①}$/%	$\Delta_2^{②}$/%	550℃	300℃	$\Delta_1^{①}$/%	$\Delta_2^{②}$/%	550℃	300℃	$\Delta_1^{①}$/%	$\Delta_2^{②}$/%
1	0.088	89.9	70.1	21.9		28.4	16.7	41.2		44.4	39.6	10.8	
5	0.249	79.1	65.4	17.3	12.1	22.5	13.7	39.1	20.6				11.5
7	0.264	71.3	59.5	16.5	9.8	19.6	14.7	25.9	13.1	39.3	37.5	4.6	
8	0.329	65.1	65.7	0.9	8.7	18.6	14.7	21.0	4.9				

续表 10-5

样号	$f_V^{总}$ /%	δ/%				$\sigma_{0.2}$/MPa				σ_b/MPa			
		550℃	300℃	$\Delta_1^{①}$/%	$\Delta_2^{②}$/%	550℃	300℃	$\Delta_1^{①}$/%	$\Delta_2^{②}$/%	550℃	300℃	$\Delta_1^{①}$/%	$\Delta_2^{②}$/%
1	0.088	12	8	33.3		1539	1749	11.8		1588	1927	17.3	
5	0.249				8.3				5.5				0.1
7	0.264	11	8	27.3		1676	1833	8.6		1764	2019	12.6	
8	0.329												

① 回火温度所引起的性能变化率；

② 夹杂物含量所引起的性能变化率。

表 10-5 中所列数据说明，因回火温度不同而组织变化所引起的性能变化率并不相同。随试样中夹杂物含量增大所引起的性能变化率 Δ_2(%)逐渐变小。不仅韧性下降的变化率变小，也引起强度的上升率变小。夹杂物含量最高的 8 号试样的断裂韧性，550℃回火和 300℃回火相近，即回火马氏体组织的试样中，随 MnS 和 TiN 夹杂物含量增大，断裂韧性反而得到改善。在研究夹杂物与钢的断裂时，用准动态观察发现，在夹杂物聚集区有阻止裂纹扩展的情况，可以说明 8 号试样在 550℃回火和 300℃回火后断裂韧性相近的原因。另外，在相同回火温度的试样中，由于夹杂物含量变化所引起的性能变化率 Δ_2(%)，除面缩率 ψ 和 8 号试样断裂韧性外，均低于回火温度所引起的性能变化率 Δ_1(%)，说明回火组织的影响超过夹杂物含量对性能的影响。

10.1.2.2　夹杂物含量、间距分别对性能的影响

首先将表 10-4 中 550℃回火试样的韧性数据（包括 K_{1C}、a_K、ψ 和 ε_f）与试样中 MnS 和 TiN 夹杂物的总含量以及两种方法测试的夹杂物间距（d_T^m 和 d_T^{SEM}）分别作图，见图10-18 ~ 图10-22。

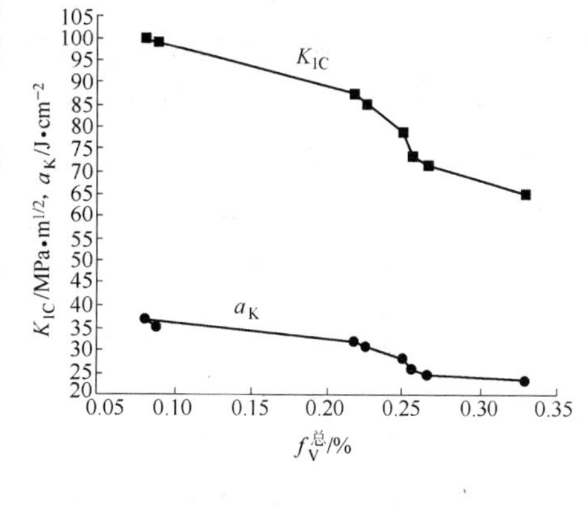

图 10-18　D_6AC 钢试样中 MnS 和 TiN 夹杂物总含量与韧性的关系

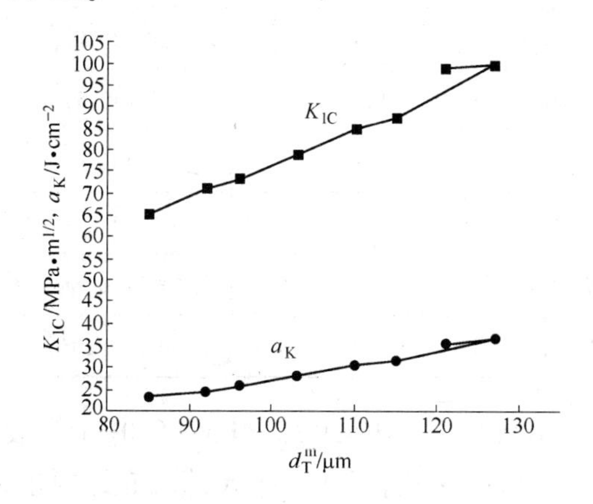

图 10-19　D_6AC 钢试样中夹杂物间距与韧性的关系

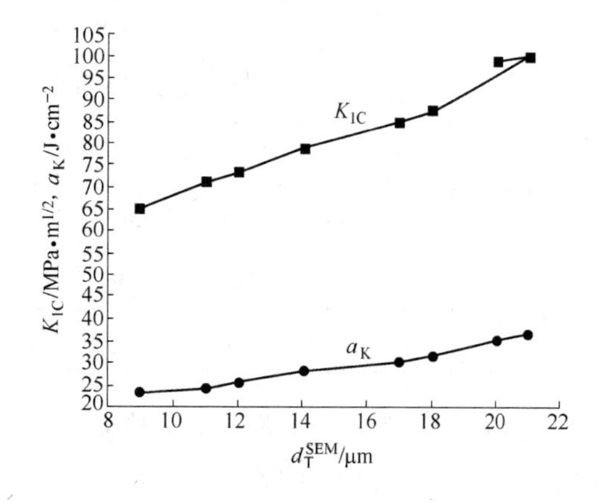

图 10-20　D_6AC 钢试样中夹杂物韧窝间距与韧性的关系

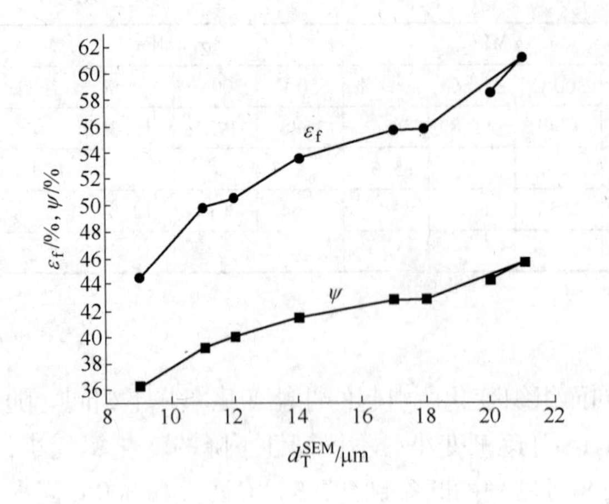

图 10-21　D_6AC 钢试样中夹杂物韧窝间距与拉伸韧性的关系

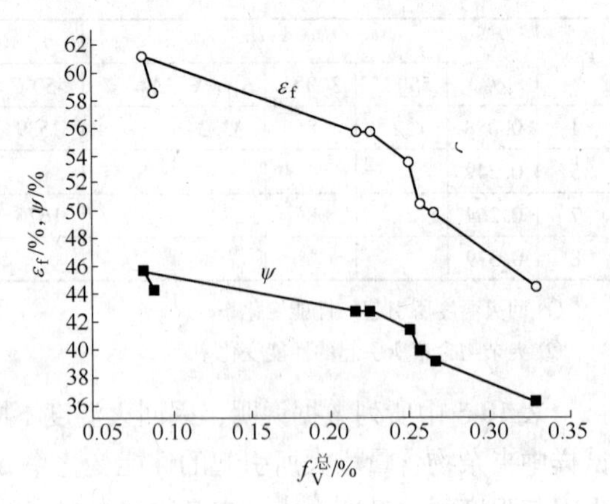

图 10-22　D_6AC 钢试样中 MnS 和 TiN 夹杂物总含量与拉伸韧性的关系

从图 10-18 ~ 图 10-22 中的曲线变化看，它们均接近于直线，即试样的韧性随夹杂物含量升高而逐步下降，并随夹杂物间距（d_T^m 和 d_T^{SEM}）增大而逐步上升。因此采用线性回归方法可找出夹杂物含量、间距与钢性能的关系。对图 10-18 ~ 图 10-22 中曲线的线性回归分析结果列于表 10-6 中。

表 10-6　图 10-18 ~ 图 10-22 的线性回归分析结果

图　号	回　归　方　程	方程号
图 10-18	$K_{1C} = 112.6 - 140.2f_V^{总}(R = -0.96478, S = 3.56, N = 8, P = 0.0001)$	式（10-1）
	$a_K = 33.0 - 44f_V^{总}(R = -0.94599, S = 1.40, N = 8, P = 0.0004)$	式（10-2）
图 10-19	$K_{1C} = -6.8 + 0.84d_T^m(R = 0.988, S = 2.09, N = 8, P < 0.0001)$	式（10-3）
	$a_K = -5.1 + 0.27d_T^m(R = 0.99302, S = 0.51, N = 8, P < 0.0001)$	式（10-4）
图 10-20	$K_{1C} = 39.8 + 2.81d_T^{SEM}(R = 0.98719, S = 2.16, N = 8, P < 0.0001)$	式（10-5）
	$a_K = 9.9 + 0.9d_T^{SEM}(R = 0.99165, S = 0.56, N = 8, P < 0.0001)$	式（10-6）
图 10-21	$\psi = 31.4\% + 0.67\% d_T^{SEM}(R = 0.9758, S = 0.71, N = 8)$	式（10-7）
	$\varepsilon_f = 35.8\% + 1.2\% d_T^{SEM}(R = 0.9760, S = 1.24, N = 8)$	式（10-8）
图 10-22	$\psi = 48.4\% - 32f_V^{总}(R = -0.9206, S = 1.27, N = 8)$	式（10-9）
	$\varepsilon_f = 65.8\% - 56.6f_V^{总}(R = -0.9257, S = 2.16, N = 8)$	式（10-10）

首先按线性相关显著性水平检验回归方程式(10-1) ~ 式(10-10)，当 $\alpha = 0.01$ 时，要求线性相关系数 $R = 0.834$（$N = 8$），回归方程式(10-1) ~ 式(10-10)的 R 值均超过要求，表明试样的韧性与夹杂物含量、间距均存在线性关系。其次，将回归方程式(10-1) ~ 式(10-10)计算的韧性值与实验值进行对比，结果列于表 10-7 中。

表 10-7　回归方程式(10-1) ~ 式(10-10)计算的韧性值与实验值对比的结果

韧性		K_{1C}/MPa · $m^{1/2}$								a_K/J · cm^{-2}							
实验值		98.9	99.8	87.4	84.9	79.1	73.5	71.3	65.1	28.4	29.4	25.5	24.5	22.5	20.6	19.6	18.6
计算值	方程式(10-1)和(10-2)	100.2	101.2	82.1	81	77.4	76.6	75.3	66.1	29.1	29.4	23.5	22.9	22	23.8	21.4	18.5
	Δ/%	1.3	1.4	-6.4	-4.8	-2.2	4	4.9	1.5	2.4	0	-0.5	-0.7	-2.3	13.4	0.4	-0.5
	方程式(10-3)和(10-4)	95	100	89.8	85.6	79.6	73.7	70.3	64.3	27.6	29.3	25.9	24.6	22.9	20.8	19.7	17.8
	Δ/%	-2.4	0.2	0.7	0.8	0.6	0.2	-1.4	-1.2	-2.8	-0.7	1.5	0.4	0.9	0.9	0.5	-4.4
	方程式(10-5)和(10-6)	96	98.8	93.3	87.5	79	73.3	70.4	64.7	27.9	28.8	26.1	25.2	22.5	20.7	19.8	18
	Δ/%	-3	-1	6.3	2.9	-0.1	-0.2	-1.2	-0.6	-1.8	-2	2.3	2.8	0	0.5	1	-3.3
韧性		ψ/%								ε_f/%							
实验值		44.4	45.7	42.8	42.8	41.5	40.0	39.3	36.3	58.6	61.2	55.7	55.7	53.6	50.5	49.9	44.6
计算值	方程式(10-7)和(10-8)	44.8	45.5	43.4	42.8	40.8	39.4	38.8	37.4	59.8	61	57.4	56.2	52.6	50.2	49	46.6
	Δ/%	0.9	-0.4	1.4	0	-1.7	-1.5	-1.3	2.9	2	-0.3	2.9	0.8	-1.9	-0.6	-1.8	4.6
	方程式(10-9)和(10-10)	45.6	45.8	41.5	41.2	40.4	40.2	39.9	37.8	60.8	61.2	53.5	53.1	51.7	51.3	50.8	47.2
	Δ/%	2.6	0.2	-0.1	-3.9	-2.7	0.5	1.5	4.2	3.6	0	-4.1	-4.9	-3.6	1.5	1.7	5.5

表 10-7 所列数据，说明回归方程计算值与实验值符合，因此回归方程式(10-1) ~ 式(10-10)全部成立，表明用金相法测定灰度低的夹杂物 MnS 和 TiN 的含量和间距仍有较高的准确度。

10.1.2.3　MnS 夹杂物含量与韧性的关系

从表 10-1 所列试样成分看，除 8 号试样外，其他试样含 S 量成系统变化。首先含 S 量换算成 MnS 夹杂物含量，再与金相法测定的 MnS 夹杂物含量对照，见表 10-8。说明试样中的 S 除少量转化成含 Ti 硫化物以外，大部分转化成 MnS 夹杂物，再将其含量与韧性的关系作图，见图 10-23。

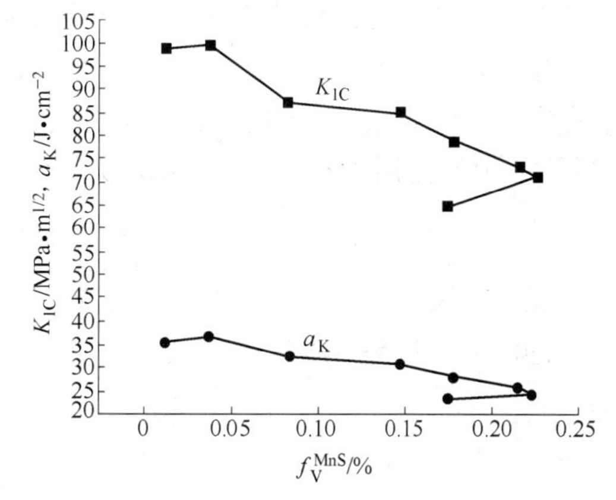

图 10-23　D_6AC 钢试样中 MnS 和 TiN 夹杂物中 MnS 含量与韧性的关系

断裂韧性和冲击韧性随 f_V^{MnS} 的增大而逐步下降，曲线变化趋势与图 10-18 相近。通过线性回归分析可得出下列回归方程：

$$K_{1C} = 101.6 - 142.7 f_V^{MnS} \tag{10-11}$$

$$R = -0.91188, S = 5.6, N = 8, P = 0.0016$$

$$a_K = 37.3 - 57.5 f_V^{MnS} \tag{10-12}$$

$$R = -0.92698, S = 2.03, N = 8, P = 0.0009$$

回归方程式(10-11)和式(10-12)的 R 值均较高，表明断裂韧性和冲击韧性随 f_V^{MnS} 的增大而呈直线下降，这与断裂韧性和冲击韧性随 $f_V^{总}$ 的增大而呈直线下降完全一致。说明同时含有 MnS 和 TiN 夹杂物的试样韧性主要受 MnS 夹杂物的影响，此外还需考察 TiN 夹杂物对试样韧性的影响。

抽出表 10-3 中所列 $f_V^{TiN}/f_V^{总}$ 数据，再补充 $f_V^{MnS}/f_V^{总}$ 的数据列于表 10-8 中。

表 10-8 f_V^{MnS} 和 f_V^{TiN} 分别在夹杂物总量中所占比例

样 号	1	2	3	4	5	6	7	8
$(f_V^{TiN}/f_V^{总})/\%$	86	54	62	35	28	18	15	47
$(f_V^{MnS}/f_V^{总})/\%$	14	46	38	65	72	82	85	53

从表 10-8 中可以看出，1 号和 3 号试样中 f_V^{TiN} 在 $f_V^{总}$ 中所占比例远高于 MnS 夹杂物，观察图 10-23 即可看出 1 号和 3 号试样的韧性偏低，主要受 TiN 夹杂物的影响。

再比较 5 号和 8 号试样，两者 f_V^{MnS} 相近，但 8 号试样中 f_V^{TiN} 在 $f_V^{总}$ 中所占比例远高于 5 号试样中所占比例，故 8 号试样的断裂韧性和冲击韧性除受其夹杂物总含量的影响外，也受到 f_V^{TiN} 在 $f_V^{总}$ 中所占比例偏高的影响。

比较 1 号和 2 号试样，2 号试样的 f_V^{MnS} 大于 1 号试样的 f_V^{MnS}，但 1 号试样的 f_V^{TiN} 大于 2 号试样的 f_V^{TiN}，虽然 1 号和 2 号试样夹杂物总含量相近，由于 1 号试样的 f_V^{TiN} 远高于 2 号试样，故 1 号试样的断裂韧性和冲击韧性均低于 2 号试样。

从上面的对比发现，当试样含有两种夹杂物（MnS 和 TiN）时，是哪一种夹杂物对试样的韧性影响大些，主要取决于该夹杂物在夹杂物总量中所占比例的高低。

10.1.2.4 夹杂物总含量与夹杂物间距的关系

当试样中只有一种夹杂物时，夹杂物总含量与夹杂物的间距成反比，并具有较好的线性关系。现研究当试样中同时存在两种夹杂物时，它们之间的关系。用表 10-3 中所列数据作图，分别见图 10-24 和图 10-25。

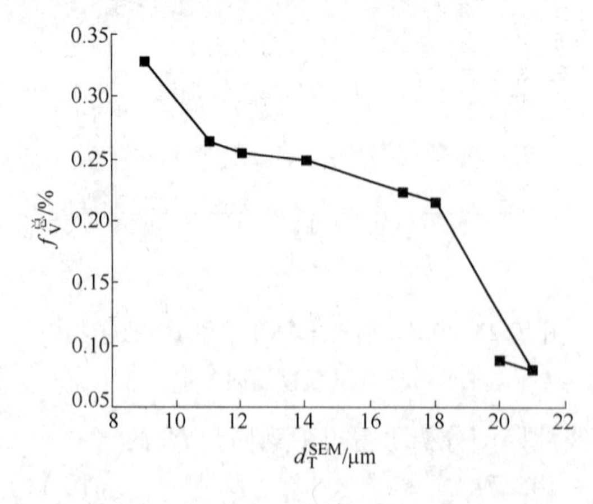

图 10-24 D_6AC 钢试样中夹杂物总体积分数与夹杂物韧窝间距的关系

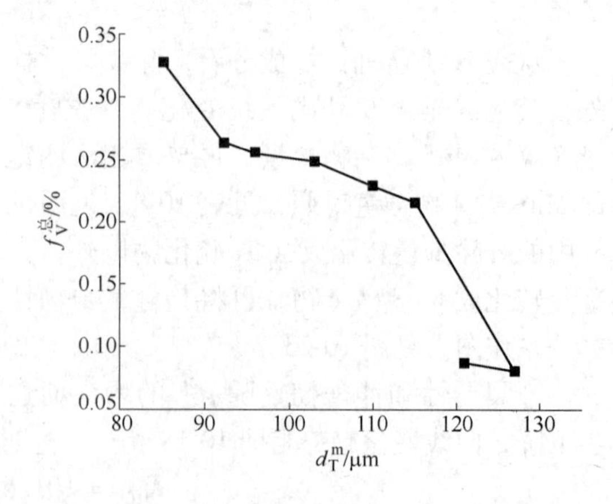

图 10-25 D_6AC 钢试样中夹杂物总体积分数与夹杂物间距的关系

从曲线的变化趋势看，$f_V^{总}$-d_T^{SEN} 与 $f_V^{总}$-d_T^{m} 两者相似，并成反比关系但都偏离直线。若分开观察，试样 2 号 ~ ~6 号各点位于一条直线上，1 号、7 号、8 号试样各点位于一条直线上。与图 10-23 对比，两者曲线的变化趋势相似，在说明 f_V^{MnS} 与韧性的关系时，已肯定试样的韧性还会受 TiN 夹杂物的影响。夹杂物总含量与夹杂物间距的关系，也会因试样中存在两种夹杂物使简单的线性关系复杂化。在冶金钢厂生产的实际钢中，一般都存在两种夹杂物以上，彼此相互制约，不能只按夹杂物评级的方法来决定钢的质量，而应考虑夹杂物种类、分布、含量、尺寸和间距等多种因素的作用。

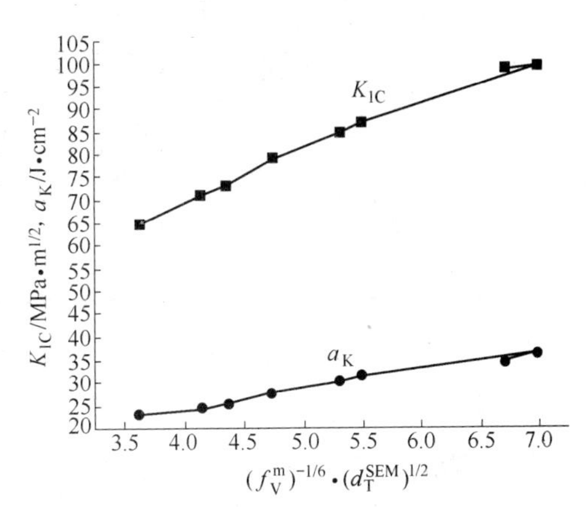

图 10-26　D_6AC 钢试样中 MnS 和 TiN 夹杂物总量、韧窝间距共同对韧性的影响

10.1.2.5　夹杂物含量、间距共同对韧性的影响

前面几章已讨论过试样中只存在一种夹杂物时，断裂韧性与夹杂物含量、间距之间的关系为：

$$K_{1C} = A + Bf_V^{-1/6}\sqrt{d_T}$$

现研究当试样中同时存在两种夹杂物时，夹杂物含量、间距与断裂韧性的关系，是否还能满足这个关系式。

首先按 K_{1C} 与 $f_V^{-1/6}\sqrt{d_T^{SEM}}$ 的实验数据作图，见图 10-26。图 10-26 中断裂韧性和冲击韧性均随 $f_V^{-1/6}\sqrt{d_T^{SEM}}$ 的增加而直线上升。对其进行回归分析后得出下列回归方程：

$$K_{1C} = 28.5 + 10.5f_V^{-1/6}\sqrt{d_T^{SEM}} \tag{10-13}$$

$$R = 0.9956,\ S = 1.24,\ N = 8$$

$$a_K = 8.2 + 4.1f_V^{-1/6}\sqrt{d_T^{SEM}} \tag{10-14}$$

$$R = 0.9918,\ S = 0.89,\ N = 8$$

回归方程式(10-13)和式(10-14)的线性相关系数 R 值远远超过线性相关显著性水平 $\alpha = 0.01$ 所要求的值，说明试样中同时存在两种夹杂物时，韧性与夹杂物含量、间距的关系仍然适用 $K_{1C} = A + Bf_V^{-1/6}\sqrt{d_T}$ 的关系。

10.1.2.6　含 MnS 和 TiN 的试样与含 MnS 或 TiN 的试样的断裂韧性对比

由于大生产的钢中都存在两种或两种以上的夹杂物，在低合金超高强度钢中，比较常见的是硫化物和氮化物。为了解它们共存时对钢韧性的影响，特选用前面几章中只存在一种夹杂物（MnS 或 TiN），与本章试样中的 MnS 和 TiN 夹杂物作比较。首先要保证试样基体组织相同，只选用 550℃ 回火的试样。

只含 MnS 夹杂物的试样，编号为 L，只含 TiN 夹杂物的试样，编号为 G，同时含有两种夹杂物 MnS 和 TiN 的试样，编号为 C。由于所选试样的夹杂物定量方法不相同，均按试样化学成分中 S 和 N 的含量，分别换算成 MnS 或 TiN 夹杂物的总含量，然后按夹杂物的总含量相近的作比较。

现将所选数据列于表 10-9 中。

表 10-9　分别含 MnS、TiN 和 MnS + TiN 夹杂物试样中夹杂物含量与断裂韧性 K_{1C}

编号	锭号	组别	S→MnS		N→TiN		w(MnS + TiN)/%	K_{1C}/MPa · $m^{1/2}$	w(C)/%
			w(S)/%	w(MnS)/%	w(N)/%	w(TiN)/%			
L-1	8	Ⅰ	0.026	0.071	0.005	0.022	0.093	90.9	0.44
C-2	1		0.003	0.008	0.019	0.082	0.090	98.9	0.46
G-3	3		0.013	0.035	0.017	0.075	0.110	79.9	0.42
L-4	9	Ⅱ	0.036	0.098	0.005	0.022	0.120	84	0.44
C-5	4		0.028	0.076	0.013	0.055	0.131	84.9	0.47
L-6	11	Ⅲ	0.059	0.160	0.005	0.022	0.182	78.5	0.42
C-7	5		0.036	0.098	0.022	0.096	0.194	79.1	0.50
G-8	5		0.012	0.033	0.038	0.167	0.200	76.2	0.48

为了分析方便，采用符号 >、=、< 分别表示大于、等于和小于。

Ⅰ组：

K_{1C}：C-2 > L-1 > G-3；

MnS 含量：L-1 > G-3 > C-2；

TiN 含量：C-2 > G-3 > L-1。

虽然 C-2 试样的 TiN 含量最高，但 MnS 含量却是最低。由于 L-1 试样 MnS 含量最高，使 K_{1C}值低于 C-2。G-3 试样中 TiN 夹杂物为主要夹杂物，但由于含 S 量偏高，使 K_{1C}值大为下降，均说明 MnS 含量高对 K_{1C}值下降起主要作用。

Ⅱ组：

K_{1C}：C-5 > L-4；

MnS 含量：L-4 > C-4；

TiN 含量：C-5 > L-4。

虽然 C-5 试样的 TiN 含量高于 L-4，但由于 MnS 含量较低，K_{1C}值仍高于 L-4。同样说明 MnS 含量对 K_{1C}值的影响大于 TiN 夹杂物。

Ⅲ组：

K_{1C}：C-7 > L-6 > G-8；

MnS 含量：G-8 < C-7 < L-6；

TiN 含量：G-8 > C-7 > L-6；

L-6(MnS) = G-8(TiN)；

C-7(MnS) > G-8(MnS)。

虽然 C-7 试样中 MnS 含量远高于 G-8，但由于 G-8 试样中 TiN 含量偏高，并与 L-6 试样中 MnS 含量相等，从而使其 K_{1C}值仍低于 L-6。说明 TiN 含量太高，并与 MnS 含量相等时，同样会降低 K_{1C}值。

最后对表 10-9 中三组试样进行比较。在每组试样中夹杂物总量相近时，MnS + TiN 夹杂物试样的断裂韧性分别高于以 MnS 或以 TiN 为主的试样。另外，在实际样品中，L 系列试样均为只含 MnS 一种夹杂物的试样，试样中的含 N 量并未生成 TiN 夹杂物，G 系列试样中也只含 TiN 一种夹杂物，试样中的含 S 量已固溶于 TiN 夹杂物中，未发现 MnS 夹杂物。

另外，对超高强度钢使用性能的要求为：$\sigma_{0.2}=1420\sim1470\text{MPa}$，$K_{1C}=87\text{MPa}\cdot\text{m}^{1/2}$。

本套试样中，3 号试样的性能即可满足使用要求。虽然 3 号试样的 S 和 N 的含量并不低，这说明对钢洁净度的要求，只要夹杂物含量降至能满足性能要求即可，不必对夹杂物提出苛刻的条件，从而可以简化冶炼工艺，降低生产成本。

10.1.3　总结

由于试样中的 S 主要形成 MnS 夹杂物，将其与金相法测定 MnS 夹杂物含量对比，见表 10-10。

表 10-10　试样中的含 S 量换算成 MnS 夹杂物与金相法测定 MnS 夹杂物含量的对比

样　号	化学法			金相法
	$w(S)/\%$	$w(MnS)/\%$	$f_V^{MnS}/\%$	$f_V^{MnS}/\%$
1	0.003	0.008	0.015	0.012
2	0.010	0.027	0.052	0.037
3	0.018	0.049	0.094	0.082
4	0.028	0.076	0.146	0.146
5	0.036	0.089	0.189	0.179
6	0.041	0.111	0.214	0.215
7	0.043	0.117	0.225	0.225
8	0.034	0.092	0.177	0.175

从表 10-10 中可以看出金相法测定的 MnS 夹杂物含量与化学法定 S 换算成 MnS 夹杂物基本一致，说明金相法测定 MnS 夹杂物含量是可靠的。

10.2　MnS 和 ZrN 夹杂物共同对钢性能的影响

10.2.1　实验方法与结果

10.2.1.1　试样的冶炼与热处理

与 10.1 节含 TiN 和 MnS 夹杂物试样的冶炼方法完全相同，只将加 Ti 改为加 Zr。试样成分列于表 10-11 中。实验的热处理制度如下：

正火，900℃ ×30min，空冷；

淬火，880℃ ×20min，油冷；

回火，550℃ ×2h，空冷。

表 10-11　含 MnS 和 ZrN 试样的化学成分　(%)

锭　号	C	N	S	[O]	P
13	0.44	0.005	0.031	0.0010	0.008
14	0.42	0.008	0.025	0.0010	0.008
15	0.43	0.011	0.040	0.0011	0.007
16	0.42	0.007	0.051	0.0010	0.008
17	0.41	0.012	0.076	0.0013	0.009
18	0.39	0.008	0.071	0.0015	0.009

续表 10-11

锭 号	Zr	Cr	Mo	Ni	Mn	Si
13	0.065	1.11	1.03	0.77	0.72	0.28
14	0.130	—	—	—	—	—
15	0.260	1.33	0.96	0.75	0.67	0.26
16	0.390	—	—	—	—	—
17	0.520	—	—	—	—	—
18	0.650	—	—	—	—	—

10.2.1.2 组织与晶粒度

各试样的组织观察仍先采用4%硝酸酒精溶液腐蚀，550℃回火试样均为索氏体，不受夹杂物含量变化的影响，见图10-27。

用氧化法显示各试样的晶粒度，即试样抛光后光面向下置于920℃的马弗炉中保温10～15min，水冷后用细砂纸轻轻磨去氧化皮，再抛光后，用4%硝酸酒精溶液腐蚀。在金相显微镜下与晶粒度评级标准YB 27—1977标准图对照，评级结果见表10-12。

表 10-12 试样晶粒度（×400）

锭 号	晶粒度级别			平均级别	
	视场1	视场2	视场3	实 际	范 围
13	11	10	10～11	10.5	10～11
14	11	10	10～11	10.5	10～11
15	11	10	11	10.7	10～11
16	10～11	10～11	11	10.5	10～11
17	9～10	10	10～11	10	10
18	9～10	9～10	11	9.5	9～10

各试样的晶粒度均在10级左右，评级后在500倍下摄取晶粒度图。现选择1张，见图10-28。

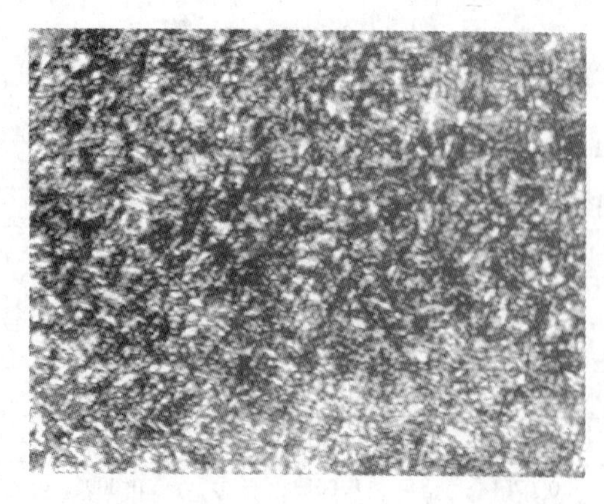

图 10-27 回火试样索氏体（×500）

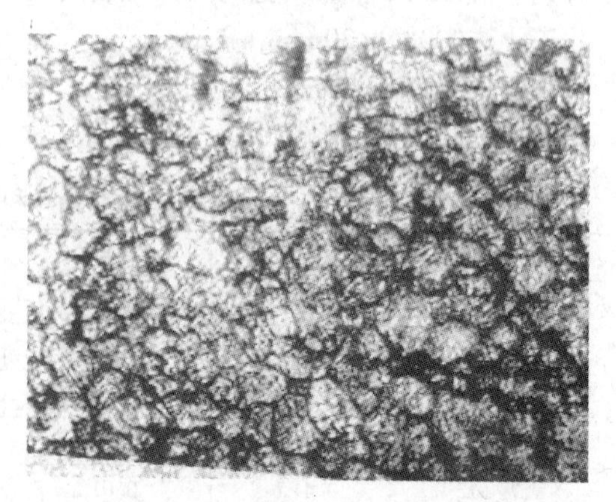

图 10-28 试样晶粒度（×500，10～11级）

10.2.1.3　夹杂物的定性和定量

A　夹杂物定性

本套试样中的两种夹杂物易于用金相法鉴定，见图 10-29 ~ 图 10-31。MnS 为常见夹杂物，ZrN 以其特有的柠檬黄色且具有整形晶体的特征而易于识别。为进一步肯定其类型，选用 K_{1C} 试样断口用扫描电镜做能谱分析，断口韧窝中的方块含 Zr（见图 10-32）及其能谱图（见图 10-33）；断口韧窝中形状不规则者主要含 S 和 Mn（见图 10-34 和图 10-35）。另外选取两个金相试样中的含 Zr 硫化物夹杂物用 SEM 能谱做元素定量分析，见表 10-13。

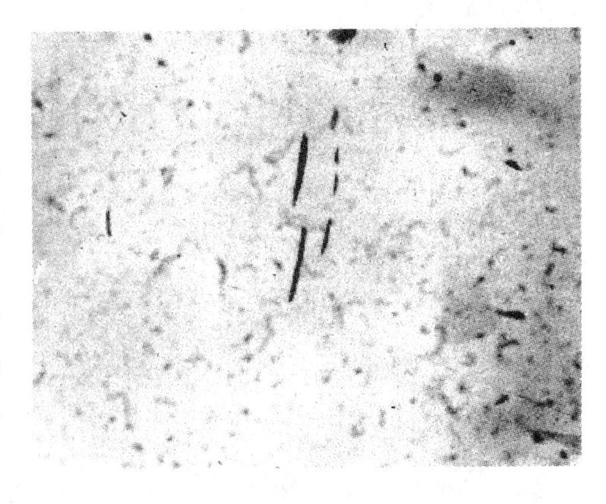

图 10-29　MnS（长条）和 ZrN（方块）夹杂物金相图（×500）

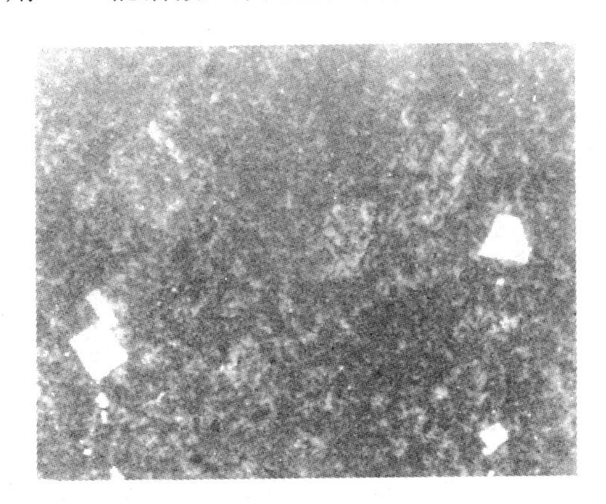

图 10-30　试样腐刻后的 ZrN（方块）夹杂物（×500）

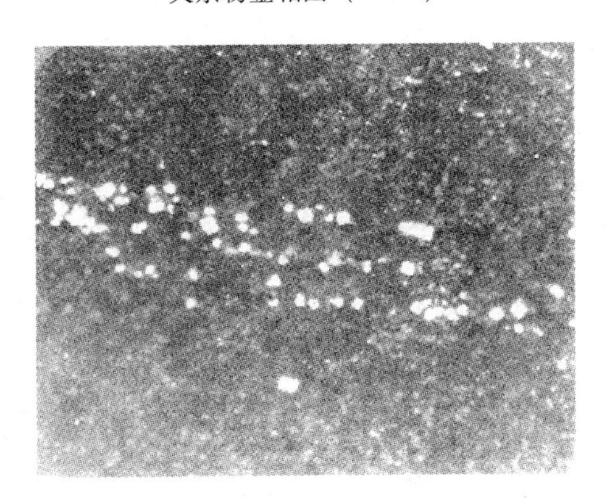

图 10-31　试样腐刻后的 ZrN（小方块）夹杂物（×1500）

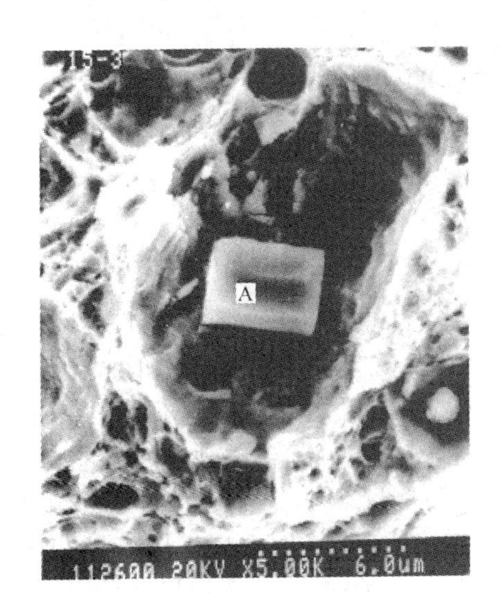

图 10-32　断口上的 ZrN

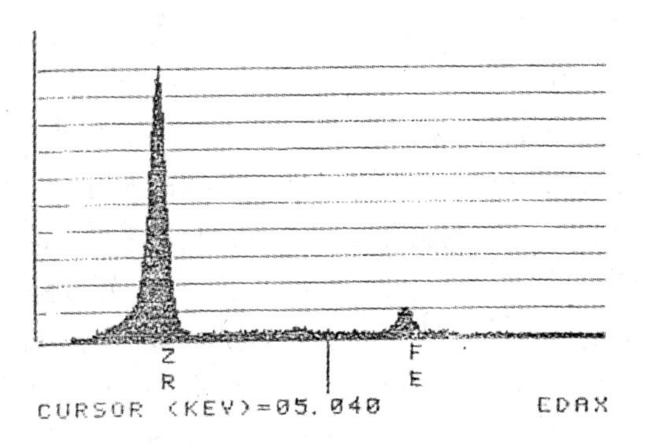

图 10-33　ZrN 的能谱分析图

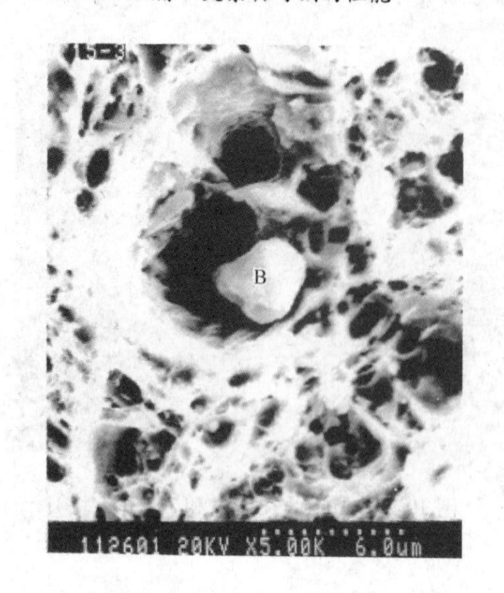

图 10-34 断口上的 MnS

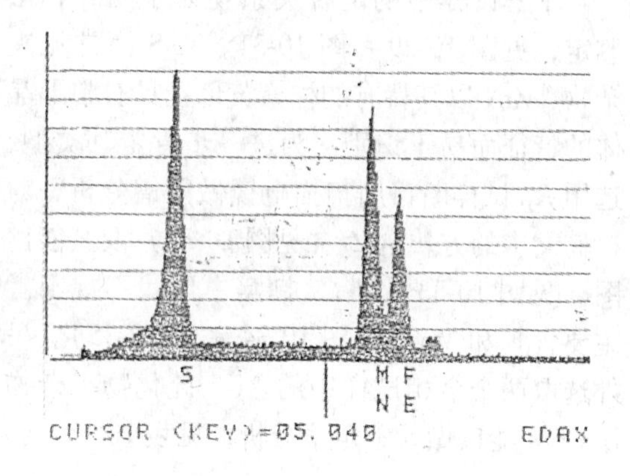

图 10-35 MnS 的能谱分析图

表 10-13 夹杂物的能谱定量分析 (%)

锭号	夹杂物形状及含量		S	Zr	Mn	Fe	Cr	Ti	Al	Si	[O]①
17	条 状	原子分数	39.49	8.67	32.88	8.88	0.44	0.88	1.38	1.77	5.61
		质量分数	27.52	17.91	39.26	10.78	0.49	0.91	0.81	1.08	1.95
18	大黄块	原子分数	32.0	32.35	13.30	21.72	0.63				
		质量分数	17.24	49.57	12.27	20.37	0.55				
	大黄块	原子分数	26.47	30.55	14.87	27.20	0.91				
		质量分数	14.10	46.30	13.57	25.23	0.79				
	小黄块	原子分数	7.48	12.53	3.91	71.94	1.84			2.31	
		质量分数	4.15	19.79	3.72	69.00	1.65			1.12	
	小黄块	原子分数	15.03	12.06	10.87	58.93	1.66			1.45	
		质量分数	8.61	19.66	10.67	58.80	1.54			0.73	

① 能谱不能定［O］，表中［O］量系按［O］以 SiO_2 或 Al_2O_3 形式存在时计算出的。

表 10-13 中 17 号试样中所选条状物为 MnS，其中仍含有 Zr。18 号试样中所选黄色块，两大两小，大块的原子比为 (Zr + Mn) : S = 3 : 2，即夹杂物类型应为 Zr_3S_2（含有 Mn）；小块夹杂物含 Fe 很高，主要是块小，电子束打击到基体造成，但仍被认为是 Zr_3S_2 夹杂物。

B 夹杂物定量

由于夹杂物定量问题较多，本套试样选用当时最先进的图像仪（IBAS，KAT386）测量夹杂物的各种参数，即夹杂物的尺寸 a、数目 N、周长 P_c、间距 d_T 和纵横比 λ、面积百分率等，并用现有公式换算成其他参数，以便寻找夹杂物参数与钢性能之间的关系。由于图像仪全靠衬度即夹杂物灰度区分，因此首先测量灰度较高的 MnS 夹杂物的各种参数，然后对试样进行着色处理，以增大 ZrN 同基体的衬度，再测量 ZrN 的各个参数。由于 ZrN 存在偏析（见图 10-31），为纠正偏析所引起的误差，每个试样都在四个截面上测试，即测完一个截面后，磨去 0.5mm，重新制样，重复 4 次，每个界面测试 10 个视场，有的试样测定 15 个视场。图像仪测试结果分别列于表 10-14 ~ 表 10-16 中。

表 10-14 图像仪测夹杂物含量（f_V）、数目和间距（d_T）

锭号和截面		ZrN				MnS				MnS + ZrN				f_V/%		
		视场		夹杂物		视场		夹杂物		视场		夹杂物				
		面积 /×10^3 μm^2	数目	总数	d_T/μm	面积 /×10^3 μm^2	数目	总数	d_T/μm	面积 /×10^3 μm^2	数目	总数	d_T/μm	ZrN	MnS	ZrN + MnS
13	Ⅰ	28.11	15	124	58.3	23.43	10	84	52.8	655.94	25	208	56.2	0.122	0.426	0.548
	Ⅱ	28.11	10	34	90.9	28.11	10	41	82.8	562.24	20	75	86.6	0.116	0.240	0.356
	Ⅲ	23.43	10	54	65.9	28.11	10	42	81.8	515.38	20	96	73.3	0.168	0.350	0.518
	Ⅳ	28.11	10	34	90.9	23.51	10	30	78.7	516.20	20	72	84.6	0.138	0.251	0.389
	总数	1218.18	45	246	70.4	1031.58	40	205	70.9	2249.76	85	451	70.6	0.136	0.317	0.453
14	Ⅰ	28.11	15	53	89.2	23.43	10	54	65.9	655.94	25	107	78.3	0.136	0.296	0.432
	Ⅱ	28.11	10	30	96.8	28.11	10	40	83.8	562.24	20	70	89.6	0.336	0.280	0.630
	Ⅲ	23.43	10	32	85.6	28.11	10	41	82.8	515.38	20	73	84.0	0.405	0.271	0.676
	Ⅳ	28.11	10	30	96.8	23.51	10	41	75.7	516.20	20	71	85.3	0.341	0.261	0.602
	总数	1218.18	45	145	91.7	1031.58	40	176	76.6	2249.76	85	321	83.7	0.305	0.277	0.582
15	Ⅰ	28.11	10	65	65.8	23.43	10	48	69.9	515.38	20	113	67.5	0.215	0.258	0.473
	Ⅱ	28.11	10	28	100.2	28.11	10	42	81.8	562.24	20	70	89.6	0.125	0.263	0.388
	Ⅲ	23.43	10	77	55.2	28.11	10	47	77.3	515.38	20	124	64.5	0.591	0.342	0.933
	Ⅳ	28.11	10	48	76.5	23.51	10	33	84.4	516.20	20	81	79.8	0.439	0.357	0.796
	总数	1218.18	40	218	70.3	1031.58	40	170	77.9	2109.20	80	388	73.7	0.342	0.305	0.647

续表 10-14

锭号和截面		ZrN				MnS				MnS + ZrN				f_V/%		
		视场		夹杂物		视场		夹杂物		视场		夹杂物				
		面积 /×10^3 μm^2	数目	总数	d_T/μm	面积 /×10^3 μm^2	数目	总数	d_T/μm	面积 /×10^3 μm^2	数目	总数	d_T/μm	ZrN	MnS	ZrN + MnS
16	Ⅰ	28. 11	10	178	39. 7	23. 43	10	59	63. 0	515. 38	20	237	46. 6	0. 208	0. 170	0. 378
	Ⅱ	28. 11	10	37	87. 2	28. 11	10	50	75. 0	562. 24	20	87	82. 2	0. 074	0. 255	0. 329
	Ⅲ	23. 43	10	49	69. 1	28. 11	10	48	76. 5	515. 38	20	97	72. 9	0. 333	0. 087	0. 420
	Ⅳ	28. 11	10	40	83. 8	23. 51	10	29	90. 0	516. 20	20	69	86. 4	0. 230	0. 105	0. 335
	总数	1218. 18	40	304	59. 5	1031. 58	40	186	74. 5	2109. 20	80	490	65. 6	0. 212	0. 154	0. 366
17	Ⅰ	28. 11	10	85	57. 5	23. 43	10	60	62. 5	515. 38	20	145	59. 6	0. 442	0. 288	0. 730
	Ⅱ	28. 11	10	55	71. 5	28. 11	10	32	93. 7	562. 24	20	87	80. 4	0. 100	0. 180	0. 280
	Ⅲ	23. 43	10	81	53. 8	28. 11	10	33	92. 3	515. 38	20	114	67. 2	0. 834	0. 123	0. 957
	Ⅳ	28. 11	10	107	51. 3	23. 51	10	61	62. 1	516. 20	20	168	55. 4	0. 486	0. 304	0. 790
	总数	1218. 18	40	328	57. 1	1031. 58	40	186	74. 5	2109. 20	80	514	64. 1	0. 465	0. 224	0. 689
18	Ⅰ	—	—	—	—	—	—	—	—	—	—	—	—	—	—	—
	Ⅱ	28. 11	10	34	90. 9	28. 11	10	49	75. 7	562. 24	20	83	82. 3	0. 247	0. 222	0. 869
	Ⅲ	23. 43	10	37	79. 6	28. 11	10	21	115. 7	515. 38	20	58	106. 3	0. 381	0. 089	0. 470
	Ⅳ	28. 11	10	25	106. 0	23. 51	10	53	66. 8	516. 20	20	78	81. 3	0. 355	0. 277	0. 632
	总数	796. 50	30	96	91. 1	797. 31	30	123	80. 5	1593. 82	60	219	85. 3	0. 328	0. 196	0. 524

表10-15 图像仪测夹杂物参数（平均值）

锭号和截面		试场数	ZrN						MnS									
			P_C^{max}	ϕ	ϕ_{max}	N	N_{max}	ϕ	l_{max}	d_w	λ	P_p	P_C^{max}	ϕ	ϕ_{max}	N	N_{max}	ϕ
13	Ⅰ	15	16.78	3.55	—	—	—	—	16.33	2.77	6.18	0.080	37.05	5.80	8.51	1	14	1
	Ⅱ	10	22.63	4.29	6.71	1	6	2.0 2.8	18.53	3.05	6.38	0.089	42.83	6.02	8.84	1	7	3.3
	Ⅲ	10	18.10	4.17	6.00	1	10	2.4 3.4	19.04	4.19	4.26	0.069	45.09	7.91	12.7	1	10	3.5
	Ⅳ	10	19.71	4.91	7.95	1	5	3.4	14.98	2.93	5.94	0.092	39.26	5.73	9.48	1	10	3.8
	总数平均	45	19.30	4.23	6.89	1	7	2.8	17.22	3.24	5.69	0.083	41.06	6.37	9.88	1	10.25	2.9
14	Ⅰ	15	19.57	5.16	—	—	—	—	15.93	2.19	7.08	0.106	35.01	5.21	7.32	2	7	3.9, 3
	Ⅱ	10	53.17	7.32	8.97	3	4	5.7	24.96	2.96	7.67	0.087	55.04	6.33	11	2	12	4.5
	Ⅲ	10	28.42	7.48	10.66	1	5	5.0	18.49	3.33	5.51	0.079	46.79	6.81	12.12	1	12	2，3
	Ⅳ	10	27.99	7.38	10.12	1	6	7.0	10.90	2.51	6.6	0.079	38.55	5.61	9.48	1	10	3
	总数平均	45	32.29	8.84	9.92	1.67	5	5.9	19.07	2.75	6.72	0.087	43.85	5.99	9.56	1.75	9.5	3.23
15	Ⅰ	10	22.83	5.07	—	—	—	—	10.68	2.79	3.92	0.093	25.73	4.97	7.81	1	9	2
	Ⅱ	10	17.08	4.30	7.98	1	5	4.4	10.61	4.68	2.35	0.046	28.49	6.24	8.42	2	7	3.7, 4.6
	Ⅲ	10	31.50	7.65	10.08	1	12	4, 1.8	17.21	3.40	6.07	0.071	47.79	6.98	9.47	2	7	3.3
	Ⅳ	10	29.27	7.31	9.51	1	8	6.0	18.87	3.29	5.71	0.072	44.59	6.56	9.7	2	5	4, 6.4
	总数平均	40	25.17	6.08	9.19	1	8.33	4.05	14.34	3.54	4.51	0.071	36.65	6.19	8.86	1.75	7	4
16	Ⅰ	10	16.13	3.95	—	—	—	—	7.92	2.79	2.97	0.043	17.87	3.81	6.13	1	12	2.3
	Ⅱ	10	11.40	3.16	4.4	1	7	2.5	11.04	3.56	3.26	0.035	27.75	5.34	6.99	2	7	4
	Ⅲ	10	24.06	5.59	8.33	3	9	3.3	5.87	2.56	2.54	0.052	15.53	3.71	4.83	2	9	2
	Ⅳ	10	22.98	4.63	8.92	2	6	2.8 3.2 5.0	7.19	2.77	3.06	0.056	18.90	3.85	6.41	1	6	2.9
	总数平均	40	18.64	4.63	7.22	2	7.33	3.36	8.01	2.92	2.96	0.047	20.01	4.18	6.09	1.5	8.5	2.8

续表 10-15

锭号和截面		试场数	ZrN						MnS									
			P_C^{max}	ϕ	ϕ_{max}	N	N_{max}	ϕ	l_{max}	d_w	λ	P_p	P_C^{max}	ϕ	ϕ_{max}	N	N_{max}	ϕ
17	Ⅰ	10	16.12	3.98	—	—	—	—	7.97	3.95	2.65	0.045	25.46	5.21	6.36	2	10	2
	Ⅱ	10	13.30	3.56	5.06	2	8	2.4	10.43	3.35	3.47	0.056	25.63	5.22	6.85	1	6	2.9
	Ⅲ	10	37.28	8.38	12.84	1	18	4	10.02	3.32	3.17	0.055	25.20	4.92	7.05	1	7	1.9
	Ⅳ	10	26.35	5.90	9.61	1	22	3.9	10.23	4.4	2.48	0.040	28.67	5.43	8.34	1	9	3.8, 4
	总数平均	40	23.26	5.46	9.17	1.33	16	3.43	10.12	3.76	2.94	0.049	26.24	5.19	7.15	1.25	8	2.29
18	Ⅰ	10	18.67	4.3	—	—	—	—	11.74	3.06	4.14	0.061	28.05	4.99	7.64	1	18	2
	Ⅱ	10	36.06	8.97	14.22	1	10	2.8	9.67	3.80	2.51	0.051	26.30	5.50	7.79	1	10	3.7
	Ⅲ	10	36.30	8.14	15.17	1	13	3.9	8.02	3.42	2.40	0.051	20.10	4.50	6.52	1	3	2.8, 3.4
	Ⅳ	10	26.83	6.23	13.39	1	5	6.3 4.4	13.57	3.15	4.55	0.062	35.47	5.46	10.32	1	9	2.8
	总数平均	40	29.47	6.91	14.26	1	9.33	4.35	10.75	3.36	3.4	0.056	27.48	5.11	8.07	1	10	2.94

表 10-16　夹杂物等效直径（ϕ）和数目（N）

样号	夹杂物	ϕ1～4μm		ϕ5～8μm		ϕ8～14μm		各尺寸范围数目	
		N/个	所占比例/%	N/个	所占比例/%	N/个	所占比例/%	ΣN/个	所占比例/%
13	ZrN	218	63.6	26	26	1	14.3	245	54.4
	MnS	125	36.4	74	74	6	85.7	205	45.6
	ZrN + MnS	343	76.2	100	22.2	7	1.5	450	—
14	ZrN	53	33.3	85	55.9	15	93.7	153	46.8
	MnS	106	66.7	67	44.1	1	6.3	174	53.2
	ZrN + MnS	159	48.6	152	46.5	16	4.9	327	—
15	ZrN	121	57.9	91	54.5	6	60	218	56.5
	MnS	88	42.1	76	45.5	4	40	168	43.5
	ZrN + MnS	209	54.1	167	43.2	10	2.6	386	—
16	ZrN	262	63.9	38	50	2	100	302	61.9
	MnS	148	36.1	38	50	0	0	186	38.1
	ZrN + MnS	410	84.0	76	15.6	2	0.4	488	—
17	ZrN	234	65.7	90	58.8	2	50	326	63.4
	MnS	122	34.3	63	41.2	2	50	188	36.6
	ZrN + MnS	356	69.3	153	29.8	4	0.8	514	—
18	ZrN	477	82.1	52	52.5	1	12.5	502	72.9
	MnS	104	17.9	47	47.5	7	87.5	187	27.1
	ZrN + MnS	581	84.3	99	14.4	8	1.2	689	—

表 10-15 中所列表示最大周长（P_C^{max}）所对应的等效圆直径（ϕ）的尺寸，l_{max} 和 d_w 分别为 MnS 的纵长和宽度，所测者为该视场中最大的 MnS 的纵向和横向宽度；λ 为纵横比，P_p 为 MnS 的投影长度，按以下公式计算：

$$P_p = \frac{24 f_V}{\pi^3 d_w} = 0.774 \times \frac{f_V}{d_w} \tag{10-15}$$

ϕ（等效圆直径）意指先测每颗夹杂物面积，然后再由面积换算出直径，称为等效圆直径，只能由图像仪直接测出。

ϕ_{max}-N，表示具有等效圆直径最大的夹杂物数目。

N_{max}-ϕ，表示夹杂物数目最多所对应的等效圆直径。

δ_j 表示与拉伸方向平行的平面上夹杂物中心间的最小距离，即夹杂物邻近间距，按下式计算：

$$\delta_j = \sqrt{(x_2 - x_1)^2 + (y_2 - y_1)^2 + \cdots} \tag{10-16}$$

式中，x、y 为几何中心坐标，用图像仪测邻近间距时，选定两颗相邻夹杂物的坐标，可用计算机打印出来，然后根据每对相邻夹杂物的 x、y 坐标按式（10-16）计算出 δ_j，而 $\bar{\delta}_j$ 表示所选全部试场的夹杂物邻近间距的平均值。δ_j 由图像仪测算后与夹杂物间距列于表 10-18中，以便比较。本套试样测夹杂物间距的方法，分别用图像仪、金相法以及 K_{1C} 和冲击试样断口图测定的韧窝间距。前面 6 个试样的断口均按各自对应位置拍摄，测夹杂物间距 $\bar{d}_T$ 的各实验结果分别列表 10-17 ~ 表 10-19 中。

表 10-17　K_{1C} 和冲击试样断口 SEM 图测定的夹杂物平均间距 $\bar{d}_T^{SEM}$

锭号	K_{1C}（每张图放大 616.7 倍，$A = 9261.6\mu m^2$）							冲击试样断口（放大 925 倍，$A = 4057.8\mu m^2$）	
	图数	韧窝总数	平均数	大韧窝数	平均数	$\bar{d}_{T总}^{SEM}$	$\bar{d}_{T大}^{SEM}$	大韧窝数	$\bar{d}_T^{SEM}$
13	5	277	55.4	102	20.4	12.93	21.31	39	10.20
14	5	316	63.2	107	21.4	12.10	20.80	53	8.75
15	5	278	55.6	133	26.6	12.90	18.66	57，36	8.44，10.62
16	4	229	57.25	123	30.75	12.72	17.35	35	10.77
17	5	382	76.4	150	30	11.01	17.57	38	10.33
18	5	389	77.8	142	28.4	10.91	18.06	61	8.16

锭号	$K_{1C}^{断口}$（每张图放大 1150 倍，$A = 2400\mu m^2$）							$f_V^{-\frac{1}{6}}\sqrt{\bar{d}_T^{SEM}}$
13	7	525	75	425	60.71	5.66	6.29	6.02
14	8	433	54.12	423	52.87	6.66	6.74	5.96
15	8	420	52.5	366	45.75	6.76	7.24	5.26
16	8	300	37.5	230	28.75	8.00	9.10	5.01
17	8	622	77.75	354	44.25	5.56	7.36	4.70
18	4	429	107.25	250	62.5	4.73	6.20	4.87

表 10-18 金相法测夹杂物数目（N）和间距（$\bar{d}_T^m$）以及图像仪测 δ_j 的结果

锭号	放大 100×15，$A=9503.32\mu m^2$，50 个视场														
	ZrN			MnS			Zr_3S_2			$MnS+Zr_3S_2$			$ZrN+MnS+Zr_3S_2$		
	ΣN	$\bar{N}$	$\bar{d}_T^m/\mu m$	ΣN	$\bar{N}$	$\bar{d}_T^m/\mu m$	ΣN	$\bar{N}$	$\bar{d}_T^m/\mu m$	ΣN	$\bar{N}$	$\bar{d}_T^m/\mu m$	ΣN	$\bar{N}$	$\bar{d}_T^{总}/\mu m$
13	77	1.52	78.6	100	2	68.9	—	—	—	100	2	68.9	177	3.54	51.8
14	48	0.96	99.5	74	1.48	80.1	10	0.2	218	84	1.68	75.2	132	2.64	60.0
15	89	1.78	73.1	104	2.08	67.6	—	—	—	104	2.08	67.6	193	3.86	49.6
16	75	1.50	79.6	78	1.56	78.1	273	5.46	41.1	351	7.02	36.8	426	8.52	33.4
17	141	2.80	58.1	251	5.02	43.5	36	0.72	114.9	287	5.74	40.7	428	8.56	33.3
18	81	1.62	76.6	171	3.42	52.7	234	4.68	45.1	405	8.1	34.3	486	9.72	31.3

锭号	放大 100×15，$A=9503.32\mu m^2$，50 个视场									图像仪测夹杂物邻近间距 δ_j			
	ZrN			MnS			ZrN+MnS			ZrN-ZrN		MnS-MnS	
	ΣN	$\bar{N}$	$\bar{d}_T^m/\mu m$	ΣN	$\bar{N}$	$\bar{d}_T^m/\mu m$	ΣN	$\bar{N}$	$\bar{d}_T^{总}/\mu m$	4 个截面	3 个截面	3 个截面	4 个截面
13	31	0.62	309.5	225	4.5	114.9	256	5.12	107.7	25.5	22.8	30.2	22.1
14	125	2.5	154.1	246	4.92	109.9	371	7.42	89.4	44.3	38.8	34.2	32.2
15	183	3.66	127.4	391	7.82	87.2	574	11.48	71.9	40.3	36.6	28.0	19.3
16	151	3.02	140.2	489	9.78	77.9	640	12.8	68.1	27.7	27.4	18.2	12.0
17	632	12.64	68.5	701	14.02	65.1	1333	26.66	47.2	26.0	22.9	27.0	19.1
18	188	3.76	125.7	731	14.62	63.1	919	18.38	56.8	21.7	25.3	23.9	12.8

注：N—单位视场中夹杂物数目。

表 10-19 金相法和图像仪测的 f_V 和 d_w 计算的 P_p 并由图像仪所测的 P_p 计算的 $\bar{d}_T$

锭号	$(f_V^m)^{-\frac{1}{6}}\sqrt{\bar{d}_T^m}$	金相法（按 MnS 的最大 f_V 计算出宽度 d_w）						图像仪（测 MnS 的 f_V 和宽度 d_w）					
		f_V^{MnS} /%	视场数目	$d_w^{总}$ /μm	$\bar{d}_w$ /μm	P_p^{-1} /μm	$\bar{d}_T^m$ /μm	f_V^{AIA} /%	视场数目	$d_w^{总}$ /μm	$\bar{d}_w$ /μm	P_p^{-1} /μm	$\bar{d}_T^{AIA}$ /μm
13	9.06	0.194	39	49.3	1.26	0.119	3.09	0.317	40	126.35	3.16	0.078	4.71
14	9.95	0.095	36	39.9	1.10	0.066	5.57	0.277	40	110.92	2.77	0.077	4.77
15	8.12	0.250	42	89.7	2.14	0.091	4.04	0.305	40	140.06	3.50	0.067	5.49
16	7.06	0.080	37	72.4	1.96	0.032	11.49	0.154	40	112.07	2.80	0.043	8.55
17	6.40	0.417	42	112.9	2.69	0.121	3.04	0.224	40	145.13	3.63	0.048	7.66
18	5.97	0.364	83	210	2.53	0.111	3.31	0.213	40	129.39	3.24	0.051	7.21

MnS 夹杂物的投影长度 P_p 是按式（10-15）夹杂物的 f_V 和横向宽度 d_w 计算出的，今将金相法所测 MnS 的 f_V 和 d_w 计算的 P_p 与图像仪所测 f_V 和 d_w 计算的 P_p 列于表 10-19 中。另外，夹杂物间距 $\bar{d}_T$ 和投影长度 P_p 之间存在式（10-17）的关系，今将 P_p 值代入，可求得 $\bar{d}_T$，一并列于表 10-19 中。

$$\bar{d}_T = \frac{2}{\sqrt{3}\pi P_p} = \frac{0.3676}{P_p} \tag{10-17}$$

表 10-14 已列出图像仪测试的夹杂物的含量 f_V，但是所测结果与试样性能的变化不能彼此对应。为此，又补充用金相法目测夹杂物含量。金相法定量所用的显微镜为 Olympus，分别选用 1500 倍和 600 倍测试夹杂物 f_V，并将金相法所测 f_V^m 与试样成分中所含 S、N 元

素按 MnS 和 ZrN 换算的 f_V^C 对比，这些结果列于表 10-20 中。

表 10-20　含 MnS 和 ZrN 夹杂物试样用金相法测定的夹杂物含量 f_V^m 与化学法测定元素换算成夹杂物含量 f_V^C 的结果

锭号	$(f_V^C)^{-\frac{1}{6}} \cdot \sqrt{\bar{d}_T^m}$	化学法（N、S 换算的 f_V^C）							金相法（定量 f_V^m，50 个视场）					
		w(N) /%	w(ZrN) /%	f_V^{ZrN} /%	w(S) /%	w(MnS) /%	f_V^{MnS} /%	$f_V^{总}$ /%	w(ZrN) /%	w(MnS) /%	$w(Zr_3S_2)$ /%	$w(MnS+Zr_3S_2)$ /%	$f_V^{总}$ /%	$f_V^{-\frac{1}{6}}$ /%
13	9.38	0.005	0.035	0.039	0.031	0.084	0.164	0.203	0.058	0.194	—	0.194	0.252	1.258
14	10.13	0.008	0.060	0.067	0.025	0.068	0.133	0.200	0.120	0.095	0.007	0.102	0.222	1.285
15	8.58	0.011	0.083	0.093	0.040	0.109	0.213	0.306	0.175	0.250	—	0.250	0.425	1.153
16	6.95	0.007	0.053	0.059	0.051	0.139	0.271	0.330	0.066	0.080	0.154	0.234	0.300	1.222
17	6.47	0.012	0.090	0.100	0.076	0.207	0.404	0.504	0.113	0.417	0.004	0.421	0.534	1.110
18	6.41	0.008	0.060	0.067	0.071	0.193	0.376	0.443	0.158	0.261	0.257	0.518	0.676	1.022

化学法定 S 较精确，由 S 的含量换算成 MnS 也较准确。另外，按钢的成分，N 元素与 Cr、Mn 有可能形成氮化物。但是 Zr 与 N 的亲和力远大于 Cr、Mn，而试样加 Zr 量是以夺取试样中全部 N 量形成 ZrN。因此，化学法由 N 换算成 ZrN 也是可靠的。按金相法测定的夹杂物 f_V^m，除了 18 号试样外，其他试样与化学法测定的 f_V^C 彼此相当接近。说明金相法目测夹杂物的结果是可靠的。尽管金相法相当古老，但是为寻求夹杂物定量的可靠性，仍不失为一种好的方法。

为探索 ZrN 集中分布的影响，在金相显微镜下放大 1500 倍时测定了 ZrN 呈串状分布的长度、局部区域 ZrN 串的面积百分率（$\bar{A}_l^{ZrN}$）、$\bar{a}_{max}^{ZrN}$ 和 $\bar{N}$ 等参数。为了将图像仪和金相法所测尺寸参数进行对比，特从金相法所测的 50～100 个视场中挑选夹杂物尺寸最大者，取平均值，共同列于表 10-21 中。

表 10-21　局部区域内 ZrN 夹杂物参数和夹杂物尺寸

锭号	局部区域内的串状 ZrN 夹杂物（×1500，视场面积 = 9503.32μm²）							用金相法挑选各视场中的夹杂物最大尺寸				图像仪	
								ZrN		MnS			
	有 ZrN 串的视场数①	ΣA_l^{ZrN} /μm	$A_l^{ZrN串}$ /%	ΣN^{ZrN}	$\bar{N}^{ZrN}$	$\bar{a}_{max}^{ZrN}$ /μm	$\bar{l}_{max}^{ZrN串}$ /μm	挑选的视场数	$\bar{a}_{max}^{ZrN}$ /μm	挑选的视场数	$\bar{l}_{max}^{MnS}$ /μm	$\bar{\phi}_{max}^{ZrN}$ /μm	$\bar{l}_{max}^{MnS}$ /μm
13	4	151.46	0.4	57	14.25	4.38	80	23	3.17	39	16.92	4.46	17.22
14	无	0	0	0	0	0	0	28	4.63	36	15.95	7.43	19.07
15	30	4673.28	1.64	1462	48.7	4.85	550	37	4.71	42	12.8	6.42	14.34
16	17	963.5	0.6	300	17.6	4.28	100	38	3.01	37	4.53	4.98	8.01
17	30	4303.23	1.5	1448	48.27	4.11	1100	42	2.84	43	9.57	5.94	10.12
18	11	1438.07	1.38	105	9.55	7.25	200	69	3.48	83	8.83	7.78	10.67

① 代表 50 个视场中存在 ZrN 串的视场数。

注：ΣA_l^{ZrN}—ZrN 串的总面积；$A_l^{ZrN串}$—ZrN 串的面积百分率；ΣN^{ZrN}—所测 ZrN 串中 ZrN 的个数；$\bar{N}^{ZrN}$—平均个数；$\bar{l}_{max}^{ZrN串}$—局部区域内最长 ZrN 串的长度；$\bar{a}_{max}^{ZrN}$—局部区域 ZrN 串上 ZrN 尺寸最大者。

表10-21中，局部区域内ZrN含量高于整个试样中ZrN含量平均值10倍左右。金相法所测的$\bar{l}_{max}^{MnS}$与图像仪所测的较接近。$\bar{a}_{max}^{ZrN}$与$\bar{\phi}_{max}^{ZrN}$相差较大，图像仪所测试样中夹杂物的尺寸分布列于表10-22中。

表10-22　MnS和ZrN夹杂物在各尺寸范围的数目分布频率（图像仪）

锭号	ZrN总数	≤1μm的数目	ZrN各尺寸范围的数目/%											
			1~2 μm	2~3 μm	3~4 μm	4~5 μm	5~6 μm	6~7 μm	7~8 μm	8~9 μm	8~10 μm	9~10 μm	10~12 μm	12~15 μm
13	202	48	35.2	23.8	22.3	14.4	2.5	1.0	0.5	0.5	—	—	—	—
14	140	11	7.1	8.6	13.6	17.1	18.6	17.1	9.3	6.4	—	2.1	—	—
15	208	8	18.3	14.9	20.7	15.9	13.0	10.1	4.3	1.4	—	1.4	—	—
16	262	42	37.4	27.9	18.3	8.4	3.4	1.5	0.8	2.3	—	—	—	—
17	325	20	20.6	22.8	25.2	14.2	8.3	3.1	3.1	—	1.8	—	0.9	—
18	334	184	33.2	27.5	17.1	6.0	3.3	4.2	1.7	—	2.7	—	0.6	0.6

锭号	MnS总数	MnS各尺寸范围的数目/%									
		1~2 μm	2~3 μm	3~4 μm	4~5 μm	5~6 μm	6~7 μm	7~8 μm	8~9 μm	8~10 μm	10~12.5μm
13	204	18.6	22.1	20.6	18.6	9.3	4.4	2.0	2.9	—	1.5
14	184	10.9	27.7	25.0	17.4	10.3	3.3	4.3	—	0	1.1
15	170	0	20.6	31.2	15.9	11.8	10.6	4.7	—	5.3	—
16	171	10.5	50.3	19.9	14.0	2.3	2.9	0	0	—	0
17	187	18.7	22.5	23.5	18.2	13.9	1.6	1.6	0	—	0
18	176	10.8	24.4	36.4	14.2	6.3	4.2	2.8	—	1.1	—

注：≤1μm的ZrN夹杂物未计入总数中。各尺寸范围的数目（%）即尺寸分布频率，按数目计算。

10.2.1.4　性能测试

试样规格：均为纵向试样。

冲击试样：10mm×10mm×55mm，V形缺口。

拉伸试样：ϕ5mm×55mm。

断裂韧性用标准三点弯曲试样：15mm×30mm×140mm，疲劳预裂纹长度为15mm。

冲击试验用JB-30冲击试验机；拉伸试验用IS-5000电子拉伸试验机，拉伸速度为2.5mm/min；断裂韧性试验仍用万能材料试验机。全部测试结果列于表10-23中。

表10-23　含ZrN+MnS夹杂物试样的性能（550℃回火）

锭号	拉伸试验					冲击试验	断裂韧性	f_V^m /%	$\bar{d}_T^m$ /μm	f_V^C /%
	σ_b/MPa	$\sigma_{0.2}$/MPa	ψ/%	δ/%	ε_f/%	a_K /J·cm^{-2}	K_{1C} /MPa·m$^{1/2}$			
13-1	1287.7	1223.0	54.5	14.4	78.7	45.3	82.1			
13-2	1237.7	1217.2	54.5	14.8	78.7	40.4	87.5			
13-3	1242.6	1178.0	54.1	13.2	77.9	39.2	86.6			
平均	1256.0	1206.1	54.4	14.1	78.4	41.6	85.4	0.252	51.8	0.203

续表 10-23

锭号	拉伸试验					冲击试验	断裂韧性	f_V^m /%	$\bar{d}_T^m$ /μm	f_V^C /%
	σ_b/MPa	$\sigma_{0.2}$/MPa	ψ/%	δ/%	ε_f/%	a_K /J·cm^{-2}	K_{1C} /MPa·m$^{1/2}$			
14-1	1237.7	1162.3	56.5	16.0	83.3	34.3	82.5			
14-2	1263.2	1197.6	55.4	14.8	80.7	33.1	91.4			
14-3	1240.7	1163.3	57.5	15.2	85.5	36.8	91.0			
平均	1247.2	1174.4	56.6	15.3	83.2	34.7	88.3	0.22	60	0.200
15-1	1297.5	1232.8	51.3	14.4	71.9	27.0	82.8			
15-2	1265.8	1240.7	52.2	14.8	73.8	27.0	76.8			
15-3	1342.6	1282.8	51.4	14.0	72.1	28.2	79.9			
平均	1301.9	1252.1	51.6	14.4	72.9	27.4	79.8	0.425	49.6	0.305
16-1	1335.7	1286.7	48.1	13.6	65.6	24.5	70.2			
16-2	1245.6	1163.3	50.8	15.2	71.0	23.3	64.0			
16-3	1255.4	1183.8	51.6	16.0	72.5	23.3	69.2			
平均	1278.9	1211.3	50.2	14.9	69.7	23.7	67.8	0.300	33.4	0.330
17-1	1223.0	1142.7	43.6	12.0	62.9	22.1	67.9			
17-2	1302.4	1257.3	49.3	15.6	67.9	17.2	74.2			
17-3	1227.9	1173.1	52.3	14.0	74.0	19.6	69.0			
平均	1251.1	1191.0	48.4	13.9	68.3	19.6	70.4	0.534	33.3	0.504
18-1	1157.4	1066.2	49.4	14.4	67.7	17.2	70.3			
18-3	1247.5	1172.1	48.3	12.8	66.0	19.6	66.4			
平均	1202.5	1119.2	48.8	13.7	66.8	24.5	68.2	0.676	31.3	0.443

10.2.2 数据归纳

10.2.2.1 夹杂物含量与间距

首先将表 10-14 ~ 表 10-20 中所列夹杂物含量和间距的平均值归纳于表 10-24 中。表 10-24 中所列扫描电镜所测夹杂物间距分别注明 K_{1C} 试样和冲击试样断口为 $K_{1C}\sim\bar{d}_T^{SEM}$ 和 $a_K\sim\bar{d}_T^{SEM}$；K_{1C} 断口图上测出大韧窝间距和每张图上的全部韧窝间距，分别记为（大）和（总），$f_V^{硫化物}$ 为 f_V^{MnS} 与 $f_V^{Zr_3S_2}$ 之和。

表 10-24　含 ZrN 和 MnS 的试样中夹杂物总含量（$f_V^{总}$）及间距（$\bar{d}_T^{总}$）

锭号	夹杂物含量 f_V/%										
	图像仪测（AIA）			金相法测					化学法测		
	f_V^{MnS}	f_V^{ZrN}	$f_V^{总}$	f_V^{MnS}	f_V^{ZrN}	$f_V^{Zr_3S_2}$	$f_V^{硫化物}$	$f_V^{总}$	f_V^{MnS}	f_V^{ZrN}	$f_V^{总}$
13	0.317	0.136	0.453	0.194	0.058	—	0.194	0.252	0.164	0.039	0.203
14	0.277	0.305	0.582	0.095	0.120	0.007	0.102	0.222	0.133	0.067	0.200
15	0.305	0.342	0.647	0.250	0.175	—	0.250	0.425	0.213	0.093	0.305
16	0.154	0.213	0.367	0.080	0.066	0.154	0.234	0.300	0.271	0.059	0.330
17	0.224	0.465	0.689	0.417	0.113	0.004	0.421	0.534	0.404	0.100	0.504
18	0.196	0.328	0.524	0.261	0.158	0.257	0.518	0.676	0.376	0.067	0.443

续表 10-24

锭号	夹杂物间距 $\overline{d}_T/\mu m$													
	图像仪测（AIA）					扫描电镜图测					金相法测		按 P_p^{MnS} 计算	
	$\overline{d}_T^{AIA}$	$\overline{\Delta}_j^{MnS\text{-}MnS}$		$\overline{\Delta}_j^{ZrN\text{-}ZrN}$		K_{1C}断口上测 $\overline{d}_T^{SEM}$				a_K 断口 $\overline{d}_T^{SEM}$	×1500	×600	$\overline{d}_T^{MnS}$	$\overline{d}_T^{AIA}$
						×616		×1150						
		(3)	(4)	(4)	(3)	（大）	（总）	（大）	（总）					
13	70.6	30.2	22.1	22.5	22.8	21.3	12.9	6.3	5.7	10.2	51.8	107.7	3.1	4.7
14	83.7	34.2	32.2	44.3	38.8	20.8	12.1	6.7	6.7	8.8	60.0	89.4	5.6	4.8
15	73.7	28.0	19.3	40.3	36.6	18.7	12.9	7.2	6.8	8.4	49.6	71.9	4.0	5.5
16	65.6	18.2	12.0	27.7	27.4	17.4	12.7	9.1	8.0	10.8	33.4	68.1	11.5	8.5
17	64.1	27.0	19.1	26.0	22.9	17.6	11.0	7.4	5.6	10.3	33.3	47.2	3.0	7.7
18	85.3	23.9	12.8	21.7	25.3	18.1	10.9	6.2	4.7	8.2	31.3	56.8	3.3	7.2

10.2.2.2 夹杂物数目

用金相法和图像仪分别计数试样中夹杂物数目，然后计算出单位视场中夹杂物的个数，所测结果已列于表 10-25 和表 10-26 中。今抽出夹杂物数目的平均值，即单位视场中夹杂物数目列于表 10-25 中。

表 10-25 单位视场中 MnS 和 ZrN 夹杂物数目 （个）

锭 号		13	14	15	16	17	18
金相法	N_m^{MnS}	4.5	4.92	7.82	9.78	14.02	14.62
	N_m^{ZrN}	0.62	2.5	3.66	3.02	12.64	3.76
图像仪	N_{max}^{MnS}	10.25	9.5	7.0	8.5	8.0	10.0
	N_{max}^{ZrN}	7.0	5.0	8.33	7.33	16.0	9.33
偏析区内 N_m^{ZrN}		14.25	0	48.7	17.6	48.27	9.55

10.2.2.3 夹杂物参数

用图像仪测出的夹杂物特殊参数列于表 10-26 中。

表 10-26 图像仪测单位视场中的夹杂物参数 （μm）

锭 号	13	14	15	16	17	18
等效圆直径 ϕ^{ZrN}	4.23	6.84	6.08	4.63	5.46	6.91
等效圆最大直径 ϕ_{max}^{ZrN}	6.89	9.92	9.19	7.22	9.17	14.26
ZrN 最大周长 P_C^{ZrN}	19.3	32.29	25.17	18.64	23.26	29.47
MnS 最大周长 P_C^{MnS}	41.06	43.85	36.65	20.01	26.24	27.48
MnS 投影长度 P_p^{MnS}	0.083	0.087	0.071	0.047	0.049	0.056
MnS 的纵横比 λ^{MnS}	5.69	6.72	4.51	2.96	2.94	3.4
MnS 最大纵长 L_{max}^{MnS}	17.22	19.07	14.34	8.01	10.12	10.75

10.2.3 讨论与分析

10.2.3.1 夹杂物总含量与拉伸性能的关系

将表 10-24 所列金相法测定的夹杂物总含量 $f_V^{总}$ 与拉伸性能的关系作图，见图 10-36 和

图 10-37。随着 $f_V^{总}$ 的增加，强度在夹杂物低含量范围内上升，随着 $f_V^{总}$ 的增大强度趋缓下降。而拉伸韧塑性（见图 10-37）随 $f_V^{总}$ 的增大而下降，曲线变化接近于直线。现用线性回归方法验证它们之间是否存在线性关系，所得回归方程如下：

$$\varepsilon_f = 85\% - 29.2f_V^{总} \tag{10-18}$$

$$R = -0.8140,\ S = 4.15,\ N = 6$$

$$\psi = 57.6\% - 14.8f_V^{总} \tag{10-19}$$

$$R = 0.8195,\ S = 2.06,\ N = 6$$

$$\delta = 15.5\% - 2.7f_V^{总} \tag{10-20}$$

$$R = 0.7788,\ S = 0.43,\ N = 6$$

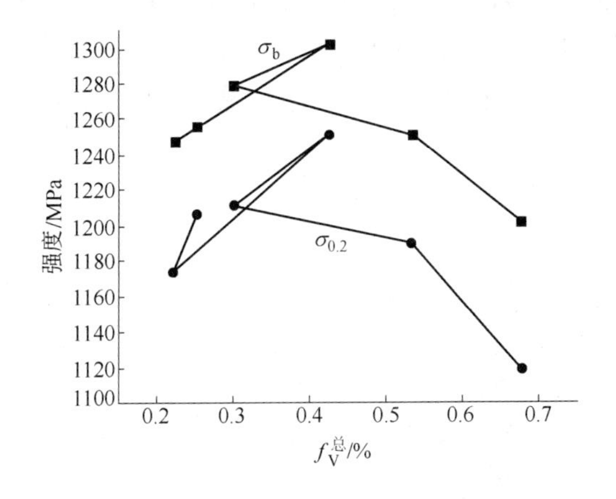

图 10-36　D_6AC 钢试样中 MnS 和 ZrN 夹杂物总量（金相法）与强度的关系

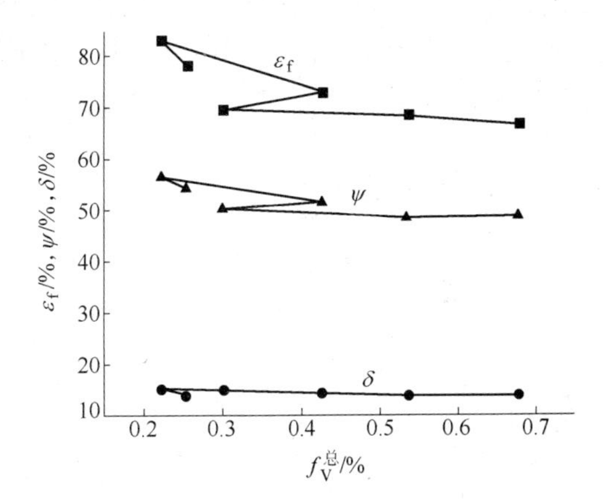

图 10-37　D_6AC 钢试样中 ZrN 和 MnS 夹杂物总含量（金相法）与拉伸韧塑性的关系

首先按线性相关显著性水平检验上列方程的显著性。当 $\alpha = 0.05$ 时，$N = 6$，要求 $R = 0.811$，上列方程式(10-18)和式(10-19)能满足要求，而方程式（10-20）的 R 值较低，不能满足线性相关显著性水平。为了进一步检查上列方程的可靠性，将实验所测得的拉伸韧塑性数据与回归方程式(10-18)～式(10-20)的计算值进行对照，见表 10-27。三个回归方程的计算值与实测值相差并不大，尤其是 δ 计算值与实测值的差都较小，可以认为回归方程式（10-20）中伸长率与 $f_V^{总}$ 的关系成立，即伸长率随夹杂物含量增加而直线下降，尽管其线性相关系数不能达到显著性水平的要求。

表 10-27　回归方程式(10-18)～式(10-20)的计算值与实测值的对比

锭　号		13	14	15	16	17	18
ε_f/%	实验值	78.4	83.2	72.9	69.7	68.3	66.8
	方程式（10-18）计算值	77.6	78.5	72.6	76.2	69.4	65.2
	误差/%	-1.0	-6.0	-0.4	8.5	1.6	-2.4
ψ/%	实验值	54.4	56.5	51.6	50.2	48.4	48.8
	方程式（10-19）计算值	53.9	54.3	51.3	53.1	49.7	47.6
	误差/%	-0.9	-4.0	-0.6	5.4	2.6	-2.5
δ/%	实验值	14.8	14.9	14.3	14.7	14.1	13.6
	方程式（10-20）计算值	14.1	15.3	14.4	14.9	13.9	13.7
	误差/%	-4.9	2.6	0.7	1.3	-1.4	0.7

10.2.3.2 MnS 和 ZrN 夹杂物总含量与韧性的关系

将金相法测定的 MnS 和 ZrN 夹杂物的含量f_V^m与试样化学成分中 S、N 含量分别换算成 MnS 和 ZrN 的总量f_V^C，再将其与断裂韧性和冲击韧性的关系作图，如图 10-38 和图 10-39 所示。图 10-38 中的K_{1C}随$f_V^{总}$的变化有 5 个点位于一条直线上，曲线上的最低点为 16 号试样，而 16 号试样的f_V^m低于 15 号、17 号和 18 号三个试样，但 16 号试样的断裂韧性也低于这三个试样。已有大量实验结果表明，断裂韧性与夹杂物含量成反比，而此处却成正比。出现这种反常现象并不多见，为此有必要找出 16 号试样K_{1C}值偏低的原因。首先对全套K_{1C}试样断口在扫描电镜下进行仔细观察，并从疲劳预裂纹尖端区沿裂纹扩展途径观察拍照，拍照位置各试样彼此对应，各试样拍摄 8 ~ 10 张断口图。现选两套断口图，见图10-40 ~ 图 10-51，然后对断口形貌好坏进行评分。评分标准为原成都科技大学 SEM 实验室根据多年经验自设的标准，此标准按 100 分计，高分说明断口形貌好，

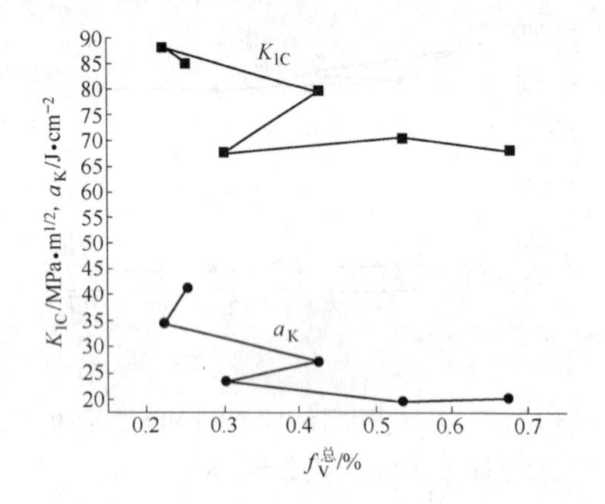

图 10-38 D_6AC 钢试样中 ZrN 和 MnS 夹杂物总含量（金相法）与韧性的关系

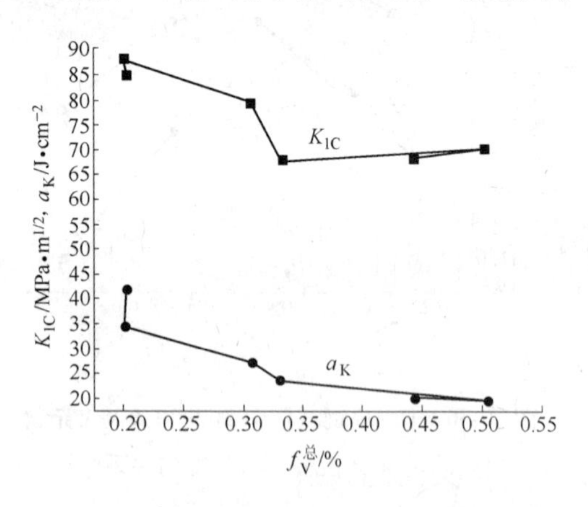

图 10-39 D_6AC 钢试样中 ZrN 和 MnS 夹杂物总含量（化学法）与韧性的关系

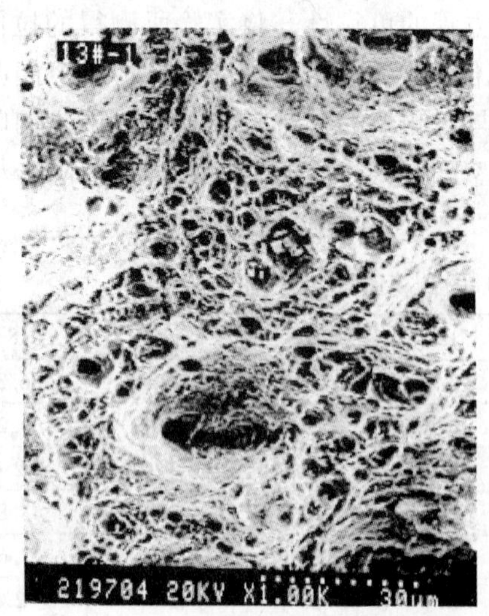

图 10-40 13-1 号 MnS 和 ZrN 夹杂物试样的断口

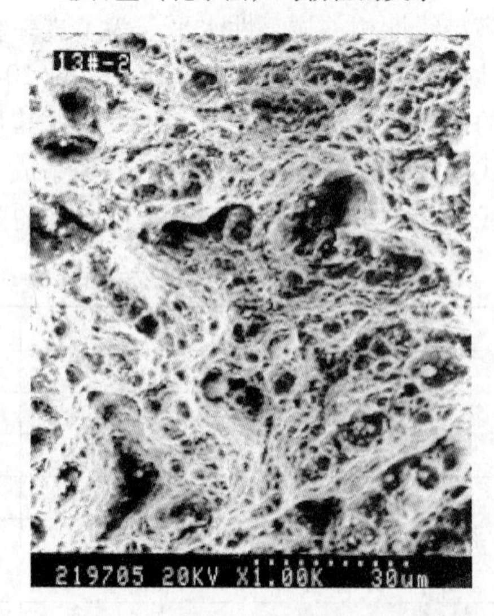

图 10-41 13-2 号 MnS 和 ZrN 夹杂物试样的断口（85 分）

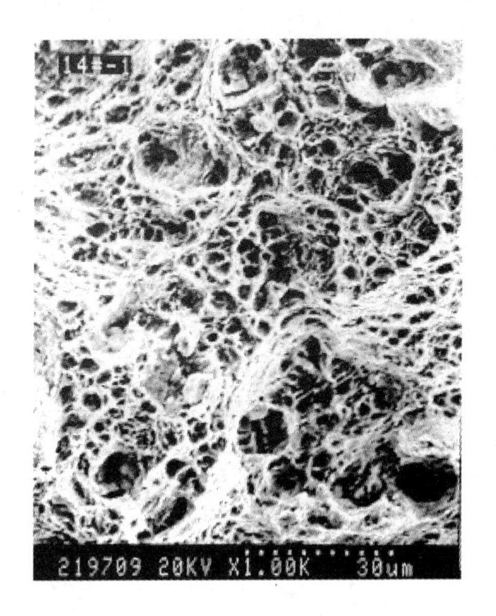

图 10-42 14-1 号 MnS 和 ZrN 夹杂物试样的断口

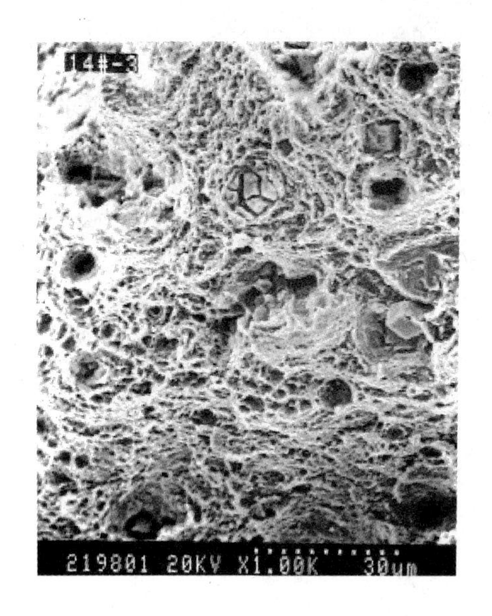

图 10-43 14-3 号 MnS 和 ZrN 夹杂物试样的断口（80 分）

图 10-44 15-1 号 MnS 和 ZrN 夹杂物试样的断口（95 分）

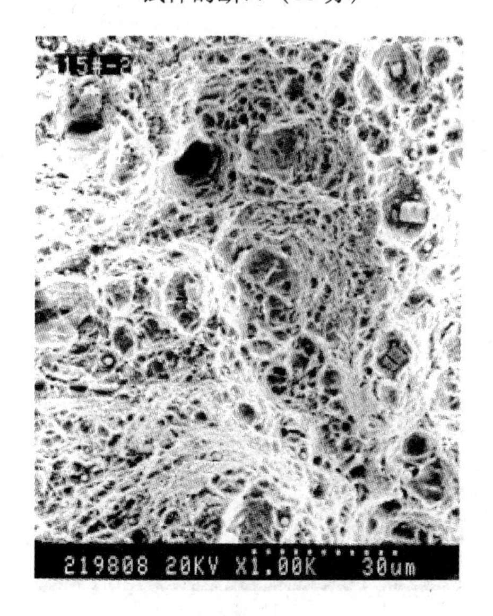

图 10-45 15-2 号 MnS 和 ZrN 夹杂物试样的断口（95 分）

其结果如下：

锭号	13	14	15	16	17	18	备 注
评分	85	80	95	20	70	30	8～10 张断口图评分后的平均值

16 号试样断口评分最低，且有准解理断口特征（见图 10-46）。断口形貌能直接反映断裂韧性的好坏。造成准解理断口的原因，又与试样的基体组织，夹杂物类型、分布等有关。表 10-20 中用金相法测定的 f_V^m 中包含有 Zr 的硫化物 Zr_3S_2，这种 Zr_3S_2 分布较集中，且不变形，它对韧性的危害大于 MnS 夹杂物，它在 f_V^m 中所占比例见表 10-28。Zr_3S_2 在夹杂物总含

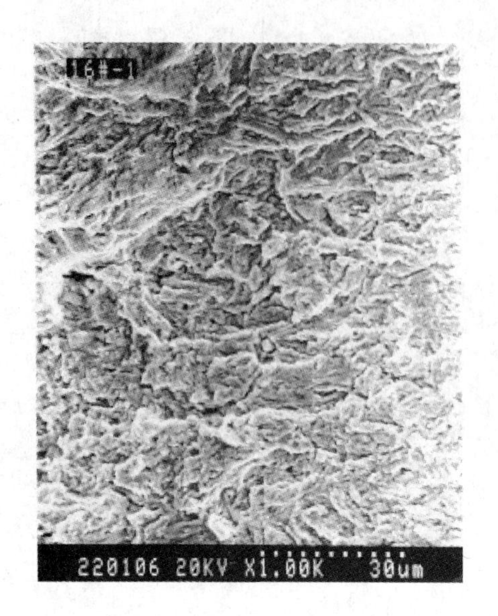

图 10-46 16-1 号 MnS 和 ZrN 夹杂物试样的准解理断口

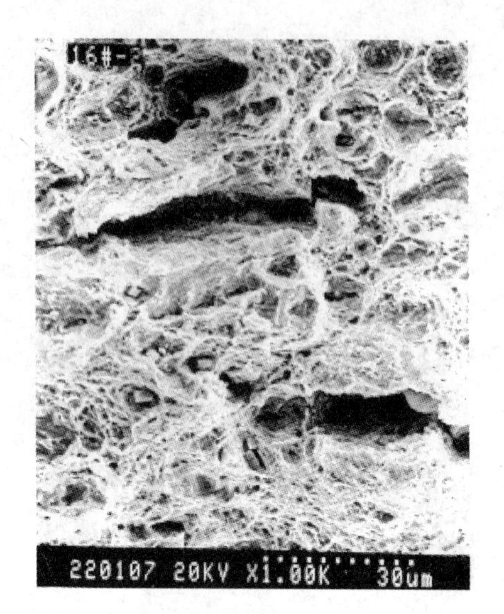

图 10-47 16-2 号 MnS 和 ZrN 夹杂物试样的断口（20 分）

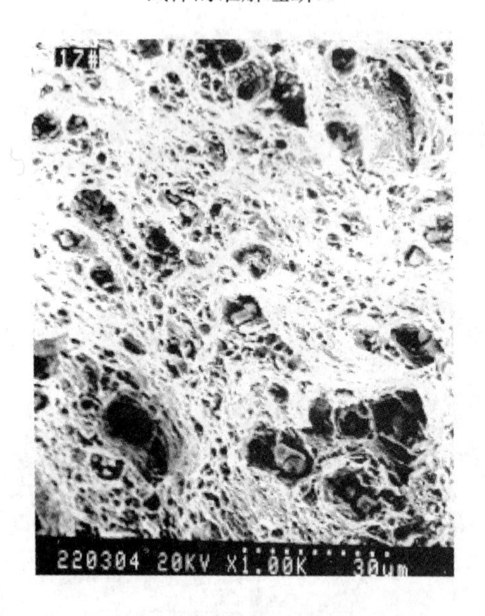

图 10-48 17-1 号 MnS 和 ZrN 夹杂物试样的断口（70 分）

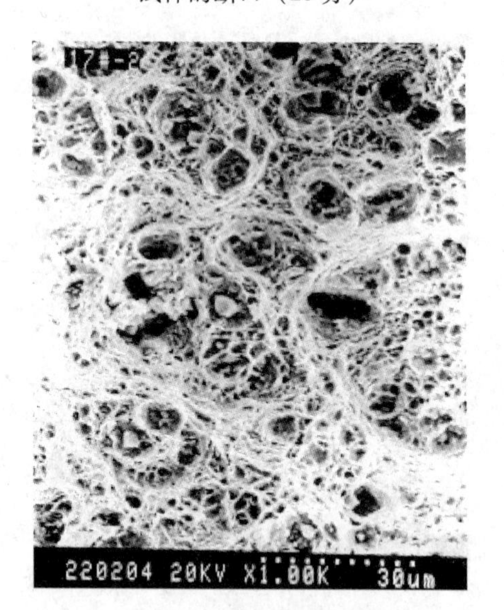

图 10-49 17-2 号 MnS 和 ZrN 夹杂物试样的断口（70 分）

量中所占比例最高的为 16 号试样，说明 Zr_3S_2 含量增大会使试样的断裂韧性下降。

表 10-28 $f_V^{总}$ 中各类夹杂物所占比例

样号		13	14	15	16	17	18
各类夹杂物所占比例/%	$f_V^{ZrN}/f_V^{总}$	23	54	41	22	21	23
	$f_V^{MnS}/f_V^{总}$	7	43	59	27	78	39
	$f_V^{Zr_3S_2}/f_V^{总}$	0	3	0	51	0.7	38

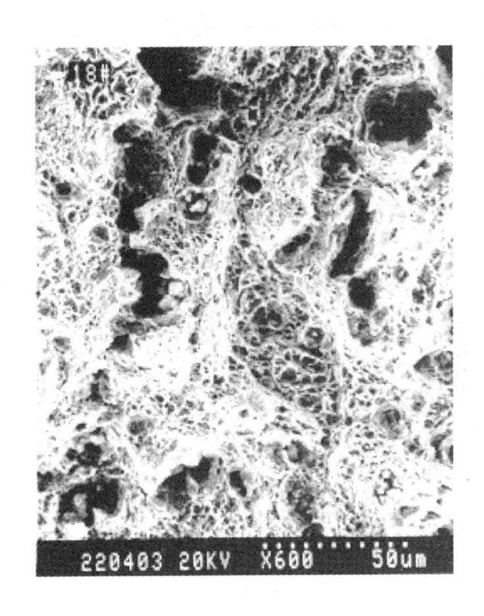

图 10-50　18-1 号 MnS 和 ZrN 夹杂物试样的断口（30 分）

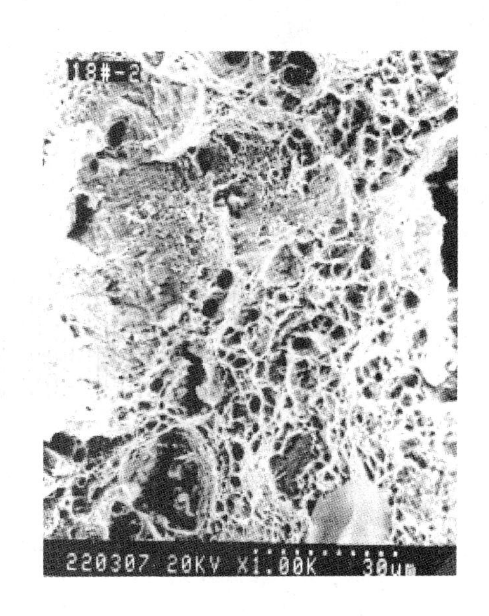

图 10-51　18-2 号 MnS 和 ZrN 夹杂物试样的断口（30 分）

图 10-39 所示为按试样化学成分 N、S 含量换算的 ZrN + MnS 夹杂物总含量 f_V^C 的关系。K_{1C} 曲线波动小于图 10-38 中同一曲线，即 a_K 曲线变化接近于直线，更符合一般夹杂物含量影响韧性的规律。f_V^C 实际代表试样中非金属元素 N、S 的含量。由于化学测量 N、S 元素的准确性较高，故使韧性的变化更具规律性。但 N、S 在试样中存在的形式不能用化学分析确定。研究夹杂物对钢性能的影响仍采用物理法确定夹杂物含量及其他参数。

10.2.3.3　试样中夹杂物总间距与总含量的关系

测定试样中 MnS 和 ZrN 夹杂物的总间距，可采用三种方法，即用金相法和图像仪测定 d_T^m 和 $\overline{d}_T^{AIA}$ 以及用断裂韧性 K_{1C} 试样断口测定大韧窝间距 $\overline{d}_T^{SEM}$。上面已讨论了用金相法测定 $f_V^{总}$。在一般情况下，$f_V^{总}$ 与 $\overline{d}_T$ 之间存在反比关系，随 $f_V^{总}$ 增大，$\overline{d}_T$ 下降，因而 $\overline{d}_T$ 与钢性能的关系成正比。今选用同一种方法测定的 $f_V^{总}$ 与 $\overline{d}_T^{总}$，将其关系作图（见图 10-52），随 $f_V^{总}$ 增大，$\overline{d}_T^m$ 下降，两者本应存在线性关系，但同样因 16 号试样中存在较多细小的 Zr_3S_2，使 $\overline{d}_T^m$ 下降，但从图 10-52 中所示曲线变化总趋势看，随 $f_V^{总}$ 增大，$\overline{d}_T^m$ 仍然下降。

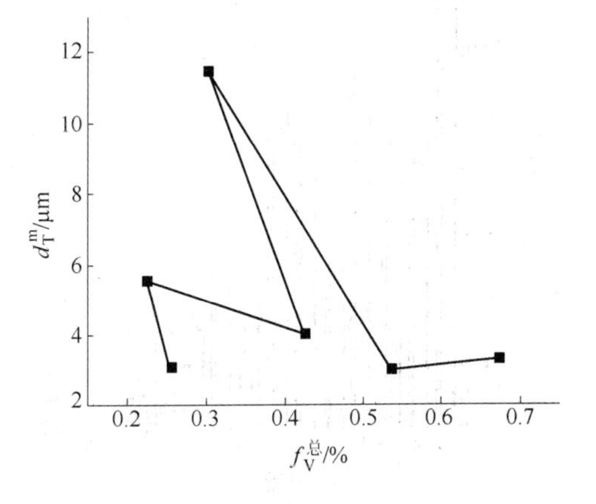

图 10-52　D_6AC 钢试样中 ZrN 和 MnS 总含量与夹杂物间距的关系

10.2.3.4　夹杂物尺寸分布频率

夹杂物尺寸分布频率见图 10-53 ~ 图 10-58。

在图 10-53 和图 10-54 中，尺寸小于 3μm 的 MnS 和 ZrN 夹杂物最多的均为 16 号试样。16 号试样中的夹杂物含量并不是最高的，但其

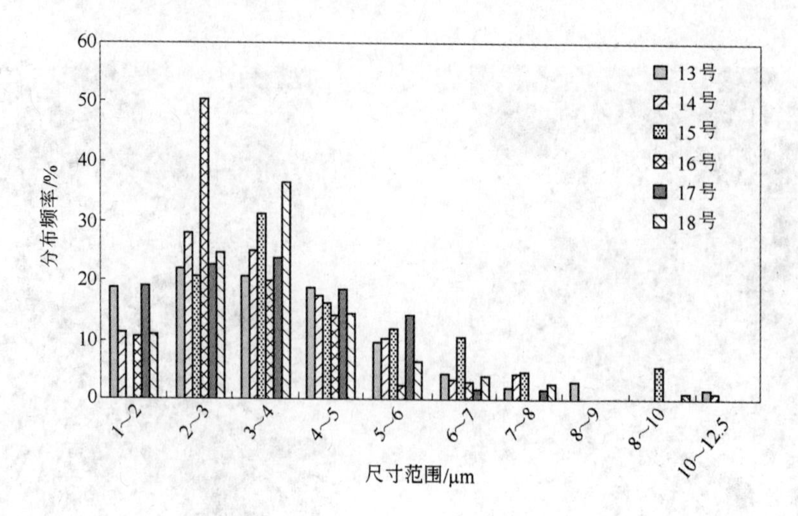

图 10-53　MnS 夹杂物尺寸分布频率

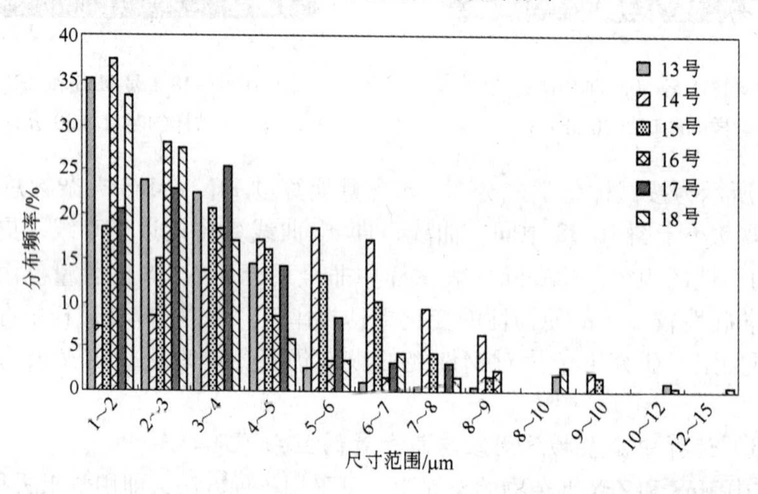

图 10-54　ZrN 夹杂物尺寸分布频率

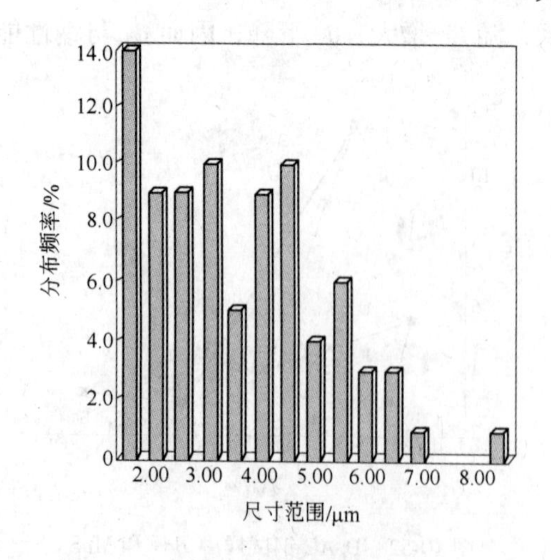

图 10-55　13 号 D_6AC 钢试样中 MnS 尺寸分布图

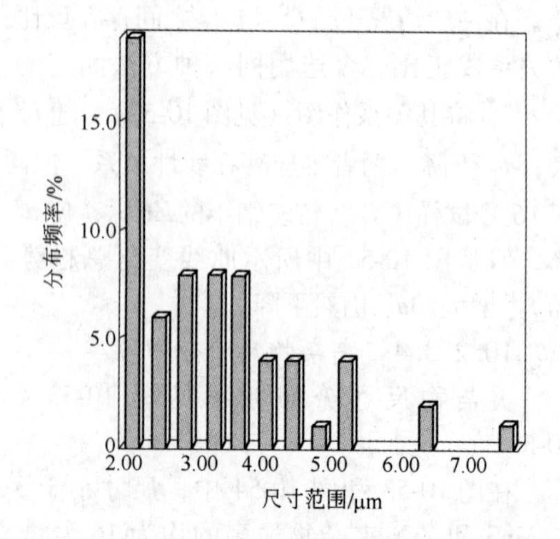

图 10-56　18 号 D_6AC 钢试样中 MnS 尺寸分布图

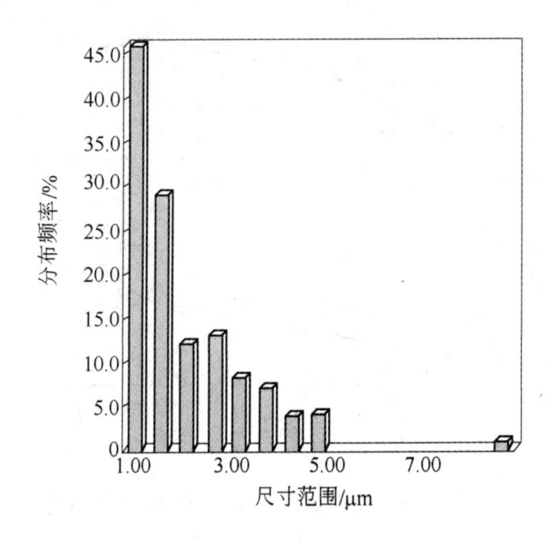

图 10-57　13 号 D_6AC 钢试样中 ZrN 尺寸分布图

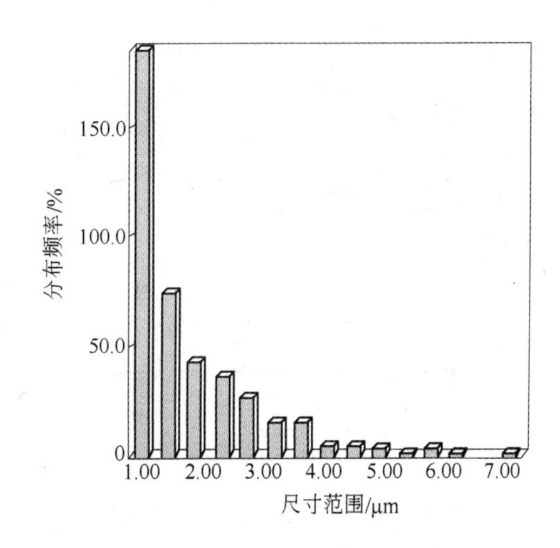

图 10-58　18 号 D_6AC 钢试样中 ZrN 尺寸分布图

断裂韧性却是最低的，说明夹杂物尺寸虽小，但数量较多仍会影响断裂韧性。17 号试样的冲击韧性最低，其夹杂物含量也不是最高的，但从尺寸分布频率看，MnS 和 ZrN 夹杂物尺寸大于 10 ~ 12.5μm 的均出现于 17 号试样中，表明夹杂物尺寸较大会使冲击韧性降低。尺寸分布频率有助于了解韧性变化的规律。

图 10-55 ~ 图 10-58 在图像仪直接绘制的复印图的基础上绘制，分别代表夹杂物含量低（13 号试样）和高（18 号试样）的试样中夹杂物尺寸分布情况。13 号试样中大的 MnS 夹杂物虽然多于 18 号试样，但其性能仍然优于 18 号试样。18 号试样中虽然存在尺寸较大的 ZrN 夹杂物，但其数量较少。对比的结果，说明夹杂物含量的影响大于尺寸的影响。

10.2.3.5　MnS 和 ZrN 夹杂物间距与韧塑性的关系

采用金相法测定的 MnS 和 ZrN 夹杂物间距 $\bar{d}_T^m$ 和 K_{1C} 断口试样测定的大韧窝间距 $\bar{d}_T^{SEM}$ 分别代表试样中所有夹杂物的平均间距，它们与试样韧塑性的关系如图 10-59 ~ 图 10-61 所示。

图 10-59 和图 10-60 所示试样的拉伸韧塑性随夹杂物间距的变化曲线略呈上升趋势，但较平坦，而图 10-61 所示试样的韧性随 $\bar{d}_T^{SEM}$ 变化的曲线的上升趋势较明显。图 10-62 和图 10-63所示试样的断裂韧性和冲击值随 $\bar{d}_T^m$ 的变化稍有不同。图 10-62 和图 10-63 所示虽同为金相法测定的夹杂物间距，但因所用放大倍数不同，韧性随夹杂物间距的变化规律也不同，用放大 1500 倍测出的 $\bar{d}_T^m$-K_{1C} 曲线各点基本在一条直线上，a_K 曲线偏离直线较多；同样用放大 600 倍测定 $\bar{d}_T^m$ 与 K_{1C}和 a_K 的关系（见图 10-63），a_K 随 $\bar{d}_T^m$ 的变化在一条直线上，K_{1C}

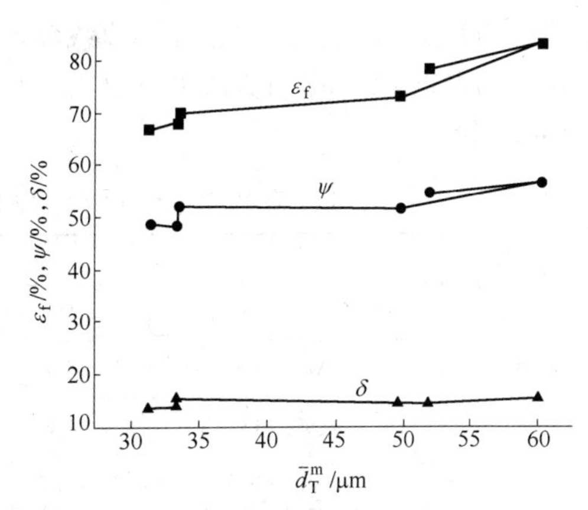

图 10-59　D_6AC 钢试样中 MnS 和 ZrN 夹杂物总间距与拉伸韧塑性的关系

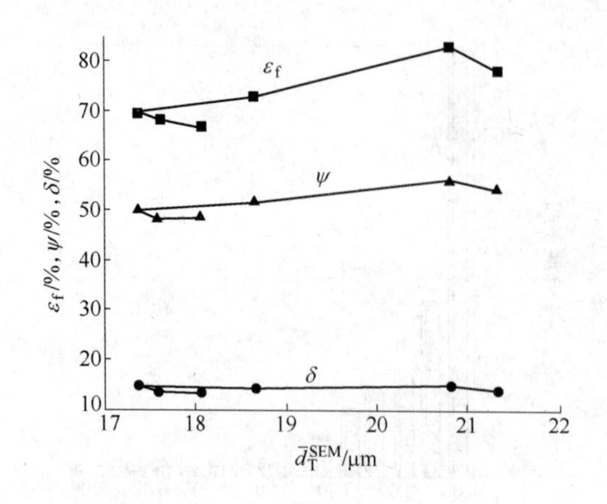

图 10-60　D_6AC 钢试样中夹杂物韧窝间距与拉伸韧塑性的关系

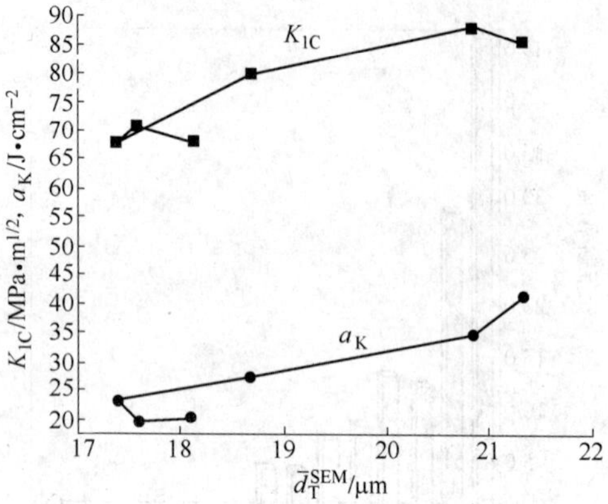

图 10-61　D_6AC 钢试样中 ZrN 和 MnS 夹杂物韧窝间距与韧性的关系

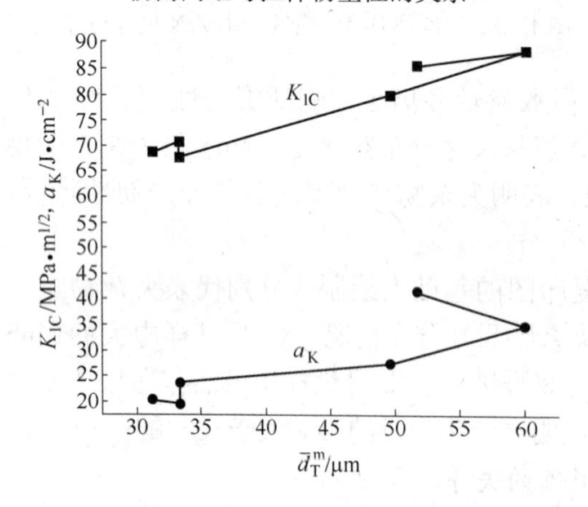

图 10-62　D_6AC 钢试样中夹杂物间距与韧性的关系（×1500）

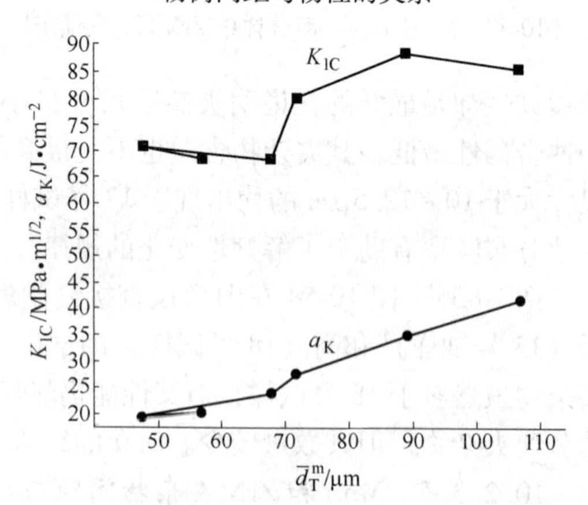

图 10-63　D_6AC 钢试样中夹杂物间距与韧性的关系（×600）

随 $\bar{d}_T^m$（600 倍）的变化有两点偏离直线较多。韧塑性同夹杂物间距的变化是线性或非线性关系，可用线性回归分析方法进行对比。对图 10-59 ~ 图 10-63 进行回归分析的结果列于表 10-29 中。

表 10-29　图 10-59 ~ 图 10-63 曲线的回归分析结果

图　号	回 归 方 程	编　号	R	S	N
图 10-59	$\varepsilon_f = (51.4 + 0.5\bar{d}_T^m) \times 1\%$	式（10-21）	0.9555	2.11	6
	$\psi = (40.5 + 0.26\bar{d}_T^m) \times 1\%$	式（10-22）	0.9515	1.13	6
	$\delta = (13.2 + 0.03\bar{d}_T^m) \times 1\%$	式（10-23）	0.5625	0.57	6
图 10-60	$\varepsilon_f = (8.5 + 3.41\bar{d}_T^{SEM}) \times 1\%$	式（10-24）	0.9039	3.06	6
	$\psi = (18.8 + 1.73\bar{d}_T^{SEM}) \times 1\%$	式（10-25）	0.9102	1.49	6
	$\delta = (12.4 + 0.1\bar{d}_T^{SEM}) \times 1\%$	式（10-26）	0.2827	0.66	6

续表 10-29

图　号	回归方程	编　号	R	S	N
图 10-61	$K_{1C} = -17 + 5\bar{d}_T^{SEM}$	式（10-27）	0.9336	3.62	6
	$a_K = -64.6 + 4.9\bar{d}_T^{SEM}$	式（10-28）	0.9511	3.0	6
图 10-62	$K_{1C} = 44.9 + 0.73\bar{d}_T^m$	式（10-29）	0.9843	1.78	6
	$a_K = 1.85 + 0.6\bar{d}_T^m$	式（10-30）	0.8399	5.27	6
图 10-63	$K_{1C} = 51.5 + 0.34\bar{d}_T^m$	式（10-31）	0.8342	5.58	6
	$a_K = -0.71 + 0.39\bar{d}_T^m$	式（10-32）	0.9871	1.55	6

表 10-29 所列回归方程中，根据相关系数 R 值即可判断伸长率（δ）与夹杂物间距（$\bar{d}_T^m$ 和 $\bar{d}_T^{SEM}$）之间，不能用直线拟合，即两者无线性关系，但 ε_f、ψ、K_{1C} 和 a_K 等韧性指标均与夹杂物间距呈线性关系，即这些韧性随夹杂物间距增大而逐步上升。

为比较金相法在不同放大倍数下所测夹杂物间距与韧性的关系是否符合正常规律，有必要对回归方程式(10-29)～式(10-32)做对比讨论。首先按线性回归显著性的要求，在 $N=6$ 时，$\alpha=0.05$ 所要求的 R 值为 0.811，当 $\alpha=0.01$ 时，要求 R 值为 0.917。回归方程式(10-29)和式(10-32)均为良好的线性关系。回归方程式(10-30)和式(10-31)也能满足一般的线性相关显著性水平。说明回归方程式(10-29)～式(10-32)的线性关系存在，其次将回归方程计算的 K_{1C} 和 a_K 与实验值对比，结果列于表 10-30 中。

表 10-30　回归方程式(10-29)～式(10-32)的计算值与实验值的对比

图　号			13	14	15	16	17	18
图　号	样　号		13	14	15	16	17	18
	K_{1C}(实验值)/MPa · $m^{1/2}$		85.4	88.3	79.8	67.8	70.4	68.3
图 10-62	K_{1C} /MPa · $m^{1/2}$	方程式（10-29）计算值	83.2	89.2	81.5	69.6	69.5	68.0
		差值/%	-2.6	1.0	2.0	2.6	-0.6	-0.4
图 10-63		方程式（10-31）计算值	88.1	81.9	75.9	74.6	67.5	70.8
		差值/%	3.0	-7.8	-5.1	4.6	-4.3	3.5
图　号	样　号		13	14	15	16	17	18
	a_K(实验值)/J · cm^{-2}		41.6	34.7	27.4	23.7	19.6	20.4
图 10-62	a_K /J · cm^{-2}	方程式（10-30）计算值	34.7	38.3	30.8	22.8	20.5	20.2
		差值/%	-19.9	9.4	11.0	-3.9	4.4	1.0
图 10-63		方程式（10-32）计算值	41.3	34.1	27.3	25.8	17.7	21.4
		差值/%	-0.7	-1.7	-0.4	8.1	10.7	4.7

回归方程式（10-29）的计算值与实验值符合得最好，即图 10-62 所用 1500 倍测的 $\bar{d}_T^m$ 与断裂韧性 K_{1C} 之间存在良好的线性关系，这点与试样中只含一种夹杂物的实验规律一致，同样回归方程式（10-32）计算的 a_K 值与实验值符合得也较好，即图 10-63 所用 600 倍测的 $\bar{d}_T^m$ 与冲击韧性 a_K 之间也可以认为存在较好的线性关系。说明用金相法测定夹杂物间距时，采用高放大倍数，适于找出断裂韧性同夹杂物间距之间的线性关系；对冲击韧性与夹杂物间距的关系，用中低放大倍数测定 $\bar{d}_T^m$ 更适用。这种差别与断裂机理有关。断裂韧性是在平面应变条件下测定的，它代表试样中存在裂纹时，抵抗裂纹扩展的能力。当夹杂物

在临界应变下开裂形成裂纹后，裂纹的扩展往往沿最有利的方向，即使尺寸较小的夹杂物开裂后，只要这些小夹杂物位于裂纹扩展有利的方位上，也能起到一定作用。这些有利于裂纹扩展的小夹杂物在较高倍数下才能被计数。根据夹杂物间距 $\bar{d}_T = \sqrt{\frac{A}{N}}$ 得知，计数 N 值大小直接影响 $\bar{d}_T$ 大小，因而 K_{1C} 与 $\bar{d}_T$ 的关系会随着 $\bar{d}_T$ 大小而变化。说明在高倍下用金相法测定的 $\bar{d}_T^m$ 更能反映 K_{1C} 的变化，即二者之间按照以往的实验已确定 K_{1C} 与 $\bar{d}_T$ 之间存在线性关系。冲击韧性是在动载荷条件下测定的冲击能量，这个能量值包括三部分，其中试样断裂消耗于裂纹的扩展功，与在静载荷条件下裂纹扩展速率不同，用准动态方法即可观察到断裂韧性试样中裂纹扩展与夹杂物间距的关系。由于冲击试样瞬间断裂无法确定夹杂物间距对它的影响，只能推测尺寸较大的夹杂物首先开裂后，提供冲击裂纹扩展途径。用金相法在中低倍条件下观察到的夹杂物直接与冲击韧性有关。因此 600 倍条件下测定的夹杂物间距 $\bar{d}_T^m$ 更能反映冲击韧性随 $\bar{d}_T^m$ 增大而上升的规律性。

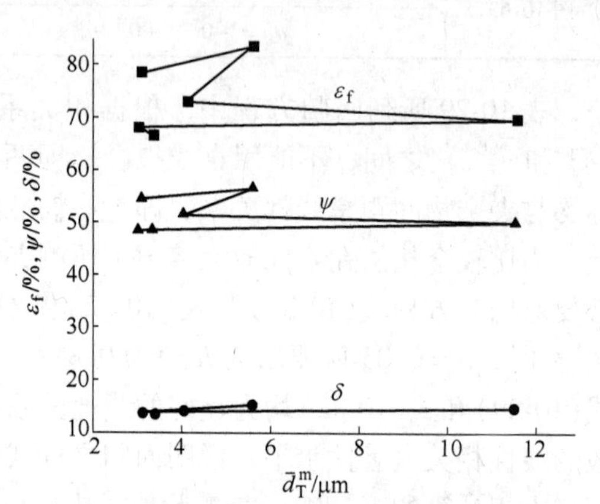

图 10-64　D_6AC 钢试样中 ZrN 和 MnS 夹杂物间距与拉伸韧塑性的关系（按 P_p^{MnS} 换算的 $\bar{d}_T^m$）

图 10-64 中的 $\bar{d}_T^m$ 为按投影长度 P_p 计算的，再按式（10-15）计算的 $\bar{d}_T^m$ 值作图，它同拉伸塑性之间并无规律性。

图 10-65 和图 10-66 中的夹杂物间距是用图像仪测定的 $\bar{d}_T^{AIA}$ 值。从这两个图中曲线的走势看，出现与以往规律性相矛盾的情况，即随 $\bar{d}_T^{AIA}$ 的增大，a_K 和 K_{1C} 直线下降，拉伸塑性也呈下降走势，用直线拟合图 10-65 和图 10-66 后可得出下列方程：

图 10-65：
$$K_{1C} = 110.7 - 5.3\bar{d}_T^{AIA} \tag{10-33}$$
$$R = -0.95267,\ S = 2.96,\ N = 6,\ P = 0.0028$$
$$a_K = 56.6 - 4.5\bar{d}_T^{AIA} \tag{10-34}$$
$$R = -0.84107,\ S = 5.25,\ N = 6,\ P = 0.036$$

图 10-66：
$$\varepsilon_f = 94.4\% - 3.3\%\bar{d}_T^{AIA} \tag{10-35}$$
$$R = -0.84114,\ S = 3.86,\ N = 6,\ P = 0.036$$
$$\psi = 62.3\% - 1.7\%\bar{d}_T^{AIA} \tag{10-36}$$
$$R = -0.84159,\ S = 1.94,\ N = 6,\ P = 0.035$$
$$\delta = 14.9\% - 0.08\%\bar{d}_T^{AIA} \tag{10-37}$$
$$R = -0.21669,\ S = 0.671,\ N = 6,\ P = 0.68$$

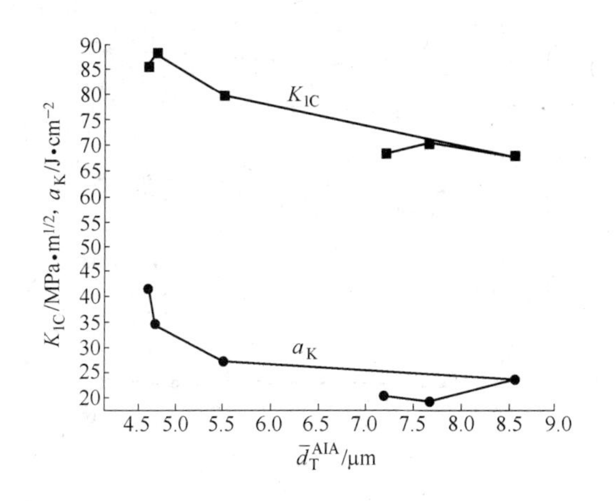

图 10-65 D_6AC 钢试样中夹杂物间距与韧性的关系

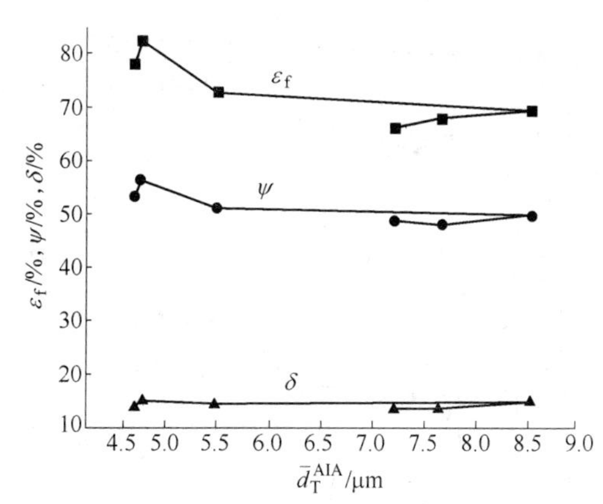

图 10-66 D_6AC 钢试样中夹杂物间距与拉伸韧塑性的关系

除了方程式（10-37），δ 与 $\bar{d}_T^{AIA}$ 之间不存在线性关系外，方程式(10-33)～式(10-36)的相关系数（R）按线性相关显著性水平，分别达到 $\alpha=0.01$ 和 $\alpha=0.05$ 的水平，即存在线性关系，说明用图像仪测定的夹杂物间距存在系统误差，破坏了夹杂物间距与韧性之间的规律性。

图像仪所测 MnS 和 ZrN 夹杂物的最邻近间距、MnS-MnS 夹杂物的最邻近间距与韧塑性的关系，分别如图 10-67 和图 10-68 所示，K_{1C}和 a_K 值随 δ_j^{MnS} 增大而上升的趋势与 ε_f 和 ψ 上升的趋势相近，δ 虽有上升但变化不大，表明试样的韧性指标与 MnS-MnS 的最邻近间距直接有关，但是图 10-69 和图 10-70 所示的 ZrN 夹杂物最邻近间距与韧塑性的关系只在一定的 δ_j^{ZrN} 值范围内，韧性随 δ_j^{ZrN} 增大而上升，但韧性较大的两点分别位于 δ_j^{ZrN} 最小和最大的位置，从而破坏了韧性随 δ_j^{ZrN} 增大而上升的规律。因此在试样中同时存在两种夹杂物时，韧性只受其中一种夹杂物的最邻近间距的影响。本套试样所存在的夹杂物为 MnS 和 ZrN，说明 MnS 夹杂物能直接影响韧性，而 ZrN 最邻近间距与韧性之间无完全对应关系。

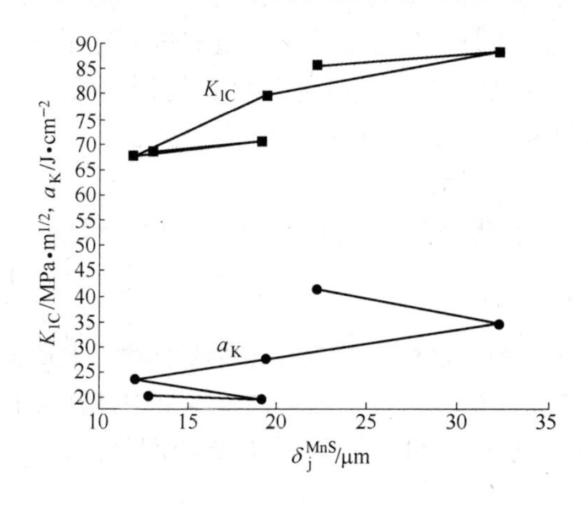

图 10-67 D_6AC 钢试样中 MnS 夹杂物最邻近间距与韧性的关系

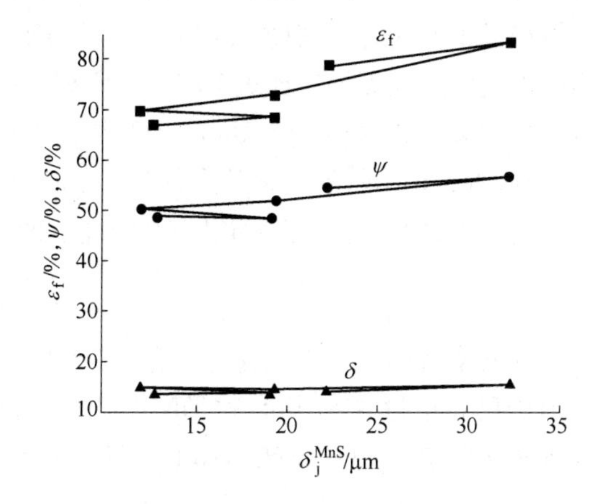

图 10-68 D_6AC 钢试样中 MnS 夹杂物最邻近间距与拉伸韧塑性的关系

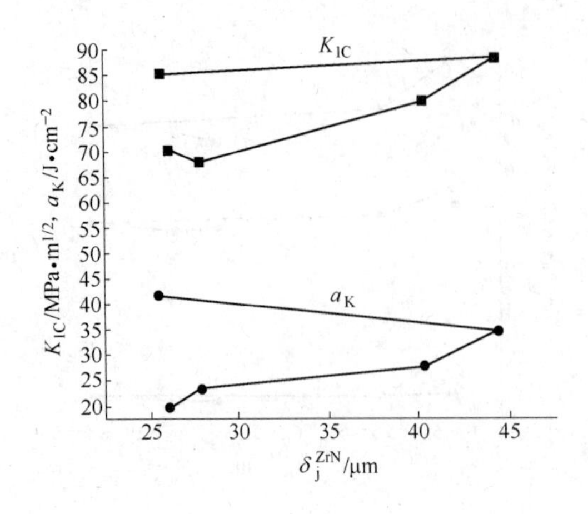

图 10-69 D_6AC 钢试样中 ZrN 夹杂物最邻近间距与韧性的关系

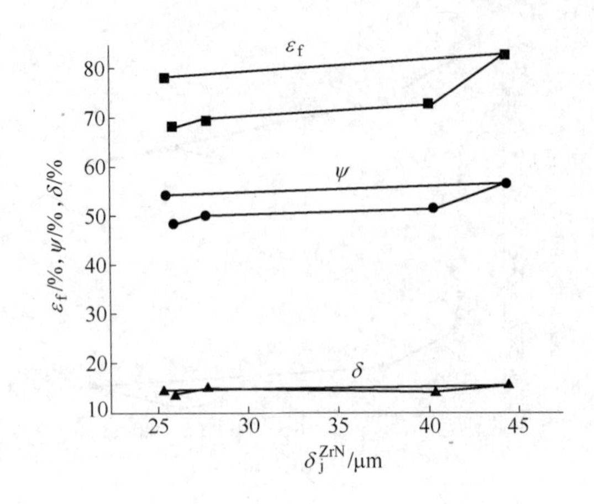

图 10-70 D_6AC 钢试样中 ZrN 夹杂物最邻近间距与拉伸韧塑性的关系

总结 MnS 和 ZrN 夹杂物间距与韧塑性的关系如下：

（1）扫描电镜图所测的韧窝间距 $\bar{d}_T^{SEM}$ 与断裂韧性和冲击韧性之间（见图 10-61）存在良好的正相关，韧性随 $\bar{d}_T^{SEM}$ 增大而逐步上升。用金相法测定的夹杂物间距 $\bar{d}_T^m$（见图 10-62 和图 10-63）随所用放大倍数不同分别适用于不同韧性，用高放大倍数（×1500）所测 $\bar{d}_T$ 与断裂韧性之间以及中放大倍数（×600）与冲击韧性之间都分别存在正相关，符合韧性随夹杂物间距增大而上升的规律性。

（2）根据金相法所测夹杂物含量和宽度计算的投影长度 P_p，再根据 P_p 与夹杂物间距的关系计算出的 $\bar{d}_T^m$ 值与韧性之间并无任何规律。

（3）图像仪直接测出的夹杂物间距 $\bar{d}_T^{AIA}$ 与拉伸塑性的关系出现反常情况（见图 10-66），即随 $\bar{d}_T^{AIA}$ 值增大，韧性和拉伸塑性反而下降，违反正常规律。

（4）图像仪所测夹杂物最邻近间距 δ_j^{MnS} 能反映试样韧性随 δ_j^{MnS} 增大而上升，但试样中另一种夹杂物最邻近间距 δ_j^{ZrN} 与韧性的关系，在 δ_j^{ZrN} 值一定范围内存在关系，即 δ_j^{ZrN} 的最大值与最小值同时与高韧性对应，说明 ZrN 夹杂物对韧性的性能的影响随试样中两种夹杂物所占比例不同而异。如表 10-16 中所列数据，在韧性最大的 13 号试样与韧性最低的 18 号试样中 ZrN 数目均大于 MnS，ZrN 数目多最邻近间距就小，所以出现反常情况。

10.2.3.6 夹杂物含量、间距共同对韧塑性的影响

前几章的实验结果已肯定夹杂物含量、间距共同对断裂韧性有影响，并验证了如下公式：

$$K_{1C} = A + Bf_V^{-\frac{1}{6}}\sqrt{\bar{d}_T}$$

前几章所用试样中只含有一种夹杂物，而本章中的试样同时含有两种夹杂物。本章第一节中已讨论过含有 MnS 和 TiN 夹杂物的试样韧性仍然符合上列公式，本节中试样含有 MnS 和 ZrN 夹杂物，今按本节已有的夹杂物含量（f_V^m 和 f_V^C）以及夹杂物间距（$\bar{d}_T^m$ 与 $\bar{d}_T^{SEM}$），按上列公式中 $f_V^{-\frac{1}{6}}\sqrt{\bar{d}_T}$ 组合成几组数据与断裂韧性和拉伸塑性作图，以进一步证实上列公式是否成为与韧性关系的通式。将不同组合数据列于表 10-31 中。

表 10-31　MnS 和 ZrN 夹杂物总含量、间距等数据

样　号	13	14	15	16	17	18
$f_V^m/\%$	0.252	0.222	0.425	0.300	0.534	0.676
$(f_V^m)^{-\frac{1}{6}}$	1.258	1.258	1.153	1.222	1.110	1.067
$f_V^C/\%$	0.203	0.200	0.306	0.330	0.504	0.443
$(f_V^C)^{-\frac{1}{6}}$	1.304	1.308	1.218	1.203	1.121	1.145
$\bar{d}_T^m$(1500 倍)/μm	51.8	60	49.6	33.4	33.3	31.3
$\bar{d}_T^{SEM}$/μm	21.31	20.80	18.66	17.35	17.57	18.06
$(f_V^m)^{-\frac{1}{6}}\sqrt{\bar{d}_T^m}$	9.06	9.95	8.12	7.06	6.41	5.97
$(f_V^C)^{-\frac{1}{6}}\sqrt{\bar{d}_T^m}$	9.39	10.13	8.58	6.95	6.47	6.40
$(f_V^C)^{-\frac{1}{6}}\sqrt{\bar{d}_T^{SEM}}$	6.01	5.97	5.27	5.00	4.70	4.89
$(f_V^m)^{-\frac{1}{6}}\sqrt{\bar{d}_T^{SEM}}$	5.81	5.74	4.98	5.09	4.65	4.53

A　$(f_V^m)^{-\frac{1}{6}}\sqrt{\bar{d}_T^m}$与韧塑性的关系

图 10-71 所示为 $(f_V^m)^{-\frac{1}{6}}\sqrt{\bar{d}_T^m}$与拉伸韧塑性的关系，与图 10-62 对比，图 10-71 中的 K_{1C}曲线变化更接近于直线，但 a_K 曲线形状两者相似，即在 $(f_V^m)^{-\frac{1}{6}}\sqrt{\bar{d}_T^m}$组合中，$\bar{d}_T^m$ 值较大所以受 $\bar{d}_T^m$ 的影响也较明显。

图 10-72 所示为$(f_V^m)^{-\frac{1}{6}}\sqrt{\bar{d}_T^m}$与拉伸韧塑性的关系。与图 10-60 对照，$\varepsilon_f$ 和 ψ 随 $(f_V^m)^{-\frac{1}{6}}\sqrt{\bar{d}_T^m}$增大而逐步上升，具有明显的线性关系。图 10-71 和图 10-72 的回归分析结果列于表 10-32 中。

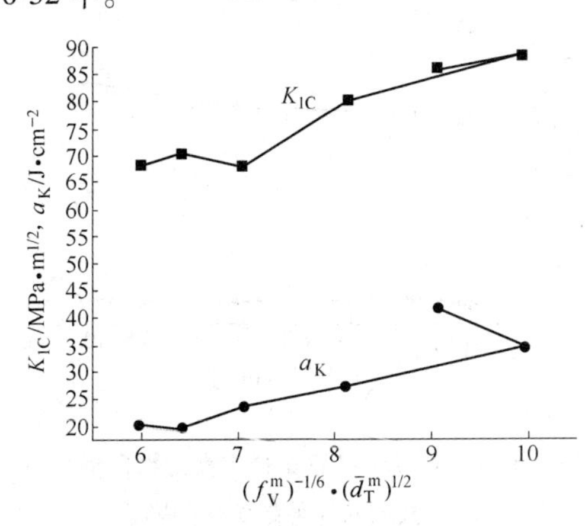

图 10-71　D_6AC 钢试样中 ZrN 和 MnS 夹杂物含量、间距共同对韧性的影响

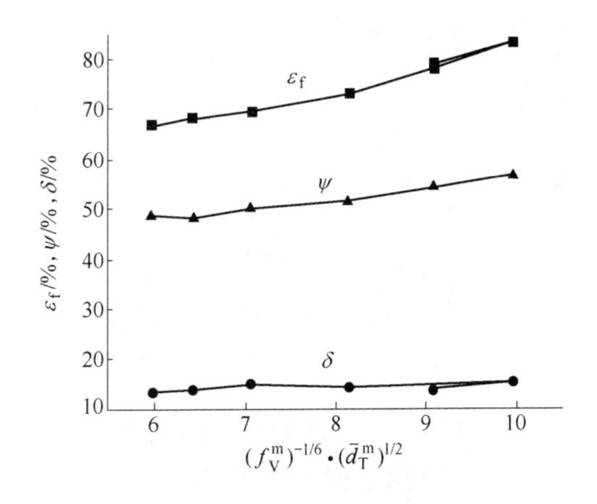

图 10-72　D_6AC 钢试样中 ZrN 和 MnS 夹杂物含量、间距共同对拉伸韧塑性的影响

表 10-32 图 10-71 和图 10-72 回归分析结果

图号	回归方程	方程号	R	S	N
图 10-71	$K_{1C}=33.4+5.6(f_V^m)^{-\frac{1}{6}}\sqrt{\bar{d}_T^m}$	式(10-38)	0.9593	2.86	6
	$a_K=-10.5+5(f_V^m)^{-\frac{1}{6}}\sqrt{\bar{d}_T^m}$	式(10-39)	0.8886	4.45	6
图 10-72	$\varepsilon_f=41.8\%+4\%(f_V^m)^{-\frac{1}{6}}\sqrt{\bar{d}_T^m}$	式(10-40)	0.9856	1.21	6
	$\psi=35.6\%+2.1\%(f_V^m)^{-\frac{1}{6}}\sqrt{\bar{d}_T^m}$	式(10-41)	0.9828	0.68	6
	$\delta=12.4\%+0.26\%(f_V^m)^{-\frac{1}{6}}\sqrt{\bar{d}_T^m}$	式(10-42)	0.6600	0.52	6

从表 10-32 中各回归方程的相关系数考虑，除了 δ 与 $(f_V^m)^{-\frac{1}{6}}\sqrt{\bar{d}_T^m}$ 之间不存在线性关系外，含两种夹杂物的试样的 K_{1C} 与 $(f_V^m)^{-\frac{1}{6}}\sqrt{\bar{d}_T^m}$ 之间仍有很好的线性关系，即试样的 a_K 仍存在一般的线性关系，但含两种夹杂物试样的拉伸塑性 ε_f 和 ψ 与 $(f_V^m)^{-\frac{1}{6}}\sqrt{\bar{d}_T^m}$ 之间的线性关系较只含一种夹杂物试样的 ε_f 和 ψ 与 $(f_V^m)^{-\frac{1}{6}}\sqrt{\bar{d}_T^m}$ 之间的关系，更加符合通式 $\psi=A+B(f_V^m)^{-\frac{1}{6}}\sqrt{\bar{d}_T^m}$ 和 $\varepsilon_f=A+B(f_V^m)^{-\frac{1}{6}}\sqrt{\bar{d}_T^m}$。

B　$(f_V^C)^{-\frac{1}{6}}\sqrt{\bar{d}_T^m}$ 与韧塑性的关系

图 10-73 和图 10-74 所示为 $(f_V^C)^{-\frac{1}{6}}\sqrt{\bar{d}_T^m}$ 与韧塑性的关系。与图 10-71 和图 10-72 对照，虽然测定 $f_V^{总}$ 的方法不同，但两套曲线变化趋势相同，随 $(f_V^C)^{-\frac{1}{6}}\sqrt{\bar{d}_T^m}$ 增大，韧塑性逐步上升。回归分析结果列于表 10-33 中。

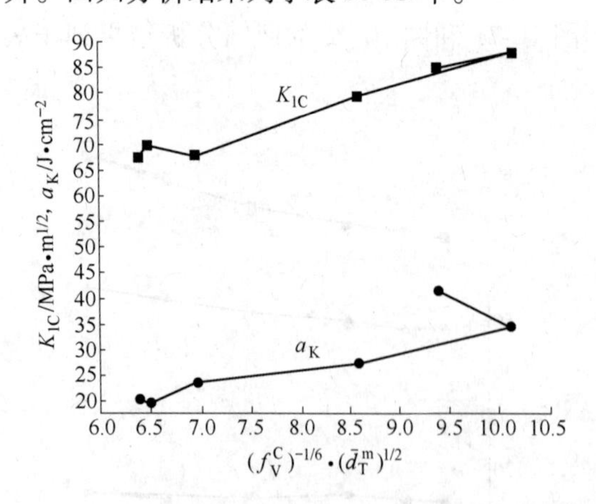

图 10-73　D_6AC 钢试样中夹杂物含量、间距共同对韧性的影响

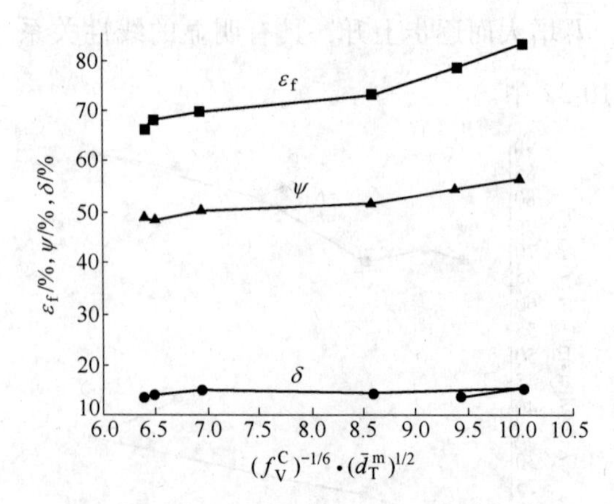

图 10-74　D_6AC 钢试样中夹杂物含量、间距共同对拉伸韧塑性的影响

除回归方程式(10-47)外，其余 4 个方程均符合通式韧塑性 $=A+B(f_V^m)^{-\frac{1}{6}}\sqrt{\bar{d}_T^m}$ 的要求。

表 10-33　图 10-73 和图 10-74 的回归分析结果

图　号	回 归 方 程	方程号	R	S	N
图 10-73	$K_{1C}=32.4+5.55(f_V^C)^{-\frac{1}{6}}\sqrt{\bar{d}_T^m}$	式(10-43)	0.9809	1.97	6
	$a_K=-11+4.9(f_V^C)^{-\frac{1}{6}}\sqrt{\bar{d}_T^m}$	式(10-44)	0.8973	4.28	6
图 10-74	$\varepsilon_f=41.8\%+3.9\%(f_V^C)^{-\frac{1}{6}}\sqrt{\bar{d}_T^m}$	式(10-45)	0.9687	1.77	6
	$\psi=35.5\%+2.0\%(f_V^C)^{-\frac{1}{6}}\sqrt{\bar{d}_T^m}$	式(10-46)	0.9715	0.87	6
	$\delta=12.6\%+0.22\%(f_V^C)^{-\frac{1}{6}}\sqrt{\bar{d}_T^m}$	式(10-47)	0.5705	0.56	6

C　$(f_V^C)^{-\frac{1}{6}}\sqrt{\bar{d}_T^{SEM}}$ 与韧塑性的关系

图 10-75 和图 10-76 所示为 $(f_V^C)^{-\frac{1}{6}}\sqrt{\bar{d}_T^{SEM}}$ 与韧塑性的关系，虽然 $\bar{d}_T^{SEM}$ 只用 K_{1C} 断口试样测定的值，但韧性仍随 $(f_V^C)^{-\frac{1}{6}}\sqrt{\bar{d}_T^{SEM}}$ 增大而上升，符合一般规律。回归分析结果列于表 10-34 中。

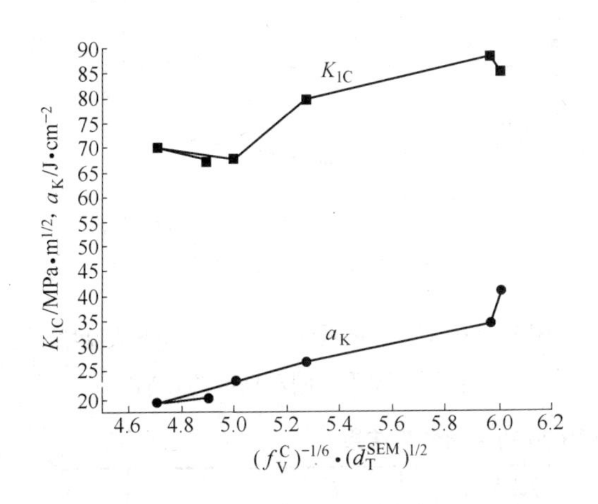

图 10-75　D_6AC 钢试样中 MnS 和 TiN 夹杂物含量、间距共同对韧性的影响

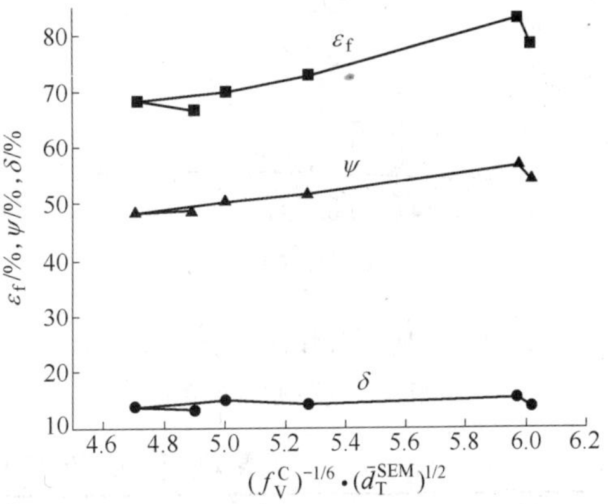

图 10-76　D_6AC 钢试样中 ZrN 和 MnS 夹杂物含量、间距共同对拉伸韧塑性的影响

表 10-34　图 10-75 和图 10-76 的回归分析结果

图　号	回 归 方 程	方程号	R	S	N
图 10-75	$K_{1C}=-3.5+15.1(f_V^C)^{-\frac{1}{6}}\sqrt{\bar{d}_T^{SEM}}$	式(10-48)	0.9364	3.55	6
	$a_K=-51.8+15(f_V^C)^{-\frac{1}{6}}\sqrt{\bar{d}_T^{SEM}}$	式(10-49)	0.9701	2.35	6
图 10-76	$\varepsilon_f=15.8\%+10.8\%(f_V^C)^{-\frac{1}{6}}\sqrt{\bar{d}_T^{SEM}}$	式(10-50)	0.9494	2.25	6
	$\psi=21.7\%+5.7\%(f_V^C)^{-\frac{1}{6}}\sqrt{\bar{d}_T^{SEM}}$	式(10-51)	0.9663	0.94	6
	$\delta=11.6\%+0.53\%(f_V^C)^{-\frac{1}{6}}\sqrt{\bar{d}_T^{SEM}}$	式(10-52)	0.4804	0.60	6

回归方程式(10-48)~式(10-51)均满足韧性 $=A+Bf_{\mathrm{V}}^{-\frac{1}{6}}\sqrt{\bar{d}_{\mathrm{T}}}$通式的要求。

D $(f_{\mathrm{V}}^{\mathrm{m}})^{-\frac{1}{6}}\sqrt{\bar{d}_{\mathrm{T}}^{\mathrm{SEM}}}$与韧塑性的关系

图 10-77 和图 10-78 所示为试样的韧塑性与 $(f_{\mathrm{V}}^{\mathrm{m}})^{-\frac{1}{6}}\sqrt{\bar{d}_{\mathrm{T}}^{\mathrm{SEM}}}$的关系。从图中可以看出，无论是拉伸塑性还是断裂韧性和冲击韧性均随 $(f_{\mathrm{V}}^{\mathrm{m}})^{-\frac{1}{6}}\sqrt{\bar{d}_{\mathrm{T}}^{\mathrm{SEM}}}$增大而上升，但对照图 10-72~图 10-76，曲线上升不平滑，尤其是 $K_{1\mathrm{C}}$曲线呈折线上升。对图 10-77 和图 10-78 的回归分析结果列于表 10-35 中。除 δ 外，回归方程式（10-56）的线性相关系数 $R<0.9$，即 $K_{1\mathrm{C}}$与 $(f_{\mathrm{V}}^{\mathrm{m}})^{-\frac{1}{6}}\sqrt{\bar{d}_{\mathrm{T}}^{\mathrm{SEM}}}$之间存在一般的线性关系。但 ε_{f}、ψ 和 a_{K} 与 $(f_{\mathrm{V}}^{\mathrm{m}})^{-\frac{1}{6}}\sqrt{\bar{d}_{\mathrm{T}}^{\mathrm{SEM}}}$之间线性关系均能很好符合韧性 $=A+Bf_{\mathrm{V}}^{\frac{1}{6}}\sqrt{\bar{d}_{\mathrm{T}}}$ 的要求。

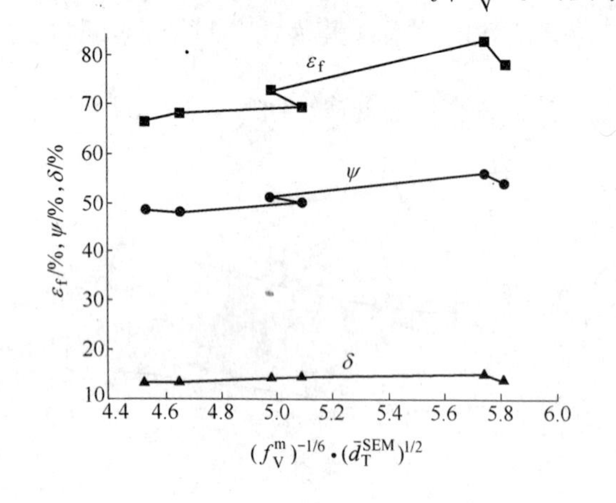

图 10-77 D_6AC 钢试样中夹杂物含量、间距共同对韧塑性的影响

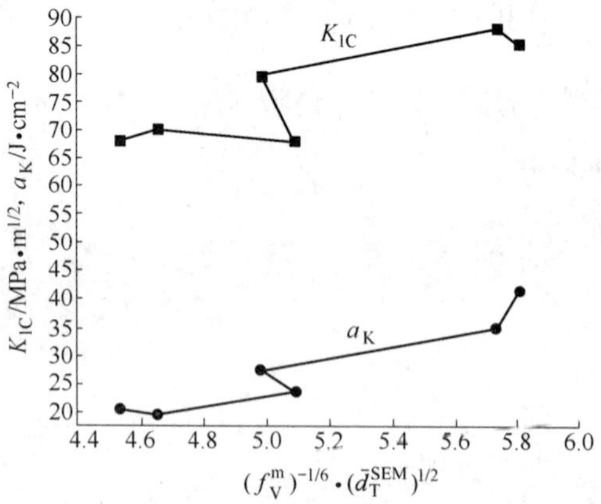

图 10-78 D_6AC 钢试样中 ZrN 和 MnS 夹杂物含量、间距共同对韧性的影响

表 10-35 图 10-77 和图 10-78 的回归分析结果

图 号	回 归 方 程	方程号	R	S	N
图 10-77	$\varepsilon_{\mathrm{f}}=16.5\%+11.0\%(f_{\mathrm{V}}^{\mathrm{m}})^{-\frac{1}{6}}\sqrt{\bar{d}_{\mathrm{T}}^{\mathrm{SEM}}}$	式(10-53)	0.9306	2.62	6
	$\psi=22.7\%+5.6\%(f_{\mathrm{V}}^{\mathrm{m}})^{-\frac{1}{6}}\sqrt{\bar{d}_{\mathrm{T}}^{\mathrm{SEM}}}$	式(10-54)	0.9416	1.21	6
	$\delta=10.9\%+0.68\%(f_{\mathrm{V}}^{\mathrm{m}})^{-\frac{1}{6}}\sqrt{\bar{d}_{\mathrm{T}}^{\mathrm{SEM}}}$	式(10-55)	0.5957	0.55	6
图 10-78	$K_{1\mathrm{C}}=2.5+14.5(f_{\mathrm{V}}^{\mathrm{m}})^{-\frac{1}{6}}\sqrt{\bar{d}_{\mathrm{T}}^{\mathrm{SEM}}}$	式(10-56)	0.8602	5.16	6
	$a_{\mathrm{K}}=-50.7+15.3(f_{\mathrm{V}}^{\mathrm{m}})^{-\frac{1}{6}}\sqrt{\bar{d}_{\mathrm{T}}^{\mathrm{SEM}}}$	式(10-57)	0.9495	3.05	6

对夹杂物含量、间距共同对韧性的影响，主要在于寻找满足通式 $K_{1\mathrm{C}}=A+Bf_{\mathrm{V}}^{-\frac{1}{6}}\sqrt{\bar{d}_{\mathrm{T}}}$ 的条件，本实验推广应用此通式于韧塑性，韧塑性受夹杂物含量、间距的共同影响能否符合通式的验证方法有二：首先按回归方程线性相关系数检验，在 $N=6$ 的条件下，按 $\alpha=0.01$ 作为线性关系存在的判断依据，即 $R\geqslant0.917$ 时，可以满足通式的条件。反观回归方

程式(10-38)~式(10-57)，即表 10-32~表 10-35 所列 R 值检查，由于多数回归方程满足通式的条件，只将不满足通式的方程挑出，即 a_K(10-39)、δ(10-42)、a_K(10-44)、δ(10-47)、δ(10-52)、δ(10-55)和 K_{1C}(10-56)。由此可见在韧塑性的 4 个方程中 δ 全部不成立，a_K 有一半不成立，K_{1C} 只有 1 个不成立。根据线性相关显著性水平的检验，拉伸塑性 ε_f 和 ψ 以及断裂韧性的回归分析结果，符合通式韧性 $=A+Bf_V^{-\frac{1}{6}}\sqrt{\bar{d}_T}$ 的条件。下面再将回归方程计算值与实验值进行对比，列于表 10-36 中。

表 10-36 韧塑性与 $f_V^{-\frac{1}{6}}\sqrt{\bar{d}_T}$ 关系的回归方程计算值与实验值的对比

样 号			13	14	15	16	17	18	差值 Δ_{max}/%
K_{1C} /MPa · $m^{1/2}$	实验值		85.4	88.3	79.8	67.8	70.4	68.3	—
	计算值及方程号	式(10-38)	83.9	88.8	78.6	72.7	69.1	66.7	-7.2
		式(10-43)	84.5	88.6	80.0	70.9	68.3	67.9	-4.6
		式(10-48)	87.2	88.6	76.1	72.0	67.4	70.3	-2.5
		式(10-56)	86.7	85.7	74.7	76.3	69.9	68.2	-12.5
a_K /J · cm^{-2}	实验值		44.6	34.7	27.4	23.7	19.6	20.4	—
	计算值及方程号	式(10-39)	34.3	38.7	29.7	24.4	21.2	19.1	17.5
		式(10-44)	34.7	38.3	30.8	22.8	20.5	20.2	13.8
		式(10-49)	38.3	37.7	27.2	23.2	18.7	21.5	7.9
		式(10-57)	38.2	37.1	25.5	27.2	20.4	18.6	-14.7
ε_f/%	实验值		78.4	83.2	72.9	69.7	68.3	66.8	—
	计算值及方程号	式(10-40)	78.0	81.6	79.3	70.0	67.4	65.7	-8.8
		式(10-45)	78.4	81.3	75.2	68.9	67.0	67.0	-3.1
		式(10-50)	80.7	80.3	72.7	69.8	66.5	68.6	3.5
		式(10-53)	80.4	79.6	71.3	72.5	67.6	66.3	4.3
ψ/%	实验值		54.4	56.5	51.6	50.2	48.4	48.8	—
	计算值及方程号	式(10-41)	54.3	56.2	52.4	50.2	48.8	47.9	1.8
		式(10-46)	54.3	55.7	52.7	49.4	48.4	48.3	1.4
		式(10-51)	55.9	55.7	51.7	50.2	48.5	49.8	-2.7
		式(10-54)	55.2	54.8	50.6	51.2	48.7	48.1	3.0
δ/%	实验值		14.1	15.3	14.4	14.9	13.9	13.7	—
	计算值及方程号	式(10-42)	14.7	14.9	14.5	14.2	14.0	13.9	4.7
		式(10-47)	13.9	13.9	13.7	13.7	13.6	13.6	9.1
		式(10-52)	14.8	14.7	14.4	14.2	14.1	14.2	-5.0
		式(10-55)	14.8	14.8	14.3	14.4	14.1	14.0	-5.0

设 Δ 为实验值与回归方程计算值之差，即

$$\Delta=\frac{\text{实验值}-\text{计算值}}{\text{实验值}}\times 100\% \quad \text{或} \quad \Delta=\frac{\text{计算值}-\text{实验值}}{\text{计算值}}\times 100\%$$

若再假设 $\Delta_{max} \leqslant \pm 10\%$，可视为实验值与回归方程计算值允许的误差，按两者相差最大值为 Δ_{max}，认为各回归方程满足韧性 $= A + Bf_V^{-\frac{1}{6}}\sqrt{\bar{d}_T}$的通式，确认为符合，反之不符合（见表 10-36）。

经过设定的最大误差检验后，不符合通式条件的有回归方程式(10-56) K_{1C}、式(10-39) a_K、式(10-44) a_K 和式(10-57) a_K，即占多数的 a_K 的回归方程不能用通式表示，只有其中之一式(10-39) a_K 符合。回归方程式(10-49)为 a_K 与$(f_V^C)^{-\frac{1}{6}}\sqrt{\bar{d}_T^{SEM}}$的关系。不满足通式条件的式(10-56) 为 K_{1C}与 $(f_V^m)^{-\frac{1}{6}}\sqrt{\bar{d}_T^{SEM}}$的回归方程，这与用线性相关系数 R 值检验的结果一致，说明 K_{1C}的回归方程的 R 值不小于 0.93 才能满足通式的要求。从 a_K 回归方程的 R 值检验，即使 $R = 0.9495$ 仍不能满足通式的条件，只有当 $R > 0.9710$ 时才能符合通式的要求。

按表 10-36 中 Δ_{max} 判断所有拉伸塑性与 $f_V^{-\frac{1}{6}}\sqrt{\bar{d}_T}$的关系均符合要求，即使伸长率 δ 的回归方程按线性相关系数检验，其显著性连 $\alpha = 0.05$ 档都不能满足。解释拉伸塑性与 $K_{1C} = A + Bf_V^{-\frac{1}{6}}\sqrt{\bar{d}_T}$通式之间存在相关性，而 a_K 却没有将回到加载方式和断裂机制上。

从加载方式方面考虑，拉伸试验与断裂韧性测定方法均为静载，而测冲击韧性 a_K 值为动载。由于加载方式不同，断裂机制也不同。本实验所选用试样中均含有夹杂物，在静载条件下，断裂起源于裂纹成核和扩展，裂纹在夹杂物上的形核率直接受夹杂物含量 f_V 的影响。夹杂物间距 $\bar{d}_T$ 的变化，又直接影响韧带的长度，即韧带的长度控制了裂纹扩展的难易，同时 f_V 与 $\bar{d}_T$ 之间又存在相互制约的关系，如图 10-68 所示，表达韧性与夹杂物参数之间的关系为 $f_V^{-\frac{1}{6}}\sqrt{\bar{d}_T}$。因此拉伸塑性也可用通式 $K_{1C} = A + Bf_V^{-\frac{1}{6}}\sqrt{\bar{d}_T}$表达。

冲击韧性表示在切口处每单位面积所消耗的形变功，正如前面所述冲击功包括三部分。由于冲击作用的时间极短，塑性变形还来不及扩大到试样的较大体积中去，使夹杂物上成核的裂纹来不及扩展，即不能同时受夹杂物含量以及影响韧带长度的 $\bar{d}_T$ 决定。因此表达通式的夹杂物含量和间距不能共同影响 a_K 值，即 $f_V^{-\frac{1}{6}}\sqrt{\bar{d}_T}$的变化与 a_K 值不呈线性关系。

10.2.3.7 夹杂物数目与韧塑性的关系

用金相法和图像仪计数试样中 MnS、ZrN 以及 MnS + ZrN 的数目和 MnS 和 ZrN 分别在夹杂物总数中所占比例，将这些数据与其对应的韧塑性列于表 10-37 中。表中夹杂物数目 $\bar{N}^{AIA}$为视场数目相近所计数的数目，其中 13 号 ~ 17 号试样的 $\bar{N}^{AIA}$与表 10-14 相近，但 18 号试样为另外 4 个截面的计数。

图 10-79 和图 10-80 所示为金相法所测试样中 MnS 夹杂物在单位视场中的数目 $\bar{N}^{MnS}$与韧塑性的关系，随 $\bar{N}^{MnS}$数目增多，所有韧性指标均呈下降趋势，只有伸长率不受 $\bar{N}^{MnS}$增多的影响。

图 10-81 和图 10-82 所示为金相法所测试样中 ZrN 夹杂物在单位视场中的数目 $\bar{N}^{ZrN}$，随 $\bar{N}_{ZrN}^{m}$的增多，在 $\bar{N}^{ZrN}$低值范围内，韧性下降较陡，当 $\bar{N}^{ZrN}$增至 12.6 个时，韧性不再下降，说明试样中 ZrN 夹杂物的数目增多对韧性并无太大影响。

表 10-37　夹杂物数目和韧塑性

样　号	13	14	15	16	17	18	备　注
K_{1C}/MPa·$m^{1/2}$	85.4	88.3	79.8	67.8	70.4	68.3	$\overline{N}^{m}$—金相法计数的平均值；$\overline{N}^{AIA}$—图像仪计数的平均值；$\overline{N}^{AIA}_{max}$—图像仪计数最大尺寸夹杂物数目的平均值
a_K/J·cm^{-2}	41.6	34.7	24.7	23.7	19.6	20.4	
ε_f/%	78.4	83.2	72.9	69.7	68.3	66.8	
ψ/%	54.4	56.5	51.6	50.2	48.4	48.8	
δ/%	14.1	15.3	14.4	14.9	13.9	13.7	
$\overline{N}^{m}_{MnS}$/个	4.50	4.92	7.82	7.98	14.02	14.62	
$\overline{N}^{m}_{ZrN}$/个	0.62	2.5	3.66	3.02	12.64	3.76	
$\overline{N}^{AIA}_{max}$(ZrN)/个	7.0	5.0	8.33	7.33	16.0	9.33	
$\overline{N}^{AIA}_{max}$(MnS)/个	10.25	9.5	7.0	8.5	8.0	10.0	
$\overline{N}^{AIA}_{MnS+ZrN}$/个	450	327	386	488	514	689	
$\overline{N}^{AIA}_{MnS}$/%	45.6	53.2	43.5	38.1	36.6	27.1	
$\overline{N}^{AIA}_{ZrN}$/%	54.4	46.8	56.5	61.9	63.4	72.9	

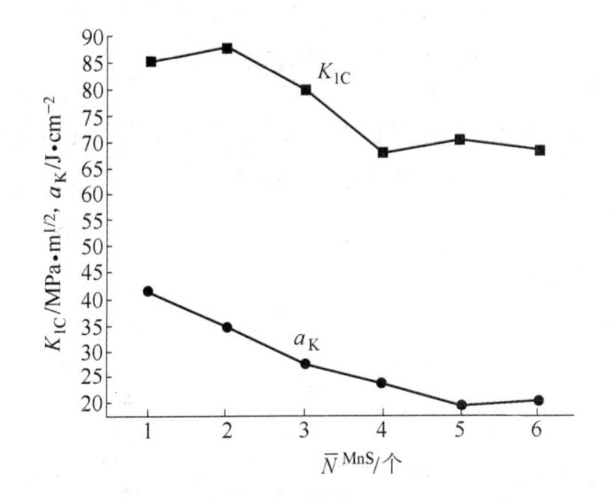

图 10-79　D_6AC 钢试样中 MnS 夹杂物数目（金相法）与韧性的关系

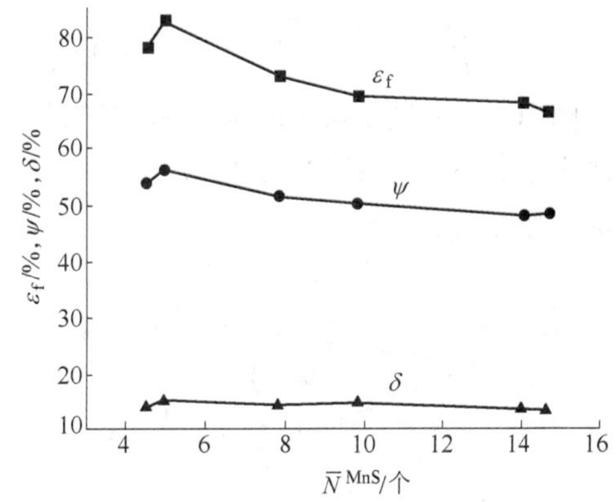

图 10-80　D_6AC 钢试样中 MnS 夹杂物数目与拉伸韧塑性的关系

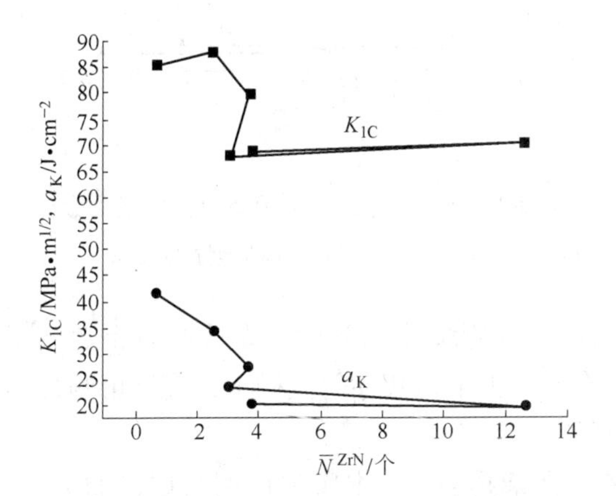

图 10-81　D_6AC 钢试样中 ZrN 夹杂物数目（金相法）与韧性的关系

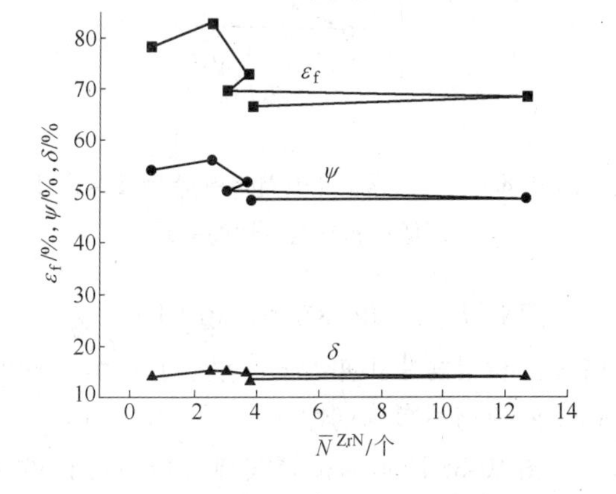

图 10-82　D_6AC 钢试样中 ZrN 夹杂物数目（金相法）与拉伸韧塑性的关系

图 10-83 和图 10-84 所示为图像仪所测单位视场中 ZrN 夹杂物的数目，与金相法所测的结果相近（见图 10-81 和图 10-82）。

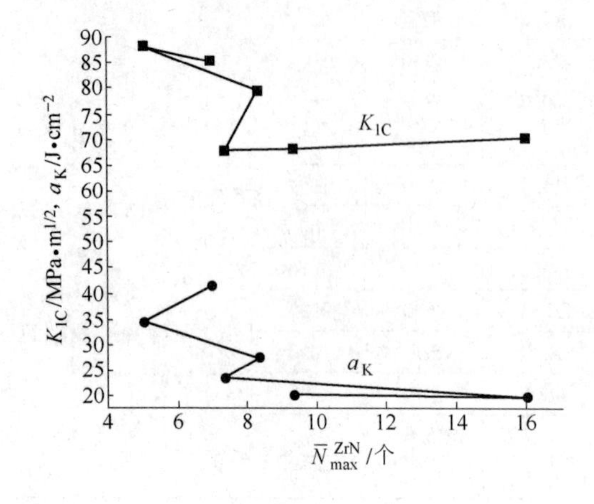

图 10-83 D_6AC 钢试样中 ZrN 夹杂物最大数目（图像仪测）与韧性的关系

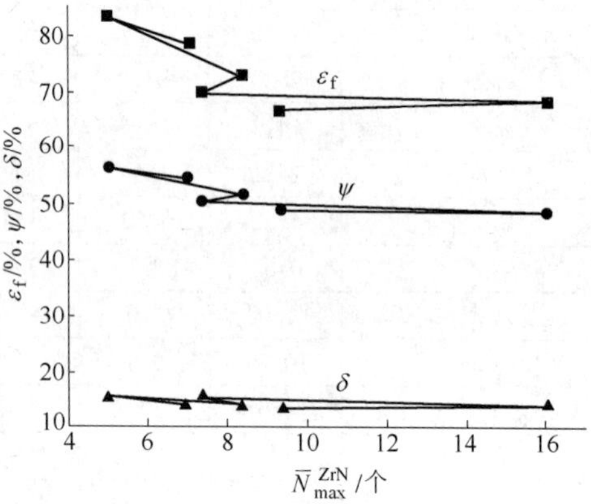

图 10-84 D_6AC 钢试样中 ZrN 夹杂物最大数目（图像仪测）与拉伸韧塑性的关系

图 10-85 和图 10-86 所示为图像仪所测单位视场中夹杂物在平均尺寸所对应的数目最多的夹杂物 $\overline{N}_{max}$，图 10-85 为 $\overline{N}_{max}^{MnS}$，图 10-86 为 $\overline{N}_{max}^{MnS}$，这两种夹杂物的 $\overline{N}_{max}$ 均与韧塑性无对应关系。

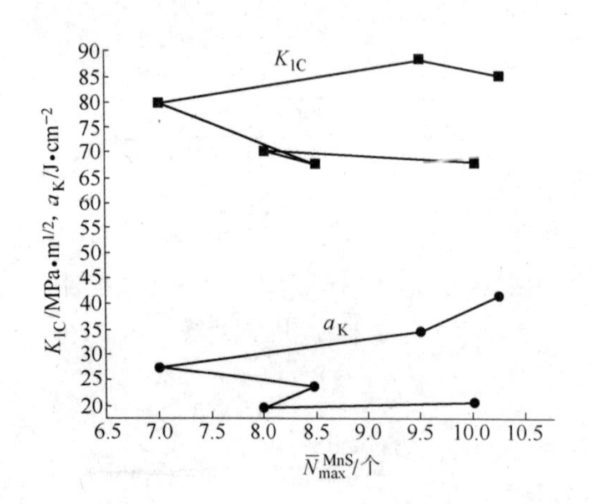

图 10-85 D_6AC 钢试样中 MnS 夹杂物最大数目（图像仪测）与韧性的关系

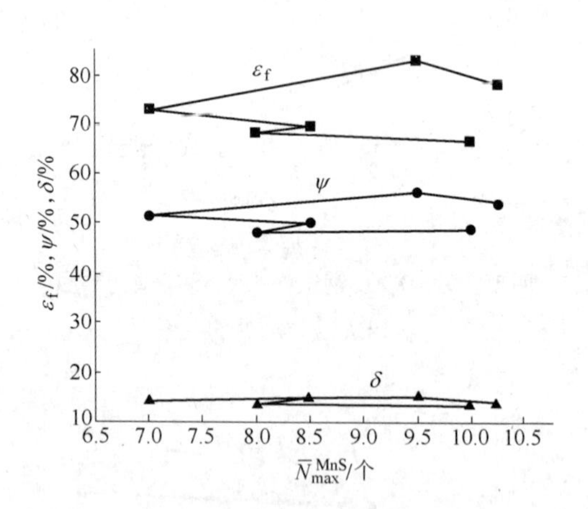

图 10-86 D_6AC 钢试样中 MnS 夹杂物最大数目（图像仪测）与拉伸韧塑性的关系

图 10-87 为 80～85 个视场中图像仪按等效圆直径所统计的 MnS 夹杂物的总个数 N_e^{MnS} 增多，断裂韧性和冲击韧性呈上升趋势。说明在两种夹杂物共存的试样中，具有可塑性的 MnS 夹杂物不影响韧性。

图 10-88 所示为按等效圆直径所统计的 ZrN 夹杂物在 $N^{总}$ 中所占比例与韧性的关系。随 ZrN 夹杂物在夹杂物总数中所占比例增大，断裂韧性和冲击韧性下降，说明在两种夹杂物共存的试样中，ZrN 夹杂物增大会使韧性下降。

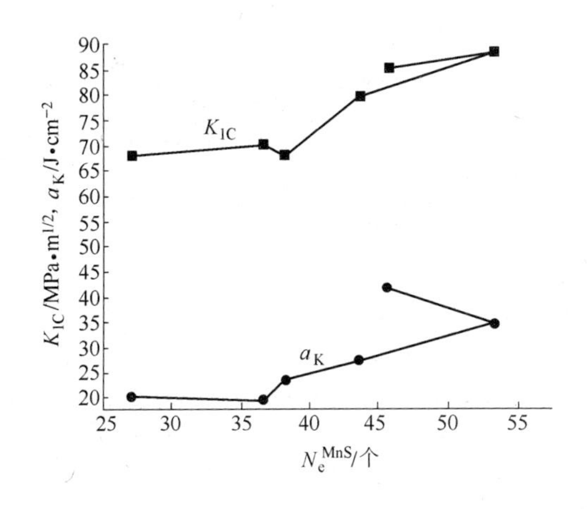

图 10-87　含 ZrN 和 MnS 夹杂物的试样中按等效圆直径计数的 MnS 数目与韧性的关系

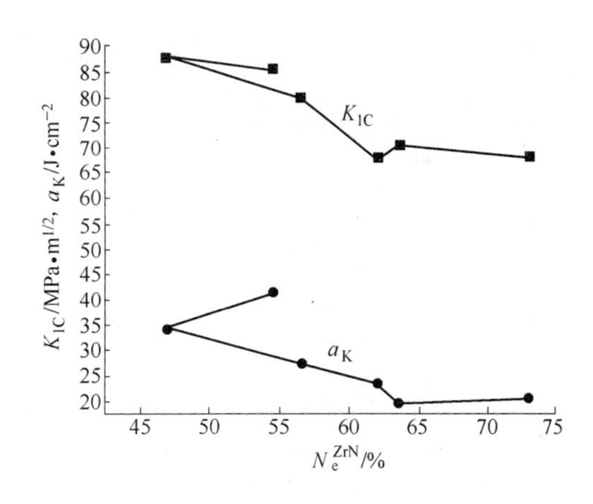

图 10-88　含 ZrN 和 MnS 夹杂物的试样中按等效圆直径计数的 ZrN 夹杂物在 $N^{总}$ 中所占比例与韧性的关系

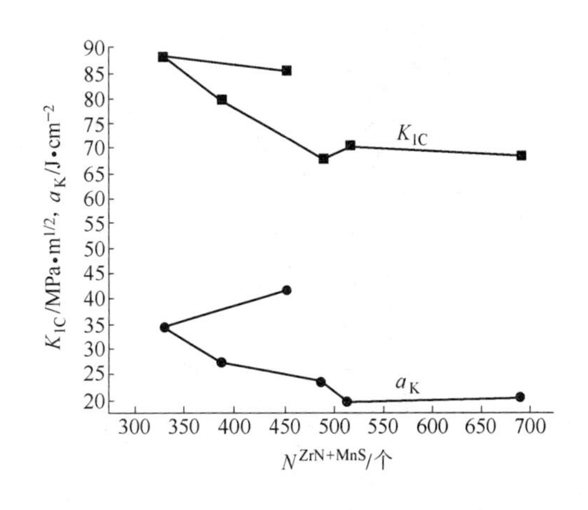

图 10-89　含 ZrN 和 MnS 夹杂物的试样中按等效圆直径计数的 ZrN 和 MnS 的数目与韧性的关系

图 10-89 所示为随着按等效圆直径所统计的 ZrN 和 MnS 夹杂物总数增大，韧性下降，进一步说明 ZrN 夹杂物数目增多时会影响韧性，它与 MnS 夹杂物的作用正好相反，MnS 夹杂物数目增多，在同时存在两种夹杂物的试样中会有利于韧性的提高。

总结夹杂物数目的影响得出：随着试样中夹杂物总数增多，韧性下降。当试样中同时存在两种夹杂物时，具有可塑性的 MnS 夹杂物数目增多，反而有利于韧性。

10.2.3.8　夹杂物尺寸、尺寸分布与韧塑性的关系

从按表 10-22 所列夹杂物的尺寸范围内的数目分布频率绘制的图 10-53 和图 10-54 中得出：MnS 夹杂物尺寸在 1 ~ 5μm 范围内 14 号、17 号和 18 号试样中的 MnS 夹杂物数目最多，其次为 13 号和 15 号试样；尺寸在 6 ~ 10μm 范围内，15 号试样中 MnS 夹杂物数目最多，其次为 13 号试样；12.5μm 及以上的 MnS 夹杂物只存在于 13 号试样中。

ZrN 夹杂物尺寸在 1 ~ 5μm 范围内，16 号和 17 号试样中 ZrN 夹杂物的数目最多，15 号试样次之；在 9 ~ 12μm 范围内，14 号试样中 ZrN 夹杂物最多，18 号试样次之；在 12 ~ 15μm 范围内，只有 14 号试样中存在 ZrN 夹杂物。

图 10-55 ~ 图 10-58 为分别按等效圆直径绘制的直方图，13 号试样中 MnS 夹杂物数目多于 18 号试样；ZrN 夹杂物数目仍然是 13 号试样多于 18 号试样。

分析了夹杂物尺寸和尺寸分布后，再来分析图 10-90 ~ 图 10-95。图 10-90 和图 10-91 为按等效圆直径所测 ZrN 夹杂物的尺寸及其分布。从曲线的两头观察，ZrN 尺寸最小的 13 号试样，韧性较高，ZrN 尺寸最大的 18 号试样的韧性最低，这与一般规律符合。14 号试

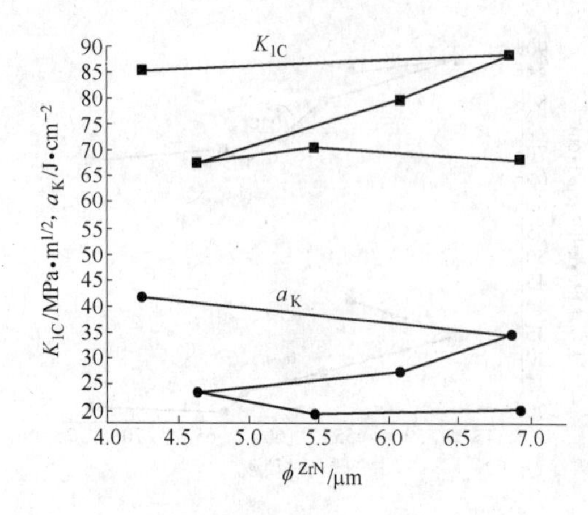

图 10-90　D_6AC 钢试样中 ZrN 夹杂物等效圆直径与韧性的关系

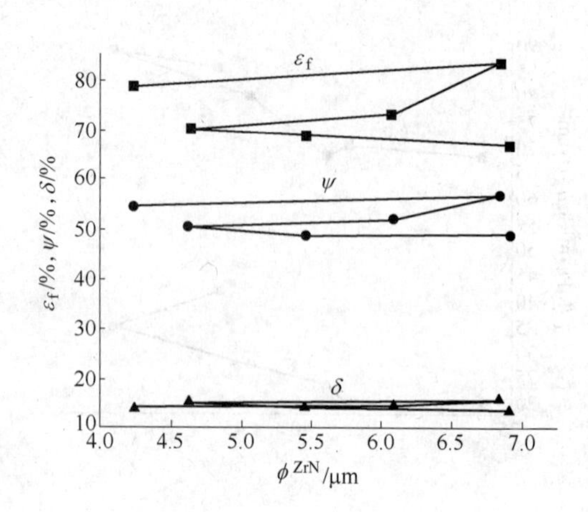

图 10-91　D_6AC 钢试样中 ZrN 夹杂物等效圆直径与拉伸韧塑性的关系

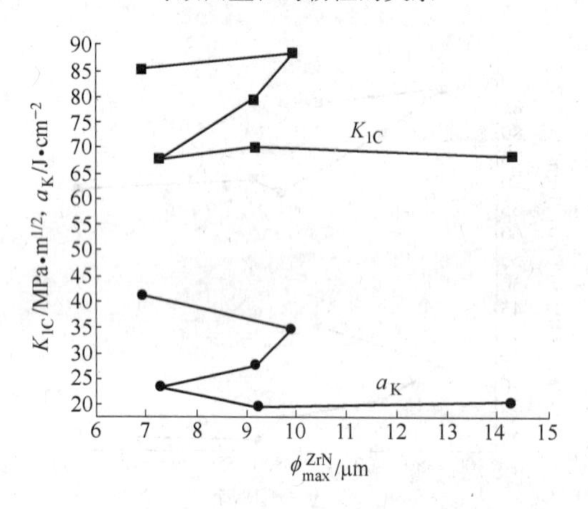

图 10-92　D_6AC 钢试样中 ZrN 夹杂物最大等效圆直径与韧性的关系

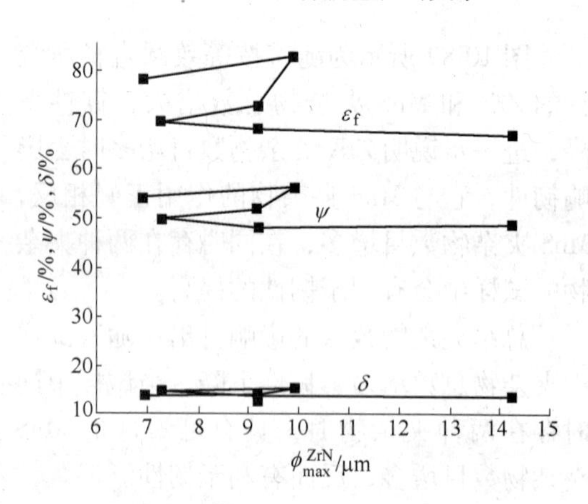

图 10-93　D_6AC 钢试样中 ZrN 夹杂物最大等效圆直径与拉伸韧塑性的关系

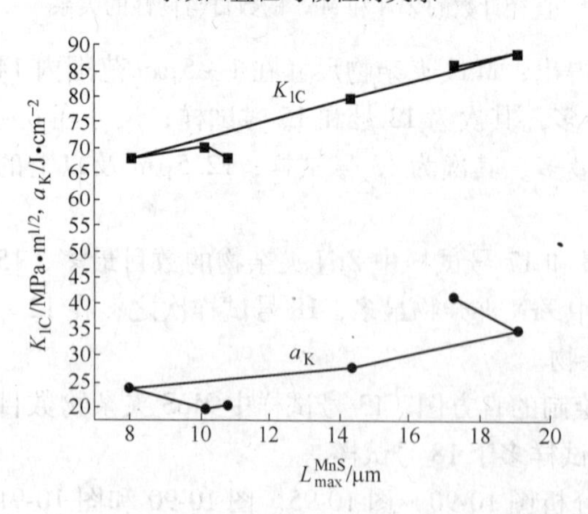

图 10-94　D_6AC 钢试样中 MnS 夹杂物最大纵长与韧性的关系

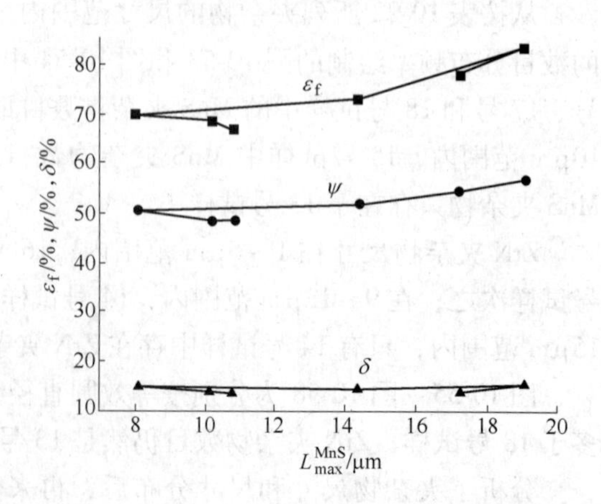

图 10-95　D_6AC 钢试样中 MnS 夹杂物最大纵长与拉伸韧塑性的关系

样中的 ZrN 夹杂物尺寸仅稍小于 18 号试样，但韧性却是最高的，从图 10-54 中已经看到 14 号试样中存在尺寸最大的 ZrN 夹杂物，且尺寸为 5 ~ 12μm 的 ZrN 夹杂物也最多。说明尺寸最大者并未使断裂韧性下降，而使冲击韧性低于 13 号试样，即 13 号试样中，尺寸小于 4μm 的 ZrN 夹杂物数目较多，并未使韧性下降。图 10-90 和图 10-91 按 ϕ_{max} 所作的图中曲线变化情况与冲击韧性 13 号试样高于其他试样，即 13 号试样中，尺寸小于 4μm 的 ZrN 夹杂物数目较多，并未影响韧性下降。图 10-92 和图 10-93 按 ϕ_{max} 所作的图中，曲线变化情况与图 10-90 和图 10-91 相似。图 10-94 和图 10-95 为 MnS 夹杂物最大纵长与韧塑性的关系，随 L_{max}^{MnS} 增大，韧塑性呈上升趋势，再一次说明 MnS 夹杂物纵长小于 20μm 时，并未影响韧性，且与试样韧性呈正相关，这与含单一夹杂物试样不同。由于本套试样中含有两种夹杂物，可能两者之间具有互补作用。

10.2.3.9　夹杂物参数与韧塑性的关系

用图像仪所测夹杂物参数有：ZrN 夹杂物和 MnS 夹杂物的最大周长 P_C^{ZrN}、P_C^{MnS} 以及 MnS 夹杂物的投影长度 P_p 和纵横比 λ。

图 10-96 和图 10-97 为 ZrN 夹杂物最大周长 P_C^{ZrN} 与韧塑性的关系。随 P_C^{ZrN} 增大，韧性呈折线变化并有下降趋势，但曲线变化并无规律。图 10-98 和图 10-99 为 MnS 夹杂物最大周长与韧塑性的关系。韧性随 P_C^{MnS} 增大而逐步上升，即 MnS 夹杂物愈大反而韧性升高。同样图 10-100 和图 10-101 中，随 MnS 夹杂物的投影长度 P_p^{MnS} 增大，韧性也呈上升趋势。图 10-102 和图 10-103 也显示出，随 MnS 夹杂物的纵横比 λ 增大即 MnS 夹杂物的纵长长度增大，韧性也上升。有关 MnS 夹杂物的几个参数均显示出它们与韧性成正相关，这与相关文献的结果相反，出现这种彼此矛盾的结果与本套试样中含有两种夹杂物（MnS 和 ZrN）有关。

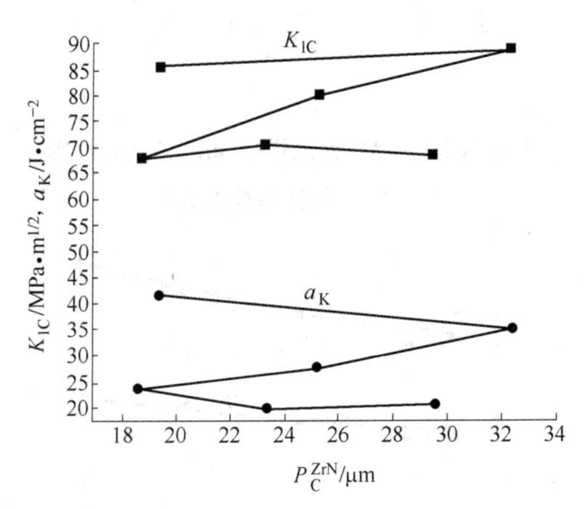

图 10-96　D_6AC 钢试样中 ZrN 夹杂物最大周长与韧性的关系

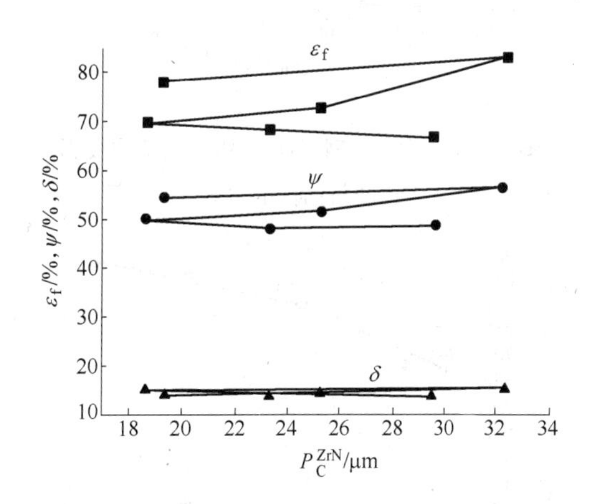

图 10-97　D_6AC 钢试样中 ZrN 夹杂物最大周长与拉伸韧塑性的关系

10.2.3.10　局部区域的 ZrN 夹杂物与韧塑性的关系

由于试样中存在 ZrN 夹杂物偏聚现象，用金相显微镜的油镜头直接观察各试样中局部区域所存在的 ZrN 夹杂物串，测定了各 ZrN 串中夹杂物的数目、串的长度、ZrN 最大尺寸等，已列于表 10-21 中，抽出具有可比性的数据绘图，以了解它们对韧塑性的影响。

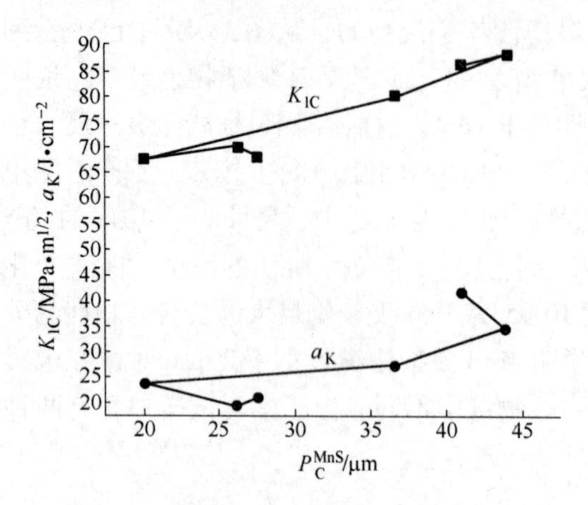

图 10-98　D_6AC 钢试样中 MnS 夹杂物最大周长与韧性的关系

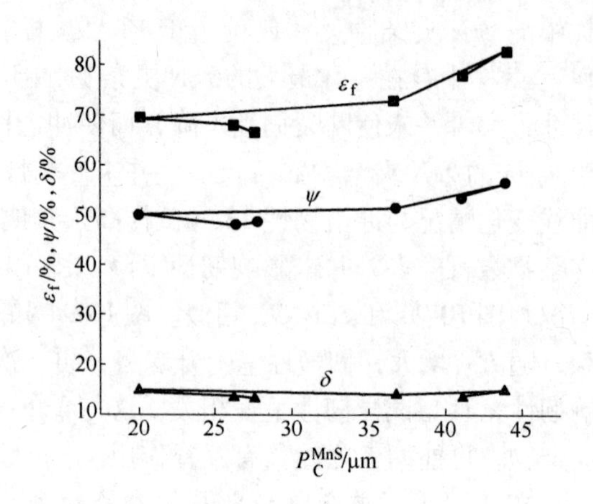

图 10-99　D_6AC 钢试样中 MnS 夹杂物最大周长与拉伸韧塑性的关系

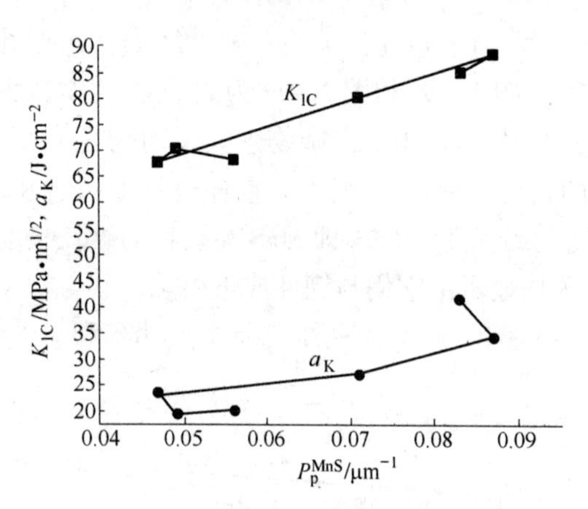

图 10-100　D_6AC 钢试样中 MnS 夹杂物投影长度与韧性的关系

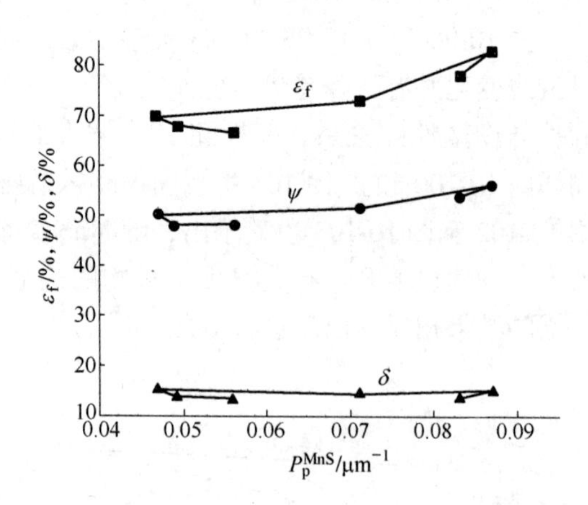

图 10-101　D_6AC 钢试样中 MnS 夹杂物投影长度与拉伸韧塑性的关系

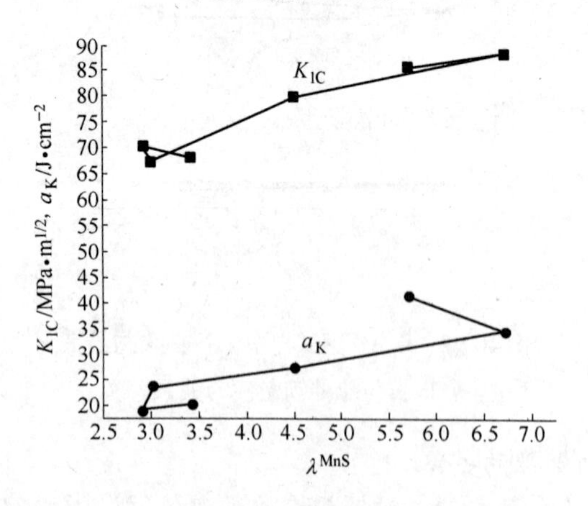

图 10-102　D_6AC 钢试样中 MnS 夹杂物的纵横比与韧性的关系

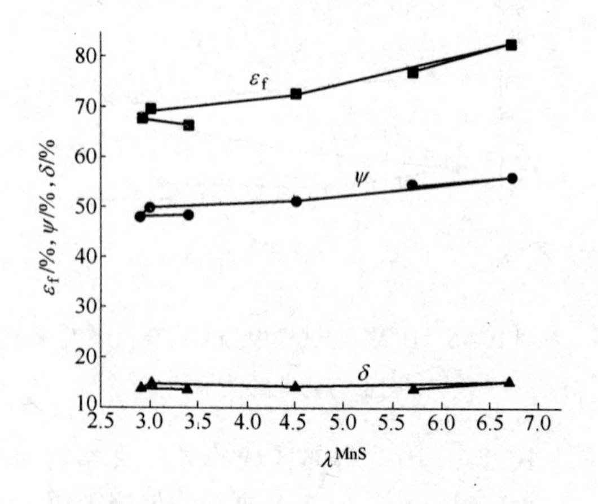

图 10-103　D_6AC 钢试样中 MnS 夹杂物的纵横比与拉伸韧塑性的关系

图 10-104 和图 10-105 为局部区域内 ZrN 串中 ZrN 夹杂物的数目 N_{Lo}^{ZrN} 与韧塑性的关系。随 N_{Lo}^{ZrN} 增多，各韧性指标均呈下降趋势，但规律性稍差。

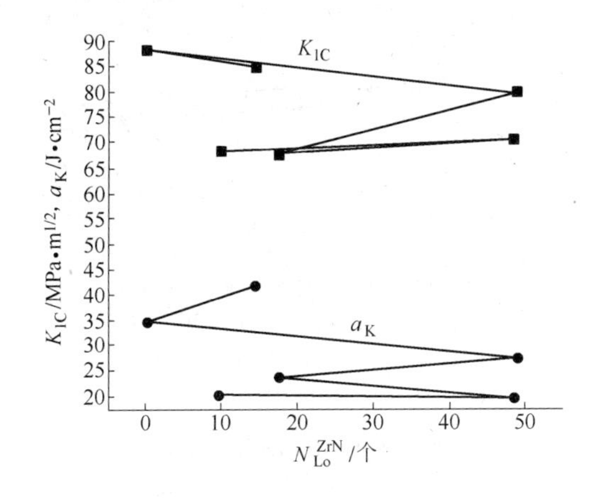

图 10-104　D_6AC 钢试样中偏析区内 ZrN 夹杂物数目与韧性的关系

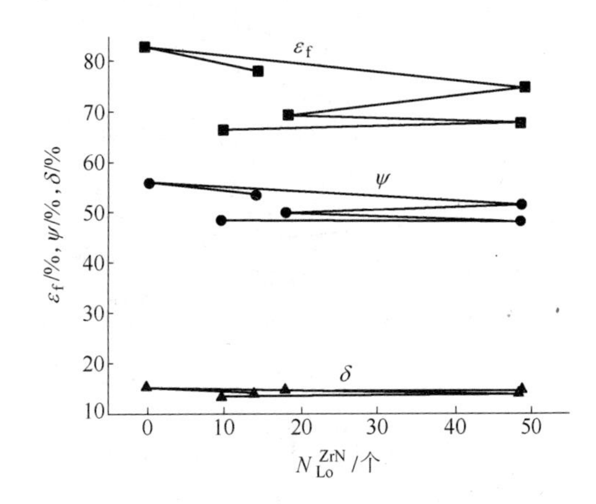

图 10-105　D_6AC 钢试样中偏析区内 ZrN 夹杂物数目与拉伸韧塑性的关系

图 10-106 和图 10-107 为局部区域内最大的 ZrN 夹杂物尺寸 a_{max}^{ZrN} 与韧性的关系。随 a_{max}^{ZrN} 增大，韧性也曲折下降。试样局部区域内的 ZrN 夹杂物含量 f_V^{ZrN} 与韧塑性的关系稍有规律。随 f_V^{ZrN} 增大，韧塑性均呈下降趋势，见图 10-108 和图 10-109。

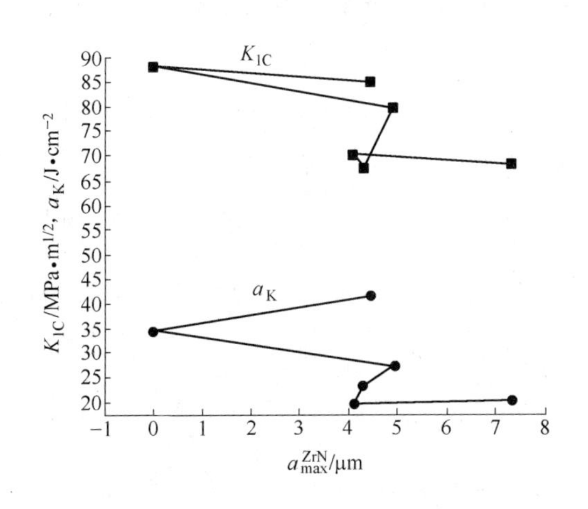

图 10-106　D_6AC 钢试样中偏析区内 ZrN 夹杂物最大尺寸与韧性的关系

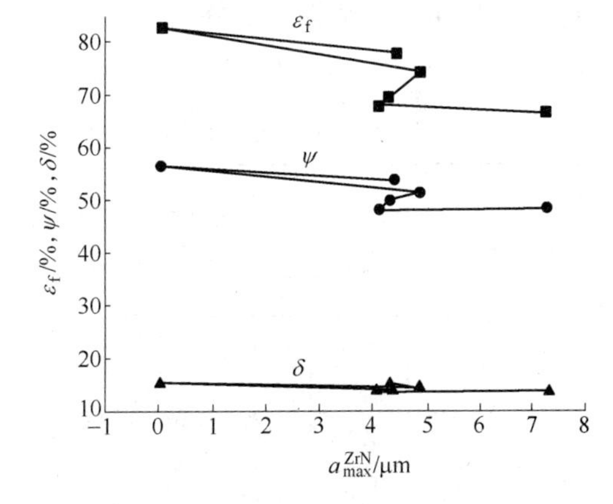

图 10-107　D_6AC 钢试样中偏析区内 ZrN 夹杂物最大尺寸与拉伸韧塑性的关系

从表 10-21 中可以看出 14 号试样中无 ZrN 夹杂物偏聚现象，故全套试样的断裂韧性、断裂应变和面缩率均为最高，只有冲击韧性偏低。冲击韧性偏低的原因前面已经讨论过，不再重复。

从以上的分析可得出 ZrN 夹杂物对韧性的影响主要与 ZrN 夹杂物偏析分布有关，分散分布 ZrN 夹杂物的试样（如 14 号试样）的韧性较好。

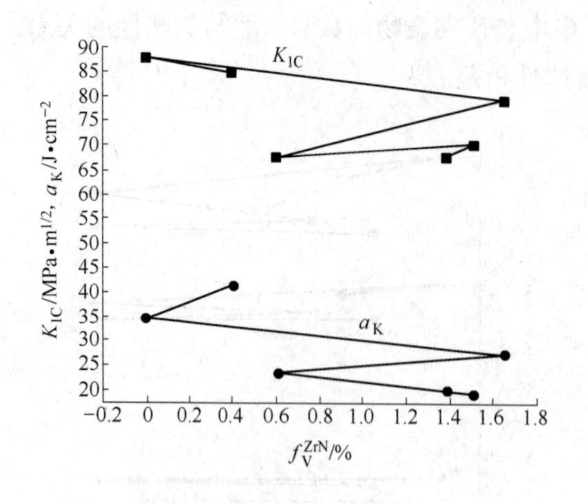

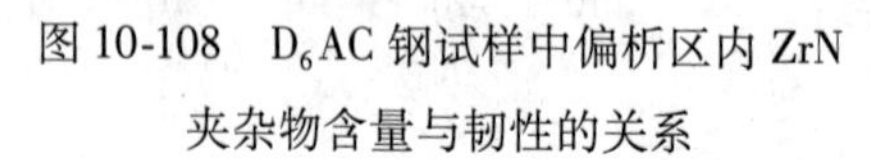
图 10-108 D_6AC 钢试样中偏析区内 ZrN 夹杂物含量与韧性的关系

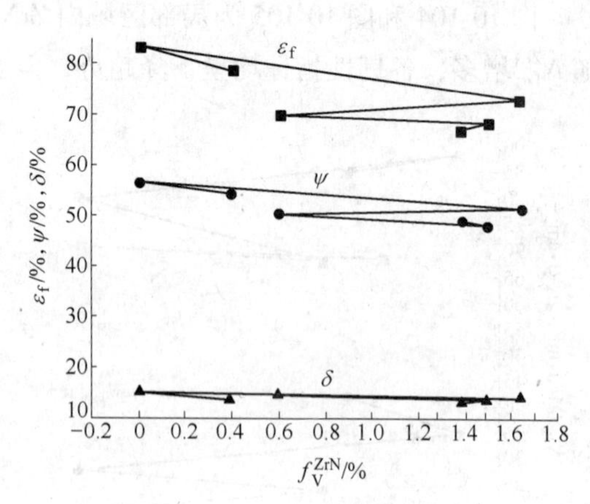

图 10-109 D_6AC 钢试样中偏析区内 ZrN 夹杂物含量与拉伸韧塑性的关系

10.2.4 对比分析

本章已对 MnS 和 ZrN 夹杂物对性能的共同影响做了较全面的分析。对同为 D_6AC 超高强度钢的试样，只含一种夹杂物 MnS（第 7 章）或只含另一种夹杂物 ZrN（第 4 章）时，它们分别对性能的影响也已讨论过。为了对比分析它们共同影响和单独作用，特选出同类夹杂物含量相近的 6 组试样列于表 10-38 中。表中所列 1 ~ 6 组试样中，只含一种夹杂物试样中 ZrN 或 MnS 夹杂物含量分别与含两种夹杂物 MnS 和 ZrN 中的 ZrN 或 MnS 夹杂物含量相近而各试样中夹杂物的总含量各不相同。对比这些试样的断裂韧性和冲击韧性的变化。

表 10-38 MnS、ZrN、MnS 和 ZrN 夹杂物含量与韧性关系的对比

组别	原锭号	编号	夹杂物类型	f_V^{MnS}/%		f_V^{ZrN}/%		化学成分/%			断裂韧性		冲击韧性	
				化学法	金相法	化学法	金相法	C	S	N	数值 /MPa · m$^{1/2}$	升降	数值/J	升降
1	9	L9	MnS	0.344				0.44	0.036	0.0035	84.5		37.5	
	18	N18	MnS + ZrN	0.376	0.261	0.067	0.158	0.39	0.071	0.008	68.3	下降 23.7%	20.4	下降 83.8%
2	11	L11	MnS	0.225				0.42	0.059	0.0042	78.5		31.4	
	16	N16	MnS + ZrN	0.271	0.080	0.059	0.066	0.42	0.051	0.007	67.8	下降 15.8%	23.7	下降 32.5%
3	12	L12	MnS	0.269				0.43	0.071	0.0038	76.1		27.1	
	16	N16	MnS + ZrN	0.271	0.080	0.059	0.066	0.42	0.051	0.007	67.8	下降 12.2%	23.7	下降 14.3%
4	3	M13	ZrN				0.060	0.42	0.009	0.007	90.5		26.2	
	13	N13	MnS + ZrN	0.164	0.194	0.039	0.059	0.44	0.031	0.005	85.4	下降 5.8%	41.6	上升 37%

续表 10-38

组别	原锭号	编号	夹杂物类型	f_V^{MnS}/%		f_V^{ZrN}/%		化学成分/%			断裂韧性		冲击韧性	
				化学法	金相法	化学法	金相法	C	S	N	数值 /MPa · $m^{1/2}$	升降	数值/J	升降
5	6	M6	ZrN				0.126	0.39	0.010	0.0079	79.9		19.1	
	14	N14	MnS + ZrN	0.133	0.095	0.067	0.120	0.43	0.071	0.0038	76.1	下降 5.0%	27.1	上升 29.5%
6	3	M3	ZrN				0.060	0.39	0.010	0.0079	90.5		26.2	
	16	M16	MnS + ZrN		0.080	0.059	0.066	0.42	0.051	0.007	67.8	下降 33.5%	23.7	下降 10.5%

表 10-38 中，第 1、第 2 和第 3 组试样为 MnS 夹杂物含量相同，含有 MnS 和 ZrN 夹杂物试样的断裂韧性分别下降 23.7%、15.8% 和 12.2%，即 ZrN 夹杂物是造成断裂韧性下降的原因。同样第 4、第 5 和第 6 组试样 ZrN 夹杂物含量相近，含两种夹杂物试样的断裂韧性分别下降 5.8%、5.0% 和 33.5%，这是由 MnS 夹杂物造成的。除了第 6 组试样外，由 ZrN 夹杂物造成的断裂韧性下降幅度均高于由 MnS 夹杂物造成的断裂韧性下降幅度。

再对比表 10-38 中冲击韧性的变化，MnS 夹杂物含量相近的前三组试样中，ZrN 夹杂物造成冲击韧性下降的幅度很大，尤其是第 1 组试样冲击韧性下降达 83.8%，在这组锭号为 18 号的试样中，ZrN 夹杂物的数目占 72.9%（见表 10-37），另外还含有 0.257% 的 Zr_3S_2 夹杂物（见表 10-20），故使冲击韧性大幅度下降。

ZrN 夹杂物含量相近的后三组试样，MnS 夹杂物造成的冲击韧性不但未下降，反而上升，尤其是 13 号和 14 号锭含有两种夹杂物的试样比只含 ZrN 夹杂物试样的冲击韧性高出 30% 以上，其中主要原因是 13 号锭中不含影响冲击韧性的 Zr_3S_2 夹杂物，而 14 号锭中 ZrN 夹杂物又未存在偏析分布，并且这两个试样中夹杂物总含量也较低，故使冲击韧性较高。

MnS、ZrN、MnS 和 ZrN 夹杂物总含量与韧性关系的对比见表 10-39。

表 10-39　MnS、ZrN、MnS 和 ZrN 夹杂物总含量与韧性关系的对比

组别	原锭号	编号	夹杂物类型	f_V^{MnS} 或 f_V^{ZrN}/%		$f_{V(总量)}^{MnS+ZrN}$/%		化学成分（质量分数）/%			断裂韧性		冲击韧性	
				化学法	金相法	化学法	金相法	C	S	N	数值 /MPa · $m^{1/2}$	升降	数值/J	升降
1	8	L8	MnS	0.050				0.44	0.026	0.004	89.1		34.2	
	2	M2	ZrN		0.052			0.45	0.01	0.098	95.7	上升 6.9%	29.7	下降 15.2%
2	9	L9	MnS	0.344				0.44	0.036	0.0035	84.5		37.5	
	16	N16	MnS + ZrN			0.330		0.42	0.051	0.007	67.8	下降 24.6%	23.7	下降 58.2%

续表 10-39

组别	原锭号	编号	夹杂物类型	f_V^{MnS} 或 f_V^{ZrN}/%		$f_{V(总量)}^{MnS+ZrN}$/%		化学成分（质量分数）/%			断裂韧性		冲击韧性	
				化学法	金相法	化学法	金相法	C	S	N	数值 /MPa · $m^{1/2}$	升降	数值/J	升降
3	11	L11	MnS	0. 225				0. 42	0. 059	0. 0042	78. 5		31. 4	
	14	N14	MnS + ZrN				0. 222	0. 42	0. 025	0. 008	88. 3	上升 11. 1%	34. 7	上升 9. 5%
4	12	M12	MnS	0. 269				0. 43	0. 071	0. 0038	76. 1		27. 1	
	13	N13	MnS + ZrN				0. 252	0. 44	0. 031	0. 005	85. 4	上升 10. 9%	46. 1	上升 34. 9%

表 10-39 中第 1 组试样为单独存在一种夹杂物的试样，含 MnS 夹杂物的试样 L8 与只含 ZrN 夹杂物的试样 M2 中夹杂物总含量相近。但只含 ZrN 夹杂物的试样断裂韧性高出 6. 9%，而冲击韧性却低于含 MnS 夹杂物试样 15. 2%。说明 ZrN 夹杂物对断裂韧性的影响小于 MnS 夹杂物，但对冲击韧性的影响却大于 MnS 夹杂物。

表 10-39 中第 2 组试样，含有 MnS 和 ZrN 夹杂物的 N16 试样中夹杂物的总含量与 L9 试样中 MnS 夹杂物的含量相近。由于夹杂物总含量大于 0. 3%，N16 试样的断裂韧性低于 L9 试样 24. 6%，冲击韧性也低于 L9 试样 58. 2%。说明在夹杂物总含量较高时，含两种夹杂物的试样韧性均低于只含 MnS 夹杂物的试样。

夹杂物总含量下降到 0. 3% 以下的第 3 组和第 4 组试样，N13 和 N14 的韧性均高于 L11 和 L12 试样。说明当试样中同时存在两种性质不同的夹杂物时，它们对韧性的影响能起到互补作用。

10. 2. 5 总结

10. 2. 5. 1 夹杂物含量、间距与韧性

在前几章中，已验证公式 $K_{1C} = A + Bf_V^{-\frac{1}{6}}\sqrt{\bar{d}_T}$，经本章实验结果，可将 K_{1C} 扩大到断裂应变 ε_f、面缩率 ψ，从而得出：

$$K_{1C} = A + Bf_V^{-\frac{1}{6}}\sqrt{\bar{d}_T}$$

$$\varepsilon_f = A + Bf_V^{-\frac{1}{6}}\sqrt{\bar{d}_T}$$

$$\psi = A + Bf_V^{-\frac{1}{6}}\sqrt{\bar{d}_T}$$

f_V 分别用金相法和化学元素定量数据按夹杂物类型换算，$\bar{d}_T$ 为金相法测定的夹杂物平均间距 $\bar{d}_T^m$ 及扫描电镜图所测韧窝间距 $\bar{d}_T^{SEM}$。冲击韧性 a_K 要符合上列通式，f_V 只能用化学元素含量按夹杂物类型换算结果 f_V^C，而夹杂物间距只能用 $\bar{d}_T^{SEM}$，才能符合 $a_K = A +$

$B(f_V^C)^{-\frac{1}{6}}\sqrt{\overline{d}_T^{SEM}}$。

10.2.5.2　图像仪所测夹杂物参数与韧性

用图像仪所测夹杂物参数有 $\overline{L}_{max}^{MnS}$、$\overline{P}_p$ 和 $\overline{\lambda}$ 等，它们与韧性的关系与正常规律相反，只有 δ_j^{MnS} 与韧性的关系符合正常规律。

10.2.5.3　ZrN 夹杂物的严重偏析现象

本套试样中的多数试样，由于 ZrN 夹杂物存在较严重的偏析，使局部区域内 ZrN 含量达到或超过 1%，这在工业生产的钢中不会存在。由于 ZrN 夹杂物偏析造成试样的冲击韧性反常地低，但对断裂韧性并未造成严重影响。

第11章　高强度钢中夹杂物与钢性能的关系

前几章所述超高强度和高强度钢中夹杂物对钢性能的影响，均为实验室条件下冶炼的试样，即其中夹杂物的含量和类型是在可控制的条件下，人工配置的。本章主要研究冶金钢厂生产条件下冶炼的42CrMoA 和 4145H 两种钢中夹杂物与钢性能的关系，结合生产实际研究钢中夹杂物对于提高钢的质量、消除有害夹杂物的影响具有指导意义。

11.1　42CrMoA 钢中夹杂物与钢的性能

11.1.1　实验方法与结果

11.1.1.1　试样的冶炼、热轧和热处理

A　冶炼

采用公称容量为20t 的电弧炉（实际容量为35.2t）冶炼42CrMoA 和4145H 钢。冶炼工艺为氧化法，熔清后进行氧化、还原。还原期按0.5kg/t 预插 Al，终插 Al(0.8 ~ 1.0kg/t)。碳粉白渣法，精炼吹氮搅拌，待成分合格后出钢，出钢温度 $T_{出}$ = 1610 ~ 1640℃，出钢时保证脱氧良好，渣白，流动性好。在出钢过程中，钢包中加入 Fe-Ti 合金（1kg/t）和 Ca-Si 合金（1kg/t），并要求红包，钢包温度为 1570 ~ 1600℃，并用 Ar 引流浇入锭模后坑冷。每个钢锭热轧成棒材。从棒材头部和尾部切取试样，使取样位置与锭头和锭尾对应。

B　热轧与试样规格

钢锭在天然气加热炉中加热至1290℃，保温2h，轧成 ϕ190mm 圆棒。在缓冷坑中缓冷48h，沿纵向粗加工成各种规格的试样。共取5 炉试样进行实验。

C　试样热处理

正火、淬火在盐浴炉中进行，回火在箱式炉中进行。

正火：900℃ ×30min，空冷；

淬火：860℃ ×20min，油冷；

回火：550℃ ×1h，空冷。

试样热处理后再进行精加工，试样规格如下：

拉伸试样：ϕ10mm ×120mm，中部长70mm，标距50mm；

冲击试样：55mm ×10mm ×10mm，V 形缺口；

K_{1C}试样：20mm ×40mm ×200mm，预制疲劳纹长度20mm；

电解分离夹杂物试样：ϕ(10 ~ 15)mm ×(100 ~ 150)mm。

取样和试样成分见表11-1 和表11-2，除分析试样的化学成分外，还测定了各炉的气体含量及其变化，见表11-3。

表 11-1　取样位置

炉　号	495-146		495-151		495-157		495-159		495-160	
编　号	969-21	969-12	970-21	970-42	973-21	973-42	968-32	968-52	974-11	974-32
取样位置	锭头部	锭尾部	锭头部	锭尾部	锭头部	锭尾部	锭头部	锭尾部	锭头部	锭尾部

表 11-2　试样的成分　（%）

化学成分		C	Mn	Si	P	Cr	Ni	S	W	Mo	V	Ti	Cu
炉号	495-151	0.41	0.76	0.29	0.025	0.99	0.05	0.010	0.015	0.18	0.009	0.013	0.11
	495-157	0.42	0.91	0.29	0.020	1.01	0.05	0.010	0.014	0.14	0.008	0.018	0.08
	495-159	0.41	1.03	0.24	0.019	1.04	0.07	0.019	0.014	0.22	0.008	0.012	0.10

表 11-3　试样的气体含量

炉　号	495-159			495-160			495-146		495-151		495-157		
取样条件	出钢前	包中	水口下	化清	出钢前	水口下	出钢前	包中	出钢前	包中	出钢前	包中	水口下
$[O]/\times10^{-6}$	55	—	53	—	116	—	65	74	50	89	53	—	61
$N_2/\times10^{-6}$	53	—	66	—	61	—	63	73	55	73	60	—	83
$H_2/\times10^{-6}$	4.3	5.4	—	2.1	4.9	6.1	5.3	7.3	6.7	7.0	—	4.5	5.1

11.1.1.2　试样的组织和性能测试

A　钢的组织和晶粒度

试样抛光后用 4% HNO_3 酒精溶液腐蚀后在放大 400 ~ 500 倍的金相显微镜下观察试样组织。550℃高温回火后各试样组织均为索氏体（见图 11-1 和图 11-2）。

图 11-1　试样 A 索氏体（×400）

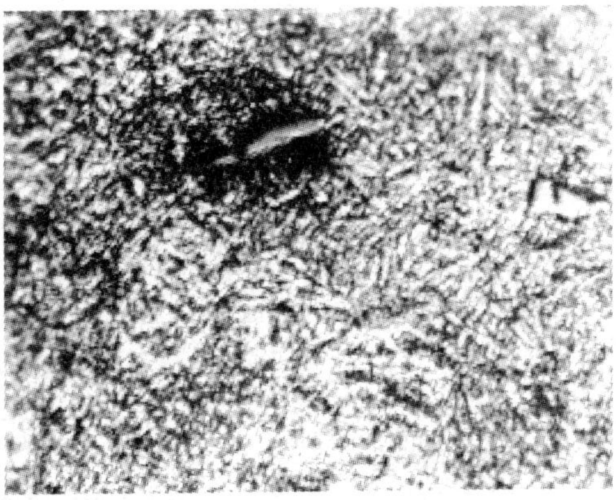

图 11-2　试样 B 索氏体（×400）

用氧化法显示试样的晶粒度。将抛光后的试样置于 860℃ 的箱式炉中，加热 30min，水冷，再轻磨轻抛后，用 4% HNO_3 酒精溶液腐蚀，用晶粒度标准评级图对照评定晶粒度级别，试样的晶粒度评级结果见表 11-4，晶粒度图见图 11-3。

表 11-4　试样的晶粒度

样　号	968	969	970	973	974
晶粒度/级	7 ~ 8	8	7 ~ 8	7 ~ 8	8

B 性能测试

性能测试所用设备如下：

冲击试验：JB-30G；

拉伸试验：WE-30 万能材料试验机；

断裂韧性：Instron-1332。

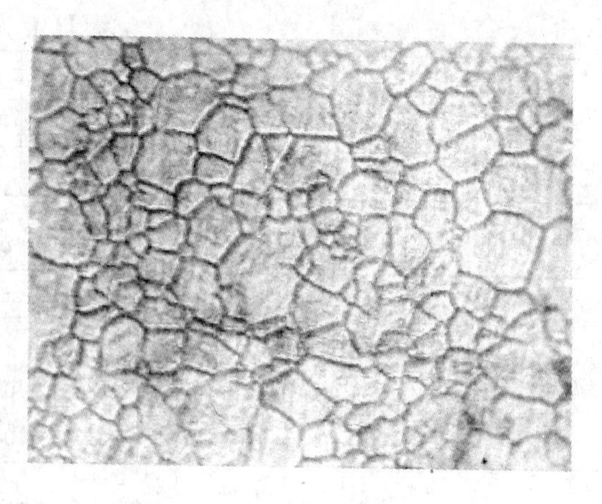

图 11-3 晶粒度（×400，7～8 级）

另外还测试了各试样在 550℃ 回火后的硬度，性能测试结果列于表 11-5 中。表 11-5 中所列断裂韧性因试样尺寸稍小，未能满足平面应变断裂的要求，故测试所得值不是 K_{1C}，而是 K_Q 值。由于同批试样均为 K_Q 值，仍可作为试样的断裂韧性进行对比，以了解大生产条件下生产的高强度钢中夹杂物对断裂韧性的影响。表 11-5 中所列硬度为每个试样测定多点的平均值。

表 11-5 第一批 42CrMoA 钢的性能（550℃ 回火）

炉 号	样 号	拉伸试验				冲击试验		断裂韧性	硬度（HRC）/MPa
		σ_b/MPa	$\sigma_{0.2}$/MPa	δ/%	ψ/%	a_K/J·cm^{-2}	CVN/J	K_Q/MPa·m$^{1/2}$	
495-159	968-31	1210	1120	15	50	70	56	110.3	
	968-32	1150	1020	14	52	65	52	118.7	
	968-51	1180	1070	12	43	65	52	—	
	968-52	1170	1060	15	50	81.25	65	—	
	平均值	1177.5	1067.5	14	48.8	70.3	56.25	114.5	38.1
495-146	969-11	1150	—	14	56	80	64	—	
	969-12	1170	—	14	58	81.25	65	111.5	
	969-21	1170	1070	14	52	70	56	122.4	
	969-22	1150	1050	13	54	100	80	—	
	平均值	1160	1060	13.75	55	82.8	66.25	116.95	37
495-151	970-21	1170	1080	13	49	60	48	120.41	
	970-22	1180	1100	13	52	80	64	—	
	970-41	1190	1040	14	55	77.5	62	—	
	970-42	1160	1060	12	49	85	68	120.5	
	平均值	1175	1070	13	51.25	75.6	60.5	120.48	37.9
495-157	973-21	1090	975	15	58	91.25	73	124.3	
	973-22	1090	975	14	55	97.5	78	—	
	973-41	1120	1010	15	54	87.5	70	—	
	973-42	1130	1030	14	54	85	68	111.63	
	平均值	1132.5	997.5	14.5	55.25	90.3	72.5	117.96	37.3
495-160	974-11	1120	1010	16	54	82.5	66	114.3	
	974-12	1110	1000	14	54	92.5	74	—	
	974-31	1140	1030	16	53	77.5	62	—	
	974-32	1150	1050	15	53	72.5	58	120.0	
	平均值	1130	1030	15.25	53.5	81.25	65	117.15	37.5

11.1.1.3　夹杂物定性和定量

A　夹杂物定性

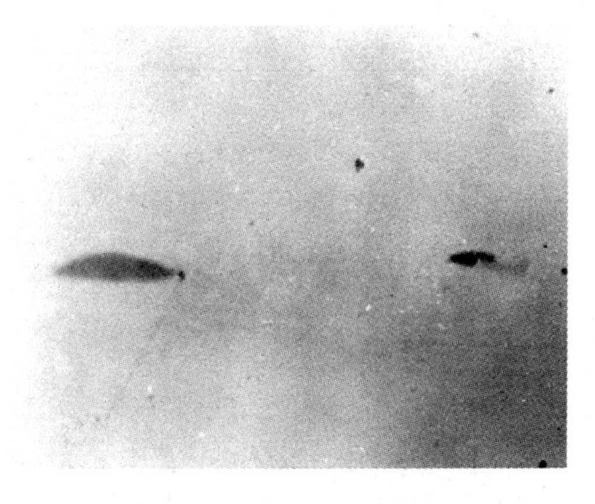

图 11-4　MnS 夹杂物

金相法观察夹杂物形貌，对常规夹杂物即可定性。各试样中夹杂物类型相近，均有 MnS（见图 11-4）、球状和带状铝酸盐（见图 11-5 和图 11-6）以及成分较复杂的铝酸盐（见图 11-7 和图 11-8）。X 射线衍射分析部分试样，以确定试样中夹杂物的类型，电子探针和能谱分析（见图 11-9 ~ 图 11-18）定量每颗夹杂物的组成元素及其含量，从而确定已知类型的夹杂物中所含元素。另外详细测定了各炉号试样中夹杂物的显微硬度（HV）以同文献上已知夹杂物的显微硬度（HV）值对比。由于能从文献上找到夹杂物的 HV 值不多，实验所测的夹杂物 HV 值可提供资料积累。以上测试结果分别列于表 11-6 ~ 表 11-9 中。表 11-8 中所列夹杂物显微硬度值系测试结果中挑选的部分数据。

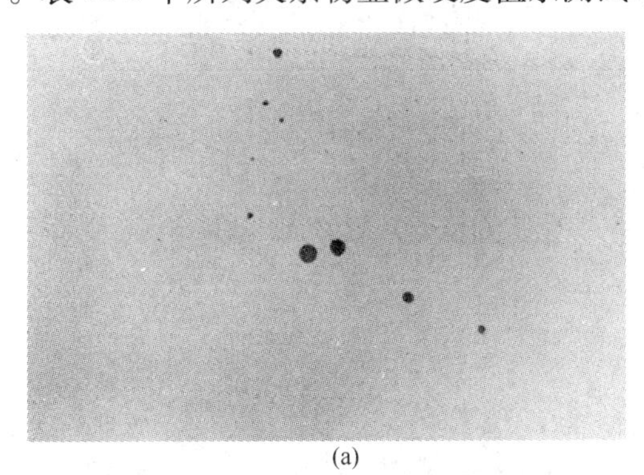

(a)

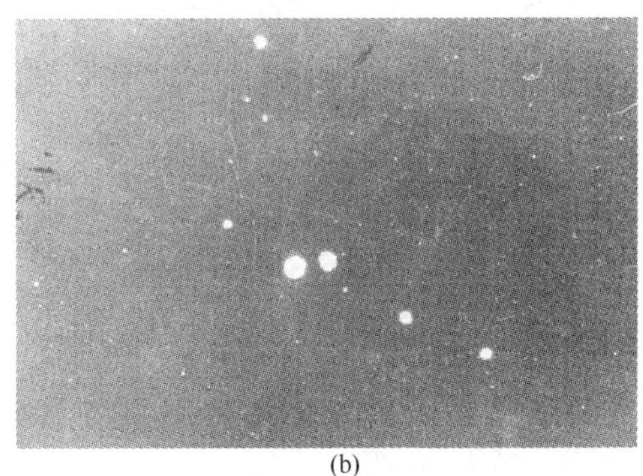

(b)

图 11-5　球状铝酸盐

（a）小球状铝酸盐（明场）；（b）小球状铝酸盐（偏光）

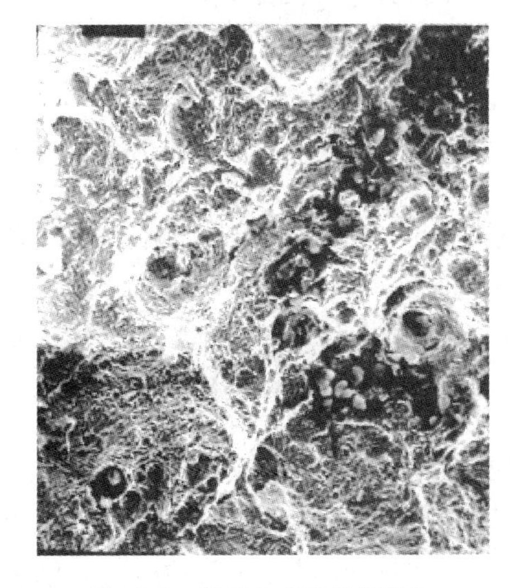

图 11-6　断口上成串的铝酸盐

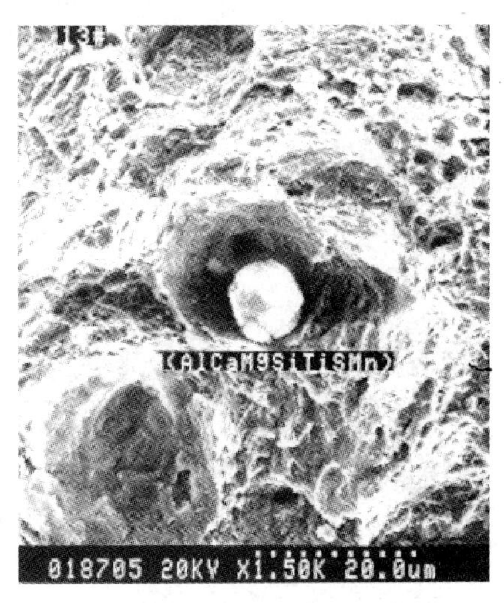

图 11-7　铝酸盐的 SEM 能谱定性

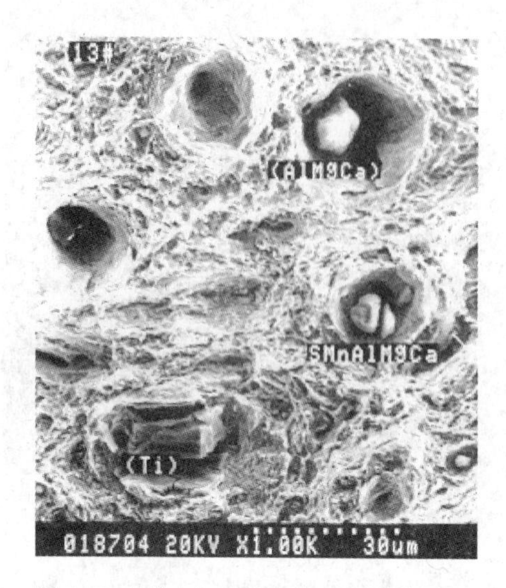

图 11-8　断口上的夹杂物 SEM 能谱定性

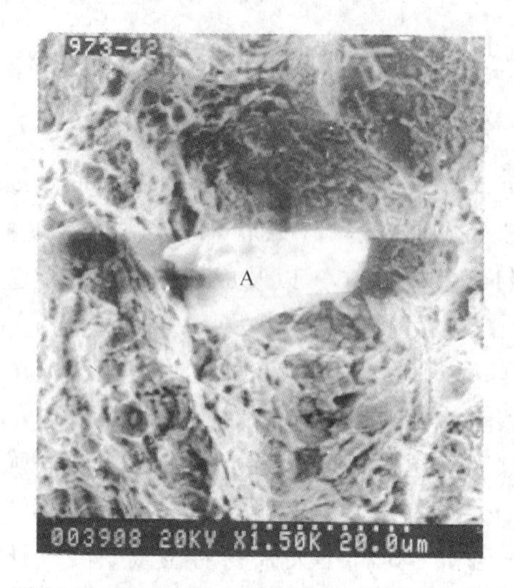

图 11-9　断口上的夹杂物 SEM 能谱定点分析

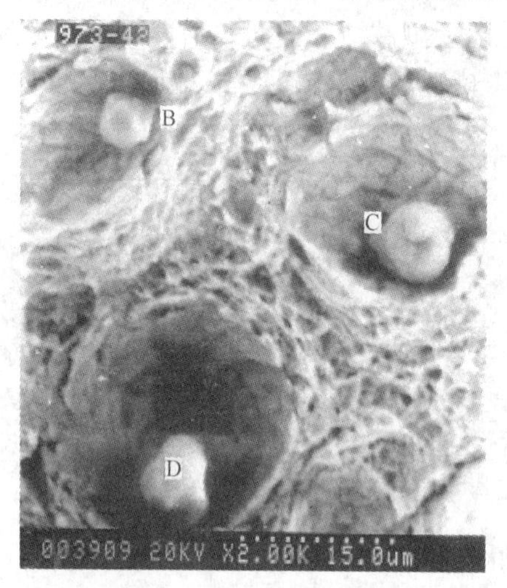

图 11-10　断口上的夹杂物 SEM 能谱定点分析

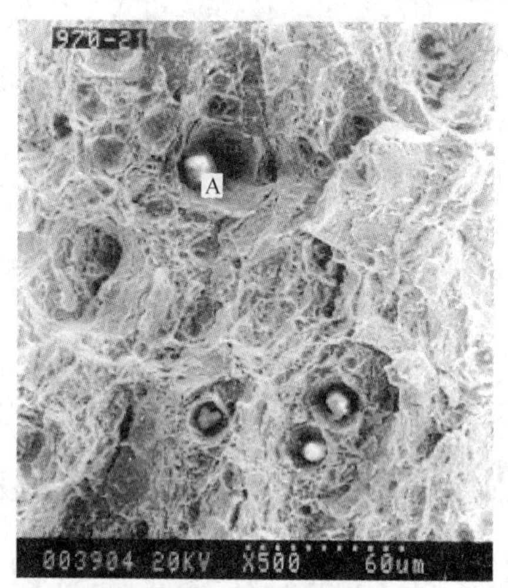

图 11-11　断口上的夹杂物 SEM 能谱定点分析

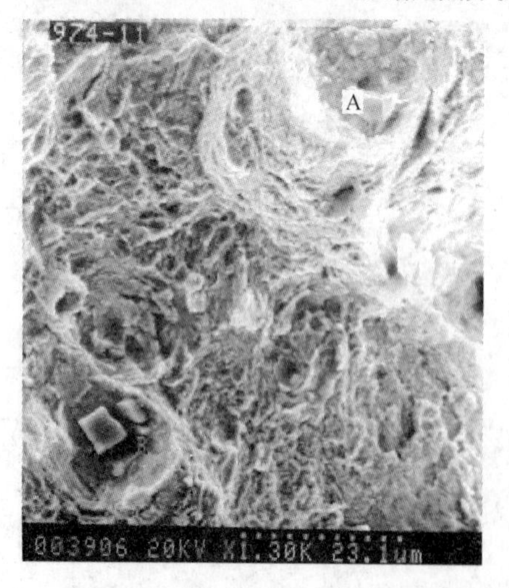

图 11-12　断口上的夹杂物 SEM 能谱定点分析

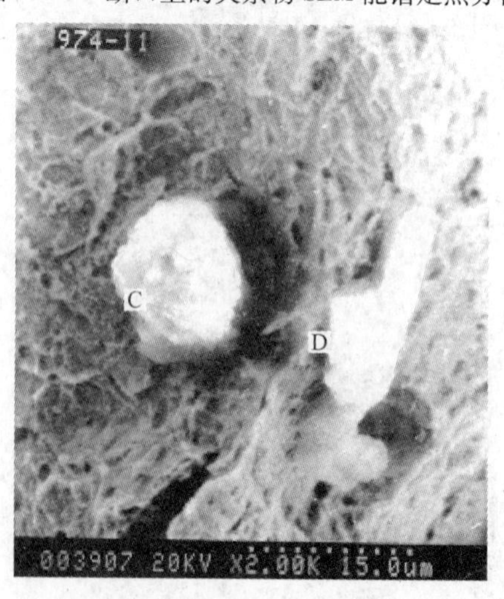

图 11-13　断口上的夹杂物 SEM 能谱定点分析

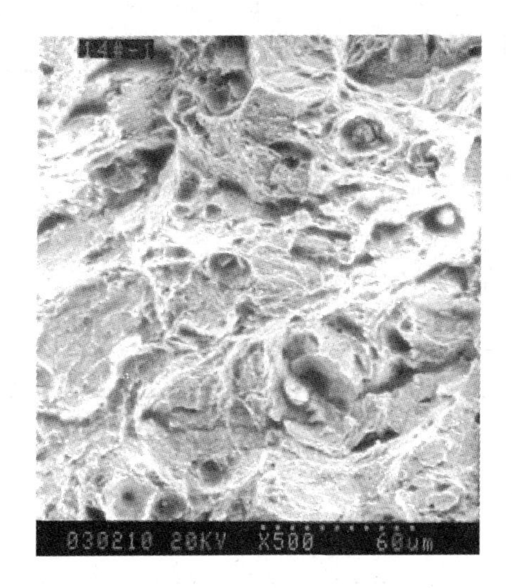

图 11-14　42CrMoA 钢 968-52 号试样的断口

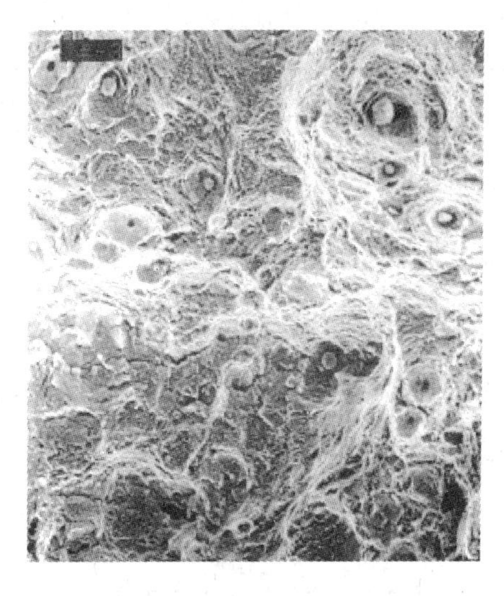

图 11-15　42CrMoA 钢 969-21 号试样的断口

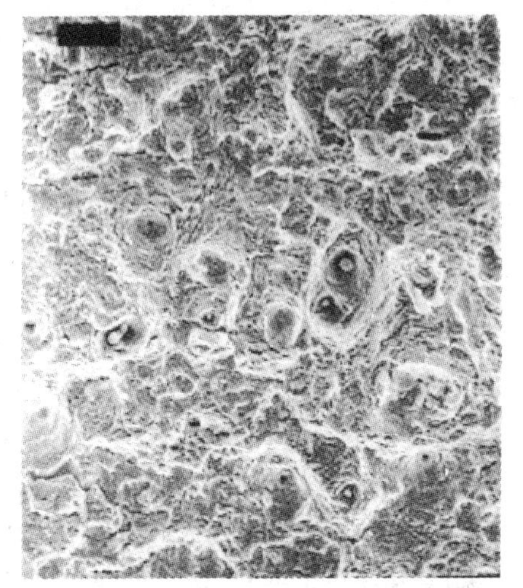

图 11-16　42CrMoA 钢 970-42 号试样的断口

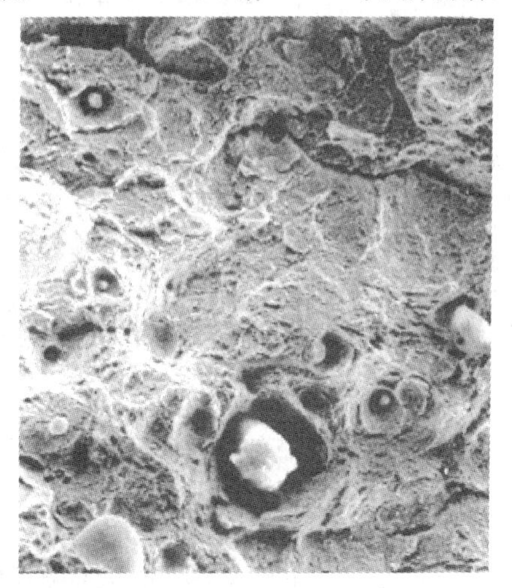

图 11-17　42CrMoA 钢 973-21 号试样的断口

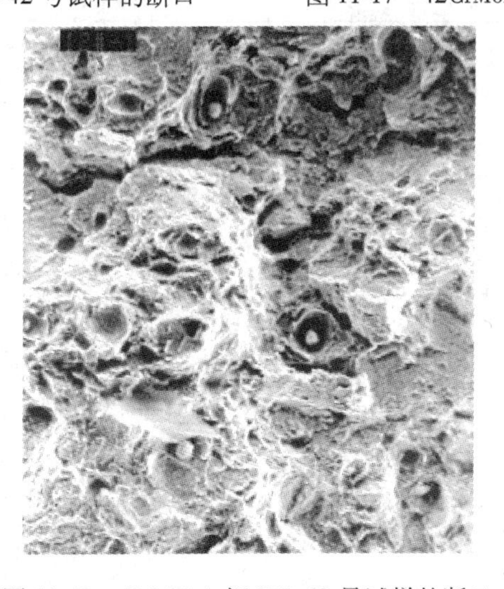

图 11-18　42CrMoA 钢 973-42 号试样的断口

表 11-6 42CrMoA 钢中夹杂物金相观察和 X 射线衍射结果

炉 号	样 号	夹杂物形貌和类型(金相观察)	夹杂物类型(X 射线衍射)
495-159	968-31	1. 灰色条状 MnS;2. 球状铝酸盐;3. 球状深褐色铝酸盐	C2:$MgO \cdot Al_2O_3$,SiO_2
	968-32	1. 球状铝酸盐;2. 黑褐色方块 $MgO \cdot Al_2O_3$;3. 渣	C3:α-Al_2O_3,SiO_2,$MgO \cdot Al_2O_3$
	968-51	灰色条状 MnS 较多	C4:$MgO \cdot Al_2O_3$,Al_2O_3
	968-52	铝酸盐串状 + MnS	SiO_2,$m(Ca,Mg)O \cdot nAl_2O_3$ (金相)
495-146	969-11	1. 灰条上有褐色块沉淀; 2. 黄方块 TiN; 3. MnS; 4. 球状铝酸盐	成品样 (968-32): $CaO \cdot 2Al_2O_3$, $CaO \cdot 6Al_2O_3$
	969-12	1. 黄方块 TiN; 2. 小黄红条状 TiS; 3. 球状铝酸盐	
	969-21	1. 灰条 MnS; 2. 黄红条状 TiS; 3. 球状铝酸盐	
	969-22	1. 褐色块集中分布; 2. 球状铝酸盐; 3. 直边粗大块状黄红 TiS	
495-151	970-21	1. 小黄红条 TiS; 2. MnS; 3. 球状铝酸盐; 4. 串状深灰褐色	1. A4; 2. 970-41: $MnO \cdot SiO_2$, $CaO \cdot 2Al_2O_3$, $CaO \cdot 6Al_2O_3$
	970-22	1. 黄红条 TiS; 2. 黄方块 TiN; 3. MnS; 4. 球状铝酸盐	SiO_2
	970-41	1. 小球状铝酸盐; 2. 黄红不规则的 TiS	Al_2O_3
	970-42	小球状铝酸盐	
495-157	973-21	1. 灰条较大的 MnS; 2. 铝酸盐	1. B3; 2. 973-22
	973-22	1. 三角黄色 TiN; 2. 红条黄红 TiS; 3. 块状铝酸盐; 4. 椭球状铝酸盐	Al_2O_3, $CaO \cdot 6Al_2O_3$
	973-42	1. 长条 MnS 很多,最长 172μm;2. MnS + 铝酸盐串长大于 4 级	SiO_2, $MgO \cdot Al_2O_3$
495-160	974-11	1. TiN; 2. 渣; 3. 暗褐色直边大块夹杂物	1. D1:$FeO \cdot TiO_2$,$MnO \cdot SiO_2$;2. 974-12
	974-12	1. 串状大型夹杂物 (肉眼可见); 2. TiN; 3. 球状铝酸盐	D2: $MgO \cdot Al_2O_3$, α-$CaO \cdot SiO_2$, $CaO \cdot 6Al_2O_3$, $CaO \cdot 2Al_2O_3$, $CaO \cdot 6Al_2O_3$, $12CaO \cdot 7Al_2O_3$
	974-31	1. 断续串状夹杂物不小于 500μm; 2. 椭球状铝酸盐	D3: SiO_2, Fe_3O_4, $MgO \cdot Al_2O_3$, $12CaO \cdot 7Al_2O_3$, $CaO \cdot Al_2O_3$, $CaO \cdot 2Al_2O_3$
	974-32	1. MnS; 2. TiN (聚集分布); 3. 椭球状铝酸盐	D4: FeO, Fe_3O_4, SiO_2, $CaO \cdot 2Al_2O_3$

表11-7　42CrMoA钢中夹杂物的组成（电子探针MPA和能谱分析EDS）　（%）

夹杂物形态	夹杂物组成													夹杂物类型
	Mg	Al	Si	S	Ca	Ti	Cr	Mn	Fe	Zr	N	K	[O]	
灰条状	0.068	0.03	0.02	38.54	0.29	0.01	—	65.71	2.63	—	—	—	0	MnS
灰条状	0	0	0	36.71	0	0	—	63.29	—	—	—	—	0	MnS
断口上	—	—	—	35.23	—	—	—	56.31	—	—	—	—	0	MnS
橘红块	0.04	0.03	0.04	5.04	0.05	54.1	—	7.6	11.9	—	余量	—	0	TiN
断口上方块	—	—	—	0.03	—	69.9	2.5	—	7.3	—	余量	—	0	TiN
球　状	12.7	32.8	1.6	0	6.1	0.32	0	1.6	1.8	0	—	—	41.2	铝酸盐（Al-O）
球　状	9.3	34.8	1.8	0.16	5.9	0.8	0	1.4	1.8	1.1	—	—	43.1	铝酸盐（Al-O）
球　状	12.2	39.7	0.03	0	0.3	0	—	1.2	2.6	—	—	—	44.2	铝酸盐（Al-O）
球　状	4.6	42.5	0.005	0.02	4.8	1.0	—	0.2	2.6	—	—	—	44.2	铝酸盐（Al-O）
黑块状	14.8	34.2	—	0.7	0.6	—	—	—	2.5	—	—	—	44.1	铝酸盐（Al-O）
黑块状	10.7	35.3	0.61	0	7.5	0.5	—	0.8	1.3	—	—	—	60.0	铝酸盐（Al-O）
大黑块	6.1	37.8	0.3	0.01	7.1	1.1	—	0.3	1.4	—	—	—	54.1	铝酸盐（Al-O）
耐火材料和渣	2.3	40.0	0.25	0	5.7	8.5	0	1.6	1.1	—	—	—	40.6	渣
串上C点	0	35.9	0.36	0	5.7	1.6	0	0	13.8	—	—	—	40.9	渣
串上D点	17.1	35.3	0	0	0	0	0	1.5	2.1	—	—	—	44.0	渣
小　球	0.8	25.8	4.7	4.1	15.6	0.9	0.3	0.6	9.4	—	—	—	39.8	渣
断口上球	2.4	11.6	22.1	1.9	4.4	—	—	1.3	14.7	—	—	2.37	39.3	渣
球　状	12.6	30.0	3.5	0.9	7.6	0.2	—	1.6	2.0	—	—	—	42.0	渣

表11-8　42CrMoA钢中夹杂物的显微硬度（HV）　（MPa）

夹杂物类型	荷重	显微硬度（HV）测量值	测量点数	H_V^{max}	H_V^{min}	$\overline{H}_V$	文献上的HV值
MnS	25	390.2，332.9，301.5，585.2，473.0，482.7，254.4，282.5，285.1，287.4，332.9	11	585.2	158.1	316.1	180kg/mm²（中科院地化所）
	15	301.8，267.3	2				
	10	321.0，304.8，423.1，219.1，158.1，226.4，216.7	7				
TiN	50	1839	1	2628	1839	2159.7	740kg/mm²（TiN（含Nb，Zr），中科院地化所）
	25	2012，2628	2				

续表 11-8

夹杂物类型	荷重	显微硬度(HV)测量值	测量点数	H_V^{max}	H_V^{min}	$\overline{H}_V$	文献上的 HV 值
TiS	25	946.1, 473.0, 383.1, 689.4, 724.3, 559.8, 523.7, 988.0, 463.6	9	988.0	383.1	637.9	
$MgO \cdot Al_2O_3$（球状）	10	1284.0, 1929.6	2	2098.6	612.8	1117.9	$MgO \cdot Al_2O_3$ 为莫氏硬度 8 级
	50	612.8	1				
	25	1002.5, 1930.8, 2098.6, 1245.8, 973.7, 1032.7, 988.0	7				
	15	903.0, 886.9, 812.7, 886.9, 759.9, 1232, 871.3, 799.0, 990.2	9				
铝酸盐（小球）	50	381.0	1	598.6	363.0	467.7	421.8 ~ 998kg/mm^2 （$12CaO \cdot 7Al_2O_3$，$CaO \cdot 2Al_2O_3$）
	25	524.6, 470, 363.0, 598.6, 436.6, 454.4, 513.6	7				
Al_2O_3（块状）	25	1589.8, 1478.2	2	1589.8	1478.2	1534	
$MnO \cdot SiO_2$（球状，冶炼过程取样）	50	617.7	1	747.7	236.7	513.1	620 ~ 680kg/mm^2（$MnO \cdot SiO_2$） 600 ~ 680kg/mm^2（$FeO \cdot SiO_2$） 800 ~ 850kg/mm^2（SiO_2）
	25	641.6	1				
	15	501.1, 747.5, 658.3, 521.9, 475.3, 236.7, 238.4, 735.4, 269.9	9				
复杂铝酸盐（含 Si、Ti 等，块状）	50	299.3, 286.2	2	492.7	178.8	336.2	
	25	178.8, 350.5, 401.1, 492.7, 344.5	5				

B　夹杂物定量

按以往的实验结果，金相法定量测定夹杂物的可靠性优于图像仪，故本次实验只采用金相法定量，即用目镜测微尺测量夹杂物的面积和尺寸，并计数夹杂物的数目，然后按 $\bar{d}_T = \sqrt{\dfrac{A}{N}}$ 计算夹杂物间距。每个试样测量 100 个视场。在 100 个视场中还统计了大于 10μm 的夹杂物的出现几率（P）。

另外用日本 X-650 扫描电镜观察并拍摄照片 5 张，以测定断口上夹杂物韧窝的平均间距，拍照 K_{1C} 断口时从疲劳预裂纹尖端开始往前移动共 5 个位置，每个 K_{1C} 断口试样选择拍照视场分别与距离裂纹尖端位置尺寸各自严格对应，以利于对比。除测定夹杂物韧窝间距外，对冲击试样和平板拉伸试样的断口也拍摄相应位置的 SEM 图，以对比各种断裂方式的断口形貌和夹杂物间距。42CrMoA 钢中夹杂物含量、尺寸和数目列于表 11-9 中，夹杂物间距列于表 11-10 中。

表 11-9　第一批 42CrMoA 钢中夹杂物含量、尺寸和数目

样 号	取样位置	夹杂物体积分数 f_V/%				夹杂物最大尺寸/μm		球状铝酸盐尺寸/μm			P/%	$\overline{L}_{max}^{(3)}$/μm
		MnS	Ti(N,S)	铝酸盐	总量	$\overline{L}_{max}^{MnS}$	$\overline{a}_{max}^{Ti(N,S)}$	ϕ_{max}	ϕ_{min}	$\overline{\phi}$		
968-31	锭 B 头	0.031	0.014	0.056	0.101	56.5	27.7	21.34	3.08	7.06	13	22.0
968-32	锭 B 尾	0.016	0.010	0.080	0.106	40.0	24.6	40.0	3.08	8.06		
968-51	锭 A 头	0.011	0.010	0.055	0.077	86.9	24.7	10.77	3.08	5.43		
968-52	锭 A 尾	0.017	0.023	0.044	0.084	143.1	24.6	24.62	3.08	6.02		
平均值		0.019	0.014	0.059	0.092	80.6	25.4	24.23	3.08	6.64		
969-11	锭 A 头	0.034	0.019	0.073	0.127	138.5	20.3	153.8	1.85	5.62	37	33.9
969-12	锭 A 尾	0.008	0.015	0.133	0.156	40.5	17.3	18.46	3.08	6.67		
969-21	锭 B 头	0.021	0.015	0.049	0.085	52.3	19.7	9.23	3.08	5.64		
969-22	锭 B 尾	0.025	0.024	0.065	0.114	36.9	21.5	15.38	3.08	6.85		
平均值		0.022	0.018	0.080	0.121	67.5	19.7	14.62	2.77	6.20		
970-21	锭 A 头	0.010	0.023	0.050	0.082	76.9	29.5	21.54	3.69	7.93	20	40.1
970-22	锭 A 尾	0.009	0.024	0.045	0.077	46.0	28.5	9.23	3.08	5.52		
970-41	锭 B 头	0.011	0.031	0.069	0.111	110.8	28.4	7.69	3.08	4.18		
970-42	锭 B 尾	0.003	0.013	0.060	0.076	83.1	27.1	12.31	3.08	7.18		
平均值		0.008	0.023	0.056	0.087	79.2	28.4	12.69	3.23	6.21		
973-21	锭 A 头	0.027	0.025	0.049	0.101	58.5	30.8	12.31	3.08	7.31	28	32.4
973-22	锭 A 尾	0.025	0.022	0.065	0.113	89.2	24.6	9.23	1.54	4.68		
973-41	锭 B 头	0.026	0.017	0.045	0.089	40.0	18.5	9.23	3.08	5.07		
973-42	锭 B 尾	0.048	0.023	0.044	0.115	—	24.6	9.23	6.15	6.92		
平均值		0.032	0.022	0.051	0.104	62.5	24.6	10.0	3.46	6.0		
974-11	锭 B 头	0.024	0.029	0.051	0.104	107.7	24.6	10.31	1.846	5.16	35	36.5
974-12	锭 B 尾	0.011	0.027	0.103	0.141	73.8	30.8	21.54	3.08	5.98		
974-31	锭 A 头	0.041	0.014	0.055	0.110	35.6	18.5	12.31	3.08	6.36		
974-32	锭 A 尾	0.036	0.041	0.078	0.155	86.2	15.4	9.23	3.08	6.15		
平均值		0.028	0.028	0.072	0.127	73.4	22.3	13.85	2.77	5.9		

注：$\overline{L}_{max}^{MnS}$—MnS 最大纵长；$\overline{a}_{max}^{Ti(N,S)}$—Ti(N,S)最大边长的平均值；P—大于 10μm 夹杂物出现的频率；$\overline{L}_{max}^{(3)}$—三种夹杂物最大尺寸的平均值。

表 11-10 第一批 42CrMoA 钢中夹杂物间距（金相、SEM） （μm）

样 号	取样位置	$\bar{d}_T^{FS}$ (×500)	$\bar{d}_T^{PS}$ (×500)	$\bar{d}_T^{IS}$ (×1000)	$\bar{d}_T^{m}$ (×480)	$\bar{d}_T^{mp}$ (×480)
968-31	锭头部	—	—	13.7	233.6	—
968-32	锭尾部	37.6	26.3	17.8	277.4	204.4
968-51	锭头部	—	—	13.8	239.9	—
968-52	锭尾部	37.7	23.3	14.0	249.6	224.1
平均值		37.7	24.8	14.8	247.6	214.3
969-11	锭头部	—	—	14.3	186.0	—
969-12	锭尾部	36.4	23.5	13.6	208.3	209.7
969-21	锭头部	36.5	22.2	—	230.5	201.4
969-22	锭尾部	—	—	—	190.4	—
平均值		36.4	22.9	13.9	203.8	205.6
970-21	锭头部	38.3	26.4	—	237.9	255.5
970-22	锭尾部	—	—	14.9	218.2	—
970-41	锭头部	—	—	—	197.3	—
970-42	锭尾部	31.1	24.8	15.5	217.4	245.6
平均值		34.7	25.6	15.2	217.7	250.6
973-21	锭头部	35.1	23.6	14.7	175.3	206.0
973-22	锭尾部	—	—	—	249.6	—
973-41	锭头部	—	—	—	198.5	—
973-42	锭尾部	39.4	22.8	13.4	214.5	222.2
平均值		37.3	23.2	14.1	209.5	214.1
974-11	锭头部	38.0	23.2	12.1	200.2	226.6
974-12	锭尾部	—	—	—	195.7	—
974-31	锭头部	—	—	—	212.3	—
974-32	锭尾部	34.5	21.9	13.4	178.5	217.0
平均值		36.3	22.6	12.8	196.7	221.8

备 注：

$\bar{d}_T^{FS}$—K_{IC}断口试样用 SEM 图测的韧窝间距；

$\bar{d}_T^{PS}$—平拉断口试样用 SEM 图测的 $\bar{d}_T$；

$\bar{d}_T^{IS}$—冲击断口试样用 SEM 图测的 $\bar{d}_T$；

$\bar{d}_T^{m}$—金相试样用金相法测的 $\bar{d}_T$；

$\bar{d}_T^{mp}$—平拉试样上切下的金相试样用金相法测的 $\bar{d}_T$；

$\bar{d}_T^{IS}$—在 1500 倍放大倍数时为 6.9μm，在 1000 倍放大倍数时为 7.8μm，在 500 倍放大倍数时为 39.9μm

11.1.2 讨论与分析

首先将有关数据的平均值综合在一起，分别列于表 11-11 和表 11-12 中。

表 11-11 42CrMoA 钢中夹杂物含量、间距与尺寸的平均值

锭 号	夹杂物含量f_V/%				夹杂物间距 $\bar{d}_T$/μm					夹杂物最大尺寸/μm			
	f_V^{MnS}	f_V^{TiN}	$f_V^{Al\text{-}O}$	$f_V^{总}$	$\bar{d}_T^{FS}$ (×500)	$\bar{d}_T^{PS}$ (×800)	$\bar{d}_T^{IS}$ (×1000)	$\bar{d}_T^{m}$ (×480)	$\bar{d}_T^{mp}$ (×480)	$\bar{l}_{max}^{MnS}$	$\bar{a}_{max}^{TiN}$	$\phi_{max}^{Al\text{-}O}$	$L_{max}^{(3)}$
968	0.019	0.014	0.059	0.092	37.7	24.8	14.8	247.6	217.3	80.6	25.4	24.23	43.4
969	0.022	0.018	0.080	0.120	36.4	22.9	13.9	203.8	205.6	67.5	19.7	14.62	33.9
970	0.008	0.023	0.056	0.087	34.7	25.6	15.2	217.7	250.6	79.2	28.4	12.69	40.1
973	0.032	0.022	0.051	0.105	37.3	23.2	14.1	209.5	214.1	62.5	24.6	10.0	32.4
974	0.028	0.028	0.072	0.128	36.3	22.6	12.8	196.7	221.8	73.4	22.3	13.85	36.5

表 11-12 $(f_V^{总})^{-\frac{1}{6}}\sqrt{d_T}$ 与 42CrMoA 钢的性能

锭 号	$(f_V^{总})^{-\frac{1}{6}}$	$(f_V^{总})^{-\frac{1}{6}}\sqrt{d_T^{mp}}$	$(f_V^{总})^{-\frac{1}{6}}\sqrt{d_T^{m}}$	$(f_V^{总})^{-\frac{1}{6}}\sqrt{d_T^{IS}}$	$(f_V^{总})^{-\frac{1}{6}}\sqrt{d_T^{m}}$	$(f_V^{总})^{-\frac{1}{6}}\sqrt{d_T^{FS}}$
968	1.49	21.8	7.41	5.72	23.4	9.15
969	1.42	20.4	6.80	5.30	20.3	8.57
970	1.5	23.8	7.60	5.86	22.1	8.84
973	1.46	21.3	7.02	5.47	21.1	8.92
974	1.41	21.0	6.70	5.04	19.8	8.50
锭 号	K_Q/MPa · $m^{1/2}$	a_K/J · cm^{-2}	σ_b/MPa	$\sigma_{0.2}$/MPa	ψ/%	δ/%
968	118.7	70.3	1177.5	1067.5	48.8	14
969	117.0	82.8	1160	1060	55.0	13.8
970	120.5	75.6	1175	1070	51.3	13
973	118.0	90.3	1132.5	997.5	55.3	14.5
974	117.2	81.3	1130	1030	53.5	15.3

由于试样取自冶金厂，夹杂物的类型和含量是不可控制的，要寻找夹杂物与性能的关系较难。今按夹杂物的含量、间距、尺寸等参数与 42CrMoA 钢性能的关系逐一讨论。

11.1.2.1 夹杂物含量对强韧性的影响

图 11-19 所示为夹杂物总含量与强度的关系。图中夹杂物含量较低的 968 号和 970 号试样（$f_V^{总}$ 分别为 0.092% 和 0.087%），其强度稍高，但含量属于中间值的 973 号试样（$f_V^{总}$ =0.104%）的强度却是最低的。

在过去的研究中已肯定钢的强度受夹杂物含量的影响较小，而主要受钢基体组织和试样成分中的强化元素如 Mo、W 和 C 的影响。968 号、970 号和 973 号试样的化学成分相近，但 973 号试样中含 Mo 量最低，因而图 11-19 中强度曲线上出现低点，使曲线的变化无规律。

图 11-20 所示为断裂韧性（K_Q）和冲击韧性（a_K）随 $f_V^{总}$ 的变化，K_Q 随 $f_V^{总}$ 增大呈下

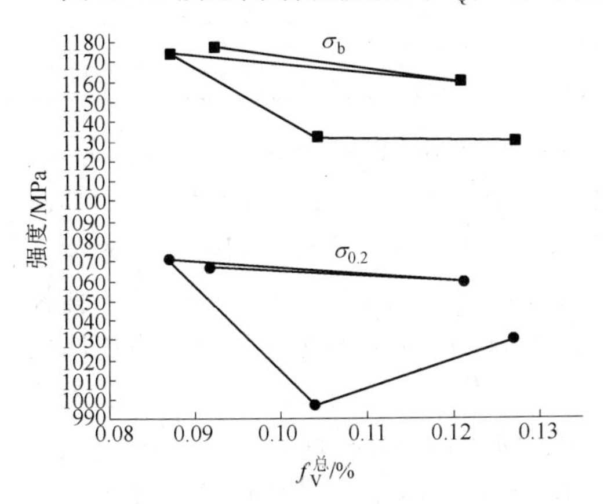

图 11-19 42CrMoA 钢试样中夹杂物总含量与强度的关系

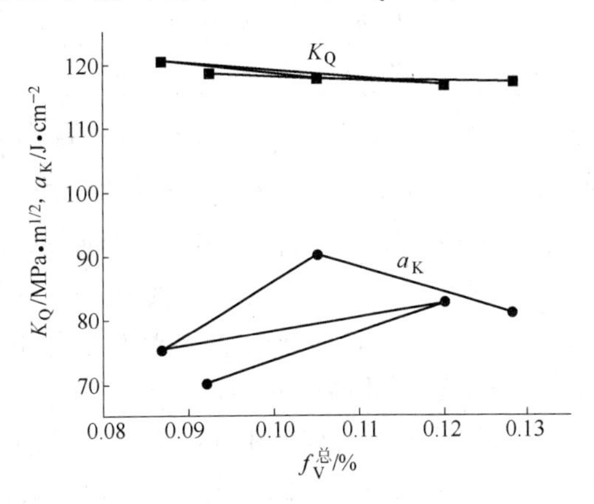

图 11-20 42CrMoA 钢试样中夹杂物总含量与韧性的关系

降趋势，且各点位于一条直线上，可用回归分析方法总结 K_Q 与 $f_V^{总}$ 之间的关系，其回归方程如下：

$$K_Q = 126 - 7230 f_V^{总} \tag{11-1}$$

$$R = -0.89989, S = 0.711, N = 5, P = 0.037$$

a_K 曲线的最低点为 968 号试样（$f_V^{总}=0.092\%$），而最高点为 973 号试样（$f_V^{总}=0.104\%$），而 973 号试样 K_Q 断口上存在脆性区（见图 11-17）和裂纹（见图 11-18），但由于试样含 Mo 量低，使冲击韧性未受影响。

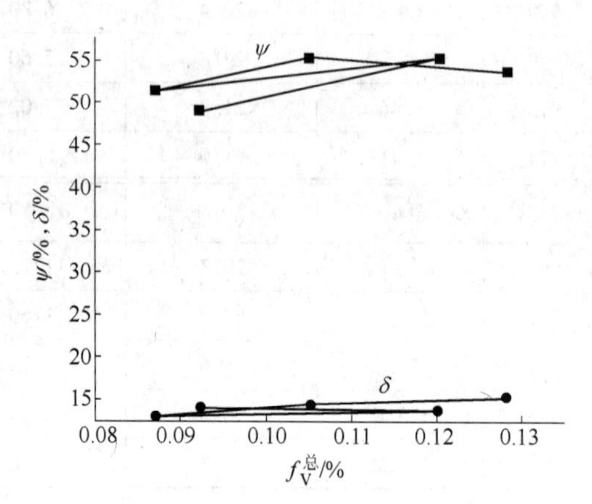

图 11-21 42CrMoA 钢试样中夹杂物总含量与拉伸韧塑性的关系

图 11-21 所示为未拉伸塑性随 $f_V^{总}$ 的变化，其中 ψ 曲线变化与图 11-2 中 a_K 曲线的变化相近，其最高点与最低点分别为 973 号和 968 号试样。原因如上所述。

图 11-21 中 δ 随 $f_V^{总}$ 的增大反而有上升趋势，即 $f_V^{总}$ 最高（0.127%）的 974 号试样，δ 也最高，而 $f_V^{总}$ 最低（0.087%）的 970 号试样，δ 值也最低。出现这种反常现象首先需要对夹杂物总含量中各类夹杂物所占比例进行对照，将表 11-11 中所列夹杂物含量中各类夹杂物所占比例进行计算列于表 11-13 中。

表 11-13 42CrMoA 钢中各类夹杂物所占比例

锭 号	$f_V^{总}$/%	MnS 夹杂物		TiN 夹杂物		铝酸盐夹杂物	
		f_V^{MnS}/%	比例/%	f_V^{TiN}/%	比例/%	f_V^{Al-O}/%	比例/%
968	0.092	0.019	20.6	0.014	15.2	0.059	64.2
969	0.120	0.022	18.3	0.018	15.0	0.080	66.7
970	0.087	0.008	9.1	0.023	26.4	0.056	64.4
973	0.105	0.032	30.4	0.022	20.9	0.051	48.7
974	0.128	0.028	21.9	0.028	21.8	0.072	56.3

从表 11-13 中可以看出，974 号试样中 $f_V^{总}$ 最高，伸长率也最高，970 号试样中 $f_V^{总}$ 最小，伸长率也最低；在 $f_V^{总}$ 中，970 号试样中 f_V^{TiN} 所占比例最大，而 f_V^{MnS} 所占比例最小，说明试样中含有 TiN 夹杂物较多时，会使伸长率下降，同样含 MnS 夹杂物较高的两个试样 974 号和 973 号的伸长率也高于其他试样，进一步说明 MnS 夹杂物对 42CrMoA 钢的伸长率起到有益作用。与此同时，在夹杂物总量中，974 号和 973 号试样中铝酸盐所占比例也是最小的，减轻了铝酸盐对伸长率的影响。

图 11-22 所示为试样中 MnS 夹杂物含量与断裂韧性和冲击韧性的关系，随 f_V^{MnS} 增加，K_Q 呈下降趋势，而 a_K 的变化有升有降，并无规律可循。对 K_Q 与 f_V^{MnS} 的关系也不能用直线去拟合。

图 11-23 所示为 f_V^{MnS} 与 ψ 和 δ 的关系，随 f_V^{MnS} 增加，ψ 的变化无规律，而 δ 随 f_V^{MnS} 增大

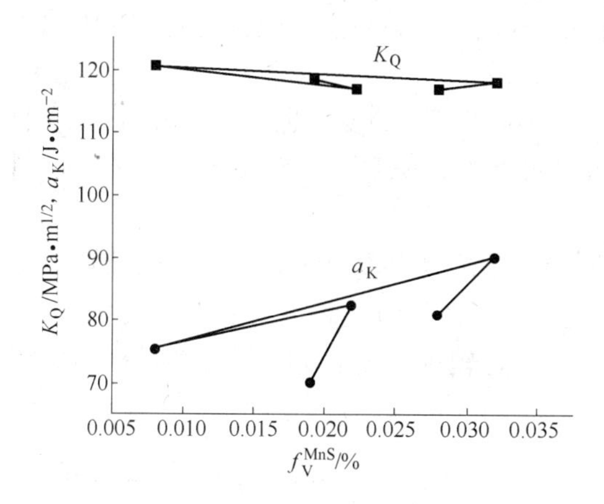

图 11-22　42CrMoA 钢试样中 MnS 含量与韧性的关系

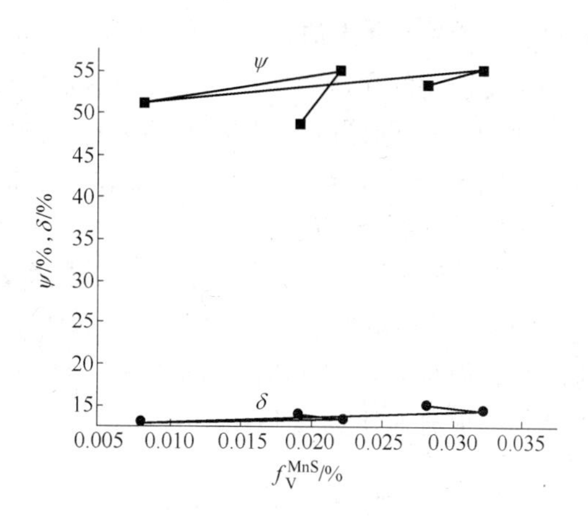

图 11-23　42CrMoA 钢试样中 MnS 含量与拉伸韧塑性的关系

呈上升趋势，两者呈正相关，经回归分析得出：

$$\delta = 12.4\% + 79f_V^{MnS} \tag{11-2}$$

$$R = 0.85512, S = 0.510, N = 5, P = 0.065$$

回归方程式（11-2）的相关系数 R 为正值，显示 δ 与 f_V^{MnS} 呈正相关，进一步证实 δ 会随 f_V^{MnS} 增大而上升，但是当 $N=5$ 时，$\alpha=0.05$ 要求 $R=0.878$，而方程式（11-2）未达到线性相关显著性水平的要求，说明试样的伸长率随 f_V^{MnS} 的增大并不是呈线性上升的。

图 11-24 所示为韧性随 f_V^{TiN} 的变化，其中 K_Q 随 f_V^{TiN} 的变化不大，而 a_K 随 f_V^{TiN} 呈锯齿状变化，无规律性，说明试样中 TiN 夹杂物含量与韧性之间无线性关系，但从 a_K 曲线的变化说明 f_V^{TiN} 在 0.018% ~0.022% 之间，冲击韧性较高。若对 42CrMoA 钢，TiN 夹杂物含量控制在 0.020% 左右对冲击韧性有利。

图 11-25 所示为 f_V^{TiN} 与拉伸塑性的关系，其中面缩率 ψ 的变化与 a_K 的变化具有相似性，即 TiN 夹杂物含量在中间范围即 $f_V^{TiN}=0.018\% \sim 0.022\%$ 时，ψ 值也较高，而伸长率

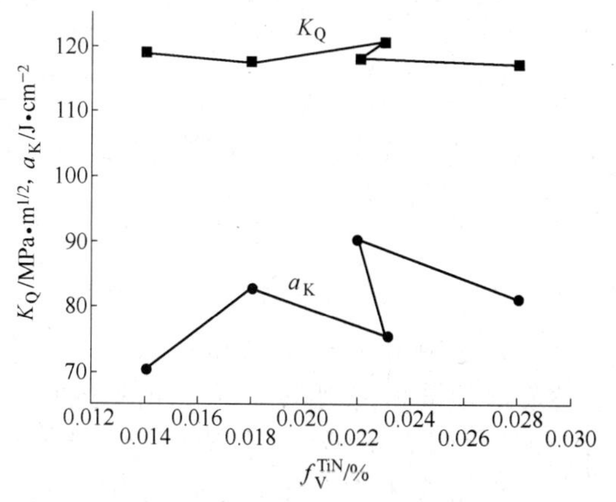

图 11-24　42CrMoA 钢试样中 TiN 夹杂物含量与韧性的关系

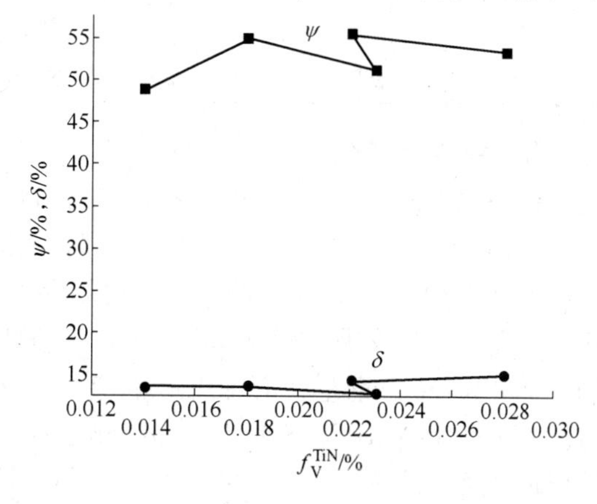

图 11-25　42CrMoA 钢试样中 TiN 夹杂物含量与拉伸韧塑性的关系

最高点与f_V^{TiN}的最大值对应，δ与f_V^{TiN}又呈正相关，又与f_V^{TiN}最高点对应，说明试样中MnS和TiN夹杂物的含量对伸长率并无有害影响。

图11-26所示为f_V^{Al-O}与韧性的关系，图中K_Q曲线随f_V^{Al-O}的变化也不大，而a_K曲线的变化无规律，但a_K最大值位于铝酸盐夹杂物含量最低点，说明要控制冲击韧性必须控制试样中铝酸盐夹杂物的含量。

图11-27所示为f_V^{Al-O}与拉伸塑性的关系，同样ψ值最高点也位于f_V^{Al-O}最小的位置，与a_K曲线随f_V^{Al-O}的变化相似，δ随f_V^{Al-O}的变化并无规律，但δ值最高点为974号试样，f_V^{Al-O}也较高，但974号试样中的铝酸盐多呈球状，且尺寸也较小（见表11-11）。各试样中球状夹杂物的成分对比见表11-14。

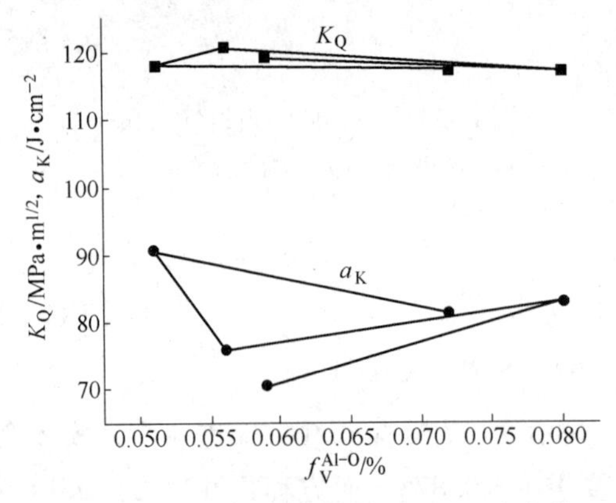

图11-26 42CrMoA钢试样中铝酸盐夹杂物含量与韧性的关系

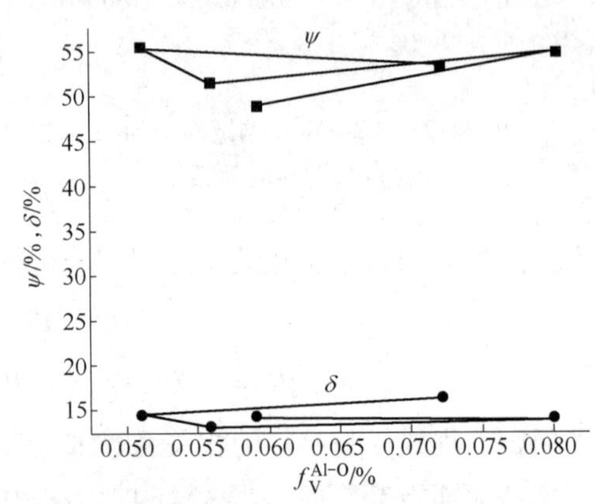

图11-27 42CrMoA钢试样中铝酸盐夹杂物含量与拉伸韧塑性的关系

表11-14 各炉号试样中球状夹杂物的平均成分

炉号-样号	测定球状个数	球状夹杂物的平均成分（%）能谱分析								
		S	Ca	Si	Al	Mg	Ti	Mn	Fe	[O]差减法
151-970	3	2.3	12.2	1.4	24.0	6.3	0.4	1.2	22.9	31.3
157-973	2	6.8	6.0	0.03	27.5	6.0	0.75	6.5	12.8	33.62
159-968	7	1.13	8.69	2.24	32.3	6.27	1.47	1.65	4.10	42.15
160-974	9	0.9	6.02	0.67	35.91	10.44	0.35	1.18	2.3	43.04

974号试样中的球状夹杂物中含Mg、Al量均高于其他试样中球状夹杂物的Mg、Al含量，说明含Mg、Al量较高的球状铝酸盐对伸长率有好的作用。

11.1.2.2 夹杂物间距与韧塑性的关系

前几章研究过D_6AC钢中夹杂物间距与性能的关系，得出夹杂物间距与韧性成正比，即随夹杂物间距增大，韧性升高。由于D_6AC试样中夹杂物类型和含量受人为控制，而42CrMoA钢是在冶炼工厂生产的，钢中夹杂物含量和类型均在不可控的条件下，虽然42CrMoA钢的MnS和TiN夹杂物已在D_6AC钢中做过系统研究，但铝酸盐夹杂物与性能的关系未曾研究过，虽然文献上有所报道，但数量并不多，而42CrMoA钢又同时含有MnS、TiN和铝酸盐三种夹杂物，它们之间对性能的影响各异，因此研究42CrMoA钢中夹杂物间距时，从夹杂物分布不同的试样中取样，分别用金相法测定夹杂物间距，又对三种断口试样利用扫描电镜测定韧窝间距，以寻找 42CrMoA 钢中夹杂物间距与韧塑性的关系。

图 11-28 所示为用平板拉伸试样断口图测定的夹杂物韧窝间距平均值 $\overline{d}_T^{PS}$ 与韧性的关系，图中断裂韧性随 $\overline{d}_T^{PS}$ 的变化成一条直线，随 $\overline{d}_T^{PS}$ 值增大，K_Q 呈上升趋势，经回归分析后得出：

$$K_Q = 93.8 + 1.0\overline{d}_T^{PS} \tag{11-3}$$

$$R = 0.95878,\ S = 0.505,\ N = 5,\ P = 0.013$$

从 R 值即可判断，K_Q 随 $\overline{d}_T^{PS}$ 增大而呈直线上升。

试样的冲击韧性随 $\overline{d}_T^{PS}$ 的变化出现反常情况，在 $\overline{d}_T^{PS}$ 低值范围内 a_K 值均较高，随夹杂物间距 $\overline{d}_T^{PS}$ 值增大，a_K 值反而下降，这在 D_6AC 钢中并未出现。

图 11-29 所示为拉伸塑性随 $\overline{d}_T^{PS}$ 的变化，同样 ψ 和 δ 的较高值也位于 $\overline{d}_T^{PS}$ 较低值的范围内，与 a_K 随 $\overline{d}_T^{PS}$ 的变化相似，也属于反常情况。

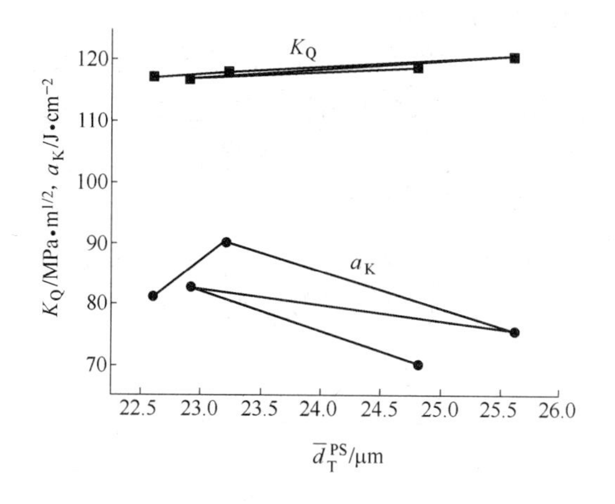

图 11-28　42CrMoA 钢试样中夹杂物间距与韧性的关系

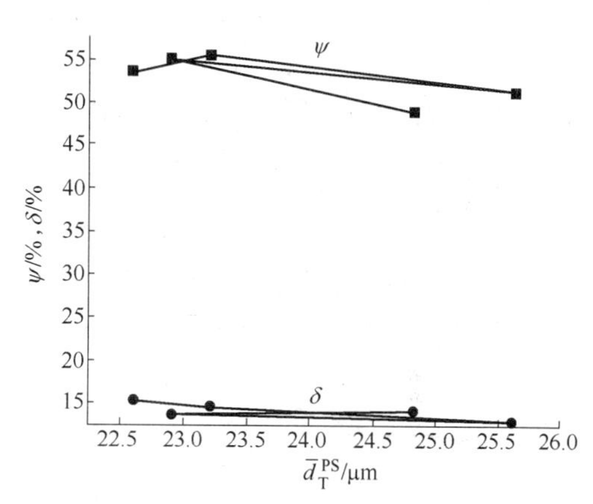

图 11-29　42CrMoA 钢试样中夹杂物间距与拉伸韧塑性的关系

图 11-30 所示是从平板拉伸试样上取下的样品用金相法测出的夹杂物间距 $\overline{d}_T^{mp}$ 与韧性的关系，K_Q 随 $\overline{d}_T^{mp}$ 增大而呈上升趋势，K_Q 曲线上各点基本位于一条直线上，经回归分析得出：

$$K_Q = 102.2 + 0.07\overline{d}_T^{mp} \tag{11-4}$$

$$R = 0.97808, S = 0.781, N = 5, P = 0.050$$

根据 R 值刚好满足 $\alpha = 0.01$ 的要求，即 K_Q 随 $\overline{d}_T^{mp}$ 的变化线性相关系数值较高，满足线性关系。

a_K 随 $\overline{d}_T^{mp}$ 的变化，仍然是在 $\overline{d}_T^{mp}$ 低值范围内，a_K 值较高，随 $\overline{d}_T^{mp}$ 增大，a_K 值反而下降，与上述反常情况一样。

图 11-31 所示为拉伸塑性随 $\overline{d}_T^{mp}$ 的变化，随 $\overline{d}_T^{mp}$ 的增大，ψ 和 δ 均呈下降趋势，与前述的结果一致，属于反常情况。

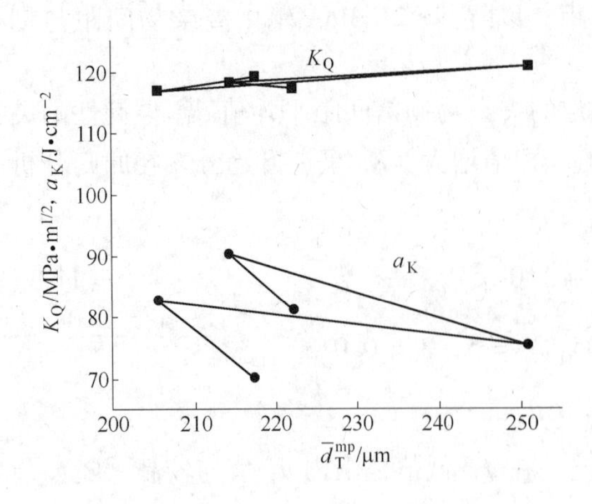

图 11-30　42CrMoA 钢试样中夹杂物间距与韧性的关系

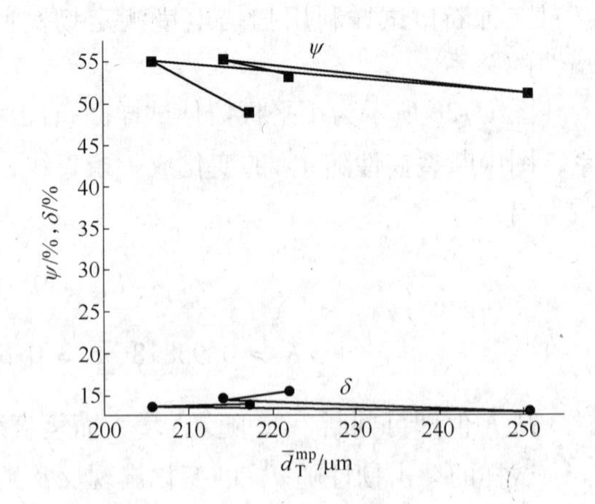

图 11-31　42CrMoA 钢试样中夹杂物间距与拉伸韧塑性的关系

图 11-32 所示为韧性随 $\bar{d}_T^{m}$ 的变化，$\bar{d}_T^{m}$ 为金相试样用金相法测定的夹杂物间距。在前几章研究 D_6AC 钢中夹杂物间距与韧性的关系时，已肯定用金相法测出金相试样上的夹杂物间距 $\bar{d}_T^{m}$ 能准确地反映 $\bar{d}_T^{m}$ 与 K_{1C}的关系，两者之间存在良好的线性关系。在 42CrMoA 钢中所取金相试样，用金相法测出的夹杂物间距 $\bar{d}_T^{m}$ 与 K_Q 之间只有 4 个点位于一条直线上，另一点偏离直线，从而破坏了夹杂物间距与 K_Q 之间的良好线性关系。

图 11-32 所示为冲击韧性随 $\bar{d}_T^{m}$ 的变化，也是 a_K 与 $\bar{d}_T^{m}$ 成反比，与常规结果相反，这点与图 11-33 中，ψ 与 δ 随 $\bar{d}_T^{m}$ 的变化相似，随 $\bar{d}_T^{m}$ 增大，ψ 与 δ 均呈下降趋势。

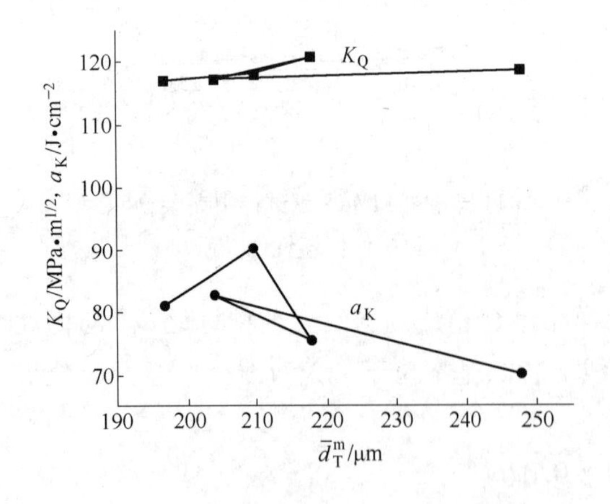

图 11-32　42CrMoA 钢试样中夹杂物间距与韧性的关系

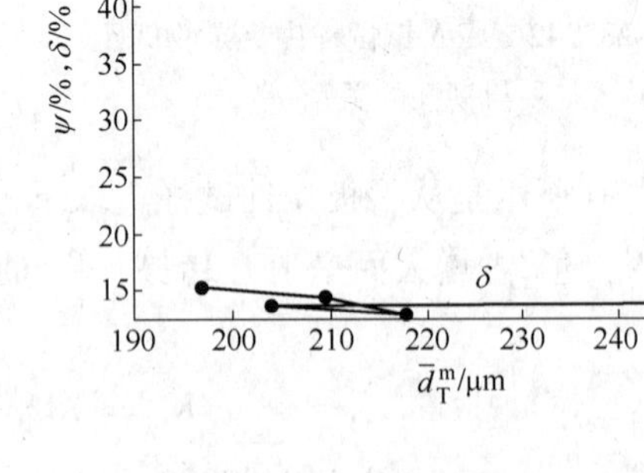

图 11-33　42CrMoA 钢试样中夹杂物间距与拉伸韧塑性的关系

图 11-34 中 K_Q 随 $\bar{d}_T^{IS}$ 增大呈上升趋势，$\bar{d}_T^{IS}$ 为冲击试样断口图上的大韧窝间距，能反映出 K_Q 的变化，而 a_K 的变化是先升后降，再上升，又下降，使 $\bar{d}_T^{IS}$ 值大的所对应的 a_K 值反而是低的，图 11-35 中 ψ 随 $\bar{d}_T^{IS}$ 的变化与图 11-34 中 a_K 随 $\bar{d}_T^{IS}$ 的变化相似，但 δ 随 $\bar{d}_T^{IS}$ 的变化可用一条直线拟合，结果得出：

$$\delta = 25.7\% - 0.82\% \bar{d}_T^{IS} \tag{11-5}$$

$$R = -0.88446,\ S = 0.459,\ N = 5,\ P = 0.040$$

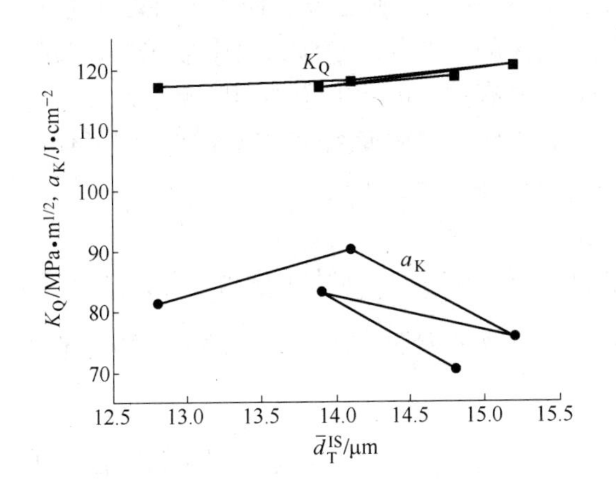

图 11-34　42CrMoA 钢试样中夹杂物间距与韧性的关系

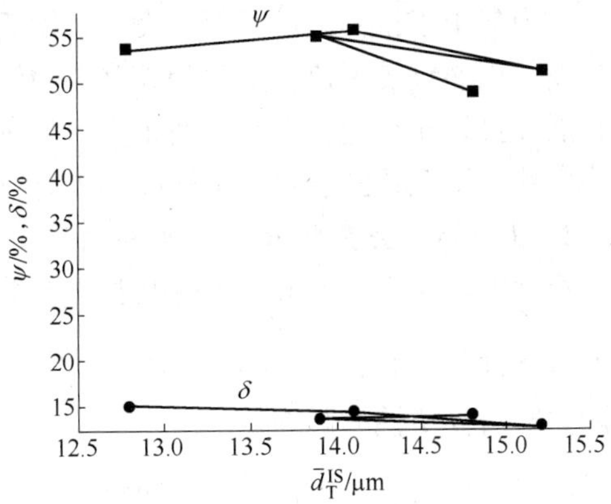

图 11-35　42CrMoA 钢试样中夹杂物间距与拉伸韧塑性的关系

按 R 值检验式（11-5），符合线性相关显著性水平的 $\alpha = 0.05$，说明式（11-5）成立。

图 11-36 所示为韧性随 $\bar{d}_T^{FS}$ 的变化，$\bar{d}_T^{FS}$ 是用断裂韧性试样断口图所测大韧窝间距，K_Q 随 $\bar{d}_T^{FS}$ 的增大而呈下降趋势，K_{1C}试样断口上的夹杂物韧窝间距应该反映 K_Q 值的高低，但图 11-36 中曲线变化却出现反常的情况，这在前述章节中均未曾见到，初步检查 K_{1C}试样断口形貌发现：K_{1C}断口韧窝间距（$\bar{d}_T^{FS}$）最大的 968 号试样出现脆性断口（见图 11-14），故断裂韧性最低，而 $\bar{d}_T^{FS}$ 最小的 970 号试样，其断口上韧窝较小，且分布均匀（见图 11-16），故断裂韧性较高，使 K_Q 与 $\bar{d}_T^{FS}$ 之间不成正比而成反比关系，说明断裂韧性受试样基体组织的影响大于夹杂物间距的影响。

图 11-37 所示为 $\bar{d}_T^{FS}$ 与拉伸塑性的关系，随 $\bar{d}_T^{FS}$ 值增大，ψ 和 δ 均呈上升趋势。

拉伸塑性与断口上韧窝间距即夹杂物间距之所以成正比，是因为在材料塑性变形过程中，由第二滑移系统挤出的菱形位错环会将其所增加的应力作用到夹杂物同基体的界面

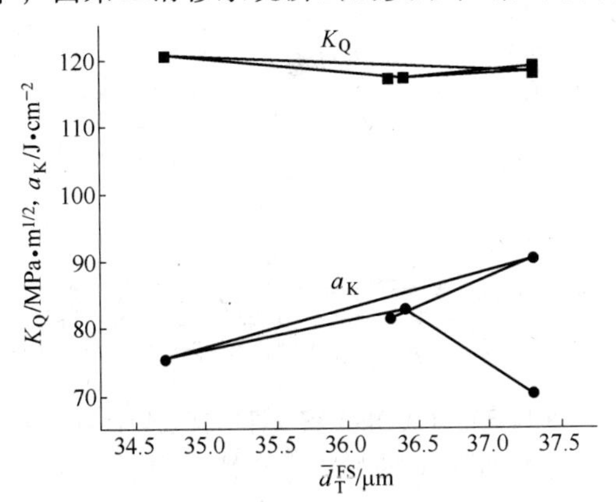

图 11-36　42CrMoA 钢试样中夹杂物间距与韧性的关系

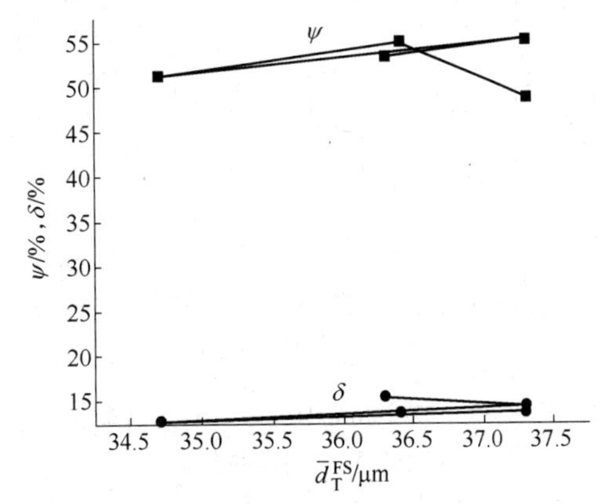

图 11-37　42CrMoA 钢试样中夹杂物间距与拉伸韧塑性的关系

上，直到达到此界面上的断裂应力使材料发生断裂为止。在断裂过程中，除夹杂物同基体界面上产生应力形成空洞之外，还有夹杂物本身所形成的应力集中会产生自身开裂形成空洞，若空洞形成并不长大，或者所形成的裂纹并不扩展，材料也不会断裂。在拉伸过程中，应力集中于拉伸试样颈部，发生颈缩后试样断裂的早晚取决于应力集中形成的裂纹扩展速度，而裂纹扩展速率又与相邻夹杂物间距的长短有关。因此夹杂物间距愈小，裂纹易于扩展连接；相反地，夹杂物间距大，裂纹扩展就慢些，试样面缩率也就大些，同样伸长率也大些，即关系到裂纹扩展速率的夹杂物间距与拉伸塑性成正比。

11.1.2.3 夹杂物含量、间距共同对韧塑性的影响

根据前面几章研究 D_6AC 钢中夹杂物含量和间距共同对断裂韧性的影响，已肯定试样的断裂韧性 K_{1C} 与 $f_V^{-\frac{1}{6}}\sqrt{\bar{d}_T}$ 成正比，将此关系推广应用于拉伸韧塑性，以了解夹杂物含量和间距共同对韧塑性的影响。

由于分别测出了 5 种夹杂物间距，故组成了 5 种 $f_V^{-\frac{1}{6}}\sqrt{\bar{d}_T}$，分别将它们与韧塑性的关系作图。

图 11-38 所示为断裂韧性(K_Q)和冲击韧性(a_K)与$(f_V^{总})^{-\frac{1}{6}}\sqrt{\bar{d}_T^m}$的关系。随$(f_V^{总})^{-\frac{1}{6}}\sqrt{\bar{d}_T^m}$的增大，$K_Q$ 呈上升趋势，这与过去的测验结果一致。但冲击韧性曲线的变化并不规律，并有随 $(f_V^{总})^{-\frac{1}{6}}\sqrt{\bar{d}_T^m}$ 增大而下降的趋势，说明用金相法测出的金相试样中夹杂物间距所组成的 $(f_V^{总})^{-\frac{1}{6}}\sqrt{\bar{d}_T^m}$ 不能表示冲击韧性的变化。

图 11-39 所示为拉伸韧塑性随 $(f_V^{总})^{-\frac{1}{6}}\sqrt{\bar{d}_T^m}$ 的变化。其中面缩率随 $(f_V^{总})^{-\frac{1}{6}}\sqrt{\bar{d}_T^m}$ 的变化呈下降趋势，与 a_K 曲线的变化相似，而伸长率曲线的变化有上升趋势，即试样的伸长率与 $(f_V^{总})^{-\frac{1}{6}}\sqrt{\bar{d}_T^m}$ 呈正相关，说明 δ 受到夹杂物含量与间距 ($\bar{d}_T^m$) 的共同影响。

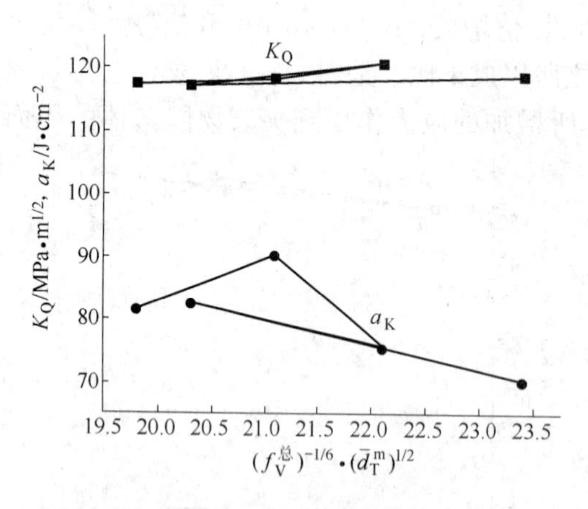

图 11-38 42CrMoA 钢试样中夹杂物含量、间距共同对韧性的影响

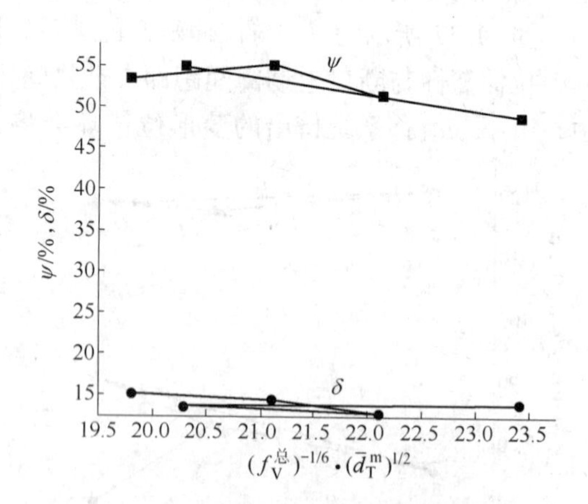

图 11-39 42CrMoA 钢试样中夹杂物含量、间距共同对拉伸韧塑性的影响

图 11-40 所示为韧性随 $(f_V^{总})^{-\frac{1}{6}}\sqrt{\bar{d}_T^{IS}}$ 的变化，其中 K_Q 曲线有较明显的上升趋势，且各点位于直线中，用一条直线拟合其变化趋势可得出回归直线方程为：

$$K_Q = 97.1 + 3.86(f_V^{总})^{-\frac{1}{6}}\sqrt{\overline{d}_T^{IS}} \tag{11-6}$$

$$R = 0.8938, S = 0.732, N = 5, P = 0.041$$

式（11-6）相关系数能满足 $\alpha = 0.05$ 的显著性水平，说明用冲击断口试样所测韧窝间距（$\overline{d}_T^{IS}$）与（$f_V^{总}$）$^{-\frac{1}{6}}$的组合，能表示断裂韧性随（$f_V^{总}$）$^{-\frac{1}{6}}\sqrt{\overline{d}_T^{IS}}$的变化，但图中 a_K 曲线的变化又呈下降趋势，即试样的 a_K 与（$f_V^{总}$）$^{-\frac{1}{6}}\sqrt{\overline{d}_T^{IS}}$之间不存在任何规律性。

图 11-41 所示为拉伸塑性随（$f_V^{总}$）$^{-\frac{1}{6}}\sqrt{\overline{d}_T^{IS}}$的变化，$\psi$ 和 δ 均呈下降趋势，与一般规律相反，说明冲击断口试样所测夹杂物韧窝间距与夹杂物含量的组合不能表示两者之间的关系。

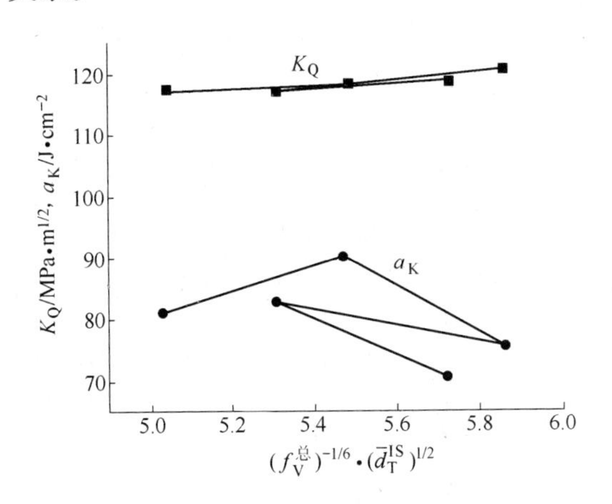

图 11-40　42CrMoA 钢试样中夹杂物含量、间距共同对韧性的影响

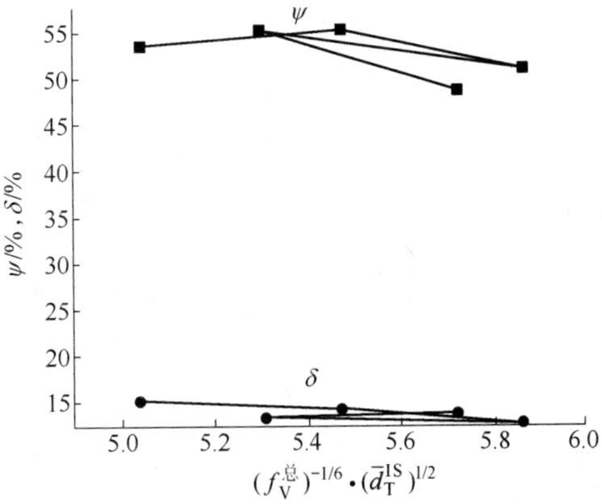

ψ

ψ/%，δ/%

δ

$(f_V^{总})^{-1/6} \cdot (\overline{d}_T^{IS})^{1/2}$

图 11-41　42CrMoA 钢试样中夹杂物含量、间距共同对拉伸韧塑性的影响

图 11-42 所示为韧性随（$f_V^{总}$）$^{-\frac{1}{6}}\sqrt{\overline{d}_T^{mp}}$的变化，$K_Q$ 曲线呈明显上升趋势，且各点严格位于一条直线上，通过线性回归分析得出：

$$K_Q = 95.1 + 1.1(f_V^{总})^{-\frac{1}{6}}\sqrt{\overline{d}_T^{mp}} \tag{11-7}$$

$$R = 0.98529,\ S = 0.279,\ N = 5,\ P = 0.002$$

回归方程式（11-7）的线性相关系数达到 0.98 以上，不仅能满足 $\alpha = 0.01$ 所要求的 R 值（0.939），并且高于相关显著性水平的 R 值，说明试样的断裂韧性与（$f_V^{总}$）$^{-\frac{1}{6}}\sqrt{\overline{d}_T^{mp}}$之间存在良好的线性关系，即从平板拉伸试样上取样用金相法测定的夹杂物间距 $\overline{d}_T^{mp}$ 与夹杂物含量的组合能很好地显示试样断裂韧性的变化规律。但图 11-42 中所示 a_K 曲线的变化仍呈下降趋势，两者之间不存在任何规律性。

图 11-43 所示为拉伸塑性随（$f_V^{总}$）$^{-\frac{1}{6}}\sqrt{\overline{d}_T^{mp}}$的变化，$\psi$ 和 δ 两条曲线均呈下降趋势，$\overline{d}_T^{mp}$ 为平板拉伸试样上取样所测夹杂物间距，且平板拉伸试样的加载方式与常规拉伸试样的加载方式相同，但用 $\overline{d}_T^{mp}$ 与 $f_V^{总}$ 的组合仍不能找出它与拉伸塑性的关系。

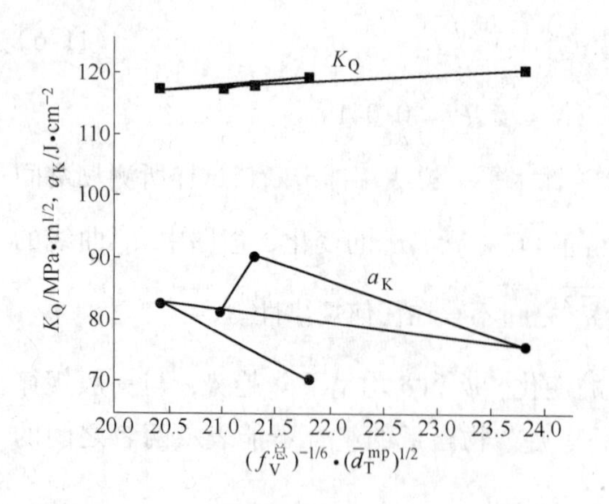

图 11-42　42CrMoA 钢试样中夹杂物含量、间距共同对韧性的影响

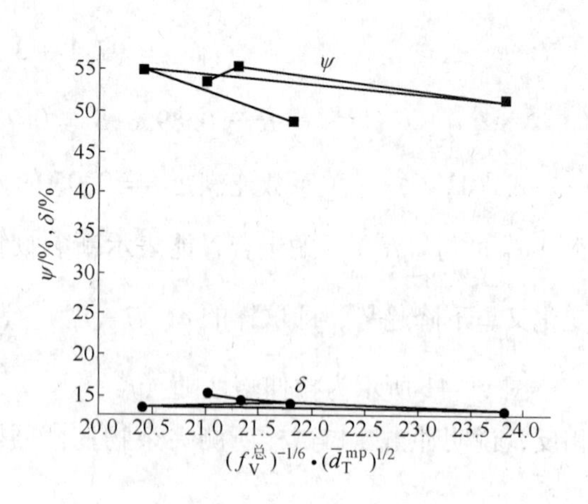

图 11-43　42CrMoA 钢试样中夹杂物含量、间距共同对拉伸韧塑性的影响

图 11-44 所示为韧性随 $(f_V^{总})^{-\frac{1}{6}}\sqrt{\bar{d}_T^{PS}}$ 的变化，K_Q 曲线呈上升趋势，其中 4 点位于一条直线上，只有一点稍微偏离直线，仍可用一条直线去拟合 K_Q 随 $(f_V^{总})^{-\frac{1}{6}}\sqrt{\bar{d}_T^{PS}}$ 的变化。$\bar{d}_T^{PS}$ 为平板拉伸试样断口上的韧窝间距，也能反映 K_Q 的变化，线性回归方程为：

$$K_Q = 93.8 + 3.45(f_V^{总})^{-\frac{1}{6}}\sqrt{\bar{d}_T^{PS}} \tag{11-8}$$

$$R = 0.94763,\ S = 0.521,\ N = 5,\ P = 0.014$$

式（11-8）的线性相关系数 R 值也稍大于 $\alpha = 0.01$ 所要求的 R 值。故试样的断裂韧性随 $(f_V^{总})^{-\frac{1}{6}}\sqrt{\bar{d}_T^{PS}}$ 的增大而直线上升。但图 11-44 中的 a_K 曲线亦呈下降趋势，同样得不出两者的关系。

图 11-45 所示为拉伸塑性随 $(f_V^{总})^{-\frac{1}{6}}\sqrt{\bar{d}_T^{FS}}$ 的变化，图中 ψ 和 δ 两条曲线的变化无规律。

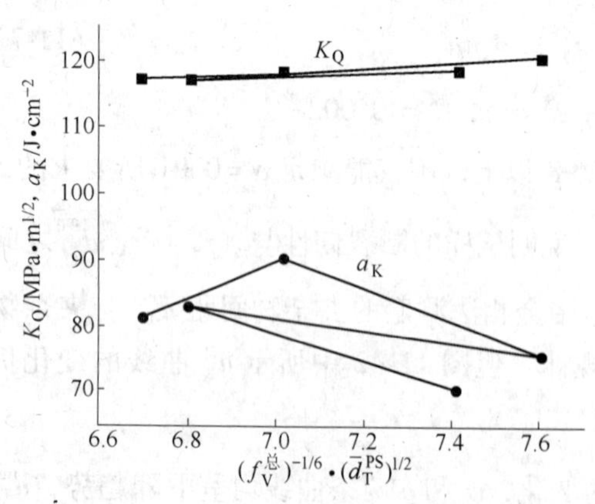

图 11-44　42CrMoA 钢试样中夹杂物含量、间距共同对韧性的影响

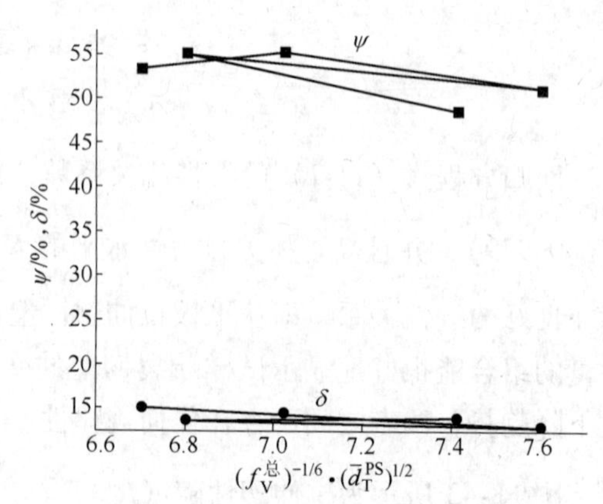

图 11-45　42CrMoA 钢试样中夹杂物含量、间距共同对拉伸韧塑性的影响

图 11-46 和图 11-47 所示为试样的韧塑性随（$f_V^{总}$）$^{-\frac{1}{6}}\sqrt{\bar{d}_T^{FS}}$ 的变化，K_Q 曲线虽呈上升趋势，但其中一点偏离直线较多，不存在较好的线性关系。$\bar{d}_T^{FS}$ 为 K_{1C} 试样断口上夹杂物韧窝间距，本应最能准确反映 K_Q 的变化，但由于个别试样断口为脆性断裂，其 K_Q 值受基体组织的影响远高于夹杂物的影响，故夹杂物含量与间距未能准确反映 K_Q 的变化，a_K、ψ 和 δ 三条曲线均随（$f_V^{总}$）$^{-\frac{1}{6}}\sqrt{\bar{d}_T^{FS}}$ 增大而下降，同样也未能得到它们之间的准确关系。

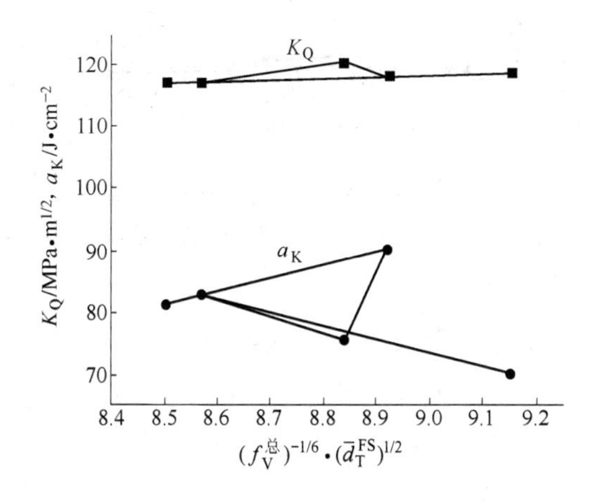

图 11-46　42CrMoA 钢试样中夹杂物含量、间距共同对韧性的影响

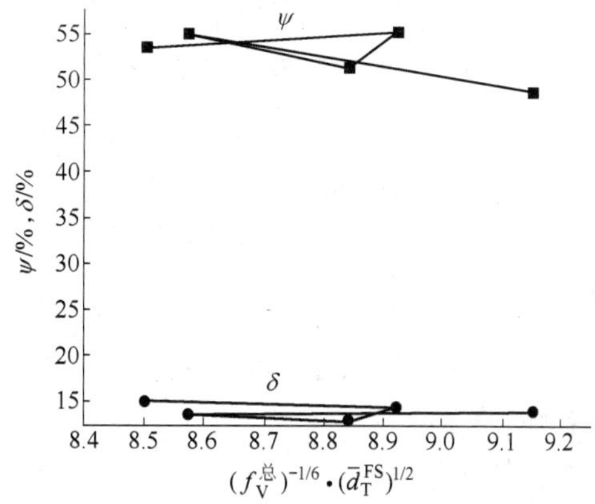

图 11-47　42CrMoA 钢试样中夹杂物含量、间距共同对拉伸韧塑性的影响

11.1.2.4　夹杂物尺寸与韧塑性的关系

42CrMoA 钢中主要有三类夹杂物：MnS、TiN 和铝酸盐。分别用金相法测出 MnS 夹杂物的最大纵长（L_{max}^{MnS}）、TiN 夹杂物的最大边长（a_{max}^{MnS}）以及球状铝酸盐夹杂物的最大直径（$\phi_{max}^{Al\text{-}O}$），并将这三类夹杂物最大尺寸的平均值 $L_{max}^{(3)}$ 等作图，如图 11-48 ~ 图 11-55 所示。

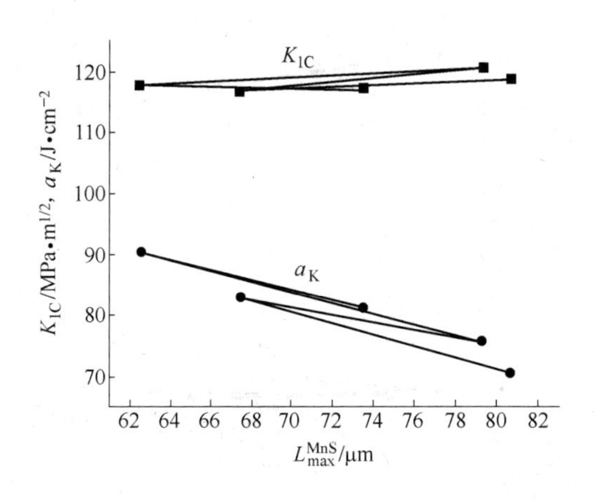

图 11-48　42CrMoA 钢试样中 MnS 夹杂物最大纵长与韧性的关系

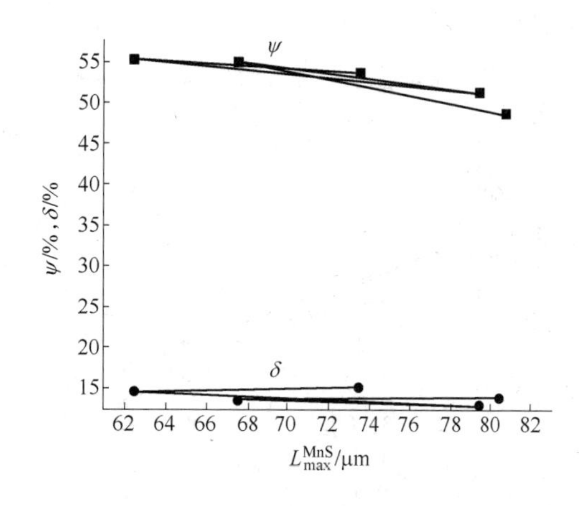

图 11-49　42CrMoA 钢试样中 MnS 夹杂物最大纵长与拉伸韧塑性的关系

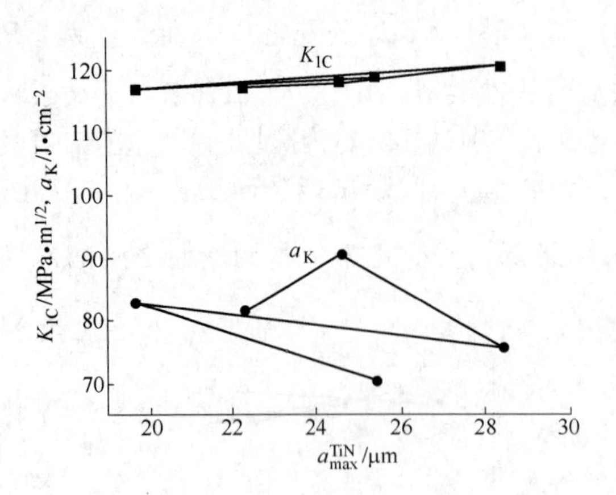

图 11-50　42CrMoA 钢试样中 TiN 夹杂物最大边长与韧性的关系

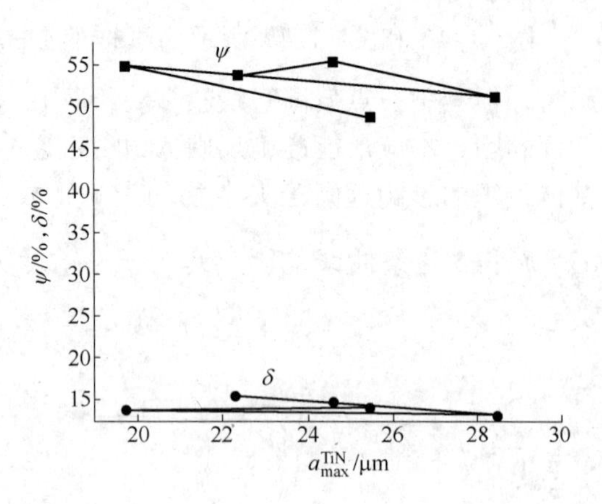

图 11-51　42CrMoA 钢试样中 TiN 夹杂物最大边长与拉伸韧塑性的关系

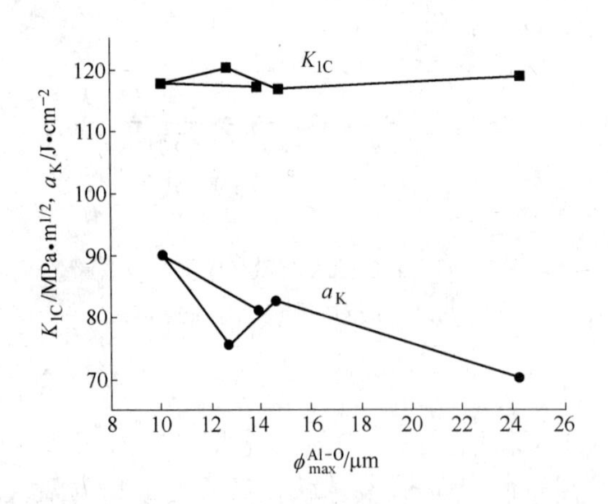

图 11-52　42CrMoA 钢试样中球状铝酸盐夹杂物最大直径与韧性的关系

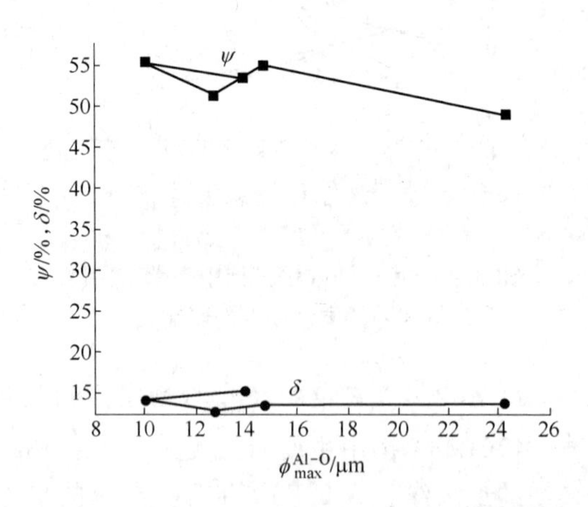

图 11-53　42CrMoA 钢试样中球状铝酸盐夹杂物最大直径与拉伸韧塑性的关系

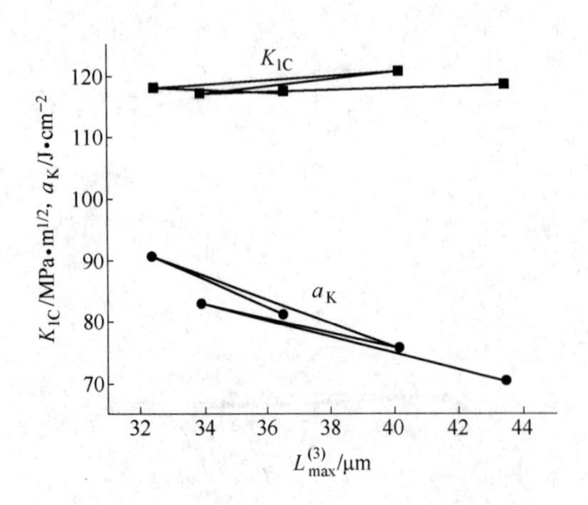

图 11-54　42CrMoA 钢试样中三种夹杂物最大尺寸平均值与韧性的关系

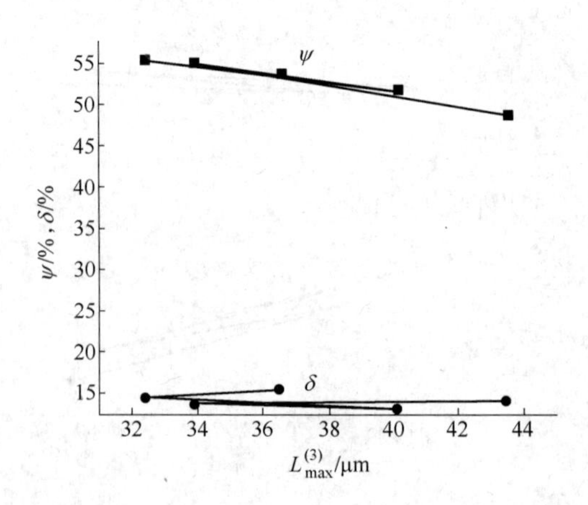

图 11-55　42CrMoA 钢试样中三种夹杂物最大尺寸平均值与拉伸韧塑性的关系

图 11-48 中 K_{1C} 曲线不仅未随 MnS 夹杂物最大纵长的增大而下降，反而呈上升趋势，但不能认为 MnS 夹杂物对断裂韧性不仅无害反而有利，这是违背正常规律的。但由于 42CrMoA 钢中同时存在三类夹杂物，它们之间可能存在补偿作用，但图 11-48 中 a_K 曲线的变化随纵长增大成下降趋势。前面已了解夹杂物含量和间距与 a_K 之间不存在规律性，冲击韧性却随 L_{max}^{MnS} 的增大而直线下降，可用一条直线模拟 a_K 和 L_{max}^{MnS} 之间的关系，即

$$a_K = 148.9 - 0.95L_{max}^{MnS} \tag{11-9}$$

$$R = -0.96267,\ S = 2.36,\ N = 5,\ P = 0.008$$

式（11-9）的 R 值高于线性相关显著性水平 $\alpha = 0.01$ 的要求，说明 a_K 随 MnS 夹杂物最大纵长的增大而直线下降。

图 11-49 所示为拉伸塑性随 L_{max}^{MnS} 的变化，图中面缩率 ψ 随 L_{max}^{MnS} 的增长而下降，各点基本位于一条直线上，经回归分析后得出：

$$\psi = 76.7\% - 0.33\% L_{max}^{MnS} \tag{11-10}$$

$$R = -0.92694,\ S = 1.18,\ N = 5,\ P = 0.023$$

式（11-10）的 R 值接近 $\alpha = 0.01$ 的要求，而远高于 $\alpha = 0.05$ 所要求的 R 值，说明面缩率随 L_{max}^{MnS} 增大接近于直线下降，但图中 δ 曲线的变化并无规律。

图 11-50 所示为 TiN 夹杂物最大边长 a_{max}^{TiN} 与韧性的关系。断裂韧性随 a_{max}^{TiN} 增大而呈上升趋势，且各点均位于一条直线上，回归分析得出：

$$K_{1C} = 108.5 + 0.41a_{max}^{TiN} \tag{11-11}$$

$$R = 0.94545,\ S = 0.531,\ N = 5,\ P = 0.015$$

从式（11-11）的线性相关系数 R 值看，K_{1C} 随 a_{max}^{TiN} 增大而呈直线上升，说明 42CrMoA 钢中存在多种夹杂物时，其中 TiN 夹杂物尺寸较大者有利于断裂韧性的改善，但图中 a_K 曲线的变化，除了个别点外，其余都呈下降趋势，即 42CrMoA 钢中 TiN 夹杂物尺寸增大会使冲击韧性下降。

图 11-51 所示拉伸韧塑性随 TiN 夹杂物尺寸增大，ψ 与 δ 均呈下降趋势，即 TiN 夹杂物对拉伸塑性均有害。

图 11-52 所示为韧性随铝酸盐夹杂物最大直径的变化。随 $\phi_{max}^{Al\text{-}O}$ 增大，断裂韧性变化不大，但冲击韧性明显下降，即 42CrMoA 钢中的铝酸盐尺寸增大会使冲击韧性变坏。

图 11-53 所示为拉伸塑性随铝酸盐尺寸的变化，ψ 随 $\phi_{max}^{Al\text{-}O}$ 的增大而明显下降，但下降的幅度低于 a_K 下降幅度，伸长率随 $\phi_{max}^{Al\text{-}O}$ 增大无大的变化，即球状铝酸盐对伸长率的影响小于对面缩率和冲击韧性的影响。

将以上三种夹杂物最大尺寸的平均值作图，见图 11-54 和图 11-55。42CrMoA 钢中主要的三类夹杂物最大尺寸的平均值对断裂韧性影响不大（见图 11-54），但使冲击韧性连续下降，a_K 随 $L_{max}^{(3)}$ 的变化各点位于一条直线上，经用线性回归方程分析可得出：

$$a_K = 140.8 - 1.6L_{max}^{(3)} \tag{11-12}$$

$$R = 0.97131,\ S = 2.078,\ N = 5,\ P = 0.006$$

式（11-12）的线性相关系数 R 值远大于相关显著性水平 $\alpha = 0.01$ 所要求的值，说明

42CrMoA 钢中的冲击韧性受试样中各类夹杂物最大尺寸平均值的影响。随三种夹杂物尺寸的平均值增大，冲击韧性直线下降。

图 11-55 中面缩率（ψ）随 $L_{max}^{(3)}$ 增大而下降，且各点严格位于一条直线上，经回归分析得出：

$$\psi = 75.2\% - 0.6\% L_{max}^{(3)} \quad (11\text{-}13)$$

$$R = -0.99138,\ S = 0.37,\ N = 5,\ P = 0.0006$$

式（11-13）的线性相关系数 R 值接近于 1，说明 42CrMoA 钢的面缩率随 $L_{max}^{(3)}$ 增大而直线下降，即影响试样面缩率的主要因素不是夹杂物的含量，而是试样中各类夹杂物的平均尺寸，但 $L_{max}^{(3)}$ 对试样伸长率的影响并不明显（见图 11-55）。

通过对图 11-54 和图 11-55 的分析，说明试样中各类夹杂物最大尺寸的平均值对冲击韧性和面缩率均有严重的影响。为检验夹杂物最大尺寸与夹杂物含量之间是否存在相关性，考察尺寸大于 10μm 的夹杂物出现频率与夹杂物含量的关系以及夹杂物含量与夹杂物间距的关系。由于所测夹杂物间距较多，只选其中冲击试样断口上的夹杂物韧窝间距与夹杂物含量的关系加以说明。

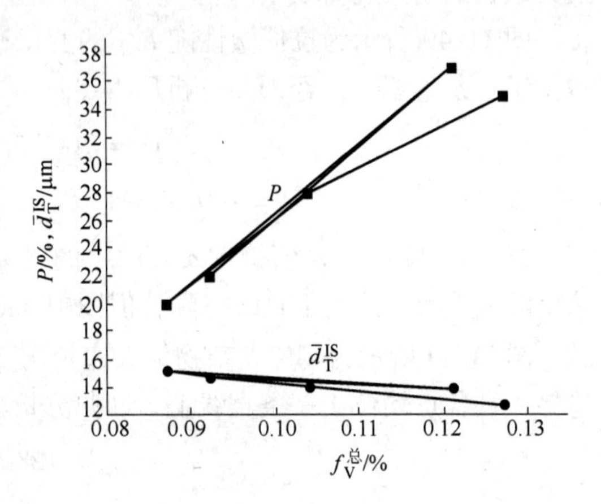

图 11-56 42CrMoA 钢试样中夹杂物总含量与大于 10μm 夹杂物出现频率和夹杂物间距的关系

图 11-56 中 P 为大于 10μm 夹杂物出现的频率。随试样中夹杂物总含量的增大，P 呈明显上升趋势，并可用一条直线模拟两者关系，回归分析得出：

$$P = -16.4\% + 421.9 f_V^{总} \quad (11\text{-}14)$$

$$R = 0.97611,\ S = 1.899,\ N = 5,\ P = 0.004$$

式（11-14）的 R 值说明 P 与 $f_V^{总}$ 之间存在良好的线性关系，即随夹杂物总含量的增加，大于 10μm 的夹杂物数目直线增多。另外，图 11-56 中 $\bar{d}_T^{IS}$ 与 $f_V^{总}$ 的关系为随 $f_V^{总}$ 增加夹杂物间距直线下降，经线性回归分析得出：

$$\bar{d}_T^{IS} = 19.4 - 4980 f_V^{总} \quad (11\text{-}15)$$

$$R = -0.94377,\ S = 0.352,\ N = 5,\ P = 0.016$$

式（11-15）的线性相关系数 R 值已能满足相关显著性水平 $\alpha = 0.01$ 的要求，即随着 $f_V^{总}$ 的增大，夹杂物间距 $\bar{d}_T^{IS}$ 直线下降。

11.1.3 总结

11.1.3.1 42CrMoA 钢中夹杂物的类型

42CrMoA 钢按 X 衍射粉末定性的夹杂物种类较多，但在成品样中主要有 TiN 类、SiO_2 类、Al_2O_3 类以及复杂成分的铝酸盐（其中以 $MgO \cdot Al_2O_3$ 形式存在者，有块状和球状两种，由于球状铝酸盐中溶解了大量 Al，减少了呈角状的 Al_2O_3 含量，这对钢的性能有利）。

在含 Ti 的夹杂物中，主要有小方块 TiN 和成条状的 TiS，由于 TiN 颗粒较小，对性能危害也较小，而 TiS 或 Ti(N,S) 呈条状，有的边长达到 20 ~ 30μm，对性能危害程度较大，但因其含量较铝酸盐低，故未成为危害 42CrMoA 钢的主要问题。

11.1.3.2 42CrMoA 钢中夹杂物含量、间距、尺寸等与性能的关系

前面已分别讨论了夹杂物含量、间距和尺寸对 42CrMoA 钢性能的影响，并找出其中有规律的数据进行了回归分析，现将所有回归方程总结于表 11-15 中。

表 11-15 夹杂物参数与性能的回归方程总列

图 号	回 归 方 程	方程号	验 证 结 果
11-20	$K_Q = 126 - 7230f_V^{总}$	式（11-1）	成 立
11-23	$\delta = 12.4\% + 79f_V^{MnS}$	式（11-2）	成 立
11-28	$K_Q = 93.8 + 1.0\bar{d}_T^{PS}$	式（11-3）	成 立
11-30	$K_Q = 102.2 + 0.07\bar{d}_T^{mp}$	式（11-4）	成 立
11-35	$\delta = 25.7\% - 0.82\%\bar{d}_T^{IS}$	式（11-5）	成立，但不可用
11-40	$K_Q = 97.1 + 3.86(f_V^{总})^{-\frac{1}{6}}\sqrt{\bar{d}_T^{IS}}$	式（11-6）	成 立
11-42	$K_Q = 95.1 + 1.1(f_V^{总})^{-\frac{1}{6}}\sqrt{\bar{d}_T^{mp}}$	式（11-7）	成 立
11-44	$K_Q = 93.8 + 3.45(f_V^{总})^{-\frac{1}{6}}\sqrt{\bar{d}_T^{PS}}$	式（11-8）	成 立
11-48	$a_K = 148.9 - 0.95L_{max}^{MnS}$	式（11-9）	成 立
11-49	$\psi = 76.7\% - 0.33\%L_{max}^{MnS}$	式（11-10）	成 立
11-50	$K_{1C} = 108.5 + 0.41a_{max}^{TiN}$	式（11-11）	成立，但不可用
11-54	$a_K = 140.8 - 1.6L_{max}^{(3)}$	式（11-12）	成 立
11-55	$\psi = 75.2\% - 0.6\%L_{max}^{(3)}$	式（11-13）	成 立
11-56	$P = -16.4\% + 421.9f_V^{总}$	式（11-14）	成 立
11-56	$\bar{d}_T^{IS} = 19.4 - 4980f_V^{总}$	式（11-15）	成 立

回归方程的可信度，除了根据回归系数检查相关显著性水平外，还应考察回归方程计算值与实验值是否一致，检验结果列于表 11-16 和表 11-17 中。

表 11-16 回归方程式(11-1) ~ 式(11-8) 计算值与实验值对比

考察方程 \ 锭 号		968	969	970	973	974	检 验 结 果
式（11-1） K_Q/MPa · m$^{1/2}$	实验值	114.5	117.0	120.5	118.0	117.2	K_Q随$f_V^{总}$ 增大而下降
	计算值	119.33	117.22	119.7	118.46	116.8	
	差值/%	4.04	0.18	-0.67	0.38	-0.35	
式（11-2） δ/%	实验值	14.0	13.8	13.0	14.5	15.3	δ 随 f_V^{MnS} 增大而上升，违反常规
	计算值	13.9	14.1	13.0	14.9	14.6	
	差值/%	-0.7	2.1	0	2.7	-4.8	
式（11-3） K_Q/MPa · m$^{1/2}$	实验值	114.5	117.0	120.5	118.0	117.2	K_Q随 $\bar{d}_T^{PS}$ 增大而上升
	计算值	119.34	117.38	120.16	117.7	117.07	
	差值/%	4.05	0.32	-0.28	-0.26	-0.15	

续表 11-16

考察方程 \ 锭号		968	969	970	973	974	检验结果
式（11-4） K_Q/MPa · $m^{1/2}$	实验值	114.5	117.0	120.5	118.0	117.2	K_Q随$\bar{d}_T^{mp}$增大而上升
	计算值	117.2	116.6	119.7	117.2	117.7	
	差值/%	2.3	-0.3	-0.7	-0.7	0.4	
式（11-5） δ/%	实验值	14.0	13.8	13.0	14.5	15.3	δ随$\bar{d}_T^{IS}$增大而下降，违反常规
	计算值	13.6	14.3	13.2	14.1	15.2	
	差值/%	-2.9	3.5	1.5	-2.8	-0.6	
式（11-6） K_Q/MPa · $m^{1/2}$	实验值	114.5	117.0	120.5	118.0	117.2	K_Q随$(f_V^{总})^{-\frac{1}{6}}\sqrt{\bar{d}_T^{IS}}$增加而上升
	计算值	119.2	117.6	119.7	118.2	116.6	
	差值/%	3.9	0.5	-0.7	0.2	-0.5	
式（11-7） K_Q/MPa · $m^{1/2}$	实验值	114.5	117.0	120.5	118.0	117.2	K_Q随$(f_V^{总})^{-\frac{1}{6}}\sqrt{\bar{d}_T^{mp}}$增加而上升
	计算值	119.1	117.6	121.3	118.5	118.2	
	差值/%	3.8	0.5	0.6	0.4	0.8	
式（11-8） K_Q/MPa · $m^{1/2}$	实验值	114.5	117.0	120.5	118.0	117.2	K_Q随$(f_V^{总})^{-\frac{1}{6}}\sqrt{\bar{d}_T^{PS}}$增加而上升
	计算值	119.4	117.3	120.0	118.0	116.9	
	差值/%	4.1	0.3	-0.4	0	-0.2	

表 11-17 回归方程式(11-9)～式(11-15)计算值与实验值对比

考察方程 \ 锭号		968	969	970	973	974	检验结果
式（11-9） a_K/J · cm^{-2}	实验值	70.4	82.8	75.6	90.3	81.3	a_K随 MnS 最大纵长增长而下降
	计算值	72.3	84.8	73.7	97.7	79.2	
	差值/%	2.6	2.3	-2.6	7.6	-2.6	
式（11-10） ψ/%	实验值	48.8	55	51.3	55.3	53.5	ψ随 MnS 最大纵长增长而下降
	计算值	51.68	54.3	51.96	57.02	53.12	
	差值/%	5.57	-1.28	1.27	3.01	-0.71	
式（11-11） K_{1C}/MPa · $m^{1/2}$	实验值	114.5	117.0	120.5	118.0	117.2	K_{1C}随 TiN 边长增长而上升，违反正常规律
	计算值	118.9	116.6	120.1	118.6	117.6	
	差值/%	3.7	-3.4	-0.3	0.5	0.3	
式（11-12） a_K/J · cm^{-2}	实验值	70.3	82.8	75.6	90.3	81.3	a_K随三种夹杂物最大长度的平均值增加而下降
	计算值	70.5	85.58	75.43	88.0	81.30	
	差值/%	-0.35	3.2	-0.22	-2.6	0	
式（11-13） ψ/%	实验值	48.8	55	51.3	55.3	53.5	ψ随三种夹杂物最大长度的平均值增加而下降
	计算值	49.06	54.76	51.05	55.66	53.2	
	差值/%	5.29	-0.43	-0.51	0.64	-0.56	
式（11-14） P/%	实验值	22	37	20	28	35	随夹杂物含量的增加，大于10μm夹杂物出现的频率增大
	计算值	22.4	34.6	20.3	27.5	37.2	
	差值/%	1.8	-6.9	1.5	-1.8	5.9	
式（11-15） $\bar{d}_T^{IS}$/μm	实验值	14.8	13.9	15.2	14.1	12.8	随夹杂物含量的增加，夹杂物间距$\bar{d}_T^{IS}$变小
	计算值	14.8	13.4	15.1	14.2	13.1	
	差值/%	0	-3.7	-0.6	0.7	2.3	

11.2　4145H 钢中夹杂物与钢的性能

11.2.1　实验方法与结果

11.2.1.1　试样的冶炼、热轧和热处理

（1）试样的冶炼和热轧工艺与 42CrMoA 钢相同，试样取样位置及成分见表 11-18 和表 11-19，取样炉号为 401；另从报废炉号 495 取样做对比实验。

表 11-18　4145H 钢试样的取样位置和化学成分

取样位置	618		619				620				621			
	618-2	618-3	619-1	619-11	619-2	619-22	620-1	620-4	620-2	620-3	621-1	621-11	621-2	621-22
	锭尾部		锭头部		锭尾部		锭头部		锭尾部		锭头部		锭尾部	

表 11-19　4145H 钢试样的化学成分　（%）

样号＼成分	C	Mn	Si	P	S	Cr	Ni	W	V	Ti	Cu	Mo
401-618	0.44	1.03	0.33	0.025	0.010	1.12	0.07	0.015	0.007	0.003	0.13	0.29
401-619	0.43	1.12	0.23	0.025	0.012	1.15	0.06	0.015	0.005	0.004	0.14	0.28
401-620	0.42	1.08	0.22	0.021	0.015	1.16	0.08	0.015	0.006	0.003	0.15	0.28
401-621	0.45	1.25	0.26	0.024	0.014	1.11	0.08	0.015	0.005	0.003	0.14	0.29

（2）热处理：

正火：900℃ ×60min，空冷；

淬火：860℃ ×30min，油冷；

回火：500℃ ×60min，水冷。

11.2.1.2　试样组织和性能

A　钢的组织和晶粒度

试样抛光后用 4% HNO_3 溶液腐蚀后以观察组织，见图 11-57 ~ 图 11-70。用氧化法显示钢的晶粒度，即试样抛光后在 860℃的马弗炉中加热 30min 再水冷。试样再轻磨、轻抛光后，用 4% HNO_3 溶液腐蚀，然后与晶粒度评级标准图对比，以确定各试样的晶粒度，见表11-20。试样的组织和晶粒度见图 11-57 ~ 图 11-68。

图 11-57　4145H 钢的组织（索氏体）

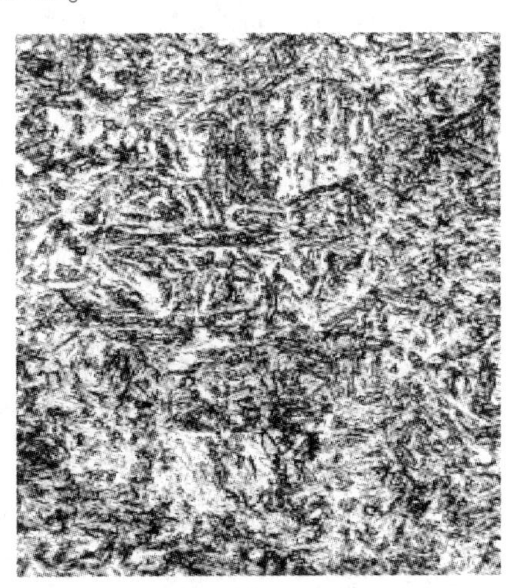

图 11-58　4145H 钢的组织（索氏体 + 贝氏体）

图 11-59　4145H 钢的组织（索氏体 + 贝氏体）

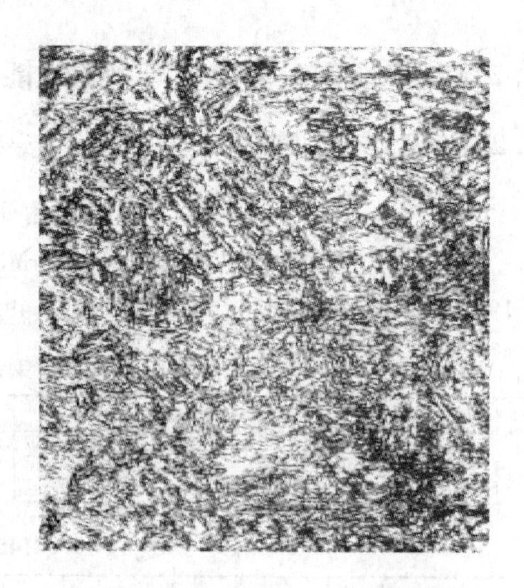

图 11-60　4145H 钢的组织（索氏体 + 贝氏体）

图 11-61　4145H 钢的组织（索氏体 + 贝氏体）

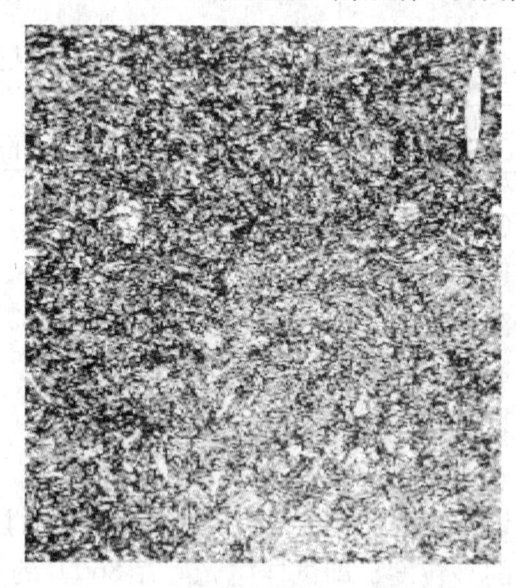

图 11-62　4145H 钢的组织(索氏体 + 贝氏体,日本产)

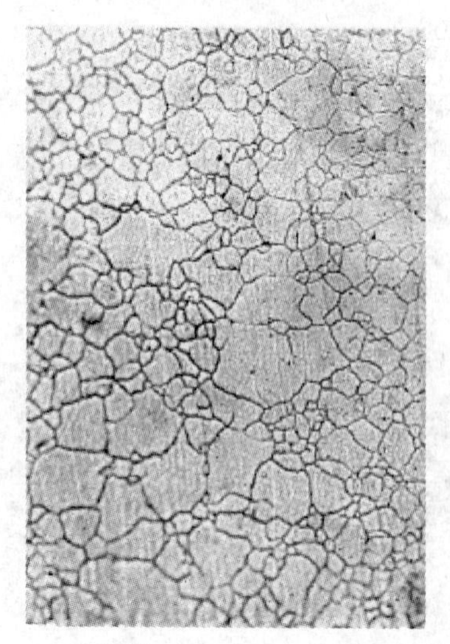

图 11-63　4145H 钢的晶粒度（×400，9 ~ 10 级）

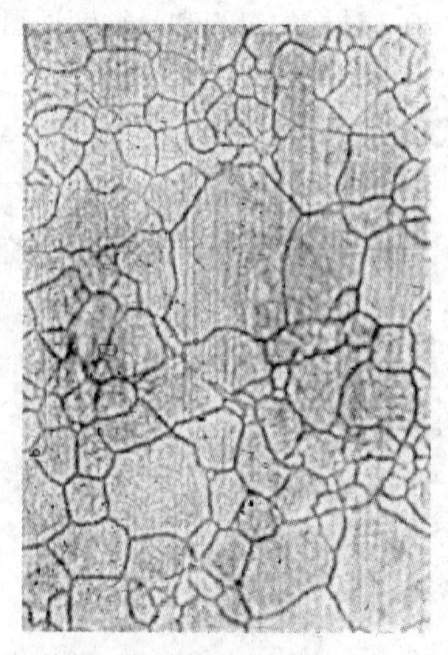

图 11-64　4145H 钢的晶粒度（×400，9 级）

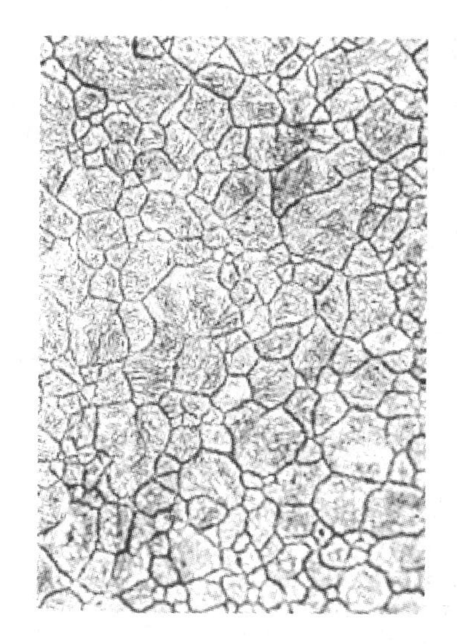

图 11-65　4145H 钢的晶粒度（×400，10 级）

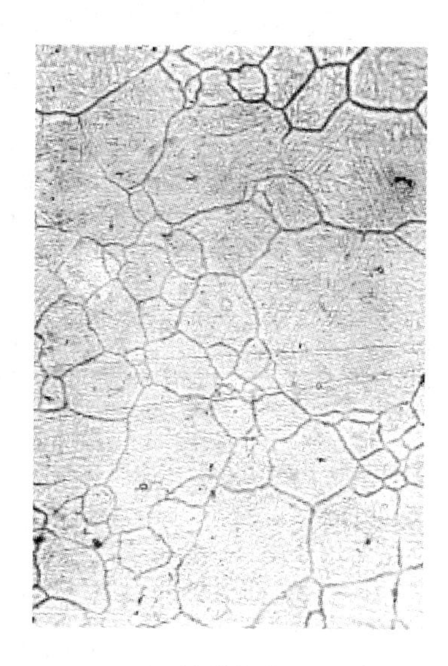

图 11-66　4145H 钢的晶粒度（×400，7～8 级）

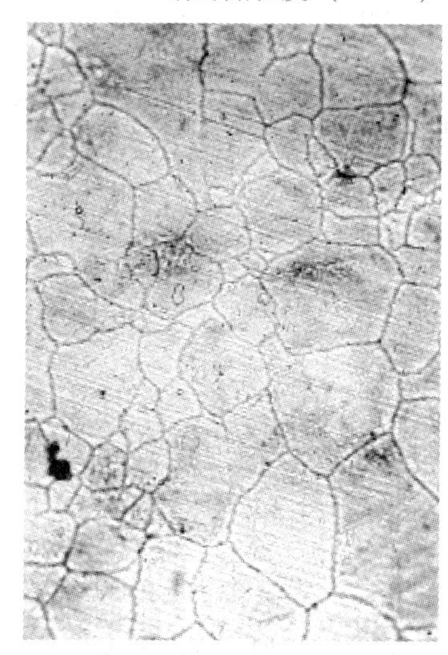

图 11-67　4145H 钢的晶粒度(×400,8 级)

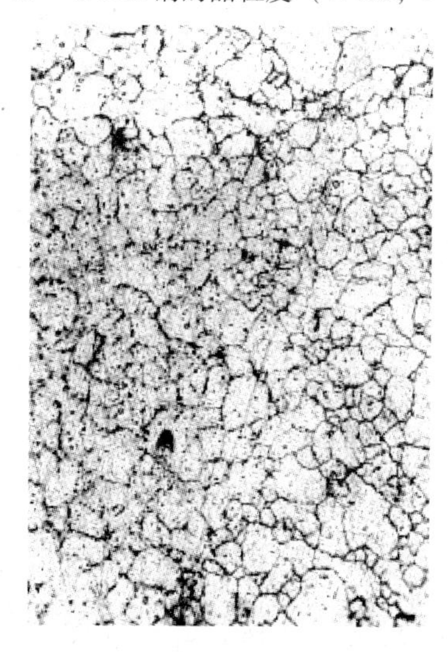

图 11-68　4145H 钢的晶粒度(×400,10～11 级,日本产)

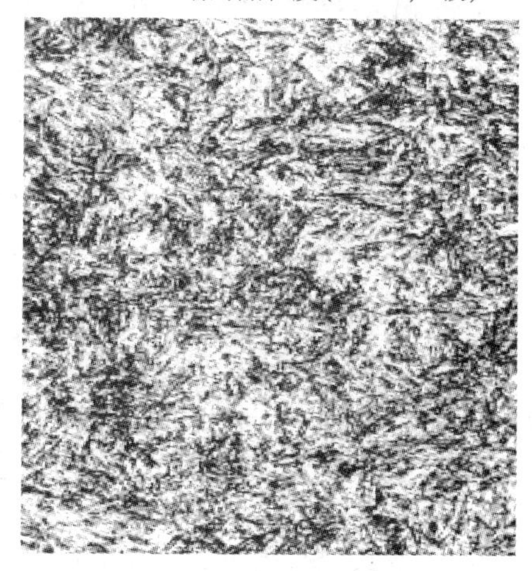

图 11-69　4145H 钢的组织(索氏体 + 贝氏体)

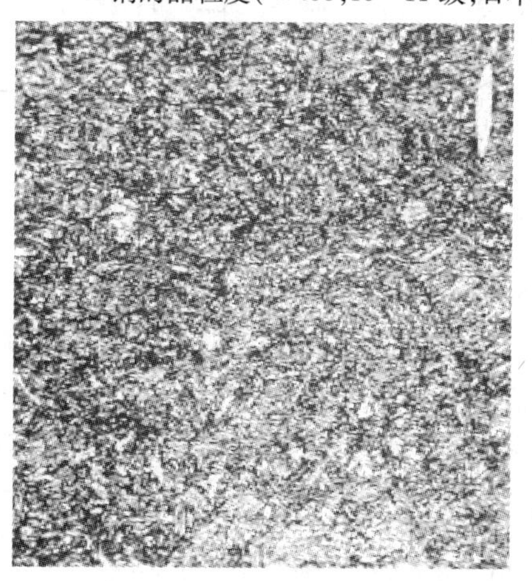

图 11-70　4145H 钢的组织(索氏体 + 贝氏体,日本产)

表 11-20　各试样的组织和晶粒度

样号	618		619				620				621				495 废钢样	日本 4145H 钢样
	618-2	618-3	619-11	619-22	619-1	619-2	620-1	620-2	620-4	620-3	621-11	621-22	621-1	621-2		
组织	S + B 少量		S + B 不均匀				S	S	S	S	均 S + B（不均匀）				S + B	S
晶粒度 评级	9 ~ 10		9 ~ 10	8 ~ 9	9	9	10	9 ~ 10	10	9 ~ 10	7 ~ 8	7 ~ 8	—	—	8	10 ~ 11
晶粒度 平均级	9.5		9				9.8				7.5				8	10.5

注：试样 500℃回火；S—索氏体，B—贝氏体。

B　钢的性能

钢的性能测试方法与 42CrMoA 钢相同，测试结果列于表 11-21 中。

表 11-21　4145H 钢的性能

样号	拉伸性能				a_K	K_{1C}	HRC① /MPa
	σ_b/MPa · $m^{1/2}$	$\sigma_{0.2}$/MPa · $m^{1/2}$	δ/%	ψ/%			
618-2	1424	1323	9.8	43.5	23.8	75.3	42
618-3	1430	1349	10.2	47.9	23.75	87.3	39.4
平均值	1427	1336	10	45.7	23.8	81.3	40.7
619-11	1449	1386	11.9	46.7	20.75	55.5	40.2
619-22	1411	1386	11.0	47.0	18.25	裂纹无效	38.7
619-1	1399	1374	10.4	47.3	19.5	75.9	33.0
619-2	1392	1362	11.6	48.5	14.75	47.0	40.6
平均值	1412.7	1377	11.2	47.4	18.3	59.5	38.1
620-1	1474	1318	9.6	31.3	22.62	102.3	38.1
620-2	1411	1386	10.2	48.2	24.5	106.0	39.5
620-4	1486	1405	10.5	45.5	16.87	68.9	21.8
620-3	1449	1392	8.6	43.8	19.0	113.1	30.9
平均值	1455	1380.3	9.7	42.2	20.7	97.6	32.6
621-11	1555	1418	9.6	39.8	13.25	42.1	46.7
621-22	1549	1442	9.6	36.6	11.62	44.1	46.3
621-1	—	—	—	—	16.5	46.2②	45.7
621-2	—	—	—	—	12.87	46.3②	45.4
平均值	1552	1430	9.6	38.2	13.5	44.7	46
495 废钢	1418	1342	11.4	44.1	19.87	82.4	42.3
日本 4145H 钢样	1362	1292	13.4	45.5	31.87	119.9③	34.7

① 每个数据为三点的平均值；

② 因无 $\sigma_{0.2}$，无法验证断裂韧性的有效性；

③ K_Q 值。

11.2.2　夹杂物定性和定量

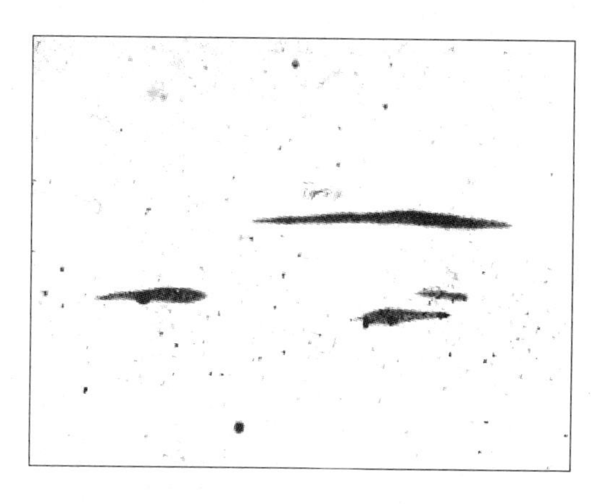

图 11-71　4145H 钢中的 MnS 夹杂物

由于 4145H 钢的冶炼工艺与 42CrMoA 钢完全相同，两种钢的成分也非常接近，因此夹杂物类型相似。按金相观察确定 4145H 钢中的夹杂物的类型为 MnS（见图 11-71）、铝酸盐（见图 11-72 和图 11-73），还有方块 TiN。

夹杂物定量分别用金相法和图像仪测定夹杂物的总量 $f_V^{总}$ 和数目，并用以换算夹杂物间距。图像仪测定夹杂物的尺寸分布和纵向夹杂物的最大长度，除个别试样为成串铝酸盐的最大长度外，多数为 MnS 夹杂物的纵向长度（L_{max}^{MnS}），测试结果列于表 11-22 中。对日本生产的 4145H 钢中的长条夹杂物用扫描电镜能谱分析分析其成分，见表 11-23。

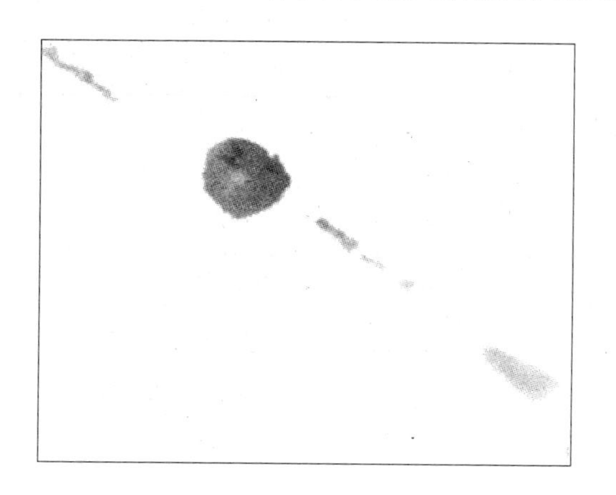

图 11-72　4145H 钢中的铝酸盐夹杂物

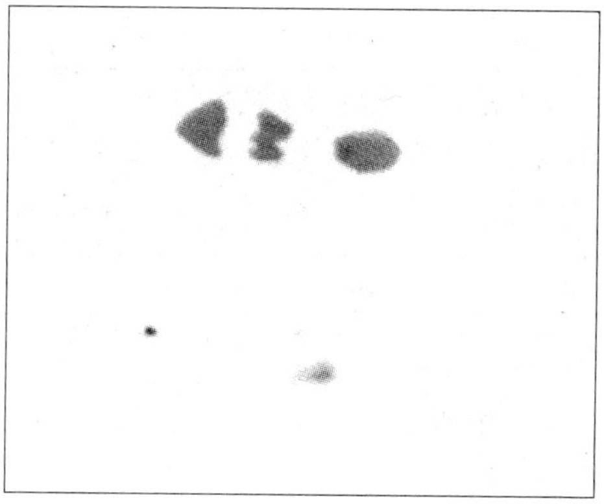

图 11-73　4145H 钢中的铝酸盐夹杂物

表 11-22　4145H 钢中夹杂物的含量、间距和尺寸分布

样号（锭位）	夹杂物含量和间距		夹杂物尺寸分布/%			夹杂物最大长度	$f_V^{-\frac{1}{6}}\sqrt{\bar{d}_T}$
	$f_V^{总}$/%	$\bar{d}_T^m$/μm	>10μm	>20μm	>30μm	L_{max}^{MnS}/μm	
618-2(尾)	0.056	260.3	40.9	19.7	12.4	87.5	
618-3(头)	0.040	280.4	51.7	25.4	16.9	65.6	
平均值	0.048	170.4	46.3	22.6	14.7	76.6	27.28
619-11(头)	0.030	243.1	57.9	28.7	13.3	90.6	
619-22(尾)	0.069	217.0	67.0	33.0	18.8	68.8	
619-1(头)	0.029	243.9	68.6	29.5	16.0	53.1	
619-2(尾)	0.042	254.8	64.3	28.7	11.2	53.1	
平均值	0.043	239.7	64.5	30.0	14.8	66.4	26.16
620-1(头)	0.093	221.6	69.8	48.7	31.7	125.0	

续表 11-22

样号(锭位)	夹杂物含量和间距		夹杂物尺寸分布/%			夹杂物最大长度	$f_V^{-\frac{1}{6}}\sqrt{\bar{d}_T}$
	$f_V^{总}$/%	$\bar{d}_T^m$/μm	>10μm	>20μm	>30μm	L_{max}^{MnS}/μm	
620-2(尾)	0.093	248.7	64.0	40.0	29.3	125.0	
620-4(头)	0.072	253.9	70.1	29.9	19.4	70.1	
620-3(尾)	0.090	235.7	62.9	43.1	21.6	112.5	
平均值	0.087	240.0	66.7	40.4	25.5	108.2	23.27
621-11(头)	0.039	249.6	59.1	28.9	10.0	56.3	
621-22(尾)	0.030	285.3	57.0	23.7	8.8	62.5	
621-1(头)	0.030	254.8	46.9	16.1	4.2	40.6	
621-2(尾)	0.039	279.3	48.0	25.2	15.1	87.5	
平均值	0.035	267.3	52.8	23.5	9.5	61.7	28.59
495(废钢)①	—	—	—	—	—	185.0(L_{max}^{Al-O})	—
日本样②	0.089	231.6	79.2	53.2	33.5	121.9(L_{max}^{S-O})	22.78

①按废钢 495 的夹杂物图测定的夹杂物最大长度为铝酸盐 $L_{max}^{Al-O}=185\mu m$;

②日本样中最多的夹杂物为(Fe,Mn)(S,O),其最大长度 $L_{max}^{S-O}=121.9\mu m$。

表 11-23 日本生产 4145H 钢中主要夹杂物成分 (%)

成 分	Al	Si	S	Ca	Cr	Mn	Fe	[O](差减法)
长条状夹杂物	0.058	0.27	6.98	0.09	1.15	21.56	47.17	22.2

按表中所分析的成分，夹杂物不是 MnS，而是(Fe,Mn)(S,O)夹杂物。而国产 4145H 钢中的 MnS 不含氧。

11.2.3 讨论与分析

11.2.3.1 4145H 钢中夹杂物总含量与韧性的关系

图 11-74 所示为 4145H 钢中夹杂物总含量与断裂韧性和冲击韧性的关系，随 $f_V^{总}$ 增大，K_{1C}和 a_K 均呈上升趋势，与常规相违背。可能试样的组织较均匀，晶粒度也较细，因此韧性较好，不受夹杂物含量的影响。

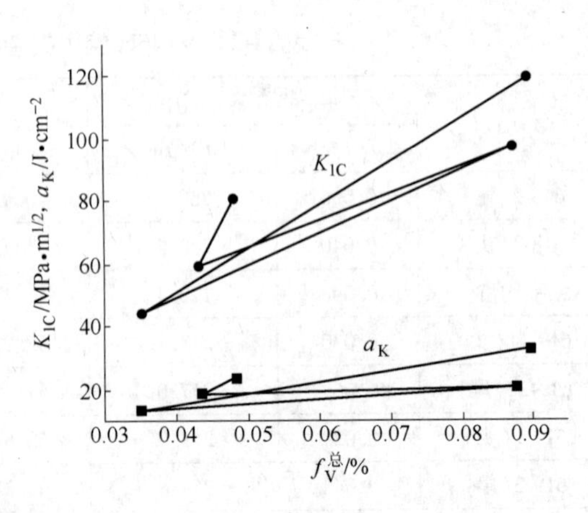

图 11-74 4145H 钢试样中夹杂物总含量与韧性的关系

11.2.3.2 4145H 钢中夹杂物尺寸与韧性的关系

由于试样中以 MnS 夹杂物为主，所测夹杂物尺寸分别为 MnS 夹杂物最大纵长和尺寸大于 10μm、大于 20μm 和大于 30μm 的 MnS 夹杂物所占比例。

图 11-75 所示为 MnS 夹杂物最大纵长 L_{max}^{MnS}与韧性的关系随 L_{max}^{MnS}尺寸增大，断裂韧性和冲击韧性均呈上升趋势，说明 MnS 尺寸也未影响韧性。

11.2.3.3　4145H 钢中夹杂物含量和间距共同对韧性的影响

图 11-76 所示为$f_V^{-\frac{1}{6}}\sqrt{\bar{d}_T^m}$与韧性的关系。随$f_V^{-\frac{1}{6}}\sqrt{\bar{d}_T^m}$值增大，$K_{1C}$和 a_K 均下降，这与前几章所得的结论正好相反，这与试样的组织影响超过夹杂物影响有关。

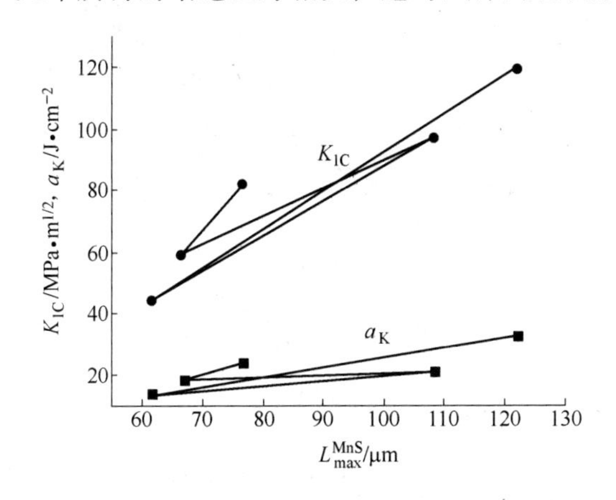

图 11-75　4145H 钢试样中 MnS 夹杂物最大纵长与韧性的关系

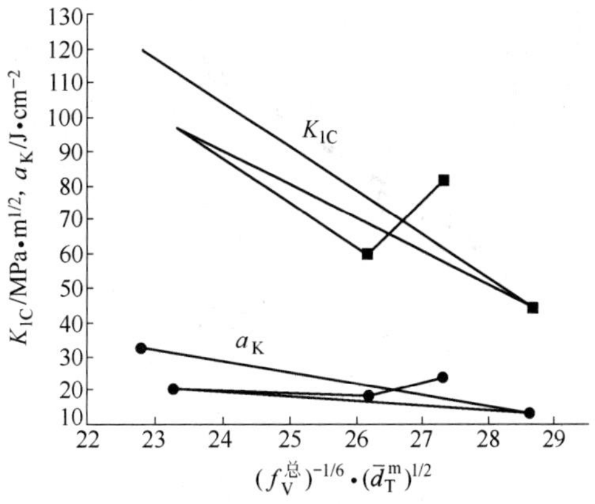

图 11-76　4145H 钢试样中夹杂物的总含量、间距共同对韧性的影响

11.2.3.4　夹杂物尺寸分布与韧性的关系

图 11-77 ~ 图 11-79 所示分别为试样中尺寸大于 10μm、20μm 和 30μm 的夹杂物所占比例与试样韧性的关系。其中尺寸大于 10μm 的夹杂物所占比例 P_{10}与断裂韧性的关系曲线中，数据点较分散，规律性较差，而与冲击韧性的关系是随 P_{10}的增加，a_K 呈上升趋势，但 K_{1C}随夹杂物尺寸大于 30μm 的 P_{30}增大而 4 点位于一条直线上，说明夹杂物尺寸较大者数目增加，反而有利于断裂韧性的提高，这点与前几章所述夹杂物尺寸增大有害于 K_{1C}的结论相反。对 4145H 钢中夹杂物与韧性关系的反常结果，只能认为 4145H 钢的韧性不受夹杂物的影响。

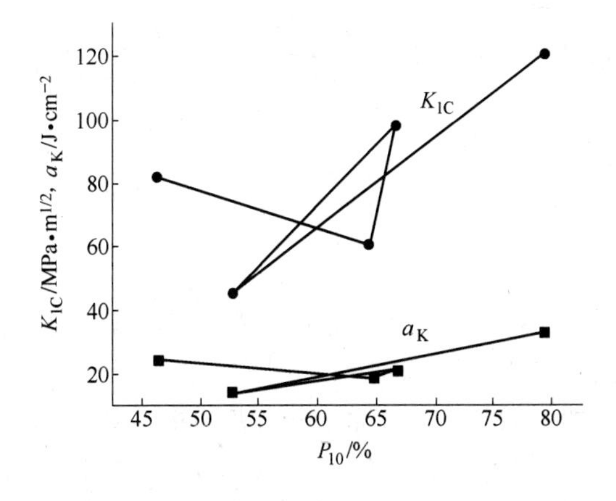

图 11-77　4145H 钢试样中大于 10μm 夹杂物所占比例与韧性的关系

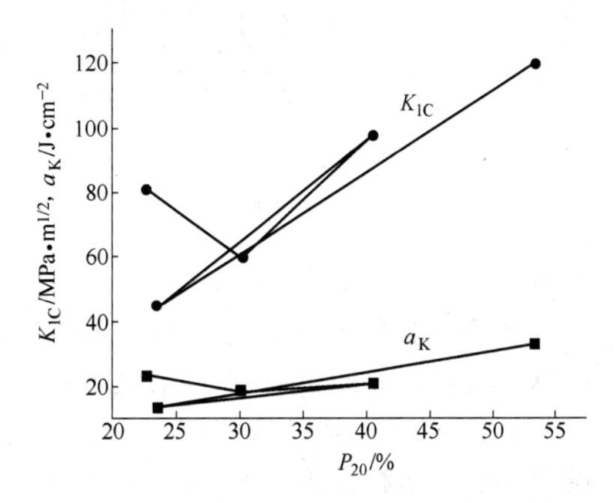

图 11-78　4145H 钢试样中大于 20μm 夹杂物所占比例与韧性的关系

11.2.3.5　4145H 钢的晶粒度与韧性的关系

图 11-80 所示为试样晶粒度与韧性的关系。随着晶粒度级别的增加即晶粒度变细小后，韧性上升，其中断裂韧性上升幅度较大。因此 4145H 钢的韧性决定于晶粒度级别，与夹杂物关系不密切。

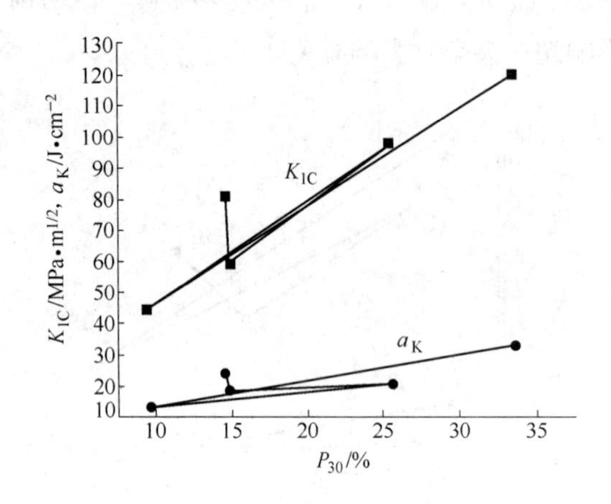

图 11-79　4145H 钢试样中大于 30μm 夹杂物所占比例与韧性的关系

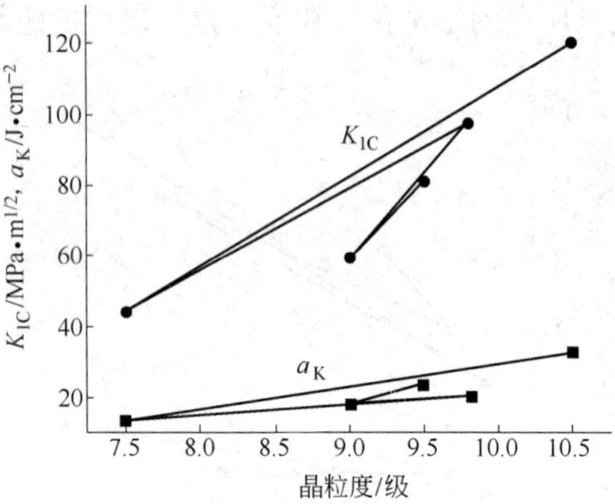

图 11-80　4145H 钢试样的晶粒度与韧性的关系

11.2.3.6　国产与日本产 4145H 钢的对比

A　夹杂物尺寸分布对比

图 11-81 所示为国产与日本产 4145H 钢中夹杂物尺寸分布对比。日本产 4145H 钢的试样中大于 10μm、20μm 和 30μm 的夹杂物所占比例均高于国产 4145H 钢的 4 个试样。

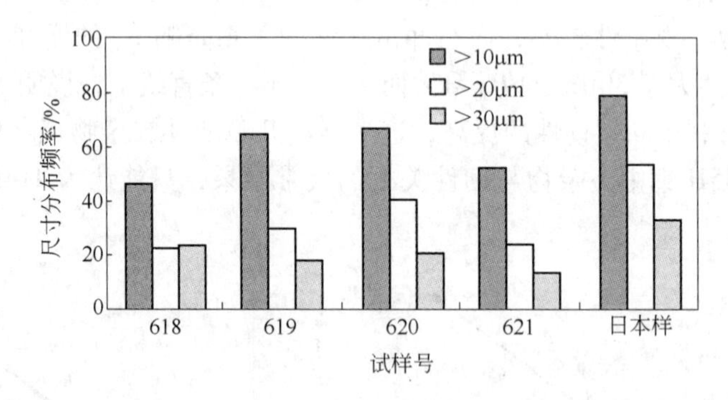

图 11-81　国产和日本产 4145H 钢中夹杂物尺寸分布对比

B　夹杂物类型和尺寸对比

根据金相观察和扫描电镜能谱分析，肯定国产 4145H 钢中夹杂物类型有 MnS、铝酸盐和 TiN，只有个别试样中存在外来夹杂物即成串分布的铝酸盐。

日本产 4145H 钢中夹杂物类型比较单一，即主要为成条状的 MnS 夹杂物。经扫描电镜能谱分析，这种长条 MnS 夹杂物中含氧（O_2）及少量 Al 和 Cr；从其成分特点分析，可以认为，由于脱氧用 Al 溶入 MnS 夹杂物中，减少生成 Al_2O_3 夹杂物，而 Al_2O_3 多呈角状，不利于钢的韧性，说明日本产 4145H 钢的韧性受夹杂物影响程度降低。

另外从 MnS 夹杂物最大纵长看，日本产 4145H 钢中含氧 MnS 的纵长大于国产 4145H 钢中 MnS 的纵长。

C　晶粒度对比

日本产 4145H 钢的晶粒度为 10～11 级，国产 4145H 钢三炉试样的晶粒度各不相同，620 号试样的晶粒度与日本产试样接近，但 621 号试样的晶粒度级别低于日本产试样。

D　性能对比

国产 4145H 钢的强度高于日本产的 4145H 钢，但韧塑性如 δ、K_{1C}和 a_K 均低于日本产 4145H 钢，尤其是冲击韧性更低。

E　对比结果

从夹杂物形貌看，国产 4145H 钢低于日本产；从试样的强度看，国产 4145H 钢高于日本产；从试样的韧性看，日本产 4145H 钢优于国产。

日本产 4145H 钢韧性优良的原因，与着重热处理工艺优化，使钢的晶粒度达到超细化水平有关，从而保证了 4145H 钢优良的韧性。

11.2.3.7　废钢问题总结

报废的 495 号试样的组织和性能与 618 号～621 号炉试样并无差别，唯一的问题是外来夹杂物成串状分布的铝酸盐（见图 11-73）按夹杂物评级标准图而超标，因此报废。

（1）晶粒度的影响，日本产的 4145H 钢的晶粒细；

（2）国产 4145H 钢夹杂物级别高于日本产 4145H 钢。

第12章 低强度钢中夹杂物对钢延韧性的影响

前面章节分别研究了超高强度钢（实验室冶炼）和高强度钢（大生产条件下冶炼）中夹杂物对钢韧性的影响，已肯定夹杂物对钢强度的影响不明显，但均对钢的韧性造成伤害。为确定低强度钢中的夹杂物是否也会影响钢的韧性，选取16Mn钢和15MnTi钢为对象，在实验室条件下冶炼了夹杂物含量系统变化的两套试样，以了解它们对钢延韧性的影响，另外在16Mn钢成分中分别加Ca和Zr各一炉。

12.1 实验方法与结果

12.1.1 试样的冶炼、锻轧和热处理

12.1.1.1 试样的冶炼

以工业纯铁为原料，分别按16Mn、16Mn + Ca和15MnTi成分配料，在10kg真空感应炉中冶炼成一个小锭。工业纯铁的成分（质量分数）为0.02% C、0.01% Si、0.15% Mn、0.013% S和 <0.05% P。

12.1.1.2 试样的热锻与热轧

小锭在煤气炉中加热至1100℃开锻，终锻温度为850℃，最后锻造尺寸为20mm × 60mm × 300mm。锻件在860℃条件下2h退火，沿锻造方向制备圆棒拉伸试样。其他试样还需将锻件热轧。热轧开始温度为1150℃，经8道次的热轧后由20mm锻件轧成厚度为6mm的试样，再经910℃条件下1.5h空冷正火处理后，沿轧向取样做金相、冲击、拉伸和化学成分分析。试样化学成分列于表12-1中。

表12-1 16Mn、16Mn + Ca和15MnTi试样成分（质量分数） （%）

样号 \ 成分	S	C	Mn	Si	Ti	Ca	N
1	0.024	0.15	1.36	0.40	—	—	0.01
2	0.049	0.14	1.46	0.39	—	—	—
3	0.078	0.12	1.32	0.34	—	—	—
4	0.094	0.15	1.40	0.38	—	—	—
5	0.120	0.16	1.39	0.39	—	—	—
T-1	0.024	0.12	1.40	0.33	0.30	—	0.02
T-2	0.048	0.14	1.46	0.39	0.29	—	—
T-3	0.076	0.14	1.47	0.37	0.30	—	—
T-4	0.097	0.20	1.16	0.34	0.27	—	—
T-5	0.120	0.20	1.18	0.37	0.30	—	—
16Mn + Ca	0.110	0.02	1.14	0.12	—	2.0	—

注：1. 16Mn和15MnTi两种试样中各分析1个试样的含N量；

2. 2.0% Ca加入量。

12.1.1.3　热处理

正火910℃ ×1.5h，空冷。

12.1.2　金相组织、晶粒度和夹杂物定性与定量

12.1.2.1　金相组织和晶粒度

试样按常规金相方法磨制和抛光后，均用3% HNO_3 酒精溶液腐蚀。三种成分的试样组织均为铁素体（F）和珠光体（P），由于含C量较低，F占多数（见图12-1）。16Mn试样的晶粒度为ASTM 10级（见图12-2）；15MnTi钢试样的晶粒度为12级（见图12-3），加Ti细化晶粒。16Mn + Ca钢试样的晶粒度为7级。由于16Mn钢加Ca试样的冶炼不正常，使C量下降，不仅影响试样的晶粒度，也使其强度下降。各试样晶粒度按ASTM标准评级结果，列于表12-2中。

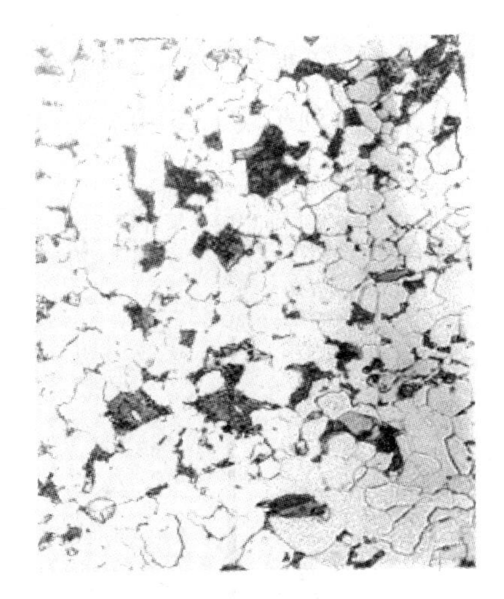

图12-1　16Mn钢的组织
（铁素体 + 珠光体，×400）

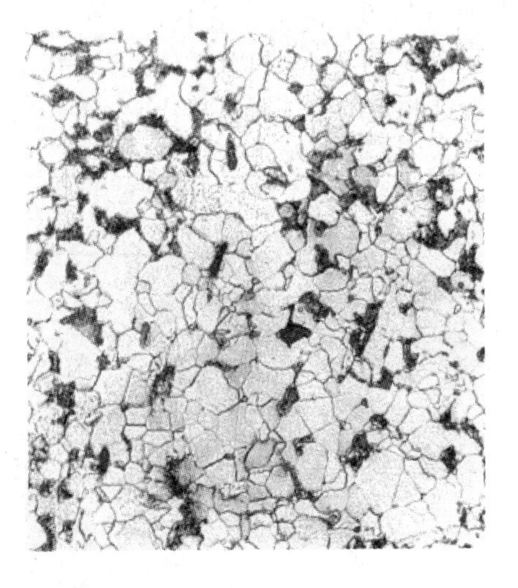

图12-2　16Mn钢的晶粒度
（×400，10级）

表12-2　试样的晶粒度

样　号	1	2	3	4	5
ASTM级别	10	10	10	9 ~ 10	10

样　号	T-1	T-2	T-3	T-4	T-5	Ca
ASTM级别	11 ~ 12	12	11 ~ 12	11 ~ 12	11 ~ 12	7

12.1.2.2　夹杂物的定性

主要采用金相观察，个别试样中夹杂物用电子探针分析组成元素和扫描电镜观察断口上夹杂物的形貌并用能谱分析夹杂物组分。

金相观察16Mn钢试样，1号、2号和5

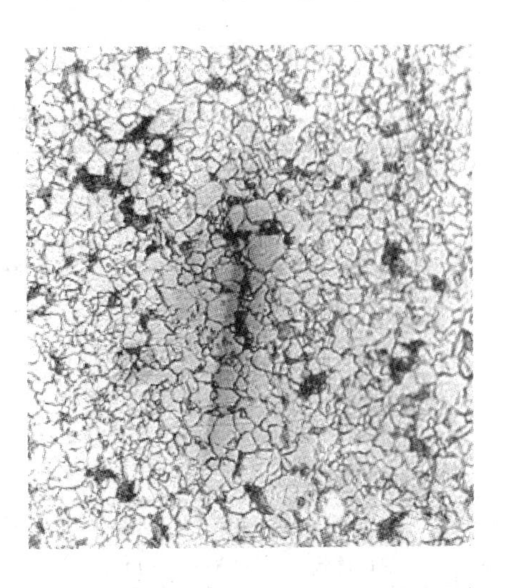

图12-3　15MnTi钢的晶粒度（×400，12级）

号中夹杂物细小，而3号和4号试样中夹杂物较粗大，但均呈条状，灰色，是典型MnS夹杂物的特征（见图12-4）。15MnTi钢试样中有三种夹杂物类型：TiN、MnS和Ti(S,C)，其中MnS夹杂物较16Mn钢中MnS细小，TiN呈方块形或三角形，金黄色，均匀分布，但个别试样存在TiN聚集分布，其金相形貌见本书下篇。Ti(S,C)呈灰带黄色，有的呈针状，有的不规则，呈针状聚集分布，而形状不规则者分布均匀，由于Ti(S,C)在金相试样色浅，对比度低，故用拉伸试棒断口进行能谱分析，见图12-5和图12-6。由于能谱不能分析碳，图12-6中只示出S、Ti、Fe和Mn。夹杂物中含碳是由电子探针测定的，三种试样中夹杂物组成的电子探针分析结果列于表12-3中。

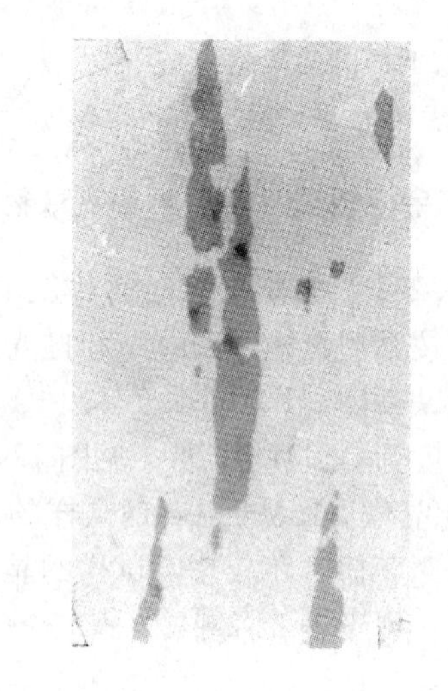

图12-4 16Mn钢中MnS夹杂物(×400)

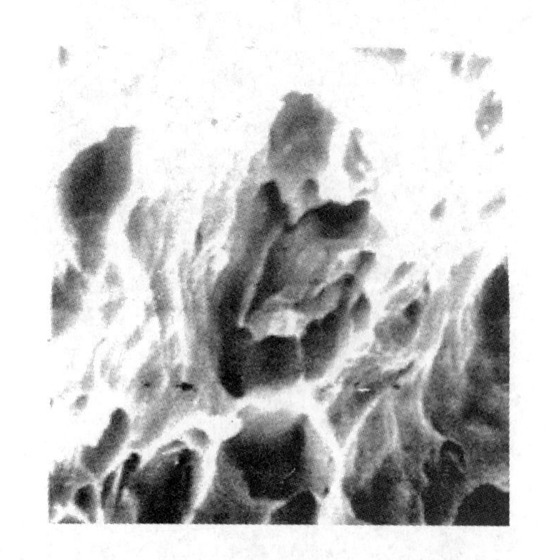

图12-5 15MnTi拉伸断口上的夹杂物

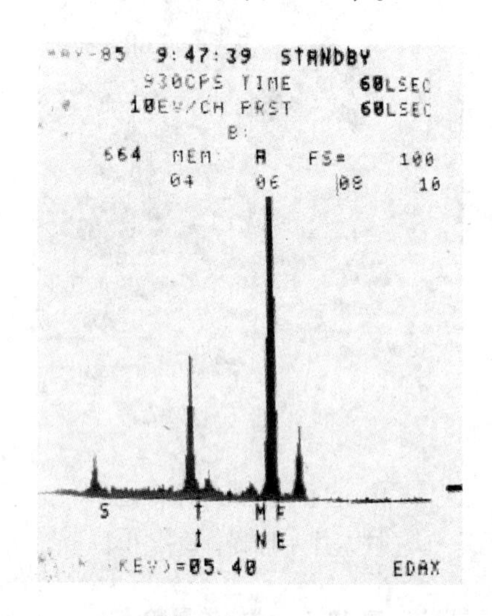

图12-6 15MnTi拉伸断口上的夹杂物能谱定点分析

表12-3 夹杂物组分的电子探针分析结果

样 号	夹杂物特征	主要元素含量(质量分数)/%									备 注
		S	Mn	Si	N	Ti	Ca	Fe	C	Σ	
4	灰色条状	29.40	37.09	0.007	0	—	0	—	—	66.5	主要是MnS
	灰色条状	29.60	37.36	0.024	0	—	0	—	—	67.03	
T-5	金黄方块	0.012	0.13	0	41.01	58.99	—	—	—		N为减差法
	金黄方块	0.753	0.187	0	49.2	51.80	—	—	—		
	浅黄条状或不规则	21.09	—	—	—	55.86	—	18.57	11.04	106.56	Ti(S,C)
	浅黄条状或不规则	20.23	—	—	—	53.87	—	25.74	10.44	110.28	
加Ca的试样	灰色球状	12.24	19.25	0.04	—	—	0.05	—	—	31.58	MnS(未测其他元素)
	灰色球状	15.40	14.00	0.14	—	—	0.30	—	—	29.90	

12.1.2.3 夹杂物的定量

由于本项研究的试样中夹杂物衬度低，只用金相目测法测量夹杂物的尺寸和面积，再按近似公式 $\bar{d}_T = \sqrt{\frac{A}{N}}$ 计算夹杂物间距。少数试样测定 50 个视场，多数只测 10 个视场，经过对比，两者得出的结果相近。另外用拉伸试样的断口，在扫描电镜下拍摄试样各相应位置的 SEM 图，测量韧窝间距 $\bar{d}_T^{SEM}$，测量结果列于表 12-4 中。

表 12-4 16Mn 钢和 15MnTi 钢试样中夹杂物含量（f_V）和尺寸

钢种	样号	f_V/%	MnS 的平均尺寸/μm		Ti(S,C) 平均尺寸/μm		TiN 平均边长 $\bar{a}$/μm	$L^{(3)}$/μm	夹杂物平均间距/μm		$f_V^{-\frac{1}{6}}\sqrt{\bar{d}_T^{SEM}}$	$f_V^{-\frac{1}{6}}\sqrt{\bar{d}_T^{m}}$
			L	W	L	W			$\bar{d}_T^{m}$	$\bar{d}_T^{SEM}$		
16Mn	1	0.12	7.2	1.98					131.1	10.8	3.29	16.30
	2	0.17	8.30	2.50					114.2	9.7	4.18	14.40
	3	0.38	13.10	2.22					89.6	6.9	3.47	11.10
	4	0.48	13.70	1.82					69.4	6.2	2.81	9.4
	5	0.58	10.40	2.77					74.7	5.9	2.66	9.5
15MnTi	T-1	0.09	5.0	1.07	1.75	1.60	3.14	3.30	94.9	8.3	4.30	14.6
	T-2	0.13	8.90	1.83	1.89	0.72	3.22	4.67	56.7	8.7	4.14	10.6
	T-3	0.16	6.60	1.32	1.52	0.90	3.80	3.97	59.7	6.6	3.49	10.5
	T-4	0.31	7.90	1.07	1.69	0.74	3.74	4.44	30.5	5.7	2.9	6.7
	T-5	0.36	10.60	1.84	1.58	0.92	3.23	5.14	33.5	6.2	2.95	6.9
16Mn + Ca	Ca	0.56	4.80	2.47								

注：L—夹杂物纵向长度；d—夹杂物宽度；$\bar{d}_T^{m}$，$\bar{d}_T^{SEM}$—金相法和扫描电镜所测夹杂物间距；L—三种夹杂物平均长度。

12.1.3 钢性能测试

拉伸试样规格为 ϕ5mm × 50mm，在 IS-5000 型电子拉伸试验机上以 2.5mm/min 的拉伸速度进行拉伸试验，测定试样的 $\sigma_{0.2}$、σ_b、δ 和 ψ，测试结果列于表 12-5 中。

表 12-5 16Mn 钢和 15MnTi 钢试样的室温拉伸和冲击试验的平均值结果

样号	拉伸试验（纵向）				冲击试验	
	σ_b/MPa · m$^{1/2}$	$\sigma_{0.2}$/MPa · m$^{1/2}$	δ/%	ψ/%	a_K(纵向)/J · cm^{-2}	a_K(横向)/J · cm^{-2}
1	521.9	330.3	34.8	66.4	117.6	76.0
2	520.3	326.3	36.0	64.6	128.6	57.4
3	496.6	310.3	34.6	63.2	—	40.4
4	517.0	327.4	32.2	59.6	76.0	31.9
5	516.5	318.5	35.3	58.4	36.8	23.3
T-1	599.3	318.3	35.0	69.3	302.6	171.5
T-2	588.8	317.3	38.2	68.0	246.2	134.8
T-3	587.9	311.6	39.1	68.1	180.1	80.9

续表 12-5

样 号	拉伸试验（纵向）				冲 击 试 验	
	σ_b/MPa · $m^{1/2}$	$\sigma_{0.2}$/MPa · $m^{1/2}$	δ/%	ψ/%	a_K(纵向)/J · cm^{-2}	a_K(横向)/J · cm^{-2}
T-4	599.8	315.6	36.0	61.7	102.7	44.1
T-5	596.0	338.1	36.0	61.9	80.9	30.6
16Mn + Ca	400.5	316.5	37.4	64.2	49.0	40.0
16Mn + Zr				62.5	24.5	14.7

冲击试样规格为 10mm × 10mm × 55mm，V 形缺口，除室温冲击外，还经液氮处理进行了低温冲击试验。室温冲击的结果列于表 12-5 中。

12.2 讨论与分析

12.2.1 夹杂物含量和间距与拉伸塑性的关系

16Mn 钢试样中夹杂物含量、间距与 ψ 和 δ 的关系如图 12-7 ~ 图 12-9 所示。这三个图均表明试样的伸长率（δ）与夹杂物含量和间距之间无明显的规律性。但 16Mn 钢试样的面缩率（ψ）却随夹杂物含量（f_V）的增大而逐步下降，与此同时，又随夹杂物间距 $\bar{d}_T^m$ 和 $\bar{d}_T^{SEM}$ 增加而上升，它们之间的变化接近于直线，经回归分析后得出的结果如下：

图 12-7 $\psi = 68.2\% - 16.5 f_V$ （12-1）

$R = -0.9688,\ S = 0.96,\ N = 5$

图 12-8 $\psi = 50.9\% + 0.12\% \bar{d}_T^m$ （12-2）

$R = 0.9465,\ S = 1.12,\ N = 5$

图 12-9 $\psi = 51.3\% + 1.41\% \bar{d}_T^{SEM}$ （12-3）

$R = 0.9249,\ S = 1.48,\ N = 5$

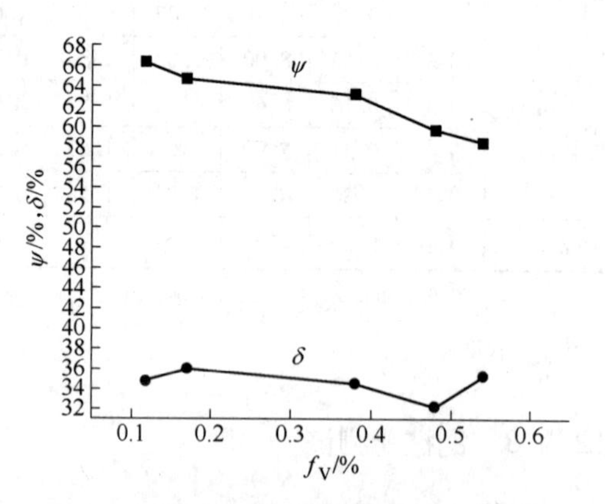

图 12-7 16Mn 钢试样中夹杂物含量与拉伸韧塑性的关系

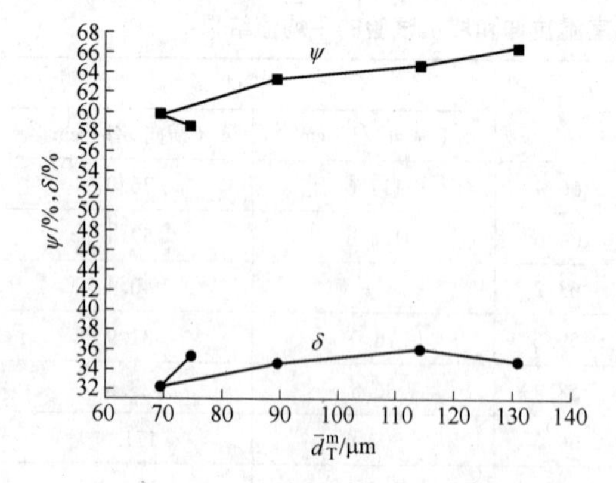

图 12-8 16Mn 钢试样中夹杂物间距与拉伸韧塑性的关系

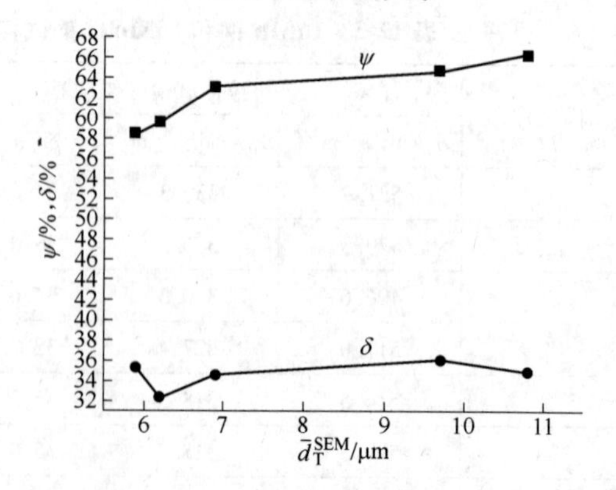

图 12-9 16Mn 钢试样中夹杂物韧窝间距与拉伸韧塑性的关系

15MnTi钢试样的δ和ψ与f_V、$\bar{d}_T^m$和$\bar{d}_T^{SEM}$的关系如图12-10～图12-12所示，这些曲线的变化规律与16Mn钢试样的曲线变化趋势相近（见图12-7～图12-9），但其线性关系的显著性水平有所不同，回归分析结果如下：

图12-10　$\psi = 72.2\% - 30.5f_V$　(12-4)

$R = -0.9792,\ S = 0.86,\ N = 5$

图12-11　$\psi = 58.4\% + 0.13\%\bar{d}_T^m$　(12-5)

$R = 0.8866,\ S = 1.97,\ N = 5$

图12-12　$\psi = 49.8\% + 2.3\%\bar{d}_T^{SEM}$　(12-6)

$R = 0.8095,\ S = 2.50,\ N = 5$

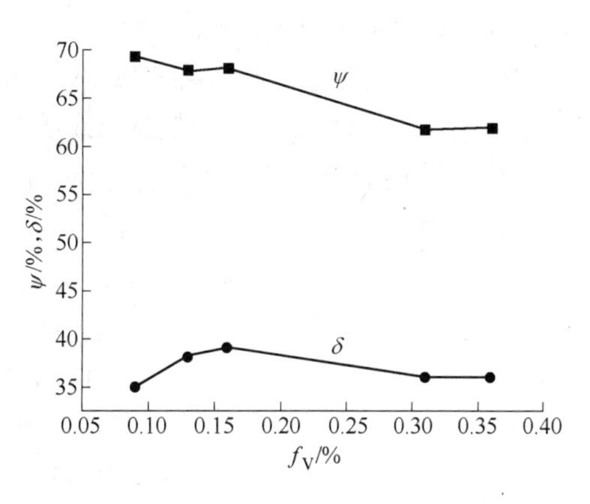

图12-10　15MnTi钢试样中夹杂物含量与拉伸韧塑性的关系

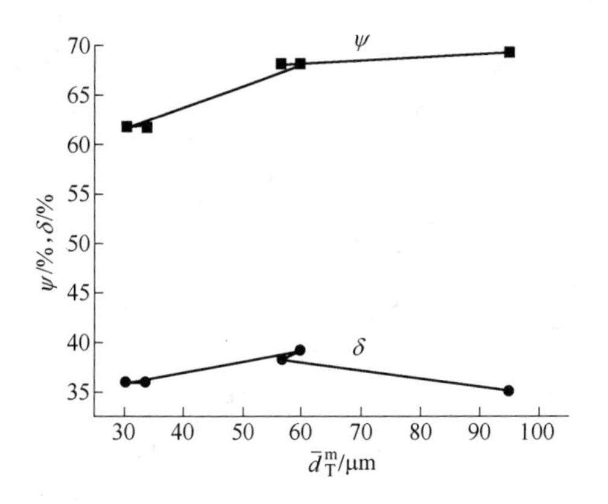

图12-11　15MnTi钢试样中夹杂物间距与拉伸韧塑性的关系

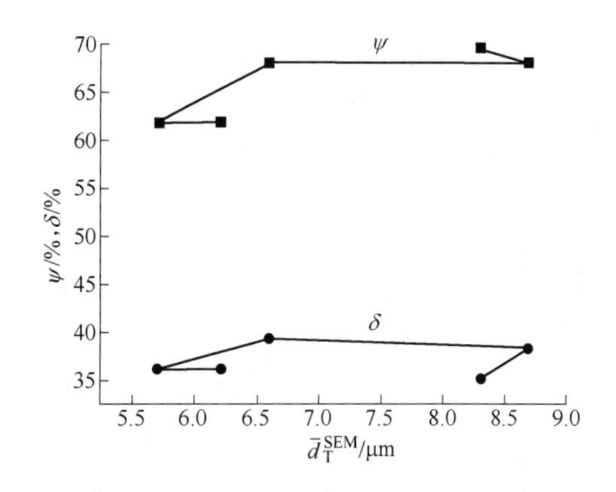

图12-12　15MnTi钢试样中夹杂物韧窝间距与拉伸韧塑性的关系

15MnTi钢试样的面缩率仍随夹杂物含量的增加而直线下降，其相关系数R值符合ψ线性相关显著性水平$\alpha=0.01$的要求。但ψ随夹杂物间距的变化，只有式（12-5）的R值能满足$\alpha=0.05$的要求，即线性相关显著性水平一般。而式（12-6）即ψ与断口的韧窝间距$\bar{d}_T^{SEM}$的线性相关系数低，不能满足显著性水平的要求。但按式（12-6）计算的ψ值与实验值符合，故仍保留式（12-6）。在16Mn钢中加入Ca的试样中的夹杂物含量与不加Ca的5号试样接近（见表12-4），但16Mn+Ca钢试样的韧塑性均高于5号试样，韧塑性高的原因可能与含C量有关（见表12-1）。由于16Mn+Ca钢试样含C量偏低，导致强度下降（见表12-5），因此韧塑性提高，即在夹杂物含量相近的情况下，韧塑性由含C量决定。

12.2.2　夹杂物含量和间距与冲击韧性的关系

选作冲击试验的有纵向和横向两种试样，夹杂物含量（f_V）和间距（$\bar{d}_T^m$和$\bar{d}_T^{SEM}$）与纵、横向试样的关系分述于后。

对于 16Mn 钢：图 12-13 ~ 图 12-18 所示分别为夹杂物的含量和间距与纵、横向试样冲击韧性的关系。由图可知，不论是纵向或横向试样，其冲击值 a_K^L 或 a_K^T 均随 f_V 增大而下降，并随 $\bar{d}_T^m$ 和 $\bar{d}_T^{SEM}$ 增大而上升。从各曲线变化趋势看，具有线性相关性，回归分析结果如下：

图 12-13
$$a_K^L = 193.05 - 26162 f_V \tag{12-7}$$
$$R = -0.9665,\ S = 19.32,\ N = 4$$

图 12-14
$$a_K^T = 81.7 - 10370 f_V \tag{12-8}$$
$$R = -0.9724,\ S = 5.67,\ N = 5$$

图 12-15
$$a_K^L = -90.85 - 24.0 \bar{d}_T^{SEM} \tag{12-9}$$
$$R = 0.9647,\ S = 19.8,\ N = 4$$

图 12-16
$$a_K^T = -28.0 + 9.3 \bar{d}_T^{SEM} \tag{12-10}$$
$$R = 0.9798,\ S = 4.86,\ N = 5$$

图 12-17
$$a_K^L = -81.7 + 1.9 \bar{d}_T^m \tag{12-11}$$
$$R = 0.9382,\ S = 26.03,\ N = 4$$

图 12-18
$$a_K^T = -28.8 + 0.8 \bar{d}_T^m \tag{12-12}$$
$$R = 0.9725,\ S = 5.66,\ N = 5$$

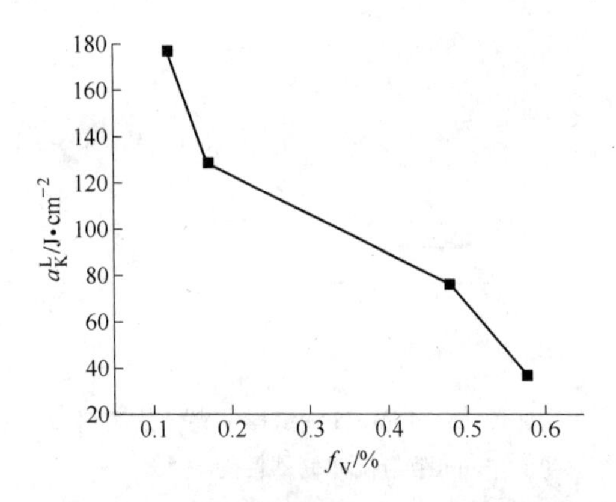

图 12-13　16Mn 钢试样中夹杂物含量与纵向冲击韧性的关系

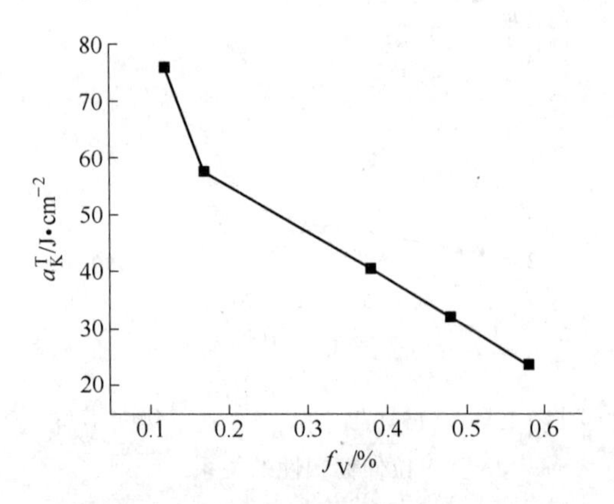

图 12-14　16Mn 钢试样中夹杂物含量与横向冲击韧性的关系

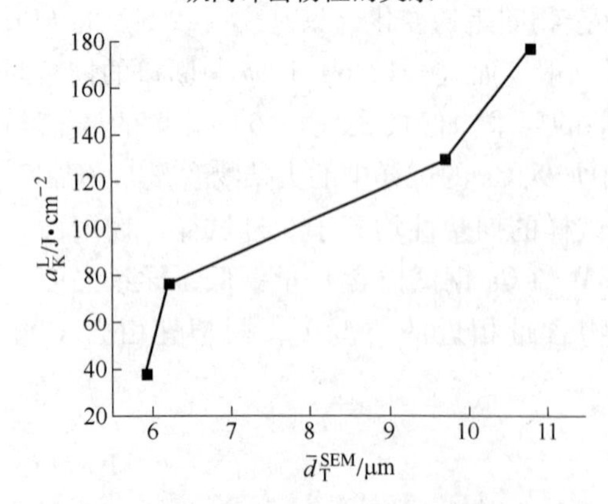

图 12-15　16Mn 钢试样中夹杂物韧窝间距与纵向冲击韧性的关系

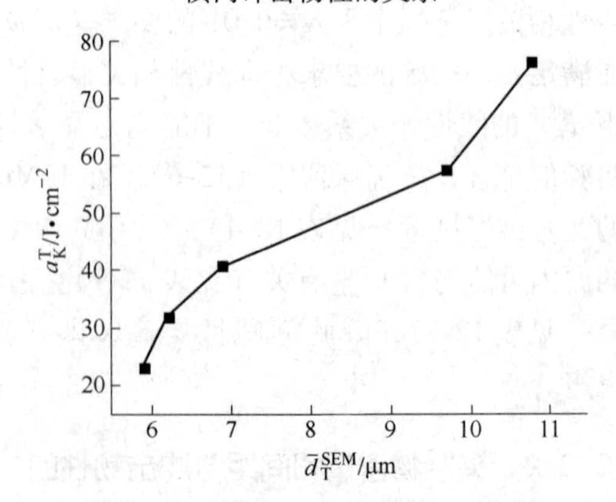

图 12-16　16Mn 钢试样中夹杂物韧窝间距与横向冲击韧性的关系

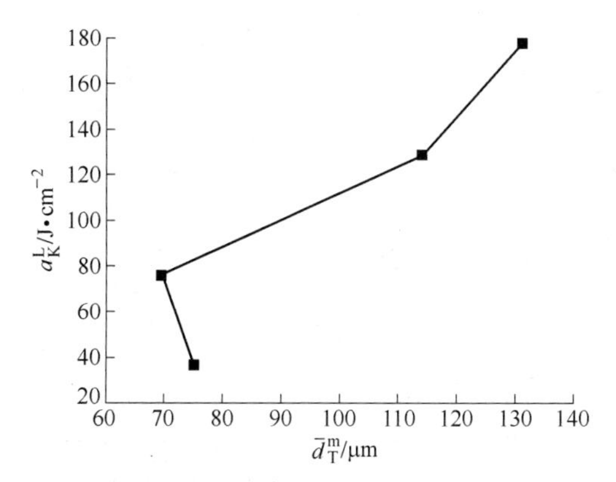

图 12-17　16Mn 钢试样中夹杂物间距与纵向冲击韧性的关系

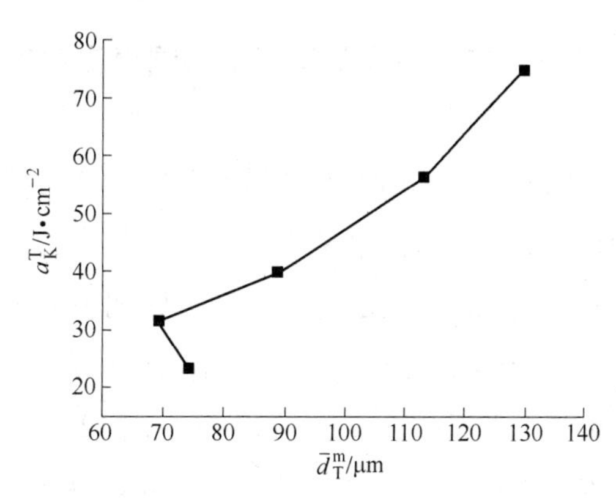

图 12-18　16Mn 钢试样中夹杂物间距与横向冲击韧性的关系

对于 15MnTi 钢：图 12-19 ~ 图 12-21 所示分别为 15MnTi 钢试样的纵、横向冲击韧性与 f_V、$\bar{d}_T^m$ 和 $\bar{d}_T^{SEM}$ 等的关系。由图可知，随夹杂物含量 f_V 的增加，纵、横向冲击韧性直线下降（见图 12-19），但 a_K^L 或 a_K^T 与夹杂物间距的关系，不论是与 $\bar{d}_T^m$ 或 $\bar{d}_T^{SEM}$，曲线变化虽呈上升趋势，但都偏离直线（见图 12-20 和图 12-21）。为扩大线性回归分析的应用范围，仍对图 12-19 ~ 图 12-21 进行回归分析，结果如下：

图 12-19

$$a_K^L = 342.9 - 76360 f_V \tag{12-13}$$

$$R = -0.9617,\ S = 29.7,\ N = 5$$

$$a_K^T = 191.8 - 47330 f_V \tag{12-14}$$

$$R = -0.9336,\ S = 24.8,\ N = 5$$

图 12-20

$$a_K^L = -3.03 + 3.37 \bar{d}_T^m \tag{12-15}$$

$$R = 0.9299,\ S = 39.8,\ N = 5$$

$$a_K^T = -24.5 + 2.1 \bar{d}_T^m \tag{12-16}$$

$$R = 0.9174,\ S = 27.5,\ N = 5$$

图 12-21

$$a_K^L = -273 + 64.2 \bar{d}_T^{SEM} \tag{12-17}$$

$$R = 0.9064,\ S = 45.8,\ N = 5$$

$$a_K^T = -202.7 + 41.6 \bar{d}_T^{SEM} \tag{12-18}$$

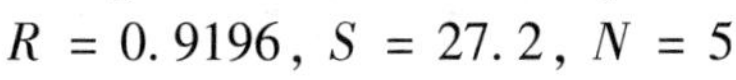

$$R = 0.9196,\ S = 27.2,\ N = 5$$

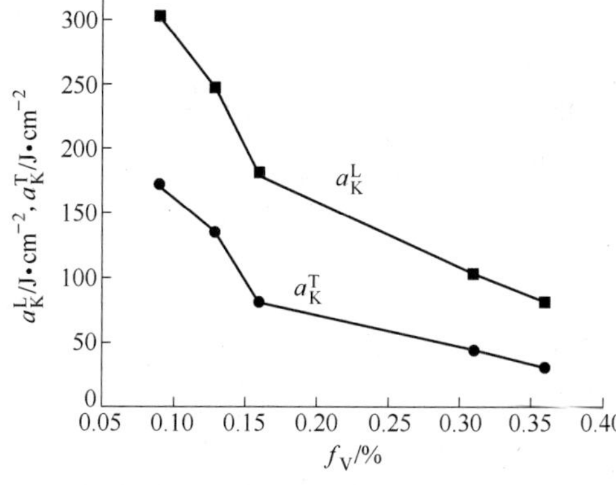

图 12-19　15MnTi 钢试样中夹杂物含量与冲击韧性的关系

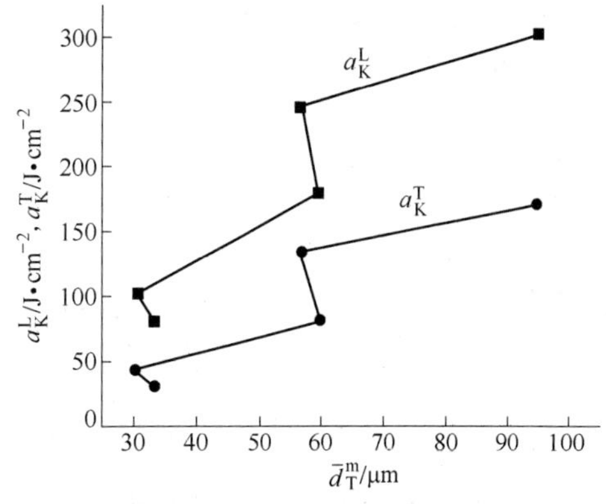

图 12-20　15MnTi 钢试样中夹杂物间距与冲击韧性的关系

12.2.3 夹杂物含量和间距共同对韧塑性的影响

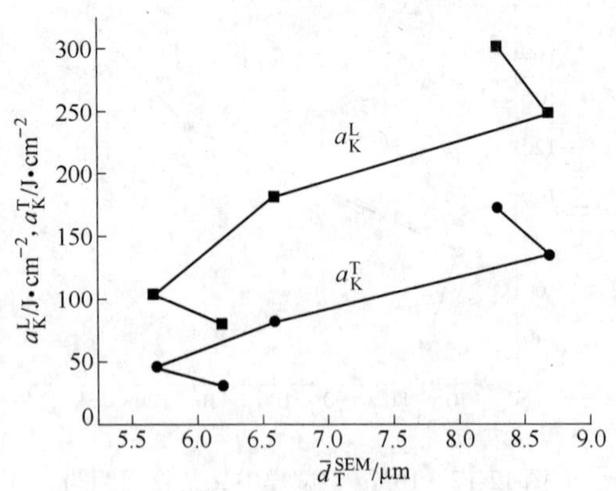

图 12-21 15MnTi 钢试样中夹杂物韧窝间距与冲击韧性的关系

前面章节中讨论超高强度钢中夹杂物与断裂韧性的关系时得出 $K_{1C}=A+Bf_V^{-\frac{1}{6}}\sqrt{\bar{d}_T}$，本小节研究此式是否也适合描述低强度钢中夹杂物含量、间距与断裂韧性的关系。今将$f_V^{-\frac{1}{6}}\sqrt{\bar{d}_T}$与韧性的关系作图，见图 12-22 ~ 图 12-31。这些图中，δ 曲线随 $f_V^{-\frac{1}{6}}\sqrt{\bar{d}_T}$ 的变化并无规律，但 ψ 和 a_K 随 $f_V^{-\frac{1}{6}}\sqrt{\bar{d}_T}$的变化接近于直线，经回归分析后得出下列方程：

对于 16Mn 钢：

图 12-22
$$\psi = 50\% + 1.03\% f_V^{-\frac{1}{6}}\sqrt{\bar{d}_T^m} \quad (12\text{-}19)$$
$$R = 0.9899,\ S = 0.67,\ N = 4$$

图 12-23
$$a_K^L = -103.5 + 16.8 f_V^{-\frac{1}{6}}\sqrt{\bar{d}_T^m} \quad (12\text{-}20)$$
$$R = 0.9554,\ S = 22.2,\ N = 4$$

图 12-24
$$a_K^T = -35.5 - 6.7 f_V^{-\frac{1}{6}}\sqrt{\bar{d}_T^m} \quad (12\text{-}21)$$
$$R = 0.9820,\ S = 4.6,\ N = 5$$

图 12-25
$$\psi = 48.9\% + 4.12\% f_V^{-\frac{1}{6}}\sqrt{\bar{d}_T^{SEM}} \quad (12\text{-}22)$$
$$R = 0.7359,\ S = 2.63,\ N = 5$$

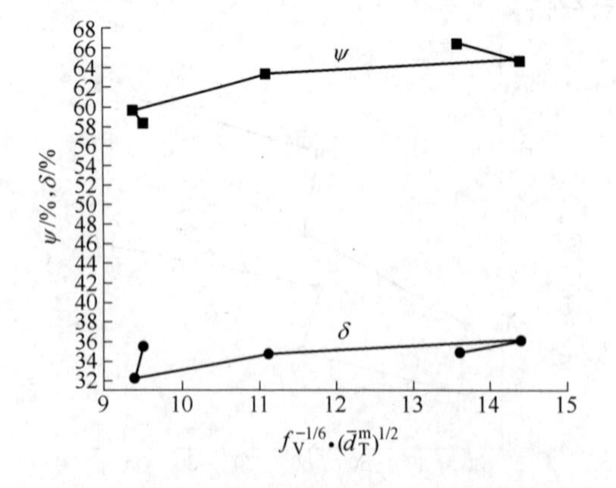

图 12-22 16Mn 钢试样中夹杂物含量和间距共同对拉伸韧塑性的影响

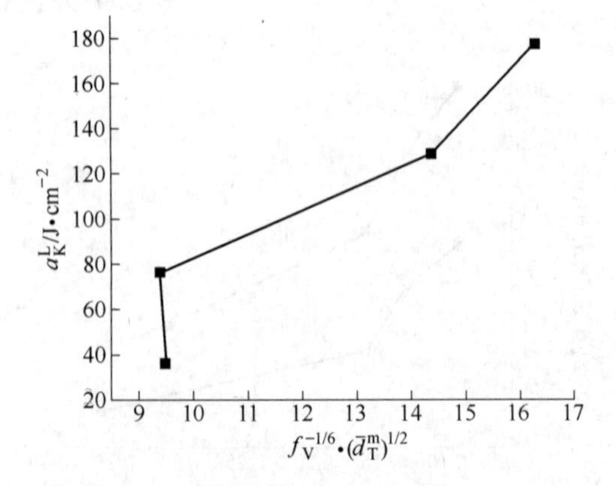

图 12-23 16Mn 钢试样中夹杂物含量和间距共同对纵向冲击韧性的影响

对于 15MnTi 钢：

图 12-28

$$a_K^L = -91.4 + 27.7 f_V^{-\frac{1}{6}} \sqrt{\bar{d}_T^m} \tag{12-23}$$

$R = 0.9585,\ S = 30.7,\ N = 5$

$$a_K^T = -79.4 + 17.4 f_V^{-\frac{1}{6}} \sqrt{\bar{d}_T^m} \tag{12-24}$$

$R = 0.9446,\ S = 22.7,\ N = 5$

图 12-29

$$a_K^L = -324.4 + 142.4 f_V^{-\frac{1}{6}} \sqrt{\bar{d}_T^{SEM}} \tag{12-25}$$

$R = 0.9850,\ S = 18.65,\ N = 5$

$$a_K^T = -186.8 + 78.3 f_V^{-\frac{1}{6}} \sqrt{\bar{d}_T^{SEM}} \tag{12-26}$$

$R = 0.9842,\ S = 12.24,\ N = 5$

图 12-30

$$\psi = 47.3\% + 5.2\% f_V^{-\frac{1}{6}} \sqrt{\bar{d}_T^{SEM}} \tag{12-27}$$

$R = 0.9150,\ S = 12.24,\ N = 5$

图 12-31

$$\psi = 55.4\% + 1.05\% f_V^{-\frac{1}{6}} \sqrt{\bar{d}_T^m} \tag{12-28}$$

$R = 0.9226,\ S = 1.6,\ N = 5$

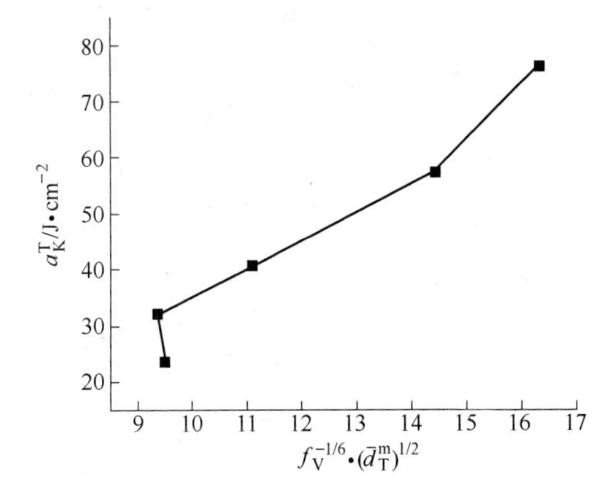

图 12-24　16Mn 钢试样中夹杂物含量和间距共同对横向冲击韧性的影响

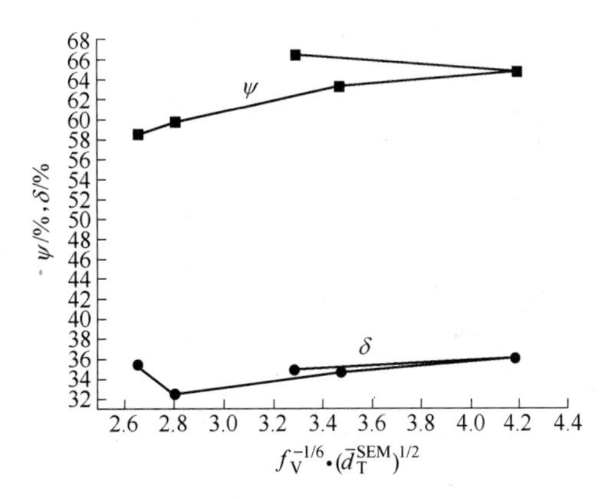

图 12-25　16Mn 钢试样中夹杂物含量和韧窝间距共同对韧塑性的影响

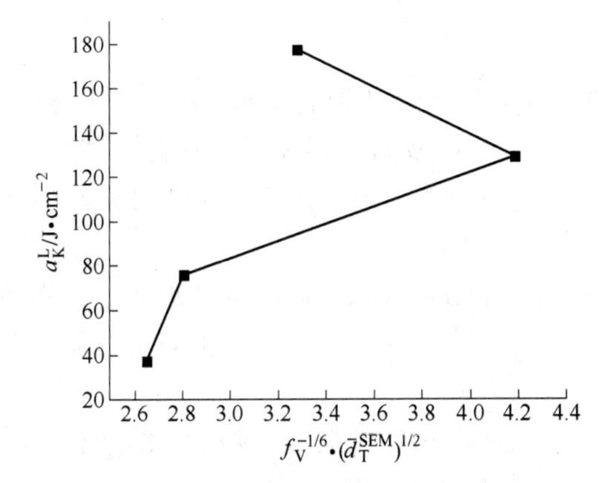

图 12-26　16Mn 钢试样中夹杂物含量和韧窝间距共同对冲击韧性的影响

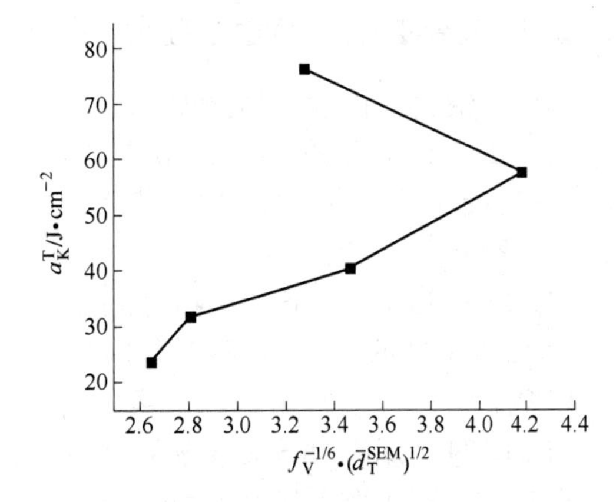

图 12-27　16Mn 钢试样中夹杂物含量和韧窝间距共同对冲击韧性的影响

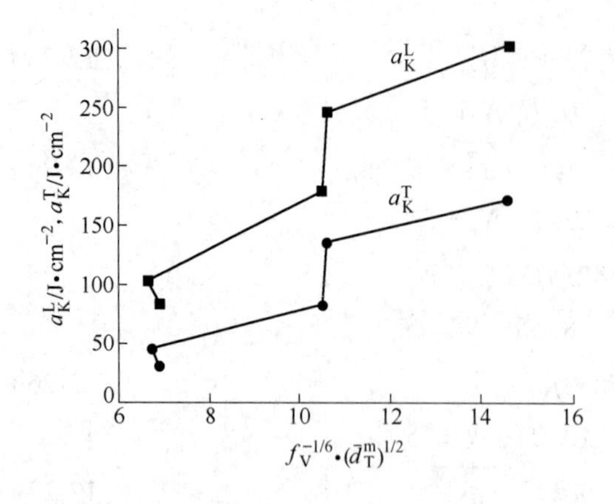

图 12-28 15MnTi 钢试样中夹杂物含量和间距共同对冲击韧性的影响

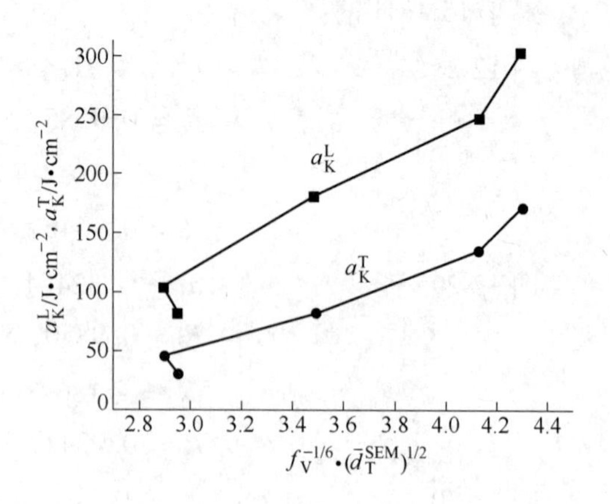

图 12-29 15MnTi 钢试样中夹杂物含量和韧窝间距共同对冲击韧性的影响

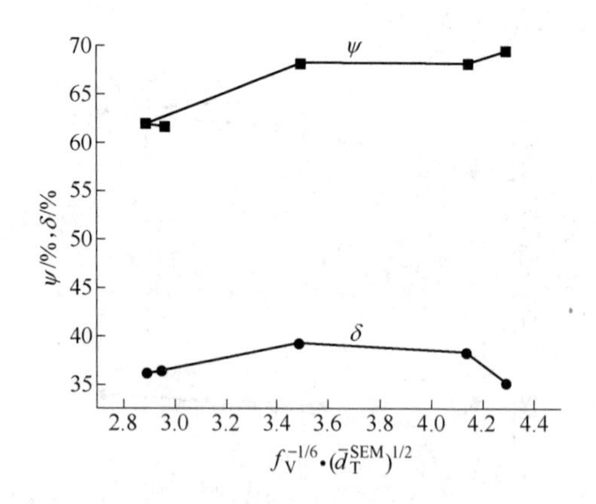

图 12-30 15MnTi 钢试样中夹杂物含量和韧窝间距共同对韧塑性的影响

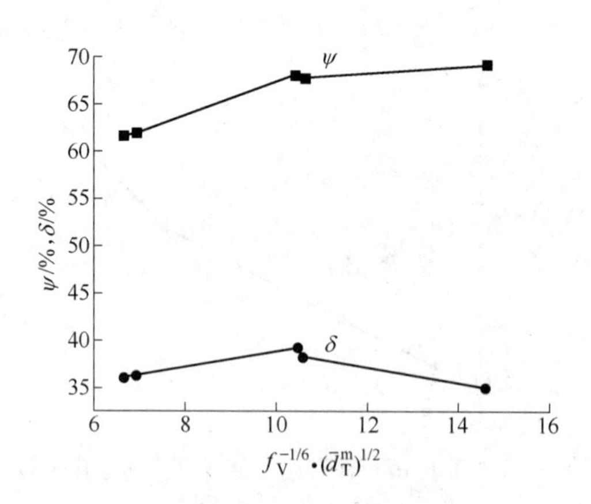

图 12-31 15MnTi 钢试样中夹杂物含量和间距共同对韧塑性的影响

12.2.4 夹杂物尺寸与韧塑性的关系

16Mn 钢试样中的主要夹杂物为 MnS，分别测定了 MnS 夹杂物的纵向长度和横向宽度。

图 12-32 所示为 MnS 夹杂物纵长（L^{MnS}）与拉伸塑性 ψ 和 δ 的关系，ψ 随 L^{MnS} 增长，在一定区段内有所下降，而 δ 随 L^{MnS} 增长有上升和下降两种变化。从图 12-32 可看出两条曲线变化趋势并无规律。

图 12-33 所示为 MnS 夹杂物的宽度（W^{MnS}）与 ψ 和 δ 的关系，ψ 随 W^{MnS} 增大呈下降趋势，而 δ 在 W^{MnS} 的一定区段不仅未下降，反而有上升趋势，即 MnS 夹杂物的宽度对伸长率并无影响。

图 12-34 所示为 MnS 夹杂物纵长（L^{MnS}）与横向冲击韧性的关系，随 L^{MnS} 的增长，a_K^T 有明显下降趋势，但曲线并未连续直线下降，而是出现拐点。图 12-35 所示为 L^{MnS} 与纵向冲击韧性（a_K^L）的关系，曲线变化趋势与图 12-34 相似。

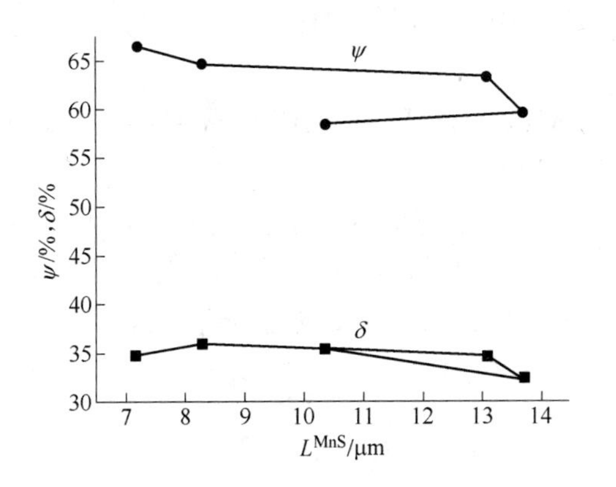

图 12-32 16Mn 钢试样中 MnS 夹杂物纵长与拉伸韧塑性的关系

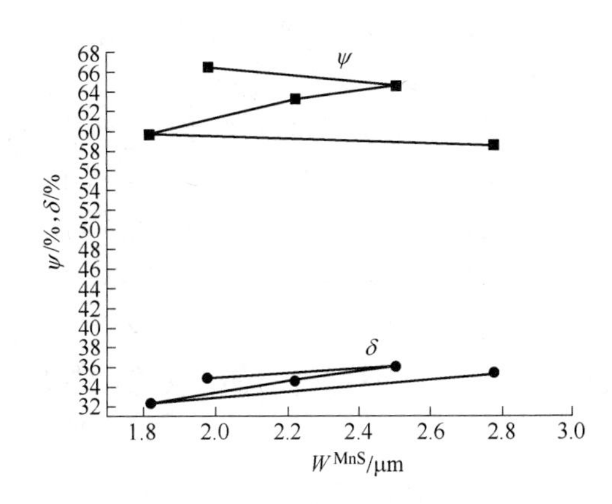

图 12-33 16Mn 钢试样中 MnS 夹杂物宽度与拉伸韧塑性的关系

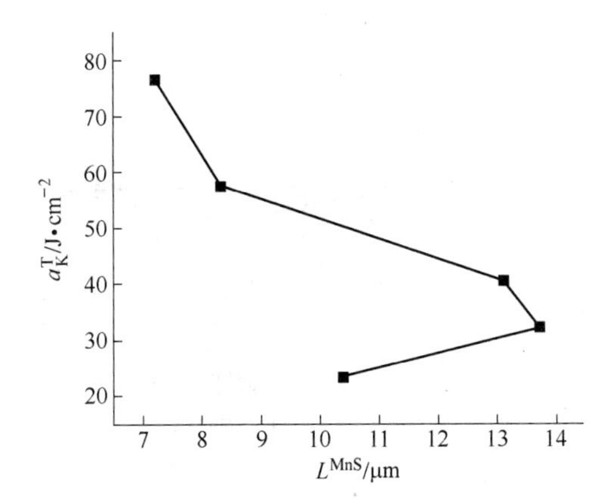

图 12-34 16Mn 钢试样中 MnS 夹杂物纵长与横向冲击韧性的关系

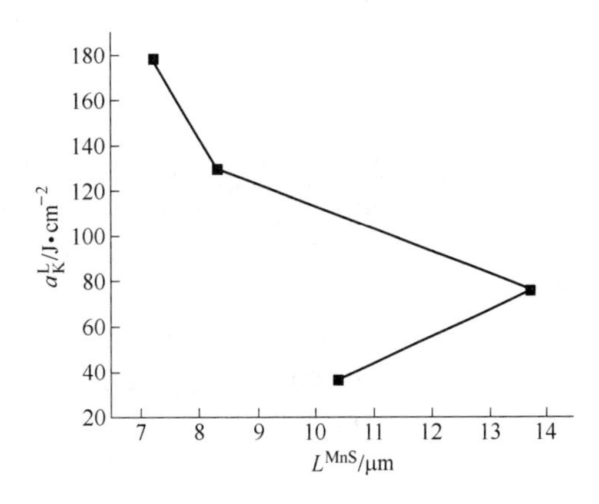

图 12-35 16Mn 钢试样中 MnS 夹杂物纵长与纵向冲击韧性的关系

图 12-36 和图 12-37 分别为 MnS 夹杂物宽度与纵、横向冲击韧性的关系，随 W^{MnS} 的增大，a_K^L 和 a_K^T 均在一定范围内下降，但也存在拐点。

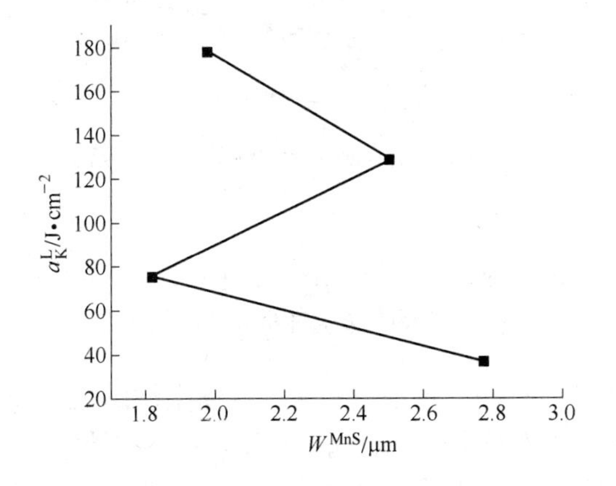

图 12-36 16Mn 钢试样中 MnS 夹杂物宽度与纵向冲击韧性的关系

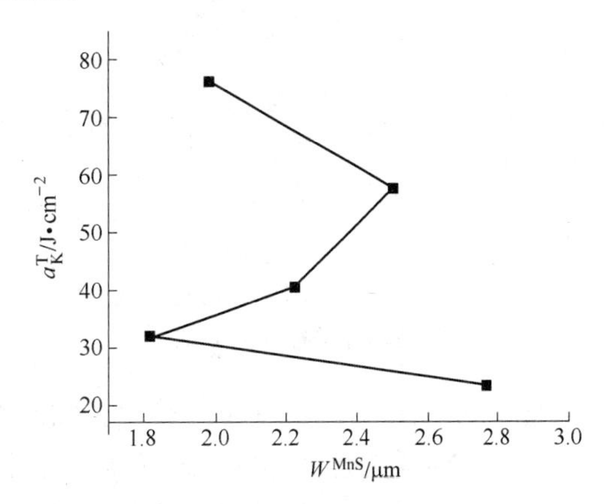

图 12-37 16Mn 钢试样中 MnS 夹杂物宽度与横向冲击韧性的关系

从图 12-32 ~ 图 12-37 中曲线变化看，在低强度钢中，具有可塑性的 MnS 夹杂物尺寸与韧塑性的关系不存在规律性。

在 15MnTi 钢试样中主要存在三种夹杂物，即 MnS、TiN 和 Ti(S,C)，分别测定了 MnS 和 Ti(S,C)夹杂物的纵向尺寸和横向宽度以及 TiN 的边长。

图 12-38 ~ 图 12-43 所示为 MnS 和 Ti(S,C)两种夹杂物的纵、横向尺寸与拉伸塑性和纵、横向冲击韧性的关系。随着尺寸的增大，试样性能的变化均不规则。其中图 12-40和图 12-41 中两种夹杂物的纵长增加后，冲击韧性有下降趋势，但曲线的变化呈折线下降；同样这两者的横向宽度增加后，韧塑性曲线的变化（见图 12-42 和图12-43）仍无规律。

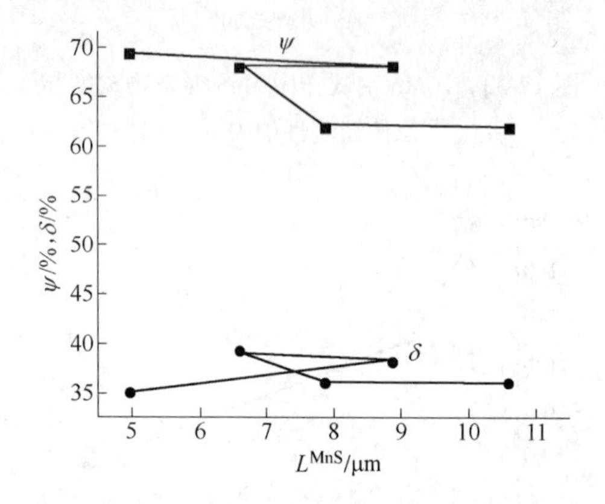

图 12-38　15MnTi 钢试样中 MnS 纵向长度与拉伸韧塑性的关系

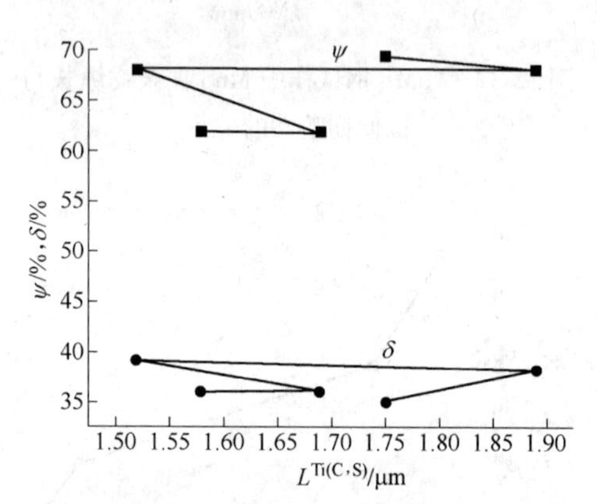

图 12-39　15MnTi 钢试样中 Ti(C,S) 夹杂物长度与拉伸韧塑性的关系

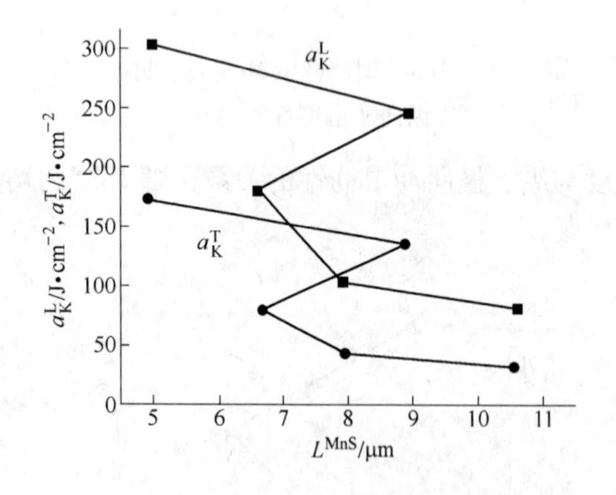

图 12-40　15MnTi 钢试样中 MnS 夹杂物纵长与冲击韧性的关系

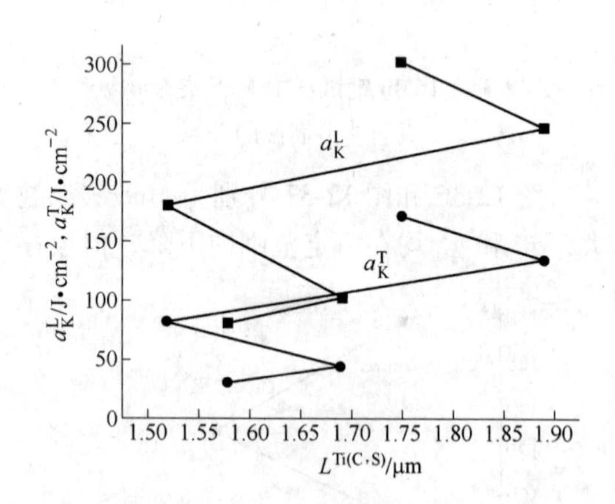

图 12-41　15MnTi 钢试样中 Ti(C,S) 夹杂物长度与冲击韧性的关系

将 MnS、Ti(S,C)和 TiN 三种夹杂物的纵向尺寸的平均值（$L^{(3)}$）与韧塑性的关系作图，见图 12-44 和图 12-45，同样 ψ 和 δ 曲线的变化仍无规律，冲击韧性的变化也呈折线下降的趋势。说明 16Mn 钢和 15MnTi 钢中夹杂物尺寸对钢性能的影响并无直接联系。

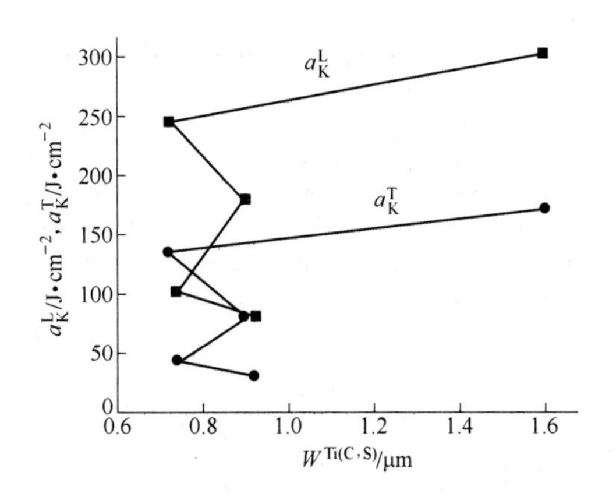

图 12-42　15MnTi 钢试样中 Ti(C,S)夹杂物宽度与冲击韧性的关系

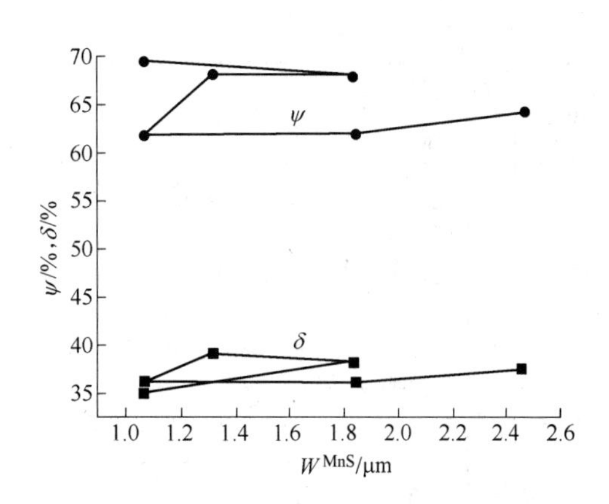

图 12-43　15MnTi 钢试样中 MnS 夹杂物宽度与拉伸韧塑性的关系

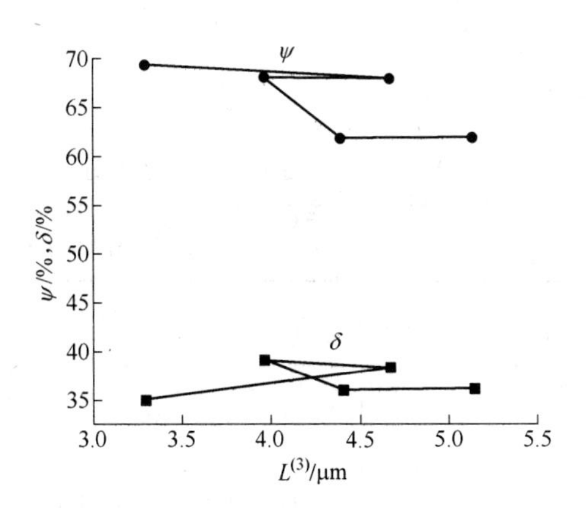

图 12-44　15MnTi 钢试样中三种夹杂物纵向平均长度与韧塑性的关系

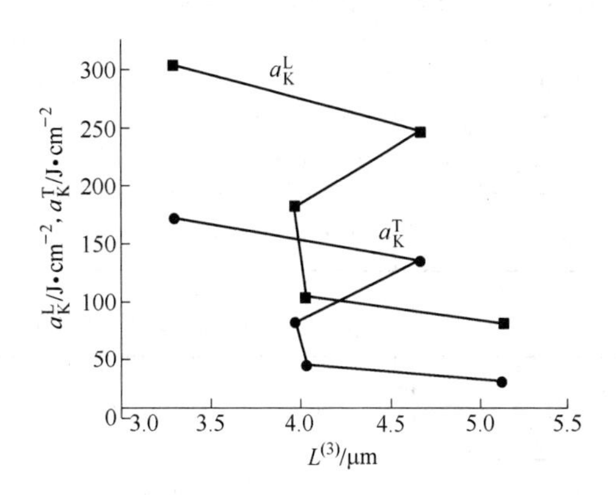

图 12-45　15MnTi 钢试样中三种夹杂物纵向平均长度与冲击韧性的关系

12.3　对线性回归方程的总结

本章对夹杂物与钢性能的关系作了大量的回归分析，共得出了 28 个回归方程。为检查这些方程是否成立，必须对回归方程逐一验证，一是根据回归方程的相关系数，一是将方程计算值与实验值进行对比。首先将各方程列于表 12-6 和表 12-7 中。

表 12-6　16Mn 试样中夹杂物与钢性能的回归方程总列

图号	方程编号		回归方程	结论
	新	原		
12-7	1	12-1	$\psi = 68.2\% - 16.5 f_V (R = -0.9688, S = 0.96, N = 5)$	ψ 随 f_V 的增大而直线下降
12-8	2	12-2	$\psi = 50.9\% + 0.12\% \bar{d}_T^m (R = 0.9465, S = 1.12, N = 5)$	ψ 随 $\bar{d}_T^m$ 的增大而直线上升
12-9	3	12-3	$\psi = 51.3\% + 1.41\% \bar{d}_T^{SEM} (R = 0.9249, S = 1.48, N = 5)$	ψ 随 $\bar{d}_T^{SEM}$ 的增大而直线上升

续表 12-6

图号	方程编号		回归方程	结论
	新	原		
12-14	4	12-8	$a_K^T = 81.7 - 10370f_V(R = -0.9724, S = 5.67, N = 5)$	a_K^T 随 f_V 的增大而直线下降
12-13	5	12-7	$a_K^L = 193.05 - 26162f_V(R = -0.9665, S = 19.32, N = 4)$	a_K^L 随 f_V 的增大而直线下降
12-16	6	12-10	$a_K^T = -28.0 + 9.3\bar{d}_T^{SEM}(R = 0.9798, S = 4.86, N = 5)$	a_K^T 随 f_V 的增大而直线上升
12-15	7	12-9	$a_K^L = -90.85 - 24.0\bar{d}_T^{SEM}(R = 0.9647, S = 19.8, N = 4)$	不存在线性关系
12-17	8	12-11	$a_K^L = -81.7 + 1.9\bar{d}_T^m(R = 0.9382, S = 26.03, N = 4)$	不存在线性关系
12-18	9	12-12	$a_K^T = -28.8 + 0.8\bar{d}_T^m(R = 0.9725, S = 5.66, N = 5)$	不存在线性关系
12-24	10	12-21	$a_K^T = -35.5 - 6.7f_V^{-\frac{1}{6}}\sqrt{\bar{d}_T^m}(R = 0.9820, S = 4.6, N = 5)$	不存在线性关系
12-26	11	12-20	$a_K^L = -103.5 + 16.8f_V^{-\frac{1}{6}}\sqrt{\bar{d}_T^m}(R = 0.9554, S = 22.2, N = 4)$	不存在线性关系
12-22	12	12-19	$\psi = 50\% + 1.03\%f_V^{-\frac{1}{6}}\sqrt{\bar{d}_T^m}(R = 0.9899, S = 0.67, N = 5)$	ψ 随 $f_V^{-\frac{1}{6}}\sqrt{\bar{d}_T^m}$ 的增大而上升
12-25	13	12-22	$\psi = 48.9\% + 4.12\%f_V^{-\frac{1}{6}}\sqrt{\bar{d}_T^{SEM}}(R = 0.7359, S = 2.63, N = 5)$	ψ 随 $f_V^{-\frac{1}{6}}\sqrt{\bar{d}_T^{SEM}}$ 的增大而上升

表 12-7 15MnTi 试样中夹杂物与钢性能的回归方程总列

图号	方程编号		回归方程	结论
	新	原		
12-10	14	12-4	$\psi = 72.2\% - 30.5f_V(R = -0.9792, S = 0.86, N = 5)$	ψ 随 f_V 的增大而直线下降
12-11	15	12-5	$\psi = 58.4\% + 0.13\%\bar{d}_T^m(R = 0.8866, S = 1.97, N = 5)$	ψ 随 $\bar{d}_T^m$ 的增大而上升
12-12	16	12-6	$\psi = 49.8\% + 2.3\%\bar{d}_T^{SEM}(R = 0.8095, S = 2.5, N = 5)$	ψ 随 $\bar{d}_T^{SEM}$ 的增大而上升
12-19	17	12-13	$a_K^L = 342.9 - 76360f_V(R = -0.9617, S = 29.7, N = 5)$	不存在线性关系
12-19	18	12-14	$a_K^T = 191.8 - 47330f_V(R = -0.9336, S = 24.8, N = 5)$	不存在线性关系
12-20	19	12-15	$a_K^L = -3.03 + 3.37\bar{d}_T^m(R = 0.9299, S = 39.8, N = 5)$	不存在线性关系
12-20	20	12-16	$a_K^T = -24.5 + 2.1\bar{d}_T^m(R = 0.9174, S = 27.5, N = 5)$	不存在线性关系
12-21	21	12-17	$a_K^L = -273 + 64.2\bar{d}_T^{SEM}(R = 0.9064, S = 45.8, N = 5)$	不存在线性关系
12-21	22	12-18	$a_K^T = -202.7 + 41.6\bar{d}_T^{SEM}(R = 0.9196, S = 27.2, N = 5)$	不存在线性关系
12-28	23	12-23	$a_K^L = -91.4 + 27.7f_V^{-\frac{1}{6}}\sqrt{\bar{d}_T^m}(R = 0.9585, S = 30.7, N = 5)$	不存在线性关系
12-28	24	12-24	$a_K^T = -79.4 + 17.4f_V^{-\frac{1}{6}}\sqrt{\bar{d}_T^m}(R = 0.9446, S = 22.7, N = 5)$	不存在线性关系

续表 12-7

图号	方程编号		回归方程	结论
	新	原		
12-29	25	12-25	$a_K^L = -324.4 + 142.4 f_V^{-\frac{1}{6}}\sqrt{\bar{d}_T^{SEM}}$ ($R = 0.9850, S = 18.65, N = 5$)	a_K 随 $f_V^{-\frac{1}{6}}\sqrt{\bar{d}_T^{SEM}}$ 的增大而上升
12-29	26	12-26	$a_K^T = -186.8 + 78.3 f_V^{-\frac{1}{6}}\sqrt{\bar{d}_T^{SEM}}$ ($R = 0.9842, S = 12.24, N = 5$)	
12-30	27	12-27	$\psi = 47.3\% + 5.2\% f_V^{-\frac{1}{6}}\sqrt{\bar{d}_T^{SEM}}$ ($R = 0.9150, S = 12.24, N = 5$)	ψ 随 $f_V^{-\frac{1}{6}}\sqrt{\bar{d}_T^{m}}$ 的增大而上升
12-31	28	12-28	$\psi = 55.4\% + 1.05\% f_V^{-\frac{1}{6}}\sqrt{\bar{d}_T^{m}}$ ($R = 0.9226, S = 1.6, N = 5$)	ψ 随 $f_V^{-\frac{1}{6}}\sqrt{\bar{d}_T^{SEM}}$ 的增大而上升

12.3.1　按相关系数检验

根据常规方法，线性相关显著性水平分为两档，即 $\alpha = 0.01$ 和 $\alpha = 0.05$。当实验点 $N = 4$ 时，$\alpha = 0.01$ 要求相关系数 $R = 0.990$；$\alpha = 0.05$ 时，要求 $R = 0.950$。当 $N = 5$ 时，$\alpha = 0.01$ 要求 $R = 0.950$；$\alpha = 0.05$ 时，要求 $R = 0.878$。在 $N = 4$ 的 4 个方程（5）、（7）、（8）和（11）中，方程（8）不成立，其余能达到 $\alpha = 0.05$ 的要求。在 $N = 5$ 的所有方程中，除了方程（13）和（16）外，其余方程多数能达到 $\alpha = 0.01$ 或 $\alpha = 0.05$ 所要求的相关系数。即按线性相关显著性水平检验，在 28 个方程中只有方程（8）、（13）和（16）不成立。

12.3.2　按方程计算的性能值与实验值对比检验

将 16Mn 钢试样的 13 个回归方程计算值与实验值进行对比，列于表 12-8 中。将 15MnTi 钢试样的 15 个回归方程计算值与实验值进行对比，列于表 12-9 中。检验结果也已分别列于表 12-8 和表 12-9 中。

表 12-8　16Mn 钢中夹杂物与钢性能的回归方程验证

验证方程 \ 样号		1	2	3	4	5	验证结果
(1) $\psi/\%$	实验值	66.4	64.6	63.2	59.6	58.4	回归方程（1）成立
	计算值	66.2	65.4	61.9	60.6	58.6	
	差值/%	-0.3	1.2	-2.1	1.6	0.3	
(2) $\psi/\%$	实验值	66.4	64.6	63.2	59.6	58.4	回归方程（2）成立
	计算值	66.6	64.6	61.6	59.2	58.8	
	差值/%	0.3	0	-2.6	-0.6	0.6	
(3) $\psi/\%$	实验值	66.4	64.6	63.2	59.6	58.4	回归方程（3）成立
	计算值	66.4	64.9	61.0	60.0	59.6	
	差值/%	0	0.4	-3.6	0.6	2.0	

续表 12-8

验证方程 \ 样号		1	2	3	4	5	验证结果
(4) a_K^T/J·cm^{-2}	实验值	76.0	57.4	40.4	31.9	23.3	回归方程（4）可用
	计算值	69.3	64.2	43.4	32.0	21.6	
	差值/%	-9.6	10.6	6.9	0.3	-7.8	
(5) a_K^L/J·cm^{-2}	实验值	177.6	128.6	—	76.0	36.8	回归方程（5）尚可
	计算值	162.1	149.1	—	68.3	42.3	
	差值/%	-9.5	13.7	—	-11.2	13.0	
(6) a_K^T/J·cm^{-2}	实验值	76.0	57.4	40.4	31.9	23.3	回归方程（6）尚可
	计算值	73.3	63.0	36.7	30.1	27.3	
	差值/%	-3.7	8.9	-10.1	-5.9	14.6	
(7) a_K^L/J·cm^{-2}	实验值	177.6	128.6	—	76.0	36.8	回归方程（7）不成立
	计算值	168.8	142.4	—	58.4	51.2	
	差值/%	-5.2	9.7	—	-30.1	28.1	
(8) a_K^L/J·cm^{-2}	实验值	177.6	128.6	—	76.0	36.8	回归方程（8）不成立
	计算值	167.4	135.3	88.5	50.2	60.2	
	差值/%	-6.1	4.9	—	-51.4	38.8	
(9) a_K^T/J·cm^{-2}	实验值	76.0	57.4	40.4	31.9	23.3	回归方程（9）不成立
	计算值	76.1	62.6	42.9	26.7	31.0	
	差值/%	0.1	8.3	5.8	-19.4	24.8	
(10) a_K^T/J·cm^{-2}	实验值	76.0	57.4	40.4	31.9	23.3	回归方程（10）不成立
	计算值	73.7	61.0	38.9	27.5	28.3	
	差值/%	-3.1	5.9	-3.8	-16	-17.6	
(11) a_K^L/J·cm^{-2}	实验值	177.6	128.6	—	76.0	36.8	回归方程（11）不成立
	计算值	169.9	138.1	(83)	54.6	56.2	
	差值/%	-4.5	6.8	—	-39.2	34.5	
(12) ψ/%	实验值	66.4	64.6	63.2	59.6	58.4	回归方程（12）成立
	计算值	68.8	64.6	61.4	59.6	59.8	
	差值/%	3.5	0	-2.9	0	2.3	
(13) ψ/%	实验值	66.4	64.6	63.2	59.6	58.4	回归方程（13）成立
	计算值	66.7	66.0	63.3	60.9	61.1	
	差值/%	0.4	2.1	0.1	2.1	4.4	

表 12-9　15MnTi 钢中夹杂物与钢性能的回归方程验证

验证方程	样号	T-1	T-2	T-3	T-4	T-5	验证结果
(14) ψ/%	实验值	69.3	68.0	68.1	61.7	61.9	回归方程（14）成立
	计算值	69.4	68.2	67.3	61.2	61.2	
	差值/%	0.1	0.2	-1.2	-0.8	-1.1	
(15) ψ/%	实验值	69.3	68.0	68.1	61.7	61.9	回归方程（15）成立
	计算值	71.1	66.2	66.5	62.7	63.1	
	差值/%	2.5	-2.7	-2.4	1.6	1.9	
(16) ψ/%	实验值	69.3	68.0	68.1	61.7	61.9	回归方程（16）成立
	计算值	68.5	69.4	64.6	62.6	63.7	
	差值/%	-1.1	2.0	-5.4	1.4	2.8	
(17) a_K^L/J·cm^{-2}	实验值	302.6	246.2	180.1	102.7	80.9	回归方程（17）不成立
	计算值	274.2	243.6	220.7	106.2	68.0	
	差值/%	-10.0	-1.0	18.4	3.3	18.9	
(18) a_K^T/J·cm^{-2}	实验值	171.5	134.8	80.9	44.1	30.6	回归方程（18）不成立
	计算值	149.2	130.3	116.1	45.1	21.4	
	差值/%	-10.2	-3.4	30.3	2.2	-42.9	
(19) a_K^L/J·cm^{-2}	实验值	302.6	246.2	180.1	102.7	80.9	回归方程（19）不成立
	计算值	319.6	189.8	200.0	100.7	110.8	
	差值/%	5.3	-29.7	9.9	-1.9	26.9	
(20) a_K^T/J·cm^{-2}	实验值	171.5	134.8	80.9	44.1	30.6	回归方程（20）不成立
	计算值	176.7	95.7	102.1	46.2	46.5	
	差值/%	2.9	-40.8	20.7	-9.7	34.2	
(21) a_K^L/J·cm^{-2}	实验值	302.6	246.2	180.1	102.7	80.9	回归方程（21）不成立
	计算值	259.8	285.5	150.2	92.9	125.0	
	差值/%	-16.4	13.7	-19.9	-10.5	35.3	
(22) a_K^T/J·cm^{-2}	实验值	171.5	134.8	80.9	44.1	30.6	回归方程（22）不成立
	计算值	142.3	158.9	71.6	34.2	55.0	
	差值/%	-20.5	15.1	-12.9	-28.9	44.3	
(23) a_K^L/J·cm^{-2}	实验值	302.6	246.2	180.1	102.7	80.9	回归方程（23）不成立
	计算值	313	202.2	199.5	94.2	99.7	
	差值/%	3.3	-21.7	9.7	-9.0	18.8	
(24) a_K^T/J·cm^{-2}	实验值	171.5	134.8	80.9	44.1	30.6	回归方程（24）不成立
	计算值	174.6	105.0	103.3	37.2	40.7	
	差值/%	1.7	-28.4	21.7	-18.5	24.8	
(25) a_K^L/J·cm^{-2}	实验值	302.6	246.2	180.1	102.7	80.9	回归方程（25）尚可
	计算值	287.8	265.1	175.5	88.5	95.6	
	差值/%	-5.1	3.4	-2.6	-16.0	15.3	

续表 12-9

验证方程 \ 样号		T-1	T-2	T-3	T-4	T-5	验证结果
(26) a_K^T/J·cm^{-2}	实验值	171.5	134.8	80.9	44.1	30.6	回归方程(26)不成立
	计算值	149.9	137.4	86.5	40.3	44.2	
	差值/%	-16.8	1.9	6.4	-9.4	30.0	
(27) ψ/%	实验值	69.3	68.0	68.1	61.7	61.9	回归方程(27)成立
	计算值	70.3	66.5	66.4	62.4	62.6	
	差值/%	1.4	-2.2	-2.5	1.1	1.1	
(28) ψ/%	实验值	69.3	68.0	68.1	61.7	61.9	回归方程(28)成立
	计算值	69.7	68.8	65.4	62.4	62.6	
	差值/%	0.5	1.1	-4.1	1.1	1.1	

12.4 总结

(1) 16Mn 钢和 15MnTi 钢试样中夹杂物含量 f_V 增加时，面缩率和冲击韧性下降。

(2) 16Mn 钢和 15MnTi 钢试样中夹杂物间距增大有利于面缩率和冲击韧性的提高。

(3) 16Mn 钢和 15MnTi 钢试样中夹杂物含量、间距按 $f_V^{-\frac{1}{6}}\sqrt{d_T}$组合的数值增大，面缩率和冲击韧性呈上升趋势，符合 $K_{1C}=A+Bf_V^{-\frac{1}{6}}\sqrt{d_T}$的通式，从而可推广将此通式应用于低强度钢的韧性。

(4) 在 28 个回归方程中，按相关系数检验，发现只有三个方程(8)、(13)和(16)不成立。但按各方程计算的 ψ 和 a_K 值与实验值对比检验，在此 28 个回归方程中，只有 10 个成立，有 15 个不成立，另有 3 个勉强适用，在可成立的 10 个方程中为方程(1)~(3)、方程(12)~(16)、方程(27)和方程(28)。这 10 个方程全为面缩率与夹杂物含量、夹杂物间距或夹杂物含量、间距按 $f_V^{-\frac{1}{6}}\sqrt{d_T}$组合的关系。这说明低强度钢的面缩率直接受夹杂物的影响，而伸长率和冲击韧性与夹杂物没有定量关系。

第 13 章　夹杂物类型对钢性能的影响

13.1　试样的冶炼锻造和热处理

13.1.1　试样的冶炼

13.1.1.1　试样原料的冶炼

在 200kg 真空感应炉中冶炼母合金作为试样的原料，母合金的成分见表 13-1。

表 13-1　母合金的成分（质量分数）　（%）

成分	C	Si	Mn	P	S	Cr	Mo	Ni	[O]
含量	0.38～0.42	0.20～0.30	0.50～0.60	0.005～1.0	0.005～1.0	0.005～1.0	0.005～1.0	0.006～0.6	0.002～0.06

13.1.1.2　不同类型夹杂物试样的冶炼

在高强度和超高强度钢中常见的夹杂物只有氮化物和硫化物两类。氮化物夹杂物形状相似，多为块状；硫化物分为可变形和不变形两种，如 MnS 随试样加工后在纵向呈长条状，不变形的硫化物有 ZrS_2（块状）、TiS（针状）、CeS（球状）和 Al_2S_3（滴状）。

为了研究夹杂物类型对性能的影响，设计各试样中含夹杂物的量相同，为了控制配料，首先设定各试样中含夹杂物的体积分数（f_V）均为 0.26%，按 f_V = 0.26% 换算成各类夹杂物的质量分数（w_V），即

$$夹杂物含量(w_V) = 夹杂物的体积分数 f_V \times 夹杂物相对密度(d_{夹}) / 钢的相对密度(d_{钢}) \tag{13-1}$$

由于所配试样用的母合金原料相同，故 $d_{钢}$ 均为 7.8。已设定各试样的 f_V 为 0.26%，则式（13-1）为夹杂物含量：

$$w_V = 0.26\%/7.8 \times d_{夹} = 0.033\% d_{夹} \tag{13-2}$$

所配硫化物和氮化物的相对密度分别为：

$$d^{MnS} = 4.05, d^{TiS} = 4.42, d^{CeS} = 5.93, d^{Al_2S_3} = 2.02, d^{ZrS_2} = 3.87, d^{Ce_2O_2S} = 5.99,$$

$$d^{TiN} = 5.29, d^{ZrN} = 7.09, d^{VN} = 6.04, d^{AlN} = 3.061, d^{BN} = 2.25, d^{NbN} = 8.4$$

将拟配的夹杂物相对密度代入式（13-2），即可了解各试样中所含夹杂物的量，再以质量分数计算生成各类夹杂物所加元素的量，例如：

$$Mn + S \longrightarrow MnS$$

原子量：　54.94　　32　　86.94

加入量：　xMn　　xS　　xMn = 0.85%　　xS = 0.049%

计算出配料的百分比后，再按所选用母合金用量计算加入生成夹杂物元素的量，并按

D_6AC 钢所含合金元素的量进行调整。

各类夹杂物试样均在 10kg 真空感应炉中冶炼，S 以 FeS、N 以 Mn-N 和 Cr-N 的形式分别加入，FeS 中含 S 量为 27.30%（质量分数），Mn-N 合金中含 N 量为 3.75%（质量分数），Cr-N 合金中含 N 量为 3.92%（质量分数）。由于 Mn-N 合金中含有 Mn，使所配部分试样中含有少量 MnS，但各试样仍以设计的夹杂物类型为主。

各试样的化学成分列于表 13-2 中。

表 13-2 试样的化学成分（质量分数） （%）

锭号	C	Cr	Ni	Mo	Mn	Si	V	[O]	P	S	Ti	Zr	Al	Nb	Ce	B	夹杂物类型
1-1	0.46	1.13	1.04	0.97	0.78	0.44	0.072	0.0026			0.10						TiN
1-2	0.43	1.14	1.08	0.96	0.65	0.40	0.073	0.0047				0.03					ZrN
1-3	0.40	1.12	1.06	0.95	0.81	0.40	0.067	0.0040								0.010	B-N
1-4	0.46	1.12	1.06	0.95	0.73	0.42	0.071	0.0031						0.17			NbN
1-5	0.45	1.14	1.01	0.95	0.70	0.43	0.070	0.0025					<0.03				Al-N
1-6	0.42	1.17	1.01	0.93	0.72	0.41	0.086	0.0030									VN
2-1	0.44	1.13	1.25	0.98	0.78	0.32	0.074		0.005	0.043							MnS
2-2	0.45	1.13	1.17	0.99	0.73	0.33	0.070			0.048	0.12						Ti-S
2-3	0.41	1.12	1.18	0.98	0.73	0.32	0.074			0.039		<0.02					Zr-S
2-4	0.46	1.14	1.19	0.98	0.74	0.33	0.068			0.010					0.045		Ce-S
2-5	0.38	1.14	1.22	0.98	0.71	0.33	0.072			0.035		<0.03					Al-S

13.1.2 试样的锻造

配好各类夹杂物的 10kg 小锭在电炉中加热至 1100℃，保温 0.5h，热锻至变形量达 50%，然后重新加热至 1100℃，取出分别锻成 35mm × 20mm 和 15mm × 15mm 方棒，于 800℃退火 20h 后粗加工成各种规格的试样。

13.1.3 热处理及试样规格

正火：900℃ ×20min，空冷（盐浴炉加热）；

淬火：880℃ ×20min，油淬（盐浴炉加热）；

回火：550℃ ×20h，空冷（盐浴炉加热）。

粗加工试样经过热处理后，再进行精加工，各试样的规格为：

冲击试样：10mm ×10mm ×55mm，V 形缺口；

拉伸试样：ϕ5mm ×55mm；

断裂韧性试样：L = 150mm，S = 120mm，W = 30mm，B = 15mm。

13.2 试样的金相组织和晶粒度

13.2.1 试样的金相组织

抛光的金相试样用 2% HNO_3 酒精腐刻后观察各试样的组织，均为索氏体（见图 13-1 ~ 图 13-4）。

图 13-1　含 TiN 夹杂物的试样组织（×500）

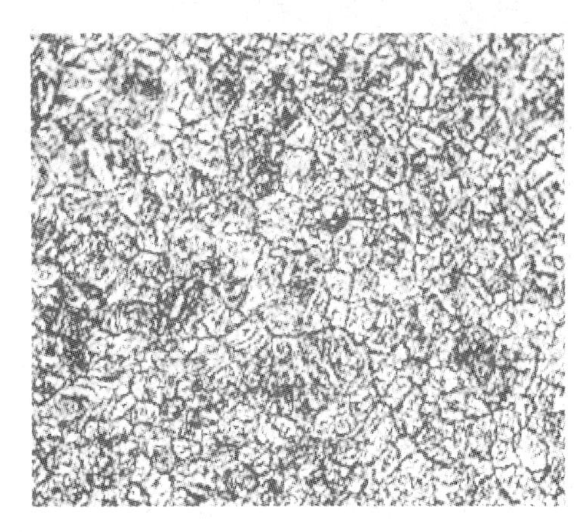

图 13-2　含 NbN 夹杂物的试样组织（×500）

图 13-3　含 TiS 夹杂物的试样组织（×500）

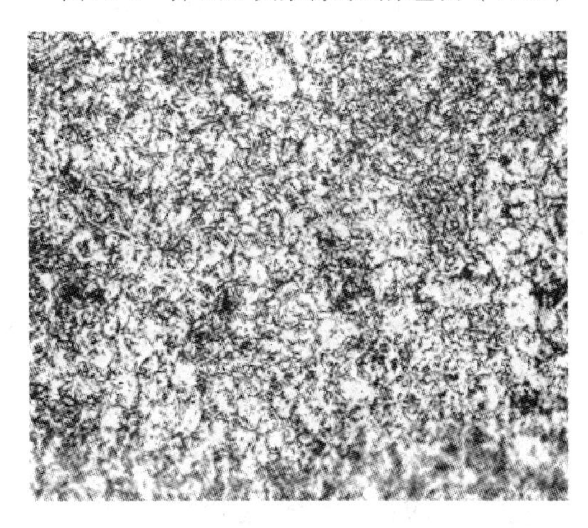

图 13-4　含 ZrS_2 夹杂物的试样组织（×500）

13.2.2　试样的晶粒度

用氧化法显示晶粒，即在 800℃保温 1h 后水淬，然后用 400 号水砂子磨光，用 3.5 抛光膏粗抛，最后用 0.5 抛光膏细抛后用试剂[50mL 酒精(95%)+1mL 氨水(25%)+3mg 苦味酸+1mg 氯化铜铵]腐刻。晶粒度如图 13-5～图 13-9 所示。配置氯化铜的方法为：0.5mg 氯化铜+0.5mg 氯化铵，冷腐刻 2～10min。在金相显微镜下放大 400 倍与标准晶粒评级图对照进行各试样评级。金相组织和晶粒度列于表 13-3中。

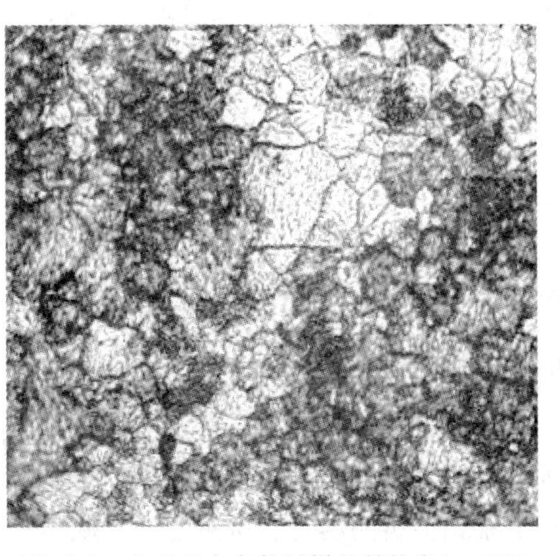

图 13-5　含 ZrN 夹杂物试样的晶粒度(×500)

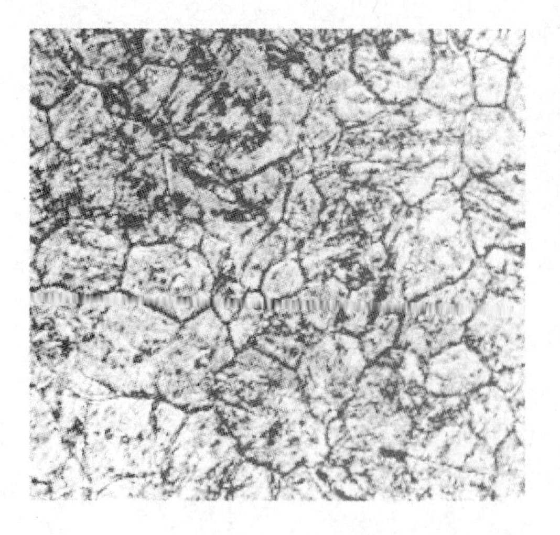

图 13-6　含 Al-N、VN 夹杂物试样的晶粒度(×500)

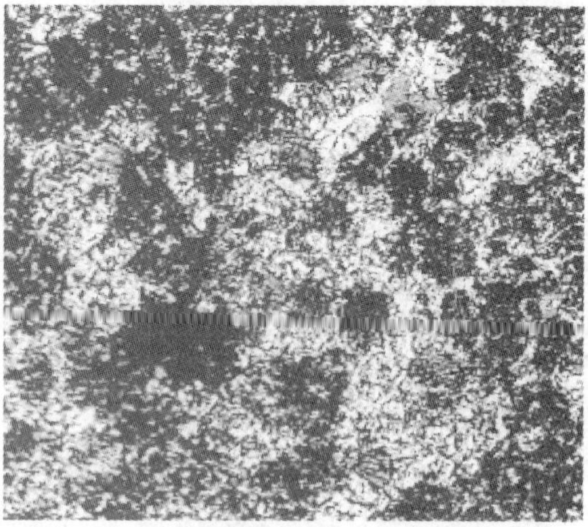

图 13-7　含 VN 夹杂物试样的晶粒度（×500）

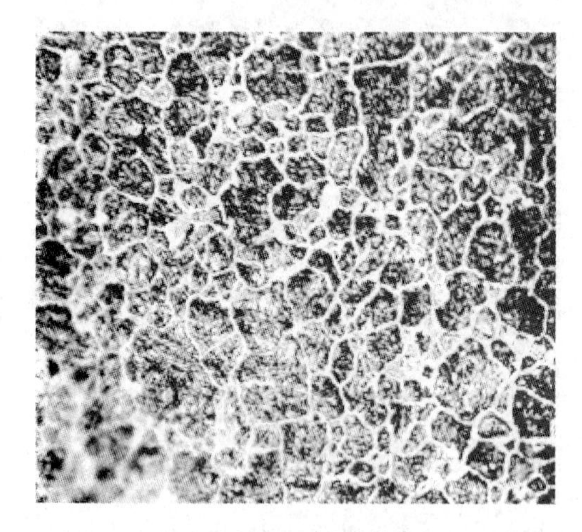

图 13-8　含 MnS 夹杂物试样的晶粒度（×500）

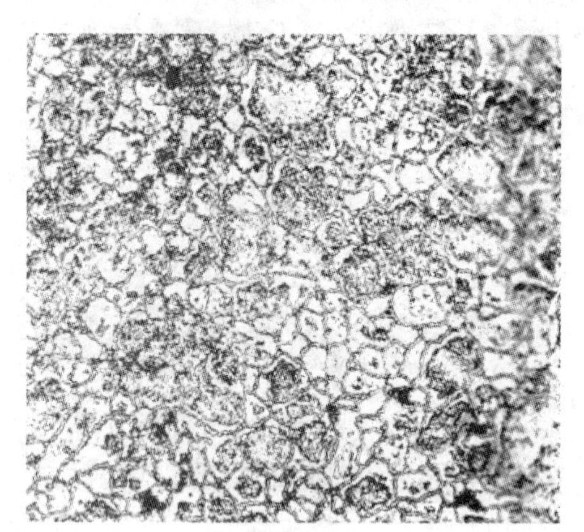

图 13-9　含 Ce-S 夹杂物试样的晶粒度（×500）

表 13-3　试样的组织和晶粒度

锭　号	1-1	1-2	1-3	1-4	1-5	1-6	2-1	2-2	2-3	2-4	2-5
夹杂物类型	TiN	ZrN	B-N	NbN	Al-N	VN	MnS	TiS	ZrS_2	CeS	Al_2S_3
金相组织	S	S	S	S	S	S	S	S	S	S	S
图　号	13-1			13-2				13-3	13-4		
晶粒度/级	9	10	10	11	8～9	9～10	10	11	11	10	9～10
图　号		13-5			13-6	13-7	13-8			13-9	

注：S 为索氏体。

13.3　夹杂物定性和定量

13.3.1　夹杂物定性

用金相法观察各试样中夹杂物形貌，对于常见的夹杂物类型如 MnS、TiN、ZrN 等，用金相法即可肯定；对 B-N、稀土硫化物以及试样中生成的复合元素夹杂物，均采用电子探针和能谱分析测定夹杂物的组成。夹杂物形貌及能谱分析见图 13-10～图 13-19，夹杂物定性结果列于表 13-4 和表 13-5。

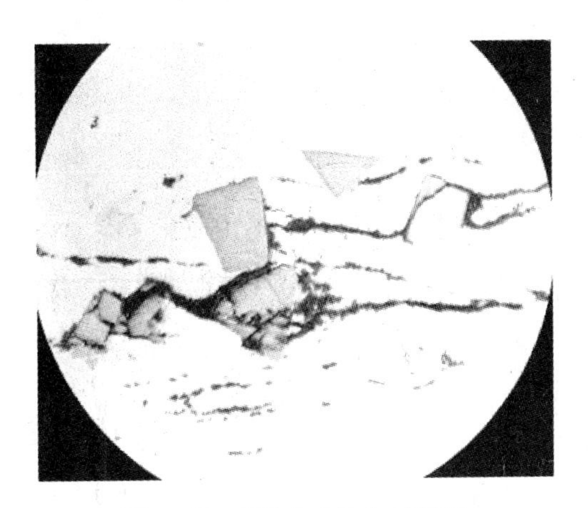

图 13-10　TiN 夹杂物(×1000)

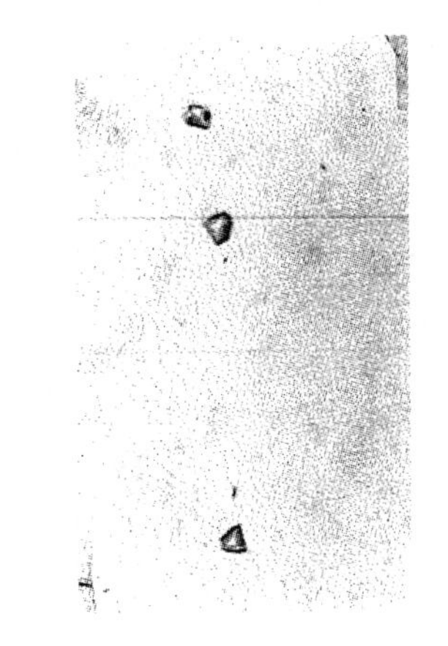

图 13-11　ZrN 夹杂物（ ×500）

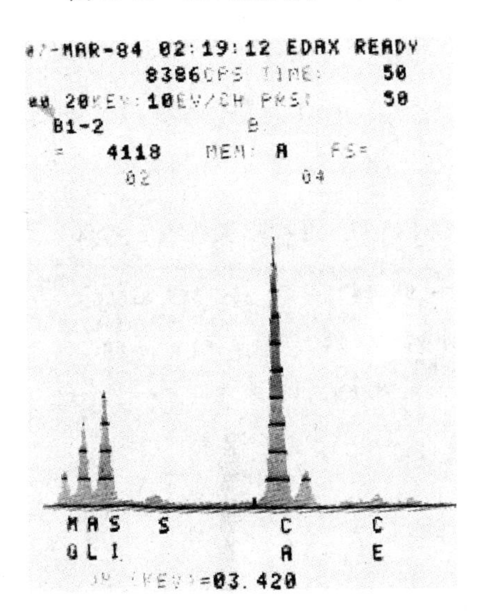

图 13-12　外来夹杂物的能谱分析图

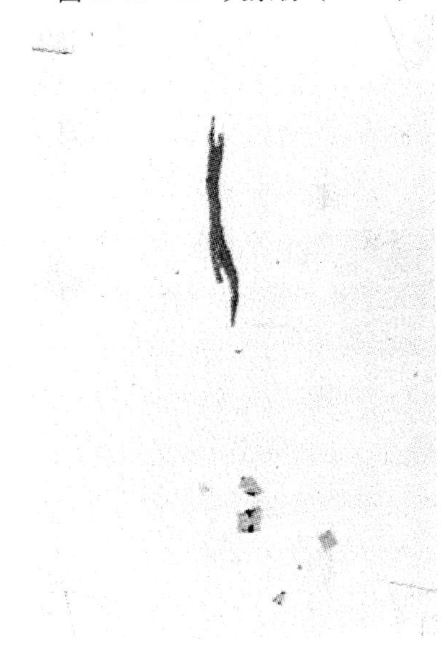

图 13-13　四种夹杂物(MnS、VN、TiN、Al-S, ×500)

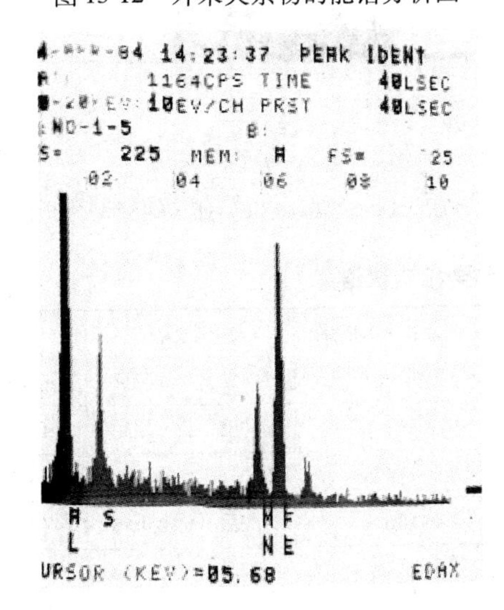

图 13-14　Al-S 的能谱分析图

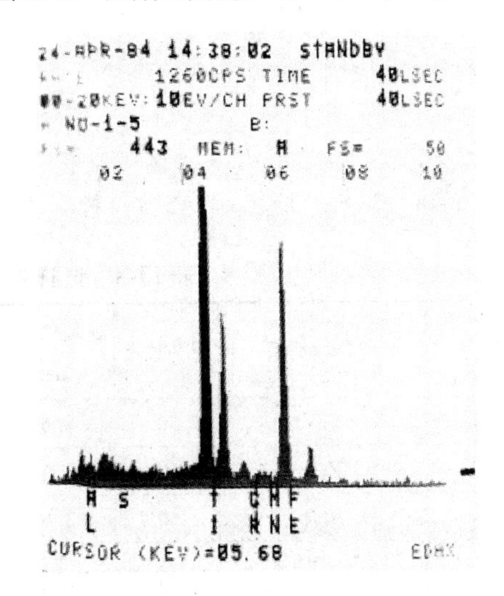

图 13-15　MnS、TiN、Al-S 的能谱分析图

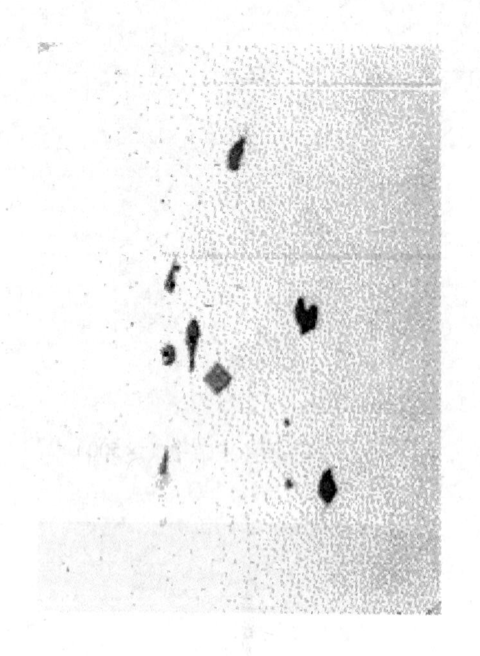

图 13-16　VN、V(C,N)夹杂物(×500)

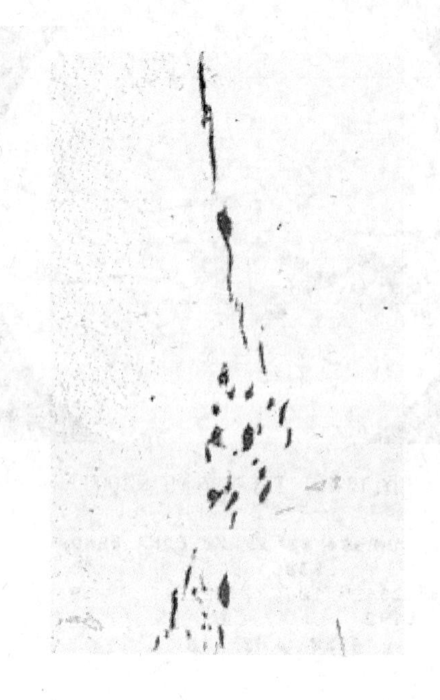

图 13-17　Ⅱ-MnS 夹杂物（×500）

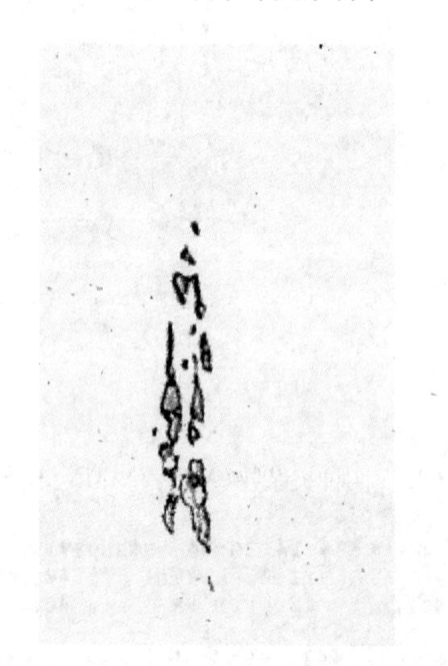

图 13-18　Ce-S、(La、Ce)$_2$O$_2$S 夹杂物(×500)

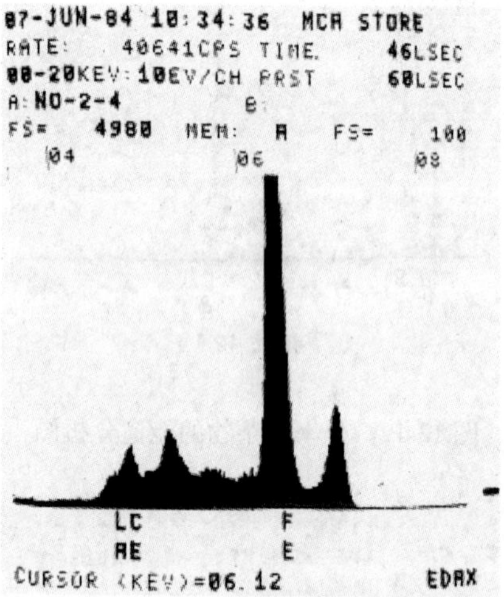

图 13-19　Ce-S、(La、Ce)$_2$O$_2$S 的能谱分析图

表 13-4　试样中夹杂物定性和金相定量结果

锭　号	夹杂物类型	视场数目	观测总面积/mm^2	夹杂物总数/个	夹杂物平均间距 $\bar{d}_T^m$/μm	夹杂物含量		宽度 W/μm
						f_V/%	w_V/%	
1-1	TiN	50	8.62	230	193.6	0.052	0.030	11.3
1-2	ZrN	50	8.62	252	184.9	0.075	0.060	14.9
1-4	NbN	50	8.62	249	186.1	0.051	0.055	10.2
1-5	AlN + VN + 少量 MnS	50	8.62	283	174.5	0.070	0.047	12.4

续表 13-4

锭 号	夹杂物类型	视场数目	观测总面积 /mm^2	夹杂物总数 /个	夹杂物平均间距 $\bar{d}_T^m$/μm	夹杂物含量		宽度 W/μm
						f_V/%	w_V/%	
1-6	VN + V(C,N) + 少量 MnS	50	8.62	427	142.1	0.091	0.050	10.7
2-1	MnS	50	8.62	2196	62.7	0.087	0.045	2.0
2-2	TiS + 少量 MnS	50	8.62	2929	54.2	0.139	0.074	2.4
2-3	ZrS_2 + 少量 MnS	50	8.62	294	171.2	0.025	0.013	4.3
2-4	CeS + Ce_2O_2S	50	8.62	1289	81.8	0.031	0.024	1.20
2-5	(Al,Mn)S + 少量 MnS	50	8.62	1261	82.7	0.107	0.055	4.2

表 13-5　硫化物夹杂物尺寸分布

锭 号	尺寸/μm 类 型	0.5	1.0	1.5	2.0	2.5	3.0	3.5	4.0	4.5	>5.0
		各尺寸所占百分比/%									
2-1	MnS	77.7	18.5	2.5	1.1	0.2					
2-2	TiS + 少量 MnS	60.4	11.2	9.5	3.2	9.5	0.4	0.1			5.7
2-3	ZrS_2 + 少量 MnS	16.9	25.4	14.6	1.5	40.0			1.54		
2-5	(Al, Mn) S + 少量 MnS	25.5	41.3	16.4	6.4	6.4	0.2				3.8

13.3.2　夹杂物定量

用金相法测定各试样中夹杂物的面积、数目、尺寸形状和分布，将所测面积换算成质量分数（w_V），再与各试样中化学测定的 S 和 N 含量换算成相应的夹杂物 w_V 对比以估计金相定量的相对准确性。

根据所测视场面积和夹杂物数据，按 $\bar{d}_T = \sqrt{\frac{A}{N}}$ 计算出夹杂物的平均间距。另用扫描电镜观察冲击试样和 K_{1C} 试样断口形貌并对 K_{1C} 断口上预疲劳纹尖端区域拍照，在 SEM 图上测量断裂过程区尺寸（即伸张区宽度 S_Z）、夹杂物的平均自由程、最邻近间距和平均间距等参数。每个断口试样各拍三张图，所拍位置均从预裂纹尖端起始，往前推移，推移位置各自严格对应，以利于对比。夹杂物定量结果分别列于表 13-6 ~ 表 13-8 中。

表 13-6　过渡区（伸张区 S_Z）平均宽度

锭号（类型）	SEM 图尺寸 /mm × mm	放大倍数	过渡区测量值/mm							平均 /mm	实际宽度（除放大倍数）/mm	过渡区宽度/μm	
			预裂纹尖端前沿位置测量									测量值	平均值
1-2 (ZrN)	53 × 55	560	8	11	11	14	12	11	8	10.71	0.0191	19.1	12.73
	56 × 52		10	8	5	5	4	2	0.5	4.93	0.0088	8.8	
	54 × 55		7	11	8	6	4	4	0.5	5.79	0.0103	10.3	

续表 13-6

锭号（类型）	SEM 图尺寸 /mm × mm	放大倍数	过渡区测量值/mm 预裂纹尖端前沿位置测量							平均 /mm	实际宽度（除放大倍数）/mm	过渡区宽度/μm 测量值	过渡区宽度/μm 平均值
1-3（B-N）	56 × 53	1120	10	16	17	7	5	4	3	8.86	0.0079	7.9	12.1
	50 × 52		14	17	9	12	15	12	16	13.57	0.0121	12.1	
	54 × 55		9	19	21	15	19	23	22	18.29	0.0163	16.3	
1-4（NbN）	55 × 56	560	9	5	8	9	8	8	8	7.86	0.0140	14.0	13.73
	55 × 56		9	6	7	10	8	7	10	8.14	0.0145	14.5	
	55 × 50		9	9	7	7	6	5	7	7.14	0.0127	12.7	
1-5（Al-N）	52 × 54	560	9	10	11	13	7	10	16	10.86	0.0194	19.4	18.87
	53 × 53		14	15	11	7	10	14	18	12.71	0.0227	22.7	
	54 × 57		4	7	7	9	9	9	12	8.14	0.0145	14.5	
1-6（VN）	50 × 59	560	12	15	21	19	20	20	17	17.71	0.0316	31.6	20.83
	51 × 60		9	10	11	12	7	7	8	9.17	0.0164	16.4	
	58 × 50		3	10	15	8	7	7	5	8.14	0.0145	14.5	
2-1（MnS）	55 × 56	560	11	5	7	7	8	6	5	7	0.0125	12.5	16.83
	55 × 55		5	9	10	10	8	9	12	9	0.0161	16.1	
	55 × 57		11	14	11	12	13	13	12	12.29	0.0219	21.9	
2-2（TiS）	53 × 55	560	10	12	14	11	12	10	8	11	0.0196	19.6	17.95
	53 × 54		16	12	11	6	5	6	8	9.14	0.0163	16.3	
2-3（ZrS_2）	54 × 52	560	13	13	13	14	15	8	3	11.29	0.0201	20.1	20.3
	52 × 53		15	11	12	16	13	12	12	13	0.0232	23.2	
	53 × 53		12	14	10	9	8	9	7	9.86	0.0176	17.6	
2-4（CeS）	56 × 55	560	15	5	6	8	6	11	5	8	0.0143	14.3	17.33
	55 × 55		12	12	14	14	11	10	13	12.29	0.0219	21.9	
	53 × 54		12	11	8	7	7	10	7	8.86	0.0158	15.8	
2-5（Al-S）	54 × 53	× 560	14	13	9	4	3	2	6	7.29	0.0130	13.0	16.17
	55 × 57		8	8	9	10	10	10	12	9.57	0.0171	17.1	
	55 × 53		8	9	16	12	11	7	9	10.29	0.0184	18.4	

表 13-7 夹杂物平均自由程（$\bar{\lambda}$）和最邻近间距（δ_j）

锭号（类型）	放大倍数	各测定点长度/mm							$\bar{\lambda}$		δ_j	
			照片 1	平均值	照片 2	平均值	照片 3	平均值	各照片测定点总长度平均值 /mm	总 /μm	各照片测定点总长度平均值 /mm	总 /μm
1-2（ZrN）	1120	A	6,5,9,11,13	8.8	2,8,6,4,8,12,14	7.7	9,9,15,14,17	12.8	8.9	7.95	3.67	3.27
		B	10,5,5,9,10,13	8.7	8,7,3,6,10,12	7.7	5,5,7,10,20	9.4				
		C	6,9,4,9,8	7.2								

续表 13-7

锭号（类型）	放大倍数	各测定点长度/mm							$\overline{\lambda}$		δ_j	
			照片 1	平均值	照片 2	平均值	照片 3	平均值	各照片测定点总长度平均值/mm	总/μm	各照片测定点总长度平均值/mm	总/μm
1-3（B-N）	1120	A	7,4,4,7,5,7,6	5.71	5,6,7,9,10,16,15,10	9.75			8.825	7.88	3.0	2.67
		B	4,14,3,9,10,16,12,8	9.5	3,8,10,10,8,6	7.83						
		C	18,15,6,4,5,7	9.17	9,9,12,14	11.0						
1-4（NbN）	560	A	7,7,8,5	6.75	7,5,7	6.33	5,6,9,10,6,7,14	8.14	8.344	14.9	3.67	6.55
		B	4,5,8,10,12,17	9.33	5,4,10,15,13,18,7	10.14	7,4,5,8	6.0				
		C	5,6,5,7,9,12,11,15	8.88	14,19,17,18,16,9,13	11.78	3,5,11,12	7.75				
1-5（Al-N）	560	A	4,3,5,5,4	4.2	3,5,7,5,11	6.2	5,5,7,11,8,11,14	8.71	6.514	11.63	3.33	5.95
		B	5,9,6,14,9	8.6	6,6,3,2,2	3.8	4,13,19,15,16,7,6	11.43				
		C	6,3,5	4.67	5,4	4.5						
1-6（VN）	560	A	9,5,6,7	6.75	24,22,11,10,10,12,15	14.86	7,15,10,18,10,13,20	13.28	11.12	19.86	5.0	8.93
		B	17,12,13,20,11,9	13.67	8,3,7	6.0	11,15,14,10,13,10	12.17				
2-1（MnS）	560	A	12,9,11,10,14	11.2	5,16,9,10,5	9.0			9.3	16.6	2.5	4.46
		B	4,6,3,7	5.0	11,21,14,15,16,5,2	12.0						
2-2（TiS）	560	A	2,6,6,10,8,12,17	8.71	7,8,10,6,6,9,8	7.71	6,5,6,11,11,12	8.5	8.346	14.9	3.0	5.36
		B	4,7,2,6,7	5.2	5,4,14,11,13,16	10.5	12,6,5,20	10.75				
		C	5,11,10,9,7	8.4	5,14,2	7.0						
2-3（ZrS_2）	560	A	4,6,9,9,13,13,11,8	9.13	4,4,10,7,9	6.8			7.48	13.35	3.0	5.36
		B	2,4,6,15	6.75	4,6,4,9,4	5.4						
		C	4,3,12,14,20	10.6	6,8,6,6,5	6.2						
2-4（CeS）	560	A	9,4,9,10,10,8,14,5	8.62	10,5,4,4,10,12.6	7.82			8.4	15.0	4.0	7.14
		B	15,12,16,8,7,9,8	10.71	5,5,4,12,7,9	7.0						
2-5（Al-S）	560	A	11,13,6,5,5,6	7.67	6,4,4,8,7,9,9,17	8.0	4,4,5,13,11,8	7.5	10.54	18.82	3.67	6.55
		B	13,16,8,6,3,10,7	9.0	4,11,10,14,18,20,19,13,8	13.0	16,8,19,23,9,12	14.5				
		C	13,13,12,9,7,20	12.33	10,16,17,8,7	11.6	15,10,14,6	11.25				

表 13-8 夹杂物平均间距（SEM 图测量）

锭号（类型）	扫描电镜图测夹杂物间距 $\bar{d}_T^{SEM}$										$\bar{d}_T^{SEM}$ /μm
	放大倍数	A /mm×mm	N /个	d_T /μm	A /mm×mm	N /个	d_T /μm	A /mm×mm	N /个	d_T /μm	
1-2(ZrN)	1120	54×53	37	7.85	53×53	32	8.37	53×52	30	8.56	8.26
1-3(B-N)	1120	56×55	38	8.04	52×50	32	8.04				8.04
1-4(NbN)	560	55×54	34	16.68	55×51	33	16.46	55×52	33	16.46	16.6
1-5(AlN)	560	54×53	23	19.92	55×55	29	18.23	54×55	23	20.28	19.5
1-6(VN)	560	51×54	37	15.41	52×55	26	18.73	51×53	26	18.21	17.5
2-1(MnS)	560	55×54	29	18.06	55×54	25	19.45	55×54	25	19.45	19.0
2-2(TiS)	560	52×55	36	15.92	53×55	32	17.05	54×55	24	19.86	17.7
2-3(ZrS_2)	560	52×53	36	15.62	51×53	35	15.70	53×53	37	15.56	15.6
2-4(CeS)	560	55×55	35	16.60	54×57	32	17.52	55×55	35	16.60	16.9
2-5(Al-S)	560	53×54	34	16.36	53×54	36	15.92	55×54	35	16.44	16.2

13.4 钢性能测试

本套试样开疲劳裂纹方法为：所用设备为瑞士产 10t HFP422 型高频疲劳试验机，首先安装调试试样位置。根据 $4W = S$ 调节样品间距，即 $S = 4 \times 30 = 120$mm。样品放好后，务必将气隙调到 150 然后开疲劳纹。先加静压力 900kg，再调动压力到 500 ~ 600kg，总共加载要小于 1500kg。当预裂纹开到 1/3 处时，调静压力使之小于 900kg，动压力小于 400kg，在此载荷下保持到开完裂纹为止。预裂纹长度 a = 线切割长度 + 疲劳纹长度。根据本试样规格 $B = 15$mm，按此计算线切割长度为 8 ~ 10mm，疲劳纹长度为 7 ~ 5mm，裂纹宽 0.15mm，开好疲劳纹的试样在万能材料试验机上用三点弯曲法测定 K_{1C} 值。

拉伸性能测试所用设备为 50SZBDA-223 型材料试验机（选用 50t）。

冲击性能测试所用设备为 PSW-3000kg 冲击试验机（德国产），冲击功用 15kg。

各选用 3 个试样，在上述设备上进行性能测试，测试结果列于表 13-9 和表 13-10 中。

表 13-9 含氮化物夹杂物试样的性能数据

锭号（类型）	样号	f_V/%	K_{1C} /MPa·$m^{\frac{1}{2}}$	a_K /J·cm^{-2}	δ/%	ψ/%	σ_b/MPa	$\sigma_{0.2}$/MPa	$\bar{d}_T^m$/μm
1-1 (TiN)	1-1-1	0.052	—	24.5	12.8	42.9	1521.9	1447.5	193.6
	1-1-2		86.0	23.3	12.7	43.3	1534.7	1457.3	
	1-1-3		87.4	24.5	—	—	—	—	
	1-1-4		—	25.7	—	—	—	—	
平均值			86.7	24.5	12.8	42.6	1528.3	1452.4	
1-2 (ZrN)	1-2-1	0.075	83.1	27.0	13.6	43.3	1524.9	1451.4	184.9
	1-2-2		81.7	34.3	13.6	45.3	1536.6	1457.3	
	1-2-3		85.4	24.5	12.8	45.5	1546.4	1459.2	
平均值			83.4	28.6	13.3	44.0	1536.0	1456.0	

续表 13-9

锭号（类型）	样号	f_V/%	K_{1C} /MPa·$m^{\frac{1}{2}}$	a_K /J·cm^{-2}	δ/%	ψ/%	σ_b/MPa	$\sigma_{0.2}$/MPa	$\bar{d}_T^m$/μm
1-3（BN）	1-3-1	—	58.1	15.9	12.0	40.9	1500.4	1403.3	
	1-3-2		59.2	14.7	10.9	38.7	1489.6	1398.5	
	1-3-3		61.8	12.3	11.0	39.1	1495.5	1389.6	
平均值			59.7	14.3	11.3	39.6	1495.2	1397.5	
1-4（NbN）	1-4-1	0.051	83.0	24.5	12.8	42.7	1555.3	1485.7	186.1
	1-4-2		85.1	22.1	12.0	43.2	1542.5	1461.2	
	1-4-3		84.7	33.1	12.0	40.4	1557.2	1472.0	
平均值			84.3	26.6	12.3	42.1	1551.7	1472.9	
1-5（AlN）	1-5-1	0.070	85.0	24.5	12.8	42.8	1591.5	1505.3	174.5
	1-5-2		89.0	24.5	12.2	43.1	1592.5	1521.9	
	1-5-3		85.3	22.1	12.0	43.4	1586.6	1515.1	
平均值			86.4	23.75	12.3	43.1	1590.2	1514.1	
1-6（VN）	1-6-1	0.091	90.6	29.4	12.0	42.3	1586.6	1521.9	142.1
	1-6-2		91.5	22.1	12.8	41.4	1589.6	1529.8	
	1-6-3		84.0	24.5	11.6	40.4	1609.2	1548.4	
平均值			88.7	25.3	12.1	41.4	1595.1	1533.4	

表 13-10　含硫化物夹杂物试样的性能数据

锭号（类型）	样号	f_V/%	K_{1C} /MPa·$m^{\frac{1}{2}}$	a_K /J·cm^{-2}	δ/%	ψ/%	σ_b/MPa	$\sigma_{0.2}$/MPa	$\bar{d}_T^m$/μm
2-1（MnS）	2-1-1	0.087	80.1	22.1	12.4	44.4	1587.6	1483.7	62.7
	2-1-2		67.5	17.8	11.2	40.6	1559.2	1496.5	
	2-1-3		91.6	20.8	12.0	44.4	1557.2	1478.8	
平均值			79.7	20.2	11.9	43.1	1568.0	1486.7	
2-2（TiS）	2-2-1	0.139	87.6	17.2	12.8	42.3	1559.2	1496.5	54.2
	2-2-2		82.2	17.2	12.8	43.4	1596.6	1515.1	
	2-2-3		91.2	16.5	11.8	43.3	1587.6	1521.9	
平均值			87.1	16.9	12.7	43.0	1577.8	1511.2	
2-3（ZrS_2）	2-3-1	0.025	82.7	20.8	12.0	48.6	1560.2	1485.7	171.1
	2-3-2		94.4	20.2	11.6	42.3	1576.8	1517.0	
	2-3-3		95.3	19.6	13.2	42.3	1567.0	1506.3	
平均值			90.8	20.2	12.3	44.4	1568.0	1503.3	
2-4（CeS）	2-4-1	0.031	93.7	24.5	12.4	42.5	1575.8	1511.2	81.8
	2-4-2		79.4	26.2	13.2	46.2	1560.2	1485.7	
	2-4-3		73.5	28.2	12.6	45.7	1555.3	1475.9	
平均值			82.3	26.3	12.7	44.8	1563.8	1490.9	
2-5（Al_2S_3）	2-5-1	0.107	89.0	18.4	12.4	42.6	1568.0	1493.5	82.7
	2-5-2		78.2	20.8	11.2	41.4	1542.5	1478.8	
	2-5-3		81.2	17.8	11.6	42.7	1550.4	1475.9	
平均值			82.8	19.0	11.7	42.7	1553.6	1482.7	

13.5 讨论与分析

为便于分析和讨论夹杂物类型与钢性能的关系，特将上列各表中的有关数据取平均值归纳于表 13-11 中。

表 13-11 含氮化物或硫化物夹杂物试样参数与性能数据

编号	锭号	f_V /%	夹杂物类型	夹杂物参数						试样性能(平均值)					
				f_V^m /%	$\overline{F}$ /μm	$\overline{S}_z$ /μm	$\overline{d}_T^m$ /μm	$\overline{d}_T^{SEM}$ /μm	$\overline{L}$ /μm	a_K /J	K_{1C} /MPa·m$^{\frac{1}{2}}$	δ /%	ψ /%	σ_b /MPa	$\sigma_{0.2}$ /MPa
1	1-1	0.052	TiN	0.052	—	—	193.6	—		24.5	86.7	12.8	42.6	1528.3	1452.4
2	1-2	0.075	ZrN	0.075	8.0	12.7	184.9	8.3	3.3	28.6	83.4	13.3	44.0	1536.0	1456.0
3	1-4	0.051	NbN	0.051	14.9	13.7	186.1	16.6	6.6	26.6	84.3	12.3	42.1	1551.7	1472.9
4	1-5	0.070	Al-N + VN + 少量 MnS	0.070	11.6	18.9	174.5	19.5	6.0	23.7	86.4	12.3	43.1	1590.2	1514.1
5	1-6	0.091	VN + V(C,N) + 少量 MnS	0.091	19.9	20.8	142.1	17.5	8.9	25.3	88.7	12.1	41.4	1595.1	1533.4
6	1-3		B-N	—	7.9	12.1	—	8.0	2.7	14.3	59.7	11.3	39.6	1495.2	1397.5
7	2-1	0.087	MnS	0.087	16.6	16.8	62.7	19.0	4.4	20.2	79.7	11.9	43.1	1568.0	1486.7
8	2-2	0.139	TiS + 少量 MnS	0.139	14.9	18.0	54.2	17.7	5.4	16.9	87.1	12.8	43.0	1577.8	1511.2
9	2-3	0.025	ZrS_2 + 少量 MnS	0.025	13.4	20.3	171.2	15.6	5.4	20.2	90.8	12.3	44.4	1568.0	1503.3
10	2-4	0.031	CeS + Ce_2O_2S	0.031	15.0	17.3	81.8	16.9	7.1	26.3	82.3	12.7	44.8	1563.8	1490.9
11	2-5	0.107	(Al,Mn)S + 少量 MnS	0.107	18.8	16.2	82.7	16.2	6.6	19.0	82.8	11.7	42.2	1553.6	1482.7

13.5.1 夹杂物含量和类型与钢性能的关系

13.5.1.1 夹杂物类型不同和含量不同的试样的韧塑性对比

首先将表 13-4 中夹杂物含量（f_V）与表 13-9 中试样的韧塑性 ψ、δ、a_K 和 K_{1C} 等对照绘成直方图，以利于夹杂物含量与性能关系的对比，见图 13-20。

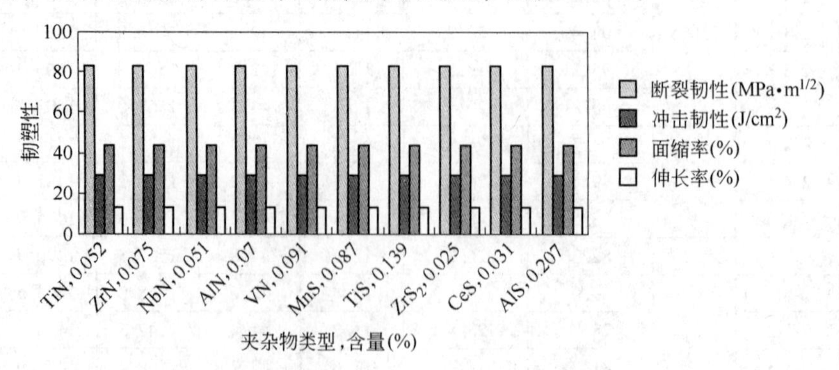

图 13-20 D_6AC 钢中夹杂物类型和含量不同的试样的韧塑性对比

图 13-20 中，按夹杂物类型（氮化物类和硫化物类）排序，前面分类分别为 TiN、ZrN、NbN、AlN 和 VN，后面分类分别为 MnS、TiS、ZrS_2、CeS 和 AlS。

A　夹杂物类型和含量与断裂韧性

K_{1C}最高值位于含 ZrS_2 夹杂物的试样，$f_V^{ZrS_2}=0.025\%$，即 ZrS_2 夹杂物含量最低，表明夹杂物含量对断裂韧性的影响最大。

K_{1C}次高值位于含 VN 夹杂物的试样，而$f_V^{VN}=0.091\%$，即 VN 夹杂物含量也是次高，说明 VN 类夹杂物对 K_{1C}无明显影响。

K_{1C}较高值分别位于含 TiN、AlN 和 TiS 夹杂物的试样，$f_V^{TiN}=0.051\%$，$f_V^{AlN}=0.070\%$，$f_V^{TiS}=0.139\%$，表明虽然 TiS 夹杂物含量最高，但对断裂韧性的影响并不大。

K_{1C}值最低值位于含 MnS 夹杂物的试样，$f_V^{MnS}=0.087\%$，即 MnS 夹杂物含量虽然低于 VN 夹杂物的含量（$f_V^{VN}=0.091\%$），但含 VN 夹杂物的试样断裂韧性（$K_{1C}=88.7\text{MPa}\cdot\text{m}^{1/2}$）却远高于含 MnS 夹杂物的试样（$K_{1C}=79.7\text{MPa}\cdot\text{m}^{1/2}$）。因此 D_6AC 钢应进一步减少 MnS 夹杂物的含量。

B　夹杂物类型和含量与冲击韧性

冲击韧性最高的三个试样分别为含 ZrN（$f_V=0.075\%$）、NbN（$f_V=0.051\%$）和 CeS（$f_V=0.031\%$）夹杂物的试样；冲击韧性最低的三个试样分别为含 AlS（少量 MnS，$f_V=0.107\%$）、TiS（少量 MnS，$f_V=0.139\%$）和 BN（f_V 未测，但试样中裂纹较多）夹杂物的试样。从夹杂物含量看，冲击韧性较高的试样，分别低于冲击韧性较低的试样，表明试样中夹杂物含量会影响冲击韧性。但含 ZrS_2（少量 MnS）的试样虽然夹杂物含量最低，但其冲击韧性也较低，与只含 MnS 夹杂物的试样相同，而且冲击韧性偏低的试样中均含有 MnS 夹杂物，即使只含有少量，但仍然影响冲击韧性，即从夹杂物类型看，MnS 对降低试样韧性起着主要作用。

C　夹杂物类型和含量与面缩率

面缩率最高的三个试样分别为含 CeS、ZrS_2（少量 MnS）和 ZrN 等夹杂物的试样；而面缩率最低的三个试样分别为含 NbN、VN 和 BN 等夹杂物的试样。说明含 Zr 的夹杂物，不论是氮化物或硫化物均有利于试样的面缩率，因为含 VN 夹杂物的试样，具有较高的断裂韧性，但其面缩率却较低。同样含稀土硫化物的试样（CeS），面缩率最高，但其断裂韧性却较低，而其含量（$f_V^{CeS}=0.0315\%$）也是最低的，说明稀土硫化物夹杂物在含量最低时，有利于面缩率，但未提高断裂韧性。在同一种夹杂物的试样中，影响断裂韧性的主要因素是夹杂物的含量，但在比较不同类型的夹杂物对断裂韧性的影响时，首先要考虑夹杂物类型的作用。

D　夹杂物类型和含量与伸长率

从图 13-20 看，各试样的伸长率差别并不很大，含 ZrN 夹杂物的试样的伸长率（δ）最高，其次为含 TiN 和 TiS 夹杂物的试样，即含 Ti 的夹杂物，不论是氮化物还是硫化物，均有利于伸长率。由于含 B-N 夹杂物的试样中存在较多裂纹，因此韧塑性均最低。含(Al,Mn)S夹杂物的试样中并无裂纹，但其韧塑性也是最低的。从夹杂物含量比较，f_V 最高值为含 TiS 夹杂物的试样，次高的为含(Al,Mn)S 夹杂物试样。因而含(Al,Mn)S 夹杂物的试样，既受类型的影响，也受夹杂物含量较高的影响。

13.5.1.2　各类硫化物夹杂物含量不同的试样的韧塑性对比

从表 13-4 中抽出五类硫化物与相应各试样中夹杂物含量绘成直方图，见图 13-21。

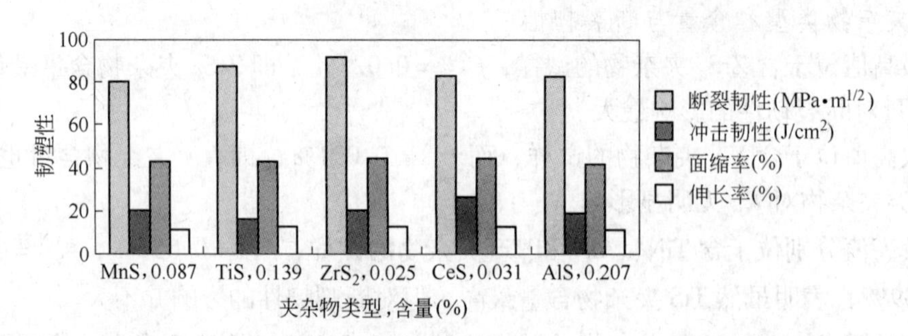

图 13-21　D_6AC 钢中各类硫化物类型和含量不同的试样的韧塑性对比

A　硫化物夹杂物含量与断裂韧性

从图 13-21 中可以看出，断裂韧性（K_{1C}）最高值位于夹杂物含量最低的含 ZrS_2 的试样，K_{1C}值次高的却位于夹杂物含量最高的 TiS 试样。说明在这五类硫化物中，TiS 夹杂物对 K_{1C}并无不利影响；稀土硫化物的含量虽然较低（$f_V = 0.031\%$），但试样断裂韧性却低于夹杂物含量高于其三倍的含 AlS 的试样。在这五类硫化物中，含 MnS 夹杂物试样的断裂韧性仍是最低的，尽管 MnS 夹杂物含量处于这五个试样夹杂物含量的中间值，这进一步说明硫化物夹杂物的类型对断裂韧性的影响大于含量的影响。

B　硫化物夹杂物含量与冲击韧性

冲击韧性最高值位于含稀土硫化物的试样，其次位于分别含 MnS 和 ZrS_2 的试样；TiS 夹杂物含量最高的试样，冲击韧性也是最低的，说明冲击韧性主要受硫化物夹杂物含量的影响。

C　硫化物夹杂物含量与面缩率

从图 13-21 中可以看出，各试样的面缩率均位于 40% 左右，即受夹杂物含量的影响不大，面缩率稍高的试样中含稀土硫化物和 ZrS_2 夹杂物，说明加稀土对面缩率稍有改善。

D　硫化物含量与伸长率

从图 13-21 中同样可以看出，各类硫化物夹杂物的含量对试样的伸长率并无明显影响，伸长率较高的两个试样分别为含 TiS 和稀土硫化物夹杂物的试样。

总之，从冲击韧性、面缩率和伸长率考虑，试样中加入稀土较有利，但从断裂韧性考虑，加 Zr 较为有利。

13.5.1.3　各类氮化物夹杂物含量不同的试样的韧塑性对比

从表 13-4 中抽出五类氮化物与相应各试样中夹杂物含量绘成直方图，见图 13-22。

A　氮化物夹杂物含量与断裂韧性

从图 13-22 中可以看出，断裂韧性最高的为含 VN 夹杂物的试样，该试样中夹杂物含量也是最高的；K_{1C}值次高的试样分别为含 TiN 和含 AlN 和 VN（少量 MnS）夹杂物的试样。若从夹杂物含量对比，含 TiN 与含 NbN 夹杂物的试样相近，但 $K_{1C}^{TiN} > K_{1C}^{NbN}$；同样含 ZrN 与含 AlN 夹杂物的试样相近，但 $K_{1C}^{AlN} > K_{1C}^{ZrN}$。通过对比，可以肯定试样的断裂韧性受

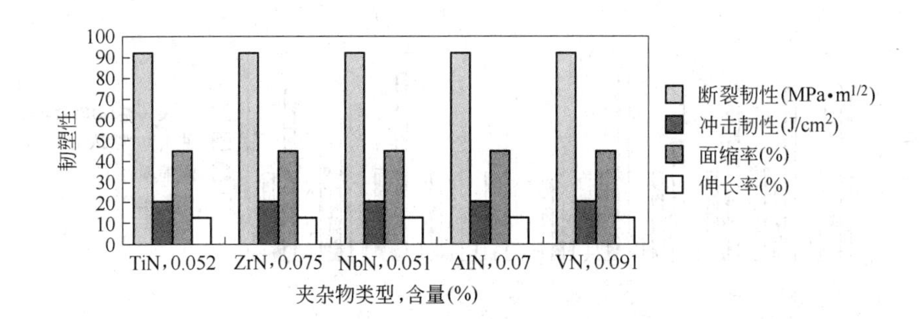

图 13-22　D_6AC 钢中各类氮化物类型和含量不同的试样的韧塑性对比

夹杂物类型的影响大于受夹杂物含量的影响。

B　氮化物夹杂物含量与冲击韧性

冲击韧性最高的试样为含 ZrN 夹杂物的试样，按冲击韧性由高到低的顺序排列，分别为含 NbN、VN、TiN 和 AlN 夹杂物的试样，这一排列顺序与夹杂物含量的排列顺序全无对应关系，说明试样的冲击韧性仍受氮化物夹杂物类型的影响。因为含 ZrN 夹杂物的试样，其断裂韧性最低，而冲击韧性却最高，说明试样中加 Zr 只能改善冲击韧性而对断裂韧性并无帮助。

C　氮化物夹杂物含量与面缩率

面缩率最高的试样为含 ZrN 夹杂物的试样，虽然 ZrN 夹杂物含量（$f_V^{ZrN}=0.075\%$）为次高，AlN 的含量（$f_V^{AlN}=0.070\%$）与 ZrN 含量相近，面缩率也是次高，但夹杂物含量进一步升高至 $f_V^{VN}=0.091\%$ 时，试样的面缩率降至最低，最低含量分别为 0.052% 和 0.050% 的含 TiN 和 NbN 夹杂物试样的面缩率却又下降，说明氮化物含量对面缩率的影响存在一个门槛值，大于或小于此门槛值的 f_V，均会降低面缩率。

D　氮化物含量与伸长率

从图 13-22 可以看出，氮化物类型和含量对试样伸长率影响并不明显，同样也是含 ZrN 夹杂物试样的伸长率最高，综上所述，ZrN 夹杂物有利于冲击韧性和拉伸塑性，但对断裂韧性的有利作用小于其他四类氮化物。

13.5.2　夹杂物间距和类型与钢性能的关系

13.5.2.1　各类夹杂物间距不同的试样的断裂韧性和冲击韧性对比

根据 13.5.1 节的讨论，可知夹杂物对面缩率和伸长率影响较小，因此以下只讨论夹杂物对断裂韧性和冲击韧性的影响。

A　金相法测定夹杂物间距（$\overline{d}_T^m$）

a　夹杂物间距与断裂韧性

含硫化物、氮化物等不同类型夹杂物和夹杂物间距（$\overline{d}_T^m$）的试样的 K_{1C} 对比见图 13-23。

在含两类夹杂物的试样中，K_{1C} 值最高的试样为含 ZrS_2 的试样（$\overline{d}_T^m=171\mu m$），其次为含 VN 的试样（$\overline{d}_T^m=142.1\mu m$），含 TiN 试样的 K_{1C} 也较高，且 TiN 夹杂物间距也最大（$\overline{d}_T^m=193.6\mu m$）。含 TiS 的试样，虽然夹杂物间距最短（$\overline{d}_T^m=54.2\mu m$），但其 K_{1C} 仍然较

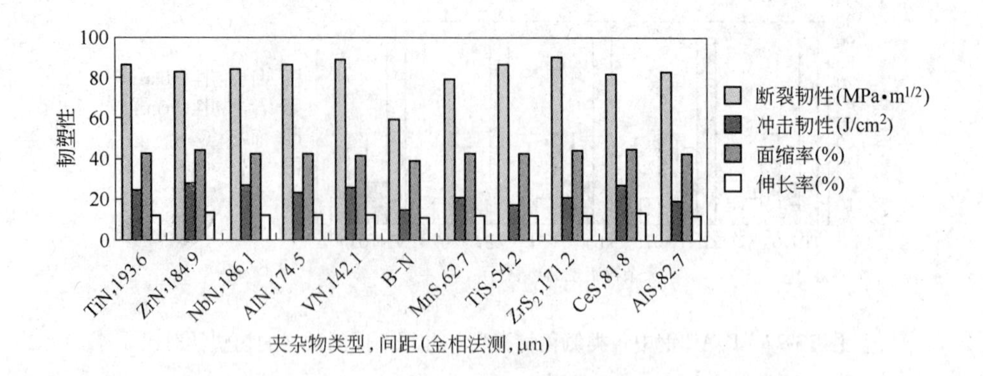

图 13-23　D_6AC 钢中各类夹杂物间距不同的试样的韧塑性对比

高，而含 MnS 夹杂物的试样，即使夹杂物间距不是最短的（$\overline{d}_T^m=62.7\mu m$），但 MnS 随试样变形后，使其尺寸大于 TiS，所以对 K_{1C}的影响也最大。

含各类硫化物夹杂物和夹杂物间距不同的试样的 K_{1C}对比见图 13-24。

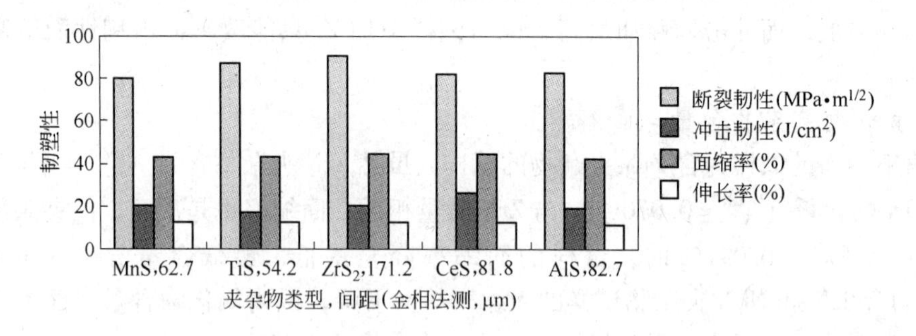

图 13-24　D_6AC 钢中硫化物夹杂物间距（金相法测）不同的试样的韧塑性对比

在五类硫化物中夹杂物间距最长的为 ZrS_2（$\overline{d}_T^m=171\mu m$），使裂纹扩展速度较慢，即断裂韧性较高，其次为含 TiS 的试样。正如上述，TiS 间距最短，但变形度小，尺寸也较小，所以对 K_{1C}的影响低于含 MnS 夹杂物的试样。

含各类氮化物夹杂物和夹杂物间距不同的试样的 K_{1C}对比见图 13-25。

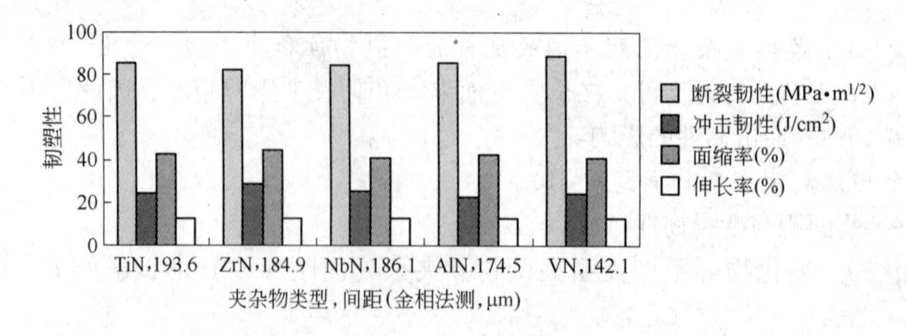

图 13-25　D_6AC 钢中氮化物夹杂物间距（金相法测）不同的试样的韧塑性对比

在五类氮化物中夹杂物间距最长的为 TiN（$\overline{d}_T^m=193.6\mu m$），试样的 K_{1C}仍低于夹杂物间距较小的含 VN 的试样（$\overline{d}_T^m = 142.1\mu m$），说明 TiN 夹杂物对 K_{1C} 的影响大于 VN，即使含 VN 试样中存在少量 MnS，但未对断裂韧性造成影响。

b 夹杂物间距与冲击韧性

含硫化物和氮化物等不同类型夹杂物和夹杂物间距（$\overline{d}_T^m$）的试样的冲击韧性对比见图 13-23。

a_K 值最高的为含 ZrN 夹杂物的试样，其 $\overline{d}_T^m$ 也较大，但 ZrN 夹杂物含量也较高，并未影响冲击韧性。a_K 值次高的是含 NbN 和 CeS 夹杂物的试样，虽然 NbN 夹杂物间距较大，但 CeS 夹杂物间距较小，并未影响冲击韧性。含 B-N 和 TiS 夹杂物试样的冲击韧性最低，B-N 夹杂物试样中裂纹较多是影响 a_K 值的主要原因，而含 TiS 夹杂物试样不仅夹杂物含量最高，同时夹杂物间距也最小，因而含 TiS 夹杂物试样的冲击韧性同时受到夹杂物含量与夹杂物间距的影响。

形貌近似的两种氮化物如 ZrN 和 TiN 对比，ZrN 夹杂物间距小于 TiN 夹杂物间距，而含量是 ZrN 大于 TiN，但冲击韧性仍然是含 ZrN 试样高于含 TiN 试样。

含形貌不同的 ZrN 与 ZrS_2 试样对比，虽然 ZrS_2 的含量远低于 ZrN，而间距较接近，但含 ZrN 试样的冲击韧性却远高于含 ZrS_2 试样，在钢中加入 Zr 后，若只生成 ZrN 则有利于冲击韧性，即夹杂物类型成为影响 a_K 值的主要因素。同样含 TiN 试样与含 TiS 试样对比，由于含 TiS 试样中 TiS 含量远高于含 TiN 试样中 TiN 含量，而间距又小于含 TiN 试样，使含 TiN 试样的冲击韧性远高于含 TiS 试样。两者的差别不是决定于夹杂物的类型，而是夹杂物含量与间距共同影响冲击韧性。

含各类硫化物夹杂物和夹杂物间距不同的试样的 a_K 值对比见图 13-24。

在含五类硫化物夹杂物的试样中，含 CeS 试样的冲击韧性最高，其夹杂物间距与 Al_2S_3 相近，但含量远低于含后者的试样，使夹杂物含量成为影响 a_K 值的主要因素。含 ZrS_2 试样中夹杂物间距远高于含 MnS 试样，且夹杂物含量又远低于含 MnS 试样，但两个试样的冲击韧性完全相同，说明冲击韧性未受夹杂物含量和间距的影响，主要受夹杂物类型的影响，或者说 MnS 夹杂物对冲击韧性的影响远小于 ZrS_2 夹杂物。含 TiS 夹杂物试样的冲击韧性最低，主要受夹杂物含量和间距的影响。

含各类氮化物夹杂物和夹杂物间距不同的试样的 a_K 值对比见图 13-25。

在五类氮化物夹杂物中，含 ZrN 试样的夹杂物间距与含 NbN 试样接近，虽然含 ZrN 试样中夹杂物含量较高，但其冲击韧性仍略高于含 NbN 试样。含 AlN 试样的夹杂物间距大于含 VN 试样，且其含量又低于含 VN 试样，但含 AlN 试样的冲击韧性仍稍低于含 VN 试样，这主要受夹杂物类型的影响。经过对比，在这五类含氮化物试样中，各自的冲击韧性主要取决于氮化物的类型，而夹杂物间距的影响不明显。

B 扫描电镜图测定夹杂物间距（$\overline{d}_T^{SEM}$）

a 夹杂物间距与断裂韧性

含硫化物和氮化物等不同类型夹杂物和夹杂物间距（$\overline{d}_T^{SEM}$）的试样的 K_{1C} 对比见图 13-26。

在含两大类型夹杂物的试样中，K_{1C} 较高的试样仍为含 ZrS_2 夹杂物的试样，即使其夹杂物间距 $\overline{d}_T^{SEM} = 15.6\mu m$，低于含 VN 和 TiS 的试样（$\overline{d}_T^{SEM} = 17.5\mu m$ 和 $\overline{d}_T^{SEM} = 17.7\mu m$），说明含 ZrS_2 夹杂物的试样对 K_{1C} 影响程度较低，从金相观察可知，ZrS_2 对呈六边形，带有棱

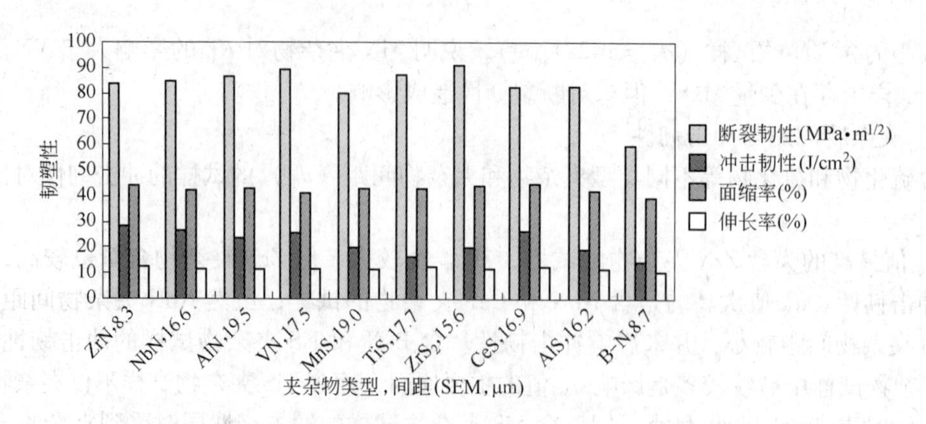

图 13-26　D_6AC 钢中各类夹杂物韧窝间距不同的试样的韧塑性对比

角，但其与基体结合牢固。试样热锻和加工后，ZrS_2 与基体的界面上并未开裂形成微裂纹。因而对断裂韧性的影响反而低于其他种类的夹杂物。在含 BN 的试样中，生成的 BN 量并不高，但试样含 B 后形成金属间化合物，使试样在加工过程中形成较多裂纹，故试样的韧性很低，但不能认为是 BN 夹杂物的影响大于其他夹杂物。

含各类硫化物夹杂物和夹杂物间距（$\bar{d}_T^{SEM}$）不同的试样的 K_{1C} 对比见图 13-27。

在含 5 类硫化物夹杂物的试样中，含有 ZrS_2 的试样的 K_{1C} 最高，但 ZrS_2 的夹杂物间距（$\bar{d}_T^{SEM}$）最短，相反，$\bar{d}_T^{SEM}$ 值最大的含 MnS 试样，K_{1C} 仍为最低，说明夹杂物类型的影响较夹杂物间距即韧窝间距 $\bar{d}_T^{SEM}$ 大，其中起作用的因素难以做出准确判断，从实验结果查找原因，可从表 13-7 上查到，夹杂物最邻近间距 $\delta_j^{MnS}=4.46\mu m$，$\delta_j^{ZrS_2}=5.36\mu m$。即在裂纹失稳扩展之前，大部分夹杂物与基体的界面脱开形成微裂纹，使裂纹扩展沿最邻近已开裂的夹杂物进行，含 TiS 夹杂物试样的 $\delta_j^{TiS}=5.36\mu m$，与含 ZrS_2 夹杂物的 δ_j 完全相同，其 K_{1C} 值也较高。

含各类氮化物夹杂物和夹杂物间距（$\bar{d}_T^{SEM}$）不同的试样的 K_{1C} 对比见图 13-28。

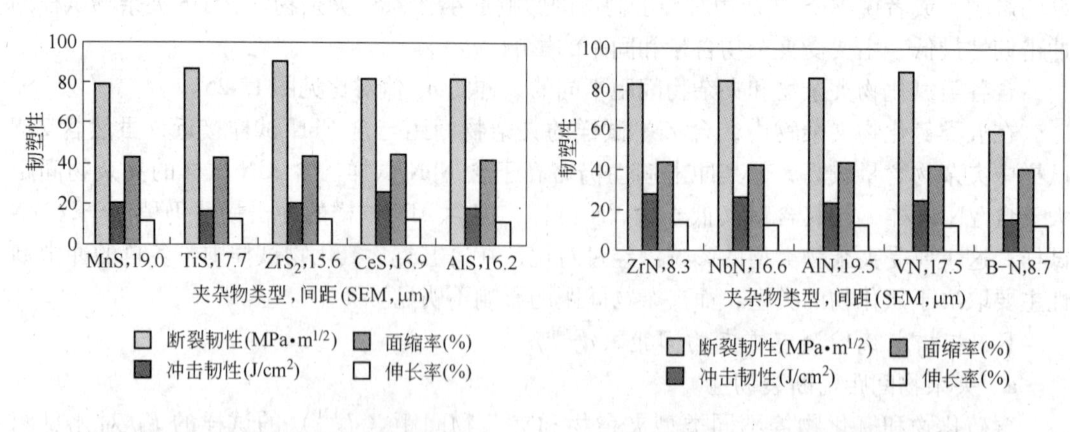

图 13-27　D_6AC 钢中硫化物夹杂物韧窝间距不同的试样的韧塑性对比

图 13-28　D_6AC 钢中氮化物夹杂物韧窝间距不同的试样的韧塑性对比

上面已讨论了含 BN 试样韧性低的原因，这里不再考虑 BN 与其他 4 种氮化物对比，只对 4 种氮化物加以对比，其中含 VN 试样的 K_{1C} 值最高，其次为含 AlN 试样。虽然含 AlN

试样的$\bar{d}_T^{SEM}$值比含 VN 试样的$\bar{d}_T^{SEM}$值高，但前者的 K_{1C}值仍然低于后者。说明以 VN 类型存在的氮化物对断裂韧性影响较小。再比较含 ZrN 和含 NbN 试样，两者 K_{1C}值相差不大，但$\bar{d}_T^{SEM}$值却相差甚大，即含 ZrN 试样的$\bar{d}_T^{SEM}=8.3\mu m$，而含 NbN 试样的$\bar{d}_T^{SEM}=16.6\mu m$，两者相差一倍，说明 ZrN 使断裂韧性下降的程度低于 NbN。从最邻近夹杂物间距 δ_j 看，$\delta_j^{ZrN}=3.27\mu m$，$\delta_j^{NbN}=6.55\mu m$，更进一步说明这两种夹杂物对韧性的影响是夹杂物类型的作用要比夹杂物间距的作用大。

b　夹杂物间距与冲击韧性

含硫化物和氮化物等不同类型夹杂物和夹杂物间距（$\bar{d}_T^{SEM}$）的试样的 a_K 值对比见图 13-26。

除含 BN 试样外，含氮化物类的试样冲击韧性都高于含硫化物类的试样，唯一例外是含 CeS 的 10 号试样，其 a_K 值与含 NbN 试样相同，在含氮化物类试样中，含 ZrN 夹杂物试样的冲击值最高，而 ZrN 夹杂物间距$\bar{d}_T^{SEM}$却是最小的。这说明夹杂物类型对冲击韧性的作用大于$\bar{d}_T^{SEM}$的作用。含 TiS 试样的冲击值最低，但其断裂韧性却是较高的，同样含 ZrS_2 的试样，其断裂韧性最高，而 a_K 也属于较低的，说明 Ti 和 Zr 的硫化物只影响冲击韧性而对断裂韧性的影响较小。

含各类硫化物夹杂物和夹杂物间距不同的试样的 a_K 值对比见图 13-27。

在含五类硫化物夹杂物的试样中，含 CeS 试样的冲击韧性仍是最高的，含 TiS 试样仍是最低的，而含 MnS、ZrS_2 和 AlS 的三种试样的冲击韧性非常接近，尽管它们的$\bar{d}_T^{SEM}$差别较大，可以认为$\bar{d}_T^{SEM}$最小的 ZrS_2 对试样 a_K 值影响并不大。

含各类氮化物夹杂物和夹杂物间距不同的试样的 a_K 值对比见图 13-28。

除含 BN 试样外，含其余 4 种氮化物试样中，含 ZrN 试样的 a_K 最高，其次为含 NbN 和 VN 试样，而含 AlN 试样的 a_K 值较低，虽然它的$\bar{d}_T^{SEM}$最高，说明铝的氮化物对冲击韧性的影响要大于其余氮化物。

13.5.3　夹杂物平均自由程和类型与钢性能的关系

13.5.3.1　平均自由程与断裂韧性

含硫化物和氮化物等不同类型夹杂物和夹杂物不同平均自由程（$\bar{F}$）的试样的 K_{1C}对比见图 13-29。

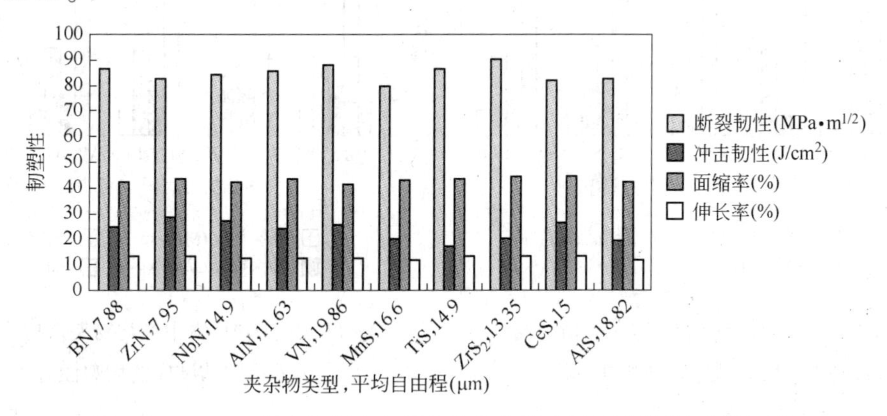

图 13-29　D_6AC 钢中各类夹杂物平均自由程不同的试样的韧塑性对比

平均自由程（$\overline{F}$）代表各类夹杂物中心与其近邻之间的平均距离，$\overline{F}$小，表示裂纹扩展连接的路径较短，裂纹扩展速度较快。从表 13-11 中可以找出$\overline{F}$值最大者为含 VN 试样，但其 K_{1C}值仍然低于 K_{1C}最大的含 ZrS_2 的 9 号试样，虽然两者较为接近，但只从平均自由程考虑，硫化物类夹杂物对 K_{1C}的影响似乎小于氮化物类夹杂物。含 ZrN 试样中夹杂物的平均自由程$\overline{F}=8\mu m$，而含 MnS 的试样，$\overline{F}=16.6\mu m$，即 MnS 的 $\overline{F}$ 比 ZrN 的 $\overline{F}$ 大一倍多，但含 MnS 试样的 K_{1C}值仍然低于含 ZrN 试样，这又说明夹杂物类型的影响，即氮化物类夹杂物对 K_{1C}的影响小于硫化物类夹杂物。如只用平均自由程来解释 K_{1C}值的高低，就存在矛盾，解释这一矛盾问题，需要全面考虑，如考虑试样的晶粒度、夹杂物总数等。

（1）晶粒度。

10 号含 ZrN 试样：10 级；7 号含 MnS 试样：10 级；

9 号含 ZrS_2 试样：11 级；5 号含 VN 试样：9~10 级。

（2）夹杂物总数（$N_{总}$）。

10 号含 ZrN 试样：252 个；7 号含 MnS 试样：2196 个；

9 号含 ZrS_2 试样：294 个；5 号含 VN 试样：427 个。

10 号与 7 号试样的晶粒度相同，但 $N_{总}^{ZrN} \ll N_{总}^{MnS}$，9 号试样与 5 号试样比较，9 号含 ZrS_2 试样晶粒超细，韧性就高，再加上 $N_{总}^{ZrS_2} < N_{总}^{VN}$。

经过上面比较，说明试样晶粒度对韧性的影响大于夹杂物的一般参数；同样在夹杂物各个参数中，夹杂物总数的影响很重要。

含各类硫化物夹杂物和夹杂物 $\overline{F}$ 不同的试样的 K_{1C}对比见图 13-30。

从图 13-30 可以看出，含 ZrS_2 试样的 K_{1C}值最高，其次为含 TiS 试样；从平均自由程 $\overline{F}$ 比较，最大的 $\overline{F}$ 值为含 AlS 试样，但其 K_{1C}值较低，$\overline{F}$ 值相同的含 TiS 和含 CeS 两个试样，K_{1C}值相差较多，同样 $\overline{F}$ 较高的含 MnS 试样，K_{1C}值反而是最低的。在表 13-11 中，硫化物栏内，$\overline{d}_T^m$ 最大者为含 ZrS_2 试样，$\overline{d}_T^m$ 大为含 ZrS_2 试样 K_{1C}值最高的原因之一，但不是唯一原因。正如上述含 ZrS_2 试样的晶粒度属超细，才是 K_{1C}值最高的根本原因。

含各类氮化物夹杂物和夹杂物 $\overline{F}$ 不同的试样的 K_{1C}对比见图 13-31。

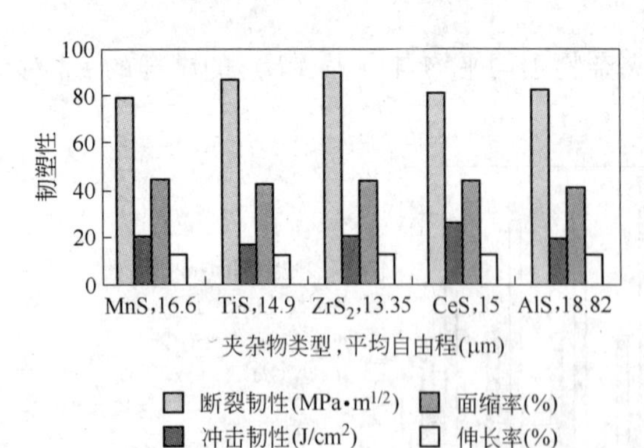

图 13-30　D_6AC 钢中硫化物夹杂物平均自由程不同的试样的韧塑性对比

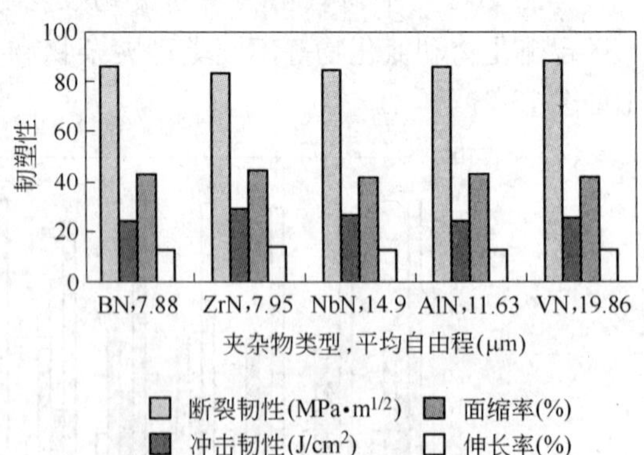

图 13-31　D_6AC 钢中氮化物夹杂物平均自由程不同的试样的韧塑性对比

图 13-31 中，含五类氮化物夹杂物试样的比较，含 VN 试样的 K_{1C}值最高，而含 ZrN 试

样的 K_{1C} 值最低，两者分别对应于 $\overline{F}$ 值最高和最低，同样含 BN 试样作为例外，在含氮化物类夹杂物试样中，夹杂物平均自由程的大小，对试样的断裂韧性起着一定的作用。

13.5.3.2　平均自由程与冲击韧性

含硫化物和氮化物等不同类型夹杂物和夹杂物不同平均自由程的试样的 a_K 值对比见图 13-30 和图 13-31。

在含两大类夹杂物的试样中，冲击韧性最高的为含 ZrN 试样，次高为含 NbN 试样和含 CeS 试样，最低的为含 TiS 试样，其中含 BN 试样例外。从平均自由程看，含 ZrN 试样的 $\overline{F}$ 最低，a_K 值反而最高，从本章全部数据（如 $\overline{d}_T^m$，$\overline{d}_T^{SEM}$，f_V，δ_j 和 W 等夹杂物参数）都无法解释这个问题，只有从 ZrN 本身的性质与冲击能量的关系中去找答案。

$$冲击能量\ CVN = (CVN)_e + (CVN)_p + (CVN)_d$$

式中　$(CVN)_e$——消耗于试样弹性变形的功；

$(CVN)_p$——裂纹形成之前消耗于试样塑性变形的塑性功；

$(CVN)_d$——裂纹形成后直到试样冲断消耗于裂纹扩展功。

本套试样成分相同，热处理后组织相同，只有每个试样所含夹杂物类型不同。夹杂物性质不同，在金属基体性质相同的情况下，塑性变形部分的体积与弹性和塑性变形传导的均匀性成正比例，即传导愈均匀，塑性变形体积愈大，金属基体的韧性也愈高。在冲击能量的三部分中，$(CVN)_e$ 和 $(CVN)_p$ 都决定于弹性变形和塑性变形的传导均匀性。在多种夹杂物类型中，当基体加工变形时，金属基体与夹杂物界面上常有脱开现象，使变形传导的均匀性受到破坏，只有 ZrN 夹杂物会沿加工变形方向分布，而界面并不开裂。因此 ZrN 不会使变形均匀性改变，所以 $(CVN)_e$ 和 $(CVN)_p$ 较高，同时由于 ZrN 与基体不因试样加工后开裂，使裂纹形成延后，因此 $(CVN)_d$ 也较大。这正是 ZrN 夹杂物对试样冲击韧性影响较小的原因。

含各类硫化物夹杂物和夹杂物 $\overline{F}$ 不同的试样的 a_K 对比见图 13-30。

由图 13-30 可知，在含五类硫化物夹杂物的试样中，含 CeS 试样的冲击韧性最高，而最低的为含 TiS 夹杂物的试样，虽然两夹杂物的 $\overline{F}$ 值相同，但由于夹杂物的性质不同（稀土夹杂物与基体接触紧密，而 TiS 夹杂物质硬，加工后易破碎），所以钢中加入稀土可以提高韧性，并已被大量实验证实。

含各类氮化物夹杂物和夹杂物 $\overline{F}$ 不同的试样的 a_K 对比见图 13-31。

由图 13-31 可知，含 ZrN 夹杂物试样的 a_K 值在含各类夹杂物试样中仍然是最高的，次高的为含 NbN 夹杂物的试样，两夹杂物的平均自由程相差近一倍，可见这仍然取决于夹杂物的性质。同样，VN 夹杂物的 $\overline{F}$ 大于 NbN 夹杂物，但含 VN 试样的 a_K 仍稍低于含 NbN 试样。

13.5.4　伸张区平均宽度和夹杂物类型与钢性能的关系

伸张区是由 K_{1C} 试样预制疲劳裂纹尖端附近的基体产生局部屈服和应变集中引起的，也是应力弛豫导致裂纹钝化的结果。伸张区的大小可用以表征材料韧性的高低，无论预制疲劳裂纹扩展方式是解理的还是韧性的，都可以观察到伸张区。根据文献介绍，R. C. Bates 等测量伸张区宽度时发现这个宽度的变化与伸张区平均宽度比较，相差为 ±50%。造成这种差别的原因是由于伸张区同预裂纹和韧窝之间的边界呈波浪式改变。因此对所测伸张区平均宽度，只能用于相对比较。本套试样所含夹杂物类型不同，各试样伸张区平均宽度能反应不同类型的夹杂物对断裂韧性的影响。

含硫化物和氮化物不同类型夹杂物和伸张区平均宽度不同的试样的断裂韧性对比见图13-32。

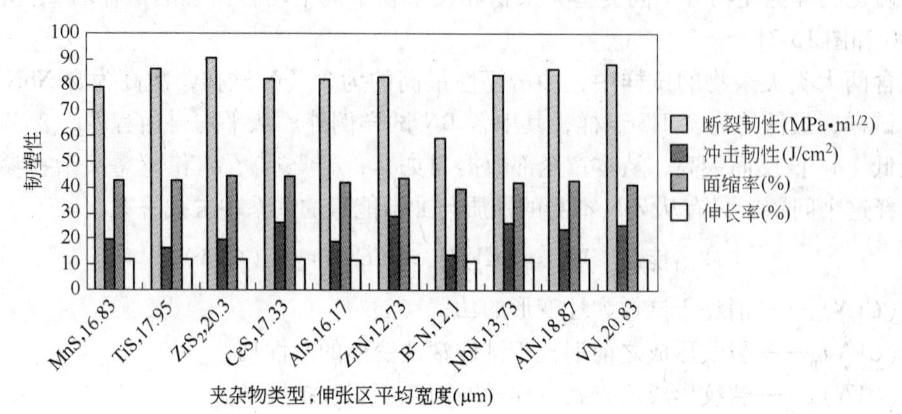

图 13-32 D_6AC 钢中含夹杂物类型和伸张区宽度不同的试样的韧塑性对比

如图13-32所示，含两类夹杂物的试样的 K_{1C} 最高的为9号含 ZrS_2 的试样（$\overline{S}_z$ = 20.3μm），次高的为5号含VN的试样（$\overline{S}_z$ = 20.3μm），较高的有两个试样，即4号含AlN试样（$\overline{S}_z$ = 18.8μm）和8号含TiS试样（$\overline{S}_z$ = 17.9μm），即伸张区平均宽度 $\overline{S}_z$ 最大的试样的 K_{1C} 值也最大，$\overline{S}_z$ 较大的试样，K_{1C} 值也较大，说明伸张区平均宽度与 K_{1C} 值完全对应，其中含BN试样所对应的 $\overline{S}_z$ 值最小，故其 K_{1C} 值也最小。

含各类硫化物夹杂物和伸张区平均宽度不同的试样的 K_{1C} 对比见图13-33。

图13-33所示含五类硫化物夹杂物的试样的 K_{1C} 值最高的为9号含 ZrS_2 试样（$\overline{S}_z$ = 20.3μm）；次高的为8号含TiS试样（$\overline{S}_z$ = 17.95μm），虽然10号含CeS试样的 $\overline{S}_z$ 值与8号试样的相近，但两者的 K_{1C} 值相差较大，说明在含硫化物类夹杂物试样中，TiS夹杂物对试样 K_{1C} 值的影响较小。

含各类氮化物夹杂物和伸张区平均宽度不同的试样的 K_{1C} 对比见图13-34。

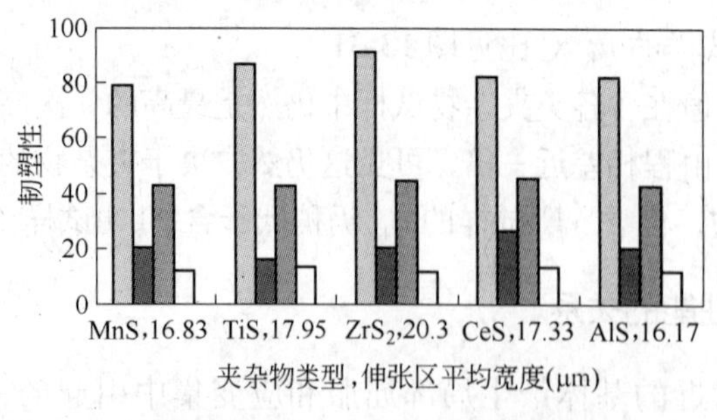

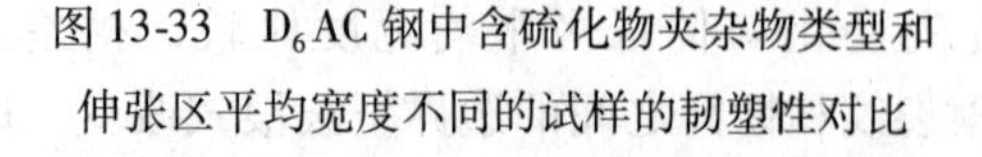

图 13-33 D_6AC 钢中含硫化物夹杂物类型和伸张区平均宽度不同的试样的韧塑性对比

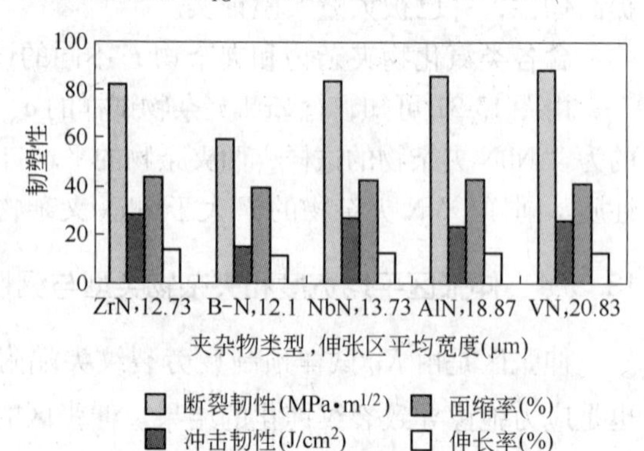

图 13-34 D_6AC 钢中含氮化物夹杂物类型和伸张区平均宽度不同的试样的韧塑性对比

图 13-34 所示含五类氮化物夹杂物的试样的 K_{1C} 值最高的为 5 号含 VN 试样（$\overline{S}_z$ = 20.83μm）；次高的为 4 号含 AlN 试样（$\overline{S}_z$ = 18.8μm）；伸张区平均宽度 $\overline{S}_z$ 值较小的含 ZrN 和含 NbN 试样，其 K_{1C} 值相对较低，即除含 BN 试样外，伸张区平均宽度的大小与断裂韧性的大小完全对应，这一结果说明用伸张区平均宽度量度 K_{1C} 值是正确的，同时也说明本项目实验所测伸张区平均宽度具有可比性。

13.5.5 曲线图观察试样韧性与夹杂物参数的关系

将表 13-11 的数据，按夹杂物含量和间距的顺序绘成曲线图，以观察韧性随夹杂物参数的变化。

13.5.5.1 各类夹杂物试样的冲击韧性和断裂韧性与夹杂物参数的关系

前面已讨论了不同类型的夹杂物参数与韧性对比，现不考虑夹杂物类型的作用，只按夹杂物不同参数的顺序绘成曲线，以观察它们与韧性的关系。

A 冲击韧性（a_K）与夹杂物参数

按夹杂物含量（f_V）和间距（$\overline{d}_T^m$）的顺序将表 13-11 中的相关参数列于表 13-12 中。

表 13-12 各类夹杂物含量和间距与试样冲击韧性

夹杂物类型	CeS	NbN	TiN	AlN	MnS	Al_2S_3	TiS
含量 f_V/%	0.031	0.050	0.052	0.070	0.087	0.107	0.139
试样冲击韧性 a_K/J·cm^{-2}	26.3	26.2	24.5	3.7	20.2	19.0	16.9
夹杂物类型	TiS	MnS	Al_2S_3	VN	AlN	ZrN	TiN
间距 $\overline{d}_T^m$/μm	54.2	62.7	82.7	142.1	174.5	184.9	193.6
试样冲击韧性 a_K/J·cm^{-2}	16.9	20.2	19.0	25.3	23.7	26.2	24.5

按表 13-12 所列数据的顺序绘图，f_V 与 a_K 的关系见图 13-35，$\overline{d}_T^m$ 与 a_K 的关系见图 13-36。图 13-35 中曲线的变化趋势接近于直线，今分别按线性回归和非线性回归分析 f_V 与 a_K 之间的关系，得出下列方程：

$$a_K = 30 - 9800f_V \tag{13-3}$$

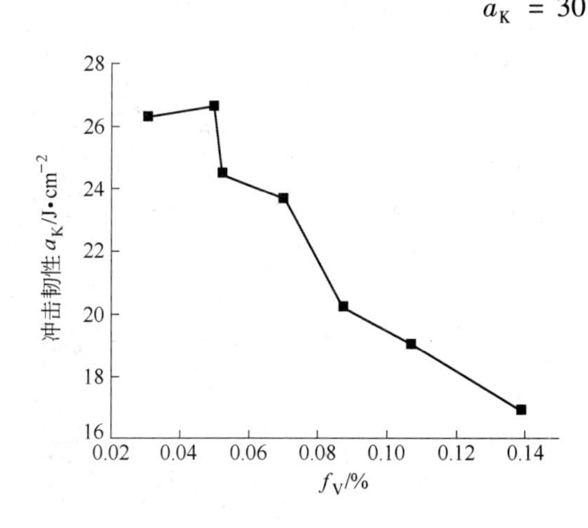

图 13-35 D_6AC 钢试样中各类夹杂物含量与冲击韧性的关系

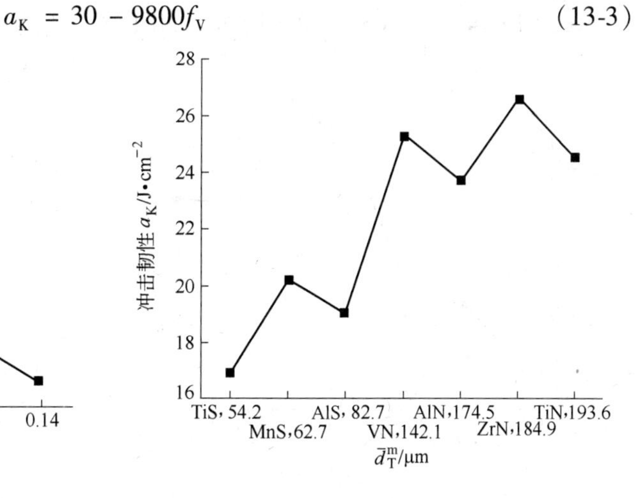

图 13-36 D_6AC 钢试样中各类夹杂物间距与冲击韧性的关系

$$R = 0.9685,\ S = 1.03,\ N = 7$$

$$a_K = 30.78 - 12141 f_V + 1375500 f_V^2 \tag{13-4}$$

$$R^2 = 0.93984,\ S = 1.13,\ N = 7$$

按式（13-3）和式（13-4）分别计算 a_K 值，并与实验测定的 a_K 值对比，计算结果列于表 13-13 中。

表 13-13 回归方程计算的 a_K 值与实验测定值对比

夹杂物类型	CeS	NbN	TiN	AlN	MnS	Al_2S_3	TiS
实验测定 a_K/J · cm^{-2}	26.3	26.6	24.5	23.7	20.2	19.0	16.9
式（13-3）计算的 a_K/J · cm^{-2}	26.96	25.10	24.90	23.14	21.41	19.46	16.38
式（13-4）计算的 a_K/J · cm^{-2}	27.15	25.05	24.84	22.96	21.26	19.36	16.56

按式（13-3）和式（13-4）计算的 a_K 值均与实验值相近，且两个方程的相关性显著水平也接近，但在应用时，选用线性回归方程式（13-1）更为方便，同时也说明试样的冲击韧性随夹杂物含量的变化规律，与单一种夹杂物含量同冲击韧性的关系是相同的，即冲击韧性与夹杂物含量存在线性关系。

图 13-36 所示为各类夹杂物间距与冲击韧性的关系，试样的冲击韧性随 $\overline{d}_T^m$ 增大而呈锯齿状上升，两者之间不存在线性关系，但冲击韧性随夹杂物间距增大而上升的趋势不变。

B 断裂韧性（K_{1C}）与夹杂物参数

将各类夹杂物试样中的夹杂物参数按大小顺序列于表 13-14 中。

表 13-14 各类夹杂物间距和伸张区平均宽度与断裂韧性按顺序排列表

夹杂物类型	MnS	CeS	Al_2S_3	VN	ZrS_2	AlN	TiN
夹杂物间距 $\overline{d}_T^m$/μm	62.7	81.8	82.7	142.1	171.2	174.5	193.6
断裂韧性 K_{1C}/MPa · m$^{1/2}$	79.7	82.3	82.8	88.7	90.8	86.4	86.7
夹杂物类型	BN	MnS	CeS	TiS	AlN	ZrS_2	VN
伸张区平均宽度 $\overline{S}_z$/μm	12.1	16.8	17.3	18.0	18.9	20.3	20.8
断裂韧性 K_{1C}/MPa · m$^{1/2}$	59.7	79.7	82.3	87.1	86.4	90.8	88.7

按表 13-14 所列数据的顺序绘图，如图 13-37 和图 13-38 所示。

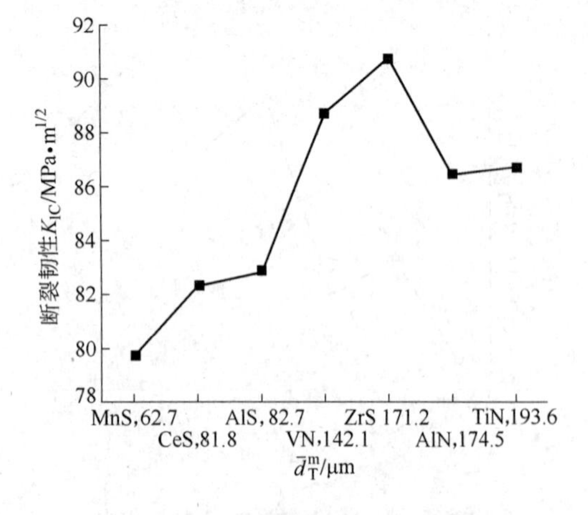

图 13-37 D_6AC 钢中各类夹杂物间距与断裂韧性的关系

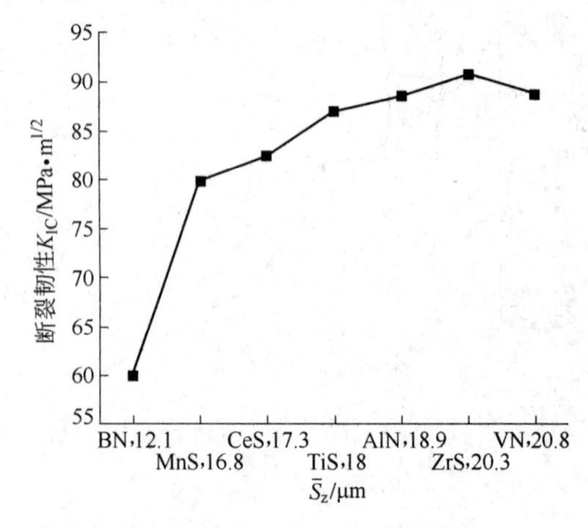

图 13-38 D_6AC 钢中伸张区平均宽度不同的各类夹杂物试样与其断裂韧性的关系

图 13-37 所示为各类夹杂物间距（$\bar{d}_T^m$）与试样断裂韧性 K_{1C} 的关系，K_{1C} 随 $\bar{d}_T^m$ 增大而逐渐上升，达到峰值后又开始下降。在单一夹杂物试样中，$\bar{d}_T^m$ 与 K_{1C} 之间存在较好的线性关系，但本套试样中夹杂物类型各异，对 K_{1C} 的影响程度不同，故 K_{1C} 未随 $\bar{d}_T^m$ 增大而呈线性上升。

同样，图 13-38 所示为 7 个试样的伸张区平均宽度 $\bar{S}_z$ 与其断裂韧性的关系，随 $\bar{S}_z$ 增大，K_{1C} 值增加，但含 VN 夹杂物的试样，$\bar{S}_z$ 稍大于含 ZrS_2 的试样，但其 K_{1C} 值反而有所下降，若去掉含 VN 试样，选用 6 个试样的数据绘图（见图 13-39），同样可得出试样 K_{1C} 值随其伸张区平均宽度增大而上升。将这两套关系曲线，分别进行回归分析，其回归方程为：

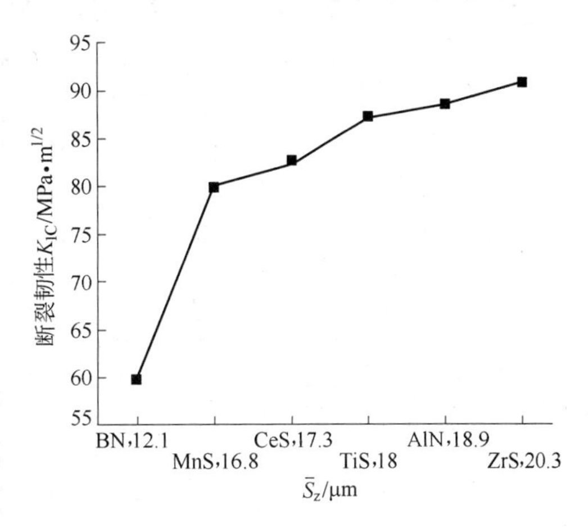

图 13-39　D_6AC 钢中含各类夹杂物的试样的伸张区宽度与 K_{1C} 的关系

$$K_{1C} = 65.91 + 4.12\bar{S}_z \tag{13-5}$$

$$R = 0.829,\ S = 6.57,\ N = 7$$

$$K_{1C} = 652.96 + 5.15\bar{S}_z \tag{13-6}$$

$$R = 0.8663,\ S = 6.22,\ N = 6$$

根据式（13-5）和式（13-6）计算的 K_{1C} 值与实验测定值的对比见表 13-15。

表 13-15　各类夹杂物试样的 K_{1C} 实验值与计算值的对比

夹杂物类型	BN	MnS	CeS	TiS	AlN	ZrS_2	VN
伸张区平均宽度 $\bar{S}_z$/μm	12.1	16.8	17.3	18.0	18.9	20.3	20.8
实测断裂韧性 K_{1C}/MPa · m$^{1/2}$	59.7	79.7	82.3	87.1	86.4	90.8	88.7
式（13-5）计算的 K_{1C}/MPa · m$^{1/2}$	115.76	135.13	137.19	140.07	143.78	149.55	151.61
式（13-6）计算的 K_{1C}/MPa · m$^{1/2}$	125.3	149.5	152.1	155.7	160.3	167.5	—

从表 13-15 中可以看出，按回归方程式（13-5）和式（13-6）计算的 K_{1C} 值与实验值相差很大，说明各类夹杂物试样的 K_{1C} 值与其 $\bar{S}_z$ 值之间并不存在线性关系，但在单一种夹杂物试样中，两者之间存在线性关系。尽管从曲线的走势看，K_{1C} 随 $\bar{S}_z$ 增大而上升，但曲线的变化随夹杂物类型不同而存在波动，从而破坏了它们之间的线性关系。

13.5.5.2　总结

图 13-35 ~ 图 13-39 所示为含各类夹杂物试样的韧性与夹杂物含量、间距之间的关系，说明冲击韧性随夹杂物含量增加而逐步下降，并具有较好的线性关系，但 a_K 随 $\bar{d}_T^m$ 的变化呈锯齿状上升，这点与含单一夹杂物试样不同，K_{1C} 随 $\bar{d}_T^m$ 和 $\bar{S}_z$ 的变化，虽呈上升趋势，但偏离直线，这点也与含同一种夹杂物试样不同，因此在考虑建立断裂模型时，应增加试样存在不同夹杂物的因素。

13.5.6　各类夹杂物含量相近的各试样的韧性对比

将表 13-11 所列数据，按夹杂物含量（f_V）相近的试样组合后，列于表 13-16 中。

表 13-16　夹杂物含量相近的各种试样韧性对比

序 号	夹杂物 f_V/%（类型）	K_{1C}/MPa · $m^{1/2}$	a_K/J · cm^{-2}	δ/%	ψ/%
1	0.052 ~ 0.051（TiN—NbN）	86.7 ~ 84.3（TiN > NbN）	24.5 ~ 26.6（TiN < NbN）	12.8 ~ 12.3（TiN > NbN）	42.6 ~ 42.1（TiN > NbN）
2	0.075 ~ 0.070（ZrN—Al-N）	83.4 ~ 86.4（ZrN < Al-N）	28.6 ~ 23.7（ZrN > Al-N）	13.3 ~ 12.3（ZrN > Al-N）	44.0 ~ 43.1（ZrN > Al-N）
3	0.091 ~ 0.087（VN—MnS）	88.7 ~ 79.7（VN > MnS）	25.3 ~ 20.2（VN > MnS）	12.1 ~ 11.9（VN > MnS）	41.4 ~ 43.1（VN < MnS）
4	0.025 ~ 0.031（ZrS_2—CeS）	90.8 ~ 82.3（ZrS_2 > CeS）	20.2 ~ 26.3（ZrS_2 < CeS）	12.3 ~ 12.7（ZrS_2 < CeS）	44.4 ~ 44.8（ZrS_2 ≤ CeS）
5	0.139 ~ 0.107（TiS—Al_2S_3）	87.1 ~ 82.0（TiS > Al_2S_3）	16.9 ~ 19.0（TiS < Al_2S_3）	12.8 ~ 11.7（TiS > Al_2S_3）	43.0 ~ 42.2（TiS > Al_2S_3）

在第 4 组中，ZrS_2 和 CeS 的含量较低，排除夹杂物含量低的影响，重新按 K_{1C} 和 a_K 值高低顺序排列于下：

K_{1C}：VN—TiS—TiN—AlN—NbN—ZrN—Al_2S_3—CeS—MnS—BN

a_K：ZrN—NbN—CeS—VN—TiN—AlN—MnS/ZrS_2—Al_2S_3—TiS—BN

此种排序方法可以看得更清楚，多数氮化物类试样的韧性优于硫化物类试样。在硫化物类试样中，K_{1C}值较高的是含 TiS 夹杂物的试样，冲击韧性较高的是含 CeS 夹杂物的试样。含 TiS 夹杂物试样的 f_V 值最高，但其 K_{1C} 也较高，冲击韧性因 f_V^{TiS} 高而最低（含 BN 试样例外）。说明这种夹杂物，由于细小分散分布，且试样的晶粒度级别最高。因而未影响断裂韧性。含 CeS 夹杂物的试样，因 f_V 值小，故其 a_K 值高于两种氮化物（VN、AlN）类试样。

综上分析可以肯定氮化物类夹杂物对韧性危害程度小于硫化物类夹杂物。夹杂物含量对冲击韧性的影响又大于对断裂韧性的影响。

13.5.7　断裂模型的验证

将含有各类夹杂物的试样所测相关参数代入已有的断裂韧性模型中计算 K_{1C}值，计算结果列于表 13-17 中。

表 13-17　断裂韧性实验值与计算值对比

锭号	设计类型	K_{1C}（实测值）/MPa·$m^{1/2}$	按模型计算的 K_{1C}/MPa · $m^{1/2}$										
			$K_{1C}=\sqrt{2E\sigma_{ys}S}$					$K_{1C}=\left(\sigma_{ys}+\sigma_b+\frac{En}{2}\right)(2\pi d_T)^{\frac{1}{2}}$					$K_{1C}=\frac{\sqrt{2\left(\frac{\pi}{2}\right)^{\frac{1}{3}}\sigma_{ys}\bar{a}}}{\sqrt[6]{V_V}}$
			$S=\bar{F}$	$S=T_Z$	$S=\bar{L}_m$	$S=\bar{d}_T^m$	$S=\bar{d}_T^{SEM}$	$d_T=\bar{F}$	$d_T=T_Z$	$d_T=\bar{L}_m$	$d_T=\bar{d}_T^m$	$d_T=\bar{d}_T^{SEM}$	
1-2	ZrN	83.4	65.3	88.4	44.8	336.7	71.0	53.1	71.8	36.4	273.7	39.9	132.5
1-3	B-N	59.7	68.1	84.4	39.7	—	68.7	55.8	69.2	32.5	—	38.8	—

续表 13-17

锭号	设计类型	K_{1C}（实测值）/MPa·m$^{1/2}$	按模型计算的 K_{1C}/MPa · m$^{1/2}$										
			$K_{1C}=\sqrt{2E\sigma_{ys}S}$					$K_{1C}=\left(\sigma_{ys}+\sigma_b+\frac{En}{2}\right)(2\pi d_T)^{\frac{1}{2}}$					$K_{1C}=\frac{\sqrt{2\left(\frac{\pi}{2}\right)^{\frac{1}{3}}\sigma_{ys}\bar{a}}}{\sqrt[6]{V_V}}$
			$S=\bar{F}$	$S=T_Z$	$S=\bar{L}_m$	$S=\bar{d}_T^m$	$S=\bar{d}_T^{SEM}$	$d_T=\bar{F}$	$d_T=T_Z$	$d_T=\bar{L}_m$	$d_T=\bar{d}_T^m$	$d_T=\bar{d}_T^{SEM}$	
1-4	NbN	84.3	96.2	92.3	63.8	342.1	101.5	78.0	74.9	51.7	277.4	57.2	117.3
1-5	Al-N	86.4	86.2	109.8	61.6	333.8	111.0	69.6	88.7	49.8	269.6	62.5	124.4
1-6	VN	88.7	113.3	116.1	76.0	303.0	105.8	91.2	93.4	61.2	243.9	59.4	113.0
2-1	MnS	79.8	102.0	102.7	52.9	198.2	109.2	82.6	83.2	42.8	160.6	61.5	47.7
2-2	TiS	87.1	97.4	106.9	58.4	173.4	105.6	78.6	86.3	47.2	150.0	59.4	48.8
2-3	ZrS_2	90.8	92.0	113.4	58.3	329.4	99.4	74.3	91.6	47.1	266.0	55.9	86.7
2-4	CeS	82.3	97.1	104.4	67.0	226.8	102.8	78.6	84.4	54.2	183.5	57.8	44.0
2-5	Al_2S_3	82.8	108.5	100.5	64.0	227.4	100.6	87.8	81.4	51.8	167.3	56.0	66.8

本套试样测量较多夹杂物参数，为肯定所测参数与断裂韧性之间存在的关系，特按断裂韧性与相关参数之间的定量表达式作为部分断裂模型加以验证。

根据 Birkle 和 Spitzig 的工作得出：夹杂物平均间距（d）、过程区尺寸（d_T）、临界裂纹张开位移（V_c）和伸张区平均宽度（$\bar{S}_z$）等参数具有同一量级，且数值也十分接近。Rice 早期提出如下公式：

$$K_{1C}=\sqrt{2E\sigma_{ys}S}\tag{13-7}$$

式中　E——试样的弹性模量；

σ_{ys}——屈服强度；

S——夹杂物平均间距。

Krafft 经过修正后的关系式为：

$$K_{1C}=\left(\sigma_{ys}+\sigma_b+\frac{En}{2}\right)(2\pi d_T)^{\frac{1}{2}}\tag{13-8}$$

式中　n——应变硬化指数；

d_T——断裂过程区尺寸。

Raphupathy 根据图像仪测定的夹杂物参数代入 Rice 方程，其中

$$S=\left(\frac{\pi}{6V_V}\right)^{\frac{1}{3}}\bar{a}$$

式中　$\bar{a}$——夹杂物颗粒的平均尺寸，$\bar{a}=\frac{V_V}{N_L}=\frac{\text{金相试片上夹杂物体积分数}}{\text{每单位长度上切割夹杂物数目}}$。

因此 Rice 方程变成 Rice + Broek 方程，即

$$K_{1C}=\frac{\sqrt{2\left(\frac{\pi}{2}\right)^{\frac{1}{3}}\sigma_{ys}\bar{a}}}{\sqrt[6]{V_V}}\tag{13-9}$$

本套试样中所测夹杂物平均自由程、断裂过程区平均宽度、夹杂物最邻近间距和夹杂物平均间距 $\overline{d}_T^m$ 和 $\overline{d}_T^{SEM}$ 分别代入式（13-7）、式（13-8）和式（13-9）中，计算结果列于表 13-17 中。计算中所用常数 n 和 E，为用过去试样所测结果，即 $n=0.0478$，$E=2.15\times10^4\text{kg/mm}^2=2.1\times10^5\text{MPa}$。

用夹杂物最邻近间距和平均间距分别代入式（13-7）、式（13-8）和式（13-9），计算的 K_{1C} 值与实验值均不符合，若将实验所测平均自由程（$\overline{F}$）和断裂过程区平均宽度（T_Z）分别代入式（13-8）时，计算的 K_{1C} 值与实验值大部分接近（占 70%）；当 $\overline{F}$ 代入式（13-7）时，AlN 和 ZrS_2 夹杂物完全相符；而以 T_Z 代入式（13-7）时，只有 ZrN 和 NbN 夹杂物试样的计算值与实验值较接近。

因此，Krafft 修正后的方程具有实际应用价值。式（13-8）中的 d_T 与实验测定的夹杂物平均自由程和过渡区平均宽度是一致的。而本套试样所测夹杂物间距不一致。

13.5.8 本章总结

（1）韧性与夹杂物含量。本套试样中夹杂物类型不同，但韧性仍受夹杂物含量的影响，其中冲击韧性的变化与试样中夹杂物含量呈线性关系。

（2）韧性与夹杂物类型。氮化物类夹杂物对韧性的有害作用小于硫化物类夹杂物。

（3）夹杂物参数。本套试样中夹杂物的平均自由程和断裂过渡区平均宽度与 Krafft 修正方程中的 d_T 一致。

第 14 章　夹杂物类型与钢性能关系总结

第 3 ~ 11 章中分别叙述了 D_6AC 钢、16Mn 钢、15MnTi 钢、45 钢、42CrMoA 钢和 4145H 钢中夹杂物对钢性能的影响。由于这些钢的强度各异，因而夹杂物对钢性能的影响也不同，因此，本章只能选用同一种 D_6AC 钢进行总结。由于 D_6AC 钢试样的回火温度并不相同，只选用 550℃ 回火的 D_6AC 钢中夹杂物对钢性能的影响加以总结。对 550℃ 回火的 D_6AC 钢试样中所测夹杂物的参数，如类型、尺寸、含量等也不相同，在各参数中，只选用各类夹杂物的含量与试样韧性的关系进行比较。所选韧性分别为试样的断裂韧性和冲击韧性。夹杂物类型有 TiN、ZrN、NbN、AlN、VN、Zr-S、CeS、MnS、Al-S、TiS 以及同时含有 TiN 和 MnS 或 ZrN 和 MnS 的试样。夹杂物含量 f_V 范围为 0.025% ~0.676%。在实际的超高强度钢 D_6AC 钢中，夹杂物含量远低于这一范围。

首先从第 3 ~8 章中，将 550℃ 回火的 D_6AC 钢试样中各类夹杂物含量，试样断裂韧性、冲击韧性，按夹杂物含量顺序排列，归并于表 14-1 中。

表 14-1　D_6AC 钢中夹杂物类型、含量与韧性（550℃ 回火）

编　号	序　号	锭　号	夹杂物类型	夹杂物含量 f_V/%	K_{1C}/MPa · $m^{1/2}$	a_K/J · cm^{-2}
1	1	2-3	Zr-S	0.025	90.8	20.2
	2	2-4	CeS	0.031	82.3	26.3
	3	1	ZrN	0.037	95.7	30.9
	4	7	MnS	0.042	95.1	46.9
2	5	1-4	NbN	0.051	84.3	26.6
	6	1-1	TiN	0.052	86.7	24.5
	7	2	ZrN	0.052	95.7	29.7
	8	1	TiN	0.062	94.7	36.4
	9	3	ZrN	0.060	90.5	26.2
3	10	1-5	AlN	0.070	86.4	23.7
	11	4	ZrN	0.071	89.9	29.1
	12	1-2	ZrN	0.075	83.4	28.6
4	13	2	MnS + TiN	0.081	99.8	36.8
	14	2-1	MnS	0.087	79.7	20.2
	15	1	MnS + TiN	0.088	98.9	35.5
5	16	1-6	VN	0.091	88.7	25.3
	17	5	ZrN	0.098	87.3	21.6
	18	2	TiN	0.098	86.4	35.8
	19	2-5	Al-S	0.107	82.8	19.0

续表 14-1

编 号	序 号	锭 号	夹杂物类型	夹杂物含量f_V/%	K_{1C}/MPa·$m^{1/2}$	a_K/J·cm^{-2}
6	20	6	ZrN	0.126	79.9	19.1
	21	8	MnS	0.137	90.9	42.8
	22	2-2	TiS	0.139	87.1	16.9
7	23	3	TiN	0.150	84.1	31.9
	24	4	TiN	0.176	82.2	36.7
	25	9	MnS	0.189	84.5	37.5
	26	5	TiN	0.203	78.5	47.5
8	27	3	MnS + TiN	0.216	87.4	31.9
	28	14	MnS + ZrN	0.222	88.3	34.7
	29	4	MnS + TiN	0.224	84.9	30.6
	30	10	MnS	0.241	85.3	33.0
	31	5	MnS + TiN	0.249	79.1	28.2
9	32	13	MnS + ZrN	0.252	85.4	41.6
	33	6	MnS + TiN	0.255	73.5	25.7
	34	7	MnS + TiN	0.264	71.3	24.5
	35	6	TiN	0.273	79.9	35.8
10	36	16	MnS + ZrN	0.300	67.8	23.7
	37	11	MnS	0.308	78.5	31.4
	38	8	MnS + TiN	0.329	65.1	23.3
	39	12	MnS	0.372	76.1	27.1
11	40	15	MnS + ZrN	0.425	79.8	27.4
	41	7	TiN	0.448	76.0	25.8
	42	17	MnS + ZrN	0.534	70.0	19.6
	43	18	MnS + ZrN	0.676	68.3	20.4

14.1 含量相近夹杂物类型不同的试样的韧性对比

将表 14-1 中各组数据，按夹杂物类型对试样冲击韧性进行对比，归并列于表 14-2 中，以做定性对比。

表 14-2 含量相近的各类夹杂物与试样韧性对比

组 别	含量范围f_V/%	夹杂物类型		夹杂物类型	
		K_{1C}最高的	K_{1C}最低的	a_K 最高的	a_K 最低的
1	0.025~0.042	ZrN	CeS	MnS	Zr-S
2	0.051~0.060	ZrN	NbN	TiN(G)	TiN(Lo)
3	0.070~0.075	ZrN(M)	ZrN(Lo)	ZrN	AlN
4	0.081~0.088	TiN + MnS	MnS	TiN + MnS	MnS

续表 14-2

组　别	含量范围 f_V/%	夹杂物类型		夹杂物类型	
		K_{1C} 最高的	K_{1C} 最低的	a_K 最高的	a_K 最低的
5	0.091 ~ 0.107	VN	Al-S	TiN	Al-S
6	0.126 ~ 0.139	MnS	ZrN	MnS	TiS
7	0.150 ~ 0.203	MnS	TiN	TiN(5 号)	TiN(3 号)
8	0.216 ~ 0.249	ZrN + MnS	TiN + MnS	ZrN + MnS	TiN + MnS
9	0.252 ~ 0.273	ZrN + MnS	TiN + MnS	ZrN + MnS	TiN + MnS
10	0.300 ~ 0.372	MnS	TiN + MnS	MnS	TiN + MnS
11	0.425 ~ 0.676	ZrN + MnS(15 号)	ZrN + MnS(18 号)	ZrN + MnS(15 号)	ZrN + MnS(17 号)

从表 14-2 的定性对比中可以认为：（1）ZrN 对断裂韧性和 MnS 对冲击韧性在夹杂物低含量范围内影响较小。（2）MnS 和 TiN 对冲击韧性影响较小。（3）Ce-S、Al-S、Zr-S 和 Ti-S 这四种特殊硫化物均影响试样的断裂韧性和冲击韧性。（4）试样中同时存在两种夹杂物时，在夹杂物含量低的范围内，TiN + MnS 对断裂韧性和冲击韧性影响较小；但当夹杂物含量增高时，ZrN + MnS 与韧性的关系优于 TiN + MnS。

14.2　各类夹杂物含量与试样韧性的定量关系

从表 14-2 中各组所对应的 K_{1C} 和 a_K 最高值时的夹杂物含量列于表 14-3 中。

表 14-3　各类夹杂物含量与试样韧性

夹杂物类型	ZrN	ZrN	ZrN	MnS + TiN	VN	MnS	MnS	MnS + ZrN	MnS + ZrN	MnS	MnS + ZrN
f_V/%	0.037	0.052	0.071	0.081	0.091	0.137	0.189	0.222	0.252	0.308	0.425
K_{1C}/MPa · m$^{1/2}$	95.7	95.7	89.9	99.8	88.7	90.9	84.5	88.3	85.4	78.5	79.8
夹杂物类型	MnS	TiN	ZrN	MnS + TiN	TiN	MnS	TiN	MnS + ZrN	MnS + TrN	MnS	TiN
f_V/%	0.042	0.062	0.071	0.081	0.098	0.137	0.203	0.222	0.252	0.308	0.448
a_K/J · cm^{-2}	46.9	36.4	29.1	36.8	25.3	42.8	47.5	34.7	41.6	31.4	25.8

将表 14-3 中数据作图，如图 14-1 和图 14-2 所示。图 14-1 所示为各类夹杂物含量 f_V

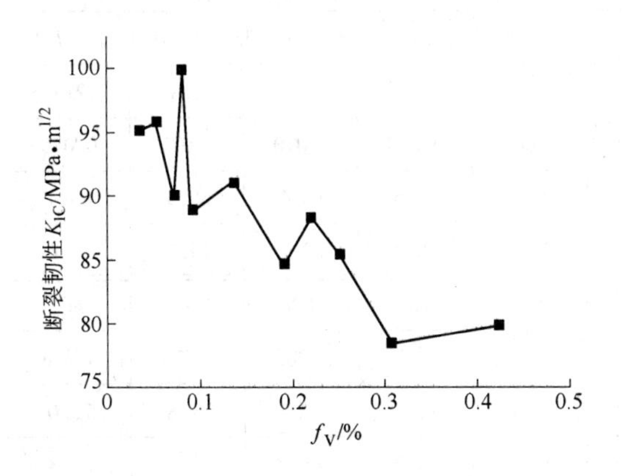

图 14-1　D_6AC 钢试样中各类夹杂物含量与断裂韧性的关系

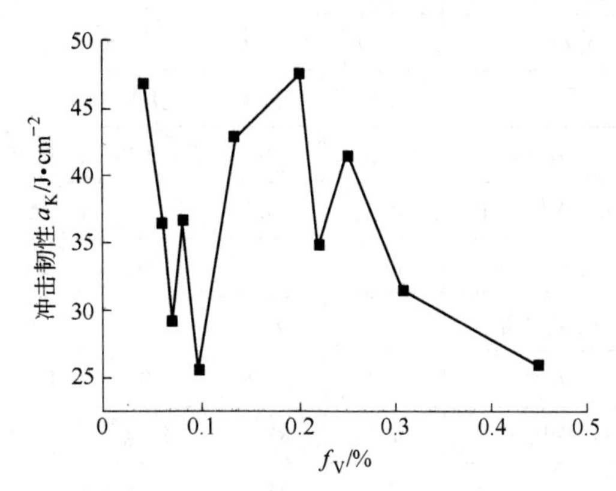

图 14-2　D_6AC 钢试样中各类夹杂物含量与冲击韧性的关系

与断裂韧性 K_{1C} 的关系，随 f_V 增大，K_{1C} 逐步下降，具有明显的规律性，经回归分析后得出：

$$K_{1C} = 96.7 - 4640f_V \tag{14-1}$$

$$R = -0.8589, S = 3.58, N = 11$$

线性回归相关系数不小于0.735（$a = 0.01$ 时要求的 R 值）。说明回归方程式（14-1）线性相关显著性明显，即多种夹杂物含量与 K_{1C} 之间存在线性关系。再利用式（14-1）计算 K_{1C} 值，并与实验值对比，见表14-4。

表14-4 K_{1C} 计算值与实测值对比 （$MPa \cdot m^{\frac{1}{2}}$）

计算值	95.0	94.3	93.4	92.9	92.5	90.3	87.9	86.3	85.0	82.4	77.0
实验值	95.7	95.7	89.9	99.8	88.7	90.9	84.5	88.3	85.4	78.5	79.8
误差/%	0.7	1.4	-3.9	6.9	-4.3	0.6	-4.0	2.2	0.4	-4.9	3.5

按回归方程计算的值与实验值最大的误差为6.9%，应该说计算值与实验值较好符合，故式（14-1）成立，说明550℃回火的超高强度钢的断裂韧性与夹杂物含量之间存在线性关系；虽然试样中夹杂物类型不同，断裂韧性仍随夹杂物含量增加而逐步下降。

图14-2中冲击韧性 a_K 随夹杂物含量 f_V 的变化虽呈下降趋势，但无明显规律，说明夹杂物类型不同的各试样中的夹杂物含量对冲击韧性的影响各不相同。

14.3 硫化物类与氮化物类夹杂物试样的韧性对比

按表14-1中硫化物类和氮化物类夹杂物含量多少的顺序，将夹杂物含量与试样韧性列于表14-5中。

表14-5 硫化物类和氮化物类夹杂物含量与试样韧性

硫化物	Zr-S	CeS	MnS	MnS	Al-S	MnS	TiS	MnS	MnS	MnS	MnS
f_V/%	0.025	0.031	0.042	0.087	0.107	0.137	0.139	0.189	0.241	0.308	0.372
K_{1C}/$MPa \cdot m^{1/2}$	90.8	82.3	95.1	79.7	82.8	90.9	87.1	84.5	85.3	78.5	76.1
a_K/$J \cdot cm^{-2}$	20.2	26.3	46.9	20.2	19.0	42.8	16.7	37.5	33.0	31.4	27.1

氮化物	ZrN	NbN	TiN	ZrN	TiN	ZrN	AlN	ZrN	ZrN
f_V/%	0.037	0.051	0.052	0.052	0.062	0.060	0.070	0.071	0.075
K_{1C}/$MPa \cdot m^{1/2}$	95.7	84.3	86.7	95.7	94.7	90.5	86.4	89.9	83.4
a_K/$J \cdot cm^{-2}$	30.9	26.6	24.5	29.7	36.4	26.2	23.7	29.1	28.6
氮化物	VN	ZrN	TiN	ZrN	TiN	TiN	TiN	TiN	TiN
f_V/%	0.091	0.098	0.098	0.126	0.150	0.176	0.203	0.273	0.448
K_{1C}/$MPa \cdot m^{1/2}$	88.7	87.3	86.4	79.9	84.1	82.2	78.5	77.8	76.0
a_K/$J \cdot cm^{-2}$	25.3	21.6	35.8	19.1	31.9	36.7	47.5	35.8	25.8

为便于比较，将表14-5中的数据画成直方图，如图14-3和图14-4所示。

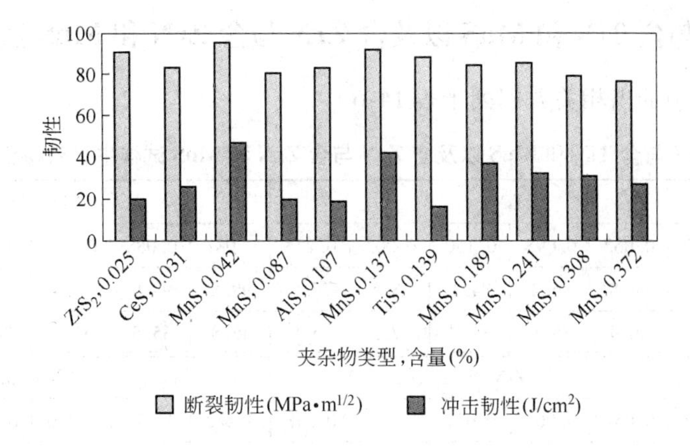

图 14-3　D_6AC 钢中不同类型和含量的硫化物试样的韧性对比

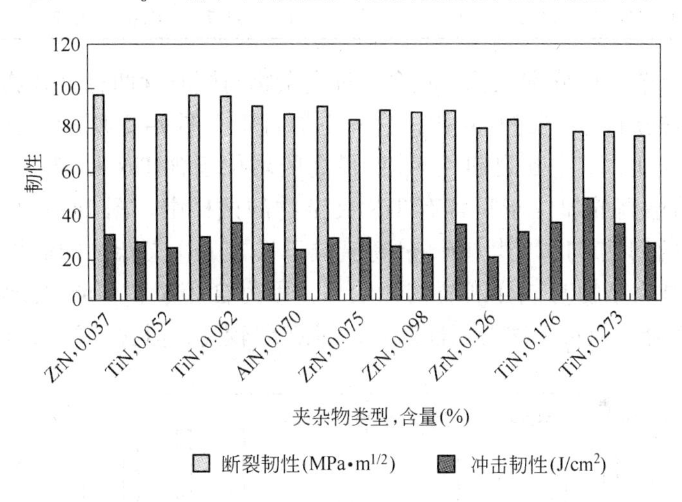

图 14-4　D_6AC 钢中各类氮化物含量不同试样的韧性对比

14.3.1　硫化物类夹杂物试样的韧性对比

从图 14-3 中可以看出，MnS 夹杂物的含量（f_V = 0.042%）虽然高于 Zr-S 和 CeS 夹杂物，但试样断裂韧性（K_{1C}）却高于后两者，而冲击韧性（a_K）也是最高的。TiS 夹杂物含量处于中间值，但试样冲击韧性却是最低的。从图 14-3 的对比中说明 MnS 夹杂物对 K_{1C} 的影响较小，而 TiS 夹杂物却严重影响冲击韧性。

14.3.2　氮化物类夹杂物试样的韧性对比

图 14-4 中，ZrN 夹杂物含量最低（0.037%）时，K_{1C}值最高，但 a_K 值却低于 TiN 含量较高的试样。当f_V^{ZrN} >0.052%后，含 TiN 夹杂物试样的 K_{1C}和 a_K 均高于含 ZrN 夹杂物的试样，当f_V 均为 0.098%时，两者 K_{1C}值相近，但 $a_K^{TiN} > a_K^{ZrN}$，即使f_V 较高时也是如此。说明 TiN 夹杂物对 a_K 值的影响不仅小于 ZrN 夹杂物，同时也小于 NbN、AlN 和 VN 等夹杂物。通过比较，说明 ZrN 夹杂物对 K_{1C}影响较小，而 TiN 夹杂物对 a_K 影响更小。

14.4 含 TiN 与含 TiN 和 MnS 以及含 ZrN 与含 ZrN 和 MnS 试样的韧性对比

今从表 14-1 中抽出相关数据列于表 14-6 中。

表 14-6 含 TiN 与含 TiN 和 MnS 以及含 ZrN 与含 ZrN 和 MnS 试样中夹杂物含量与试样韧性

夹杂物类型	TiN						TiN + MnS					
f_V/%	0.052	0.062	0.098	0.150	0.203	0.273	0.081	0.088	0.216	0.224	0.249	0.255
K_{1C}/MPa · m$^{1/2}$	86.7	94.8	86.4	84.1	78.5	77.8	99.8	98.9	87.4	87.9	79.1	73.5
a_K/J · cm^{-2}	24.5	36.4	35.8	31.9	47.5	35.8	36.8	35.5	31.9	30.6	28.2	25.7
夹杂物类型	ZrN						ZrN + MnS					
f_V/%	0.037	0.052	0.060	0.071	0.075	0.098	0.222	0.252	0.300	0.425	0.534	0.676
K_{1C}/MPa · m$^{1/2}$	95.7	95.7	90.5	89.9	83.4	87.3	88.3	85.4	67.8	79.8	70.0	68.3
a_K/J · cm^{-2}	30.9	29.7	26.2	29.1	28.6	21.6	34.7	41.6	23.7	27.4	29.6	20.4

在前面相关章节中已分别比较了只含一种夹杂物与同时含两种夹杂物试样的韧性。现将表 14-6 中的数据用直方图进行对比，这样更加直观。图 14-5 所示为含 TiN 与含 TiN 和 MnS 试样的韧性对比，其中断裂韧性 K_{1C} 值最高的均位于含 TiN 和 MnS 夹杂物的试样中；但冲击韧性 a_K 值最高的却位于只含有 TiN 夹杂物的试样中。图 14-6 所示为含 ZrN 与含 ZrN 和 MnS 试样的韧性对比，其中 K_{1C} 最高值位于只含 ZrN 夹杂物的试样，但不能因此下结论认为只含一种夹杂物时试样断裂韧性较高，因为含 ZrN 和 MnS 夹杂物试样中，f_V 值偏高，造成 K_{1C} 下降。但对于冲击韧性来说，即使 f_V 较高，但含 ZrN 和 MnS 夹杂物的试样

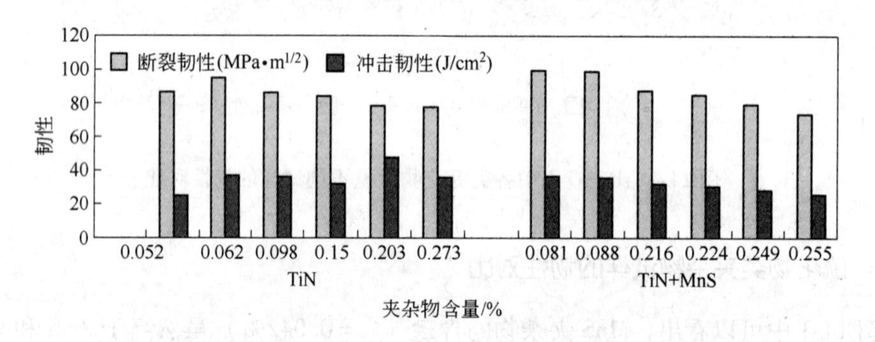

图 14-5 含 TiN 与含 TiN 和 MnS 夹杂物试样的韧性对比

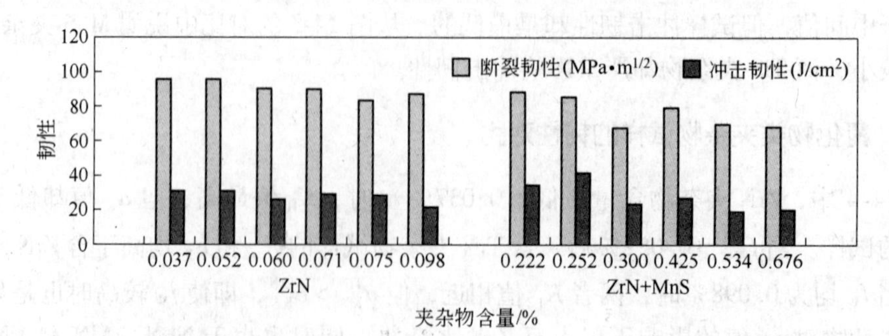

图 14-6 含 ZrN 与含 ZrN 和 MnS 夹杂物试样的韧性对比

的 a_K 值仍高于 f_V 较低的只含 ZrN 夹杂物的试样。说明当试样中含有两种夹杂物时，对冲击韧性的影响远小于只含一种夹杂物的试样。与此相反，含有 TiN 和 MnS 两种夹杂物的试样对冲击韧性的影响却大于只含 TiN 一种夹杂物的试样。这对超高强度钢而言，是否应根据构件对性能的要求，以避免不利于韧性的夹杂物类型？

14.5　含量不同夹杂物类型不同试样的韧性对比

将表 14-1 中所列数据分成两种含量范围，并补充相关数据，列于表 14-7 中。

表 14-7　夹杂物含量为 0.031% ~0.139% 和 0.200% ~0.676% 的相关数据

编号	夹杂物类型	含量 f_V/% (0.03% ~0.139%)	断裂韧性 K_{1C} /MPa · $m^{1/2}$	冲击韧性 /J · cm^{-2}	编号	夹杂物类型	含量 f_V/% (0.200% ~0.676%)	断裂韧性 K_{1C} /MPa · $m^{1/2}$	冲击韧性 /J · cm^{-2}
1	CeS	0.031	82.3	26.3	1	TiN	0.200	78.5	47.5
2	ZrN	0.037	95.7	30.9	2	M + T	0.216	87.4	31.9
3	NbN	0.051	84.3	26.6	3	M + T	0.224	84.9	30.6
4	TiN	0.052	86.7	24.5	4	M + T	0.249	79.1	28.1
5	ZrN	0.056	96.3	38.1	5	M + T	0.255	73.5	25.7
6	TiN	0.060	94.8	36.4	6	M + T	0.264	71.3	24.5
7	ZrN	0.067	90.5	33.0	7	TiN	0.270	79.9	35.9
8	ZrN	0.069	89	36.3	8	MnS	0.286	95.1	46.9
9	AlN	0.070	86.4	23.7	9	MnS	0.290	90.9	42.8
10	ZrN	0.075	83.4	28.4	10	M + T	0.329	65.1	23.2
11	M + T	0.081	99.8	36.8	11	M + T	0.360	67.8	23.6
12	ZrN	0.086	87.3	27.0	12	TiN	0.450	85.4	41.6
13	MnS	0.087	79.7	20.2	13	M + Z	0.453	85.4	41.6
14	M + T	0.088	98.9	35.5	14	MnS	0.494	78.5	39.2
15	VN	0.091	88.7	25.3	15	MnS	0.506	83.3	41.3
16	TiN	0.100	86.5	35.8	16	M + Z	0.582	88.3	34.6
17	Al-S	0.107	82.8	19.0	17	M + Z	0.676	68.3	20.5
18	ZrN	0.113	79.9	27.3					
19	Ti-S	0.139	87.1	16.9					

注：M + T 表示 MnS + TiN；M + Z 表示 MnS + ZrN。

夹杂物含量在 0.031% ~0.139% 范围内含各类夹杂物试样的韧性对比见图 14-7。

断裂韧性最高的 3 个试样分别为含 MnS 和 TiN 以及含 ZrN 夹杂物的试样，其含量范围分别为 $f_V^{M+T}=0.081\%$，$f_V^{M+T}=0.088\%$ 和 $f_V^{ZrN}=0.037\%$。断裂韧性最低的 4 个试样，分别为含 Al-S、CeS、ZrN 和 MnS 夹杂物的试样。首先说明含硫化物类夹杂物试样断裂韧性较低，其中含 ZrN 夹杂物的试样受夹杂物含量的影响较明显。当 $f_V^{ZrN}=0.037\%$ 时，断裂韧性较高，当 f_V^{ZrN} 增大到 0.113% 时，断裂韧性明显下降，说明在同一类型的试样中，断裂韧性随试样中夹杂物含量增大而下降，在不同类型的各试样中，对断裂韧性影响较大的为硫化物类夹杂物。

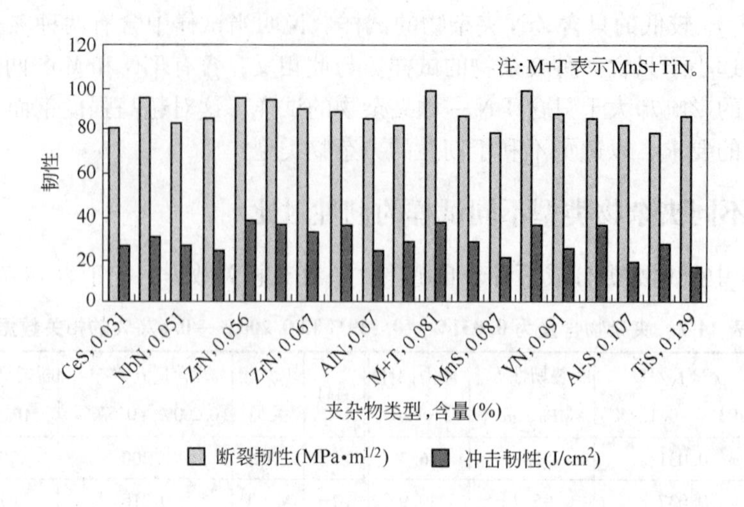

图 14-7 D_6AC 钢中夹杂物类型、含量不同的试样的韧性对比

冲击韧性最高的 3 个试样分别为含 ZrN 和含 TiN 夹杂物的试样；而冲击韧性最低的 3 个试样分别为含 TiS、Al-S 和 MnS 夹杂物的试样。同样说明硫化物类夹杂物对冲击韧性的影响远大于氮化物类夹杂物的影响。但在对比的含量范围内，TiS 的夹杂物含量最高（$f_V^{TiS}=0.139\%$），因而 TiS 夹杂物对冲击韧性的影响受类型和含量的共同作用。再比较 TiN 和 ZrN 夹杂物与试样冲击韧性的关系，当 TiN 夹杂物 f_V^{TiN} 增至 0.100% 时，冲击韧性仍然较高，而 ZrN 夹杂物 f_V^{ZrN} 增至 0.113% 时，冲击韧性却大为下降，说明在含氮化物类夹杂物中，TiN 夹杂物对冲击韧性的影响小于 ZrN 夹杂物。

夹杂物含量在 0.200% ~0.676% 范围内含各类夹杂物试样的韧性对比见图 14-8。

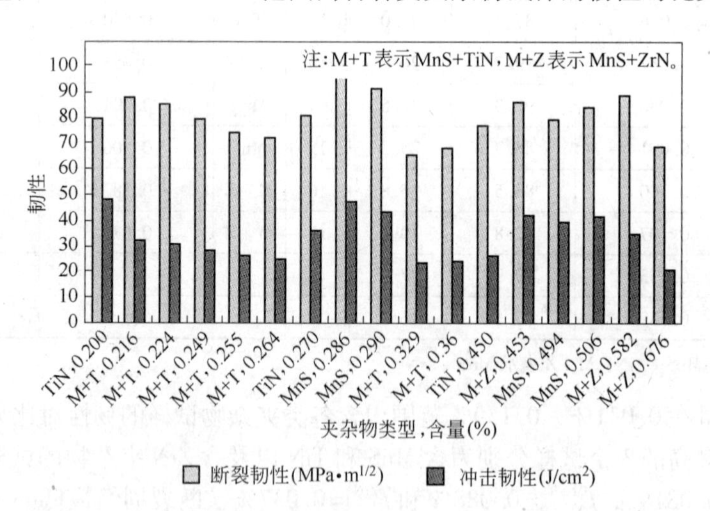

图 14-8 D_6AC 钢中夹杂物类型、含量不同的试样的韧性对比

断裂韧性最高的试样分别为含 MnS（$f_V=0.286\%$）、MnS（$f_V=0.290\%$）以及 MnS 和 ZrN（$f_V=0.582\%$）的 3 个试样，而断裂韧性最低的 3 个试样分别为含 MnS 和 TiN（$f_V=0.360\%$）、MnS 和 TiN（$f_V=0.329\%$）以及 MnS 和 ZrN（$f_V=0.676\%$）的试样。从

夹杂物类型看，含 MnS 和 TiN 夹杂物的试样，断裂韧性偏低，而只含 MnS 夹杂物的试样，断裂韧性均较高。所含夹杂物为 MnS 和 ZrN 的试样，当夹杂物含量为 0.582% 时，断裂韧性仍然较高，但当含量进一步增大到 0.676% 时，断裂韧性降至最低。MnS 和 ZrN 夹杂物的影响是否存在门槛值？这首先应保证所测夹杂物含量的准确性，而测定 MnS 和 ZrN 夹杂物试样的含量采用的是图像仪，由于仪器的敏感性，会将一些类似颗粒记入 MnS 和 ZrN 的数量中。所以不能肯定是测试误差，还是存在影响断裂韧性的夹杂物含量门槛值。

另外，在此含量范围内的含 TiN 夹杂物试样的断裂韧性均偏低，说明在高含量范围内，TiN 对断裂韧性影响较大，而 MnS 夹杂物却未影响断裂韧性，这点与前面在较低含量范围内夹杂物对断裂韧性的影响正好相反，即低含量范围内硫化物夹杂物使断裂韧性下降，而在高含量范围内硫化物夹杂物对断裂韧性的影响远低于氮化物夹杂物。

冲击韧性最高的 3 个试样分别为含 TiN（$f_V = 0.200\%$）、MnS（$f_V = 0.286\%$）和 MnS（$f_V = 0.290\%$）的试样，其次为含 MnS 和 ZrN（$f_V = 0.453\%$）以及含 MnS（$f_V = 0.506\%$）的试样；冲击韧性最低的 3 个试样分别为含 MnS 和 TiN（$f_V = 0.360\%$ 和 $f_V = 0.329\%$）以及含 MnS 和 ZrN（$f_V = 0.676\%$）的试样。从夹杂物类型看，同时含有 MnS 和 TiN 的试样的冲击韧性偏低；从夹杂物含量看，同时含 MnS 和 ZrN 的试样，当夹杂物含量小于 0.582% 时，并不影响冲击韧性，但当夹杂物含量进一步增加时，冲击韧性降至最低。说明同时含有 MnS 和 ZrN 夹杂物的试样，当含量小于 0.582% 时，韧性较高；当含量大于 0.582% 时，韧性急剧下降。

14.6　夹杂物参数与断裂韧性模型检验

14.6.1　文献介绍

本节全面总结夹杂物参数与断裂韧性的关系，试图得出 K_{1C} 与夹杂物参数之间定量关系的表达式。

钢中非金属夹杂物，作为钢材内部的亚微观缺陷，在受力的情况下，由夹杂物萌生的裂纹往往造成钢的断裂，如超高强度钢在低应力下的断裂。我们系统研究了 D_6AC 超高强度钢中夹杂物的类型、含量、分布、尺寸和夹杂物间距等参数对断裂韧性 K_{1C} 值的影响。根据所获得的大量实验数据对已提出的韧断模型进行验证，并结合夹杂物的具体参数挑选并修改后提出实用的韧断模型，这些模型表达了钢中夹杂物与断裂韧性之间的定量关系，这对简化失效分析将是有用的。

1964 年 Krafft 在断裂力学兴起的早期阶段提出断裂韧性 K_{1C} 值与材料的塑性流变性质之间存在下列关系：

$$K_{1C} = E\left(\frac{\sigma_{ys} + \sigma_T}{E} + \frac{n}{2}\right)\sqrt{2\pi d_T} \tag{14-2}$$

式中，σ_{ys} 和 σ_T 分别为材料的屈服强度和抗张强度；E 为弹性模量；n 为应变硬化指数；d_T 为断裂过程区尺寸。所谓断裂过程区是指位于抗张失稳出现的裂纹尖端的区域，即由于发生失稳断裂前，在裂纹尖端存在的一过渡区。1967 年 Brikle 认为 K_{1C} 值与断裂发生之前裂纹尖端张开的尺度有关，假定裂纹尖端张开尺寸达到临界值 $2V_c$ 时即将出现失稳断裂，平面应变断裂韧性 K_{1C} 与临界裂纹张开位移（$2V_c$）之间存在下列关系：

$$K_{1C} = \sqrt{2E\sigma_{ys}(2V_c)} \tag{14-3}$$

1968 年 Hahn 和 Rosenfield 认为 K_{1C}除与 E 和 σ_{ys} 有关外，还与断裂时裂纹尖端的塑性区宽度 W^* 和断裂真应变 ε_f^* 有关，所以 K_{1C}的表达式应为：

$$K_{1C} = \sqrt{\frac{2}{3}E\sigma_{ys}\varepsilon_f^* W^*} \tag{14-4}$$

之后，Rice 和 Johnsson 于 1970 年首次把夹杂物平均间距 $\bar{d}_T$ 引入 K_{1C} 的关系式中，得出：

$$K_{1C} = \sqrt{4.55(\varepsilon_f^* + 0.23)E\sigma_{ys}\bar{d}_T} \tag{14-5}$$

Schwalbe 于 1973 年在模型中又引入材料的泊松比（ν），其表达式为：

$$K_{1C} = \frac{\sigma_{ys}}{1-2\nu}\left[\pi S(1+n)\left(\frac{E\varepsilon_f^*}{\sigma_{ys}}\right)^{1+n}\right]^{\frac{1}{2}} \tag{14-6}$$

与此同时，Osborne 和 Embury 提出的模型为：

$$K_{1C} = \sqrt{\sigma_b E\varepsilon_f^* S\ln\frac{\varepsilon_f^*}{\varepsilon_y}} \tag{14-7}$$

$$\varepsilon_y = \frac{\sigma_{ys}}{E}$$

式中 σ_b——拉伸极限。

式（14-6）和式（14-7）中的 S 通常视为与夹杂物间距相同的量。

陈篪提出的模型为：

$$K_{1C} = \sqrt{\frac{E}{1-\nu^2}\frac{\pi}{4}d_T\sigma_F\varepsilon_F g(\varepsilon_F, n)} \tag{14-8}$$

式中 σ_F——断裂应力；

ε_F——平面应变断裂真应变；

$g(\varepsilon_F, n)$——与 ε_F 和 n 有关的一个参数。

从上述七种 K_{1C}的表达式中可以看出两个特点：一是都包括一个长度参量，如 W^*、S、d_T 和 $\bar{d}_T$；二是以经典强度理论作为断裂依据，式(14-4)～式(14-7)是以特征距离内的应变值达到临界值为断裂判据，而式（14-8）则以特征距离内最大应力达到临界值作为断裂判据。

Spitzig 对上述几种模型中所用长度参量之间的关系用透射电镜进行过研究，他所用试样是 Bikle 的 A、C 号，为 0.42C-Ni-Cr-Mo 钢样，测试结果见表 14-8。

表 14-8 0.42C-Ni-Cr-Mo 钢试样中的几种断裂参数

钢 号	S 含量/%	K_{1C} /MPa · m$^{1/2}$	断裂过程区尺寸 /μm	临界裂纹张开位移 $2V_c$/μm	伸张区平均宽度 /μm	夹杂物平均间距 /μm
A	0.008	71.7	10.2	8.8	10.0	6.1
C	0.025	25.0	5.8	5.3	5.0	4.4

从表 14-8 可以看出几种断裂长度参数与夹杂物平均间距属于同一数量级，因此可以

用夹杂物平均间距代替上述模型中的长度参量。除了其量级相同以外，就夹杂物在钢的韧性断裂过程中的行为考虑，裂纹在夹杂物上成核与断裂应变和夹杂物尺寸之间存在对应关系，而裂纹的扩展又与夹杂物间距存在对应关系，因此用夹杂物平均间距代替上述模型中的 d_T 和 $2V_c$ 是可行的。作者曾对模型式（14-3）做过一点修改，将 $2V_c$ 换成 $\bar{d}_T$，即

$$K_{1C} = \sqrt{2E\sigma_{ys}\bar{d}_T} \tag{14-9}$$

D. 布洛克考虑到断裂韧性除与塑性流变和某个长度参量有关外，还与第二相颗粒或夹杂物的尺寸和含量有关，因而提出下列模型：

$$K_{1C} = \alpha E F_V^{-\frac{1}{6}}\left[\frac{d}{\varepsilon_f^*\phi(f)}\right]^{\frac{1}{2}} \tag{14-10}$$

式中　d——夹杂物直径；

$\phi(f)$——中等尺寸颗粒的体积分数 f 的函数；

F_V——颗粒的体积分数；

ε_f^*——临界断裂真应变。

为使式（14-10）能应用于实际钢中存在的夹杂物，需要做些假设，即设 d 为夹杂物的平均尺寸：

$$\phi(f) = \frac{1}{d_T}$$

则式（14-10）可变成

$$K_{1C} = \alpha E f_V^{-\frac{1}{6}}\bar{a}^{\frac{1}{2}}\varepsilon_f^{*-\frac{1}{2}}\bar{d}_T^{\frac{1}{2}} \tag{14-11}$$

式中，$\alpha = \left[2\left(\frac{\pi}{6}\right)^{\frac{1}{3}}C\right]^{\frac{1}{2}}$，$C = \frac{\varepsilon_f^*\sigma_y\phi(f)}{E} = \frac{\varepsilon_f^*\sigma_y}{E\bar{d}_T}$。

用拉伸断裂应变（ε_f）代替临界断裂真应变 ε_f^*，则 C 变成 α。将上述 K_{1C}表达式与夹杂物参数更为接近者选作计算 K_{1C}的模型如下：

模型 1　$K_{1C} = (2E\sigma_{ys}\bar{d}_T)^{\frac{1}{2}}$

模型 2　$K_{1C} = [4.55(\varepsilon_f^* + 0.23)E\sigma_{ys}\bar{d}_T]^{\frac{1}{2}}$

模型 3　$K_{1C} = E\left(\frac{\sigma_{ys}+\sigma_T}{E} + \frac{n}{2}\right)\sqrt{2\pi d_T}$

模型 4　$K_{1C} = \alpha E f_V^{-\frac{1}{6}}\bar{a}^{\frac{1}{2}}\varepsilon_f^{*-\frac{1}{2}}\bar{d}_T^{\frac{1}{2}}$

14.6.2　实验方法

实验方法已在前面几章中作了介绍，现再做简单说明。为了验证和修正上列有关计算 K_{1C}值的模型，需要配制类型和含量不同的夹杂物试样。

14.6.2.1　试样的冶炼

以工业纯铁为原料，在 250kg 真空感应炉中按 D_6AC 超高强度钢的成分炼成母合金，以此作原料，再在 10 ~ 25kg 真空感应炉中配成夹杂物试样。先后配成五套夹杂物含量和类型不同的试样。母合金的成分（质量分数）为：0.40% ~ 0.48% C，0.22% ~ 0.27% Si，0.50% ~ 0.80% Mn，0.70% ~ 0.86% Ni，0.95% ~ 1.1% Mo，0.95% ~ 1.1% Cr，P <

0.005%，[O]<0.002%。夹杂物类型为 TiN、MnS、MnS + TiN、ZrN 和 TiS。

14.6.2.2　热处理

正火 900℃，保温 2h，空冷；淬火 880℃，保温 30min，油冷；TiN 试样使用两种回火温度，即 510℃和 550℃，其余试样均为 550℃回火。

14.6.2.3　夹杂物的定性和定量

夹杂物的定性方法为金相法、扫描电镜分析、X 光衍射和金相深腐刻技术。夹杂物定量分析用金相法和图像仪定量，用金相法和扫描断口照片测定夹杂物间距（$\bar{d}_T$），采用的近似公式为：

$$\bar{d}_T = \sqrt{\frac{A}{N}}$$

式中　A——所测视场总面积；

N——夹杂物总数。

14.6.2.4　裂纹在夹杂物上成核和扩展观察

用平板拉伸试样观察裂纹在夹杂物上成核和扩展，以了解夹杂物类型和间距在裂纹成核和扩展中的作用。

14.6.2.5　试样晶粒和组织评定

分别用化学法和氧化法鉴别每个试样的晶粒度和金相组织，以保证所测断裂韧性值不受微观组织的影响。

14.6.3　各章试样的夹杂物数据

所有实验结果已在前面各章中列出，今选部分数据列于表 14-9 中，按式(14-2) ~ 式(14-5)计算的 K_{1C}值与实验值的对比列于表 14-10 中。

表 14-9　夹杂物尺寸（$\bar{a}$）、间距（$\bar{d}_T$）和含量（f_V）

含 TiN 夹杂物的试样						含 MnS 夹杂物的试样		
510℃			550℃					
$\bar{a}$/μm	$\bar{d}_T^{SEM}$/μm	f_V/%	$\bar{a}$/μm	$\bar{d}_T^{SEM}$/μm	f_V/%	$\bar{a}$/μm	$\bar{d}_T^{SEM}$/μm	f_V/%
1.8	32.85	0.026	1.46	20.1	0.06	29.85	2.88	0.042
1.8	28.96	0.049	1.87	16.3	0.098	49.1	2.74	0.137
2.1	23.85	0.071	2.14	16.1	0.176	87.6	2.39	0.189
2.0	22.36	0.089	2.01	18.35	0.203	110.07	2.30	0.308
2.0	21.02	0.103	2.01	15.03	0.273	174.5	1.90	0.372
2.3	19.18	0.149	1.88	16.75	0.448	—	—	—
含 ZrN 夹杂物的试样			含 TiS 夹杂物的试样			含 TiN + MnS 夹杂物的试样		
$\bar{a}$/μm	$\bar{d}_T$/μm	f_V/%	$\bar{a}$/μm	$\bar{d}_T$/μm	f_V/%	$\bar{a}$/μm	$\bar{d}_T$/μm	f_V/%
11.07	14.94	0.04	1.99	2.91	0.025	3.7	20.0	0.088
14.5	12.44	0.052	2.61	2.69	0.079	4.95	21.0	0.081
14.86	13.58	0.060	2.07	2.51	0.120	6.9	18.0	0.216

续表 14-9

含 ZrN 夹杂物的试样			含 TiS 夹杂物的试样			含 TiN + MnS 夹杂物的试样		
$\bar{a}$/μm	$\bar{d}_T$/μm	f_V/%	$\bar{a}$/μm	$\bar{d}_T$/μm	f_V/%	$\bar{a}$/μm	$\bar{d}_T$/μm	f_V/%
19.31	13.09	0.071	1.51	2.14	0.210	8.85	17.0	0.224
22.59	12.61	0.098	1.43	1.80	0.275	9.4	14.0	0.249
39.09	11.25	0.120				9.5	12.0	0.255
						9.4	11.0	0.246
						8.3	9.0	0.329

注：MnS 夹杂物的尺寸均为纵向长度；TiN + MnS 的 $\bar{a}$ 为 TiN 的边长与 MnS 的纵长的平均值。

表 14-10　各试样实测的 K_{1C} 值与按各断裂模型计算的 K_{1C} 值的对比

样(锭)号	夹杂物含量 f_V /%	夹杂物类型（试样回火温度）	K_{1C}（实验值）/MPa·m$^{1/2}$	模型计算值							
				K_{1C}（模型1）/MPa·m$^{1/2}$	差值 /%	K_{1C}（模型2）/MPa·m$^{1/2}$	差值 /%	K_{1C}（模型3）/MPa·m$^{1/2}$	差值 /%	K_{1C}（模型4）/MPa·m$^{1/2}$	差值 /%
1	0.026	TiN（510℃）	90.9	142.1	-56.3	212.3	-133.5	115.4	-26.9	54.23	40.3
2	0.048		87.3	132.6	-51.9	198.6	-127.5	109.3	-25.2	48.84	44.0
3	0.071		84.9	118.8	-39.9	172.7	-103.4	96.5	-13.6	43.62	48.6
4	0.089		82.7	116.5	-40.8	171.8	-107.7	94.9	-14.7	49.21	40.5
5	0.103		81.1	113.3	-39.7	161.7	-99.4	92.3	-13.8	45.77	43.6
6	0.149		80.4	108.5	-35.4	152.1	-89.1	88.2	-9.7	45.96	42.8
1	0.06	TiN（550℃）	94.7	104.8	-10.6	162.9	-72.0	86.5	8.6	41.9	55.7
2	0.18		82.2	93.2	-13.4	139.3	-69.4	77.4	5.8	39.1	52.5
3	0.15		84.1	96.3	-14.5	148.0	-76.0	80.0	4.8	41.7	51.3
4	0.275		77.8	82.3	-18.6	135.6	-74.3	76.8	1.3	38.9	50.0
5	0.095		86.4	95.9	-11.0	150.6	-74.3	80.7	6.6	44.2	49.0
6	0.45		76.0	89.1	-17.2	135.6	-78.4	72.5	4.6	34.96	54.0
1	0.037	MnS（550℃）	95.7	88.0	8.0	134.9	-40.9	73.2	26.5	99.52	-4.0
2	0.052		95.7	84.8	11.4	127.0	-32.7	70.7	26.1	104.8	-9.5
3	0.060		90.5	86.4	4.5	128.0	-41.4	70.9	21.6	112.9	-24.7
4	0.071		89.0	80.2	9.8	123.4	-38.6	67.2	24.5	101.1	-13.5
5	0.098		87.3	77.9	10.7	120.8	-38.3	66.6	23.7	91.5	-4.8
6	0.126		79.9	74.3	7.0	113.0	-41.4	62.4	21.9	92.0	-15.2
7	0.042	ZrN（550℃）	93.5	39.8	57.0	62.7	32.9	102.1	-9.2	136.4	-45.9
8	0.137		89.1	38.1	57.2	58.6	34.2	99.9	-12.1	177.9	-99.7
10	0.241		85.3	34.2	59.9	50.6	40.0	90.9	-6.5	203.1	-138.1
11	0.308		78.5	33.4	57.4	49.0	37.5	89.9	-14.5	234.6	-198.9
12	0.372		76.1	31.7	58.3	46.8	38.5	83.0	-9.1	262.7	-245.2

续表 14-10

样(锭)号	夹杂物含量 f_V /%	夹杂物类型(试样回火温度)	K_{1C}(实验值) /$MPa\cdot m^{1/2}$	模型计算值							
				K_{1C}(模型1) /$MPa\cdot m^{1/2}$	差值 /%	K_{1C}(模型2) /$MPa\cdot m^{1/2}$	差值 /%	K_{1C}(模型3) /$MPa\cdot m^{1/2}$	差值 /%	K_{1C}(模型4) /$MPa\cdot m^{1/2}$	差值 /%
1	0.088	TiN + MnS (550℃)	48.9	116.7	-18.0	161.5	-63.3	93.7	5.2	99.15	0.06
2	0.081		99.8	113.9	-14.1	155.7	-56.0	91.3	8.5	79.78	19.3
3	0.216		87.4	109.0	-24.7	145.9	-66.9	87.4	0	104.0	-19.0
4	0.224		84.9	104.3	-22.8	139.6	-64.4	83.8	1.3	115.1	-35.5
5	0.249		79.1	96.2	-21.6	126.9	-60.4	77.0	2.6	119.6	-51.0
6	0.255		73.5	92.3	-25.5	119.4	-62.4	73.5	0	125.1	-70.0
7	0.264		71.3	88.1	-23.5	113.5	-59.2	70.4	1.2	124.1	-74.0
8	0.329		65.1	80.2	-23.2	99.4	-52.7	63.2	2.9	106.4	-62.0
1	0.025	Ti-S (550℃)	76.3	41.9	45.1	55.5	27.2	108.3	-41.9	57.8	24.2
2	0.079		74.7	40.2	48.9	50.7	32.1	104.0	-39.2	54.6	26.8
3	0.120		74.3	38.8	47.7	49.5	33.3	100.3	-35.0	44.7	39.8
4	0.228		72.8	36.0	50.5	46.0	36.8	92.9	-27.6	35.2	51.6
5	0.290		72.5	32.6	55.0	39.4	45.6	84.8	-16.9	26.9	63.0

注：$E(510℃) = 0.2122 \times 10^6 MPa$，$E(550℃) = 0.2107 \times 10^6 MPa$。

14.6.4 讨论与分析

14.6.4.1 结合实验数据已有断裂模型计算 K_{1C} 值

前面已选定模型1、2、3 和4 作为讨论的基础，今将前几章内的相关数据，分别代入这四个计算 K_{1C} 值的模型，计算结果列于表 14-10 中。

首先设定按上述四个模型计算的 K_{1C} 值与实验测定的各试样的 K_{1C} 值之差小于 10%，即 $\Delta K_{1C} \leqslant 10\%$ 时视为适用模型。再对照表 14-10 中所列结果，即可肯定模型 1，即 $K_{1C} = (2E\sigma_{ys}\overline{d}_T)^{\frac{1}{2}}$ 适用于550℃回火试样中含 ZrN 夹杂物的结果；模型2 因 ΔK_{1C} 相差大于 10%，故无适用的试样；模型3 适用于550℃回火的分别含 TiN 以及含 TiN 和 MnS 夹杂物的试样；而模型4 只适用于个别试样，如550℃回火的含 ZrN 夹杂物的1 号、3 号和5 号试样以及含 TiN 和 MnS 夹杂物的1 号试样，即在36 个试样中只有4 个试样。但模型4 中包含所有夹杂物参数，即夹杂物含量、尺寸和间距，同时也包含试样的力学参数，从断裂的本质考虑，应该更加全面是模型 4 的最重要优点，但其适用于本实验的范围很小；若再将实验数据代入模型4 中，其计算过程见表 14-11 ~ 表 14-17，可以看出十分繁杂。为了利用其优点，去除其缺点，特在模型 4 的基础上加以修改，从而建立适用于本实验的有关模型。

表 14-11 含 ZrN 夹杂物的试样（550℃回火）

参数 \ 样号	1	2	3	4	5	6
σ_b/MPa	1299.2	1273.7	1364.5	1240.4	1265.2	1245.9
σ_y/MPa	1230.9	1202.5	1304.4	1167.2	1185.8	1164.2
ε_f	0.803	0.756	0.735	0.810	0.789	0.787

续表 14-11

参数 \ 样号	1	2	3	4	5	6
$\bar{d}_T^{SEM}/\mu m$	14.94	14.19	13.58	13.09	12.6	11.25
$\phi(f)=\frac{1}{d_T}/\mu m^{-1}$	0.067	0.070	0.074	0.076	0.079	0.089
$E\bar{d}_T$/MPa · m	3.17	2.989	2.88	2.78	2.67	2.39
$\bar{a}/\mu m$	7.9	10.1	11.1	10.61	9.4	10.6
α	22.4	22.14	23.16	23.41	23.77	24.86
c	311.8	304.14	332.9	340.1	350.4	383.4
f_V/%	0.037	0.052	0.060	0.071	0.098	0.126
$f_V^{-\frac{1}{6}}$/%	1.732	1.63	1.60	1.554	1.473	1.412
$\bar{d}_T^{\frac{1}{2}}/\mu m^{\frac{1}{2}}$	3.865	3.77	3.685	3.618	3.55	3.354
$\bar{a}^{\frac{1}{2}}/\mu m^{\frac{1}{2}}$	2.81	3.18	3.33	3.26	3.07	3.26
$\varepsilon_f^{-\frac{1}{2}}$	1.12	1.15	1.17	1.11	1.13	1.13
$K_{1C}^{计算}$/kg · mm$^{-\frac{3}{2}}$	321.0	338.17	292.0	286.9	281.8	249.8
$K_{1C}^{计算}$/MPa · m$^{\frac{1}{2}}$	99.52	104.83	112.9	101.06	91.5	92.03
$K_{1C}^{实测}$/MPa · m$^{\frac{1}{2}}$	94.2	93.2	90.5	89.0	87.3	79.9
ΔK_{1C}/%	-5.6	-12.4	-24.7	-13.5	-4.8	-15.2

注：$\Delta K_{1C}=\frac{K_{1C}^{实测}-K_{1C}^{计算}}{K_{1C}^{实测}}\times 100\%$。

表 14-12 含 MnS 夹杂物的试样（550℃回火）

参数 \ 样号	7	8	9	10	11	12
σ_b/MPa	1248.2	1324.3	1258.8	1229.2	1291.8	1311.5
σ_y/MPa	1309.0	1255.4	1195.6	1159.3	1149.5	1256.4
ε_f	0.858	0.811	0.810	0.734	0.718	0.728
$\bar{d}_T^{SEM}/\mu m$	2.88	2.74	—	2.39	2.30	1.90
$E\bar{d}_T$/MPa · m	0.61	0.58	—	0.50	0.48	0.40
$\bar{a}/\mu m$	28.98	49.1	82.69	87.62	110.1	174.5
α	53.2	53.2	—	52.4	52.6	60.7
f_V^c/%	0.042	0.137	0.189	0.241	0.308	0.371
f_V^{AIA}/%	0.286	0.290	0.339	0.506	0.494	1.279
$f_V^{-\frac{1}{6}}$(化学法)/%	1.70	1.39	1.32	1.27	1.22	1.18
$f_V^{-\frac{1}{6}}$(AIA)/%	1.232	1.229	1.198	1.120	1.125	1.042
$\bar{d}_T^{\frac{1}{2}}/\mu m^{\frac{1}{2}}$	1.70	1.66	—	1.55	1.52	1.38

续表 14-12

参数 \ 样号	7	8	9	10	11	12
$a^{\frac{1}{2}}/\mu m^{\frac{1}{2}}$	5.38	7.01	9.09	9.39	10.49	12.21
$\varepsilon_f^{\frac{1}{2}}$	1.08	1.11	1.11	1.17	1.18	1.17
c	1756.1	1755.4	—	1701.9	1719.5	2286.6
$K_{1C}^{计算}$(化学法)/kg · mm$^{-\frac{3}{2}}$	607.1	644.3	—	742.9	820.7	959.6
$K_{1C}^{计算}$(AIA)/kg · mm$^{-\frac{3}{2}}$	440.0	574.0	—	655.2	756.7	847.5
$K_{1C}^{计算}$(化学法)/kg · mm$^{-\frac{3}{2}}$	188.2	199.8	—	230.3	254.4	297.5
$K_{1C}^{计算}$(AIA)/kg · mm$^{-\frac{3}{2}}$	136.4	177.9	—	203.1	234.6	262.7
$K_{1C}^{计算}$(化学法)/kg · mm$^{-\frac{3}{2}}$	93.5	90.9	84.5	85.3	78.5	76.1
$K_{1C}^{实测}$/kg · mm$^{-\frac{3}{2}}$	306.7	293.2	271.6	268.8	253.3	245.7
$\Delta K_{1C}^{计算}$(化学法)/%	-101.2	-124.2	—	-170.0	-224.0	-290.9
$\Delta K_{1C}^{计算}$(AIA)/%	-45.9	-99.7	—	-138.1	-198.9	-245.2

表 14-13 含 MnS 和 TiN 夹杂物的试样(550℃回火)

参数 \ 样号	1	2	3	4	5	6	7	8
σ_b/MPa	1587.6	1577.8	1617.0	1558.2	1607.2	1754.2	1764.0	1685.6
σ_y/MPa	1538.6	1538.6	1568.0	1519.0	1568.0	1685.6	1675.8	1695.4
ε_f	0.612	0.586	0.557	0.557	0.536	0.505	0.499	0.446
$\bar{d}_T^{SEM}/\mu m$	21	20	18	17	14	12	11	9
$E\bar{d}_T$/MPa · m	4.42	4.21	3.79	3.58	2.95	2.53	2.31	1.90
$\phi(f)=\frac{1}{\bar{d}_T}/\mu m^{-1}$	0.048	0.05	0.056	0.059	0.071	0.083	0.091	0.111
$\bar{a}^{MnS}$(MnS 纵长)/μm	8.1	5.4	11.2	15.6	16.8	17.3	17.1	14.2
$f_V^{总}$/%	0.081	0.088	0.216	0.224	0.249	0.255	0.264	0.329
$f_V^{-\frac{1}{6}}$/%	1.52	1.50	1.291	1.283	1.261	1.256	1.249	1.204
α	18.53	18.58	19.27	19.52	21.43	23.29	24.16	24.73
$\bar{d}_T^{\frac{1}{2}}/\mu m^{\frac{1}{2}}$	4.58	4.57	4.24	4.21	3.74	3.46	3.32	3.0
$a^{\frac{1}{2}}$(MnS)/$\mu m^{\frac{1}{2}}$	2.85	2.32	3.35	3.95	4.10	4.16	4.14	3.77
$\varepsilon_f^{-\frac{1}{2}}$	1.28	1.31	1.34	1.34	1.37	1.41	1.42	1.50
c	213.0	214.2	230.4	236.3	284.9	336.5	362.0	398.0
$\bar{a}^{TiN}$(TiN 边长)/μm	1.8	2.0	2.6	2.1	2.0	1.7	1.7	2.4

续表 14-13

参数 \ 样号	1	2	3	4	5	6	7	8
$\bar{a}^{\frac{1}{2}}(TiN)/\mu m$	1.34	1.41	1.61	1.45	1.41	1.30	1.30	1.55
$K_{1C}^{计算}(a^{MnS})/kg \cdot mm^{-\frac{3}{2}}$	319.8	257.4	335.5	371.2	385.8	403.5	400.3	343.3
$K_{1C}^{计算}(a^{TiN})/kg \cdot mm^{-\frac{3}{2}}$	150.4	156.4	161.2	136.3	132.7	126.1	125.7	141.2
$K_{1C}^{计算}(a^{MnS})/kg \cdot mm^{-\frac{3}{2}}$	99.15	79.78	104.0	115.1	119.6	125.1	124.1	106.4
$K_{1C}^{计算}(a^{TiN})/kg \cdot mm^{-\frac{3}{2}}$	46.62	48.48	49.98	42.24	41.14	39.09	38.97	43.76
$K_{1C}^{实测}/kg \cdot mm^{-\frac{3}{2}}$	319	322	282	274	255	237	230	210
$K_{1C}^{实测}/MPa \cdot m^{\frac{1}{2}}$	99.8	98.9	87.4	84.9	79.1	73.5	71.3	65.7
$\Delta K_{1C}^{MnS}/\%$	+0.06	+19.3	−19.0	−35.5	−51.0	−70.0	−74.0	−62.0
$\Delta K_{1C}^{TiN}/\%$	+53.3	+50.9	+42.8	+50.2	+47.9	+46.8	+45.3	+33.4

表 14-14　含 TiS 夹杂物的试样（550℃回火）

参数 \ 样号	1	2	3	4	5
σ_b/MPa	1540.3	1538.0	1530.4	1538.7	1539.0
σ_y/MPa	1432.0	1425.3	1422.2	1439.7	1405.6
ε_f	0.543	0.471	0.487	0.488	0.412
$\bar{d}_T^{SEM}/\mu m$	2.91	2.69	2.51	2.14	1.80
$E\bar{d}_T/MPa \cdot m$	0.613	0.567	0.529	0.451	0.379
$\phi(f)/\mu m^{-1}$	0.344	0.372	0.398	0.467	0.556
$a^L/\mu m$	1.99	2.61	2.07	1.51	1.43
$a^T/\mu m$	1.23	1.65	1.94	1.49	1.35
$f_V/\%$	0.025	0.079	0.120	0.210	0.275
α	45.22	43.69	45.94	50.11	40.97
$f_V^{-\frac{1}{6}}/\%$	1.85	1.53	1.42	1.30	1.24
$(\bar{d}_T^{SEM})^{\frac{1}{2}}/\mu m^{\frac{1}{2}}$	1.71	1.64	1.58	1.46	1.34
$(a^L)^{\frac{1}{2}}/\mu m^{\frac{1}{2}}$	1.41	1.62	1.44	1.23	1.20
$\varepsilon_f^{\frac{1}{2}}$	1.36	1.46	1.43	1.43	1.56
c	1268.5	1184.0	1309.3	1557.8	1041.6
$K_{1C}^{计算}/MPa \cdot m^{\frac{1}{2}}$	57.8	54.63	44.72	35.24	26.85
$K_{1C}^{计算}/kg \cdot mm^{-\frac{3}{2}}$	186.4	176.2	144.3	113.7	86.6
$K_{1C}^{实测}/MPa \cdot m^{\frac{1}{2}}$	76.3	74.7	74.3	72.8	72.5
$K_{1C}^{实测}/kg \cdot mm^{-\frac{3}{2}}$	246.0	241.0	239.6	234.7	233.7
$\Delta K_{1C}/\%$	24.2	26.8	39.8	51.6	63.0

表 14-15　含 TiN 夹杂物的试样（550℃回火）

参数 \ 样号	1	2	3	4	5	6
σ_b/MPa	1368.1	1350.0	1354.0	1347.5	1298.5	1185.8
σ_y/MPa	1296.5	1264.2	1264.2	1254.4	1190.7	1252.8
ε_f	0.832	0.752	0.809	0.719	0.853	0.789
$\bar{d}_T^{SEM}$/μm	20.10	16.31	17.40	16.11	18.35	15.03
$E\bar{d}_T$/MPa · m	4.27	3.46	3.69	3.42	3.89	3.19
$\phi(f)=\frac{1}{\bar{d}_T}$/μm^{-1}	0.050	0.061	0.057	0.062	0.054	0.067
$\bar{a}$/μm	1.46	1.87	1.99	2.14	2.01	2.01
f_V/%	0.06	0.18	0.15	0.275	0.095	0.45
α	20.71	21.75	21.60	21.37	21.42	23.21
$f_V^{-\frac{1}{6}}$/%	1.60	1.33	1.37	1.24	1.48	1.14
$\bar{d}_T^{\frac{1}{2}}$/μm$^{\frac{1}{2}}$	4.48	4.04	4.17	4.01	4.28	3.88
$\bar{a}^{\frac{1}{2}}$/μm$^{\frac{1}{2}}$	1.21	1.37	1.41	1.46	1.42	1.42
$\varepsilon_f^{\frac{1}{2}}$	1.10	1.15	1.11	1.18	1.08	1.13
c	256.99	293.41	289.51	283.29	284.74	334.08
$K_{1C}^{计算}$/MPa · m$^{\frac{1}{2}}$	41.93	39.07	41.00	38.85	44.16	34.96
$K_{1C}^{计算}$/kg · mm$^{-\frac{3}{2}}$	135.25	126.0	132.2	125.3	142.4	112.8
$K_{1C}^{实测}$/MPa · m$^{\frac{1}{2}}$	94.7	82.2	84.1	77.8	86.4	76.0
$K_{1C}^{实测}$/kg · mm$^{-\frac{3}{2}}$	305.8	265.24	271.28	251.0	271.94	245.0
ΔK_{1C}/%	55.7	52.5	51.3	50.0	49.0	54.0

表 14-16　含 TiN 夹杂物的试样（510℃回火）

参数 \ 样号	1	2	3	4	5	6
σ_b/MPa	1519	1507.3	1428	1521	1529	1534.7
σ_y/MPa	1448.4	1430.8	1395	1430.8	1438.6	1445.8
ε_f	0.758	0.756	0.699	0.726	0.666	0.634
$\bar{d}_T$/μm	32.85	28.96	23.85	22.36	21.02	19.18
$\phi(f)=\frac{1}{\bar{d}_T}$/μm^{-1}	0.030	0.035	0.042	0.045	0.048	0.052
$\bar{a}$/μm	1.77	1.78	2.09	1.99	2.00	2.25
$E\bar{d}_T$/MPa · m	6.97	6.14	5.06	4.74	4.46	4.07
c	157.5	176.1	192.7	219.1	214.7	225.4
α	15.93	16.85	17.62	18.8	18.6	19.1
f_V/%	0.026	0.049	0.071	0.089	0.103	0.149
$f_V^{-\frac{1}{6}}$/%	1.84	1.66	1.55	1.50	1.46	1.37

续表 14-16

参数 \ 样号	1	2	3	4	5	6
$\bar{d}_T^{\frac{1}{2}}/\mu m^{\frac{1}{2}}$	5.73	5.38	4.88	4.73	4.58	4.38
$\bar{a}^{\frac{1}{2}}/\mu m^{\frac{1}{2}}$	1.33	1.33	1.45	1.41	1.41	1.50
$\varepsilon_f^{\frac{1}{2}}$	1.15	1.15	1.20	1.17	1.23	1.26
$K_{1C}^{计算}/MPa \cdot m^{\frac{1}{2}}$	54.23	48.84	43.62	49.21	45.77	45.96
$K_{1C}^{实测}/kg \cdot mm^{-\frac{3}{2}}$	174.9	157.6	140.7	158.7	147.6	148.3
$K_{1C}^{实测}/MPa \cdot m^{\frac{1}{2}}$	90.9	87.3	84.9	82.7	81.1	80.4
$K_{1C}^{实测}/kg \cdot mm^{-\frac{3}{2}}$	293.2	281.6	273.9	266.8	261.6	259.4
$\Delta K_{1C}/\%$	40.3	44.0	48.6	40.5	43.6	42.8

表 14-17　含 MnS 夹杂物的试样（600℃回火）

参数 \ 样号	3	4	5	7	8
σ_b/MPa	1405.3	1417.1	1398.5	1424.9	1405.3
σ_y/MPa	1320.1	1333.8	1342.6	1330.8	1320.1
$\bar{a}$（MnS 纵长）/μm	8.82	15.43	11.63	10.52	14.68
ε_f①	0.792	0.759	0.825	0.719	0.695
$\bar{d}_T/\mu m$	65	31	25	19	15
$\phi(f)=\frac{1}{\bar{d}_T}/\mu m^{-1}$	0.015	0.032	0.04	0.053	0.067
$E\bar{d}_T/MPa \cdot m$	13.7	6.53	5.27	4.00	3.16
c	76.32	155.03	210.18	239.21	290.32
α	11.09	15.81	18.41	19.69	21.63
$f_V/\%$	0.076	0.12	0.16	0.26	0.37
$f_V^{-\frac{1}{6}}/\%$	1.54	1.42	1.36	1.25	1.18
$\bar{d}_T^{\frac{1}{2}}/\mu m^{\frac{1}{2}}$	8.06	5.57	5.0	4.36	3.87
$\bar{a}^{\frac{1}{2}}/\mu m^{\frac{1}{2}}$	2.97	3.93	3.41	3.24	3.83
$\varepsilon_f^{\frac{1}{2}}$	1.12	1.15	1.10	1.18	1.20
$K_{1C}^{计算}/MPa \cdot m^{\frac{1}{2}}$	96.48	119.1	98.9	86.22	95.65
$K_{1C}^{计算}/kg \cdot mm^{-\frac{3}{2}}$	311.2	384.1	319.2	278.1	308.6
$K_{1C}^{实测}/MPa \cdot m^{\frac{1}{2}}$	102.3	97.4	94.4	83.4	81.7
$K_{1C}^{实测}/kg \cdot mm^{-\frac{3}{2}}$	330.0	314.3	304.5	270.0	263.5
$\Delta K_{1C}/\%$	5.7	-22.2	-9.8	-3.0	-17.1

① 根据 $\varphi=\frac{F_0-F}{F_0}\times100\%$ 中 F_0、F 中的原记录数据，只有3、4、5、7、8 号试样，故按 φ 计算的 ε_f 值也只有5个。

14.6.4.2 修正后的新断裂模型

模型4，即 $K_{1C} = \alpha E f_V^{-\frac{1}{6}} \bar{a}^{-\frac{1}{2}} \varepsilon_f^{*-\frac{1}{2}} \bar{d}_T^{\frac{1}{2}}$ 包含三个夹杂物参数：含量、尺寸和间距。根据大量的实验结果，夹杂物含量对断裂韧性（K_{1C}）的影响最大，其次是夹杂物间距，而夹杂物尺寸与 K_{1C} 并无一定的关系，因此去掉模型4中的 $\bar{a}^{-\frac{1}{2}}$。α 是与 ε_f、σ_y、E 和 $\bar{d}_T$ 等有关的参数，这几个参数除 σ_y 以外，已包括在模型中，因此去掉 α 改为常数 K，K 值由较多的实验数据确定，这样模型被修改成一个新模型：

$$K_{1C} = K E f_V^{-\frac{1}{6}} \varepsilon_f^{*-\frac{1}{2}} \bar{d}_T^{\frac{1}{2}} \tag{14-12}$$

根据22个数据确定 $K = 0.061$，则式（14-12）变成：

$$K_{1C} = 0.061 E f_V^{\frac{1}{6}} \varepsilon_f^{*-\frac{1}{2}} \bar{d}_T^{\frac{1}{2}} \tag{14-13}$$

510℃回火试样的弹性模量 $E = 0.2122 \times 10^6$ MPa，550℃和600℃回火试样的弹性模量为 0.2107×10^6 MPa。分别将实验数据代入式（14-13）中，得出各套试样的结果分别列于表14-18～表14-26中，其中

$$\Delta K_{1C} = \frac{K_{1C}^{实测} - K_{1C}^{计算}}{K_{1C}^{实测}} \times 100\%$$

表14-18 D_6AC钢试样中含TiN夹杂物与断裂韧性（试样510℃回火）

参数 \ 样号	1	2	3	4	5	6
ε_f	0.7644	0.7559	0.6989	0.7257	0.6657	0.6345
$\varepsilon_f^{-\frac{1}{2}}$	1.14	1.15	1.20	1.17	1.23	1.26
f_V/%	0.026	0.049	0.071	0.087	0.103	0.149
$f_V^{-\frac{1}{6}}$/%	1.84	1.66	1.55	1.50	1.46	1.37
$\bar{d}_T$/μm	32.85	28.96	23.85	22.36	21.02	19.18
$\bar{d}_T^{\frac{1}{2}}$/$\mu m^{\frac{1}{2}}$	5.73	5.38	4.88	4.73	4.58	4.38
$K \cdot K_{1C}^{计算}$/MPa·$m^{\frac{1}{2}}$	2550.5	2179.3	1898.8	1761.5	1745.3	1604.3
$K_{1C}^{实测}$/MPa·$m^{\frac{1}{2}}$	90.9	87.3	84.9	82.7	81.1	80.4
常数 K	0.036	0.040	0.045	0.047	0.046	0.050
$K_{1C}^{计算}$/MPa·$m^{\frac{1}{2}}$	155.6	132.9	115.8	107.4	106.4	97.8
ΔK_{1C}/%	-92.0	-52.2	-36.3	-29.8	-30.2	-21.6

注：从表14-18～表14-26中取出22个 K 值，取平均值 $K = 0.061$；$\Delta K_{1C}^{计算}$ 均为 $0.061 \times K_{1C}$，以下均同。

表14-19 D_6AC钢试样中含TiN夹杂物与断裂韧性（试样550℃回火）

参数 \ 样号	1	2	3	4	5	6
ε_f	0.832	0.752	0.809	0.719	0.853	0.789
$\varepsilon_f^{-\frac{1}{2}}$	1.10	1.15	1.11	1.18	1.08	1.13
f_V/%	0.06	0.098	0.176	0.203	0.273	0.448

续表 14-19

参数 \ 样号	1	2	3	4	5	6
$f_V^{-\frac{1}{6}}$/%	1.60	1.33	1.37	1.24	1.48	1.14
$\bar{d}_T$/μm	20.10	16.31	17.40	16.11	18.35	15.03
$\bar{d}_T^{\frac{1}{2}}$/$\mu m^{\frac{1}{2}}$	4.48	4.04	4.17	4.01	4.28	3.88
$K \cdot K_{1C}^{计算}$/MPa·$m^{\frac{1}{2}}$	1661.3	1302.1	1367.0	1236.3	1441.5	1078.9
$K_{1C}^{实测}$/MPa·$m^{\frac{1}{2}}$	90.5	86.4	82.2	78.5	77.8	76.0
常数 K	0.054	0.066	0.060	0.063	0.054	0.070
$K_{1C}^{计算}$/MPa·$m^{\frac{1}{2}}$	101.3	79.4	83.4	75.4	87.9	65.8
ΔK_{1C}/%	-11.4	8.1	-1.4	3.9	-12.9	13.4

表 14-20 D_6AC 钢试样中含 ZrN 夹杂物与断裂韧性（试样 510℃回火）

参数 \ 样号	1	2	3	4	5	6
ε_f	0.803	0.756	0.735	0.810	0.789	0.787
$\varepsilon_f^{-\frac{1}{2}}$	1.12	1.15	1.17	1.11	1.13	1.13
f_V/%	0.041	0.052	0.060	0.071	0.098	0.126
$f_V^{-\frac{1}{6}}$/%	1.71	1.64	1.60	1.55	1.47	1.41
$\bar{d}_T$/μm	14.94	14.19	13.58	13.09	12.61	11.25
$\bar{d}_T^{\frac{1}{2}}$/$\mu m^{\frac{1}{2}}$	3.868	3.767	3.656	3.618	3.550	3.354
$K \cdot K_{1C}^{计算}$/MPa·$m^{\frac{1}{2}}$	1560.8	1496.9	1442.0	1311.5	1242.5	1126.0
$K_{1C}^{实测}$/MPa·$m^{\frac{1}{2}}$	94.2	93.2	90.9	89.0	87.3	79.9
常数 K	0.06	0.062	0.063	0.068	0.070	0.071
$K_{1C}^{计算}$/MPa·$m^{\frac{1}{2}}$	95.2	91.3	87.9	80.0	75.8	68.7
ΔK_{1C}/%	-1.0	2.0	3.3	10.1	13.1	14.0

表 14-21 D_6AC 钢试样中含 MnS 夹杂物与断裂韧性（试样 550℃回火）

参数 \ 样号	7	8	9	10	11	12
ε_f	0.858	0.811	0.810	0.734	0.718	0.728
$\varepsilon_f^{-\frac{1}{2}}$	1.08	1.11	1.11	1.17	1.18	1.17
f_V/%	0.286	0.290	0.339	0.506	0.494	1.279
$f_V^{-\frac{1}{6}}$/%	1.232	1.229	1.198	1.120	1.125	1.042
$\bar{d}_T$/μm	2.88	2.74	—	2.39	2.30	1.90
$\bar{d}_T^{\frac{1}{2}}$/$\mu m^{\frac{1}{2}}$	1.70	1.66	—	1.55	1.52	1.38
$K \cdot K_{1C}^{计算}$/MPa·$m^{\frac{1}{2}}$	476.5	473.0	—	428.0	425.2	354.5
$K_{1C}^{实测}$/MPa·$m^{\frac{1}{2}}$	95.1	90.9	84.0	83.3	78.5	76.2
常数 K	0.20	0.192	—	0.194	0.184	0.215
$K_{1C}^{计算}$/MPa·$m^{\frac{1}{2}}$	29.0	29.1	—	26.1	25.9	21.6
ΔK_{1C}/%	69.5	68.0	—	68.6	67.0	71.6

表 14-22 D_6AC 钢试样中含 MnS 和 TiN 夹杂物与断裂韧性（试样 550℃回火）

参数 \ 样号	1	2	3	4	5	6	7	8
ε_f	0.621	0.586	0.557	0.557	0.536	0.505	0.499	0.446
$\varepsilon_f^{-\frac{1}{2}}$	1.28	1.31	1.34	1.34	1.37	1.41	1.42	1.50
$f_V^{总}$/%	0.081	0.088	0.216	0.224	0.249	0.255	0.264	0.329
$f_V^{总}{}^{-\frac{1}{6}}$/%	1.52	1.31	1.34	1.34	1.37	1.41	1.42	1.50
$\bar{d}_T$/μm	21	20	18	17	14	12	11	9
$\bar{d}_T^{\frac{1}{2}}$/$\mu m^{\frac{1}{2}}$	4.58	4.47	4.24	4.12	3.74	3.46	3.32	3.0
$K \cdot K_{1C}^{计算}$/$MPa \cdot m^{\frac{1}{2}}$	1877.5	1850.7	1545.4	1469.2	1291.0	1297.6	1297.6	1141.5
$K_{1C}^{实测}$/$MPa \cdot m^{\frac{1}{2}}$	99.8	98.9	87.4	84.9	79.1	73.5	71.5	65.1
常数 K	0.053	0.053	0.056	0.058	0.058	0.057	0.055	0.057
$K_{1C}^{计算}$/$MPa \cdot m^{\frac{1}{2}}$	114.5	112.9	94.2	89.6	83.0	78.7	79.1	69.6
ΔK_{1C}/%	-14.7	-14.1	-7.7	-5.5	-4.9	-7.0	-10.6	-6.9

表 14-23 D_6AC 钢试样中含 MnS 和 ZrN 夹杂物与断裂韧性（试样 550℃回火）

参数 \ 样号	13	14	15	16	17	18
ε_f	0.784	0.832	0.726	0.697	0.883	0.718
$\varepsilon_f^{-\frac{1}{2}}$	1.13	1.10	1.17	1.20	1.06	1.18
$f_V^{总}$/%	0.252	0.222	0.425	0.300	0.534	0.875
$(f_V^{总})^{-\frac{1}{6}}$/%	1.258	1.285	1.153	1.222	1.11	1.022
$\bar{d}_T$/μm	21.3	20.8	18.7	17.4	17.6	18.1
$\bar{d}_T^{\frac{1}{2}}$/$\mu m^{\frac{1}{2}}$	4.62	4.56	4.32	4.17	4.19	4.25
$K \cdot K_{1C}^{计算}$/$MPa \cdot m^{\frac{1}{2}}$	1383.7	1358.0	1227.9	1288.4	1308.7	1079.9
$K_{1C}^{实测}$/$MPa \cdot m^{\frac{1}{2}}$	85.4	88.3	79.8	67.8	70.4	68.5
常数 K	0.061	0.065	0.065	0.052	0.067	0.063
$K_{1C}^{计算}$/$MPa \cdot m^{\frac{1}{2}}$	84.4	82.8	74.9	78.6	63.4	65.8
ΔK_{1C}/%	1.1	6.2	6.1	-15.9	9.9	3.9

表14-24 D_6AC 钢试样中含TiS夹杂物与断裂韧性（试样550℃回火）

参数 \ 样号	1	2	3	4	5
ε_f	0.543	0.471	0.487	0.488	0.412
$\varepsilon_f^{-\frac{1}{2}}$	1.36	1.46	1.43	1.43	1.56
$f_V^{Ti\text{-}S}/\%$	0.025	0.079	0.120	0.210	0.275
$(f_V^{Ti\text{-}S})^{-\frac{1}{6}}/\%$	1.85	1.53	1.42	1.30	1.24
$\bar{d}_T/\mu m$	2.91	2.69	2.51	2.14	1.80
$\bar{d}_T^{\frac{1}{2}}/\mu m^{\frac{1}{2}}$	1.71	1.64	1.58	1.46	1.34
$K\cdot K_{1C}^{计算}/MPa\cdot m^{\frac{1}{2}}$	906.5	771.9	676.0	571.9	546.1
$K_{1C}^{实测}/MPa\cdot m^{\frac{1}{2}}$	76.3	74.7	74.3	72.8	72.5
常数 K	0.088	0.101	0.115	0.133	0.138
$K_{1C}^{计算}/MPa\cdot m^{\frac{1}{2}}$	55.3	47.1	41.2	34.9	33.3
$\Delta K_{1C}/\%$	52.9	45.1	39.5	33.4	31.9

表14-25 D_6AC 钢试样中含MnS夹杂物与断裂韧性（试样600℃回火）

参数 \ 样号	1-12	1-23	1-20	2-10	1-12
ε_f	0.792	0.759	0.825	0.719	0.695
$\varepsilon_f^{-\frac{1}{2}}$	1.12	1.15	1.10	1.18	1.20
$f_V/\%$	0.076	0.120	0.160	0.260	0.370
$f_V^{-\frac{1}{6}}/\%$	1.54	1.42	1.36	1.25	1.18
$\bar{d}_T/\mu m$	65	31	25	19	15
$\bar{d}_T^{\frac{1}{2}}/\mu m^{\frac{1}{2}}$	8.06	5.57	5	4.36	3.87
$K\cdot K_{1C}^{计算}/MPa\cdot m^{\frac{1}{2}}$	2929.1	1916.5	1576	1354.9	1154.6
$K_{1C}^{实测}/MPa\cdot m^{\frac{1}{2}}$	102.3	97.4	94.4	83.7	81.7
常数 K	0.035	0.051	0.060	0.062	0.071
$K_{1C}^{计算}/MPa\cdot m^{\frac{1}{2}}$	178.6	116.9	96.1	82.6	70.4
$\Delta K_{1C}/\%$	-74.6	-20.0	-1.8	1.3	13.8

表 14-26 42CrMoA 钢试样中夹杂物与断裂韧性（试样 550℃回火）

参数 \ 样号	970	968	973	969
ε_f	0.600	0.650	0.750	0.900
$\varepsilon_f^{-\frac{1}{2}}$	1.29	1.24	1.15	1.05
$f_V^{总}$/%	0.0867	0.0919	0.1043	0.1204
$\bar{d}_T$/μm	37.7	37.6	37.3	36.4
$\bar{d}_T^{\frac{1}{2}}$/$\mu m^{\frac{1}{2}}$	6.14	6.13	6.11	6.03
$f_V^{-\frac{1}{6}}$/%	1.50	1.49	1.46	1.42
$K \cdot K_{1C}^{计算}$/MPa · $m^{\frac{1}{2}}$	2460.0	1345.5	2124.6	1682.0
$K_{1C}^{实测}$/MPa · $m^{\frac{1}{2}}$	120.5	118.5	118.0	117.0
常数 K	0.049	0.051	0.056	0.069
$K_{1C}^{计算}$/MPa · $m^{\frac{1}{2}}$	150.1	143.0	129.6	102.6
ΔK_{1C}/%	−24.5	−20.6	−9.8	12.3

注：ε_f 为平板拉伸的断裂应变。

14.6.4.3 修改后的新模型适用性

同样设 ΔK_{1C} 在 10% 左右为适用模型，从表 14-18 ~ 表 14-26 可以得出新模型适用试样为 550℃回火试样。适用试样：表 14-19 中试样有 3 个，表 14-20 中试样有 4 个，表 14-22 中试样有 6 个，表 14-23 中试样有 5 个，表 14-25 中试样有 2 个，表 14-26 中试样有 1 个，共 21 个试样。修改前模型 4 只适用 4 个试样，修改后的模型在全部 36 个试样中适用 21 个试样，适用试样占 58%，而修改前的模型 4 适用试样只占 11%。说明结合实际，使用夹杂物含量和间距能较快地估计试样的断裂韧性。

当高强度结构件发生断裂时，取样用金相法测定夹杂物含量和间距，可以初步估计构件发生断裂的原因，从而加快事故分析的速度。

第 15 章　42CrMoA 钢中夹杂物生成过程和来源

第 11 章中已对 42CrMoA 钢中夹杂物对钢性能的影响进行过研究，今补充研究 42CrMoA 钢中夹杂物生成过程和来源，为此进行了大量实验，所得数据可供冶金工厂参考。

15.1　实验方法

15.1.1　试样的冶炼

冶炼 42CrMoA 钢的常规工艺如下：利用公称 20t 的电炉，其实际冶炼容量为 35.2t，采用氧化法，即熔清后进行氧化，待稀薄渣化好后预插 Al 0.5kg/t，终插 Al 0.8 ~ 1.0kg/t。还原期为碳粉白渣法，精炼 12 分以上，吹氩搅拌，白渣下取样分析以调整合金成分温度为 1610 ~ 1640℃，脱氧良好后出钢。出钢过程中在钢包中加入 Fe-Ti 合金 1.0kg/t，Si-Ca 合金 1.0kg/t。要求红包，$T_{包} \approx 1570 \sim 1600$℃，用 Ar 引流钢水，浇入锭模中坑冷。

第一批 42CrMoA 钢试样是按上述工艺冶炼的，为研究 42CrMoA 钢中夹杂物来源，在出钢过程中分别加入 Ti-Fe 合金和纯金属 Zr 之后取第二批试样。

15.1.2　试样热轧和热处理及试样规格

钢锭在天然气均热炉中加热到 1290℃保温 2h 后，热轧成 ϕ190mm 的圆棒，在缓冷坑中缓冷 48h，然后沿纵向粗加工成各种规格的试样，再按下列规范进行热处理：

正火：900℃ ×30min，空冷；900℃ ×(40 ~60)min，空冷。

淬火：860℃ ×20min，油冷；860℃ ×30min，油冷。

回火：550℃ ×1h，空冷；500℃ ×1h，水冷。

正火和淬火在盐浴炉中加热，回火在箱式炉中加热。经过热处理的试样，再进行精加工，最后得出的试样规格如下：

拉伸试样：ϕ10mm ×70mm；

冲击试样：55mm ×10mm ×10mm，标准 V 形缺口；

断裂韧性试样：20mm ×40mm ×200mm，预制疲劳裂纹长度为 20mm。

15.1.3　取样条件及试样编号

冶炼过程取样见表 15-1，成品样取样位置和编号（金相和性能试样）见表 15-2，渣和耐火材料取样条件及试样编号见表 15-3。

表 15-1　冶炼过程取样及试样编号（金相试样）

取样条件	第一批 42CrMoA 钢试样样号和炉号 459				第一批 42CrMoA 钢试样样号和炉号 475							
	151	157	159	160	759		760		864		865	
熔清期Ⅰ	A_1	B_1	C_1	D_1	G_{01}	G_{02}	G_{09}	G_{10}	G_{17}	G_{18}	G_{25}	G_{26}
出钢前Ⅱ	A_2	B_2	C_2	D_2	G_{03}	G_{04}	G_{11}	G_{12}	G_{192}	G_{20}	G_{27}	G_{28}
镇静前包中Ⅲ	A_3	B_3	C_3	D_3	G_{05}	G_{06}	G_{13}	G_{14}	G_{21}	G_{22}	G_{29}	G_{30}
镇静后浇注Ⅳ	A_4	B_4	C_4	D_4	G_{07}	G_{08}	G_{15}	G_{16}	G_{23}	G_{24}	G_{31}	G_{32}

表 15-2　成品样取样位置和编号（金相和性能试样）

第一批 42CrMoA 钢试样样号和炉号 459					第二批 42CrMoA 钢试样样号和炉号 475		
样号和炉号	锭 A		锭 B		炉　号	样号和取样位置	
	头	尾	头	尾			
459-146	696-11	696-12	696-21	696-22	475-759	759-1（锭尾）	759-2（锭头）
459-151	970-21	970-22	970-41	970-42		759-3（锭尾）	759-4（锭尾）
459-157	973-21	973-22	973-41	973-42	475-864	864-1（锭尾）	864-2（锭头）
459-159	968-51	968-52	968-31	968-32		864-3（锭头）	864-4（锭尾）
459-160	974-31	974-32	974-11	974-12			

表 15-3　渣和耐火材料取样条件及试样编号

取样条件	熔清期	出钢前	镇静前包中	镇静后浇注	渣取样位置	
459-151		渣 A_2	渣 A_3	渣 A_4	炉中渣线渣	滑板上渣
459-157		渣 B_2	渣 B_3	渣 B_4	汤道表面渣	汤道表面渣
459-159		渣 C_2	渣 C_3	渣 C_4	水口表面渣	水口里面渣 1
459-160	渣 D_1	渣 D_2	渣 D_3	渣 D_4	水口里面渣 2	
					耐火材料取样位置	
475-759	E_1	E_2	E_3	E_4	滑　板	汤道表面，汤道内部
475-865	F_1	F_2	F_3	F_4	水口表面	水口里面

15.1.4　试样成分与气体含量变化

试样成分与气体含量变化分别列于表 15-4 和表 15-5 中。

表 15-4　试样成分（质量分数）　（%）

炉　号	样号	C	Mn	Si	P	S	Cr	Ni	W	Mo	V	Ti	Cu	N
Ⅰ459-151	970	0.41	0.76	0.29	0.025	0.010	0.99	0.05	0.015	0.18	0.009	0.013	0.11	0.007
Ⅰ459-157	973	0.42	0.91	0.29	0.020	0.010	1.01	0.05	0.015	0.16	0.008	0.018	0.08	0.008
Ⅰ459-159	968	0.42	1.03	0.24	0.019	0.011	1.04	0.07	0.014	0.22	0.008	0.012	0.10	0.006
Ⅱ475-759	759	0.42	0.71	0.30	0.025	0.007	1.02	0.09	0.015	0.20	0.005	0.003	0.15	—
	759	0.41	0.76	0.29	0.015	0.010	0.99	0.05	0.015	0.18	0.009	0.013	0.11	0.007
Ⅱ475-760	760	0.39	0.65	0.26	0.016	0.010	0.96	0.11	0.016	0.20	0.005	0.003	0.15	—

表 15-5　气体含量变化

炉　号	取样条件	N_2(质量分数)/%	$H_2/\times10^{-6}$	$O_2/\times10^{-6}$
495-159	出钢前	0.0053	4.3	55①
	包　中	—	5.4	—
	水口下	0.0066	—	53
495-160	熔清期	—	2.1	—
	出钢前	0.0061	4.9	116
	水口下	—	6.1	—
495-146	出钢前	0.0063	5.3	65
	包　中	0.0073	7.3	74
495-151	出钢前	0.0055	6.7	50
	包　中	0.0073	7.0	89
495-157	出钢前	0.0060	—	53
	包　中	—	4.5	—
	水口下	0.0083	5.1	61

①分析 5 个数据中，最高与最低值相差 110×10^{-6} 无法报出准确数据。

15.2　实验方法与结果

15.2.1　试样组织与晶粒度

试样用金相法抛光后，用 4% HNO_3 酒精溶液腐刻，然后在金相显微镜下(放大 400 ~ 500 倍)观察并拍照，各试样均为 550℃回火索氏体，见图 11-1 和图 11-2。

试样晶粒度用氧化法显示，即将抛光好的金相样光面向上，置于 860℃的箱式炉中，加热 30min，水冷。试样轻磨和轻抛后，仍用 4% HNO_3 酒精溶液腐刻，对照晶粒度评级标准图 YB 27—1977 进行评级，评级结果列于表 15-6 中，各试样晶粒度形貌如图 11-3 所示。

表 15-6　试样的晶粒度

样　号	968	969	970	974
晶粒度级别	7 ~ 8	8	7 ~ 8	8

15.2.2　试样中夹杂物形貌及定性和定量分析

15.2.2.1　金相法

A　夹杂物形貌观察

在金相显微镜下，利用明场、暗场和偏光观察冶炼过程和成品试样中夹杂物的形貌，MnS 夹杂物的形貌见图 11-4，小球状铝酸盐本章中所选用的彩色夹杂物图如图 15-1 ~ 图 15-15所示。冶炼过程所取的 D_1 试样中存在的外来夹杂物造成的大裂纹见图15-1 和

图 15-1　α-Al_2O_3 刚玉（D_1，明场，×260）

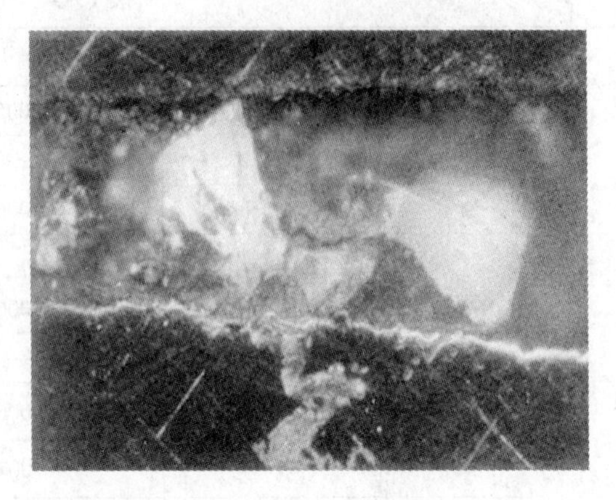

图 15-2　α-Al_2O_3 刚玉（D_1，偏光，×260）

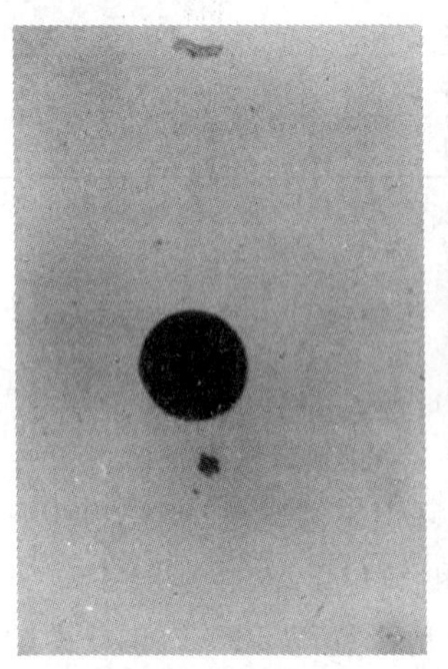

图 15-3　MnO · SiO_2
（A_4，明场，×260）

图 15-4　MnO · SiO_2
（A_4，暗场，×260）

图 15-5　MnO · SiO_2
（A_4，偏光，×260）

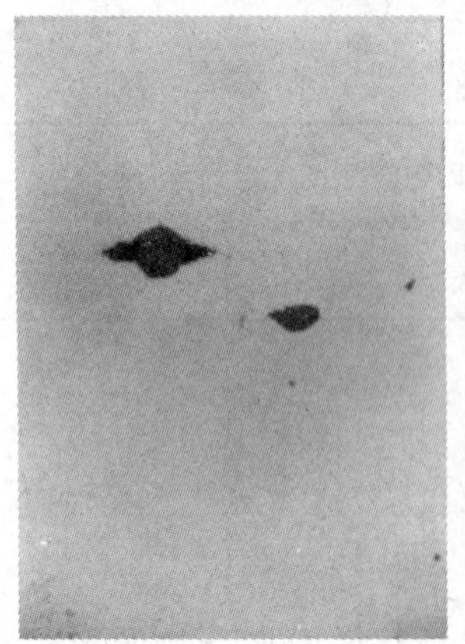

图 15-6　(Ca,Mg)O · Al_2O_3
（968-32，明场，×260）

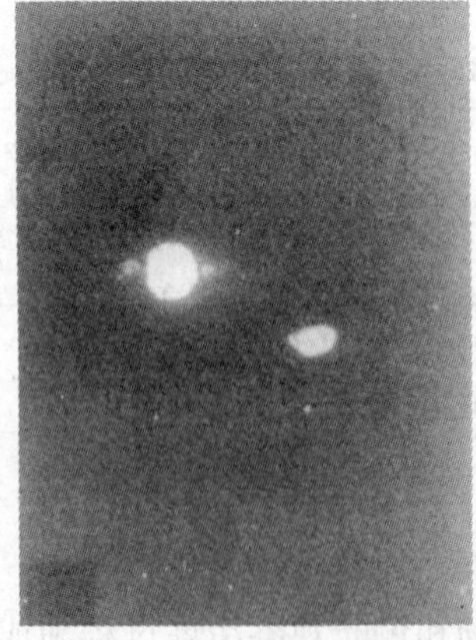

图 15-7　(Ca,Mg)O · Al_2O_3
（968-32，偏光，×260）

图 15-8　(Ca,Mg)O · Al_2O_3
（968-32，暗场，×260）

图 15-9 $(Ca,Mg)O \cdot Al_2O_3$（968-32，明场）

图 15-10 $(Ca,Mg)O \cdot Al_2O_3$（968-32，偏光）

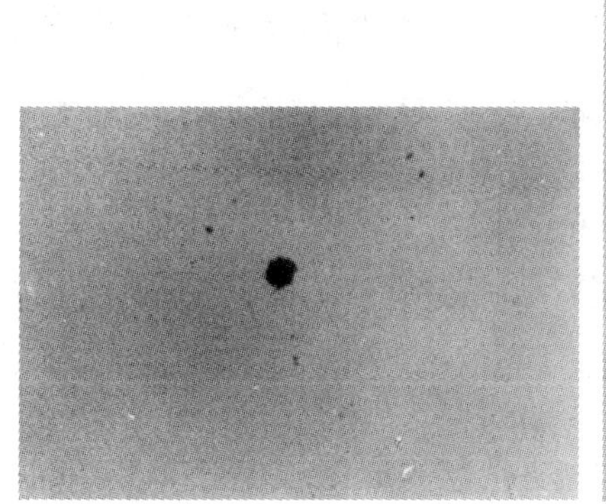

图 15-11 $MgO \cdot Al_2O_3$
（974-11，明场）

图 15-12 $MgO \cdot Al_2O_3$
（974-11，暗场）

图 15-13 $MgO \cdot Al_2O_3$
（974-11，偏光）

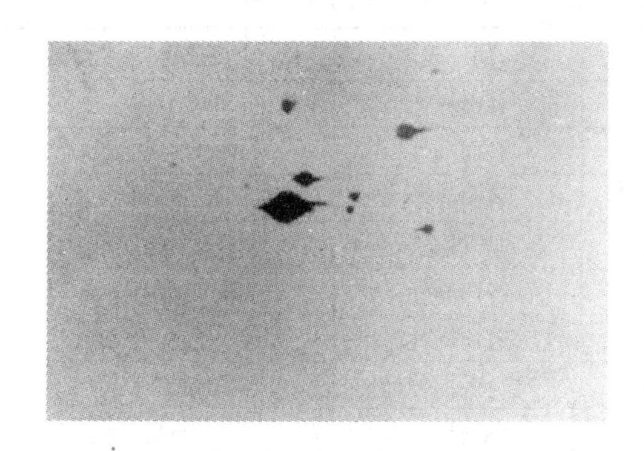

图 15-14 $(Ca,Mg)O \cdot Al_2O_3$(974-12,明场)

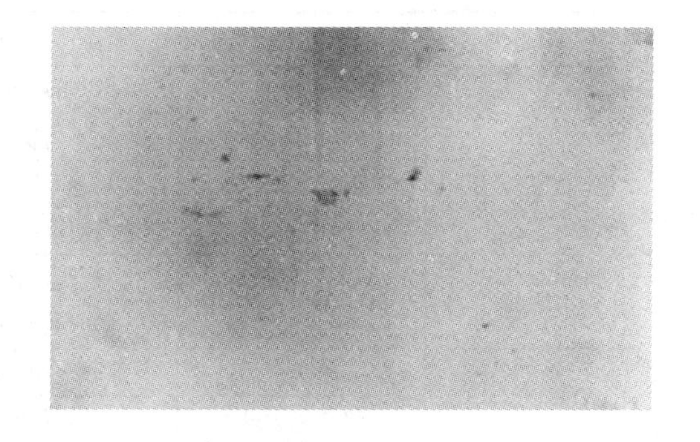

图 15-15 TiN(方块)和 TiS(条状)(974-12,偏光)

图 15-2。大裂纹中存在的大块，在夹杂物明场中呈深灰色（见图 15-1），在暗场和偏光中均为金黄色且为各向异性（见图 15-2）。

A_4 试样中的球状夹杂物明场中呈暗褐色（见图 15-3），在暗场中呈透明绿色（见图 15-4），在偏光中透明且各向同性（见图 15-5）。

各成品试样中夹杂物类型相似，均为灰色条状 MnS 夹杂物、铝酸盐夹杂物和方块 TiN 夹杂物（见图 15-15），今选其中典型夹杂物的形貌，如图 15-3 ~ 图 15-15 所示。定性分析夹杂物的组成见图 15-16 ~ 图 15-18。

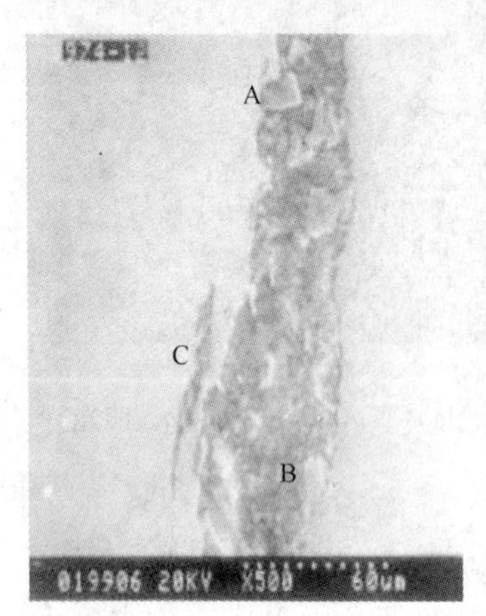

图 15-16　电解分离的夹杂物（视场一）

A 点：铝酸盐（8.5% Ti + 5.7% Ca + 23% Mg）；B 点：$Al_2O_3 \cdot SiO_2$；C 点：铝酸钙（35.9% Al + 5.7% Ca + 13.8% Fe + 1.8K）

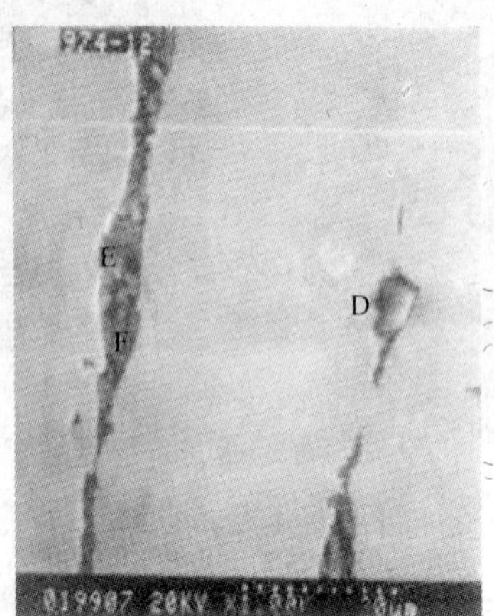

图 15-17　电解分离的夹杂物（视场二）

D 点：$MgO \cdot Al_2O_3$；E 点：铝酸铁（3.4% Mg + 2.2% Ca + 余 Fe）；F 点：铝酸盐（35.1% Al + 5.1% Ca + 15% Fe + 1.1% Mg + 2.7% Ti）

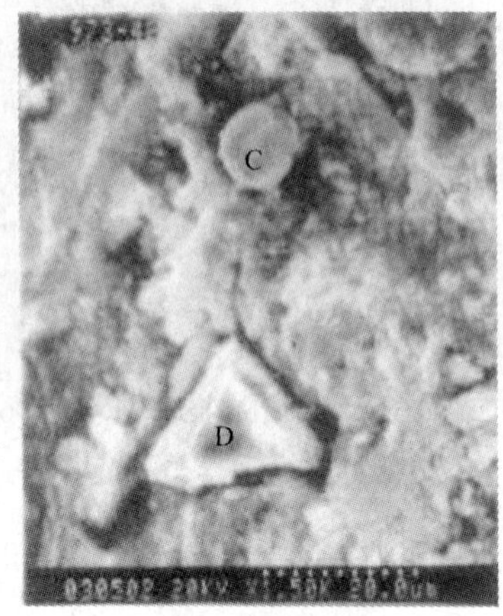

图 15-18　电解分离的夹杂物（岩相，974-12）

C 点：　硅酸铝（3.38% Mg + 5.5% Fe + 2.5% K）；D 点：SiO_2（石英）

在铝酸盐夹杂物中有呈球状和块状两种，球状铝酸盐夹杂物的形貌，见图 11-5。块状铝酸盐夹杂物的形貌，见图 15-9 和图 15-10。各成品试样中夹杂物的形貌在金相显微镜下的特征分别列于表 15-7 ~ 表 15-9。

表 15-7　第一批 42CrMoA 冶炼过程取样和成品试样中夹杂物的光学特征

样号，取样条件	明　场	暗　场	偏　光	夹杂物类型
495-160，D_1，熔清期	褐色球状	透明灰色	各向异性	$MnO \cdot SiO_2$
	褐色球状	不透明	各向同性	Fe_3O_4
	褐色椭球状	透　明	各向异性	$MnO \cdot SiO_2$
	裂缝中的灰块	透明红褐色	各向异性金黄色	刚玉（Al_2O_3）
D_2，出钢前	灰色球状	透明灰色	各向异性	$MgO \cdot Al_2O_3$
	灰褐色近球状	透明灰白色	各向同性	铝酸钙
D_3，镇静，包中	暗灰色	部分透明带绿	部分各向异性	铝酸钙镁
	暗灰色大球	不透明	各向同性	Fe_3O_4
D_4，镇后，浇注	暗灰色球状和块状	部分透明带绿		铝酸钙镁
495-157，A_4，镇后，浇注	暗灰色球状	透明亮灰色	各向异性绿色	铝酸钙镁（含 Ti、Al）
成品试样，974-11	棕黄色方块	不透明	各向同性	TiN
	灰色条状	微透明黄带绿	各向同性	$MnS + MnO \cdot SiO_2$
974-12	灰色块状	微透明	各向同性	$MgO \cdot Al_2O_3$
	球状带尾巴	透　明	各向异性	铝酸钙镁

续表 15-7

样号,取样条件	明　场	暗　场	偏　光	夹杂物类型
968-32	聚集分布的小褐球	透　明	各向异性	(Mg,Ca)O · Al_2O_3
	球状带尾巴	透　明	各向异性,亮绿色	MgO · Al_2O_3(含 TiCa)
	褐色块状	透　明	各向异性	铝酸钙镁(含 Ti)
974-12,C_3 和 B_4 试样	复相串状的耐火材料	部分透明	块状各向异性,基体各向同性	Al_2O_3 · SiO_2,MgO · Al_2O_3,石英,刚玉,铝酸盐等

表 15-8　第一批 42CrMoA 钢成品试样中夹杂物的金相形貌（×480）

炉　号	样　号	夹杂物的金相形貌和类型
459-159	968-31	1. 灰色条状的 MnS；2. 球状铝酸盐
	968-32	1. 球状铝酸盐；2. 暗褐色块状；3. 渣夹杂物或耐火材料
	968-51	1. 灰色条状的 MnS；2. 球状铝酸盐
	968-52	1. 灰色条状的 MnS；2. 铝酸盐呈串状分布
459-160	969-11	1. MnS 上有褐色块沉淀；2. 球状铝酸盐；3. 黄方块的 TiN
	969-12	1. TiN；2. 球状铝酸盐；3. 细小黄红色的 TiS
	969-21	1. TiN；2. 球状铝酸盐；3. 细小黄红色的 TiS
	969-22	1. 集中分布的块状铝酸盐；2. 球状铝酸盐；3. 较粗块状的 TiS
459-151	970-21	1. MnS；2. 细小黄红条状 TiS；3. 球状铝酸盐；4. 呈串状分布的褐色块
	970-22	1. MnS；2. 黄红条状的 TiS；3. TiN；4. 球状铝酸盐
	970-41	1. 小球状铝酸盐；2. 形状不规则的黄红色 TiS
	970-42	1. 小球状铝酸盐；2. 形状不规则的黄红色 TiS
459-157	973-21	1. 粗大的 MnS；2. 铝酸盐
	973-22	1. 呈三角形的 TiN；2. 黄红条状 TiS；3. 块状铝酸盐
	973-42	1. 大量条状的 MnS，其中最长者达 172μm；2. MnS + 铝酸盐串，串长大于夹杂物 4 级
459-160	974-11	1. TiN；2. 渣夹杂物或耐火材料；3. 暗褐色直边大块夹杂物
	974-12	1. 成串分布肉眼可见的大型夹杂物；2. TiN；3. 球状铝酸盐
	974-31	1. 断续成串分布的夹杂物总长不小于 500μm；2. 椭球状铝酸盐
	974-32	1. MnS，2. 聚集分布的 TiN；3. 椭球状铝酸盐

表 15-9　最大球状铝酸盐夹杂物尺寸

球状铝酸盐直径/μm	熔清期	出钢前	镇静前包中	镇静后水口	成品样
金相法测	40	16	29	19	10
岩相法测	50	33	60	36	30

B 夹杂物的金相法定量

在金相显微镜下用目镜测微尺测量每颗夹杂物的尺寸和面积，方块 TiN 夹杂物测其长和宽，对球状铝酸盐夹杂物测其直径，对形状不规则的夹杂物则采用分割的方法，测其分割后的各段长和宽，共测 100 个视场。另外再计数 100 个视场中各类夹杂物的总数，分别换算出单位视场中各类夹杂物的面积和数目，按一级近似式求出夹杂物间距 d_T，$d_T \approx \sqrt{A/N}$，A 为视场面积，N 为夹杂物数目。夹杂物的金相法定量结果列于表 15-10 和表 15-11。

表 15-10 第一批 42CrMoA 钢成品试样中夹杂物的含量、尺寸和数目

样号	取样位置	夹杂物含量 f_V/%				夹杂物最大尺寸/μm		球状铝酸盐直径/μm			夹杂物最大尺寸的平均值/μm	备注
		MnS	Ti(N,S)	铝酸盐	总量	L_{max}^{MnS}	a_{max}^{TiN}	ϕ_{max}	ϕ_{min}	ϕ 平均		
968-31	锭 B 头	0.031	0.014	0.06	0.101	56.5	27.7	21.3	3.1	7.1		
968-32	锭 B 尾	0.016	0.010	0.08	0.106	40	24.6	40	3.1	8.1		
968-51	锭 A 头	0.011	0.010	0.06	0.077	86.9	24.7	10.8	3.1	5.4		
968-52	锭 A 尾	0.017	0.023	0.04	0.84	143.1	24.6	24.6	3.1	6.0		
平 均		0.019	0.014	0.06	0.092	80.6	25.4	24.2	3.1	6.64	43.4	
969-11	锭 A 头	0.034	0.019	0.07	0.127	138.5	20.3	15.4	1.85	5.62		
969-12	锭 A 尾	0.008	0.015	0.13	0.156	40.5	17.3	18.5	3.1	6.67		
969-21	锭 B 头	0.021	0.015	0.05	0.085	52.3	19.7	9.23	3.1	5.64		
969-22	锭 B 尾	0.025	0.024	0.07	0.114	36.9	21.5	15.4	3.1	6.85		
平 均		0.022	0.018	0.08	0.121	67.54	19.7	14.6	2.8	6.20	33.9	
970-21	锭 A 头	0.010	0.023	0.05	0.082	76.9	29.5	21.5	3.7	7.93		L_{max}^{MnS}——MnS 的纵向最大长度；a_{max}^{TiN}——Ti(N,S) 最大边长
970-22	锭 A 尾	0.009	0.024	0.05	0.077	46	28.5	9.23	3.1	5.52		
970-41	锭 B 头	0.011	0.031	0.07	0.111	110.8	28.4	7.69	3.1	4.18		
970-42	锭 B 尾	0.003	0.013	0.06	0.076	83.1	27.1	12.3	3.1	7.18		
平 均		0.008	0.023	0.06	0.087	79.2	28.4	12.7	3.23	6.21	40.1	
973-21	锭 A 头	0.027	0.025	0.05	0.101	58.5	30.8	12.3	3.1	7.31		
973-22	锭 A 尾	0.025	0.022	0.07	0.113	89.2	24.6	9.23	1.54	4.68		
973-41	锭 B 头	0.026	0.017	0.05	0.089	40	18.5	9.23	3.1	5.07		
973-42	锭 B 尾	0.048	0.023	0.04	0.115	—	24.6	9.23	6.15	6.92		
平 均		0.032	0.022	0.05	0.104	62.5	24.6	10	3.46	6.0	32.4	
974-11	锭 B 头	0.024	0.029	0.05	0.104	107.7	24.6	10.3	1.85	5.16		
974-12	锭 B 尾	0.011	0.027	0.10	0.141	73.8	30.8	21.5	3.1	5.98		
974-31	锭 A 头	0.041	0.014	0.06	0.110	35.6	18.5	12.3	3.1	6.36		
974-32	锭 A 尾	0.036	0.041	0.08	0.155	86.2	15.4	9.23	3.1	6.15		
平 均		0.028	0.028	0.07	0.127	73.4	22.3	13.9	2.77	5.9	36.5	

表 15-11　第二批 42CrMoA 钢成品试样中夹杂物的含量、尺寸和间距

样 号	取样位置	夹杂物含量 f_V/%				最大夹杂物尺寸/μm		夹杂物平均间距 $\bar{d}_T$/μm
		MnS	TiN	铝酸盐	总　量	a_{max}	$\phi_{max}^{Al\text{-}O}$	
759-1	K_{1C}锭头	0.008	0.0007	0.049	0.057	26.3	26.7	242.7
759-2	K_{1C}锭尾	0.011	0.0007	0.026	0.038	38.1	15.0	277.3
759-3	K_{1C}锭尾	0.014	0	0.023	0.035	37.5	21.9	291.4
759-4	K_{1C}锭头	0.024	0	0.063	0.087	66.7	23.8	282.4
平　均		0.0102	0.0004	0.0403	0.0512	42.15	21.85	273.45
759-1	α_K 锭头	0.023	0.0013	0.031	0.056	46.7	20.8	344.2
759-2	α_K 锭尾	0.023	0	0.020	0.043	55.6	16.0	385
759-3	α_K 锭尾	0.032	0.0013	0.015	0.050	62.1	12.2	368.7
759-4	α_K 锭头	0.020	0.002	0.032	0.054	52.3	12.0	148.3
平　均		0.0245	0.0012	0.0245	0.0502	54.2	15.3	367.6
864-1	K_{1C}锭头	0.033	0.008	0.058	0.099	44.1	13.1	232.0
864-2	K_{1C}锭尾	0.019	0.009	0.083	0.111	32.8	12.3	224.9
864-3	K_{1C}锭头	0.029	0.006	0.104	0.139	43.1	12.3	206.6
864-4	K_{1C}锭尾	0.022	0.006	0.090	0.118	31.7	14.2	218.0
平　均		0.0258	0.0072	0.0838	0.1168	37.93	12.98	220.4

15.2.2.2　岩相法

A　电解分离

电解槽以不锈钢作阴极，试样作阳极，电解装置示意图如图 15-19 所示。

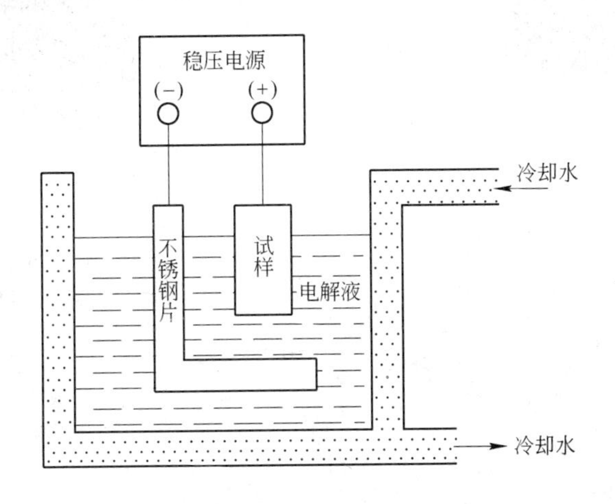

图 15-19　深腐刻装置示意图

电解试样规格：圆棒直径 $\phi\approx10\sim15$mm，长度 $L\approx100\sim150$mm。

电解液成分：3% $FeSO_4\cdot7H_2O$ +1% NaCl +0.25% 枸橼酸钠。

电解分离沉淀中夹杂物与大量碳化物混在一起，使两者分离的方法很多，我们采用最简单的水选法，可以分离出大量夹杂物。

B　岩相观察

在岩相显微镜下观察分离出的夹杂物形貌，并测定分离出的夹杂物尺寸，岩相夹杂物形貌见图 15-20 和图 15-21 以及图 15-24 ~ 图 15-29，金相夹杂物形貌见图 15-22 和图 15-23。

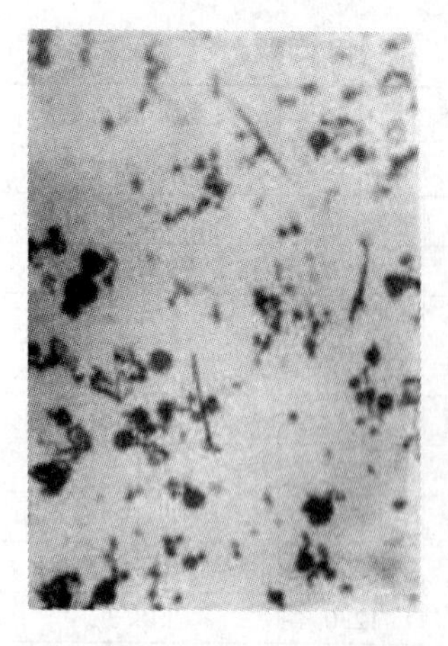

图 15-20 电解分离的夹杂物（岩相,974-42, ×110）
球状：铝酸盐;透明相：Al_2O_3，$Al_2O_3 \cdot SiO_2$，SiO_2;黑条状：MnS

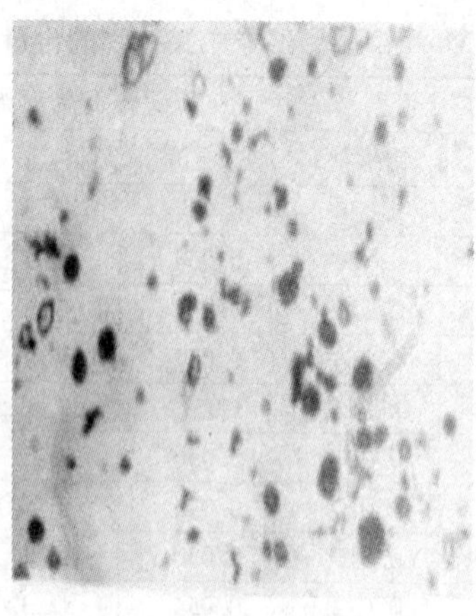

图 15-21 电解分离的夹杂物（岩相,974-42, ×110）
球状：铝酸盐;透明相：Al_2O_3，$Al_2O_3 \cdot SiO_2$，SiO_2

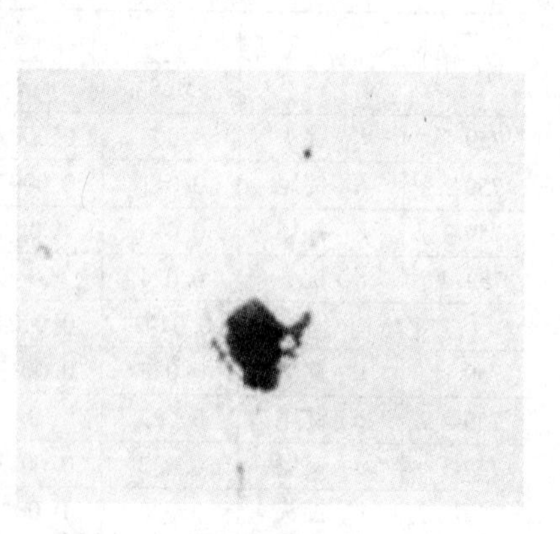

图 15-22 块状铝酸盐 $m(Ca \cdot Mg)O \cdot nAl_2O_3$（金相,$D_4$, ×250）

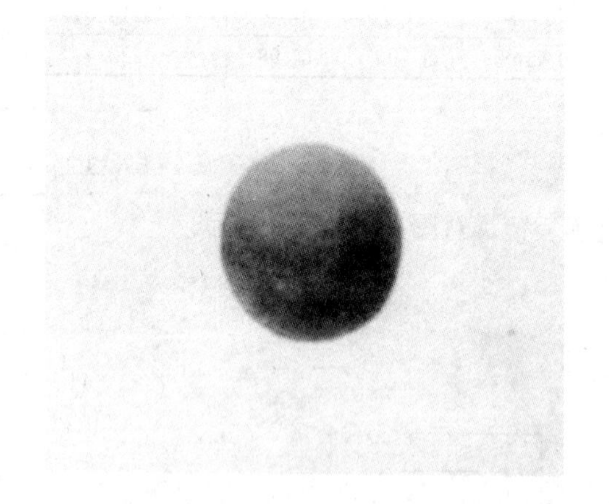

图 15-23 硅酸锰（含 Al、Ti）（金相,A_4,$\phi = 90\mu m$, ×250）

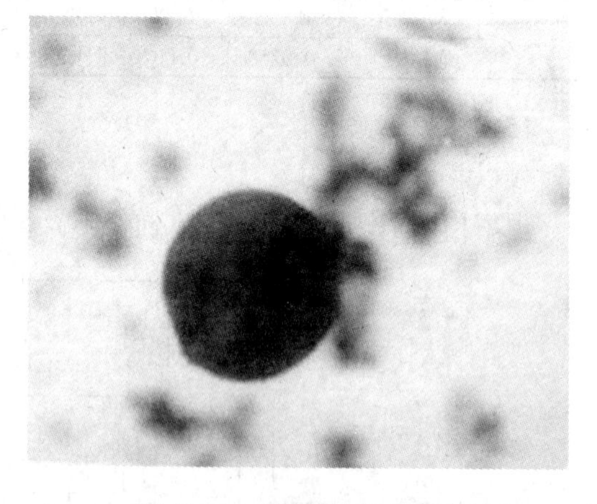

图 15-24 硅酸锰（含 Al、Ti）（岩相,A_4,$\phi = 180\mu m$, ×110）

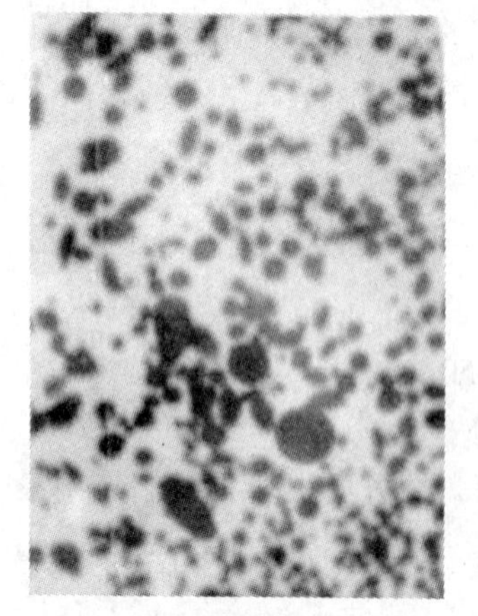

图 15-25 硅酸锰（含 Al、Ti）（岩相,D_1, ×110）

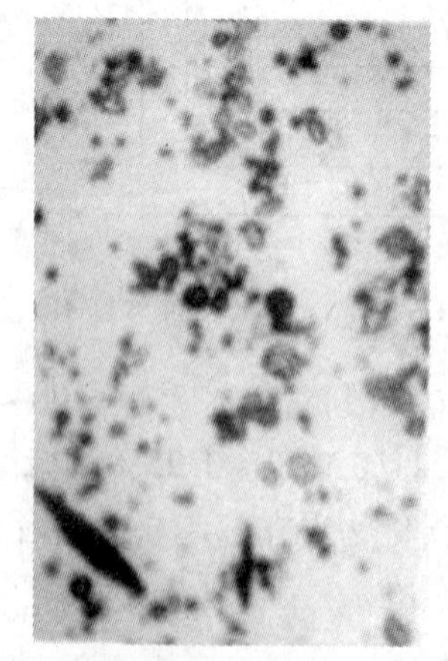

图 15-26 $MgO \cdot Al_2O_3 + \alpha\text{-}CaO \cdot SiO_2 + SiO_2 + MnO \cdot SiO_2$（岩相,$D_2$, ×110）

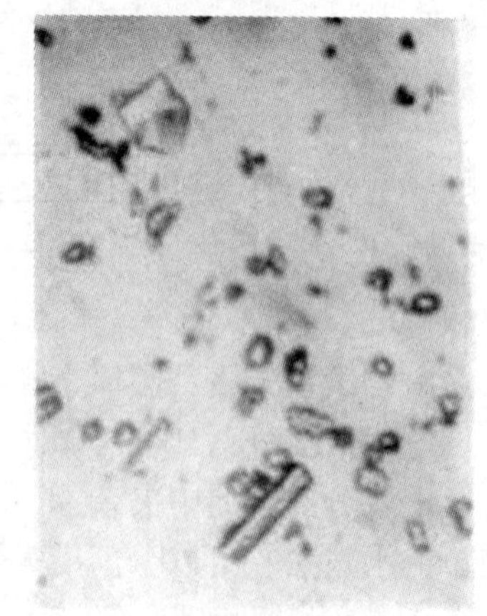

图 15-27 $MgO \cdot Al_2O_3 + 12CaO \cdot 7Al_2O_3 + SiO_2 + Al_2O_3$（岩相,$D_3$, ×110）

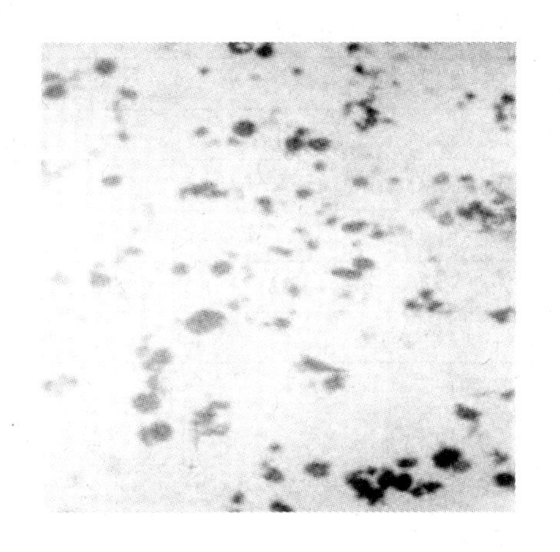

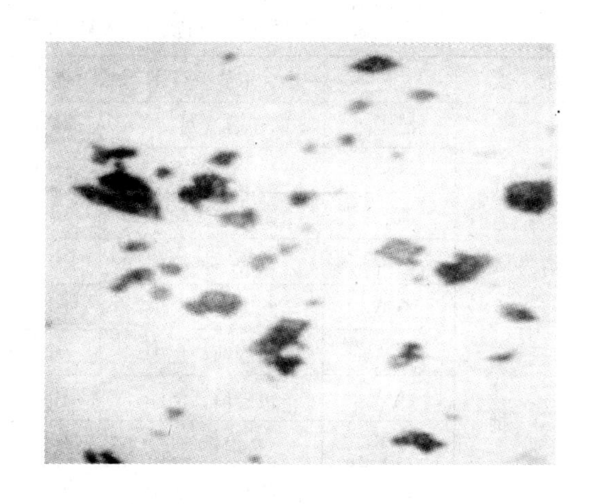

图 15-28　$MgO \cdot Al_2O_3 + MnO \cdot SiO_2 + SiO_2 + Al_2O_3$（岩相，$D_4$，×110）

图 15-29　$6CaO \cdot 4Al_2O_3 \cdot MgO \cdot SiO_2 + MnO \cdot SiO_2 + 3CaO \cdot SiO_2$（岩相，渣 D_4，×110）

15.2.2.3　X 射线衍射分析

X 射线衍射分析夹杂物、渣和耐火材料中组成相的类型，岩相法所用夹杂物粉末同时用作 X 射线衍射分析试样。

在对渣和耐火材料进行 X 射线衍射分析之前，首先将渣和耐火材料粉碎后，用永久磁铁吸出其中的金属铁，再混合均匀，制成 X 射线衍射用的粉末试样，拍成德拜图片，分析结果列于表 15-12 ~ 表 15-14 中。

表 15-12　两批 42CrMoA 钢试样中夹杂物的类型

批　次	样　号	取样条件	X 射线衍射分析夹杂物的类型			
第一批	A_4	镇静后，浇注	SiO_2	$MnO \cdot SiO_2$	Al_2O_3	
	B_3	镇静前，包中	Al_2O_3	SiO_2	$MgO \cdot Al_2O_3$	
	C_2	出钢前	$MgO \cdot Al_2O_3$	SiO_2		
	C_3	镇静前，包中	α-Al_2O_3	$MgO \cdot Al_2O_3$	SiO_2	
	C_4	镇静后，浇注	Al_2O_3	$MgO \cdot Al_2O_3$	SiO_2	
	D_1	熔清期	$FeO \cdot TiO_2$	$MnO \cdot SiO_2$		
	D_2	出钢前	α-$CaO \cdot SiO_2$	$MgO \cdot Al_2O_3$		
	D_3	镇静前，包中	SiO_2	$MgO \cdot Al_2O_3$	$12CaO \cdot 7Al_2O_3$	Fe_3O_4
	D_4	镇静后，浇注	SiO_2，FeO	$MgO \cdot Al_2O_3$	Al_2O_3	Fe_3O_4
第二批	973-42	成品样	$MgO \cdot Al_2O_3$	SiO_2，TiN	$m CaO \cdot n Al_2O_3$	Al_2O_3，MnS
	475-759-1	成品样 锭　尾	α-Al_2O_3	MnS	$MgO \cdot (Al_{0.91},Fe_{0.09})_2O_3$	
	475-759-2	锭　头	α-Al_2O_3	MnS	$MgO \cdot (Al_{0.91},Fe_{0.09})_2O_3$	
	475-759-3	锭　头	α-Al_2O_3	MnS	未定相	
	475-759-4	锭　尾	α-Al_2O_3	$MgO \cdot Al_2O_3$	未定相	MnS
	475-864-3	锭　头	α-Al_2O_3	MnS	未定相	
	475-864-2	锭　尾	α-Al_2O_3	MnS	未定相	
	475-864-1	锭　尾	α-Al_2O_3	$MgO \cdot Al_2O_3$	未定相	MnS

表 15-13　两批 42CrMoA 钢渣样的 X 射线衍射分析结果

批　次	样　号	取样条件	X 射线衍射分析渣的类型
第一批	渣 D_1	熔清期	$2MnO \cdot SiO_2$，Fe_3O_4
	渣 D_2	出钢前	$3CaO \cdot SiO_2$，$MnO \cdot SiO_2$，$12CaO \cdot 7Al_2O_3$
	渣 D_3	镇静前，包中	$3CaO \cdot SiO_2$，$MnO \cdot SiO_2$，$12CaO \cdot 7Al_2O_3$
	渣 D_4	镇静后，浇注	$3CaO \cdot SiO_2$，$MnO \cdot SiO_2$，$6CaO \cdot 4Al_2O_3 \cdot MgO \cdot SiO_2$
	渣 A_2	出钢前	$3CaO \cdot SiO_2$，$12CaO \cdot 7Al_2O_3$
	渣 A_3	镇静前，包中	$3CaO \cdot SiO_2$，$12CaO \cdot 7Al_2O_3$
	渣 A_4	镇静后，浇注	$3CaO \cdot SiO_2$，$12CaO \cdot 7Al_2O_3$
	渣 B_2	出钢前	$3CaO \cdot SiO_2$，$12CaO \cdot 7Al_2O_3$，$6CaO \cdot 4Al_2O_3 \cdot MgO \cdot SiO_2$
	渣 B_3	镇静前，包中	$3CaO \cdot SiO_2$，$12CaO \cdot 7Al_2O_3$
	渣 B_4	镇静后，浇注	$3CaO \cdot SiO_2$，$12CaO \cdot 7Al_2O_3$
	渣 C_2	出钢前	$3CaO \cdot SiO_2$，$12CaO \cdot 7Al_2O_3$
	渣 C_3	镇静前，包中	$3CaO \cdot SiO_2$，$12CaO \cdot 7Al_2O_3$，$3CaO \cdot Al_2O_3$
	渣 C_4	镇静后，浇注	$3CaO \cdot SiO_2$，$12CaO \cdot 7Al_2O_3$，Al_2O_3，SiO_2
	渣线渣		$3CaO \cdot SiO_2$，$12CaO \cdot 7Al_2O_3$，$3CaO \cdot Al_2O_3$
第二批	渣 E_1	475-759 熔清期	$2FeO \cdot SiO_2$，$MnO \cdot SiO_2$
	渣 E_2	出钢前	γ-$2CaO \cdot SiO_2$，$12CaO \cdot 7Al_2O_3$，MgO
	渣 E_3	镇静前，包中	$3CaO \cdot SiO_2$，γ-$2CaO \cdot SiO_2$，$12CaO \cdot 7Al_2O_3$，MgO
	渣 E_4	镇静后，浇注	γ-$2CaO \cdot SiO_2$，$12CaO \cdot 7Al_2O_3$，MgO
	渣 F_1	475-865 熔清期	$3CaO \cdot SiO_2$（含少量 Al_2O_3），$12CaO \cdot 7Al_2O_3$，FeO $Ca_2Mg\ AlFeO_6$
	渣 F_2	出钢前	$3CaO \cdot SiO_2$，$12CaO \cdot 7Al_2O_3$，Fe_3O_4
	渣 F_3	镇静前，包中	$3CaO \cdot SiO_2$，$12CaO \cdot 7Al_2O_3$，Fe_3O_4
	渣 F_4	镇静后，浇注	$12CaO \cdot 7Al_2O_3$，γ-$2CaO \cdot SiO_2$，MgO

表 15-14　耐火材料类型的 X 射线衍射分析结果

耐火材料	X 射线衍射分析耐火材料的类型
滑　板	α-Al_2O_3，$Al_2O_3 \cdot SiO_2$，$3Al_2O_3 \cdot 2SiO_2$，$MgO \cdot Al_2O_3$，$CaO \cdot SiO_2$
汤道表面	α-Al_2O_3，$3Al_2O_3 \cdot 2SiO_2$，$MgO \cdot Al_2O_3$，$CaO \cdot MgO \cdot SiO_2$
汤道内部	$Al_2O_3 \cdot SiO_2$，$3Al_2O_3 \cdot 2SiO_2$，SiO_2
水口表面	α-Al_2O_3，SiO_2，$MgO \cdot Al_2O_3$
水口里面	α-Al_2O_3，SiO_2

15.2.2.4　扫描电镜观测

首先对断裂韧性、冲击韧性和平板拉伸等试样的断口在扫描电镜下进行仔细观测，并拍摄部分断口形貌图。

A　EDS 定性分析夹杂物的组成

EDS 定性分析夹杂物的组成见图 15-30 ~ 图 15-34。

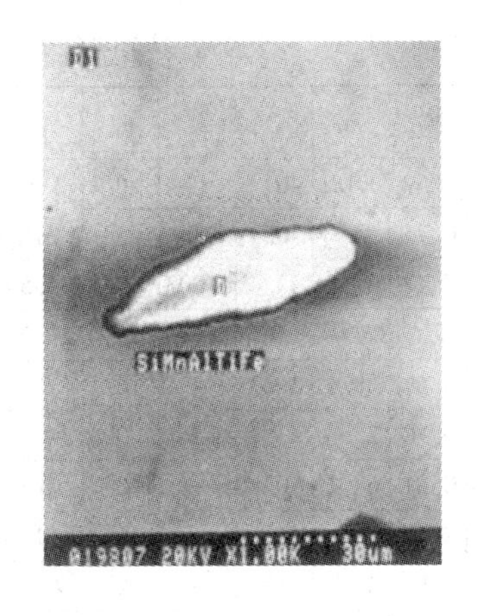

图 15-30　硅酸锰（含 Al、Ti、Fe）（D_1，×1000）

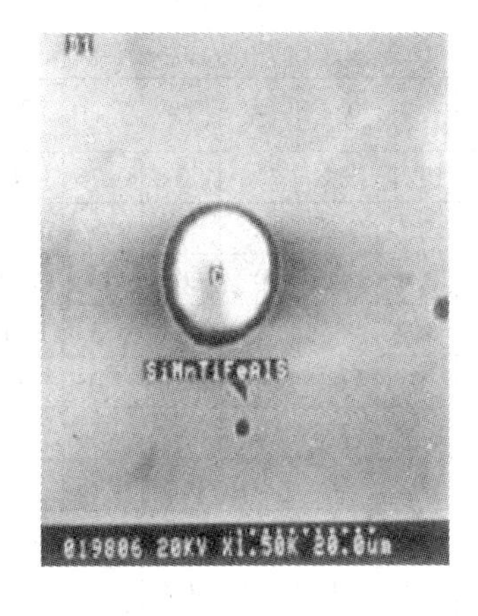

图 15-31　硅酸锰（含 Al、Ti、Fe）（D_1，×1500）

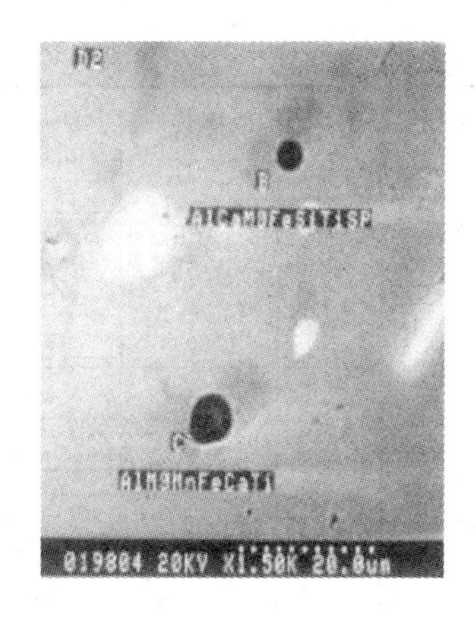

图 15-32　夹杂物定性分析（D_2，×1500）
B 点：$m(Ca\cdot Mg)O\cdot nAl_2O_3$
C 点：$MgO\cdot Al_2O_3$

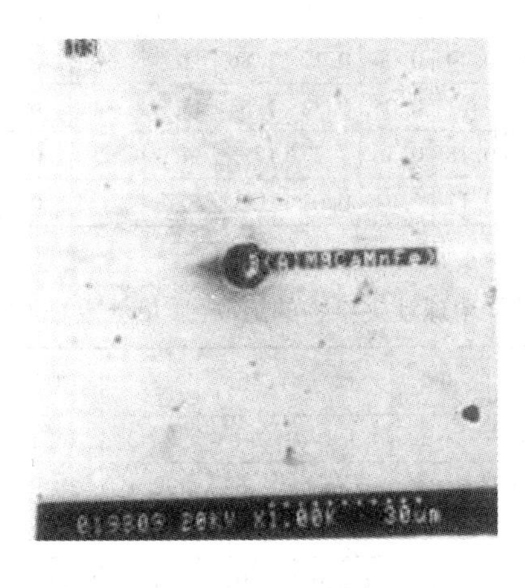

图 15-33　$MgO\cdot Al_2O_3$（D_3，×1000）

图 15-34　Al，Ti-氧化物（D_4，×1000）

B　EDS 定量分析夹杂物的组成

扫描电镜观测（SEM-EDS）不仅可分析断口上夹杂物的组成，也可用于金相试样上夹杂物的组成分析。今分别选用冶炼过程取样、成品的金相试样以及断口上大韧窝中的夹杂物进行 SEM-EDS 分析，分述于下：

（1）冶炼过程取样。第一批 42CrMoA 钢冶炼过程取样的试样中夹杂物的组成见表 15-15，第二批 42CrMoA 钢冶炼过程加示踪元素 Ti 的试样中夹杂物的组成见表 15-16。

表 15-15　第一批 42CrMoA 钢冶炼过程取样的试样中夹杂物的组成（质量分数）（%）

炉号	样号	取样条件	夹杂物形态	Ca	Mg	Si	Cr	S	Ti	Mn	Fe	[O].	P	K	Al
459-160	D_1	熔清期	裂　纹	0	0	0	0	0	0.96	0	1.44	46.3	0	0	51.3
			内　块	0	0	19.2	0	0.68	8.14	28.1	5.63	35.2	0	0	3.1
			球　状	0	0	17.9	0	0	6.51	20.3	8.09	38	0	0	9.2
			椭　球	0.2	0.3	13.8	—	0.58	7.7	30.3	4.9	40.3	—	0	1.9

续表 15-15

炉号	样号	取样条件	夹杂物形态	Ca	Mg	Si	Cr	S	Ti	Mn	Fe	[O]	P	K	Al
459-160	D_2	出钢前	球	19.4	1.2	3.8	0	0.76	1.45	0.52	1.05	40.9	0	0	3.1
			A 点	12.7	5.5	2	0	0.56	0.90	0.75	5.5	40.4	0.69	0	31
			B 点	0.4	14.9	0	0	0	0.38	3.12	2.38	43.4	0.003	0	35.5
			C 点	5.9	9.5	1	—	0.33	0.6	1.6	5.9	46	—	0	29.2
	D_3	镇静前包中	球	0	0	0.2	0.7	0.03	0	0.51	68.2	30.3	—	0	0
			A 点	1.2	17.5	0	0	0	0	0.78	2.56	43.7	—	0	34.2
			B 点	0	0	0	0.6	0.18	0	0.81	68.2	30.2	—	0	0
			小球	21.7	5.9	1.2	0	0.67	0.7	0.3	1.9	46.6	—	0	21
	D_4	镇静后浇注水口	球	0	0	1.3	0.3	0	44.7	0	33.7	18	—	0	2.1
			A 点	16.4	9.9	2.1	0	0.99	2.5	0	1.87	39.6	0.43	0	26.2
			B 点	6.6	15	1.1	0	0.13	0.61	0.47	1.88	42.7	0.09	0	31.5
			C 块	0	0	1.1	0.4	0	54.9	1.52	2.08	20.5	—	0	19.8
			D 块	5.3	9.6	1	—	0.12	0.74	1.48	11.7	28.3	—	0	31.7
			球	8.0	13.1	1.6	—	0.15	0.18	0.28	2.32	42.3	—	0	32.1
459-157	B_3	镇静前包中	大球外沿	11	12.4	0.5	—	0.44	0.04	0.12	1.86	41.6	—	0	31.9
			大球内部	0.2	19	0.1		0	0.05	0.38	1.54	43.8	—	0	35.1
459-159	C_4	镇静后浇注水口	球 状	8.5	6.2	1	—	0.18	0.56	1.37	19.5	34.3		0	28.5
			不规则	16.6	1.2	4.4	—	0.11	6.21	0.01	3.5	40.3		0	26.7

表 15-16 第二批 42CrMoA 钢冶炼过程加 Ti 的试样中球状夹杂物的组成(质量分数)(%)

样 号		取样条件	Mg	Al	Si	S	Ca	Ti	Cr	Mn	Fe	[O]	K
G27-	1	出钢前(加 Ti)	18	35	—	0.35	0.14	—	—	—	2.43	44.1	—
	2		3.4	4	0.14	12.8	13.6	2.31	0.66	2.62	32.1	28.5	0.03
	3		6.4	16.7	0	1.05	2.16	0.4	0.74	0.67	35.6	38.2	0.12
	4		8.9	17.1	0.08	5.03	2.39	0.12	0.65	4.95	24.6	36	0.04
	5		3.6	12.8	0.12	6.57	0.86	0.8	0.8	11.5	28.7	34.2	0.04
G28-	1	出钢前(加 Ti)	4.1	6.3	0.19	9.35	7.3	0.15	0.84	4.82	36.5	30.4	—
	2		3.2	14.3	0.03	0.31	0.97	0.28	0.82	0.57	44.4	35.2	—
	3		5.9	22.2	0	1.18	3.38	0.52	0.69	0.48	28.1	37.8	—
	4		3.8	11.6	0.21	18.5	22.4	0.06	0.37	1.08	11.5	28.6	—
	5		6.5	19.3	0	1.96	3.98	0.18	0.66	0.47	30.2	36.7	—
G29-	1	镇静前包中	16.3	33.6	—	0.67	1.95	—	—	0.38	3.9	43.3	—
	2		2.7	25.5	0.57	0.93	16.6	0.48	—	0.23	14.5	38.5	—
	3		1.3	16.5	0.52	0.75	5.66	0.49	0.72	0.95	37.5	35.7	—
	4		2.8	18.7	0.21	0.49	4.14	0.25	0.81	0.68	35.4	36.5	—
G30-	1	镇静前包中	0.2	3	36.9	0.46	0.47	—	0.28	0	8.29	48.9	0.99
	2		1.7	19.8	0.68	2.46	4.57	3.9	0.82	2.95	25.9	37.2	0.04
	3		6.2	23	0.99	1.17	4.29	0.52	0.57	1.35	23	38.7	0.16
	4		2.3	25.6	2.63	2.31	11.1	0.62	1.43	0.63	14	39.2	0.15
	5		0.5	4.5	30.5	0.21	0.86	0.38	0.41	0.2	15.3	46.6	0.5

（2）成品试样。K_{1C}试样断口上较大韧窝中的夹杂物是造成断裂的主要因素，分别对其进行定性和定量分析。部分断口形貌图如图 15-35 ~ 图 15-46 所示。图 15-35 和图 15-36 上标有夹杂物的组成元素。在第 11 章的图 11-9 ~ 图 11-13 上的各个夹杂物的组成作过定量分析，将定性和定量分析结果综合列于表 15-17 中。SEM-EDS 分析第一批 42CrMoA 钢成品试样中夹杂物的组成见表 15-18。SEM-EDS 分析第二批 42CrMoA 成品试样中夹杂物的组成见表 15-19。进行电解分离第一批 42CrMoA 成品试样中的夹杂物定量分析时，首先从电解分离的沉淀中，挑选出球状夹杂物，利用 SEM-EDS 分析其成分，分析结果列于表 15-20中。

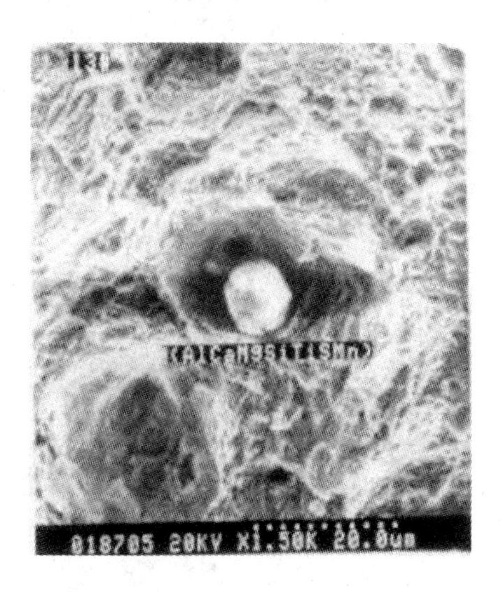

图 15-35　复合氧化物（968-51）

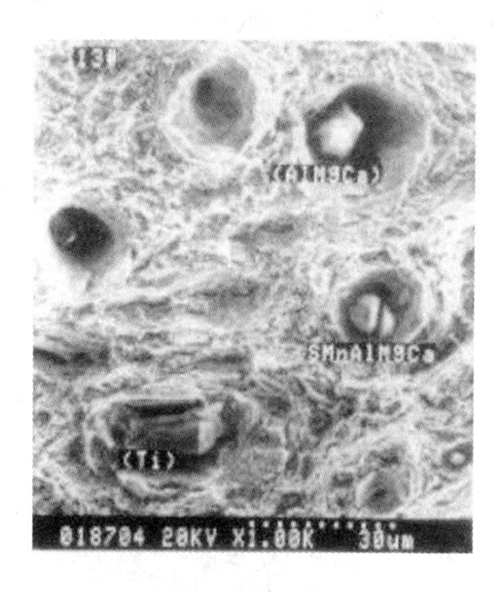

图 15-36　复合氧化物 + m(Ca · Mg)O · $n Al_2O_3$ + TiN(968-51)

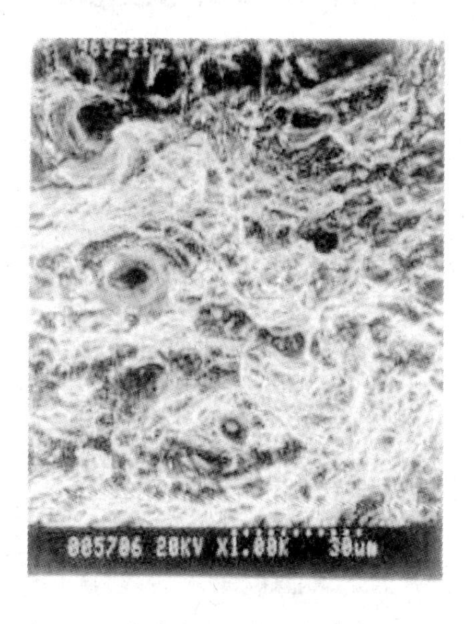

图 15-37　韧窝中的细小夹杂物（969-21）

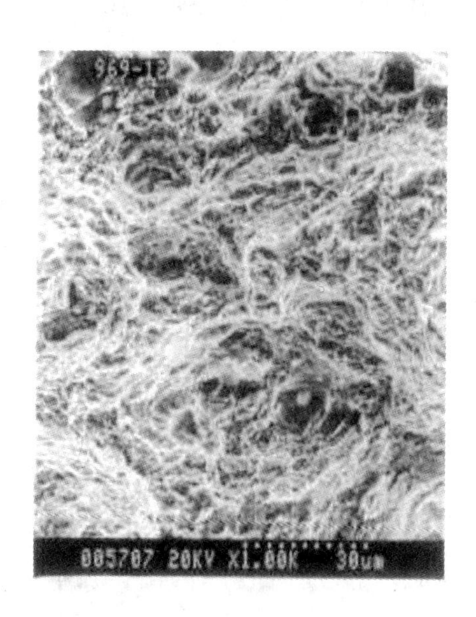

图 15-38　韧窝中的细小夹杂物（969-12）

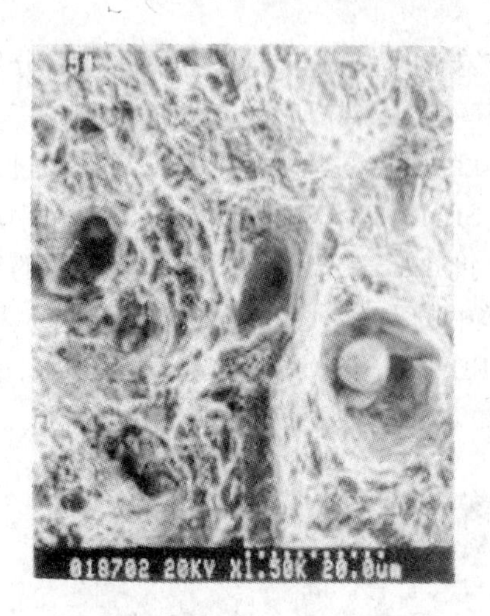

图 15-39 韧窝中的球状夹杂物为 $m(\mathrm{Ca \cdot Mg})\mathrm{O} \cdot n\mathrm{Al_2O_3}$（970-21）

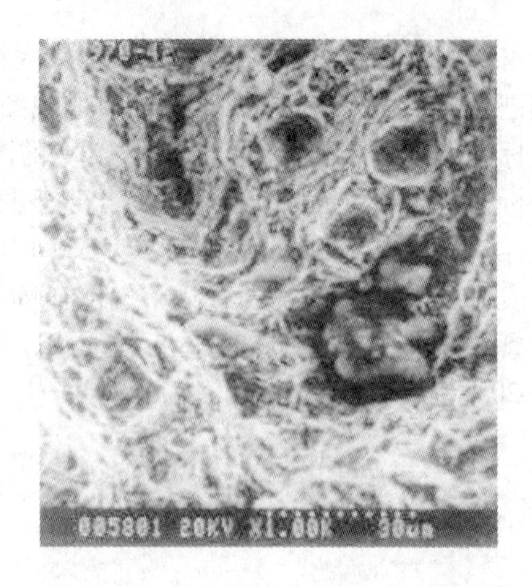

图 15-40 韧窝中的渣夹杂物（970-42）

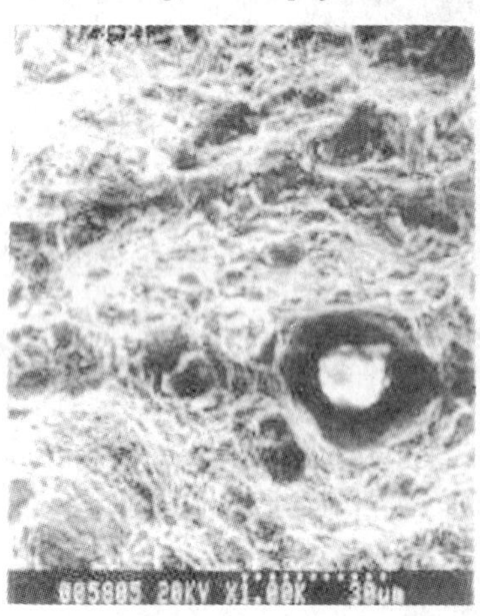

图 15-41 大韧窝中的夹杂物为 $m(\mathrm{Ca \cdot Mg})\mathrm{O} \cdot n\mathrm{Al_2O_3}$（973-21）

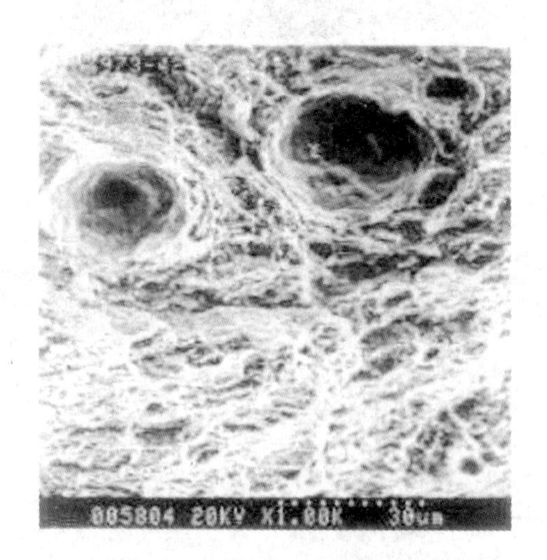

图 15-42 大韧窝中的夹杂物剥落（973-42）

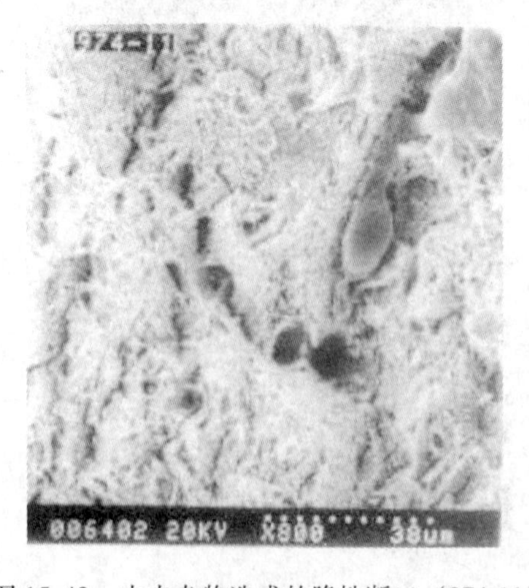

图 15-43 由夹杂物造成的脆性断口（974-11）

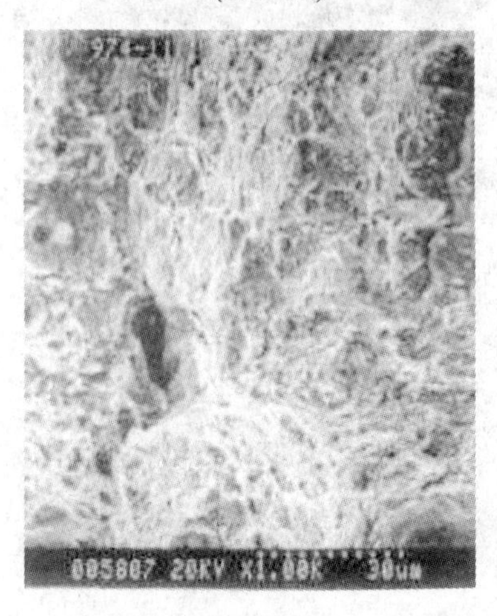

图 15-44 由夹杂物造成的韧脆性断口（974-11）

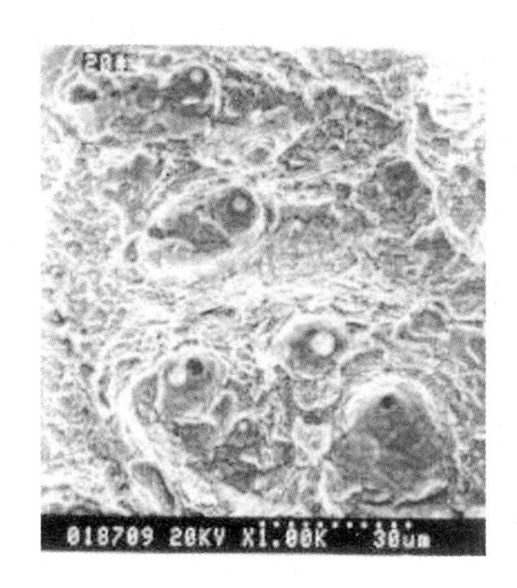

图 15-45　由夹杂物造成的断口面积较大（974-12）

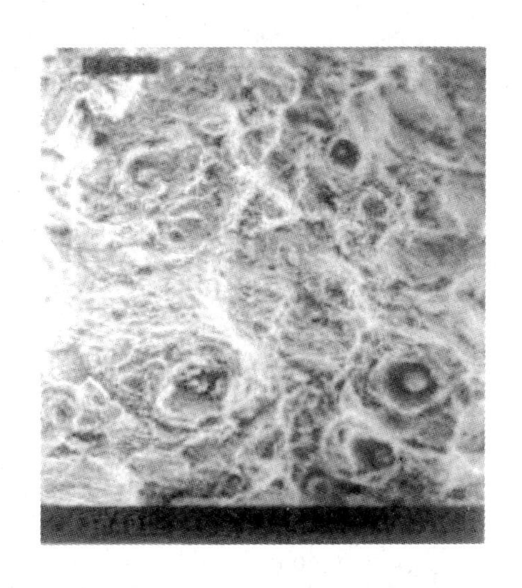

图 15-46　较大韧窝中的夹杂物为 $m(\mathrm{Ca \cdot Mg})\mathrm{O} \cdot n\mathrm{Al_2O_3}$（974-32）

表 15-17　断口上较大韧窝中的夹杂物成分（质量分数）　（%）

样 号	夹杂物点位	Mg	Al	Si	S	Ca	Ti	Cr	Mn	Fe	N	K	[O]
973-42	大白块（A）	—	—	45. 2	—	—	—	—	—	3. 27	—	—	51. 5
	近球状（B）	13. 8	36. 8	—	—	0. 65	—	—	—	6. 57	—	—	42. 1
	复相球（C）	9. 75	29. 1	—	6. 16	3. 35	—	—	6. 75	11. 3	—	—	33. 6
	椭球（D）	6. 26	17. 9	—	15. 6	8. 59	—	—	13. 2	0. 05	—	—	23. 4
970-21	球状（A）	15. 2	31. 8	—	3. 58	3. 42	—	—	1. 51	4. 89	—	—	39. 6
974-11	碎块（A）	—	—	—	35. 2	—	—	—	56. 3	8. 46	—	—	0
	碎块（B）	—	—	—	0. 26	—	69. 9	2. 08	—	—	20. 5	—	0
	近球状（C）	2. 41	11. 6	22. 1	1. 9	4. 4		—	1. 31	14. 7	—	2. 37	39. 3
	长条（D）	—	—	—	—	66. 8		—	—	6. 59	—	—	26. 7
969-11	近球状（A）	1. 38	20. 9	0. 76	18. 7	9. 85	0. 85		19. 6	3. 13	—	—	24. 9
	近球状（B）	16. 9	34. 8	0. 51	0. 09	1. 15	0. 1		1. 29	1. 89	—	—	43. 2

表 15-18　第一批 42CrMoA 钢成品试样中夹杂物的组成（质量分数）　（%）

样 号	夹杂物形态	Mg	Al	Si	S	Ca	Ti	Cr	Mn	Fe	Zr	[O]	K
968-32	大扁球	2. 26	39. 6	0. 09	0	4. 47	5. 83	0. 18	0. 9	2. 67	0	44	—
	小　球	2. 09	29. 3	3. 74	0	15. 4	1. 42	0. 23	0. 44	5. 95	0	41. 52	—
	小　球	12. 7	32. 8	1. 61	0	6. 06	0. 32	0	1. 59	1. 77	0	41. 2	—
	小　球	1. 61	27. 7	3. 72	5. 6	12. 8	0. 99	0. 17	4. 06	5. 25	0	38. 1	—
	小　球	15. 3	36. 1	0. 15	0	0. 63	0. 03	0	2. 52	1. 85	0	43. 4	—
	小　球	0. 80	25. 8	4. 65	2. 14	15. 6	0. 91	0. 30	0. 63	9. 38	0	39. 2	—

续表 15-18

样 号	夹杂物形态	Mg	Al	Si	S	Ca	Ti	Cr	Mn	Fe	Zr	[O]	K
973-42	球 A 点	1.03	25.2	2.79	9.29	15.6	1.19	—	5.59	4.7	—	34.6	—
	球 B 点	4.70	28.3	0.45	6.70	2.85	6.88	—	9.68	4.17	—	36.3	—
	球 C 点	12.2	39.7	0.03	0	0.26	0	—	1.15	2.55	—	44.2	—
	球 D 点	4.60	42.5	0.05	0.02	4.84	0.96	—	0.24	2.58	—	44.2	—
	球 E 点	1.01	11.6	3.50	6.93	12.6	3.53	—	4.92	26.2	—	29.8	—
	条状 F 点	0	0	0	36.7	0	0	—	63.3	—	—	0	—
974-11	耐火材料 + 渣	2.29	40	0.25	0	5.74	8.50	0	1.60	1.08	—	40.6	—
	渣底部	0	39.8	3.19	0	9.77	1.08	0	0	2.24	—	43.9	—
	夹杂物串上 C 点	0	35.9	0.36	0	5.72	1.55	0	0	13.8	—	40.9	—
	夹杂物串上 D 点	17.1	35.3	0	0	0	0	0	1.51	2.08	—	44	—
974-12	红 块	14.8	34.2	—	0.74	0.63	—	—	—	2.53	—	44.1	—
	球 状	13.1	32.1	1.62	—	8.04	0.18	—	0.24	0.32	—	余量	—
	球 状	0.73	19.4	—	8.7	5.61	1.50	0.46	11.3	20	—	32.3	—
974-31	球 状	12.9	30	3.46	0.85	7.61	0.15	—	1.58	1.99	—	42	—
	串上不规则块	2.32	40	0.73	0.34	5.46	3.2	—	0.34	5.36	—	42.3	—
	串上规则块	11.2	29.1	0.09	0.12	0.12	0.34	—	1.01	25.5	—	33.6	—
970-21	断口上球平均值	15.2	31.8	—	3.58	3.42	—	—	1.51	4.89	—	39.6	—
969-11	球平均值	9.10	27.9	0.64	9.37	5.5	0.47	—	10.4	2.51	—	34.1	—
973-42	断口上球	9.95	27.9	—	7.24	4.20	—	—	6.65	5.97	—	33.1	—
	粉末样上球	2.97	24.1	13.7	0.44	7.96	0.38	0.05	0.07	4.55	Cu 0.71	44.1	0.99
	金相样上球	4.71	29.3	1.21	4.95	6.50	3.25	—	5.22	7.40	—	37.5	—

表 15-19 第二批 42CrMoA 钢成品试样中夹杂物的组成（质量分数） (%)

样号	夹杂物形态	Mg	Al	Si	Ca	S	Ti	Cr	Mn	Fe	[O]	Zr	N	总和
759-1	灰 条	—	—	—	—	34.5	3.07	0.45	56.6	2.90	2.48	—	—	100
759-1	黄灰色	—	—	—	—	16	42.9	0.75	25.5	2.34	—	—	12.6	100
759-2	灰条状	—	—	—	0.51	35.2	—	—	56.9	5.04	2.37	—	—	100
759-4	小球状	14.1	33.4	1.75	3.47	—	—	—	1.71	1.58	44	—	—	100
759-3	近球状	11.1	32.9	2.12	5.81	0.04	0.13	—	2.26	2.97	42.7	—	—	
759-3	近球状	11	31.9	—	0.77	4.30	0.07	—	9.74	5.55	37.7	—	—	
759-3	深色球	11.9	29.5	—	0.66	3.03	0.09	—	3.62	11.7	39.5	—	—	
759-3	浅色球	2.45	5.42	—	4.26	19.8	0	—	29.1	21.6	17.4	—	—	
759-3	深色球	10.9	34.7	1.43	3.70	1.34	0.02	—	3.39	2.30	42.2	—	—	
759-3	浅色球	2.42	8.09	1.66	7.73	17.9	0.39	—	27.8	14	20	—	—	

续表 15-19

样号	夹杂物形态	Mg	Al	Si	Ca	S	Ti	Cr	Mn	Fe	[O]	Zr	N	总和
759-3	浅色球	11.6	32.5	1.1	2.90	1.74	0.06	—	3.8	4.5	42.8	—	—	
864-1（加 Ti）	黄块五角形	—	—	—	—	0.77	71.6	3.43	—	3.27	—	—	20.9	
864-2	A 点黄色	—	—	—	—	0.71	74.8	—	0.09	2.49	—	—	21.9	100
864-2	B 点灰色	—	—	—	—	36.5	—	—	59.3	4.22	—	—	—	100
864-3	近球状	6.33	23.1	—	3.0	11.9	0.47	—	18.3	7.41	29.4	—	—	
864-3	近球状	10.3	30.6	—	1.0	4.11	0.21	—	5.55	9.63	38.6	—	—	
864-3	浅色球	1.2	4.93	—	3.51	17.3	0.01	—	26.5	28	18.6	—	—	
864-3	深色球	4.8	23.2	—	1.55	4.08	2.20	—	4.99	23.3	35.9	—	—	
864-3	深色球	0.69	18.1	—	1.77	2.28	0.62	—	3.54	41.4	33.7	—	—	
864-3	浅色球	0.25	2.34	—	1.94	9.34	0	—	13	49.1	24.1	—	—	
864-3	深色球	7.1	25.6	—	1.90	6.7	1.0	—	9.6	11.4	34.7	—	—	

表 15-20　电解分离第一批 42CrMoA 成品试样中球状夹杂物定量分析结果（质量分数）（%）

Al	Mg	Si	S	Ca	Ti	Mn	Fe	Cr	K	Cu	[O]
39.5	—	—	—	12.1	—	—	6.6	—	—	—	余量
34.1	10.5	0.7	1.9	1.8	1.1	0.3	4.3	0.27	—	3.6	余量
16.9	3.4	23.5	—	0.8	0.5	—	5.6	—	2.5	—	余量
20.9	—	10.1	—	25.0	—	—	3.1	—	—	—	余量
9.3	0.9	34.1	0.34	0.15	0.3	—	3.2	—	2.43	—	余量
—	—	46.5	—	—	—	—	0.44	—	—	—	余量
25.2	1.0	2.8	9.3	15.6	1.2	5.6	4.7	—	—	—	余量

从表 15-20 的分析结果看，球状夹杂物有两类：一类是铝酸盐，另一类为硅酸盐，还有少量球状 SiO_2 和硅铝酸盐。

（3）扫描电镜和金相法测夹杂物间距（d_T^{SEM} 和 d_T^m）。分别对断裂韧性、冲击韧性和平板拉伸等试样的断口在扫描电镜下进行系统观察并拍照，然后对断口图上的较大韧窝间距进行测定，方法为：测定每张断口图的面积，计数以夹杂物为核心的韧窝数目，各测 10 张以上的断口图，最后按一级近似公式 $d_T \approx \sqrt{\dfrac{A}{N}}$ 计算韧窝间距。

设 d_T^{FS} 为断裂韧性试样断口的夹杂物间距，d_T^{PS} 为平板拉伸试样断口夹杂物间距，d_T^{IS} 为冲击韧性试样断口的夹杂物间距。用金相法测的夹杂物间距，使用两种试样，一般的金相试样和从平板拉伸试样上切取的金相试样，两者的夹杂物间距分别以 d_T^m 和 d_T^{mP} 表示。以上所测五种夹杂物的间距，列于表 15-21 中。

表 15-21 第一批 42CrMoA 成品试样中夹杂物的间距

样 号	取样位置	扫描电镜测夹杂物间距/μm			金相法测夹杂物间距/μm		备 注
		d_T^{FS}(×500)	d_T^{PS}(×800)	d_T^{IS}(×1000)	d_T^{m}	d_T^{mP}	
968-31	锭头部	—	—	13.7	233.6	—	
968-32	锭尾部	37.6	26.3	17.8	277.4	204.4	
968-51	锭头部	—	—	13.8	239.9	—	
968-52	锭尾部	37.7	23.3	14.0	249.6	224.1	
平 均		37.7	24.8	14.8	247.6	214.3	
969-11	锭头部	—	—	14.3	186.0	—	
969-12	锭尾部	36.4	23.5	13.6	208.3	209.7	
969-21	锭头部	36.5	22.2	—	230.5	201.4	
969-22	锭尾部	—	—	—	190.4	—	
平 均		36.4	22.9	13.9	203.8	205.6	
970-21	锭头部	38.3	26.4	—	237.9	255.5	d_T^{IS}(×1500)为 6.9μm
970-22	锭尾部	—	—	14.9	218.3	—	
970-41	锭头部	—	—	—	197.3	—	
970-42	锭尾部	31.1	24.8	15.5	217.4	245.6	
平 均		34.7	25.6	15.2	217.7	250.6	
973-21	锭头部	35.1	23.6	14.7	175.3	206	d_T^{IS}(×1500)为 7.8μm
972-22	锭尾部		—	—	249.6	—	
973-41	锭头部		—	—	198.5	—	
973-42	锭尾部	39.4	22.8	13.4	214.5	222.2	
平 均		37.3	23.2	14.1	209.5	214.1	
974-11	锭头部	38	23.2	12.1	200.2	226.6	d_T^{IS}(×500)为 39.9μm
974-12	锭尾部	—	—	—	195.7	—	
974-31	锭头部	—			212.3	—	
974-32	锭尾部	34.5	21.9	13.4	178.5	217	
平 均		36.3	22.6	12.8	196.7	221.8	

15.2.2.5 电子探针（EPA）

A 夹杂物组成定量分析

电子探针（EPA）可以测夹杂物组成中的非金属元素，如氧和氮，对金属元素测定的准确度也较高，因此利用电子探针（EPA）补测了第一批 42CrMoA 钢冶炼过程取样和成品试样中的夹杂物成分以及第二批 42CrMoA 钢冶炼过程加示踪元素 Ti 和 Zr 的试样中的夹杂物成分，所用电子探针（EPA）为中国科学院金属研究所的法国 CAMECA 设备。

首先用电子探针分析冶炼过程取样的试样中所有夹杂物的成分，然后再针对球状夹杂物成分进行对比分析，所得结果列于表 15-22 和表 15-23 中。

表 15-22 第一批 42CrMoA 钢冶炼过程取样的试样中夹杂物成分（质量分数）（%）

炉号	样号	取样条件	夹杂物形态	S	Ca	Si	Al	Mg	Ti	Mn	Fe	[O]	总和
495-160	D_1	熔清期	裂纹中灰块	0.003	0.025	0	31.1	0.034	0.66	0.02	0.41	55.6	87.84
			裂纹中灰块	0.003	0.011	0	27.3	0.029	0.532	0.011	0.333	53.8	82
			黑 球	0.9	0.081	6.2	1.03	0.05	11.88	26	4.35	39.05	89.57
			黑 球	1.07	0.1	7.56	0.725	0.050	14.51	26.08	4.78	36.65	91.5
			小 球	0.504	0.097	12.83	0.862	0	7.06	34.7	8.08	42.44	106.4
			褐长条	0.32	3.05	9.98	3.48	1.92	8.1	19.72	4.15	45.16	95.88
	D_2	出炉前	半月形球	0.626	18.07	1.26	21.37	0.253	0.939	0.457	0.581	43.3	86.95
			球中方块	0.017	0.062	0.006	44.3	0	0	0.052	1.543	51.51	97.49
			灰球边沿	0.401	1.32	0.556	0	0.128	0.051	0.957	76.89	17.56	97.86
	D_4	镇静后浇注	小黑球	0.010	0	0.10	0.38	0	16.7	0.09	15.7	21.2	54.21
			小黑球	0.001	0	0.133	0.358	0	22.77	0.011	8.602	16.05	47.93
			渣	0.012	1.359	0.375	0.003	0.11	0.003	0.381	48.73	25.67	76.82
			渣	0.069	0.287	0.167	0	0	0	0.413	51.14	31.16	83.24
			渣	0.062	1.55	0.312	0.021	0.168	0.058	1.014	69.10	27.26	99.55
459-151	A_4	镇静后浇注	大黑球	0.093	0.35	15.1	5.45	0.14	0.62	29.5	0.57	49.3	109.2
			大块渣	0.008	0.047	13.86	0.491	0	1.17	24.84	1.05	44.87	86.33
			大黑球	0.026	0.13	12.64	1.79	0.075	4.51	26.04	0.192	52.15	98.35
			大块渣	0.034	0.108	16.12	0.75	0.004	1.27	33.22	0.82	40.84	95.16
459-157	B_4	镇静后浇注	渣	0.141	1.65	0.26	0.014	0.263	0.028	1.1	58.79	27.35	89.6
			渣	0.26	1.8	0.311	0.017	0.402	0.007	0.654	66.8	30.91	101.1
			裂纹中灰块	0	0	0	48.33	0.001	0.144	0	0.247	57.5	106.4

表 15-23 第一批 42CrMoA 钢冶炼过程取样的试样中球状夹杂物成分（质量分数）（%）

样 号	取样条件	S	Ca	Si	Al	Mg	Ti	Mn	Fe	[O]
D_1	熔清期	0.1	0.08	11.9	1.2	0.06	10.5	32.6	4.7	39.43
		0.63	0.09	17.7	0.7	0.02	4.3	28.9	5.7	45.2
		0.36	0.08	11.6	1.5	0.04	8.0	33.9	3.7	39.5
		0.34	0.6	12.3	3.2	1.5	7.0	24.9	5.6	43.8
		0.84	0.09	10.2	1.5	0.03	8.5	33.2	4.3	40.5
平 均		0.55	0.19	12.74	1.62	0.33	7.66	30.7	4.8	41.69
D_2	出钢前	0.03	0.2	0.01	29.0	14.1	0.2	1.8	2.1	47.5
		0.04	1.0	0.02	30.1	15.6	0.2	1.4	1.8	49.2
		0.82	8.6	0.92	18.7	1.9	0.5	1.4	22.0	31.0
平 均		0.3	3.23	0.32	26.53	10.47	0.3	1.47	8.65	42.57

续表 15-23

样 号	取样条件	S	Ca	Si	Al	Mg	Ti	Mn	Fe	[O]
D_3	镇静前包中	0.63	28.5	1.9	14.3	1.2	1.4	0.07	2.0	28.8
		0.68	31.0	2.0	13.4	1.1	0.6	0.09	0.9	37.1
		0.2	26.2	0.9	22.1	3.9	0.8	0.2	2.1	33.3
平 均		0.84	38.53	1.27	16.6	2.07	0.93	0.12	1.67	33.11
D_4	镇静后浇注	0.11	13.4	1.9	22.1	5.2	0.6	0.2	4.3	33.3
		0	0.3	0.04	35.6	16.9	0.2	1.2	3.0	42.76
		0.12	5.3	1.0	31.7	9.6	21.08	1.5	11.7	38.38
平 均		0.08	6.33	0.98	29.8	10.59	7.28	0.97	6.33	38.15

电子探针分析成品试样中夹杂物成分所得结果列于表 15-24 中。

表 15-24 第一批 42CrMoA 钢成品样中夹杂物成分（质量分数） （%）

炉 号	样号	夹杂物形态	S	Ca	Si	Al	Mg	Ti	Mn	Fe	[O]	总和
459-160	974-12	方块上 A 点	0.01	7.06	0.3	37.8	6.1	1.11	0.29	1.375	14.1	108.2
		方块上 B 点	0.07	8.32	0.295	43.3	0.92	1.27	0.04	1.14	54.75	110
		方块上 C 点	1.34	5.41	0.375	4.77	0.16	0.09	1.33	50.2	13.4	77
		灰条状	38.7	0.06	0.02	0.02	0.01	0.03	68.5	2.0	0	109
		灰条状上黄块	0.036	0.054	0.04	0.03	0.04	54.1	7.6	11.9	0	78.8
		黑方块	0.15	7.7	0.7	33	13.1	0.40	1.11	1.41	66.7	119
		黑方块	0	7.5	0.61	35.3	10.7	0.49	0.83	1.28	60	116.7
		黑方块	0.01	7.1	0.3	37.8	6.1	1.11	0.3	1.4	54.1	107
		暗褐近球	0.01	0.63	0.79	35.5	4.2	0.68	0.41	1.8	57.7	111.6
		暗褐近球	0.01	2.13	0.13	39.1	13.9	0.26	1.1	1.3	56.9	114
		球边大球	1.41	12.4	0.43	34.4	0.5	1.05	0.66	22.7	46.7	120
		基-夹界面	3.52	0.08	0.183	0.028	0	0.465	4.27	90.4	0	99
		黑五边形	0.6	2.1	0.64	0.37	0.37	0	0.35	25.8	3.68	33.9
459-151	970-41	黑椭球	0	0.11	0	34.5	18	0.03	0.4	1.33	61.6	116
		基 体	0.02	0.08	0.10	0.11	0.02	0.03	0.79	91.3	0	92.3
459-157	973-22	不规则块	0.26	0.75	1.06	0.54	0.72	0.05	0.55	55.2	5.6	64.6
		灰条状	38.5	0.29	0.02	0.03	0.07	0.01	65.7	2.63	0	107
		黑 块	0.02	0.06	0.18	0.05	0	0.04	1.18	89.5	0	91
459-159	968-32	暗褐块	0.01	7.1	0.3	37.8	6.1	1.1	0.3	1.4	54.1	107

B 第二批 42CrMoA 钢冶炼过程取样

a 加示踪元素 Zr

电子探针分析第二批 42CrMoA 钢冶炼过程取样的试样中的夹杂物成分的结果列于表 15-25 中。

表 15-25 电子探针分析第二批 42CrMoA 钢冶炼过程加 Zr 的试样中夹杂物的成分（质量分数） （%）

样 号	取样条件	夹杂物形态	S	Ca	Si	Al	Mg	Zr	Mn	Fe	[O]	总和
G01	熔清期	半球状	0. 026	8. 19	12. 17	16. 93	1. 75	0	4. 1	6. 34	56. 1	100. 6
		球 状	1. 06	1. 02	8. 45	1. 22	8. 15	0	0	12. 55	29. 07	61. 5
		褐色长条	0. 009	8. 17	11. 32	10. 27	1. 26	0	4. 16	10. 93	52. 81	98. 93
		褐色长条	0	7. 51	11. 39	7. 17	0. 92	0	6. 06	15. 97	53. 69	102. 6
		裂纹中球状	0. 03	6. 76	15. 73	4. 17	1. 66	0	11. 07	14. 68	49. 8	103. 9
		裂纹中方块	0. 034	7. 30	16. 40	5. 1	1. 28	0	10. 38	13. 0	51. 04	104. 5
		裂纹中椭球	0. 21	0. 224	0. 257	0. 227	0. 043	0	0. 231	65. 64	38. 13	104. 9
		褐色不规则	0	0. 403	3. 87	35. 3	0. 249	0	2. 14	1. 18	52. 48	95. 6
		球 状	0	0	0. 535	37. 01	0. 027	0	1. 71	1. 32	49. 91	90. 5
		球 状	0	0	2. 474	31. 52	0. 041	0	3. 40	1. 87	53. 46	92. 96
		球 状	0	0	3. 27	30. 33	0	0	0. 91	2. 01	50. 62	87. 13
		球 状	0. 011	0	0	43. 6	0. 008	0	0	1. 53	58. 27	103. 4
G02		椭 球	0. 026	0. 336	7. 47	19. 16	0. 063	0	1. 51	3. 66	41. 53	73. 75
		椭 球	0. 374	0. 147	10. 8	20. 58	0. 063	0	1. 334	1. 672	40. 27	75. 24
		球 状	0. 099	0. 151	0. 005	32. 42	0. 079	0. 015	0. 066	1. 74	46. 68	81. 25
		近球状	0. 085	0. 293	5. 43	16. 87	0. 061	0	1. 70	7. 78	36. 13	68. 34
		球 状	0. 154	0. 068	7. 60	21. 31	0. 044	0. 002	2. 311	2. 116	37. 53	71. 13
		小 球	0. 016	0. 043	0. 198	33. 03	0. 038	0. 023	1. 155	1. 69	45. 13	81. 32
		球 状	0. 035	0. 101	7. 52	19. 81	0. 024	0	0. 586	1. 376	41. 17	70. 62
		小 球	0. 077	0. 137	6. 512	18. 08	0. 054	0	1. 471	1. 636	41. 111	69. 08
G04	出钢前	椭 球	1. 433	4. 793	0. 15	24. 22	3. 86	0. 59	0. 165	0. 844	40. 27	76. 32
		椭 球	0. 668	15. 13	0. 179	20. 14	0. 325	0. 764	0. 159	1. 201	41. 05	79. 52
		椭 球	0	0. 152	0. 008	24. 26	16. 18	0. 005	0. 365	0. 087	49. 41	91. 19
		大球上点 1	0. 487	15. 27	0. 127	23. 88	0. 101	0. 998	0. 091	2. 123	43. 39	86. 47
		大球上点 2	0. 429	14. 38	0. 128	22. 65	0. 059	0. 901	0. 104	0. 901	51. 28	90. 84
		大球上点 3	0. 095	5. 55	0. 033	23. 53	15. 14	0. 075	0. 32	0. 835	47. 61	93. 18
		大球上点 4	0. 014	0. 008	0. 087	0. 005	0. 026	0	0. 694	103. 5	0. 12	104. 4
		灰 块	0	1. 287	0. 168	3. 071	0. 976	8. 87	0. 517	58. 87	9. 542	83. 31
G05	镇静前包中	椭 球	0. 011	16. 82	5. 405	15. 87	1. 087	0. 031	0. 017	0. 836	41. 73	81. 8
		椭 球	0. 482	19. 10	4. 843	12. 37	1. 854	0. 061	0. 026	4. 317	38. 82	81. 87
		小黑球	1. 766	0. 064	0. 112	0. 004	0. 014	0. 022	0. 464	61. 09	34. 92	98. 46
		椭球中点 1	1. 954	19. 3	4. 0	14. 7	2. 84	0. 214	0. 023	1. 259	36. 58	80. 87
		椭球边点 2	1. 905	18. 96	4. 57	14. 52	1. 85	0. 533	0. 018	1. 184	35. 96	79. 49
		小椭球	0. 937	17. 86	4. 87	15. 3	1. 564	0. 373	0. 002	0. 982	40. 6	82. 28
		黑 球	0. 006	0. 171	0	28. 19	12. 89	0	0. 218	1. 405	49. 06	91. 94
		小黑球	0. 038	5. 227	0. 962	27. 26	10. 0	0. 209	0. 171	2. 06	44. 16	90. 08
		小黑球	0. 263	1. 368	0. 091	25. 0	12. 98	0	0. 435	4. 406	47. 18	91. 73

续表 15-25

样 号	取样条件	夹杂物形态	S	Ca	Si	Al	Mg	Zr	Mn	Fe	[O]	总和
G07	镇静后浇注	球 状	0	3.23	0.022	28.22	17.75	0.822	0.011	2.202	74.16	126.4
		球 状	0.346	9.526	1.079	24.22	10.82	0	0	1.955	54.47	102.4
		多边形	0	0	0	40.13	0	0	0	4.46	51.16	99.74
		球 状	0.016	2.962	0.159	28.72	16.17	0	0.368	1.622	57.73	107.7
		球 状	0	0	0	30.39	16.44	0	0.865	1.32	61.48	110.5
		方 块	0	0	0	43.84	0.030	0	0	1.455	56.7	102
		褐条状	0	0	0	44.51	0.053	0	0	1.631	56.59	102.8
		球 状	0	0.121	0.049	29.47	18.34	0	0	1.395	53.36	102.7
		球 状	0	0.102	0.003	31.64	17.77	0	0.007	1.369	57.22	1
G08		裂纹中球	0.20	0.221	7.26	0.454	0.036	0	21.36	33.62	31.31	94.46
		裂纹中球	0.064	0.158	7.295	0.268	0.042	0	16.91	61.74	25.66	112.1
		裂纹中椭球	0.294	3.373	0.626	30.09	12.67	0	2.116	5.168	48.47	102.8
		裂纹中球	0.133	0.052	0.572	0.009	0.009	0	2.462	83.39	9.914	96.54
		裂纹中椭球	0.032	0.047	28.08	0.484	0.036	0	6.383	10.08	50.55	95.7
		裂纹边椭球	0.025	1.518	0.090	30.4	17.02	0	0	1.584	55.12	105.9
		球 状	0.006	0.848	0.125	27.72	18.8	0	0.074	1.983	55.87	105.4
		方 块	0	0	0.007	33.7	0.056	0	0.002	6.813	41.16	81.74

b 加示踪元素 Ti

电子探针分析第二批 42CrMoA 钢冶炼过程加 Ti 的试样中的夹杂物成分的结果列于表 15-26 中。

表 15-26 电子探针分析第二批 42CrMoA 钢冶炼过程加 Ti 的试样中夹杂物的成分（质量分数） (%)

样号	取样条件	夹杂物形态	S	Ca	Si	Al	Mg	Ti	Mn	Fe	[O]	总和
G26	熔清期	大黑球	0.012	0.014	0.043	23.7	0.038	0.011	17.34	9.75	30.9	82.2
		大黑球	0.011	0.016	0.372	30.9	0	0.021	15.13	7.88	36.01	90.35
		小黑球	0.005	0	0.039	47.32	1.89	2.27	0.46	1.35	43.12	96.46
		黑 球	0.142	0	0.211	52.79	0.028	0	0.632	1.39	45	100.2
		小黑球	0.014	0.002	7.54	33.1	4.07	3.59	7.02	2.90	40.62	98.85
		小黑球	0.013	0.018	0.141	48.9	0.028	0.021	0.576	1.79	43.53	95
		大黑球点 1	0.011	0.032	0.702	39.62	0.059	0.088	4.014	3.774	41.65	89.95
		大黑球点 2	0.036	0.384	1.097	45.51	0.076	0.091	3.43	3.52	37.55	91.69
		大黑球点 3	0.071	0	0.729	50.67	0.091	0.036	1.717	1.915	46.79	102.1
		椭球上点 1	0.092	0.073	0.058	28.93	0.596	0.207	0.261	49.56	11.6	91.08
		椭球上点 2	0.024	0.037	0.155	50.02	1.55	1.91	0.214	1.56	44.7	100.1
		椭球上点 3	0.665	0.074	0.063	26.58	1.59	0.126	0.953	55.17	17.69	102.9

续表 15-26

样 号	取样条件	夹杂物形态	S	Ca	Si	Al	Mg	Ti	Mn	Fe	[O]	总和
G31	镇静后浇注	小黑球	0.089	0.024	0.137	25	0.042	24.29	0.577	12.8	31.2	94.14
		小黑球	0.35	6.07	0.129	29.36	14.05	0.154	0.50	21.51	32.48	104.6
		小黑球	2.267	6.37	0.226	26.78	10.56	0.921	1.705	32.53	26.1	107.4
		小黑球	1.016	9.524	0.265	26.14	9.5	0.231	0.607	30	30.75	108
		不规则上块	0.346	0.119	9.6	11.28	0.031	14.22	20.7	2	34.51	92.8
		不规则边沿	0.145	0.444	2.202	9.96	0.019	26.26	7.65	5.77	33.48	85.9
		小黑球	0.583	5.5	0.31	23.88	8.88	0.524	0.8	53.65	26.69	120.8
G32		小黑点	0.734	0.223	0.198	0.039	0.149	0.012	0.103	16.72	0	18.2
		大椭球点 1	0.135	0.581	4.28	18.63	0.451	9.01	19.94	1.285	42.47	96.8
		大椭球点 2	0.062	0.248	1.7	3.38	0.155	46.1	8.11	1.17	37.05	98
		大椭球点 3	0.185	0.975	3.182	3.422	0.166	19.72	13.62	8.34	19.53	69.1
		黑　球	0.021	20.74	0.364	28.35	0.176	0.079	0	2.62	35.88	88.2
		小黑点	0.822	0.266	0.764	0.421	0.431	0.067	0.647	79.72	11.63	94.77
		小黑点	0.103	0.848	7.34	1.733	0.723	0.159	0.591	73.6	10.58	95.69

C　渣和耐火材料的组成定量分析

渣和耐火材料是钢中外来夹杂物的主要来源，渣的组成变化与夹杂物组成变化相对应，而外来夹杂物多与耐火材料有关，因此在研究夹杂物来源时，必须了解渣和耐火材料成分的变化。首先将处理后的渣和耐火材料装入钻有圆孔的铝板上，然后用电子探针分析，除分析组成元素外，还分析渣的氧化物组成。

a　渣样成分的化学分析

长钢四厂用化学分析方法分析了两批 42CrMoA 钢渣样的氧化物成分。两批 42CrMoA 钢渣样的氧化物成分列于表 15-27 和表 15-28 中。

表 15-27　第一批 42CrMoA 钢渣样的氧化物成分（质量分数）　　（%）

炉 号	样号	取样条件	MnO	SiO_2	P_2O_5	Cr_2O_3	CaO	MgO	Al_2O_3	TiO_2	FeO	S
495-151	A_2	出钢前	0.587	19.95	0.018	0.006	51.6	10.3	11.4	0.500	0.66	—
	A_3	镇前包中	0.273	17.4	0.012	0.003	47.8	11.8	14.9	1.086	0.75	0.846
	A_4	镇后浇注	0.454	19.13	0.016	0.06	45.5	14.2	13.6	0.864	0.98	0.773
495-157	B_2	出钢前	0.254	17.03	0.024	0.003	54.5	5.19	11.57	0.518	0.46	—
	B_3	镇前包中	0.217	13.5	0.016	0.003	60.4	3.46	15.2	1.45	0.83	1.68
	B_4	镇后浇注	0.184	13.3	0.016	0.003	51.8	5.71	17.6	1.49	0.40	1.60
495-159	C_2	出钢前	0.153	18.3	0.048	0.003	56.3	4.27	11.6	0.474	0.25	—
	C_3	镇前包中	0.202	16.1	0.015	0.003	61.5	2.8	14.02	1.59	0.44	0.913
	C_4	镇后浇注	0.226	16.3	0.026	0.006	60.0	3.55	14.9	1.75	0.42	0.817
495-160	D_1	熔清期	16.22	25.9	0.235	0.94	22.1	15.5	7.45	1.89	21.4	—
	D_2	出钢前	0.057	20.3	0.050	0.003	65.9	2.71	9.58	0.282	0.20	—
	D_3	镇前包中	0.137	16.8	0.019	0.003	61.8	2.99	14.1	1.42	0.27	1.32
	D_4	镇后浇注	0.160	16.7	0.007	0.003	59.3	4.63	14.6	1.52	0.38	1.48
495-146	E_2	出钢前	0.593	19.1	0.02	0.01	58.9	7.10	12.95	0.51	0.55	—
	E_3	镇前包中	0.232	15.9	0.007	0.01	48.3	7.38	15.04	1.29	0.52	1.08

表 15-28　第二批 42CrMoA 钢渣样的氧化物成分（质量分数）　（%）

炉 号	取样条件	CaO	MgO	SiO_2	Al_2O_3	Cr_2O_3	FeO	P_2O_5	MnO	S	计算碱度	实测碱度
475-759	出钢前渣样	58.3	7.3	23.2	9.1	0.12	0.4	0.019	0.4	1.05	2.5	4.3
	包中渣	55.7	7.7	22.4	11.0	0.09	0.5	0.018	0.4	1.20	2.5	4.6
475-760	出钢前渣样	64.2	4.3	19.9	7.2	0.25	2.6	0.041	0.6	0.59	3.2	>6.0
	包中渣	61.0	4.6	19.2	10.5	0.11	1.2	0.18	2.7	0.97	3.2	>6.0

b　渣样和耐火材料成分的电子探针定量分析

（1）第一批 42CrMoA 钢渣样的氧化物成分。1989 年由辽宁省理化测试中心的高级工程师李恒武负责用电子探针分析第一批 42CrMoA 钢渣样的氧化物成分，分析结果列于表 15-29 中。从表 15-29 中所列数据可以看出各氧化物总和不等于 100%。可能原因有三：一是电子探针所用标样不纯；二是渣样未粘牢，受电子束轰击时溅落；三是漏测渣样中的其他成分。但作为各组成分的相对比较仍有参考价值。

表 15-29　第一批 42CrMoA 钢渣样的氧化物成分（EPA，质量分数）　（%）

炉 号	样号	取样条件	MgO	Al_2O_3	SiO_2	CaO	TiO_2	MnO	FeO	总量
495-151	A_2	出钢前	2.59	13.4	10.05	34.06	0.211	0.106	0.702	61.1
	A_3	镇前包中	3.16	15.78	8.83	39.15	0.815	0.071	4.016	71.3
	A_4	镇后浇注	2.9	11.43	4.64	35.54	0.31	0.71	0.158	55.67
495-157	B_2	出钢前	4.49	10.61	20.47	59.17	0.779	0.119	0.287	95.93
	B_3	镇前包中	2.32	3.56	5.57	18.94	0.323	0.036	0.188	30.93
	B_4	镇后浇注	11.35	9.76	8.56	32.06	0.301	0.119	0.188	62.23
495-159	C_2	出钢前	1.74	4.54	6.94	32.96	0.711	0.059	0.059	47.0
	C_3	镇前包中	6.033	2.88	7.87	24.25	0.479	0.059	0.247	44.82
	C_4	镇后浇注	4.734	7.914	4.663	26.61	0.644	0.118	0.503	45.18
495-160	D_1	熔清期	18.61	0.399	7.94	4.72	0.221	8.013	0.389	46.29
	D_2	出钢前	0.800	0.35	11.92	37.98	0.089	0.024	0.039	53.20
	D_3	镇前包中	0.308	1.762	3.255	18.23	0.20	0.012	0.049	23.82
	D_4	镇后浇注	3.924	8.212	13.07	59.35	1.323	0.095	0.148	86.12
	炉中渣		2.029	5.623	9.887	43.65	0.234	0.095	0.168	61.69
	滑板上渣		0.185	45.52	0.73	0.366	0.299	0	0.349	47.43

（2）两批 42CrMoA 钢渣样和耐火材料中各元素含量。两批 42CrMoA 钢渣样和耐火材料中各元素含量用电子探针分析的结果列于表 15-30 中。表 15-30 中所列各组成中有的总量大于 100%，其中主要原因是[O]量偏高，这是因为测[O]量所用标样可能有问题，但各号试样所含其他元素的测试结果是准确的。

表 15-30　两批 42CrMoA 钢渣样和耐火材料中各元素含量（EPA，质量分数）　（%）

炉 号	样号（取样条件）	S	Ca	Si	Al	Mg	Fe	Ti	Zr	[O]	总量
459-151	渣 A_2（出钢前）	0.199	40.6	15.35	5.652	2.052	0.211	0.139	0	43.34	107.5
	渣 A_3（镇前包中）	0.638	45.1	9.475	6.903	1.939	0.05	0.611	0	29.34	94.06
	渣 A_4（镇后浇注）	0.313	33.21	1.122	0.773	0.663	0.291	0.336	0	49.16	85.87

续表 15-30

炉 号	样号（取样条件）	S	Ca	Si	Al	Mg	Fe	Ti	Zr	[O]	总量
459-157	渣 B_2（出钢前）	1.536	33.26	4.696	7.36	9.542	0	0.51	0	41.9	98.8
	渣 B_3（镇前包中）	0.26	39.02	1.407	3.007	2.063	0.195	0.908	0	62.05	108.9
	渣 B_4（镇后浇注）	0.731	48.3	6.58	2.61	2.572	0.011	0.135	0	79.0	139.9
459-159	渣 C_2（出钢前）	2.166	48.39	2.169	8.242	1.172	0.012	0.788	0	46.77	109.7
	渣 C_3（镇前包中）	0.147	53.53	9.339	2.479	0	0.076	0.626	0	52.72	118.9
	渣 C_4（镇后浇注）	2.258	51.49	0.702	2.30	0	0.109	0.225	0	49.65	106.7
459-160	D_1（熔清期）	0.047	15.85	1.333	0.672	19.11	12.68	0.344	0	46.73	96.76
	D_2（出钢前）	0.434	35.62	5.027	1.935	2.094	0.030	0.053	0	52.0	97.2
	D_3（镇前包中）	0.323	27.92	2.84	8.62	8.88	0.081	0.197	0	40.27	89.12
	D_4（镇后浇注）	0.902	38.42	1.976	8.424	53.85	0	1.111	0	44.75	101.4
炉中渣线渣		0.098	24.71	5.69	4.41	2.11	0.051	0	0	59.06	96.1
475-759（加 Zr）	渣 E_1（熔清期）	0	6.118	6.954	1.292	3.453	9.746	0.405	0	51.83	79.8
	渣 E_2（出钢前）	0.514	40.15	7.446	1.688	1.687	0.013	0.010	0	38.48	90.0
	渣 E_3（镇前包中）	0.455	28.92	2.722	6.334	0.594	0.071	0.316	0	58.76	98.2
	渣 E_4（镇后浇注）	0.031	37.38	3.56	4.851	0.612	0	0.406	0	57.08	103.7
475-865（加 Ti）	渣 F_1（熔清期）	0.097	21.2	1.329	0.826	1.737	5.021	0.954	0	57.97	53.65
	渣 F_2（出钢前）	0.186	20.82	1.92	1.72	3.40	0.003	0.015	0	25.57	53.65
	渣 F_3（镇前包中）	0.235	19.31	1.333	8.869	31.445	0.414	0.352	0	43.17	102.1
	渣 F_4（镇后浇注）	0.267	17.17	1.119	4.033	8.233	0	0.332	0	44.31	75.46
耐火材料	滑 板	0.026	0.044	1.169	48.21	0.369	0.191	0.311	0	39.22	89.54
	汤道表面	0.016	0.125	0.162	35.52	0.136	0.659	5.455	0	68.36	110.4
	汤道里面	0.012	0.019	12.19	18.33	0.316	0.913	1.037	0	58.4	91.22
	水口表面	0.048	27.25	1.246	27.12	2.047	0.305	0.392	0	38.37	96.78
	水口里面	0.027	1.548	4.147	14.58	0.091	0.829	2.944	0	49.77	73.94

15.2.3 夹杂物的显微硬度

测定 42CrMoA 钢中夹杂物的显微硬度，可以区分形状相同而类型不同的铝酸盐和硅酸盐以及同为铝酸盐的夹杂物，只因结构不同使其形状一为方块另一为球状的铝酸盐，以及按夹杂物的显微硬度可以区分是内生夹杂物的 Al_2O_3 还是外来夹杂物的刚玉 Al_2O_3。

测定夹杂物显微硬度的工作是在沈阳中国科学院金属研究所 16 室激光室进行的，所用显微硬度计的型号为 Shimadzu Datallety-150。测定了第一批 42CrMoA 钢冶炼过程取样和 7 个成品样中各类夹杂物的显微硬度，由于测试数目较多，现按夹杂物分类进行总结，测定夹杂物显微硬度的结果列于表 15-31 中。另外还测定了试样基体的显微硬度，所得结果列于表 15-32 中。

表 15-31 42CrMoA 钢中夹杂物的显微硬度（HV）

夹杂物类型	加载/g	显微硬度(HV)/MPa	测量个数	HV 最大/MPa	HV 最小/MPa	HV 平均/MPa	文献上的 HV 值
MnS	25	390.2，332.9，301.5，585.2，473，482.7，254.4，282.5，285.1，287.4，332.9	11	585.2	158.1	316.1	180MPa
	15	301.8，267.3	2				
	10	321，304.8，413.1，219.1，158.1，226.4，216.7	7				
TiN	50	1839.0	1	2628	1839	2159.7	740MPa
	25	2012.0，2628.0	2				
TiS	25	946.1，473，383.1，689.4，724.3，559.38，513.7，988，463.6	9	988	383.1	637.9	
球状的 $MgO \cdot Al_2O_3$	10	1284，1929.6	2	2098.6	612.8	1117.9	莫氏硬度 8 级
	50	612.8	1				
	25	1002.5，1930.8，2098.6，1245.8，973.7，1032.7，988	7				
	15	903，886.9，812.7，886.9，871.3，759.9，1232，799，990.2	9				
小球铝酸盐	50	381	1	598.6	363	467.7	421.8 ~ 998MPa
	25	524.6，470，363，598.6，436.6，454.4，573.6	7				
Al_2O_3 块	25	1589.8，1478.2	2	1589.8	1478.2	1534	
球状的 $MnO \cdot SiO_2$ 冶炼过程取样	50	617.8	1	747.7	236.8	513.1	$MnO \cdot SiO_2$ 620 ~ 680MPa
	25	641.6	1				
	15	501.1，747.7，658.3，521.9，475.3，236.7，238.4，735.2，269.9	9				
复相铝酸盐	50	299.3，286.2	2	492.7	178.8	336.2	
	25	178.8，350.5，401.1，492.7，344.5	5				

表 15-32 42CrMoA 钢 550℃回火试样基体的显微硬度

加载/g	样 号	显微硬度(HV)/MPa	平均/MPa	加载/g	样 号	显微硬度(HV)/MPa	平均/MPa
25	969-21	412.6，316.6，420.5	383.2	50	968-32	726.1，713.4	719.7
	969-11	366.3，306.4，372.9	348.5		969-32	357.7，612.8	485.2
	970-21	258.2，236.5	247.3	10	968-32	438.9，452.7	445.8
	970-42	229.9，238.2	234.1		973-41	401	401
	973-22	319.2，332.9	326.1	15	D_1	175.2，173.8	174.5
	973-42	376.2，376.2	376.2		D_2	759.9，534.7	647.3
	974-12	306.4，454.4，390.2	383.7		D_3	429.2，451.3	440.3
7 个试样基体的显微硬度总平均			328.4		D_4	658.3，648.3	653.3

15.2.4 讨论与分析

15.2.4.1 第一批 42CrMoA 钢中夹杂物生成和来源

关于钢中夹杂物生成和来源早期已有大量论述。如 R. Kiessling 在书中所述在炼钢过程的各个阶段，钢液中的非金属夹杂物类型、大小和成分都是变化的，即使炼钢工艺有微小变化，都会对钢中的夹杂物产生很大影响，如沸腾时间、耐火材料成分、脱氧合金成分、出钢和浇注操作等，都会影响钢中的夹杂物。现就 42CrMoA 钢中夹杂物的生成过程进行分析。

A 42CrMoA 钢中球状夹杂物成分变化

在冶炼过程和成品试样中均有球状夹杂物，这些球状夹杂物的成分、类型和大小，随冶炼过程的各个阶段变化，且随相应阶段渣成分的改变而改变，今选同一炉号 459-160 的试样中球状夹杂物成分与渣的成分对比，经电子探针分析两者的结果，列于表 15-33 中。

表 15-33 第一批 42CrMoA 钢中球状夹杂物与渣的平均成分（质量分数） （%）

样 号	取样条件	Al	Ca	Si	Mg	Ti	Mn	Fe	S	[O]
D_1	熔清期	1.62	0.19	12.74	0.33	7.66	30.7	4.8	0.55	41.6
D_2	出钢前	26.53	3.23	0.32	10.47	0.3	1.47	8.65	0.30	42.57
D_3	镇前包中	16.6	28.53	1.27	2.07	0.93	0.12	1.67	0.84	33.11
D_4	镇后水口	29.8	6.33	0.98	10.59	7.28	0.97	6.33	0.08	38.15
974-12	成品样	34.94	6.54	0.61	2.33	0.86	0.54	12.26	0.53	52.21
渣 D_1	熔清期	0.67	15.85	1.33	19.11	0.34	—	12.68	0.047	46.73
渣 D_2	出钢前	1.94	35.62	5.03	2.09	0.05	—	0.03	0.434	52.0
渣 D_3	镇前包中	8.23	27.92	2.84	8.88	0.2	—	0.08	0.323	40.27
渣 D_4	镇后水口	8.42	38.42	1.98	5.85	1.11	—	0	0.902	44.75

根据表 15-33 中的数据绘成直方图，见图 15-47 ~ 图 15-52。

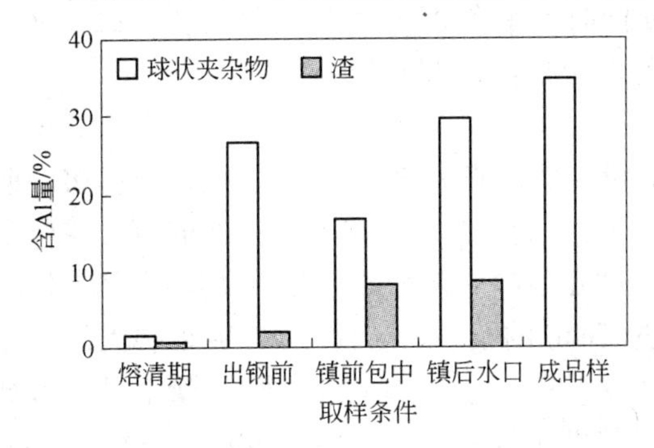

图 15-47 第一批 42CrMoA 钢试样中球状夹杂物与渣含 Al 量对比

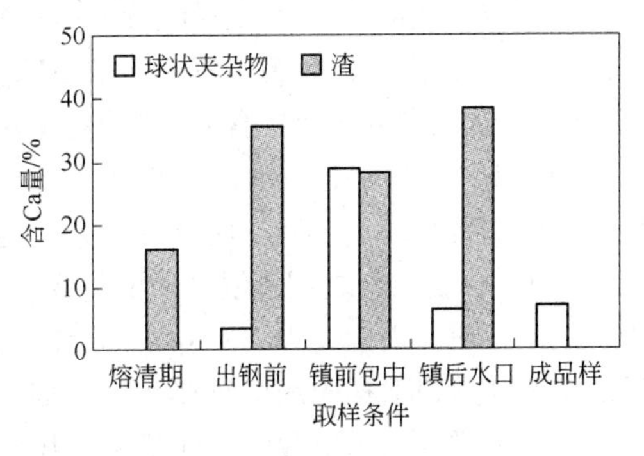

图 15-48 第一批 42CrMoA 钢试样中球状夹杂物与渣含 Ca 量对比

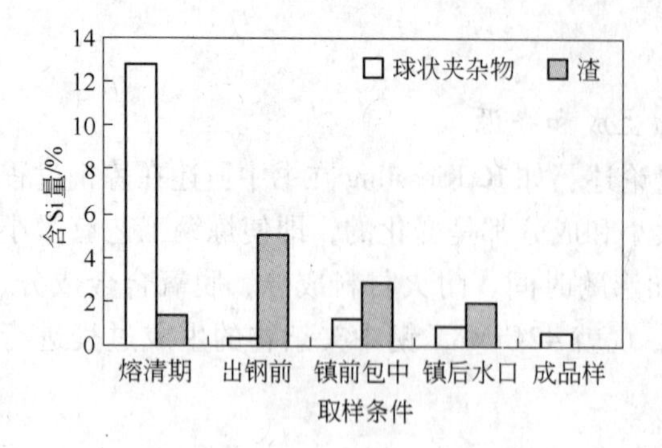

图 15-49 第一批 42CrMoA 钢试样中球状夹杂物与渣含 Si 量对比

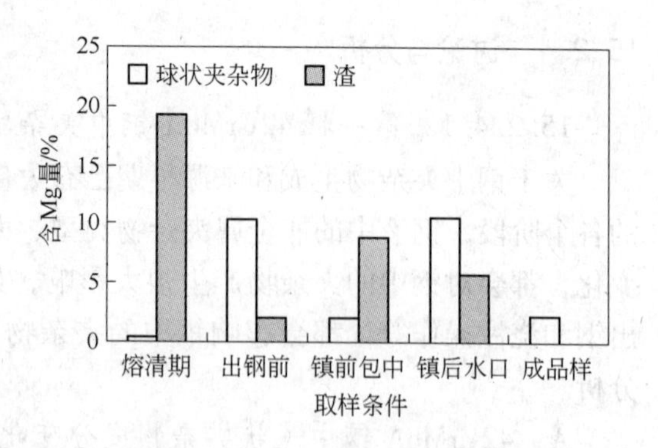

图 15-50 第一批 42CrMoA 钢试样中球状夹杂物与渣含 Mg 量对比

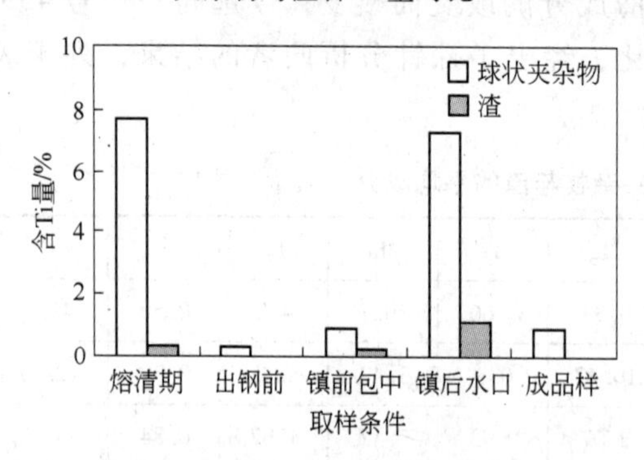

图 15-51 第一批 42CrMoA 钢试样中球状夹杂物与渣含 Ti 量对比

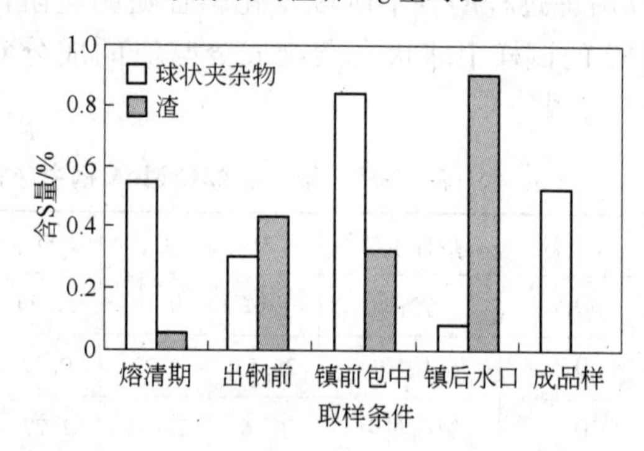

图 15-52 第一批 42CrMoA 钢试样中球状夹杂物与渣含 S 量对比

a 球状夹杂物与渣中含 Al 量的变化对比

如图 15-47 所示，在熔清期，球状夹杂物与渣中含 Al 量最低；出钢前，经过预插 Al 和终插 Al 两次加 Al 脱氧后，脱氧产物 Al_2O_3 析出并与渣反应生成铝酸钙，故在出钢前使球状铝酸钙中含 Al 量升高，同时部分铝酸钙上浮于渣中，也使渣中含 Al 量略有上升；出钢时，由于钢渣混冲，铝酸钙夹杂物上浮于渣中，使渣中含 Al 量大量上升，而球状夹杂物中 Al 含量却下降，这是镇静前球状夹杂物和渣中 Al 含量的变化情况；镇静后从水口取样，发现球状夹杂物中含 Al 量继续升高，与此同时渣中含 Al 量并无明显改变，这与钢液中残留 Al 的二次氧化有关，故成品样中球状夹杂物中含 Al 量也最高。

b 球状夹杂物与渣中含 Ca 量的变化对比

如图 15-48 所示，熔清期球状夹杂物含 Ca 量极低，渣中含 Ca 量也较低，但在熔清期加入造渣剂石灰和萤石后，使球状夹杂物与渣中含 Ca 量在出钢前上升，出钢后又在包中加入 Si-Ca 合金，加之钢渣混冲使渣卷入钢液，故在镇静前包中球状夹杂物含 Ca 量大量上升，此时形成的夹杂物为 $12CaO \cdot 7Al_2O_3$。经过 7min 的镇静后，使含 Ca 夹杂物大量上浮于渣中，从水口取样中的球状夹杂物含 Ca 量大量下降，与此同时渣中含 Ca 量上升至最高值，而成品样和水口取样中的球状夹杂物含 Ca 量并无变化，只是尺寸变小。正如 Pickering 所指出的：钢水在包中镇静时，含 Ca 量高的铝酸盐上浮的速度快于含 Ca 量低的铝酸盐。因为含 Ca 量高的铝酸盐熔点较低，在包中呈液态，更容易聚集长大，根据 Stokes 定律它上浮的速度就更快。随着在包中停留时间增长，铝酸钙中 Al_2O_3 与 CaO 的比值变大，尺寸变小，即大尺寸的铝酸盐上浮后，留下尺寸较小的铝酸盐。当然还有耐火材料的影响，会使铝酸盐的类型发生改变。

c　球状夹杂物与渣中含 Si 量的变化对比

熔清期球状夹杂物含 Si 量最高，而渣中含 Si 量最低。考虑到炉底为镁砖，球状夹杂物含 Si 量最高可能来源于原材料。熔清期试样中的主要夹杂物为 $MnO \cdot SiO_2$（见表 15-12），$MnO \cdot SiO_2$ 的相对密度为 3.72，而钢液的相对密度在 1600℃时为 7.0，因而钢液中的 $MnO \cdot SiO_2$ 易于上浮于渣中，所以出钢前球状夹杂物含 Si 量大为降低，与此同时渣中含 Si 量升至最大。出钢后，在包中加入 Si-Fe 合金，使球状夹杂物含 Si 量略有上升，渣中含 Si 量继续下降。镇静后，水口取样中的球状夹杂物和渣中含 Si 量均略有下降，可能原因是一部分 Si 形成 SiO_2。成品样中的球状夹杂物含 Si 量低于水口取样。

d　球状夹杂物与渣中含 Mg 量的变化对比

冶炼过程并未加 Mg，而炉底材料为镁砖，因此夹杂物成分中的 Mg 主要来源于耐火材料。熔清期球状夹杂物含 Mg 量很少，而渣中含 Mg 量最高。随着冶炼过程的进行，炉底材料受侵蚀，使 Mg 熔入球状夹杂物中；或者由于钢渣反应，在出钢前渣中 Mg 进入球状夹杂物中，使渣中含 Mg 量降至最低，出钢后，由于钢渣混冲，使含 Mg 的球状夹杂物大量上浮于渣中，故包中取样的试样中球状夹杂物含 Mg 量下降，而渣中含 Mg 量上升，镇静后水口取样的试样中球状夹杂物含 Mg 量又上升至最高值，与此同时渣中含 Mg 量下降。这种变化有两种可能：一是包衬材料熔于钢液中与球状夹杂物反应，使其含 Mg 量升高；另一可能是 Si-Ca 合金中含有 Mg 一同参与脱氧反应，从而升高球状夹杂物中含 Mg 量。成品样中的球状夹杂物含 Mg 量与包中样一致。

e　球状夹杂物与渣中含 Ti 量的变化对比

在熔清期的试样中，球状夹杂物含 Ti 量很高，这属于不正常的现象。Ti 主要来源于炼钢用的原材料。根据 H. Sum 等在研究 Ti 在 Fe-C 熔池中的氧化速度时，所用的渣为 $CaO-Al_2O_3-SiO_2$ 系统，在 1550℃（炼钢温度）时可发生下列反应：

$$(SiO_2) + [Ti] \longrightarrow (TiO_2) + [Si]$$

根据此反应表明渣中的 SiO_2 可被强脱氧元素 Ti 还原析出 TiO_2。从 X 光分析熔清期的试样中（见表 15-28），除 $MnO \cdot SiO_2$ 夹杂物外，还有 $FeO \cdot TiO_2$ 说明钢液中析出的 TiO_2 与大量的 FeO 结合形成 $FeO \cdot TiO_2$。

在出钢前和包中取样的球状夹杂物中，含 Ti 量大量下降，但渣中含 Ti 量并未增加，说明含 Ti 夹杂物并未上浮于渣中。随后包中又加入 Fe-Ti 合金，使水口取样的试样中的球状夹杂物中含 Ti 量升至最高，但渣中含 Ti 量仅略有上升，此时含有 Ti 的钢液，与空气接触形成 TiN，TiN 的形成过程是随 N 在钢液中的溶解度下降而不断析出，其中部分 TiN 来不及上浮于渣中，而残留于钢内，故在成品样中能观察到 TiN 夹杂物（见图 15-15）。

f　球状夹杂物与渣中含 S 量的变化对比

熔清期的试样中球状夹杂物含 S 量较高，而渣中含 S 量较低，球状夹杂物中的 S 主要来源于原材料。出钢前加入造渣剂萤石和石灰脱硫后，使球状夹杂物中的含 S 量下降，钢液中的 S 以 CaS 的形式上浮于渣中，使渣中含 S 量上升。出钢时钢渣混冲，故从包中取样的试样中的球状夹杂物含 S 量上升至最高点，与此对应的渣中含 S 量下降。镇静后，含 S 夹杂物大量上浮于渣中，故使水口取样中的球状夹杂物含 S 量降至最低点，而渣中含 S 量升至最大值。在成品试样中球状夹杂物含 S 量重新上升，这与溶解于钢液中的 S 随温度下降，S 在钢液中的溶解度逐步下降，使溶于钢液中的 S 以 MnS 夹杂物的形式析出，在球状夹杂物中心也含有 S。

B 球状夹杂物尺寸的变化

现只讨论熔清期的试样中球状夹杂物为 $MnO \cdot SiO_2$，其余均为球状铝酸盐夹杂物的尺寸随冶炼过程的变化。在同一个试样中，同一种夹杂物尺寸在金相观察时也不相同，但同一种夹杂物最大尺寸具有可比性。表 15-9 中所列为冶炼过程和成品样中球状夹杂物最大尺寸（$\phi_{max}^{Al\text{-}O}$）的变化。

用金相法和岩相法所测 $\phi_{max}^{Al\text{-}O}$ 有较大差别，金相法所测 $\phi_{max}^{Al\text{-}O}$ 均小于岩相法所测 $\phi_{max}^{Al\text{-}O}$，但其变化规律基本一致（见图 15-53）。

由于岩相法所测 $\phi_{max}^{Al\text{-}O}$ 是用电解法分离得到的球状铝酸盐夹杂物，其尺寸是实际大小，故按图 15-53 中岩相法所测 $\phi_{max}^{Al\text{-}O}$ 尺寸变化进行讨论。

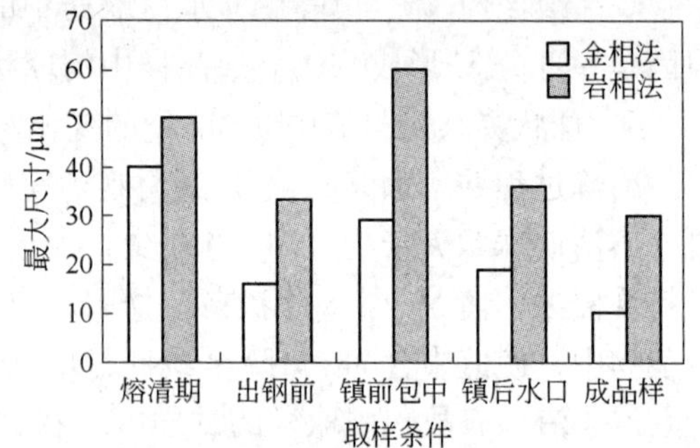

图 15-53 42CrMoA 钢试样中球状铝酸盐最大尺寸变化

从熔清期到出钢前，球状夹杂物的尺寸下降，因为熔清期钢液中的球状夹杂物以 $MnO \cdot SiO_2$ 为主，出钢前钢液中的球状夹杂物已由 $MnO \cdot SiO_2$ 转变成以球状铝酸盐 $MgO \cdot Al_2O_3$ 为主的夹杂物。球状夹杂物尺寸下降的原因是：$MnO \cdot SiO_2$ 的相对密度和熔点分别为 3.72 和 1291℃，而 $MgO \cdot Al_2O_3$ 的相对密度和熔点分别为 3.85 和 2135℃。这两种夹杂物的相对密度相近，而 $MgO \cdot Al_2O_3$ 的熔点远高于 $MnO \cdot SiO_2$ 的熔点，在钢液中 $MnO \cdot SiO_2$ 处于液态易于上浮，使出钢前球状夹杂物的尺寸变小。由于钢渣混出，使出钢后镇静前包中取样的球状夹杂物的尺寸急剧上升，按 X 光鉴定的夹杂物类型为 $12CaO \cdot 7Al_2O_3$，属于铝酸盐。钢液在包中镇静过程中吹氩搅拌后水口取样的试样中球状夹杂物最大尺寸下降，因为搅拌过程会使尺寸较大的 $12CaO \cdot 7Al_2O_3$ 铝酸盐大量上浮，随钢液温度逐渐下降，钢液黏度增加，铝酸盐上浮变慢，成品样中球状夹杂物最大尺寸稍有下降。

C 两种铝酸盐（$MgO \cdot Al_2O_3$ 和 $12CaO \cdot 7Al_2O_3$）上浮速度计算

前面讨论了夹杂物最大尺寸在冶炼过程中的变化，现按 Stokes 定律计算两种铝酸盐 $MgO \cdot Al_2O_3$ 和 $12CaO \cdot 7Al_2O_3$ 的上浮速度。

Stokes 公式为：

$$v = \frac{2}{9} g r^2 \frac{d_{钢} - d_{夹}}{\eta}$$

式中 v——上浮速度，cm/s；

g——重力加速度，981cm/s^2；

$d_{钢}$——钢液的密度，在 1600℃时为 7mg/cm^3；

$d_{夹}$——夹杂物的密度，mg/cm^3；

η——钢液的黏度，mg/(cm · s)。

（1）$MgO \cdot Al_2O_3$ 夹杂物上浮速度。$MgO \cdot Al_2O_3$ 夹杂物的密度为 $3.85mg/cm^3$，代入 Stokes 公式计算上浮速度的结果为：

$$v_1 = 27468.0 \times \phi_1 \tag{15-1}$$

式中　ϕ_1——$MgO \cdot Al_2O_3$ 夹杂物的直径。

（2）$12CaO \cdot 7Al_2O_3$ 上浮速度：

$$v_2 = 36362.4 \times \phi_2 \tag{15-2}$$

式中　ϕ_2——$12CaO \cdot 7Al_2O_3$ 夹杂物的直径。

从式（15-1）和式（15-2）可以看出，在夹杂物尺寸相同的情况下 $12CaO \cdot 7Al_2O_3$ 夹杂物上浮速度快于 $MgO \cdot Al_2O_3$ 夹杂物。结合原长钢四厂冶炼过程使用的钢包，在盛 33.2t 钢水时实测钢水高度为 1880cm。要使夹杂物在镇静 7min 的时间内从包底上浮到钢液表面，上浮速度必须达到 4.7619cm/s。从式（15-1）看，当上浮速度必须达到 4.7619cm/s 时，$MgO \cdot Al_2O_3$ 夹杂物的直径 $\phi_1 = 4.2\mu m$ 即可上浮。假定钢液是静止的，$MgO \cdot Al_2O_3$ 夹杂物的直径 $\phi_1 > 4.2\mu m$。

从式（15-2）看，$12CaO \cdot 7Al_2O_3$ 夹杂物的直径 $\phi_2 \geqslant 11.4\mu m$ 即可上浮于渣中。以上估算的夹杂物的直径是假设钢液在包中是静止的，而原长钢四厂在实际生产中，钢液在包中镇静时，采用吹氩搅拌，使钢液处于湍流状态。大量的研究证明，钢液存在搅拌的情况下，会加速夹杂物的排除，使实测夹杂物排除的尺寸小于按 Stokes 公式计算的尺寸。但表 15-10 和表 15-11 中所列最大的夹杂物尺寸均大于计算尺寸，钢液在包中镇静时应该排除，而实际样品中仍存在这种大尺寸的夹杂物，说明在锭模中仍存在夹杂物集聚长大。在镇静后水口取出的 A_4 号试样中存在 $\phi_{max} = 180\mu m$ 的夹杂物（见图 15-24），经过对该夹杂物组成定量分析确定为 $MnO \cdot SiO_2$（含 Al、Ti）。从夹杂物排除的动力学考虑，若 $MnO \cdot SiO_2$ 是在包中形成的，按 Stokes 公式计算的排除时间仅为 80s，再加上吹氩搅拌，排除时间会更短，而实际在包中镇静时间为 7min，$MnO \cdot SiO_2$ 夹杂物应很快上浮于渣中，不会存在于镇静后水口取出的 A_4 号试样中。如何解释这种情况？前面已说明 $MnO \cdot SiO_2$ 夹杂物形成于熔清期，出钢前已上浮于渣中，在水口取出的 A_4 号试样中出现该夹杂物应该是偶然现象：一是水口粘渣在出钢过程中卷入钢液；另一可能是取样勺粘渣未除尽。

D　夹杂物类型变化的定性解释

42CrMoA 钢中夹杂物类型随冶炼过程变化，钢液在炉中凝固的过程，也伴随着夹杂物类型的改变。本项工作先后采用了金相法、岩相法、X 射线衍射分析以及扫描电镜和电子探针等对夹杂物组成做定量分析，获得了大量数据。前面已对夹杂物成分变化与渣相对应的变化进行过分析，但从夹杂物来源看，还有耐火材料的影响，需要做进一步分析。将前面所列数据加以归纳后列于表 15-34 和表 15-35。

表 15-34　42CrMoA 钢冶炼过程及成品样中夹杂物类型（金相、岩相、X 射线衍射）

样 号	取样条件	夹杂物类型(金相、岩相、X 射线鉴定)	图　号
D_1	熔清期	$MnO \cdot SiO_2$、$FeO \cdot TiO_2$、外来夹杂物	15-30、15-31、15-1、15-2、15-14
C_2,D_2	出钢前	$MgO \cdot Al_2O_3$、SiO_2、α-$CaO \cdot SiO_2$	11-9、15-16、15-32

续表 15-34

样 号	取样条件	夹杂物类型(金相、岩相、X 射线鉴定)	图 号
B_3,C_3,D_3	镇静前包中	$MgO \cdot Al_2O_3$、SiO_2、α-Al_2O_3、$12CaO \cdot 7Al_2O_3$、Fe_3O_4	15-1、15-2、15-17、15-33
A_4,C_4,D_4	镇静后水口	$MgO \cdot Al_2O_3$、$MnO \cdot SiO_2$、SiO_2、Al_2O_3、Fe_3O_4	15-3 ~ 15-5、15-22、15-24、15-28、15-29、15-34
968-32	成品样	$(Mg,Ca)O \cdot Al_2O_3$、$MgO \cdot Al_2O_3$	15-6 ~ 15-10
974-11		$MgO \cdot Al_2O_3$	15-11 ~ 15-13
974-12		外来夹杂物、$MgO \cdot Al_2O_3$、MnS、TiN、Al_2O_3、SiO_2	15-14 ~ 15-18
973-42		$MgO \cdot Al_2O_3$、TiN、SiO_2、Al_2O_3、MnS、$m CaO \cdot n Al_2O_3$	15-20、15-21

表 15-35 42CrMoA 钢中夹杂物类型(电子探针、扫描电镜)

样 号	取样条件	夹杂物主要组成(质量分数)/%	夹杂物模拟类型	图 号
D_1	熔清期	Al:51.33(微量 Ti、Fe)	刚玉(α-Al_2O_3)	15-1、15-2
		Mn:30;Si:13;Ti:7.7	耐火材料 $MnO \cdot SiO_2$(含 Ti)	15-30、15-31
D_2	出钢前	Al:35.5;Mg:14.9	$MgO \cdot Al_2O_3$	15-32
		Ca:18;Al:21.4; Ca:19;Al(Mg):31	$m CaO \cdot n Al_2O_3$	15-32
D_3	镇静前包中	Al:34;Mg:17.5	$MgO \cdot Al_2O_3$	15-33
C_4,D_4,A_4	镇静后水口	Al:32;Ca:8;Mg:13	$m CaO \cdot n Al_2O_3$	15-22
		Al:28.5;Ca:6.2;Fe:19		—
		Si:16;Mn:33	$MnO \cdot SiO_2$	15-23、15-24
968-32	成品样	Al:37.8;Mg:11.5;Ca:2.7	$m CaO \cdot n Al_2O_3$(球状)	15-6 ~ 15-8
		Al:37.8;Mg:6.1;Ca:7.1	$m CaO \cdot n Al_2O_3$(块状)	15-9 ~ 15-10
974-11		Al:34.8;Mg:16.9	$MgO \cdot Al_2O_3$(近球状)	15-11 ~ 15-13
974-12		Al:32.1;Mg:13;Ca:8	$(Mg,Ca)O \cdot Al_2O_3$(球状)	15-14
		Ti:54;S:5;Mn:7.6;Fe:12	TiN,TiS(Fe,Mn)	15-15
		Al:35.9;Ca:5.7; Fe:13.8;K:1.8	铝酸盐(耐火材料)	15-15
		Al:35.1;Ca:5.1;Ti:2.7; Mg:1.1;Fe:15	铝酸盐(耐火材料)	15-17
		电解沉淀中的球状和三角形	硅酸铝,石英(SiO_2)	15-18
973-41		电解沉淀中的球状和透明板条状	铝酸盐,$Al_2O_3 \cdot SiO_2 \cdot MnS$	15-20、15-21
968-51		Al,Ca,Mg,Si,Ti,S,Mn	复相铝酸盐	15-35
		1. 方块含 Ti; 2. 含 Al、Ca、Mg; 3. 含 Al、Ca、Mg、S、Mn	1. TiN; 2. $MgO \cdot Al_2O_3$; 3. $MgO \cdot Al_2O_3$ 被(Mn、Ca)S 包围	15-36

a　$MnO \cdot SiO_2$

从熔清期取样的 D_1 试样经电解分离的沉淀中，呈球状的 $MnO \cdot SiO_2$ 占绝大多数（如图 15-3 ~ 图 15-5、图 15-23 ~ 图 15-25 所示）。说明炉料熔化后，在脱氧之前，炉中含［O］较高，原料中所含 Mn、Si 元素易于氧化，在高温条件下，Mn、Si 和[O]结合生成 $MnO \cdot SiO_2$，由于其熔点低于钢液，故呈球状。随着冶炼过程的进行，随后所取的试样中球状 $MnO \cdot SiO_2$ 大量消失，只有个别试样（如浇铸过程取样的试样）中还存在球状 $MnO \cdot SiO_2$（图 15-28 所示 D_4 试样和图 15-3 ~ 图 15-5 所示 A_4 试样）。

从表 15-14 和表 15-23 可知，熔清期取样的 D_1 试样中 $MnO \cdot SiO_2$ 内含有一定量的 Al 和 Ti，因此可以认为 $MnO \cdot SiO_2$ 的生成过程分为两步进行，即

$$2[Mn] + SiO_2 \longrightarrow 2MnO + [Si]$$

$$2MnO + \text{黏土砖} \longrightarrow \text{液态(Mn、Al) 硅酸盐}$$

其形成机理可设想为：形成一种液态的 $MnO \cdot Al_2O_3 \cdot SiO_2$ 三元氧化物，混入钢水中并被钢液乳化。随着脱氧反应的进行和钢液温度的逐渐降低，会使更多的 MnO 和 SiO_2 进入此夹杂物液滴中，而进入的多少又决定于钢中的 Mn 和 Si 的比例，最后形成夹杂物为含 Al、Ti 的 $MnO \cdot SiO_2$。这种 $MnO \cdot SiO_2$ 夹杂物是原内生夹杂物还是外来夹杂物，主要看 Al、Ti 等以什么形式存在于 $MnO \cdot SiO_2$ 中，若 $MnO \cdot SiO_2$ 含有 Al_2O_3 或 TiO_2，则为外来夹杂物，但从 $MnO \cdot SiO_2$ 形貌判断 Al、Ti 等固溶于 $MnO \cdot SiO_2$ 中，故为内生夹杂物。

b　球状 $MgO \cdot Al_2O_3$

出钢前成品试样各冶炼时段中都存在 $MgO \cdot Al_2O_3$ 型夹杂物（见图 11-5、图 15-6 ~ 图 15-8、图 15-11 ~ 图 15-13、图 15-16、图 15-33）。由于它们呈球状，说明球状 $MgO \cdot Al_2O_3$ 是以液滴状存在于钢液中，MgO 作为炉底材料受钢液侵蚀而进入钢液中；出钢前又经过预插 Al 和终插 Al 两次脱氧，因而在钢液中形成大量的 Al_2O_3，其中大部分已上浮于渣中，即颗粒尺寸较小的 Al_2O_3 来不及上浮，它们会与 MgO 反应生成 $MgO \cdot Al_2O_3$；或者脱氧产物 Al_2O_3 是以 MgO 为核心析出的，在高温条件下可以相互熔合生成固溶体，这时形成的固溶体是以液滴形式存在于钢液中，两相之间因表面张力的作用而成为球状。在 $MgO \cdot Al_2O_3$ 球状夹杂物中还含有一定量的 Ca、Fe、Mn。由 $MgO \cdot Al_2O_3$ 和金属 2 价和金属 3 价氧化物组成的双氧化合物，Ca^{2+}、Fe^{2+}、Mn^{2+} 可以置换 Mg^{2+}，Cr^{3+} 与 Fe^{3+} 可以置换 Al，当其被相关金属元素置换时，共晶体结构仍为尖晶石型，只是晶格常数略有改变，由于 42CrMoA 钢并未用 Mg 脱氧，因此球状 $MgO \cdot Al_2O_3$ 是外来和内生结合的夹杂物。

c　块状 $MgO \cdot Al_2O_3$

从夹杂物组成成分来看，球状 $MgO \cdot Al_2O_3$ 与块状 $MgO \cdot Al_2O_3$ 组成成分相同，但两者生成过程不同，从显微硬度（见表 15-31）判断块状 $MgO \cdot Al_2O_3$ 的硬度远高于球状 $MgO \cdot Al_2O_3$。从耐火材料等钢液侵蚀后形成的 $MgO \cdot Al_2O_3$，存在于滑板、汤道表面和水口表面，因此这种块状 $MgO \cdot Al_2O_3$ 直接来自于受侵蚀的耐火材料。从表 15-14 可以看出，滑板、汤道表面和水口表面均存在 $MgO \cdot Al_2O_3$，而汤道内部和水口里面并无 $MgO \cdot Al_2O_3$，说明 $MgO \cdot Al_2O_3$ 的生成与球状 $MgO \cdot Al_2O_3$ 一样，是炉底材料与脱氧产物结合形成的，在出钢过程中，分别黏附于耐火材料表面，从高温冷却到低温过程发生转化，由球状变成块状，在钢水冲刷下由耐火材料表面卷入钢中。

15.2.5 第二批42CrMoA钢中夹杂物生成和来源

上面已分析过第一批42CrMoA钢中夹杂物生成和来源，在第二批42CrMoA钢中有意加入Ti和Zr，以观察冶炼过程中夹杂物的变化。先将第二批42CrMoA钢中球状夹杂物成分的平均值选出列于表15-36中，再与表15-13中第二批渣样数据共同绘制成分变化对比直方图，见图15-54～图15-64。

表15-36 第二批42CrMoA钢中球状夹杂物成分的平均值（质量分数） （%）

样号	取样条件	Mg	Al	Si	S	Ca	Ti	Cr	Mn	Fe	Zr	[O]	K
G02	熔清期	0.05	22.67	5.69	0.11	0.16	—	—	1.27	2.71	0	41.19	—
G04	出钢前加Zr	5.95	23.12	0.10	0.52	9.21	—	—	0.20	1.13	0.56	45.5	—
G05	镇静前包中	5.01	17.02	2.74	0.82	10.99	—	—	0.15	8.62	0.16	41.0	—
G07	镇静后浇铸	16.21	28.38	0.22	0.06	2.66	—	—	0.24	1.64	0.14	59.74	—
759-3	成品样	11.30	32.31	0.93	2.09	2.77	0.074	—	4.56	5.41	—	40.96	—
G26	熔清期	0.70	41.42	1.25	0.035	0.05	0.68	—	5.59	3.81	—	40.57	—
G27	出钢前加Ti	8.05	17.13	0.09	5.15	3.82	0.73	0.57	3.95	24.68	—	36.20	0.05
G29	镇静前包中	4.62	23.58	0.26	0.71	7.08	0.31	0.38	0.56	22.82	—	38.48	—
G31	镇静后浇铸	8.54	26.82	0.19	0.93	5.50	6.54	—	0.85	24.22	—	30.13	—
864-3	成品样	5.84	24.11	0	5.82	1.84	0.9	—	8.4	18.61	—	34.46	—

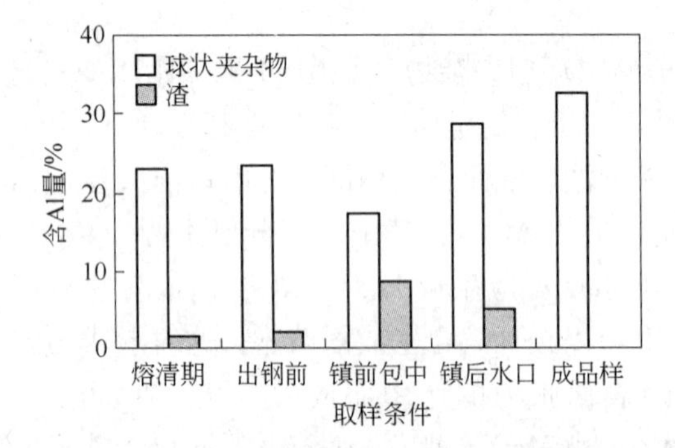

图15-54 第二批42CrMoA钢试样中球状夹杂物与渣含Al量对比（加Zr）

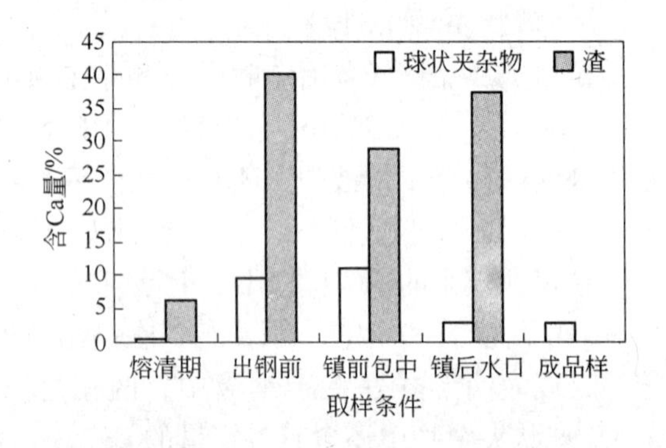

图15-55 第二批42CrMoA钢试样中球状夹杂物与渣含Ca量对比（加Zr）

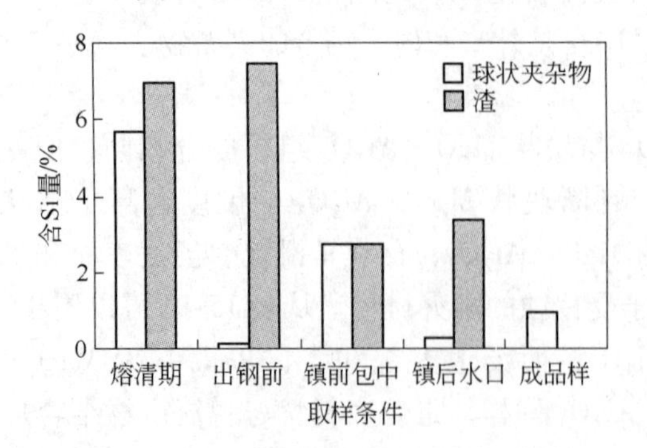

图15-56 第二批42CrMoA钢试样中球状夹杂物与渣含Si量对比（加Zr）

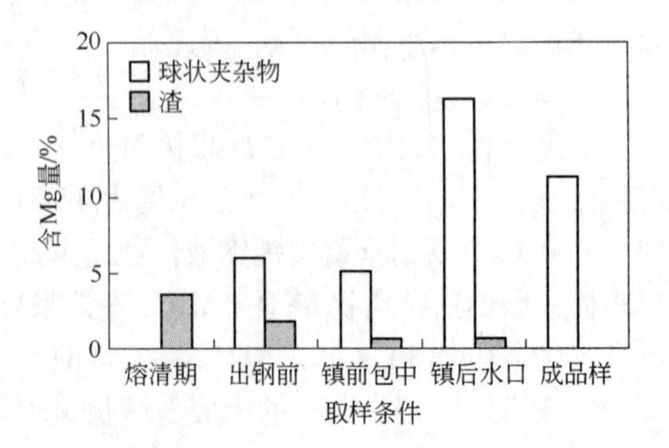

图15-57 第二批42CrMoA钢试样中球状夹杂物与渣含Mg量对比（加Zr）

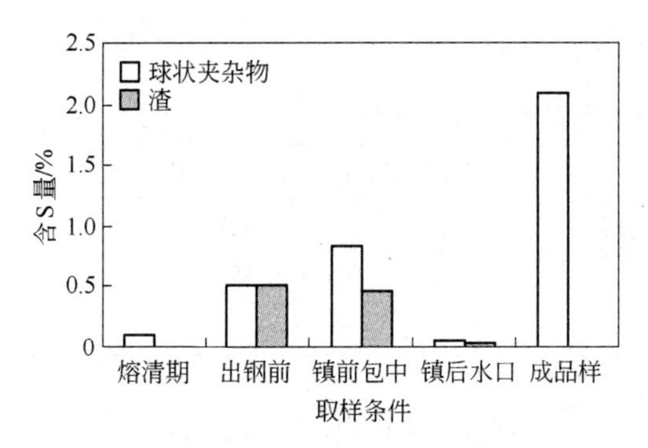

图 15-58 第二批 42CrMoA 钢试样中球状夹杂物与渣含 S 量对比（加 Zr）

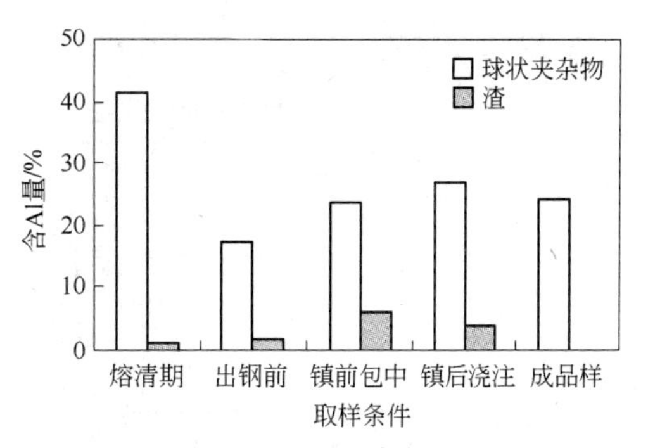

图 15-59 第二批 42CrMoA 钢试样中球状夹杂物与渣含 Al 量对比（加 Ti）

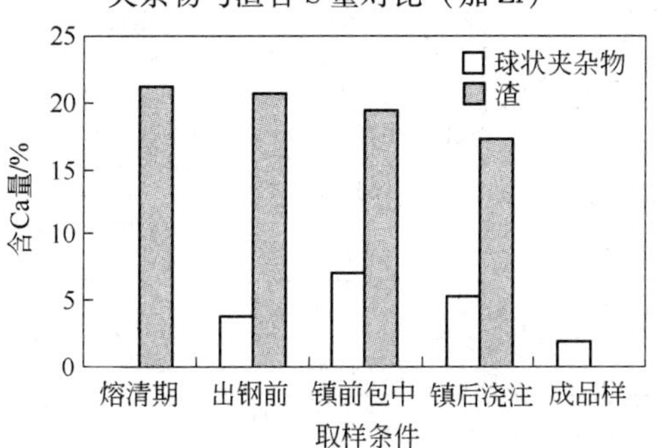

图 15-60 第二批 42CrMoA 钢试样中球状夹杂物与渣含 Ca 量对比（加 Ti）

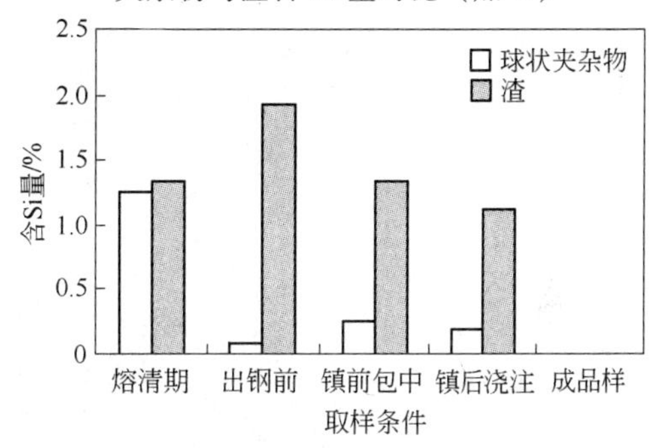

图 15-61 第二批 42CrMoA 钢试样中球状夹杂物与渣含 Si 量对比（加 Ti）

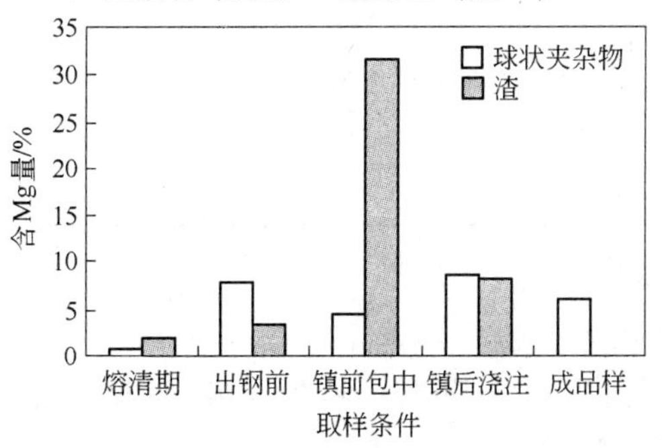

图 15-62 第二批 42CrMoA 钢试样中球状夹杂物与渣含 Mg 量对比（加 Ti）

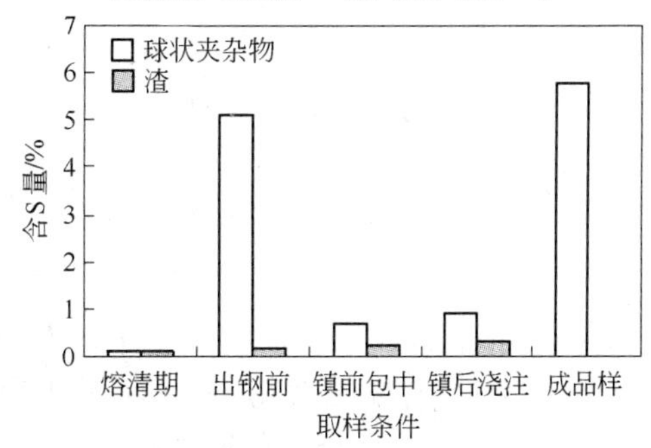

图 15-63 第二批 42CrMoA 钢试样中球状夹杂物与渣含 S 量对比（加 Ti）

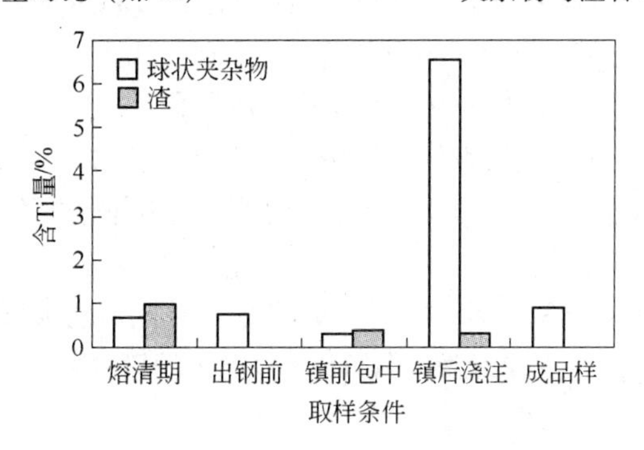

图 15-64 第二批 42CrMoA 钢试样中球状夹杂物与渣含 Ti 量对比

按 MPA 所测成分模拟的夹杂物类型，见表 15-37。

表 15-37　第二批 42CrMoA 钢中夹杂物类型（按 MPA 所测成分模拟）

样　号	加示踪元素	取样条件	夹杂物形态	模拟类型（按电子探针分析成分）
G01	Zr	熔清期	球状、近球状	铝硅酸盐（含 Ca、Mg、Fe、Mn）
			褐色不规则	Al_2O_3（含 Si、Mn）
G02		熔清期	椭　圆	铝硅酸盐
			球　状	Al_2O_3
G04		出钢前	椭　圆	$m(Ca,Mg)O \cdot nAl_2O_3$ 及 $mCaO \cdot nAl_2O_3$
			椭　圆	$MgO \cdot Al_2O_3$
G05		镇静前包中	椭　圆	铝硅酸盐及 $m(Ca,Mg)O \cdot nAl_2O_3$
			椭　圆	$MgO \cdot Al_2O_3$
G07		镇静后水口	球　状	$MgO \cdot Al_2O_3$ 及 $mCaO \cdot nAl_2O_3$
			角状与球状	均为 Al_2O_3
G08		镇静后水口	球　状	$MgO \cdot Al_2O_3$
			方　块	Al_2O_3
			大裂纹中球	$(Fe,Mn)O \cdot SiO_2$
G26	Ti	熔清期	小黑球	铝硅锰铁
			小　球	Al_2O_3 及铝硅酸盐（含 Mg、Ti、Mn、Fe）
G31		镇静后水口	小黑球	$(Ca,Mg)O \cdot Al_2O_3$ 及 TiO_2（含 Mn、Si、Al）
			小黑球	$MgO \cdot Al_2O_3$
G32		镇静后水口	大椭圆	复合铝硅酸盐（含 Ti、Mn）及 TiO_2（含 Mn、Al）
			黑　球	$mCaO \cdot nAl_2O_3$
			黑　球	FeO（含 Si）

15.2.5.1　加入示踪元素 Zr

图 15-54 所示为球状夹杂物与渣中含 Al 量的变化对比。

（1）熔清期球状夹杂物中含 Al 量相当高而渣中含 Al 量低。这是在加 Al 脱氧之前，说明原料带进来的 Al 所起的脱氧作用形成的球状 Al_2O_3（见表 15-38）。

（2）出钢前两次脱氧后，球状夹杂物和渣中含 Al 量并无太大变化，说明脱氧产物 Al_2O_3 与 MgO 结合形成的球状夹杂物 $MgO \cdot Al_2O_3$（见表 15-38）尚未上浮于渣中。

（3）出钢后钢液在包中镇静前，球状夹杂物含 Al 量下降，原来含 Al 量较高的球状夹杂物及脱氧产物已上浮于渣中，使渣中含 Al 量达到最高。

（4）镇静后从水口取样中的球状夹杂物中含 Al 量又上升，而渣中含 Al 量下降与回渣有关，成品样中球状夹杂物含 Al 量升至最高，说明钢液凝固过程中 Al 受到二次氧化，使溶入球状夹杂物的含 Al 量上升。

图 15-55 所示为球状夹杂物与渣中含 Ca 量的变化对比：对照图 15-48 即第一批试样中球状夹杂物与渣中含 Ca 量的变化规律与图 15-55 加 Zr 的第二批相对应的含 Ca 量的变化规律相近，不再重复讨论。

图 15-56 所示为球状夹杂物与渣中含 Si 量的变化对比。

熔清期球状夹杂物中含 Si 量在两批钢样中均是最高的，但在第一批试样中的球状夹杂物为 $MnO \cdot SiO_2$，而在第二批试样中的球状夹杂物为硅酸铝盐。在 $MnO \cdot SiO_2$ 中由于熔清期含 Al 量较高，故在 $MnO \cdot SiO_2$ 中存在固溶 Al。这可从形状判断 Al 是固溶于 $MnO \cdot SiO_2$ 而不是变成块状的硅酸铝。在熔清期的渣料中存在较大量的 Si，而在第一批冶炼的 42CrMoA 钢熔清期渣中含 Si 量有限，说明与炼钢工艺无关，而是由原料带入钢水中的 Si，既使球状夹杂物的含 Si 量较高，又使渣中的含 Si 量上升。

出钢前以 $MnO \cdot SiO_2$（含 Al）为主的球状夹杂物已上浮于渣中，使渣中的含 Si 量继续升高，出钢后镇静前又在包中加 Si-Ca 合金脱氧，再加之钢渣混出，存在回渣现象，故使球状夹杂物中含 Si 量有所上升，而渣中含 Si 量下降。镇静后含 Si 夹杂物由于相对密度小又上浮于渣中，故水口取样中球状夹杂物以 $MnO \cdot Al_2O_3$ 为主，渣中含 Si 量有所上升。在成品试样中出现含 Si 球状夹杂物，即成品样中仍为铝酸钙镁（含 Si）的球状夹杂物（见表 15-36）。

图 15-57 所示为球状夹杂物与渣中含 Mg 量的变化对比。

熔清期球状夹杂物中几乎不含 Mg，但在渣中含 Mg 量虽不算高，但比起其他过程所取渣样中含 Mg 量为最高，即在熔清期炉底镁砖已受侵蚀，并形成含 Mg 硅酸盐上浮于渣中。表 15-13 中所列熔清期渣相结构为硅酸盐，而 Mg 系溶于硅酸盐中，由于熔点低，易于上浮。

出钢前球状夹杂物中含 Mg 量上升，说明炉底已受侵蚀，所形成的球状夹杂物已由硅酸盐转变为 $MgO \cdot Al_2O_3$，渣中含 Mg 量下降。出钢后镇静前包中取样中的球状夹杂物含 Mg 量无大的变化，而渣中含 Mg 量继续下降，说明有回渣现象。待镇静后球状夹杂物中含 Mg 量大量上升，渣中含 Mg 量无大变化，可能在回渣过程中带入的 Mg 继续与脱氧产物 Al_2O_3 结合形成较纯的镁尖晶石（$MgO \cdot Al_2O_3$）。

在钢液凝固过程中，较纯的 $MgO \cdot Al_2O_3$ 继续上浮，而在成品样中的球状夹杂物的含 Mg 量下降可能与 Al 的二次氧化作用有关。

图 15-58 所示为球状夹杂物与渣中含 S 量的变化对比。

熔清期球状夹杂物中含有少量 S，在冶炼过程中含 S 量逐渐上升，但在镇静后水口取样中的球状夹杂物和渣中均降至接近最低值，即含 S 的球状夹杂物并未上浮于渣中，而是 S 从球状夹杂物中脱溶并固溶于钢液中，但随温度降低，S 在钢液中的溶解度下降而逐渐沉淀，一部分生成 MnS 夹杂物，另一部分固溶于球状夹杂物中，故使成品试样中的球状夹杂物含有最高的 S 量。

Zr 在球状夹杂物中含量的变化：首先从表 15-36 中可以看出，熔清期试样中的球状夹杂物中不含 Zr，在出钢前，炉中加入 Zr 后，球状夹杂物中溶入最高的 Zr 量，包中和水口取样中的球状夹杂物含 Zr 量逐渐下降，但渣中并无 Zr（见表 15-29），说明含 Zr 的球状夹杂物并未上浮于渣中，而是从球状夹杂物中脱溶析出再与 S 和 C 形成的 ZrS 夹杂物或 Zr(C,S) 夹杂物。这种夹杂物的熔点高，相对密度大，不易上浮而留存在钢液中，故在成品样中可以观察到呈球状的 Zr(S,C) 夹杂物。另外，加 Zr 作为示踪元素，可以肯定在冶炼过程中参与脱氧作用，与 Al 所形成的球状 $MgO \cdot Al_2O_3$ 或 $m(Ca,Mg)O \cdot nAl_2O_3$ 结合，即以固溶态存在于球状夹杂物中，这种含 Zr 球状夹杂物会在冶炼各阶段由固溶于球状夹杂物到脱溶进入钢基体中，而在成品样中并未发现含 Zr 的球状夹杂物，从金相观察，Zr

在钢中以 Zr(S,C)的形式存在。

15.2.5.2 加入示踪元素 Ti

在制订方案时只了解 42CrMoA 钢中不含 Ti，所以决定以 Ti 为示踪元素，但后来才了解到，在冶炼的后期，出钢过程在包中加入了 Ti-Fe 合金，因此以 Ti 作为示踪元素加入炉中，只能反映出钢前 Ti 的作用。

图 15-59 所示为球状夹杂物与渣中含 Al 量的变化对比。

在熔清期第一批试样中球状夹杂物与渣中含 Al 量为最低（见图 15-47），但第二批试样中球状夹杂物中含 Al 量均较高（见图 15-54 和图 15-59），而渣中含 Al 量为最低，说明 Al 来自原材料。出钢前，虽两次加 Al 脱氧，但球状夹杂物中含 Al 量反而下降，而渣中含 Al 量稍有增加。熔清期所模拟的夹杂物类型（见表 15-36）中含有球状 Al_2O_3，即原有球状夹杂物为 Al_2O_3 有少部分上浮于渣中。

镇静前包中取样的球状夹杂物和渣中含 Al 量均上升，可能与在整个冶炼过程中所加 Al 继续参与脱氧反应，反应产物又不断上浮于渣中有关。镇静后，球状夹杂物中含 Al 量继续上升，而渣中含 Al 量有所下降，这可能与回渣有关。在成品试样中含 Al 量稍有下降。

图 15-60 所示为球状夹杂物与渣中含 Ca 量的变化对比。

对比熔清期球状夹杂物中的含 Ca 量，第一批、第二批（加 Zr）、第二批（加 Ti）完全相近，熔清期含有少量 Ca（见图 15-48、图 15-55、图 15-61），而渣中含 Ca 量差别较大，有可能存在偶然因素，如取样粘渣或加入造渣剂时间不同。

出钢前球状夹杂物中含有 Ca，虽然在加入造渣剂和脱氧剂之后球状夹杂物类型已由熔清期的硅酸锰转变成铝酸钙，而渣中含 Ca 量与熔清期相比并无多大变化。

镇静前包中取样的球状夹杂物含 Ca 量继续上升，即呈球状的铝酸钙中含 Ca 量增加，而渣中含 Ca 量有所下降，与钢渣混出有关。待镇静后，含 Ca 量高的铝酸盐熔点低，在镇静前上浮于渣中或转变为含 Ca 量较低的铝酸盐，由于渣中含 Ca 量并未增高而是下降，说明含 Ca 量较高的铝酸盐与在钢液中发生夹杂物类型转变有关。在镇静后，球状夹杂物继续在液中上浮，由含 Ca 量高的铝酸盐转变 $MgO \cdot Al_2O_3$ 中含 Ca，而非钙铝酸盐，故成品样中高 Ca 铝酸盐较少。

图 15-61 所示为球状夹杂物与渣中含 Si 量的变化对比。

熔清期球状夹杂物含 Si 量与加 Zr 试样的对比可以看出，含 Si 量远低于加 Zr 试样中的球状夹杂物的含 Si 量，而渣中含 Si 量两者相近，这只能与原料成分相关，如第一批试样中的球状夹杂物在熔清期均含有较高的 Si。

出钢前球状夹杂物已由硅酸盐转变为铝酸盐，所以几乎不含 Si，而渣中含 Si 量有所上升。镇静前包中试样的球状夹杂物含 Si 量稍有增加，而渣中含 Si 量下降稍大，与钢渣混出回渣有关。镇静后的试样中，球状夹杂物类型继续变化，含 Si 量较高的铝酸盐逐渐转化为含 Si 量低的铝酸盐，渣中含 Si 量稍有下降，与渣中成分变化有关。成品试样中的球状夹杂物全部为铝酸盐，已无 Si 杂质存在。

图 15-62 所示为球状夹杂物与渣中含 Mg 量的变化对比。

熔清期球状夹杂物与渣中含 Mg 量均较低，但出钢前炉底镁砖受蚀后进入球状夹杂物中，使含 Mg 量升高，渣中含 Mg 量也有所上升，即夹杂物类型转化与不断上浮有关。在镇静前包中取样，球状夹杂物中含 Mg 量下降而渣中含 Mg 量上升至最高值，显然与耐火材料受蚀有关。在镇静后球状夹杂物与渣中含 Mg 量接近，此时球状夹杂物主要为 $MgO \cdot Al_2O_3$，而渣的成分不断被稀释，使 Mg 的相对含量变低。在成品试样中只有 $MgO \cdot Al_2O_3$（见表 15-12）。

图 15-63 所示为球状夹杂物与渣中含 S 量的变化对比。在第二批 42CrMoA 钢渣中含 S 量均低，而球状夹杂物中含 S 量在熔清期很低，到出钢前已上升且仅低于成品试样中球状夹杂物的含 S 量。渣中含 S 量稍有升高，在镇静前包中取样的球状含 S 量高的夹杂物已上浮于渣中。镇静后，渣中含 S 量并无变化，球状夹杂物中含 S 量有所上升，同成品试样中球状夹杂物含 S 量升到最高的原因相同，即 S 的溶解度随温度降低，逐渐由钢液脱溶而进入球状夹杂物中，与此同时，钢中还析出大量的 MnS 夹杂物。

图 15-64 所示为球状夹杂物与渣中含 Ti 量的变化对比。熔清期球状夹杂物含 Ti 量较低，出钢前在炉中加入 Ti 后，使球状夹杂物中含 Ti 量相应的有所上升。出钢后又在包中加入 Ti-Fe 合金，但球状夹杂物中含 Ti 并未增加反而下降，待镇静后水口取样中的球状夹杂物含 Ti 量升至最高，其中有的含 Ti 高达 46%，按电子探针分析数据所模拟的夹杂物类型有 TiO_2（含 Mn、Al、Si），说明水口试样中的球状夹杂物类型除了 $MgO \cdot Al_2O_3$ 外，还有球状 TiO_2（含 Mn、Al、Si），即镇静前后伴随着夹杂物类型的转变。渣样中含 Ti 量呈逐渐下降趋势，但含量变化范围不大，只是出钢前的渣中几乎不含 Ti，即渣中 Ti 已返回钢液中。此后在包中加入 Ti-Fe 合金又有少量的 Ti 进入渣中，以后不再变化。

下篇

夹杂物与钢的断裂

第 16 章　夹杂物与钢的断裂研究文献简介

有关第二相和夹杂物造成金属材料断裂的研究文献较多，今选出其中与本课题关系较密切的文献进行简单介绍。

16.1　裂纹成核

1963 年，J. Gurland 和 J. Plateau 研究含有夹杂物的金属韧性断裂机理。他们认为裂纹成核有 4 个位置，即应力集中区、夹杂物内塑性比较低处、夹杂物与基体交界的界面上以及靠近夹杂物的基体内部。位于夹杂物高度应力集中区内的基体，在应力作用下产生塑性变形，使储存于夹杂物处的应变能（U）为形成新裂纹表面提供了所需的表面能（S），即 $U \geqslant S$。

可从临界能量条件推导出临界应力的近似表达式，首先需要假设夹杂物颗粒的应力场与颗粒本身的大小同一数量级，而且裂纹的尺寸也等于夹杂物的尺寸（a），则

$$\gamma a^2 = \frac{(q\sigma)^2 a^3}{E} \quad 或 \quad \sigma = \frac{1}{q}\sqrt{\frac{E\gamma}{a}} \tag{16-1}$$

式中　γ——裂纹的比表面能；

a——夹杂物尺寸；

q——在夹杂物处的平均应力集中因子；

σ——所加的单轴应力；

E——夹杂物和基体的弹性模量加权平均值。

可利用式（16-1）对临界应力进行估算。

如设 $a \approx 10\mu m$，$E = 10^{12} dyn/cm^2 = 102 \times 10^4 kg/cm^2$，$\gamma = 10^3 erg/cm^2 = 102 \times 10^{-7} kg \cdot m/cm^2$，$q \approx 2$，则 $\sigma = 7000Psi = 4.9kg/mm^2 = 48MPa$。

估算的 σ 值与他们在 Al-Si 合金中观察到的第一个裂纹形成的应力近似一致。

在韧断开始时，'临界状态只存在于夹杂物内或相邻夹杂物中间。如果围绕夹杂物的应力场，在应力场中裂纹尖端的应变能被塑性功吸收，则裂纹不能扩张，为使裂纹连续扩张，需要的条件如下：

$$dU/dC \geqslant dS/dC \tag{16-2}$$

式（16-2）为脆断时临界裂纹扩张条件。

16.2　金属韧性断裂机理

J. Gurland 和 J. Plateau 所建议的韧断机理为：微裂纹在夹杂物上成核后，由于塑性应变集中，使微裂纹变成空洞。在空洞之间的基体，由于内颈缩而发生断裂，断裂时的伸长

率大小决定于空洞处的局部应变以及与夹杂物有关的空洞间距。

这个机理根据实验和理论基础确定了夹杂物在韧断中的作用，根据显微镜观察指出夹杂物或沉淀相是导致韧性断裂的裂源，而韧断分成三个阶段：

（1）裂纹在夹杂物上形成；

（2）裂纹长大发生于延伸过程；

（3）由颈缩导致断裂。

另外还描述了围绕夹杂物的应力发展。根据简单的假设计算了从延伸到断裂过程主要决定于夹杂物的体积分数。这点与 Edelson 和 Baldwin 从理论和实验数据计算的结果一致。

Edelson 和 Baldwin 研究了第二相对合金机械性能的影响后得出：

（1）所有第二相和空洞都使基体变脆。

（2）延性只决定于颗粒的体积分数，而与颗粒的尺寸、形状和成分无关。

（3）应变硬化指数和断裂应力按可理解的性质更像韧性，即他们的大小也决定于颗粒的体积分数。

（4）只有某些第二相才可使合金强化，为使第二相颗粒起到强化作用，要求颗粒与基体具有稳定的键合，当第二相颗粒具有强化作用时屈服应力决定于颗粒的平均自由程。

（5）应力与颗粒间平均自由程的对数呈线性变化的规律如 Gensamer 关系式，只对那些在很有限的范围内发生强化的合金才具有真实性，对每种颗粒尺寸达到最小的平均自由程而起强化作用后，屈服应力下降。

Edelson 和 Baldwin 所研究的钢合金中加入的第二相颗粒有 Cr、Fe、Al_2O_3、Mo 或 SiO_2 以及空洞等，所加第二相颗粒尺寸约为 5μm，而空洞有较大的和较小的，体积分数的范围为 0～25%。

计算第二相颗粒间距、平均自由程以及颗粒的体积分数等的方法如下：

平均自由程

$$\lambda = (1-f)/N_1 \tag{16-3}$$

$$f = \frac{wD_1}{(1-w)D_2 + wD_1} \tag{16-4}$$

式中　f——颗粒的体积分数；

W——已知颗粒的质量分数；

D_1，D_2——基体和第二相颗粒的密度。

另外，平均自由程也可直接测定，选用公式：

$$d = \frac{3f\lambda}{2(1-f)}$$

式中　d——球形颗粒的平均直径。

则

$$\lambda = \frac{2d(1-f)}{3f} \tag{16-5}$$

颗粒间距 D_s（表示在一个平面内最邻近颗粒之间的距离）为：

$$D_s = d(1-f)\sqrt{\frac{2}{3f}} \tag{16-6}$$

因此，λ 和 D_s 均为 d 和 f 的函数。

16.3 裂纹扩展条件

1964 年 Krafft 提出的裂纹扩展条件为：韧带撕裂。所谓韧带就是夹杂物或第二相颗粒之间的金属基体作为延性裂纹传播的过程区。当韧带的应变达到临界应变量时，韧带被撕裂，从而使裂纹扩展，而此过程区的长度只取决于夹杂物或第二相颗粒间距 d_T，d_T 又是影响断裂韧性的微观结构参量。

空洞的形成与颗粒尺寸、形状、类型和分布有关，而 d_T 及基体又决定了空洞的连接与裂纹的扩展，基体对裂纹扩展的影响可分为以下两个方面：

（1）基体内由于产生不均匀的范性形变，会使夹杂物产生解理断裂。按 Smith 提出的模型认为，位错在晶界渗碳体前面塞积的强度，与铁素体基体的晶粒尺寸直接相关，晶粒尺寸愈大，位错塞积产生的应力集中也愈大，渗碳体愈易开裂。

（2）空洞的长大和连接，主要是在基体材料中进行的，这一过程主要受应变控制，因此基体的临界应变 ε_C 是一个重要参量。

从物理意义上来讲，ε_C 应取裂纹尖端微小区域的基体材料（其中也包含小于临界尺寸的第二相颗粒）的断裂应变 ε_f^*，ε_f^* 和 σ_f^* 一样是一个冶金常量，不能用宏观力学性能实验直接测定。Krafft 模型取 $\varepsilon_C = \varepsilon_f^* = n$，$n$ 为光滑拉伸试样的均匀延伸即应变硬化指数。

Hahn-Rosenfield 模型中取 $\varepsilon_C = \varepsilon_f^* = (1/3)\varepsilon_f$，$\varepsilon_f$ 为单轴拉伸时的断裂真应变。

Osforne-Emfury 模型中取 $\varepsilon_C = \varepsilon_f^* = (2/3)\varepsilon_f$，若 $\varepsilon = n$，当应变硬化指数 n 提高时，韧性也提高，因为 n 增大，即 $\dfrac{\sigma_{ys}}{\sigma_f}$ 减小，使延韧性提高，σ_f 为断裂应力。

由于 ε_f^* 是微观断裂应变，所以 n 的测定必须在高应变速率绝热条件下进行，才能比较接近裂纹尖端微小区域的变形特征。这在一般实验条件下，很难满足。所以只能做上述假定。

上面提到的 n 与韧性的关系，已经实验证明，韧性会随 n 的提高而增大，即使在强度增高时，韧性也不下降。这点与两种情况相反：如钢淬火后，n 和韧性都随强度提高而下降，经回火处理后，应变硬化指数增大而强度却下降；另外 Ni-Fe-Co-Mo 马氏体时效钢的 $\dfrac{\sigma_{ys}}{\sigma_f} \approx 1$，$n$ 值很小，但韧性都很高，因时效后析出的第二相颗粒，软，小，均匀分布，使韧性大为提高，从而掩盖了 n 的影响。为使 n 与韧性保持上述关系，Krafft 设计的实验方法为：改变应变速率和温度，使 n 改变而微观结构却保持不变。

16.4 空洞的内颈缩

1968 年，P. F. Thomason 研究得出了由空洞内颈缩造成断裂的结论。如果在延性金属中无夹杂物和第二相颗粒存在，将使塑性变形连续进行下去，直到面缩率 $\psi = 100\%$ 时，试样才会因外颈缩造成断裂。当然在实际的金属材料中，通常都含有夹杂物和第二相颗粒，它们会在拉伸塑变中作为空洞成核的位置，随这些空洞的长大和聚集，最后造成金属断裂。关于内颈缩造成空洞的聚集的结论最初是由 Cottrell 提出的。所谓内颈缩是空洞间的基体产生塑性失稳的结果。因此 Cottrell 基于内颈缩的假设，设计实验条件并提出，由于空洞聚集造成韧断开始的一般条件为：

$$\frac{\sigma_n}{2k}(1-\sqrt{V_f})+\frac{p}{2k}<\frac{\sigma_x}{2k}+1 \tag{16-7}$$

式中 σ_n——平均拉伸应力（即内颈缩时造成的塑变应力）；

V_f——基体中空洞的体积分数；

p——流体静力学压力；

k——屈服剪切应力；

σ_x——拉伸主应力的横向分量；

$\sigma_n/2k$——抑制因子。

Cottrell 对空洞内颈缩给了更多的限定判别式，式（16-7）中，当 p 和 σ_x 为零时可以简化为：

$$\frac{\sigma_n}{2k}(1-\sqrt{V_f})<1$$

如果

$$p>2k+\sigma_x \tag{16-8}$$

将不会发生由于空洞聚集造成的韧性断裂，在此情况下，只有外颈缩的断裂（即面缩率为100%）才能使拉伸形变终止。

当空洞聚集条件受到妨碍时，由于均匀流变继续进行，会使空洞之间的基体发生几何形状的改变，因此该模型变为：

$$\frac{a}{b}=\frac{\exp(2\varepsilon_z)\times\sqrt{V_f}}{1-\sqrt{V_f}} \tag{16-9}$$

式中 ε_z——在 z 方向的均匀应变。

ε_z 要增加到式（16-9）中 a/b 的几何形状以及 $\sigma_n/2k$ 抑制因子满足式（16-7）中所给出的空洞聚集条件时，空洞就开始聚集。

16.5 空洞形核的临界应变条件

Tanaka 等研究了在单轴拉伸情况下，基体产生均匀塑性变形后，球状夹杂物界面开裂形成空洞的条件。他们根据形成空洞前后能量的比较以及颗粒尺寸的影响，得出空洞形核的临界应变条件为：

$$\varepsilon_C \geqslant \beta(1/d)^{1/2} \qquad k<1 \tag{16-10}$$

$$\varepsilon_C \geqslant \beta(1/kd)^{1/2} \qquad k>1 \tag{16-11}$$

$$\beta=\sqrt{\frac{48\times10^{-9}[(7-5\mu)\times(1+\mu^*)+(8-10\mu)\times(1+\mu)k][(7-5\mu)\times(1-\mu^*)+5(1-\mu^2)k]}{(7-5\mu)^2[2(1-2\mu^*)+(1+\mu)k]}} \tag{16-12}$$

其中

$$k=\frac{E_i}{E_m}$$

式中 μ^*，μ——夹杂物、基体的泊松比；

E_i，E_m——夹杂物、基体的弹性模量；

d——球状夹杂物直径；

ε_C——临界应变。

当空洞只在颗粒四周形核时，不但应满足能量条件，还需满足界面强度条件。Tanaka 等根据简单的机械分离原理得出临界形核应变为：

$$\varepsilon_C > \delta\left(\frac{\sigma_1}{E}\right) \qquad k < 1 \tag{16-13}$$

$$\varepsilon_C > \delta\left(\frac{\sigma_1}{kE}\right) \qquad k \geqslant 1 \tag{16-14}$$

$$\delta = \frac{(7-5\mu)(1+\mu^*)+(8-10\mu)(1+\mu)k}{10(7-5\mu)k} \tag{16-15}$$

因此临界形核应变取决于两相的弹性特征，而与颗粒的尺寸无关，是界面强度（σ_1）的函数。

20 世纪 70 年代中期，Argon 等根据连续塑性变形建立的模型，与微观组织特征和 Ashby 提出的位错碰撞机制有关。他们认为在拉伸过程中，在硬且不变形的夹杂物周围的理想基体中，起源于纯剪切载荷的最大界面应力，几乎等于基体的流变应力。靠着塑性剪切力使不变形夹杂物与基体分离。如果基体位移足够大时，由于位错运动而相互碰撞，从而形成一个塑性不协调区，当界面应力在位移不协调区达到一个门槛值时，空洞便形成。界面应力门槛值是根据远区剪切应变确定的，即界面总拉伸应力 σ_{rr}为：

$$\sigma_{rr} \approx Y(\varepsilon^{-P}) + \sigma_T \tag{16-16}$$

式中　$Y(\varepsilon^{-P})$——夹杂物所在区域内的流变应力，而在此区域内无夹杂物引起的平均局部塑性应变；

σ_T——负压分量。

所谓负压是指具有三轴性的拉伸应力，而三轴性是拉伸应力与等价的流变应力之比。

16.6　界面应力

为了测定界面应力的值，Argon 等研究了球化 1045 钢、Cu-0.6% Cr 合金和马氏体时效钢中第二相颗粒在塑性应变过程中开裂的局部界面应力，所测数据具有参考价值。

当第二相颗粒的体积分数（f_V）很小时，式（16-16）中的 σ_T 代表局部负压，Y 相当于无夹杂物时局部平均塑性应变。若 f_V 很高，颗粒之间存在相互作用，则界面应力高于式（16-16）计算值。必须按 Argon 等所述颗粒相互作用条件的校正方法。

1045 钢中的颗粒为球化渗碳体（Fe_3C），其体积分数 $f_V = 0.125\%$，颗粒直径 $\phi = 0.44\mu m$，而试样中的铁素体晶粒尺寸为 5 ~ 10μm，它和 Fe_3C 均为等轴状。

Cu-0.6% Cr 合金中的颗粒为 Cu-Cr，其体积分数 $f_V = 0.0059\%$，$\phi = 0.89\mu m$，Cu-Cr 颗粒不是等轴状，颗粒的纵横比 $\lambda > 1$，$\lambda_{max} = 4$，试样的晶粒尺寸为 20 ~ 30μm。

马氏体时效钢中有两种颗粒，一为 Ni_3Mo，尺寸为 0.5μm，另一种为 TiC，$f_V^{TiC} = 0.011\%$，$\phi = 5.3\mu m$，TiC 夹杂物间距 $d_T = 45\mu m$，未时效前，试样的颗粒尺寸为 10 ~

20μm，本项实验只考虑 TiC。

加工好的试样具有各不相同的初始程度的颈缩，颈缩半径（a）与侧面半径（r）的比值各不相同，设 $(a/r)_i = 0, 0.5, 1.0$，应变后试样中心部分具有不同的三轴性和塑性应力分布，拉伸速度为 10^{-4} in/s（2.54×10^{-3} mm/s），直到拉断为止，用断口测定沿轴向开裂颗粒的密度分布（Z），再用 SEM 照片测定横切面上的横向宽度 W，沿纵向 Z_f 位置直到 O 位置上，测定开裂颗粒的密度，局部等效塑性应变和三轴性与这些点相对应的位置，用相关文献的方法测定塑性应变和三轴性分布。

Argon 等测试三种试样中第二相颗粒与基体的界面应力分布列于表 16-1 ~ 表16-3中。

表 16-1　球化 1045 钢中 Fe_3C 颗粒开裂所需应力

样号	$(a/r)_i$	$(a/r)_f$	a_0/mm	a_i/mm	a_f/a_i	$\bar{\varepsilon}_f^P$	Z_f/a_0	$\bar{\varepsilon}_n^P$	$Y(\bar{\varepsilon}_n^P)$/MPa	σ_T/Y	σ_{rr}/MPa
1	0	1.0	4.76	4.76	0.589	1.06	0.575	0.64	830.1	0.470	1221.1
2	0	0.95	4.76	4.76	0.589	1.06	0.550	0.67	836.9	0.580	1324
3	0.5	1.35	6.35	3.54	0.680	0.77	0.400	0.40	871.2	0.740	1615.1
4	0.5	1.44	6.35	3.54	0.650	0.86	0.430	0.40	871.2	0.720	1502.3
5	1.0	2.13	6.35	2.80	0.600	1.02	0.383	0.28	802.6	0.735	1392.6
6	1.0	2.13	6.35	2.80	0.632	0.92	0.363	0.27	775.2	0.780	1378.9

注：a_0—未受颈缩影响的试样肩部半径；a_i—颈缩的初始半径；a_f—断裂时试样的最终半径；$(a/r)_i$—颈缩半径与设计的颈缩半径的初始比值；$(a/r)_f$—断裂时颈缩半径与设计的颈缩半径的最终比值；Z_f—最后开裂颗粒沿轴向的位置；$\bar{\varepsilon}_f^P$—最后开裂颗粒的位置上等效塑性应变，由相关文献得出；$Y(\bar{\varepsilon}_n^P)$—从拉伸真应力-真应变曲线上得出在 $\bar{\varepsilon}_n^P$ 时的等效拉伸流变应力；σ_T/Y—三轴性比例，从相关文献上得出；Y—塑性阻力，即真流变应力；$\bar{\varepsilon}_n^P$—断裂时等效的塑性应变，即 $\bar{\varepsilon}_n^P = \ln(A_0/A)$；$\sigma_{rr}$—颗粒开裂时的界面应力。

表 16-2　Cu-0.6%Cr 合金中 Cu-Cr 夹杂物的开裂应力

样号	$(a/r)_i$	$(a/r)_f$	a_0/mm	a_i/mm	a_f/a_i	$\bar{\varepsilon}_f^P$	Z_f/a_0	$\bar{\varepsilon}_n^P$	$Y(\bar{\varepsilon}_n^P)$/MPa	σ_T/Y	σ_{rr}/MPa
1	0	1.10	4.760	4.760	0.452	1.58	0.570	1.27	500.8	0.87	939.8
2	0	1.25	4.760	4.760	0.424	1.72	0.590	1.33	507.6	0.92	974.1
3	0	1.09	4.760	4.760	0.517	1.28	0.680	0.99	459.6	0.63	747.7
4	0.5	2.07	5.715	3.190	0.489	1.44	0.340	1.06	514.5	1.09	1077.0
5	0.5	2.00	5.715	3.190	0.495	1.56	0.380	0.97	493.9	1.05	1001.6
6	0.5	1.88	5.715	3.190	0.520	1.38	0.315	1.03	511.6	1.09	1070.2
7	1.0	2.89	5.715	2.515	0.509	1.35	0.287	0.81	456.7	1.20	1001.6
8	1.0	2.54	5.715	2.515	0.557	1.17	0.262	0.72	436.1	1.14	933
9	1.0	2.67	5.715	2.515	0.490	1.43	0.254	0.93	484.1	1.29	1111.3

表 16-3　未时效的马氏体时效钢（VM300）中 TiC 夹杂物的开裂应力

样 号	$(a/r)_i$	$(a/r)_f$	a_i/mm	a_f/a_i	$\bar{\varepsilon}_f^P$	Z_f/a_0	$\bar{\varepsilon}_n^P$	$Y(\bar{\varepsilon}_n^P)$/MPa	σ_T/Y	σ_{rr}/MPa
1	0.10	0.36	3.17	0.516	1.32	0.709	0.844	1372	0.34	1835.5
2	0.25	0.62	3.17	0.562	1.15	0.591	0.660	1324	0.36	1804.2
3	0.50	0.73	3.17	0.562	1.15	0.678	0.660	1324	0.34	1769.9
4	1.0	1.07	3.17	0.580	1.09	0.360	0.532	1282.8	0.48	1898.3

注：表中的数据是用 Bridgman 方法计算的。

16.6.1　球化 1045 钢

表 16-1 所列球化 1045 钢中 Fe_3C 总界面应力是按相关式子计算的，达到断裂的平均等效应变，是从颈缩前后试样半径的差得出的，Fe_3C 与铁素体的界面应力，平均值为 1392MPa（见表 16-1），低于按式（16-16）的计算值。原因是球化 1045 钢中 Fe_3C 量较高，存在较强的交互作用，故实际的界面强度应高出 19%，应为 1660MPa。

16.6.2　Cu-0.6%Cr 合金

Cu-0.6%Cr 合金的铜合金中的 Cu-Cr 颗粒与基体的界面强度按式（16-16）计算列于表 16-2 中。

Cu-Cr 颗粒开裂的平均界面强度为 987.9MPa，平均颗粒直径为 0.76μm，小于试样中全部颗粒的平均直径约 14.6%，且空洞成核的塑性应变也只有断裂时试样的塑性应变的几分之几。

16.6.3　马氏体时效钢

对尺寸不同的四种试样进行拉伸试验后，在断口轴向取样测定开裂夹杂物的密度分布。因为 TiC 间距大，密度小，分布曲线上的点太分散，故未测定塑性应变和三轴性。再加上应变硬化速率非常低，故只将 Bridgman 分析法扩展用以计算夹杂物的界面强度。由这些近似方法分析的结果（见表 16-3）不如 1045 钢和铜合金的结果可靠。

TiC 的平均界面应力为 1811.1MPa。由于 TiC 浓度低，彼此不存在交互作用，对上列数据无需校对，由于试样中 Ni_3Mo 韧窝直径比 TiC 韧窝小 1 个数量级，可看到 TiC 韧窝底部的解理断裂，可用其计算的界面强度作为 TiC 夹杂物强度的量度。

Argon 等得出的表 16-1 ~ 表 16-3 的数据说明，试样内部是否形成空洞，取决于夹杂物或第二相与基体的界面强度，脆性痕量杂质会使界面强度明显降低，并使塑性应变下降，从而使断裂韧性下降。加速夹杂物或第二相开裂的因素为：夹杂物含量（f_V）较高，颗粒形状具有较大的纵横比，颗粒间存在交互作用，以及各种扩散硬化机理，使流变应力增加等等。Argon 等认为夹杂物开裂条件为临界界面应力条件，颗粒开裂机制与颗粒本身性质有关，如 TiC 系自身开裂与尺寸和强度有关，而等轴 Fe_3C 是由于交互作用开裂，与 TiC 自身开裂的机制不同。

16.7　空洞长大模型

空洞在夹杂物或第二相上成核后，空洞的长大多引用 Mcclintock 于 1968 年提出的模型，即假设在一个横切面上存在椭圆形的圆柱体空洞，椭圆空洞的长短半轴分别为 a、b，在半轴上的空洞间距分别为 l_a、l_b，见图 16-1。设其初始间距为 l_a^0、l_b^0，则空洞在长短半轴上的长大因子为：

$$F_a = \frac{a}{l_a} \Big/ \frac{a_0}{l_a^0} \tag{16-17}$$

$$F_b = \frac{b}{l_b} \Big/ \frac{b_0}{l_b^0} \tag{16-18}$$

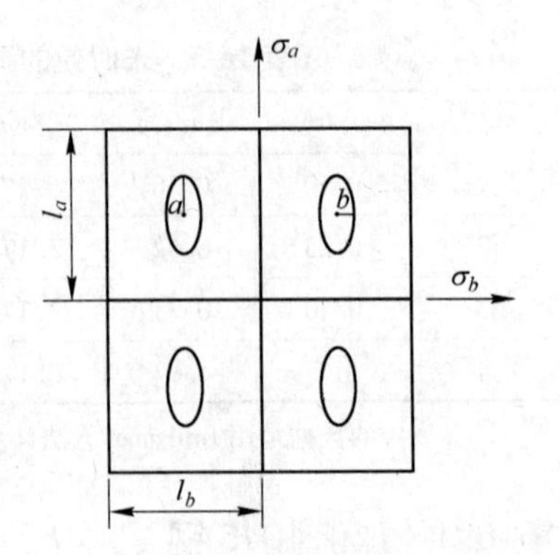

图 16-1 Mcclintock(1968)模型

当空洞长大到横切面而消失时，$a = \frac{1}{2}l_a$， $b = \frac{1}{2}l_b$ 时即发生断裂，此时

$$F_a = F_a^{\mathrm{f}} = \frac{1}{2}(l_a^0/a_0)$$

$$F_b = F_b^{\mathrm{f}} = \frac{1}{2}(l_b^0/b_0)$$

a 方向空洞连接引起断裂时，等效塑性应变为：

$$\bar{\varepsilon}^{\mathrm{f}} = \frac{(1-n)\ln(l_0/b_0)}{\sinh\left\{\left[\frac{1}{2}\sqrt{3(1-n)}\right] \times \left(\frac{\sigma_a + \sigma_b}{\bar{\sigma}}\right)\right\} + \frac{3}{4}\left(\frac{\sigma_b - \sigma_a}{\bar{\sigma}}\right)} \tag{16-19}$$

式中 σ_a，σ_b——在远处基体中存在空洞的轴向主应力，即平行于长短轴的应力；

$\bar{\sigma}$——有效应力；

n——应变硬化指数。

对于 z 轴，空洞原始间距为 l_b，在 b 方向聚集所需断裂应变为：

$$\bar{\varepsilon}^{\mathrm{f}} = \frac{(1-n)\ln\frac{1}{2}(l_b^0/b^0)}{\sinh\left\{[(1-n)](\sigma_a + \sigma_b)/\left(\frac{2\bar{\sigma}}{\sqrt{3}}\right)\right\}} \tag{16-20}$$

有人认为 Mcclintock 的空洞长大模型忽视了空洞形核的问题，而且空洞的连接并非按一种固定方式，只在一个单一平面上进行，因此应提出一个在各个方向上的平均长大因子，即 $\sqrt{F_aF_b}$。

如果断裂开始是由于局部流变引起的，那么在空洞的体积分数一定的情况下，或是临界膨胀应变，或是平均长大因子 $\sqrt{F_aF_b}$ 达到临界值时，可将 $\sigma_{\mathrm{m}}/\sigma$ 作为应力状态参数：

$$\sigma_{\mathrm{m}} = \frac{1}{3}(\sigma_1 + \sigma_2 + \sigma_3) \tag{16-21}$$

式中 σ_{m}——平均应力。

$$\bar{\sigma} = \sqrt{\frac{1}{2}[(\sigma_1 - \sigma_2)^2 + (\sigma_2 - \sigma_3)^2 + (\sigma_3 - \sigma_1)^2]} \tag{16-22}$$

式中 $\bar{\sigma}$——有效应力。

在高强度的钢中，最大的空洞生长发生于垂直主应力的方向上，特别是短横向试样。空洞的长大不仅只通过单独空洞的长大连接，而且也可通过与其他小空洞连接而成。这些小空洞可在大空洞的应力场作用下而迅速长大。可能这种高的局部应力和应变状态是由于空洞间的局部流变造成的。在夹杂物区内，容易产生局部流变，并由此产生一个高应变区，促使空洞迅速长大，并可在小应变量下连接，使夹杂物区塑性应变增加，而在夹杂物区外增加较小。这种内外塑性应变增加不一致，只有通过夹杂物区内材料的膨胀即空洞的长大而得以协调。局部流变也可以在开裂夹杂物之间的剪切带上产生。Berg 曾对板材颈缩进行分析后认为：局部流变区被刚性平面包围时，会导致载荷下降。在严重应力状态下，不洁净钢或高沉淀硬化材料内一旦形成空洞，即可产生局部流变。若材料内原有空洞的体积分数为f_0，而空洞仍保持球状（如处于高度三向应力状态下），则产生局部流变的均匀应变为：

$$\bar{e}^{P} = 1.2\left(0.5 - \ln f_0 - \frac{3\sigma_{m}}{2\bar{\sigma}}\right)\exp\left(\frac{-3\sigma_{m}}{2\bar{\sigma}}\right) \qquad (16\text{-}23)$$

式（16-23）说明应力状态对断裂的影响很大。

夹杂物形成空洞后，并不会使材料断裂，只有当空洞连接成裂纹，当裂纹由材料内部扩展到表面时才会造成断裂。

空洞连接的方式有两种，一是大空洞有限地横向长大，一是借助于大空洞之间存在的小空洞，这些小空洞是由于碳化物或小夹杂物在应变达到其一临界值时开裂后形成的，一旦形成，在大空洞附近应力场的影响下迅速长大并与大空洞连接，最后导致材料的断裂。也可以认为空洞的连接是大空洞长大与小空洞不断形成的复合过程。有人提出不等熵模型，即平行于拉伸方向的夹杂物平面间距等于垂直拉伸方向的夹杂物平面间距时，空洞聚合并发生断裂，其定量表达式为：

（1）设A_i为平行拉伸方向夹杂物所在的平面间距，则

$$A_i = \Delta_{j} - d_{j}(1 + Ae) \qquad (16\text{-}24)$$

式中 Δ_j——在平行于拉伸方向两个平面上，两颗夹杂物中心间的最小距离；

d_j——在同一平面上夹杂物的平均尺寸；

A——常数；

e——拉伸应变。

$i=1，2，3$，分别对应于纵、横和短横向试样。

（2）设A_r为垂直拉伸方向上夹杂物空洞所在平面间距，则

$$A_{r} = \Delta_{m} - d_{m} \qquad (16\text{-}25)$$

式中 Δ_m——在垂直拉伸方向的两个平面上夹杂物中心间的最小距离；

d_m——在同一平面上夹杂物的平均尺寸。

当$\Delta_j - d_j(1+Ae) = B(\Delta_m - d_m)$时，空洞聚合而发生断裂，由此得出真实的断裂应变为：

$$\varepsilon_i = \ln\left[\frac{\Delta_{j} - B(\Delta_{m} - d_{m}) + (A-1)d_{j}}{Ad_{j}}\right] \qquad (16\text{-}26)$$

式中 B——比例常数。

对于横切面试样：Δ_j，d_j——横切面上的值；

Δ_m，d_m——纵切面上的值。

对于短横向试样：Δ_j，d_j——横切面上的值；

Δ_m，d_m——短横向切面上的值。

以上介绍了有关“夹杂物与断裂”的前期基础工作，作为本篇研究工作的参考。

16.8 结合实际的研究工作文献

（1）研究铝合金中的金属间化合物在断裂过程中的行为，发现尺寸大的颗粒首先开裂，而小颗粒在大空洞之间的剪切带上形成小空洞，与大空洞连接后才会造成断裂；同样结果也在铝合金和两种高强度钢中得出，并进一步认为：在拉伸塑变一开始，颗粒本身或界面就会开裂形成空洞，在塑变进行过程中，空洞成核不受静拉伸应力分量的影响，空洞成核只决定于最大主应力。

（2）研究低碳钢的起始断裂后认为：临界断裂应力在局部区域内已超过裂纹尖端某些特征距离内的应力，从而造成韧性断裂，这个特征距离是指韧断过程区尺寸，可用拉伸断裂应力和临界有效应变标准加以评估，并测定了夹杂物有效尺寸所控制的微观断裂过程。研究金属韧性断裂的目的，首先是了解韧断与力学和显微组织之间的关系以及它们之间的交互作用，从而得出韧断机制的模型。为此需要用物理方法研究微观与宏观断裂的联系。比如，用电子断口观测法研究夹杂物在循环载荷的作用下对裂纹扩展的影响以及直接观察夹杂物在拉伸应力作用下的行为，可以更直观地了解夹杂物与断裂的关系，如棒状夹杂物在拉伸应力作用下会断裂成几段，而球状夹杂物则为界面开裂，对0.06%C钢的对位观察发现，夹杂物周围基体在粗大夹杂物开裂之后产生滑移，随应力增大，滑移也跟随发展，但最终断裂并非是在含有粗大夹杂物的重滑移区内，而是在靠近主裂纹扩展处。

（3）对钛合金中空洞成核和长大的研究得出如下结论：

1）空洞成核的位置有α/α相界面、晶界/α-基体界面、α-孪晶/基体界面以及α-孪晶/非孪晶界面；

2）空洞成核应变（ε）为0~0.26%，并为显微组织与σ_{ys}两者的函数；

3）空洞长大速率随σ_{ys}而增大，且不随钛合金的组织而改变，唯一例外是当组织中含有粗大α相时，空洞长大速率才随σ_{ys}而降低；

4）在细α组织群中观察到强烈的剪切现象，可能是细β和细α显微组织中空洞快速长大的结果；

5）在几种时效试样中存在表面裂纹，有可能使应变集中于α组织，造成空洞成核。

16.9 总结

（1）裂纹长大只发生于夹杂物处形成的空洞联结，而不是空洞的聚集。

（2）试样的断裂不是空洞长大聚集的结果，而是位于空洞旁边的剪切裂纹在紧靠空洞的基体应变达到临界值。

（3）沿晶断裂产生的机制为：在热轧温度慢冷过程中，由于在高温区域内偏析溶解的Mn和S在随后淬火再奥氏体化时，细小的MnS夹杂物析出于晶界造成的。

（4）韧性裂纹成核是沿裂纹前缘断续的微裂纹形成的，夹杂物分布和高应变区控制着铁素体-珠光体中的微裂纹。

（5）用 Gurson-Tvergaard 结构模型研究二次空洞成核的影响：从珠光体结节处造成的二次空洞成核在韧性裂纹成核中起重要作用。空洞成核和空洞长大的行为，受应力三轴性和塑性应变的强烈影响，在最大塑性应变和低应力三轴区内，塑性应变早期阶段，有大量的二次空洞成核。虽然在低应力三轴区空洞长大速率相对较低，但空洞体积分数可增大到临界值。另一方面，在低塑性应变区和高三轴应力区，空洞体积也很快增大，甚至在二次成核的空洞小于高的塑性应变区，当位于三轴应力区内的 MnS 夹杂物含量增大时，会使临界空洞体积分数下降，但 MnS 夹杂物含量的影响仍小于低应力三轴区和大塑性应变区。

（6）微裂纹开始在 TiN 夹杂物旁边成核后扩展到另一边，然后转移到基体。在特殊的区域内，由于位错堆集碰撞和晶体缺陷处应力集中以及含有 TiN 夹杂物时表面不规整，会导致解理成核。TiN 夹杂物形成的微裂纹传播至基体后，呈辐射状扩展，从传播区看，有两个传播途径：一为反方向扩展，另一为围绕 TiN 夹杂物转动。从裂纹离开颗粒一段短距离后，它们沿不同的解理面，再在上方聚合，从而形成撕裂岭。

（7）TiN 夹杂物与铁素体基体的键合较强，但它们却是解理成核的关键因素。当裂纹缺口尖端的塑性区存在高应力，作用于 TiN 夹杂物上时，并不需界面键合脱开。一旦夹杂物解理形成，其强键合也可使 TiN 夹杂物裂纹转移到铁素体基体中。这种钢在高温铸造过程中生成的 TiN 夹杂物，即使在最佳含钛量时也会损害韧性。

（8）微合金化的钢中，(Ti,V)(C,N)夹杂物的解理成核，择优选择在含 V 区域与夹杂物的界面上，而解理断裂的起点产生于临界尺寸的 TiN 夹杂物上，而 TiN 夹杂物临界尺寸的大小，又取决于基体的强度水平。

（9）影响钢韧性的夹杂物参数有夹杂物体积分数（f_V）、夹杂物间距（d_T）以及对空洞成核的阻力等。

1）d_T 大，晶粒尺寸对断裂韧性无影响；

2）空洞成核的阻力，$Ti_2(S,C)$夹杂物 > MnS 夹杂物；

3）晶粒粗细与夹杂物相互作用影响韧性；

4）d_T 较小时，断裂韧性随晶粒尺寸增大而下降。

（10）氧化物夹杂物会在轧制和拉拔过程中断裂。

1）所有氧化物夹杂物（Al_2O_3、ZrO_2、SiO_2、含 Zr 氧化物夹杂物）在轧制过程中均会断裂；

2）氧化物夹杂物断裂的数量，受氧化物夹杂物综合强度的影响；

3）在冷拔过程中，Al_2O_3 夹杂物几乎不断裂，但 SiO_2、ZrO_2 和含 Zr 氧化物夹杂物均会断裂；

4）氧化物夹杂物断裂的数量，可用氧化物夹杂物的杨氏模量和平均原子体积预测。

（11）冲击的上平台能和延韧性直接与 MnS 夹杂物含量和尺寸有关。

（12）夹杂物对解理断裂无影响。

第17章　D_6AC钢中TiN夹杂物与钢的断裂

本章内容包括两部分，试样在实验室条件下用双真空冶炼配置TiN夹杂物含量不同的D_6AC钢样，然后分别选用510℃和550℃回火，得出两套强度不同的试样，用以观察裂纹在TiN上成核、长大过程。

17.1　510℃回火试样

17.1.1　试样选择

本部分试样选自章为夷的研究生毕业论文工作，由于数据较多，实验方法有所创新，为今后研究“夹杂物与钢的断裂”奠定了基础。选用试样的相关数据列于表17-1中。

表17-1　试样数据（510℃回火）

锭　号	样　号	C含量/%	σ_b/MPa	$\sigma_{0.2}$/MPa	σ_f/MPa	ε_f/%	K_{1C}/MPa·$m^{1/2}$	f_V/%	d_T^m/μm	d_T^{SEM}/μm	a/μm
3	2	0.45	1507	1431	2332	75.6	87.3	0.049	75.0	29	1.78
2	4	0.42	1521	1461	2300	72.6	82.7	0.089	55.8	22.4	1.99
6	6	0.48	1541	1444	2253	63.5	80.4	0.149	50.9	19.2	2.25

17.1.2　裂纹成核与长大观察

17.1.2.1　实验方法

用准动态方法观察裂纹在TiN夹杂物上成核和长大的过程，所用平板拉伸试样规格见图17-1。

首先用金相磨样法，将平板拉伸试样中间部分用砂纸逐号打磨，然后用机械抛光法抛光，由于试样大，选用转速较低的抛光机较合适。

试样抛光后，首先在金相显微镜下观察夹杂物分布，用刻划仪标定拟跟踪的视场，用目镜测微尺测量所跟踪夹杂物的尺寸，然后进行拉伸试验，拉伸方向平行于试样纵向。拉伸试验采用逐步加载、卸载的方法，观察微裂纹在夹杂物上成核、长大和连接的全过程。首先加载到一定的应力和应变量后，卸下试样，在金相显微镜下观察TiN夹杂物开裂的尺寸和数量，重新加载到新的应力和应变水平，再取下观察并测量开裂夹杂物尺寸和数量，如此反复

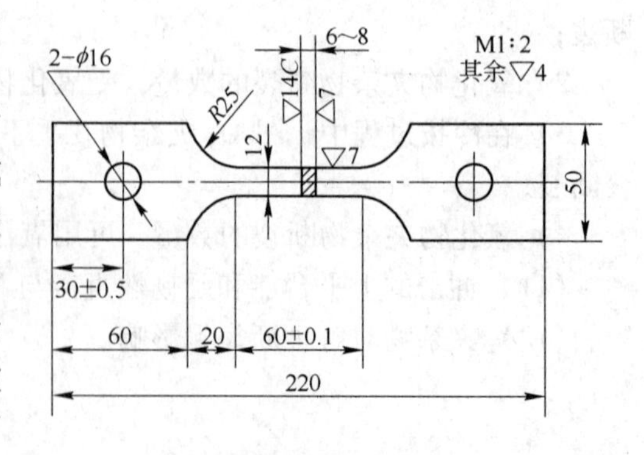

图17-1　平板拉伸试样图

进行，直至试样拉断为止。此法与在扫描电镜下直接拉伸观察不同，我们称为准动态观察法。用准动态观察法观察裂纹在夹杂物上成核、长大过程，可获得较多的数据，如裂纹在夹杂物上成核的临界应变、夹杂物开裂的临界尺寸以及裂纹在夹杂物上的成核率。

17.1.2.2　实验结果总结与讨论

A　试样加载

采用准动态方法，直接观察裂纹在 TiN 夹杂物上成核与长大过程，确定 TiN 开裂方式、临界应变值与 TiN 尺寸的关系。平板拉伸试样在 ZDM-30t 液压万能材料试验机上加载。试样所加载荷量由小到大逐增。第一次加载到试样刚一屈服，马上卸载，用引伸计准确测定这时的试样伸长量以及卸载后试样残余伸长量，然后按下式分别计算应力和应变。试样加载后的应力-应变值列于表 17-2 中。

应力　　$\sigma = P/F$

应变　　$\varepsilon = \Delta l/l_0$

式中　P——所加载荷量，kg；

F——试样原始面积，mm^2；

Δl——试样长度拉伸前后的差值；

l_0——试样原始长度。

表 17-2　平板拉伸试样各次加载后的应力-应变值

加载次数	2 号-1					4 号-1					6 号-1				
	$\sigma_{开}$ /MPa	$\varepsilon_{开}$ /%	$\sigma_{卸}$ /MPa	$\varepsilon_{卸}$ /%	a_c /μm	$\sigma_{开}$ /MPa	$\varepsilon_{开}$ /%	$\sigma_{卸}$ /MPa	$\varepsilon_{卸}$ /%	a_c /μm	$\sigma_{开}$ /MPa	$\varepsilon_{开}$ /%	$\sigma_{卸}$ /MPa	$\varepsilon_{卸}$ /%	a_c /μm
一	1398	—	1416	1.21	3.0	1392	—	1412	0.68	3 ~ 5	1306	—	1317	0.59	9
二	1443	1.21	1461	2.4	2.6	1464	0.68	1486	1.38	—	1474	0.59	1486	1.2	—
三	1492	2.4	1553	4.32	<1	1493	1.38	1509	2.4	1 ~ 2	1523	1.2	1543	2.4	—
四	1553	4.32	1866	8.24		1529	2.4	1708	5.6		1572	2.4	1744	5.2	<1
五	1740	8.24	1871	10.9		1674	5.6	1817	8.28		1728	5.2	1809	8.16	
六	1841	10.9	—	12.1		1803	8.28	1661	8.96		1797	8.16	1740	10.6	
七						1846	8.96	2000	9.76		—				

注：$\sigma_{开}$、$\varepsilon_{开}$为屈服或加载达到最大的应力、应变；$\sigma_{卸}$、$\varepsilon_{卸}$为卸载时的应力、应变。

B　历次加载后金相观察

加载前首先选用 K_{1C} 试样中预疲劳裂纹的金相照片共 4 张，如图 17-2 ~ 图 17-5 所示。

图 17-2　2 号-5 试样预制疲劳裂纹
（$P = 0, K_1 = 0$, ×400）

试样加载后，在金相显微镜下放大 480 倍观察 TiN 夹杂物的变化，并用目镜测微尺测量开裂 TiN 的尺寸，另外对 50 ~ 100 个视场中开裂和未开裂 TiN 进行记数，以计算开裂百分数（裂纹形核率以 OC 表示）。

a　第一次加载

（1）2 号-1，$\varepsilon = 1.21\%$，$\sigma = 1416$MPa。

试样加载前的夹杂物见图 17-6。加载后，夹杂物长边尺寸 $a^{TiN} \geqslant 3\mu m$ 的夹杂物大部分开

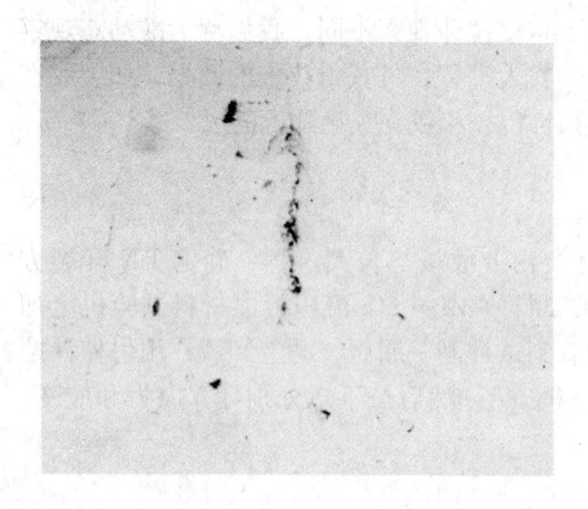

图 17-3　4 号-5 试样预制疲劳裂纹
（$P=0, K_1=0$，×400）

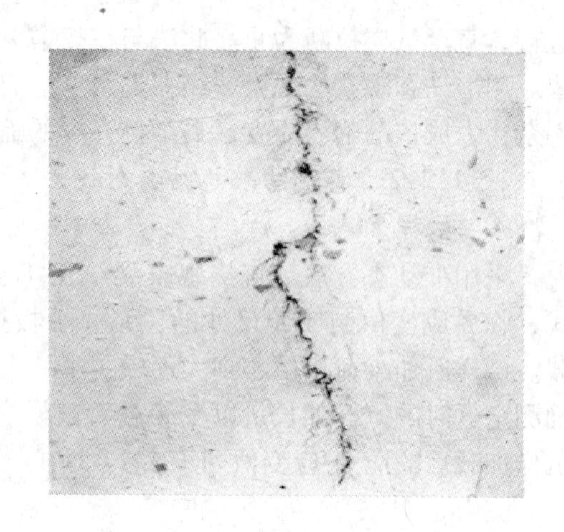

图 17-4　6 号-4 试样预制疲劳裂纹
（$P=0, K_1=0$，×400）

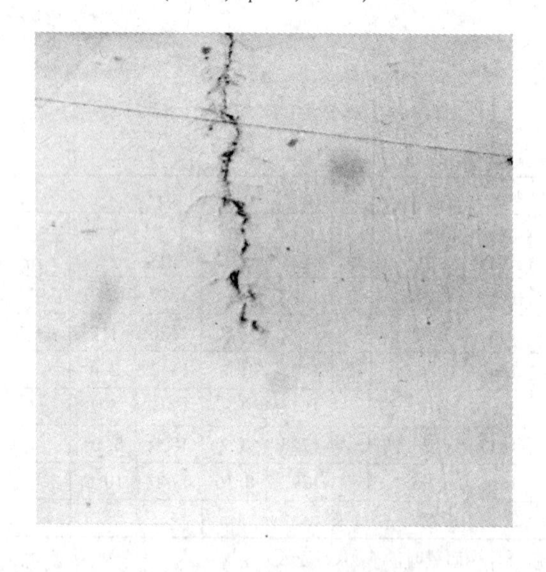

图 17-5　6 号-5 试样预制疲劳裂纹
（$P=0, K_1=0$，×400）

图 17-6　1 号试样加载前的夹杂物
（$\varepsilon=0$，$\sigma=0$，×500）

裂，见图 17-7 和图 17-8。开裂后夹杂物形成的裂纹垂直于拉伸轴，开裂处位于 TiN 中部位置，而纯 TiC 均未开裂。当裂纹传播到夹杂物与基体的界面时，可见到基体呈 V 字形塑变的痕迹，在无 V 字形区内个别处已出现裂纹，这种情况与断裂韧性 K_{1C} 试样加载过程出现的情况相似，即当载荷加到一定水平时，会在 K_{1C} 试样预疲劳裂纹尖端出现 V 字形花样，随加载负荷增大，裂纹就会沿 V 形花纹形成，随裂纹扩展而导致试样断裂。

按粗略估计，尺寸大于 3.2μm×3.2μm 的 TiN 夹杂物均已开裂，占总数的 0.13%。

另外在距离试样边缘 2mm 处，13μm×10.4μm 的大夹杂物未开裂，而距边缘 1.6mm 处，7.14μm×11.4μm 的 TiN 都已开裂。

第一次加载后，小于 4μm 的 TiN 夹杂物未开裂，个别 5～8μm 的 TiN 也未开裂。估计第一次加载后，2 号-1 试样中 TiN 开裂的临界尺寸为 3～5μm。

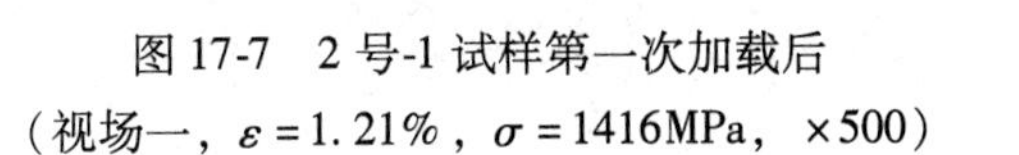

图 17-7　2 号-1 试样第一次加载后
（视场一，$\varepsilon=1.21\%$，$\sigma=1416\mathrm{MPa}$，×500）

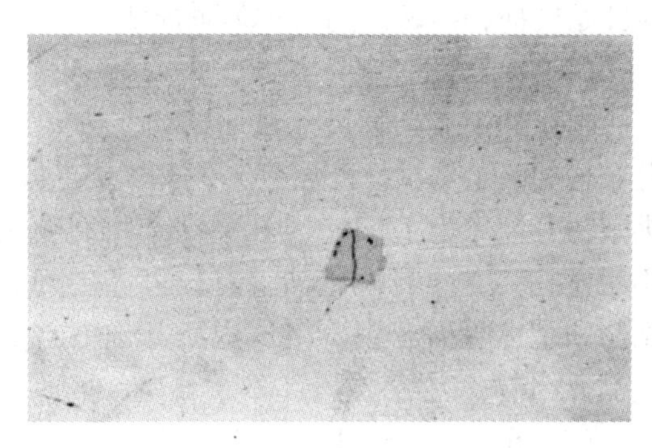

图 17-8　2 号-1 试样第一次加载后
（视场二，$\varepsilon=1.21\%$，$\sigma=1416\mathrm{MPa}$，×500）

（2）4 号-1，$\varepsilon=0.68\%$，$\sigma=1412.7\mathrm{MPa}$。

加载应力与 2 号-1 试样相同，但试样未屈服，故其应变小于 2 号-1 试样。开裂的夹杂物极少，大于 3μm 的 TiN 只有个别开裂。裂纹也不像 2 号-1 试样中明显，故未见到夹杂物和基体界面处形成 V 形花样，虽然 4 号-1 试样夹杂物含量大于 2 号-1 试样，但大颗粒夹杂物很少。

（3）6 号-1，$\varepsilon=0.59\%$，$\sigma=1316.7\mathrm{MPa}$。

加载应力与 2 号-1 试样相等，也未屈服，$\varepsilon=0.59\%$ 时，夹杂物中 9μm 的有两颗 TiN 开裂，其余均未开裂，已开裂者裂纹很细且不明显，夹杂物和基体界面也无 V 形花样。

b　第二次加载

（1）2 号-2，$\varepsilon=2.4\%$，$\sigma=1461.5\mathrm{MPa}$。

原已开裂的夹杂物裂纹沿与拉伸轴成 45°角的方向扩向基体（见图 17-9），又有大量夹杂物开裂，裂纹方向均与拉伸轴垂直（见图 17-10），开裂方式均为 TiN 自身开裂，未见夹杂物和基体界面开裂。$a^{\mathrm{TiN}}\geqslant 2.6\mu\mathrm{m}\times 2.6\mu\mathrm{m}$ 开裂，个别 $a^{\mathrm{TiN}}=1.6\mu\mathrm{m}\times 1.6\mu\mathrm{m}$ 开裂。根据 100 个视场统计结果，开裂夹杂物占夹杂物总数 10.15%，其中仍有 $a^{\mathrm{TiN}}\geqslant 1.6\mu\mathrm{m}\times 1.6\mu\mathrm{m}$ 未开裂。当 $\varepsilon=2.4\%$ 时，基体内所有晶粒均产生滑移，在抛光面上可见到晶界凸起（称为 Luders 带），这是由于晶粒滑移在晶界受阻，迫使晶界凸起。

开裂夹杂物的裂纹也在夹杂物和基体界面处受阻，大部分裂纹在与拉伸轴成 40°～50°

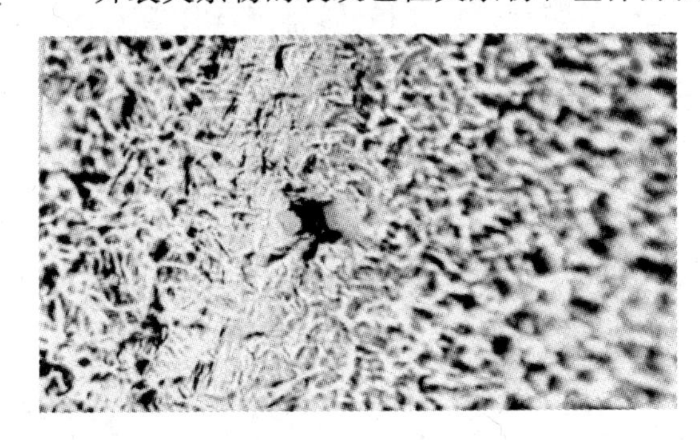

图 17-9　2 号-2 试样第二次加载后
（视场一，$\varepsilon=2.4\%$，$\sigma=1461.5\mathrm{MPa}$，×500）

图 17-10　2 号-2 试样第二次加载后
（视场二，$\varepsilon=2.4\%$，$\sigma=1461.5\mathrm{MPa}$，×500）

时开始转向，当转向到与拉伸轴成45°角的部分晶界上时，裂纹停止转向。

（2）4 号-2，$\varepsilon=1.38\%$，$\sigma=1486\text{MPa}$。

本试样中夹杂物尺寸较均匀，多数 $a^{\text{TiN}}<4\mu\text{m}$，未见到 $a^{\text{TiN}}>10\mu\text{m}$ 的夹杂物，且 TiN 分布均匀，虽然试样已屈服，但开裂夹杂物仍较少。在 $\varepsilon=1.38\%$ 时，统计 80 个视场得出夹杂物开裂率为 1.33%，开裂夹杂物裂纹仍不明显，其方向与拉伸轴垂直，仍未见到夹杂物和基体界面开裂，在试样局部地方有少量晶界凸起。

（3）6 号-2，$\varepsilon=1.2\%$，$\sigma=1486\text{MPa}$。

本试样夹杂物总量较高，偏聚现象严重，呈串状分布的 TiN 也较多，$a^{\text{TiN}}>10\mu\text{m}$ 的夹杂物也较多，但开裂者并不多，裂纹也不明显（见图 17-11），已开裂者系 TiN 本身开裂，裂纹垂直拉伸轴。根据 50 个视场统计，夹杂物开裂率为 2.46%，未见到晶界滑移形成的凸起。

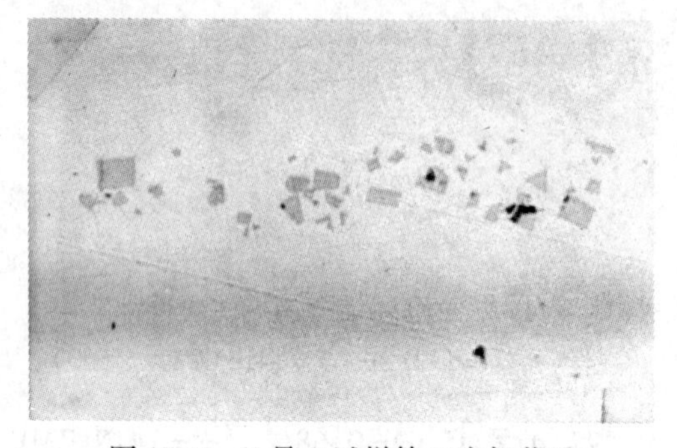

图 17-11 6 号-2 试样第二次加载后
（$\varepsilon=1.2\%$，$\sigma=1486\text{MPa}$，×500）

通过第一次和第二次加载后观察结果可以认为，应力不是决定夹杂物开裂形成裂纹的条件，因为应力相同时，夹杂物在 3 个试样中的行为并不相同，虽然同为 TiN 夹杂物，但在相同应力下并不全开裂。只有在应变相同时，位于 3 个试样中的 TiN 才都开裂。

c 第三次加载

（1）2 号-3，$\varepsilon=4.32\%$，$\sigma=1553\text{MPa}$。

开裂夹杂物增多，已占总数的26%。基体上晶界凸起加剧（见图 17-12），$a^{\text{TiN}}<1\mu\text{m}$ 尚未开裂，原已开裂的夹杂物裂纹向基体内扩展不大，新开裂的夹杂物裂纹方向仍与拉伸轴垂直，出现夹杂物和基体界面开裂的情况。尺寸较大的 TiN 开裂后扩向基体（见图 17-13），浅灰色的 TiC 仍未开裂，但基体上却有开裂处。

（2）4 号-3，$\varepsilon=2.4\%$，$\sigma=1508.5\text{MPa}$。

一些小夹杂物（$a^{\text{TiN}}=1\sim2\mu\text{m}$）先于 $a^{\text{TiN}}=3\sim5\mu\text{m}$ 的夹杂物开裂，开裂夹杂物占 4.13%，但裂纹不明显，在夹杂物周围可见到滑移痕迹，不管夹杂物尺寸大小，塑性变形均集中于夹杂物周围，而不含夹杂物的基体则无滑移痕迹。

图 17-12 2 号-3 试样第三次加载后
（视场一，$\varepsilon=4.32\%$，$\sigma=1553\text{MPa}$，×500）

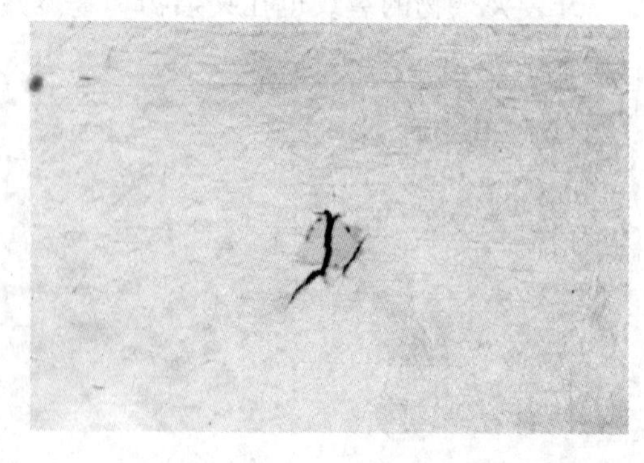

图 17-13 2 号-3 试样第三次加载后
（视场二，$\varepsilon=4.32\%$，$\sigma=1553\text{MPa}$，×500）

（3）6 号-3，$\varepsilon=2.4\%$，$\sigma=1543$MPa。

开裂夹杂物已占 11.28%，裂纹明显变宽。由于本试样中夹杂物多，不同夹杂物上形成的裂纹相互连接，整个基体上都出现晶界滑移的痕迹，夹杂物开裂方向均与拉伸轴垂直（见图 17-14 和图 17-15），当裂纹扩展至夹杂物和基体界面上时，即转向与拉伸轴成 40°～50°角的方向后继续扩展，但扩展距离不大。

图 17-14　6 号-3 试样第三次加载后（视场一，$\varepsilon=2.4\%$，$\sigma=1543$MPa，×500）

图 17-15　6 号-3 试样第三次加载后（视场二，$\varepsilon=2.4\%$，$\sigma=1543$MPa，×500）

d　第四次加载

（1）2 号-4，$\varepsilon=8.24\%$，$\sigma=1866$MPa。

1）颈缩区：试样出现颈缩（见图 17-16 和图 17-17），开裂夹杂物占总数 80.85%，分布于晶内的 $a^{TiN}<1\mu m$ 的夹杂物未开裂，位于晶界上的夹杂物全部开裂，大部分夹杂物断成几段后成为碎块，颈缩区滑移严重，在呈长方块的 TiN 夹杂物中部开裂后，裂纹成双八字形花样扩展，在双八字形内，黄色 TiN 未开裂处平坦光滑（见图 17-17），开裂部分高低不平，说明在八字形内未产生较大塑变，只有开裂部分才使基体产生塑变后呈八字形扩展（见图 17-18，黄方块为 TiN），在前三次加载过程开裂的 TiN 形成的裂纹已长大并形成空洞，然后继续向基体扩展，但扩展到一定程度后即停止扩展。

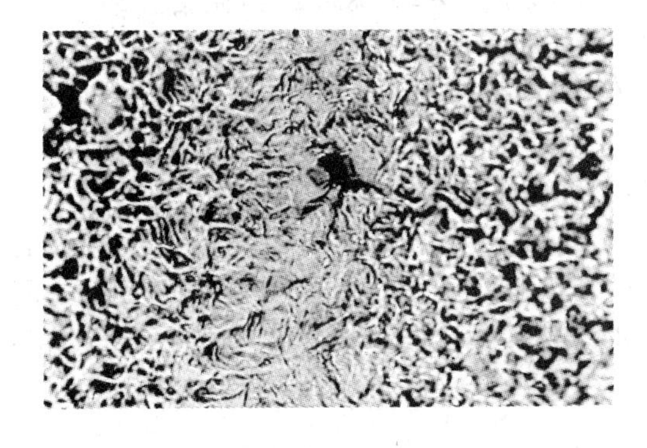

图 17-16　2 号-4 试样第四次加载后（视场一，$\varepsilon=8.24\%$，$\sigma=1866$MPa，×500）

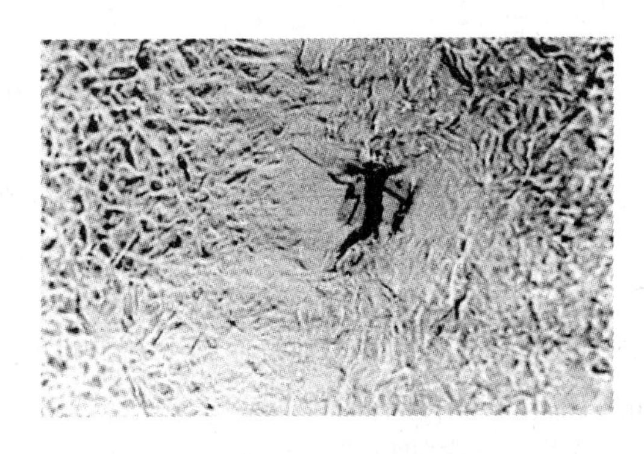

图 17-17　2 号-4 试样第四次加载后（视场二，$\varepsilon=8.24\%$，$\sigma=1866$MPa，×500）

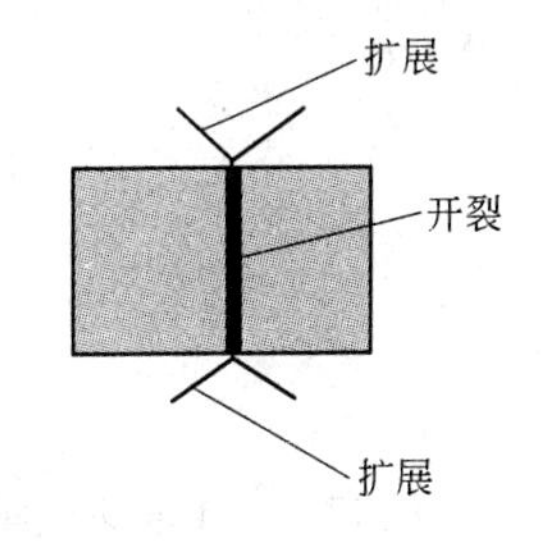

图 17-18　裂纹呈八字形扩展

2）未颈缩区：又有新的夹杂物开裂，开裂已达 31.21%，

而 $a^{TiN}<1\mu m$ 的 TiN 很少开裂，但 $a^{TiN}>1\mu m$ 的所有夹杂物均开裂，而基体并未开裂。

（2）4 号-4，$\varepsilon=5.6\%$，$\sigma=1708MPa$。

1）颈缩区：试样在前三次加载过程中开裂夹杂物很少，而第四次加载后开裂夹杂物大增，试样中沿拉伸方向分布的夹杂物串，开裂方向与拉伸轴垂直，而扩展方向却与拉伸轴呈 45°角（见图 17-19），且扩展一定距离后停止扩展，而纵向分布 TiN 夹杂物串似乎对裂纹扩展作用很小，从而使夹杂物上形成的裂纹彼此之间很难在纵向上连接（见图 17-20）。每颗开裂夹杂物碎成几小块，并形成双八字花样的滑移区，滑移区大小与夹杂物大小成正比。在整个试样表面均出现滑移，晶界凸起，开裂夹杂物已达 89.4%。

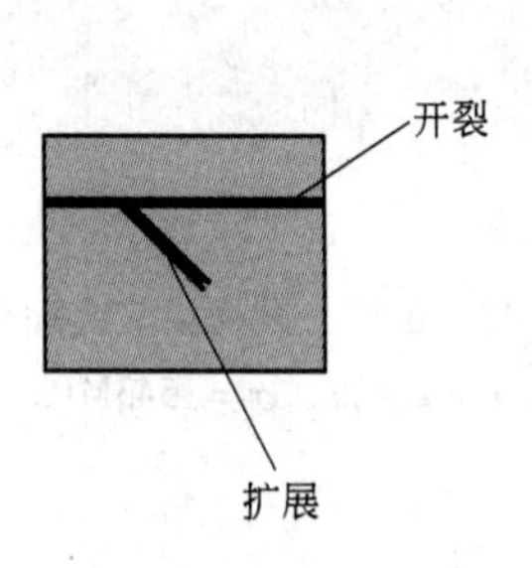

图 17-19　裂纹扩展方向与拉伸轴呈 45°角

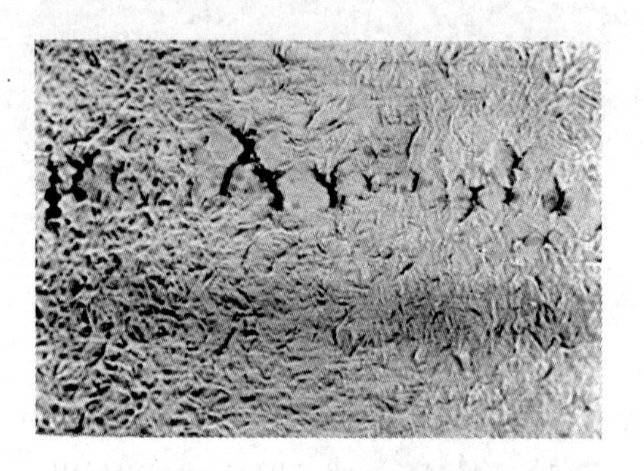

图 17-20　4 号-4 试样第四次加载后
（$\varepsilon=5.6\%$，$\sigma=1708MPa$，颈缩区，×500）

2）未颈缩区：只有部分 TiN 开裂（见图 17-21），开裂 TiN 只有 18.38%。

（3）6 号-4，$\varepsilon=5.2\%$，$\sigma=1744MPa$。

试样出现颈缩，在颈缩区 TiN 开裂已达 89.11%，未颈缩区开裂也达 22.6%。

由于此试样中夹杂物含量最高，沿纵向分布的夹杂物串也最多，其中一串长达 2.7mm，宽达 0.065mm。颈缩区出现双八字花样，开裂 TiN 已碎成几块，有的从 TiN 中间位置开裂，开裂的裂纹与拉伸轴垂直，并出现夹杂物与基体的界面开裂，而在 $a^{TiN}<1\mu m$ 的仍未开裂（见图 17-22）。

e　第五次加载

图 17-21　4 号-4 试样第四次加载后
（$\varepsilon=5.6\%$，$\sigma=1708MPa$，非颈缩区，×500）

图 17-22　6 号-4 试样第四次加载后
（$\varepsilon=5.2\%$，$\sigma=1744MPa$，非颈缩区，×500）

（1）2 号-5，$\varepsilon=10.88\%$，$\sigma=1871\text{MPa}$。

1）颈缩区：塑变集中于颈缩区内，而试样其他地方均未发生塑变，由于滑移加剧，在金相显微镜下已看不清试样表面，开裂夹杂物达 86%。

未开裂夹杂物被少量基体包围，包围夹杂物的基体与基体其他部分分离（见图 17-23），形成的裂纹呈双八字形花样减少，颈缩区内已见不到大裂纹。已开裂的夹杂物相互分离形成微孔（见图 17-24）。在微孔尖角处裂纹与拉伸轴呈 45°角向外扩展一小段，在基体中产生均变带，也有纯粹由晶界分离而产生的均变带（见图 17-25 和图17-26）。

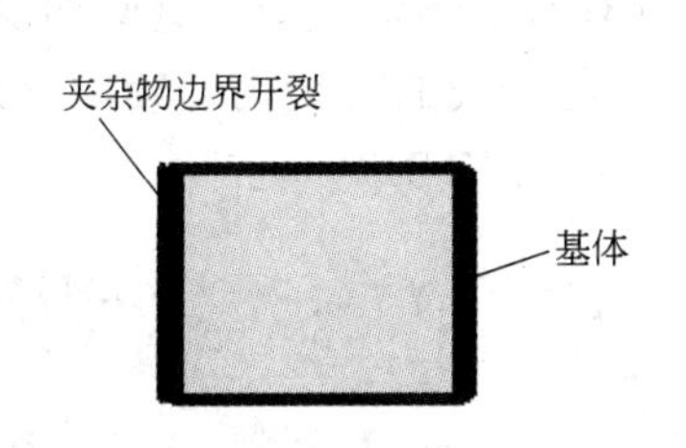

图 17-23　包围夹杂物的基体与基体其他部分分离

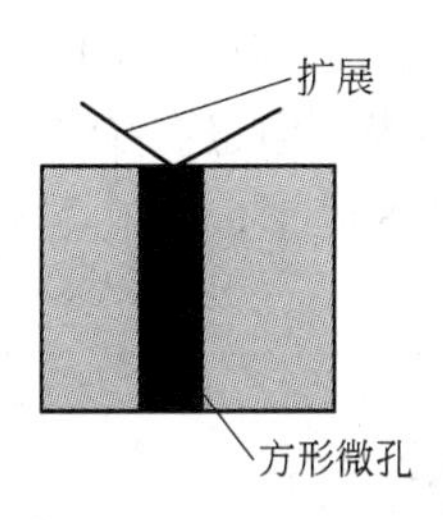

图 17-24　已开裂的夹杂物相互分离形成微孔

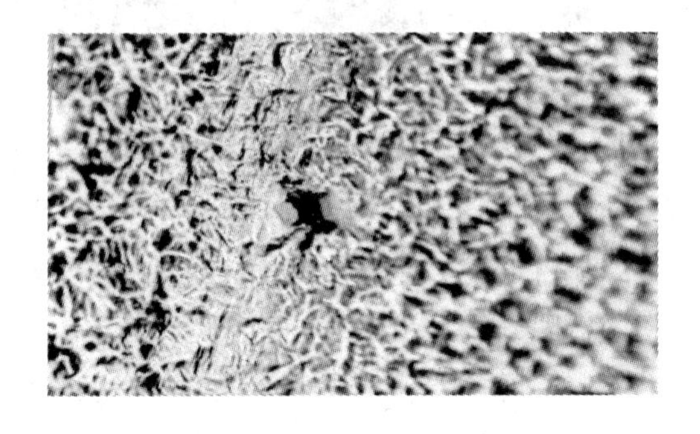

图 17-25　2 号-5 试样第五次加载后
（视场一，$\varepsilon=10.88\%$，$\sigma=1871\text{MPa}$，×500）

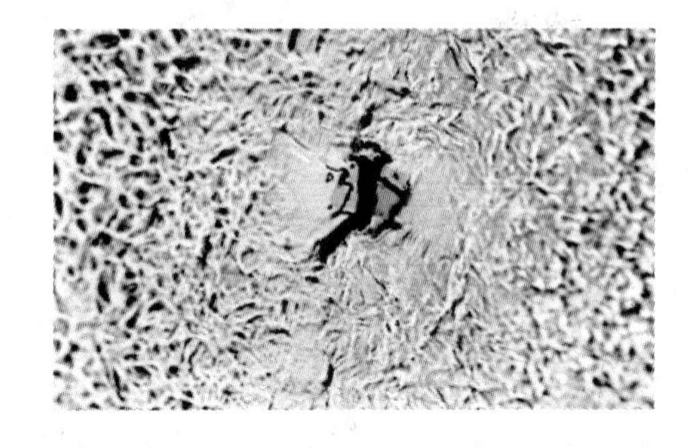

图 17-26　2 号-5 试样第五次加载后
（视场二，$\varepsilon=10.88\%$，$\sigma=1871\text{MPa}$，×500）

2）未颈缩区：夹杂物周围有切变痕迹，有的夹杂物本身不开裂，夹杂物和基体界面也不开裂，而是夹杂物沿拉伸轴方向前面几个微米处产生微裂纹并呈八字形切变带向外放射，而在八字形切变带内的基体表面光滑平坦，还能见到严重变形的痕迹。

（2）4 号-5，$\varepsilon=8.28\%$，$\sigma=1817\text{MPa}$。

1）颈缩区：由于本试样应变小于 2 号-5 号试样应变，颈缩区尚能看清，开裂夹杂物已达 90.24%，原已开裂的夹杂物随应变的增加而继续断裂破碎成许多小块（见图17-27），似乎粉身碎骨。成串分布的夹杂物沿纵向排列，而裂纹则以 45°角方向向外切变，所以未见到沿纵向已开裂的夹杂物能彼此互相连接的现象。尽管颈缩区内的小夹杂物本身和界面均未开裂，但包围这些夹杂物的基体与周围大基体

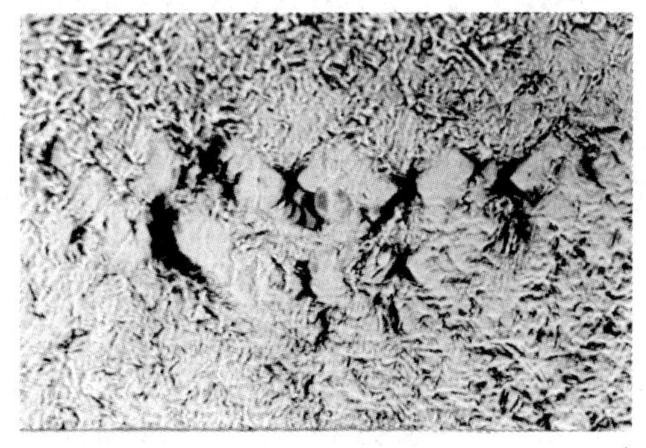

图 17-27　4 号-5 试样第五次加载后
（$\varepsilon=8.28\%$，$\sigma=1817\text{MPa}$，×500）

脱开，使这些脱开的小基体犹如分布于空洞中的小岛，此即韧窝形成过程。

2）未颈缩区：开裂夹杂物为18.25%，与2号-5试样类似，在夹杂物临近区域产生微裂纹，且形成小八字形塑变带，但位于该区域内的夹杂物本身和界面均未开裂。另外在颈缩区和未颈缩区还可观察到完全由晶界分离而形成的双八字形切变带，切变带中并无夹杂物存在，当然绝大多数双八字形切变带中都存在夹杂物。

（3）6号-5，$\varepsilon = 8.16\%$，$\sigma = 1809\mathrm{MPa}$。

本试样颈缩区内开裂夹杂物已达91.53%，已开裂夹杂物之间彼此分开的距离加大，形成孔洞（见图17-28～图17-31），颈缩区内存在大量双八字形切变带，这些切变带多数在夹杂物上形成，但也有少数纯粹由晶界开裂形成，原已开裂的夹杂物继续破碎成小块，并可见到夹杂物处形成的孔洞通过切变方式相互连接（见图17-31）。

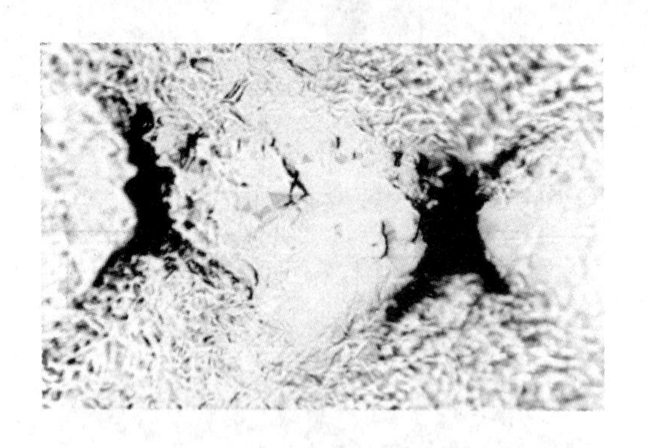

图17-28 6号-5试样第五次加载后（$\varepsilon = 8.16\%$，$\sigma = 1809\mathrm{MPa}$，颈缩区，×500）

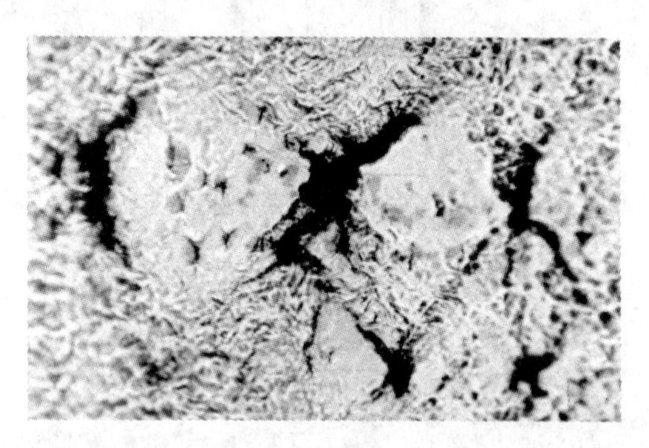

图17-29 6号-5试样第五次加载后（视场一，$\varepsilon = 8.16\%$，$\sigma = 1809\mathrm{MPa}$，$\theta = 46°$，颈缩区，×500）

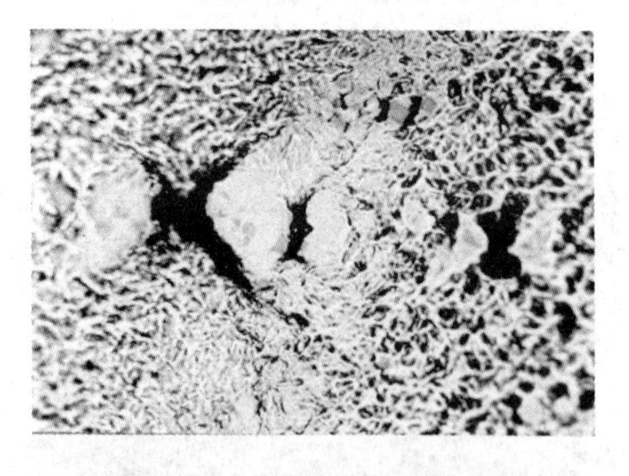

图17-30 6号-5试样第五次加载后（视场二，$\varepsilon = 8.16\%$，$\sigma = 1809\mathrm{MPa}$，$\theta = 47°$，颈缩区，×500）

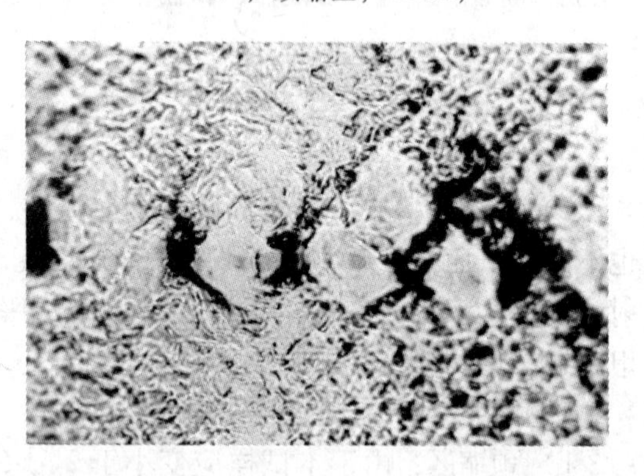

图17-31 6号-5试样第五次加载后（视场三，$\varepsilon = 8.16\%$，$\sigma = 1809\mathrm{MPa}$，$\theta = 46°$，颈缩区，×500）

f 第六次加载

此次加载后，2号、6号试样断裂未作观察。

4号-6，$\varepsilon = 8.95\%$，$\sigma = 1661\mathrm{MPa}$。

颈缩区：开裂夹杂物达90.54%，有的夹杂物自身开裂，破碎成数块，有的夹杂物和基体界面分离形成孔洞，可以看到韧窝的雏形，一块孤立的夹杂物四周完全与基体脱开形成空洞。

未颈缩区：开裂夹杂物达 24.26%，开裂方式有本身和界面开裂，原已形成的空洞在继续拉伸过程中并无明显长大，但开裂夹杂物数目却增多，裂纹在夹杂物上形成后，处于应力集中处，将沿着与拉伸轴呈 45°角的方向切向长大，并形成切变带。随形变的增大，切变带之间的基体相互分离，形成八字形带状孔洞，但此带状孔洞并不是无限长大，只能伸长有限的长度。

在颈缩区内，整个基体变形均匀，基体本身开裂的情况较 6 号试样少，绝大多数孔洞是在夹杂物处形成的，大多呈双八字形带状，$a^{TiN}<1\mu m$ 的未开裂。

由于滑移痕迹严重，使一些小夹杂物无法看清，在夹杂物成串分布区域，夹杂物上生成的裂纹也成串分布，这些串状裂纹并不沿拉伸轴方向彼此连接和聚合，当夹杂物间距较小时，裂纹只以切变方式连接，方向与拉伸轴成 45°角。

g 第七次加载

4 号-7，$\varepsilon=9.76\%$，$\sigma=2000MPa$。

试样经过第六次加载后，因将试样放置约一个月后再做第七次加载实验，试样出现明显的硬化现象，故第七次加载时，载荷持续上升直至断裂，而中间未出现屈服，未做金相观察。

17.1.2.3 裂纹成核、长大与扩展观察总结

A 裂纹成核率与应变关系

随应变增大，试样中 TiN 夹杂物作为裂纹成核的尺寸减小，使开裂夹杂物增多，但试样发生颈缩后，分布于颈缩区内的 TiN 绝大多数开裂，而位于非颈缩区内的夹杂物开裂数量只占 1/4 ~ 1/3，历次加载结果总结后列于表 17-3 中。

表 17-3 裂纹成核率与应变的关系

试样编号	加载次数	应变 ε/%	TiN 开裂率/%		TiN 开裂尺寸 a^{TiN}（长边）
			非颈缩区	颈缩区	
2 号-1	一	1.21	0.13		13μm，9.7μm，6.5μm，5.8μm
2 号-2	二	2.40	10.15		2.6μm（个别 1.6μm 开裂）
2 号-3	三	4.32	26.0		1.0μm
2 号-4	四	8.24	31.21	80.85	<0.5μm
2 号-5	五	10.88	31.32	86.0	
2 号-6	六	12.12（断）	31.32		
4 号-1	一	0.68	~0		13.2μm，少数 $a^{TiN}>3\mu m$ 的开裂
4 号-2	二	1.38	1.38		—
4 号-3	三	2.4	4.13		1 ~ 2μm 的 TiN 先于 3 ~ 5μm 的开裂
4 号-4	四	5.6	18.38	89.49	—
4 号-5	五	8.28	18.25	90.24	—
4 号-6	六	8.96	24.26	90.54	<1μm 的仍未开裂
4 号-7	七	9.76（断）	24.30		
6 号-1	一	0.59	0		两颗 9μm 的 TiN 开裂
6 号-2	二	1.21	2.46		5.8μm
6 号-3	三	2.4	11.28		1.6μm
6 号-4	四	5.2	22.6	89.11	<1μm 的 TiN 只有少数开裂
6 号-5	五	8.16	33.64	91.53	
6 号-6	六	10.56（断）			

B 裂纹长大与扩展观察

a 2 号试样

本试样中的 TiN 夹杂物含量较少，成串状分布的 TiN 也较少，但颗粒较大。今选用两颗尺寸不同的 TiN 进行跟踪观察。图 17-6、图 17-7、图 17-10、图 17-12、图 17-16 以及图 17-25 中的 TiN 尺寸 $a^{\mathrm{TiN}}=8\mu m$。图 17-8、图 17-9、图 17-13、图 17-17、图 17-26 以及图 17-32 中的 $a^{\mathrm{TiN}}=13\mu m$。这两颗夹杂物形成的裂纹均随应变增大而逐渐长大，试样发生颈缩后，裂纹变粗并向基体扩展，但尺寸较小者只有自身开裂，而较大的 TiN 除自身开裂外，在 $\varepsilon=2.4\%$ 时，即发生界面开裂（见图 17-17 和图 17-33），在同一颗 TiN 上，裂纹呈锯齿状，并以与锯齿的长臂垂直的方向扩向基体，且沿未产生塑变的周围基体的平坦位置扩展（见图 17-17 和图 17-32）。开裂的 TiN 不管尺寸大小，均随应变量增大开裂形成的微裂纹逐步增大成粗裂纹，但小于 0.5μm 的 TiN 仍未开裂。

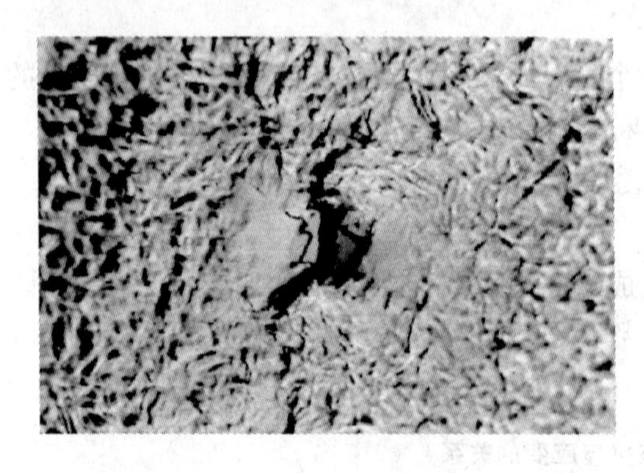

图 17-32 2 号-4 试样第六次加载后断裂
（$\varepsilon=12.12\%$，×500）

图 17-33 2 号金相试样上 TiN 的背散射电子像
（×1750）

b 4 号试样

4 号试样中裂纹成核和长大规律与 2 号试样相似，但由于夹杂物含量较高，在应变相同（如 $\varepsilon=2.4\%$），开裂尺寸较 2 号试样中的 TiN 夹杂物尺寸小，且因成串分布的 TiN 较多，在试样产生颈缩后，开裂夹杂物长大，并在扩向基体过程中会与相邻裂纹连接，连接情况会随夹杂物间距而变化。为了对比，特选用第六次加载后的 3 个视场对照（见图 17-34 ~ 图 17-36）。图 17-34 中，TiN 间距较大，裂纹在 TiN 成核和长大后，彼此并不相连；图 17-35

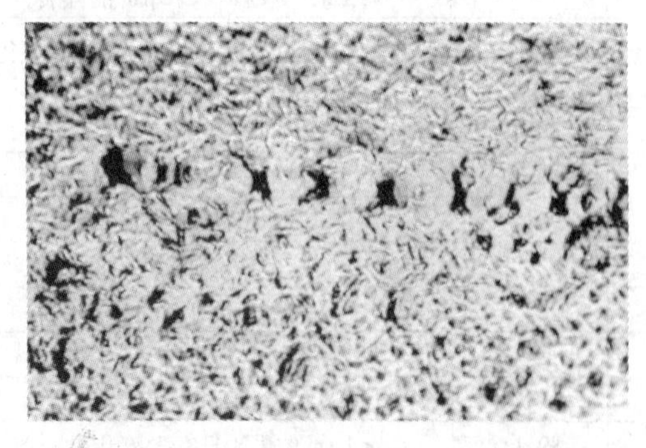

图 17-34 4 号-6 试样第六次加载后
（视场一，$\varepsilon=8.98\%$，$\sigma=1611\mathrm{MPa}$，×500）

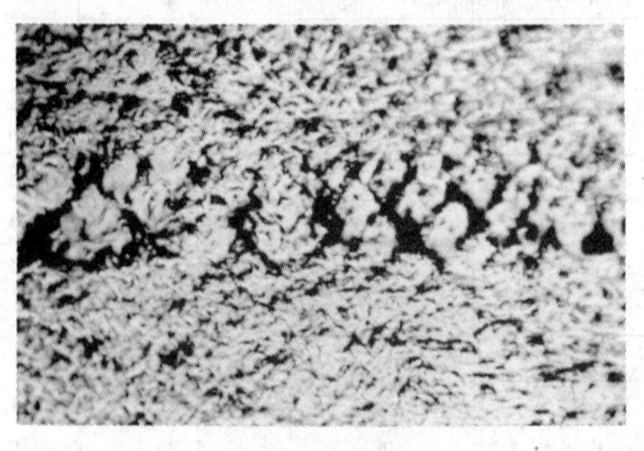

图 17-35 4 号-6 试样第六次加载后
（视场二，$\varepsilon=8.98\%$，$\sigma=1611\mathrm{MPa}$，×500）

中，由于夹杂物间距小，裂纹长大扩向基体过程中与附近开裂的裂纹连接；而图 17-36 中，成串的 TiN 之间，由于 a^{TiN} 较小者未开裂，或开裂后未扩展，故形成断续裂纹，而在颈缩区和未颈缩区的成串夹杂物，开裂情况各不相同（见图 17-20、图 17-21 和图 17-37）。$\varepsilon=5.6\%$ 时，在未颈缩区的裂纹刚开始在 TiN 上成核，并不断扩展，而在颈缩区内裂纹成核后已长大，并向基体扩展，长大和扩展的量又随应变增大而增加（见图 17-27）。

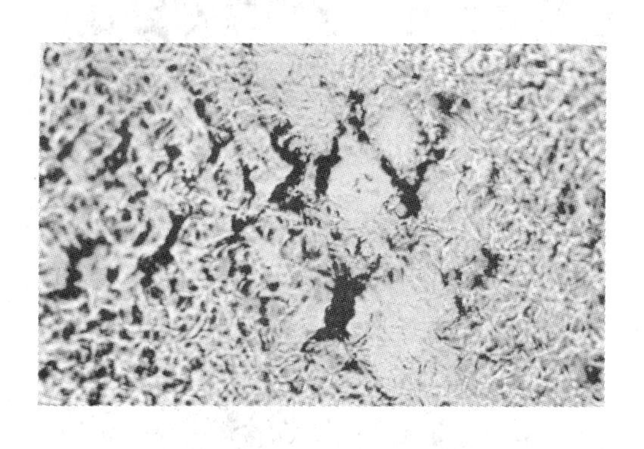

图 17-36　4 号-6 试样第六次加载后
（视场三，$\varepsilon=8.98\%$，$\sigma=1611$MPa，×500）

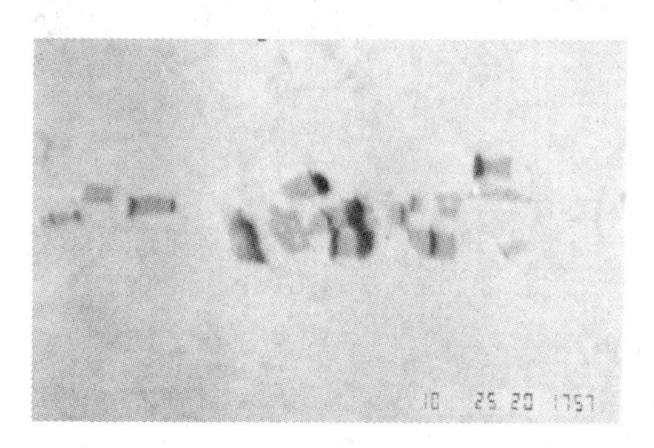

图 17-37　4 号金相试样上 TiN 的背散射电子像
（×1000）

c　6 号试样

6 号试样是所选试样中含夹杂物量最高的。除选择多个视场进行跟踪观测外（见图 17-11、图 17-14、图 17-15、图 17-22 以及图 17-38 ~ 图 17-43），还观测了裂纹扩展方向以及夹杂物开裂产生的应变集中造成夹杂物周围基体的应力松弛区（见图 17-28 ~ 图 17-31 以及图 17-44 和图 17-45）。

图 17-38　6 号试样加载前的夹杂物
（$\varepsilon=0$，$\sigma=0$，×500）

图 17-39　6 号-4 试样夹杂物开裂
（$\varepsilon=5.2\%$，$\sigma=1744$，×500）

第一套跟踪视场主要是在未颈缩区。试样加载之前（见图 17-38），同一串 TiN 的尺寸相差较大。当 $\varepsilon=2.4\%$ 时，$a^{TiN}>10\mu m$ 的首先界面开裂（见图 17-14），与 2 号试样中 $a^{TiN}=8\sim13\mu m$ 的夹杂物开裂方式不同，随应变增大到 5.2% 后，才出现 TiN 自身开裂（见图 17-39），应变进一步增大后，裂纹变粗，由于是未颈缩区，试样塑变量不大，只有两颗尺寸较大 TiN 开裂后以切向扩展连接。

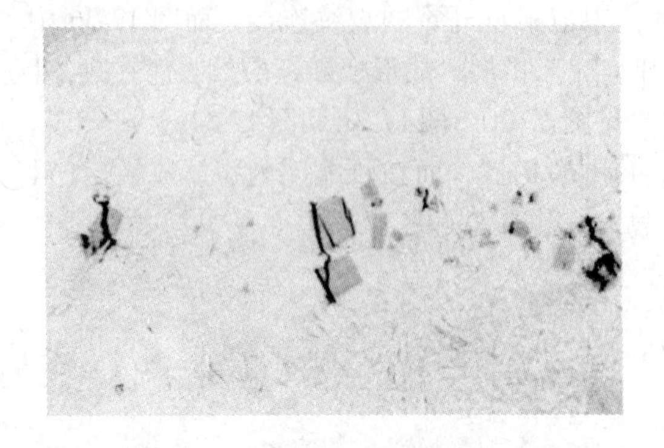

图 17-40 6 号-5 试样第五次加载后
（$\varepsilon=8.16\%$，$\sigma=1809\text{MPa}$，×500）

图 17-41 6 号-5 试样第五次加载后
（$\varepsilon=8.16\%$，$\sigma=1809\text{MPa}$，非颈缩区，×500）

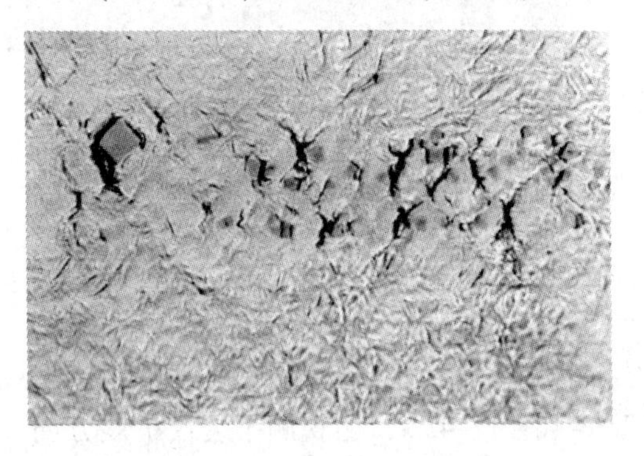

图 17-42 6 号-4 试样第四次加载后
（$\varepsilon=5.2\%$，$\sigma=1744\text{MPa}$，颈缩区，×500）

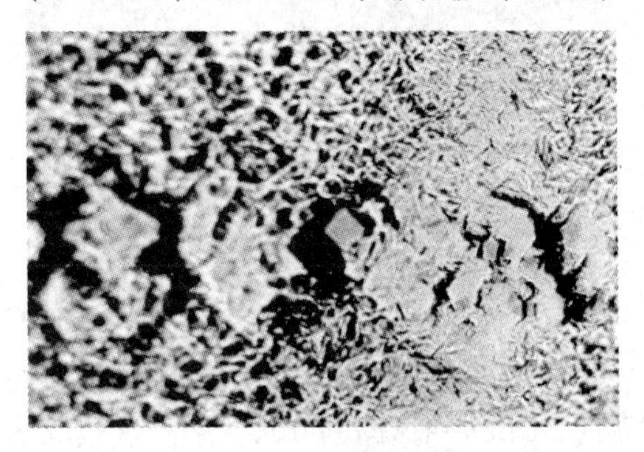

图 17-43 6 号-5 试样第五次加载后
（$\varepsilon=8.16\%$，$\sigma=1809\text{MPa}$，颈缩区，×500）

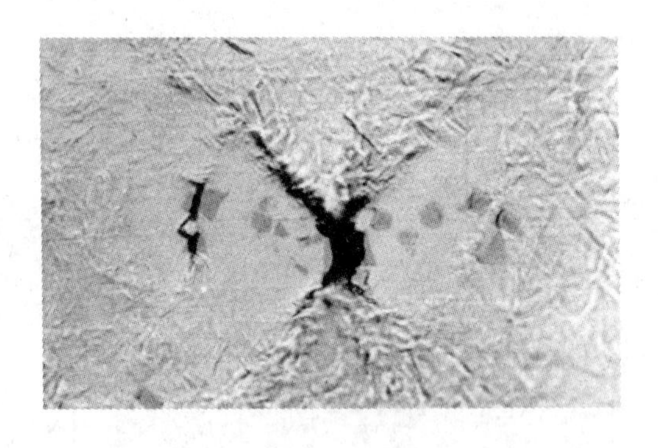

图 17-44 6 号-4 试样第四次加载后
（$\varepsilon=5.2\%$，$\sigma=1744\text{MPa}$，$\theta=48°$，颈缩区，×500）

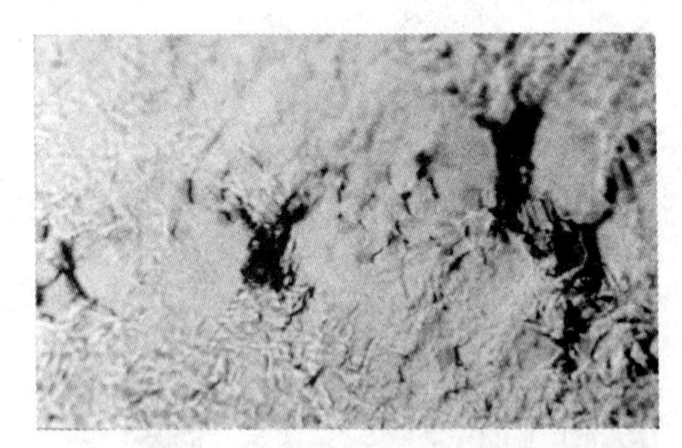

图 17-45 6 号-6 试样第六次加载后
（$\varepsilon=10.56\%$，$\sigma=1740.5\text{MPa}$，颈缩区，×500）

第二套跟踪视场（见图 17-11、图 17-15、图 17-22 以及图 17-41 ~ 图 17-43），$\varepsilon=1.2\%$时，一颗较大的 TiN 界面开裂，形成一条很细的裂纹；应变增大到 2.4% 时，除 TiN 开裂的数目增多外，已开裂者，裂纹变粗，并呈八字形向基体扩展（见图 17-15），随应变连续增大，在非颈缩区裂纹继续长大扩展，但彼此并不连接（见图 17-22 和图 17-41），只有在颈缩区内，相邻夹杂物上的裂纹侧向扩展后彼此连接并长大（见图 17-42 和图 17-43）。

图 17-28 ~ 图 17-31 以及图 17-44 和图 17-45 显示裂纹在 TiN 上成核后随应变增大，以切变方式扩向基体，扩展方向 θ 为扩向基体的裂纹与拉伸轴之间的夹角。与夹杂物串平行的方向为拉伸方向。应变较小（$\varepsilon = 5.2\%$）时，θ 为 48°，而 $\varepsilon = 8.16\%$ 时，θ 分别为 46°和 47°（见图 17-29 和图 17-30），切变带彼此交叉（见图 17-31）。裂纹在 TiN 上成核、长大，并以切向扩展，在扫描电镜下观察比金相显微镜下看得更清楚，见图 17-46 ~ 图17-48。TiN 开裂后，由微裂纹变成空洞，见图 17-33、图 17-37 和图 17-49。TiN 界面开裂形成的裂纹扩展方向与拉伸轴近于垂直（见图 17-45），且在试样断裂前，界面裂纹也未变成空洞。

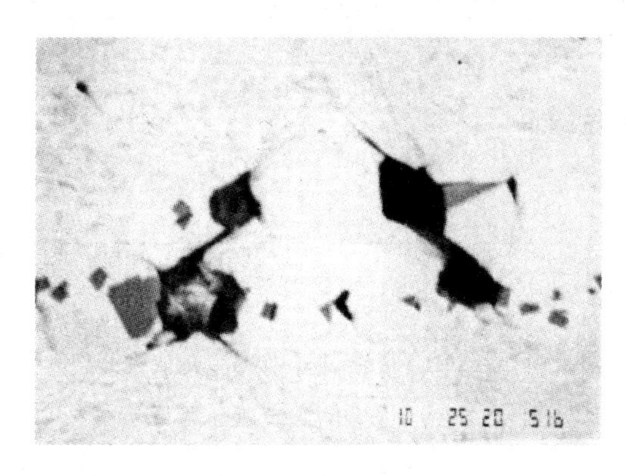

图 17-46　6 号金相试样上 TiN 的二次电子像空洞碰撞聚合（×750）

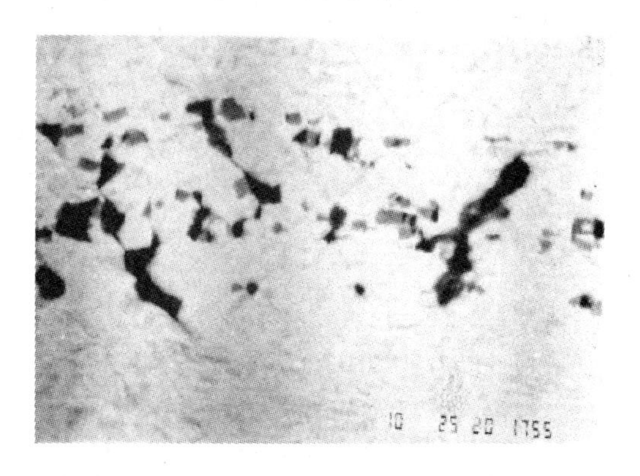

图 17-47　6 号金相试样上 TiN 的二次电子像空洞碰撞和韧带切变聚合（×750）

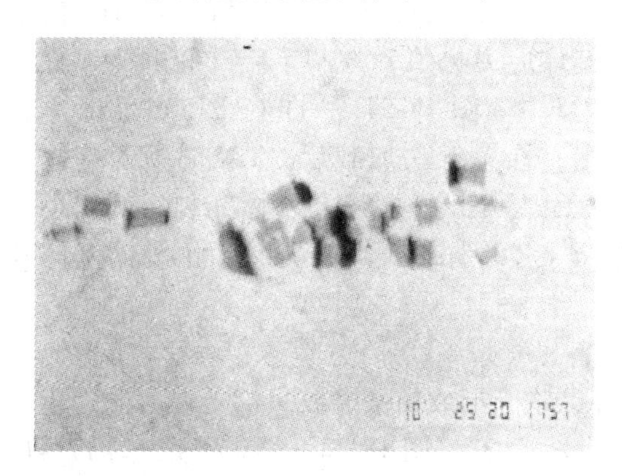

图 17-48　6 号金相试样上 TiN 的二次电子像空洞碰撞和韧带切变聚合（×750）

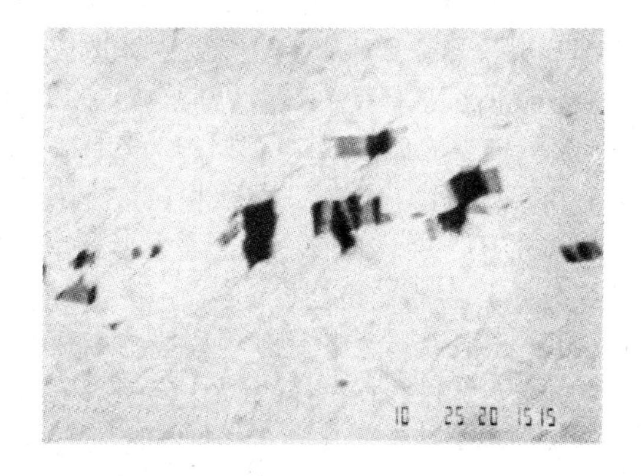

图 17-49　6 号金相试样上 TiN 的背散射电子像空洞碰撞聚合（×750）

从图 17-28 ~ 图 17-31、图 17-33、图 17-37、图 17-44、图 17-45 以及图 17-49 中可以明显见到裂纹切向扩展所包围的基体并未发生塑变，且表面平坦。在平坦区域内的夹杂物尽管有的尺寸较大，但并未开裂。说明开裂的夹杂物会产生应变集中，造成周围基体应力松弛，使尚未开裂的夹杂物难以形成较大的应变集中，从而阻止未开裂的 TiN 继续随应变增大而开裂。

17.1.2.4　讨论与分析

A　微裂纹成核率与应变的关系

表 17-3 总结了裂纹成核观察的结果，TiN 开裂百分率表示裂纹在 TiN 上的成核率，随

应变增加，成核率增大，图 17-50 表示试样发生颈缩之前两者的关系，颈缩之后的关系示于图 17-51 中。

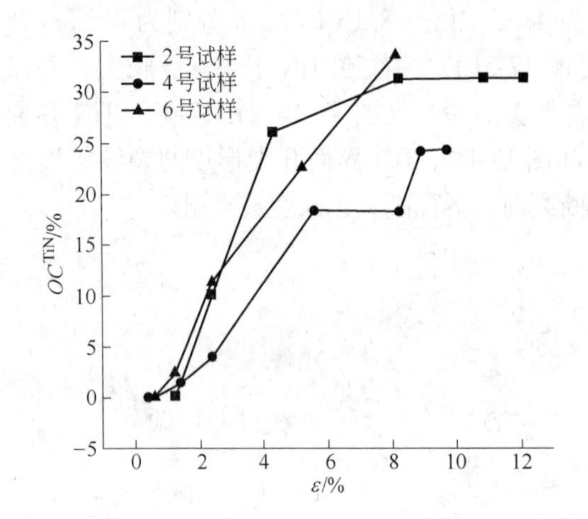

图 17-50 D_6AC 钢试样中 TiN 夹杂物开裂百分率与应变的关系（非颈缩区）

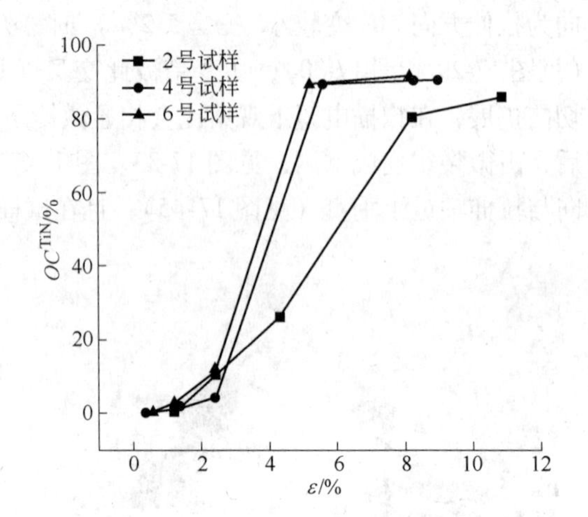

图 17-51 D_6AC 钢试样中 TiN 夹杂物开裂百分率与应变的关系（颈缩区）

在颈缩之前，TiN 开裂的数目随应变增大接近于直线上升（见图 17-50）。当试样出现颈缩之后，变形集中于颈缩区内，试样其他部分不再产生形变。因而，非颈缩区中裂纹形核率就不随应变增大而增加。颈缩区内的 TiN 继续开裂，但小于 0.5μm 的 TiN 仍未全部开裂。开裂 TiN 产生应变集中，造成周围基体应力松弛，限制了未开裂的 TiN 继续开裂，使曲线顶部变平缓（见图 17-50 和图 17-51）。图 17-51 中的 4 号和 6 号试样比 TiN 含量较少的 2 号试样，裂纹形核率增加较多，在第五次加载后，TiN 周围的基体开裂，由于试样滑移严重，在金相显微镜下不能区分是 TiN 开裂还是基体开裂。例如小于 0.5μm 的 TiN 继续开裂后也会增大形核率，但 $a^{TiN}<0.5\mu m$ 的 TiN 开裂后不易同基体开裂区分开。

B 微裂纹长大、聚合过程与韧带区内应变的关系

拉伸过程中，在试样的均匀变形阶段，在夹杂物上形成的微裂纹只沿拉伸方向随应变的增大而稳定长大，并形成空洞，但未扩展，见图 17-22、图 17-33、图 17-37、图 17-41、图 17-46 和图 17-49。空洞未扩展的原因是夹杂物侧向基体产生大的塑性形变，从而限制微裂纹向基体扩展。然而，一旦出现颈缩后，空洞会沿拉伸方向迅速长大，并以切变方式向侧向周围基体内扩展，见图 17-42、图 17-43、图 17-47 和图 17-45；若侧向扩展碰上另一群微裂纹的侧向扩展，它们彼此相遇形成较粗的裂纹网（见图 17-28 ~ 图 17-31、图 17-35、图 17-36、图 17-44、图 17-45、图 17-52 和图 17-53），使微裂纹形成较大的空洞（见图 17-28 和图 17-29）。这种由夹杂物上的微裂纹变粗，扩展形成较大空洞的过程，主要靠夹杂物集聚区的韧带内应变集中，使韧带周围基体横向收缩，从而使空洞的横向间距下降，为空洞的聚集长大提供外部条件。为确定韧带内存在应变集中，特选用两套照片，一套为非颈缩区内夹杂物串内的应变增量，见图 17-11、图 17-15、图 17-22 和图 17-41；另一套为颈缩区内夹杂物群所在的区域应变增量，见图 17-42 和图 17-43。

a 测试应变增量的方法

图 17-52　6 号-4 试样第四次加载后
（$\varepsilon=5.2\%$，$\sigma=1744$MPa，颈缩区，×500）

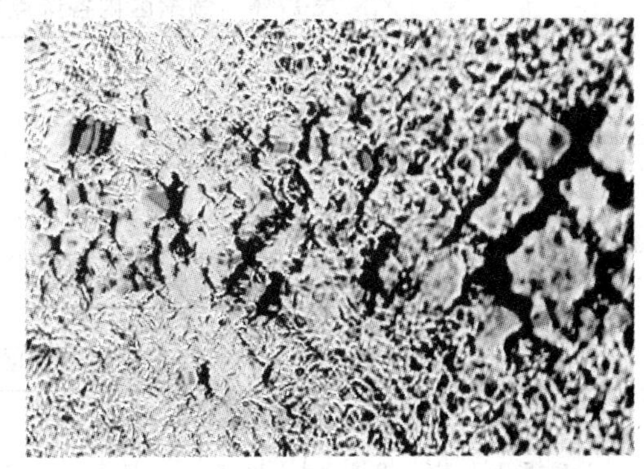

图 17-53　6 号-5 试样第五次加载后
（$\varepsilon=8.16\%$，$\sigma=1809$MPa，颈缩区，×500）

具体测试应变增量的方法如下：

（1）选定拟测夹杂物群中基本位于一条直线上的若干颗夹杂物，如 a_1，a_2，a_3，…，a_n。

（2）当宏观应变 $\varepsilon=\varepsilon_0$ 时，a_1-a_2 间距为 l_1，a_2-a_3 间距为 l_2，…，a_n-a_{n+1}间距为 l_n；当 $\varepsilon=\varepsilon_1$ 时，a_1-a_2 间距由 l_1 变成 l'_1，a_2-a_3 间距由 l_2 变成 l'_2，…，a_n-a_{n+1}间距由 l_n 变成 l'_n。

（3）计算局部应变增量 $\Delta\varepsilon_p$：

$$\Delta\varepsilon_{p1}=\frac{l'_1-l_1}{l_1}\times100\%,\quad \Delta\varepsilon_{p2}=\frac{l'_2-l_2}{l_2}\times100\%,\quad \cdots$$

（4）在夹杂物区韧带内的局部应变增量变化为：

$$\Delta\varepsilon_p/\Delta\varepsilon=\frac{\Delta\varepsilon_{p1}}{\Delta\varepsilon_{0\text{-}1}}=\frac{\Delta\varepsilon_{p2}}{\Delta\varepsilon_{1\text{-}2}}=\cdots$$

b　测试应变增量的结果

非颈缩区内各选点间距和局部应变增量见表 17-4 和表 17-5。颈缩区内各选点间距和局部应变增量见表 17-6 和表 17-7。韧带区内局部应变变化 $\Delta\varepsilon_p/\Delta\varepsilon$ 见表 17-8。

表 17-4　非颈缩区内各选点间距（所测照片放大 480 倍）　（mm）

ε/% \ 选点间距	1-2	2-3	3-4	4-5	5-6	6-7	7-8	8-9	9-10
0	8	10.2	12.2	6	10.2	5.5	9	8	5.5
2.4	8.5	11.0	12.2	6.2	10.2	5.5	10	8	6.2
5.2	8.8	11.0	13.0	6.5	10.2	5.5	10	8.2	7.0
8.16	9.0	11.0	13.0	6.5	11.0	5.5	10	8.2	7.0

表 17-5　非颈缩区局部应变增量 $\Delta\varepsilon_p$　（%）

应变范围 ε	$\Delta\varepsilon$	$\Delta\varepsilon_{p1}$	$\Delta\varepsilon_{p2}$	$\Delta\varepsilon_{p3}$	$\Delta\varepsilon_{p4}$	$\Delta\varepsilon_{p5}$	$\Delta\varepsilon_{p6}$	$\Delta\varepsilon_{p7}$	$\Delta\varepsilon_{p8}$	$\Delta\varepsilon_{p9}$
0~2.4	2.4	6.25	7.8	0	3.3	0	0	11.1	0	12.7
2.4~5.2	2.8	1.7	0	6.5	4.8	0	0	0	2.5	12.9
5.2~8.16	2.96	2.3	0	0	0	7.8	0	0	0	0

表 17-6 颈缩区内各选点间距（所测照片放大480倍） (mm)

选点间距 / ε/%	1-2	2-3	3-4	4-5	5-6	6-7	7-8	8-9	9-10
2.4	4.5	9.5	11.0	14.0	15.0	19.0	14.2	16.0	9.5
5.2	5.0	10.2	12.0	15.0	16.0	20.3	16.0	18.5	
8.16	6.2	11.0	13.0	16.2	17.0	22.0	19.2	20.0	

表 17-7 颈缩区局部应变增量 $\Delta\varepsilon_p$ (%)

应变范围 ε	$\Delta\varepsilon$	$\Delta\varepsilon_{p1}$	$\Delta\varepsilon_{p2}$	$\Delta\varepsilon_{p3}$	$\Delta\varepsilon_{p4}$	$\Delta\varepsilon_{p5}$	$\Delta\varepsilon_{p6}$	$\Delta\varepsilon_{p7}$	$\Delta\varepsilon_{p8}$
2.4～5.2	2.8	11.1	7.3	9.0	7.1	6.7	6.8	12.7	15.6
5.2～8.16	2.96	24.0	7.8	8.3	8.0	6.2	8.4	20.0	8.1

表 17-8 韧带区内局部应变增量与宏观应变增量

非颈缩区						颈缩区					
$\Delta\varepsilon$/%	$\Delta\varepsilon_p$/%	$\frac{\Delta\varepsilon_p}{\Delta\varepsilon}$	$\Delta\varepsilon$/%	$\Delta\varepsilon_p$/%	$\frac{\Delta\varepsilon_p}{\Delta\varepsilon}$	$\Delta\varepsilon$/%	$\Delta\varepsilon_p$/%	$\frac{\Delta\varepsilon_p}{\Delta\varepsilon}$	$\Delta\varepsilon$/%	$\Delta\varepsilon_p$/%	$\frac{\Delta\varepsilon_p}{\Delta\varepsilon}$
2.4	6.25	2.6	2.8	0	0	2.8	11.1	4.0	2.96	24.0	8.1
2.4	7.8	3.25	2.8	6.5	2.32	2.8	7.3	2.6	2.96	7.8	2.6
2.4	0	0	2.8	4.8	1.71	2.8	9.0	3.2	2.96	8.3	2.8
2.4	3.3	1.38	2.8	0	0	2.8	7.1	2.5	2.96	8.0	2.7
2.4	0	0	2.8	0	0	2.8	6.7	2.4	2.96	6.2	2.1
2.4	0	0	2.8	0	0	2.8	6.8	2.4	2.96	8.4	2.8
2.4	11.1	2.4	2.8	2.5	0.89	2.8	12.7	4.5	2.96	20.0	6.7
2.4	0	0	2.8	12.9	4.61	2.8	15.6	5.6	2.96	8.1	2.7
2.4	12.7	5.29	2.96	2.3	0.78						
2.8	1.7	0.61	2.96	0	0						
			2.96	0	0						
			2.96	0	0						
			2.96	7.8	2.64						
			2.96	0	0						
			2.96	0	0						
			2.96	0	0						
			2.96	0	0						

从表 17-8 中可以看出，在试样的非颈缩区内，当应变从 0 增加到 $\varepsilon=2.4\%$ 时，局部区域的应变增加量最多（5.29 倍）；当应变从 2.4% 增至 $\varepsilon=5.2\%$ 时，局部区域应变最大，增加 4.61 倍；当应变进一步增加至 $\varepsilon=8.16\%$ 时，局部区域应变只增加 2.64 倍。即在非颈缩区内，随应变增加，局部区域内应变增加逐减。再看表 17-8 颈缩区的情况，当应变从 2.4% 增加到 5.2% 时，试样开始产生颈缩，此时局部区域内应变增加了 5.6 倍；当应变从 5.2% 增加到 8.16% 时，局部区域内应变最大，增加了 8.1 倍。说明局部区域存

在应变集中现象，这是造成夹杂物继续开裂形成较多裂纹的原因，在夹杂物间距较小处，开裂的裂纹彼此连接，使裂纹扩展，造成试样断裂。

C　微裂纹长大与夹杂物间距的关系

根据观察，夹杂物间距 $d_T \leqslant 5\mu m$，空洞会以碰撞方式聚合长大，并形成较长的裂纹。从试样断口拍摄的 SEM 照片可清楚地观察到空洞碰撞长大的方式，见图 17-54 和图 17-55，说明夹杂物间距较小时，对微裂纹长大起到重要作用。当然，在较多情况下，空洞的长大仍以切变方式，如图 17-28 ~ 图 17-31、图 17-35、图 17-36、图 17-44、图 17-45 以及金相试样的二次电子成像照片（图 17-47 和图 17-48）所示，其中图 17-47 中同时存在空洞碰撞和切变长大的方式。

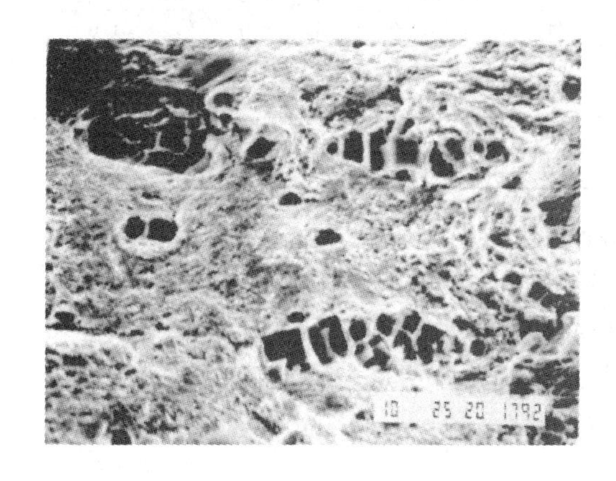

图 17-54　SEM 照片上空洞碰撞长大

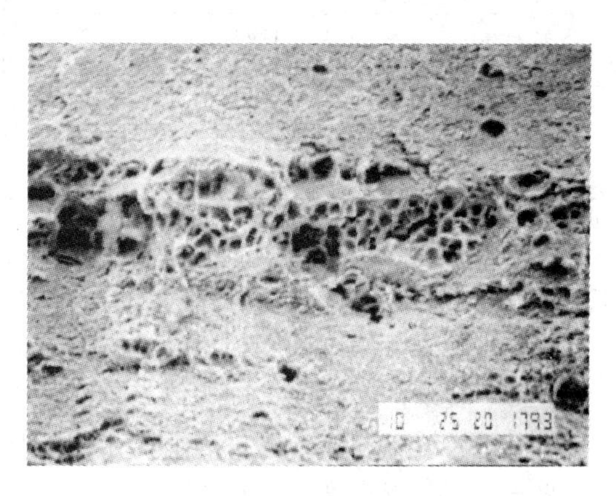

图 17-55　SEM 照片上空洞碰撞长大

17. 1. 3　裂纹扩展观察

17. 1. 3. 1　实验方法

使用三点弯曲测断裂韧性的 K_{1C} 试样，在不同的载荷量下，观察疲劳预裂纹尖端区域附近 TiN 夹杂物的行为及其与预裂纹扩展的相互关系。试样表面和内部处于不同的应力状态，因而裂纹扩展方式不同，故采用两种方法观察预裂纹的扩展。

A　逐步加载法

首先将 K_{1C} 试样双表面按金相法磨制，抛光之后加载到预定的载荷，停机卸载。在金相显微镜下，观察预疲劳纹前端的变化，再重新加载到新的载荷水平，卸载后再观察，继续进行到所加载荷达到预定载荷值。一般取 $K_1 = K_{1C}$时的载荷作为最后预定值，此法只能观察试样表面预裂纹扩展情况。

B　一步加载法

取一组 K_{1C} 试样 3 ~ 4 个，一次加载到预定载荷，停机，不压断，然后按图 17-56 所示剖开，对剖面进行电解抛光，电解抛光条件为：

（1）电解液：10% 高氯酸 + 90% 冰醋酸溶液。

（2）直流电压：70V，15 ~ 20s。

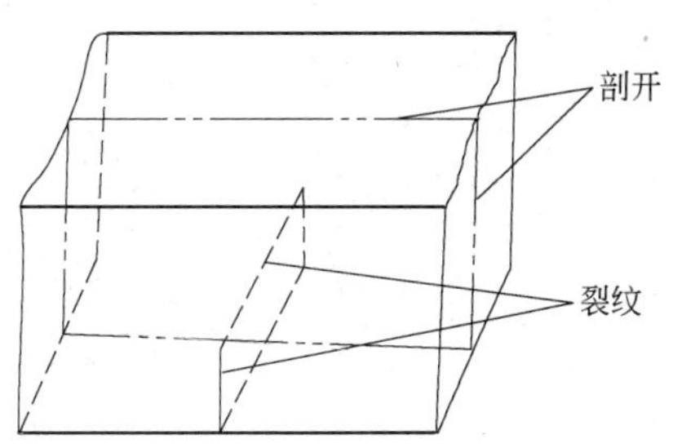

图 17-56　断裂韧性试样剖面示意图

电解抛光前先用800号砂纸磨光，若效果不好，可先用0.5抛光膏机械抛光后再用上述电解液在70V电压下电解抛光3～5s，抛光之后，置于金相显微镜下，观察试样内部疲劳预裂纹扩展情况及其与夹杂物的关系。

17.1.3.2 实验结果总结与讨论

A 逐步加载法

历次加载过程试样 K_{1C} 值的变化见表17-9。

表17-9 逐步加载荷重 P 与 K_{1C} 值

加载次数	试样加载后编号	2号		4号-5		6号-5	
		P/kg	K_{1C}/MPa · $m^{1/2}$	P/kg	K_{1C}/MPa · $m^{1/2}$	P/kg	K_{1C}/MPa · $m^{1/2}$
一	1	1500	75.5	1400	62.6	1390	61.0
二	2	1600	80.6	1600	71.6	1510	66.2
三	3	1700	85.6	1700	76.1	1590	69.7
四	4			1804	80.7	1710	74.9
五	5			1907	85.3	1780	78.0

对所选用的每个 K_{1C} 试样正面和背面都按金相法抛光。加载后，在金相显微镜下，对两个抛光面都进行观察，正面定为a面，背面定为b面，规定以下参数（见图17-57）：

θ——预疲劳裂纹扩展与主裂纹方向之间的夹角；

Ox——裂纹扩展长度，即裂纹扩展到 x 点与预裂纹尖端 O 点之间的距离，μm；

L——裂纹以切变方式扩展所产生的切变带长度，μm；

W——切变带宽度，μm；

L_c——开裂夹杂物距预裂纹尖端 O 点的距离，μm；

a——TiN夹杂物开裂尺寸，μm。

加载前选用试样为：2号-5（图17-2），4号-5（图17-3），6号-4（图17-4），6号-5（图17-5）。

a 第一次加载

（1）2号-5-1（b面）：裂纹以切变方式扩展，扩展方向与主裂纹成60°左右，$\theta=60°$（见图17-2和图17-58）。裂纹扩展所产生的切变带内，所有夹杂物开裂，而位于切变带之外，如主裂纹（预疲劳纹）正前方的夹杂物则不开裂。切变方式与夹杂物的存在无关，在金相显微镜下，用目镜测微尺测量微裂纹扩展参数，已校对目镜测微尺1格＝3.247μm。

本试样所测量参数为 $L=260$μm，$W=$

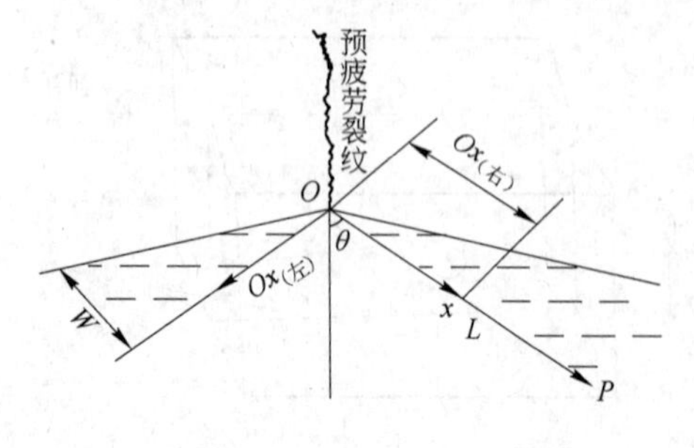

图17-57 裂纹扩展示意图

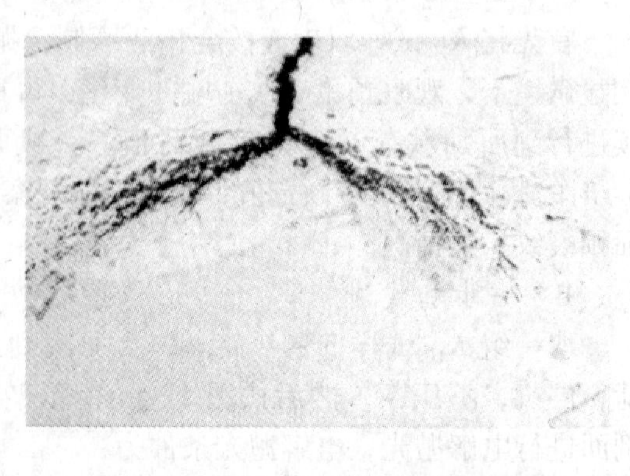

图17-58 2号-5-1试样裂纹扩展情况
（$P=1500$kg，$K_1=71.5$MPa · $m^{1/2}$，×400）

48.7μm。裂纹扩展长度左右两侧不同，取平均值为 $\overline{Ox} = 65\mu m$。

（2）4 号-5-1（b 面）：4 号-5 试样加载变量小于 2 号-5 试样，切变带长度（L）和宽度（W）均小于 2 号-5 试样（见图 17-3 和图 17-59），但靠近切变带区内的夹杂物还有开裂，所测数据为 $L = 48.7\mu m$，$L_c = 32.5\mu m$。

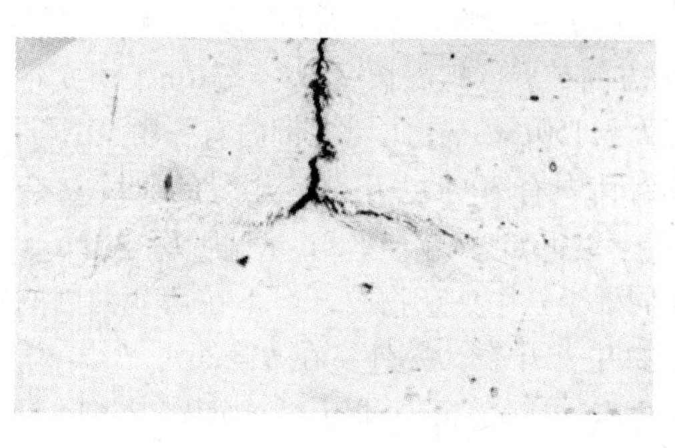

图 17-59　4 号-5-1 试样裂纹扩展情况
（$P = 1400kg$，$K_1 = 62.6MPa \cdot m^{1/2}$，×400）

（3）6 号-4-1（a 面）：本试样与 4 号-5 相似，但预制疲劳纹穿过一串 TiN 夹杂物（见图 17-60），这对预裂纹的扩展是否有影响？为此特选定另一套 6 号-5 试样进行观察，见图 17-61，位于切变带内的 1 颗 TiN 已开裂，$L_c = 194.8\mu m$。

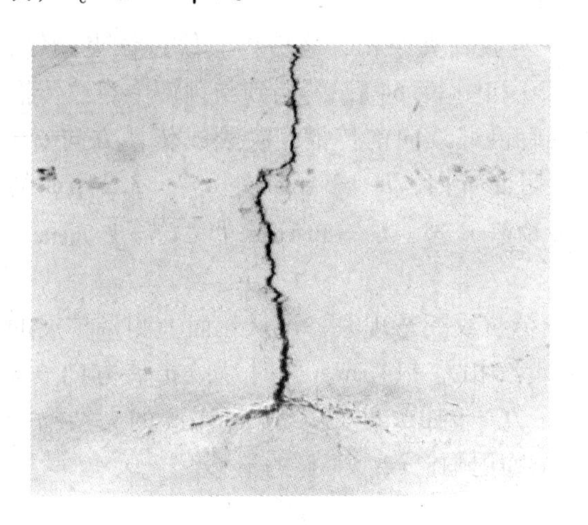

图 17-60　6 号-4-1 试样裂纹扩展情况
（$P = 1390kg$，$K_1 = 61MPa \cdot m^{1/2}$，×400）

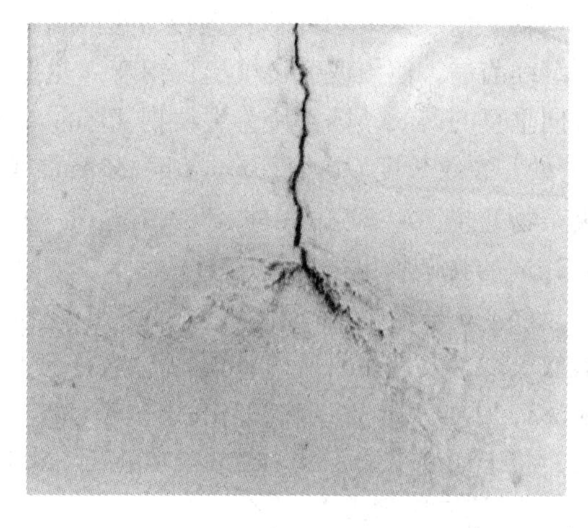

图 17-61　6 号-5-1 试样裂纹扩展情况
（$P = 1340kg$，$K_1 = 61MPa \cdot m^{1/2}$，×400）

b　第二次加载

（1）2 号-5-2（b 面）：位于切变带区内的 TiN 夹杂物已开裂，$L_c = 150\mu m$ 处开裂的 TiN 夹杂物尺寸 $a^{TiN} = 1.6\mu m$，切变带呈放射状，$L_c = 280\mu m$ 处有明显滑移痕迹，如拉伸试样出现的滑移，$Ox = 100\mu m$，$\theta = 65°$，见图 17-62。

（2）2 号-5-2（a 面）：$L_c = 42\mu m$ 处，$a^{TiN} = 3.5\mu m$ 的夹杂物已开裂，同样，$\theta = 26°$，$L_c = 52\mu m$ 的 $a^{TiN} = 1.6\mu m$ 的夹杂物未开裂，而此颗 TiN 夹杂物与已经开裂的 TiN 夹杂物位于同一水平线上，$\theta = 65°$。

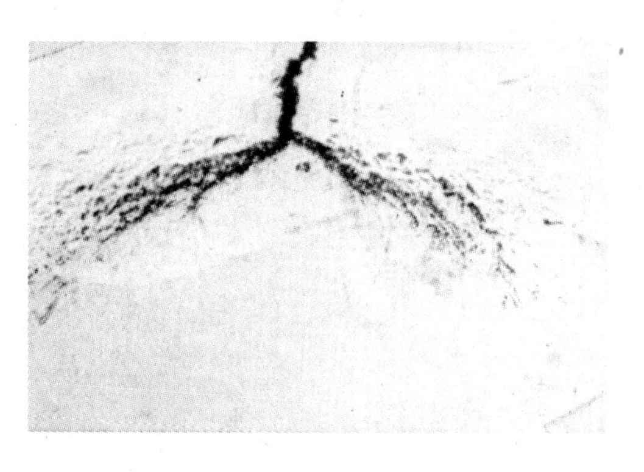

图 17-62　2 号-5-2 试样裂纹扩展情况
（$P = 1600kg$，$K_1 = 80.6MPa \cdot m^{1/2}$，×400）

（3）4 号-5-2（a 面）：裂纹与主裂纹呈 65°方向扩展，扩展长度 $Ox=33\mu m$，切变带长度 $L_c=150\mu m$，在此切变带内有一群 TiN 夹杂物，其中有 30% 已开裂，开裂的 TiN 夹杂物 $a_{max}^{TiN}=2.6\mu m$，$a_{min}^{TiN}=1.3\mu m$，但 $L_c=62\mu m$ 处虽同处于一串夹杂物内，但不在切变带内的夹杂物并未开裂，另外，在 $\theta=26°$，$L_c=30\mu m$ 处也有 $a^{TiN}=3.0\mu m$ 未开裂（见图 17-63）。

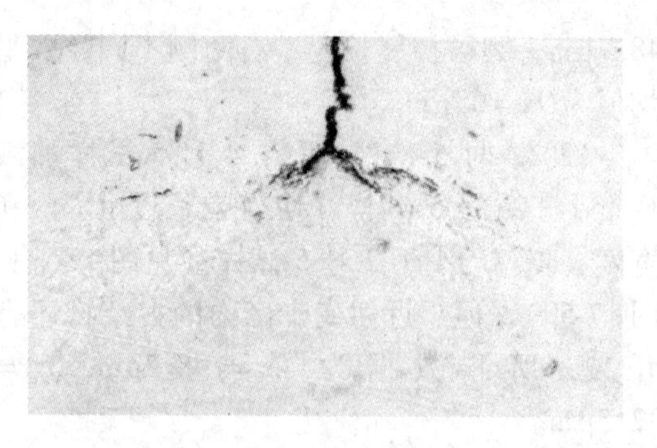

图 17-63　4 号-5-2 试样裂纹扩展情况
（$P=1600kg$，$K_1=76.6MPa\cdot m^{1/2}$，×400）

（4）4 号-5-2（b 面）：$\theta=63.4°$，$Ox=0.9\mu m$，$L=146\mu m$，在切变带内 $L_c=75\mu m$ 和 $L_c=114\mu m$ 处，分别有两颗 $a^{TiN}=3.6\mu m$ 和 $a^{TiN}=3\mu m$ 的 TiN 夹杂物未开裂；$\theta=38°$，$L_c=275\mu m$ 处，有一颗较大的 TiN 夹杂物 $a^{TiN}=4.5\mu m$ 已开裂，但位于主裂纹正前方 $L_c=52\mu m$ 处有一颗 $a^{TiN}=3.0\mu m$ 的 TiN 夹杂物却未开裂。

（5）6 号-4-2（b 面）：预疲劳裂纹传播时，若遇到夹杂物，疲劳纹会绕过该夹杂物，再继续前进，使预疲劳裂纹出现拐弯（见图 17-60 和图 17-64），若遇到与预疲劳裂纹传播方向垂直的裂纹，则预疲劳裂纹拐 45°的弯，然后再继续向前传播。在裂纹传播方向 $\theta=60°$处，裂纹长度 $Ox=42\mu m$，$L=130\mu m$，位于切变带内，$L_c=84\mu m$ 处 $a^{TiN}=3.24\mu m$ 的夹杂物开裂，$L_c=68\mu m$ 处 $a^{TiN}=1.6\mu m$ 的夹杂物未开裂，$L_c=114\mu m$ 处 $a^{TiN}=1.7\mu m\times3.2\mu m$ 的夹杂物也未开裂。

（6）6 号-4-2（a 面）：已在 b 面上观察预疲劳裂纹拐弯现象，再从 a 面上测量扩展的裂纹长度，发现在水平方向上与原来的预疲劳裂纹相差 114μm。此时裂纹扩展方向 $\theta=66.8°$，$Ox=49\mu m$，$L=295\mu m$。位于切变带内，$L_c=94\mu m$ 处，$a^{TiN}=3.5\mu m$ 的夹杂物开裂；位于切变带内，$L_c=227\sim276\mu m$ 之间的夹杂物周围已产生明显的滑移。

c　第三次加载

（1）2 号-5-3（a 面）：$\theta=60°$，$Ox_{(左)}=146\mu m$，$Ox_{(右)}=100\mu m$，此时主裂纹已变宽达 6.5μm，无新开裂的夹杂物（见图 17-65）。

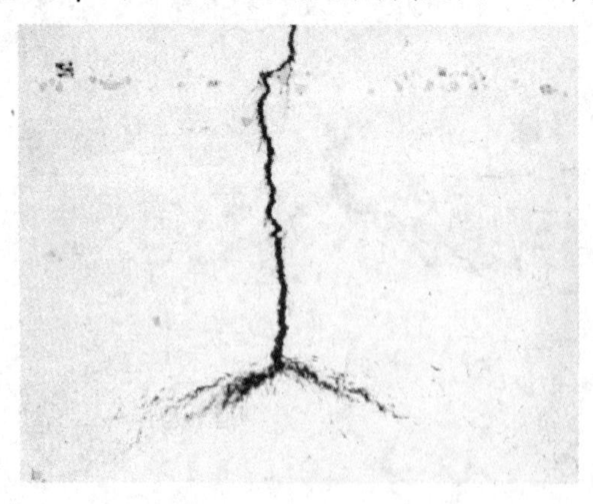

图 17-64　6 号-4-2 试样裂纹扩展情况
（$P=1510kg$，$K_1=66.2MPa\cdot m^{1/2}$，×400）

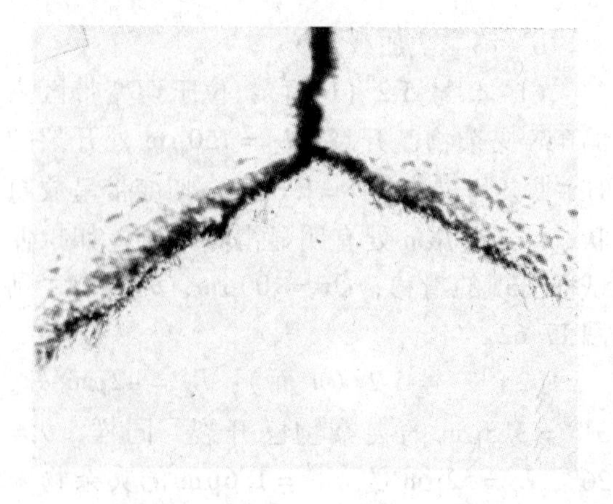

图 17-65　2 号-5-3 试样裂纹扩展情况
（$P=1700kg$，$K_1=85.6MPa\cdot m^{1/2}$，×400）

（2）2 号-5-3（b 面）：$\theta=56°$，$Ox_{(左)}=146\mu m$，$Ox_{(右)}=100\mu m$。

（3）4 号-5-3（a 面）：$\theta=63°$，$Ox=23\mu m$（见图 17-66）。切变带内原已开裂的夹杂物群使裂纹增大，位于其旁且靠近主裂纹的同一串夹杂物中又出现新开裂的夹杂物，但位于正前方 $L_c=65\mu m$ 处，夹杂物仍未开裂，经测量：$\theta=32°$，$L_c=30\mu m$，$a^{TiN}=3\mu m\times3\mu m$ 的夹杂物未开裂；$\theta=49°\sim50°$，$L_c=100\mu m$ 处的夹杂物群中有新开裂的夹杂物，位于夹杂物周围的基体产生明显的滑移。

（4）4 号-5-3（b 面）：$\theta=63°$，$Ox=30\mu m$。在 $\theta=45°$，$L_c=78\mu m$ 处，较大的 $a^{TiN}\approx5\mu m$ 的夹杂物未开裂。

（5）6 号-4-3（a 面）：$\theta=65°$，$Ox=58\mu m$。在 $\theta=16°$，$L_c=114\mu m$ 处，$a^{TiN}\approx3.25\mu m\times3.25\mu m$ 的夹杂物未开裂，见图 17-67。

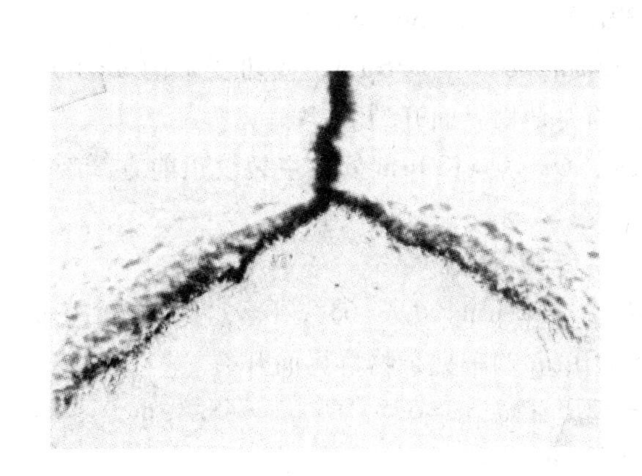

图 17-66　4 号-5-3 试样裂纹扩展情况
（$P=1700$kg，$K_1=76.1$MPa · $m^{1/2}$，×400）

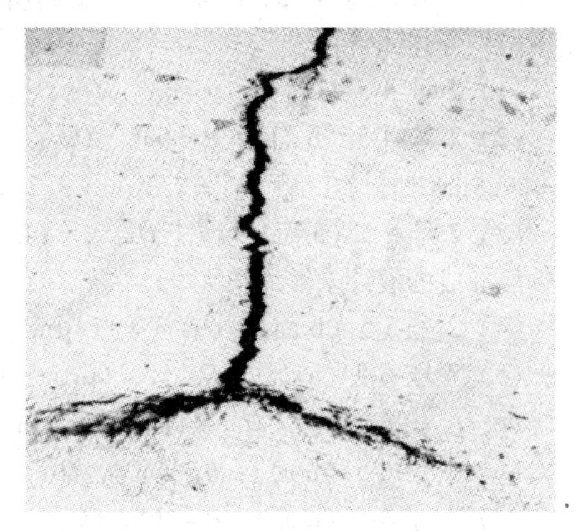

图 17-67　6 号-4-3 试样裂纹扩展情况
（$P=1590$kg，$K_1=69.7$MPa · $m^{1/2}$，×400）

（6）6 号-4-3（b 面）：$\theta=63°$，$Ox=49\mu m$。

d　第四次加载

（1）4 号-5-4（a 面）：$\theta=60°$，$Ox_{(左)}=81\mu m$，$Ox_{(右)}=65\mu m$，原已开裂的成串的夹杂物上的微裂纹已长大成较大的裂纹，但串内并无新的夹杂物开裂。串状夹杂物开裂的方式有 TiN 夹杂物自身开裂和 TiN 和基体界面开裂，夹杂物开裂形成的裂纹走向与切变带走向相同，切变带影响区长 $L=260\mu m$。

（2）4 号-5-4（b 面）：$\theta=64.43°$，$Ox_{(左)}=26\mu m$，在 $\theta=45°$，$L_c=75\mu m$ 处仍有一颗 $a^{TiN}=4.87\mu m\times4.87\mu m$ 的夹杂物未开裂，左边切变带内 $L_c=80\mu m$ 处，有一颗 $a^{TiN}=3.9\mu m$ 的夹杂物未开裂，而其周围基体已发生明显的变形，另外，在 $L_c=117\mu m$ 处，有一颗 $a^{TiN}=2.6\mu m$ 的夹杂物也未开裂，周围基体也已发生轻微变形。

（3）6 号-4-4（a 面）：$\theta=64.34°$，$Ox_{(左)}=90\mu m$，$Ox_{(右)}=90\mu m$，左边切变带内 $L_c=90\mu m$ 处，有一颗 $a^{TiN}=3.5\mu m$ 的夹杂物界面开裂。左边切变带内 $L_c=162\mu m$ 处，有一颗 $a^{TiN}=3.2\mu m$ 的夹杂物自身开裂，且开裂两端有八字形剪切带。

（4）6 号-4-4（b 面）：$\theta=62.5°$，$Ox_{(左)}=75\mu m$，$Ox_{(右)}=75\mu m$，在切变带内 $L_c=$

88μm 处，有一颗 $a^{TiN}=1.6\mu m\times3.2\mu m$ 的夹杂物界面开裂形成微裂纹。在 $L_c=120\mu m$ 处，有一颗 $a^{TiN}=3.2\mu m$ 的夹杂物自身开裂。离切变带稍远 $L_c=140\mu m$ 处，有一颗 $a^{TiN}=1.6\mu m$ 的夹杂物界面开裂形成微裂纹。

e　第五次加载

重新选用 11 个试样，加载荷重，分别列于表 17-10 中。

表 17-10　试样加载荷重

样 号	2 号-3	2 号-4	2 号-5	2 号-6	4 号-3	4 号-4	4 号-5	4 号-6	6 号-3	6 号-4	6 号-5
P/kg	1905	1510	1700	1610	2050	1610	1907	1760	2020	1650	1780

由于 2 号-3，4 号-3，6 号-3 三个试样加载后，试样断裂未作金相观察，其余试样金相观察结果分述如下：

（1）2 号-4-5（a 面）：$\theta=63°$，$Ox_{(左)}=32\mu m$，$Ox_{(右)}=36\mu m$。

（2）2 号-4-5（b 面）：$\theta=63°$，$Ox_{(左)}=32\mu m$，$Ox_{(右)}=36\mu m$。在切变带内 $\theta=80°$，$L_c=27.5\mu m$ 处，有一颗 $a^{TiN}=2.3\mu m\times3.2\mu m$ 的夹杂物界面开裂。

（3）2 号-5-5（a 面）：位于 $Ox_{(左)}=143\mu m$，$Ox_{(右)}=130\mu m$ 处，主裂纹正前方开裂夹杂物所形成的裂纹未继续长大。

（4）2 号-5-5（b 面）：$Ox_{(左)}=114\mu m$，$Ox_{(右)}=97\mu m$。

（5）2 号-6-5（a 面）：$Ox_{(左)}=66\mu m$，$Ox_{(右)}=65\mu m$。$\theta_{右}=63°$，$Ox_{(右)}=32\mu m$ 在切变带内，$L_c=26\mu m$ 处，有一颗 $a^{TiN}=0.5\mu m\times1.0\mu m$ 的小夹杂物群界面开裂。

（6）2 号-6-5（b 面）：$\theta_{左}=60°$，$Ox_{(左)}=32\mu m$；$\theta_{(右)}=63°$，$Ox_{(右)}=48.7\mu m$。

（7）4 号-4-5（a 面）：$\theta=66°$，$Ox_{(左,右)}=32\mu m$。

（8）4 号-4-5（b 面）：$\theta=63°$，$Ox_{(左)}=32\mu m$，$Ox_{(右)}=32\mu m$。

（9）4 号-5-5（a 面）：$Ox_{(左)}=130\mu m$，$Ox_{(右)}=160\mu m$。夹杂物串中的夹杂物大部分开裂，开裂的方式既有自身开裂，又有界面开裂。位于主裂纹正前方的串内夹杂物，在 $L_c=62\mu m$ 处，有一颗 $a^{TiN}=2.6\mu m\times6.5\mu m$ 的夹杂物界面开裂，并有切变痕迹，这些切变痕迹也已轻微开裂，并以切变方式扩展至与原先开裂的 TiN 夹杂物裂纹相汇合。

（10）4 号-5-5（b 面）：$Ox_{(左)}=68\mu m$，$Ox_{(右)}=81\mu m$。

（11）4 号-6-5（a 面）：$\theta=42°$，$Ox_{(左)}=80\mu m$，$Ox_{(右)}=227\mu m$。在切变带内（左），在 $L_c=63\mu m$ 处，有一颗 $a^{TiN}=4\mu m\times3\mu m$ 的夹杂物自身开裂，开裂方向与切变方向一致；在 $L_c=73\mu m$ 处，有一颗 $a^{TiN}=2.6\mu m$ 的夹杂物自身开裂；在 $L_c=117\mu m$ 处，有一颗 $a^{TiN}=3.2\mu m$ 的夹杂物界面开裂。位于主裂纹正前方的串内夹杂物，在 $L_c=200\mu m$ 处，有一锻造裂纹，当切变带传至此处时，即停止向前传播；位于锻造裂纹后面的基体，并无滑移变形。在此切变带内，开裂 TiN 夹杂物裂纹与切变裂纹连接。

（12）4 号-6-5（b 面）：$\theta=64°$，$Ox=100\mu m$，位于切变带内的小夹杂物 $a^{TiN}=0.5\mu m$ 界面开裂。

（13）6 号-4-5（a 面）：预疲劳裂纹穿过一群夹杂物，在 $\theta=63°$，$Ox_{(左,右)}=33\mu m$，切变带内，在 $L_c=17\mu m$ 处，有一颗 $a^{TiN}=3\mu m$ 的夹杂物自身开裂。

（14）6 号-4-5（b 面）：$\theta_{左}=71°$，$Ox_{(左)}=48\mu m$，$\theta_{右}=56°$，$Ox_{(右)}=33\mu m$，位于切

变带内，$\theta=74.57°$，$L_c=97\mu m$ 处，$a^{TiN}=3\mu m\times3.8\mu m$ 的夹杂物界面开裂。

（15）6 号-5-5（a 面）：$Ox_{(左)}=308\mu m$，$Ox_{(右)}=153\mu m$。

（16）6 号-5-5（b 面）：$Ox_{(左)}=185\mu m$，$Ox_{(右)}=340\mu m$。

（17）6 号-5-1 ~ 6 号-5-5 试样预疲劳裂纹扩展规律与 6 号-4-1 ~ 6 号-4-5 试样相同（见图 17-5、图 17-61、图 17-68 ~ 图 17-71）。

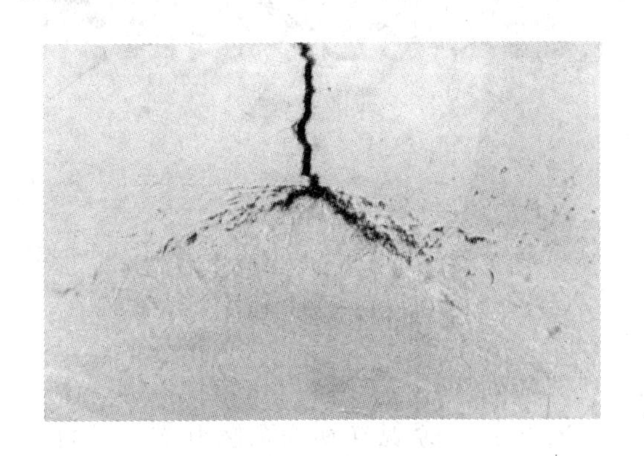

图 17-68　6 号-5-2 试样裂纹扩展情况
（$P=1510kg$，$K_I=66.2MPa\cdot m^{1/2}$，×400）

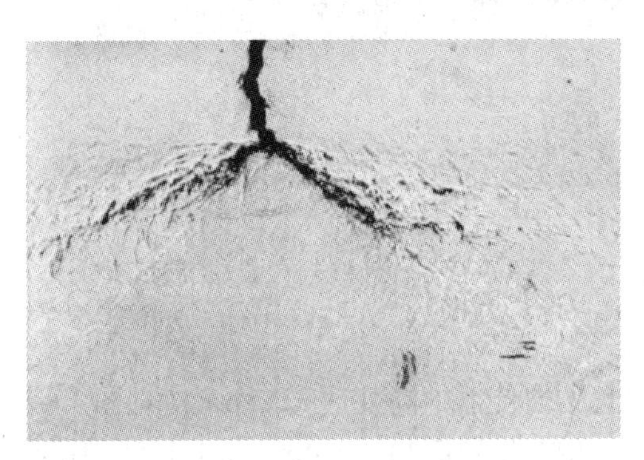

图 17-69　6 号-5-3 试样裂纹扩展情况
（$P=1590kg$，$K_I=69.7MPa\cdot m^{1/2}$，×400）

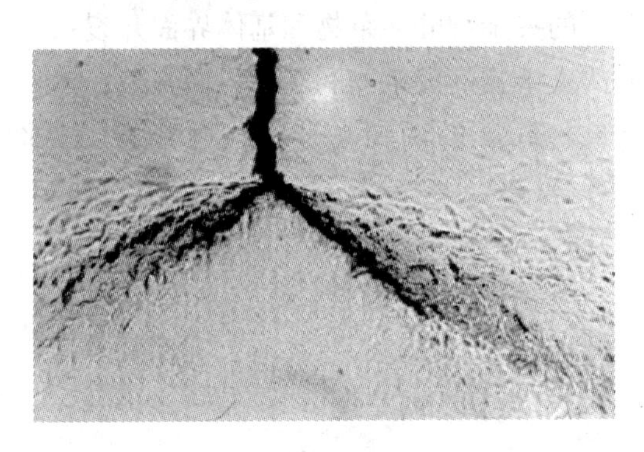

图 17-70　6 号-5-4 试样裂纹扩展情况
（$P=1710kg$，$K_I=74.9MPa\cdot m^{1/2}$，×400）

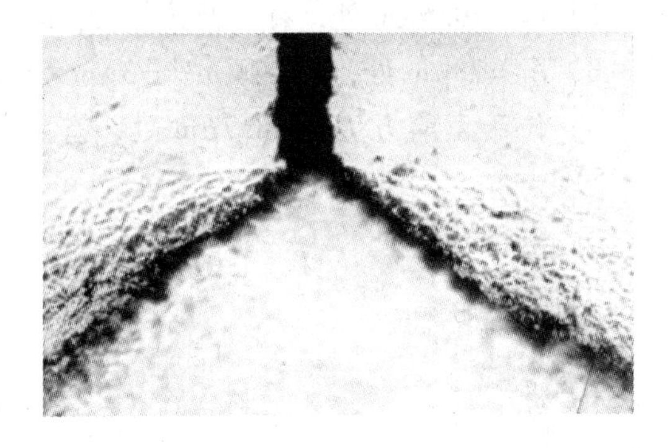

图 17-71　6 号-5-5 试样裂纹扩展情况
（$P=1780kg$，$K_I=78MPa\cdot m^{1/2}$，×400）

B　一步加载法

各试样加载荷重，与列于表 17-10 中的加载荷重相同。

试样加载后，按图 17-56 剖开，经抛光后，在金相显微镜下放大 480 倍观察，为记述方便，按图 17-57 设定的参数记录，即设 θ 为预疲劳裂纹扩展方向；L 为开裂夹杂物与预疲劳裂纹尖端直线距离；d 为预疲劳裂纹从裂纹尖端 O 点扩展至 P 点时，O、P 之间的直线距离。

各试样观察记录如下：

（1）2 号-4：$\theta=45°$，$d=117\mu m$，在预疲劳裂纹扩展途径上无夹杂物，在 $L=147\mu m$ 处，有一颗 $a^{TiN}=3\mu m$ 的夹杂物开裂（见图 17-72）。

（2）2 号-6：$\theta=45°$，$d=293.4\mu m$（见图 17-73）。

（3）2 号-5：$\theta=53°$，$d=1053\mu m$，预疲劳裂纹扩展偏离直线方向，出现拐弯后再以

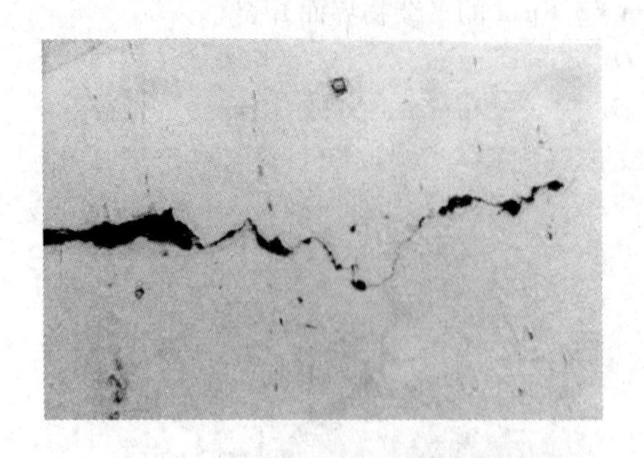

图 17-72 2 号-4 试样裂纹扩展情况
（$P=1510\text{kg}$，$d=117.4\mu\text{m}$，×400）

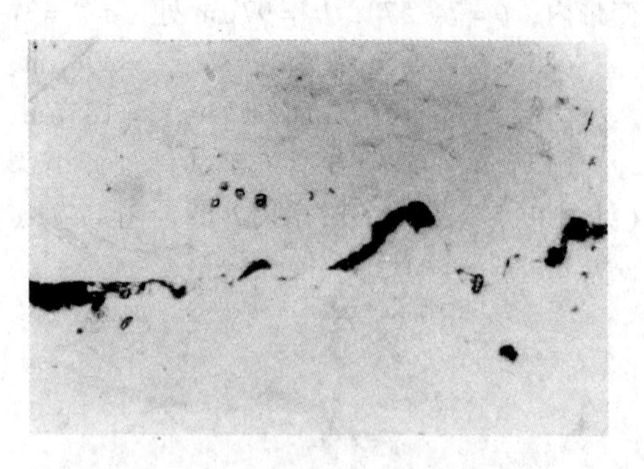

图 17-73 2 号-6 试样裂纹扩展情况
（$P=1610\text{kg}$，$d=293.4\mu\text{m}$，×400）

直角方向传播，高度达 32.5μm（见图 17-74）。

（4）2 号-3-1：$\theta=45°$，$d=1359.4\mu\text{m}$。在传播的裂纹旁观察到夹杂物开裂，估计开裂夹杂物位于塑变区内。开裂夹杂物与预疲劳裂纹尖端之间的距离，分别为：

1）$L_1=55.2\mu\text{m}$ 处，有一颗 $a^{\text{TiN}}=3\mu\text{m}\times5\mu\text{m}$ 的夹杂物的夹杂物和基体界面开裂；

2）$L_2=19.5\mu\text{m}$ 处，有一颗 $a^{\text{TiN}}=3\mu\text{m}\times3\mu\text{m}$ 的夹杂物的夹杂物和基体界面开裂；

3）$L_3=78\mu\text{m}$ 处，有一颗 $a^{\text{TiN}}=3\mu\text{m}\times3\mu\text{m}$ 的夹杂物的夹杂物和基体界面开裂；

4）位于正前方 $L_4=48.7\mu\text{m}$ 处，有 $a^{\text{TiN}}=1\sim2\mu\text{m}$ 的两颗夹杂物均已开裂（见图 17-75）。

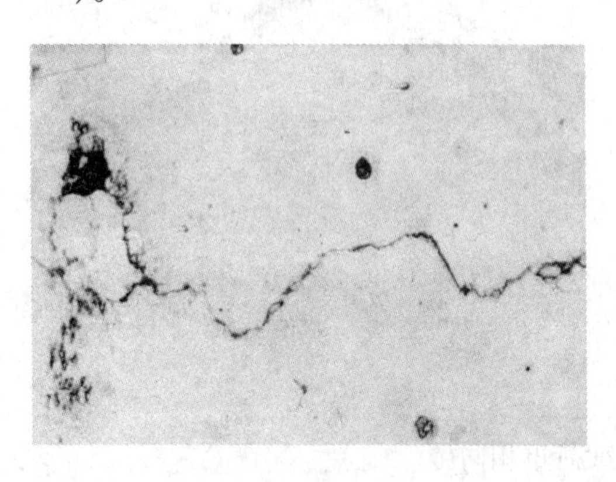

图 17-74 2 号-5 试样裂纹扩展情况
（$P=1700\text{kg}$，$d=1053\mu\text{m}$，×400）

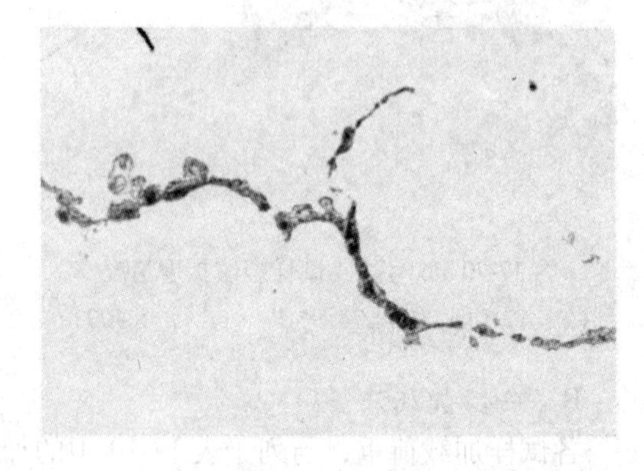

图 17-75 2 号-3-1 试样裂纹扩展情况
（$P=1905\text{kg}$，$d=1359.4\mu\text{m}$，×400）

在裂纹传播途径上碰到夹杂物时，裂纹拐弯呈“之”字形扩展（见图 17-76）。

（5）2 号-3-1：$\theta=45°$，$d=1744.1\mu\text{m}$。在传播的裂纹尖端，可观察到夹杂物开裂形成的空洞与裂纹联结（见图 17-77 和图 17-78）。

1）在 $L_1=26\mu\text{m}$ 处，有一颗 $a^{\text{TiN}}=5\mu\text{m}\times5\mu\text{m}$ 的夹杂物自身开裂；

2）在 $L_2=8\mu\text{m}$ 处，有一颗 $a^{\text{TiN}}=3\mu\text{m}\times3\mu\text{m}$ 的夹杂物自身开裂；

3）在 $L_3=39\mu\text{m}$ 处，有一颗 $a^{\text{TiN}}=3\mu\text{m}\times3\mu\text{m}$ 的夹杂物的夹杂物和基体界面开裂；

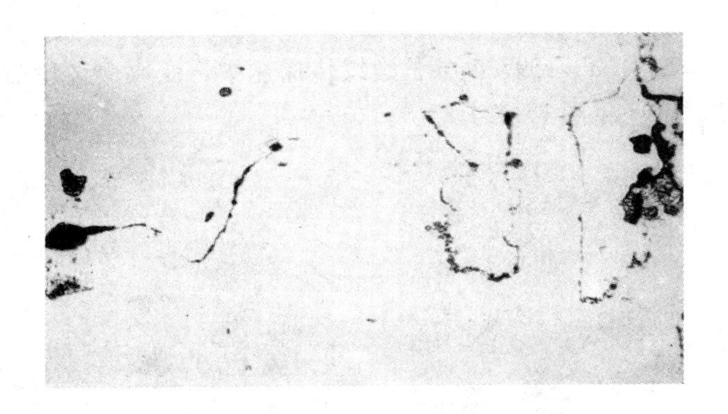

图 17-76　2 号-3-1 试样裂纹碰到夹杂物而拐弯（×400）

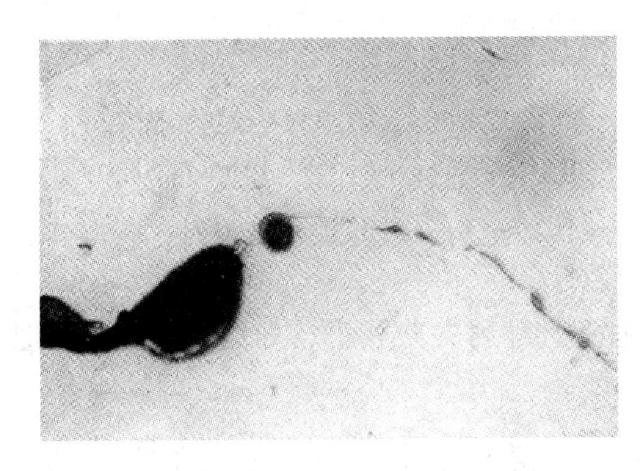

图 17-77　2 号-3-1 试样裂纹扩展情况
（$P=1905$kg，$d=1744.1\mu$m，×400）

图 17-78　2 号-3-1 试样裂纹扩展与
空洞连接（×400）

4）在 $L_4=29\mu$m 处，有一颗 $a^{TiN}=3\mu m\times3\mu m$ 的夹杂物的夹杂物和基体界面开裂。另外还观察到在传播的裂纹上有开裂的夹杂物。

（6）4 号-4：$\theta=53.13°$，$d=359.6\mu$m（见图 17-79）。

（7）4 号-6：$\theta=45°$，$d=1330.1\mu$m。裂纹传播偏离直线方向，位于图 17-80 的拐角处，离预疲劳裂纹距离达 32.5μm。

（8）4 号-5：$\theta=53°$，$d=625\mu$m，裂纹传播途径上碰到较大夹杂物，裂纹拐弯（见图

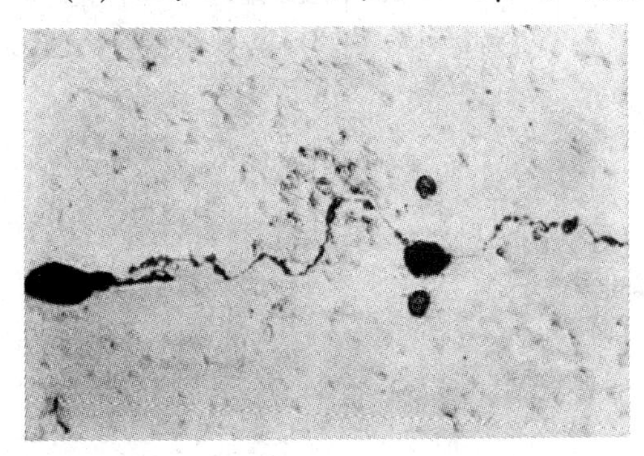

图 17-79　4 号-4 试样裂纹扩展情况
（$P=1610$kg，$d=358.6\mu$m，×400）

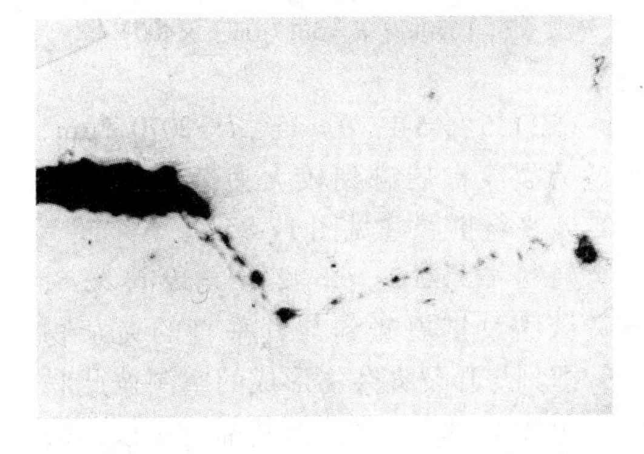

图 17-80　4 号-6 试样裂纹扩展情况
（$P=1760$kg，$d=1330.1\mu$m，×400）

17-81）。

（9）4 号-3：$\theta=63°$，$d=1597.4\mu m$，裂纹传播途中，变成交叉传播，并与开裂夹杂物形成的空洞彼此联结（见图 17-82）。

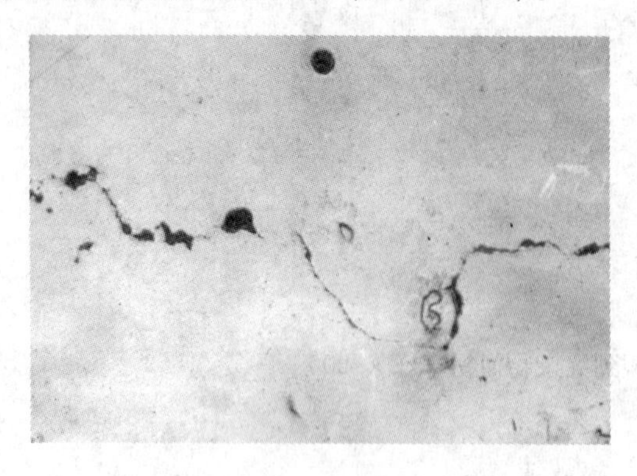

图 17-81 4 号-5 试样裂纹扩展情况
（$P=1907kg$，$d=625\mu m$，×400）

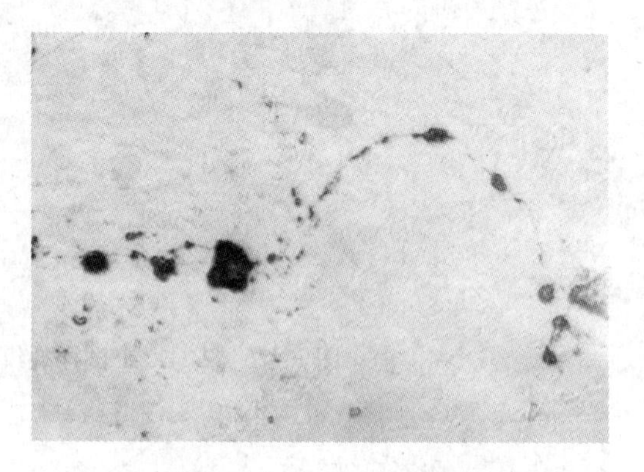

图 17-82 4 号-3 试样裂纹扩展情况
（$P=2050kg$，$d=1597.4\mu m$，×400）

（10）6 号-4-1：$\theta=40°$，$d=58.7\mu m$，当裂纹传播至与预疲劳裂纹平行时，若碰到夹杂物，裂纹就拐弯（见图 17-83）。

（11）6 号-4-2：$d=81.5\mu m$，裂纹传播途径上碰到夹杂物群，即终止扩展（见图 17-84）。

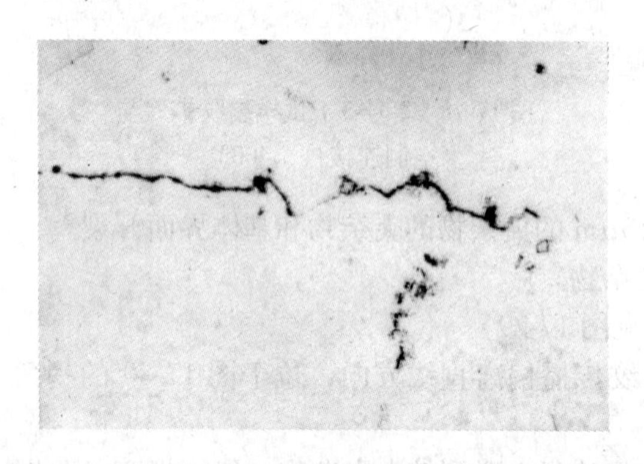

图 17-83 6 号-4-1 试样预裂纹碰到夹杂物拐弯扩展
（$P=1650kg$，$d=58.7\mu m$，×400）

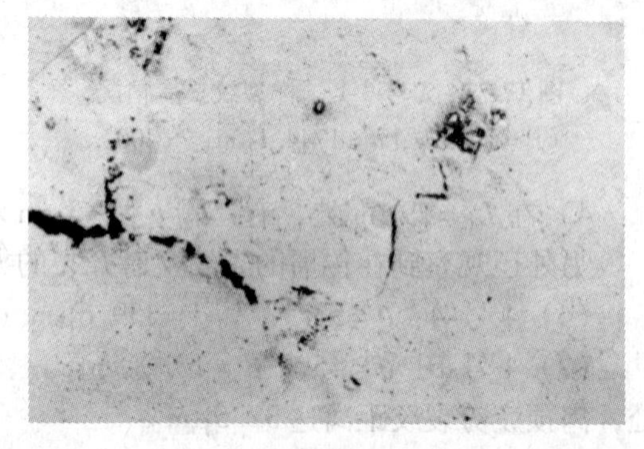

图 17-84 6 号-4-2 试样预裂纹碰到夹杂物停止扩展
（$P=1656kg$，$d=81.5\mu m$，×400）

（12）6 号-5-1：$\theta=45°$，$d=2070.1\mu m$，预疲劳裂纹扩展碰到较大夹杂物后一分为二，平行扩展（见图 17-85）。

（13）6 号-5-2：$\theta=42°$，$d=1946.2\mu m$，预疲劳裂纹扩展碰到与其垂直的夹杂物群，即刻与开裂夹杂物形成的空洞彼此联结（见图 17-86）。在裂纹传播的中段，碰到较大夹杂物，裂纹拐大弯，所拐大弯长度达 $348.8\mu m$（见图 17-87）。

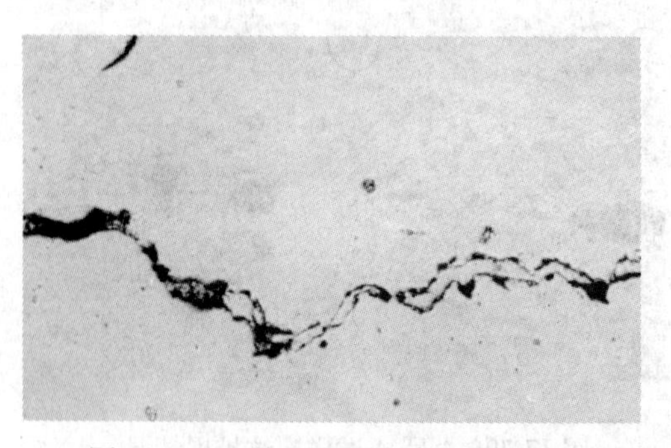

图 17-85 6 号-5-1 试样裂纹扩展情况
（$P=1780kg$，$d=2070.1\mu m$，×400）

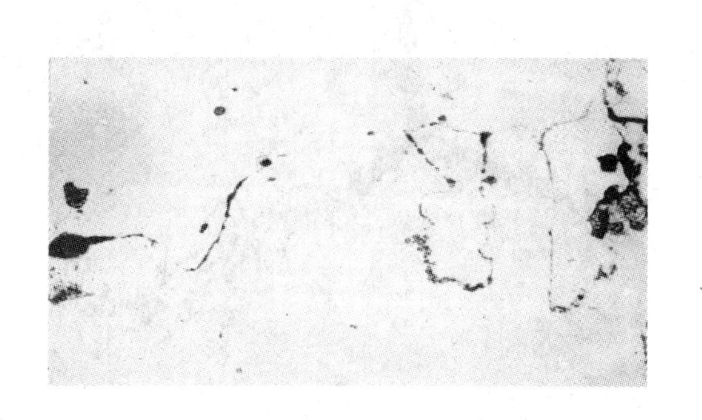

图 17-86　6 号-5-2 试样裂纹扩展情况
（$P = 1780$kg，$d = 1946.2\mu m$，×400）

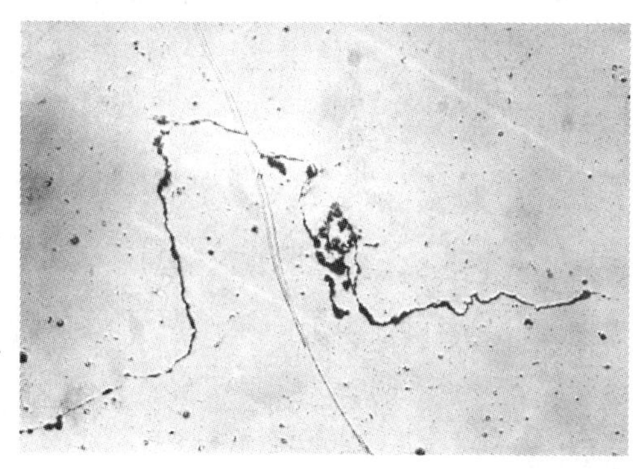

图 17-87　6 号-5-2 试样裂纹扩展情况
（$P = 1780$kg，$d = 348.8\mu m$，×400）

（14）6 号-3-1：$\theta = 66.8°$，$d = 1219.2\mu m$，裂纹传播与预疲劳裂纹方向接近垂直（见图 17-88）。

（15）6 号-3-2：$d = 1255.1\mu m$，裂纹传播末端大块夹杂物剥落，剥落后形成的空洞面积达 $127.1\mu m \times 65.3\mu m$（见图 17-89）。

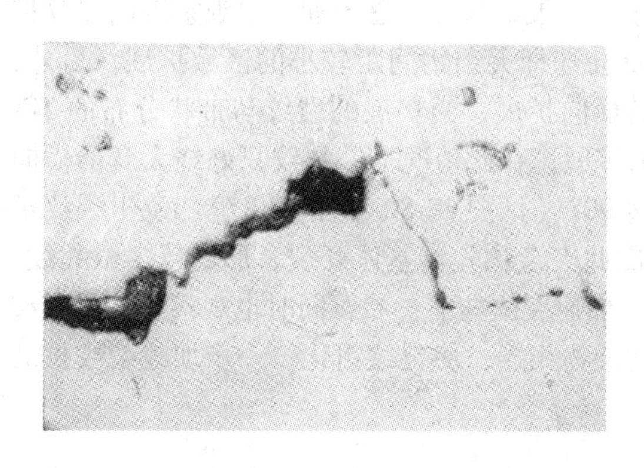

图 17-88　6 号-3-1 试样裂纹扩展情况
（$P = 2020$kg，$d = 1219.2\mu m$，×400）

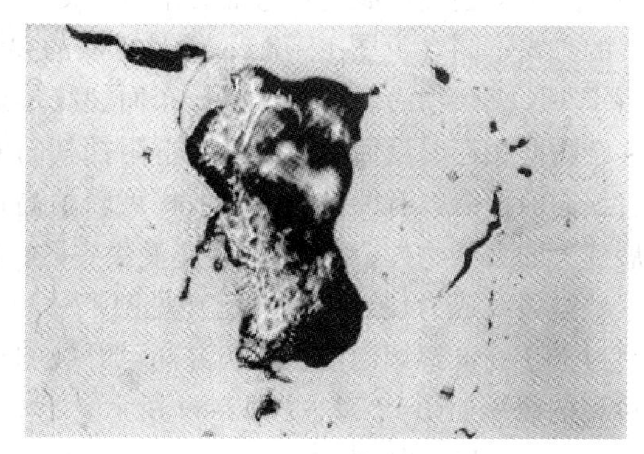

图 17-89　6 号-3-2 试样裂纹传播末端使夹杂物剥落形成的空洞面
（$P = 2020$kg，$d = 1255.1\mu m$，×400）

17.1.3.3　裂纹扩展观察总结

A　断裂韧性试样

a　逐步加载法

K_{1C}试样加载后，预疲劳裂纹尖端开始钝化，并与主裂纹成 42° ~ 65°范围内的两个对称方向，产生塑性变形带，简称切变带。带内有明显的滑移痕迹。位于预疲劳裂纹尖端塑性变形带内的基体和夹杂物，产生剪切开裂后形成微裂纹。随应力强度因子（K_1）增大，主裂纹钝化加剧，但并不扩展。而塑性变形带则在与主裂纹对称的两个方向上向前扩展。塑性变形带内的微裂纹也向前扩展。由于塑性变形带内的 TiN 夹杂物通常先于基体开裂，从而加快切变形成的微裂纹扩展，但位于主裂纹正前方的 TiN 夹杂物，由于不在塑性变形带内，因此不会开裂形成微裂纹。预疲劳裂纹尖端区域随逐步加载过程中的变化，见图 17-2 ~ 图 17-5、图 17-58 ~ 图 17-71、图 17-90、图 17-91。

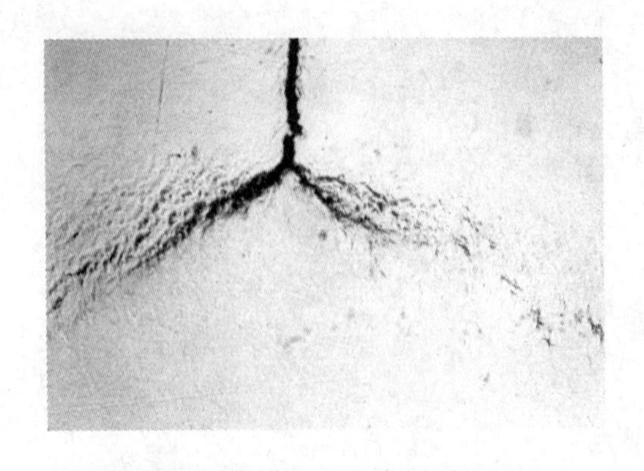

图 17-90 4 号-5-4 试样裂纹扩展情况
（$P=1804\text{kg}$，$K_1=80.7\text{MPa}\cdot\text{m}^{1/2}$，×400）

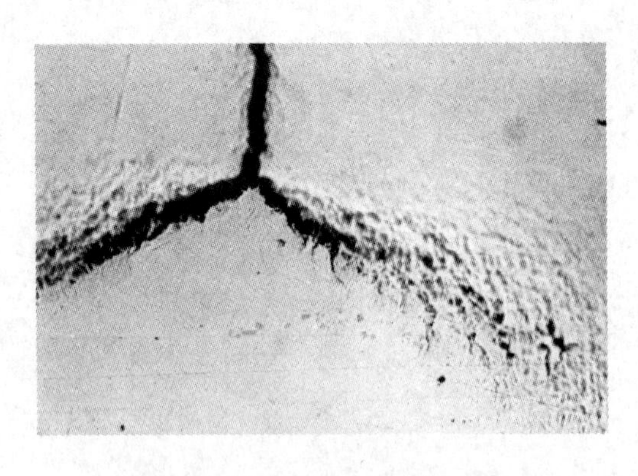

图 17-91 4 号-5-5 试样裂纹扩展情况
（$P=1907\text{kg}$，$K_1=85.3\text{MPa}\cdot\text{m}^{1/2}$，×400）

b 一步加载法

裂纹扩展前，预疲劳裂纹尖端首先钝化，在切应力的作用下，裂纹沿着与预疲劳裂纹呈45°的方向向前扩展一段距离后，再转向与预疲劳裂纹平行方向向前扩展。当扩展到夹杂物处时，会使扩展途径弯曲，形成“之”字形扩展，这点与逐步加载法观察表面裂纹扩展的方式不同（见图 17-78），而且扩展的裂纹会选择夹杂物间距较小的区域扩展。另外，由于 TiN 夹杂物沿纵向呈带状分布而裂纹是沿横向扩展，当扩展的裂纹与带状分布的 TiN 夹杂物群相遇时反而会被夹杂物群阻挡其向前扩展，在此情况下，裂纹只好绕大弯沿横向直线向前扩展，有的试样中裂纹扩展转角高达 90°（见图 17-82 和图 17-87）。位于裂纹扩展前方的夹杂物处，变成应力-应变集中区，因此夹杂物先于基体开裂，形成较多微裂纹，这些微裂纹成为裂纹扩展通道（见图 17-83），加速裂纹向前扩展，同时也观察到扩展裂纹绕过夹杂物群继续向前扩展，并与已开裂的夹杂物相连，使裂纹粗化。一步加载裂纹扩展过程的照片如图 17-72 ~ 图 17-89 所示。

B 平板拉伸试样

准动态观察裂纹在 TiN 夹杂物上成核与扩展。

a 微裂纹在 TiN 夹杂物上成核

试样加载到屈服之前，均未观察到微裂纹在 TiN 夹杂物上形成，即试样在弹性变形阶段，微裂纹不会在 TiN 夹杂物上成核。这点与 Roberts 的实验结果一致。根据实验观察，TiN 夹杂物开裂的最小应变 $\varepsilon=0.7\%$，与试样的屈服应变 $\varepsilon_y=0.68\%$ 接近。说明微裂纹在 TiN 夹杂物上成核须有一定的塑变量。

在一定的应变量下，TiN 夹杂物开裂存在一个临界尺寸，当 $\varepsilon=0.68\%$ 时，$a_C^{TiN}=13\mu m$，此时 TiN 夹杂物开裂方式为自身开裂，开裂方向与拉伸方向垂直。随着应变量增加，a_C^{TiN} 值下降，而开裂百分率（裂纹成核率）增加。

当 $\varepsilon=2.4\%$ 时，开始观察到 TiN 和基体界面开裂，开裂百分率为应变的函数，见图 17-50 和图 17-51。从图 17-50 和图 17-51 中，可以看出：在拉伸开始阶段，裂纹成核率随应变增大而呈线性增加，当试样出现颈缩后，形变集中于颈缩区，而试样其他部分已不再产生形变，故在非颈缩区内的 TiN 夹杂物不再开裂，使裂纹成核率不再随应变增大而增加。由于颈缩区内产生较大的塑性变形，使其中的 TiN 夹杂物大部分开裂，只有 $a^{TiN}\leqslant$

0.5μm 未开裂。已开裂的 TiN 夹杂物上将产生应变集中，造成周围基体应力松弛，从而限制了未开裂的 TiN 夹杂物上产生较大的应变集中，因而阻止未开裂的 TiN 夹杂物继续开裂（见图 17-44）。

在小应变量下，TiN 夹杂物上的应变与基体的应变相近，可将其看作弹性应变。随着应力和应变增加，在夹杂物上将会产生应力集中，根据 Lindley 等计算应力的方法，可计算出 TiN 夹杂物上应力集中系数 q 为：

TiN 夹杂物上应力　　$\sigma^{TiN} = E_{TiN} \times \varepsilon$

TiN 夹杂物的杨氏模量 $E_{TiN} = 317030$MPa，$\varepsilon = 0.7\%$，代入上式得出 $\sigma^{TiN} = 2219$MPa。根据实验观察，$\varepsilon = 0.7\%$ 时的平均应力 $\sigma = 1412.7$MPa，所以 $q = 2219/1412.7 = 1.57$，此值与设定的 $q \approx 2$ 接近，说明试样受拉伸应力作用后，会在夹杂物上产生应力集中，从而使夹杂物开裂形成微裂纹。

b　微裂纹连续长大、聚合过程

在试样产生颈缩之前的均匀变形阶段，微裂纹只在拉伸方向稳定增长，并形成空洞，见图 17-22、图 17-39 ~ 图 17-41。从这四张照片上可看出空洞在侧向并无明显长大。这是由于侧向基体已产生较大的塑性变形，从而限制了微裂纹向基体扩展。

当试样产生颈缩后，空洞沿拉伸方向迅速长大，并以切变方式由空洞侧向向周围基体扩展，见图 17-28 ~ 图 17-31、图 17-43 ~ 图 17-45，这些扩展的裂纹彼此相连形成较大的裂纹，当它们进一步扩展至试样表面时，试样即发生断裂。

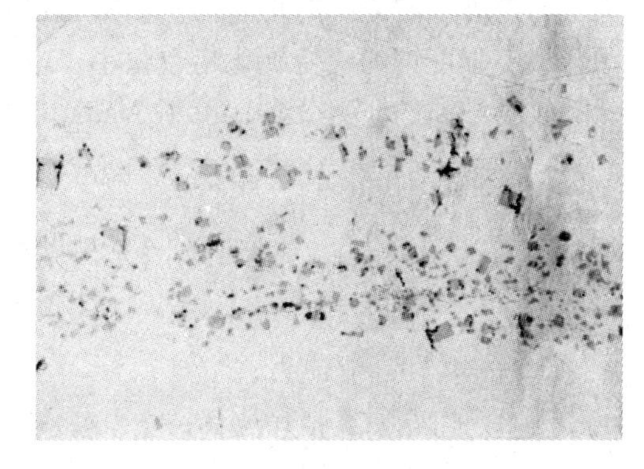

图 17-92　6 号-3 试样第三次加载后
（$\varepsilon = 2.4\%$，$\sigma = 1543$MPa，非颈缩区，×500）

关于空洞聚合的方式有以下两种：

（1）空洞通过彼此碰撞而聚合。

（2）空洞之间的韧带因局部切变断裂而使空洞聚合。

根据实验观察，夹杂物间距（d_T）对空洞聚合方式有重要影响。当 $d_T^{TiN} < 5\mu m$ 时，空洞以碰撞方式聚合，但这种情况只发生于 TiN 夹杂物偏聚区，见图 17-52、图 17-53 和图 17-92，在多数情况下，仍是通过韧带发生局部切变断裂方式聚合，见图 17-46、图 17-49、图 17-54 和图 17-55，这四张照片均为空洞碰撞聚合。图 17-47 和图 17-48 中，同时存在空洞聚合的两种方式。

17.1.3.4　讨论与分析

A　裂纹扩展与临界断裂真应变 ε_f^*

Krafft 提出的裂纹扩展条件为韧带撕裂。韧带是延性裂纹传播的“过程区”，当过程区的应变达到临界应变量时，韧带被撕裂，从而使裂纹扩展。过程区的长度与夹杂物或第二相颗粒间距（d_T）有关，而微裂纹在夹杂物上成核又与夹杂物尺寸、形状和类型等有关。由于微裂纹在夹杂物上成核后会形成空洞，空洞的长大是在基体材料中进行的，因此基体的临界应变 ε_C 成为重要参量。从物理意义上讲，ε_C 应取裂纹尖端微小区域的临界断裂真

应变 ε_f^*，由于 ε_f^* 受夹杂物间距（d_T）和夹杂物尺寸（a）的影响较大，又不能用常规测试力学性能的方法得出，这已在第16章中说明过。

根据实验观察，发现裂纹成核与扩展均与夹杂物间距（d_T）和夹杂物尺寸（a）的关系密切。可利用 McClintock 模型把 ε_f^*、d_T 和 a 三个参数联系起来。为使前后所用的符号统一，特将第16章中式（16-26）改写为：

$$\varepsilon_f^* = \frac{(1-n)\ln\dfrac{l_0}{2r_0}}{\sinh\left[(1-n)\dfrac{\sigma_{11}+\sigma_{22}}{2\,\overline{\sigma}/\sqrt{3}}\right]} \tag{17-1}$$

式中　n——应变硬化指数；

l_0——空洞中心原始间距；

r_0——空洞原始半径；

σ_{11}，σ_{22}——与椭圆空洞长、短轴平行的应力，它们与空洞在两个轴向前方的 TiN 夹杂物所形成的空洞连接有关；

$\overline{\sigma}$——有效应力。

再将式（17-1）中有关参数替换，即设 $2r_0 = a$，a 为 TiN 夹杂物平均边长，空洞在 TiN 夹杂物上形成后，其直径与 a 相当，$l_0 = d_T$，d_T 为夹杂物间距，并设其等于预疲劳裂纹尖端与前方空洞之间的距离。实验数据已证明 d_T 等于断口上由夹杂物形成的韧窝平均间距，超高强度钢的应变硬化指数很小，过去测出 $n = 0.06$ 可作为无硬化材料处理。

裂纹尖端前的应力分布，可用 Wall-Hill 解来表达，即

$$\sigma_{11} = 2\tau_0\ln(1 + 2x/2V_c) \tag{17-2}$$

$$\sigma_{22} = 2\tau_0\ln[1 + \ln(1 + 2x/2V_c)] \tag{17-3}$$

$$\sigma_{33} = 2\tau_0[1/2 + \ln(1 + 2x/2V_c)] \tag{17-4}$$

式中　τ_0——剪切屈服应力；

$2V_c$——临界裂纹张开位移；

x——距裂纹尖端的距离。

由于裂纹尖端加载后，首先产生钝化，使应力三向度最大点不在裂纹尖端产生，但可证明 $x = 1.96 \times (2V_c)$ 处应力三向度最大。如果在该处存在 TiN 夹杂物，则这颗夹杂物就落在位于塑性应变较大的区域内，从而可开裂形成空洞。若以空洞作为裂纹扩展的开始，则该处的应变值就是临界断裂真应变 ε_f^*，将 $x = 1.96(2V_c)$ 代入式(17-2)～式(17-4)，得出：

$$\sigma_{11} = 2\tau_0\ln4.92 \tag{17-5}$$

$$\sigma_{22} = 2\tau_0(1 + \ln4.92) \tag{17-6}$$

$$\sigma_{33} = 2\tau_0(1/2 + \ln4.92) \tag{17-7}$$

$$\overline{\sigma} = \sqrt{1/2[(\sigma_{11}-\sigma_{22})^2 + (\sigma_{22}-\sigma_{33})^2 + (\sigma_{33}-\sigma_{11})^2]} \tag{17-8}$$

将式(17-5)～式(17-7)代入式（17-8）得出：

$$\bar{\sigma} = \{1/2\{[2\tau_0\ln4.92 - 2\tau_0(1+\ln4.92)]^2 + [2\tau_0(1+\ln4.92) - 2\tau_0(1/2+\ln4.92)]^2 + [2\tau_0(1/2+\ln4.92) - 2\tau_0\ln4.92]^2\}\}^{1/2}$$

整理后得出：

$$\bar{\sigma} = \sqrt{1/2(4\tau_0^2 + \tau_0^2 + \tau_0^2)} = \sqrt{3}\,\tau_0 \tag{17-9}$$

$$\frac{\sigma_{11}+\sigma_{22}}{\bar{\sigma}} = \frac{\sigma_{11}+\sigma_{22}}{\sqrt{3}\,\tau_0} = \frac{2\tau_0\ln4.92 + 2\tau_0 + 2\tau_0\ln4.92}{\sqrt{3}\,\tau_0}$$

$$= \frac{4\tau_0\ln4.92 + 2\tau_0}{\sqrt{3}\,\tau_0} = \frac{2\tau_0(2\ln4.92+1)}{\sqrt{3}\,\tau_0}$$

$$= 8.373/\sqrt{3} \tag{17-10}$$

将式（17-9）和式（17-10）代入式（17-1）得：

$$\varepsilon_f^* = \frac{(1-n)\times\ln\dfrac{l_0}{2r_0}}{\sinh\left[(1-n)\times\dfrac{8.373}{\sqrt{3}}\times\dfrac{\sqrt{3}}{2}\right]} = \frac{(1-0.06)\times\ln\dfrac{l_0}{r_0}}{\sinh\left[(1-0.06)\times\dfrac{8.373}{2}\right]}$$

$$= \frac{0.94\times\ln\dfrac{l_0}{r_0}}{\sinh3.9353} = \frac{0.94\times\ln\dfrac{l_0}{r_0}}{25.57898} = 0.0367\ln\frac{l_0}{2r_0}$$

即

$$\varepsilon_f^* = 0.0367\,\frac{\ln d_T}{a} \tag{17-11}$$

式（17-11）将控制裂纹扩展又无法直接测定的微观参量 ε_f^*，用夹杂物间距（d_T）和尺寸（a）进行估计，其有效性待今后的实验去证实。

B　初步说明

验证式（17-11）需要大量数据，首先选用 D_6AC 钢中 TiN 夹杂物间距 d_T 和尺寸 a（见表 17-11），代入式（17-11）计算出 ε_f^*，再借用 2.1 节所述 TiN 夹杂物对性能的影响所测性能数据一并列于表 17-11 中。

表 17-11　D_6AC 钢中 TiN 夹杂物参数与钢的性能数据

样　号	1	2	3	4	5	6
$d_T^{TiN}/\mu m$	32.85	28.96	23.85	22.36	21.02	19.18
$a/\mu m$	1.76	1.77	2.09	1.94	2.00	2.25
$K_{1C}/MPa\cdot m^{1/2}$	90.9	87.3	84.9	82.7	81.1	80.4
σ_y/MPa	1448	1431	1395	1461	1439	1444
σ_b/MPa	1519	1507	1428	1521	1529	1541
ε_f^*	0.101	0.096	0.084	0.083	0.081	0.074

将表 17-11 中临界断裂真应变 ε_f^* 与夹杂物间距 d_T 和尺寸 a 作图，见图 17-93 和图 17-94。

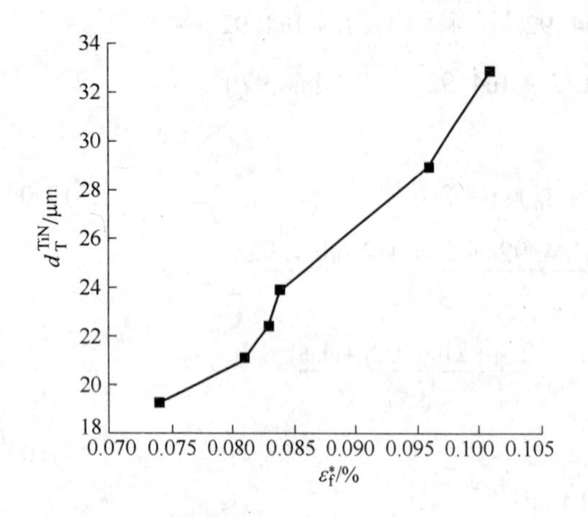

图 17-93 D_6AC 钢试样中 TiN 夹杂物间距与临界断裂真应变的关系

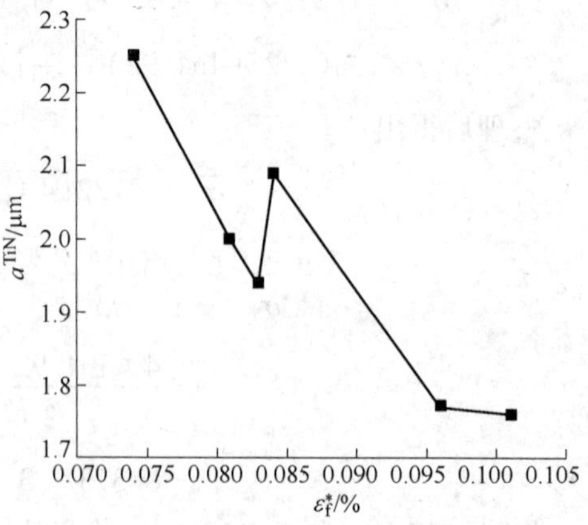

图 17-94 D_6AC 钢试样中 TiN 夹杂物尺寸与临界断裂真应变的关系

图 17-93 中，ε_f^* 随 d_T 增大而上升，表明在微观区域内裂纹扩展所需应变增大，这点与准动态观察一致。图 17-94 中，ε_f^* 随 a 增大而下降。在准动态观察裂纹成核时已发现：当宏观应变量 ε 较小时，尺寸较大的夹杂物首先开裂，随 ε 增大，夹杂物开裂尺寸逐渐变小，甚至 $a \leqslant 0.5\mu m$ 的 TiN 夹杂物也会在应变量 ε 增大时开裂，表明宏观应变量与夹杂物开裂尺寸成反比。

以上实验所观察到的结果表明：式（17-11）中临界断裂真应变可用夹杂物间距 d_T 和尺寸 a 表征。

C 假设

原设 $x = 1.96(2V_c)$ 处应力三向度最大。

a 实验观察

用 K_{1C} 试样观察裂纹扩展，当 K_{1C} 试样加载后，在预疲劳裂纹尖端产生塑性变形后，即出现强烈应变区，使预疲劳裂纹尖端产生钝化，故应力三向度最大点不在预疲劳裂纹尖端产生。根据裂纹扩展观察，已发现距离疲劳裂纹尖端一定的距离内的夹杂物首先开裂，说明这些首先开裂的夹杂物应该是在塑性应变较大的区域内。夹杂物开裂形成微裂纹后，会受到预疲劳裂纹尖端三向应力的作用，使微裂纹长大形成空洞，故原设 $x = 1.96(2V_c)$ 处应力三向度最大是正确的。

b 夹杂物间距（d_T^{SEM}）、过程区尺寸（S）和临界裂纹张开位移（$2V_c$）的关系

Krafft 提出的过程区是裂纹尖端前面的一个区域，当这个区域的应变值达到临界值时，就会产生拉伸失稳，导致失稳断裂。

早在 1968 ~ 1969 年，Spitzig 就研究了高强度钢中硫化物夹杂物间距与过程区尺寸、临界裂纹张开位移、伸张区宽度等的关系，得出这 4 个参数具有相同的数量级。

利用已有公式计算过程区尺寸（S）和临界裂纹张开位移（$2V_c$）：

$$K_{1C} = E\left(\frac{\sigma_b + \sigma_y}{E} + \frac{n}{2}\right)(2\pi S)^{1/2} \tag{17-12}$$

$$K_{1C} = [2E(2V_c)]^{1/2} \tag{17-13}$$

D_6AC 钢的弹性模量 $E=212GPa=212000MPa$，应变硬化指数 $n=0.06$。

将表 17-11 中的数据代入式（17-12）和式（17-13）计算的过程区尺寸（S）和临界裂纹张开位移（$2V_c$）以及按式（17-11）计算的 ε_f^* 一起列入表 17-12 中。

表 17-12　D_6AC 钢试样中的 d_T^{SEM}、S、$2V_c$、ε_f^* 和 $1.96(2V_c)$

样　号	1	2	3	4	5	6
$d_T^{SEM}/\mu m$	32.85	28.96	23.85	22.36	21.02	19.18
$2V_c/\mu m$	13.42	12.56	12.14	11.25	10.76	10.52
$S/\mu m$	14.5	13.5	13	12	11.5	11.3
$\varepsilon_f^*/\%$	0.101	0.096	0.084	0.083	0.081	0.074
$1.96(2V_c)/\mu m$	26.3	24.62	23.79	22.05	21.09	20.62

表 17-12 中计算的过程区尺寸（S）和临界裂纹张开位移（$2V_c$）较接近，而 $1.96(2V_c)$ 与扫描电镜测定的夹杂物间距（d_T^{SEM}）接近，d_T^{SEM} 代表 K_{1C} 试样断口上的韧窝间距，韧窝的形成是以开裂夹杂物作为成核中心，开裂的夹杂物所形成的裂纹扩展，在断口上表现为韧窝彼此相连造成断裂。

根据实验观察已经确定开裂夹杂物位于应力-应变集中区，同应力三向度最大位置完全一致，说明推导式（17-11）过程所设应力三向度最大位置在 $x=1.96(2V_c)$ 处，因多数试样的 $d_T^{SEM}\approx1.96(2V_c)$ 而证实了其合理性。

17.2　550℃回火试样

17.2.1　试样选择

为了比较含同类夹杂物的试样因强度不同，对裂纹成核、长大和裂纹扩展影响的差别，将同含 TiN 夹杂物的试样于 550℃ 回火，有关试样的数据列于表 17-13 中。

表 17-13　D_6AC 钢 550℃回火的性能及其试样中夹杂物参数

锭号	样号	C 含量/%	σ_b/MPa	$\sigma_{0.2}/MPa$	$\varepsilon_f/\%$	$K_{1C}/MPa\cdot m^{1/2}$	$a^{TiN}/\mu m$	$d_T^{SEM}/\mu m$	$f_V^{TiN}/\%$
1	1	0.43	1362.6	1293.6	83.2	86.87	1.464	20.10	0.062
2	2	0.42	1352.4	1264.2	75.2	82.2	1.873	16.31	0.176
4	3	0.45	1352.4	1254.4	71.9	79.9	2.143	16.11	0.273
5	4	0.41	1303.4	1195.6	85.3	86.53	2.005	18.35	0.098
6	5	0.48	1352.4	1254.2	78.9	76.2	2.009	15.03	0.448
7	6	0.40	1185.8	1117.2	90.6	78.47	1.877	16.75	0.203

本套试样只采用准动态方法，观察裂纹在 TiN 夹杂物上成核、长大和裂纹扩展，试样加载条件列于表 17-14 中。

表 17-14 试样加载条件

样号	2				5				3			
加载次数	σ/MPa	$\varepsilon_{测}$/%	$\varepsilon_{塑}$/%	$\varepsilon_{总}$/%	σ/MPa	$\varepsilon_{测}$/%	$\varepsilon_{塑}$/%	$\varepsilon_{总}$/%	σ/MPa	$\varepsilon_{测}$/%	$\varepsilon_{塑}$/%	$\varepsilon_{总}$/%
一	1223	0.70	0.099	0.708	1199	0.70	0.05	0.696	1142	0.65	0.049	0.658
二	1180	0.75	0.186	0.845	1242	0.83	0.323	0.783	1203	0.70	0.087	0.745
三	1249	0.80	0.372	0.993	1267	1.2	0.826	1.509	1241	0.75	0.186	0.832
四	1276	1.20	0.934	1.583	1292	3.0	3.174	3.882	1275	1.20	0.670	1.391
五	1311	3.0	3.245	3.953		3.6	6.351	7.102	1307	3.03	2.943	3.651
六		4.0	6.498	7.173			8.801	9.716	1309	5.6	5.714	6.389
七			7.606	10.21							6.121	6.822
八											8.534	9.449

拉伸试验在宝鸡石油机械厂进行，所用设备为 MTS 液压式万能材料试验机（美国产），用球铰式引伸仪控制应变量，由数字显示仪读出应力值。

17.2.2 准动态方法观察结果

17.2.2.1 微裂纹在 TiN 夹杂物上成核、扩展观察

（1）5 号试样：当 5 号试样加载至宏观应变 $\varepsilon = 0.78\%$ 时，尺寸 $a = 13\mu m$ 的 TiN 夹杂物首先自身开裂，开裂的起始宏观应力 $\sigma = 1274MPa$。

（2）3 号试样：当 3 号试样加载至宏观应变 $\varepsilon = 1.39\%$ 时，TiN 夹杂物界面开裂（见图 17-95(a)）；$\varepsilon = 3.65\%$ 时，界面开裂的裂纹变粗，并与其相邻的裂纹联结（见图 17-95

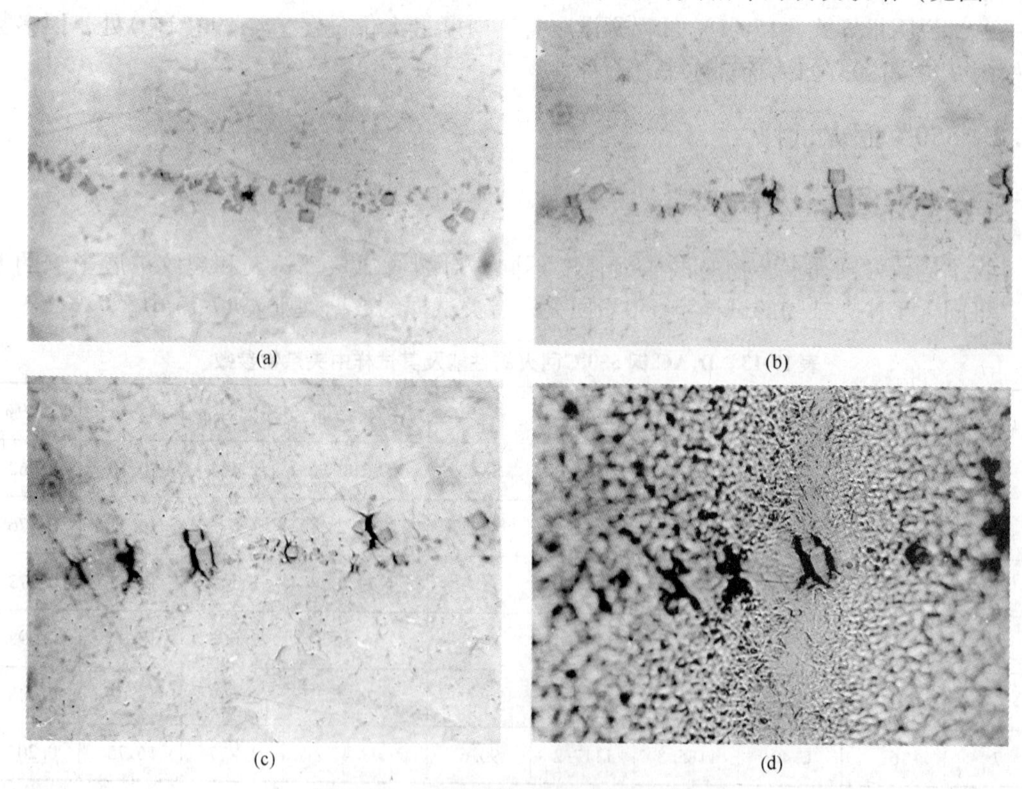

图 17-95 3 号试样加载后裂纹扩展情况

(a) TiN 夹杂物界面开裂（$\varepsilon = 1.39\%$）；(b) 裂纹联结（$\varepsilon = 3.65\%$）；
(c) 裂纹以八字形向基体扩展（$\varepsilon = 6.39\%$）；(d) 裂纹粗化（$\varepsilon = 9.45\%$）

(b))，裂纹与拉伸方向垂直；当应变增大至 $\varepsilon=6.39\%$ 时，试样开始产生颈缩，裂纹以八字形向基体扩展（见图 17-95(c)）；当应变继续增大至 $\varepsilon=9.45\%$ 时，试样产生严重颈缩，使裂纹进一步粗化，并继续向基体扩展（见图 17-95(d)）。

在准动态观察中发现：一旦裂纹在 TiN 夹杂物上成核，随应变逐步增大，这些裂纹会沿垂直和平行于拉伸方向长大，并形成空洞；而在均匀变形阶段，裂纹在 TiN 夹杂物上形成后，只沿垂直于拉伸的方向长大；另外，当试样产生颈缩后，由于颈缩区内应变集中，使基体产生横向收缩，从而使 TiN 夹杂物间距变小，夹杂物间的韧带内应力集中增大，使基体产生塑性变形后，无法阻止裂纹向基体扩展，此时裂纹将沿与拉伸轴呈 45°方向扩展（见图 17-96），使相邻空洞长大。另外，夹杂物间距小的裂纹，因彼此碰撞长大（见图 17-97）。相似情况也出现在 K_{1C} 试样预疲劳裂纹前沿夹杂物聚集区内，裂纹彼此碰撞长大并扩展（见图 17-98）。另外对金相试样经深腐刻后，可以清楚地看出相邻两颗 TiN 夹杂物根部彼此靠近（见图 17-99），说明相邻夹杂物一旦开裂会很快形成空洞。

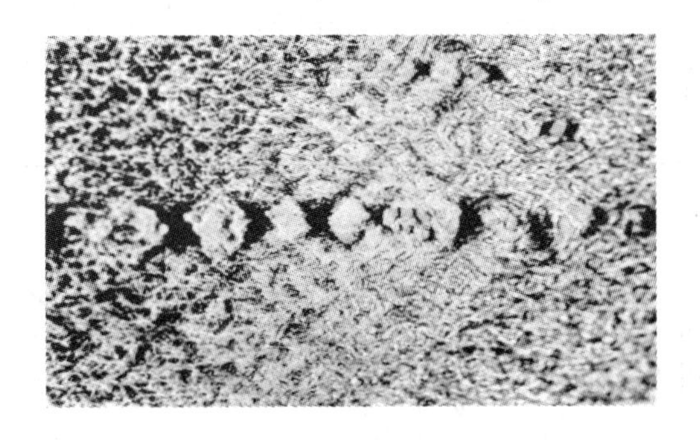

图 17-96　5 号试样韧带切变使空洞聚合（$\varepsilon=9.72\%$，×400）

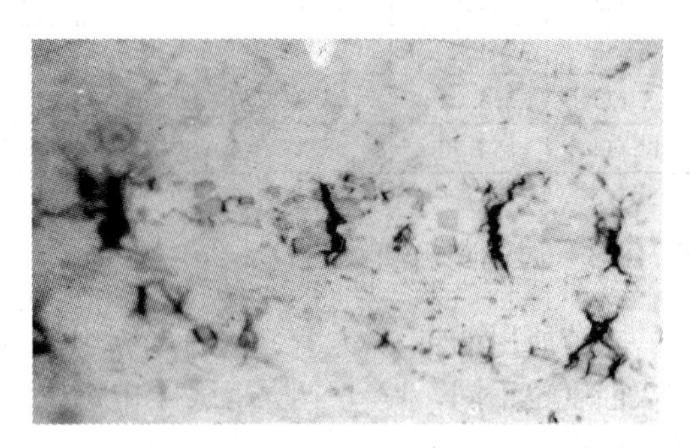

图 17-97　3 号试样 TiN 夹杂物开裂后裂纹直接碰撞联结（$\varepsilon=6.39\%$，×400）

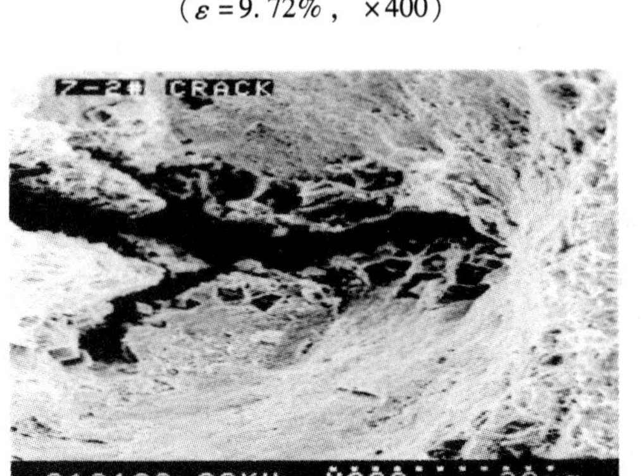

图 17-98　2 号-2K_{1C} 试样预疲劳裂纹前沿的夹杂物（$\varepsilon=1.21\%$，×400）

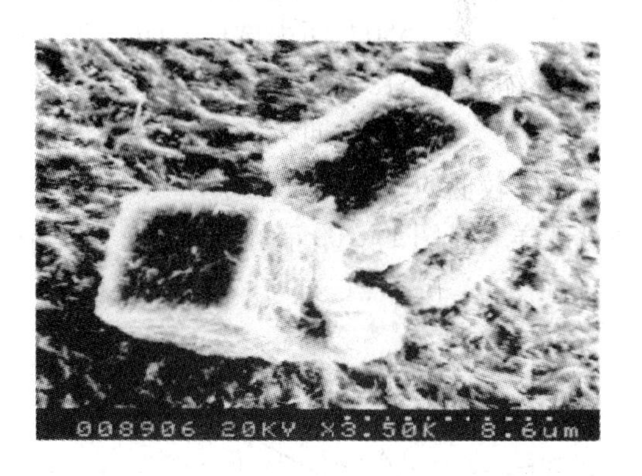

图 17-99　金相试样深腐刻后 TiN 夹杂物的立体形貌

17.2.2.2　TiN 夹杂物开裂的临界尺寸与应变

所测两个试样中 TiN 夹杂物开裂的临界尺寸与应变分别为：

5 号试样　　$\varepsilon=0.78\%$，$a_C^{TiN}=13\mu m$；

$\varepsilon=1.51\%$，$a_C^{TiN}=11\mu m$；

$\varepsilon = 3.882\%$，$a_C^{TiN} = 9\mu m$。

3 号试样　　　$\varepsilon = 6.389\%$，$a_C^{TiN} = 6.3\mu m$。

17.2.2.3　裂纹在 TiN 夹杂物上的成核率与应变

裂纹在 TiN 夹杂物上的成核率即夹杂物开裂百分率以 *OC* 表示，*OC* 随应变增大而增加，但在试样颈缩区与非颈缩区内 *OC* 增加速率不同，一旦试样发生颈缩，颈缩区内的 *OC* 增大，而非颈缩区内 *OC* 增大有限，测试结果列于表 17-15 中。

表 17-15　各应变量下 TiN 夹杂物开裂百分率　　（%）

2（样号）			5（样号）			3（样号）		
ε_f/%	OC^{TiN}/%		ε_f/%	OC^{TiN}/%		ε_f/%	OC^{TiN}/%	
	非颈缩区	颈缩区		非颈缩区	颈缩区		非颈缩区	颈缩区
0.993	2.03	1.97	0.783	2.14	2.04	0.832	2.01	2.10
1.583	8.98	17.20	1.509	6.51	6.63	1.391	3.31	3.77
3.953	38.5	52.06	3.882	19.34	24.49	3.651	23.34	36.13
7.173	55.02	94.31	7.102	19.42	77.40	6.389	34.74	80.48
10.209	54.70	98.13	9.716	20.6	88.20	9.449	36.42	90.01

17.2.3　讨论与分析

本节所用试样与 17.1 节所用试样中均含有 TiN 夹杂物，但含量不同，另外，试样的回火温度也不同，17.1 节所用试样在 510℃ 回火，而本节所用试样在 550℃ 回火，故试样的强度也不同。

17.2.3.1　对比 510℃ 和 550℃ 回火试样中的裂纹成核率

非颈缩区：510℃ 回火试样　*OC* = 0 ~ 34%

　　　　　550℃ 回火试样　*OC* = 2% ~ 54%

颈 缩 区：510℃ 回火试样　*OC* = 0 ~ 92%

　　　　　550℃ 回火试样　*OC* = 2% ~ 98%

强度较低的 550℃ 回火试样，裂纹在 TiN 夹杂物上的成核率，高于强度较高的 510℃ 回火试样（见图 17-100 和图 17-101），其中主要原因与夹杂物含量有关。在 550℃ 回火试

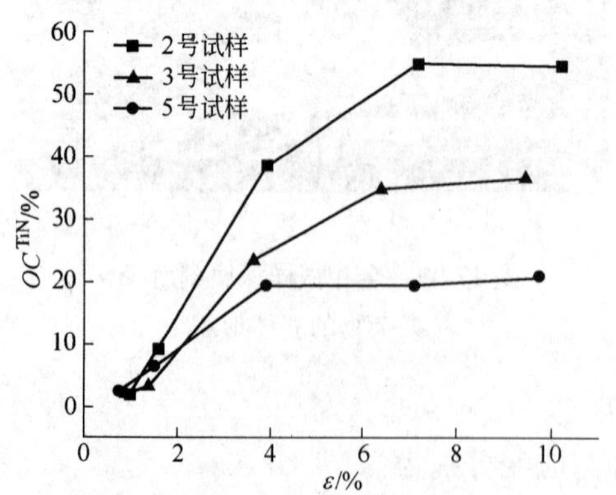

图 17-100　D_6AC 钢试样中 TiN 夹杂物开裂百分率与应变的关系（非颈缩区）

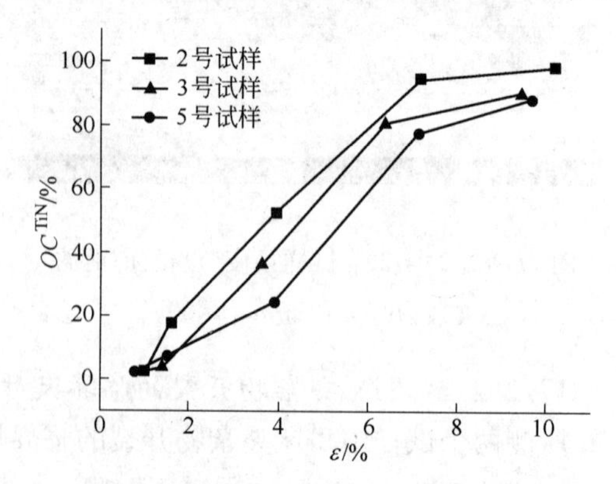

图 17-101　D_6AC 钢试样中 TiN 夹杂物开裂百分率与应变的关系（颈缩区）

样中含有较高的 TiN 夹杂物，为裂纹成核提供了必要条件。这点可从同一炉试样，因取样位置不同，由于夹杂物偏析造成含量上的差别再作比较，见表 17-16。

表 17-16　对比 510℃和 550℃回火试样中夹杂物含量与裂纹成核率

组　别	炉　号	样　号	回火温度/℃	σ_b/MPa	ε/%	f_V/%	OC^{TiN}（非颈缩区）/%	OC^{TiN}（颈缩区）/%
1	2	4	510	1521	2.40	0.089	4.13	—
		2	550	1352	1.58	0.176	8.98	17.20
2	6	6	510	1541	2.40	0.149	11.28	—
		5	550	1352	1.51	0.448	6.51	6.63
3	2	4	510	1541	8.28	0.089	18.25	90.24
		2	550	1352	7.173	0.176	55.02	94.31
4	2	4	510	1541	9.76①	0.089	24.30	—
		2	550	1352	10.21	0.176	54.70	98.13
5	6	6	510	1541	8.16	0.149	33.64	91.53
		5	550	1352	9.716	0.448	20.60	88.20

①试样断裂。

从表 17-16 中可以看出，在 $f_V=0.089\%\sim0.176\%$ 的范围内，$f_V^{550℃}>f_V^{510℃}$，在 550℃回火试样中的裂纹成核率大于 510℃回火试样。但当 550℃回火试样中夹杂物含量进一步增加至 0.448%时，裂纹成核率反而小于 510℃回火试样。说明裂纹成核率并不是随夹杂物含量增高而直线上升，也许夹杂物含量增加到一定时，反而会使裂纹成核率下降。

17.2.3.2　应变相近时对比 510℃和 550℃回火试样中的裂纹成核率

将两种回火的试样按相近应变下的数据整理后，列于表 17-17 中。

表 17-17　相近应变下两种回火的试样裂纹在夹杂物上的成核率

组别	510℃回火							550℃回火						
	锭号	样号	f_V/%	ε/%	σ/MPa	OC/%		锭号	样号	f_V/%	ε/%	σ/MPa	OC/%	
						非颈缩区	颈缩区						非颈缩区	颈缩区
1	2	4	0.089	0.68	1521	未颈缩	—	6	5	0.448	0.78	1352	2.14	2.04
2	3	2	0.049	1.21	1507	0.13	—	4	3	0.273	1.39	1352	3.31	3.77
	6		0.149	1.21	1541	2.46	—					—	—	—
3	3	2	0.049	4.32	1507	26.0	—	2	2	0.176	3.95	1352	38.5	52.06
4	6	6	0.149	5.2	1541	22.6	89.11	4	3	0.273	6.39	1352	34.74	80.48
5	2	4	0.089	8.28	1521	18.25	90.24	2	2	0.176	7.17	1352	55.02	94.31
	6	6	0.149	8.16	1541	33.64	91.53	6	5	0.448	7.10	1352	19.42	77.40
6	2	4	0.089	9.76①	1521	24.3	—	2	2	0.176	10.21	1352	54.70	98.13
	6	6	0.149	10.56	1541	—	—	6	5	0.448	9.72	1352	20.6	88.20

①试样断裂。

对表 17-17 分析如下：

(1) 低应变区 1组、2组 非颈缩区 $OC^{510℃} < OC^{550℃}$

(2) 中应变区 3组 非颈缩区 $OC^{510℃} < OC^{550℃}$

4组 非颈缩区 $OC^{510℃} < OC^{550℃}$

颈缩区 $OC^{510℃} > OC^{550℃}$

(3) 高应变区 5组 非颈缩区 $OC^{510℃} \ll OC^{550℃}$

颈缩区 $OC^{510℃} < OC^{550℃}$

5组 非颈缩区 $OC^{510℃} > OC^{550℃}$

颈缩区 $OC^{510℃} \gg OC^{550℃}$

6组 非颈缩区 $OC^{510℃} \ll OC^{550℃}$

总结上述分析可知：

(1) 非颈缩区，裂纹在夹杂物上的成核率，$OC^{510℃}$ 多数小于 $OC^{550℃}$，主要原因是550℃回火试样中夹杂物含量远高于510℃回火试样，在试样发生颈缩之前，因含量高，开裂的夹杂物数目就多，裂纹在夹杂物上的成核率就高。

(2) 颈缩区，裂纹在夹杂物上的成核率，510℃回火的6号试样 $OC^{510℃} > OC^{550℃}$，根据实验观察，试样发生颈缩后，通常颈缩区内的夹杂物多已全部开裂，裂纹在夹杂物上的成核率也应取决于夹杂物含量，但结果却相反。由于550℃回火试样的强度低于510℃回火试样，可能在颈缩区内的应变集中小于510℃回火试样，试样中的夹杂物未能全部开裂，使成核率降低。

17.2.3.3 510℃和550℃回火试样中TiN夹杂物开裂尺寸与应变对比

实验观察510℃和550℃回火试样中TiN夹杂物开裂的临界尺寸与临界应变的结果列于表17-18中。

表17-18 TiN夹杂物开裂的临界尺寸与临界应变

510℃回火			550℃回火		
ε_C/%	a_C^{TiN}/μm	$(a_C^{TiN})^{-1/2}$/μm$^{-1/2}$	ε_C/%	a_C^{TiN}/μm	$(a_C^{TiN})^{-1/2}$/μm$^{-1/2}$
0.68	13.2	0.275	0.78	13	0.277
1.20	5.8	0.415	1.51	11	0.302
2.40	1.6	0.791	3.88	9.0	0.333
4.32	1.0	1.0	6.39	6.3	0.398
9.97	<1 未开裂		10.21	<1 未开裂	

首先按 a_C 与 ε_C 的关系作图，见图17-102和图17-103。图17-102为510℃回火试样中TiN夹杂物开裂的临界尺寸与临界应变的关系，图中各实验点不在一条直线上。图17-103为550℃回火试样中TiN夹杂物开裂的临界尺寸与临界应变的关系，图中各实验点基本位于一条直线上，即TiN夹杂物开裂尺寸随应变增大而逐减。

根据图17-102和图17-103的曲线形态进行回归分析，图17-102按非线性回归，图17-103应用线性回归，结果如下：

图17-102(510℃回火) $a_C^{TiN} = 18.75 - 1270\varepsilon_C + 20000\varepsilon_C^2$ (17-14)

$$R^2 = 0.78956,\ S = 4.57,\ N = 4,\ P = 0.459$$

图 17-103（550℃ 回火）　　$a_C^{TiN} = 13.62 - 116\varepsilon_C$　　（17-15）

$$R = -0.99665,\ S = 0.296,\ N = 4,\ P = 0.0033$$

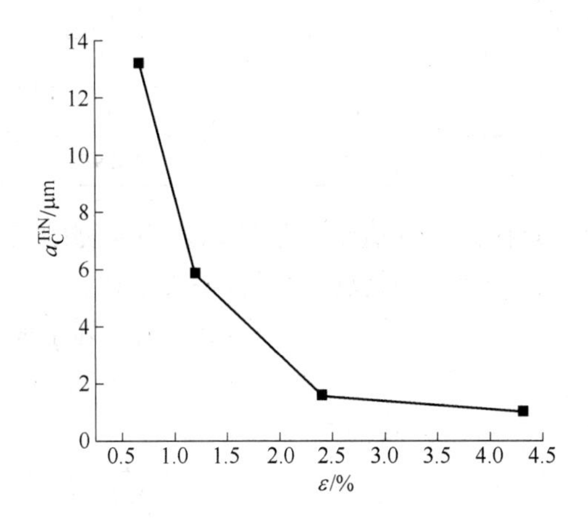

图 17-102　D_6AC 钢试样中 TiN 夹杂物开裂的临界尺寸与应变的关系（510℃）

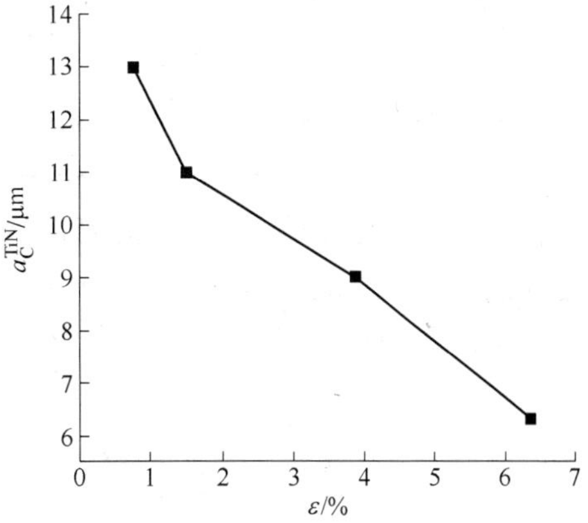

图 17-103　D_6AC 钢试样中 TiN 夹杂物开裂的临界尺寸与应变的关系（550℃）

按相关系数检验回归方程式（17-14）和式（17-15），因实验点数较少，相关系数显著性水平 $\alpha = 0.05$ 和 $\alpha = 0.01$ 时，分别要求相关系数为 0.950 和 0.990，方程式（17-14）的关系不合要求，方程式（17-15）的相关系数显著性水平达到 $\alpha = 0.01$。表明 550℃ 回火试样中夹杂物开裂的临界尺寸随应变增大而直线减小，说明 a_C 与 ε_C 之间存在线性关系。

Tanaka 等对微裂纹在球状夹杂物形核的临界判据为：

$$\varepsilon_C \geqslant \beta\sqrt{1/a} \qquad K < 1 \tag{17-16}$$

$$\varepsilon_C \geqslant \beta\sqrt{1/Ka} \qquad K \geqslant 1 \tag{17-17}$$

其中

$$\beta = \sqrt{\frac{48 \times 10^{-9}[(7-5\gamma)(1+\gamma^*) + (1+\gamma)(8-10\gamma)K][(7-5\gamma)(1-\gamma^*) + 5(1-\gamma^2)K]}{(7-5\gamma)^2[2(1-2\gamma^*) + (1+\gamma)K]}} \tag{17-18}$$

$$K = E^*/E \tag{17-19}$$

式中，E^*、γ^* 和 E、γ 分别为夹杂物和基体的弹性模量和泊松比；a 为球状夹杂物直径。

510℃ 回火试样基体的弹性模量 $E = 212176.5\text{MPa}$，泊松比 $\gamma = 0.31$。从相关文献中查得 TiN 夹杂物的弹性模量 $E_{TiN}^* = 317030\text{MPa}$，$\gamma_{TiN}^* = 0.192$，代入式（17-19）后得出：

$$K = E_{TiN}^*/E = 1.49$$

$$\beta = 3.014 \times 10^{-4}$$

由于 $K > 1$，将 β 值代入式（17-17）得：

$$\varepsilon_C = 3.014 \times 10^{-4}\sqrt{1/1.49a} = 2.47 \times 10^{-4}\sqrt{1/a} \tag{17-20}$$

将510℃回火试样中TiN夹杂物开裂的临界尺寸代入式（17-20）得出的结果列于表17-19中。

表17-19　实测的宏观应变值与 ε_C 计算值的对比（510℃回火）

a_C^{TiN}/μm	13.2	5.8	1.6	1.0
$\varepsilon_{测}$/%	0.68	1.20	2.40	4.32
ε_C/%	0.68	1.03	1.95	2.47
差值/%	0	−16.5	−23.0	−74.9

在 $a_C^{TiN}>1.6\mu m$ 时，实测的宏观应变值与计算的临界应变值十分接近，表明实测的宏观应变值即为临界应变值，证实Tanaka等提出的临界应变判据也适用于方块夹杂物。

再将550℃回火试样中TiN夹杂物开裂的临界尺寸代入式（17-20）得出的结果列于表17-20中。

表17-20　实测的宏观应变值与 ε_C 计算值的对比（550℃回火）

a_C^{TiN}/μm	13.0	11.0	9.0	6.3
$\varepsilon_{测}$/%	0.78	1.509	3.882	6.389
ε_C/%	0.685	0.745	0.823	0.984
差值/%	−13.8	−102.5	−317.7	−549.3

表17-20所列 $\varepsilon_{测}$ 与 ε_C 相差甚远，可能原因有二：一是550℃回火试样基体的 E 和 γ 采用的510℃回火试样的 E 和 γ，故造成 K 和 β 有较大误差；二是所测TiN夹杂物开裂的尺寸并非临界尺寸。

按Tanaka模型，ε_C 与 $a^{-1/2}$ 成正比，将 a^{TiN} 转化成 $(a^{TiN})^{-1/2}$ 后作图，见图17-104和图17-105。

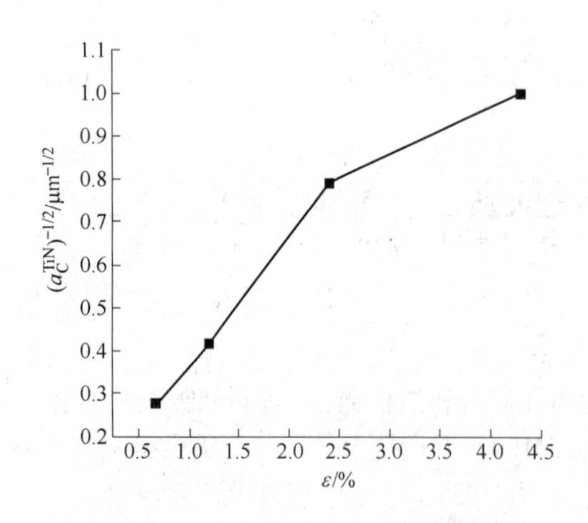

图17-104　D_6AC 钢试样中TiN夹杂物开裂尺寸的平方根与应变的关系（510℃）

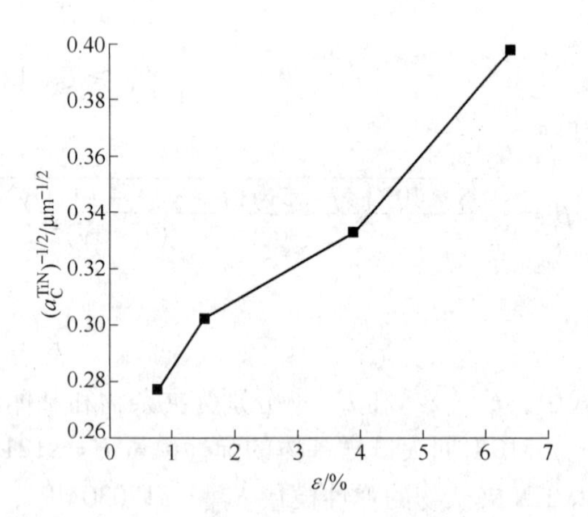

图17-105　D_6AC 钢试样中TiN夹杂物开裂尺寸的平方根与应变的关系（550℃）

图17-104和图17-105中的曲线接近于直线，经回归分析后得出：

图17-104（510℃ 回火）　$(a^{TiN})^{-1/2} = -0.018 + 2\varepsilon$　(17-21)

$$R=0.98599,\ S=0.068,\ N=4,\ P=0.014$$

图 17-105（550℃ 回火） $(a^{TiN})^{-1/2}=0.0264+2\varepsilon$ （17-22）

$$R=0.98917,\ S=0.0094,\ N=4,\ P=0.011$$

将按回归方程式（17-21）和式（17-22）计算的（a^{TiN}）$^{-1/2}$与实测值对比，同时将回归方程式（17-14）和式（17-15）计算的 a^{TiN} 与实测值对比，合并列于表 17-21 中。

表 17-21　按回归方程式（17-14）、式（17-15）和式（17-21）、式（17-22）计算的 a^{TiN} 值与实测值对比

ε(510℃)/%	0.68	1.20	2.40	4.32	ε(510℃)/%	0.68	1.20	2.40	4.32
a_C^{TiN}/μm	13.2	5.8	1.6	1.0	$(a^{TiN})^{-1/2}$/μm$^{-1/2}$	0.275	0.415	0.791	1.0
式（17-14）a_C^{TiN}/μm	10.58	6.39	−0.21	1.2	式（17-21）$(a^{TiN})^{-1/2}$/μm$^{-1/2}$	0.155	0.288	0.594	1.08
差值/%	−24.7	9.2	—	16.7	差值/%	−77.4	−44.1	−33.2	7.4
ε(550℃)/%	0.78	1.51	3.88	6.39	ε(550℃)/%	0.78	1.51	3.88	6.39
a_C^{TiN}/μm	13.0	11.0	9.0	6.3	$(a^{TiN})^{-1/2}$/μm$^{-1/2}$	0.277	0.302	0.333	0.398
式（17-15）a_C^{TiN}/μm	12.72	11.87	9.12	6.21	式（17-22）$(a^{TiN})^{-1/2}$/μm$^{-1/2}$	0.279	0.294	0.341	0.392
差值/%	−2.2	7.3	1.3	−1.4	差值/%	0.7	−2.7	2.3	−1.5

总结表 17-19～表 17-21 的结果有：

（1）510℃回火试样。表 17-11 按 Tanaka 模型计算的 ε_C 与实测的宏观应变 ε 值接近，表明 ε 值即为临界应变 ε_C。表 17-12 按 Tanaka 模型 ε_C 与 $a^{-1/2}$ 成正比，计算的（a^{TiN}）$^{-1/2}$ 与实测的（a^{TiN}）$^{-1/2}$ 除 $a^{TiN}=1.0$μm 外，相差很大。即 ε_C 与 $a^{-1/2}$ 成正比的关系不成立。

（2）550℃回火试样。表 17-12 按 Tanaka 模型计算的 ε_C 与实测的宏观应变 ε 值相差很大，说明实测的宏观应变 ε 值并非临界应变 ε_C。

表 17-13 按 Tanaka 模型 ε_C 与 $a^{-1/2}$ 成正比，计算的（a^{TiN}）$^{-1/2}$ 与实测的（a^{TiN}）$^{-1/2}$ 十分接近，即 ε_C 与 $a^{-1/2}$ 成正比的关系成立。

根据以上对比分析可以认为：所测 550℃回火试样中 TiN 夹杂物开裂的尺寸，为临界尺寸，并符合 Tanaka 模型 ε_C 与 $a^{-1/2}$ 成正比的规律。

上述结果存在的矛盾尚难解释，也反映出在不同的实验条件下，各人所总结的规律存在局限性。

17.2.3.4　510℃回火与 550℃回火试样的临界断裂真应变（ε_f^*）对比

在韧断过程中，若裂纹前面韧带区的应力达不到断裂应力，则裂纹无法扩展。裂纹扩展所需条件是：裂纹前面的韧带被撕裂，而韧带撕裂受临界断裂真应变 ε_f^* 的控制，由于 ε_f^* 无法直接测得，已根据 McClintoch 提出的空洞聚合模型，推导出 ε_f^* 与夹杂物尺寸和间距的关系为：

$$\varepsilon_f^* = 0.03671\ln\frac{d_T}{a} \tag{17-23}$$

将510℃回火和550℃回火试样中TiN夹杂物间距、尺寸代入式（17-23）中得出的结果列于表17-22中。

表17-22 510℃回火和550℃回火试样的临界断裂真应变 ε_f^*

锭 号	1	2	4	5	6	7	回火温度/℃
样 号	1	2	3	4	5	6	550
f_V/%	0.062	0.176	0.273	0.098	0.448	0.203	
d_T^{SEM}/μm	20.10	16.31	16.11	18.35	15.03	16.75	
a^{TiN}/μm	1.464	1.873	2.143	2.005	2.009	1.877	
ε_f^*	0.0904	0.0747	0.0696	0.0764	0.0694	0.0755	
锭 号	1	2	4	5	6	7	回火温度/℃
样 号	1	4	5		6	3	510
f_V/%	0.026	0.089	0.103		0.149	0.071	
d_T^{SEM}/μm	32.85	22.36	21.02		19.18	23.85	
a^{TiN}/μm	1.766	1.994	2.001		2.25	2.09	
ε_f^*	0.101	0.083	0.081		0.074	0.084	

表17-22中所列数据说明：550℃回火试样中裂纹扩展所需 ε_f^* 小于510℃回火试样，即韧带撕裂所需临界断裂真应变较小，裂纹较易扩展。但从TiN夹杂物含量、间距对比，$f_V^{550℃} > f_V^{510℃}$，$d_T^{550℃} < d_T^{510℃}$，即550℃回火试样中夹杂物含量较高，而间距又小，故裂纹较易扩展，虽然550℃回火试样的韧性较高。

17.2.3.5 510℃回火与550℃回火试样的断裂韧性（K_{1C}）对比

对同一炉号的两种回火温度试样，所测断裂韧性数据列于表17-23中。

表17-23 510℃回火与550℃回火试样的断裂韧性（K_{1C}）

510℃回火				550℃回火			
炉 号	样 号	f_V/%	K_{1C}/MPa · m$^{1/2}$	炉 号	样 号	f_V/%	K_{1C}/MPa · m$^{1/2}$
1	1	0.026	90.9	1	1	0.062	86.87
2	4	0.089	82.7	2	2	0.176	82.22
4	5	0.103	81.1	4	3	0.273	79.93
6	6	0.149	80.4	6	5	0.448	76.20
7	3	0.071	84.9	7	6	0.203	78.47

注：本表数据选自本书上篇。

试样的断裂韧性（K_{1C}）代表试样中存在微裂纹时抵抗裂纹扩展的能力，通常与试样含碳量、基体组织、夹杂物含量等有关。对同一炉号的试样，含碳量相同，基体组织因回火温度不同而异，510℃以上回火后的组织均为回火索氏体，但回火温度越高，试样的基体韧性也越好，故 550℃回火试样的韧性高于 510℃回火试样，则其抵抗裂纹扩展的能力也应优于 510℃回火试样，但实际结果却相反（见表 17-23）。其中主要原因为 550℃回火试样中夹杂物含量较高，夹杂物间距也较小，使裂纹成核率较高，且扩展速度也较快，故断裂韧性较低。或者也可认为基体韧性的有利作用被高的夹杂物含量所抵消。另外，从表 17-22 中看出，550℃回火试样的临界断裂真应变 ε_f^* 也较小，使韧带撕裂所需临界断裂真应变较小，故裂纹较易扩展。而 ε_f^* 与夹杂物尺寸和间距有关，表明夹杂物的含量、尺寸和间距共同影响试样的断裂韧性。

第 18 章　D_6AC 钢中 ZrN 夹杂物与钢的断裂

18.1　试样选择

钢中加 Zr 有利于改善钢的韧性，但会生成 ZrN 夹杂物影响钢的性能，本书上篇已对此作过详细研究，今从上篇中挑选 3 个试样进行“夹杂物与钢的断裂”研究，所用实验方法与第 17 章相同。所选 3 个试样有关数据列于表 18-1 中。

表 18-1　含有 ZrN 夹杂物试样有关数据（550℃回火）

样号	f_V^{ZrN}/%	$N_{总}$/个	N_A/个	d_T^{SEM}/μm	σ_b/MPa	$\sigma_{0.2}$/MPa	ε_f/%	K_{1C}/MPa · $m^{1/2}$
4	0.071	309	174	13.1	1191	1168	81.0	89.0
5	0.098	337	236	12.6	1265	1186	78.9	87.3
6	0.126	850	251	11.3	1246	1164	78.7	79.9

注：f_V^{ZrN}—金相法测 ZrN 夹杂物面积百分数换算的含量；$N_{总}$—ZrN 夹杂物总数；N_A—单位视场中，面积大于 20μm^2 的 ZrN 夹杂物数目。

18.2　准动态观察结果

用于准动态观察的平板拉伸试样规格，见图 17-1。试样抛光后，先在金相显微镜下用刻划仪圈好拟跟踪观察的夹杂物视场。

本项实验在原宝鸡石油机械厂进行，所用拉伸机为 30t 液压材料实验机，采用加载-卸载-再加载-再卸载直到试样拉断为止。每次卸载后，在金相显微镜下计数各应变量下 ZrN 夹杂物开裂方式、尺寸和数目，各观测 25 个视场，选择典型视场拍照。

对 3 个试样准动态观察过程分述如下：

（1）5 号试样（此试样划分成 5 个区，2、3 区内 ZrN 夹杂物聚集分布）：

1）ε = 0.75%，尺寸较大的 ZrN 夹杂物自身开裂（见图 18-1）。

2）ε = 2.4%，出现的滑移带主要集中于 3 区，ZrN 夹杂物自身开裂的裂纹变粗（见图 18-2）。

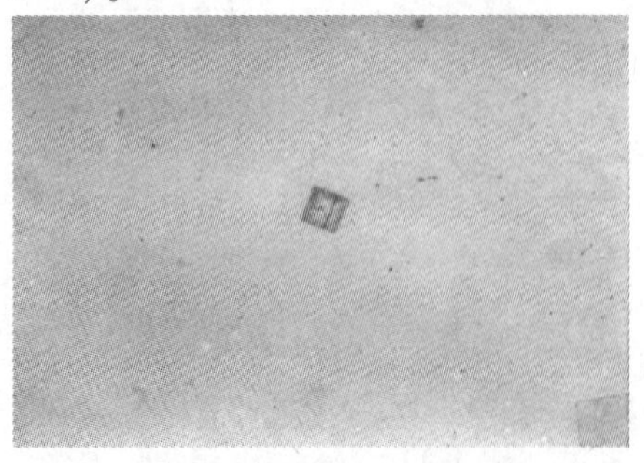

图 18-1　尺寸较大的 ZrN 夹杂物自身开裂（ε = 0.75%，×500）

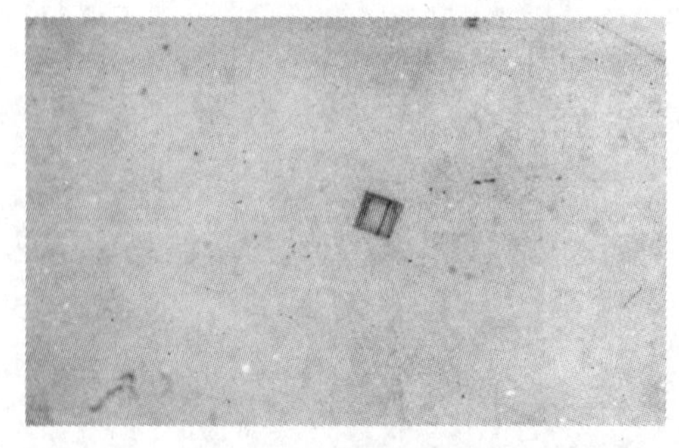

图 18-2　ZrN 夹杂物自身开裂的裂纹变粗（ε = 2.4%，×500）

3）$\varepsilon=5.2\%$，3 区内，ZrN 夹杂物开裂形成的裂纹已开始连接，ZrN 夹杂物自身开裂或 ZrN 夹杂物与基体的界面开裂的裂纹均扩向基体，所跟踪的界面开裂的裂纹见图 18-3。

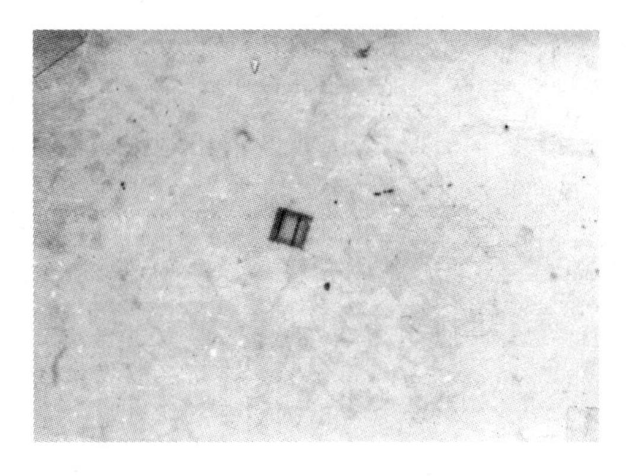

图 18-3 界面开裂的裂纹
（$\varepsilon=5.2\%$，×500）

4）$\varepsilon=8.6\%$，2、3、4 区内的 ZrN 夹杂物开裂的数目增多，裂纹呈 45°扩向基体；1、5 区内只有少数 ZrN 夹杂物开裂。

5）$\varepsilon=11.5\%$，试样在 4 区断裂，断口呈锯齿状，试样表面裂纹变粗，变长，增多。夹杂物间距小处的裂纹彼此连接，韧带撕裂使空洞聚集（见图 18-4），3、4、5 区内的 ZrN 夹杂物全部开裂，使裂纹扩向基体的数目增多，而位于其他区内的 ZrN 夹杂物开裂数目很少。ZrN 和基体界面开裂的裂纹变粗后呈 45°扩向基体（见图 18-5）。

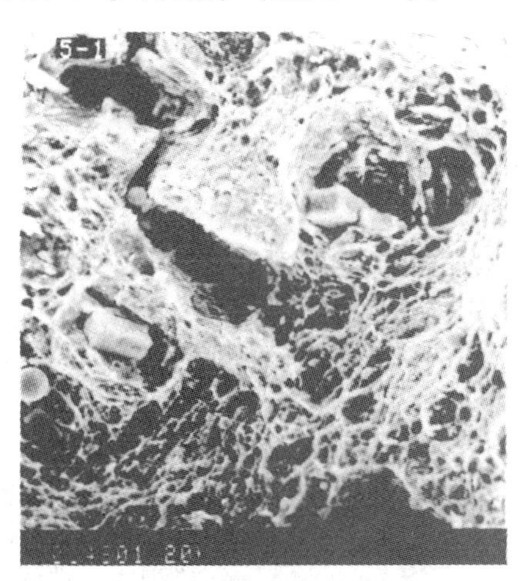

图 18-4 空洞之间的韧带撕裂使裂纹聚合并扩展

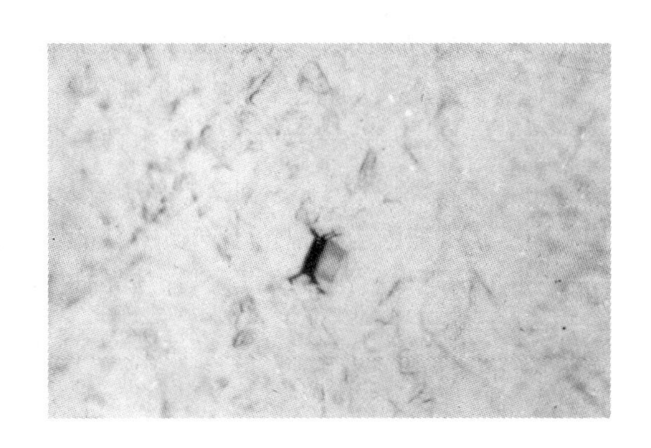

图 18-5 界面开裂的裂纹变粗后扩向基体
（$\varepsilon=11.5\%$，×500）

图 18-6 颈缩区内的 ZrN 夹杂物全部开裂
（$\varepsilon=8.6\%$，×500）

（2）4 号试样（4 号试样中 ZrN 夹杂物偏聚严重，观察集中于此区）：$\varepsilon=8.6\%$ 时，试样即断裂，在 ZrN 夹杂物偏聚的 3、4 区内，随应变增加，ZrN 夹杂物开裂数目增多，但在 1、5 区内的 ZrN 夹杂物开裂数目很少，使应力-应变集中于 4 区内，在试样只发生少量颈缩时即断裂，断口较平坦。纤维区，剪切唇的面积很小，使断口呈放射状的脆性断口。断裂后观察试样表面，位于颈缩区内的 ZrN 夹杂物全部开裂（见图 18-6 和图 18-7），而在未颈缩区内 ZrN

夹杂物并无明显变化。

（3）6 号试样（此试样划分成 5 个区，1、2 区内 ZrN 夹杂物聚集分布）：

1）$\varepsilon=2.4\%$，3、4 区内出现滑移带，4 区滑移严重，ZrN 夹杂物自身开裂和界面开裂（见图 18-8）。

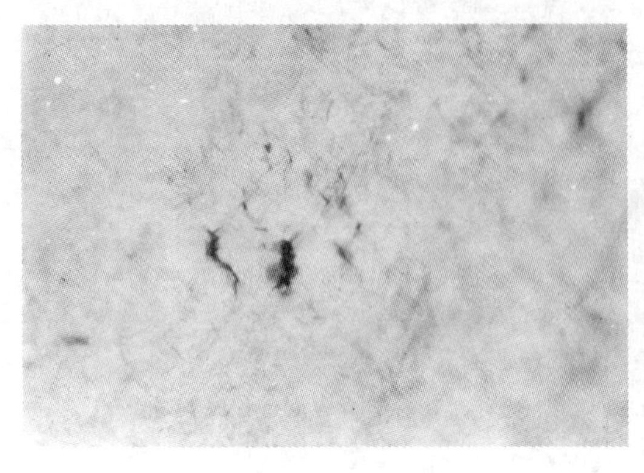

图 18-7 颈缩区内的 ZrN 夹杂物全部开裂（$\varepsilon=8.6\%$，×500）

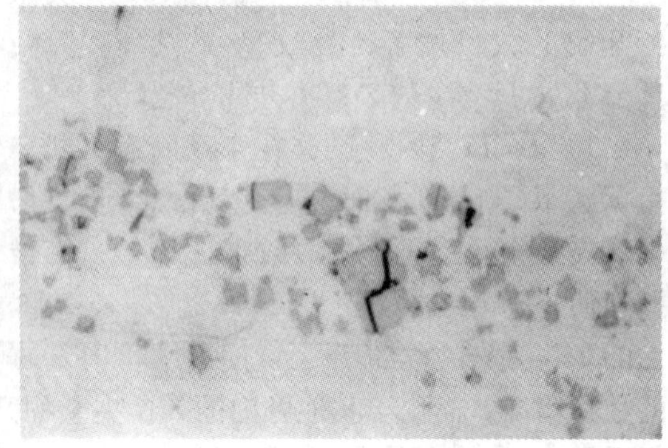

图 18-8 ZrN 夹杂物自身开裂和界面开裂（$\varepsilon=2.4\%$）

2）$\varepsilon=5.2\%$，ZrN 夹杂物开裂后形成的裂纹彼此联结。

3）$\varepsilon=8.6\%$，所形成的裂纹彼此联结，裂纹数目增多。

4）$\varepsilon=11.2\%$，试样在 4 区产生颈缩而断裂。从图 18-9 中可看出 4 区内 ZrN 夹杂物聚集分布，一旦试样在 4 区产生颈缩后，由于夹杂物量多，间距又小，裂纹彼此联结较易，加速裂纹扩展而断裂，但位于颈缩区外的 1 区内的夹杂物并无明显变化。从图 18-4 和图 18-10 中可清楚地看出裂纹长大与扩展的过程。

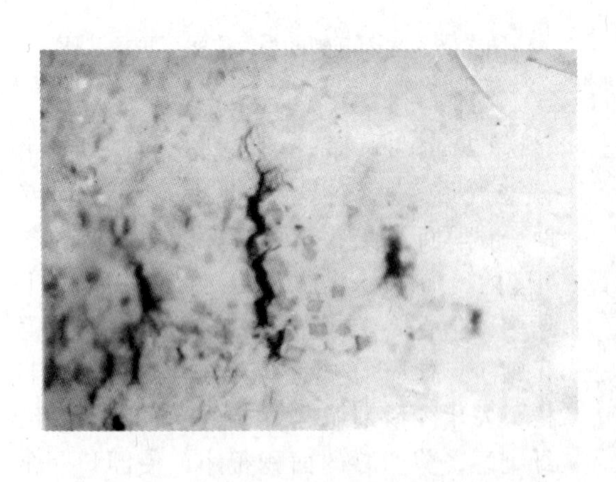

图 18-9 空洞直接碰撞连接形成较大裂纹（×500）

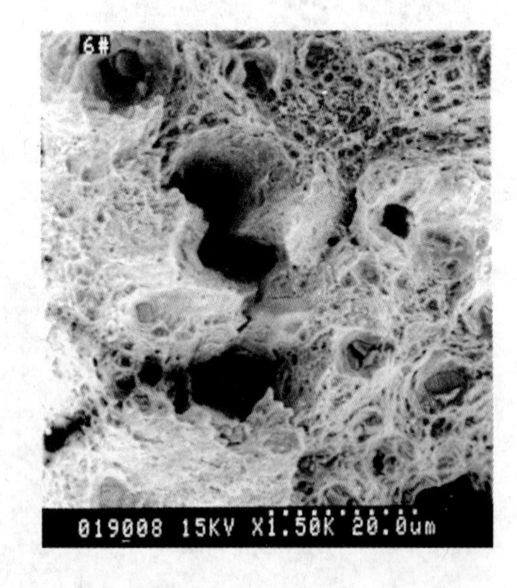

图 18-10 微裂纹长大形成的空洞

对上述三个试样的准动态观察结果，总结后列于表 18-2 中。

表 18-2　不同应变量下 ZrN 夹杂物开裂尺寸、方式和开裂率

样号	ε/%	开裂尺寸 (a)/μm	a_{min}/μm	开裂方式	开裂率/%	所加应力/MPa
4	0.60	未开裂				1144
	0.65	未开裂				1164
	0.75	14.2，15，15，16.5	14.2	自身	4.9	1232
	1.00	14.2，15，12.5，11.4，12，12.5，10	10.0	自身	12.5	1246
	2.4	6，3.2，3.0，2，2.5，5.4	2.0	自身 + 界面	22.7	1313
	5.20	1.3，1.5，1.4，2，2.5，2.75，3.3，4.6	1.3	自身 + 界面	40.1	1361
	8.61	3.5，2.4，2.0，1.5，1.1	1.1	自身 + 界面	62.0	1415
5	0.75	14，12.5，11.2	11.2	自身	2.9	1130
	1.01	11.2，12，8.5，7.5	7.5	自身	14.9	1287
	2.40	10.5，7.5，5.5，4.0，3.75	3.75	自身 + 界面	26.4	1385
	5.20	10，3.5，8.2，4.55，1.1，2.0	1.1	自身 + 界面	45.5	1402
	8.63	3.75，1.45，3.0，1.0	1.0	自身 + 界面	68.5	1416
	11.50	3.5，3，2.5，1.0	1.0	自身 + 界面	74.7	1415
6	0.60	未开裂				949
	0.65	未开裂				1055
	0.75	14，13.5，12.2	12.2	自身	2.5	1096
	1.02	13.5，11，10，12.2，8.5，7.5	7.5	自身	15.6	1149
	2.38	7.4，6.5，4.25，3.5，3.0，2.5	2.5	自身 + 界面	30.3	1218
	5.20	4.5，3.7，2.0，1.6	1.6	自身 + 界面	50.0	1239
	8.59	13.1，7.5，6，5，2.4，1.1	1.1	自身 + 界面	72.6	1232
	11.20	8.5，6.0，1.6，0.9，0.8	0.8	自身 + 界面	84.9	1225

18.3　宏观应变与局部应变

选出 6 号试样在各应变下的照片，测量拉伸前后所选目标夹杂物间距的变化，求出各宏观应变增量（$\Delta\varepsilon$）条件下局部应变增量（$\Delta\varepsilon_p$），以了解夹杂物区内是否存在应变集中。测量结果列于表 18-3 中。

表 18-3　宏观应变与局部应变

样　号	ε/%	$\Delta\varepsilon$/%	ε_p/%	$\Delta\varepsilon_p$/%	$\varepsilon_p/\varepsilon$	$\Delta\varepsilon_p/\Delta\varepsilon$
4	2.4		3.3		1.4	
5	11.5		18.2		1.6	
6	2.4		5.0		2.08	
	5.2	2.8	6.6	1.6	1.27	0.57
	11.2	6.0	45.0	38.4	4.01	6.4

18.4 讨论与分析

18.4.1 裂纹成核与夹杂物尺寸的关系

从准动态观察已肯定，在含有夹杂物的试样中，裂纹总是首先在夹杂物上，或在夹杂物和基体界面上开裂形成裂纹，形成裂纹的条件由临界应变量控制，而临界应变量的大小又与夹杂物尺寸有关，尺寸大的夹杂物形成裂纹的临界应变量总是小于尺寸较小的夹杂物，表明尺寸大的夹杂物易于形成裂纹，这点已在第 17 章中做过一些定性解释。现根据相关文献有关解释做进一步说明，但由于一些微观参量不易查到，也只能做适当补充。

18.4.1.1 位错与裂纹

由于裂纹产生于试样发生塑性变形之后，所以可从位错的基本概念出发，认为位错是裂纹的起源。当试样受到拉应力作用时，在试样屈服之前，夹杂物尤其是氮化物与基体的结合较紧密，另外，从硬度考虑，ZrN 夹杂物的硬度 HV = 1095MPa，D_6AC 钢 550℃ 回火试样的硬度 HV = 833MPa，故当基体发生塑性变形之后，ZrN 夹杂物并不随基体变形，或者仍处于弹性变形阶段，使滑移位错在 ZrN 夹杂物处受阻，形成位错塞积，在位错塞积的端头会引起位错应力集中。当集中的位错应力超过 ZrN 夹杂物的断裂强度，或超过 ZrN 夹杂物和基体界面强度时，ZrN 夹杂物自身开裂，或 ZrN 夹杂物和基体界面开裂形成裂纹。

根据实验观察，应变量 $\varepsilon = 2.4\%$ 时为形核方式的分界线，即 $\varepsilon < 2.4\%$ 时，ZrN 夹杂物自身开裂形成裂纹；$\varepsilon > 2.4\%$ 时，ZrN 夹杂物和基体界面开裂形成裂纹。

18.4.1.2 能量

从能量角度考虑，夹杂物开裂形成裂纹的必要条件是：夹杂物中所贮存的弹性能 ΔE_{el} 大于形成新裂纹的表面能 ΔE_s，即

$$\Delta E_{el} + \Delta E_s \leqslant 0 \tag{18-1}$$

Brown 和 Stobbs 根据式（18-1）考虑塑性变形的连续性后提出：

$$\Delta E_{el} = \frac{4}{3}\pi\mu^* r^3 \varepsilon_p^{*2} \tag{18-2}$$

式中 ε_p^*——量度基体与颗粒变形的不协调性的物理量；

μ^*——颗粒的剪切模量；

r——颗粒的半径。

如果不发生应力松弛，则 $\varepsilon_p^* = \varepsilon_p$，$\varepsilon_p$ 为颗粒产生形变后系统的剪切应变。

如果发生塑性松弛，也是由于颗粒周围的位错第二次滑移，那么 ε_p^* 就随 ε_p 而变，即

$$\varepsilon_p^* = \sqrt{\frac{\boldsymbol{b}\varepsilon_p}{r}} \tag{18-3}$$

式中 $\boldsymbol{b}$——柏式矢量。

由于所考虑的颗粒为球形，所以

$$\Delta E_s \approx 4\pi r^2 \gamma_a \tag{18-4}$$

式中 γ_a——颗粒表面能或颗粒和基体界面能。

将式(18-2)～式(18-4)代入式(18-1)得：

$$\frac{4}{3}\pi\mu^{*}r^{3}\varepsilon_{p}^{*2}+4\pi r^{2}\gamma_{a}\leqslant 0$$

即

$$\frac{4}{3}\pi\mu^{*}r^{3}\boldsymbol{b}\varepsilon_{p}/r+4\pi r^{2}\gamma_{a}\leqslant 0$$

$$\frac{1}{3}\mu^{*}\boldsymbol{b}\varepsilon_{p}+\gamma_{a}\leqslant 0$$

18.4.1.3　临界应变

当用临界应变 ε_C 代替 ε_p 后得出：

$$\varepsilon_C\geqslant 3\gamma_a/\boldsymbol{b}\mu^{*}\tag{18-5}$$

从式（18-5）可以看出，裂纹形核的临界应变与颗粒的表面能或颗粒和基体界面能有关。颗粒尺寸大，则表面能小，裂纹形核所需的应变量也小，裂纹易于形核；若颗粒尺寸小，表面能就大，裂纹形核的临界应变量也大，即裂纹在较大的应变量下才能形核。

通过对比空洞形成前后试样能量的变化后，Tanaka 等提出空洞形核的临界应变 ε_C 与颗粒尺寸的关系为：

$$\varepsilon_C\sim a^{-1/2}\tag{18-6}$$

将表 18-2 中应变与 ZrN 夹杂物开裂尺寸整理后列于表 18-4 中，再按式（18-6）的关系作图，见图 18-11。

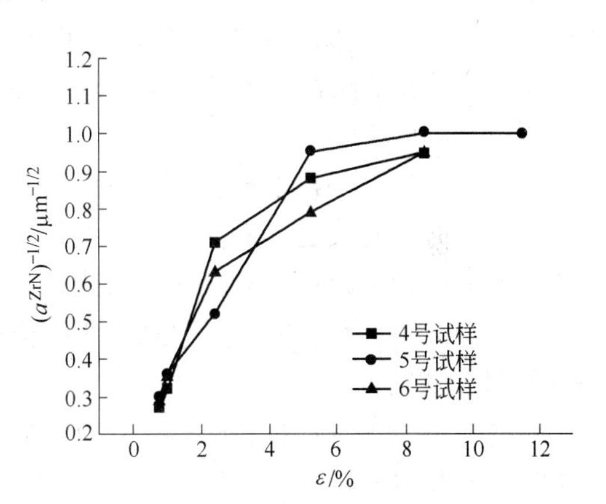

图 18-11　D_6AC 钢中 ZrN 夹杂物尺寸的平方根与应变的关系

表 18-4　应变与 ZrN 夹杂物的开裂尺寸

4 号试样				5 号试样				6 号试样			
$\varepsilon/\%$	a^{ZrN} /μm	$\sqrt{a^{ZrN}}$ /$\mu m^{\frac{1}{2}}$	$\sqrt{\frac{1}{a^{ZrN}}}$ /$\mu m^{-\frac{1}{2}}$	$\varepsilon/\%$	a^{ZrN} /μm	$\sqrt{a^{ZrN}}$ /$\mu m^{\frac{1}{2}}$	$\sqrt{\frac{1}{a^{ZrN}}}$ /$\mu m^{-\frac{1}{2}}$	$\varepsilon/\%$	a^{ZrN} /μm	$\sqrt{a^{ZrN}}$ /$\mu m^{\frac{1}{2}}$	$\sqrt{\frac{1}{a^{ZrN}}}$ /$\mu m^{-\frac{1}{2}}$
0.75	14.2	3.77	0.27	0.75	11.2	3.34	0.30	0.75	12.2	3.5	0.29
1.0	10.0	3.16	0.32	1.0	7.5	2.74	0.36	1.0	7.5	2.74	0.36
2.4	2.0	1.41	0.71	2.4	3.75	1.94	0.52	2.4	2.5	1.58	0.63
5.2	1.3	1.14	0.88	5.2	1.10	1.05	0.95	5.2	1.6	1.26	0.79
8.6	1.1	1.05	0.95	8.6	1.0	1.00	1.10	8.6	1.10	1.05	0.95
				11.5		1.00	1.00	11.2	0.8	0.89	1.12

对图 18-11 进行线性回归分析得出：

4 号试样

$$\sqrt{1/a^{ZrN}}=0.32+8.5\varepsilon\tag{18-7}$$

$$R = 0.8619, S = 3.164, N = 5, P = 0.138$$

5 号试样

$$\sqrt{1/a^{ZrN}} = 0.35 + 8.9\varepsilon \tag{18-8}$$

$$R = 0.9087, S = 0.155, N = 6, P = 0.012$$

6 号试样

$$\sqrt{1/a^{ZrN}} = 0.33 + 7.4\varepsilon \tag{18-9}$$

$$R = 0.9682, S = 0.091, N = 6, P = 0.0015$$

首先检验回归方程式(18-7)~式(18-9)的线性相关显著性水平。

当 $N=5$，线性相关显著性水平 $\alpha=0.05$ 时要求线性相关系数 $R=0.878$，$\alpha=0.01$ 时，$R=0.959$；当 $N=6$，线性相关显著性水平 $\alpha=0.05$ 时要求线性相关系数 $R=0.811$，$\alpha=0.01$ 时，$R=0.917$。

图 18-11 中，4 号试样的线性相关显著性水平与 $\alpha=0.05$ 时接近，而 5 号试样线性相关显著性水平接近和超过 $\alpha=0.01$，因此 ZrN 夹杂物开裂尺寸的平方根与应变的关系符合 Tanaka 的关系式。

再将表 18-4 中应变与 ZrN 夹杂物开裂尺寸作图，见图 18-12。

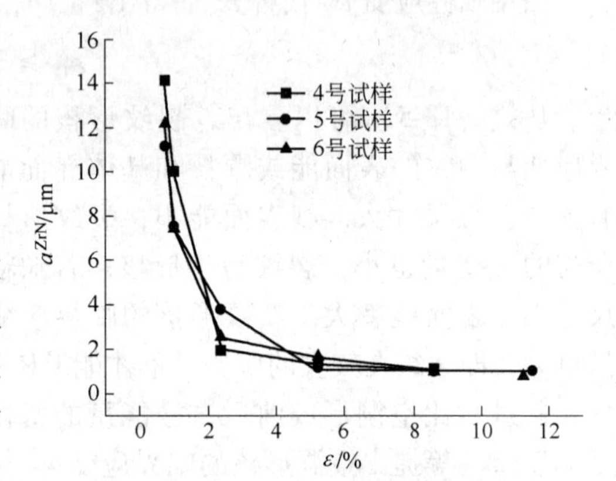

图 18-12 D_6AC 钢中 ZrN 夹杂物开裂尺寸与应变的关系

图 18-12 中 ZrN 夹杂物开裂尺寸随应变增大曲线呈抛物线形，按非线性回归找出两者的关系，回归方程为：

4 号试样

$$a^{ZrN} = 15.94 - 564\varepsilon + 4630\varepsilon^2 \tag{18-10}$$

$$R^2 = 0.8619, S = 3.164, N = 5, P = 0.138$$

5 号试样

$$a^{ZrN} = 11.15 - 282\varepsilon + 1730\varepsilon^2 \tag{18-11}$$

$$R^2 = 0.8891, S = 1.826, N = 6, P = 0.0369$$

6 号试样

$$a^{ZrN} = 11.47 - 299\varepsilon + 1890\varepsilon^2 \tag{18-12}$$

$$R^2 = 0.8026, S = 2.637, N = 6, P = 0.0877$$

根据相关指数检验，只有 5 号试样中 ZrN 夹杂物开裂尺寸随应变增大具有抛物线变化的规律，而 4 号试样和 6 号试样中 ZrN 夹杂物开裂尺寸随应变增加不符合抛物线变化的规律。

18.4.2 裂纹成核率与应变和 ZrN 夹杂物含量的关系

表 18-2 中所列 ZrN 夹杂物开裂率（即裂纹成核率）随应变的关系如图 18-13 所示。

图 18-13中裂纹成核率随应变增大而上升。在三个试样中，ZrN 夹杂物含量顺序为 6 号 > 5 号 > 4 号，在低应变下，夹杂物含量最低的 4 号试样，裂纹成核率最高，但随应变增大，夹杂物含量较高的 5 号和 6 号试样，裂纹成核率上升幅度高于 4 号试样，说明裂纹成核率（OC）随应变和 ZrN 夹杂物含量增大而上升。

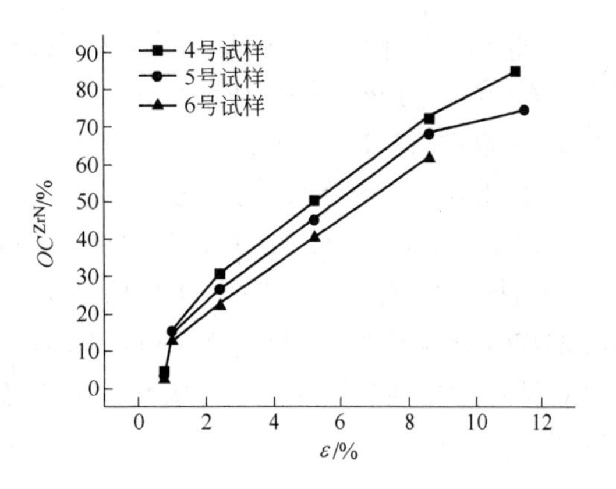

图 18-13　ZrN 夹杂物开裂率与夹杂物含量不同的各试样所需应变的关系

在低应变下，即 $\varepsilon \leqslant 0.75\%$ 时，4 号试样中裂纹成核率高于 5 号和 6 号试样，主要原因与其尺寸有关，即 4 号试样在单位视场中尺寸大于 20μm 的 ZrN 夹杂物多于 5 号和 6 号试样，见表 18-2。

18.4.3　裂纹聚合长大、扩展与夹杂物参数和应变的关系

夹杂物参数包括夹杂物尺寸、含量、间距与分布等，前面已讨论了裂纹成核与夹杂物尺寸的关系，裂纹聚合长大、扩展过程可通过准动态观察加以说明。

18.4.3.1　应变由低到高准动态观察

在低应变 $\varepsilon = 0.75\%$ 时，ZrN 夹杂物自身开裂形成裂纹（见图 18-1）。当应变增加到 $\varepsilon = 2.4\%$ 时，ZrN 夹杂物除自身开裂外，ZrN 夹杂物和基体界面也开裂形成裂纹（见图 18-2）。应变增加到 $\varepsilon = 5.2\%$ 时，已形成的裂纹只沿拉伸方向稳定长大（见图 18-3），而在侧向则无明显长大，说明试样在均匀变形阶段，位于夹杂物侧向的基体产生较大的塑性变形后，限制了裂纹的侧向长大与扩展。当试样出现明显颈缩后，即当 $\varepsilon \geqslant 8.6\%$ 后，裂纹沿拉伸方向迅速长大，并以切变方式向基体扩展（见图 18-5 ~ 图 18-7）。

试样出现颈缩后，裂纹迅速长大的原因与颈缩区存在应变集中有关。表 18-3 中的数据已表明，在局部区域内，应变增大到宏观应变量的 6.4 倍，导致夹杂物周围韧带区内的基体产生横向收缩，从而缩短在横向上的夹杂物间距，这样就有利于裂纹聚合长大与扩展。

18.4.3.2　裂纹聚合长大方式

裂纹聚合长大方式有两种：一是裂纹相互碰撞长大（见图 18-9），二是裂纹间的韧带撕裂（见图 18-4 和图 18-10）。韧带撕裂决定于临界断裂真应变 ε_f^*，ε_f^* 的大小又与夹杂物尺寸、间距有关，已推导出：

$$\varepsilon_f^* = 0.0367\ln d_T/a \tag{18-13}$$

由式（18-13）可知，夹杂物间距越大或夹杂物尺寸较小，所需临界断裂真应变 ε_f^* 也越大，裂纹聚合长大和扩展也较难；相反地，夹杂物间距越小或夹杂物尺寸较大，所需临界断裂真应变 ε_f^* 也越小，裂纹聚合长大和扩展就较易。这与实验观察一致。

18.4.4　夹杂物与碳化物相互作用对断裂的影响

以上仅讨论了夹杂物在材料断裂中的作用，而所有钢中均存在碳化物。选作试样的

D_6AC 超高强度钢中，含碳量为 0.4% ~0.5%，经过高温回火后，碳化物细小均匀分布，它们在微裂纹成核中的作用远小于夹杂物，但对微裂纹的扩展却起到桥梁作用。为此，结合第 17 章进行讨论。

18.4.4.1　断口韧窝成分的鉴定

首先选取第 17 章所用含 TiN 夹杂物的 K_{1C} 断口试样，利用电子探针分析断口上大小韧窝核心的成分，得出大韧窝核心的成分为 TiN 夹杂物（见图 18-14），小韧窝核心的成分为碳化物（见图 18-15）。图 18-15 中上、中、下三条扫描线分别为 Mo、C、Cr。试样的电解沉淀经 X 射线粉末衍射分析，得知粉末中各相分别为 TiN 夹杂物、Fe_3C 和 $M_{23}C_6$。

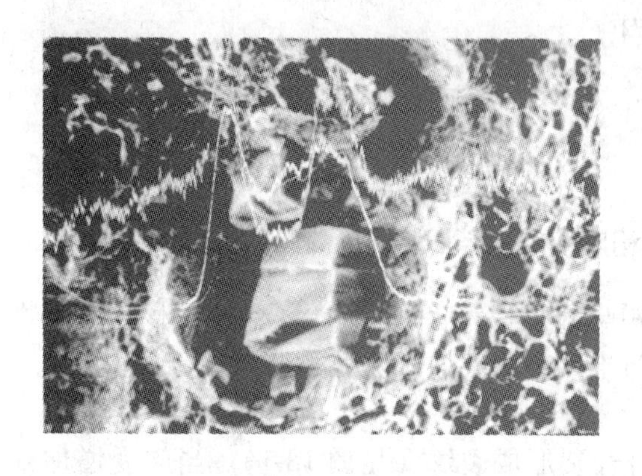

图 18-14　TiN 夹杂物波谱图曲线上的 Ti 和 N 峰

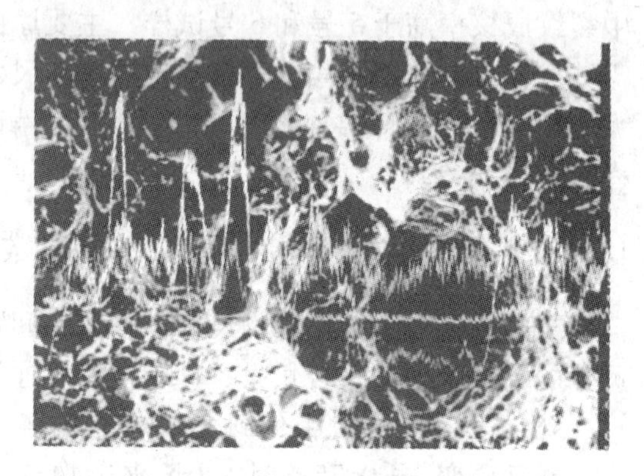

图 18-15　D_6AC 钢中碳化物波谱图曲线上的 Cr、Mo、C 峰

18.4.4.2　断口形貌的定性描述

现选用三个试样断口形貌的 SEM 照片，以了解夹杂物与碳化物在裂纹成核和扩展中的相互关系。

（1）图 18-16：以 Fe_3C 为核心的小韧窝群包围以 TiN 夹杂物为核心的大韧窝。

（2）图 18-17：因试样中的 ZrN 夹杂物聚集分布，在断口上形成大韧窝片。

图 18-16　大韧窝（其中为 ZrN 夹杂物）包围小韧窝（其中为碳化物）

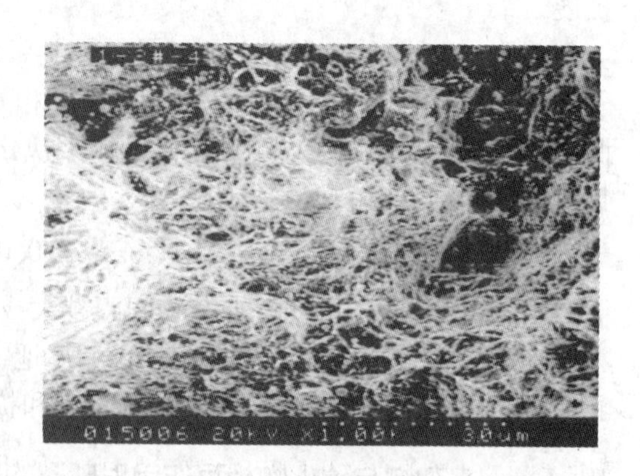

图 18-17　ZrN 夹杂物聚集形成大韧窝

（3）图 18-18：因试样中的 ZrN 夹杂物数目增多，在断口上形成的大韧窝也增多，这些大韧窝穿过小韧窝群形成较大裂纹。

（4）图 18-19：与图 18-18 为同一试样，但裂纹穿过小韧窝区，并未使小韧窝区断开。

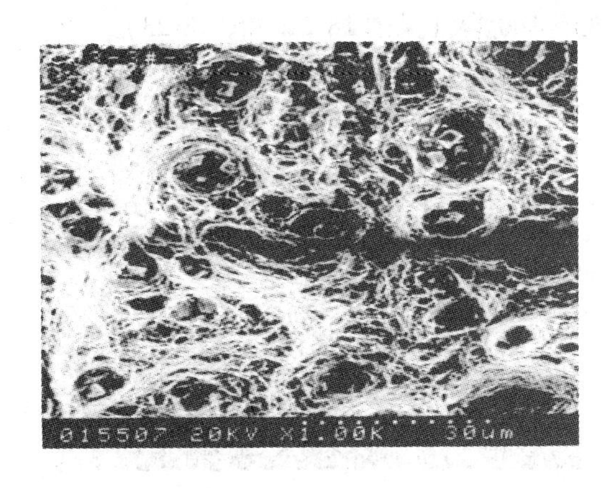

图 18-18　大、小韧窝串接形成的裂纹

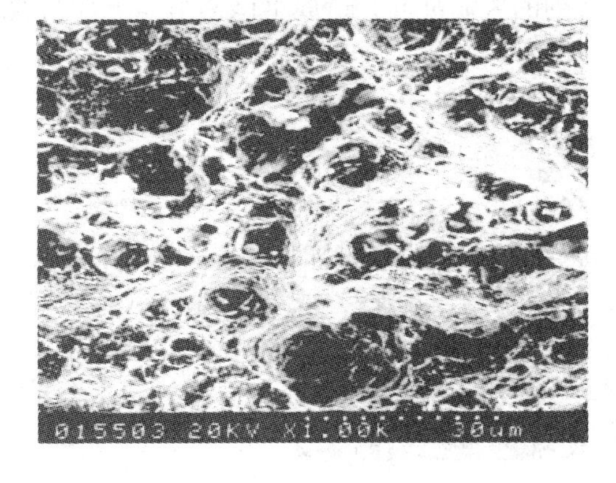

图 18-19　裂纹穿过小韧窝区

（5）图 18-20：大韧窝中的 ZrN 夹杂物剥落形成空洞，并穿过小韧窝区，使空洞长大。

（6）图 18-21：因试样中含 ZrN 夹杂物数量最高，造成沿晶断裂，裂纹被撕裂的小韧窝包围。

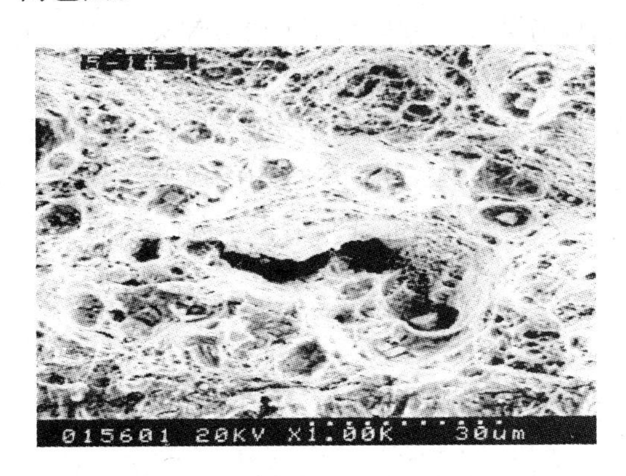

图 18-20　ZrN 夹杂物形成的裂纹穿过小韧窝区后长大

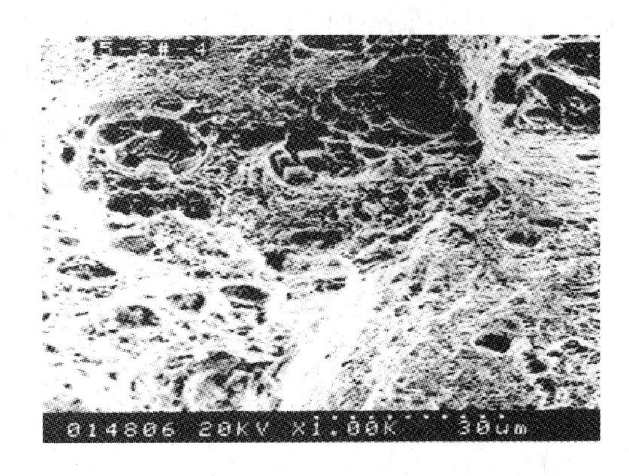

图 18-21　ZrN 夹杂物聚集区被撕裂后形成的断口形貌

18.4.4.3　夹杂物与碳化物在断裂过程中的相互作用

在较低的应变下，尺寸较大的夹杂物开裂形成裂纹后，裂纹扩展主要靠其周围的韧带撕裂。但试样经过高温回火后，韧性较好，且断裂应力（σ_f）高于屈服应力（σ_s），如 510℃回火的试样 $\sigma_f=2100\sim2300$MPa，$\sigma_s=1400\sim1500$MPa。因此，位于微裂纹周围的塑性区内，应力集中可通过塑性形变而弛豫，使微裂纹尖端产生钝化，使试样不会发生失稳解理断裂。但随应力-应变增大，在韧带区内塑性应变集中也增大（见表 18-3 和第 17 章中表 17-7），使韧带区颗粒尺寸较小的碳化物界面开裂，形成次生微裂纹，它们与开裂夹杂物形成的主裂纹联结，在联结的瞬间试样断裂。从图 18-16 ~ 图 18-21 中已看出，碳化物形成的小韧窝群与夹杂物形成的大韧窝彼此相连造成了韧性断裂。Broek 和 Hancock 称碳

化物起到了桥梁作用。另外，夹杂物呈聚集分布时，由于夹杂物间距小，当其形成微裂纹后，会彼此碰撞使微裂纹长大并扩展（见图 18-22 和图 17-20、图 17-27、图 17-34 ~ 图 17-36、图 17-52、图 17-53、图 17-92）。从这些试样的断口形貌中，可以看到沿加工方向排列的大韧窝群，造成了试样沿晶脆性断裂或准解理断裂（见图 18-22 和图 18-23）。

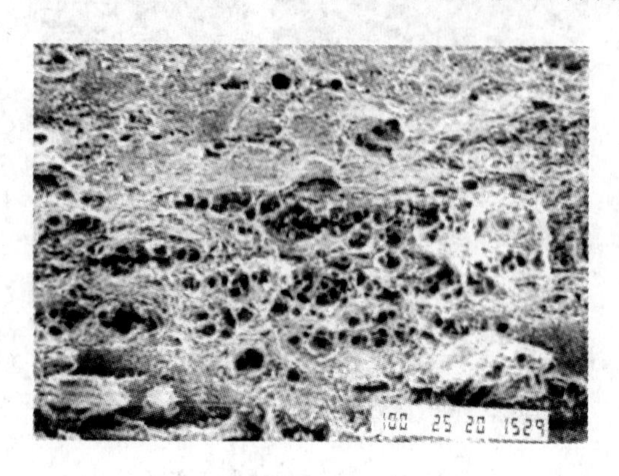

图 18-22 6 号试样中 TiN 夹杂物群沿拉伸方向分布的断口形貌

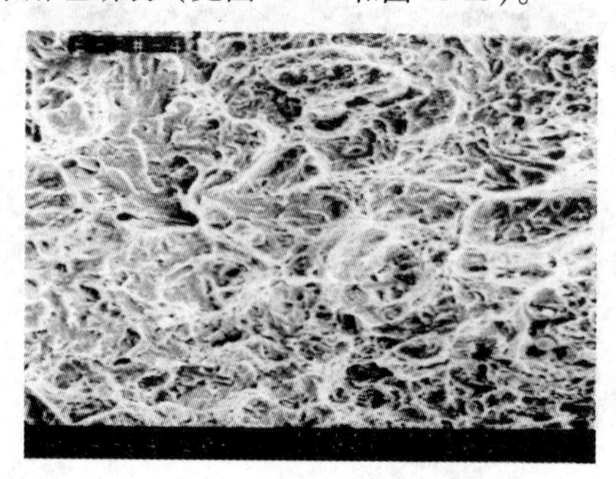

图 18-23 ZrN 夹杂物聚集区形成的脆性断口形貌

发生于夹杂物聚集分布的断裂，碳化物所起的桥梁作用较少。裂纹扩展与夹杂物、碳化物的关系，见图 18-24。图 18-24 中左边为预制疲劳裂纹，方块为 TiN 或 ZrN 夹杂物，分布于四周的小点为碳化物，加载后应变较小时，预裂纹尖端开始钝化，少量 TiN 或 ZrN 夹杂物开裂形成微裂纹，随应变增大夹杂物开裂数目增多，微裂纹随应变继续增大逐渐变成空洞，使韧带区内的应变速率改变，造成韧带区内应变集中，使韧带区内的应变达到所需的临界断裂真应变 ε_f^*，韧带区内的碳化物开裂。此时基体抵抗裂纹能力下降，从而加速裂纹扩展，导致试样断裂。

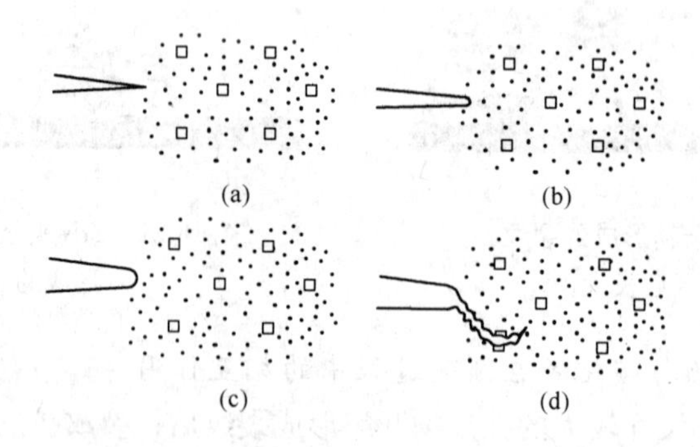

图 18-24 裂纹扩展与夹杂物、碳化物的关系
（a）加载前；（b）小应变；（c）大应变；（d）断裂

第 19 章　D_6 AC 钢中 MnS 夹杂物与钢的断裂

19.1　试样选择

用 200kg 真空感应炉按 D_6AC 钢的成分炼成 D_6AC 钢后作为原料，再于 15kg 真空感应炉中配制只含 MnS 夹杂物的一套 6 个试样，6 个试样中 MnS 夹杂物含量由低到高。首先研究 MnS 夹杂物对钢性能的影响，然后选择其中 3 个试样研究 MnS 夹杂物与钢的断裂。研究 MnS 夹杂物与钢的断裂的方法与前面记述的准动态方法完全相同。

对 MnS 夹杂物的定量，采用金相法测试样的面积，再用化学法测试样的含硫量，按含硫量换算成 MnS 夹杂物的含量，有关试样的数据列于表 19-1 中。

表 19-1　试样的数据（550℃回火）

样号	MnS 含量 /%		夹杂物间距 /μm		每单位视场夹杂物数目		单颗 MnS 的长度 /μm			$\overline{F}^{AIA}$ /μm	s^{SEM} /μm	ε_f /%	$\sigma_{0.2}$ /MPa
	f_V^C	f_V^m	d_T^m	d_T^{SEM}	$N_{总}$	$\overline{N}$	L_{max}	L_{min}	$\overline{L}$				
9	0.189	—	76.8	—	82.7	8.0	51.2	2.56	10.3	—	—	76.5	1195
10	0.241	0.212	63.8	2.39	87.6	11.6	35.8	2.56	7.5	6.74	3.77	73.4	1229
11	0.308	0.332	57.1	2.30	110.1	14.6	38.4	2.56	7.6	5.12	3.20	71.8	1220

注：f_V^C—用化学法测试样的含硫量，按含硫量换算成 MnS 夹杂物的含量；f_V^m—金相法测 MnS 所占面积比例；MnS 数目（N）和纵长(L)—单位视场中的数目和纵长；L_{max}—MnS 最大纵长；L_{min}—MnS 的横向宽度；$\overline{L}$—单位视场中 MnS 的平均长度；$\overline{F}^{AIA}$—平均自由程（图像仪测）；s^{SEM}—SEM 测夹杂物最邻近间距。

19.2　准动态观察结果

19.2.1　准动态观察方法

含 MnS 夹杂物的试样，经 550℃回火后，按第 17 章中图 17-1 的尺寸规格，加工成平板拉伸试样。在平拉试样的标距部分，用金相法磨制抛光后，首先在金相显微镜下，拍摄拟跟踪的 MnS 夹杂物照片，然后在 30t 液压材料试验机上，采用逐步加载-卸载的方式，从试样的弹性变形阶段开始，加载到一定的应力-应变量（应变用引伸仪控制）后，取下试样，在金相显微镜下观察微裂纹在 MnS 夹杂物上成核、长大及扩展的全过程，如此反复进行，直到试样被拉断为止。

在金相显微镜下所测夹杂物参数有：MnS 夹杂物开裂的临界尺寸、开裂方式、开裂与未开裂的夹杂物数目，各观察 50 个视场，计算夹杂物开裂百分数(OC)(即裂纹成核率)。

19.2.2 微裂纹在 MnS 夹杂物上成核观察

根据准动态观察，试样处于弹性变形阶段时，未观察到微裂纹在 MnS 夹杂物上成核；随应变量增大至 $\varepsilon=2.39\%\sim2.45\%$ 时，试样发生塑性变形后，尺寸较大的条状 MnS 夹杂物首先自身开裂形成微裂纹，微裂纹方向与拉应力方向垂直；随应变量继续增大，在同一颗 MnS 夹杂物上，垂直裂纹条数增多并逐渐变粗（见图 19-1）；在试样发生颈缩后，粗化的裂纹断开形成空洞，从断口照片可看到一个韧窝内有几块脆裂的 MnS 夹杂物（见图 19-2），而呈球状或椭球状的 MnS 夹杂物的开裂方式与条状 MnS 不同，在试样发生颈缩后，球状 MnS 和基体界面开裂形成微裂纹（见图 19-3）；随应变量继续增大，形成微裂纹的 MnS 夹杂物尺寸逐渐变小，直到试样断裂时条状 MnS 夹杂物开裂尺寸趋于稳定，与此同时，MnS 夹杂物开裂的数目也趋于稳定，即裂纹成核率不再增加。

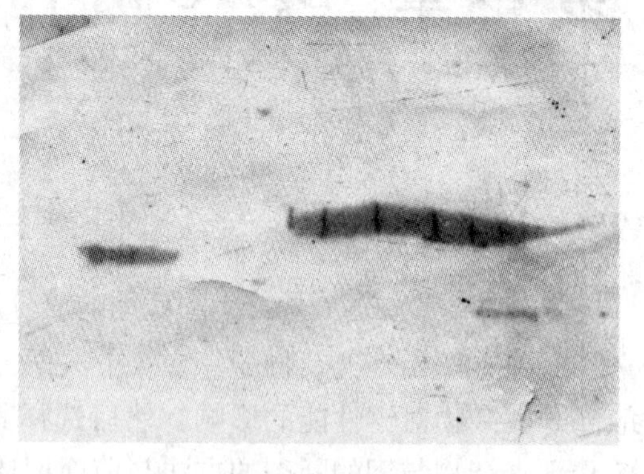

图 19-1 11 号试样垂直裂纹条数增多并变粗（$\varepsilon=7.38\%$，×800）

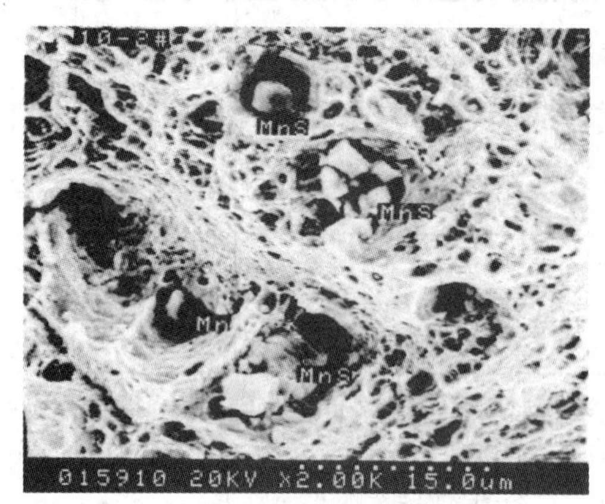

图 19-2 断口上的 MnS 夹杂物碎块（K_{1C}试样断口）

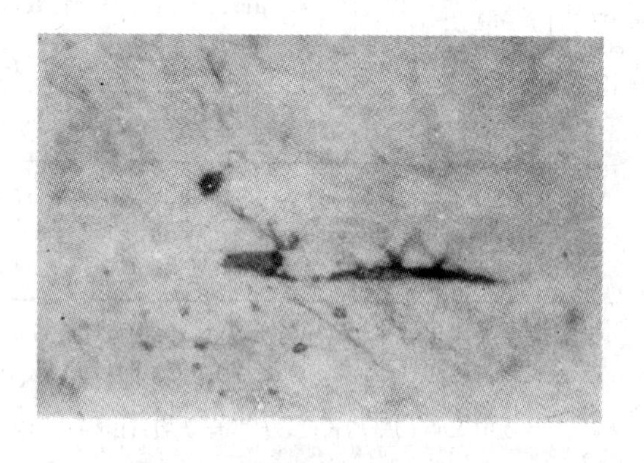

图 19-3 11 号试样球状 MnS 和基体界面开裂形成的微裂纹（$\varepsilon=12.14\%$，×800）

准动态观察的三个试样的结果列于表 19-2 中。

表 19-2 各应力-应变下 MnS 夹杂物开裂尺寸和开裂百分数

9 号试样					10 号试样					11 号试样				
σ /MPa	ε /%	L_C /μm	a_C /μm	OC /%	σ /MPa	ε /%	L_C /μm	a_C /μm	OC /%	σ /MPa	ε /%	L_C /μm	a_C /μm	OC /%
1384	2.39	45	15	0.61	1446	2.52	27.5	5	16.9	1396	2.45	35	5	8.6
1409	2.97	50	5	4.6	1429	4.15	25	4.5	23.2	1409	5.05	20	3.75	46.6
1409	2.97	30	3.75	10.5	1348	5.56	27.5	3.75	40.7	1239	5.83	15	3.75	68
1422	3.36	35	2.5	11.9						1389	7.37	12.5	2.5	81.4
2441	9.51	3.75	2.0	30.7						1988	12.14	12.5	2.0	82.3

注：σ—拉伸应力；ε—应变；L_C，a_C—MnS 夹杂物开裂纵长、横向宽度；OC—MnS 夹杂物开裂百分数。

19.2.3　微裂纹长大与扩展观察

微裂纹在 MnS 夹杂物上成核并逐渐变粗后，随应变增大至临界值时，裂纹开始与应力呈 45°方向向基体扩展，在扩展途中碰到 MnS 夹杂物，开裂的微裂纹会彼此连接形成较粗的裂纹（见图 19-4），进一步形成空洞（见图 19-5 和图 19-6）。从图 19-4 ~ 图 19-6 中可以看出，微裂纹长大与扩展靠夹杂物之间的韧带被撕裂。

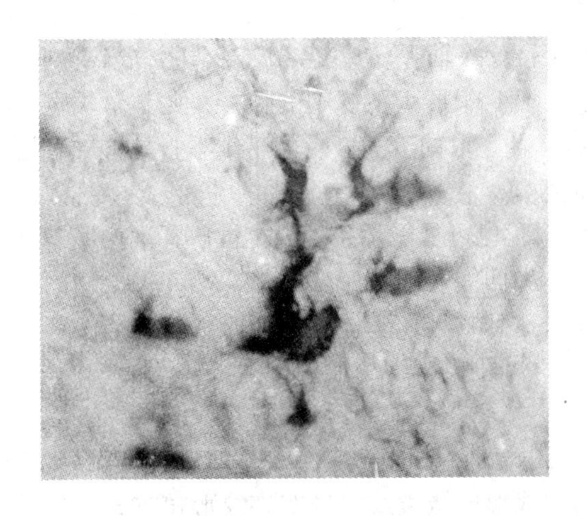

图 19-4　11 号试样开裂的 MnS 夹杂物沿切线方向碰撞聚合（$\varepsilon=12.14\%$，颈缩区，×800）

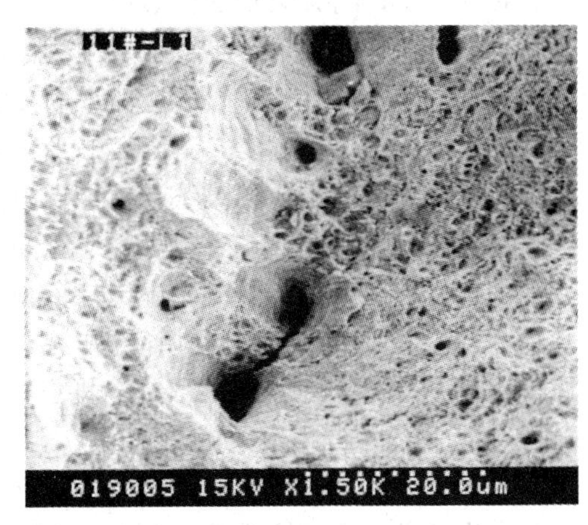

图 19-5　韧带撕裂后裂纹沿切线方向碰撞聚合长大（平板拉伸试样断口）

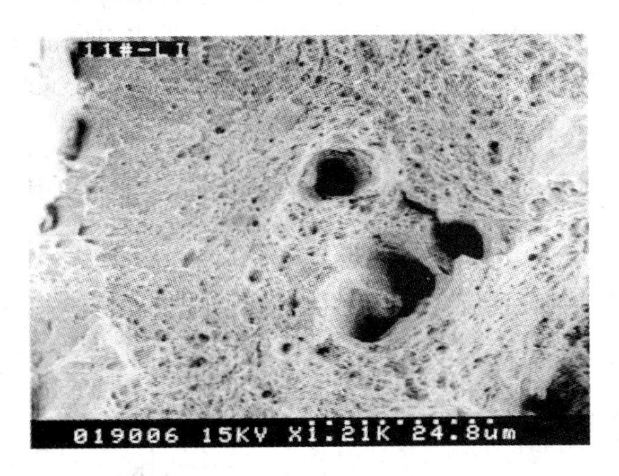

图 19-6　夹杂物形成的空洞直接碰撞聚合长大（平板拉伸试样断口）

19.3　讨论与分析

19.3.1　MnS 夹杂物开裂方式与 ZrN 夹杂物开裂方式对比

ZrN 夹杂物在 $\varepsilon=0.75\%$ 时自身开裂形成微裂纹，当 $\varepsilon\geqslant2.4\%$ 时，界面开裂；MnS 夹杂物在 $\varepsilon=2.4\%$ 时自身开裂形成微裂纹，当 $\varepsilon\geqslant2.4\%$ 时，自身和界面都开裂。两者不仅

开裂方式不同，而且 MnS 夹杂物开裂形成微裂纹是在基体屈服一段时间之后，所需应变大于 ZrN 夹杂物，其中原因可利用夹杂物本身与基体之间的硬度差别加以说明。

基体硬度 HV≈660MPa，MnS 夹杂物硬度 HV≈571MPa，MnS 夹杂物的显微硬度与基体接近或稍低。试样在应力应变作用下，较软的 MnS 夹杂物具有容忍性，允许在位错塞积的前方有一定的应力松弛，使裂纹形核所需做的功较大，故需要在较大的应变下才能形成微裂纹。而 ZrN 夹杂物的显微硬度与 TiN 夹杂物接近，HV>2000MPa，远高于基体，属硬脆相，在应变下即可开裂形成微裂纹。

Brown 等认为裂纹形核方式随颗粒形状而异。对等轴颗粒，如 ZrN 夹杂物，当受到一定的塑性变形后，往往是颗粒和基体界面开裂，而对于形状不规则的颗粒，尤其是长宽比较大的颗粒，如 MnS 夹杂物，往往是内部断裂，且与取向有关。颗粒主轴平行拉伸轴者首先开裂形成裂纹，所形成的裂纹与拉伸方向垂直。

尺寸较大的条状 MnS 夹杂物自身开裂的原因，也可从能量条件做定性解释。由于 MnS 夹杂物的尺寸较大，其表面能就小于颗粒和基体界面能，随着应变增大，MnS 夹杂物内部贮存的弹性能逐步提高，当所贮存的弹性能尚未达到颗粒和基体界面能时，弹性能的释放足以使 MnS 夹杂物内部产生微裂纹，即已贮存的弹性能达到了形成微裂纹所需的表面能，使 MnS 夹杂物内部产生多条微裂纹。

同为 MnS 的夹杂物，形状为球状的 MnS 尺寸远较条状 MnS 小，这些球状 MnS 夹杂物，只有当试样发生颈缩后，才会以界面开裂方式形成微裂纹，说明裂纹形核方式与颗粒的形状有关。

Ashby 对等轴状尺寸较小的颗粒为界面开裂的原因所做的解释为：初级变形的不相容性不能直接产生空洞，但由于从夹杂物和基体界面上，冲击出位错环，可以更高的组织二次滑移，以降低局部剪切应力，然后位错环形成逆堆集，从而建立起界面抗张应力，直到它们达到界面强度，使颗粒和基体界面分离形成空洞。

19.3.2 应变与 MnS 夹杂物纵横向开裂尺寸的关系

MnS 夹杂物随试样加工变形呈长条状，量度 MnS 夹杂物开裂尺寸分别按纵横向，按表 19-2 中所列 MnS 夹杂物在各应变下开裂尺寸分别作图，见图 19-7 和图 19-8。

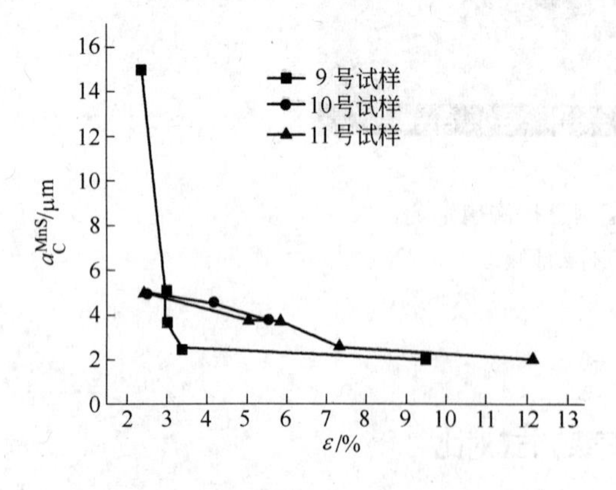

图 19-7 D_6AC 钢试样中 MnS 夹杂物横向开裂尺寸与应变的关系

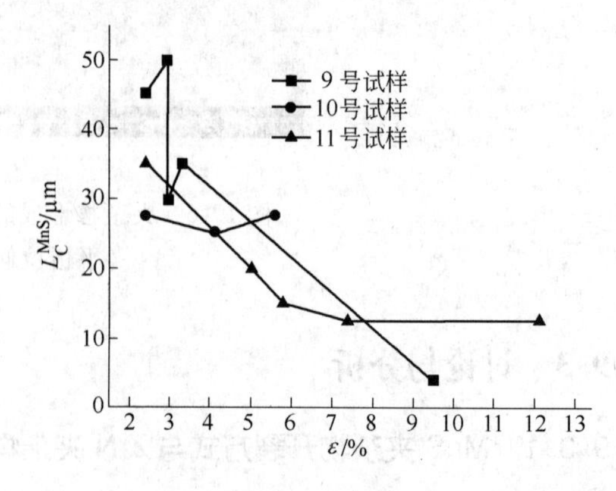

图 19-8 D_6AC 钢试样中 MnS 夹杂物开裂的纵向尺寸与应变的关系

19.3.2.1　MnS 夹杂物的横向开裂尺寸随应变的变化

图 19-7 中的 9 号试样中存在横向尺寸达 15μm 的 MnS 夹杂物，当应变 $\varepsilon=2.39\%$ 时即开裂，当应变升至 $\varepsilon=2.97\%$ 时，横向开裂尺寸 $a_C=5\mu m$ 的 MnS 夹杂物开裂。在 10 号和 11 号试样中同为 $a_C=5\mu m$ 的 MnS 夹杂物开裂时的应变分别为 $\varepsilon=2.52\%$ 和 $\varepsilon=2.45\%$，均小于 9 号试样。其中原因与试样中夹杂物含量有关。9 号试样中 MnS 夹杂物含量低于 10 号和 11 号试样（见表 19-1），故 9 号试样的韧性较好，裂纹在相同尺寸的夹杂物上成核所需应变也较高。

从图 19-7 中三条曲线的变化趋势看，9 号试样的曲线呈抛物线，而 10 号和 11 号试样曲线的变化趋势接近于直线。采用回归分析的方法寻找 MnS 夹杂物开裂尺寸与应变的关系。

A　线性回归

线性回归见图 19-9。

（1）9 号试样曲线：

$$a_C = 9.3 - 87\varepsilon \tag{19-1}$$

$$R = -0.4804,\ S = 5.42,\ N = 5,\ P = 0.41$$

（2）10 号试样曲线：

$$a_C = 6.0 - 41\varepsilon \tag{19-2}$$

$$R = -0.9877,\ S = 0.14,\ N = 3,\ P = 0.1$$

（3）11 号试样曲线：

$$a_C = 5.43 - 31\varepsilon \tag{19-3}$$

$$R = -0.9385,\ S = 0.47,\ N = 5,\ P = 0.02$$

B　非线性回归

非线性回归见图 19-10。

（1）9 号试样曲线：

$$a_C = 62.1 - 2470\varepsilon + 19000\varepsilon^2 \tag{19-4}$$

$$R^2 = -0.9301,\ S = 2,\ N = 5,\ P = 0.07$$

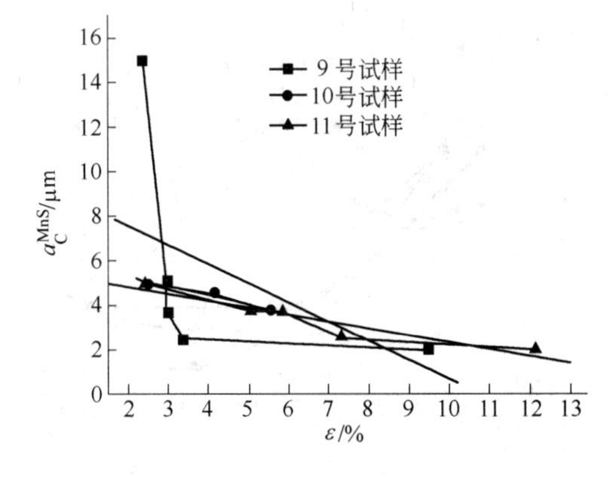

图 19-9　D_6AC 钢试样中 MnS 夹杂物横向开裂尺寸与应变的关系（线性回归）

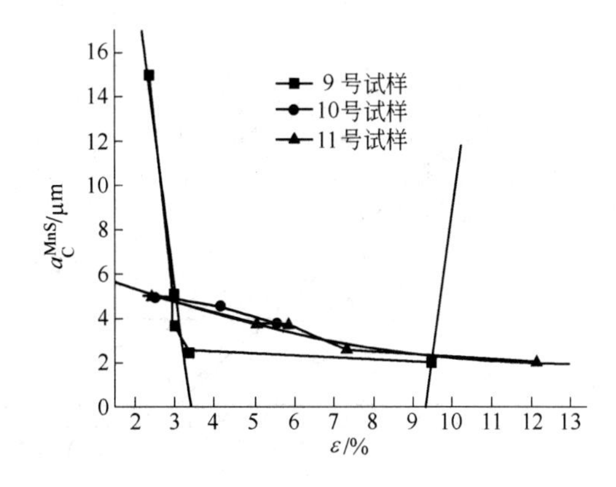

图 19-10　D_6AC 钢试样中 MnS 夹杂物横向开裂尺寸与应变的关系（非线性回归）

（2）10 号试样曲线：

$$a_C = 5 + 20\varepsilon - 1000\varepsilon^2 \tag{19-5}$$

$$R^2 = 1$$

（3）11 号试样曲线：

$$a_C = 6.7 - 70\varepsilon + 300\varepsilon^2 \tag{19-6}$$

$$R^2 = 0.9552,\ S = 0.25,\ N = 5,\ P = 0.044$$

19.3.2.2　MnS 夹杂物的纵向开裂尺寸随应变的变化

图 19-8 中的 9 号试样中 MnS 夹杂物的纵向开裂尺寸随应变增大而下降，下降趋势很陡，而 10 号和 11 号试样的曲线变化较平缓。

A　线性回归

线性回归见图 19-11。

（1）9 号试样曲线：

$$L_C = 56.4 - 560\varepsilon \tag{19-7}$$

$$R = -0.9153,\ S = 8.39,\ N = 5,\ P = 0.03$$

（2）10 号试样曲线：

$$L_C = 26.8 - 4\varepsilon \tag{19-8}$$

$$R = -0.0418,\ S = 2.04,\ N = 3,\ P = 0.97$$

（3）11 号试样曲线：

$$L_C = 32.5 - 210\varepsilon \tag{19-9}$$

$$R = -0.7807,\ S = 6.82,\ N = 5,\ P = 0.12$$

B　非线性回归

非线性回归见图 19-12。

（1）9 号试样曲线：

$$L_C = 74.8 - 1310\varepsilon + 6700\varepsilon^2 \tag{19-10}$$

$$R^2 = 0.8453,\ S = 10,\ N = 5,\ P = 0.15$$

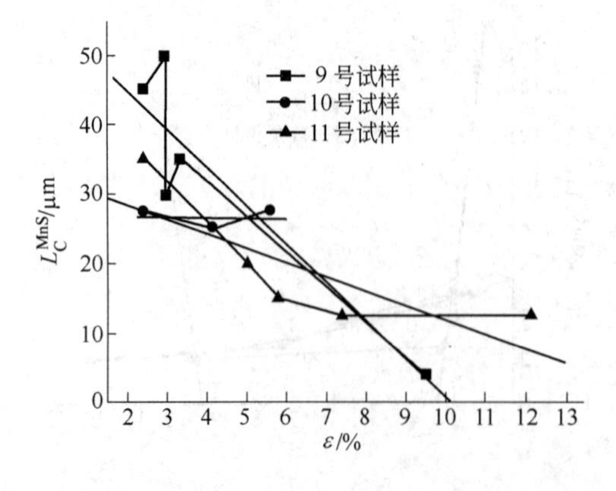

图 19-11　D_6AC 钢试样中 MnS 夹杂物开裂的纵向尺寸与应变的关系（线性回归）

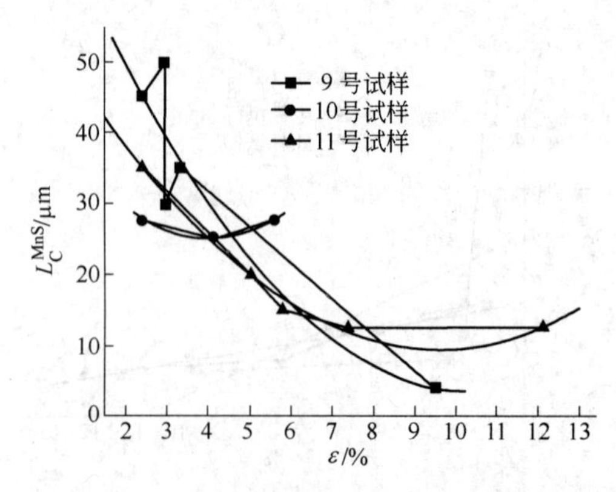

图 19-12　D_6AC 钢试样中 MnS 夹杂物开裂的纵向尺寸与应变的关系（非线性回归）

（2）10 号试样曲线：

$$L_C = 42.7 - 830\varepsilon + 11000\varepsilon^2 \quad (19\text{-}11)$$

$$R^2 = 1, S = 0, N = 3, P = 0.0001$$

（3）11 号试样曲线：

$$L_C = 55.6 - 970\varepsilon + 5000\varepsilon^2 \quad (19\text{-}12)$$

$$R^2 = 0.9927, S = 1.15, N = 5, P = 0.007$$

19.3.3　回归方程的检验

检验回归方程常用两种方法，一是根据回归方程的相关系数或指数，二是将回归方程计算值与实验测定值进行对照。

19.3.3.1　按回归方程的相关系数或指数检验

	相关系数（α=0.05）	相关系数（α=0.01）
N=3	0.997	1.0
N=5	0.878	0.959

α 值越低，相关显著性越高，在上列 12 个回归方程中，不符合条件的有：式（19-1）、式（19-2）、式（19-8）~式(19-10)。

19.3.3.2　按回归方程计算值与实验值对比

在上列的 12 个回归方程中去掉不符合条件的回归方程后，剩下的线性和非线性回归方程计算结果分别列于表 19-3 和表 19-4 中。

表 19-3　按线性回归方程计算的夹杂物尺寸与实验值对比

式（19-3）				式（19-7）			
ε/%	计算值/μm	实验值/μm	差值/%	ε/%	计算值/μm	实验值/μm	差值/%
2.45	4.7	5	6.0	2.39	42.8	45	4.8
5.05	3.86	3.75	-2.9	2.97	39.6	50	20.8
5.85	3.62	3.75	3.4	2.97	39.6	30	-32
7.38	3.1	2.5	-24	3.36	37.3	35	-6.5
12.14	1.7	2.0	15	9.51	2.6	3.75	30.6

表 19-4　按非线性回归方程计算的夹杂物尺寸与实验值对比

式（19-4）				式（19-5）				式（19-6）			
ε/%	计算值/μm	实验值/μm	差值/%	ε/%	计算值/μm	实验值/μm	差值/%	ε/%	计算值/μm	实验值/μm	差值/%
2.39	14	15	6.7	2.52	5	5	-0.2	2.45	5.09	5	-1.8
2.97	5.8	5	16	4.15	4.5	4.5	-0.8	5.05	3.78	3.75	-0.8
2.97	5.8	3.75	-54.6	5.56	3.83	3.75	-2.1	5.83	3.46	3.75	7.7
3.36	0.8	2.5	66.4					7.38	2.94	2.5	-17
9.51	2.1	2.0	-5.5					12.1	2.26	2	-13

续表 19-4

式（19-11）				式（19-12）			
ε/%	计算值 /μm	实验值 /μm	差值 /%	ε/%	计算值 /μm	实验值 /μm	差值 /%
2.52	27.5	27.5	-0.1	2.45	34.8	35	0.4
4.15	24.9	25	0.5	5.05	19.4	20	3
5.56	27.3	27.5	0.9	5.53	17.3	15	-15
				7.38	11.3	12.5	9.6
				12.1	11.6	12.5	6.9

首先人为设定差值不大于20%视为合格，按此检查表19-3和表19-4中的数据。表19-3中的线性回归方程均不成立，表19-4中非线性回归方程式（19-5）、式（19-6）、式（19-11）、式（19-12）均成立，这些回归方程所对应的样号分别为10号和11号试样中MnS夹杂物横向和纵向的开裂尺寸随应变增大的变化。

Tanaka在研究单轴拉伸试样基体发生塑性变形后，球状夹杂物的直径界面开裂形成空洞的条件为：

$$\varepsilon_{C} \geqslant \beta\left(\frac{1}{d}\right)^{1/2}$$

式中，d为球状夹杂物的直径；β为与试样性能有关的常数。即球状夹杂物开裂形成空洞的临界应变与球状夹杂物直径的平方根成反比。根据准动态观察，试样在拉伸过程中，随宏观应变的增大，夹杂物开裂的尺寸逐渐变小。在第17章中已证明过所测宏观应变即为临界应变，在宏观应变较低时，夹杂物开裂的尺寸亦为临界尺寸。

19.3.4　微裂纹成核率与应变的关系

微裂纹成核率即夹杂物开裂百分率（OC），是应变的函数。试样发生颈缩之前，OC随应变增大而呈线性增加（见图19-13～图19-15）；当试样发生颈缩之后，变形集中于颈缩区内，试样其他部位不再发生变形，从而使未颈缩区内微裂纹成核率不再随应变增大而呈线性增加。

在颈缩区内微裂纹成核率也不能达到100%，因为已开裂的夹杂物会产生应变集中，使夹杂物周围的基体应力松弛，从而阻止尚未开裂的小夹杂物继续开裂，如含TiN夹杂物试样中的$a^{TiN}<0.5\mu m$和含MnS夹杂物试样中的$a^{MnS}<2.5\mu m$者均不再随应变增大而使开裂数目增加。

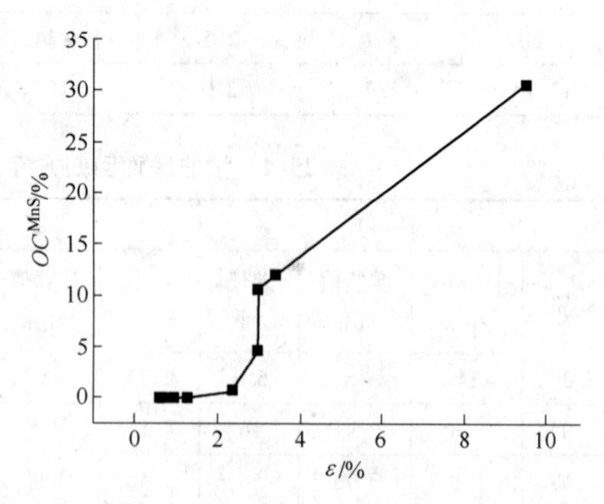

图19-13　9号试样中MnS夹杂物开裂百分率与应变的关系

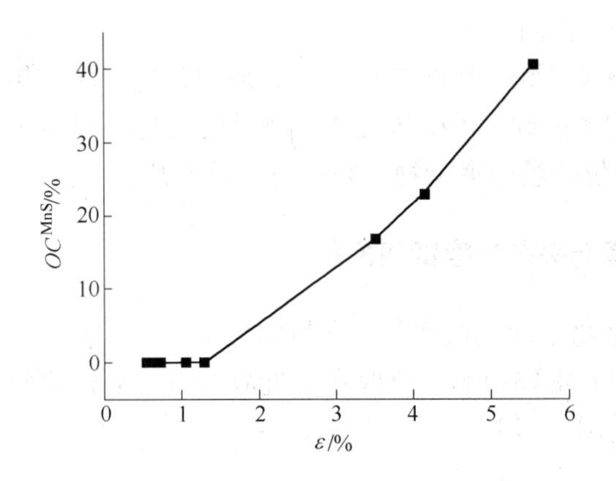

图 19-14　10 号试样中 MnS 夹杂物开裂百分率与应变的关系

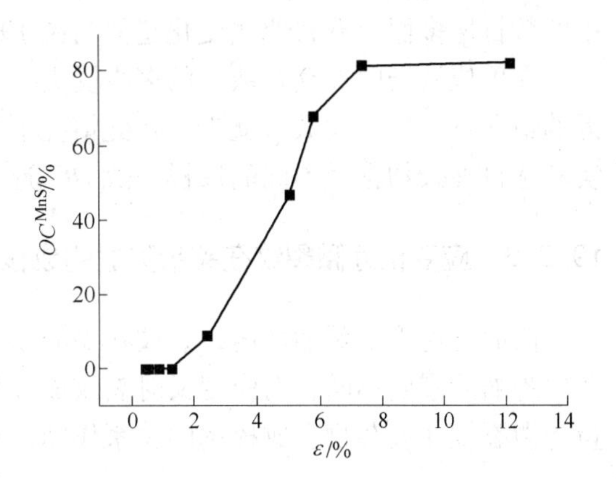

图 19-15　11 号试样中 MnS 夹杂物开裂百分率与应变的关系

19. 3. 5　颈缩区内微裂纹成核率与夹杂物参数的关系

19. 3. 5. 1　MnS 夹杂物含量与成核率的关系

MnS 夹杂物含量与成核率的关系，见图 19-16。成核率随夹杂物含量直线上升。虽然三个试样产生颈缩的应变各不相同，如含量最低的 9 号试样产生颈缩的应变 $\varepsilon=9.51\%$ 时，MnS 夹杂物开裂百分率 $OC=30.1\%$，夹杂物含量较高的 10 号试样产生颈缩的应变 $\varepsilon=5.56\%$，即应变小于 9 号试样，但其成核率 $OC=40.7\%$ 仍高于 9 号试样，说明颈缩区内微裂纹在夹杂物上的成核率主要取决于夹杂物含量。

19. 3. 5. 2　MnS 夹杂物间距与成核率的关系

MnS 夹杂物间距与成核率的关系见图 19-17，OC 随 MnS 夹杂物间距增大而下降，夹杂物含量与 MnS 夹杂物间距成反比关系，故图 19-17 中的曲线变化与图 19-16 相反。

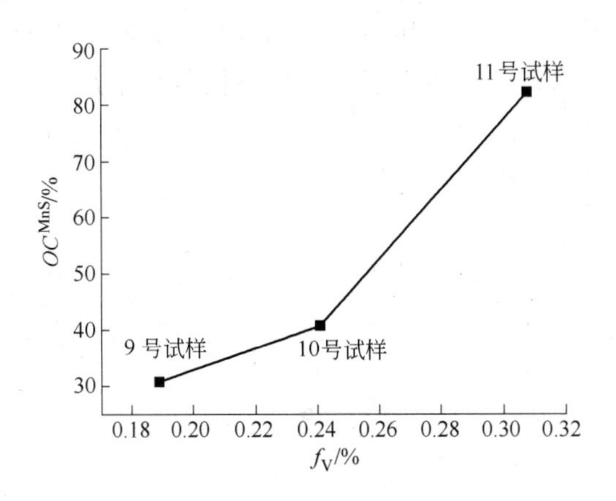

图 19-16　D_6AC 钢各试样中 MnS 夹杂物含量与夹杂物开裂百分率的关系

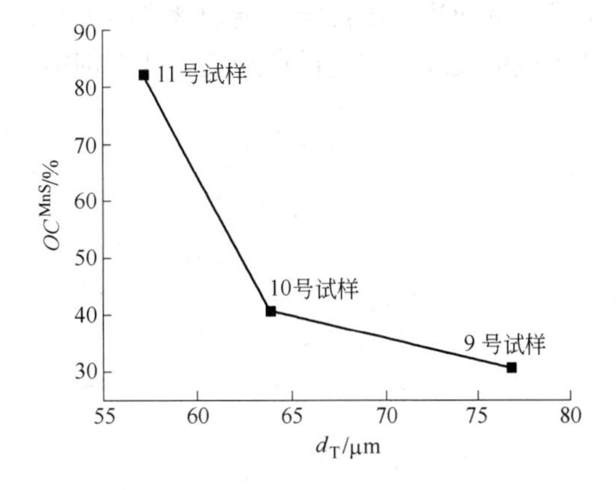

图 19-17　D_6AC 钢各试样中 MnS 夹杂物间距不同与 MnS 夹杂物开裂百分率的关系

19. 3. 5. 3　MnS 夹杂物在单位视场中的数目与成核率的关系

MnS 夹杂物在单位视场中的数目与成核率的关系见图 19-18，OC 随夹杂物在单位视场中的数目增多而上升，曲线变化趋势与图 19-16 相同。

在单位视场中夹杂物数目的多少受夹杂物尺寸和含量的影响，在夹杂物含量相同或相近的情况下，尺寸大数目就少，在此情况下就无法确定 *OC* 随夹杂物数目的变化。但本项实验选自夹杂物含量不同的试样，故 *OC* 随单位视场中夹杂物的数目增多而上升。

19.3.6　应变相近微裂纹在夹杂物上的成核率与夹杂物含量的关系

前面已讨论了颈缩区内，裂纹在 MnS 夹杂物上的成核率与其含量的关系。由于各试样产生颈缩的应变不同，而应变又对裂纹成核率有重要影响，故取在相近应变下，夹杂物含量与微裂纹在夹杂物上成核率的关系作图，见图 19-19。

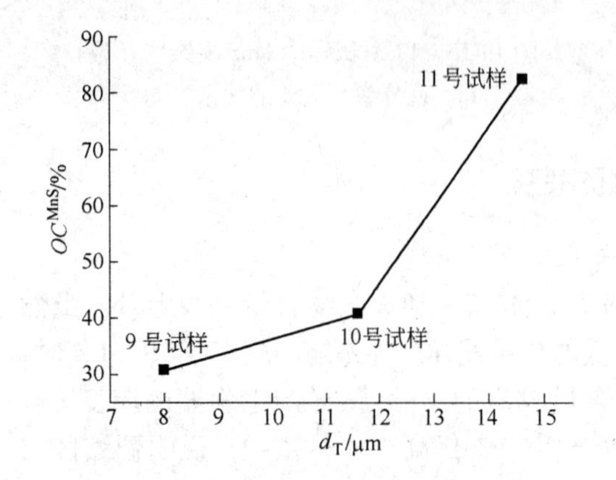

图 19-18　D_6AC 钢各试样中 MnS 夹杂物数目不同与 MnS 夹杂物开裂百分率的关系

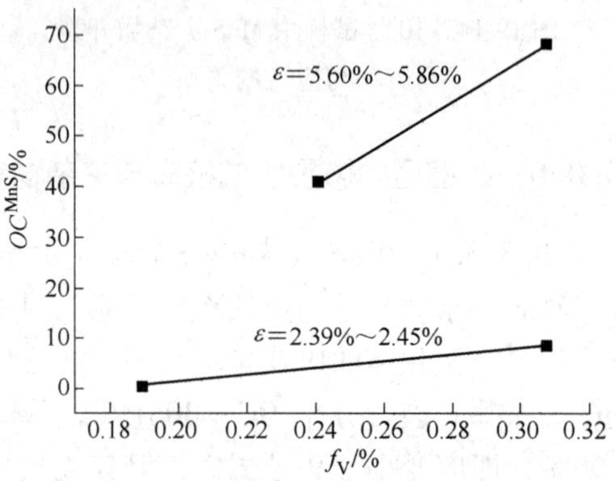

图 19-19　相近应变条件下 D_6AC 钢各试样中 MnS 夹杂物含量与 MnS 夹杂物开裂百分率的关系

图 19-19 中两组试样分别在相近应变下，微裂纹在夹杂物上的成核率随其含量增高而上升，从而进一步肯定夹杂物含量的影响，即试样在外力作用下，会因其含夹杂物较多而产生较多裂纹，加速试样断裂。减少钢中夹杂物含量，对冶金工作者将是长期的任务。

第 20 章 D_6AC 钢中 MnS 和 TiN 夹杂物与钢的断裂

20.1 试样选择

前面已介绍了 D_6AC 钢中只含有一种夹杂物时对钢断裂的影响，而工业生产的钢中含有多种夹杂物。本章研究钢中常见的两种夹杂物 MnS 和 TiN 对钢的断裂的影响。

在本书上篇中已系统研究过 D_6AC 钢中夹杂物对钢性能的影响，今选出其中 4 个同时含有两种夹杂物的试样研究 MnS 和 TiN 对钢的断裂的影响，有关资料列于表 20-1 ~ 表 20-4中。

表 20-1 含 MnS 和 TiN 夹杂物的试样成分 (%)

样 号	C	Si	Mn	Mo	Cr	S	P	Al	Ti	N	Ni
2	0.46	0.24	1.20	0.93	1.13	0.010	<0.005	<0.03	0.10	—	0.71
4	0.47	0.25	1.17	0.93	1.11	0.028	<0.005	<0.03	0.12	—	0.71
7	0.48	0.32	0.83	0.89	1.85	0.043	<0.005	<0.03	0.08	0.011	0.71
8	0.47	0.30	1.53	0.94	1.59	0.034	<0.005	<0.03	0.13	0.049	0.71

表 20-2 试样中夹杂物的金相定量结果

样号	夹杂物含量				夹杂物平均间距/μm				夹杂物平均尺寸/μm		
	f_V^{MnS}/%	f_V^{TiN}/%	$f_V^{总}$/%	f_V^{TiN}/f_V^{MnS}	d_T^{MnS}	d_T^{TiN}	$d_T^{总}$	d_T^{SEM}	L^{MnS}	W^{MnS}	a^{TiN}
2	0.037	0.044	0.081	54	230	152	127	21	8.1	1.4	1.8
4	0.146	0.080	0.224	35	158	146	110	17	15.6	1.7	2.1
7	0.225	0.039	0.264	15	118	181	92	11	17.1	2.1	1.7
8	0.175	0.154	0.329	47	151	92.5	85	9	14.2	2.3	2.4

注：L^{MnS}—MnS 夹杂物纵长；W^{MnS}—MnS 夹杂物宽度；a^{TiN}—TiN 夹杂物边长。

表 20-3 试样性能

样号	$\sigma_{0.2}$/MPa	σ_b/MPa	δ/%	ψ/%	ε_f/%	冲击值/J	K_{1C}/MPa · m$^{1/2}$	E/MPa
2	1538.6	1577.8	12	45.7	61.2	36.8	99.8	216700
4	1579	1558.2	12	42.8	55.7	30.6	84.9	214800
7	1675.8	1768	11	39.3	49.9	24.5	71.3	214800
8	1695.4	1685.6	11	36.2	44.6	23.3	65.1	212800

表 20-4 电子探针分析夹杂物成分 (%)

成分		Mn	S	Ti	N	C	Fe	Cr	Si	形状	颜色
计算	MnS	63.2	36.8								
	TiN			77.4	22.6						
实测	MnS	64.9	34.1	0.24	0	0	2.8	0.20	0.01	长条	浅灰
	TiN	0.05	0.01	73.6	20.63	1.72	2.71	0.15	0.01	方块	金黄

20.2 实验方法与结果

20.2.1 裂纹在夹杂物上成核与长大观察

观察微裂纹在夹杂物上成核、长大与扩展，仍用准动态观察法，即用平板拉伸试样，试样规格见第 17 章中的图 17-1。首先用金相法抛光试样中部，在金相显微镜下观察并记录拟跟踪的视场中的夹杂物，同时选择典型视场拍照，然后使用 ZDM-30T 液压万能材料试验机进行拉伸，用引伸仪控制应变量，加载-卸载交替进行，直到试样被拉断为止。每次卸载后，都需在金相显微镜下观察并记录各视场中夹杂物开裂方式、尺寸和数目，与此同时还需记录各视场中未开裂的夹杂物数目，每个试样至少观察并记录 20 个视场以上。

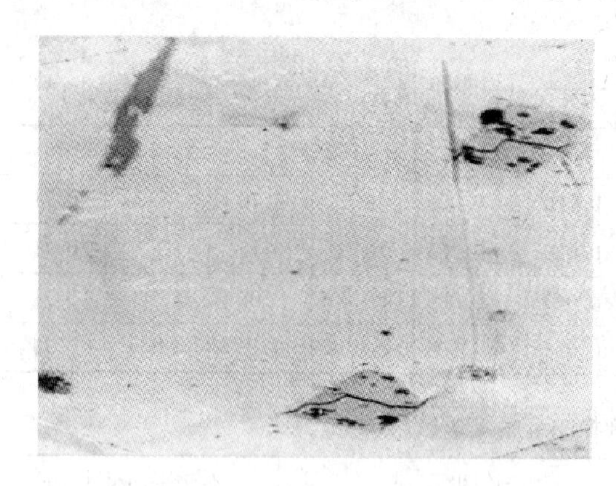

图 20-1 裂纹开裂方向与拉伸轴垂直
($\varepsilon=0.7\%$, ×600)

试样加载到屈服之前，未观察到裂纹在夹杂物上成核，但当试样加载到屈服之后，尺寸较大的 TiN 夹杂物首先自身开裂，开裂方向与拉伸轴垂直，见图 20-1。随应变增大，夹杂物开裂尺寸变小，夹杂物开裂数目增多，已形成的微裂纹沿拉伸方向逐渐长大，并以切变方式向侧向基体扩展，见图 20-2 和图 20-3。

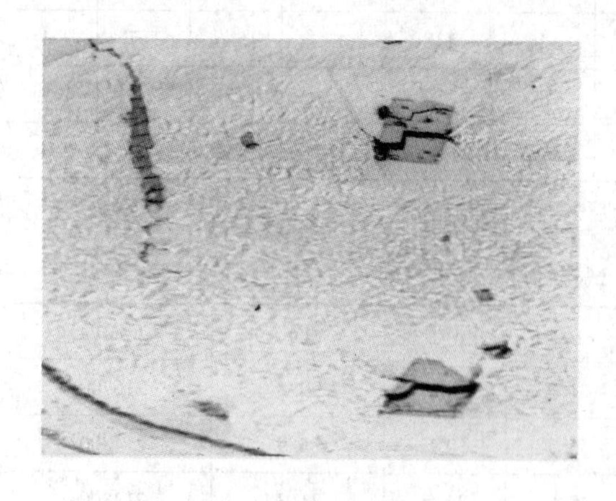

图 20-2 夹杂物开裂数目增多
($\varepsilon=2.9\%$, ×600)

图 20-3 已形成的微裂纹沿拉伸方向长大
($\varepsilon=5.2\%$, ×600)

当应变 $\varepsilon=2.5\%$ 时，可观察到夹杂物和基体界面开裂，见图 20-4。各应变下观察结果列于表 20-5 中。

表 20-5 各应变下夹杂物开裂方式、尺寸和开裂百分率

应变 ε/%	开裂的临界尺寸/μm		开裂百分率（裂纹形核率）/%		裂纹形核方式	
	MnS	TiN	MnS	TiN	MnS	TiN
0.70	—	14.2	0	3	—	自身开裂
0.76	17.8	—	2.5	5.7	自身开裂	自身开裂
1.10	8.4	5.8	12.4	11.0	自身，界面	自身开裂
2.40	3.6	1.2	42	31	自身，界面	自身，界面开裂
4.20	1.8	1.1	76	43	自身，界面	自身，界面开裂
6.40	1.1	1.1	89	72	自身，界面	自身，界面开裂

微裂纹在 MnS 夹杂物上成核的方式，在低应变下也是自身开裂，但不随应变增大出现明显长大，而是在同一颗 MnS 夹杂物上开裂裂纹的条数增多。当试样屈服后，一颗 MnS 夹杂物上的多条裂纹，同时以 45°方向扩向周围基体，见图 20-2、图 20-3、图 20-5 和图 20-6。

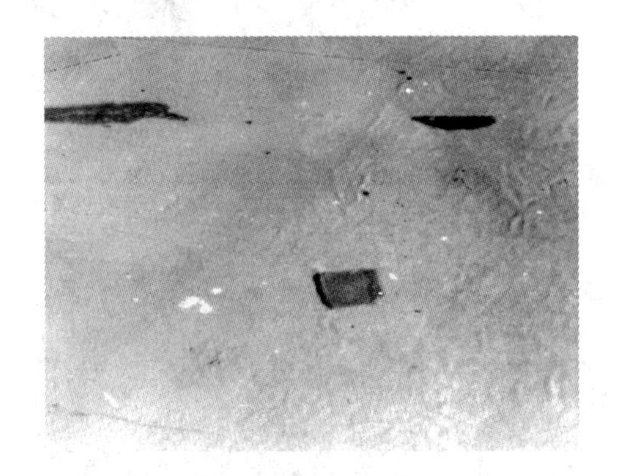

图 20-4 TiN 夹杂物和基体界面开裂
（$\varepsilon=2.5\%$）

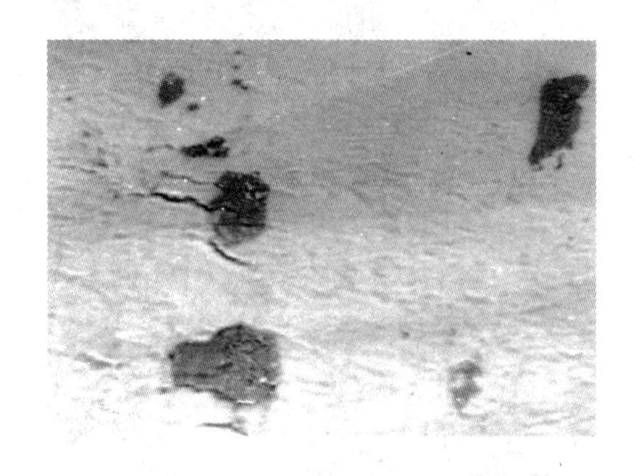

图 20-5 8-1 号试样裂纹扩向基体
（$\varepsilon=2.5\%$，×800）

MnS 和 TiN 复相夹杂物的界面，在较低的应变下（$\varepsilon=0.91\%$）即开裂，见图 20-7。

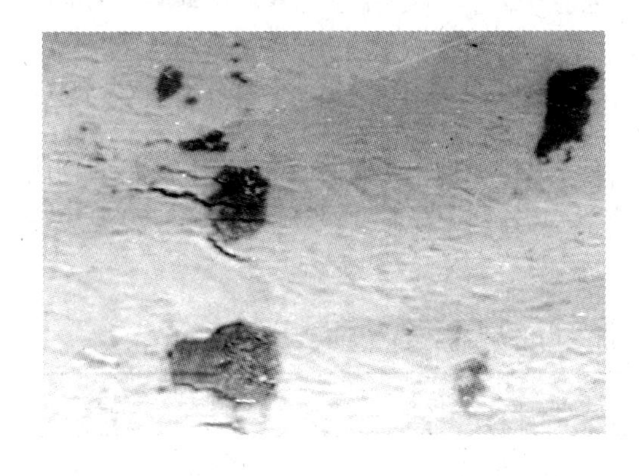

图 20-6 8-2 号试样裂纹扩向基体
（$\varepsilon=5.2\%$，×800）

图 20-7 TiN 和 MnS 夹杂物界面开裂
（$\varepsilon=0.91\%$，×800）

在同时存在两种夹杂物的试样中，微裂纹在夹杂物上成核后的长大，经常可见到通过碰撞方式使微裂纹变大。当夹杂物间距小于4μm时，可直接发生碰撞而形成空洞，见图20-8。当夹杂物间距较大时，微裂纹在夹杂物上成核后的长大，只能靠夹杂物之间的基体，即韧带因应变集中而被撕裂后，微裂纹会沿切线方向长大，见图20-9。这种长大方式，从断口的SEM照片上看得更加清晰（见图20-10和图20-11）。

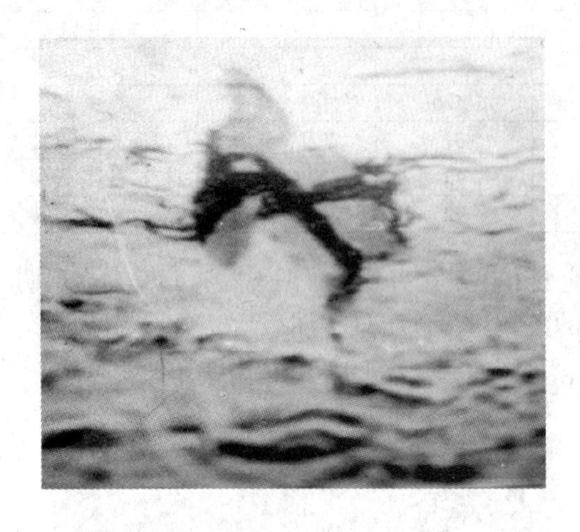

图20-8 空洞直接碰撞聚合（ε=6.4%）

图20-9 空洞间韧带撕裂使裂纹连接

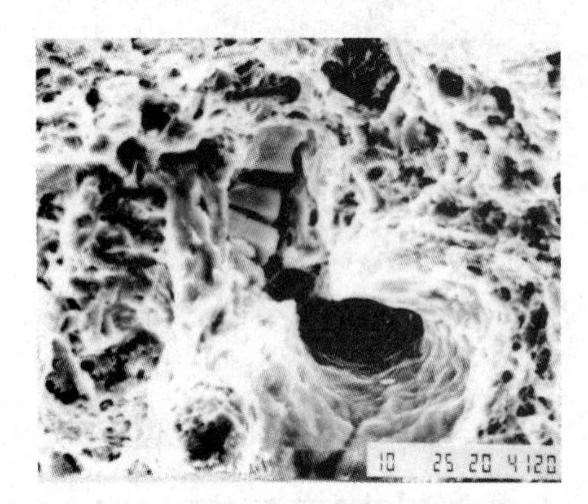

图20-10 空洞直接碰撞聚合

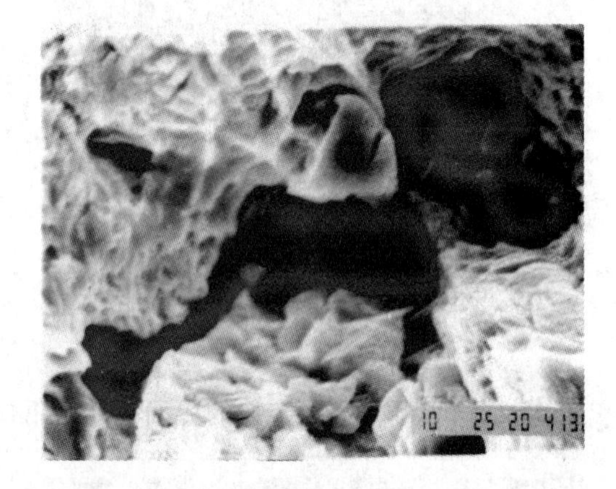

图20-11 空洞直接碰撞韧带撕裂聚合成大裂纹

在拉伸不同阶段，可在金相显微镜下观察，或者直接利用金相照片测量开裂夹杂物附近的韧带区内的局部应变，测量方法已在前面几章中做过说明。测量所得结果与宏观应变一并列于表20-6中。

表20-6 宏观应变与韧带区内的局部应变

宏观应变 ε/%	2.9	6.4
局部应变 ε_{loc}/%	3.2～6.7	9.8～27.1
$\varepsilon_{loc}/\varepsilon$	1.1～2.3	1.5～4.2

从表 20-6 中可以看出韧带区内的局部应变大于宏观应变，证明韧带区存在应变集中，并随宏观应变增大，应变集中程度也增大，从而加剧韧带周围基体产生横向收缩，使裂纹间距在横向上变小，这为裂纹的聚合长大创造了条件，尤其是在夹杂物偏聚区更加明显，见图 20-12。因此夹杂物的偏聚分布，对钢的危害程度更大。

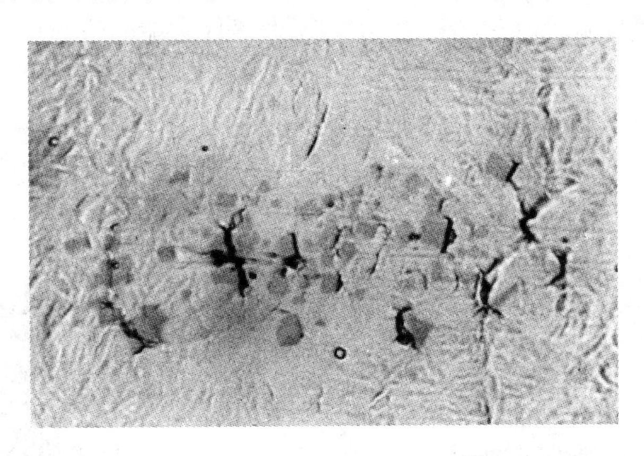

图 20-12　TiN 夹杂物聚集区内裂纹通过剪切连接

20.2.2　裂纹扩展观察

利用 K_{1C}试样在不同载荷下观察疲劳预裂纹的扩展，采用以下两种方法。

20.2.2.1　逐步加载法

首先将 K_{1C}试样双表面按金相法磨制并抛光，然后加载到预定载荷，停机卸载，试样放置到金相显微镜下观察疲劳预裂纹尖端的变化，记录并照相。再加载到新的载荷水平，然后，再观察记录，如此反复进行，直到所加载荷达到预定值，通常取 $K_1 = K_{1C}$时的载荷作为最后预定值。

使用逐步加载法只能观察疲劳预裂纹在试样表面的扩展情况。今选出其中一个试样的加载过程介绍疲劳预裂纹在试样表面的扩展，见图 20-13 ~ 图 20-16。其中图 20-13 显示试

图 20-13　与疲劳预裂纹垂直的方向上分布着 MnS 和 TiN（$K = 0$，图上方为预制疲劳裂纹）

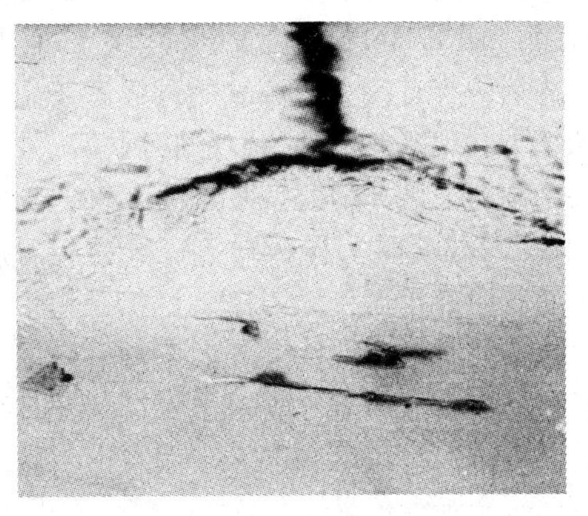

图 20-14　塑性变形带内出现滑移痕迹（$K = 74.7\text{MPa} \cdot \text{m}^{1/2}$）

样加载前，与疲劳预裂纹的垂直方向上，分布着 MnS 和 TiN 夹杂物，当试样加载到一定量后，疲劳预裂纹首先开始钝化，同时与疲劳预裂纹约成 60°的两个对称方向产生塑性变形带，带内出现明显的滑移痕迹，见图 20-14。随外加载荷的继续增大，除原来的塑变带变宽并保持在原有方向上向前伸展外，疲劳预裂纹前端可见明显的塑性变形，且疲劳预裂纹尖端钝化加剧，并在其端部产生微裂纹。在靠近预裂纹尖端的塑变带内出现剪切开裂并形成微裂纹。

当裂纹尖端变形区域内存在夹杂物时可看到夹杂物本身开裂的微裂纹（见图 20-15）。当进一步加载到 $K_1 = K_{1C}$时的载荷时，韧带被撕裂，使已开裂的夹杂物趋向与疲劳预裂纹联结（见图 20-16）。其他试样也观察到类似结果。

图 20-15 夹杂物本身开裂的微裂纹（$K = 82.87\text{MPa} \cdot \text{m}^{1/2}$）

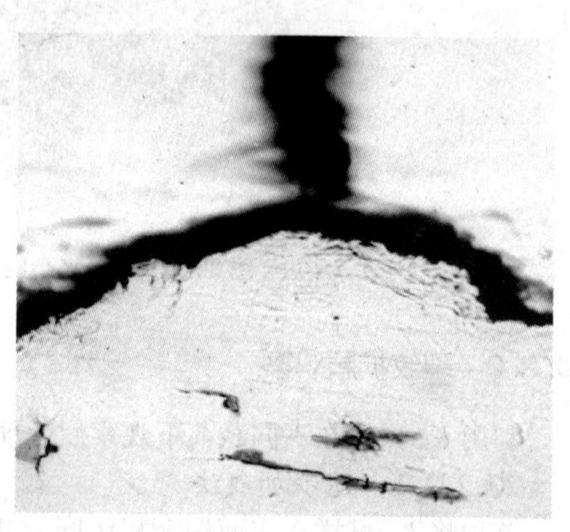

图 20-16 已开裂的夹杂物与疲劳预裂纹连接（$K = 86.5\text{MPa} \cdot \text{m}^{1/2}$）

20.2.2.2 一步加载法

取一组 K_{1C}试样（3 ~ 4 个），一次加载到预定载荷后停机，不压断，取下试样，按第 17 章中图 17-56 所示位置剖开。对剖面进行电解抛光，电解抛光方法与第 17 章相同。将抛光后的含有疲劳预裂纹的试样置于金相显微镜下，观察疲劳预裂纹的扩展情况及其与夹杂物的关系。如此反复进行，直到加载达到 K_{1C}的载荷时试样断裂。每次加载后疲劳预裂纹向前扩展一段距离，在扩展途中，遇上夹杂物时，预裂纹会绕大弯再沿横向直线扩展。今选其中连续观察扩展过程的照片，如图 20-17 所示。

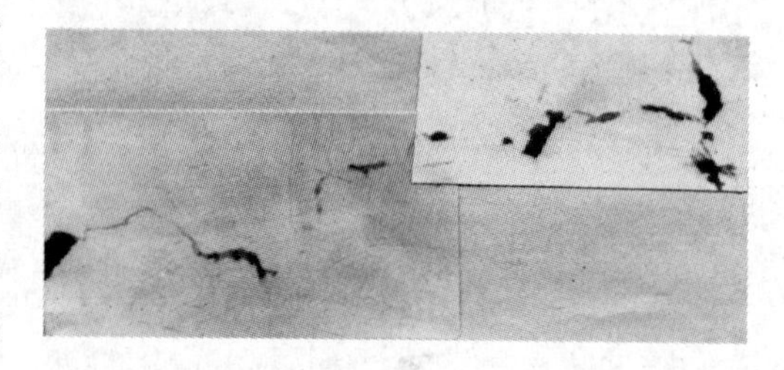

图 20-17 裂纹沿开裂夹杂物呈“之”字形扩展

为了观察预裂纹在试样内部的扩展过程，将试样放在液氮中按第 17 章图 17-56 所示位置敲断，所得断口置于扫描电镜下观察，即可看到预裂纹前方因应力应变集中形成的大空洞（见图 20-18），还可看到预裂纹扩展穿过夹杂物时，在夹杂物间距小的地方，使预裂纹长大形成的大裂纹（见图 20-19 ~ 图 20-23）。

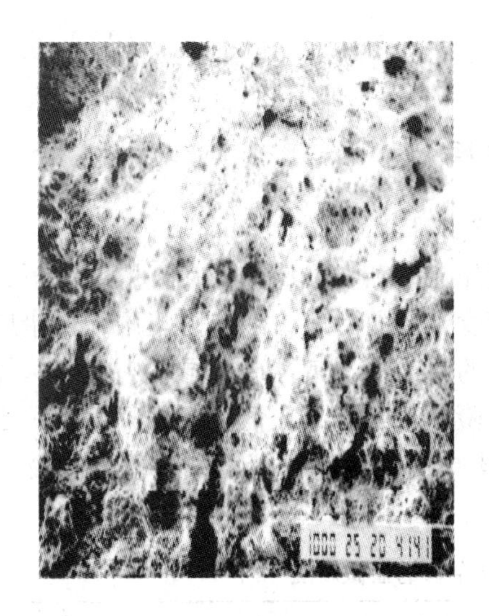

图 20-18　预疲劳裂纹前方空洞（K_{1C}试样断口）

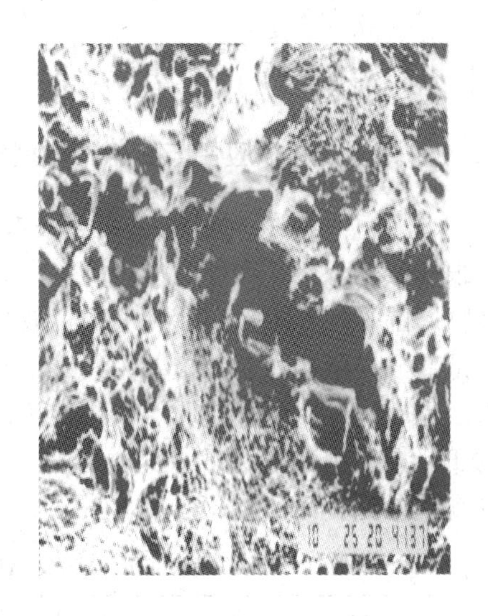

图 20-19　裂纹穿过开裂夹杂物长大并扩展（K_{1C}试样断口）

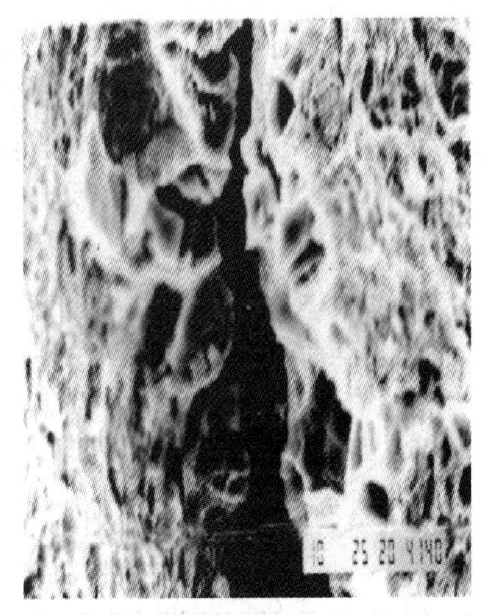

图 20-20　裂纹穿过开裂夹杂物长大并扩展（K_{1C}试样断口）

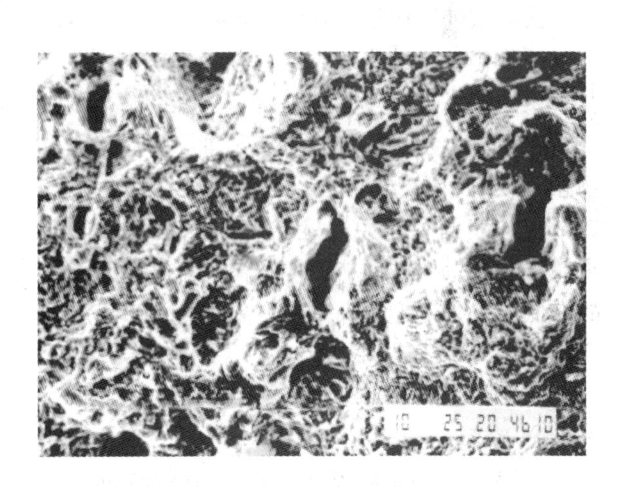

图 20-21　夹杂物聚集区形成的空洞

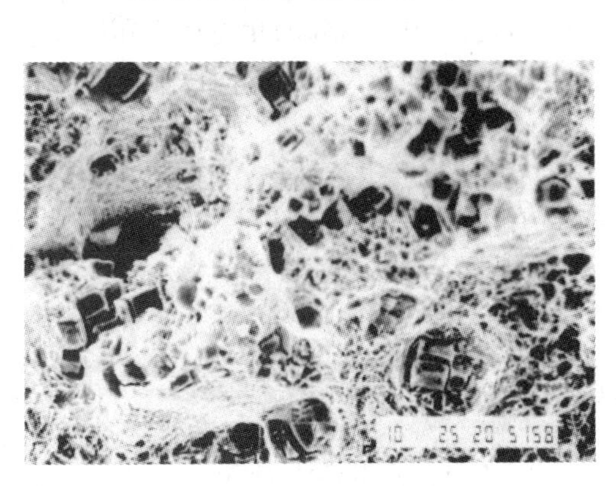

图 20-22　夹杂物聚集区形成的空洞片

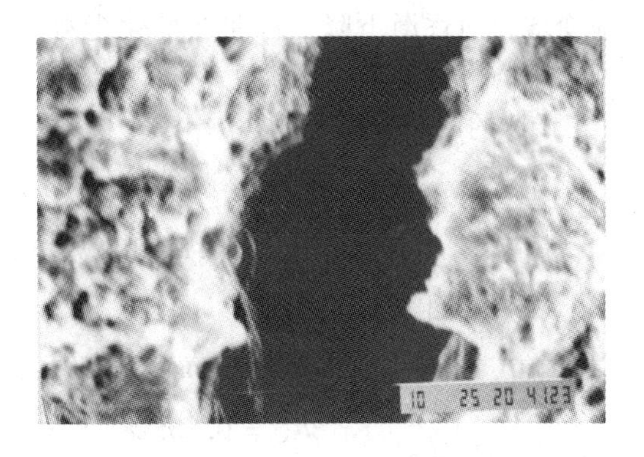

图 20-23　韧带撕裂后空洞碰撞形成的大空洞

20.3　讨论与分析

20.3.1　微裂纹形核应变与夹杂物类型和尺寸的关系

20.3.1.1　微裂纹形核应变与夹杂物类型的关系

根据实验观察，在外力作用下，微裂纹总是优先在夹杂物上成核。在一般情况下，当夹杂物周围受到外力作用后，会产生较高的位错密度，从而形成位错应力集中，位错应力集中是造成夹杂物开裂的主要因素。由于类型不同的夹杂物，其性质各异，它们与基体结合强度也不同，从而影响微裂纹形核条件。如在实验中观察到，在低应变下，大于一定尺寸的 TiN 夹杂物先于 MnS 夹杂物开裂。为了寻找其原因，测定了 TiN 和 MnS 夹杂物的显微硬度结果见表 20-7。

表 20-7　基体、TiN 和 MnS 夹杂物的显微硬度

名　称	基　体	TiN 夹杂物	MnS 夹杂物
显微硬度 HV/MPa	850 ~ 1000	2000 ~ 2200	420 ~ 600

按显微硬度比较，TiN 夹杂物远高于基体，而 MnS 夹杂物则低于基体。说明 TiN 夹杂物属硬脆相，当试样发生塑性变形时，滑移位错受到 TiN 夹杂物的阻碍，造成位错塞积，在塞积的端头形成较高的位错应力集中，当集中的拉应力超过 TiN 夹杂物的断裂强度时，TiN 夹杂物就会开裂形成裂纹；而 MnS 夹杂物相对较软，对塑性变形具有容让性，使位错塞积的前方会产生一定的应力松弛，因此裂纹形核所需做的功较大，裂纹形核较难。故在低应变下，TiN 夹杂物先于 MnS 夹杂物开裂，形成裂纹。

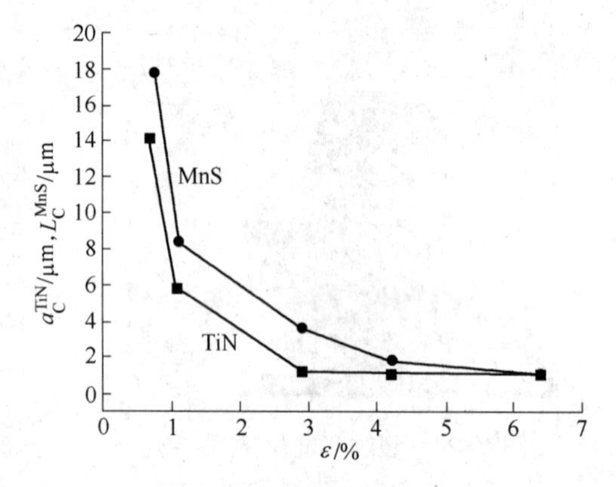

图 20-24　D_6AC 钢试样中 MnS 和 TiN 夹杂物开裂尺寸与应变的关系

20.3.1.2　微裂纹形核应变与夹杂物尺寸的关系

根据过去的实验结果，已肯定微裂纹在夹杂物上形核的尺寸与应变成反比。今按表 20-5 中的数据作图，见图 20-24，开裂尺寸随应变增大而逐渐下降。对曲线变化走势进行回归分析，得出

TiN 的回归方程为：

$$a_C^{TiN} = 15.91 - 703\varepsilon + 7500\varepsilon^2 \tag{20-1}$$

$$R^2 = 0.83212,\ S = 3.30,\ N = 5,\ P = 0.168$$

MnS 的回归方程为：

$$L_C^{MnS} = 19.96 - 780\varepsilon + 7700\varepsilon^2 \tag{20-2}$$

$$R^2 = 0.85528,\ S = 3.717,\ N = 5,\ P = 0.145$$

$N = 5$，$\alpha = 0.05$，要求相关指数 $R^2 = 0.878$，回归方程式（20-1）和式（20-2）的相

关显著性水平偏低，表明 MnS 和 TiN 夹杂物开裂尺寸随应变的变化不能用回归方程式（20-1）和式（20-2）表示。

20. 3. 1. 3　微裂纹形核应变与夹杂物尺寸的平方根的关系

按相关文献所作的假设，夹杂物应力场的大小与夹杂物本身具有同一数量级，且裂纹尺寸等于夹杂物尺寸，根据能量条件，得到夹杂物开裂的临界应力为：

$$\sigma_C \geqslant \frac{2}{q}\left(\frac{E\gamma}{a}\right)^{1/2} \tag{20-3}$$

式中　σ_C——外加应力；

q——应力集中系数；

E——夹杂物的弹性模量；

γ——夹杂物的表面能；

a——夹杂物尺寸。

式（20-3）中，在夹杂物不变的条件下，q、E、γ 均为常数，故夹杂物开裂的临界应力与其尺寸的平方根成比例关系，据此可将 Tanaka 的关系式简化为：

$$\varepsilon_C \sim a^{-1/2} \tag{20-4}$$

其中，ε_C 为裂纹形核的临界应变，与夹杂物尺寸的平方根成比例关系。按此关系作图，见图 20-25。图 20-25 所示为 MnS 和 TiN 夹杂物开裂尺寸的平方根随应变的变化，其中 MnS 曲线呈直线上升，用线性回归分析得出：

$$(L_C^{MnS})^{-1/2} = 0.18 + 13\varepsilon_C \tag{20-5}$$

$$R = 0.99302,\ S = 0.04,\ N = 5,\ P = 0.0007$$

按线性相关系数值，式（20-5）已达到相关系数显著性水平的 $\alpha = 0.01$ 级，表明所测 MnS 夹杂物的纵长为临界尺寸，符合 Tanaka 关系式中临界应变与夹杂物尺寸的平方根成比例的关系。

20. 3. 2　微裂纹形核率与应变和夹杂物含量的关系

20. 3. 2. 1　微裂纹在 MnS 和 TiN 夹杂物上的形核率与应变的关系

表 20-5 中所列夹杂物开裂百分率即微裂纹形核率（OC）与应变的关系见图 20-26。

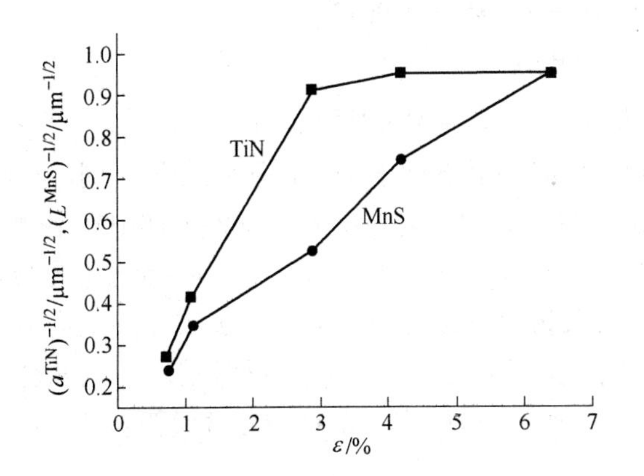

图 20-25　D_6AC 钢试样中 MnS 和 TiN 夹杂物尺寸的平方根与应变的关系

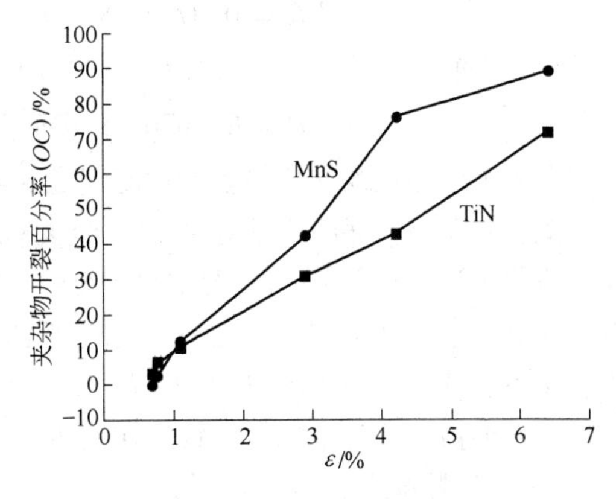

图 20-26　D_6AC 钢试样中 MnS 和 TiN 夹杂物开裂百分率与应变的关系

图 20-26 中的曲线表明，同时含两种夹杂物的试样中，微裂纹在两种夹杂物上的形核率，同时随应变增大而上升，用线性回归分析方法可得出：

TiN 夹杂物 $$OC = -3.56\% + 11.65\varepsilon \tag{20-6}$$

$$R = 0.99819,\ S = 1.80,\ N = 6,\ P < 0.0001$$

MnS 夹杂物 $$OC = -7.0\% + 16.43\varepsilon \tag{20-7}$$

$$R = 0.97871,\ S = 0.837,\ N = 6,\ P < 0.0007$$

式（20-6）和式（20-7）两个回归方程的线性相关系数显著性水平均已达到 $\alpha = 0.01$ 级，即可肯定微裂纹在 MnS 和 TiN 夹杂物上的形核率随应变增大而直线上升。这一规律与只含一种夹杂物试样的情况一致。

20.3.2.2 含量不同的试样中微裂纹在 MnS 和 TiN 夹杂物上的形核率与应变的关系

在各应变下分别测出 MnS 和 TiN 夹杂物开裂的数目，其与试样中夹杂物的总数的比值百分率，作为夹杂物开裂百分率，即裂纹在夹杂物上的形核率（OC），再将夹杂物开裂百分率与应变的关系作图，见图 20-27。

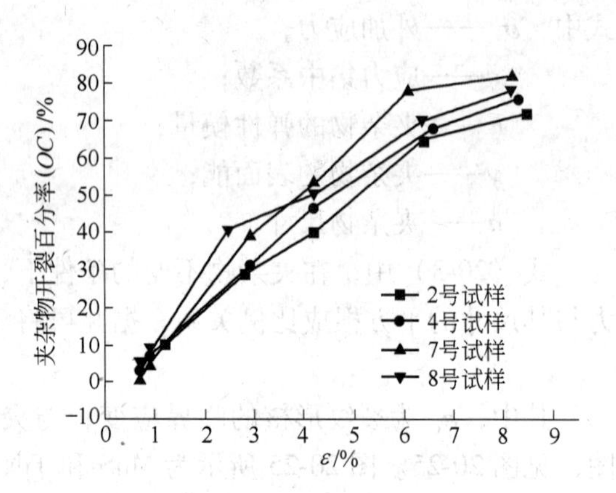

图 20-27 含量不同的 D_6AC 钢试样中 MnS 和 TiN 夹杂物开裂百分率与应变的关系

为寻找图 20-27 中各条曲线的规律，仍用线性回归方法可得出下列 4 个回归方程：

2 号试样 $$OC = 2.78\% + 8.74\varepsilon \tag{20-8}$$

$$R = 0.9846,\ S = 5.18,\ N = 5,\ P = 0.0023$$

4 号试样 $$OC = -0.34\% + 9.89\varepsilon \tag{20-9}$$

$$R = 0.9890,\ S = 5.06,\ N = 6,\ P = 0.0002$$

7 号试样 $$OC = -0.98\% + 11.47\varepsilon \tag{20-10}$$

$$R = 0.9717,\ S = 9.21,\ N = 6,\ P = 0.0012$$

8 号试样 $$OC = 4.19\% + 9.85\varepsilon \tag{20-11}$$

$$R = 0.9676,\ S = 8.71,\ N = 6,\ P = 0.0015$$

上述 4 个方程线性相关系数均能满足 $\alpha = 0.01$ 时的显著性水平，说明：含量不同的试样中微裂纹在 MnS 和 TiN 夹杂物上的形核率随应变增大而呈直线上升，按各试样中夹杂物含量的顺序为：8 号试样 >7 号试样 >4 号试样 >2 号试样。在正常情况下，微裂纹在夹杂物上的形核率与夹杂物含量有关，随应变增大夹杂物含量越高的试样，微裂纹在夹杂物上的形核率也越高，但在图 20-27 中 7 号试样形核率大于 8 号试样。这一反常情况可从两个试样中夹杂物的分含量加以比较。在表 20-2 中所列两个试样中夹杂物的分含量为：

f_V^{MnS}：7 号试样 > 8 号试样；

f_V^{TiN}：7 号试样 < 8 号试样。

即在相同的应变下，微裂纹在 MnS 夹杂物上的形核率高于在 TiN 夹杂物上的形核率。

另外根据实验观察，微裂纹首先在尺寸较大的夹杂物上成核，MnS 夹杂物的纵长远大于 TiN 夹杂物，同时 7 号试样中夹杂物的平均尺寸（见表 20-2）也是最大的，当应变增大到试样断裂时，颈缩区的 MnS 夹杂物全部开裂，而小于 1μm 的 TiN 夹杂物仍不开裂，故使夹杂物的分含量 f_V^{MnS} 较高的 7 号试样的 *OC* 大于夹杂物含量最高的 8 号试样，也成为所有 4 个试样中 *OC* 最高的试样。

补充实验，即在金相显微镜下观察并统计尺寸大于 6μm 的夹杂物数目及其在各试样中出现的概率 *P* 与夹杂物含量的关系，统计的结果列于表 20-8 中。

表 20-8　含 MnS 和 TiN 夹杂物的试样中尺寸大于 6μm 的夹杂物出现的概率与夹杂物含量

样　号	2 号试样	4 号试样	7 号试样	8 号试样
夹杂物总含量 $f_V^{总}$/%	0.081	0.224	0.264	0.329
夹杂物韧窝间距 d_T^{SEM}/μm	21	17	11	9
尺寸大于 6μm 的夹杂物出现的概率 *P*/%	16	25	55	42

按表 20-8 中的数据作图，见图 20-28。图 20-28 中 d_T^{SEM} 与 $f_V^{总}$ 的关系仍符合正常规律，即随 $f_V^{总}$ 增大，d_T^{SEM} 下降，但尺寸大于 6μm 的夹杂物出现的概率 *P* 曲线上升至最高点后随 $f_V^{总}$ 增大反而下降，违反正常规律，其原因与裂纹在 7 号试样中的成核率最高的原因一样。

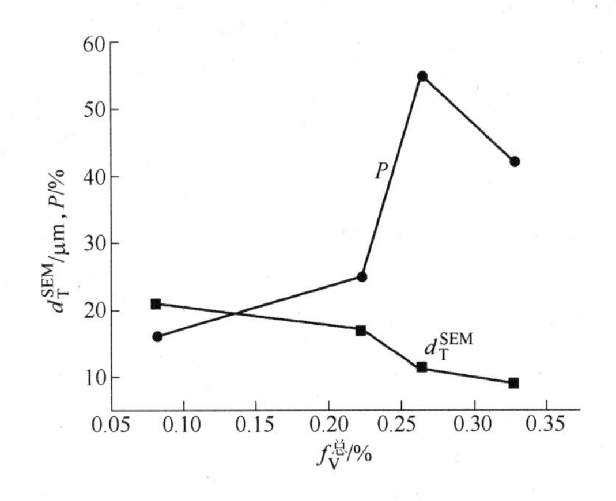

图 20-28　D_6AC 钢试样中 MnS 和 TiN 夹杂物含量与间距及大于 6μm 的夹杂物出现概率的关系

20.3.3　夹杂物类型、含量和间距对裂纹扩展的影响

实验观察已肯定微裂纹在夹杂物上形成后，首先通过相邻的已开裂的夹杂物聚合长大，见图 20-21，在夹杂物聚集区，开裂的夹杂物因夹杂物间距小，使裂纹连成一片（见图 20-19）。试样继续受外力作用时，已开裂的夹杂物裂纹会穿过相邻的已开裂的夹杂物而扩展（见图 20-19 和图 20-20）。当夹杂物之间的韧带被撕裂后，微裂纹彼此碰撞、长大和扩展（见图 20-23），最后导致试样断裂。

从上述观察中发现微裂纹在夹杂物上形成后，裂纹的长大和扩展直接与夹杂物间距有关。夹杂物间距小，裂纹易于长大和扩展。

表 20-2 中所列数据除 7 号试样外，其余试样中的夹杂物间距（d_T）均为 $d_T^{TiN} < d_T^{MnS}$，因此可以认为 TiN 夹杂物在裂纹长大和扩展中所起的作用大于 MnS 夹杂物，即 TiN 夹杂物对断裂的影响也大于 MnS 夹杂物，这点与裂纹在 MnS 夹杂物上的成核率大于在 TiN 夹杂物上的成核率存在矛盾。

从表 20-2 中的数据看，在 4 个试样中的夹杂物含量（f_V），除 2 号试样的 f_V^{MnS} 与 f_V^{TiN} 相近外，其余 3 个试样中的 f_V^{MnS} 均大于 f_V^{TiN}，表明在各试样中的夹杂物总含量是 MnS 夹杂物占多数。过去的工作已肯定试样的断裂韧性随试样中的夹杂物总含量增加而下降，即夹杂物含量在断裂中起主要作用。本套试样中同时存在两种夹杂物，如何判断是它们的间距或含量在断裂中起主要作用？以 7 号、8 号试样作为例子，在 7 号试样中 MnS 夹杂物含量（f_V）最高，裂纹在 MnS 夹杂物上的成核率大于 TiN 夹杂物，再加上 MnS 夹杂物间距（d_T^{MnS}）最小，使裂纹易于长大和扩展。若 MnS 夹杂物在断裂中起主要作用，则 7 号试样的断裂韧性应该是最低的。但从表 20-3 中的数据看，7 号试样的断裂韧性（K_{1C}）仍然高于夹杂物总含量最高的 8 号试样。再从 8 号试样看，不仅夹杂物总含量最高，同时 8 号试样的 K_{1C} 断口所测韧窝间距也是最小的（见表 20-2），故 8 号试样的断裂韧性最低。这就表明夹杂物总含量和韧窝间距在断裂中起主要作用。与此同时在本套试样中 MnS 夹杂物在断裂中所起作用小于 TiN 夹杂物。

第 21 章　D_6AC 钢中 MnS 和 ZrN 夹杂物与钢的断裂

21.1　试样选择

按前面所述的双真空冶炼工艺，配制含量系统变化的含 MnS 和 ZrN 夹杂物的试样 6 个，并通过对 S、N 元素的控制，以获得各试样中所含 MnS 与 ZrN 夹杂物的比例不同，有关试样的详情可见本书上篇。

试样的热处理工艺为：

正火：　900℃ ×30min，空冷；

淬火：　800℃ ×20min，油冷；

回火：　550℃ ×2h，空冷。

各试样的化学成分列于表 21-1 中。

表 21-1　试样的化学成分（质量分数）　（%）

样 号	C	P	[O]	Cr	Si	Ni	S	N	Mn	Zr	Mo
13	0.44	0.008	0.0010	1.11	0.28	0.77	0.0031	0.005	0.77	0.39	1.03
14	0.42	0.008	0.0010				0.025	0.008		0.52	
15	0.42	0.007	0.0011	1.33	0.26	0.75	0.040	0.011	0.75	0.26	0.96
16	0.42	0.008	0.0010				0.051	0.007		0.13	
17	0.41	0.009	0.0013				0.076	0.012		0.39	
18	0.39	0.009	0.0015				0.071	0.008		0.65	

21.2　实验方法与结果

21.2.1　试样的性能数据

今从本书上篇中，挑选其中相关性能数据的平均值，列于表 21-2 中。

表 21-2　试样性能数据的平均值

样 号	$\sigma_{0.2}$/MPa	σ_b/MPa	δ/%	ψ/%	ε_f/%	K_{1C}/MPa · $m^{1/2}$	冲击值/J
13	1206	1256	14.1	54.4	78.4	85.4	33.3
14	1174	1247	15.3	56.5	83.2	88.3	27.8
15	1252	1302	14.4	51.6	72.6	79.8	21.9
16	1211	1279	14.9	50.2	69.7	67.8	18.9
17	1191	1251	13.7	48.4	68.3	70.4	15.7
18	1125	1207	14.4	50.9	71.3	68.5	16.3

21.2.2　测定夹杂物的方法与结果

21.2.2.1　金相法

将冲击试样断口沿纵向切取金相试样，用金相法磨光后在金相显微镜下观察，并记录夹杂物的类型、形状及分布特征，根据金相法即可肯定夹杂物的类型有 3 种：ZrN、Zr-S、MnS。再用金相测微尺测定各类夹杂物的尺寸，分别用 a 代表 ZrN 和 Zr-S 的边长，L^{MnS} 为 MnS 的纵长，记数 50～100 个视场中夹杂物的数目，按一级近似公式 $d_T = \sqrt{A/N}$, A 和 N 分别为所测视场总面积和夹杂物总数，再根据所测夹杂物面积，换算成面积百分率（f_A），通常以 f_A 代表夹杂物的体积百分率（f_V）。

金相法测试结果列于表 21-3 中。

表 21-3　金相法测定各类夹杂物的尺寸、含量和间距

样　号		13	14	15	16	17	18
夹杂物含量 f_V/%	f_V^{MnS}	0.194	0.095	0.250	0.080	0.417	0.261
	f_V^{ZrN}	0.058	0.120	0.175	0.066	0.113	0.158
	f_V^{Zr-S}	—	0.007	—	0.154	0.004	0.256
	f_V^{M+Z}	0.194	0.102	0.250	0.234	0.421	0.517
	$f_V^{总}$	0.252	0.222	0.425	0.300	0.534	0.675
夹杂物间距 d_T/μm	d_T^{MnS}	68.9	80.1	67.6	78.1	43.5	52.7
	d_T^{ZrN}	78.6	99.5	73.1	79.6	58.1	71.6
	d_T^{M+Z}	68.9	75.2	67.6	36.8	40.7	34.3
	$d_T^{总}$	51.8	60.0	49.6	33.4	33.3	31.3
夹杂物最大尺寸/μm	a_{max}^{ZrN}	3.2	4.6	4.7	3.0	2.8	3.5
	a_{max}^{MnS}	16.9	16.0	12.8	4.5	9.6	8.8

注：f_V^{M+Z} 和 d_T^{M+Z} 分别代表 MnS 和 ZrN 夹杂物的含量和间距。

21.2.2.2　图像仪法

在使用图像仪测量之前，为增加试样中夹杂物与基体的对比度，首先对试样进行着色处理，然后使用 IBASKAT386 图像仪测量各类夹杂物的尺寸、数目、面积、夹杂物最邻近间距（Δ_j）、MnS 夹杂物的纵横比（λ）、投影长度（P_p）、夹杂物周长（P_C）和夹杂物横向宽度（d_W）等参数。

夹杂物最邻近间距的计算：

$$\Delta_j = \sqrt{(x_2 - x_1)^2 + (y_2 - y_1)^2}$$

式中，x、y 为选定拟测量的相邻夹杂物的坐标位置。

投影长度：

$$P_p = \frac{24 f_V}{\pi^3 d_W}$$

使用图像仪时，试样各测 4 个截面，方法是：每次测完一个截面后，都须将试样打磨去 0.5mm 的厚度，试样再抛光后再测，每个试样共测 4 个截面。4 个截面所测视场总数各试样并不相同，分别是：测 MnS 夹杂物视场总数为 122～205 个，测 ZrN 夹杂物视场总数

为 145～506 个。今选择其中部分与断裂有关的参数列于表 21-4 中。

表 21-4　图像仪测定的试样中夹杂物的各种参数

样号	夹杂物最邻近间距(Δ_j)/μm				最大投影长度 (P_p)/μm^{-1}		夹杂物最大周长 (P_C)/μm		MnS 纵横比 (λ)
	MnS-MnS		ZrN-ZrN						
	3 个截面	4 个截面	3 个截面	4 个截面	P_p^{MnS}	P_p^{ZrN}	$P_{C,max}^{MnS}$	$P_{C,max}^{ZrN}$	λ_{max}
13	30.2	22.1	22.8	25.5	0.079	0.025	40.0	20.5	5.90
14	34.2	32.2	38.8	44.3	0.083	0.038	43.9	36.6	6.79
15	28.0	19.3	36.6	40.3	0.068	0.050	36.7	26.0	4.56
16	18.2	12.0	27.4	27.7	0.041	0.036	20.0	18.9	3.04
17	26.6	19.1	22.9	26.0	0.040	0.070	26.2	25.7	3.07
18	23.8	12.8	25.3	21.7	0.049	0.033	27.5	33.1	3.68

21.2.2.3　扫描电镜测断口上夹杂物韧窝面积百分率与最邻近间距

使用扫描电镜观测 K_{1C}试样断口形貌，并用能谱仪鉴定韧窝中夹杂物的组成，确定了大韧窝中呈棒状的颗粒为 MnS 夹杂物，韧窝中呈块状的颗粒为 ZrN 夹杂物，而大量细小韧窝中为碳化物。

在观察过程中，调整观察角度使试样倾斜 10°～30°的范围，直接测定夹杂物韧窝所占断口面积百分率及最邻近的大韧窝之间的距离（Δ_j），然后仍按$\Delta_j = \sqrt{(x_2 - x_1)^2 + (y_2 - y_1)^2}$计算断口上最邻近的韧窝间距，同时按 $d_T = \sqrt{A/N}$计算断口上平均的韧窝间距。测试结果列于表 21-5 中。

表 21-5　扫描电镜测断口上夹杂物韧窝面积百分率与最邻近间距

试样倾斜角度 \ 样号	13	14	15	16	17	18	备注
	最邻近的韧窝间距/μm						
未倾斜(Ⅰ)	11.16	11.68	9.99	10.07	6.88	9.44	$\Delta_j = \sqrt{(x_2 - x_1)^2 + (y_2 - y_1)^2}$
倾斜 20°(Ⅱ)	17.06	11.95	9.45	8.89	5.96	8.62	
未倾斜(Ⅰ)	5.27	5.63	5.86	6.56	5.81	7.37	韧窝平均间距 = $d_T/8$
	5.36	5.97	5.70	6.48	5.74	7.18	
倾斜 20°（Ⅱ）	6.17	6.57	7.22	6.66	6.35	7.18	$d_T = \sqrt{\frac{A_{总}}{N_{总}}}$
	6.10	6.63	7.27	6.78	6.41	7.39	
倾斜 10°～30°（Ⅲ）	10°			30°			$d_T = \sqrt{\frac{A_{总}}{N_{总}}}$
	6.22	6.59	7.20	6.55	6.49	7.35	
	6.21	6.36	7.2	6.66	6.52	7.52	
f_A^{ZrN}/%	0.136	0.305	0.415	0.212	0.489	0.328	K_{1C}试样断口上夹杂物韧窝面积百分率
f_A^{MnS}/%	0.242	0.277	0.305	0.154	0.224	0.213	
$f_A^{ZrN+MnS}$/%	0.378	0.582	0.720	0.366	0.713	0.541	

21.2.2.4　试样局部区域内的夹杂物定量

为了观测试样偏析区内夹杂物含量与分布，使用金相显微镜的油镜头，放大 1500 倍下，不需染色即可清楚地观察到试样偏析区内的ZrN夹杂物形貌，用目镜测微尺测量ZrN夹杂物的面积，计数ZrN夹杂物的数目，然后分别计算出ZrN夹杂物间距和面积百分率，观测结果列于表21-6中。

表21-6　试样偏析区内的夹杂物含量与间距

样号	视场数目/个	夹杂物总数/个	夹杂物总面积/μm^2	夹杂物间距 d_T/μm	ZrN夹杂物串总长/μm	f_A^{ZrN}/%	f_A^{MnS}/%	$f_A^{Zr\text{-}S}$/%	$f_A^{总}$/%
13	4	57	151.5	1.63	80	0.40	0.099	—	0.499
14	>10	—	—	—	—	—	0.049	0.007	0.056
15	30	1462	4673.3	1.79	550	1.64	0.156	—	1.796
16	17	380	963.5	1.59	100	0.60	0.079	0.154	0.833
17	30	1448	4303.2	1.72	1100	1.51	0.115	0.004	1.619
18	9	77	623.2	2.84	100	0.73	0.109	0.256	1.095

21.2.3　裂纹成核与扩展观察

21.2.3.1　裂纹在MnS和ZrN夹杂物上成核观察

仍用前述的准动态方法观察裂纹在MnS和ZrN夹杂物上的成核过程，但平板拉伸试样在拉伸之前，需经着色处理以增大ZrN夹杂物的忖度。着色处理方法为：将平板拉伸试样的抛光面向上放入350℃箱式炉中，保温5min后，即可在抛光面上形成一层黑膜，ZrN夹杂物清晰地显示于黑膜中。然后在金相显微镜下，用刻划仪圈好拟跟踪的视场。

在30t液压材料试验机上，逐步增加载荷，反复进行加载-卸载，每次加载-卸载后，都须在金相显微镜下观测夹杂物开裂尺寸、数目、开裂方式和相应的应力-应变，并记录微裂纹在夹杂物上成核、长大与扩展的全过程。

实验观察已发现：试样被加载到屈服之前，即试样处于弹性变形阶段，夹杂物均不开裂，一旦试样产生塑变后，即当应变 $\varepsilon=0.5\%$ 时，尺寸较大的ZrN夹杂物首先自身开裂形成微裂纹，微裂纹与拉伸轴方向垂直（由于基体被染黑，夹杂物断开处为裂纹），见图21-1。在此应变下，MnS夹杂物仍未开裂。当应变继续增大到 $\varepsilon=1.75\%$ 时，已开裂的ZrN夹杂物上的裂纹变粗（见图21-2），与此同时MnS夹杂物自身开裂形成与拉伸轴方向

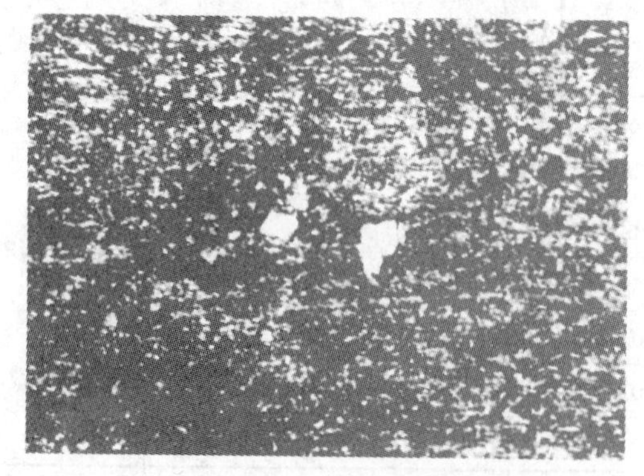

图21-1　微裂纹与拉伸轴方向垂直（$\varepsilon=0.5\%$，×500）

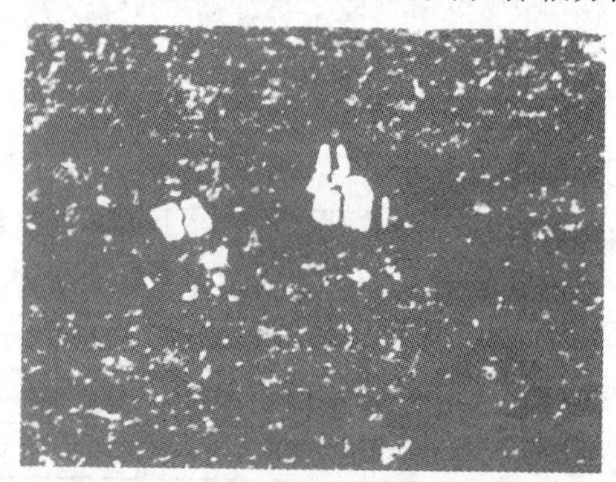

图21-2　已开裂的ZrN夹杂物上的裂纹变粗（$\varepsilon=1.75\%$，×800）

垂直的1～2条微裂纹（见图21-3），随应变继续增大到$\varepsilon=3.75\%$时，已开裂的ZrN夹杂物上的裂纹变宽，并以切变方式沿着与拉伸轴呈45°方向扩向基体（见图21-4），同时ZrN和基体界面开裂（见图21-5），而MnS夹杂物自身开裂的裂纹条数在同一颗夹杂物上增多（见图21-6）。随应变继续增大到$\varepsilon=5\%$时，MnS夹杂物自身开裂的裂纹条数不再增多，而是沿着与拉伸轴呈45°方向扩向基体（见图21-7）。当应变继续增大到$\varepsilon=8.75\%$时，ZrN夹杂物开裂的数目增多，并向着与MnS夹杂物开裂的裂纹方向聚合（见图21-8和图21-9）。

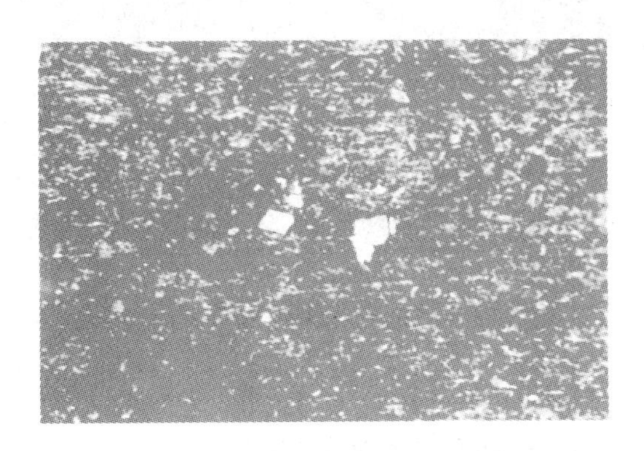

图21-3　与拉伸轴方向垂直的微裂纹
（$\varepsilon=1.75\%$，×500）

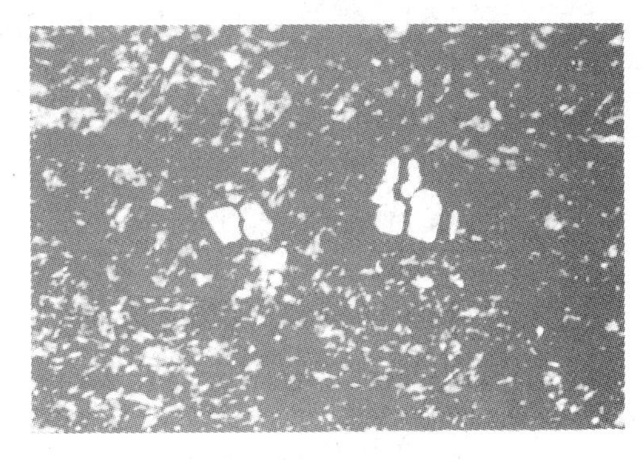

图21-4　裂纹沿着与拉伸轴呈45°方向扩向基体
（$\varepsilon=3.75\%$，×800）

图21-5　ZrN和基体界面开裂
（$\varepsilon=3.75\%$，×800）

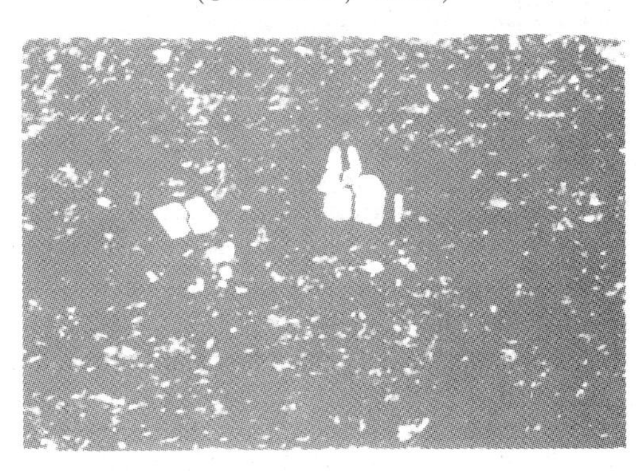

图21-6　同一颗夹杂物上裂纹条数增多
（$\varepsilon=3.75\%$，×800）

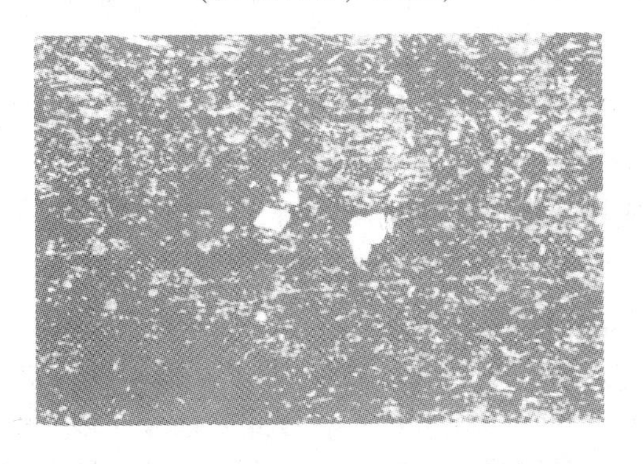

图21-7　MnS夹杂物自身开裂的裂纹扩向基体
（$\varepsilon=5\%$，×800）

图21-8　ZrN夹杂物裂纹向着MnS夹杂物裂纹聚合
（$\varepsilon=8.75\%$，×500）

MnS 夹杂物自身开裂的裂纹变宽并断裂，使扩展加速（见图 21-10），此时试样断裂。观察结果列于表 21-7 中。

图 21-9　ZrN 夹杂物裂纹向着 MnS 夹杂物裂纹聚合（ε=8.75%，×800）

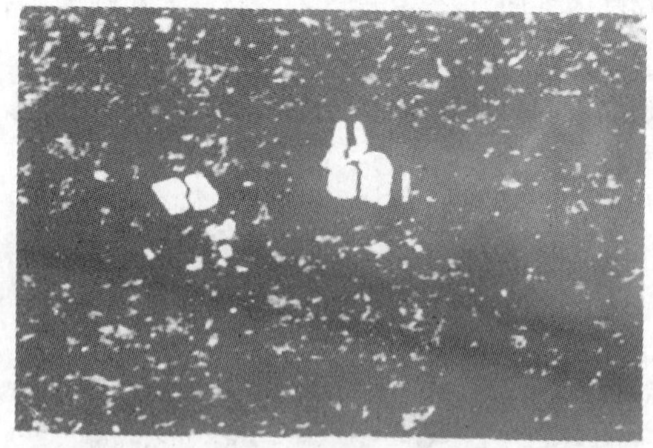

图 21-10　MnS 夹杂物自身开裂的裂纹变宽并断裂（ε=8.75%，×800）

表 21-7　裂纹在夹杂物上成核的应力-应变、临界尺寸和裂纹成核率

加载次数	应变 ε/%	应力 /MPa	夹杂物开裂的临界尺寸/μm				裂纹在夹杂物上成核率/%				N 区内夹杂物开裂尺寸的平方根 /$\mu m^{-1/2}$	
			ZrN		MnS		ZrN		MnS			
			H	N	H	N	H	N	H	N	ZrN	MnS
2	0.5	1325	7.5	8.95	—	—	18.9	18.9	—	—	0.334	—
3	1.75	1394	3.75	6.75	8.75	14.15	33.9	33.9	17.1	17.1	0.385	0.266
4	3.75	1499	3.0	6.33	7.5	12.70	66.7	66.7	62.4	62.4	0.397	0.281
5	5.0	1614	5.78	5.95	6.3	12.75	87.3	68.4	83.5	66.7	0.410	0.287
6	5.5	—	5.75	5.95	6.0	12.83	88.3	69.2	84.3	69.9	0.410	0.279
7	8.75	1787	5.35	5.5	0.5	10.45	90.7	84.8	89.4	85.2	0.426	0.309

注：H 代表颈缩区，N 代表非颈缩区。

21.2.3.2　断口形貌

采用断裂韧性和冲击韧性两种试样断口形貌来分析裂纹在夹杂物上成核、长大与扩展的过程。图 21-11 所示为裂纹在 ZrN 夹杂物上成核后形成较大韧窝，与其附近碳化物形成的小韧窝联结，造成钢的断裂。经过测量断口上 MnS 夹杂物韧窝间距，d_{T}^{SEM} < 4μm 时 MnS 夹杂物成核的韧窝也会同碳化物形成的小韧窝联结而造成断裂。

通过夹杂物开裂形成的裂纹彼此串接，使裂纹长大并扩展，见图 21-12 ~ 图 21-15。断口上裂纹呈“之”形扩展，见图 21-16。由于 MnS-MnS 韧窝间距小，彼此串接形成多条裂纹，见图 21-17。当夹杂物开裂形成的裂纹之间的韧带被撕裂后，使这些裂纹迅速长大并扩展，使试样断裂，见图 21-18。

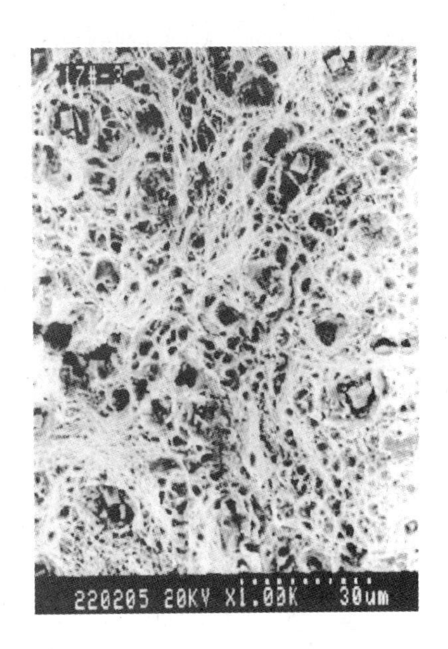

图 21-11　17 号 K_{1C} 试样断口上 ZrN 夹杂物形成的韧窝面积大于碳化物形成的韧窝面积

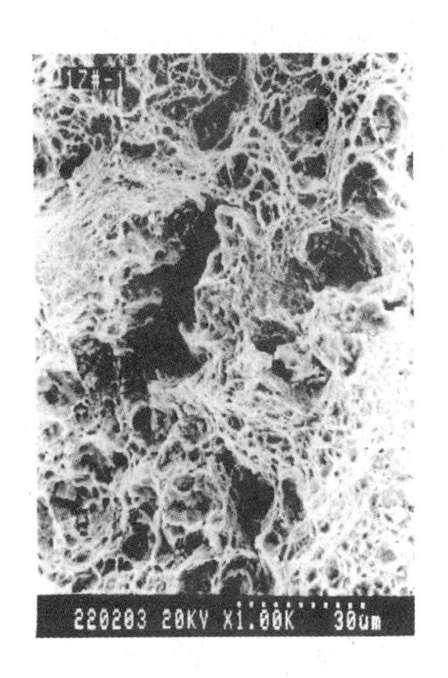

图 21-12　17 号 K_{1C} 试样断口上相邻的 ZrN 夹杂物形成的裂纹聚集长大

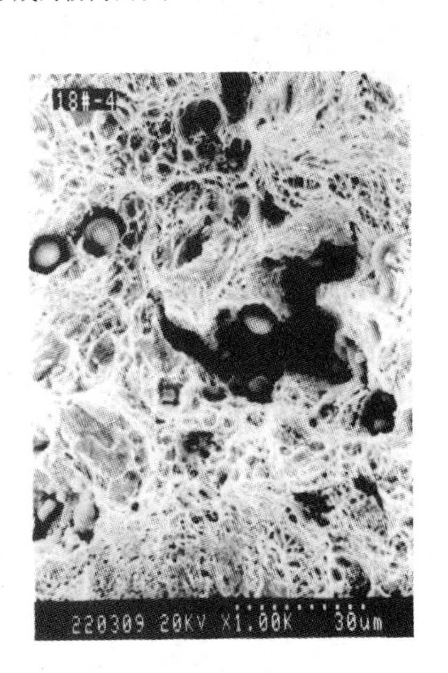

图 21-13　18 号 K_{1C} 试样断口上相邻的 MnS 夹杂物形成的裂纹聚集长大

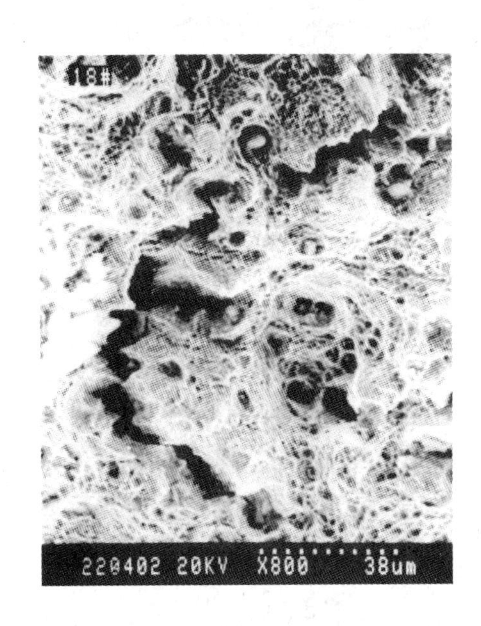

图 21-14　18 号 K_{1C} 试样断口上的夹杂物形成的裂纹沿开裂的夹杂物扩展

夹杂物在试样中的分布存在偏析，从断口上可以观察到偏析内的夹杂物成为断裂源，如 K_{1C} 试样断口见图 21-19 和图 21-20，冲击试样断口见图 21-21 和图 21-22。

根据上述断口形貌，说明了裂纹在夹杂物上成核、长大与扩展的过程和最后导致的断裂直接与碳化物的关系，这点可用作为准动态观察的补充。

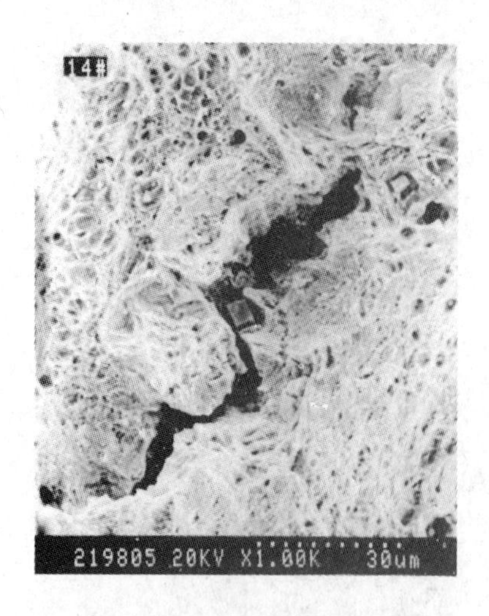

图 21-15　14 号 K_{1C} 试样断口上的裂纹沿开裂夹杂物聚集长大

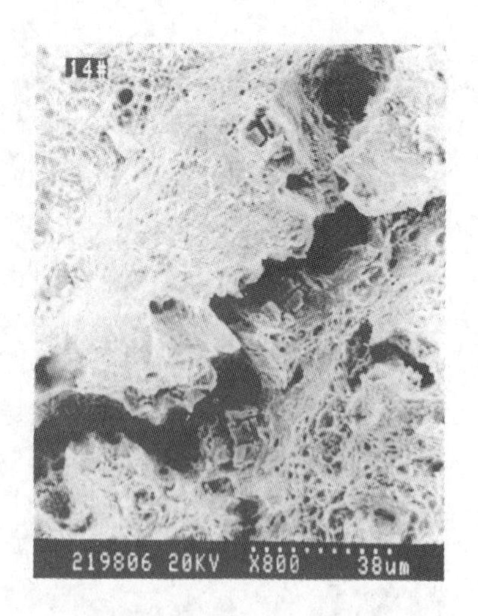

图 21-16　14 号 K_{1C} 试样断口上裂纹沿开裂夹杂物呈“之”字形扩展

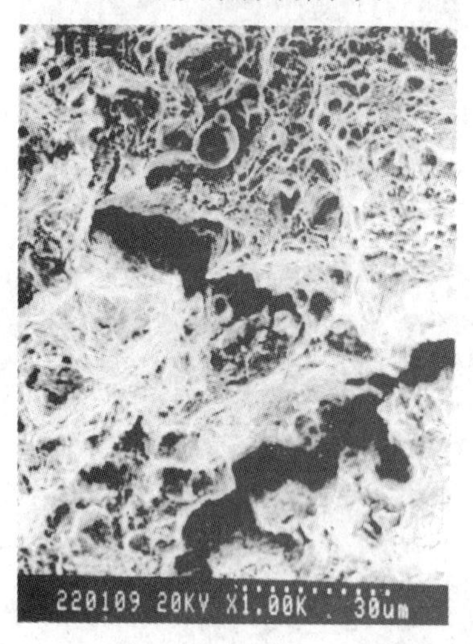

图 21-17　16 号 K_{1C} 试样断口上相邻的 MnS 夹杂物间距小彼此连接形成多条裂纹

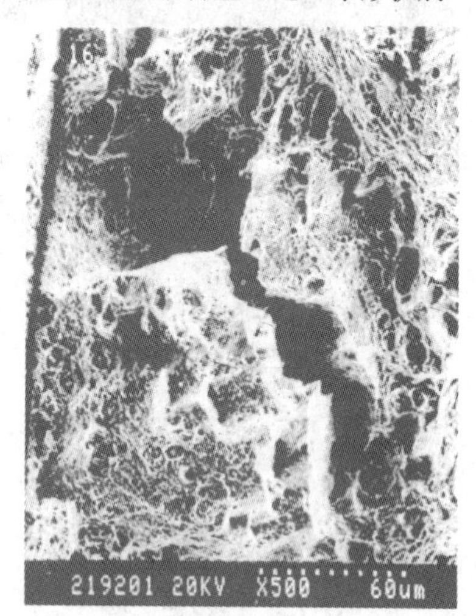

图 21-18　16 号 K_{1C} 试样断口上裂纹间韧带撕裂使裂纹长大扩展

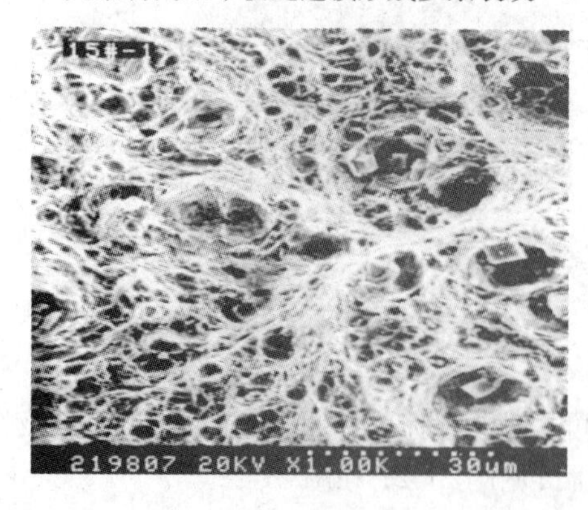

图 21-19　15 号 K_{1C} 试样断口上 ZrN 夹杂物偏聚形成大量 ZrN 韧窝

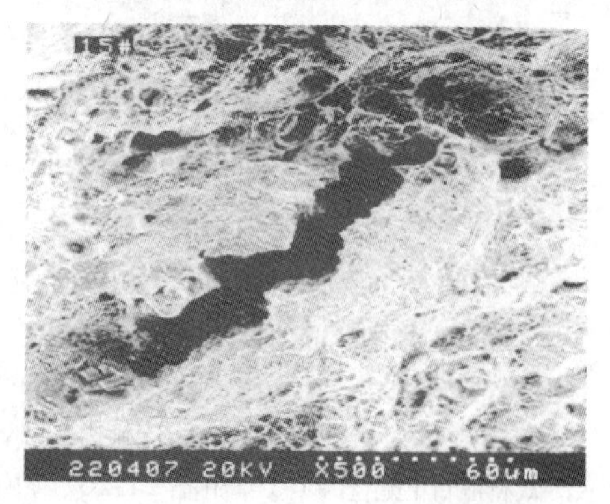

图 21-20　15 号 K_{1C} 试样断口上 ZrN 夹杂物偏聚形成大量的 ZrN 韧窝串接成大裂纹

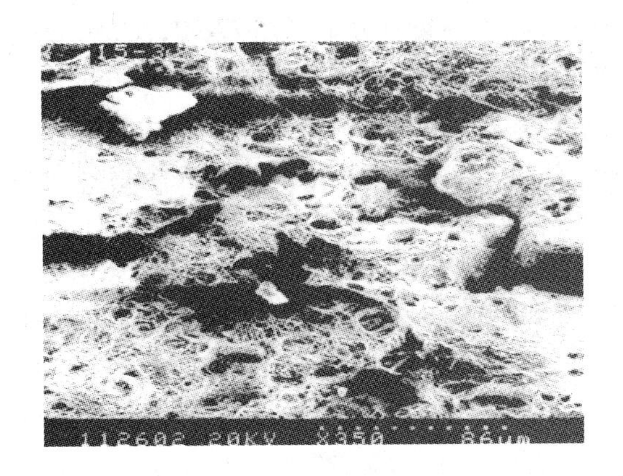

图 21-21　15 号 a_K 试样断口上因 ZrN 和 MnS 夹杂物总量最高形成大量裂纹

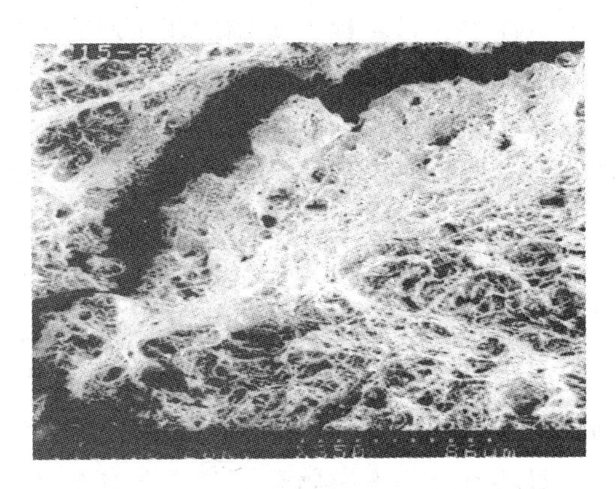

图 21-22　15 号 a_K 试样断口上局部区域内夹杂物总量最高处形成的大裂纹

21.3　讨论与分析

21.3.1　夹杂物对裂纹成核与扩展的影响

21.3.1.1　低应变下夹杂物开裂与硬度的关系

从平板拉伸试验的准动态观察中，已经肯定微裂纹总是优先在夹杂物成核。当试样中同时存在两类夹杂物时，如含有 MnS 和 ZrN 夹杂物的试样，裂纹在 MnS 和 ZrN 夹杂物上成核的方式和先后顺序均不同。如在低应变（$\varepsilon = 0.5\%$）时，ZrN 夹杂物首先开裂，而 MnS 夹杂物并不开裂，其中原因可能与两者的硬度有关，试样基体、MnS 和 ZrN 夹杂物的显微硬度见表 21-8。

表 21-8　试样基体、MnS 和 ZrN 夹杂物的显微硬度

类　别	基体（550℃回火）	MnS 夹杂物	ZrN 夹杂物
显微硬度 HV/MPa	660	420 ~ 600	1095

按显微硬度比较，ZrN 夹杂物的显微硬度远大于基体，而 MnS 夹杂物则小于或与基体接近。当试样发生塑性变形后，较硬的 ZrN 夹杂物仍处于弹性变形状态，使滑移位错受阻，造成位错塞积，会在位错塞积的端头产生应力集中，当产生应力集中超过 ZrN 夹杂物本身或界面强度时，便会形成微裂纹。而 MnS 夹杂物具有韧塑性，会在位错塞积的端头产生应力松弛，故在低应变条件下，ZrN 夹杂物总是先于 MnS 夹杂物形成裂纹。

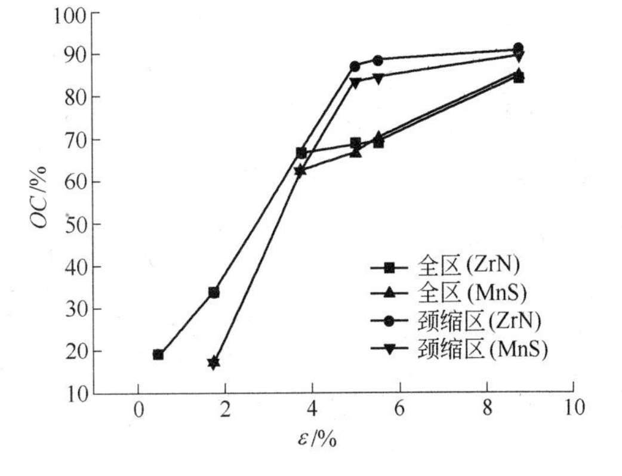

图 21-23　D_6AC 钢试样中 MnS 和 ZrN 夹杂物开裂百分率与应变的关系

21.3.1.2　微裂纹形核率与应变的关系

微裂纹形核率（*OC*）与应变的关系如图 21-23所示。图 21-23 所示 *OC* 在试样断裂之前均已达到 85% ~ 90%，而在只含一种夹杂

物的试样中，如第 17 章介绍的在非颈缩区的 TiN 夹杂物开裂百分率（图 17-50，$OC < 35\%$ 和图 17-100，$OC < 60\%$）远低于含两种夹杂物的试样。同样，在第 19 章中只含 MnS 夹杂物的试样，裂纹在非颈缩区的 MnS 夹杂物上的形核率 OC 也只有 30% ~40%。为什么在含两种夹杂物的试样中裂纹在夹杂物上的形核率会增大？推测可能原因是两种夹杂物周围的应变集中区重叠起到了增效作用，促使更多的夹杂物开裂。

另外在低应变下，通常是尺寸较大的夹杂物首先开裂，而 MnS 夹杂物的尺寸大于 ZrN 夹杂物，但在图 21-23 中，曲线变化的特点是在低应变下，$OC^{MnS} < OC^{ZrN}$，正如前面所述这是因两者的性质不同的影响超过了夹杂物尺寸的影响。但随应变增大到 MnS 夹杂物开裂的临界应变时，MnS 夹杂物开裂百分率迅速上升而逼近 ZrN 夹杂物开裂百分率。

21.3.1.3 夹杂物开裂尺寸与应变的关系

在前面几章只含一种夹杂物的试样中，已分别肯定夹杂物开裂尺寸随应变增大而下降，或者夹杂物开裂尺寸的平方根与应变成正比。本章中的试样同时含有两种夹杂物，这两种夹杂物开裂尺寸与应变的关系如何？可利用本章中相关数据加以说明。

Tanaka 提出的球状夹杂物开裂临界尺寸与临界应变的关系经过简化为：

$$\varepsilon_C = 2.47 \times 10^{-4} \sqrt{\frac{1}{a_C}}$$

按此关系作图得出夹杂物开裂尺寸的平方根与应变的关系见图 21-24。再按实验观察的数据作图得出夹杂物开裂尺寸与应变的关系见图 21-25。对图 21-24 和图 21-25 进行回归分析后得出：

图 21-24

$$(a^{ZrN})^{-1/2} = 0.35 + \varepsilon \tag{21-1}$$

$$R = 0.8909,\ S = 0.02,\ N = 6$$

$$(L^{MnS})^{-1/2} = 0.25 + 0.6\varepsilon \tag{21-2}$$

$$R = 0.9456,\ S = 0.006,\ N = 5$$

图 21-25

$$a^{ZrN} = 8.07 - 36\varepsilon \tag{21-3}$$

$$R = -0.8438,\ S = 0.74,\ N = 6$$

$$L^{MnS} = 15 - 50\varepsilon \tag{21-4}$$

$$R = -0.9571,\ S = 0.45,\ N = 5$$

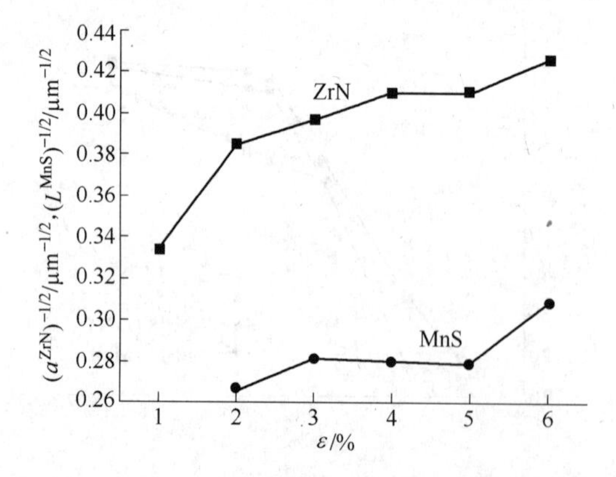

图 21-24 D_6AC 钢试样中 MnS 和 ZrN 夹杂物开裂尺寸的平方根与应变的关系

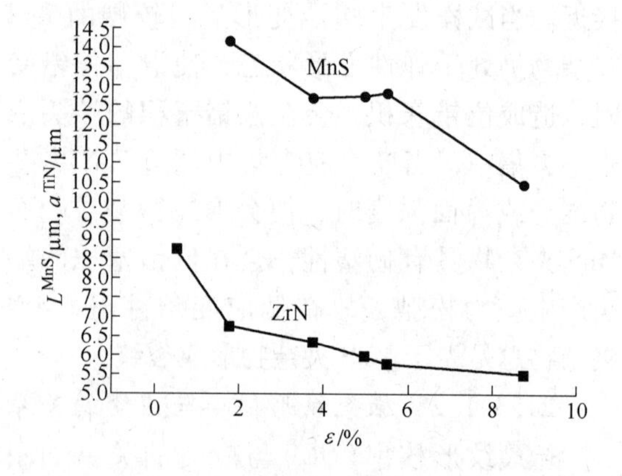

图 21-25 D_6AC 钢试样中 MnS 和 ZrN 夹杂物开裂尺寸与应变的关系

回归方程式(21-1)～式(21-4)分别代表夹杂物开裂尺寸与应变的关系，这些回归方程是否成立，需要经过实验观察的数据加以验证，验证结果列于表21-9中。

表21-9　按回归方程计算值与实验值对比

ε/%	应力/MPa	非颈缩区夹杂物开裂尺寸						非颈缩区夹杂物开裂尺寸平方根					
		回归方程式（21-3）			回归方程式（21-4）			回归方程式（21-1）			回归方程式（21-2）		
		实测值/μm	计算值/μm	差值/%	实测值/μm	计算值/μm	差值/%	实测值/$\mu m^{-1/2}$	计算值/$\mu m^{-1/2}$	差值/%	实测值/$\mu m^{-1/2}$	计算值/$\mu m^{-1/2}$	差值/%
0.5	1325	8.95	7.89	-13.4	—	14.75	—	0.334	0.345	3.2	—	0.247	—
1.75	1394	6.75	7.44	9.3	14.15	14.15	0	0.386	0.333	-15.6	0.266	0.240	-10.8
3.75	1499	6.33	6.72	5.8	12.70	13.13	3.3	0.397	0.313	-26.8	0.281	0.228	-23.2
5.0	1614	5.95	6.27	5.1	12.75	12.5	-2.0	0.410	0.300	-36.7	0.287	0.120	-30.4
5.5	—	5.95	6.09	2.3	12.83	12.25	-4.1	0.410	0.295	-39.0	0.279	0.217	-28.6
8.75	1787	5.5	4.92	11.8	10.45	10.63	1.7	0.426	0.263	-62.0	0.309	0.198	-56.1

根据线性相关系数检查回归方程线性相关显著性水平：

(1) $\alpha = 0.01$ 时要求线性相关系数 $R = 0.917(N = 6)$，$R = 0.957(N = 5)$；

(2) $\alpha = 0.05$ 时要求 $R = 0.811(N = 6)$，$R = 0.878(N = 5)$。

回归方程式（21-1）、式（21-2）和式（21-3）均能满足 $\alpha = 0.05$ 的要求，回归方程式（21-4）能满足 $\alpha = 0.01$ 的要求，故从线性相关系数 R 值判定，回归方程式（21-1）～式（21-4）均能成立。再按回归方程计算值与实验值对比结果，回归方程式（21-1）和式(21-2)，差值（%）较大，故无实用价值，回归方程式（21-3）和式（21-4），差值(%）较小，具有实用价值。在同时含有两种夹杂物的试样中，夹杂物开裂尺寸随应变增大而下降。夹杂物开裂尺寸平方根与应变的关系不符合Tanaka的关系式。可能原因是所测夹杂物开裂尺寸并非临界尺寸，此外在Tanaka的关系式中还包括其他力学参数未计入。

21.3.1.4　裂纹扩展与夹杂物参数的关系

微裂纹在夹杂物上形核后，在其扩展之前，必有裂纹长大过程。裂纹长大方式通常是彼此碰撞长大，如17号试样（见图21-12）和18号试样（见图21-13）。在17号试样和18号试样中，夹杂物含量（见表21-3）较大且夹杂物间距又最小，其中夹杂物最临近间距（Δ_j），如17号试样 $\Delta_j = 5.96\mu m$（倾斜20°）和 $\Delta_j = 6.49\mu m$（倾斜30°）均小于其他试样（见表21-5）。在表21-3中，17号试样和18号试样中夹杂物总间距也是最小的。由于夹杂物含量高间距又小，故能通过碰撞长大使裂纹易于扩展。

微裂纹在夹杂物上形核后长大的第二种方式是夹杂物之间的韧带撕裂，如16号试样(见图21-17和图21-18)，在表21-4中所列MnS夹杂物与相邻MnS夹杂物之间的间距最小($\Delta_j^{MnS\text{-}MnS} = 12\mu m$)，MnS夹杂物的纵横比最小（$\lambda^{MnS} = 3.04$)，此外MnS和ZrN夹杂物的周长 P_C^{MnS} 和 P_C^{ZrN} 也是最小的，因此当裂纹在16号试样中的夹杂物上形核后，会使应变集中增大使韧带撕裂，使裂纹聚合长大并扩展。

21.3.2 夹杂物参数与试样的韧性

前面已讨论过夹杂物参数在裂纹扩展中的作用，对这些作用与韧性的关系按试样顺序做进一步讨论。

（1）14 号试样：14 号试样的断裂韧性（K_{1C}）最高（见表 21-2），14 号试样中的夹杂物参数特点为：夹杂物总含量（$f_V^{总}$）最小，夹杂物总间距（$f_V^{总}$）最大。虽然夹杂物尺寸最大，主要是因为 MnS 夹杂物的纵长较长，但 14 号试样中 MnS 夹杂物的含量最低，且 MnS 夹杂物的纵横比最大，即 MnS 夹杂物变形后呈长条，并未对断裂韧性造成影响。另外，同类夹杂物间距 d_T^{MnS} 和 d_T^{ZrN} 也大于其他试样，表明夹杂物最邻近间距（Δ_j）较大，不利于裂纹的扩展，或者说抵抗裂纹扩展能力较强。当然还须指出的是 14 号试样中存在较多沿晶裂纹（见图 21-15 和图 21-16），但由于夹杂物最邻近间距间距（Δ_j）较大，不利于沿晶裂纹的扩展。因此 14 号试样的断裂韧性仍高于其他试样。

（2）15 号试样。15 号 K_{1C} 试样的断口上存在大量的 ZrN 夹杂物成核的韧窝，并彼此串接成裂纹（见图 21-20），且冲击试样的断口上的裂纹也较其他试样多，但 15 号试样的断裂韧性和冲击韧性并不低。造成试样断口的这些特征，主要是夹杂物偏析所致。表 21-6 中所列试样局部区域内，ZrN 夹杂物串的长度、数目和含量均较高，故试样局部区域内形成的裂纹也较多，而 15 号试样中夹杂物的最邻近间距（Δ_j）却较大，不利于已形成的裂纹扩展，故未造成试样断裂韧性和冲击韧性明显下降。

（3）16 号试样。16 号试样中各类夹杂物参数，如 λ^{MnS}、$\Delta_j^{MnS\text{-}MnS}$、$P_C^{MnS}$、$P_C^{ZrN}$ 等均为最小值，在表 21-6 中所列局部区域内夹杂物间距（$d_T^{局}$）也最小。另外，Zr-S 夹杂物含量也较高，综合 16 号试样中各类夹杂物参数的作用，使 16 号试样抵抗裂纹扩展的能力下降，故 16 号试样的断裂韧性最低。

（4）17 号试样。首先从 17 号试样的性能看，K_{1C} 值高于 16 号和 18 号试样，而拉伸韧塑性如 δ、ψ、ε_f 和冲击韧性 a_K 等均为最低值。17 号试样中 N、S 含量最高（见表 21-1），MnS 夹杂物的纵横比较小，而 ZrN 夹杂物的投影长度却最大。在 17 号试样的局部区域内，ZrN 夹杂物含量最高，ZrN 夹杂物串的长度最长。虽然 17 号试样中夹杂物总含量并不是最高的，但硫化物含量却是最高的，再加上 17 号试样中 ZrN 夹杂物偏析又最严重，从而使拉伸韧塑性降至最低值。

（5）18 号试样。虽然 18 号试样中夹杂物含量最高，其中局部区域内 Zr-S 夹杂物含量也最高，但其断裂韧性 K_{1C}，拉伸韧塑性如 δ、ψ、ε_f 和冲击韧性 a_K 等均不是最低的。主要原因与 18 号试样的化学成分有关，18 号试样中含碳量最低，含锆量最高，在相同的热处理条件下，含碳量低有利于提高韧性，而含锆量高有利于细化晶粒，从而改善韧性，这就部分补偿了夹杂物含量最高的有害作用。

21.3.3 小结

（1）在同时存在两种夹杂物的试样中，高于基体硬度的 ZrN 夹杂物在低应变下，首先自身开裂形成微裂纹，随应变增大，试样发生颈缩后，夹杂物开裂百分率（OC）即裂纹在夹杂物的成核率，不再与夹杂物本身的硬度有关，而是决定于夹杂物尺寸。

（2）ZrN 和 MnS 夹杂物均属面心立方系，因而裂纹在其上的成核方式均为自身开裂。

随应变增大，在同一颗 MnS 夹杂物上裂纹的条数增多，且均与拉伸轴垂直。而 ZrN 夹杂物自身开裂后，随应变增大，在同一颗 ZrN 夹杂物上裂纹的条数并不增多，只是自身开裂的裂纹变粗或自身脆裂。ZrN 和 MnS 夹杂物扩向基体的方向均与拉伸轴成 45°。

（3）裂纹在夹杂物上成核后的长大方式与夹杂物最临近间距（Δ_j）有关，在本套试样中 $\Delta_j = 5 \sim 7\mu m$ 时，裂纹可通过彼此碰撞长大。已长大的裂纹继续长大并扩展主要靠夹杂物之间的韧带撕裂。而韧带撕裂的难易受裂纹尖端区域内的临界断裂真应变控制。按照 McClintock 提出的微裂纹聚合模型，经过简化后得出临界断裂真应变为：

$$\varepsilon_f^* = A\ln\left(\frac{d_T}{a}\right)$$

式中，A 为常数 0.0345。

当试样中夹杂物尺寸较大，而夹杂物间距较小时，ε_f^* 下降，意即使韧带撕裂所需临界断裂真应变也较小，如 16 号 K_{1C} 试样断口上所看到的韧带撕裂，故 16 号试样的断裂韧性最低。

（4）Spitzig 认为微裂纹长大、连接过程与多种参数有关，他提出的关系式为：

$$\frac{1}{\sigma}\left(\frac{d\sigma}{d\varepsilon}\right) < \sqrt{\frac{3}{8}F^2V_V^2}\ \sqrt{\lambda^2 + 1}$$

式中　F——微裂纹长大因子；

σ——等效应力；

λ——夹杂物的纵横比；

$d\sigma/d\varepsilon$——局部流变区的等效加工硬化速率；

V_V——夹杂物的体积分数。

上式将基体特征和夹杂物参数对局部流变的作用有机地联系起来。当微裂纹在夹杂物上成核后，随夹杂物的含量和纵横比增大，使等效应力相应地增大，而局部流变区的等效加工硬化速率减小，基体产生塑性流变就越容易，从而加速微裂纹向基体扩展。本项实验已保证基体的性质一致，因此只考虑夹杂物参数的影响。

前面已提到 ZrN 夹杂物性脆，不随基体变形，故 ZrN 夹杂物的纵横比为常数，只考虑 ZrN 夹杂物含量的影响，而 MnS 夹杂物具有可塑性，所以 $\lambda^{MnS} > \lambda^{ZrN}$。这两种夹杂物在相同的体积分数的条件下，虽然 ZrN 夹杂物先于 MnS 夹杂物开裂，但微裂纹向基体扩展则是 MnS 夹杂物先于 ZrN 夹杂物，故本套试样中 MnS 夹杂物对试样断裂的影响大于 ZrN 夹杂物。

第 22 章 42CrMoA 钢和 4145H 钢中夹杂物与钢的断裂

第 16 ~ 21 章已分别总结了实验室条件下冶炼的超高强度钢（D_6AC）中夹杂物与钢的断裂，在 D_6AC 试样中人为地控制试样中只含一种或两种夹杂物。本章所讨论的 42CrMoA 钢和 4145H 钢试样是在工业生产条件下冶炼的试样，试样中夹杂物的类型、含量等都不具有可控性，再加上冶炼过程钢液接触不同的耐火材料，内生夹杂物与耐火材料反应形成成分复杂的夹杂物，或耐火材料直接被卷入钢中，使试样中夹杂物的类型多样化，其中主要的夹杂物类型有 4 种（MnS、TiN、球状铝酸盐及尖晶石型的块状铝酸盐等），这为研究夹杂物与钢的断裂带来更多难题。

考虑到夹杂物在钢中存在偏析，故分别按钢锭头部和尾部取样。本书上篇研究了夹杂物的多种参数对钢性能的影响，今选出其中部分数据研究夹杂物与钢的断裂。

从原长城钢铁公司第四钢厂取出 42CrMoA 钢样和 4145H 钢样，第一批只取出 42CrMoA 钢样，第二批取出 4145H 钢样并补充取出少量 42CrMoA 钢样。

22.1 试样选择

22.1.1 试样的化学成分和性能

试样的化学成分和性能分别列于表 22-1 和表 22-2 中。

表 22-1 42CrMoA 钢样和 4145H 钢样的化学成分（质量分数） （%）

样号		C	Mn	Si	P	S	Cr	Ni	W	Mo	V	Ti	Cu	N
42CrMoA（Ⅰ）	970	0.41	0.76	0.29	0.025	0.010	0.99	0.05	0.015	0.18	0.009	0.013	0.11	0.007
	973	0.42	0.91	0.29	0.020	0.010	1.01	0.05	0.014	0.16	0.008	0.018	0.08	0.008
	968	0.42	1.03	0.24	0.019	0.011	1.04	0.07	0.014	0.22	0.008	0.12	0.10	0.006
42CrMoA（Ⅱ）		0.41	0.76	0.29	0.015	0.01	0.99	0.05	0.015	0.18	0.009	0.013	0.11	0.007
4145H	619	0.43	1.12	0.23	0.025	0.012	1.15	0.06	0.015	0.28	0.005	0.004	0.14	—
	620	0.42	1.08	0.22	0.021	0.015	1.16	0.08	0.015	0.28	0.006	0.003	0.15	—
	621	0.45	1.25	0.26	0.024	0.014	1.11	0.08	0.015	0.29	0.005	0.003	0.14	—

表 22-2 42CrMoA 钢样和 4145H 钢样的性能

样号		回火温度 /℃	冲击值 /J	δ/%	ψ/%	$\sigma_{0.2}$ /MPa	σ_b /MPa	K_{1C} /MPa · $m^{1/2}$	HRC/MPa
42CrMoA（Ⅰ）	970	550	60.5	13	51.3	1070	1175	120.5	37.9
	968	550	56.3	14	48.8	1067	1177	118.5	38.1
	973	550	72.3	14.5	55.3	997	1107	118	37.3
	969	550	66.3	13.8	56	1060	1160	117	37
	974	550	—	—			—		—

续表 22-2

样　号		回火温度 /℃	冲击值 /J	δ/%	ψ/%	$\sigma_{0.2}$ /MPa	σ_b /MPa	K_{1C} /MPa · $m^{1/2}$	HRC/MPa
42CrMoA（Ⅱ）	795-2	550	30	14	48	1140	1220	—	—
	864-3	500	32	12	46	1250	1330	—	—
	864-2	500	49	12	49	1200	1310	—	—
4145H	619	500	18. 3	11. 2	47. 4	1376	1413	59. 5	38. 1
	620	500	20. 7	9. 7	42. 2	1375	1455	97. 6	32
	621	500	13. 5	9. 6	38. 2	1340	1552	44. 4	46. 5

22. 1. 2　与夹杂物有关的参数

由于42CrMoA 钢样和 4145H 钢样所测参数不尽相同，今分别列出各试样中夹杂物的参数，见表 22-3 ~ 表 22-5。42CrMoA 钢中夹杂物的显微硬度见表 22-6，42CrMoA 钢基体的显微硬度见表 22-7。

表 22-3　各试样中的夹杂物成分和类型（电子探针分析）

样号	金相观察	夹杂物成分/%									夹杂物类型
		[O]	S	Ca	Si	Al	Mg	Ti	Mn	Fe	
973	浅灰长条	0	38. 5	0. 29	0. 02	0. 03	0. 07	0. 01	65. 7	2. 6	MnS
	暗褐近球状	52. 6	4. 8	6. 4	0. 09	35. 5	11. 2	0. 003	1. 6	5. 5	复相 Al-O
974	浅灰长条	0	38. 7	0. 06	0. 02	0. 02	0. 01	0. 03	68. 5	2. 0	MnS
	暗褐方块	54. 1	0. 01	7. 1	0. 3	37. 8	6. 1	1. 11	0. 3	1. 4	尖晶石 Al-O
	暗褐球状	56. 9	0. 01	2. 13	0. 13	39. 1	13. 9	0. 26	1. 1	1. 3	复相 Al-O
	金黄方块	0	5. 0	0. 05	0. 04	0. 03	0. 04	54. 1	7. 6	11. 9	TiN
970	暗褐小球	58. 6	2. 4	10. 9	1. 2	31. 9	8. 9	0. 29	1. 9	5. 4	复相 Al-O
759	深灰近球状	42. 7	0. 04	5. 8	2. 12	32. 9	11. 1	0. 13	2. 3	3. 0	复相 Al-O
	浅灰条	17. 4	19. 8	4. 3	—	5. 4	2. 5	0	29. 1	21. 6	(Mn,Fe) · (S,O)
864	暗褐球状	38. 6	4. 1	1. 0	—	30. 6	10. 3	0. 21	5. 6	9. 3	复相 Al-O
	浅灰条	18. 6	7. 3	3. 5	—	4. 9	1. 2	0. 01	26. 5	28	(Mn,Fe) · (S,O)

注：表中 Al-O 代表铝酸盐。

表 22-4　两批 42CrMoA 钢中的夹杂物参数

样　号 \ 夹杂物参数		夹杂物含量(f_V)/%				夹杂物间距（d_T^{SEM}）/μm				夹杂物平均尺寸/μm				
		f_V^{MnS}	f_V^{TiN}	f_V^{Al-O}	$f_V^{总}$	d_T^{K1C}	d_T^{PL}	d_T^{CJ}	$d_T^{总}$	L^{MnS}	a^{TiN}	ϕ^{Al-O}	L_{max}^{MnS}	$a_{max}^{(3)}$
42CrMoA(Ⅰ)	970	0. 008	0. 023	0. 056	0. 087	37. 7	25. 6	15. 2	217. 7	22. 1	5. 8	6. 2	40. 1	11. 3
	968	0. 019	0. 014	0. 059	0. 092	37. 6	24. 8	14. 8	247. 6	22. 9	6. 3	5. 3	43. 5	11. 5
	973	0. 032	0. 022	0. 051	0. 104	37. 3	23. 2	14. 1	209. 5	25. 1	4. 9	6. 0	39	12
	969	0. 022	0. 018	0. 080	0. 120	36. 4	22. 9	13. 9	203. 8	25. 5	4. 6	6. 1	33. 9	12. 1
	974	0. 028	0. 022	0. 072	0. 127	36. 3	22. 6	12. 8	196. 7	25. 6	6. 1	5. 9	35. 6	12. 8

续表 22-4

样号 \ 夹杂物参数		夹杂物含量(f_V)/%				夹杂物间距 (d_T^{SEM})/μm				夹杂物平均尺寸/μm				
		f_V^{MnS}	f_V^{TiN}	$f_V^{Al\text{-}O}$	$f_V^{总}$	d_T^{K1C}	d_T^{PL}	d_T^{CJ}	$d_T^{总}$	L^{MnS}	a^{TiN}	$\phi^{Al\text{-}O}$	L_{max}^{MnS}	$a_{max}^{(3)}$
42CrMoA(Ⅱ)	795-1	0.014	0.002	0.040	0.056	—	—	—	273.5		—	21.9	44.7	—
	795-1	0.025	0.002	0.025	0.052	—	—	—	361.6		—	15.3	54.2	—
	864-1	0.026	0.007	0.084	0.117	—	—	—	220.4		—	13.5	37.9	—

注：d_T^{K1C}—K_{1C}试样断口上用SEM照片所测夹杂物总间距；d_T^{PL}—平板拉伸试样断口上用SEM照片所测夹杂物总间距；d_T^{CJ}—冲击试样断口上用SEM照片所测夹杂物总间距；$d_T^{总}$—金相法测夹杂物总间距；L^{MnS}—MnS夹杂物纵长；$\phi^{Al\text{-}O}$—球状铝酸盐夹杂物直径；a^{TiN}—TiN夹杂物边长；L_{max}^{MnS}—MnS夹杂物最大纵长；$a_{max}^{(3)}$—试样中三种夹杂物最大尺寸的平均值。

表 22-5 4145H 钢中的夹杂物参数

样 号	$f_V^{总}$/%	金相法测夹杂物间距 d_T^m/μm	夹杂物尺寸分布频率/%			L_{max}^{MnS}/μm
			>10μm	>20μm	>30μm	
619	0.042	239.7	64.5	29.9	14.8	66.4
620	0.087	239.9	66.7	40.4	25.5	110.2
621	0.034	267.3	52.8	23.5	9.5	61.7
618	0.048	270.4	—	—	—	75.6

表 22-6 42CrMoA 钢中夹杂物的显微硬度

试 样	夹杂物类型	形 貌	加载克数/g	夹杂物的显微硬度 HV/MPa	HV 平均值/MPa
成品样	TiN	金黄方块	25	988.0, 2628.0, 2012.0	1876
	MnS	浅灰条状	25	390.2, 332.9, 301.5, 332.9	286.8
			10	156.1, 226.4	
			15	267.3	
成品样	尖晶石型铝酸盐		25	1478.2	1478.2
	铝酸盐	球 状	25	2098.6, 1032.7, 1245.8	1459.0
		椭球状	25	988.0	988.0
	硅铝酸盐	褐 色	10	1284.1	1284.1
			25	973.7, 1930.8, 1002.5	1302.3
			10	1929.6	1929.6
	硅酸盐	形状不规则	25	513.6, 454.4, 436.6, 524.6, 470	479.8
冶炼过程取样	D_1，熔清期，铝酸盐	球 状	25	641.6	808.8
			15	747.5, 799, 871.3, 903, 812.7, 886.9	
		小球状	15	501.1	501.1
	D_2，出钢前，铝酸盐	球 状	15	886.9, 990.2, 658.3	845.1
	D_3，镇静前，包中铝酸盐	球 状	15	759.9, 1232	996.6
			15	521.9, 475.3	500.1
	D_4，镇静后，浇铸铝酸盐	球 状	15	735.4	735.4
	铝酸盐	球 状	15	238.4, 269.9, 236.7	248.3

表 22-7 42CrMoA 钢基体的显微硬度

样 号	取样条件	荷重 /g	HV/MPa	样 号	取样条件	荷重 /g	HV/MPa	样 号	取样条件	荷重 /g	HV/MPa
D_1	熔清期	15	174,175	968-32	成品样	50	613,713,726	973-22	成品样	25	319,333
D_2	出钢前	15	435,747,760	968-32	成品样	10	439,453	973-42	成品样	10	401
										25	376,376
D_3	镇前包中	15	658,648	969-11	成品样	25	306,366,373	974-12	成品样	25	306,390,454
				969-21	成品样	25	316,412,420				
D_4	镇后水口	15	435,747,760	970-21	成品样	25	236,256				
				970-42	成品样	25	230,238				

22.1.3 试样热处理

两批 42CrMoA 钢及 4145H 钢的热处理规范见表 22-8。

表 22-8 两批 42CrMoA 钢及 4145H 钢的热处理规范

热处理	第一批 42CrMoA 钢	第二批 42CrMoA 钢	4145H 钢
正 火	900℃ ×1h，空冷	900℃ ×40min，空冷	900℃ ×1h，空冷
淬 火	860℃ ×(20～40)min，油冷	860℃ ×30min，油冷	860℃ ×30min，油冷
回 火	550℃ ×1h，空冷	550℃ ×1h，水冷	500℃ ×1h，水冷

22.1.4 第一批 42CrMoA 钢的断口形貌

用扫描电镜对 K_{1C} 试样、平板拉伸试样和冲击试样的断口进行观察，以了解不同的加载方式与试样断裂特征的关系。各种试样的断口形貌见图 22-1～图 22-12。

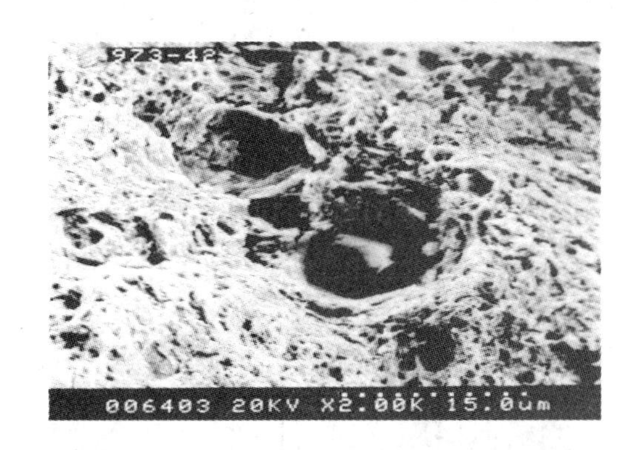

图 22-1 973-42 号 K_{1C} 试样断口上空洞长大（×900）

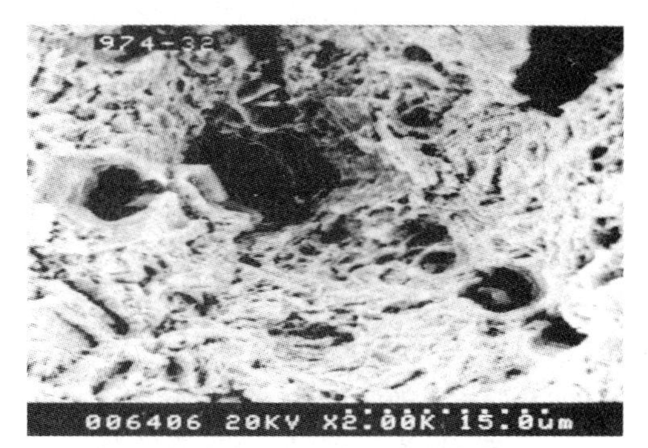

图 22-2 974-32 号 K_{1C} 试样断口上空洞长大（×900）

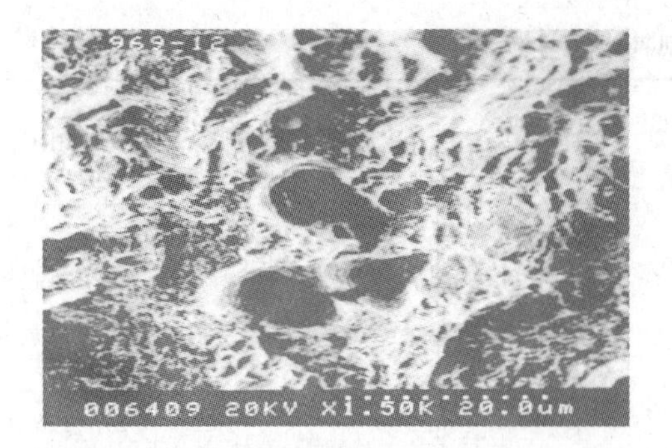

图 22-3　969-12 号 K_{1C} 试样断口上空洞连接（×900）

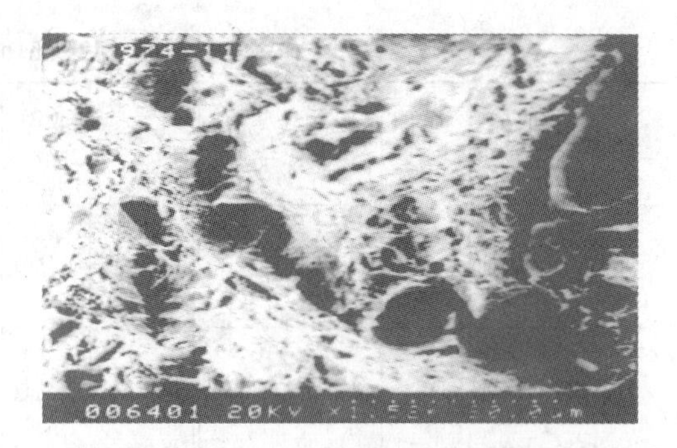

图 22-4　974-11 号 K_{1C} 试样断口上空洞连接（×900）

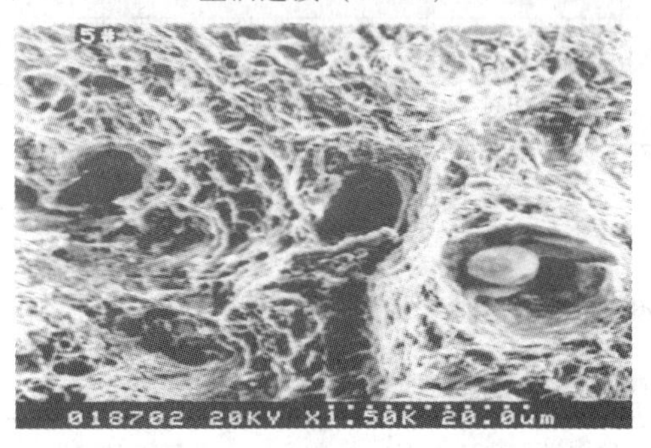

图 22-5　冲击试样断口上铝酸盐形成的空洞（×900）

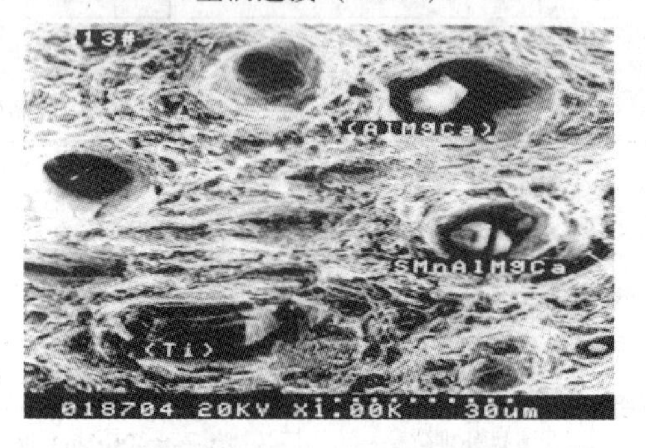

图 22-6　冲击试样断口上的铝酸盐和 TiN 夹杂物（×600）

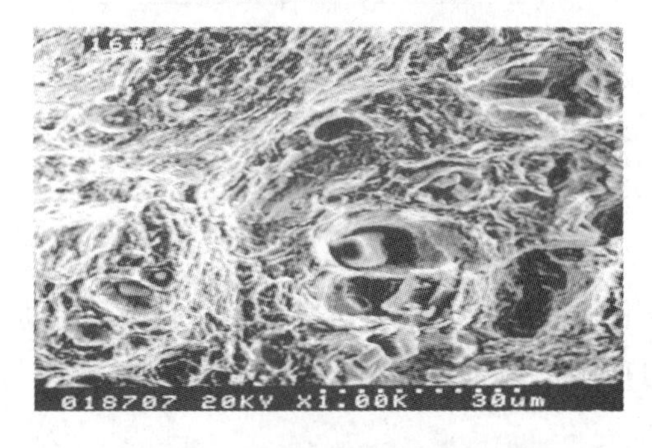

图 22-7　冲击试样断口上的夹杂物

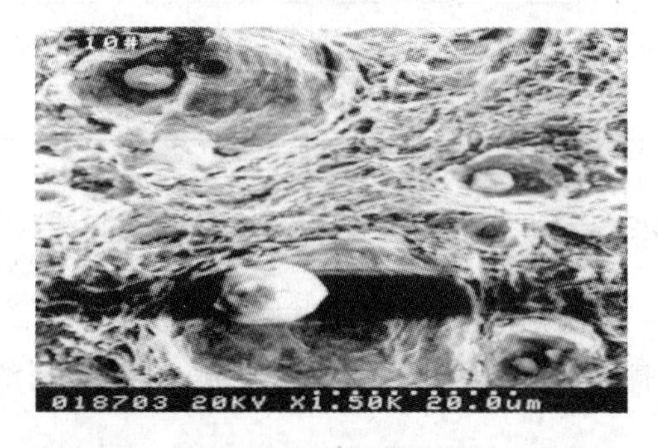

图 22-8　冲击试样断口上的铝酸盐（×900）

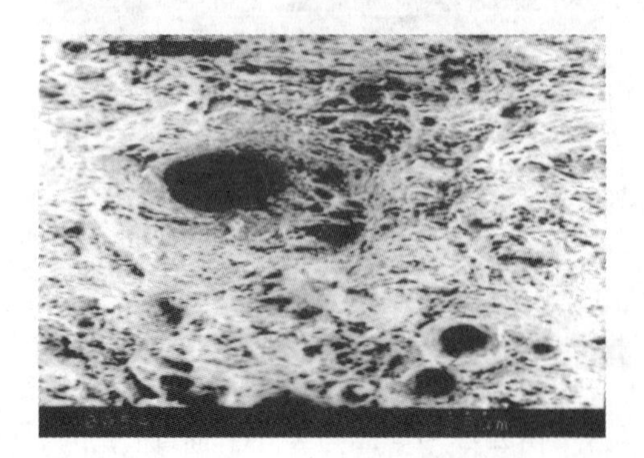

图 22-9　平拉试样断口上的空洞（×300）

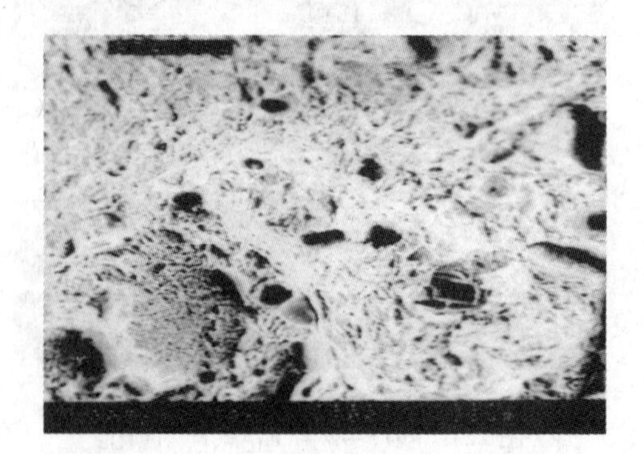

图 22-10　平拉试样脆性断口（×300）

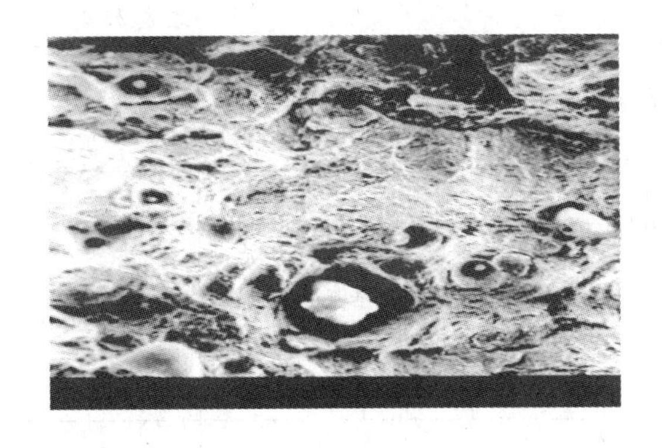

图 22-11　K_{1C}试样脆性断口（×300）

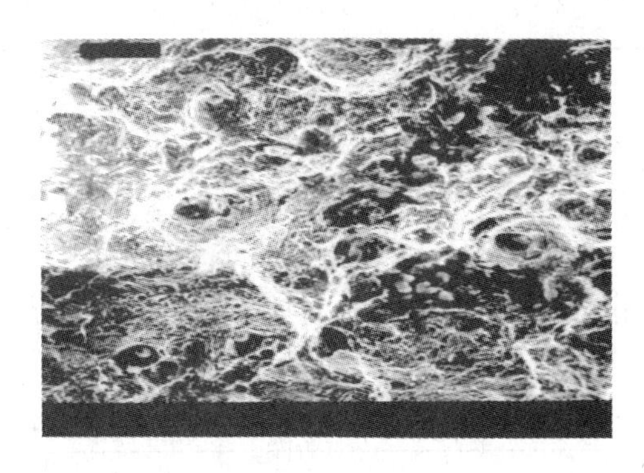

图 22-12　K_{1C}试样断口上夹杂物聚集（×300）

22.2　准动态观察

用于准动态观察的平板拉伸试样规格与第 17 章中的图 17-1 相近，唯一区别是将锁孔由 ϕ16mm 改成 ϕ15mm。在试样的标距范围内，用手抛光后，在金相显微镜下放大 480 倍下观察拟跟踪的夹杂物：对 42CrMoA 钢中的三类夹杂物进行跟踪观察，对 4145H 钢只跟踪观察 MnS 夹杂物在各次加载-卸载过程中的变化。4145H 钢中 MnS 夹杂物的形貌见图 22-13。

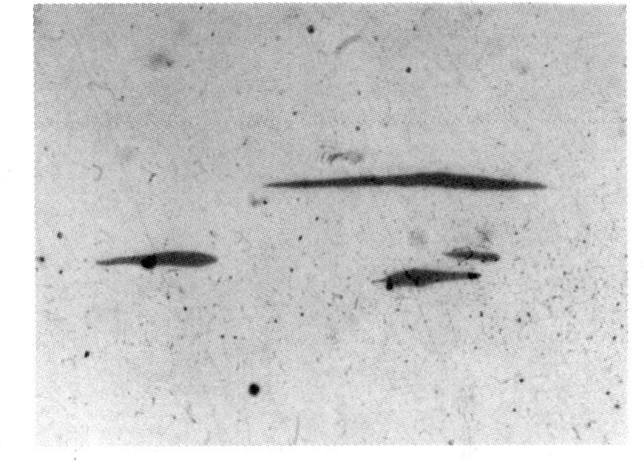

图 22-13　金相试样的 MnS 夹杂物（×400）

22.2.1　第一批 42CrMoA 钢的准动态观察

22.2.1.1　裂纹成核与扩展观察

抛光后的平板拉伸试样，在万能材料试验机上加载-卸载共 6 次，每次卸载后都须在金相显微镜下观察并记录夹杂物开裂方式、开裂尺寸和数目以及裂纹扩展，观测结果列于表 22-9 中。加载后试样的应力和应变见表 22-10。

表 22-9　裂纹在 42CrMoA 钢中三类夹杂物上成核与扩展

加载次数 夹杂物类型	1	2	3	4	5	6
MnS 夹杂物	在 100 个视场中只发现 1 个 MnS 夹杂物自身开裂，见图 22-14(a)	MnS 自身开裂的裂纹条数增加到 2～3 条	尺寸较小的 MnS 开始开裂，原已开裂者裂纹条数增多，见图22-14(b)	MnS 自身开裂的裂纹条数增加到 4～5 条，见图 22-14(c)	MnS 开裂的裂纹条数增加到 8～9 条，开始向基体扩展，见图 22-14(d)	裂纹变粗并继续向基体扩展，见图 22-14(c)

续表 22-9

加载次数 夹杂物类型	1	2	3	4	5	6
TiN 夹杂物	个别尺寸大的 TiN 开裂,裂纹很细	开裂的 TiN 增多,TiN 和基体界面开裂,见图 22-15	尺寸较小的 TiN 开裂,已开裂的裂纹变粗呈八字形扩向基体,见图 22-16	除尺寸很小的 TiN 外,其余全部开裂,裂纹继续变粗并扩展	裂纹开始向基体扩展,见图 22-17	裂纹继续扩展
铝酸盐夹杂物	铝酸盐和基体界面开裂,裂纹较细,见图 22-18(a)	无明显变化	无明显变化	—	开裂的裂纹变粗,但不扩展,见图 22-18(b)	界面开裂的裂纹继续变粗仍不扩展,见图 22-18(c)

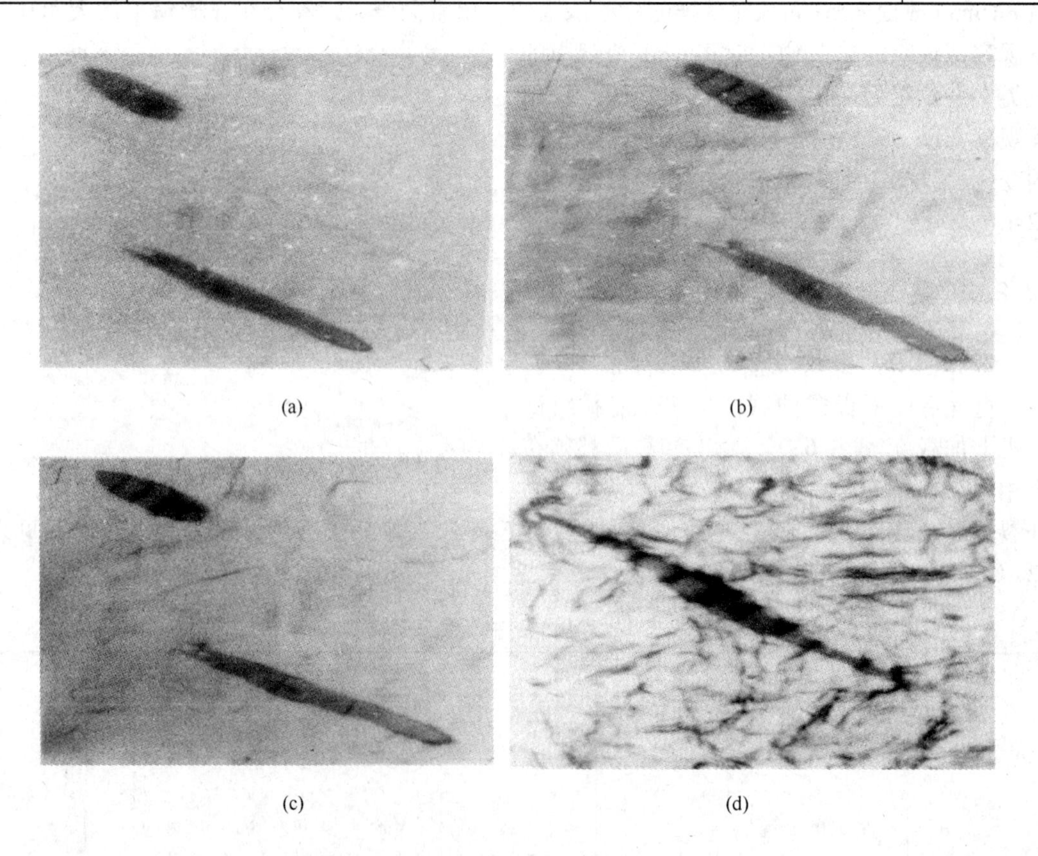

(a) (b)

(c) (d)

图 22-14 裂纹在 MnS 夹杂物上成核与扩展

(a) 973-42 号试样中 MnS 夹杂物自身开裂($\varepsilon=0.613\%$, ×400);

(b) 973-42 号试样中 MnS 夹杂物裂纹增多($\varepsilon=1.738\%$, ×400);

(c) 973-42 号试样中 MnS 夹杂物裂纹增至 4~5 条($\varepsilon=3.360\%$, ×400);

(d) 973-42 号试样中 MnS 夹杂物裂纹变粗并向基体扩展($\varepsilon=7.80\%$, ×400)

图 22-15　968-52 号试样中 Ti(N,C) 和基体界面开裂（ε = 1.27%，×400）

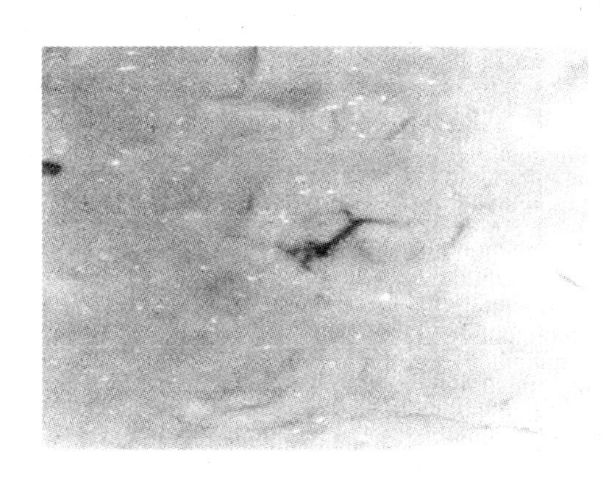

图 22-16　968-52 号试样中 Ti(N,C) 和基体界面开裂的裂纹向基体扩展（ε = 7.2%，×400）

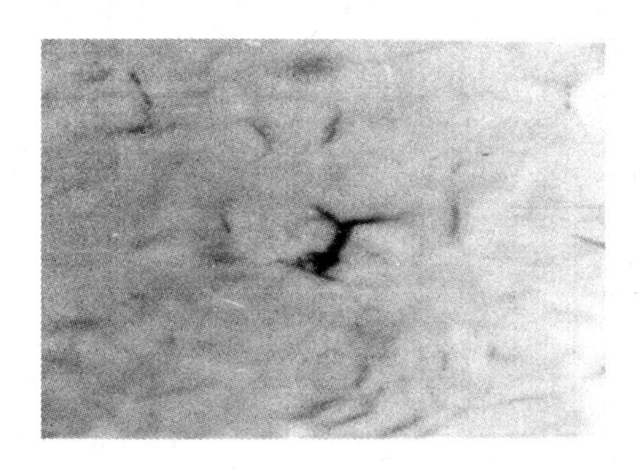

图 22-17　973-42 号试样中 Ti(N,C) 和基体界面开裂的裂纹变粗向基体扩展（ε = 12.2%，×400）

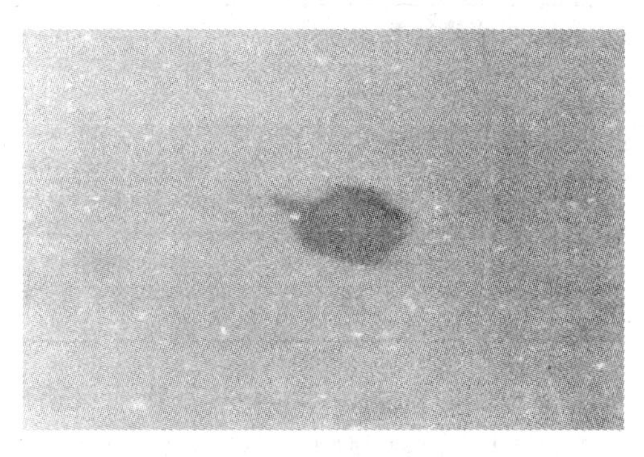

(a)

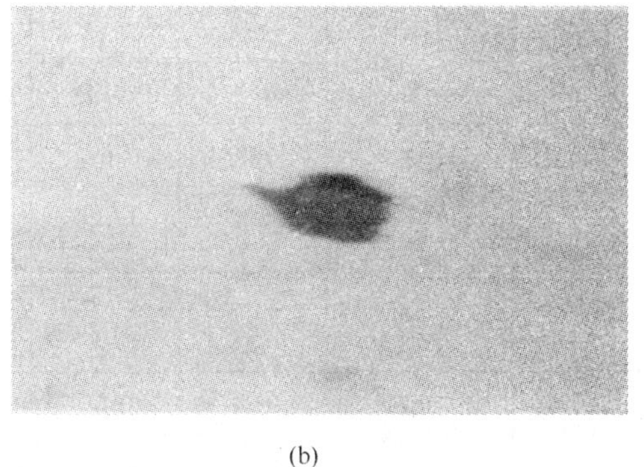

(b)

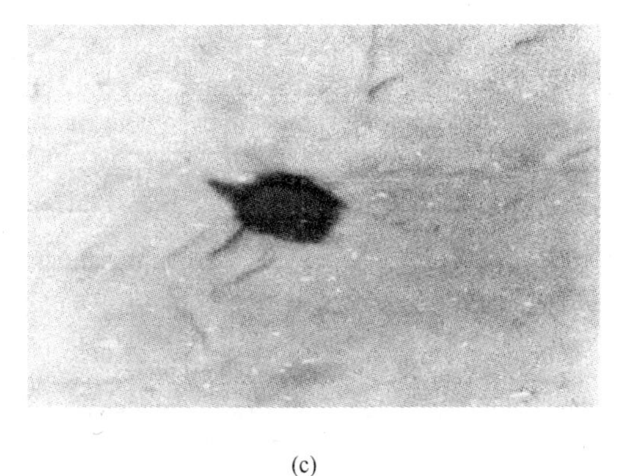

(c)

图 22-18　裂纹在铝酸盐夹杂物上成核与扩展

（a）968-52 号试样中球状铝酸盐和基体界面开裂（ε = 0.695%，×400）；（b）968-52 号试样中裂纹变粗（ε = 1.20%，×400）；（c）968-52 号试样中球状铝酸盐和基体界面开裂的裂纹继续变粗（ε = 7.20%，×400）

表 22-10 加载后试样的应力和应变

样号 \ 加载次数		1	2	3	4	5	6
968-52	σ/MPa	1135	1142	1159	1181	1181	1100
	ε/%	0.695	1.27	1.87	3.795	7.2	12.2
973-42	σ/MPa	992	1015	1035	1076	1132	1062
	ε/%	0.613	1.163	1.738	3.36	7.8	13.56

22.2.1.2 试样应变与夹杂物开裂百分率

选择 10 个试样观测应变与夹杂物开裂百分率（*OC*），观测结果列于表 22-11 中。

表 22-11 试样应变与夹杂物开裂百分率

样号	锭位	应变（ε）与夹杂物开裂百分率（OC）						
968-32	锭底部	ε/%	0.88	1.48	2.08	3.80	8.2	9.4
		OC/%	25.43	29.09	29.10	71.7	98.4	98.56
968-52	锭底部	ε%	0.695	1.295	1.87	2.80	9.2	12.2
		OC/%	17.34	25.7	27.99	46.59	91.62	94.44
969-12	锭底部	ε%	0.625	1.225	1.80	3.68	5.0	11.20
		OC/%	19.87	17.44	35.71	91.8	92.4	92.27
969-21	锭头部	ε/%	0.65	1.263	1.838	3.0	5.6	11.20
		OC/%	14.17	22.94	20.81	52.9	67	80.45
970-42	锭底部	ε/%	1.20	1.80	2.52	6.6	11.40	—
		OC/%	15.85	17.84	48.98	90.81	93.1	—
970-21	锭头部	ε/%	1.263	1.875	3.08	5.2	10.92	—
		OC/%	15.13	19.58	51.54	95.63	95.65	—
973-42	锭底部	ε/%	0.613	1.163	1.738	3.36	7.64	13.56
		OC/%	3.60	18.58	25.08	73.14	93.67	94.59
973-21	锭头部	ε/%	1.20	1.80	3.40	7.96	13.52	—
		OC/%	17.01	24.99	73.1	89.45	94.96	—
974-32	锭底部	ε/%	0.600	1.20	1.775	2.20	7.80	12.56
		OC/%	26.13	23.50	19.66	57.69	84.90	89.10
974-11	锭头部	ε/%	0.75	1.35	1.925	2.78	8.8	13.32
		OC/%	23.4	34.4	27.07	61.57	84.7	92.52

22.2.1.3 相近应变时裂纹在夹杂物上的成核率对比

为了在相近应变条件下，对比裂纹在夹杂物上的成核率（*OC*），将第一批 42CrMoA 钢中 8 个试样的准动态观察结果列于表 22-12 中。

表 22-12　相近应变时裂纹在夹杂物上的成核率

样　号	973-21	974-32	970-42	973-42	969-12	969-21	970-21	968-52	ΔOC/%
ε/%	0.60	0.60	0.60	0.613	0.625	0.65	0.663	0.695	87.2（81.4）
OC/%	21.19	26.13	28.2	3.6	19.87	14.17	24.34	17.34	
样　号	973-42	974-32	970-42	973-21	969-12	969-21	970-21	968-52	ΔOC/%
ε/%	1.163	1.20	1.20	1.20	1.225	1.263	1.263	1.295	41.1（22.5）
OC/%	18.58	23.50	15.85	17.01	17.44	22.94	15.13	25.70	
样　号	973-42	974-32	973-21	969-12	970-42	969-21	968-52	970-21	ΔOC/%
ε/%	1.738	1.775	1.80	1.80	1.80	1.838	1.87	1.875	50.0（25.5）
OC/%	25.08	19.66	24.99	35.71	17.85	20.81	27.99	19.58	
样　号	974-32	974-11	969-21	969-12	968-52	968-32			ΔOC/%
ε/%	3.525	3.775	3.788	3.875	3.795	3.905			49.2（32.2）
OC/%	57.69	61.57	82.7	91.8	46.59	71.7			
样　号	970-21	970-42	973-42	973-21					ΔOC/%
ε/%	4.0	4.0	4.063	4.175					33.0（20.7）
OC/%	51.94	48.98	73.14	73.1					
样　号	969-12	970-21	969-21						ΔOC/%
ε/%	5.0	10.92	5.6						29.9（21.2）
OC/%	92.4	95.65	67.0						
样　号	970-42	968-52	973-42	974-32	973-21				ΔOC/%
ε/%	6.6	7.2	7.64	7.8	7.96				7.2（5.6）
OC/%	90.81	91.62	93.67	84.9	89.45				
样　号	968-32	974-11							ΔOC/%
ε/%	8.2	8.8							13.9（7.5）
OC/%	98.4	84.7							
样　号	968-32	970-21							ΔOC/%
ε/%	9.4	10.92							
OC/%	98.56	95.65							

注：ΔOC 表示在相近应变条件下，裂纹在夹杂物上成核率的差值；括号内的数据为 OC 的最小值与平均值之差。

22.2.1.4　应变与夹杂物开裂尺寸

夹杂物开裂尺寸受应变控制，现将各试样在不同应变下，夹杂物开裂的临界尺寸列于表 22-13 中。在各相应的应变下，各试样中的三种夹杂物开裂百分率，即裂纹在夹杂物上的成核率，以及较有规律的数据，也一并列于表中。

22.2.2　第二批 42CrMoA 钢的准动态观察

第二批 42CrMoA 钢的准动态观察所用准动态观察方法与第一批 42CrMoA 钢相同，观测结果列于表 22-14 中。

表 22-13 应变、夹杂物开裂的临界尺寸和三种夹杂物开裂百分率

ε/%	夹杂物开裂的临界尺寸及其平方根					OC^{T+M+A}/%
	a^{TiN}/μm	$(a^{TiN})^{-1/2}$ /$\mu m^{-1/2}$	L^{MnS}/μm	$(L^{MnS})^{-1/2}$ /$\mu m^{-1/2}$	W^{MnS}/μm	
0.613	17	0.24	36	0.17	7.2	3.6
0.65	16	0.25	26	0.20	6.0	14.2
0.75	15	0.26	20	0.22	4.8	23.4
0.88	14.4	0.263	14	0.27	7.5	25.42
1.48	12	0.29	13.2	0.28	4.8	29.09
1.80	9.6	0.32	12	0.29	2.9	35.71
2.52	7.2	0.37	10	0.32	2.4	48.98
3.08	6.0	0.41	9	0.33	2.4	51.94
3.78	4.8	0.46	8.6	0.34	2.4	61.57
5.0						69.3
7.80	3.1	0.57	8.0	0.35	1.5	84.9
7.96						89.45
11.2						92.27
12.2						94.44
13.56	1.5	0.82	7.2	0.37	1.5	94.59

注：OC^{T+M+A}表示三种夹杂物的成核率，其中 T 代表 TiN，M 代表 MnS、A 代表 Al-O（铝酸盐）。

表 22-14 第二批 42CrMoA 钢试样的准动态观察结果

样号	拉伸应力 σ/MPa			1255	1262	1290	1290	1310	1317	1363	1369	1321	1301	
759-2	应变 ε/%			0.61	0.85	1.27	1.77	2.5	3.3	4.54	5.10	6.14	7.3	
	TiN 开裂的临界尺寸/μm			12.31	6.16	4.62	3.09	—	—	1.54	—	—	—	
	OC/%	MnS	H	4.3	8.3	19.4	26.9	51.1	51.3	77.1	79.4	93.9	100	
			N							53.6	56.3	56.8	57.3	
		Al-O	H	2.0	54.1	66.7	84.0	87.5	91.3	97.2	100	100	100	
			N							93.7	100	100	100	
864-3	应变 ε/%			0.82	1.30	1.50	1.77	2.17	2.82	3.31	3.98	4.77	5.56	11.1
	MnS	开裂尺寸/μm		3.1	4.6	3.4	3.1	2.70	2.0	1.6	1.0			
		OC/%	H	6.52	7.27	10.3	12.7	18.4	41.5	60.4	71.1	85.3	94	100
			N	6.52	7.27	10.3	12.7	18.4	41.5	60.4	61.5	63.3	65.3	66
	Al-O	开裂尺寸/μm		9.2	6.5	6.2	4.6	4.3	3.6	1.6	1.0			
		OC/%	H	22.7	27.8	41.0	81.8	95.2	100					
			N								81.2	84.2	85.1	88.0
	TiN	开裂尺寸/μm		6.2	9.2	3.4	3.4	3.1	3.9	2.3				
		OC/%		12.5	13.5	16.4	22.6	39.0	58.6	80.5				
864-2	应变 ε/%			1.16	1.74	1.88	2.03	4.51	4.67	4.83	5.12	5.50	6.14	9.9
	三种夹杂物开裂百分率/%		H					69.4	81.3	89.2	95.1	100		
			N	21.0	27.1	33.7	35.3	45.0	50.1	60.7	67.5	73.2	80	100

注：H—颈缩区；N—非颈缩区。

22.2.3　4145H 钢的准动态观察

4145H 钢的准动态观察所用准动态观察方法与第一批 42CrMoA 钢相同，观测结果列于表 22-15 中。

表 22-15　4145H 钢的准动态观测结果

$\varepsilon/\%$				1.68	1.79	1.87	2.02	2.41	3.01	3.71	4.35	5.02		
620-3（锭底部）	MnS	开裂尺寸/μm	纵向	48	47	46.2	45.1	43.9	42.8	41	39.5	38.5		
			横向	3.2	3.17	3.11	3.05	3.0	2.83	2.7	2.43	2.3		
		$OC/\%$	H				59.7	70	81.7	94	98.3	100		
			全区	25	37	42.4	46	58	68	73	77	79		
	MnS 自身开裂的裂纹条数及成核与扩展方式			1 条裂纹	2～3 条裂纹			小的 MnS 开裂	4～5 条裂纹，变粗，有滑移线	5～6 条裂纹，扩向基体	裂纹变粗并与滑移线联结			
619-11（锭头部）	$\varepsilon/\%$			0.86	1.1	1.8	2.6	3.5	4.0	4.8	5.2	5.5	6.0	
	MnS	开裂尺寸/μm	纵向	55	45	40	36	30	28	26	25	25		
			横向	5.5	4.3	3.3	1.8	1.3						
		$OC/\%$	H	18	31	38	45	50	60	75	85	95	100	
			全区	18	31	38	45	50	55	60	65	68	70	
621-11（锭头部）	$\varepsilon/\%$			0.50	0.62	0.72	0.85	1.09	1.48	2.21	2.38	4.23	4.94	5.61
	MnS	开裂尺寸/μm	纵向	65.7	55.6	56	45.6	35.6	28.7	26.3	29.6	27.3		
			a_C				4.9	4.6	3.52	3.41	3.34	3.23		
		$OC/\%$	H							76.9	87	93.5	98.4	100
			全区	3	7.1	20	24.6	33.3	62.7	70.3	78.6	79.7	83.1	85.9

注：H—颈缩区；N—非颈缩区；a_C—临界裂纹长度。

将 4145H 钢中夹杂物含量以及在相近应变下夹杂物开裂的临界尺寸和开裂百分率等数据列于表 22-16 中。

表 22-16　4145H 钢中夹杂物含量以及在相近应变下夹杂物开裂的临界尺寸和开裂百分率

$\varepsilon/\%$	样号（锭位）	$OC/\%$	$f_V/\%$	$L_{max}^{MnS}/\mu m$	$L_C^{MnS}/\mu m$	系列号
0.85	621-11（锭头）	24.6	0.036	56.3	45.6	1
0.86	619-11（锭头）	18.0	0.029	53.1	55.0	
1.09	621-11（锭头）	33.3			35.6	
1.10	619-11（锭头）	31.0			45.0	
1.48	621-11（锭头）	62.7			28.7	2
1.68	620-3（锭底）	25.0	0.09	112.5	48.0	
1.79	620-3（锭底）	37.0			47.0	
1.80	619-11（锭头）	38.0			40.0	
1.87	620-3（锭底）	42.4			46.0	

续表 22-16

ε/%	样号（锭位）	OC/%	f_V/%	L_{max}^{MnS}/μm	L_C^{MnS}/μm	系列号
2.02	620-3（锭底）	46.0			45.1	3
2.21	621-11（锭头）	70.3			31.2	
2.38	621-11（锭头）	78.6			30.3	
2.41	620-3（锭底）	58.0			43.9	
3.01	620-3（锭底）	68.0			42.8	4
3.50	619-11（锭头）	50.0			30.0	
3.71	620-3（锭底）	73.0			41.0	
4.00	619-11（锭头）	55.0			28.0	
4.23	621-11（锭头）	79.7			27.3	5
4.35	620-3（锭底）	77.0			39.5	
4.80	619-11（锭头）	60.0			26.0	
4.94	621-11（锭头）	83.1			—	
5.02	620-3（锭底）	79.0			38.5	6
5.20	619-11（锭头）	65.0			25.0	
5.61	621-11（锭头）	85.9			—	
6.50	619-11（锭头）	68.0			25.0	
6.60	619-11（锭头）	70.0				

22.3 讨论与分析

22.3.1 第一批 42CrMoA 钢中夹杂物参数与应变的关系

22.3.1.1 裂纹在夹杂物上的成核模型

A Tanaka 模型

42CrMoA 钢和 4145H 钢的成分相近，冶炼工艺相同，因此两种钢中夹杂物类型相同。准动态观察发现，试样在单轴拉伸过程中，随应变增加，裂纹首先在夹杂物上成核，成核方式随夹杂物性质、类型和形状不同而异。

试样中主要有三种夹杂物，即随加工变形的 MnS 夹杂物、不变形的 TiN 夹杂物和球状铝酸盐。裂纹在这些夹杂物上的成核方式各不相同。在 D_6AC 钢中已讨论过裂纹在 MnS 和 TiN 夹杂物上的成核方式，本节只对裂纹在 42CrMoA 钢中球状铝酸盐夹杂物上的成核方式做重点讨论。当应变为 0.6% ~0.7% 时，球状铝酸盐夹杂物首先界面开裂（见图 22-18），与此同时 MnS 夹杂物为自身开裂（见图 22-14），而 TiN 夹杂物既有自身解理开裂，又有界面开裂（见图 22-15 ~ 图 22-17）。这三种夹杂物的起裂应变为 0.613% ~0.695%（见表 22-9）。

Tanaka 等结合 Eshelby 的工作对球状夹杂物在塑变过程中界面开裂形成空洞的看法认为，对含有夹杂物的材料，当受到拉伸应力时，会使基体产生均匀形变，而夹杂物只是弹性变形。由于夹杂物和基体反应不同而产生内应力。当夹杂物的应变能形成于无应力的表面时，就会产生一个空洞。此时的应变能至少等于形成新表面所需能量。要求形成空洞的临界应变为：

$$\varepsilon_C \geqslant (\beta/d)^{1/2} \qquad k < 1 \tag{22-1}$$

$$\varepsilon_C \geqslant (\beta/kd)^{1/2} \qquad k \geqslant 1 \tag{22-2}$$

$$\beta = \left\{\frac{48 \times 10^{-9}[(7-5\mu)(1+\mu^*)+(1+\mu)(8-10\mu)k][(7-5\mu)(1-\mu^*)+5(1-\mu^2)k]}{(7-5\mu)^2[2(1-2\mu^*)+(1-\mu)k]}\right\}^{\frac{1}{2}} \tag{22-3}$$

其中　$k = E^*/E$

式中　E^*——夹杂物的弹性模量；

E——基体的弹性模量；

d——夹杂物直径；

β——与泊松比和 k 有关的常数；

μ^*，μ——夹杂物和基体的泊松比。

从式（22-1）和式（22-2）可以看出，形成空洞的临界应变与夹杂物半径的平方根成反比。

当空洞只围绕夹杂物成核时，需要超过界面强度。Tanaka 等又提出按一种简单的机械脱开模式使空洞成核，这样空洞成核的临界应变为：

$$\varepsilon_C > \delta\left(\frac{\sigma_I}{E}\right) \qquad k < 1 \tag{22-4}$$

$$\varepsilon_C > \delta\left(\frac{\sigma_I}{kE}\right) \qquad k \geqslant 1 \tag{22-5}$$

$$\delta = \sqrt{\frac{(7-\mu)+(1+\mu^*)+(8-10\mu)(1+\mu)k}{10(7-5\mu)k}} \tag{22-6}$$

式中　σ_I——夹杂物和基体的界面强度。

式（22-1）和式（22-2）中的 β 为分别与基体和夹杂物的弹性模量和泊松比有关的常数，从相关文献中查到的数据有：泊松比 $\mu = 0.29$，$\mu^* = 0.26$，μ^* 为 $MgO \cdot Al_2O_3$ 的泊松比，与试样中的球状铝酸盐相同；弹性模量 $E = 207170$MPa；$E^* = 264600$MPa；$k = E^*/E = 1.28$。将所查数据代入式（22-3），得 $\beta = 0.00063$。

球状铝酸盐的直径 $d = 6 \times 10^{-3}$mm（见表 22-4），将 β 值代入式（22-2），得：

$$\varepsilon_C^{Al\text{-}O} \geqslant 0.00063\sqrt{\frac{1}{1.28 \times 6 \times 10^{-3}}} \geqslant 0.00063\sqrt{\frac{1000}{7.68}} \geqslant 0.0072$$

即　$$\varepsilon_C^{Al-O} \geqslant 0.72\%$$

实验测定的夹杂物开裂的应变为 0.6%～0.7%，与计算值符合，表明实验测定的夹杂物开裂尺寸为临界尺寸，与此相应的应变为临界应变。再将 ε_C 值代入式（22-5）中，即

$$0.0072 \geqslant \delta\left(\frac{\sigma_{\mathrm{I}}}{kE}\right)$$

界面强度：

$$\sigma_{\mathrm{I}} \geqslant \frac{0.0072 \times 1.28 \times 207100}{\delta} \tag{22-7}$$

按式（22-6）计算 δ 值为0.469。

将 δ 值代入式（22-7），得：

$$\sigma_{\mathrm{I}} = \frac{0.0072 \times 1.28 \times 207100}{0.469} \approx 4071\mathrm{MPa}$$

当 $\varepsilon = 0.613\%$，所加应力 $\sigma = 992\mathrm{MPa}$ 时（见表22-10），球状铝酸盐界面已开裂。按计算的界面强度 $\sigma_{\mathrm{I}} = 4071\mathrm{MPa}$，两者相差4.1倍。可能原因有二：

（1）球状铝酸盐的界面在试样加工过程中已被弱化，使界面强度下降，因此在拉伸过程中的拉应力只达到992MPa，球状铝酸盐和基体界面即已开裂形成裂纹。

（2）按式（22-2）计算的临界应变 ε_{C} 值虽与实验测定值相符，而计算的界面强度 σ_{I} 是代表夹杂物与基体结合的理论强度，不存在界面缺陷。

B Gurland 和 Plateau 模型

Gurland 等认为贮存在夹杂物中的应变能可由局部塑性流变或断裂释放。一般情况下，裂纹成核是由于在夹杂物高度应力集中区内的基体产生塑性变形，而塑性变形量受邻近刚体材料和连续加载的限制，在夹杂物处更有利于局部断裂。其中原因是夹杂物本身固有的脆性，或与基体的应力三轴状态有关。贮存在夹杂物中的应变能 U 可充分提供形成新裂纹表面所需的表面能 S，或者说 $U \geqslant S$。

假设颗粒本身的应力场与颗粒本身的大小是同一个数量级，这样裂纹的大小等于夹杂物的大小。临界应力的近似表达式可从临界能量条件推导出来：

$$\frac{(q\sigma)^2}{E}a^3 = \gamma a^2$$

即

$$\sigma = \frac{1}{q}\sqrt{\frac{E\gamma}{a}} \tag{22-8}$$

式中 σ——所加单轴应力；

γ——表面能；

q——夹杂物处的平均应力集中因子；

E——夹杂物和基体的弹性模量加权平均值。

$$q = \frac{\sigma_{\mathrm{i}}}{\sigma_{\mathrm{m}}} = \frac{E_{\mathrm{i}}\varepsilon_{\mathrm{i}}}{\sigma_{\mathrm{m}}}$$

$$E = \frac{E_{\mathrm{i}} + E_{\mathrm{m}}}{2} = \frac{27 \times 10^3 + 21500}{2} = 24250\mathrm{kg/mm^2}$$

式中 E_{i}——铝酸盐（$MgO \cdot Al_2O_3$）的弹性模量，从相关文献中查得为 $27 \times 10^3\mathrm{kg/mm^2}$；

ε_{i}——铝酸盐开裂应变为0.00695（见表22-10）；

σ_m——铝酸盐开裂时所加应力为 1135MPa（115.8kg/mm²）。

则
$$q = \frac{27 \times 10^3 \times 0.00695}{115.8} = 1.62$$

$$\gamma = 102 \times 10^{-5}\text{kg} \cdot \text{mm/mm}^2$$

临界应力
$$\sigma = \frac{1}{1.62}\left(\frac{24250\text{kg/mm}^2 \times 102 \times 10^{-5}\text{kg} \cdot \text{mm/mm}^2}{6 \times 10^{-3}\text{mm}}\right)^{1/2}$$
$$= 0.62 \times 64.2\text{kg/mm}^2 = 390.1\text{MPa}$$

表 22-9 中所列铝酸盐夹杂物起裂的应变和应力分别为：$\varepsilon = 0.695\%$，$\sigma = 1135\text{MPa}$。按 Tanaka 模型计算的临界应变值与实验值一致，故认为实验所测应变值即为临界应变值。但按 Gurland 和 Plateau 模型计算的临界应力值与实验值相差近三倍，即实验值远大于理论模型计算值。这种理论模型与实验不一致的情况，很难找到更加合理的解释，今后还需通过大量的实验工作，积累更多的实验数据，对现有的理论模型进行补充和修改，以扩大理论模型适用范围。

22.3.1.2　裂纹在夹杂物上的成核率

A　裂纹在夹杂物上的成核率与夹杂物在钢锭中的分布

首先将表 22-10 中的数据作图，见图 22-19 和图 22-20。对比分布于锭头部（见图 22-19）与锭底部（见图 22-20）的夹杂物在各应变下的开裂百分率，即可看出：位于锭底部的多数试样中的夹杂物在各应变下开裂百分率均大于锭头部的试样。这与夹杂物在钢锭中的分布位置有关。位于锭头部的夹杂物中 MnS 较多，位于锭底部的夹杂物铝酸盐较集中。在拉伸过程中已经发现，在低应变下铝酸盐首先开裂，而 MnS 并不开裂，故裂纹在夹杂物上的成核率高低，既受夹杂物类型的影响，同时也受 MnS 夹杂物含量的影响。今就同一个试样进行比较：

（1）970-21（锭头部）—970-42（锭底部）：MnS 夹杂物含量在 970 号试样中最小（$f_V^{MnS} = 0.008\%$，见表 22-4），裂纹在夹杂物上的成核率影响就小，使裂纹在夹杂物上的成核率，锭头部（见图 22-19）与锭底部（见图 22-20）相近。

（2）973-21（锭头部）—973-42（锭底部）：MnS 夹杂物含量在 973 号试样中最高（$f_V^{MnS} = 0.0317\%$），裂纹在夹杂物上的成核率锭底部均小于锭头部。通过比较说明夹杂物

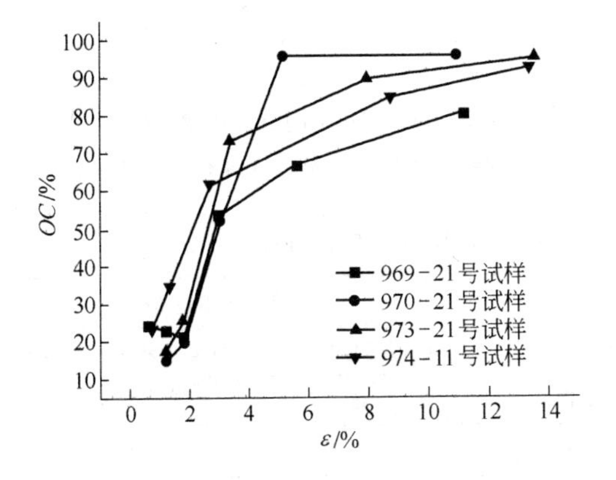

图 22-19　42CrMoA 钢试样中裂纹在夹杂物上的成核率与应变的关系（锭头部）

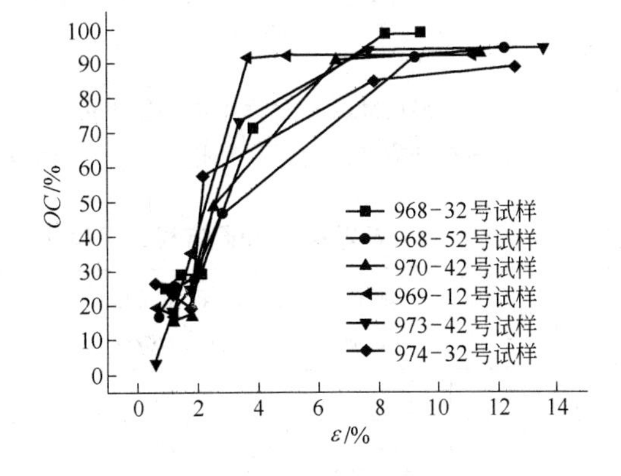

图 22-20　42CrMoA 钢试样中裂纹在夹杂物上的成核率与应变的关系（锭底部）

在钢锭中的分布位置对裂纹在夹杂物上的成核率存在影响。

B　裂纹在夹杂物上的成核率与应变

将表 22-11 中有规律的数据绘图，见图 22-21。图 22-21 中，OC 随应变增大而逐渐上升，曲线的变化具有明显的规律性。为归纳 OC 与应变的关系，采用回归分析方法进行处理。

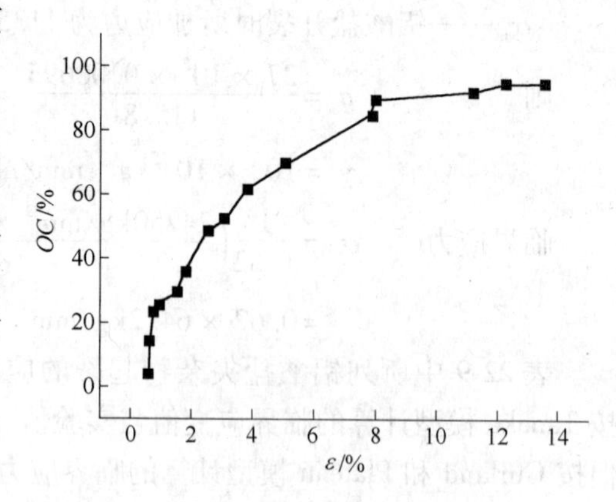

图 22-21　42CrMoA 钢试样中夹杂物上的成核率与应变的关系

a　线性回归（见图 22-22）

$$OC = 23.83\% + 6.14\varepsilon \quad (22\text{-}9)$$

$R = 0.9272$, $S = 12.52$, $N = 16$, $P < 0.0001$

b　非线性回归（见图 22-23）

$$OC = 7.11\% + 16.2\varepsilon - 73\varepsilon^2 \quad (22\text{-}10)$$

$$R^2 = 0.9790,\ S = 5,\ N = 16,\ P < 0.0001$$

首先按回归方程式（22-9）和式（22-10）的相关系数进行检验：$N = 16$，$\alpha = 0.01$，要求 $R = 0.623$；$N = 16$，$\alpha = 0.05$，要求 $R = 0.497$。因此按相关系数检验，回归方程式（22-9）和式（22-10）均成立。再将回归方程式（22-9）和式（22-10）计算的 OC 与实验值对比，计算结果列于表 22-17 中。

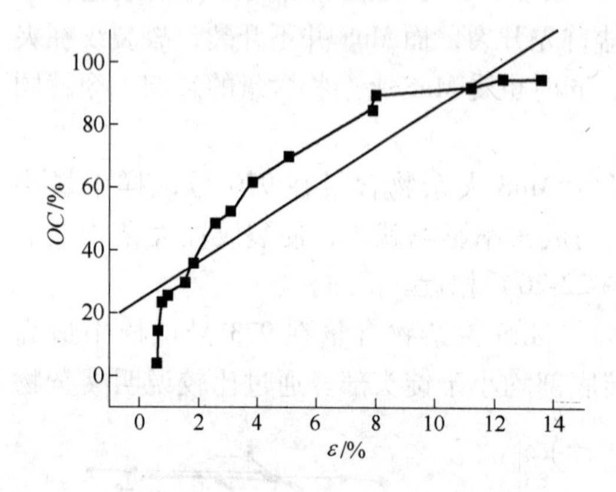

图 22-22　42CrMoA 钢试样中夹杂物上的成核率与应变的关系（线性回归）

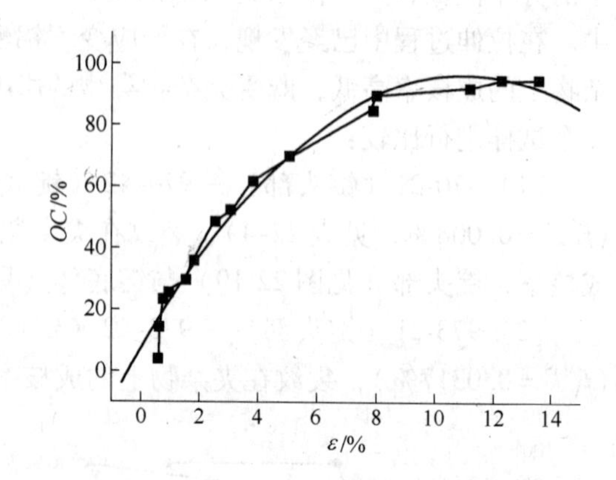

图 22-23　42CrMoA 钢试样中夹杂物上的成核率与应变的关系（非线性回归）

表 22-17　回归方程式（22-9）和式（22-10）计算值与实验值对比

ε/%	实验值 OC/%	回归方程式（22-9）计算值 OC/%	回归方程式（22-10）计算值 OC/%	计算与实测相差 Δ/%	
				回归方程式（22-9）	回归方程式（22-10）
0.613	3.6	25.59	16.75	85.9	78.5
0.65	14.2	27.82	17.33	49.0	18.1
0.75	23.4	28.45	18.84	17.7	-24.2
0.88	25.43	29.23	20.80	13.0	-22.1

续表 22-17

ε/%	实验值 OC/%	回归方程式（22-9）计算值 OC/%	回归方程式（22-10）计算值 OC/%	计算与实测相差 Δ/%	
				回归方程式（22-9）	回归方程式（22-10）
1.48	29.09	32.92	29.48	11.6	1.3
1.80	35.71	34.88	33.89	-0.2	-5.3
2.52	48.98	39.30	43.29	-24.6	-13.1
3.08	51.94	42.74	50.01	-21.5	-3.8
3.78	61.57	47.01	57.91	-31.0	-6.3
5.0	69.3	54.53	69.85	-27.0	0.8
7.8	84.9	71.72	89.05	-18.4	4.6
7.96	89.45	72.70	89.80	-23.0	0.4
11.2	92.27	92.60	96.97	0.3	4.8
12.2	94.44	98.74	96.08	4.3	1.7
13.56	94.59	107.09	92.54	11.7	-2.2

线性回归方程式（22-9）计算值与实测值只有少数符合，表明裂纹在夹杂物上的成核率随应变的变化不存在线性关系。虽然按回归方程式（22-9）的相关系数判断 OC 与 ε 之间存在线性关系。

非线性回归方程式（22-10）计算值与实测值除低应变外多数符合，表明裂纹在夹杂物上的成核率随应变的变化存在规律性。

C　相近应变时裂纹在夹杂物上的成核率对比

将表 22-11 中所列数据绘成直方图，见图 22-24。

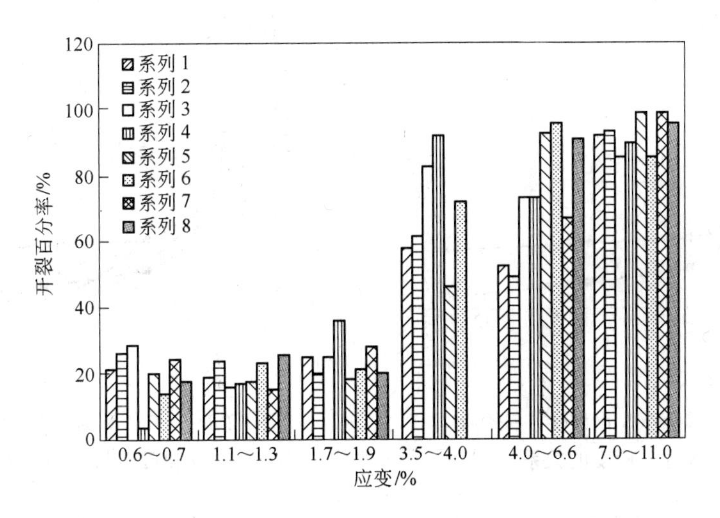

图 22-24　42CrMoA 钢试样中夹杂物应变相近时开裂百分率对比

图 22-24 所示在各相近应变下，裂纹在各试样中的夹杂物上的成核率各不相同。在低应变下，OC 最大的试样与最小的试样，相差 41% ~87%，最小值与平均值之差为 22% ~

81%。随应变增大，两者差值缩小，尤其是当 $\varepsilon \geqslant 7\%$ 后，两者相差小于 7.2%。但当应变进一步增大时，两者相差上升至 13.9%，但仍远小于低应变下两者差值。

从准动态观察的测试误差考虑，在各相近的低应变下，试样中多数夹杂物并未开裂，试样表面状态并无大的变化，观察误差较小，即在金相显微镜下计数开裂夹杂物的数目较准确。说明低应变条件下，造成各试样中夹杂物开裂百分率的较大差别，可能由于各试样中夹杂物尺寸不同所致，大的夹杂物会在低应变开裂。若试样中大尺寸夹杂物的数目较多，在低应变下开裂的夹杂物的数目也较多，反之就较少。

22.3.1.3　夹杂物开裂尺寸与应变的关系

将表 22-12 中所测开裂 TiN 夹杂物的边长和 MnS 夹杂物的纵长与应变的关系绘图，见图 22-25。

图 22-25 所示 TiN 和 MnS 夹杂物开裂尺寸随应变增大而下降，在低应变下下降趋势较陡，这与相关文献介绍的结果 $\varepsilon_C \sim (1/d)^{1/2}$ 有所不同，ε_C 与夹杂物开裂尺寸的平方根成正比，而本实验的结果见图 22-25，对图 22-25 的回归分析（见图 22-26）所得方程为：

TiN 夹杂物

$$a^{\text{TiN}} = 17.26 - 375\varepsilon + 2000\varepsilon^2 \tag{22-11}$$

$$R^2 = 0.9156,\ S = 1.79,\ N = 11,\ P < 0.0001$$

MnS 夹杂物

$$L^{\text{MnS}} = 25.33 - 557\varepsilon + 3000\varepsilon^2 \tag{22-12}$$

$$R^2 = 0.5576,\ S = 6.7,\ N = 11,\ P = 0.0383$$

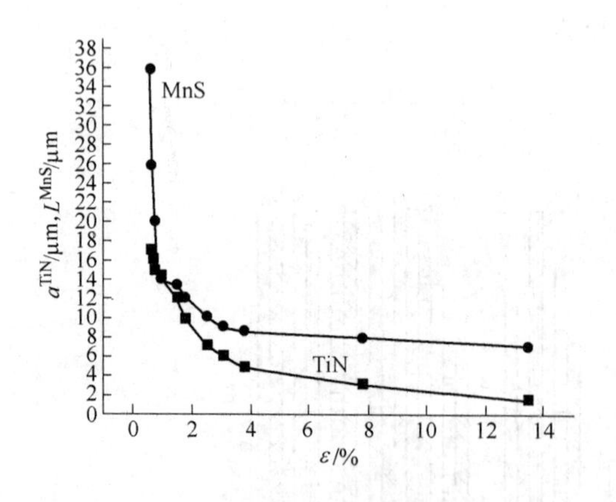

图 22-25　42CrMoA 钢试样中夹杂物开裂尺寸与应变的关系

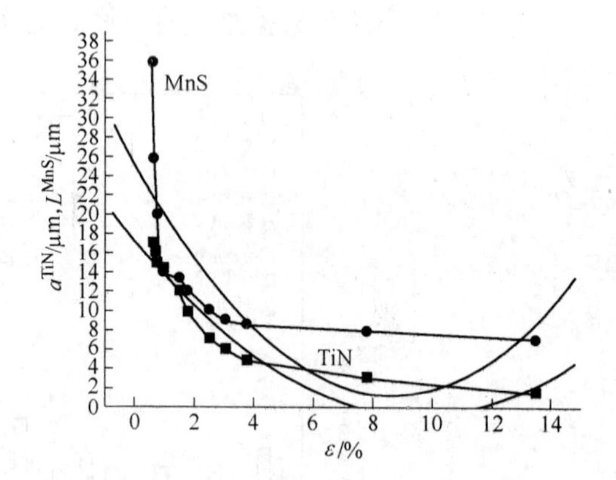

图 22-26　42CrMoA 钢试样中夹杂物开裂尺寸与应变的关系

首先按回归方程式（22-11）和式（22-12）的相关系数进行检验：$N = 11$，$\alpha = 0.01$，要求 $R^2 = 0.735$；$N = 11$，$\alpha = 0.05$，要求 $R^2 = 0.602$。因此按相关系数检验，回归方程式（22-11）和式（22-12）成立。再将回归方程式（22-11）和式（22-12）计算的 OC 与实验值对比，计算结果列于表 22-18 中。

表 22-18　回归方程式（22-11）和式（22-12）计算值与实验值对比

ε/%		0.613	0.65	0.75	0.88	1.48	1.8	2.52	3.08	3.76	7.8	13.56
a^{TiN} /μm	实测	17	15	15	14.4	12	9.6	7.2	6.0	4.8	3.1	1.5
	计算	15	14.9	14.6	14.1	12.1	11.1	9.0	7.6	6.0	0.2	3.1
	差值 Δ/%	−13.3	−7.4	−2.7	−2.1	0.8	13.5	20	21	20	−1450	51.6
L^{MnS} /μm	实测	36	26	20	14	13.2	12	10	9	8.6	8.0	7.2
	计算	22	21.8	21.3	20.6	17.8	16.3	13.3	11.2	8.9	1.35	8.64
	差值 Δ/%	−63.6	−19.3	6.5	32	25.8	26.8	28.4	19.6	3.4	−492.6	16.7

经过对比实测值与回归方程式（22-11）和式（22-12）的计算值后，可以肯定：在 $\varepsilon<7.8\%$ 时，随应变增大，TiN 夹杂物开裂的临界尺寸逐渐减小，并有规律的变化。这点与 Tanaka 提出的 $\varepsilon_C \sim \sqrt{\frac{1}{d}}$ 不一致。

22.3.2　第二批 42CrMoA 钢中夹杂物参数与应变的关系

22.3.2.1　夹杂物开裂尺寸与应变的关系

表 22-13 所列数据中：759-2 号试样只测了 TiN 夹杂物开裂的临界尺寸（a_C^{TiN}），对 864-3 号试样，分别测出了三种夹杂物开裂的临界尺寸，其中 MnS 夹杂物是测其横向宽度 T^{MnS}，球状铝酸盐是测其直径 $\phi^{Al\text{-}O}$，TiN 夹杂物开裂的尺寸是测其边长。今分别按两个试样中的夹杂物开裂的尺寸与应变的关系作图。

A　864-3 号试样

表 22-13 中所列 864-3 号试样的三种夹杂物开裂的临界尺寸与应变的关系见图 22-27。图 22-27 中 T^{MnS} 和 a^{TiN} 在 $\varepsilon=1.3\%$ 时均出现最大值，同样在 $\varepsilon=2.8\%$ 时，a^{TiN} 第二次随应变增大而反常增大，只有铝酸盐夹杂物开裂尺寸随应变增大而逐渐下降。图 22-27 中的三条曲线变化有无规律可循？仍用回归分析方法加以归纳。

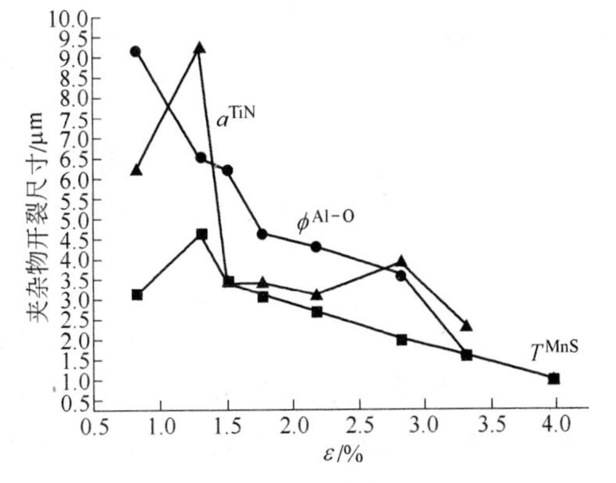

图 22-27　第二批 42CrMoA 钢 864-3 号试样中夹杂物开裂尺寸与应变的关系

a　线性回归

线性回归（见图 22-28）方程如下：

$$T^{MnS} = 4.74 - 93\varepsilon \tag{22-13}$$

$$R=-0.8861,\ S=0.568,\ N=8,\ P=0.0034$$

$$a^{TiN} = 7.95 - 177\varepsilon \tag{22-14}$$

$$R=-0.6436,\ S=2.01,\ N=7,\ P=0.119$$

$$\phi^{\text{Al-O}} = 9.90 - 239\varepsilon \tag{22-15}$$

$$R = -0.9624,\ S = 0.787,\ N = 8,\ P < 0.0001$$

b　非线性回归

非线性回归（见图 22-29）方程如下：

$$T^{\text{MnS}} = 4.0 - 16\varepsilon - 1600\varepsilon^2 \tag{22-16}$$

$$R^2 = 0.8034,\ S = 0.59,\ N = 8,\ P = 0.019$$

$$a^{\text{TiN}} = 10.51 - 460\varepsilon + 6900\varepsilon^2 \tag{22-17}$$

$$R^2 = -0.4476,\ S = 2.18,\ N = 7,\ P = 0.305$$

$$\phi^{\text{Al-O}} = 12.45 - 560\varepsilon + 5400\varepsilon^2 \tag{22-18}$$

$$R^2 = 0.9636,\ S = 0.606,\ N = 8,\ P = 0.0002$$

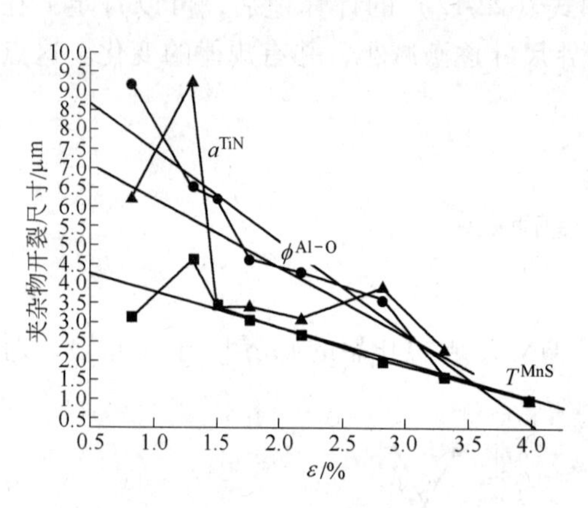

图 22-28　第二批 42CrMoA 钢 864-3 号试样中夹杂物开裂尺寸与应变的关系（线性回归）

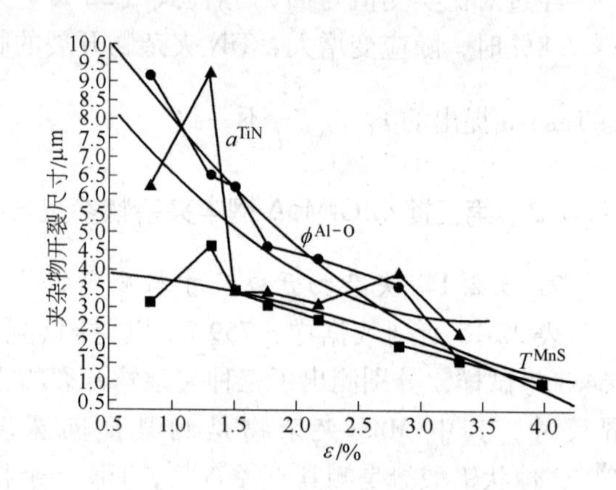

图 22-29　第二批 42CrMoA 钢 864-3 号试样中夹杂物开裂尺寸与应变的关系（非线性回归）

首先，按相关系数（R）和相关指数（R^2）检验回归方程式(22-13)～式(22-18)：$N=8$，$\alpha=0.01$，要求 $R=0.834$，$\alpha=0.05$，要求 $R=0.702$；$N=7$，$\alpha=0.01$，要求 $R=0.874$，$\alpha=0.05$，要求 $R=0.754$。检验结果表明回归方程式（22-13）、式（22-15）、式（22-16）和式（22-18）均成立，其中回归方程式（22-15）和式（22-18）相关显著性水平已达到 $\alpha=0.01$ 级。

再将回归方程式(22-15)和式(22-18)计算值与实测值对比，列于表 22-19 中。

表 22-19　回归方程式（22-15）和式（22-18）计算值与实测值对比

实测值	ε/%	0.82	1.30	1.50	1.77	2.17	2.82	3.31	3.98
	铝酸盐开裂尺寸/μm	9.2	6.5	6.2	4.6	4.3	3.6	1.6	1.0
计算值	回归方程式（22-15）$\phi^{\text{Al-O}}$/μm	8.58	8.06	7.84	7.55	7.13	6.43	5.91	5.19
	差值 Δ/%	−7.2	19.3	20.9	39.0	39.7	44.0	72.9	80.7
	回归方程式（22-18）$\phi^{\text{Al-O}}$/μm	8.84	8.21	7.95	7.61	7.11	6.31	5.73	4.96
	差值 Δ/%	−4.0	20.8	22.2	39.5	39.5	42.9	72.1	79.8

按回归方程式（22-15）和式（22-18）计算的铝酸盐夹杂物开裂尺寸与实测值除低应变外，两者相差较大，表明铝酸盐夹杂物开裂尺寸虽随应变增大而减小，但曲线的变化不能用线性或非线性的关系表达。

B　759-2 号试样

759-2 号试样中 TiN 夹杂物开裂尺寸随应变增大的变化见图 22-30。

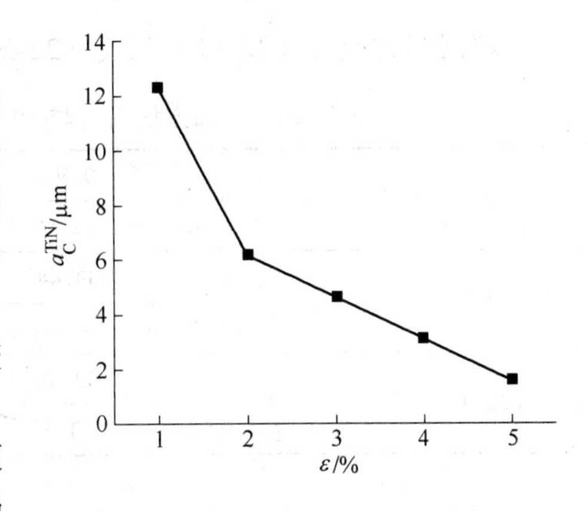

图 22-30　第二批 42CrMoA 钢 759-2 号试样中 TiN 夹杂物开裂的临界尺寸与应变的关系

图 22-30 中的曲线在低应变时下降很陡，随应变增大，TiN 夹杂物开裂尺寸呈直线下降。仍用回归分析方法加以归纳。

a　线性回归（见图 22-31）

$$a_C^{TiN} = 12.93 - 246\varepsilon \tag{22-19}$$

$$R = -0.9364,\ S = 1.68,\ N = 5,\ P = 0.0191$$

b　非线性回归（见图 22-32）

$$a_C^{TiN} = 17.53 - 641\varepsilon + 6600\varepsilon^2 \tag{22-20}$$

$$R^2 = -0.9646,\ S = 1.11,\ N = 5,\ P = 0.0345$$

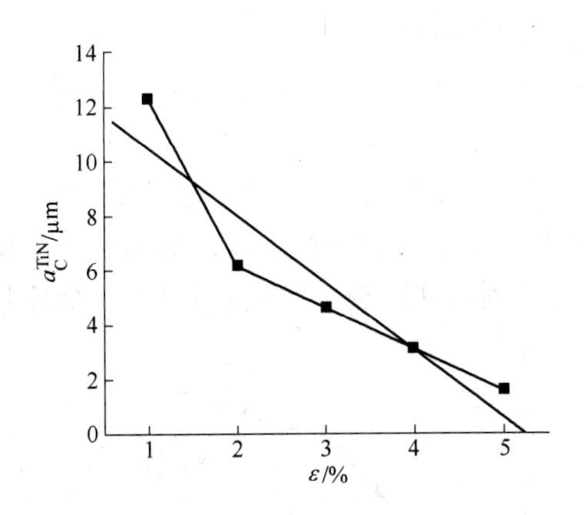

图 22-31　第二批 42CrMoA 钢 759-2 号试样中 TiN 夹杂物开裂的临界尺寸与应变的关系（线性回归）

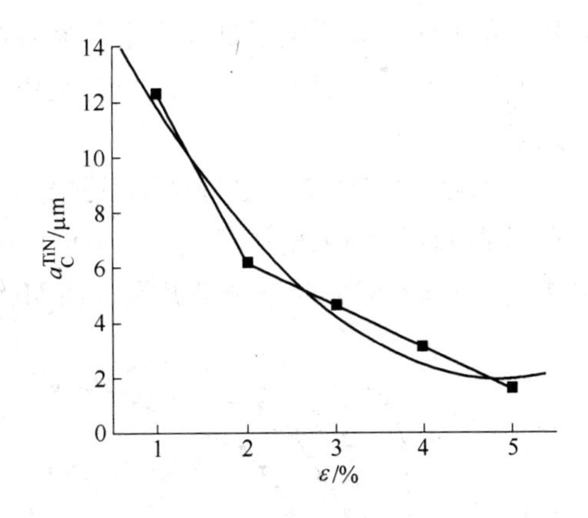

图 22-32　第二批 42CrMoA 钢 759-2 号试样中 TiN 夹杂物开裂的临界尺寸与应变的关系（非线性回归）

首先按相关系数（R）和相关指数（R^2）检验回归方程式（22-19）和式（22-20）：$N=5$，$\alpha=0.01$，要求 $R=0.959$；$\alpha=0.05$，要求 $R=0.878$。回归方程式（22-19）的相关系数（R）满足 $\alpha=0.05$ 的要求，而回归方程式（22-20）的相关指数（R^2）满足 $\alpha=0.01$ 的要求。表明回归方程式（22-19）和式（22-20）两者具有相关显著性。

再将回归方程式（22-19）和式（22-20）计算值与实测值对比，见表 22-20。

表 22-20 回归方程式（22-19）和式（22-20）计算值与实测值对比

实测值	ε/%	0.606	0.85	1.27	1.77	4.54
	a_C^{TiN}/μm	12.31	6.16	4.62	3.09	1.54
式（22-19）计算值	a_C^{TiN}/μm	11.44	10.84	9.8	8.57	1.76
	差值 Δ/%	-7.6	43.1	52.0	63.9	12.5
式（22-20）计算值	a_C^{TiN}/μm	13.88	12.56	10.45	8.25	2.03
	差值 Δ/%	11.3	50.9	55.7	62.5	24.1

回归方程式（22-19）和式（22-20）计算值与实测值之差较大，可能所测数据点较少不适于使用回归分析，或者所测 TiN 夹杂物开裂尺寸并非临界尺寸，也可能存在测量误差。另一方面，当所测数据点大于 10 个（见表 22-16 和表 22-17），使用回归分析方法即可找出规律性。虽然所测数据点较少，仍可肯定夹杂物开裂尺寸随应变增大而下降的趋势。

22.3.2.2 裂纹在不同类型的夹杂物上的成核率与应变的关系

表 22-13 所列裂纹在夹杂物上的成核率与应变的数据中，864-2 号和 864-3 号为同一试样，将两者合并绘成图 22-32。其中 864-2 号试样所测 *OC* 未区分夹杂物类型，而是在同一应变下，测定三种夹杂物开裂百分率。对 864-3 号试样，分别测出三种夹杂物开裂百分率，即 OC^{MnS}、OC^{TiN} 和 $OC^{Al\text{-}O}$。

图 22-33 中颈缩区内，只画了 OC^{MnS} 和 $OC^{Al\text{-}O}$；对 TiN 夹杂物开裂百分率，未区分颈缩区和非颈缩区，只测定了试样发生颈缩后在整个试样上的 OC^{TiN}。

另外，在非颈缩区内虽未区分夹杂物类型，但却测出所有夹杂物全部开裂，显然存在测试误差。

图 22-34 为 759-2 号试样的测试结果。对比图 22-33 与图 22-34 即可发现：TiN 夹杂物一直到试样断裂仍未全部开裂，当 $\varepsilon > 3.31\%$ 后即停止开裂。位于颈缩区内的两种夹杂物铝酸盐在 $\varepsilon = 2.82\%$ 时已全部开裂，而 MnS 夹杂物直到试样断裂，即 $\varepsilon = 11.1\%$ 才全部开

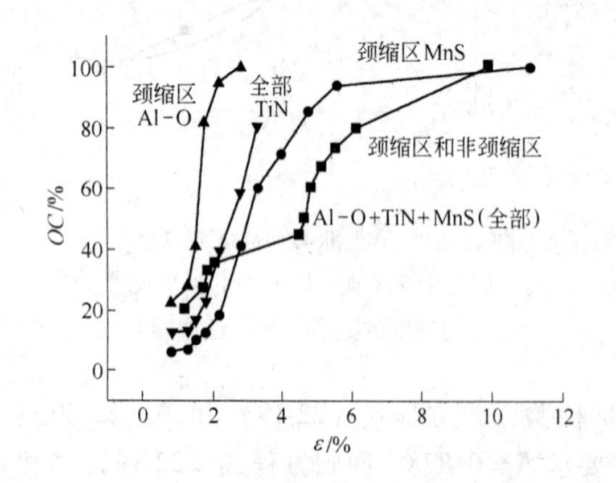

图 22-33 第二批 42CrMoA 钢试样中裂纹在三种夹杂物上的成核率与应变的关系

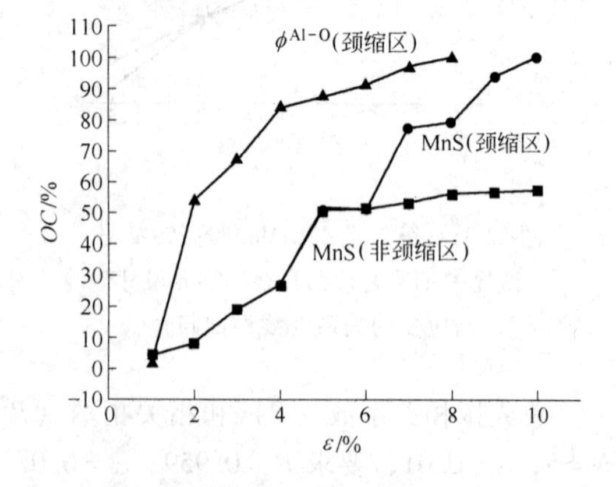

图 22-34 第二批 42CrMoA 钢试样中裂纹在夹杂物上的成核率与应变的关系

裂。球状铝酸盐夹杂物为什么在低应变下即已全部开裂？其可能原因为：

（1）球状铝酸盐夹杂物性脆，在试样加工过程中球状铝酸盐和基体界面已稍微脱开，但在试样抛光面不易看出，当试样受到应变后，界面裂纹扩大。

（2）如果试样加工过程中球状铝酸盐和基体界面并未脱开，但其本身硬度很高 HV = 1460 ~ 1670MPa（见表 22-4），属脆性夹杂物。Argon 等认为，球状夹杂物开裂，存在附加应力的增大效应，且其中含有痕量脆性杂质，会明显地降低界面强度，故使颗粒开裂的应变下降。表 22-3 所列试样中球状铝酸盐夹杂物含硫较高，都会使球状铝酸盐夹杂物在低应变下全部开裂。

图 22-33 所示 MnS 夹杂物开裂百分率，即裂纹在 MnS 夹杂物上的成核率随应变增大而增加。当 $\varepsilon \leqslant 3.31\%$ 时，即试样产生颈缩前，所测 MnS 夹杂物开裂百分率即为整个试样内裂纹在 MnS 夹杂物上的成核率。但当 $\varepsilon = 4.77\%$ 时，试样产生颈缩，位于颈缩区的 MnS 夹杂物开裂百分率迅速增加，而位于非颈缩区的 MnS 夹杂物开裂百分率只有少量增加。这与试样中应力的分布状态有关，一旦试样产生颈缩，应力、应变都集中于颈缩区内，故使裂纹在颈缩区内的夹杂物上的成核率迅速增加。

22.3.3　4145H 钢中夹杂物参数与应变的关系

22.3.3.1　MnS 夹杂物开裂尺寸（纵长 L^{MnS}）与应变的关系

试样中 MnS 夹杂物开裂尺寸与应变的关系按表 22-14 中所列数据分别绘图，见图 22-35 ~ 图 22-40。

图 22-35 为 621-11 号试样中 MnS 夹杂物的纵长与应变的关系。虽然曲线变化的总趋势仍有规律，但其中 $\varepsilon = 2.21\% \sim 2.38\%$ 后，开裂 MnS 夹杂物的纵长略有上升，可能存在测试误差。

图 22-37 为 620-3 号试样中开裂的 MnS 夹杂物的纵长与应变的关系。曲线的变化接近于呈直线下降。

图 22-40 为 619-11 号试样中开裂的 MnS 夹杂物的纵长与应变的关系。变化的趋势接近于呈直线下降。

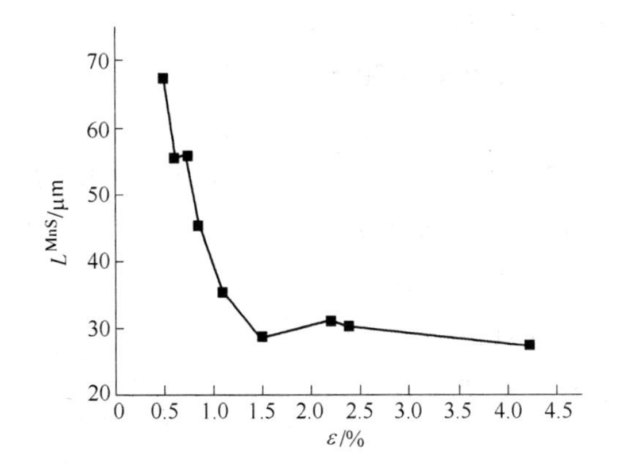

图 22-35　4145H 钢试样中 MnS 夹杂物开裂尺寸与应变的关系

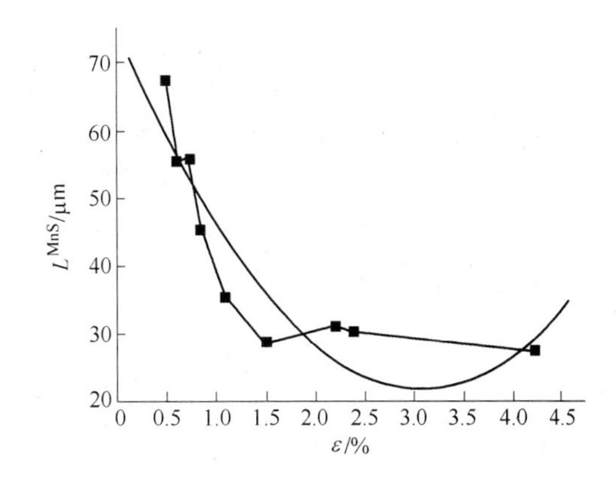

图 22-36　4145H 钢试样中 MnS 夹杂物开裂尺寸与应变的关系（非线性回归）

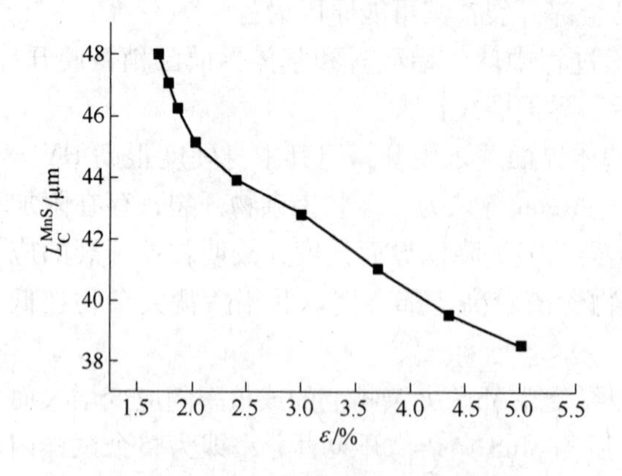

图 22-37 4145H 钢试样中 MnS 开裂的临界尺寸与应变的关系

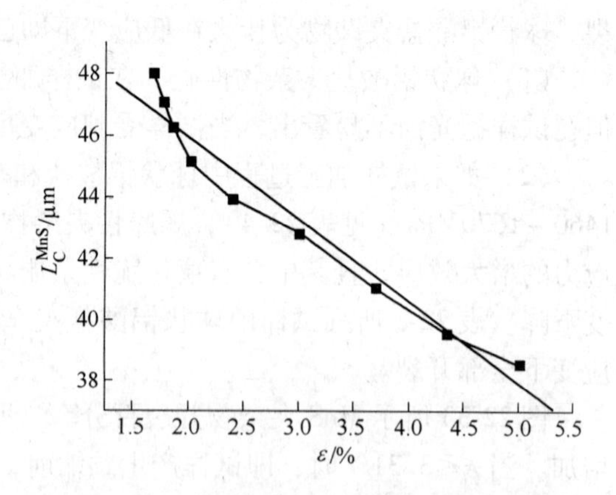

图 22-38 4145H 钢试样中 MnS 开裂的临界尺寸与应变的关系（线性回归）

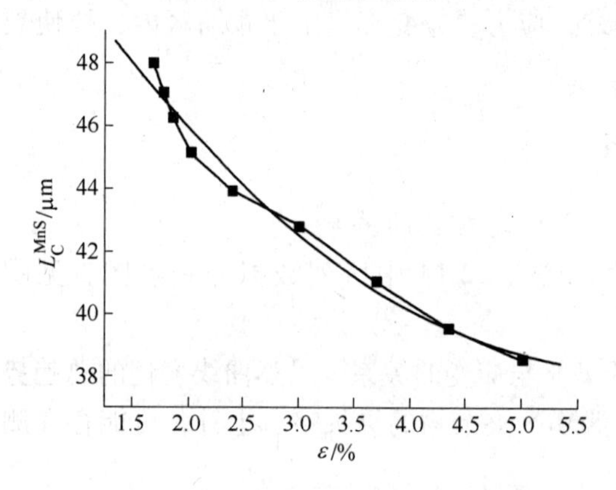

图 22-39 4145H 钢试样中 MnS 开裂的临界尺寸与应变的关系（非线性回归）

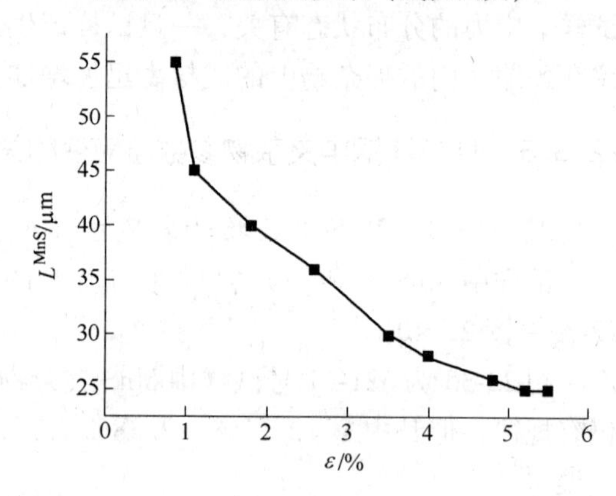

图 22-40 4145H 钢试样中 MnS 夹杂物开裂的临界尺寸与应变的关系

分别对图 22-35、图 22-37 和图 22-40 进行回归分析后得出下列回归方程：

图 22-36（图 22-35 的回归方程）

$$L^{MnS} = 75.3 - 3480\varepsilon + 56000\varepsilon^2 \tag{22-21}$$

$$R^2 = 0.8348,\ S = 6.9,\ N = 9,\ P = 0.0045$$

图 22-38（图 22-37 的回归方程）

$$L^{MnS} = 51.4 - 267\varepsilon \tag{22-22}$$

$$R = -0.9777,\ S = 0.75,\ N = 9,\ P < 0.0001$$

图 22-39（图 22-37 的回归方程）

$$L^{MnS} = 55.8 - 600\varepsilon + 5100\varepsilon^2 \tag{22-23}$$

$$R^2 = 0.9806,\ S = 0.54,\ N = 9,\ P < 0.0001$$

图 22-41（图 22-40 的回归方程）

$$L^{MnS} = 52.84 - 546\varepsilon \tag{22-24}$$

$$R = -0.9468,\ S = 3.60,\ N = 9,\ P < 0.0001$$

图 22-42（图 22-40 的回归方程）

$$L^{MnS} = 62.3 - 1380\varepsilon + 12900\varepsilon^2 \tag{22-25}$$

$$R^2 = 0.9654,\ S = 2.25,\ N = 9,\ P < 0.0001$$

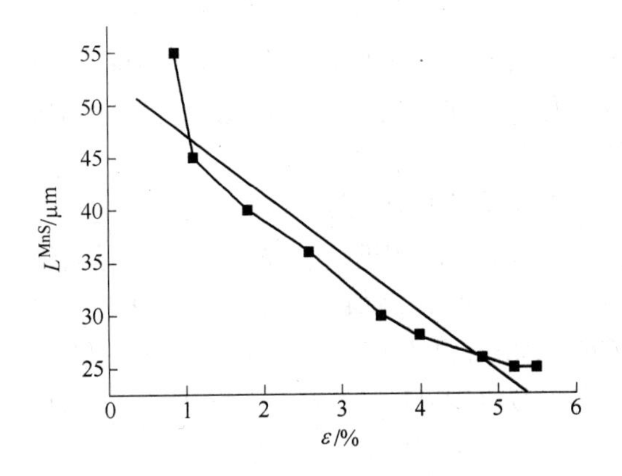

图 22-41　4145H 钢试样中 MnS 夹杂物开裂尺寸与应变的关系（线性回归）

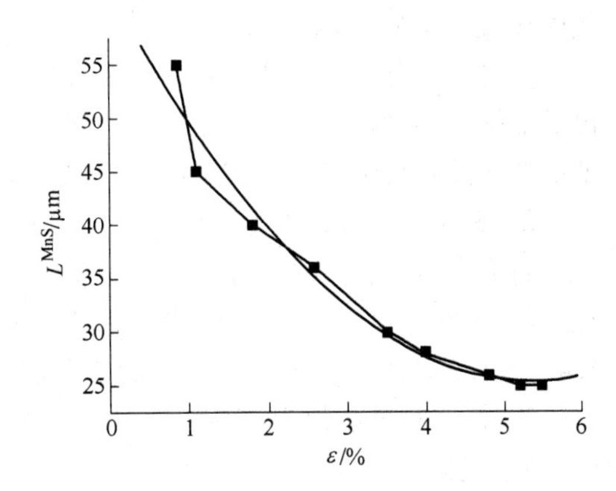

图 22-42　4145H 钢试样中 MnS 夹杂物开裂尺寸与应变的关系（非线性回归）

首先，按相关系数与相关指数对上列回归方程进行检验：$N=9$，$\alpha=0.01$，要求 $R=0.798$；$\alpha=0.05$，要求 $R=0.666$。经过相关系数与相关指数的检验，回归方程式(22-21)～式(22-25)均满足 $\alpha=0.01$ 时相关显著性水平，故回归方程式(22-21)～式(22-25)均能成立。

再将回归方程式(22-21)～式(22-25)的计算值与实验值对比，见表 22-21。

表 22-21　回归方程式(22-21)～式(22-25)的计算值与实验值对比

实验值	ε/%	0.50	0.62	0.72	0.85	1.09	1.48	2.21	2.38	4.23
	$L^{MnS}/\mu m$	67.5	55.6	56	45.6	35.6	28.7	26.3	29.6	16.6
方程式(22-21)计算值	$L^{MnS}/\mu m$	59.3	55.9	53.1	49.7	44	36.1	25.7	24.2	28.3
	差值 Δ/%	−13.8	0.5	−5.4	8.2	19.1	20.5	−2.3	−22.3	34.3
实验值	ε/%	1.68	1.79	1.87	2.02	2.41	3.01	3.71	4.75	5.02
	$L^{MnS}/\mu m$	48.01	47	46.2	45.1	43.9	42.8	41.0	39.5	38.5
方程式(22-22)计算值	$L^{MnS}/\mu m$	46.9	46.6	46.4	46.0	44.9	43.3	41.5	38.7	38.0
	差值 Δ/%	−2.3	−0.8	0.4	1.9	2.2	1.1	1.2	−2.1	−1.3
方程式(22-23)计算值	$L^{MnS}/\mu m$	47.2	46.7	46.3	45.7	44.3	42.3	40.5	38.8	38.5
	差值 Δ/%	−1.7	−0.6	0.2	1.3	0.9	−1.2	−1.2	−1.8	0
实验值	ε/%	0.86	1.1	1.8	2.6	3.5	4.0	4.8	5.2	5.5
	$L^{MnS}/\mu m$	55	45	40	36	30	28	26	25	25
方程式(22-24)计算值	$L^{MnS}/\mu m$	49.8	46.63	42.69	38.2	33.1	30.3	25.8	23.3	21.8
	差值 Δ/%	−10.4	3.5	6.3	5.7	9.4	7.6	−0.8	−7.3	−14.7
方程式(22-25)计算值	$L^{MnS}/\mu m$	51.4	48.7	41.6	35.1	29.8	27.7	25.8	25.4	25.4
	差值 Δ/%	−7.0	7.6	3.8	−2.5	−0.6	−1.1	−0.7	1.6	1.6

表22-21中回归方程式（22-21）的计算值与实验值个别点差值Δ偏大，表明图22-35中621-11号试样中MnS夹杂物开裂尺寸随应变的变化的规律性不显著。

图22-37和图22-40的620-3号和619-11号试样中MnS夹杂物开裂尺寸随应变变化的规律相关性均显著。

通过以上分析说明两点：一是测试数据的误差较大时，得不出具有规律的结果；二是测试数据较准确时，MnS夹杂物开裂尺寸随应变变化的规律均成立。夹杂物开裂尺寸随应变的变化按直线下降，是实验中一再出现的规律。

22.3.3.2　相近应变时裂纹在夹杂物上的成核率与应变的关系

将表22-15中的数据绘成直方图，见图22-43。首先对比相近应变条件下各试样的情况：$\varepsilon=0.8\%\sim1.1\%$时：OC最小值为619-11号试样，OC最高值为621-11号试样；$\varepsilon=1.4\%\sim1.9\%$时：OC最小值为620-3号试样，OC最高值也为621-11号试样；$\varepsilon=2\%\sim2.59\%$时，OC最小值为620-3号试样，OC最高值也为621-11号试样，$\varepsilon=3\%\sim7\%$时，OC最小值为619-11号试样；除$\varepsilon=3\%\sim4\%$时，OC最高值为620-3号试样外，$\varepsilon=3\%\sim7\%$时，OC最高值也为621-11号试样。通过对比，在各应变区内，OC最高值除1个试样外均为621-11号试样。在对比的三个试样中同为MnS夹杂物，裂纹在621-11号试样中的夹杂物成核率为何高于其他两个试样？从表22-15所列的数据看：621-11号试样中的MnS夹杂物最大纵长L_{max}^{MnS}最小，而大尺寸的MnS夹杂物在不同应变下，总是先于小尺寸的MnS夹杂物开裂，使小尺寸的MnS夹杂物随应变增大而逐步开裂，因此621-11号试样在各应变范围内均有裂纹生成，故使全区夹杂物开裂百分率大于其他试样（见表22-14）。

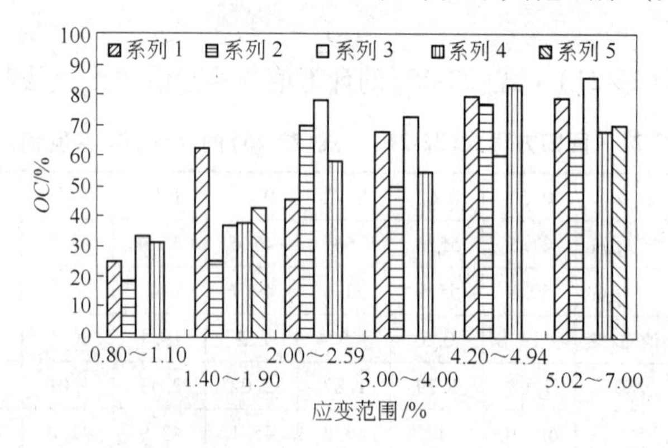

图22-43　相近应变下4145H钢中夹杂物开裂百分率与应变的关系

22.3.3.3　位于颈缩区与非颈缩区内的夹杂物上裂纹成核率随应变的变化

将表22-15中的数据绘成图22-44～图22-46。

对照图22-44～图22-46，即可看出：619-11号试样开始发生颈缩的应变为4%，而620-3号和621-11号试样开始发生颈缩的应变分别为2.02%和2.21%；同样位于颈缩内的夹杂物全部开裂即OC=100%时，619-11号试样所需应变为6%，而620-3号和621-11号试样分别为5.02%和5.61%，即后者所需应变较低。这三个试样为同一钢种，实验条件也相同，为什么会造成裂纹在夹杂物上的成核率相同条件下所需应变的差异？

对表22-2中所列4145H钢的性能数据加以分析即可看出，619-11号试样的伸长率、面缩率和屈服强度均高于620-3号和621-11号试样。说明在夹杂物相同、夹杂物含量也相

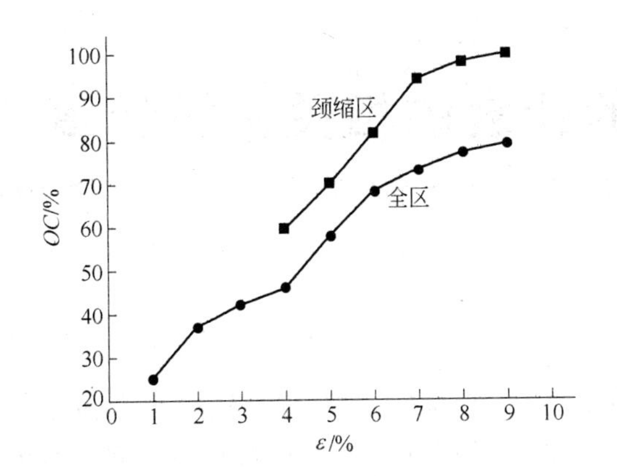

图 22-44 4145H 钢试样中夹杂物开裂百分率与应变的关系（620-3 号）

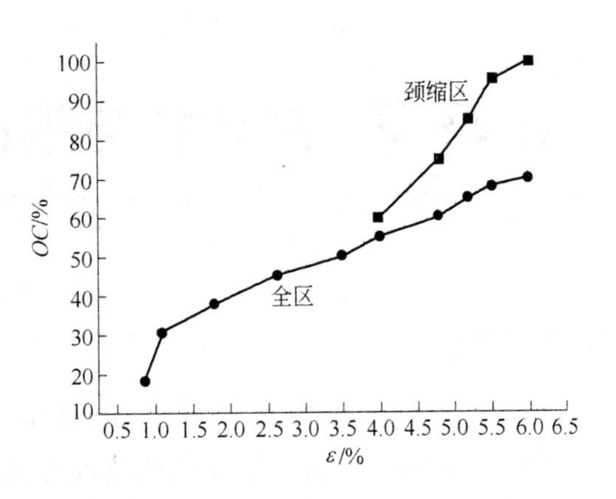

图 22-45 4145H 钢试样中夹杂物开裂百分率与应变的关系（619-11 号）

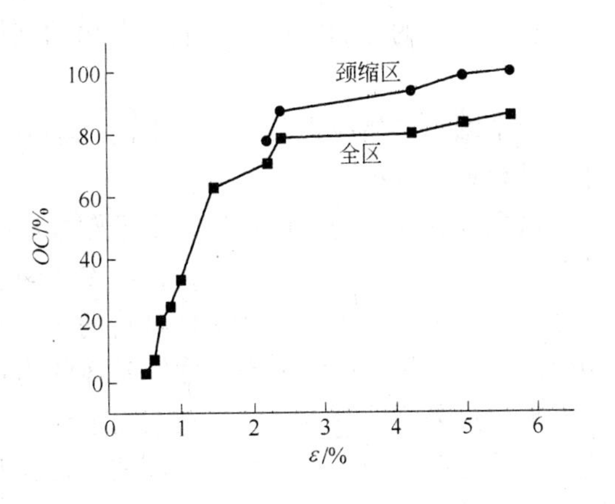

图 22-46 4145H 钢试样中夹杂物开裂百分率与应变的关系（621-11 号）

近的试样中，拉伸韧塑性较高可降低裂纹在夹杂物上的成核率。从裂纹在夹杂物上成核的机理考虑，当试样受到单轴拉伸时，基体会产生均匀变形，而夹杂物仍处于弹性变形阶段，由于基体与夹杂物之间变形的差异，将会产生内应力，这种内应力是导致裂纹在夹杂物上成核的主要因素。

在相同条件下，韧塑性较好的基体会释放部分内应力，韧塑性较差的试样，内应力集中于夹杂物周围，加速裂纹在夹杂物上生成，使裂纹在夹杂物上成核率增大。

另外，随拉伸应力-应变增大到接近或超过试样的屈服点时，试样将产生颈缩，位于颈缩区内的夹杂物全部开裂。同样在相同条件下，若试样的屈服点较高，产生颈缩所需应力-应变也较高，从而推迟裂纹在夹杂物上成核，故 619-11 号试样的成核率达到 OC = 100% 时的应变高于 620-3 号和 621-11 号试样。

第23章　夹杂物与钢的断裂的相关常数计算

23.1　概述

过去构件设计的理念，以材料强度作为主要依据。但构件在服役过程中，经常发生低于材料强度的断裂，有的断裂往往造成灾难性事故，这引起了人们对材料断裂韧性的重视。对材料韧性断裂机理经过大量的研究，已肯定韧性断裂过程为裂纹在材料内部存在的缺陷处生成、长大并扩展，最终导致材料的断裂。

裂纹在材料内部成核的位置有4处：应力集中区、夹杂物本身塑性较低处、夹杂物或第二相与基体的界面上以及靠近夹杂物的基体内。这些位置由力学的因素和物理化学的因素而定。

力学因素是指应力集中所要求的三轴应力或塑性抑制，物理化学因素包括夹杂物与基体的结合强度（σ_{π}）。

微裂纹在夹杂物上成核后，由于塑性应变集中，使微裂纹长大形成空洞，在空洞之间的基体产生内颈缩使裂纹扩展，最后发生断裂。这是对韧性断裂过程的一般记述。但在韧性断裂过程中，由于塑性区基体材料的应力不能达到断裂应力 σ_f，因此形成微裂纹后，微裂纹的长大和扩展所需的空洞之间基体的内颈缩受塑性应变量控制，故一般采用临界应变量判据。这表明控制微裂纹在夹杂物上成核、长大和扩展的重要参量为临界应变量。同时也有实验证明微裂纹在夹杂物上成核、长大和扩展的重要参量为临界应力，如 Argon 等研究在拉伸试样中裂纹在夹杂物和第二相颗粒上成核、长大和扩展规律，他们分别选用三种试样：

（1）1045 钢，经过热处理使渗碳体（Fe_3C）成等轴状，Fe_3C 的平均尺寸 a = 0.44μm，含量 f_V = 0.125%，铁素体尺寸为 5 ~ 10μm。

（2）马氏体时效钢，含有 TiC 夹杂物，平均尺寸 a = 5.3μm，含量 f_V = 0.011%，夹杂物平均间距 $\bar{d}_T$ = 45μm，未时效的晶粒尺寸为 10 ~ 20μm。

（3）0.6% Cr-Cu 合金，Cr-Cu 第二相颗粒尺寸 a = 0.89μm，f_V = 0.0059%，Cr-Cu 第二相颗粒为非等轴状，多数颗粒的纵横比为 1，其中纵横比最大的颗粒为 4，此外，试样中还含有成分为 Cr-Fe-C-Ca-Mg 的颗粒，其尺寸为 20 ~ 30μm。

对上列三种试样进行大量的实验研究和计算后得出：夹杂物和第二相颗粒开裂的条件为临界界面应力。在设定的条件下分别计算出三种试样中的夹杂物和基体以及第二相颗粒和基体的界面强度。此外他们还得出：当夹杂物的体积分数较大时，由于夹杂物之间存在交互作用，会增强界面应力，促进夹杂物开裂。在普通未经处理的材料中，使夹杂物达到开裂所需应变，往往达到断裂应变的一半。若所选用的材料预先经过冷加工，且冷加工超过临界应变，可使夹杂物开裂。若在形变过程中无服役延性或韧性损伤，在退火操作过程中形变增量必须受夹杂物临界应变控制。

John. R 等研究铝合金和两种高强度钢的韧性断裂规律为：裂纹在夹杂物上成核、长大和聚合的过程中，裂纹总是在较大的夹杂物或第二相颗粒上首先成核，在试样断裂之前发生的大量形变会使裂纹长大到相互碰撞，最后造成断裂。他们通过对缺口和无缺口试样对比后发现，在形变过程中，裂纹成核只取决于最大主应力的作用。

由于裂纹成核位置产生于应力集中区，因此应力集中因子（q）成为必要的参数。Gurland 的裂纹成核理论认为：在夹杂物高度应力集中区内的基体产生塑性变形，塑性变形量受邻近刚体材料和连续加载的限制，但由于夹杂物本身固有的脆性，或者基体处于三轴应力状态，会在夹杂物处产生局部断裂。

能量判据认为：储存在夹杂物的应变能（U），可提供形成新裂纹的表面能（S），即

$$U \geqslant S$$

再假设夹杂物的应力场与夹杂物本身的大小为同一数量级，则所形成裂纹的大小等于夹杂物本身的大小。形成裂纹的表达式可从临界能量条件推导出来，即

$$\frac{(q\sigma)^2}{E}a^3 = \gamma a^2 \quad 或 \quad \sigma = \frac{1}{q}\left(\sqrt{\frac{E\gamma}{a}}\right)$$

式中　σ——所加的单轴应力；
　　q——位于夹杂物处的平均应力集中因子；
　　a——夹杂物尺寸；
　　γ——裂纹的比表面能；
　　E——夹杂物和基体弹性模量的加权平均值。

23.2　裂纹在夹杂物成核的临界应变的计算

23.2.1　临界应变简介

Tanaka 等研究单轴拉伸过程中，在塑性变形的基体内，裂纹在球状夹杂物界面成核的理论认为：当拉应力施加到基体上时，基体会产生塑性变形，而夹杂物仍处于弹性变形状态。由于基体同夹杂物之间变形的差别，导致内应力产生。当夹杂物所储存的应变能至少等于形成新表面所需的表面能时，裂纹就会生成，而裂纹成核的应变条件为：

$$\varepsilon_C = \beta(1/d)^{1/2} \qquad k < 1 \tag{23-1}$$

$$\varepsilon_C = \beta(1/kd)^{1/2} \qquad k > 1 \tag{23-2}$$

$$\beta = \sqrt{\frac{48 \times 10^{-9}[(7-5\mu)\times(1+\mu^*)+(8-10\mu)\times(1+\mu)k][(7-5\mu)\times(1-\mu^*)+5(1-\mu^2)k]}{(7-5\mu)^2[2(1-2\mu^*)+(1+\mu)k)]}} \tag{23-3}$$

其中

$$k = E_i/E_m$$

式中　E_i，E_m——夹杂物、基体的弹性模量；
　　μ^*，μ——夹杂物、基体的泊松比。现结合实验数据计算 ε_C。

23.2.2　结合实验数据计算临界应变

23.2.2.1　D_6AC 钢临界应变（ε_C）计算

D_6AC 钢的 $E_m = 212176.5MPa$，TiN 夹杂物的 $E_i = 317073MPa$，$k = \frac{E_m}{E_i^{TiN}} = 1.49 > 1$。TiN 夹杂物的泊松比 $\mu^* = 0.192$（来自相关文献），D_6AC 钢的泊松比 $\mu = 0.31$（实验测定值），代入式（23-3），得：

$$\beta_{TiN} = 0.00084$$

在第 17 章中所测拉伸应变 $\varepsilon = 0.69\%$ 时，TiN 夹杂物开裂尺寸 $a = 13\mu m = 13 \times 10^{-3}$ mm，将上列数据代入式（23-2），计算得：

$$\varepsilon_C = 0.0061 = 0.61\%$$

故计算的临界应变与实验测定的应变符合，说明所测拉伸应变 $\varepsilon = 0.69\%$ 为临界应变，在此应变下 TiN 夹杂物开裂尺寸 $a = 13\mu m$ 为临界尺寸。

23.2.2.2　42CrMoA 钢临界应变（ε_C）计算

分别从相关文献中查得与 42CrMoA 钢相近的弹性模量 $E_m = 207172MPa$ 和铝酸盐夹杂物弹性模量 $E_{Al\text{-}O} = 264600MPa$，42CrMoA 钢的泊松比 $\mu = 0.29$，铝酸盐夹杂物的泊松比 $\mu^* = 0.26$，代入式（23-3）得：

$$\beta_{Al\text{-}O} = 0.00063$$

又知　$$\phi^{Al\text{-}O} = 6.0\mu m = 6 \times 10^{-3} mm$$

则　$$\varepsilon_C^{Al\text{-}O} = 0.0072 = 0.72\%$$

实验测定当 $\varepsilon = 0.6\% \sim 0.7\%$ 时，铝酸盐夹杂物开裂尺寸 $\phi^{Al\text{-}O} = 6.0\mu m = 6.0 \times 10^{-3}$ mm，代入式（23-2），计算得：

$$\varepsilon_C = 0.0072 = 0.72\%$$

所以计算的 ε_C 与实验测定的 $\varepsilon = 0.6\% \sim 0.7\%$ 是一致的，说明所测拉伸应变 $\varepsilon = 0.6\% \sim 0.7\%$ 为临界应变，在此应变下铝酸盐夹杂物开裂尺寸 $\phi^{Al\text{-}O} = 6.0\mu m$ 为临界尺寸。

23.3　裂纹在夹杂物和基体界面上成核的界面应力计算

23.3.1　A. R. Argon 法

Argon 等研究了韧断过程中空洞在等轴夹杂物上形成的条件，认为：临界局部弹性能量虽为必要条件，但并不充分，形成空洞时临界应力才是必须满足的条件。经过他们设计的大量实验条件下所得的结果，采用更加简化的近似方法，可以得出任何指数 n 的界面应力。

他们所考虑的界面应力有如下三个来源：

（1）应变硬化；

（2）塑性变形的牵引力；

（3）远距离的流变应力。

按以上三个来源所考虑的界面应力为：

$$\sigma_{rr} = k_o\left\{\sqrt{3}\left[\frac{\sqrt{3}(\sigma/\sigma_y)}{\sqrt{2\pi/3C} - \sqrt{8/3}}\right]^{1/n} + \frac{\sqrt{6}}{m}(\sqrt{2\pi/3C} - \sqrt{8/3}) + \left(\frac{\varepsilon}{\varepsilon_y}\right)^{1/n}\right\} \quad (23\text{-}4)$$

$$\sqrt{2\pi/3C} - \sqrt{8/3} = \lambda/\rho$$

式中　σ_{rr}——界面应力；

m——泰勒因子；

n——应变硬化指数；

σ/σ_y——临界应力比；

C——第二相颗粒的局部体积分数 f_V^C；

k_o——多晶体剪切过程中的应力；

ε——塑性应变；

ε_y——屈服应变；

λ——夹杂物净间距；

ρ——夹杂物半径。

结合本书实验，将式（23-4）中的符号加以修改：ε 为夹杂物开裂应变；ε_y 为屈服应变；λ 为夹杂物间距，$\lambda = d_T$；$\rho = a$，即 TiN 或 ZrN 夹杂物（边长）在临界应变下开裂的临界尺寸，或 $\rho = L^{MnS}$（纵长），为 MnS 夹杂物开裂的临界尺寸，或 $\rho = \phi^{Al\text{-}O}$，为球状铝酸盐夹杂物（直径）开裂的临界尺寸。按原研究设定的值 $k_o = 198.3\text{MPa}$，$m = 3.1$，则式（23-4）变成：

$$\sigma_{rr} = 198.3\left[\sqrt{3}\left(\frac{\sqrt{3}\left(\frac{\varepsilon}{\sqrt{3}\varepsilon_y}\right)}{\frac{d_T}{a}}\right) + \frac{\sqrt{6}}{3.1} \times \frac{d_T}{a} + \frac{\varepsilon}{\sqrt{3}\varepsilon_y}\right]$$

经过整理，上式变成：

$$\sigma_{rr} = 198.3\left[\sqrt{3}\left(\frac{\varepsilon}{\varepsilon_y} \times \frac{a}{d_T}\right) + \frac{\sqrt{6}}{3.1} \times \frac{d_T}{a} + \frac{\varepsilon}{\sqrt{3}\varepsilon_y}\right] \quad (23\text{-}5)$$

式中，$\varepsilon_y = \sigma_y/E$；$\sigma_y$ 为屈服应力；E 为弹性模量。

为计算试样中各类夹杂物和基体界面的应力，将所需的实验数据列于表 23-1 和表 23-2中。

表 23-1　计算 D_6AC 钢中夹杂物和基体的界面应力所需实验数据

样号	序号	回火温度 /℃	拉伸应变 ε/%	夹杂物开裂尺寸 /μm	夹杂物平均间距 /μm	屈服应力 σ_y /MPa	屈服应变 ε_y /%	弹性模量 /MPa	平板拉伸应力 /MPa	夹杂物类型
4	1	510	0.68	13.2	22.36	1438.9	0.68	212176	1252	TiN
6	2	510	1.20	5.8	19.18	1445.8	0.68	212176	1507	TiN
2	3	510	4.32	1.0	28.96	1430.8	0.67	212176	1507	TiN
4-2	4	550	0.783	13.0	16.31	1264.2	0.60	210700	1242	TiN

续表 23-1

样号	序号	回火温度/℃	拉伸应变 ε/%	夹杂物开裂尺寸/μm	夹杂物平均间距/μm	屈服应力 σ_y/MPa	屈服应变 ε_y/%	弹性模量/MPa	平板拉伸应力/MPa	夹杂物类型
3-2	5	550	3.88	9.0	16.31	1264.2	0.60	210700	1292	TiN
6-5	6	550	6.39	6.3	18.35	1190.7	0.56	210700	1309	TiN
4	7	550	0.75	14.2	13.09	1167.5	0.55	210700	1232	ZrN
5	8	550	2.40	3.75	12.61	1185.8	0.56	210700	1313	ZrN
6	9	550	8.6	1.0	11.25	1164.2	0.55	210700	1415	ZrN
9	10	550	2.39	15.5	13.6	1195.1	0.57	210700	1385	MnS
10	11	550	2.52	5.0	12.1	1159.6	0.55	210700	1446	MnS
11	12	550	7.38	2.5	12.6	1149.8	0.55	210700	1389	MnS

表 23-2　计算 42CrMoA 钢和 4145H 钢中夹杂物和基体的界面应力所需实验数据

样号	序号	夹杂物开裂尺寸/μm				夹杂物间距/μm		拉伸应变 ε/%	屈服应力/MPa	屈服应变 ε_y/%	平拉应力/MPa	备 注
		L^{MnS}	T^{MnS}	a^{TiN}	$\phi^{Al\text{-}O}$	d_T^{SEM}	d_T^m					
973-42	1	36	—	17	22.5	37.3		0.613	997.5	0.48	992	42CrMoA 钢 550℃回火
968-52	2	—	—	12.5	5.0	37.7		0.695	1067.5	0.51	1135	
968-32	3	13.2	—	12.0	—	37.6		1.48	1067.5	0.51	1142	
970-42	4	10.0	—	7.2	—	37.7		2.52	1070	0.52	—	
974-32	5	8.0		3.1	—	36.3		7.8	1022.5	0.49	1132	
864-3	6	—	3.1	6.2	4.2		206.6	0.82	1250	0.60	1262	42CrMoA 钢 500℃回火
864-3	7	—	3.4	3.4	6.2		206.6	1.5	1250	0.60	1290	
864-3	8	—	1.6	2.3	1.6		206.6	3.31	1250	0.60	1317	
619-11	9	55					243.1	0.86	1377	0.66	1262	4145H 钢 500℃回火
620-3	10	48					235.7	1.68	1375.3	0.66	1290	
619-11	11	36					243.1	2.8	1377	0.66	1310	
621-11	12	27.31					249.6	4.23	1430	0.69	1363	
619-11	13	25.0					243.1	5.5	1377	0.66	1369	

23.3.1.1　D_6AC 钢中夹杂物和基体界面应力计算

表 23-1 所列数据按式（23-5）计算 D_6AC 钢中夹杂物和基体界面应力 σ_{rr} 的结果列于表 23-3 中。

表 23-3　D_6AC 钢中夹杂物和基体界面应力 σ_{rr}

夹杂物类型(回火温度)	序　号	σ_{rr}/MPa	夹杂物类型(回火温度)	序　号	σ_{rr}/MPa
TiN(510℃)	1	582.7	ZrN(550℃)	7	800.7
	2	1073.4		8	1454.9
	3	5352.5		9	4031.3
TiN(550℃)	4	702.2	MnS(550℃)	10	2259.3
	5	2249.1		11	1555.1
	6	1834.6		12	3248.7

表 23-3 所列 D_6AC 钢中夹杂物和基体界面应力 σ_{rr} 的计算结果表明：同为 TiN 夹杂物的 σ_{rr} 最大值为 5355.9MPa，而最小值为 582.7MPa，两者相差 9.2 倍；ZrN 夹杂物的 σ_{rr} 最大值为 4031.3MPa，而最小值为 800.8MPa，两者相差 5 倍；MnS 夹杂物的 σ_{rr} 最大值为 3248.7MPa，而最小值为 1555.1MPa，两者相差 2.1 倍。由于最大值与最小值相差较大，应以什么标准来判断夹杂物和基体的 σ_{rr} 值？

首先按 Argon 等的类似工作进行对比。球化的 1045 钢中 Fe_3C 和基体的 σ_{rr} 值为：1221.1MPa、1324MPa、1615.1MPa、1502.3MPa、1392.6MPa、1378.9MPa，这些值与表 23-3 所列的一些值相近，但 Fe_3C 颗粒的尺寸 $\phi = 0.732\mu m$、Fe_3C 颗粒的含量 $f_V = 0.125\%$、Fe_3C 颗粒最邻近间距 $\lambda = 0.182\mu m$ 等均与本实验条件不符，故不能作为依据。

马氏体时效钢中 TiC 夹杂物和基体的 σ_{rr} 值为 1538.5MPa、1804.2MPa、1769.9MPa、1598.3MPa，即为 1500 ~ 1800MPa，TiC 夹杂物尺寸(5.3μm)、TiC 夹杂物间距(45μm)、TiC 夹杂物的含量（$f_V = 0.011\%$），这些值均与 D_6AC 钢中 TiN 夹杂物接近，故可作为参考。对照表 23-3 中各计算值如下：

（1）计算结果。TiN 夹杂物和基体的 σ_{rr} 值分别有 1073.4MPa、1834.8MPa，ZrN 夹杂物和基体的 σ_{rr} 值有 1454.9MPa，MnS 夹杂物和基体的 σ_{rr} 值分别有 2259.3MPa、1555.1MPa。经过对比归纳计算结果如下：当拉伸应力为 1073 ~ 2249MPa 时，D_6AC 钢中 TiN 夹杂物和基体界面开裂；当拉伸应力为 1454.9MPa 时，D_6AC 钢中 ZrN 夹杂物和基体界面开裂；当拉伸应力为 1555 ~ 2259MPa 时，D_6AC 钢中 MnS 夹杂物和基体界面开裂。

（2）计算结果与实验观察对比。第 17 章 D_6AC 钢中 TiN 夹杂物和基体界面开裂的应力为 1866MPa；第 18 章 D_6AC 钢中 ZrN 夹杂物和基体界面开裂的应力为 1313MPa；第 19 章 D_6AC 钢中 MnS 夹杂物和基体界面开裂的应力为 1409MPa。通过计算结果与实验观察对比，D_6AC 钢中 TiN 夹杂物和基体界面开裂的应力在计算结果的范围内。D_6AC 钢中 ZrN 夹杂物和基体界面开裂应力以及 MnS 夹杂物和基体界面开裂应力的计算值略高于实验观察值，但两者也较接近。

23.3.1.2　42CrMoA 钢和 4145H 钢中夹杂物和基体界面应力计算

按式（23-5），使用表 23-2 中所列数据，计算 42CrMoA 钢和 4145H 钢中夹杂物和基体界面应力 σ_{rr}，结果列于表 23-4 中。

表 23-4　42CrMoA 钢和 4145H 钢中夹杂物和基体界面应力 σ_{rr}

夹杂物类型	序　号	σ_{rr}/MPa	夹杂物类型	序　号	σ_{rr}/MPa
MnS	1-1	731.5	TiN	4-2	1693.0
TiN	1-2	690.8	MnS	5-1	3739.0
Al-O	1-3	670.2	TiN	5-2	4123.2
TiN	2-1	777.3	MnS(横向)	6 – 1	10606.3
Al-O	2-2	1387.0	TiN	6-2	5386.0
MnS	3-1	840.9	Al-O	6-3	3697.0
TiN	3-2	1141.4	MnS(横向)	7-1	9820.6
MnS	4-1	1588.2	TiN	7-2	9820.6

续表 23-4

夹杂物类型	序　号	σ_{rr}/MPa	夹杂物类型	序　号	σ_{rr}/MPa
Al-O	7-3	5532.6	MnS	10	1164
MnS(横向)	8-1	20876.8	MnS	11	1760.1
TiN	8-2	14727.1	MnS	12	2360.1
Al-O	8-3	20876.8	MnS	13	2232.0
MnS	9	942.4			

注：MnS 夹杂物尺寸分别采用纵长和横向宽度，未注明者均为纵长，TiN 夹杂物尺寸为边长，铝酸盐 Al-O 夹杂物尺寸为直径。

表 23-4 中所列 42CrMoA 钢和 4145H 钢中 TiN 夹杂物和基体界面应力计算值最大的为 14742MPa，最小的为 6908MPa，两者相差 21.3 倍，远大于 D_6AC 钢中 TiN 夹杂物和基体界面应力差值。铝酸盐夹杂物和基体界面应力计算值最大的为 2087608MPa，最小的为 670.2MPa，两者相差 31.2 倍。MnS 夹杂物（纵向）和基体界面应力计算值最大的为 3739MPa，最小的为 734.5MPa，两者相差 5.1 倍。MnS 夹杂物（横向）和基体界面应力计算值最大的为 20876.8MPa，最小的为 9820.6MPa，两者相差 2.1 倍。

虽然 MnS 夹杂物（横向）和基体界面应力计算值最大与最小两者相差的倍数最小，但 σ_{rr}的绝对值太大，与实测值相差甚远，无参考价值。

Argon 等计算界面应力 σ_{rr}的方法受夹杂物尺寸和间距的影响较大，如表 23-4 中所使用的 MnS 夹杂物尺寸纵向与横向相差较大，夹杂物间距用金相法测定的与扫描电镜测定的相差也较大，从而导致表 23-4 中同一种夹杂物和基体界面应力计算值相差很大。但仍可从表 23-4 中选出一些可供参考的数据：

（1）MnS 夹杂物（纵向）和基体界面应力计算值 1588MPa、1164MPa、1760.1MPa 和 2230MPa。

（2）TiN 夹杂物和基体界面应力计算值 1693MPa 和 1141.4MPa。

（3）铝酸盐夹杂物和基体界面应力计算值 1387MPa。

23.3.2　J. D. Eshelby 法

试样在拉伸应力作用下，夹杂物随塑性变形过程会在夹杂物和基体界面上产生剪切应力 $\sigma_{界}$，$\sigma_{界}$ 的大小为：

$$\sigma_{界} = \beta\sigma_0 \tag{23-6}$$

$$\beta = 2E_m/(E_i + E_m) \tag{23-7}$$

式中　$\sigma_{界}$——界面剪切应力；

σ_0——试样外加应力；

E_i，E_m——夹杂物、基体的弹性模量。

D_6AC 钢于 510℃回火的弹性模量 E_m = 212176.5MPa，D_6AC 钢于 550℃回火的弹性模量 E_m = 210700MPa。42CrMoA 钢于 550℃回火的弹性模量 E_m = 207172MPa，TiN 夹杂物的弹性模量 E_i = 317030MPa，MnS 夹杂物的弹性模量 E_i = 137788MPa，铝酸盐夹杂物的弹性模量 E_i = 264600MPa。

按式（23-7）计算的β值分别为：$\beta_{TiN}=0.802$（510℃回火），$\beta_{TiN}=0.798$（550℃回火），$\beta_{MnS}=1.21$（550℃回火）。

23.3.2.1　D_6AC 钢于 510℃和 550℃回火的试样中夹杂物和基体界面应力计算

根据平板拉伸试验所测 TiN 夹杂物开裂时所加应力 σ_0 计算的 $\sigma_{界}$ 的结果列于表 23-5 中。根据平板拉伸试验所测 MnS 夹杂物开裂时所加应力 σ_0 计算的 $\sigma_{界}$ 的结果列于表 23-6中。

表 23-5　D_6AC 钢中 TiN 夹杂物和基体界面应力计算结果

样号(回火温度)	加载次数 / 应力/MPa	一	二	三	四	五	六
2(510℃)	σ_0	1398	1443	1492	1553	1740	1841
	$\sigma_{界}$	1221	1157	1196	1245	1395	1476
4(510℃)	σ_0	1392	1462	1493	1529	1674	1803
	$\sigma_{界}$	1116	1172	1197	1226	1342	1446
6(510℃)	σ_0	1306	1474	1523	1572	1728	1797
	$\sigma_{界}$	1048	1182	1221	1260	1386	1441
4(550℃)	σ_0	1199	1242	1267	1292	-	-
	$\sigma_{界}$	957	991	1011	1031	-	-
2(550℃)	σ_0	1223	1180	1249	1276	1311	-
	$\sigma_{界}$	976	941	996	1018	1046	-
6(550℃)	σ_0	1142	1203	1241	1275	1307	1309
	$\sigma_{界}$	911	960	990	1017	1043	1045

表 23-6　D_6AC 钢中 MnS 夹杂物和基体界面应力计算结果

样号(回火温度)	加载次数 / 应力/MPa	一	二	三	四	五	六
9(550℃)	σ_0	1123	1225	1266	1327	1341	1385
	$\sigma_{界}$	1359	1482	1532	1605	1622	1676
10(550℃)	σ_0	1127	1130	1250	1330	1354	1446
	$\sigma_{界}$	1363	1367	1512	1609	1638	1749
11(550℃)	σ_0	1170	1191	1218	1313	1396	1409
	$\sigma_{界}$	1415	1441	1474	1589	1689	1705

23.3.2.2　42CrMoA 钢中夹杂物和基体界面应力计算

42CrMoA 钢中存在三类夹杂物，其中 TiN 和 MnS 夹杂物类型，与 D_6AC 钢中 TiN 和 MnS 夹杂物相同，故可引用其β值。另一种铝酸盐类夹杂物的β值为：

$$\beta_{Al\text{-}O}=\frac{2\times 207172}{264600+207172}=0.878$$

根据平板拉伸试样观察，将铝酸盐类夹杂物开裂过程所加拉应力，用以计算铝酸盐类夹杂物和基体界面应力 $\sigma_{界}$，计算结果列于表 23-7 中。

表 23-7 42CrMoA 钢中铝酸盐类夹杂物和基体界面应力

样 号	加载次数 / 应力/MPa	一	二	三	四	五	六	七
968-52	σ_0	1135	1142	1159	1181	1181	1100	—
	$\sigma_{界}$	996.5	1002.7	1017.6	1036.9	1036.9	965.8	—
973-42	σ_0	992	1015	1035	1076	1132	1062	—
	$\sigma_{界}$	871	891.2	908.7	944.7	994	932.4	—
759-2	σ_0	1255	1262	1290	1290	1310	1317	1363
	$\sigma_{界}$	1101.9	1108	1132.6	1132.6	1150.2	1156.3	1196.7

23.3.2.3 J. D. Eshelby 应力计算结果总结

表 23-5 中计算 D_6AC 钢中夹杂物和基体界面应力的结果说明：夹杂物类型同为 TiN 时，由于试样回火温度不同，基体强度不同，强度高的试样，TiN 夹杂物和基体界面应力也大；同一回火温度的同类试样，基体强度也相近。表 23-6 中变形的 MnS 夹杂物和基体界面应力大于 TiN 和基体界面应力。这个结果目前尚未找到其他数据加以对比。式(23-6)说明 $\sigma_{界}$ 与 β 和 σ_0 成正比，当夹杂物类型相同时，$\sigma_{界}$ 随 σ_0 增加而增大；当基体强度相近时，$\sigma_{界}$ 随 β 而变化。

表 23-7 中所列 42CrMoA 钢中铝酸盐夹杂物和基体界面的剪切应力，759-2 号试样均大于 968-52 号和 973-42 号两个试样。因 759-2 号试样在冶炼过程中加入了 Zr，使铝酸盐夹杂物中含有微量 Zr，故铝酸盐夹杂物开裂的临界应力有所增加，使 $\sigma_{界}$ 随所加拉伸应力 σ_0 增大而增加。

23.3.3 计算界面应力方法总结

23.3.3.1 Argon 法

Argon 等计算界面应力 σ_{rr} 的方法，考虑了夹杂物尺寸、夹杂物间距、夹杂物开裂的临界应变和屈服应变等综合因素对 σ_{rr} 的影响，且对式（23-4）采用了更简化的方法，以适用于任何应变硬化指数 n 的界面应力，并设式（23-4）中的 $n=1$。经过简化后更加接近实际情况，应用于计算 D_6AC 钢中夹杂物和基体界面应力后，也得出了一些有用的数据。

但假设式（23-4）中的 $n=1$ 仍有问题。实测的 D_6AC 钢的硬化指数 $n=0.06$，将 $n=0.06$ 代入式（23-4）后，表 23-3 中序号为 1 的 σ_{rr} 为：

$$\sigma_{rr} = k_o\left[\sqrt{3}\left(\frac{\varepsilon/\varepsilon_y}{d_T/a}\right)\right]^{1/0.06} + \left(\frac{\sqrt{6}}{3.1}\times\frac{d_T}{a}\right) + \left(\frac{1}{\sqrt{3}}\times\frac{\varepsilon}{\varepsilon_y}\right)^{1/0.06} = 92.5\text{MPa}$$

表 23-3 中，相应取 $n=1$ 时的 $\sigma_{rr}=582.7$，两者相差 6.3 倍，因此按 $n=0.06$ 计算的结果又与实际不符合。主要是因为 D_6AC 钢属于超高强度钢，其硬化指数太低，与 Argon 的实验条件不一致，故表 23-3 中的计算数据只能当作参考。

23.3.3.2 J. D. Eshelby 法

表23-5中计算D_6AC钢中TiN夹杂物和基体界面应力的结果说明：同为TiN夹杂物的界面应力，但由于试样的回火温度不同，基体强度高（510℃）的试样，TiN夹杂物和基体界面应力也高。再比较相同回火温度（550℃）即基体强度相同的试样中TiN与MnS夹杂物和基体界面应力的结果：MnS夹杂物和基体界面应力（见表23-6）大于TiN夹杂物和基体界面应力（见表23-5）。根据式（23-6），$\sigma_{界}$与β和σ_0成正比，当夹杂物类型相同时，β值相同，$\sigma_{界}$与σ_0成正比，故基体强度高的试样中TiN夹杂物和基体界面应力也高；当夹杂物类型不同时，基体强度相同时，$\sigma_{界}$与β成正比。由于$\beta_{MnS}=1.21$（550℃回火）大于$\beta_{TiN}=0.798$（550℃回火），MnS夹杂物和基体界面应力高于TiN夹杂物和基体界面应力。

表23-7中所列42CrMoA钢中铝酸盐类夹杂物和基体界面应力计算结果，虽为基体强度相同，夹杂物类型也相同的试样，但759-2号试样中铝酸盐夹杂物和基体界面应力却高于其他试样，主要原因是759-2号试样在冶炼过程中加Zr后，试样中铝酸盐夹杂物含微量Zr，使铝酸盐夹杂物开裂应力增加，即式（23-6）中σ_0增大，故使759-2号试样中铝酸盐夹杂物和基体界面应力高于其他试样。

23.4 应力集中系数

在拉伸过程中，夹杂物周围会产生应力集中，这是造成夹杂物开裂的重要因素。设应力集中系数为q，$q=\sigma_{rr}/\sigma_0$，式中，σ_{rr}为夹杂物和基体界面应力，σ_0为拉伸过程中施加于试样上的拉应力。按表23-3和表23-4中所列σ_{rr}分别计算各类夹杂物的应力集中系数q，计算结果列于表23-8～表23-10中。

表23-8 D_6AC钢中各类夹杂物的应力集中系数q

序　号	1	2	3	4	5	6	7	8	9	10	11	12
夹杂物类型（回火温度）	TiN（510℃）			TiN（550℃）			ZrN（550℃）			MnS（550℃）		
夹杂物开裂尺寸/μm	13.2	5.8	1.0	13	9.0	6.3	14.2	3.75	1.0	15.5	5.0	2.5
σ_{rr}/MPa	583	1073	5353	702	2249	1835	801	1455	4031	2259	1555	3249
σ_0/MPa	1252	1507	1507	1242	1292	1309	1292	1313	1415	1385	1446	1249
q	0.47	0.71	3.55	0.57	1.74	1.40	0.65	1.11	2.85	1.63	1.08	2.34

表23-9 42CrMoA钢和4145H钢中MnS夹杂物的应力集中系数q

序　号	1-1	3-1	4-1	5-1	9	10	11	12	13	6-1	7-1	8-1
方　向	MnS夹杂物纵长				MnS夹杂物纵长					MnS夹杂物横向		
尺寸/μm	36	13.2	10.0	8.0	55	48	36	27.3	25	3.1	3.4	1.6
σ_{rr}/MPa	732	841	1588	3739	942	1164	1760	2360	1817	10606	9820	20877
σ_0/MPa	992	1142	–	1132	1262	1290	1310	1363	1369	1262	1290	1317
q	0.74	0.74	–	3.30	0.75	0.90	1.34	1.73	1.73	8.4	7.61	15.85

表 23-10 42CrMoA 钢和 4145H 钢中铝酸盐和 TiN 夹杂物的应力集中系数 q

序 号	1-3	2-2	6-3	7-3	8-3	1-2	2-1	3-2	4-2	5-2	6-2	7-2	8-2
夹杂物类型	铝酸盐					TiN							
夹杂物尺寸/μm	22.5	5	9.2	6.2	1.6	17	12.5	12.0	7.2	3.1	6.2	3.4	2.3
σ_{rr}/MPa	670	1387	8796	5533	20877	691	777	1141	1693	4123	5386	9821	14727
σ_0/MPa	992	1135	1260	1290	1317	992	1135	1142	—	1132	1262	1290	1317
q	0.68	1.22	6.97	4.29	15.9	0.70	0.68	1.0	—	3.64	4.27	7.61	11.18

23.4.1 D_6AC 钢中夹杂物的应力集中系数分析

（1）应力集中系数与夹杂物尺寸的关系。从表 23-8 中的数据分析，各试样中的夹杂物造成的应力集中均随夹杂物尺寸减小而增大，其中只有尺寸为 5μm 的 MnS 夹杂物例外。

（2）夹杂物尺寸相近时，各类夹杂物造成的应力集中顺序为：

夹杂物尺寸为 13～15.5μm

$$q^{TiN}(510℃) < q^{TiN}(550℃) < q^{ZrN}(550℃) < q^{MnS}(550℃)$$

夹杂物尺寸为 5～6.3μm

$$q^{TiN}(510℃) < q^{MnS}(550℃) < q^{TiN}(550℃)$$

上列顺序说明：夹杂物尺寸较大时，氮化物引起的应力集中系数小于 MnS 夹杂物，当夹杂物尺寸较小时，氮化物引起的应力集中系数大于 MnS 夹杂物，同为 TiN 夹杂物，当试样的强度较高（510℃）时，引起的应力集中系数反而低于强度较低（550℃）的试样。

23.4.2 42CrMoA 钢和 4145H 钢中夹杂物的应力集中系数分析

（1）应力集中系数与夹杂物尺寸的关系。从表 23-9 和表 23-10 中的多数数据看，应力集中系数随夹杂物尺寸减小而增大，其中个别试样有波动。

（2）应力集中系数相近又同为 1 号试样中各类夹杂物尺寸变化（q = 0.68～0.74 时）：L^{MnS} = 36μm，$\phi^{Al\text{-}O}$ = 22.5μm，a^{TiN} = 17μm。

（3）同为 MnS 夹杂物，因其纵长大于横向尺寸，在纵向引起的应力集中系数，远小于横向引起的应力集中系数。进一步说明夹杂物尺寸对应力集中系数的影响较大。

第 24 章　低强度钢中夹杂物与钢的断裂

24.1　相关文献介绍

前面对超高强度钢（D_6AC 钢）和高强度钢（42CrMoA 钢）中夹杂物与钢的断裂做过较系统的研究，并对前期的文献做过较系统的介绍。在研究低强度钢之前，对相关文献做补充介绍。

Floreen 和 Hayden 仔细观察了 18Ni 马氏体钢在拉伸形变过程中空洞长大后认为：空洞的形成始于夹杂物或沉淀相，然后沿拉伸方向长大，当相邻空洞聚合或空洞局部滑移，最后导致金属断裂。

Okamoto 等研究了可焊高强度钢中 MnS 夹杂物在韧断过程中的作用，钢中含 S 量为 0.005% ~0.045%，含硫量对拉伸断裂应变和冲击平台能的影响较大，并随试样韧性增大而增大，在夏氏冲击试验中发现 MnS 夹杂物对裂纹扩展的影响大于对裂纹成核的影响。

Maekawa 等研究了 25Mn-5Cr-1Ni 钢中非金属夹杂物对断裂行为的影响。他们制备夹杂物含量不同的两套试样，取样分别沿纵向和横向，最后得出裂纹长大方式为：主裂纹与裂纹尖端形成的微裂纹彼此相连而使裂纹长大。

Maloney 和 Garrison 通过对比研究两炉 HY180 钢，一炉钢中含 MnS 夹杂物为主，另一炉含 $Ti_2(C,S)$ 夹杂物为主，发现以 $Ti_2(C,S)$ 夹杂物为主的试样的断裂韧性十分优异，他们认为主要是 $Ti_2(C,S)$ 夹杂物可增大对空洞成核的阻力，从而提高试样的断裂韧性。

Mccowan 和 Siewert 研究 316L 型不锈钢在 4K 温度下焊接后的断裂韧性与夹杂物含量的关系后得出：裂纹的长大是由于在夹杂物上形成的空洞的联结，而不是由于空洞的聚集。

El-Domiaty 和 Shaker 研究穿孔的低碳钢的断裂韧性，用以模拟金属和合金中含有第二相或夹杂物时的断裂过程。他们发现：试样的断裂不是由于空洞聚合长大的结果，而是由于基体产生应变后，空洞旁的剪切裂纹成核，使空洞达到一个临界值后试样才断裂。他们用中碳钢板和韧性铸铁检验过这一理论，在一些极限范围内，这个理论与实验数据一致。

Gladshtein 等研究了延伸成片状的夹杂物对结构钢韧性断裂抗力的影响。选用的试样为 ON6 钢的热轧钢板，研究其中含硫量不同对横向韧性和塑性的影响后，观察到断口上空洞数量与韧塑性之间存在明显关系，空洞始于片状夹杂物，最后得出片状夹杂物取向与塑性之间的关系式。

Garrison 等研究了回火与第二相颗粒的分布状态对 HY180 钢断裂行为的影响。他们分别选用 HY180 钢在三种回火状态下又含有三种分布不同的夹杂物的试样，测定其断裂韧性和平面应变延性，实验结果得出：在分别含三种夹杂物即 MnS、La_2O_2S 和 $Ti_2(C,S)$ 夹杂物的试样中，含 $Ti_2(C,S)$ 夹杂物的试样具有最高的韧性。主要原因是 $Ti_2(C,S)$ 夹杂物对空洞成核的阻力较高，同时 $Ti_2(C,S)$ 夹杂物颗粒细小，也有利于改善断裂韧性。

Ramalingam 等测定了夹杂物和基体界面的强度。一般认为对钢的韧性断裂是：空洞在第二相颗粒如夹杂物或碳化物上成核后聚集长大造成的断裂，改进对空洞成核的阻力，即可增加钢的断裂韧性。Ramalingam 等认为：颗粒和基体界面的强度是改进空洞成核阻力的关键因素，测结合力功是测量界面强度的方法之一。他们测定了夹杂物和钢的基体以及 MnS 夹杂物和 γ-Fe 的界面结合力功，然后采用计算近似值的方法得出结合力功为 $3.14J/m^2$。此外，他们还使用计算近似值的方法研究不同颗粒和基体界面对空洞成核阻力的作用。

Isikawa 等根据空洞成核长大研究钢中韧性裂纹成核的微观机理。他们采用缺口圆棒拉伸试样，测定试样的几何形状和夹杂物含量，以了解韧性裂纹成核的临界条件，并利用 Gurson-Tvergaard 结构模型，研究临界空洞体积分数和二次空洞成核的结果后指出：从珠光体结节上形成的二次空洞成核在韧性裂纹成核中起重要作用，空洞成核和长大受应力三轴性和塑性应变的强烈影响。

（1）高塑性应变低应力三轴性：在塑性应变的早期阶段，有大量二次空洞成核，虽然低应力三轴区空洞长大速率相对较低，但空洞的体积分数可增大到临界值。

（2）低塑性应变高应力三轴性：空洞体积分数也会很快增大，虽然二次成核的空洞小于高塑性应变区，但当高应力三轴区的 MnS 夹杂物含量增加时，会使临界空洞体积分数大量下降，而 MnS 夹杂物含量的影响仍小于低应力三轴性和高塑性应变区。

Fairchild 等系统研究微合金钢的脆性断裂机理。通过扫描电镜观察，发现 TiN 夹杂物是解理裂纹成核的关键因素。强力键合会使裂纹-缺口尖端塑性区存在高应力，这种高应力作用于夹杂物上无需界面键合脱开即可使解理裂纹成核，由于 TiN 夹杂物与基体是强力键合，一旦解理裂纹成核即可转移到基体中，成为裂尖起裂点，导致钢的断裂。另外，Fairchild 等还提出有关钢脆性断裂机理的机械论模型，用以解释微合金钢的脆性断裂机理。他们认为：微裂纹首先在 TiN 夹杂物旁成核后扩展到另一边，再转移到基体中。在特殊的局部区域内，由于位错堆积碰撞和晶体缺陷处应力集中以及 TiN 夹杂物表面不规则导致解理裂纹成核。用透射电镜成像观察到在 TiN 夹杂物处的位错，在 TiN 夹杂物上的微裂纹传至基体后，呈辐射状扩展。从裂纹扩展区看，同时有两个扩展途径，一为反方向扩展，另一则围绕颗粒转动。颗粒分隔这些裂纹一段短距离后，裂纹再沿不同的解理面扩展，然后在上方聚合形成基体撕裂岭。这些撕裂岭的局部区域指向解理裂纹始于 TiN 夹杂物。当这些微裂纹扩至基体后，由于 TiN 夹杂物与基体具有不同的热收缩，导致镶嵌残余应力，又促使解理裂纹继续形成，最后造成钢的脆性断裂。

有关“夹杂物与钢的断裂”方面的研究，着重于氮化物和硫化物夹杂物。Kimura 等研究了氧化物夹杂物在轧制和拉拔过程中的断裂行为，研究结果得出：

（1）Al_2O_3、ZrO_2、含 Zr 夹杂物和 SiO_2 等氧化物夹杂物在轧制过程中均断裂。

（2）在冷拔拉丝过程中，Al_2O_3 夹杂物不断裂，而 ZrO_2、含 Zr 夹杂物和 SiO_2 等氧化物夹杂物均断裂。

（3）氧化物夹杂物断裂的数量，受氧化物夹杂物压缩强度的影响。

（4）氧化物夹杂物断裂的数量，可用弹性模量和氧化物夹杂物的平均原子体积来预测。

前面介绍了 TiN 夹杂物作为解理裂纹的裂源，其他夹杂物是否也会造成解理断裂？Wang 等研究了含有碳化物和夹杂物的 C-Mn 钢缺口试样在 -196℃和 -130℃条件下的解理裂纹成核。通过机械实验、显微镜观察和有限元方法计算后得出有两处解理裂纹成核：一是在缺口根部前的近球状夹杂物上成核（IC 成核）；一是在较大串状夹杂物前的近球状夹杂物上成核（SIC 成核）。在 SIC 成核的情况下，是由于较大串状夹杂物的键合断开后形成片状缺陷，从而推动了解理断裂。另外，温度对解理成核的类型也有明显影响，如 -196℃的断裂主要为 IC 解理裂纹成核机理，-130℃主要为 SIC 解理裂纹成核机理。试样的缺口韧性主要由解理裂纹成核机理决定。解理裂纹成核主要发生于夹杂物与基体晶粒结合最弱的部位，与碳化物尺寸和数量无关。

20 世纪 80 年代研究夹杂物与解理断裂方面的工作增多，如 Balart 和 Davis 观察到微合金钢中在（Ti,V)(C,N)夹杂物上的解理裂纹成核。在富含 V 区域内的夹杂物界面上，存在具有临界尺寸的 TiN 夹杂物作为解理裂纹的起点，而临界尺寸的大小取决于基体的强度水平。

20 世纪 80 年代以来用有限元方法研究钢在韧性断裂中空洞聚集的过程，如 Bandstra 等研究了 HY100 钢的韧断过程后，认为韧断发生于应力三轴性的位置上。这些位置是在 MnS 夹杂物形成较大的延伸空洞后，造成局部失稳使相邻空洞聚集成空洞片，最终导致断裂。他们认为形变局部区域对少数大空洞特别敏感，大空洞间距彼此约为 30 个空洞直径，其取向与最大拉应力呈 45° ±15°，这一结果也说明高应力三轴性使形变局部更加发展。

Shabraw 等用两种方法研究空洞在夹杂物上成核：一为实验法，二为计算法。他们借助于宏观标准鉴定颗粒开裂的裂纹成核。实验方法是用低合金钢做成圆柱体试样，在试样上刻上三种环形缺口，以改变缺口区内的应力三轴性，在低于断裂载荷下中断拉伸试验，然后平行于拉伸轴切割试样，对开裂和未开裂的 TiN 夹杂物所在位置进行鉴别，结果并未发现夹杂物键合脱开的裂纹成核。计算方法是按常规的各向同性硬化的塑性理论，使用有限元法计算每一个试样的几何形状，以预测始于夹杂物开裂的空洞成核，用以探索各种潜在的空洞成核判据。

24.2　试样选择

24.2.1　试样的化学成分与力学性能

选用四种低碳锰钢试样，其化学成分和力学性能分别列于表 24-1 和表 24-2 中。

表 24-1　试样的化学成分　（%）

样 号	16Mn 钢、15MnTi 钢、16MnCa 钢和 16MnZr 钢试样的化学成分								备 注
	S	C	Mn	Si	Ti	Zr	Ca	N	
1	0.024	0.15	1.36	0.40				0.01	试样在真空条件下冶炼，含 N 量相近
2	0.049	0.14	1.46	0.39					
3	0.078	0.12	1.32	0.34					
4	0.094	0.15	1.40	0.38					
5	0.120	0.16	1.39	0.39					
T-1	0.024	0.12	1.40	0.33	0.30			0.02	
T-2	0.048	0.14	1.46	0.39	0.29				
T-3	0.076	0.14	1.47	0.37	0.30				
T-4	0.097	0.20	1.16	0.34	0.27				
T-5	0.120	0.20	1.18	0.37	0.30		2.0(加入量)		
Ca-1	0.110	0.02	1.14	0.12					
Zr-1	0.13	0.01	1.24	—	—	0.01			

表 24-2 试样的力学性能

样 号	冲击值/J		强度/MPa		面缩率 ψ/%		伸长率 δ/%
	纵 向	横 向	σ_b	$\sigma_{0.2}$	纵 向	横 向	纵 向
1	177.6	76	530.0	330.3	66.6	—	34.8
2	128.6	57.6	520.3	326.3	64.6	—	36.0
3	—	40.4	496.6	310.3	63.2	49.4	34.6
4	76	31.9	517.0	327.4	59.6	—	32.2
5	36.8	23.3	516.5	318.5	58.4	—	35.3
T-1	302.6	171.5	599.3	318.3	69.3	—	35.0
T-2	246.2	134.8	588.8	327.3	68.0	—	38.2
T-3	180.1	80.9	587.9	311.6	68.1	59.4	39.1
T-4	102.9	44.1	599.8	316.6	61.7	55.5	36.0
T-5	80.9	30.6	596.0	338.1	61.9	—	36.0
Zr-1	24.5	14.1	—	—	62.5	59.9	—
Ca-1	49.0	40.4	400.5	316.5	64.2	61.9	37.4

24.2.2 试样金相组织、晶粒度和夹杂物参数

试样金相组织为珠光体加铁素体，各试样中珠光体数量相近，但晶粒度各不相同。16Mn 钢试样中的晶粒度均为 9 ~ 10 级，15MnTi 试样的晶粒度为 11 ~ 12 级，而 16MnCa 试样的晶粒度较粗大，为 7 级。测定试样中的夹杂物分别采用金相法、电子探针法和扫描电镜能谱分析法确定夹杂物的成分和类型。夹杂物尺寸和含量仍用金相法测定。测定结果分别列于表 24-3 和表 24-4 中。

表 24-3 电子探针法分析夹杂物成分的结果

样号	夹杂物成分/%								估计夹杂物的类型	金相观察夹杂物的特征（×480）
	S	Mn	Si	N	Ti	Ca	Fe	C		
4	29.4	37.1	0.007	0	—	0	—	—	MnS	灰色条状
	29.6	37.4	0.024	0	—	0	—	—		
T-5	0.012	0.13	0	41.01	59	—	—	—	TiN	金黄色方块
	0.753	0.14	0	49.2	51.8	—	—	0		
T-3	21.1	—	—	—	55.9	—	18.6	11.04	Ti(S,C)	浅黄色不规则的小条状
	20.1	—	—	—	53.9	—	23.7	10.44		
Ca-1	12.24	19.3	0.04	—	—	0.05	—	—	Mn(S,O)（含 Ca）	灰色，近球状
	15.4	14.0	0.14	—	—	0.30	—	—		

表 24-4　金相法测定的夹杂物参数

样 号	夹杂物体积分数 f_V /%				MnS 尺寸 /μm		Ti(S,C) 平均尺寸 /μm		TiN 平均尺寸 /μm	夹杂物平均间距 /μm	
	f_V^{MnS}	f_V^{TiN}	$f_V^{Ti(S,C)}$	$f_V^{总}$	d_1	d_2	$\bar{d}_1$	$\bar{d}_2$	$\bar{a}$	金相 $\bar{d}_m^T$	扫描电镜 $\bar{d}_T^{SEM}$
1	0. 12	—	—	0. 12	7. 20	1. 98				131. 1	10. 8
2	0. 17	—	—	0. 17	8. 30	2. 50				114. 2	9. 7
3	0. 38	—	—	0. 38	13. 10	2. 22				89. 6	6. 9
4	0. 48	—	—	0. 48	13. 70	1. 82				69. 4	6. 2
5	0. 58	—	—	0. 58	10. 40	2. 77				74. 7	5. 9
T-1	0. 003	0. 06	0. 027	0. 090	5. 0	1. 07	1. 75	1. 60	3. 14	94. 9	8. 3
T-2	0. 04	0. 05	0. 05	0. 140	8. 9	1. 83	1. 89	0. 72	3. 22	56. 7	8. 7
T-3	0. 06	0. 07	0. 04	0. 170	6. 60	1. 32	1. 52	0. 90	3. 80	59. 7	6. 6
T-4	0. 13	0. 07	0. 12	0. 320	7. 90	1. 07	1. 69	0. 74	3. 74	30. 5	5. 7
T-5	0. 19	0. 04	0. 12	0. 350	10. 60	1. 84	1. 58	0. 92	3. 23	33. 5	6. 2
Ca-1				0. 56	4. 80	2. 47					
Zr-1				0. 38	2. 93	1. 15					

注：$\bar{d}_1$—纵向平均长度；$\bar{d}_2$—横向平均宽度。

24. 3　裂纹成核与扩展观察方法与结果

24. 3. 1　准动态观察

钢的韧性断裂经过多年研究已肯定，断裂过程为裂纹成核、长大与扩展，最终使钢断裂。对这一过程的直接观察，即在扫描电镜下观察裂纹在夹杂物上成核、长大与扩展过程的工作并不多，即使有，也不能准确记录夹杂物成核、长大与扩展的力学条件，如拉伸应力-应变值以及应力-应变与夹杂物类型、尺寸和间距等的关系。为解决这些问题，采用准动态方法观察裂纹在钢中各类夹杂物上成核、长大与扩展过程，并记录裂纹在夹杂物上成核率与应变的关系、应变与夹杂物开裂尺寸的关系以及裂纹在夹杂物上成核后扩展条件等。通过准动态观察所得结果，使用回归分析方法，以寻找夹杂物开裂尺寸、裂纹在夹杂物上成核率等与应变-应力的定量关系，用以考查已有“夹杂物与钢的断裂”模型的实用性。

准动态观察方法已在前几章研究夹杂物与超高强度钢的断裂中做过介绍。本章研究夹杂物与低强度钢的断裂，两者强度差别很大，低强度钢在拉伸过程中会出现滑移，滑移线是否会影响对裂纹在夹杂物上成核、长大与扩展的观察？这将成为本章关注的问题。

本章用于准动态观察的平板拉伸试样形状与第 17 章的图 17-1 相同，但尺寸有改变，即长度 $L=190$mm，试样中部抛光部位长度 $L=40$mm，试样两头孔洞直径 $\phi=20$mm，试样两头与中部之间的过渡弧度 $R=25$mm，试样厚度为 4mm。

试样中部抛光后，在金相显微镜下选好拟跟踪的夹杂物，在低于试样被拉断的应力下，反复加载-卸载，所加应力逐次增大。每次卸载后，都必须在金相显微镜下观察裂纹在夹杂物上成核、长大与扩展的应变-应力值以及夹杂物开裂尺寸和数量，并记录夹杂物未开裂的数量，以得出夹杂物开裂百分率（OC），亦即裂纹在夹杂物上的成核率。

24.3.2　断口观察

准动态观察方法可直接观察到裂纹在夹杂物上成核、长大与扩展。当试样断裂后，无法确定裂纹扩展连接过程，用扫描电镜观察试样断口，即可了解试样断裂前裂纹扩展连接过程。本章观察的试样断口有两种：一种为平板拉伸试样断口，另一种为挑选出16Mn钢和15MnTi钢各两个平板拉伸试样分别加载到一定应变量后，置于液氮（-196℃）条件下冲断的脆性断口。制作脆性断口的试验条件列于表24-5中。

表24-5　脆断试验条件

条　件	16Mn钢试样		15MnTi钢试样		备　注
	1号	5号	T-1号	T-4号	
S_0/mm^2	60.15	60.15	60.15	60.2	L_0—试样标距原始长度； L'—试样拉断后标距长度； S_0—试样标距内的原始面积
L_0/mm	45.4	45.35	45.1	45.3	
σ_s/MPa	351.8	322.4	368.2	359.7	
σ_b/MPa	536.0	508.3	532.1	529.0	
L'/mm	57.16	54.9	57.0	54.9	
$\varepsilon_{真}=\ln(L'/L_0)$	0.230	0.191	0.234	0.190	

24.3.3　裂纹在夹杂物上成核观察

24.3.3.1　16Mn钢和15MnTi钢试样的准动态观察结果

对16Mn钢和15MnTi钢试样的准动态金相定性观察结果列于表24-6和表24-7中。

表24-6　16Mn钢试样的准动态金相定性观察结果

样号	加载次数	荷重 P/kg	σ/MPa	ε/%	试样中夹杂物与基体的变化
1~5	Ⅰ	1800	294	0.8~1.37	5个试样均未屈服，各试样中夹杂物也无变化
1	Ⅱ	2000	326	1.0	试样局部屈服，大条状MnS夹杂物内部开裂，MnS中包含的氧化物与MnS的界面开裂
2		2000	326	1.0	试样局部屈服，但MnS夹杂物未开裂，复相夹杂物界面开裂
3		1870~1900	310.7	2.2	试样屈服，夹杂物开裂情况与1号试样相同
4		2000	326	1.58	与3号试样相同
5		1950	318.5	3.1	达到试样的屈服点，大条状MnS夹杂物内部开裂，复相夹杂物界面开裂后延伸出一条裂纹
1	Ⅲ	2400	392	2.7	夹杂物外的裂纹跨过夹杂物，复相夹杂物界面开裂，大条状MnS夹杂物内部开裂
2		2400	392	3.0	滑移线穿过细条MnS夹杂物并使MnS开裂，相邻MnS开裂的裂纹彼此联结
3~5		2400	392	3.3~4.0	条状MnS夹杂物内部开裂的裂纹条数增多
1	Ⅳ	2800	438	5.0	基体滑移线大量增加，滑移线经过MnS开裂时彼此联结
2~5		2800	438	5~8	MnS夹杂物内部开裂的裂纹呈八字形向外扩展并与滑移线重合

续表 24-6

样号	加载次数	荷重 P/kg	σ/MPa	ε/%	试样中夹杂物与基体的变化
1	V	3200	522	10.0	1～5 号试样中细小的 MnS 夹杂物开裂，裂纹向基体扩展，扩展方式有：（1）裂纹与拉伸轴呈 45°；（2）裂纹与拉伸轴垂直；（3）裂纹与滑移线交互作用加速裂纹扩展
2		3185	520	17.0	
3		3040	496.8	18.8	
4		3165	516	18.0	
5		3120	509	19.7	

表 24-7　15MnTi 钢试样的准动态金相定性观察结果

样 号	加载次数	荷重 P/kg	σ/MPa	ε/%	试样中夹杂物与基体的变化
T-1～T-5	Ⅰ	1800	284	1.29～1.39	5 个试样均未屈服，各试样中夹杂物也无变化
T-1～T-5	Ⅱ	2000	326	1.56～1.70	5 个试样均未屈服，各试样中夹杂物也无变化
T-1	Ⅲ	2400	392	1.74	少数 MnS 夹杂物内部开裂
T-2		2400	392	3.5	大于 2.5μm×3.4μm 的 TiN 夹杂物自身开裂，裂纹呈直线和角状；大于 3μm×3.4μm 的 Ti(S,C) 夹杂物开裂，细小针状的 Ti(S,C) 未开裂
T-3		2400	392	3.5	TiN 夹杂物自身开裂，裂纹呈人字形，长条 MnS 夹杂物上的 Ti(S,C) 夹杂物自身和界面开裂
T-4，T-5		2400	392	3.7～4.0	TiN 和 Ti(S,C) 夹杂物开裂情况与 T-2 和 T-3 相同
T-1	Ⅳ	2800	438	5.36	TiN 和 Ti(S,C) 夹杂物开裂
T-2～T-5		2800	438	6～8.8	4 个试样中 TiN 和 Ti(S,C)夹杂物开裂的裂纹条数增多，MnS 与 TiN 复相界面开裂，滑移线穿过夹杂物使自身开裂的裂纹变宽并沿纵向长大。TiN 和基体与复相界面开裂的裂纹均向外扩展
T-1	V	3200	522	10.0	5 个试样中的 TiN 夹杂物开裂的裂纹长大后成为空洞，针状 Ti(S,C) 夹杂物开裂，试样中的 MnS 夹杂物全部开裂。成群分布的针状 Ti(S,C) 夹杂物尖端开裂后彼此相连，形成大裂纹
T-2		3170	517	22.0	
T-3		3120	509	19.8	
T-4		3200	522	14.0	
T-5		3200	522	12.0	

在准动态观察过程中，每次加载-卸载后，都须在金相显微镜下，计数 10 个视场中夹杂物总数，同时计数在各应变下开裂的夹杂物数目，然后换算出夹杂物开裂百分率（OC），即裂纹成核率。对 16Mn 钢和 15MnTi 钢试样的准动态金相定量观察结果，分别列于表 24-8 和表 24-9 中。

表 24-8　16Mn 钢试样的准动态金相定量观察结果

样 号	P/kg	σ/MPa	ε/%	OC^{MnS}/%
1	1800	294	0.8	0
	2000	326.3	1.0	8
	2400	392	2.7	23
	2800	457.7	5.0	24
	3200	522.3	10.0	100
2	1800	294	0.8	0
	2000	326.3	1.0	6
	2400	392	3.0	20
	2800	457.7	5.0	31
	3185	520.4	17.0	100
3	1800	294	1.2	
	1900	309.7	2.2	
	2400	392	4.0	
	2800	457.7	8.0	
	3040	469.9	18.8	
4	1800	294	1.24	0
	2000	326.3	1.58	5
	2400	392	3.3	27.6
	2800	457.7	6.0	42.0
	3165	516.5	18.0	100
5	1800	294	1.37	0
	1950	318.5	3.1	8
	2400	392	3.7	26
	2800	457.7	7.0	34.5
	3120	509.6	19.7	100

表 24-9　15MnTi 钢试样的准动态金相定量观察结果

样 号	P/kg	σ/MPa	ε/%	夹杂物开裂百分率(OC)/%			
				MnS	Ti(S,C)	TiN	针状 Ti(S,C)
T-1	1800	294	1.30	—	0	0	—
	2000	326.3	1.70	—	0	0	—
	2400	392	1.79	—	0	0	—
	2800	457.7	5.36	—	37	56	—
	3200	522.3	10.0	—	100	100	47.8
T-2	1800	294	1.3	—	0	0	—
	2000	326.3	1.5	—	0	0	—
	2400	392	3.5	—	0	34	—
	2800	457.7	6.0	—	34	66	—
	3170	517.4	22.0	—	100	100	—
T-3	1800	294	1.5	—	0	0	—
	2000	326.3	1.56	5	0	0	—
	2400	392	3.5	18	0	39	—
	2800	457.7	6.9	36	50	73	—
	3120	509.7	19.8	—	—	100	47.8
T-4	1800	294	1.29	0	0	0	—
	2000	326.3	1.49	6	—	0	—
	2400	392	3.70	19	—	53	—
	2800	457.7	6.6	24	—	57	—
	3200	522.3	14.0	—	—	100	52
T-5	1800	294	1.39	—	0	0	—
	2000	326.3	1.59	7	—	0	—
	2400	392	4.0	32	—	31	—
	2800	457.7	8.8	—	—	53	—
	3200	522.3	12.0	—	—	100	61

24.3.3.2　加入 Ca 和 Zr 的 16Mn 钢试样的准动态观察结果

观察 16Mn 钢中分别加入 Ca 和 Zr 之后夹杂物的变化以及变化后的结果。分别加入 Ca 和 Zr 之后，16Mn 钢中 MnS 夹杂物变成球状和椭球状，从而使 MnS 夹杂物开裂的临界应变增大，并提高了试样的横向韧性。对 Ca-1、Zr-1 试样的准动态观察结果分别列于表 24-10和表 24-11 中。

表 24-10　Ca-1 和 Zr-1 试样的准动态金相定性观察结果

样　号	加载次数	荷重 P/kg	σ/MPa	夹杂物开裂情况
Ca-1	Ⅰ	2000	326.3	尺寸为 16μm×6μm 和 12μm×12μm 的大椭球夹杂物内部开裂
Zr-1		1670	272.4	尺寸大于 16μm 的椭球夹杂物开裂，试样局部出现滑移带，滑移带内夹杂物开始开裂
Ca-1	Ⅱ	2400	394	球状夹杂物界面开裂的数目增多，裂纹沿界面扩展，开裂尺寸大于 6μm 的椭球夹杂物内部和界面均开裂
Zr-1		1900	309.7	尺寸为(1.5～2.0)μm×3.4μm 的椭球夹杂物界面开裂，而尺寸大于 2.0μm×3.4μm 的 MnS 夹杂物只有少数内部开裂。界面开裂的椭球夹杂物约占 65%
Ca-1	Ⅲ	2500	457.7	尺寸为 0.3μm×3.4μm 的椭球夹杂物开裂，而尺寸小于 2.0μm×3.4μm 的夹杂物界面开裂，尺寸大于 2.5μm×3.4μm 的椭球夹杂物内部和界面均开裂
Zr-1		2332	379.3	球状夹杂物全部开裂，最小开裂尺寸为 0.5μm×3.4μm，但同一尺寸的 MnS 夹杂物并未全部开裂。已开裂的夹杂物约占 84%
Ca-1	Ⅳ	2530	413.6	相邻夹杂物开裂的裂纹彼此联结，尺寸为 1.5μm×3.4μm 的椭球夹杂物内部和界面开裂后并未扩展，而自身脆裂的夹杂物却沿纵向扩展
Zr-1		2545	415.5	Zr-1 试样中的夹杂物开裂与扩展均与 Ca-1 试样相同

表 24-11　Ca-1 和 Zr-1 试样的准动态金相定量观察结果

样号	标距 L_0/mm	荷重 P/kg	σ/MPa	$\Delta L/L_0$	$\varepsilon_{真}$/%	ε/%	OC^{MnS}/%
Ca-1	45.55	2000	316.5	0.04	0.04	4.0	4
		2400	380.2	0.07	0.07	7.0	23
		2520(颈缩)	398.9	0.10	0.10	10.0	41
		2530	400.8	0.27	0.27	27.0	81
		2575(断裂)	407.7	0.374	0.374	37.4	—
Zr-1	45.4	1670(屈服)	253.8	0.002	0.002	0.2	0.1
		1900	289.1	0.04	0.04	4.0	28
		2320	352.8	0.12	0.12	11.0	49
		2545(颈缩)	387.7	0.27	0.24	24.0	84
		2625	398.9	0.376	0.372	32.0	—

对 Ca-1 和 Zr-1 试样的补充实验是：测定各尺寸范围内的椭球夹杂物在各相应的应力-应变下裂纹在其上的成核率，即夹杂物开裂百分率（OC）。测量结果列于表 24-12 中。并对 Zr-1 试样中两种形态的 MnS 夹杂物即条状和椭球状 MnS 夹杂物的开裂百分率（OC）进行对比，其结果也一并列于表 24-12 中。

表 24-12 Ca-1 和 Zr-1 试样中的椭球夹杂物开裂百分率

样号 \ 尺寸范围/μm		0 ~ 1.7	1.7 ~ 4.1	4.7 ~ 7.5	7.5 ~ 11.2	11.8 ~ 18.7	>18.7	夹杂物开裂百分率 $(OC)^{总}$/%
Ca-1	σ/MPa	316.5						
	ε/%	4						
	OC/%	0	23	34.8	16.3	4.6	2.2	80.9
	σ/MPa	380.2						
	ε/%	7						
	OC/%	0 316.5	32.5	27.5	12.5	15	2.5	90.0
Zr-1	σ/MPa	289.1						
	ε/%	4						
	OC/%	0 316.5	8	43	31	9.8	1.7	93.5
Zr-1 试样的补充实验	应力-应变				条状 MnS 夹杂物 $(OC)^{总}$/%		椭球状 MnS 夹杂物 $(OC)^{总}$/%	
	σ = 289.1MPa，ε = 4%				18.6		53.7	
	σ = 323.4MPa，ε = 11%				35		84	

24.3.3.3 裂纹成核的跟踪观察

A 16Mn 钢试样

对裂纹在 16Mn 钢试样中夹杂物上成核、长大与扩展的准动态观察结果已列于表 24-6 中。今选其中 3 号试样中的 MnS 夹杂物进行跟踪观察并拍照，所得结果如下：

（1）ε = 4%，试样中的长条 MnS 夹杂物内部开裂，裂纹较细，见图 24-1。

（2）ε = 8%，试样中的长条 MnS 夹杂物内部开裂的裂纹变粗，试样出现滑移，裂纹呈八字形向外扩展，见图 24-2。

（3）ε = 18.8%，试样中的长条 MnS 夹杂物内部开裂的裂纹继续变粗，裂纹扩向基体与变粗的滑移线交互作用，见图 24-3。

（4）ε = 2.2%，试样中的粗大条状 MnS 夹杂物内部开裂，但裂纹未贯穿 MnS 夹杂物内部，而与另一颗小 MnS 夹杂物相连的界面开裂，见图 24-4。

（5）ε = 4%，内部开裂的裂纹继续变粗，见图 24-5。

（6）ε = 18.8%，原来界面开裂的裂纹变成空洞，视场中的另外两颗 MnS 夹杂物自身开裂的内部裂纹条数增多，并向基体扩展与滑移线联结，增加裂纹的扩展长度，见图 24-6。

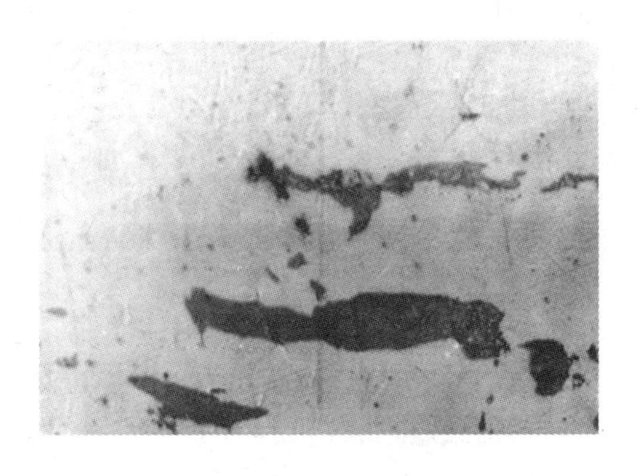

图 24-1　长条 MnS 夹杂物内部开裂
（ε = 4%，×400）

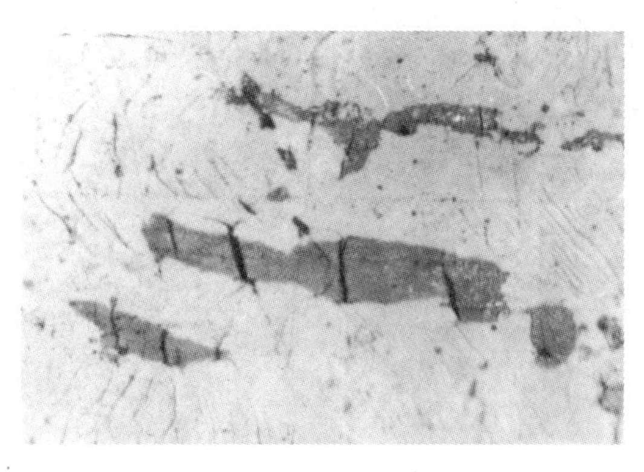

图 24-2　裂纹变粗呈八字形向外扩展
（ε = 8%，×400）

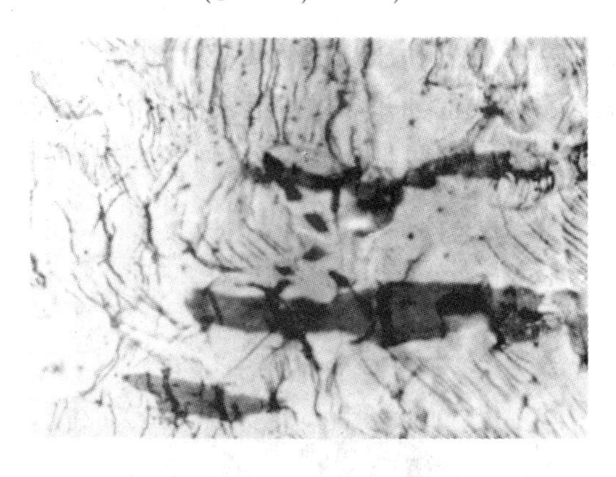

图 24-3　裂纹扩向基体与变粗的滑移线交互作用
（ε = 18.8%，×400）

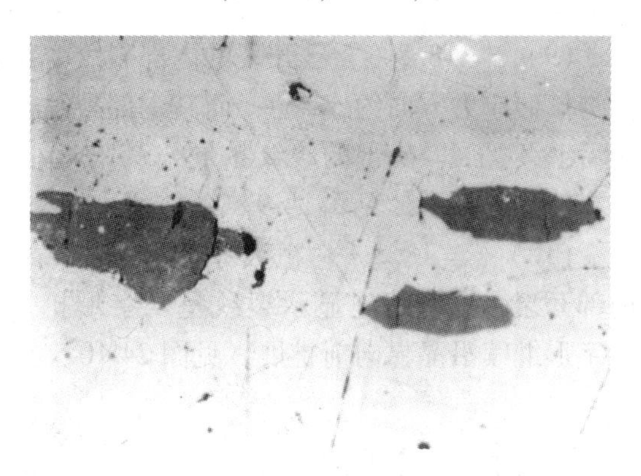

图 24-4　粗大条状 MnS 夹杂物内部开裂
（ε = 2.2%，×500）

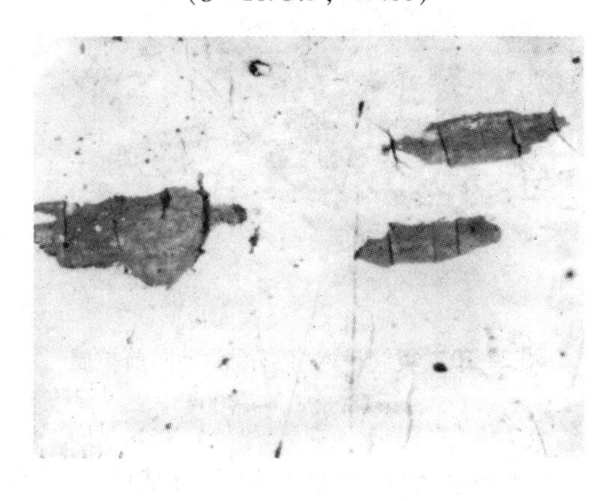

图 24-5　内部开裂的裂纹继续变粗
（ε = 4%，×500）

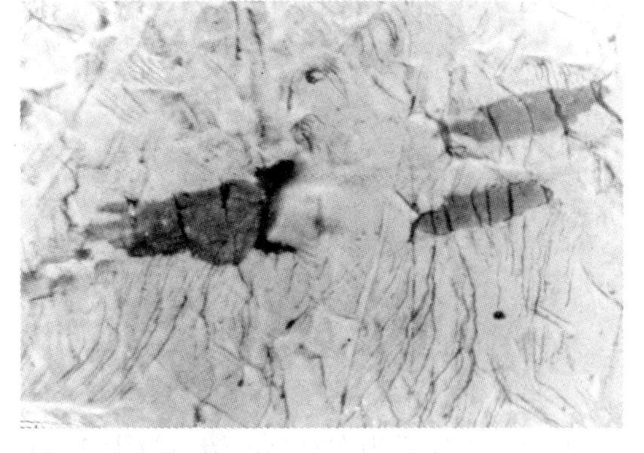

图 24-6　原来界面开裂的裂纹变成空洞
（ε = 18.8%，×500）

（7）ε = 2.2%，只有少量细裂纹，见图 24-7。

（8）ε = 4%，试样出现滑移，MnS 夹杂物自身开裂的内部裂纹条数大量增多到 18 条，见图 24-8。

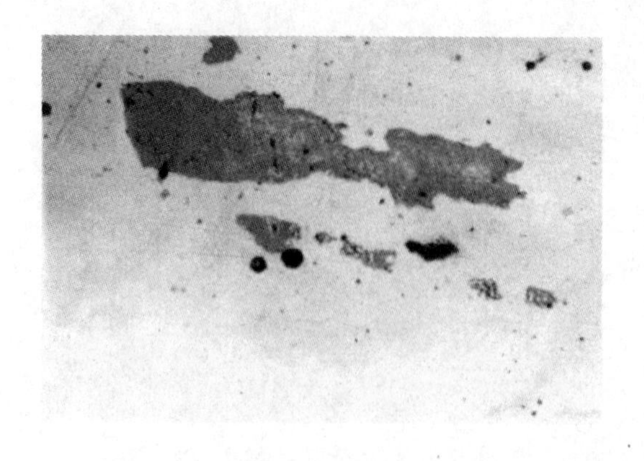

图 24-7 少量细裂纹
（$\varepsilon=2.2\%$，×400）

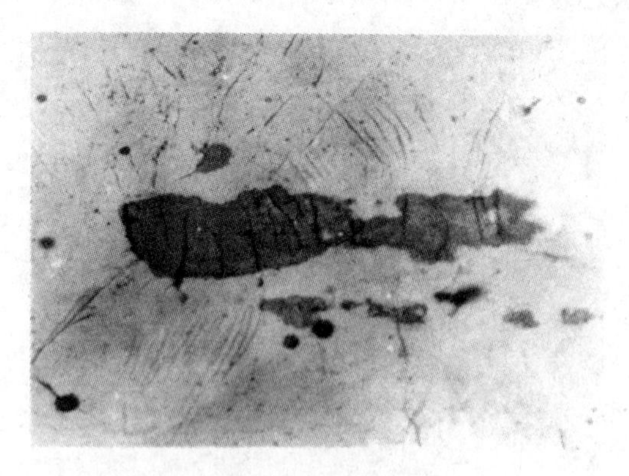

图 24-8 自身开裂的内部裂纹条数大量增多
（$\varepsilon=4\%$，×400）

（9）$\varepsilon=18.8\%$，已开裂的内部裂纹变粗并向外扩展，位于夹杂物头部的裂纹扩展方向与拉伸应力方向约成45°，而其中部裂纹扩展与滑移线重合并穿过附近较小的MnS夹杂物后继续扩展。头部的裂纹扩展与其附近小夹杂物扩展方向垂直相交，再转向沿晶界扩展，使晶界开裂，见图 24-9。

（10）$\varepsilon=18.8\%$，粗大条状MnS夹杂物内部开裂，可清楚地显示裂纹呈八字形扩展，八字形继续沿晶界向前扩展，见图 24-10。

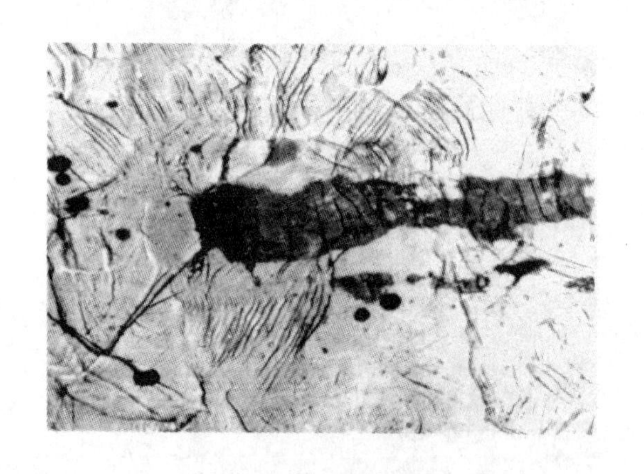

图 24-9 晶界开裂
（$\varepsilon=18.8\%$，×400）

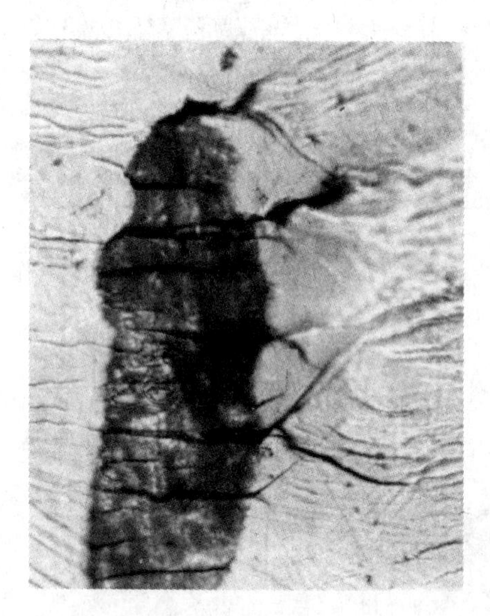

图 24-10 裂纹呈八字形沿晶界向前扩展
（$\varepsilon=18.8\%$，×900）

图 24-11 所示为在扫描电镜下放大 2500 倍观察MnS夹杂物自身开裂后与基体分开的空洞。

B 15MnTi 钢试样

15MnTi钢试样中存在三种夹杂物：TiN、Ti(S,C)和MnS夹杂物。这些夹杂物在拉伸过程中的变化已列于表 24-7 中。今选其中 T-3 号试样进行跟踪观察。

（1）$\varepsilon=0$，在拉伸之前，15MnTi钢试样中存在的三种夹杂物：TiN，Ti(S,C)和MnS夹杂物。见图 24-12。

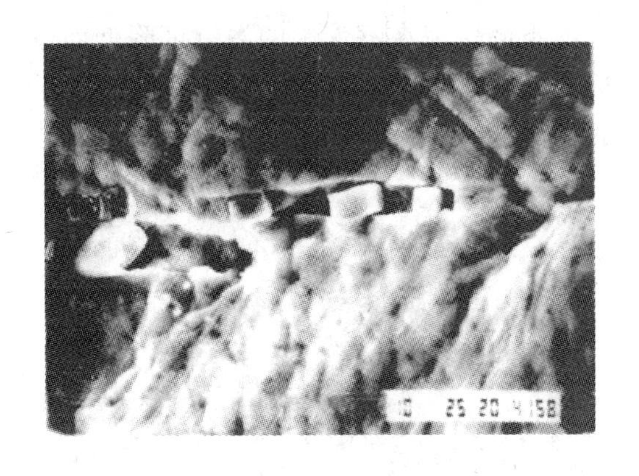

图 24-11　MnS 碎块与基体界面分离（×2500）

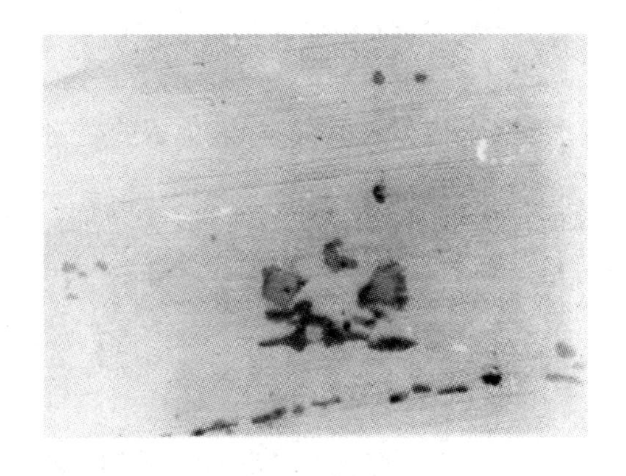

图 24-12　试样中的 MnS、TiN、Ti(N,C) 夹杂物（$\varepsilon=0$，×600）

（2）$\varepsilon=3.5\%$，试样已开始产生颈缩，TiN 夹杂物自身开裂，夹杂物与夹杂物接触的界面开裂，成串的 Ti(S,C)夹杂物未开裂，见图 24-13。

（3）$\varepsilon=19.8\%$，TiN 夹杂物自身开裂的裂纹长大并形成空洞，成串的 Ti(S,C) 夹杂物全部开裂，由于夹杂物间距较小，夹杂物开裂的裂纹彼此串接成长裂纹，见图 24-14。

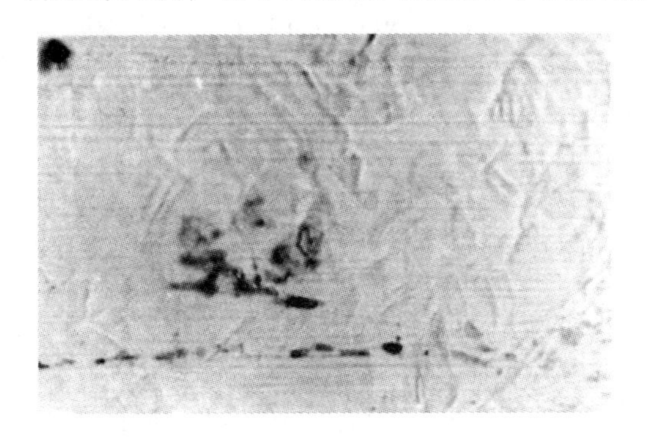

图 24-13　夹杂物自身及界面开裂（$\varepsilon=3.5\%$，×600）

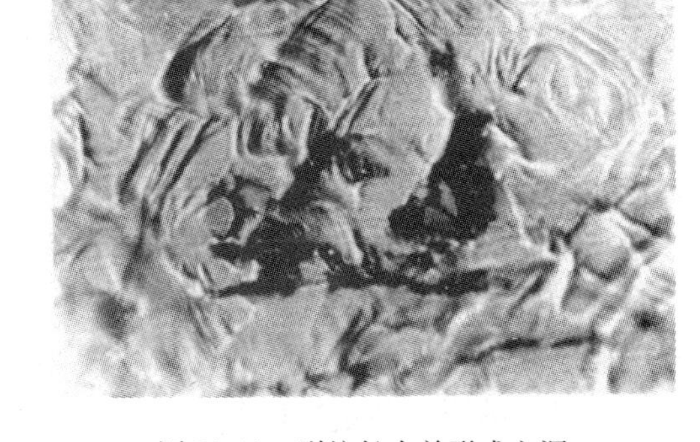

图 24-14　裂纹长大并形成空洞（$\varepsilon=19.8\%$，×600）

（4）$\varepsilon=3.4\%$，TiN 夹杂物自身和界面均开裂，自身开裂的裂纹与拉伸方向一致，见图 24-15。

（5）$\varepsilon=15\%$，开裂的裂纹变粗，试样出现滑移，见图 24-16。

（6）$\varepsilon=18.9\%$，由于试样出现严重颈缩未找到原来跟踪的视场，见图 24-17。本视场中的 TiN 夹杂物自身沿对角线开裂并向外扩展，而 TiN 夹杂物界面开裂的裂纹扩展则穿过滑移线。两条裂纹均在晶内扩展，这不同于 MnS 夹杂物沿晶扩展。MnS 夹杂物与 TiN 夹杂物扩展途径不同，与它们的生成条

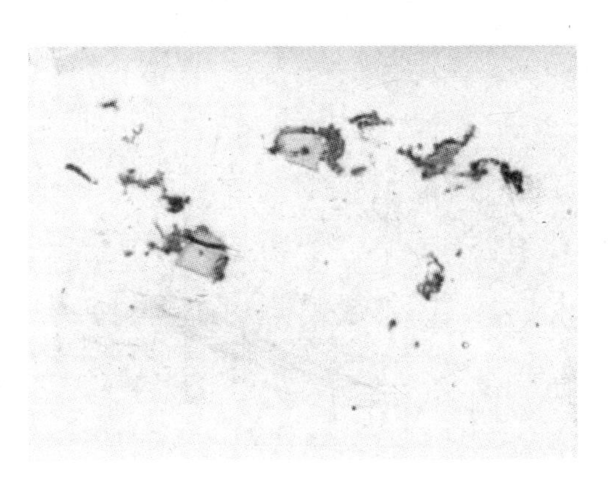

图 24-15　TiN 夹杂物自身及界面均开裂（$\varepsilon=3.4\%$，×400）

件有关。MnS 夹杂物是在钢液凝固的末期随温度的下降，硫在钢液中的溶解度降低而以 MnS 的形式沉淀于晶界，因此 MnS 夹杂物形成的裂纹沿晶界扩展。TiN 夹杂物是在较高温度形成于晶内，故 TiN 夹杂物形成的裂纹沿晶内扩展。

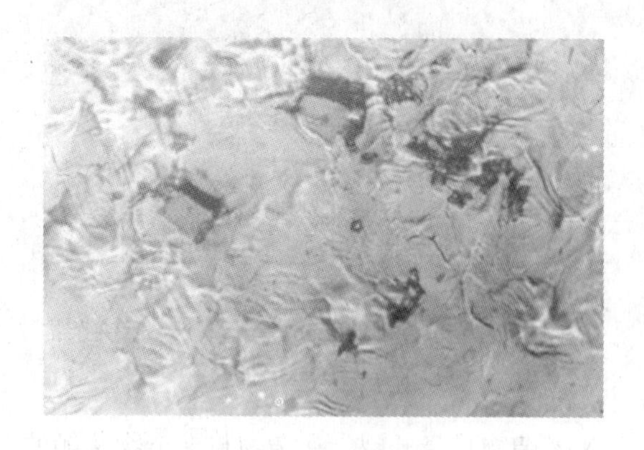

图 24-16　裂纹变粗
（$\varepsilon = 15\%$，×400）

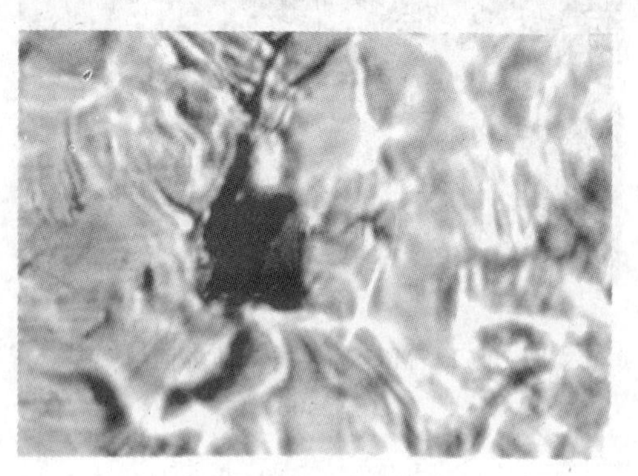

图 24-17　试样严重颈缩
（$\varepsilon = 18.19\%$，×900）

当钢中的非金属夹杂物成聚集分布时，其危害程度远大于夹杂物性质。今选 T-3 试样中 TiN 夹杂物成聚集分布的视场进行跟踪观察：当 $\varepsilon = 5.4\%$（见图 24-18）时，部分 TiN 夹杂物开裂形成裂纹，由于 TiN 夹杂物彼此相邻，故开裂形成裂纹相互串接；随应变增大到 18% 时，相互串接的裂纹已形成空洞（见图 24-19）。随应变继续增大到 19.8% 时，裂纹连成的空洞也增大（见图 24-20），此时晶界上的小夹杂物也已开裂，形成沿晶裂纹。

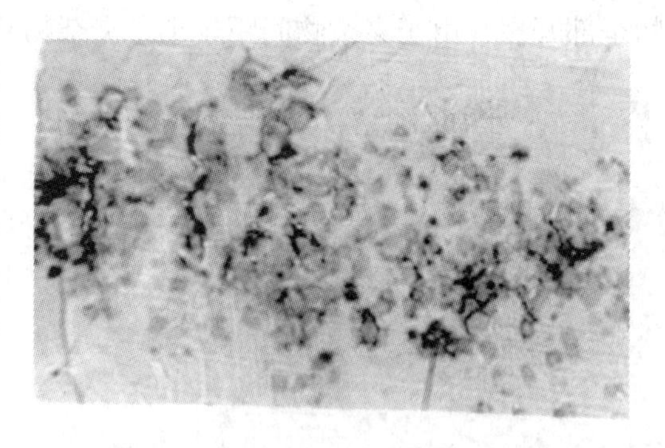

图 24-18　TiN 夹杂物聚集区 TiN 和基体界面开裂
（$\varepsilon = 5.4\%$，×400）

另外在同一试样中观察的其他视场：试样被加载到断裂之前的应变 $\varepsilon = 19.8\%$ 后，沿

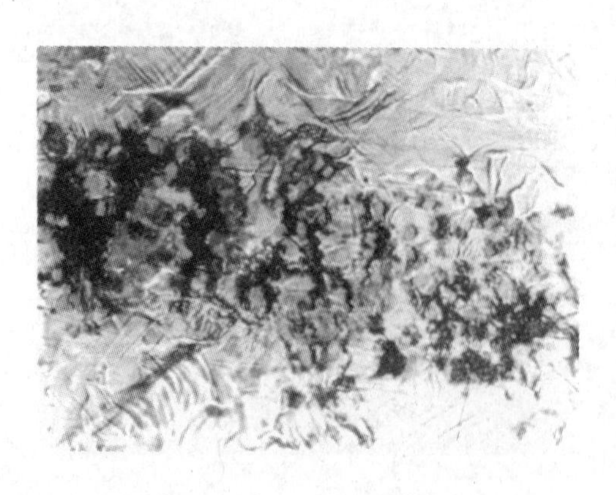

图 24-19　TiN 和基体界面开裂的裂纹长大后彼此连接（$\varepsilon = 18\%$，×400）

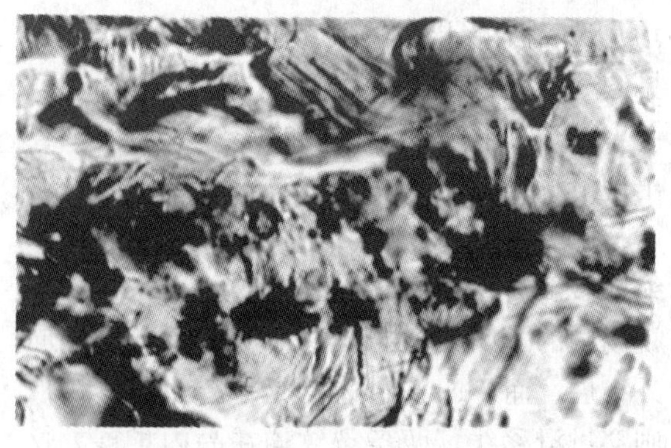

图 24-20　TiN 和基体界面开裂的裂纹长大后彼此连接、扩展（$\varepsilon = 19.8\%$，×400）

晶界分布的小夹杂物开裂形成较多的沿晶裂纹（见图 24-21）；当视场被放大到 900 倍后，还观察到 TiN 夹杂物界面开裂形成的裂纹沿晶内滑移线扩展（见图 24-22），而有的裂纹长大形成空洞但并不扩展（见图 24-23）。

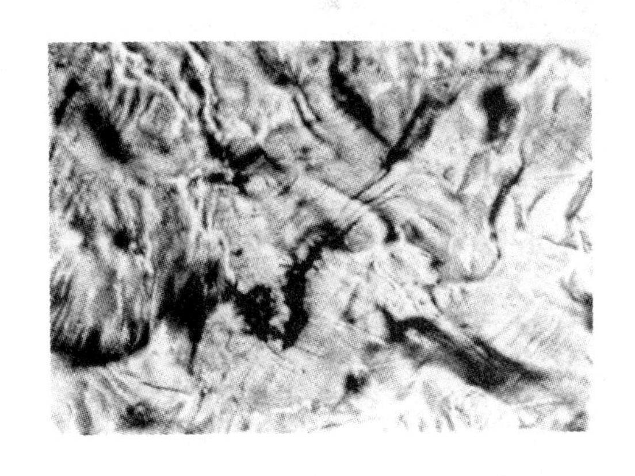

图 24-21　Ti(N,C) 和基体界面开裂的裂纹长大后彼此连接、扩展（$\varepsilon = 19.8\%$，×400）

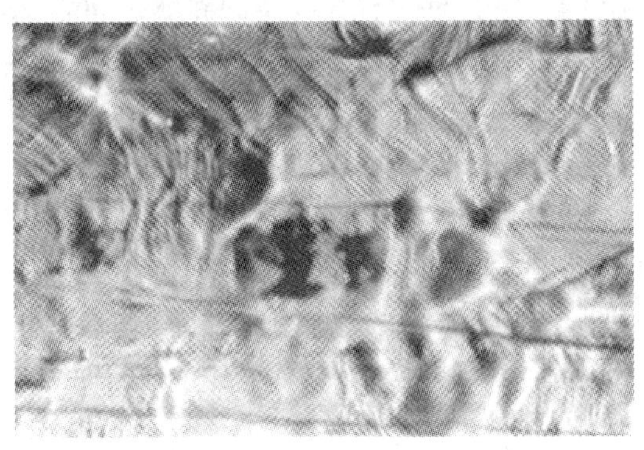

图 24-22　Ti(N,C) 和基体界面开裂的裂纹长大沿晶内滑移线扩展（$\varepsilon = 19.8\%$，×900）

C　16MnCa 钢试样

16Mn 钢试样中加 Ca 后使其原有的长条状 MnS 夹杂物球化，且尺寸变小，这种球状 MnS 夹杂物在低应变下内部并不开裂，只有当应变增大后，球状 MnS 夹杂物和基体界面开裂，且开裂应变大于长条状 MnS 夹杂物开裂的应变。今选出 16MnCa 钢试样中含有球状 MnS 夹杂物的视场进行跟踪观察：

（1）试样加载前，视场中存在一个较大的球状 MnS 夹杂物及沿晶分布的细小 MnS 夹杂物，见图 24-24。

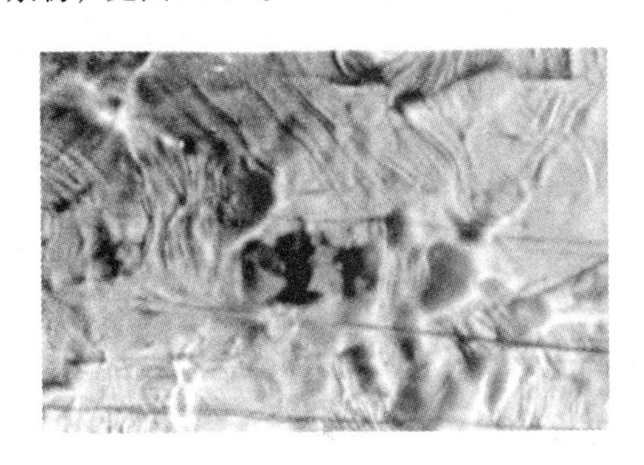

图 24-23　Ti(N,C) 和基体界面开裂的裂纹长大形成空洞（$\varepsilon = 19.8\%$，×900）

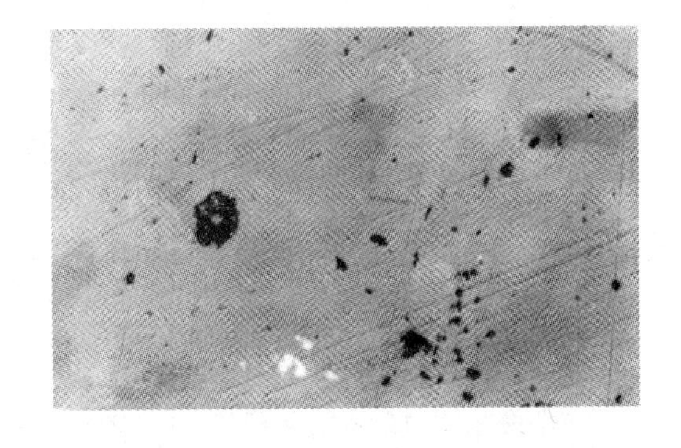

图 24-24　TiN 夹杂物聚集区旁的六边形含钙夹杂物（$\varepsilon = 1.0\%$，×400）

（2）应变 $\varepsilon = 7\%$ 时，较大的球状 MnS 夹杂物界面开裂，而细小 MnS 夹杂物并不开裂，试样出现滑移，见图 24-25。

（3）应变 $\varepsilon = 9\%$ 时，夹杂物界面开裂后不再变化，只是滑移线增多，见图 24-26。

(4) 应变 $\varepsilon = 23\%$ 时，试样仍未断裂，椭球状的MnS夹杂物自身开裂后的裂纹仍未扩展，而界面开裂的裂纹沿滑移线扩展（见图24-27）。试样中存在较多的椭球状MnS夹杂物时，自身开裂的裂纹彼此连接，而界面开裂的裂纹与基体分离形成空洞（见图24-28）。

(5) 试样另一个视场中观察到椭球状MnS夹杂物在应变 $\varepsilon = 9\%$ 自身开裂后，裂纹沿晶界和滑移线扩展见图24-29。

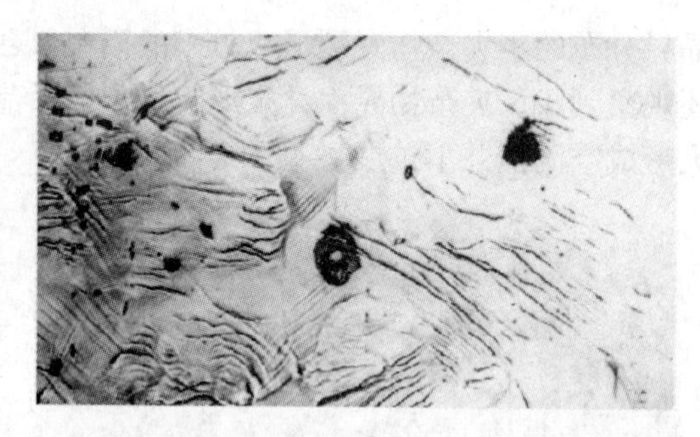

图24-25 六边形含钙夹杂物界面开裂（$\varepsilon = 7\%$，×400）

图24-26 六边形含钙夹杂物界面开裂且滑移线增多（$\varepsilon = 9\%$，×400）

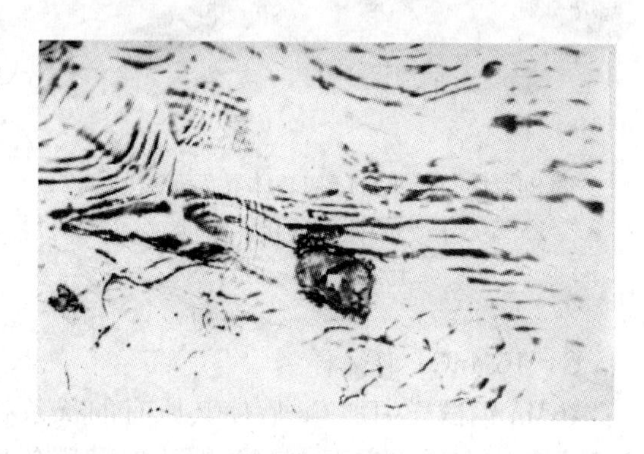

图24-27 四边形含钙夹杂物在高应变下裂纹并未长大（$\varepsilon = 23\%$，×400）

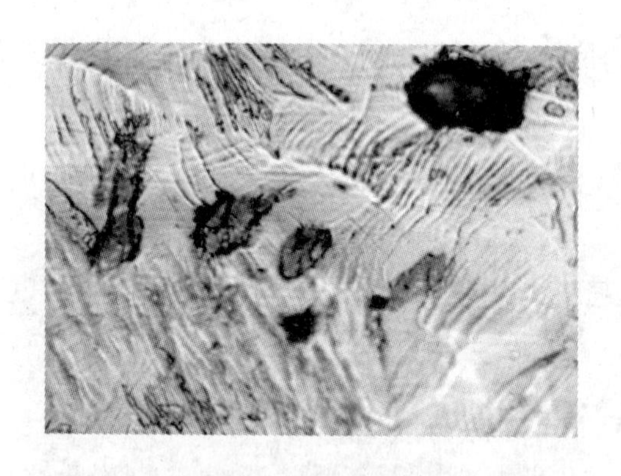

图24-28 Ti(N,C) 夹杂物界面裂纹变粗而含钙夹杂物裂纹变粗不大（$\varepsilon = 23\%$，×900）

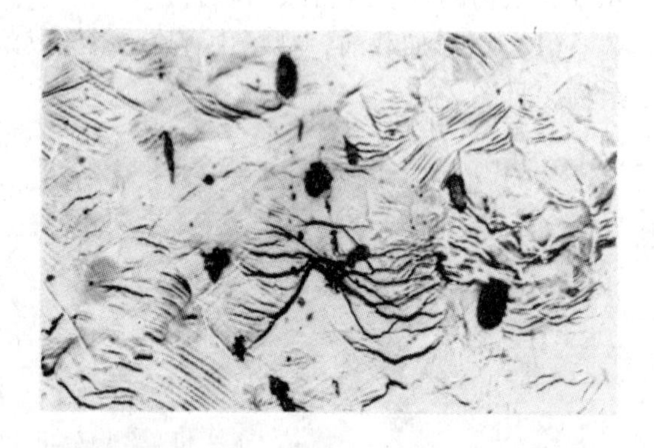

图24-29 夹杂物剥落（$\varepsilon = 9\%$，×900）

24.3.4 裂纹与断裂观察

金属材料的断裂，皆为裂纹在夹杂物或第二相成核、长大和扩展，最后导致材料断裂。其断口上布满大大小小的韧窝，它们彼此相连。断口上的大韧窝核心为夹杂物，而小韧窝为碳化物或细小的夹杂物或第二相。因此观察和分析断口形貌可了解材料的断裂过程。

从本章所研究的 16Mn 钢、15MnTi 钢和 16MnCa 钢试样中挑选出少量具有代表性的断口照片，用以研究 16Mn 钢、15MnTi 钢和 16MnCa 钢试样的断裂过程。

24.3.4.1　16Mn 钢试样

图 24-30 所示为 16Mn 钢的 3 号纵向试样的断口 SEM 照片，其中存在大的 MnS 夹杂物全部剥落形成空洞大韧窝，有的空洞中还残存有 MnS 夹杂物的断块。在大的空洞韧窝之间还有细小的Ⅱ类 MnS 夹杂物形成的小韧窝，这些小韧窝成为联结空洞大韧窝的“桥梁”，导致试样断裂。

图 24-31 所示为 16Mn 钢的 3 号横向试样的断口 SEM 照片，从横向断口观察，更清楚地观察到 MnS 夹杂物剥落形成的空洞大韧窝。

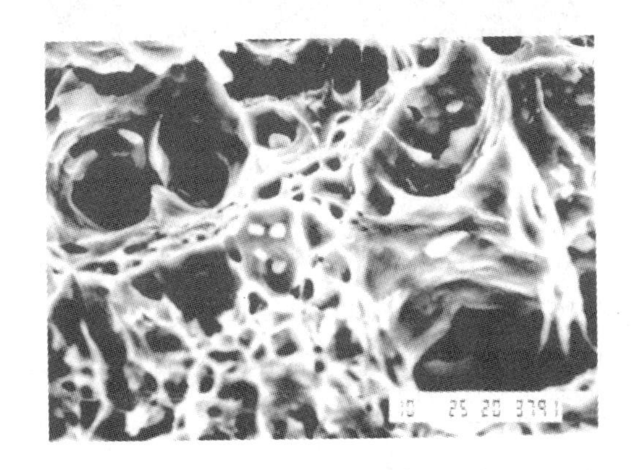

图 24-30　16Mn 钢 3 号纵向试样断口 SEM 照片（×1900）

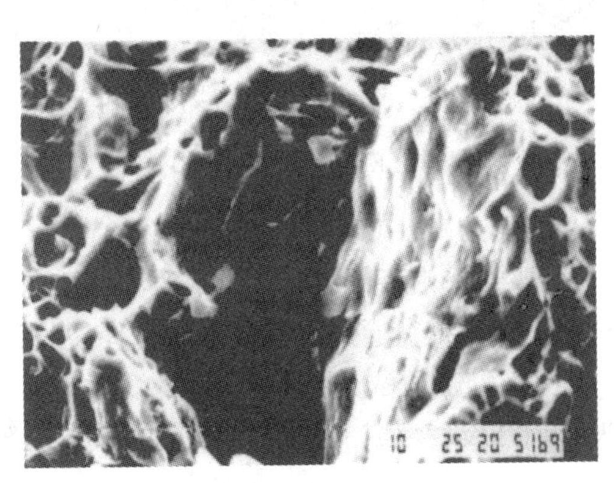

图 24-31　16Mn 钢 3 号横向试样断口 SEM 照片（×1900）

图 24-32 所示为 16Mn 的 3 号横向试样，由横向断口放大 1900 倍缩小到 500 倍下观察，可看出 MnS 夹杂物剥落形成的空洞韧窝彼此串接成的空洞片。

图 24-33 所示为 16Mn 钢的 4 号纵向试样的断口 SEM 照片，均为大的 MnS 夹杂物形成的空洞大韧窝断口。

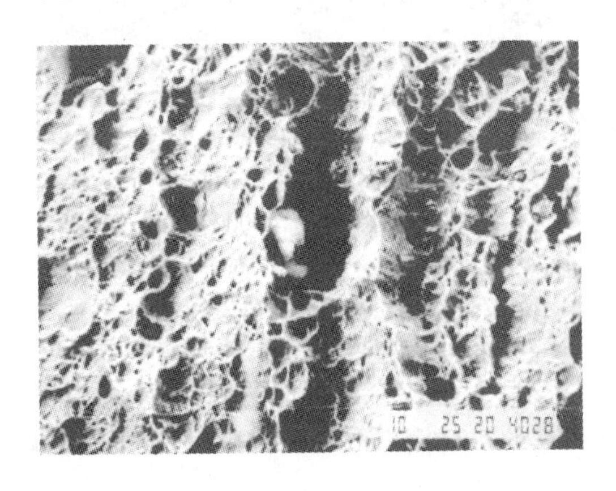

图 24-32　16Mn 钢 3 号横向试样断口 SEM 照片（×500）

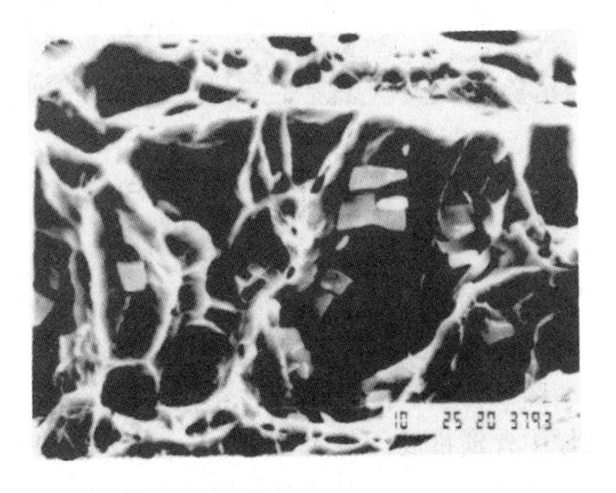

图 24-33　16Mn 钢 4 号纵向试样断口 SEM 照片（×1900）

图 24-34 和图 24-35 所示为 16Mn 的 5 号横向试样断口 SEM 照片，分别在放大 1900 倍

和缩小到500倍下观察，由MnS夹杂物形成韧窝彼此串接导致的试样断裂。

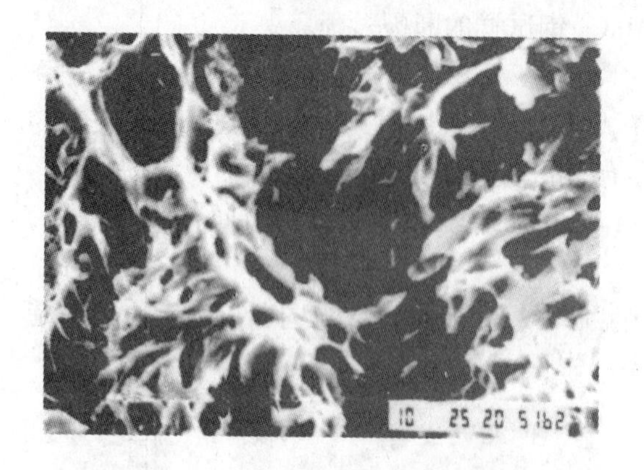

图24-34　16Mn钢5号横向试样断口SEM照片（×1900）

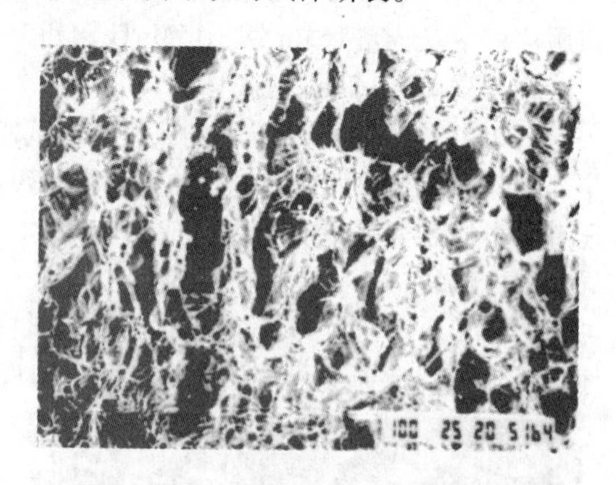

图24-35　16Mn钢5号横向试样断口SEM照片（×500）

24.3.4.2　15MnTi钢试样

图24-36所示为15MnTi钢的T-3号试样断口SEM照片，断口上由MnS和Ti(S,C)夹杂物形成的韧窝通过滑移线联结，使裂纹扩展至试样断裂。

图24-37所示为15MnTi钢的T-4号试样断口SEM照片，断口上成串分布的Ti(S,C)夹杂物开裂后形成的空洞韧窝彼此串接导致试样断裂。

图24-36　15MnTi钢T-3号试样断口SEM照片（$\varepsilon=18\%$，×1000）

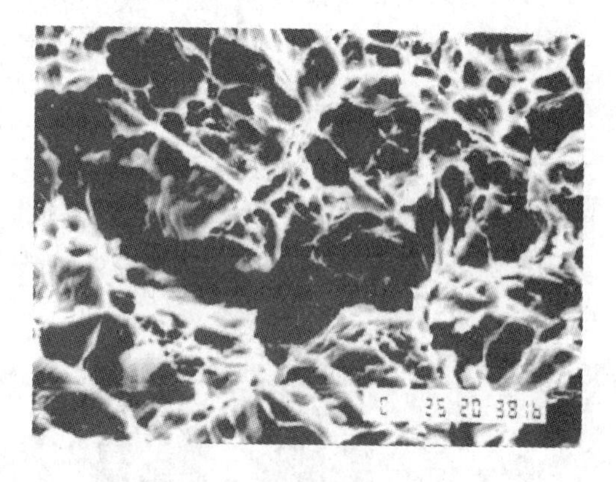

图24-37　15MnTi钢T-4号试样断口SEM照片（×1000）

24.3.4.3　16MnCa钢试样

图24-38所示为16MnCa钢纵向试样中存在的MnS夹杂物形成的空洞大韧窝断口。

图24-39所示为16MnCa钢横向试样中的含Ca球状MnS夹杂物形成的韧窝断口。由于试样中含碳量低（见表24-1），未观察到碳化物成核的小韧窝。故断口上的韧窝均以球状MnS夹杂物成核，然后彼此串接导致试样断裂。

24.3.4.4　对比观察

图24-40和图24-41所示为16Mn钢的5号和15MnTi钢的T-5号试样的平板拉伸试样断口，低倍下可清楚地观察到两种试样中裂纹在夹杂物上成核后，裂纹扩展方式的差别。

在准动态观察中已发现 15MnTi 钢试样中裂纹在 TiN 夹杂物上成核后，裂纹沿晶内扩展（见图 24-41），即裂纹不是沿一个方向扩展，而是沿晶内已开裂的 TiN 夹杂物裂纹彼此相连，使裂纹扩展存在拐弯现象，而 16Mn 钢试样中的 MnS 夹杂物沿加工方向变形，故 MnS 夹杂物形成的裂纹均沿加工方向扩展（见图 24-40）。

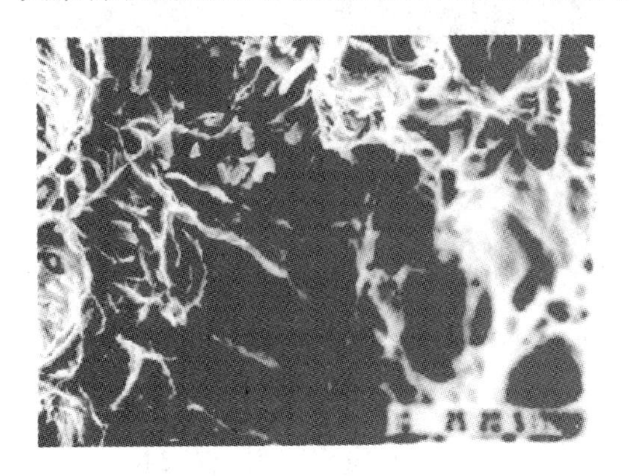

图 24-38　16MnCa 钢纵向试样断口 SEM 照片（×1900）

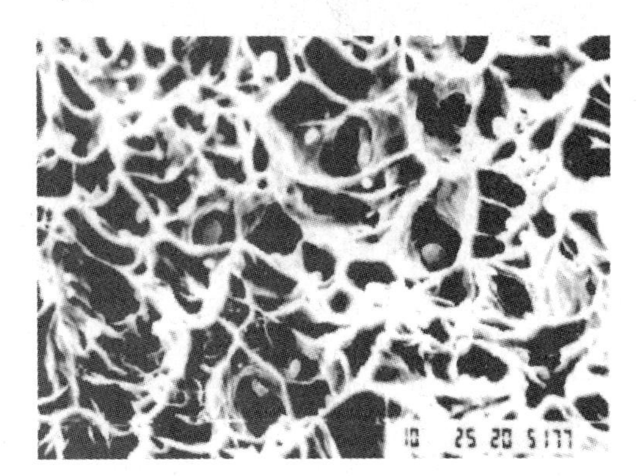

图 24-39　16MnCa 钢横向试样断口 SEM 照片（×1000）

图 24-40　16Mn 钢 5 号试样平拉断口 SEM 照片（×150）

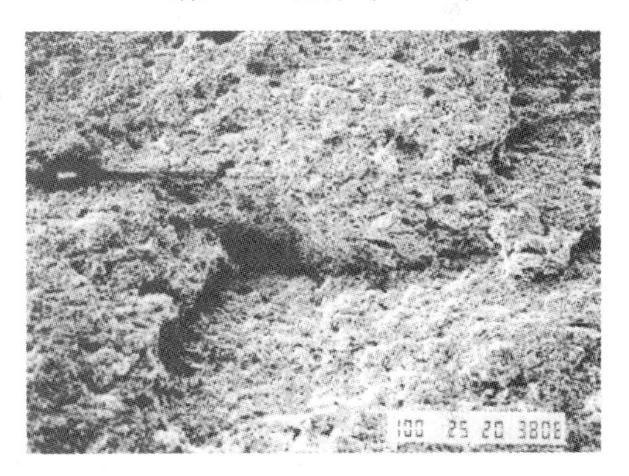

图 24-41　15MnTi 钢 T-5 号试样平拉断口 SEM 照片（×80）

24.3.4.5　补充说明

图 24-42 ~ 图 24-44 所示为脆性试验在 -196℃条件下的冲击试样断口，断口形貌均为解理脆性断裂。在图 24-43 中存在的裂纹内有夹杂物，表明夹杂物成核的韧性断裂也会存在于解理脆性断口上，或者也可认为夹杂物促进解理脆性断裂。

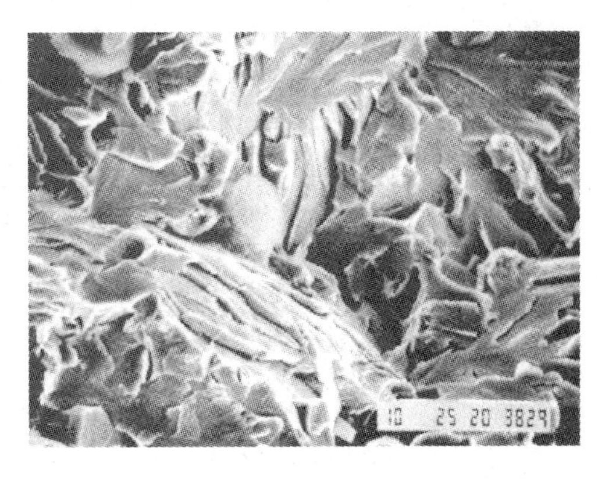

图 24-42　16Mn 钢 1 号试样 -196℃下的冲击断口 SEM 照片（ε = 19%，×800）

24.3.5　夹杂物开裂的临界条件

前面准动态观察中，已介绍夹杂物形成裂纹的条件，今选出其中属于夹杂物开裂临

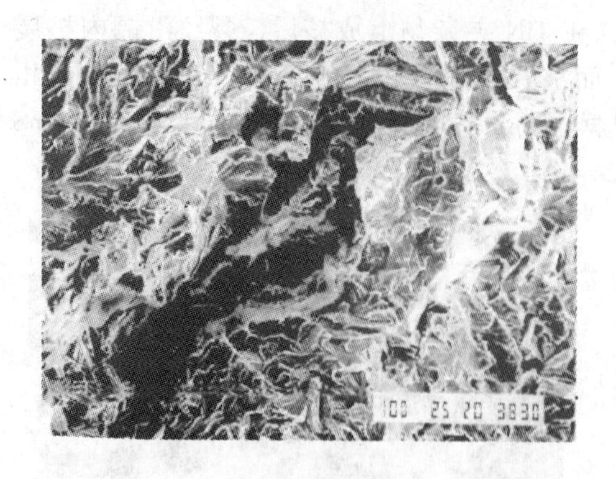

图 24-43　16Mn 钢 1 号试样 -196℃下的冲击断口 SEM 照片（$\varepsilon=19\%$，×250）

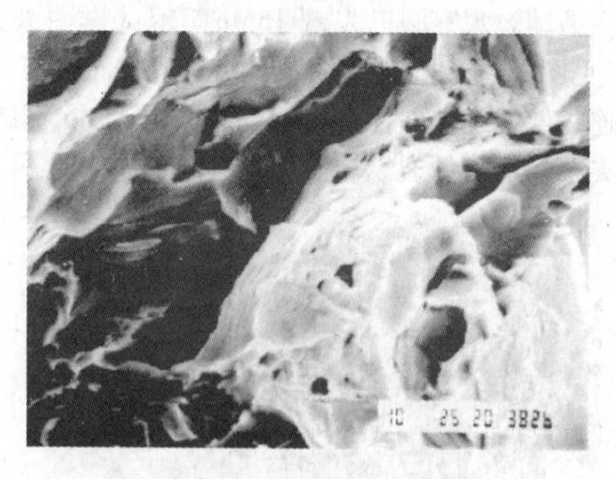

图 24-44　16Mn 钢 1 号试样 -196℃下的冲击断口 SEM 照片（$\varepsilon=21\%$，×1900）

界条件的数据（包括夹杂物开裂的临界尺寸、夹杂物开裂方式和应变）列于表 24-13 中。

表 24-13　夹杂物开裂的临界尺寸、夹杂物开裂方式和应变

夹杂物类型	临界 ε/%	夹杂物开裂的临界尺寸						夹杂物开裂方式
		L /μm	$L^{-1/2}$ /$\mu m^{-1/2}$	ϕ /μm	$\phi^{-1/2}$ /$\mu m^{-1/2}$	a /μm	$a^{-1/2}$ /$\mu m^{-1/2}$	
条状 MnS	0.1	57.8	0.3					自身
	3.0	20.4	0.22					自身
	5.0	13.6	0.27					自身
	18.0	3.4	0.54					自身
方块 TiN	3.5					8.5	0.34	自身
	6.5					5.1	0.44	自身 + 界面
	18.0					1.7	0.77	界面
不规则 Ti(S,C)	3.6					10.2	0.31	自身
	6.0					5.1	0.44	自身
	22.0					1.7	0.77	界面
	30.0					0.7	1.20	界面
球状 MnS	4.0			13.2	0.28			自身 + 界面
	10.0			5.0	0.44			界面
	24.0			1.7	0.77			界面

24.3.6　准动态观察总结

24.3.6.1　裂纹成核方式

A　16Mn 钢试样

试样加载到屈服之前，所有夹杂物均不开裂，即试样处于弹性变形阶段，裂纹不会在夹杂物上成核。一旦试样产生屈服，在应变 $\varepsilon = 1\%$ 时，16Mn 钢试样中的长条 MnS 夹杂物开始开裂。随应变不断增大，尺寸较小的 MnS 夹杂物开始开裂，裂纹与拉伸轴垂直。在应变增大的过程中，一颗 MnS 夹杂物开裂裂纹条数增多，有的长条大 MnS 夹杂物开裂裂纹条数增多达 20 条左右。对少数 MnS 夹杂物，在其主轴两端与基体的界面上开裂，但一直到 $\varepsilon < 25\%$ 时，未见到夹杂物与基体分离，而从颈缩区的断口上则可见到大 MnS 夹杂物与界面脱开而形成的空洞。

B　16MnCa 钢试样

16Mn 钢中加 Ca 后，使 MnS 夹杂物球化，因此 MnS 夹杂物开裂的方式由自身开裂变成界面开裂。呈椭球状的 MnS 夹杂物，既有自身开裂又有界面开裂，这表明 MnS 夹杂物开裂的方式主要与形状有关。

C　15MnTi 钢试样

15MnTi 钢试样中除 MnS 夹杂物外，还有 TiN 和 Ti(S,C) 夹杂物。在应变 $\varepsilon = 1\%$ 时，MnS 夹杂物首先自身开裂，而 TiN 和 Ti(S,C) 夹杂物分别在应变 $\varepsilon = 3.5\%$ 和 $\varepsilon = 5\% \sim 7\%$ 时才开裂，开裂方式既有自身又有界面开裂。当应变继续增大后只有界面开裂。

以上说明夹杂物类型不同，开裂所需应变与开裂方式均不同。但也有共同特点，即夹杂物开裂的尺寸均随应变增大而减小。

24.3.6.2　裂纹扩展方式

裂纹在夹杂物成核后扩展的方式各不相同。当应变 $\varepsilon > 1\%$ 后，16Mn 钢试样中的长条 MnS 夹杂物自身开裂形成多条裂纹，在其与基体交界处，成八字形向基体扩展。而 15MnTi 钢试样中的块状 TiN 和针状 Ti(S,C) 夹杂物，在应变 $\varepsilon < 4\%$ 时，虽然自身开裂形成裂纹，但这些裂纹并不向外扩展，而是裂纹自身变宽，即沿纵向长大。TiN 夹杂物界面开裂或 TiN 和 MnS 界面开裂形成的裂纹均向外扩展。呈针状且密集分布的 Ti(S,C) 夹杂物两头开裂形成裂纹彼此相连，形成长条裂纹。

另外，在其他条件相同的情况下，15MnTi 钢试样中的 MnS 夹杂物开裂所需应变大于 16Mn 钢试样中的 MnS 夹杂物开始开裂所需应变，但这两种试样中的 MnS 夹杂物开裂后形成裂纹的扩展方式却相同，即均沿与拉伸轴垂直的方向向外扩展，其中少数 MnS 夹杂物开裂后形成裂纹与拉伸轴成 45°的方向向外扩展。

24.4　讨论与分析

24.4.1　裂纹在夹杂物上的成核率与应变的关系

24.4.1.1　16Mn 钢和 15MnTi 钢试样

前面几章已研究确定超高和高强度钢中裂纹在夹杂物上的成核率与应变成正比关系，这种关系是否具有普遍性？将表 24-8 和表 24-9 中的数据绘图，如图 24-45 和图 24-46 所示。

图 24-45 和图 24-46 所示为裂纹在 16Mn 钢试样中的 MnS 夹杂物和 15MnTi 钢试样中的 TiN 夹杂物上的成核率与应变的关系。

从图 24-45 和图 24-46 中的曲线变化看，裂纹在夹杂物上的成核率（夹杂物开裂百分率）随应变增大而增加，两者关系接近于直线，回归分析后得出：

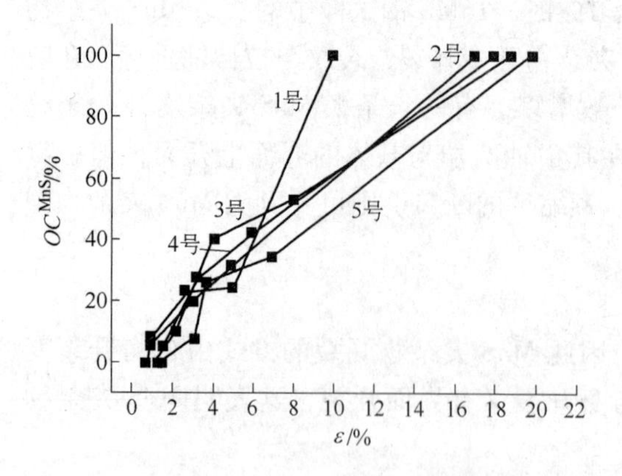

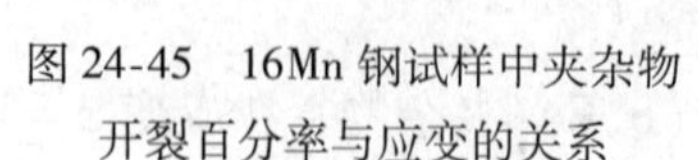
图24-45　16Mn钢试样中夹杂物开裂百分率与应变的关系

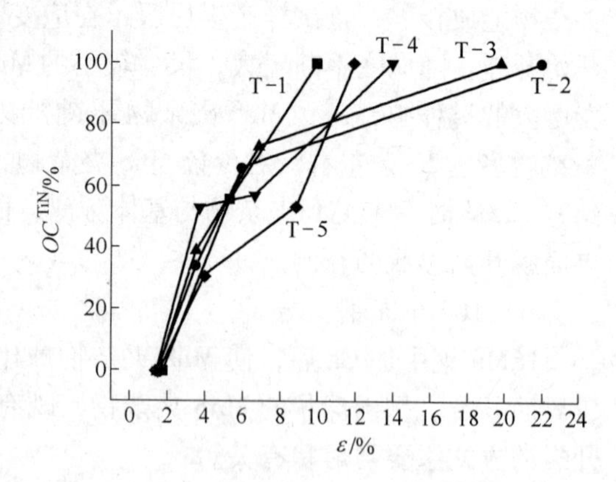

图24-46　15MnTi钢试样中夹杂物开裂百分率与应变的关系

（1）16Mn钢试样（图24-45）。16Mn钢试样共5个，每个试样的回归方程如下：

1号试样

$$OC^{MnS} = -8.46\% + 10.12\varepsilon \tag{24-1}$$

$$R = 0.96488,\ S = 12.1,\ N = 5,\ P = 0.008$$

2号试样

$$OC^{MnS} = -0.56\% + 5.96\varepsilon \tag{24-2}$$

$$R = 0.99776,\ S = 3.1,\ N = 5,\ P = 0.0001$$

3号试样

$$OC^{MnS} = 4.12\% + 5.33\varepsilon \tag{24-3}$$

$$R = 0.96637,\ S = 11.75,\ N = 5,\ P = 0.007$$

4号试样

$$OC^{MnS} = 0.77\% + 5.68\varepsilon \tag{24-4}$$

$$R = 0.98394,\ S = 8.28,\ N = 5,\ P = 0.002$$

5号试样

$$OC^{MnS} = -3.14\% + 5.28\varepsilon \tag{24-5}$$

$$R = 0.98894,\ S = 6.77,\ N = 5,\ P = 0.0014$$

（2）15MnTi钢试样。15MnTi钢试样共5个，每个试样的回归方程如下：

T-1号试样

$$OC^{TiN} = -17.73\% + 12.14\varepsilon \tag{24-6}$$

$$R = 0.99292,\ S = 6.24,\ N = 5,\ P = 0.0007$$

T-2号试样

$$OC^{TiN} = 7.56\% + 5.02\varepsilon \tag{24-7}$$

$$R = 0.90421,\ S = 21.37,\ N = 5,\ P = 0.04$$

T-3号试样

$$OC^{TiN} = 8.20\% + 5.14\varepsilon \tag{24-8}$$

$$R = 0.88958,\ S = 23.38,\ N = 5,\ P = 0.04$$

T-4号试样

$$OC^{TiN} = 1.06\% + 9.56\varepsilon \tag{24-9}$$

$$R = 0.93374,\ S = 17.58,\ N = 5,\ P = 0.02$$

T-5号试样

$$OC^{TiN} = -11.94\% + 8.77\varepsilon \tag{24-10}$$

$$R = 0.98122,\ S = 9.32,\ N = 5,\ P = 0.003$$

上列 10 个回归方程式中，只有回归方程式(24-8) 的线性相关系数 R 值能满足 $\alpha=0.05$ 时的线性相关显著性水平的要求，其余 9 个回归方程式均能满足 $\alpha=0.01$ 时的线性相关显著性水平的要求。若只按线性相关系数 R 值判定，上列 9 个回归方程式均能成立。但检验回归方程式的可用性，增加按回归方程计算的裂纹在夹杂物上的成核率（夹杂物开裂百分率）与实验测定的 OC 对比，最后确认可用的回归方程式。将回归方程式计算的 OC 与实验测定的 OC 对比结果列于表 24-14 中。

表 24-14 回归方程计算的 OC 与实验测定的 OC 对比结果

回归方程式	ε/%	OC^{MnS}/%				回归方程式	ε/%	OC^{TiN}/%			
		实验值	计算值	R 值	差值/%			实验值	计算值	R 值	差值/%
	0.8	0	-0.36				1.3	0	-1.9		
	1.0	8	1.66		79.3		1.7	0	2.90		
式(24-1)	2.7	23	18.86	0.9649	18.0	式(24-6)	1.79	0	4.0	0.9929	
	5.0	24	42.14		-75.6		5.36	56	47.34		15.4
	10.0	100	92.74		7.2		10.0	100	103.7		-3.7
	0.8	0	7.11				1.3	0	14.08		
	1.0	6	9.03		-50.5		1.5	0	15.09		
式(24-2)	3.0	20	28.21	0.9978	-41	式(24-7)	3.5	34	25.13	0.9042	26
	5.0	31	47.39		-52.8		6.0	66	37.68		42.9
	17.0	100	100.8		-0.7		22.0	100	118.0		-18
	1.2	0	30.21				1.5	0	15.91		
	2.2	10	45.85		-50.5		1.56	0	16.22		
式(24-3)	4.0	40	25.44	0.9664	36.4	式(24-8)	3.5	39	26.19	0.8896	32.8
	8.0	53	46.76		11.8		6.9	73	43.67		40.2
	18.8	100	104.32		-4.3		19.8	100	110		-9.97
	1.2	0	7.58				1.29	0	10.81		
	1.58	5	9.74		-89.4		1.49	0	12.32		
式(24-4)	3.3	27.6	19.51	0.9839	29.3	式(24-9)	3.7	53	29.03	0.9337	45.2
	6.0	42	34.85		17.0		6.6	57	50.96		10.6
	18.0	100	103		-3.0		14.0	100	106.9		-6.9
	1.37	0	4.09				1.39	0	0.25		
	3.1	8	13.22		-65.2		1.59	0	2.0		
式(24-5)	3.7	26	16.39	0.9889	37	式(24-10)	4.0	31	23.14	0.9812	25.3
	7.0	34.5	33.82		2.0		8.8	53	65.23		-23.1
	19.7	100	100.8		-0.8		12.0	100	93.3		6.7

从验证回归方程式的表 24-14 中所列结果看，具有以下特点：

（1）夹杂物开裂百分率 $OC=100\%$ 时，除 T-2 号试样外，差值均小于 10%。

（2）16Mn 钢试样在低应变（$\varepsilon<3\%$）下，裂纹在夹杂物上的成核率的实测值与按回归方程式计算的 OC 相差较大。

(3) 15MnTi 钢试样中的 TiN 夹杂物在低应变（$\varepsilon<3.5\%$）下不开裂，而按回归方程可计算出在低应变（$\varepsilon<3.5\%$）下裂纹在夹杂物上的成核率（OC），但无实测值与之对比，因此能得出的两者差值较 16Mn 钢试样小。从表 24-14 中所列结果看，裂纹在 TiN 夹杂物上的成核率与实测值之差仍小于 16Mn 钢试样，说明回归方程式(24-6)～式(24-10)的实用性优于回归方程式(24-1)～式(24-5)。

(4) 按相关系数对比，16Mn 钢试样中 5 个回归方程式的线性相关系数 R 值多数大于 15MnTi 钢试样，说明裂纹在 MnS 夹杂物上的成核率与应变线性相关的密切程度大于裂纹在 TiN 夹杂物上的成核率与应变线性相关的密切程度。但按回归方程式计算的裂纹在 TiN 夹杂物上的成核率与实测值之差却小于 16Mn 钢试样。对这个矛盾使在运用回归分析方法过程中，除考虑回归方程式的线性相关系数 R 值外，还应增加回归方程计算值与实测值的对比。

将表 24-14 中的数据按相近应变和 $OC=100\%$ 条件下回归方程式计算值与实测值之间的差值重新调整后列于表 24-15 中。

表 24-15 相近应变和 $OC=100\%$ 条件下回归方程式计算值与实测值之间的差值

<table>
<tr><td>ε/%</td><td>样 号</td><td colspan="2">Δ^{MnS}/%</td><td>样 号</td><td colspan="2">Δ^{TiN}/%</td></tr>
<tr><td>5～5.36</td><td>1</td><td colspan="2">−75.6</td><td>T−1</td><td colspan="2">15.4</td></tr>
<tr><td>3～3.5</td><td>2</td><td colspan="2">−41.0</td><td>T-2</td><td colspan="2">26</td></tr>
<tr><td>3.5～4</td><td>3</td><td colspan="2">36.4</td><td>T-3</td><td colspan="2">32.8</td></tr>
<tr><td>3.3～3.5</td><td>4</td><td colspan="2">29.3</td><td>T-4</td><td colspan="2">45.2</td></tr>
<tr><td>3.7～4</td><td>5</td><td colspan="2">37.0</td><td>T-5</td><td colspan="2">25</td></tr>
<tr><td rowspan="7">接近试样断裂</td><td colspan="3">$OC^{MnS}=100\%$</td><td colspan="3">$OC^{TiN}=100\%$</td></tr>
<tr><td>样 号</td><td>ε/%</td><td>Δ^{MnS}/%</td><td>样 号</td><td>ε/%</td><td>Δ^{TiN}/%</td></tr>
<tr><td>1</td><td>10.0</td><td>7.2</td><td>T-1</td><td>10.0</td><td>−3.7</td></tr>
<tr><td>2</td><td>17.0</td><td>−0.7</td><td>T-2</td><td>22.0</td><td>−1.8</td></tr>
<tr><td>3</td><td>18.8</td><td>−4.3</td><td>T-3</td><td>19.8</td><td>−9.97</td></tr>
<tr><td>4</td><td>18.0</td><td>−3.0</td><td>T-4</td><td>14.0</td><td>−6.9</td></tr>
<tr><td>5</td><td>19.7</td><td>−0.8</td><td>T-5</td><td>12.0</td><td>6.7</td></tr>
</table>

表 24-15 中 16Mn 钢和 15MnTi 钢试样对比的数据分析可得出：

(1) 相近应变条件下，裂纹在夹杂物上的成核率按回归方程式计算值与实测值差值对比，除 16Mn 钢的 4 号试样外，所有 Δ^{MnS} 均大于 Δ^{TiN}；

(2) 试样接近断裂 $OC=100\%$ 所对应的应变各不相同，除 16Mn 钢的 1 号试样外，Δ^{TiN} 的绝对值却大于 Δ^{MnS}。

回归方程式计算值与实测值的差值的大小表明实验点是否靠近回归分析直线，因此在相近应变条件下，所测裂纹在 16Mn 钢试样的夹杂物上成核率的实验点偏离回归直线的点，多于 15MnTi 钢试样的点，虽然 16Mn 钢试样的回归方程的线性相关系数大于 15MnTi 钢试样的回归方程的线性相关系数。这说明用线性相关系数来判断线性相关的密切程度不够全面。

另外，试样接近断裂 $OC=100\%$ 时，裂纹在夹杂物上成核率的实测值与按回归方程式

计算值的差值 Δ，则是 $\Delta^{TiN} > \Delta^{MnS}$。这种矛盾情况说明将回归分析方法应用于数据点较少的条件下，所得回归方程只能作为参考。但从图 24-45 和图 24-46 中曲线的变化仍可得出：裂纹在夹杂物上的成核率随应变增大而增加。

24.4.1.2　16MnCa 钢和 16MnZr 钢试样

16Mn 钢中加入 Ca 后可使原有的 MnS 夹杂物球化；16Mn 钢中加入微量 Zr 可细化晶粒，同时也可使较粗大的 MnS 夹杂物变小以降低对韧性的危害性。这点已在本书上篇中做过讨论。这里只研究裂纹在夹杂物上的成核率与应变的关系。图 24-47 所示为裂纹在 16MnCa 钢和 16MnZr 钢试样的夹杂物上成核率与应变的关系。对图 24-47 的回归分析见图 24-48。

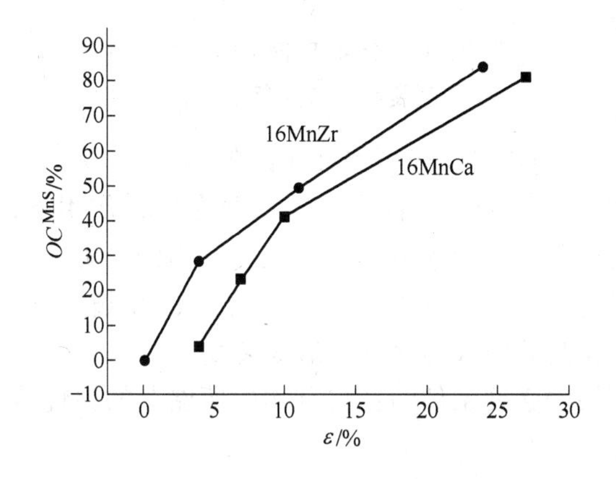

图 24-47　16MnCa 钢和 16MnZr 钢试样中夹杂物开裂百分率与应变的关系

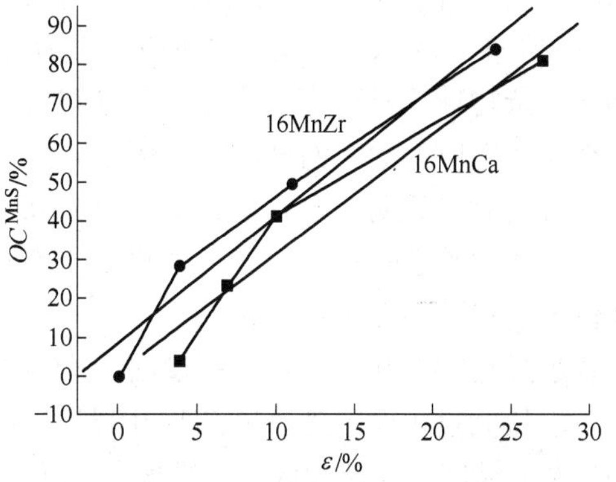

图 24-48　16MnCa 钢和 16MnZr 钢试样中夹杂物开裂百分率与应变的关系（线性回归）

图 24-47 的回归方程为（图 24-48）：

16MnCa 钢试样

$$OC^{MnS} = 0.042\% + 3.10\varepsilon$$

$$R = 0.9719, S = 9.47, N = 4, P = 0.028$$

16MnZr 钢试样

$$OC^{MnS} = 7.85\% + 3.31\varepsilon$$

$$R = 0.9796, S = 8.71, N = 4, P = 0.020$$

对图 24-47 的回归方程的讨论方法与前面相同，不再重复。

24.4.2　临界应变与临界尺寸

24.4.2.1　临界应变与临界尺寸的定义

根据准动态观察裂纹在夹杂物上的成核过程：在某一应变下，首先使某一尺寸的夹杂物开裂，则此应变为临界应变，与此相应的夹杂物开裂尺寸为临界尺寸。随应变增大，夹杂物开裂尺寸逐渐变小。

现选用表 24-13 中的数据作图，见图24-49。随应变增大，夹杂物开裂尺寸逐渐变小。纵长为 57.8μm 的条状 MnS 夹杂物在较低的应变下首先开裂，随应变增大，MnS 夹杂物开裂尺寸下降很陡，当应变增大到18%时，纵长为3.4μm 的 MnS 夹杂物开裂。在此应变下，边长为1.7μm 的 TiN 夹杂物开裂。要使同样尺寸的 Ti(S,C) 夹杂物开裂，所需应变增大到22%。呈球状，直径为1.7μm 的 MnS 夹杂物开裂所需应变增大到24%。通过对临界应变和临界尺寸的对比，说明临界尺寸相同的三种夹杂物(TiN、Ti(S,C) 和球状 MnS 夹杂物)在外力作用下开裂形成裂纹所需临界应变各不相同，其中球状 MnS 夹杂物要在相当高的应变下才能形成裂纹。因此从冶炼上采取措施使 MnS 夹杂物球化可提高钢质量。另外对夹杂物开裂尺寸随应变增大而减小的原因已在第18章中讨论过，今再作补充说明。

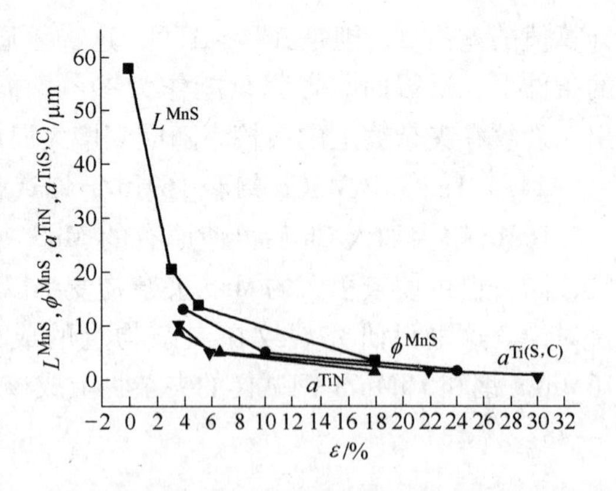

图 24-49　15MnTi 钢试样中夹杂物开裂尺寸与应变的关系

首先重复说明夹杂物为什么会开裂形成裂纹。从微观层面考虑，试样在外力作用下，基体会产生塑性变形，而夹杂物仍处于弹性变形阶段，因此滑移位错在夹杂物处受阻，造成位错塞积，会在位错塞积处产生位错应力集中，当集中的应力超过夹杂物的断裂强度，或者超过夹杂物和基体界面强度时，夹杂物会自身开裂或界面开裂形成裂纹。

再从能量角度考虑，夹杂物开裂形成微裂纹的必要条件为：夹杂物中所储存的弹性能 ΔE_{el} 大于提供形成新裂纹表面所需的表面能 ΔE_s，即

$$\Delta E_{el} + \Delta E_s \leqslant 0 \tag{24-11}$$

再借用第18章的公式：

$$\varepsilon_C \geqslant 2\gamma_a / \boldsymbol{b}\mu^* \tag{24-12}$$

式中　ε_C——空洞形核的临界应变；

$\boldsymbol{b}$——柏氏矢量；

μ^*——夹杂物的剪切模量；

γ_a——夹杂物的表面能或夹杂物和基体的界面能。

从式（24-12）中可以看出，裂纹在夹杂物上成核的临界应变 ε_C 与夹杂物的表面能或夹杂物和基体的界面能成正比。夹杂物的表面能越大，夹杂物开裂形成微裂纹所需应变也越大。在夹杂物体积分数一定的情况下，夹杂物尺寸越大，其表面能就越小，裂纹在夹杂物上成核的临界应变就越小，即尺寸较大的夹杂物会在低应变开裂形成微裂纹。相反的，当夹杂物尺寸越小时，其表面能就越大，夹杂物开裂形成微裂纹所需应变也越大。所以只有在应变增大时，小尺寸的夹杂物才会开裂形成微裂纹。

另外，再从前面提到的夹杂物开裂形成微裂纹必须有足够的弹性能释放 ΔE_{el}。根据 Tanaka 等提出的关系式：

$$\Delta E_{el} = VE\varepsilon^2 \tag{24-13}$$

式中　V——夹杂物体积分数；

E——夹杂物弹性模量；

ε——塑性应变。

设 $V=a^3$，a 为夹杂物边长（μm），则 $\Delta E_{el} \sim a^3$，即夹杂物越大，释放的弹性能越多，提供给形成裂纹新表面的能量也越多，故大尺寸的夹杂物容易开裂形成微裂纹。

再从微观角度考虑，在小应变下，小尺寸的夹杂物周围的位错较少，作用于夹杂物上的应力减小，使小尺寸的夹杂物周围处于塑性松弛状态；与此同时，大尺寸的夹杂物周围的位错塞积，界面应力产生于位错塞积处，可达到大尺寸夹杂物的断裂强度，使裂纹优先在大尺寸夹杂物上形成，而小尺寸的夹杂物周围界面仍保持应力松弛状态，直到应变增大使塑性流动改变，小尺寸的夹杂物周围才会产生大量位错，形成大的应力集中，最后使小尺寸的夹杂物开裂形成微裂纹。

按本章的观察（表24-13），塑性应变 $\varepsilon=18\%$ 时，TiN 夹杂物开裂形成微裂纹的最小尺寸为0.7μm，Ti(S,C) 夹杂物开裂形成微裂纹的最小尺寸为0.7μm 时，所需应变 $\varepsilon=30\%$。

当小夹杂物尺寸小于某一临界值时，其周围无足够弹性能贮备，即使应力集中达到夹杂物的断裂强度或夹杂物和基体界面强度，它们也不会开裂形成微裂纹。相关文献提出的这个临界尺寸分别为25nm 和10nm，而夹杂物尺寸为微米量级（μm），远大于纳米量级，那么是否意味着在外力作用下，所有夹杂物都会开裂形成微裂纹？但我们所使用的准动态观察夹杂物开裂形成微裂纹的应变和夹杂物尺寸止于试样断裂之前，位于试样颈缩区的小尺寸的夹杂物受金相显微镜分辨率的限制无法得出夹杂物开裂形成微裂纹最小尺寸，我们设定的临界尺寸限于光学显微镜所能观察到的夹杂物最小尺寸，并由临界应变的大小决定。

24.4.2.2　夹杂物临界尺寸的平方根与应变的关系

Tanaka 等研究在单轴拉伸下，基体产生均匀变形后，球状夹杂物和基体界面开裂形成空洞的条件，他们考虑形成空洞前后的能量对比以及颗粒尺寸的影响后，得出空洞形核的临界应变为：

$$\varepsilon_C \geqslant \beta(1/d)^{1/2} \qquad k<1 \tag{24-14}$$

$$\varepsilon_C \geqslant \beta(1/kd)^{1/2} \qquad k \geqslant 1 \tag{24-15}$$

式中，$k=E_i/E_m$，E_i 和 E_m 分别为夹杂物和基体的弹性模量；β 是与夹杂物和基体的弹性模量和泊松比等有关的常数。在夹杂物和基体一定的条件下，β 和 k 均为常数。则式（24-14）和式（24-15）变成 $\varepsilon_C \sim (1/d)^{1/2}$，临界应变 ε_C 与夹杂物尺寸的平方根成正比，按此关系利用表24-13中的数据作图，见图24-50。图24-50中只有 $(a^{Ti(S,C)})^{-1/2}$ 各点偏离直线，其余三条线上的点均位于直线上，对图24-50进行线性回归分析，见图24-51。

图24-51中各条直线的回归方程如下：

$$(L^{MnS})^{-1/2} = 0.14 + 2\varepsilon \tag{24-16}$$

$$R=0.9969,\ S=0.017,\ N=4,\ P=0.003$$

$$(\phi^{MnS})^{-1/2} = 0.19 + 2\varepsilon \tag{24-17}$$

$$R=0.9996,\ S=0.01,\ N=4,\ P=0.02$$

$$(a^{TiN})^{-1/2} = 0.24 + 3\varepsilon \tag{24-18}$$

$$R=0.9996,\ S=0.085,\ N=3,\ P=0.017$$

$$(a^{Ti(S,C)})^{-1/2} = 0.21 + 3\varepsilon \tag{24-19}$$

$$R = 0.9784,\ S = 0.1,\ N = 4,\ P = 0.02$$

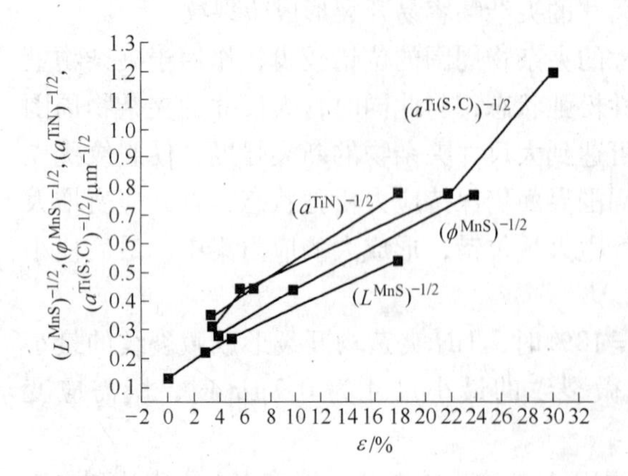

图 24-50　15MnTi 钢试样中夹杂物尺寸的平方根与应变的关系

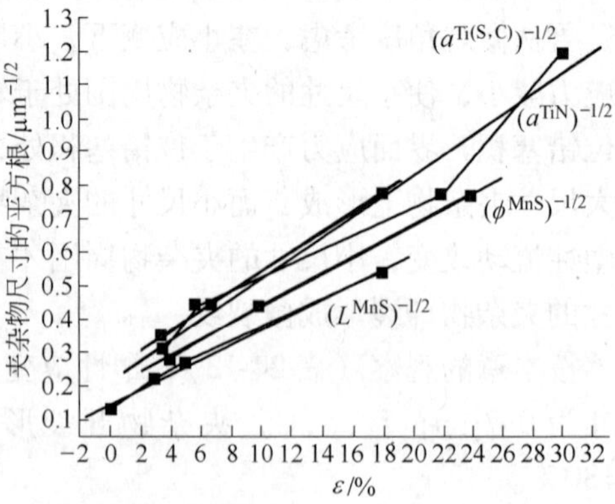

图 24-51　15MnTi 钢试样中夹杂物尺寸的平方根与应变的关系（线性回归）

按相关系数检验表，当 $N=4$ 时，满足 $\alpha=0.01$ 的线性相关密切程度要求 $R=0.990$；满足 $\alpha=0.05$ 的线性相关密切程度要求 $R=0.950$；在 $N=4$ 的上列三个回归方程式中，式（24-16）和式（24-17）的 R 值能满足 $\alpha=0.05$ 的线性相关密切程度要求，回归方程式（24-19）的 R 值能满足 $\alpha=0.05$ 的线性相关密切程度要求。当 $N=3$ 时，满足 $\alpha=0.01$ 和 $\alpha=0.05$ 的线性相关密切程度分别要求 $R=1$ 和 0.997，回归方程式（24-18）的 R 值接近等于 1。虽然回归方程式（24-18）只有三个实验点，但这三个实验点位于一条直线上。

通过对上列回归方程的分析说明：虽然 16Mn 钢中所含夹杂物类型不同，但各类夹杂物开裂的临界尺寸随应变的增大仍呈直线下降，符合 Tanaka 等人提出的关系式。

24.4.3　相同应变时裂纹在夹杂物上的成核率与夹杂物含量的关系

24.4.3.1　16Mn 钢试样

16Mn 钢试样中只含有 MnS 夹杂物，在应变相同或相近的条件下，将裂纹在 MnS 夹杂物上的成核率（OC）与其含量（f_V）的关系作图，见图 24-52 和图 24-53。

图 24-52 和图 24-53 所示分别为在较低和较高的应变条件下，裂纹在 MnS 夹杂物上的成核率（OC）与其含量（f_V）的关系。从这两个图中可以看出：在较低和较高的应变条件下，裂纹在 MnS 夹杂物上的成核率（OC）均随含量（f_V）增高而下降，但当应变处于中间位置即 $\varepsilon=3.4\%\sim5.0\%$，$f_V<0.4\%$ 时，裂纹在 MnS 夹杂物上的成核率（OC）随 f_V 增大而上升，直到 $f_V=0.4\%$ 时，裂纹在 MnS 夹杂物上的成核率（OC）又随 f_V 增大而下降。

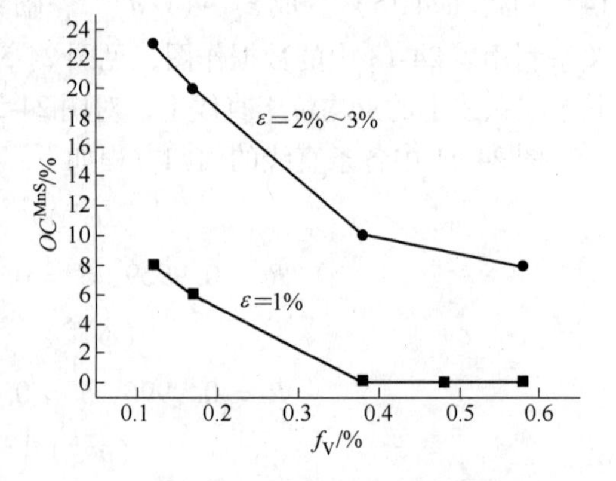

图 24-52　16Mn 钢试样中 MnS 含量与 MnS 开裂百分率的关系（低应变）

在第 17 章中，已对裂纹在夹杂物上的成核率（*OC*）随夹杂物含量（f_V）增高而下降做了解释，认为：夹杂物含量（f_V）增高反而会妨碍裂纹在夹杂物上的成核。那么图 24-54 中 $f_V < 0.4\%$ 时，裂纹在 MnS 夹杂物上的成核率（*OC*）为什么会随 f_V 增大而上升？现利用 16Mn 钢试样中 MnS 夹杂物的尺寸分布加以说明。

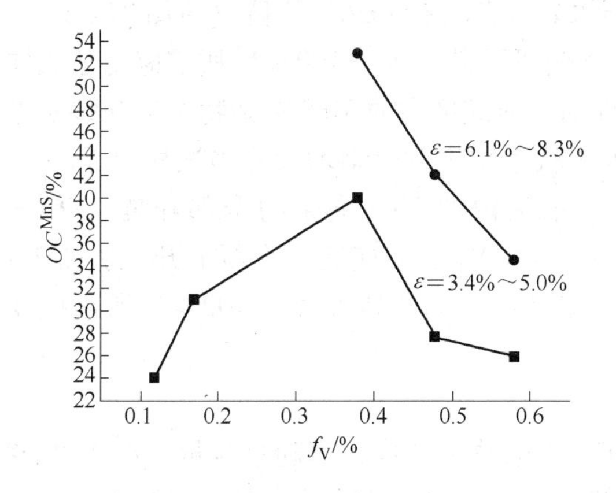

图 24-53　16Mn 钢试样中 MnS 含量与 MnS 开裂百分率的关系（高应变）

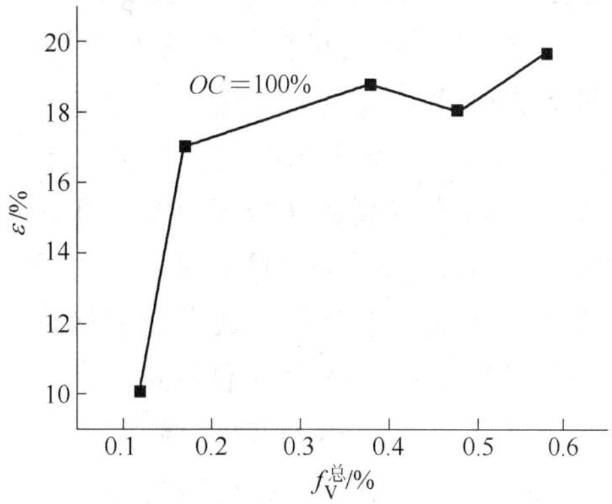

图 24-54　16Mn 钢试样中 MnS 含量与 MnS 全部开裂所需应变的关系

图 24-55 为 16Mn 钢试样中 MnS 夹杂物的尺寸分布直方图，直方图中的系列 1 ~ 5 代表试样 1 ~ 5 号。各试样中 MnS 夹杂物在各尺寸范围内的数目分布如下：

（1）1 号试样，MnS 夹杂物的尺寸在 6.8 ~ 8.6μm 的数目最多；

（2）2 号试样，MnS 夹杂物的尺寸在 3.4 ~ 5.0μm 的数目最多；

（3）3 号试样，MnS 夹杂物的尺寸在 8.5 ~ 17μm 和 > 17μm 的数目最多；

（4）4 号试样，MnS 夹杂物的尺寸在 10.2 ~ 13.6μm 的数目最多；

（5）5 号试样，MnS 夹杂物的尺寸在 1.7 ~ 3.4μm 的数目最多。

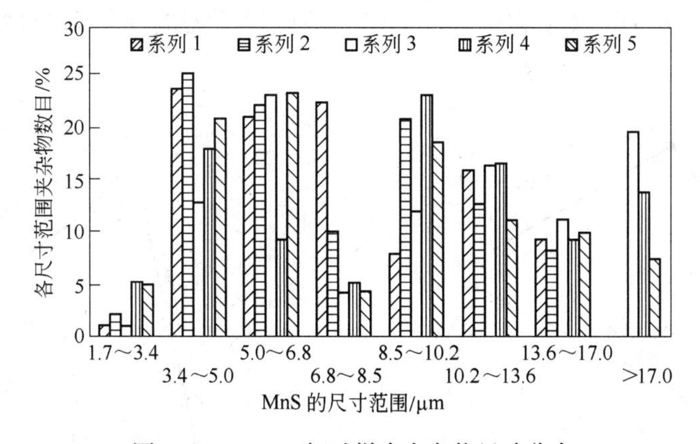

图 24-55　16Mn 钢试样中夹杂物尺寸分布

16Mn 钢试样中 MnS 夹杂物含量（f_V）次序为：

5 号试样 >4 号试样 >3 号试样 >2 号试样 >1 号试样

3 号试样中 MnS 夹杂物含量处于中间位置，但其大尺寸的 MnS 夹杂物最多，故在较高的应变下，裂纹在 MnS 夹杂物上的成核率（*OC*）仍然较高，只有当含量进一步增大后，裂纹在 MnS 夹杂物上的成核率（*OC*）才开始下降（见图 24-53）。

1 号试样和 2 号试样中 MnS 夹杂物尺寸稍大的 MnS 夹杂物最多（见图 24-55），故在低应变下开裂的数目也最多（见图 24-52）。

MnS 夹杂物含量较高的 4 号试样和 5 号试样，因其中尺寸小的 MnS 夹杂物最多，故在低应变下开裂的数目就少，使裂纹在 MnS 夹杂物上的成核率（*OC*）下降（见图 24-52）。

图 24-54 所示为试样颈缩区内的 MnS 夹杂物全部开裂（$OC=100\%$）所需应变随试样中 MnS 夹杂物总含量的变化。在含量 $f_V \leqslant 0.4\%$ 时，颈缩区内的 MnS 夹杂物全部开裂所需应变随试样中 MnS 夹杂物含量增高，所需应变由快速增大到逐渐增大；当试样中 MnS 夹杂物含量继续增高到 $f_V=0.4\% \sim 0.5\%$ 时，颈缩区内的 MnS 夹杂物全部开裂（$OC=100\%$）所需应变反而下降；当 $f_V>0.5\%$ 后，$OC=100\%$ 所需应变又重新上升。从图 24-54 中的曲线变化趋势看：试样颈缩区内的 MnS 夹杂物全部开裂（$OC=100\%$）所需应变随试样中 MnS 夹杂物含量增高而上升。

24.4.3.2　15MnTi 钢试样

15MnTi 钢各试样在相近应变下，裂纹在 TiN 夹杂物上的成核率随总含量（$f_V^{总}$）的变化如图 24-56 所示。裂纹在 TiN 夹杂物上的成核率随试样中夹杂物总含量呈直线上升，但当 $f_V^{总}$ 再增大时，又呈直线下降。这种下降趋势并不随应变而改变。在应变较高区内，曲线顶点位于 $f_V^{总}=0.17\%$，而在应变较低区内，位于 $f_V^{总}=0.32\%$。这表明影响裂纹在 TiN 夹杂物上成核率的夹杂物总含量又取决于应变的高低。这种情况与 TiN 夹杂物在试样中所占比例有关。表 24-4 所列 $f_V^{总}=0.32\%$ 的 T-4 试样中，TiN 夹杂物所占比例最小，虽然如此，但在低应变下，TiN 夹杂物首先开裂，而其他两种夹杂物 MnS 和 Ti(S,C) 均未开裂形成裂纹，故 OC^{TiN} 直接取决于 TiN 夹杂物；应变较高的情况下，OC^{TiN} 顶点为 T-3 试样，在 T-3 试样中 TiN 夹杂物所占比例最大，故 OC^{TiN} 仍取决于 TiN 夹杂物含量。但在 $f_V^{总}=0.35\%$ 的试样中，由于 TiN 夹杂物所占比例最小，故曲线升至顶点后又急剧下降。图 24-56中曲线的变化不因试样中其他夹杂物的存在而影响裂纹在 TiN 夹杂物上的成核率。

试样在颈缩区内 TiN 夹杂物全部开裂时，各试样所需应变与夹杂物总含量的关系见图 24-57。

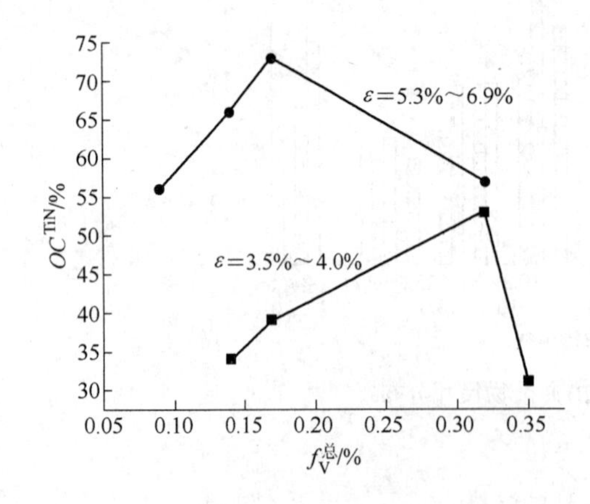

图 24-56　15MnTi 钢试样中 TiN 夹杂物在相近应变下开裂百分率与夹杂物总含量的关系

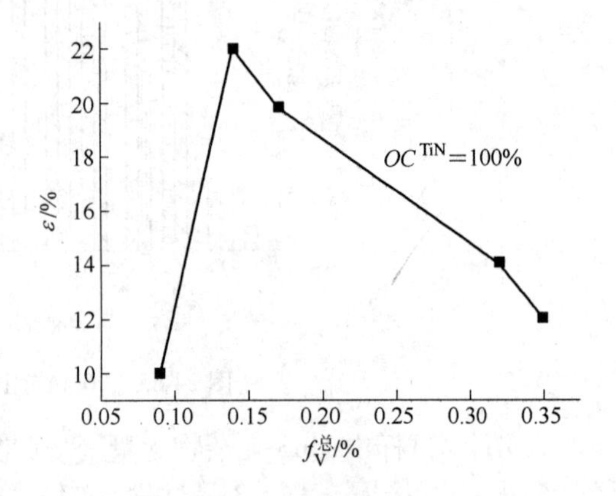

图 24-57　15MnTi 钢试样颈缩区中 TiN 夹杂物全部开裂所需应变与夹杂物总含量的关系

图 24-57 所示为各试样在颈缩区内 TiN 夹杂物全部开裂所需应变随夹杂物总含量的变化。在低应变下，各试样在颈缩区内 TiN 夹杂物全部开裂所需应变随夹杂物含量急剧上升，当试样中夹杂物含量增加后，试样颈缩区内的 TiN 夹杂物全部开裂所需应变又随夹杂物含量增加而逐渐下降。

图 24-57 中曲线的变化，可用 15MnTi 钢各试样中夹杂物尺寸分布图（见图 24-58）做初步解释。$f_V^{总}=0.09\%$ 的 T-1 号试样颈缩区内 $OC^{TiN}=100\%$ 时，所需应变最低；当 $f_V^{总}=0.14\%$ 的 T-2 号试样颈缩区内 $OC^{TiN}=100\%$ 时，所需应变急剧上升至 $\varepsilon=22\%$。T-2 号试样中 TiN 夹杂物在夹杂物总含量中所占比例，与其他两种夹杂物 MnS 和 Ti(S,C) 相近，为什么 T-2 号试样颈缩区内的 TiN 夹杂物全部开裂所需应变处于最高值？这只能从应变与夹杂物开裂尺寸的相关性中寻找答案。

图 24-58 为 15MnTi 钢试样中夹杂物尺寸分布频率图，图中系列 1 ~ 5 代表试样 T-1 ~ T-5。系列 2 为 T-2 号试样，其中夹杂物尺寸为 0 ~ 1.7μm 最多，说明 T-2 号试样颈缩区内的夹杂物全部开裂所需应变最高。

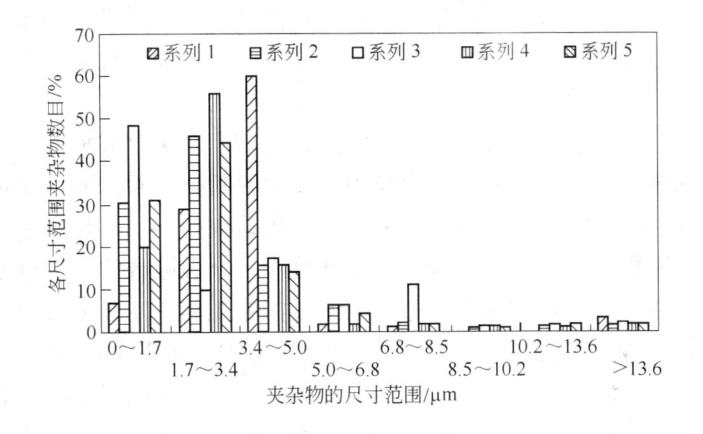

图 24-58　15MnTi 钢试样中夹杂物的尺寸分布

第25章 断口分形维数与07钢的回火脆性

25.1 研究概述

自20世纪70年代中期B. B. Mandelbrot提出分形理论以来，该理论很快在各个领域得到广泛应用。1990 ~ 2003年期间，与分形有关的论文已超过一万篇，使分形几何学成为研究在标度变换下而测度不变性质的一门分支，它能对非线性问题提供外在的并与内在有联系的几何学表示。曾经在历史上起过重要作用的欧氏几何学，虽已成为研究规则的几何形状的基础。但在自然界中，就多数物体而言，它们是不规则的。当然对一些看似不规则的东西，虽无特征尺度，但却具有自相似性，而自相似性则是分形理论的重要基础。为了定量描述分形特征，需要一个不同于整数值的分形维数。当然分形维数也是欧氏维数的一种推广，它对描述复杂形状而又具有自相似的物体十分有用。

曹晓卿对分形理论在金属材料研究中的应用，总结了在4个方面的应用，其中之一是应用于材料断裂的研究。金属材料在外力作用下产生的断裂，断口表面粗糙度和不规则性与材料的性能特别是韧性之间存在密切关系。作者曾研究过D_6AC超高强度钢中夹杂物对性能的影响，再利用相同的试样断口测定分形维数。测分形维数的方法分别为二次电子线扫描法测出分形维数D_{Se}、数字图像一维和二维扫描断口测出分形维数D_L和D_H，然后研究试样的断裂韧性、冲击韧性和拉伸面缩率等与D_{Se}、D_L和D_H的关系，得出这三种韧性指标均随分形维数增大而增加。试样断口的粗糙度由夹杂物不同造成的差异小于金相组织不同引起的差异时，使用数字图像法测定的分形维数与韧性的线性关系优于二次电子扫描法。另外研究了$30Ni_2B$钢经200 ~ 700℃回火后的冲击断口形貌与分形维数的关系，再与D_6AC钢冲击断口与分形维数的关系对比，发现随回火温度升高，断口形貌由脆性—韧性变化与分形维数从低到高逐渐变化完全对应，进一步证明分形维数与韧性呈正相关。

刘小君用分形维数描述缸套内腔磨损前后表面轮廓的变化后，肯定粗糙表面具有明显的分形特征，分形维数能综合反映表面轮廓的不规则形状和充填空间的能力，且缸套内腔表面具有多重分形特征，其临界波长的大小，与研磨时的磨粒直径相对应。

张玮等对碳钢受海水-H_2S和工业循环水腐蚀后表面的SEM图像进行了分形分析，用盒子维法计算表面形貌的分形维数，其值与实测腐蚀速率相吻合，分形维数的大小反映了腐蚀过程中碳钢表面凹凸起伏和不规则等复杂程度，故分形维数可作为定量描述金属表面腐蚀形貌的主要特征参数之一。

Hinojosa对316L不锈钢的显微组织进行分形分析，发现显微组织的分形维数随应变大小而不同，在拉伸应变分别为5%、10%、15%和20%的试样晶界，其分形维数随形变量而变，分形维数可作为评定形变过程中金属显微组织变化的特征。

Ding等对金属和陶瓷材料的疲劳断裂形成的断口图形进行分形分析，得出疲劳裂纹在宏观上是分形结构，因为疲劳裂纹长大的随机过程是伴随着材料的不均匀性和疲劳应力的紊乱性所致。

Pogodaev 等研究了黄铜、青铜、钢和铸铁等金属材料的疲劳断裂后断口表面特征以及材料磨损在4个标度水平内可用分形维数加以解释，并肯定了用分形断裂力学解释金属表面的疲劳规律性。

Schiffmann 等研究金属材料的韧断过程，认为材料基体中的 MnS 颗粒首先形成微孔，待微孔长大形成裂纹后即造成断裂。最后对断裂韧性值不同的断口测定分形维数，以研究断裂行为的特点。

Tanaka 对 SiC 和 AlN 陶瓷、钙钠玻璃和 WC-8% Co 硬质合金等的压痕断裂韧性和裂纹的分形维数 D 之间的关系，用分形几何模型进行理论分析，测出了压痕裂纹的分形维数 $D=1.024 \sim 1.145$，压痕断裂韧性 K_{1C} 随 D 值增大而增加，并得出 K_{1C} 与 D 之间的定量表达式为：

$$K_{1C} = \frac{1}{2}\{\ln[2\Gamma E/(1-\gamma^2)]) - (D-1)\ln r_L\}$$

$$r_L = r_{min}/r_{max}$$

式中　Γ——在单位面积上产生裂纹所做的功；

E——杨氏模量；

γ——泊松比；

r_{min}——刻度 r 长度的下限；

r_{max}——刻度 r 长度的上限。

当压痕裂纹出现分形特征时，刻度 r 长度的变化为 $r_{min} \leftarrow r \rightarrow r_{max}$。Tanaka 还讨论了影响预测值 K_{1C} 的因素。

Lvanova 认为在非平衡状态下，自组织与最新的显微裂纹不同，通过所形成的具有分形特征的中间组织，可以控制金属和合金的性能。用分形的中间组织可研究塑变机理、裂纹扩展、断裂方式、中间组织的交互作用与分解等。

Tanaka 等认为金属材料的显微组织，部分同整体之间存在自相似性，呈锯齿状的晶界能证明热阻合金的高温强度。在热阻合金中，晶界粗糙度（锯齿状）不同，取决于合金成分和热处理。用分形维数评估锯齿晶界的特征后得出，随晶界分形维数增大，蠕变断裂强度相应增高。

Sobro 等用分形几何理论研究金属的断裂，测出的分形维数值直接反映断口的特征，如断口表面不规则的形状和尺寸。再按分形几何的观点考虑，得出系统断裂的机械条件和不均匀性，以此发展的模型可用于设计新合金和复合材料以及计算机模拟的加工工艺。

Laird 等用分形分析方法研究含 Cr 8% ~30%（质量分数）的白口铸铁中碳化物形状和大小后，认为高 Cr 铸铁中碳化物存在自相似性，用分形维数描述它们是很有效的。

除以上介绍分形维数在金属材料中的应用外，龙期威等就材料断口的分形维数的普遍性和专一性做过论述，指出：在各种情况下，比表面能随不同的对称操作下计算断裂角度之后，得出分形维数决定于晶体结构的复杂性。即使在各向异性很强的情况下，裂纹扩展不是总沿最大的应力方向，而是沿最弱的晶面，其断口分形维数则取决于存在材料中近似分形的结构。此时断口分形维数表现出专一性。相反地，仍为各向异性，最弱的晶面仍然很弱，而裂纹扩展却沿最大应力方向，此时断口的分形维数表现出普遍性。在许多实际材料中，材料的普遍性和专一性是彼此有联系的，所测的分形维数多少，要受到材料结构的影响，材料的普遍性可通过材料的专一性显示出来。

近年来出现了研究纳米材料热，那么在纳米尺度的断口形貌能否用分形维数去研究？李启楷等早在 1999 年已发表相关论文，他们使用扫描电镜（SEM）和扫描隧道显微镜（STM）观察冲击断口的显微组织和断裂形态，发现 STM 照片呈河流花样，是典型的解理或准解理断口，与宏观度域的观察一致，因此纳米度域材料断口的特征仍具有自相似性，为此他们测量了 $5Cr_{21}Mn_9Ni_4N$ 钢的冲击功与分形维数。为了考察测定分形维数的方法，他们利用计算机模拟分形维数不同的断口形貌，从理论和实验两个方面去验证各种分形维数测量方法在纳米度域的适用性和可靠性之后，肯定了盒子计数分形维数的方法可适用于纳米度域分形维数的测量。对试样的 STM 断口分形维数测出的结果，发现在纳米度域内分形维数具有方向性，即使如此，这种方向性也能反映材料的内禀特性，他们的结论认为宏观度域的分形维数与材料性能的关系在纳米度域仍然存在。

分形维数在金属材料领域的应用已经走过试探性的阶段，并肯定了它在研究材料的宏观性能与微观组织直到超微细组织之间的关系性。随着它在金属材料的各个具体问题上的应用，必将发展出一门跨材料科学与分形几何学的新学科。

20 世纪 80 年代中期，Mandelbrot 第一次将分形维数用于金属材料的研究。他用自创的小岛法测出马氏体时效钢冲击断口的分形维数 D，并用 D 作为金属韧性的度量。虽然目前在测定分形维数的方法上已有长足发展，但他所开创的研究领域，即冲击韧性与分形维数的关系仍需进一步深入。

窦建东等对 2Cr13 不锈钢回火脆性断口做过分形分析，得出分形维数随回火温度变化的曲线与冲击韧性随回火温度的变化曲线具有类似的变化规律。

在上述工作的基础上，我们选择存在双回火脆性的 07 钢作为研究对象。所谓双回火脆性，即在冲击韧性随回火温度变化的曲线上，在 550 ~ 650℃温区，冲击韧性值出现两个低谷。对于回火脆的原因，当另文讨论，本章只对分形维数与冲击韧性和回火温度之间的关系进行研究。

25.2 实验方法和结果

25.2.1 试样制备

用电炉 + 电渣的方法冶炼 85kg 锭，于 850 ~ 1150℃ 热锻成 ϕ75mm 试棒后，加工成 10mm × 10mm × 55mm U 形缺口的冲击试样。

25.2.2 试样热处理

1030℃ × 3h 油冷，在（400 ~ 690）℃ × 3h 回火，在同一回火温度下回火三个试样进行冲击试验。

25.2.3 冲击试验

用 JB-30A 冲击试验机冲断试样，测出冲击能量 CVN(J)，测试结果列于表 25-1 中。

表25-1 试样回火温度与冲击韧性

序 号	1	2	3	4	5	6	7	8	9	10
T/℃	400	450	480	510	540	570	600	630	670	690
样 号	冲击能量/J									
1	33	14	22	140	136	82	144	68	155	145
2	26	28	28	142	142	68	152	69	162	166
3	22	24	28	142	114	80	156	100	142	165
平均值	27	22	26	141.3	130.7	76.7	150.7	79	153	158.7

25.2.4 测定分形维数

25.2.4.1 试样选择

从表25-1每组三个试样中选择其中一个冲击断口测定分形维数，所选试样的冲击值与其平均值接近，见表25-2。

表25-2 选择的试样的回火温度与冲击韧性

回火温度/℃	400	450	480	540	570	600	630	670	690
试样编号	1-2	2-3	3-2	5-1	6-3	7-2	8-2	9-1	10-3
CVN/J	26	24	28	136	80	152	69	155	165

25.2.4.2 测定分形维数的方法

在研究分形维数与钢性能之间的关系时，先后采用了二次电子线扫描、数字图像一维和二维扫描、小岛法等计算分形维数。随着分形维数日渐广泛的应用，测定方法也逐渐增多，其中盒子计数法常用于分形维数的测定。

盒子计数法即网格单元计数法。设图像大小为 $M \times M$，可以假想网格的尺寸为 $L \times L$。然后在垂直于图像表面的方向上，用大小为 $L \times L \times L'$ 的盒子铺满整个图像表面。再设 $L' = L \times G/M$，L' 代表灰度级单元的倍数，G 代表灰度级的总数。

根据分形理论，在存在自相似的情况下，可以把集合 A 的分形维数定义为：

$$D = \log(N)/\log\left(\frac{1}{r}\right) \tag{25-1}$$

式中，N 可以通过计算包含至少一个像素的盒子个数得到。设 L 代表 $1/r$，再设 $1/r = M/L$，M 为常数，即可将式（25-1）写成：

$$N \sim L^{-D} \quad 或 \quad N(L) \sim L^{-D} \tag{25-2}$$

从式（25-2）可知，对于每个 L，可以计算它对应的 N 值，然后作出 N 和 L 的双对数曲线，经最小平方线性拟合曲线，即可求出负的 D 值（$-D$）。

为了使盒子计数法能准确代表图像的粗糙度，应选择适当的盒子尺寸。已有的学者设定的盒子尺寸范围为 $2 \leqslant L \leqslant M/2$。四川大学汪天富和汪小毅采用自动优化选择盒子大小的方法，设 $\sqrt[3]{M} \leqslant L \leqslant M/2$，其根据为：提供的冲击试样断口SEM照片尺寸为640P×400P（见图25-1），如果按照 $\sqrt[3]{M} \leqslant L \leqslant M/2$ 的盒子尺寸计算分形维数得出如图25-2的

log(*N*)-log(*L*) 曲线。从图 25-2 可以看出，随 *L* 的增大，数据方差越来越大，当 log(*L*) > 4 时，已对 log(*N*)-log(*L*) 曲线形态造成影响，从而将影响计算的分形维数值。为了避免出现这种情况，汪天富和汪小毅把 log(*N*) 的上限控制在 3. 5 ~ 4. 0 之间，经过比较测试，最终取 L_{max} = 5. 1P. P. (即 20. 24μm)。应用经汪天富和汪小毅改进的盒子计数法测出的实验数据列于表 25-3 中。

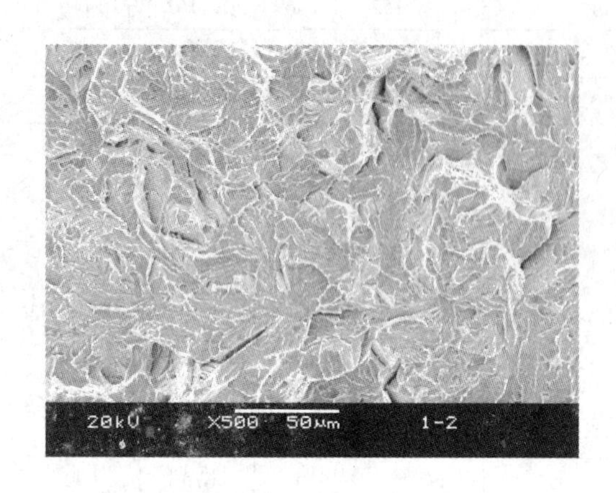

图 25-1　原始图像

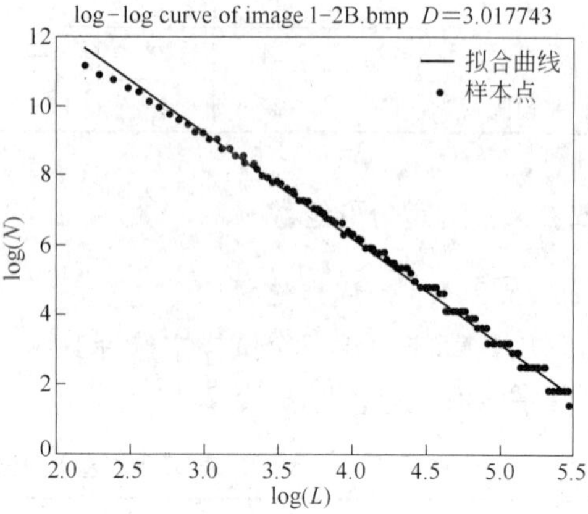

图 25-2　图像的 log(*N*)-log(*L*) 曲线

表 25-3 中所列冲击能量值均为所测分形维数选用试样的值，而非回火温度三个冲击试样的平均值。另外每个试样各测 4 个位置（F1、F2、F3、F4）的分形维数，分别为距离冲击试样切口 0、2mm、4mm 和 6mm 处的断口形貌所具有的分形维数。

表 25-3　冲击能量与分形维数的关系

样　号	回火温度/℃	*CVN*/J	取样位置	分形维数（二维）
1-2	400	26	F1	2. 783714
			F2	2. 757316
			F3	2. 761401
			F4	2. 742224
2-3	450	24	F1	2. 712042
			F2	2. 791213
			F3	2. 787469
			F4	2. 774998
3-2	480	28	F1	2. 735522
			F2	2. 787441
			F3	7. 761801
			F4	2. 746333
5-1	540	136	F1	2. 752367
			F2	2. 749941
			F3	2. 726525
			F4	2. 707891

续表 25-3

样　号	回火温度/℃	CVN/J	取样位置	分形维数（二维）
6-3	570	80	F1	2. 799149
			F2	2. 812063
			F3	2. 718989
			F4	2. 727732
7-2	600	152	F1	2. 773594
			F2	2. 809527
			F3	2. 751684
			F4	2. 786381
8 - 2	630	69	F1	2. 818253
			F2	2. 726155
			F3	2. 765572
			F4	2. 664053
9 - 1	670	155	F1	2. 803210
			F2	2. 812591
			F3	2. 729783
			F4	2. 810236
10 - 3	690	165	F1	2. 832877
			F2	2. 825588
			F3	2. 754773
			F4	2. 730799

25. 3　讨论与分析

25. 3. 1　冲击韧性、分形维数与回火温度的关系

将表 25-3 中所列数据分别绘成图 25-3 和图 25-4。

图 25-3 所示为每个冲击断口上所测 4 个分形维数（D_H）的平均值随回火温度的变化，

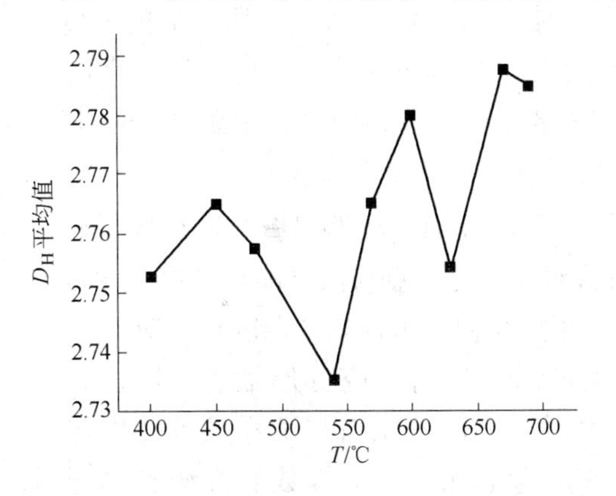

图 25-3　断口分形维数随回火温度的变化

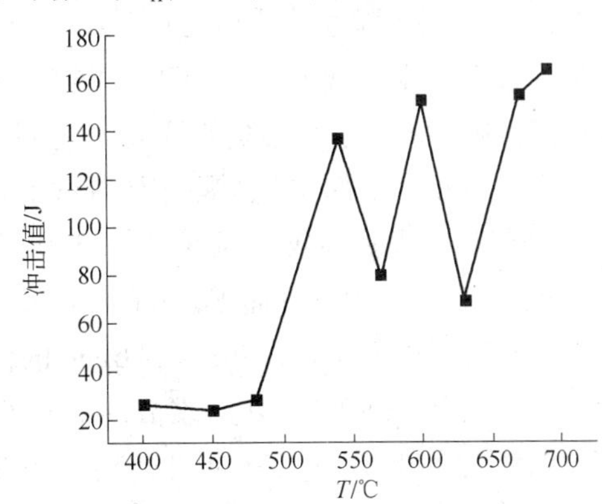

图 25-4　冲击值（平均值）随回火温度的变化

其特点与冲击韧性随回火温度变化的特点近似（见图 25-4），图 25-3 和图 25-4 中的曲线均具有两个低谷，图 25-4 的低谷为回火脆性温度，分别为 570℃和 630℃，而图 25-3 中曲线的低谷分别位于 540℃和 630℃，即高温回火脆性两者重合，但较低的回火脆性点相差 30℃。此外，在低温回火区（＜500℃），冲击韧性处于最低点，即小于回火脆性点的韧性，而图 25-3 中的 D_H 却高于曲线低谷的 D_H 值。

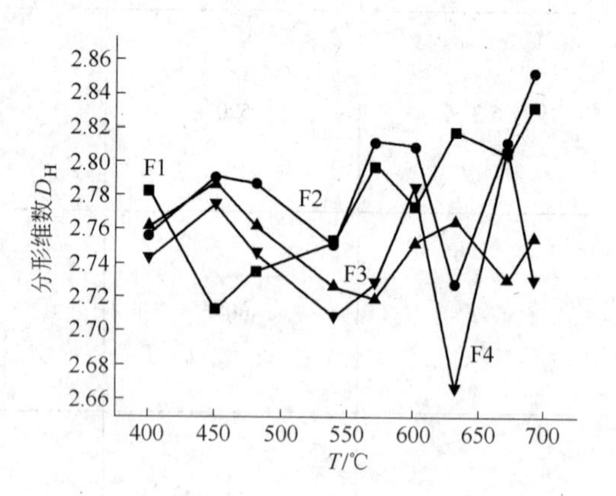

图 25-5 冲击断口上 F1、F2、F3 和 F4 处的分形维数与回火温度的关系

25.3.2 分形维数值随测定位置的变化

在每个回火温度的冲击断口上分别测定 4 个位置的分形维数，今按相同位置测试的分形维数随回火温度的变化作图，见图 25-5。图 25-5 中 4 条曲线都具有双低谷的特点，但位于低谷的回火温度并不与回火脆性点重合。各曲线所示的低谷温度列于表 25-4 中。

表 25-4 分形维数的低值与回火温度对应值

测 D_H 位置	距冲击切口距离 /mm	分形维数低值		与分形维数低值对应的 T /℃		与回火脆性温度相差 ΔT/℃	
		D_H-1	D_H-2	T-1（低）	T-2（高）（脆性点温度）	ΔT-1	ΔT-2
F1	0	2.7120	2.7736	450	600	120	30
F2	2	2.7499	2.7262	540	630	30	0
F3	4	2.7190	2.7298	570	670	0	40
F4	6	2.7079	2.6641	540	630	30	0

今以回火脆性点的温度作标准对表 25-4 数据进行分析。

（1）与回火脆性较低温度点对比。F1 的分形维数低谷值（D_H-1）所对应的温度较回火脆性较低温度点低 120℃；F2 和 F4 的 D_H-1 值所对应的温度只差 30℃；而 F3 的 D_H-1 值则与回火脆性较低温度点完全重合。说明选择 F3 的位置，即距冲击试样缺口 4mm 处，正好位于冲击断口中部位置所测分形维数能代表较低温度回火脆点温度。

（2）与回火脆性较高温度点。F3 和 F4 的 D_H-2 值分别对应的温度较回火脆性较高温度点相差 30℃和 40℃，而 F2 和 F4 的 D_H-2 值所对应的温度点与回火脆性较高的温度点完全重合。说明选择距切口 2mm 和 6mm 的位置，正好与回火脆性较高温度点对应。

以上对比说明测试分形维数时，所选择的断口位置对研究分形维数、冲击韧性与回火温度之间的关系具有重要影响。由于产生回火脆性的原因与试样成分、内部结构和温度等有关系，用分形维数研究回火脆性时要考虑测定分形维数的方法和选择适当的断口位置。

25.3.3　分形维数与冲击韧性的关系

在研究 D_6AC 超高强度钢的韧性与分形维数的关系后，曾得出分形维数与韧性之间正相关。D_6AC 钢试样是在相同温度下回火，韧性只随夹杂物含量变化。本项研究所用的 07 钢经过不同温度回火，其韧性应随回火温度增高而上升，但由于 07 钢的特点，在回火温度升高过程中出现回火脆性使韧性下降，如图 25-4 所示。韧性的两个低谷与分形维数的低谷（见图 25-3）基本对应，说明分形维数与冲击韧性之间仍然存在正相关。但在较低温度（<500℃）回火试样的韧性位于图 25-4 曲线的最低位置，与此相对应的分形维数并非最低位置（见图 25-3），这与断口形貌有关。较低温度回火试样的断口具有解理特征（见图 25-6），其粗糙度高于回火脆性断口（见图 25-7），故测出的分形维数值稍高，可作为特殊情况考虑。

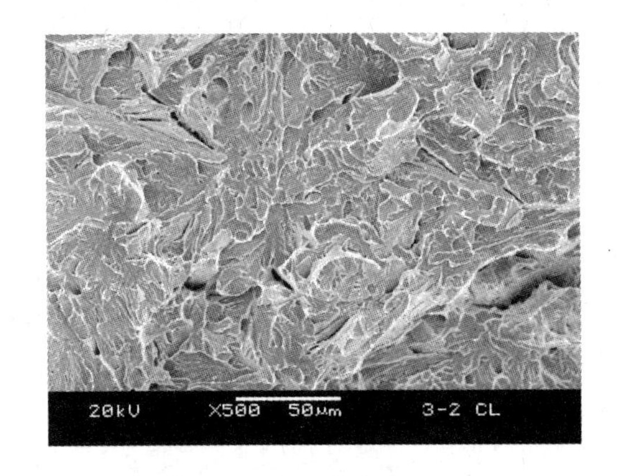

图 25-6　480℃回火试样的断口

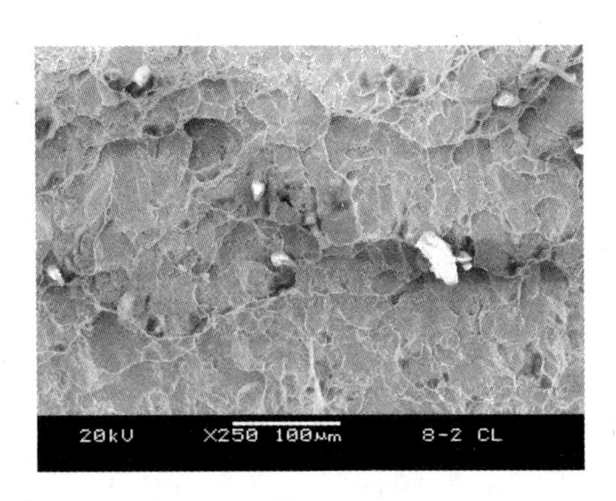

图 25-7　630℃回火试样的断口

现将回火脆性试样去掉，再将表 25-3 中分形维数与韧性作图，见图 25-8，并对图 25-8进行线性分析，得出：

$$D_H = 2.7569 + 1.8713 \times 10^{-4} CVN \tag{25-3}$$

$$R = 0.9575,\ S = 0.0045$$

检查式（25-3）是否存在线性相关，可按相关系数（R）进行查验。检查相关系数显著水平有 $\alpha = 0.05$ 和 $\alpha = 0.01$ 两个级，α 值越小，显著水平越高。式（25-3）回归选用6 个数据，即 $N = 6$，当 $\alpha = 0.05$ 时，要求 $R = 0.811$，当 $\alpha = 0.01$ 时，要求 $R = 0.917$。

式（25-3）的线性相关系数为 0.9575，大于显著水平较高所要求的 R 值，因此式(25-2)的线性相关性存在，即分形维数与冲击能量之间仍然存在正相关。

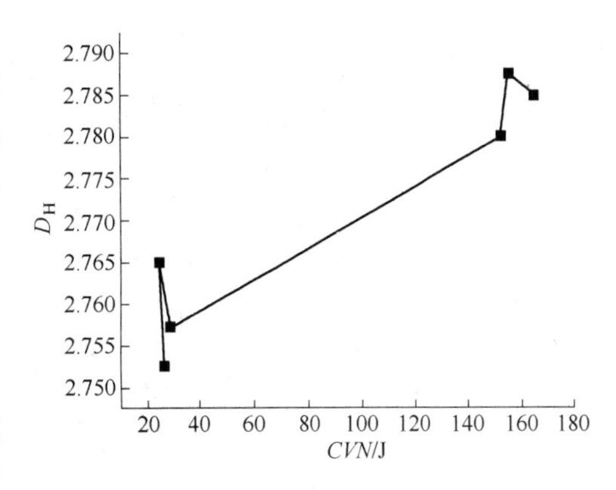

图 25-8　分形维数与 07 钢冲击韧性的关系

25.4 总结

(1) 测定分形维数用盒子计数法并自动优化选择盒子大小的计算程序计算的分形维数准确性较高。

(2) 分形维数、冲击韧性随回火温度变化的规律一致，说明用分形维数研究韧性的变化能反映材料内部组织结构的变化。

(3) 用分形维数研究具有回火脆性的试样韧性变化规律时，不能选择冲击试样切口附近的位置。只要在冲击断口上测定分形维数选位适当，同样可以得出分形维数与韧性呈正相关的结果。

参 考 文 献

[1] Maloney J L. Diss. Absts. Int, 1992, 53(4): 510.
[2] Gladman T. Clean Steel 4 conference[C]//Balatonzeplak, Hungary 8 ~ 10 June 1992, Ironmaking steelmaking, 1992, 19(6): 457 ~ 463.
[3] Mashi S J, Smith D W. Int. J. Powder Metall[J]. 1992, 28(3): 278 ~ 288.
[4] Garrison W M, et al. Glbert R. Speich Symposium Proceedings: Foundamentals of aging and tempering in Bainitic and Martensitic Steel Products[C]//Mantrel, Quebec, Canada; 25 ~ 28Oct. 1992, Iron and Steel Society, Inc. 410 Commenwealth Dr. Warrendale, Pennsylvania 15086 USA, 1992: 237 ~ 246.
[5] Huang C H, et al. China Steel Tech. Rep, 1992(6): 149 ~ 155.
[6] Chen Y T, et al. Advanced in Powder Metallurgy and Particulate -1992, vol. 4 Secondary Operations quality and Standard[C]//San Francisco, California, USA, 21 ~ 26 June 1992, Metal Powder Industries Federation, 105 College Rd East Princeton, New Jersey 08540 ~ 6692, USA 1992: 269 ~ 281.
[7] T El Gammal, et al. Steel Res. , 1993, 64(1): 93 ~ 96.
[8] A El Ghazaly. Neue Hütte, 1992, 37(10 ~ 11): 399 ~ 404.
[9] Song Y P, et al. 钢铁, 1993, 28(6): 45 ~ 51.
[10] Marek P, et al. Clean Steel 4 conference[C]//Balatonzeplak, Hungary 8 ~ 10 June 1992, The Institute of Materials, 1 Carlton House Terrace London SW_1 Y 5DB, UK, 1992: 73 ~ 80.
[11] Tan M X. 钢铁, 1993, 28(12): 24 ~ 27.
[12] Tomita Y. Strength of materials ICSMA 10[C]//Sendai, Japan, 22 ~ 26Aug. 1994, Japan Institute of Matals, Nihon Kingoku Gakkai Aoba, Aramaki, Sendai, 980, Japan, 1994: 463 ~ 466.
[13] Maekawa I, et al. Fracture and Strength'90 [C]//Seoul, Korea, 6 ~ 7 July 1990, Trans Tech. Publications Segantinistr. 216 Ch 8049, Zurich Switzerland 1991: 31 ~ 36.
[14] Chen H. J. iron Steel Res, 1992, 4(4): 49 ~ 56.
[15] Carpenter G F, et al. Proceedings of the International Symposium On: Rail Steel-Developments manufacturing and performance[C]//Montreal Quebec, Canada, 26 ~ 27 Oct. 1992, Iron and Steel Society, Inc. 410 Commenwealth Dr. Warrendale, Pennsylvania 15086 USA 1993: 49 ~ 56.
[16] Hornaday J R. Ibid, 63 ~ 66.
[17] Murakami Y. Fracture and Strength'90[C]//Seoul, Korea, 6 ~ 7 July 1990, Trans Tech. Publications Segantinistr. 216 Ch 8049, Zurich Switzerland 1991: 37 ~ 42.
[18] Kuroshima Y, et al. Ibid, 49 ~ 54.
[19] Murakami Y, et al. Tetsu-to-Hagane, 1993, 79(6): 678 ~ 684.
[20] Astafjev V I, et al. 10th Congress on Materials Testing[C]//Butapest Hungary, 7 ~ 11 Oct. 1991. Int. J. Pressure Vessel Piping 1993, 55(2): 243 ~ 250.
[21] Gnyp I P. Fig. Khim Mekh Mater (俄文), 1992, 28(4): 28 ~ 35.
[22] Blondeau R. Ironmaking Steelmaking, 1991, 18(3): 201 ~ 210.
[23] Spitzig W A. Trans. ASM, 61(1968): 344.
[24] Raghupathy V P, Vasudevan R. Materialprüfüng, 1982, 24(7): 243 ~ 244.
[25] 李静媛, 谷文革, 等. 超高强度钢中硫化物夹杂物对韧性的影响[J]. 理化检验, A. 物理分册, 1982, 18(1): 3 ~ 8.
[26] Krafft J M. Appl. Metal Res, 1964, 3: 88.
[27] Rice J R, Trecey D M. J. Mech. Phys. Solids, 1969, 17: 201.
[28] Birkle A J, et al. Traans. ASM, 1966, 29: 981.

[29] Spitzig W A. Trans. ASM, 1968, 61: 244.

[30] Bates R C, et al. Electron Microfractography, ASTM Stp 453, ASTM, 1969: 192 ~ 214.

[31] Abel A. Met. Aust. Mar, 1979, 11(2): 16 ~ 18.

[32] Biswas B K. Metall. Trans. A, 1992, 23A(5): 1479 ~ 1492.

[33] Hernandey-Reyes. Trans. of the American Foundayment Society vol. 97[C]//San Antonio Society InC. des Plaines, Illinois 60016 ~ 8399, USA 1990: 529 ~ 536.

[34] Dakhno L A, et al. Academy of science of the Kazakh SSR IZV, V. U. Z. chernaya Metall (俄文), 1990, (7): 78 ~ 80.

[35] Raghupathy V P, Vasudevan R. Materialpruf, 1982, 24(7):243.

[36] Speich G R, Spitzig A. Metall. Trans. A, 1982, 13A(12): 2239 ~ 2258.

[37] Baker T J, Charles J A. JISI, 1972, 210: part 9, 680.

[38] Baker T J, Charles J A. JISI, 1973, 211: part 3, 187.

[39] Baker T J, et al. Metals Techlogy, 1976, 4: 183 ~ 193.

[40] Spitzig W A. Metall. Trans. A, 1983, 14A: 271 ~ 283.

[41] Spitzig W A. Metall. Trans. A, 1983, 14A: 471 ~ 484.

[42] Spitzig W A. Acta Metall., 1985, 53(2): 175 ~ 184.

[43] Tomita Y. Osaka University, J. Mater. Sci., 1990, 25(2A): 950 ~ 956.

[44] Bray J W, et al. Metall. Trans. A, 1991, 22A(10): 2277 ~ 2285.

[45] Macdonald G J M, Simpson I D. The 30th Annual Conference of the Australasian Institute of Metals, 1977: 7B7 ~ 7B8.

[46] Meshmaque G, et al. Rev. Metal (in Spanish), 1979, 15(3): 181 ~ 187.

[47] Biswas D K. ISIJ. Inst., 1991, 31(7): 712 ~ 720.

[48] Brownrigg A, et al. JISI, 1970, 208: part 12, 1078.

[49] Brownrigg A, et al. Stahl u. Eisen, 1966(86): 796.

[50] Brownrigy A, et al. Found. Trade J, 1969, 127(2752): 345 ~ 350.

[51] Lee J S, et al. J. Korean Inst. Met. (韩文), 1982, 20(8): 686 ~ 695.

[52] Paul S K, et al. Steel India, 1982, 5(2): 71 ~ 77.

[53] Kikuta Y, et al. J. Soc. Mater. Sci. Jpn, 1987, 36(404): 500 ~ 505.

[54] Brooksbank D, Andrews K W. Production and Application of Clean Steels, Published by The Iron and Steel Institute, 1 Carlton House Terrace London, SW_1Y 5DB, 1970: 186 ~ 198.

[55] Kiessling R, Lange N. 钢中非金属夹杂物，鞍钢钢铁情报研究所，1980.

[56] Pickering F B. Production and Application of Clean Steels, Published by The Iron and Steel Institute, 1 Carlton House Terrace London, SW_1Y 5DB, 1970: 84.

[57] Sun H, et al. Technology Rep. Kyushu University, 1988, 61(4): 441 ~ 447.

[58] Krafft J M. Application Materials Research, 1964, 3: 80 ~ 81.

[59] Birkle A J, et al. Trans. ASM, 1967, 60: 275.

[60] Hahn G T, Rosenfield A P. Applications related Phenomena in Titanium Alloys, ASTM, Stp432, 1968: 5 ~ 32.

[61] Rice J R, Johnson M A. Inelastic Behavior of Solids, Ed. M F Kanninen, et al. Mcgraw-hill, New York, 1970: 641.

[62] Schwalls K H Z. Metal, 1973, 64: 453.

[63] Osborne D E, Embury. Metal Transactions, 1973, 4: 2051 ~ 2061.

[64] 陈篪．金属断裂研究论文集[M]．北京：冶金工业出版社，1978：135 ~ 156.

[65] Spitzig W A. Trans. ASM, 1968, 61: 344.
[66] Birkle A J, et al. Trans. ASM, 1966, 59: 981.
[67] Li Jingyuan, Zhang Weiyi. ISIJ, 1989, 29(2): 158 ~ 164.
[68] D. 布洛克. 工程断裂力学基础[M]. 王克仁等译. 北京: 科学出版社, 1980: 280.
[69] 陈赛克, 李静媛. 成都科技大学学报, 1988,(5): 129 ~ 134.
[70] Mandelbrot B B, et al. Nature, 1984, 308(5691): 721.
[71] Pande C S, et al. Acta Metall., 1987, 35(7): 1633.
[72] Lung C W, Mu Z Q. Physical Review B, 1988, 38(16): 11781.
[73] 穆在勤, 龙期威. 金属学报, 1988, 14(2): A142.
[74] Pande C S, et al. Journal of Materials Science Letters, 1987, 6: 295.
[75] Huang Z H, et al. Materials Science and Engineering, 1989, A118: 19.
[76] 魏成富, 李静媛, 严范梅. 材料科学与工程, 13(13): 35.
[77] Edelson B I, Baldwin W M. 第二相对合金机械性能的影响[J]. Trans. ASM, 1962, 55: 230 ~ 250.
[78] Krafft J N. 低、中、高强度钢中平面应变断裂韧性与应变硬化特征的关系[J]. Appl Mat. Res. 1964, 3: 88 ~ 101.
[79] Hahn T N, Rosenfield A R. ASTM. STP 432, 1968: 5 ~ 32.
[80] Osborne D E, Embury J D. Met. Trans., 1973, 4: 2051.
[81] Thomason P F. 空洞内颈缩导致的韧断机理[J]. IJM, 1968, 96: 360 ~ 365.
[82] Tanaka K, Mori T, Nakamura. 球状夹杂物在塑变过程中界面开裂形成的空洞[J]. Phil. Mag., 1970, 21: 267 ~ 279.
[83] Argon A S, Im J, Safoglu R. 韧断过程中夹杂物形成的空洞[J]. Metall. Trans. A, 1975, 6A: 825 ~ 837.
[84] Argon A S, Im J, et al. 在球化的1045钢、Cu-0.6%Cr合金和马氏体时效钢中第二相颗粒的塑变开裂[J]. Metall. Trans. A, 1975, 6A: 839 ~ 851.
[85] Argon A S, Im J, Needleman. 颈缩后的钢和铜棒中的塑性应变与负压分布[J]. Metall. Trans. A, 1975, 6A: 815 ~ 824.
[86] McClintock F A. J. Appl. Mech. 1968, 35: 363 ~ 371.
[87] Kumar A N, Pandey R K. Engineering Fracture Mechanics, 1984, 19(2): 239 ~ 249.
[88] Berg C A. 裂纹在滞弹性变形中的移动[J]. Proc. Fourth US National Congress of Applied Mechanics, ASME, 1962, 2: 885 ~ 892.
[89] Broek B. 铝合金中的颗粒与裂纹长大[J]. Prospect of Fracture Mechanics, 1974: 19 ~ 34.
[90] John R, Low Jr. 观察韧窝断裂中空洞成核、长大与聚集[J]. Prospect of Fracture Mechanics, 1974: 35 ~ 49.
[91] Biel M U, ECF6. Fracture Control of Engineering Structure V1[C]//Amsterdam, The Netherlands 15 ~ 20 June 1986, Engineering Materials Advisory Services, 339 Halasowven Road Craley Health, Warley West Midlands, UK, 1986: 1825 ~ 1826.
[92] Garrison W M, Jr, N R. J. Phys. Chem. Solids, 1987, 48(11): 1035 ~ 1074.
[93] Pisarenko G S, et al. Eng. Fracture Mechanics, 1987, 28: 539 ~ 554.
[94] He A R, Zheng L. Inclusion and Their Influence on Material behavier[C]//Chicago Illinois USA, 24 ~ 30 Sept 1988, ASM International, Metals Park, Ohio, 44073, USA: 143 ~ 147.
[95] Narendsnath K R, Margolin H. 基体强度对魏氏α-β钛合金、Corona-5中空洞成核、长大的影响[J].
[96] Li Jingyuan, Zhang Weiyi. TiN夹杂物对超高强度钢断裂韧性的影响[J]. ISIJ., 1989, 29(2): 158 ~ 164.

[97] 赖祖涵．断裂物理讲义．东北工学院，1982.

[98] Spitzig W A. 0.45C-Ni-Cr-Mo 钢平面应变断裂断口的特征[J]. Trans. ASM，1968，61：344～348.

[99] Spitzig W A. 超高强度钢的平面应变断裂韧性与断口的特征之间的关系[J]. Electron Microfraactography ASTM STP 453，1969：90～110.

[100] Roberts W，et al. Acta Metall.，1976，56：745～758.

[101] Lindley T C，et al. Acta Metall.，1970，8：1127～1135.

[102] Brooksbank D，Andrews W. 夹杂物周围应力场及其与机械性能的关系[J]. Production and Application of Clean Steel，The Iron and Steel Institute，1972：186～198.

[103] Brown L H，Stobbs M. Phil. Mag.，1976，34：351.

[104] Broek D. Eng. Fract. Mech，1973，5：55.

[105] Hancock J W，Mackenie A C. 在多重应力下高强度钢的韧断机理[J]. J. Mech. Phys. Solid，1976，24：147～169.

[106] Brown L M，Embury J D. Proc. 3rd Inst. Conf. on Structure of Metals and Alloys[J]. Inst. of Metals，1973：164.

[107] Ashby M F. Phil. Mag.，1966，14：1157.

[108] Spitzig W A. 珠光体带状对 C-Mn 钢机械性能各向异性的影响[J]. Metall. Trans. A，1983，14A：271～283.

[109] Cottrell A H，Stobbs R J. Proc. Roy Soc A，1955，233：17.

[110] Esheby J D. Proc. R Soc A，1957，241：376～396.

[111] Esheby J D. Proc. R Soc A，1957，252：561.

[112] Kiessling R，Norberg H. 夹杂物对钢机械性能的影响[C]//Production and Application of Clean Steel，International Conference at Balatonfured Hungary，held on 23～26，June 1970 ，Published by The Iron and Steel Institute，1 Carlton House Terrace，London SW_1 Y 5DB：179～185.

[113] Goods S H，Brown I M. 塑变过程中空洞成核[J]. Acta Metallurgy，1979，27：1～15.

[114] Floreen S，Hayden M W. 观察高强度钢在拉伸形变过程中空洞长大[J]. Scripta Metallurgica，1970，4(2)：87～94.

[115] Okamato，Setuo，et al. 高强度钢中 MnS 夹杂物对韧性和韧断过程的影响[J]. Tetsu-to-Hagane，ISIJ，1977，63(12)：1876～1886.

[116] Maekawa I，et al. 非金属夹杂物对25Mn-5Cr-1Ni 奥氏体钢断裂行为的影响[J]. Engineering Fracture Mechanics，1987：577～587.

[117] Maloney J L，Garrison W M. 比较 HY180 钢中 MnS 同 $Ti_2(C,S)$ 夹杂物的空洞成核和长大[J]. Scripta Metallurgica，1989，23(12)：2097～2100.

[118] Mccowan C N，Siewert T A. 316L 不锈钢在 4K 下焊接的断裂韧性随夹杂物含量的变化[J]. Advances in Cryogenic Engineering，1990，36：1331～1338.

[119] El-Domiaty A，Shaker M. 模拟空洞对金属合金韧断过程的影响[J]. Experimental Mechanics，1991，31(4)：293～297.

[120] Gladshtein L I，Milievskii R A，Bekreneva I V. 延伸的片状非金属夹杂物对结构钢韧性抗力的影响[J]. Strength of Materials (English Translation of probiemy Prochnosti)，1991，22(9)：1324～1331.

[121] Garrison W M，et al. 回火和第二相颗粒分布对 HY-180 钢断裂行为的影响[J]. Gilbert R Speich Symp Proc. Fundam Aging Tempering Bainitic Martensitic Steel Prod，1992：237～246.

[122] Ramalingam Bala，et al. 钢中夹杂物/基体的界面强度[J]. Mechanical Working and Steel Processing Conference Proceedings，1997：583～595.

[123] Ishikawa，Nobuyuki，et al. 根据空洞成核、长大的结构研究韧性裂纹成核的微观机理[J]. ISIJ In-

ternational, 2000, 40(5): 519 ~ 527.

[124] Fairchild D P, et al. 微合金钢中的脆性断裂机理, Part I, 夹杂物导致的解理[J]. Metallurgical and Materials Transactions A: Physical Metallurg and Materials Sciences, 2000, 31A(3): 641 ~ 652.

[125] Fairchild D P, et al. 微合金钢中的脆性断裂机理, Part II, 机械论模型[J]. Metallurgical and Materials Transactions A: Physical Metallurg and Materials Sciences, 2000, 31A(3): 653 ~ 667.

[126] Kumura, Sei, et al. 氧化物夹杂物在轧制和拉拔过程中的断裂行为(日文)[J]. Tetsu-to-Hagane, ISIJ, 2002, 88(11): 755 ~ 762.

[127] Wang G Z, Liu Y G, Chen J H. 研究含碳化物、夹杂物的 C-Mn 钢缺口试样的解理成核[J]. Materials Science and Engineering A, 2004, 369: 181 ~ 191.

[128] Balard M J, Davis C, Strangwood M. 观察微合金钢中不均匀成分(Ti,V)(C,N)颗粒上的解理成核[J]. Script Materials, 2004, 50(3): 371 ~ 375.

[129] Bandstra J P, et al. 钢在韧断过程中空洞聚集模型[J]. Materials Science and Engineering A (Structural Materials, Properties, Microstructure and Proceedings), 2004, 366(2): 269 ~ 281.

[130] Shabrav M N, et al. 夹杂物开裂使空洞成核[J]. Metallurgical and Materials Transactions A Physical Metallurg and Materials Sciences, 2004, 35A(6): 1745 ~ 1755.

[131] Thomson R D, Mancook J W. Int. Journal of Fracture, 1984, 26: 97 ~ 112.

[132] Fisher J R, Gurland J. Metal Science, 1981: 185 ~ 202.

[133] Mandelbrot B B. The Fractal Geometry of Nature [M]. New York: Freeman, 1982.

[134] 曹晓卿. 分形理论在金属材料研究中的应用[J]. 太原理工大学学报, 1999, 30(2): 1 ~ 4.

[135] 魏成富, 李静媛, 田继丰, 等. 分形维数与 D_6AC 钢的韧化[J]. 材料科学与工程, 1995, 13(3): 35 ~ 40.

[136] 叶瑞英, 李静媛, 马红, 等. D_6AC 钢冲击断口形貌的分形研究[J]. 材料科学与工程, 2001, 19(4): 47 ~ 51.

[137] 李静媛, 曾光廷, 魏成富. 分形维数与冲击断口形貌的研究[J]. 兵器材料科学与工程, 2001, 24(2): 23 ~ 25.

[138] 刘小君. 表面形貌的分形特征研究[J]. 合肥工业大学学报(自然科学版), 2000, 23(2): 236 ~ 239.

[139] 张玮, 梁成浩. 金属材料表面腐蚀形貌分形特征提取[J]. 大连理工大学学报, 2003, 43(1): 61 ~ 64.

[140] Hinojosa M, et al. AISI 316L 钢显微组织的分形维数[C]//Materials Research Society Symposium-proceedings, Fractal Aspects of Materials, 1995: 125 ~ 129. Conference: Proceedings of the 1994 MRS Full Meeting, 1994, Boston, MA, USA.

[141] Ding Hongzhi, et al. 疲劳材料中的分形行为[J]. Journal of Materials Science Letters, 1994, 13(9): 636 ~ 638.

[142] Pogodaev L I, et al. 受空洞影响的金属材料持久和抗磨损能量(俄文)[J]. Problemy Mashinostraeniya I Nadezhnosti Mashin, 1997, (9): 47 ~ 62.

[143] Schiffmann R, et al. 通过显微空洞长大和断口形貌研究易削钢的断裂[J]. Journal De Physique, Ⅳ: JP, 2001, 11(5): 5187 ~ 5193.

[144] Tanaka M. 脆性材料压痕断裂的断裂韧性和裂纹形貌[J]. Journal Material Science, 1996, 31(3): 749 ~ 755.

[145] Lvanova V S. 分形的中间组织在金属和合金成形和机械性能中的作用[J]. Metallovedenie I Termicheskaya Obrabotka Metallov, 2001, (3): 3 ~ 4.

[146] Tanaka, et al. 用分形几何学评估晶界特征和热组合金的蠕变性能[J]. Zeitschrift fuer Metallkunde,

1991, 82(6):442 ~ 447.

[147] Sobro, Yu G, et al. 金属断裂的分形原理(俄文)[J]. Izvestiya Akademii Nauk SSSR, Metally 1997, (2): 119 ~ 122.

[148] Laird, George Ⅱ, et al. 高铬白口铸铁中碳化物形貌的分形分析[J]. Metallurgical Transactions A (Physical Metallurgy and Material Science), 1992, 23A(10): 2941 ~ 2945.

[149] 龙期威, 等. 材料断口的分形维数的普遍性和专一性[J]. Journal of Materials Science and Technology, 2000, 16(1): 1 ~ 4.

[150] 李启楷, 等. 纳米度域材料断口的分形结构与分形测量[J]. 中国科学 (A 辑), 1999, 29(4): 349 ~ 355.

[151] Mandelbrot B B, et al. 金属断口的分形特征[J]. Nature, 1984, 308(5961): 721 ~ 722.

[152] 窦建东, 等. 2Cr13 不锈钢回火脆性断口的分形维数分析[J]. 机械工程师, 1998, (2): 55 ~ 56.